徂徕山植物志

郭廷松　臧德奎　张兴广　主编

中国林业出版社

图书在版编目（CIP）数据

徂徕山植物志 / 郭廷松 , 臧德奎 , 张兴广主编 .-- 北京 : 中国林业出版社 , 2021.5

ISBN 978-7-5219-1038-4

Ⅰ . ①徂… Ⅱ . ①郭…②臧…③张… Ⅲ . ①山－植物志－泰安 Ⅳ . ① Q948.525.23

中国版本图书馆 CIP 数据核字（2021）第 031475 号

中国林业出版社

责任编辑：李　顺　薛瑞琦
出版咨询：（010）83143569

出　版：中国林业出版社（100009　北京市西城区刘海胡同 7 号）
网　站：http://www.forestry.gov.cn/lycb.html
印　刷：河北京平诚乾印刷有限公司
发　行：中国林业出版社
电　话：（010）83143500
版　次：2021 年 5 月第 1 版
印　次：2021 年 5 月第 1 次
开　本：889mm×1192mm　1/16
印　张：60.5
字　数：1000 千字
定　价：498.00 元

《徂徕山植物志》编写领导小组

组　　长　边炳梓
副 组 长　徐锦儒　郭廷松
成　　员　王树国　周晓东　郑成龙　刘传忠

《徂徕山植物志》编写委员会

主　　编　郭廷松　臧德奎　张兴广
副 主 编　吴其超　朱　强　韩光荣　郑金柱
编　　委（按姓氏笔画排序）
　　　　　　冯军利　吕新民　朱　磊　朱海涛　刘志兵
　　　　　　仲崇文　李仕东　李　超　宋　勇　张安琪
　　　　　　陈传友　陈庆义　吴　波　赵建文　赵　星
　　　　　　赵　涛　高　锋　焦圣涛　董正斌　鞠　健

彩图 1　细毛碗蕨 *Dennstaedtia hirsuta*

彩图 2　银粉背蕨 *Aleuritopteris argentea*

彩图 3　鞭叶耳蕨 *Polystichum craspedosorum*

彩图 4　有柄石韦 *Pyrrosia petiolosa*

彩图 5　蘋 *Marsilea quadrifolia*

彩图 6　银杏 *Ginkgo biloba*

彩图 7　日本落叶松 *Larix kaempferi*

彩图 8　白皮松 *Pinus bungeana*

彩图 9　油松 *Pinus tabuliformis*

彩图 10　柳杉 *Cryptomeria japonica* var. *sinensis*

彩图 11　侧柏 *Platycladus orientalis*

彩图 12　三桠乌药 *Lindera obtusiloba*

彩图 13　北马兜铃 *Aristolochia contorta*

彩图 14　乌头 *Aconitum carmichaelii*

彩图 15　蝙蝠葛 *Menispermum dauricum*

彩图 16　白屈菜 *Chelidonium majus*

彩图 17　小药八旦子 *Corydalis caudata*

彩图 18　榔榆 *Ulmus parvifolia*

彩图 19　蒙桑 *Morus mongolica*

彩图 20　胡桃楸 *Juglans mandshurica*

彩图 21　泰山苋 *Amaranthus taishanensis*

彩图 22　沼生繁缕 *Stellaria palustris*

彩图 23　尼泊尔蓼 *Polygonum nepalense*

彩图 24　软枣猕猴桃 *Actinidia arguta*

彩图 25　圆叶锦葵 *Malva pusilla*

彩图 26 犁头叶堇菜 *Viola magnifica*

彩图 27 赤瓟 *Thladiantha dubia*

彩图 28 中华秋海棠 *Begonia grandis* subsp. *sinensis*

彩图 29 葶苈 *Draba nemorosa*

彩图 30 白檀 *Symplocos paniculata*

彩图 31 钩齿溲疏 *Deutzia baroniana*

彩图 32　长药八宝 *Hylotelephium spectabile*

彩图 33　球茎虎耳草 *Saxifraga sibirica*

彩图 34　三叶委陵菜 *Potentilla freyniana*

彩图 35　柔毛路边青 *Geum japonicum* var. *chinense*

彩图 36　西北栒子 *Cotoneaster zabelii*

彩图 37　水榆花楸 *Sorbus alnifolia*

彩图 38　欧李 *Cerasus humilis*

彩图 39　山合欢 *Albizia kalkora*

彩图 40　豆茶决明 *Senna nomamet*

彩图 42　白花葛藤 *Pueraria montana* var. *zulaishanensis*

彩图 41　苦参 *Sophora flavescens*

彩图 43　野百合 *Crotalaria sessiliflora*

彩图 44　鸡眼草 *Kummerowia striata*

彩图 45　达乌里黄芪 *Astragalus dahuricus*

彩图 46　歪头菜 *Vicia unijuga*

彩图 47　贼小豆 *Vigna minima*

彩图 48　牛奶子 *Elaeagnus umbellata*

彩图 49　穗状狐尾藻 *Myriophyllum spicatum*

彩图 50　芫花 *Daphne genkwa*

彩图 51　露珠草 *Circaea cordata*

彩图 52　小花柳叶菜 *Epilobium parviflorum*

彩图 53　百蕊草 *Thesium chinense*

彩图 54　大戟 *Euphorbia pekinensis*

彩图 55　乌蔹莓 *Cayratia japonica*

彩图 56　葛萝槭 *Acer davidii* subsp. *grosseri*

彩图 57　牻牛儿苗 *Erodium stephanianum*

彩图 58　灰背老鹳草 *Geranium wlassowianum*

彩图 59　水金凤 *Impatiens noli–tangere*

彩图 60　无梗五加 *Eleutherococcus sessiliflorus*

彩图 61　变豆菜 *Sanicula chinensis*

彩图 62　蛇床 *Cnidium monnieri*

彩图 63　变色白前 Cynanchum versicolor

彩图 64　野海茄 Solanum japonense

彩图 65　小酸浆 Physalis minima

彩图 66　打碗花 Calystegia hederacea

彩图 67　莕菜 Nymphoides peltatum

彩图 68　针叶天蓝绣球 Phlox subulata

彩图 69 弯齿盾果草 *Thyrocarpus glochidiatus*

彩图 70 筋骨草 *Ajuga ciliata*

彩图 71 錾菜 *Leonurus pseudomacranthus*

彩图 72 糙苏 *Phlomis umbrosa*

彩图 73 地椒 *Thymus quinquecostatus*

彩图 74 弹刀子菜 *Mazus stachydifolius*

彩图 75　北水苦荬 *Veronica anagallis-aquatica*

彩图 76　返顾马先蒿 *Pedicularis resupinata*

彩图 77　角蒿 *Incarvillea sinensis*

彩图 78　蓬子菜 *Galium verum*

彩图 79　少蕊败酱 *Patrinia monandra*

彩图 80　委陵菊 *Chrysanthemum potentilloides*

彩图 81　牛蒡 *Arctium lappa*

彩图 82　漏芦 *Rhaponticum uniflorum*

彩图 83　烟管头草 *Carpesium cernuum*

彩图 84　拟鼠麴草 *Pseudognaphalium affine*

彩图 85　桃叶鸦葱 *Scorzonera sinensis*

彩图 86　水鳖 *Hydrocharis dubia*

彩图 87　菹草 Potamogeton crispus

彩图 88　竹叶眼子菜 Potamogeton wrightii

彩图 89　大茨藻 Najas marina

彩图 90　虎掌 Pinellia pedatisecta

彩图 91　旋鳞莎草 Cyperus michelianus

彩图 92　翼果薹草 Carex neurocarpa

彩图 94　棒头草 Polypogon fugax

彩图 93　假稻 *Leersia japonica*

彩图 95　结缕草 *Zoysia japonica*

彩图 96　橘草 *Cymbopogon goeringii*

彩图 99　紫苞鸢尾 *Iris ruthenica*

彩图 97　矮齿韭 *Allium brevidentatum*

彩图 98　有斑百合 *Lilium concolor* var. *pulchellum*

彩图 100　无柱兰 *Amitostigma gracile*

前　言

徂徕山地处山东省中部，地理坐标为北纬 36°02′~36°07′、东经 117°16′~117°20′，徂徕山东西长约 21 km，南北宽约 12 km，面积约 173 km²。徂徕山主脉东西走向，主峰太平顶海拔 1027.8 m。1953 年，山东省林业厅在徂徕山封山育林，并由当时的徂阳县政府建光华寺苗圃和磦石峪林场。1956 年 3 月经山东省人民政府批准正式建立徂徕山林场，范围包括徂徕山区和汶河滩区两部分，地跨泰安市岱岳区和新泰市。1992 年徂徕山被批准为国家森林公园，1999 年被山东省政府批准为生态公益型林场。2001 年，林场作为全国试点单位开展森林分类区划界定工作，区划大寺、徂徕、王庄、锦罗、光华寺、磦石峪、马场、庙子、黄石崖、西旺、王家院 11 个营林区。

徂徕山地形复杂，植物资源丰富，但新中国成立前未见植物调查和采集的记载。原山东省林业学校李法曾、张艳敏等老师对徂徕山植物进行过调查。1988 年 7 月，徂徕山林场在调查基础上编印了《徂徕山森林植物名录》，记录野生及栽培植物 128 科 449 属 789 种（包括变种、变型和栽培品种）。2011 年 9 月至 2013 年 9 月及 2019 年 4 月至 2020 年 9 月，徂徕山林场与山东农业大学对林场范围内的植物资源进行了系统调查。结合前人资料和我们的调查结果，编写了《徂徕山植物志》。

本志记载了徂徕山范围内野生及露地栽培植物 161 科 574 属 1153 种（含 17 亚种 87 变种 15 变型，不含栽培品种），其中蕨类植物 13 科 20 属 40 种 1 亚种 2 变种，裸子植物 5 科 15 属 30 种 3 变种，被子植物 143 科 539 属 964 种 16 亚种 82 变种 15 变型。各类植物有分科检索表，各科有分属、分种检索表。科、属、种有形态描述；种除形态描述外，还简述了在徂徕山及国内外分布和主要用途。本志中的植物中文名及拉丁名，以《中国植物志》用名为主，同时部分参考《Flora of China》等最新植物分类研究成果。植物的拉丁名正名列中文名之下，用黑体表示，同时列出了拉丁名的原始文献；有些植物列出了主要拉丁异名，置于正名之下，用斜体表示。插图主要引自《中国植物志》《中国高等植物图鉴》以及部分省份的植物志。本志中科的排列：蕨类植物按照《Flora of China》、裸子植物按照郑万钧系统（1978 年）、被子植物按照克朗奎斯特系统（1980 年）。个别科的范围和位置根据最新研究成果进行了调整。

由于水平所限，本志中难免有遗漏和不当之处，敬请广大读者批评指正。

本书编委会

2020 年 10 月

目 录

前 言

徂徕山自然概况 …………………………………………………………… **001**

徂徕山植物资源概况 ……………………………………………………… **003**

蕨类植物 …………………………………………………………………… **008**

  蕨类植物分科检索表 …………………………………………………… 008

    1. 卷柏科 Selaginellaceae ………………………………………… 009

    2. 木贼科 Equisetaceae …………………………………………… 012

    3. 碗蕨科 Dennstaedtiaceae ……………………………………… 014

    4. 凤尾蕨科 Pteridaceae …………………………………………… 016

    5. 蹄盖蕨科 Athyriaceae …………………………………………… 019

    6. 肿足蕨科 Hypodematiaceae …………………………………… 026

    7. 金星蕨科 Thelypteridaceae ……………………………………… 027

    8. 铁角蕨科 Aspleniaceae ………………………………………… 028

    9. 岩蕨科 Woodsiaceae …………………………………………… 033

    10. 鳞毛蕨科 Dryopteridaceae …………………………………… 035

    11. 水龙骨科 Polypodiaceae ……………………………………… 040

    12. 蘋科 Marsileaceae …………………………………………… 043

    13. 槐叶蘋科 Salviniaceae ………………………………………… 044

裸子植物 …………………………………………………………………… **046**

  裸子植物分科检索表 …………………………………………………… 046

    1. 银杏科 Ginkgoaceae …………………………………………… 046

    2. 松科 Pinaceae …………………………………………………… 047

    3. 杉科 Taxodiaceae ……………………………………………… 063

    4. 柏科 Cupressaceae ……………………………………………… 065

    5. 红豆杉科 Taxaceae ……………………………………………… 071

被子植物 …………………………………………………………………… **073**

  被子植物分科检索表 …………………………………………………… 073

    1. 木兰科 Magnoliaceae …………………………………………… 083

    2. 蜡梅科 Calycanthaceae ………………………………………… 088

    3. 樟科 Lauraceae ………………………………………………… 089

    4. 马兜铃科 Aristolochiaceae ……………………………………… 091

5. 莲科 Nelumbonaceae ……093
6. 睡莲科 Nymphaeaceae ……094
7. 金鱼藻科 Ceratophyllaceae ……095
8. 毛茛科 Ranunculaceae ……096
9. 小檗科 Berberidaceae ……105
10. 木通科 Lardizabalaceae ……107
11. 防己科 Menispermaceae ……109
12. 罂粟科 Papaveraceae ……111
13. 紫堇科 Fumariaceae ……113
14. 悬铃木科 Platanaceae ……118
15. 金缕梅科 Hamamelidaceae ……121
16. 杜仲科 Eucommiaceae ……124
17. 榆科 Ulmaceae ……125
18. 大麻科 Cannabaceae ……132
19. 桑科 Moraceae ……133
20. 荨麻科 Urticaceae ……138
21. 胡桃科 Juglandaceae ……141
22. 壳斗科 Fagaceae ……144
23. 桦木科 Betulaceae ……148
24. 商陆科 Phytolaccaceae ……154
25. 紫茉莉科 Nyctaginaceae ……156
26. 藜科 Chenopodiaceae ……157
27. 苋科 Amaranthaceae ……165
28. 马齿苋科 Portulacaceae ……174
29. 落葵科 Basellaceae ……176
30. 粟米草科 Molluginaceae ……177
31. 石竹科 Caryophyllaceae ……178
32. 蓼科 Polygonaceae ……193
33. 芍药科 Paeoniaceae ……209
34. 山茶科 Theaceae ……210
35. 猕猴桃科 Actinidiaceae ……212
36. 藤黄科 Clusiaceae ……214
37. 椴树科 Tiliaceae ……216
38. 梧桐科 Sterculiaceae ……219
39. 锦葵科 Malvaceae ……220
40. 堇菜科 Violaceae ……228
41. 柽柳科 Tamaricaceae ……239
42. 葫芦科 Cucurbitaceae ……240
43. 秋海棠科 Begoniaceae ……253
44. 杨柳科 Salicaceae ……255

45. 白花菜科 Cleomaceae	264
46. 十字花科 Brassicaceae	265
47. 杜鹃花科 Ericaceae	284
48. 柿树科 Ebenaceae	287
49. 山矾科 Symplocaceae	289
50. 报春花科 Primulaceae	290
51. 海桐花科 Pittosporaceae	293
52. 绣球科 Hydrangeaceae	294
53. 茶藨子科 Grossulariaceae	296
54. 景天科 Crassulaceae	297
55. 虎耳草科 Saxifragaceae	301
56. 蔷薇科 Rosaceae	305
57. 含羞草科 Mimosaceae	357
58. 云实科 Caesalpiniaceae	358
59. 豆科 Fabaceae	363
60. 胡颓子科 Elaeagnaceae	408
61. 小二仙草科 Haloragaceae	410
62. 千屈菜科 Lythraceae	411
63. 瑞香科 Thymelaeaceae	416
64. 菱科 Trapaceae	418
65. 石榴科 Punicaceae	419
66. 柳叶菜科 Onagraceae	420
67. 八角枫科 Alangiaceae	428
68. 蓝果树科 Nyssaceae	429
69. 山茱萸科 Cornaceae	430
70. 檀香科 Santalaceae	433
71. 槲寄生科 Viscaceae	434
72. 卫矛科 Celastraceae	436
73. 冬青科 Aquifoliaceae	440
74. 黄杨科 Buxaceae	442
75. 大戟科 Euphorbiaceae	443
76. 鼠李科 Rhamnaceae	455
77. 葡萄科 Vitaceae	462
78. 亚麻科 Linaceae	470
79. 远志科 Polygalaceae	472
80. 无患子科 Sapindaceae	473
81. 七叶树科 Hippocastanaceae	476
82. 槭树科 Aceraceae	477
83. 漆树科 Anacardiaceae	483
84. 苦木科 Simaroubaceae	488

85. 楝科 Meliaceae ……………………………………………………………… 489
86. 芸香科 Rutaceae ……………………………………………………………… 491
87. 蒺藜科 Zygophyllaceae ……………………………………………………… 495
88. 酢浆草科 Oxalidaceae ……………………………………………………… 496
89. 牻牛儿苗科 Geraniaceae …………………………………………………… 498
90. 凤仙花科 Balsaminaceae …………………………………………………… 502
91. 五加科 Araliaceae …………………………………………………………… 504
92. 伞形科 Apiaceae ……………………………………………………………… 508
93. 马钱科 Loganiaceae ………………………………………………………… 523
94. 龙胆科 Gentianaceae ………………………………………………………… 524
95. 夹竹桃科 Apocynaceae ……………………………………………………… 526
96. 萝藦科 Asclepiadaceae ……………………………………………………… 528
97. 茄科 Solanaceae ……………………………………………………………… 535
98. 旋花科 Convolvulaceae ……………………………………………………… 548
99. 菟丝子科 Cuscutaceae ……………………………………………………… 554
100. 睡菜科 Menyanthaceae ……………………………………………………… 556
101. 花葱科 Polemoniaceae ……………………………………………………… 557
102. 紫草科 Boraginaceae ………………………………………………………… 558
103. 马鞭草科 Verbenaceae ……………………………………………………… 565
104. 唇形科 Lamiaceae …………………………………………………………… 569
105. 透骨草科 Phrymaceae ……………………………………………………… 601
106. 车前科 Plantaginaceae ……………………………………………………… 602
107. 木犀科 Oleaceae ……………………………………………………………… 605
108. 玄参科 Scrophulariaceae …………………………………………………… 617
109. 列当科 Orobanchaceae ……………………………………………………… 631
110. 苦苣苔科 Gesneriaceae ……………………………………………………… 633
111. 胡麻科 Pedaliaceae ………………………………………………………… 634
112. 紫葳科 Bignoniaceae ………………………………………………………… 636
113. 狸藻科 Lentibulariaceae …………………………………………………… 640
114. 桔梗科 Campanulaceae ……………………………………………………… 641
115. 茜草科 Rubiaceae …………………………………………………………… 646
116. 忍冬科 Caprifoliaceae ……………………………………………………… 652
117. 败酱科 Valerianaceae ……………………………………………………… 658
118. 菊科 Asteraceae ……………………………………………………………… 662
119. 泽泻科 Alismataceae ………………………………………………………… 741
120. 水鳖科 Hydrocharitaceae …………………………………………………… 743
121. 眼子菜科 Potamogetonaceae ……………………………………………… 746
122. 茨藻科 Najadaceae ………………………………………………………… 749
123. 棕榈科 Arecaceae …………………………………………………………… 751
124. 菖蒲科 Acoraceae …………………………………………………………… 752

125. 天南星科 Araceae	753
126. 浮萍科 Lemnaceae	757
127. 鸭跖草科 Commelinaceae	759
128. 谷精草科 Eriocaulaceae	762
129. 灯心草科 Juncaceae	764
130. 莎草科 Cyperaceae	766
131. 禾本科 Poaceae	799
132. 香蒲科 Typhaceae	871
133. 芭蕉科 Musaceae	872
134. 姜科 Zingiberaceae	873
135. 美人蕉科 Cannaceae	874
136. 雨久花科 Pontederiaceae	876
137. 百合科 Liliaceae	877
138. 鸢尾科 Iridaceae	896
139. 龙舌兰科 Agavaceae	898
140. 百部科 Stemonaceae	899
141. 菝葜科 Smilacaceae	900
142. 薯蓣科 Dioscoreaceae	902
143. 兰科 Orchidaceae	903
中文名索引	**907**
拉丁学名索引	**923**
参考文献	**939**

徂徕山自然概况

一、地理位置

徂徕山位于山东省中部，属泰沂山脉，处于鲁西地块鲁中隆断区徂徕山—莲花山断块凸起的西部。徂徕山整体呈东西走向，西以南北向断裂为界止于汶河东侧，东以北西向化马湾断裂与莲花山断块相邻，北为泰莱断陷盆地，南为新蒙断陷盆地。地理坐标为北纬36°02'~36°07'、东经117°16'~117°20'。徂徕山东西长21 km，南北宽12 km，面积约173 km²，与岱岳区的化马湾乡、徂徕镇、房村镇、良庄镇、北集坡镇、新泰市的天宝镇6个乡镇接壤。其中，徂徕山林场面积9000 hm²，1992年林场被批准为国家级森林公园，1999年被批准为生态公益型林场。

二、地质地貌

徂徕山是中新生代形成的断块凸起带，由结晶基底和沉积盖层两大部分组成。结晶基底为早前寒武纪的变质表壳岩系和侵入杂岩，沉积盖层为古生界寒武—奥陶系的石灰岩和页岩，两者呈角度不整合接触，由南向北依次从老到新分布，地貌上构成一个南陡北缓的单斜断块山系。区内地质构造复杂，早前寒武纪的多期次岩浆活动、多期次构造变形和变质作用十分明显，使结晶基底岩系遭受不同程度的改造，中生代构造相当活跃，新构造运动普遍而强烈，它们直接控制了山体的形成及其地貌景观。

徂徕山位于泰沂山脉南侧，在燕山期构造运动中形成现在规模。由97个大小山峰和15条主要沟谷所组成，主脉东西走向，主峰太平顶海拔1027.8 m。总体上，南坡较陡，土层贫瘠，北坡较平缓，土层较厚。黄石崖、庙子、地疃、黄土岭一带，多为断层，上游沟谷短急，悬崖峭壁，地形复杂。马场、侯家宅、上池及主脉两翼较为平缓。

从主峰往外，由侵蚀中山逐渐过渡到低山丘陵。按形态和成因，划分出以下三种主要地貌类型。

（1）侵蚀构造中山：集中分布在主峰太平顶周围，海拔高度900 m以上，切割深度为500~800 m，组成山体的岩性主要是傲徕山期二长花岗岩，是境内地势最高，抬升幅度最大，侵蚀切割最强的地区，这里峰高谷深，地形陡峭，"V"字形谷和绝壁陡崖特别发育。

（2）侵蚀构造低山：分布在侵蚀构造中山的外缘，如中军帐、崆崆山、花园、卧尧、南天门、康王店、黄古墩、炮楼顶等处，海拔500~800 m，切割深度100~500 m，组成山体的岩性主要是傲徕山期的二长花岗岩和中天门期的石英闪长岩，侵蚀切割强度较主峰一带稍弱，但地形仍然十分陡峭，深沟峡谷、尖顶山头、锯齿状山脊、绝壁陡崖随时可见。

（3）侵蚀丘陵：分布在侵蚀低山的外缘，海拔高度在200~500 m，侵蚀切割强度比较微弱，以风化剥蚀作用为主，多形成孤丘缓岭。

山地坡度可分为五级：0°~5°山坡占5%；5°~25°山坡占37%；25°~35°山坡占40%；35°~45°山坡占15%；46°以上山坡占3%。王家院、西旺两林区为平原河滩，地势比降10‰，西旺个别风积沙丘高达3~8 m，但位移极少，已基本固定。

三、河流水文

徂徕山水系属黄河流域，是大汶河的发源地之一。河谷纵横，共有大小支流266条，一级支流

56 条，主要河流 15 条。主要分为两大水系，以主山脉为界，阳坡溪流注入柴汶河，阴坡溪流注入渐汶河，两汶河汇流于大汶口，形成大汶河，入注东平湖。因受地貌格局的影响，发育了近东西向为主平状水系，主支河流构成格状水系，河谷梯级明显，多叠水瀑布，受降水影响，河流的径流季节明显。

徂徕山水系在徂徕山周围有中型水库 2 座，小型水库 16 座、微型水库 120 余座。主要有龙湾水库、马头山水库、周家林水库、石门水库、石沟水库、宽店水库、小寺水库等。徂徕山流泉、瀑布丰富，流泉有大泉、留龙泉、沧浪泉、升仙泉、坞旺泉、嘀嗒泉等 54 处，瀑布有龙湾瀑布、龙女瀑布、磙石瀑布、上不去下不来瀑布等 12 处。

四、气　候

徂徕山气候属暖温带大陆性半湿润季风型气候，四季分明。年平均气温 13.9 ℃，极端最高气温 39 ℃，极端最低气温 -16.2 ℃。最热月为 7 月，月平均气温 25.3 ℃，最冷月为 1 月，月平均气温为 -4.5 ℃。年日照时数 2893 h。早霜一般在 10 月下旬，晚霜 3 月下旬，无霜期 215 d。≥ 0 ℃年积温 4500~4800 ℃，≥ 10 ℃年积温 4100~4700 ℃，年平均降水量 771.5 mm，且全年分布极不均匀，降水主要集中在 7~9 月，约占全年的 63.2%，且强度大。7 月降水量最大，达 204.7 mm，1 月最少，仅 5.4 mm。地形对气候的影响较大，海拔 700 m 以上气温较下部低 4~6 ℃，植物生长期缩短 15~30 d，阴坡与阳坡相差约 10 d。

五、土　壤

徂徕山地带性土壤受母质与气候条件的共同影响，酸性岩区基本发育为棕壤，石灰岩及黄土分布区基本发育为褐土。棕壤与褐土两者并存，交错分布。因山区水土流失严重，遭侵蚀，棕壤、褐土多演变成粗骨土或石质土。其间，河谷平原则分布着无石灰性潮土、潮棕壤与潮褐土。平原及低洼地区，有潮土和砂姜黑土的分布。交接洼地主要为石灰性砂姜黑土与普通砂姜黑土。

徂徕山植物资源概况

一、植物种类

根据外业调查采集的标本鉴定和统计，结合已有资料记录，现知徂徕山共有植物1153种（含17亚种87变种15变型），隶属于161科574属。蕨类植物13科20属40种1亚种2变种，裸子植物5科15属30种3变种，被子植物143科539属964种16亚种82变种15变型。含15种以上的科有菊科（Asteraceae）54属98种（含亚种、变种、变型，下同）、蔷薇科（Rosacea）27属85种、禾本科（Poaceae）62属77种、豆科（Fabaceae）26属61种、莎草科（Cyperaceae）11属48种、唇形科（Labiatae）22属34种、百合科（Liliaceae）9属28种、蓼科（Polygonaceae）5属24种、石竹科（Caryophyllaceae）10属22种、松科（Pinaceae）6属21种、木犀科（Oleaceae）7属18种、葫芦科（Cucurbitaceae）11属17种、伞形科（Apiaceae）15属17种、玄参科（Scrophulariaceae）12属17种、杨柳科（Salicaceae）2属17种、茄科（Solanaceae）9属16种、苋科（Amaranthaceae）5属15种、堇菜科（Violaceae）1属15种。

二、植物区系特点

徂徕山植物区系植物种类丰富，地理成分复杂；单种属和寡种属数量较多，区系具有一定的古老性，但特有程度低。徂徕山植物区系具有典型的温带区系特点，同时具有一定的热带亲缘，显示出植物交汇的特点。按照吴征镒对中国种子植物区系地理成分的划分，徂徕山15种分布类型均有分布。郑纪庆等人研究表明，各类温带性质属占64.6%，各类热带性质属占35.4%。就各类地理成分而言，北温带分布最多，占29.8%，如榆属（Ulmus）、胡桃属（Juglans）、鹅耳枥属（Carpinus）、桑属（Morus）等；其次是泛热带分布，占22.7%，如朴属（Celtis）、狗尾草属（Setaria）、苦草属（Vallisneria）、节节菜属（Rotala）。其他较多的地理成分还有：旧世界温带分布占11.7%，荞麦属（Fagopyrum）、石竹属（Dianthus）、菱属（Trapa）；东亚分布占10.4%，如枫杨属（Pterocarya）、鸡眼草属（Kummerowia）、茶菱属（Trapella）等；东亚和北美间断分布占6.0%，如胡枝子属（Lespedeza）。

三、资源植物

野生资源植物的利用包含多个方面，传统上分为纤维类、淀粉及糖类、油脂类、鞣料类、芳香油类、药用类等。徂徕山具有开发价值的药用植物200多种，如穿龙薯蓣（*Dioscorea nipponica*）、玉竹（*Polygonatum odoratum*）、栝楼（*Trichosanthes kirilowii*）、金银花（*Lonicera japonica*）、半夏（*Pinellia ternata*）、黄花蒿（*Artemisia annua*）、连翘（*Forsythia suspensa*）、列当（*Orobanche coerulescens*）、何首乌（*Fallopia multiflora*）、丹参（*Salvia miltiorrhiza*）、槲寄生（*Viscum coloratum*）、马兜铃（*Aristolochia debilis*）、牛膝（*Achyranthes bidentata*）、黄芩（*Scutellaria baicalensis*）、活血丹（*Glechoma longituba*）等；观赏类150种，如锦带花（*Weigela florida*）、天目琼花（*Viburnum opulus* subsp. *calvescens*）、葛萝槭（*Acer davidii* subsp. *grosseri*）、卷丹（*Lilium tigrinum*）、水金凤（*Impatiens noli-tangere*）、垂盆草（*Sedum sarmentosum*）、筋骨草（*Ajuga ciliata*）、千屈菜（*Lythrum salicaria*）、结缕草（*Zoysia japonica*）等；野生蔬菜类80多种，如黄花菜（*Hemerocallis citrina*）、长蕊石头花（*Gypsophila oldhamiana*）、歪头菜（*Vicia unijuga*）、水芹（*Oenanthe javanica*）、地笋（*Lycopus lucidus*）、

牛蒡（*Arctium lappa*）、藿香（*Agastache rugosa*）、茵陈蒿（*Artemisia capillaris*）、蒲公英（*Taraxacum mongolicum*）、马齿苋（*Portulaca oleracea*）、鸦葱（*Scorzonera austriaca*）、薤白（*Allium macrostemon*）等；纤维类60余种，如芦苇（*Phragmites australis*）、荻（*Miscanthus sacchariflorus*）、芒（*Miscanthus sinensis*）、水烛（*Typha angustifolia*）、黄背草（*Themeda triandra*）、杠柳（*Periploca sepium*）、构（*Broussonetia papyrifera*）、大麻（*Cannabis sativa*）等；油脂类有野大豆（*Glycine soja*）、地肤（*Kochia scoparia*）、诸葛菜（*Orychophragmus violaceus*）、油松（*Pinus tabuliformis*）、侧柏（*Platycladus orientalis*）、黄连木（*Pistacia chinensis*）等。此外，芳香油类40余种，如薄荷（*Mentha canadensis*）、茵陈蒿、猪毛蒿（*Artemisia scoparia*）、裂叶荆芥（*Nepeta tenuifolia*）、地椒（*Thymus quinquecostatus*）、墓头回（*Patrinia heterophylla*）、委陵菊（*Chrysanthemum potentilloides*）、小蓬草（*Erigeron canadensis*）、藿香（*Agastache rugosa*）、香附子（*Cyperus rotundus*）、荆条（*Vitex negundo* var. *heterophylla*）、有斑百合（*Lilium concolor* var. *pulchellum*）等；淀粉及糖类约有50种，如麻栎（*Quercus acutissima*）、栓皮栎（*Quercus variabilis*）、薯蓣（*Dioscorea polystachya*）、绵枣儿（*Barnardia japonica*）、葛藤（*Pueraria montana* var. *lobata*）、野黍（*Eriochloa villosa*）、稗（*Echinochloa crusgalli*）、菊芋（*Helianthus tuberosus*）、栝楼（*Trichosanthes kirilowii*）、赤小豆（*Vigna umbellata*）等；橡胶及硬橡胶3种，即蒲公英（*Taraxacum mongolicum*）、地梢瓜（*Cynanchum thesioides*）等；鞣料类15种，如枫杨（*Pterocarya stenoptera*）、龙芽草（*Agrimonia pilosa*）、地榆（*Sanguisorba officinalis*）、拳参（*Polygonum bistorta*）、酸模（*Rumex acetosa*）、委陵菜（*Potentilla chinensis*）、麻栎、鳢肠（*Eclipta prostrata*）、杜梨（*Pyrus betulifolia*）等；野生果树类有软枣猕猴桃（*Actinidia arguta*）、酸枣（*Ziziphus jujuba* var. *spinosa*）、胡桃楸（*Juglans mandshurica*）、欧李（*Cerasus humilis*）、君迁子（*Diospyros lotus*）、茅莓（*Rubus parvifolius*）、蛇莓（*Duchesnea indica*）等。

四、珍稀濒危植物

徂徕山列入国家重点保护野生植物名录及红皮书的有4种，即野大豆（*Glycine soja*）、紫椴（*Tilia amurensis*）、蒙古栎（*Quercus mongolica*）、胡桃楸（*Juglans mandshurica*）；属于山东省特有植物的有5种，山东茜草（*Rubia truppeliana*）、泰山韭（*Allium taishanense*）、矮齿韭（*Allium brevidentatum*）、山东肿足蕨（*Hypodematium sinense*）、白花葛藤（*Pueraria montana* var. *zulaishanensis*），其中白花葛藤仅发现于徂徕山；属于山东省珍稀濒危植物的有21种，东海铁角蕨（*Asplenium castaneoviride*）、贯众（*Cyrtomium fortunei*）、迎红杜鹃（*Rhododendron mucronulatum*）、槲寄生（*Viscum coloratum*）、无梗五加（*Eleutherococcus sessiliflorus*）、刺楸（*Kalopanax septemlobus*）、白首乌（*Cynanchum bungei*）、东北南星（*Arisaema amurense*）、卷丹（*Lilium tigrinum*）、穿龙薯蓣（*Dioscorea nipponica*）、长冬草（*Clematis hexapetala* var. *tchefouensis*）、三桠乌药（*Lindera obtusiloba*）、木通（*Akebia quinata*）、榔榆（*Ulmus parvifolia*）、中华秋海棠（*Begonia grandis* subsp. *sinensis*）、葛萝槭（*Acer davidii* subsp. *grosseri*）、软枣猕猴桃（*Actinidia arguta*）、葛枣猕猴桃（*Actinidia polygama*）、无柱兰（*Amitostigma gracile*）、羊耳蒜（*Liparis campylostalix*）、绶草（*Spiranthes sinensis*）。大多数种类资源较少，要特别加强保护，如首次在徂徕山发现的三桠乌药仅有2个分布点，不足10株。在引入栽培的植物中，属于中国重点保护植物的有水杉（*Metasequoia glyptostroboides*）、金钱松（*Pseudolarix amabilis*）、青檀（*Pteroceltis tatarinowii*）、杜仲（*Eucommia ulmoides*）、紫杉（*Taxus cuspidata*）、樟子松（*Pinus sylvestris* var. *mongolica*）、鹅掌楸（*Liriodendron chinense*）、喜树（*Camptotheca acuminata*）、黄檗（*Phellodendron amurense*）、玫瑰（*Rosa rugosa*）、山白树（*Sinowilsonia henryi*）等18种；属于山东省珍稀濒危植物的有光萼溲疏（*Deutzia glabrata*）、大叶胡颓子（*Elaeagnus macrophylla*）、北枳椇（*Hovenia dulcis*）、小果白刺（*Nitraria sibirica*）、漆树（*Toxicodendron vernicifluum*）、紫草（*Lithospermum erythrorhizon*)、羊乳（*Codonopsis lanceolata*）、黄精（*Polygonatum sibiricum*）等 10 种。

五、徂徕山植被概况

在中国植被区划中，徂徕山属于暖温带落叶阔叶林地带、暖温带南部落叶栎林亚地带，鲁中南泰山地丘陵栽培植被，油松、麻栎、栓皮栎林区。在历史上该地区一直是人类活动比较集中的地区之一，徂徕山植被受到一定破坏，特别在新中国成立前破坏相当严重，致使其原始森林植被早已被破坏殆尽，仅在部分庙宇残留少量古树，因此现存植被主要为次生植被，现存针叶林和落叶阔叶林均系新中国成立后种植的人工林。

徂徕山植被可以划分为针叶林、阔叶林、竹林、灌丛、灌丛草和草甸 6 种植被型。

1. 针叶林

主要有油松林、侧柏林、赤松林、黑松林等温性针叶林，以及引种的日本落叶松林、华北落叶松林、红松林等寒温性针叶林。

油松林：徂徕山各山地林区均有分布，主要见于海拔 400 m 以上，共有 1875.4 hm²，占森林总面积的 27.5%。多为纯林，部分为油松（*Pinus tabuliformis*）与赤松（*Pinus densiflora*）、侧柏（*Platycladus orientalis*）、麻栎（*Quercus acutissima*）、刺槐（*Robinia pseudoacacia*）等的混交林。林下灌木主要有胡枝子（*Lespedeza bicolor*）、兴安胡枝子（*Lespedeza davurica*）、华北绣线菊（*Spiraea fritschiana*）、照山白（*Rhododendron micranthum*）、牛奶子（*Elaeagnus umbellata*）、茅莓（*Rubus parvifolius*）、连翘（*Forsythia suspensa*）、钩齿溲疏（*Deutzia baroniana*）、野蔷薇（*Rosa multiflora*）、卫矛（*Euonymus alatus*）、小花扁担杆（*Grewia biloba* var. *parviflora*）等，高 1.5m，盖度 0.2~0.3；草本层主要有大油芒（*Spodiopogon sibiricus*）、黄背草（*Themeda triandra*）、毛秆野古草（*Arundinella* hirta）、柯孟披碱草（*Elymus kamoji*）、大披针薹草（*Carex lanceolata*）、地榆（*Sanguisorba officinalis*）、桔梗（*Platycodon grandiflorus*）、茵陈蒿（*Artemisia capillaris*）等，高 50~100 cm，盖度 0.6~0.8；层外植物有南蛇藤（*Celastrus orbiculatu*）、山葡萄（*Vitis amurensis*）、白首乌（*Cynanchum bungei*）、穿龙薯蓣（*Dioscorea nipponica*）等。

侧柏林：徂徕山各山地林区均有分布，主要见于王庄、光华寺、磙石峪、庙子、大寺等林区。共有 273 hm²，占森林总面积的 4%。伴生树种有黑松（*Pinus thunbergii*）、赤松、油松、鹅耳枥（*Carpinus turczaninowii*）、麻栎、栓皮栎（*Quercus variabilis*）、黄连木（*Pistacia chinensis*）等。林下通常没有明显的灌木层，灌木较低矮而且盖度小，常见种类有荆条（*Vitex negundo* var. *heterophylla*）、兴安胡枝子、小叶鼠李（*Rhamnus parvifolia*）、酸枣（*Ziziphus jujuba* var. *spinosa*）、小花扁担杆等；草本层盖度 0.3~0.6，常见种类有小花鬼针草（*Bidens parviflora*）、白羊草（*Bothriochloa ischaemum*）、狗尾草（*Setaria viridis*）、黄背草、橘草（*Cymbopogon goeringii*）、密毛白莲蒿（*Artemisia gmelinii* var. *messerschmidiana*）、紫花地丁（*Viola philippica*）、结缕草（*Zoysia japonica*）、中华卷柏（*Selaginella sinensis*）、狭叶珍珠菜（*Lysimachia pentapetala*）、费菜（*Phedimus aizoon*）等。层外植物主要有茜草（*Rubia cordifolia*）等。

赤松林：徂徕山各山地林区均有零星分布，见于海拔 300~900 m。乔木层伴生树种有山合欢（*Albizia kalkora*）、黑松、刺槐等；灌木层高 0.6~2.0 m，盖度 0.2~0.4，灌木有胡枝子、酸枣、荆条、花木蓝（*Indigofera kirilowii*）、华北绣线菊、欧李（*Cerasus humilis*）、截叶胡枝子（*Lespedeza cuneata*）、连翘；草本层盖度 0.3~0.6，常见种类有黄背草、大披针薹草、毛秆野古草、地榆、委陵菜、黄瓜假还阳参（*Crepidiastrum denticulatum*）、瓦松（*Orostachys fimbriata*）、鸭跖草（*Commelina communis*）、荩草（*Arthraxon hispidus*）、野艾蒿（*Artemisia lavandulifolia*）等；层外植物有南蛇藤、葎叶蛇葡萄（*Ampelopsis humulifolia*）、蝙蝠葛（*Menispermum dauricum*）、葎草（*Humulus scandens*）等。

黑松林：徂徕山各山地林区均有零星分布，见于海拔 800 m 以下，如卧尧、隐仙观等地。乔木层伴生树种有麻栎、栓皮栎、油松、刺槐等，偶见榔榆（*Ulmus parvifolia*）；灌木层高0.5~1.5 m，盖度0.2，主要灌木有酸枣、荆条、花木蓝、兴安胡枝子、小花扁担杆、地椒（*Thymus quinquecostatus*）；草本层有黄背草、朝阳隐子草（*Cleistogenes hackelii*）、大披针薹草、白羊草、委陵菜、结缕草等。

落叶松林：主要分布在海拔700 m以上的马场、上池、卧尧等地，共有40 hm²。系人工林，建群种为日本落叶松（*Larix kaempferi*）或华北落叶松（*Larix gmelinii* var. *principis-rupprechtii*），乔木层树种单一，偶见水榆花楸（*Sorbus alnifolia*）、油松、胡桃楸（*Juglans mandshurica*）；灌木层高1~1.5 m，盖度0.3~0.5，灌木树种有华北绣线菊、茅莓、胡枝子、圆叶鼠李（*Rhamnus globosa*）、荆条、卫矛；草本层种类丰富，常见有多种薹草（*Carex* spp.）、黄背草、白羊草、蒿属（*Artemisia*）、玉竹（*Polygonatum odoratum*）、地榆、小药八旦子（*Corydalis caudata*）、糙苏（*Phlomis umbrosa*）等。

另外，在庙子、大寺、光华寺、上池、马场林区有引种的小片水杉林，及华山松林、樟子松林、红松林。

2. 阔叶林

主要有落叶栎林、刺槐林、落叶阔叶杂木林、枫杨林等。

落叶栎林：徂徕山各山地林区均有分布，共有217.5 hm²，占森林总面积的3.2%。主要分布于海拔800 m以下，庙子、黄石崖、大寺、徂徕、王庄等林区均有片林。建群种主要为麻栎和栓皮栎，卧尧和光华寺有小片蒙古栎（*Quercus mongolica*）林。乔木层常有油松、赤松、侧柏、刺槐和山合欢混生；灌木层稀疏，盖度0.2以下，常见种类有荆条、胡枝子、多花胡枝子（*Lespedeza floribunda*）、小花扁担杆、圆叶鼠李等；草本层主要有苔草、长蕊石头花（*Gypsophila oldhamiana*）、东亚唐松草（*Thalictrum minus* var. *hypoleucum*）、紫花耧斗菜（*Aquilegia viridiflora* f. *atropurpurea*）、柯孟披碱草、小花鬼针草、低矮薹草（*Carex humilis*）、狗尾草、鸡眼草（*Kummerowia striata*）、紫花地丁、龙葵（*Solanum nigrum*）等。

刺槐林：徂徕山各山地林区均有，以海拔500~800 m分布最为集中，总面积1332.7 hm²，占森林面积的19.5%。多为纯林，偶与松类、栎类混交。林下灌木稀疏，主要有荆条、茅莓、山楂叶悬钩子（*Rubus crataegifolius*）等；草本植物较多，阴坡常见的有路边青（*Geum aleppicum*）、求米草（*Oplismenus undulatifolius*）、鸭跖草、半夏、龙芽草（*Agrimonia pilosa*）、鹅肠菜（*Myosoton aquaticum*）等，阳坡常见小花鬼针草、垂序商陆（*Phytolacca americana*）、臭草（*Melica scabrosa*）、橘草、柯孟披碱草、低矮薹草等。层外植物有南蛇藤、木防己（*Cocculus orbiculatus*）、爬山虎（*Parthenocissus tricuspidata*）、毛果扬子铁线莲（*Clematis puberula* var. *tenuisepala*）、扶芳藤（*Euonymus fortunei*）等。

枫杨林：在各山地林区的河谷、沟底分布有小片的枫杨林，一般见于海拔300~800 m。乔木层较为稀疏，郁闭度0.3~0.6，伴生树种有刺槐、辽东桤木（*Alnus hirsuta*）、河柳（*Salix chaenomeloides*）等。林下灌木以枫杨自然更新的幼树为主，其他尚有君迁子、荆条、连翘等；草本层有东亚唐松草、地榆、鸭跖草、尼泊尔蓼（*Polygonum nepalense*）、翼果薹草（*Carex neurocarpa*）、水金凤（*Impatiens noli-tangere*）、小药八旦子等。

落叶阔叶杂木林：分布于各山地林区海拔400~800 m，多见于山沟、山谷，如龙湾、磙石峪、卧尧、上池、马场等地，为多种落叶阔叶树种混生，无明显优势种。常见的乔木树种有元宝枫（*Acer truncatum*）、胡桃楸、枫杨、大叶朴（*Celtis koraiensis*）、刺楸（*Kalopanax septemlobus*）、长裂葛萝槭（*Acer davidii* subsp. *grosseri*）、山樱花（*Cerasus serrulata*）、水榆花楸、梓（*Catalpa ovata*）、君迁子（*Diospyros lotus*）等；灌木多为钩齿溲疏、胡枝子、卫矛、小花扁担杆、牛奶子、三桠乌药（*Lindera obtusiloba*）、白棠子树（*Callicarpa dichotoma*）等；藤本植物种类较多，常见的有葡萄属（*Vitis*）、蛇葡萄属（*Ampelopsis*）、铁线莲属（*Clematis*）以及爬山虎、蝙蝠葛等；草本植物除了多种禾草外，常有蓼属（*Polygonum*）、堇菜属（*Viola*）、小药八旦子、问荆（*Equisetum arvense*）、东亚唐松草、地榆、歪头菜（*Vicia unijuga*）、玉竹等，盖度可达0.5~0.8。

另外，山坡及山谷还分布有小面积的元宝枫林、毛白杨林、辽东桤木林、黑桦林、山杨林。

徂徕山经济林总面积 437.5 hm²。主要树种有板栗、胡桃、苹果、山楂、柿、樱桃、杏、白梨等，多见于海拔 600 m 以下。

3. 竹 林

主要有淡竹林和毛竹林。淡竹林主要产于隐仙观、赵州庵、二圣宫、光华寺、中军帐等地。淡竹一般高 2.5~5 m，盖度 0.9~1.0，其他植物稀少，有时散生枫杨、胡枝子、野蔷薇、鸭跖草、酸模叶蓼（Polygonum lapathifolium）、小花鬼针草、龙芽草、画眉草（Eragrostis pilosa）等。毛竹林产于礤石峪，系 20 世纪 60 年代引入。林下灌木和草本稀疏，有少量荆条、胡枝子、茅莓、车前（Plantago asiatica）、鸭跖草、画眉草、紫花地丁、龙芽草、龙葵、香附子（Cyperus rotundus）等。

4. 灌 丛

荆条灌丛：徂徕山各山地林区均有分布，常见于林间、荒山坡地，以海拔 200~600 m 最为集中。建群种为荆条，其他灌木常见的有黄荆、酸枣、花木蓝、欧李、卫矛、小花扁担杆等，高 1.5 m，盖度 0.5~0.9；草本有黄背草、橘草、结缕草、鬼针草、鸡眼草、茵陈蒿、中华卷柏。

胡枝子灌丛：徂徕山各山地林区均有分布，马场、龙湾等地常见。一般高 0.5~1.5 m，盖度 0.3~0.7，伴生种有华北绣线菊、连翘、照山白、山楂叶悬钩子、卫矛，草本植物常见的有毛秆野古草、蒿属、白头翁、大披针薹草、荩草、白羊草、黄背草。

连翘灌丛：主要分布于陡峭深谷，马场、上池较常见。一般高 1 m，盖度 0.6~0.8。伴生种有山楂叶悬钩子、钩齿溲疏、花木蓝、照山白、南蛇藤、山葡萄、桔梗、歪头菜、委陵菜、翻白草、玉竹、薯蓣（Dioscorea polystachya）、展毛乌头（Aconitum carmichaelii var. truppelianum）、乌苏里风毛菊（Saussurea ussuriensis）等。

卫矛灌丛：主要分布于马场海拔 800~900 m。高度 1.5~2 m，盖度 0.4~0.8，伴生灌木有连翘、华北绣线菊、大叶铁线莲（Clematis heracleifolia）、山楂叶悬钩子、欧李等，草本有野艾蒿、大披针薹草、地榆、鸭跖草、东亚唐松草、草木犀状黄芪（Astragalus melilotoides）等。

5. 灌草丛

徂徕山灌丛草主要以中生或旱生多年生禾草类植物为建群种，混生有少量灌木组成。常见的有黄荆—荆条—黄背草灌丛草，盖度 0.6，高度 60~80 cm，伴生植物主要有白羊草、委陵菜、大油芒、鸡眼草、荩草、酸枣、花木蓝、胡枝子等；华北绣线菊、连翘、大披针薹草灌丛草，盖度 0.9，高度 40~50 cm，伴生植物有胡枝子、照山白、地榆、歪头菜、京芒草（Achnatherum pekinense）、乌苏里风毛菊等。

6. 草 甸

仅有结缕草草甸。分布于林缘、林中空地、山顶，盖度可达 0.7~0.9，除建群种结缕草外，伴生植物极少。

六、古树名木

徂徕山的古树名木主要集中在寺庙，如礤石峪林区的隐仙观、光华寺林区的光华寺、徂徕林区的中军帐等。古树名木共有 560 株，涉及 16 个树种，隶属 11 科 14 属。主要树种为侧柏、麻栎、栓皮栎、油松、圆柏、银杏等，其他尚有紫藤、黄连木、楸树、山合欢、赤松、槐、元宝枫、杏树等。著名的有中军帐的古龙松、古凤松、迎客松以及光华寺的佛爷松（以上均为油松），隐仙观的古紫藤、姊妹银杏，以及麻栎、栓皮栎古树群。尤其是礤石峪的栓皮栎、麻栎古树群，树龄约 150 年，是山东省规模最大的栎类古树群，在全国也极为罕见。

蕨类植物

　　蕨类植物既是高等孢子植物，又是原始维管植物，常见的绿色蕨类植物是它的孢子体，其植物体已有了根、茎、叶的分化和维管束组织。现存的蕨类植物为多年生草本，陆生、附生、水生，稀为缠绕攀缘，或乔木状。通常在叶的下面或沿边缘产生孢子囊，少数在茎或分枝顶端形成孢子囊穗，孢子囊内的孢子母细胞通过减数分裂产生孢子。孢子成熟后从囊中逸出，在适宜的环境条件下萌发为配子体，即原叶体。原叶体构造简单，生存期短暂，是能独立生活的绿色植物体。原叶体上生有颈卵器和精子器。颈卵器中产生卵子，精子器中产生带鞭毛的精子，以水为媒介而游动，进入颈卵器与卵子结合。受精卵发育成幼胚，暂时寄生于配子体上，随着胚的发育，配子体枯萎，幼小的孢子体成长为能够独立生活的绿色蕨类植物。在蕨类植物的生活周期中，孢子体世代（无性世代）与配子体世代（有性世代）交替出现，孢子体和配子体均能独立生活，孢子体发达，为异形世代交替。

　　根据最新的蕨类植物分类系统，现存蕨类植物共有48科，265~300属10900~11100种，广泛分布于世界各地，尤以热带和亚热带最为丰富。中国38科177属2129种，主要分布于南方各省份。徂徕山共有13科20属40种1亚种2变种。

蕨类植物分科检索表

1. 叶退化或细小，远不如茎那样发达；孢子囊生于枝顶的孢子叶球内。
  2. 叶小而正常，绿色，螺旋排列或排成4行；茎枝二叉分枝，有背腹之分，具根托；孢子囊生于叶腋内叶舌的上方··**1. 卷柏科** Selaginellaceae
  2. 叶退化为鳞片状，在茎节上轮生；茎直立，中空，节明显，节间有纵沟脊；孢子囊生于变质的盾状鳞片形的孢子叶下面，在枝顶上形成椭圆形的孢子叶球··**2. 木贼科** Equisetaceae
1. 叶远较茎为发达，单叶或复叶；孢子囊生于正常叶的下面或特化叶的下面或边缘，聚生成圆形、长圆形或线形的孢子囊群或满布叶之下面。
  3. 孢子同型；为陆生或附生，少为水生的大形或中形植物。
    4. 孢子囊群生于叶缘，叶边反折如囊群盖，护掩孢子囊群，囊群盖向内开（开向主脉）······**4. 凤尾蕨科** Pteridaceae
    4. 孢子囊群生于叶缘内，囊群盖自叶缘内生出，并向外开（开向叶缘）；或孢子囊群生于离叶边较远的叶下面。
      5. 孢子囊群生于叶缘内，稍离叶缘，位于小脉顶端，囊群盖开向叶缘············**3. 碗蕨科** Dennstaedtiaceae
      5. 孢子囊群生于叶下面，远离叶缘，如有囊群盖，也不开向叶缘。
        6. 孢子囊群长圆形、条形或马蹄形，有盖。
          7. 鳞片细胞细筛孔，网眼小而不透明；叶柄内2条维管束至叶轴上部汇合成V形；囊群盖长圆形、条形、腊肠形、马蹄形或上端呈钩形···**5. 蹄盖蕨科** Athyriaceae
          7. 鳞片细胞粗筛孔，网眼大而透明；叶柄内2条维管束至叶轴上部不汇合；囊群盖长圆形或条形，顶端不弯曲··**8. 铁角蕨科** Aspleniaceae
        6. 孢子囊群圆形或圆肾形，或密布于能育叶下面。
          8. 孢子囊群有盖。
            9. 囊群盖上位，圆肾形、盾形等。
              10. 植物体有阔鳞片，无上述的针状刚毛。
                11. 叶柄基部断面有2条扁阔的维管束···**5. 蹄盖蕨科** Athyriaceae

11. 叶柄基部断面有多条小而圆形的维管束···10. **鳞毛蕨科** Dryopteridaceae
10. 植物体尤其是羽轴上面有淡灰色针状刚毛，叶柄基部鳞片上也有同样的毛；叶柄基部膨大，包于密集簇生的红色大鳞片内···6. **肿足蕨科** Hypodematiaceae
9. 囊群盖下位，钵形、杯形、碟形或边缘碎裂成睫毛状·································9. **岩蕨科** Woodsiaceae
8. 孢子囊群无盖。
12. 植物体被单细胞针形刚毛，叶为1~2回羽裂，叶柄不以关节着生于根状茎上·······················
···7. **金星蕨科** Thelypteridaceae
12. 植物体有鳞片，无针形刚毛，单叶，至少能育叶的叶柄以关节着生于根状茎上·······················
···11. **水龙骨科** Polypodiaceae
3. 孢子2型（异型）；为水生或漂浮水面的小形植物，形体完全不同于一般蕨类。
13. 浅水植物，根状茎细长横走，根着生于淤泥中，叶为"田"字形，由4倒三角形的小叶组成，生于柄端；孢子果（荚）生于叶柄基部···12. **蘋科** Marsileaceae
13. 水面漂浮植物，无真根或有短须根，单叶，全缘或2深裂，无柄，2~3列（如为3列，则下面1列的叶常细裂成根状）；孢子果生于茎的下面，包藏多数孢子囊，每果中仅有大孢子囊或小孢子囊······13. **槐叶蘋科** Salviniaceae

1. 卷柏科 Selaginellaceae

多年生草本，土生或石生。茎单一或二叉分枝；根托生于分枝的腋部，从背轴面或近轴面生出，沿茎和枝遍体通生，或只生茎下部或基部。主茎直立或匍匐，多次分枝或不分枝。单叶，螺旋排列或排成4行，具叶舌，主茎上的叶通常排列稀疏，1形或2形。孢子叶穗生茎或枝的先端，或侧生于小枝上，紧密或疏松，四棱形或压扁，偶圆柱形；孢子叶4行排列，1形或2形，孢子叶2形时通常倒置，和营养叶的中叶对应的上侧孢子叶大长过和侧叶对应的下侧孢子叶。孢子囊近轴面生于叶腋内叶舌的上方，2型，在孢子叶穗上各式排布；大孢子囊内有4个大孢子，偶1个或多个；小孢子囊内小孢子多数。孢子表面纹饰多样。配子体微小，主要在孢子内发育。

1属约700种，全世界广布，主产热带地区。中国约72种，全国各地均有分布。徂徕山1属4种。

1. 卷柏属 Selaginella P. Beauvois

形态特征、种类、分布与科相同。

分种检索表

1. 孢子叶排列紧密，孢子叶穗呈四棱形，上下孢子叶近同形。
 2. 主茎直立，呈紫红色；根托只生横走茎上···1. 旱生卷柏 Selaginella stauntoniana
 2. 主茎匍匐或攀缘生长；根托生茎枝各部。
  3. 植株干后叶不卷缩；中叶的叶缘具细齿···2. 蔓出卷柏 Selaginella davidii
  3. 植株干后叶卷缩；叶缘全部具睫毛···3. 中华卷柏 Selaginella sinensis
1. 孢子叶排列疏松或上部紧密，孢子叶穗圆柱形···4. 小卷柏 Selaginella helvetica

1. 旱生卷柏（图1）

Selaginella stauntoniana Spring

Mém. Acad. Roy. Sci. Belgique. 24: 71. 1850.

石生，直立，高 15~35 cm，具横走的地下根状茎，其上生鳞片状红褐色的叶。根托只生横走茎上，长 0.5~1.5 cm，根多分叉。主茎分枝不规则羽状，无关节，不具沟槽，维管束 1 条；侧枝 3~5 对，2~3 回羽状分枝，小枝规则，背腹压扁，末回分枝连叶宽 1.8~3.2 mm。叶交互排列，2 形，表面光滑。不分枝主茎上的叶排列紧密，1 形，卵状披针形，鞘状，基部盾状，紧贴，边缘撕裂状。分枝上的叶长 1~1.7 mm，三角形，边缘膜质，撕裂状；小枝上的卵状椭圆形，长 0.7~1.7 mm，覆瓦状排列，背部不呈龙骨状，先端与轴平行，具芒，基部平截，全缘或近全缘，略反卷。侧叶不对称，分枝上的侧叶斜卵形或斜长圆形，排列紧密，长 1.4~2.2 mm，先端具芒，上侧基部圆形，覆盖茎枝，上侧边缘不为全缘，上侧边缘具细齿，下侧全缘。孢子叶穗紧密，四棱柱形，单生于小枝末端，长 5~20 mm；孢子叶 1 形，卵状三角形，边缘膜质撕裂或撕裂状具睫毛，透明，先端具长尖头到具芒，龙骨状；大孢子叶和小孢子叶在孢子叶穗上相间排列，或大孢子叶分布于中部的下侧，或散布于孢子叶穗的下侧。大孢子橘黄色；小孢子橘黄色或橘红色。

产于黄石崖水帘洞沟、阴天剑沟、大寺土岭等地。生于石缝中。国内分布于吉林、山西、宁夏、陕西、北京、河北、河南、辽宁、山东、台湾。朝鲜半岛也有分布。

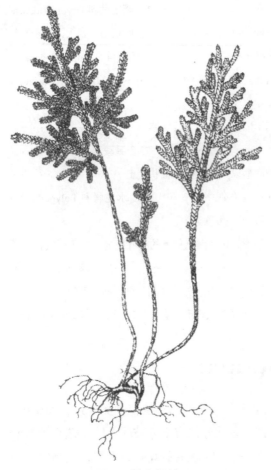

图 1　旱生卷柏

2. 蔓出卷柏（图2）

Selaginella davidii Franch.

Pl. David. 1: 344. 1884.

土生或石生，匍匐，长 5~15 cm，无横走根状茎。根托长 0.5~5 cm，根被毛。主茎羽状分枝，不呈"之"字形，无关节，茎近方形，无毛，维管束 1 条；侧枝 3~6 对，1 回羽状分枝，无毛，背腹压扁，主茎在分枝部分中部连叶宽 4~5 mm，末回分枝连叶宽 3.5~4 mm。叶 2 形，草质，表面光滑，明显具白边，不分枝主茎上的叶排列紧密，较大，具细齿。分枝上的腋叶卵状披针形，长 1.6~2 mm，宽 0.6~1.2 mm，全缘或具微齿。中叶不对称，主茎上的明显大于侧

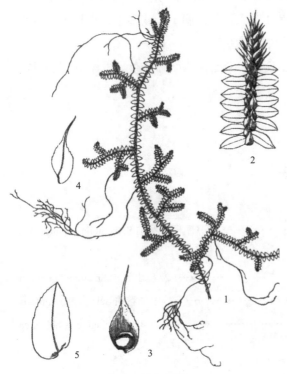

图 2　蔓出卷柏

1. 植株一部分；2. 枝端及孢子囊穗；
3. 孢子叶和孢子囊；4. 中叶；5. 侧叶

枝上的，侧枝上的斜卵形，长 1.2~1.6 mm，宽 0.5~0.8 mm，背部不呈龙骨状，先端后曲、具芒，基部近心形，边缘具细齿，略反卷。侧叶不对称，主茎上的侧叶明显大于分枝上的，分枝上的长圆状卵形，长 1.6~2.2 mm，先端尖或钝，具微齿，上侧基部扩大加宽，覆盖小枝，上侧基部边缘近全缘，具微齿，下侧边近全缘，具微齿。孢子叶穗紧密，四棱柱形，单生于小枝末端；孢子叶 1 形，卵圆形，边缘有细齿，具白边，先端具芒，锐龙骨状；仅在孢子叶穗基部的下侧有 1 个大孢子叶，有时大、小孢子叶相间排列。大孢子白色；小孢子橘黄色。

产于光华寺、马场、上池等地。生于背阴山坡。国内分布于安徽、北京、重庆、福建、甘肃、河北、河南、湖南、湖北、江苏、江西、陕西、宁夏、山东、山西、浙江等省份。

3. 中华卷柏（图 3）

Selaginella sinensis（Desv.）Spring

Bull. Acad. Roy. Sci. Bruxelles. 10: 137. 1843.

土生，匍匐，长 15~45 cm。根托在主茎上断续着生，自主茎分叉处下方生出，长 2~5 cm，纤细，根多分叉，光滑。主茎通体羽状分枝，不呈"之"字形，无关节，禾秆色，圆柱状，不具纵沟，光滑无毛，内具维管束 1 条；侧枝多达 10~20 个，1~3 次分叉，小枝稀疏，规则排列，主茎上相邻分枝相距 1.5~3 cm，分枝无毛，背腹压扁，末回分枝连叶宽 2~3 mm。叶全部交互排列，略 2 形，纸质，表面光滑，边缘不为全缘，具白边。分枝上的腋叶对称，窄倒卵形，长 0.7~1.1 mm，边缘睫毛状。中叶多少对称，小枝上的卵状椭圆形，长 0.6~1.2 mm，排列紧密，背部不呈龙骨状，先端急尖，基部楔形，边缘具长睫毛。侧叶多少对称，略上斜，在枝的先端呈覆瓦状排列，长 1~1.5 mm，先端尖或钝，基部上侧不扩大，不覆盖小枝，上侧边缘具长睫毛，下侧基部略呈耳状，基部具长睫毛。孢子叶穗紧密，四棱柱形，单个或成对生于小枝末端，长 5~12 mm；孢子叶 1 形，卵形，边缘具睫毛，有白边，先端急尖，龙骨状；只有 1 个大孢子叶位于孢子叶穗基部的下侧，其余均为小孢子叶。大孢子白色；小孢子橘红色。

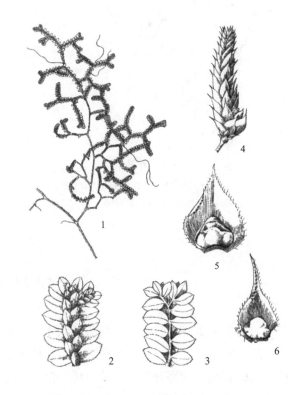

图 3 中华卷柏
1. 植株一部分；2. 着叶的小枝背面观；
3. 着叶小枝的腹面观；4. 孢子囊穗；
5. 大孢子叶和大孢子囊；6. 小孢子叶和小孢子囊

徂徕山各山地林区均产。生于向阳山坡灌丛、林下或岩石上。中国特有，分布于黑龙江、吉林、山西、安徽、北京、河北、天津、河南、湖北、江苏、辽宁、宁夏、内蒙古、陕西、山东。

4. 小卷柏（图 4）

Selaginella helvetica（Linn.）Link

Fil. Spec. 159. 1841.

土生或石生，短匍匐，能育枝直立，高 5~15 cm。根托沿匍匐茎和枝断续生长，自茎分叉处下方生出，长 1.5~4.5 cm，纤细，根少分叉，无毛。直立茎通体分枝，不呈"之"字形，无关节，茎具沟

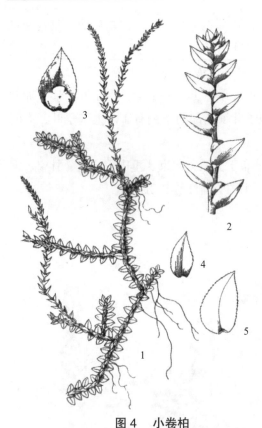

槽，无毛，维管束1条；侧枝2~5对，不分叉、分叉或1回羽状分枝，叶状分枝和茎无毛，背腹压扁，茎在分枝部分中部连叶宽3~3.8 mm，末回分枝连叶宽2~3.6 mm。叶交互排列，2形，表面光滑，边缘不具白边。分枝上的腋叶近对称，卵状披针形或椭圆形，长1.4~1.6 mm，边缘睫毛状。中叶多少对称，分枝上的中叶卵形或卵状披针形，紧接或覆瓦状，背部不呈龙骨状，先端常后曲，先端具芒，边缘具睫毛。侧叶不对称，侧枝上的侧叶长圆状卵形或宽卵圆形，外展或略下折，长1.6~2 mm，先端急尖和具芒，上侧基部加宽，覆盖小枝，边缘不为全缘，具睫毛。孢子叶穗疏松或上部紧密，圆柱形，单生于小枝末端或分叉，长12~35 mm，宽2~4 mm；孢子叶和营养叶略同形，不具白边，具睫毛，略呈龙骨状，先端具长尖头；大孢子叶分布于孢子叶穗下部的下侧或大孢子叶与小孢子叶相间排列。大孢子橙色或橘黄色；小孢子橘红色。

图4 小卷柏
1.植株一部分；2.孢子囊穗一部分；
3.孢子叶和孢子囊；4.中叶；5.侧叶

产于马场、上池东沟等地。生于背阴山坡、林中阴湿石缝中。国内分布于东北、西北、华北地区及山东、四川、西藏、云南、安徽。蒙古、朝鲜半岛、日本以及欧洲、俄罗斯、喜马拉雅也有分布。

2. 木贼科 Equisetaceae

小型或中型蕨类，土生、湿生或浅水生。根茎长而横行，黑色，分枝，有节，节上生根，被绒毛。地上枝直立，圆柱形，绿色，有节，中空有腔，表皮常有硅质小瘤，单生或在节上有轮生的分枝；节间有纵行的脊和沟。叶鳞片状，轮生，在每节上合生成筒状的叶鞘（鞘筒）包围在节间基部，先端分裂呈齿状（鞘齿）。孢子囊穗顶生，圆柱形或椭圆形，有的具长柄；孢子叶轮生，盾状，彼此密接，每孢子叶下面生有5~10个孢子囊。孢子近球形，有4条弹丝，无裂缝，具薄而透明周壁，有细颗粒状纹饰。

1属约15种，全世界广布。中国1属10种3亚种，全国广布。徂徕山1属3种。

1. 木贼属 Equisetum Linn.

形态特征、种类、分布与科相同。

分种检索表

1.地上枝宿存仅1年或更短时间；主枝常有规则的轮生分枝；气孔位于地上枝的表面；孢子囊穗顶端钝。
 2.能育枝春季先萌发，孢子囊成熟后能育枝枯萎··1. 问荆 Equisetum arvense
 2.能育枝与不育枝同期萌发，孢子囊成熟后能育枝变绿并形成轮状分枝··············2. 林问荆 Equisetum sylvaticum
1.地上枝宿存1年以上，主枝常不分枝；气孔下陷；孢子囊穗顶端具小尖突··········3. 节节草 Equisetum ramosissimum

1. 问荆（图 5）

Equisetum arvense Linn.

Sp. Pl. 2: 1061. 1753.

中小型植物。根茎斜升、直立和横走，黑棕色，节和根密生黄棕色长毛或光滑无毛。地上枝当年枯萎。枝 2 型，能育枝春季先萌发，高 5~35 cm，中部直径 3~5 mm，节间长 2~6 cm，黄棕色，无轮生分枝，脊不明显；鞘筒栗棕色或淡黄色，长约 0.8 cm，鞘齿 9~12 个，栗棕色，长 4~7 mm，狭三角形，鞘背仅上部有一浅纵沟，孢子散后能育枝枯萎。不育枝后萌发，高达 40 cm，主枝中部直径 1.5~3 mm，节间长 2~3 cm，绿色，轮生分枝多，主枝中部以下有分枝。脊的背部弧形，无棱，有横纹，无小瘤；鞘筒狭长，绿色，鞘齿三角形，5~6 个，中间黑棕色，边缘膜质，淡棕色，宿存。侧枝柔软纤细，扁平状，有 3~4 条狭而高的脊，脊的背部有横纹；鞘齿 3~5 个，披针形，绿色，边缘膜质，宿存。孢子囊穗圆柱形，长 1.8~4 cm，直径 0.9~1 cm，顶端钝，成熟时柄伸长，柄长 3~6 cm。

徂徕山各林区均产。生于山坡湿地、溪边、河边等处。中国各地广泛分布。日本、朝鲜半岛、喜马拉雅、俄罗斯、欧洲、北美洲也有分布。

全草入药，为利尿剂。茎作饲料。春季孢子茎可供食用，名笔头菜。

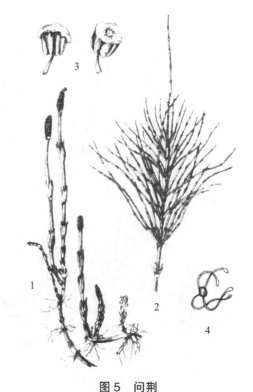

图 5　问荆
1.孢子茎；2.营养茎一部分；
3.孢子叶和孢子囊；4.孢子

2. 林问荆（图 6）

Equisetum sylvaticum Linn.

Sp. Pl. 2: 1061. 1753.

中大型植物。根茎直立和横走，黑棕色，节和根疏生黄棕色长毛或光滑。地上枝当年枯萎。枝 2 型，能育枝与不育枝同期萌发。能育枝高 20~30 cm，中部直径 2~2.5 mm，节间长 3~4 cm，红棕色，有时禾秆色，最终能形成分枝，有脊 10~14 条，脊上光滑；鞘筒上部红棕色，下部禾秆色，长 1.1~1.5 cm；鞘齿连成 3~4 个宽裂片，红棕色，卵状三角形，膜质；背面有浅纵沟；孢子散后能育枝能存活。不育枝高 30~70 cm，中部直径 2.5~5.5 mm，节间长 4.5~6 cm，下部上部灰绿色，轮生分枝多，主枝中部以下无分枝，主枝有脊 10~16 条，脊的背部方形，两侧常具刚毛状突起；每脊常有 1 行小瘤；鞘筒上部红棕色，下部灰绿色，长约 6 mm；鞘齿连成 3~4 个宽裂片，长约 6 mm，卵状三角形，膜质；红棕色，宿存。侧枝柔软纤细，扁平状，有脊 3~8 条；鞘齿开张。孢子囊穗圆柱状，长 1.5~2.5 cm，直径 5~7 mm，顶端钝。

产于马场、锦罗。生于溪边。分布于黑龙江、吉林、

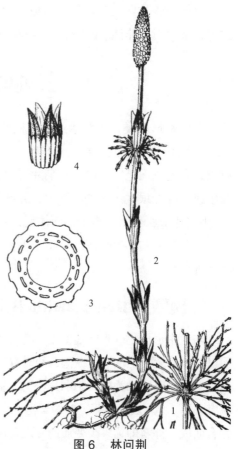

图 6　林问荆
1.营养茎一部分；2.孢子茎；
3.茎横切面；4.鞘筒和鞘齿

内蒙古、新疆、山东。日本以及欧洲、北美洲也有分布。

3. 节节草（图7）

Equisetum ramosissimum Desf.

Fl. Atlant. 2: 398. 1799.

中小型植物。根茎直立，横走或斜升，黑棕色，节和根疏生黄棕色长毛或无毛。地上枝多年生。枝1型，高20~60 cm，中部直径1~3 mm，节间长2~6 cm，绿色，主枝多在下部分枝，常形成簇生状；幼枝的轮生分枝明显或不明显；主枝有脊5~14条，脊的背部弧形，有1行小瘤或有浅色小横纹；鞘筒狭长达1 cm，下部灰绿色，上部灰棕色；鞘齿5~12个，三角形，灰白色、黑棕色或淡棕色，边缘为膜质，基部扁平或弧形，早落或宿存，齿上气孔带明显或不明显。侧枝较硬，圆柱状，有脊5~8条，脊上平滑或有1行小瘤或有浅色小横纹；鞘齿5~8个，披针形，革质但边缘膜质，上部棕色，宿存。孢子囊穗短棒状或椭圆形，长0.5~2.5 cm，中部直径4~7 mm，顶端有小尖突，无柄。

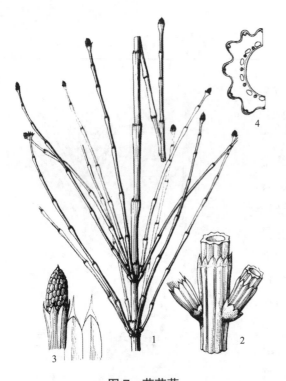

图7 节节草
1. 植株上部；2. 茎一段放大；
3. 孢子叶穗；4. 茎横切局部

徂徕山各林区均产。生于山坡湿地、溪边、河边。中国各地广泛分布。日本、朝鲜半岛、印度、蒙古、俄罗斯、非洲、欧洲、北美洲等也有分布。

3. 碗蕨科 Dennstaedtiaceae

土生中形蕨类，少为攀缘性。根状茎横走，被多细胞毛或少细胞的圆柱形腺毛，无鳞片。叶同型；叶柄基部不以关节着生，与叶轴上面均有纵沟，两侧为圆形；叶片1~4回羽状细裂，薄革质至革质，有毛或无毛，无鳞片；羽片对生或互生；叶脉分离，羽状或分叉，小脉不达叶缘。孢子囊群叶缘生或近叶缘顶生于1条小脉上，囊群盖线形或碗状，或无盖而为多少变质的向下反折的叶边的锯齿（或小裂片）所覆盖。孢子四面体型，3裂缝，或肾状和单裂缝，具刺瘤或光滑。配子体绿色，心形。

11~15属170~300种，分布于世界热带及亚热带，延伸至温带地区。中国7属52种。徂徕山1属2种。

1. 碗蕨属 Dennstaedtia Bernh.

陆生中形植物。根状茎横走，有管状中柱，被多细胞淡灰色刚毛，不具鳞片。叶同型，有柄，基部不以关节着生，上面有1纵沟，幼时有毛，老则脱落。叶片为三角形至长圆形，多回羽状细裂，通体多少有毛，尤以叶轴为多，小羽片偏斜，基部为不对称楔形。叶脉分离，羽状分枝，小脉不达于叶边，先端有水囊。孢子囊群圆形，叶缘着生，顶生于每条小脉，分离；囊群盖为碗形，由2层（1内瓣及1外瓣）融合而成，外瓣即为多少变质的叶之锯齿或小裂片，碗口全缘，少有缺刻，通常多少弯折下向，形如烟斗，质厚，常为淡绿色。囊托短，孢子囊有细长柄，环带直立，而下部被囊柄中断。孢子四面形。

约70种，主要分布于世界热带，向北到达亚洲东北部及北美洲。中国8种，大都分布于热带和亚热带地区。徂徕山2种。

分种检索表

1. 叶全部几光滑无毛，叶柄有光泽，上部红棕色，下部栗色··············1. 溪洞碗蕨 Dennstaedtia wilfordii
1. 叶遍体有灰色长毛密生，叶柄无光亮，通常为淡禾秆色··············2. 细毛碗蕨 Dennstaedtia hirsuta

1. 溪洞碗蕨（图8）
Dennstaedtia wilfordii（T. Moore）Christ

Index Filic., Suppl. 1: 24. 1913.

根状茎细长，横走，黑色，疏被棕色节状长毛。叶2列疏生或近生；柄长约14 cm，粗仅1.5 mm，基部栗黑色，被与根状茎同样的长毛，向上为红棕色，或淡禾秆色，无毛，光滑，有光泽。叶片长约27 cm，宽6~8 cm，长圆披针形，先端渐尖或尾头，2~3回羽状深裂；羽片12~14对，长2~6 cm，宽1~2.5 cm，卵状阔披针形或披针形，先端渐尖或尾头，羽柄长3~5 mm，互生，相距2~3 cm，斜向上，1~2回羽状深裂；1回小羽片长1~1.5 cm，宽不及1 cm，长卵圆形，上先出，基部楔形，下延，斜向上，羽状深裂或为粗锯齿状；末回羽片先端为二至三叉的短尖头，边缘全缘。中脉不显，每小裂片有小脉1条，不达叶边，先端有明显的纺锤形水囊。叶薄草质，干后淡绿或草绿色，通体光滑无毛；叶轴上面有沟，下面圆形，禾秆色。孢子囊群圆形，生末回羽片的腋中，或上侧小裂片先端；囊群盖半盅形，淡绿色，无毛。

产于大寺春马窝、黄石崖花叶沟、庙子羊栏沟等地。生于溪边岩石缝。国内分布于东北地区及河北、山东、江苏、浙江、安徽、江西、福建、湖南、湖北、四川、陕西。日本、朝鲜、俄罗斯及西伯利亚东部也有分布。

2. 细毛碗蕨（图9，彩图1）
Dennstaedtia hirsuta（Swartz）Mettenius ex Miq.

Ann. Mus. Bot. Lugduno-Batavi. 3: 181. 1867.

—— *Davallia hirsuta* Swartz

—— *Dennstaedtia pilosella*（Hooker）Ching

根状茎横走或斜升，密被灰棕色长毛。叶近生或几为簇生，柄长9~14 cm，粗约1 mm，幼时密被灰色节状长毛，老时留下粗糙的痕，禾秆色。叶片长10~20 cm，宽4.5~7.5 cm，长圆披针形，先端渐尖，2回羽状，羽片10~14对，下部的长3~5 cm，宽1.5~2.5 cm，对生或几互生，相距1.5~2.5 cm，具有狭翅的短柄或几无柄，斜向上或略弯弓，羽状分裂或深裂；1回小羽片6~8对，长1~1.7 cm，宽约5 mm，长圆

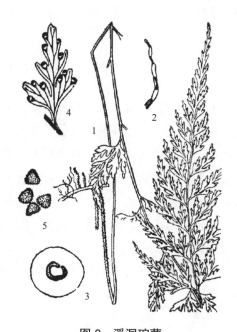

图8 溪洞碗蕨

1. 植株；2. 节状长毛；3. 根状茎横切面；4. 小羽片；5. 孢子

图9 细毛碗蕨

1. 植株；2. 羽片；3. 叶片的毛

形或阔披针形，上先出，基部上侧一片较长，与叶轴并行，两侧浅裂，顶端有2~3个尖锯齿，基部楔形，下延和羽轴相连，小裂片先端具1~3个小尖齿。叶脉羽状分叉，不到达齿端，每个小尖齿有小脉1条，水囊不显。叶草质，干后绿色或黄绿色，两面密被灰色节状长毛；叶轴与叶柄同色，和羽轴均密被灰色节状毛。孢子囊群圆形。生于小裂片腋中；囊群盖浅碗形，绿色，有毛。

产于中军帐、上池、马场等地。生于阴湿石缝中。国内分布于东北地区及河北、陕西、山东、福建、贵州、四川、湖南、江西、安徽、浙江。也分布于日本、朝鲜及乌苏里。

4. 凤尾蕨科 Pteridaceae

土生、附生，稀水生。根状茎短而直立或斜升，或长而横走，有管状中柱或网状中柱，常有鳞片，稀具刚毛，鳞片棕色或黑色，有时有格子形网眼和光泽，披针形至心形，有时盾状，全缘。叶1型或近2型，簇生或疏生，有柄，无关节。叶片通常1~4回或5回羽状分裂，稀掌状，单叶或三叉；末端小羽片常具柄。叶脉分离，稀为网状，网眼内不具内藏小脉。孢子囊群沿侧脉着生或着生于羽片顶部边缘叶脉上，或为汇生囊群，有时生于凹陷中，无囊群盖，由反折叶缘所形成的线形假囊群盖覆盖。孢子多为褐色、淡黄色或无色，多为四面体型，或罕为两面体型，单裂缝或3裂缝，表面平滑或具纹饰。

约50属950种，分布于世界热带和亚热带，尤以热带和干旱地区为多。中国20属233种。徂徕山3属3种1变种。

分属检索表

1. 孢子囊群生于叶缘，反折膜质的囊群盖不具叶脉；小羽片不为对开形或扇形，叶脉羽状分枝。
   2. 孢子囊沿生于叶缘的1条小脉上着生，成汇合线形孢子囊群，囊群盖连续不间断；叶柄通常禾秆色··1. 凤尾蕨属 Pteris
   2. 孢子囊生于接近叶缘的小脉顶端，幼时彼此分离，成熟时常向两侧扩展汇合成线形；叶柄栗色或栗黑色··2. 粉背蕨属 Aleuritopteris
1. 孢子囊群不生于叶缘，而生于反折的变质叶边（假囊群盖）下面的小脉顶部；小羽片为对开形或扇形，叶脉二叉分歧··3. 铁线蕨属 Adiantum

1. 凤尾蕨属 Pteris Linn.

陆生。根状茎直立或斜升，偶短而横卧，有复式管状或网状中柱，被鳞片；鳞片狭披针形或线形，棕色或褐色，膜质，坚厚，向边缘略变薄，常有疏睫毛，以宽的基部着生。叶簇生；叶柄面有纵沟，自基部向上有"V"字形维管束1条；叶片1回羽状或为篦齿状的2~3回羽裂，或时三叉分枝，基羽片下侧常分叉，从不细裂，少为单叶或掌状分裂而顶生羽片常与侧生羽片同形。羽轴或主脉上面有深纵沟，沟两旁有狭边。叶脉分离，单一或二叉，罕沿羽轴两侧联结成1列狭长的网眼，不具内藏小脉，小脉先端不达叶边，常膨大为棒状水囊。叶干后草质或纸质，光滑或少有被毛。孢子囊群线形，沿叶缘连续延伸，通常仅裂片先端及缺刻不育，着生于叶缘内的联结小脉上，有隔丝（由1列细胞组成）；囊群盖为反卷的膜质叶缘形成；环带有16~34个增厚细胞；孢子多为四面型，灰色或几为黑色，表面粗糙或有疣状突起。

约250种，产世界热带和亚热带地区，南达新西兰、澳大利亚及南非，北至日本及北美洲。中国78种，主要分布于华南及西南地区。徂徕山1种。

1. 井栏边草（图10）
Pteris multifida Poiret

Encycl. 5: 714. 1804.

株高30~45 cm。根状茎短而直立，粗1~1.5 cm，先端被黑褐色鳞片。叶多数，密而簇生，明显2型；不育叶柄长15~25 cm，粗1.5~2 mm，禾秆色或暗褐色，稍有光泽，光滑；叶片卵状长圆形，长20~40 cm，宽15~20 cm，1回羽状，羽片通常3对，对生，斜向上，无柄，线状披针形，长8~15 cm，宽6~10 mm，先端渐尖，叶缘有不整齐的尖锯齿并有软骨质边，下部1~2对常分叉，有时近羽状，顶生三叉羽片及上部羽片的基部显著下延，在叶轴两侧形成宽3~5 mm的狭翅；能育叶有较长的柄，羽片4~6对，狭线形，长10~15 cm，宽4~7 mm，仅不育部分具锯齿，余均全缘，基部1对有时近羽状，有长约1 cm的柄，余均无柄，下部2~3对常二至三叉，上部几对的基部常下延，在叶轴两侧形成宽3~4 mm的翅。主脉两面均隆起，禾秆色，侧脉明显，稀疏，单一或分叉，有时在侧脉间具有或多或少的与侧脉平行的细条纹。叶干后草质，暗绿色，遍体无毛；叶轴禾秆色，稍有光泽。

图10 井栏边草
1. 植株；2. 根状茎上的鳞片；3. 孢子

产于大寺、徂徕等林区。生于阴湿石缝、溪边或灌丛下。国内分布于河北、山东、河南、陕西、四川、贵州、广西、广东、福建、台湾、浙江、江苏、安徽、江西、湖南、湖北。越南、菲律宾、日本也有分布。

全草入药，味淡，性凉，能清热利湿、解毒、凉血、收敛、止血、止痢。

2. 粉背蕨属 Aleuritopteris Fée

旱生常绿中小型植物。根状茎短而直立或斜升，密被鳞片；鳞片披针形，棕色或黑褐色，全缘。叶簇生，多数；叶柄和叶轴黑色、栗色或红棕色，有光泽，圆柱形，具管状中柱，无或稍具鳞片；叶片五角形、三角状卵圆形或三角状长圆形、长圆披针形，2~3回羽状分裂，羽片无柄或几无柄，对生或近对生，基部1对较大，其基部下侧小羽片较大，伸长，下面通常具腺体，分泌黄色、白色或金黄色的蜡质粉状物，偶光滑；叶脉分离，羽状，纤细，达于叶边；叶轴上面有浅纵沟，下面圆。孢子囊群近边生，圆形。生于叶脉顶端，由2~10个彼此分离的孢子囊组成，成熟后常向两侧扩展成彼此接触；囊群盖干膜质，棕色、灰棕色、全缘、具锯齿或撕裂成睫毛状；孢子囊环带垂直，由15~18个细胞构成；孢子为球圆三角形，3裂缝，周壁光滑、具皱褶或颗粒状纹饰。

约40种，分布于热带和亚热带。中国29种，为本属的现代分布中心。徂徕山1种1变种。

1. 银粉背蕨（图11，彩图2）
Aleuritopteris argentea (S. G. Gmel.) Fée

Mem. Foug., Gen. Filic. 154. 1850-1852.

图 11 银粉背蕨
1. 植株；2. 鳞片；3. 裂片（示叶脉）

株高 15~30 cm。根状茎直立或斜升，先端被披针形、棕色、有光泽的鳞片。叶簇生；叶柄长 10~20 cm，红棕色，有光泽，上部光滑，基部疏被棕色披针形鳞片；叶片五角形，长宽几相等，约 5~7 cm，先端渐尖，羽片 3~5 对，基部 3 回羽裂，中部 2 回羽裂，上部 1 回羽裂；基部 1 对羽片直角三角形，长 3~5 cm，宽 2~4 cm，水平开展或斜向上，基部上侧与叶轴合生，下侧不下延，小羽片 3~4 对，以圆缺刻分开，基部以狭翅相连，基部下侧 1 片最大，长 2~2.5 cm，宽 0.5~1 cm，长圆披针形，先端长渐尖，有裂片 3~4 对；裂片三角形或镰刀形，基部 1 对较短，羽轴上侧小羽片较短，不分裂，长约 1 cm；第 2 对羽片为不整齐的 1 回羽裂，披针形，基部下延成楔形，常与基部 1 对羽片汇合，先端长渐尖，有不整齐的裂片 3~4 对；裂片三角形或镰刀形，以圆缺刻分开；自第 2 对羽片向上渐次缩短。叶干后草质或薄革质，上面褐色、光滑，叶脉不显，下面被乳白色或淡黄色粉末，裂片边缘有明显而均匀的细齿牙。孢子囊群较多；囊群盖连续，膜质，黄绿色，全缘；孢子极面观钝三角形，周壁表面具颗粒状纹饰。

徂徕山各山地林区均产。生于石缝中或墙缝中。全国各省份均有分布。尼泊尔、印度北部以及俄罗斯、蒙古、朝鲜、日本也有分布。

陕西粉背蕨（变种）

var. obscura（Christ）Ching

Hong Kong Naturalist. 10: 198. 1941.

—— *Aleuritopteris shensiensis* Ching

又名无粉银粉背蕨。叶片下面无粉末。

徂徕山各山地林区均产。生于石缝和墙缝中。秦岭以北各省份以及西北地区及江西、四川常见。

3. 铁线蕨属 Adiantum Linn.

陆生中小形蕨类，体形变异大。根状茎或短而直立或细长横走，具管状中柱，被有棕色或黑色、质厚且常为全缘的披针形鳞片。叶 1 型，螺旋状簇生、2 列散生或聚生；叶柄黑色或红棕色，有光泽，细圆，坚硬如铁丝，内有 1 条或基部为 2 条而向上合为 1 条的维管束；叶片多为 1~3 回以上的羽状复叶或 1~3 回二叉掌状分枝，极少为团扇形单叶，草质或厚纸质，少为革质或膜质，多光滑无毛；叶轴、各回羽轴和小羽柄均与叶柄同色同形；末回小羽片卵形、扇形、团扇形或对开式，有锯齿，少分裂或全缘。叶脉分离，自基部向上多回二歧分叉或自基部向四周辐射，顶端二歧分叉，伸达边缘，两面可见。孢子囊群着生在叶片或羽片顶部边缘的叶脉上，无盖，而由反折的叶缘覆盖形成"假囊群盖"；假囊群盖圆形、肾形、半月形、长方形和长圆形，上缘（反卷后与羽片相连的边）呈深缺刻状、浅凹陷或平截；孢子囊为球圆形，有长柄，环带直立，由18个加厚的细胞组成；孢子四面型，淡黄色，透明，光滑，不具周壁。

200多种，广布于世界各地，以南美洲为最多。中国34种，主要分布于温暖地区。徂徕山1种。

1. 普通铁线蕨（图12）

Adiantum edgewothii Hook.

Sp. Fil. 2: 14. 1851.

株高10~30 cm。根状茎短而直立，被黑褐色披针形鳞片。叶簇生；柄长4~10 cm，粗约1 mm，栗色，基部被鳞片；叶片线状披针形，先端渐尖，基部几不变狭，长6~23 cm，宽2~3 cm，1回羽状；羽片10~30对，对生或互生，平展，柄极短，若叶轴先端延长成鞭状，则顶部叶片逐渐远离，中部羽片长1~1.5 cm，基部宽5~8 mm，为半开式，先端急尖或圆钝，基部不对称，上侧截形，上凹入，上缘2~5浅裂，下缘和内缘直而全缘；裂片近长方形，全缘或稍呈波状；基部数对羽片与中部羽片同形而略缩小，顶生羽片近扇形，上缘深裂，基部楔形。叶脉多回二歧分叉，两面明显。叶干后淡褐色或淡棕绿色，两面无毛；叶轴栗色，先端常延伸成鞭状，能着地生根行无性繁殖。孢子囊群每羽片2~5枚，横生于裂片先端；囊群盖圆形或长圆形，上缘平直，膜质，棕色，全缘，宿存。孢子周壁具颗粒状纹饰。

产于庙子羊栏沟。生于阴湿岩石下。国内分布于北京、河北、台湾、山东、河南、甘肃、四川、云南、西藏。也分布于越南、缅甸、印度、尼泊尔、日本、菲律宾。

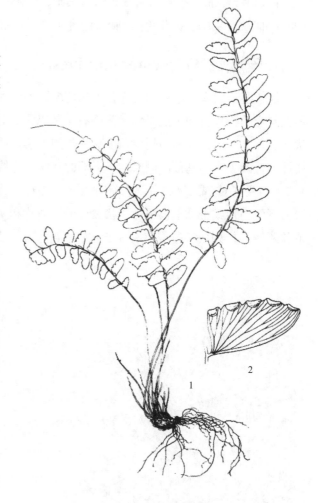

图12　普通铁线蕨
1. 植株；2. 羽片

5. 蹄盖蕨科 Athyriaceae

土生，根状茎细长横走，或粗短斜升至直立，网状中柱，鳞片全缘或有细齿，筛孔狭长。叶柄上面有1~2条纵沟，下面圆，基部有时加厚变尖削呈纺锤形，通常有鳞片，向上鳞片稀疏或变光滑，或同时生有单细胞灰色短毛或单行细胞淡棕色节状长柔毛；基部内有2条扁平维管束，向上汇合成"V"字形。叶片草质或纸质，1~3回羽状，罕三出复叶或披针形单叶，无毛或有毛、鳞片；裂片常有锯齿或缺刻，少全缘；叶轴、各回羽轴及中肋上面通常有彼此贯通或不相通的纵沟，纵沟两侧有隆起的狭边，有时在贯通处有角状或细针状突起；叶脉分离，少有网结。孢子囊群圆形、椭圆形、线形、新月形，或上端向后弯曲越过叶脉呈不同程度的弯钩形乃至马蹄形或圆肾形。孢子椭圆球形，两侧对称，单裂缝，大多有较明显周壁。

5属约600种，广布全世界热带至寒温带各地。中国5属278种，各地均有分布。徂徕山3属7种。

分属检索表

1. 叶片和叶轴无毛或仅被单细胞柔毛或腺毛；叶轴、羽片中轴或裂片中肋的沟彼此相通。
    2. 叶脉网结；孢子囊群小，通常生于叶脉背部，圆形或圆肾形·····················1. 安蕨属 Anisocampium
    2. 叶脉不网结；孢子囊群生于叶脉上侧，圆肾形、马蹄形、新月形或短线形·····················2. 蹄盖蕨属 Athyrium
1. 叶片和叶轴被多细胞毛或鳞片；叶轴、羽片中轴或裂片中肋的沟彼此不相通·····················3. 对囊蕨属 Deparia

1. 安蕨属 Anisocampium Presl

根状茎长而横走或短而直立，被褐色披针形鳞片；叶远生或簇生。叶柄禾秆色，基部疏被与根状茎上同样的鳞片，向上近光滑，腹面有 1 条纵沟，直通叶轴；叶片卵状长圆形或三角状卵形，1 回羽状；羽片 2~7 对，顶部羽裂或顶生羽片与侧生羽片同形，下部的对生或近对生，上部的互生，镰刀状披针形，渐尖头，基部两侧对称，下部的有柄，边缘浅裂，裂片有锯齿。叶脉在裂片上为羽状，侧脉 3~5 对，单一或偶二叉，分离，有时下部 1~2 对小脉先端靠合成三角形的网眼。叶干后纸质，上面光滑，下面羽轴或主脉上被褐色线状披针形小鳞片和灰白色短毛。孢子囊群圆形，背生于小脉中部，在主脉两侧各排列成 1 行或仅有 3~5 枚；囊群盖小，圆肾形，膜质，边缘具睫毛，早落。孢子两面型，具周壁，表面有脊状纹饰。

4 种，分布亚洲东南部热带和亚热带。中国 4 种，主要分布于长江流域及其以南地区。徂徕山 1 种。

1. 日本安蕨　华北蹄盖蕨（图 13）
Anisocampium niponicum（Mettenius）Yea C. Liu，W. L. Chiou & M. Kato
Taxon 60: 828. 2011.
—— *Athyrium niponicum*（Mett.）Hance
—— *Athyrium pachyphlebium* C. Chr.

根状茎横卧、斜升，先端和叶柄基部密被浅褐色、狭披针形鳞片；叶簇生。能育叶长 30~75 cm；叶柄长 10~35 cm，基部黑褐色，向上禾秆色；叶片卵状长圆形，长 23~30 cm，中部宽 15~25 cm，先端急狭缩，基部阔圆形，中部以上 2~3 回羽状；急狭缩部以下有羽片 5~7 对，互生，斜展，有柄，略向上弯，基部 1 对略长，较大，长圆状披针形，长 7~15 cm，中部宽 2.5~6 cm，先端突然收缩，长渐尖，略成尾状，基部阔斜形或圆形，中部羽片披针形，1~2 回羽状；小羽片 12~15 对，互生，斜展或平展，有短柄或几无柄，常为阔披针形或长圆状披针形，中部的长 1~4 cm，基部宽 1~2 cm，渐尖头，基部不对称，上侧近截形，成耳状突起，与羽轴并行，下侧楔形，两侧有粗锯齿或羽裂几达小羽轴两侧的阔

图 13　日本安蕨
1. 植株一部分；2. 小羽片

翅；裂片 8~10 对，披针形、长圆形或线状披针形，尖头，边缘有向内紧靠的尖锯齿。叶脉下面明显，在裂片上为羽状，侧脉 4~5 对，斜向上，单一。叶干后草质或薄纸质，灰绿色或黄绿色，两面无毛；叶轴和羽轴下面带淡紫红色，略被浅褐色线形小鳞片。孢子囊群长圆形、弯钩形或马蹄形，每末回裂片 4~12 对；囊群盖同形，褐色，膜质，边缘略呈啮蚀状，宿存或部分脱落。孢子周壁表面有明显的条状褶皱。

徂徕山各山地林区均产。生于杂木林下、灌丛、溪边或阴湿山坡。国内分布于辽宁、北京、河北、山西、陕西、宁夏、甘肃、山东、江苏、安徽、台湾、浙江、江西、河南、湖北、湖南、广东、广西、四川、重庆、贵州和云南等省份。日本、朝鲜半岛、越南、缅甸和尼泊尔也有分布。

2. 蹄盖蕨属 Athyrium Roth.

根状茎短，直立，少有横走或斜升，罕细长而横走；叶簇生，罕近生或远生。叶柄长，基部常加粗，背面隆起腹面凹陷，两侧边缘有瘤状气囊体各 1 行，向下变为尖削；横切面有 2 条维管束，向叶轴连合呈"U"字形；叶柄基部被鳞片，鳞片褐色，卵状披针形、长钻形或线状披针形，全缘，由厚壁的狭长细胞构成，膜质，基部着生；叶柄上面有 1 条纵沟，向上直通叶轴；叶片卵形、长圆形或阔披针形，1~3 回羽状，羽轴下面圆形，上面有 1 条深纵沟，两侧边缘呈刀口状隆起，但与其上 1 回羽轴（或主脉）汇合处有 1 断裂缺口，彼此互通。叶脉分离，叉状或羽状，小脉伸达锯齿顶端。叶干后常为草质，两面光滑，罕被鳞片或毛，唯叶轴、羽轴和小羽轴（或主脉）上常被有短腺毛。孢子囊群圆形、圆肾形、马蹄形、弯钩形、长圆形或短线形，背生、侧生或横跨小脉上；囊群盖圆肾形、马蹄形、弯钩形、新月形、长圆形或短线形，褐色，膜质，边缘啮蚀状或有睫毛，常宿存，罕无囊群盖。孢子两面型，极面观椭圆形，赤道面观豆形，周壁表面具褶皱或无褶皱。

约 220 种，分布于世界各地，主产温带和亚热带高山林下。中国 123 种，以西南高山地区为分布中心。徂徕山 3 种。

分种检索表

1. 叶轴和羽轴上面纵沟两侧无刺状突起；叶先端急缩呈尾尖或渐尖头。
　　2. 叶片长圆状披针形，基部 2~3 对羽片略狭缩；小羽片狭长圆形，边缘浅裂成锯齿状小裂片，小裂片先端有微齿…………………………………………………………………………………………1. 中华蹄盖蕨 Athyrium sinense
　　2. 叶片长圆状卵形，基部 1~2 对羽片略狭缩；小羽片披针形，中裂至深裂，裂片先端有 2~4 个短而钝的锯齿………………………………………………………………………………2. 东北蹄盖蕨 Athyrium brevifrons
1. 叶轴和各回羽轴上面纵沟两侧有软刺状突起；叶先端渐尖，不呈尾状…………3. 禾秆蹄盖蕨 Athyrium yokoscense

1. 中华蹄盖蕨（图 14）

Athyrium sinense Rupr.

Dist. Crypt. Vasc. Ross. 41. 1845.

根状茎短，直立，先端和叶柄基部密被深褐色、卵状披针形或披针形的鳞片；叶簇生。能育叶长 35~92 cm；叶柄长 10~26 cm，基部直径 1.5~2 mm，黑褐色，向上禾秆色，略被小鳞片；叶片长圆状披针形，长 25~65 cm，宽 15~25 cm，先端短渐尖，基部略变狭，2 回羽状；羽片约 15 对，基部的近对生，向上的互生，斜展，无柄，基部 2~3 对略缩短，基部 1 对长圆状披针形，长 7~12 cm，宽约 2.5 cm，先端长渐尖，基部对称，截形或近圆形，1 回羽状；小羽片约 18 对，基部 1 对狭三角状长圆形，长 8~10 mm，宽 3~4 mm，钝尖头，并有短尖齿，基部不对称，上侧截形，下侧阔楔形，并

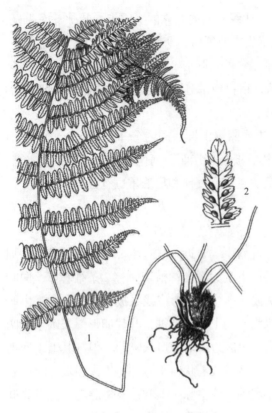

图 14　中华蹄盖蕨
1. 植株一部分；2. 小羽片

下延在羽轴上成狭翅两侧边缘浅羽裂；裂片 4~5 对，近圆形，边缘有数个短锯齿。叶脉两面明显，在小羽片上为羽状，侧脉约 7 对，下部的三叉或羽状，上部的二叉或单一。叶干后草质，浅褐绿色，两面无毛；叶轴和羽轴下面禾秆色，疏被小鳞片和卷曲的、棘头状短腺毛。孢子囊群多为长圆形，少有弯钩形或马蹄形。生于基部上侧小脉，每小羽片 6~7 对；在主脉两侧各排成 1 行；囊群盖同形，浅褐色，膜质，边缘啮蚀状，宿存。孢子周壁表面无褶皱。

产于马场。生于山地林下。国内分布于内蒙古、北京、河北、山西、陕西、宁夏、甘肃、山东以及河南。

2. 东北蹄盖蕨（图 15）

Athyrium brevifrons Nakai ex Tagawa

Col. Illustr. Jap. Pteridoph. 180. 1959.

根状茎短，直立或斜升，先端和叶柄基部密被深褐色、披针形大鳞片；叶簇生。能育叶长 35~120 cm；叶柄长 15~55 cm，近光滑；叶片卵形至卵状披针形，长 20~65 cm，中部宽 20~35 cm，先端渐尖，基部圆截形，几不变狭，2 回羽状；羽片 15~18 对，基部 1~2 对对生，向上的互生，斜展，近无柄或有长约 2 mm 短柄，基部 1~2 对羽片不缩短或略缩短，长 10~20 cm，中部羽片披针形至线状披针形，长 12~20 cm，宽 3~6 cm，先端长渐尖，基部近对称，截形或下侧圆楔形，1 回羽状；小羽片 18~28 对，基部的近对生，阔披针形，向上的互生，近平展，几无柄，披针形至镰刀状披针形，长 1.5~3 cm，基部宽 5~9 mm，渐尖头或尖头，并有短尖锯齿，基部近对称，上侧略凸起，下侧阔楔形，略与羽轴合生，并下延，两侧边缘羽裂达 1/2~2/3；裂片 10~15 对，近三角形或长方形，斜向上，披针形，向上部变狭，边缘和先端均有长而尖的锯齿或短钝齿。叶脉上面不显，下面可见，在裂片上为羽状，侧脉 2~4 对，斜向上，单一。叶两面无毛；叶轴和羽轴下面淡褐禾秆色或带淡紫红色，疏被浅褐色、卷缩的棘头状短腺毛。孢子囊群长圆形、弯钩形或马蹄形，生于基部上侧小脉，每裂片 1 个，在基部较大裂片上常有 2~3 对；囊群盖同形，浅褐色，膜质，边缘啮蚀状，宿存。孢子周壁表面无褶皱，有颗粒状纹饰。

图 15　东北蹄盖蕨

徂徕山各山地林区均产。生于林下。国内分布于东北地区及内蒙古、北京、河北、山西和山东北部。俄罗斯远东地区、朝鲜半岛和日本也有分布。

3. 禾秆蹄盖蕨 横须贺蹄盖蕨（图16）
Athyrium yokoscense（Franch. & Sav.）Christ Bull. Herb. Boissier. 4: 668. 1896.

根状茎短粗，直立，先端密被黄褐色、狭披针形的鳞片；叶簇生。能育叶长40~60 cm；叶柄长12~20 cm，直径约2.5 mm，基部深褐色，密被与根状茎上同样的鳞片，向上禾秆色，几光滑；叶片长圆状披针形，长18~45 cm，宽11~15 cm，渐尖头，基部不变狭，1回羽状，羽片深羽裂至2回羽状，小羽片浅羽裂；羽片12~18对，下部的近对生，向上的互生，平展或稍斜展，无柄，披针形，中部的长7~9 cm，宽1.5~2 cm，先端长渐尖，基部上侧截形，下侧楔形，1回羽状；小羽片约12对，长圆状披针形，长达1 cm，宽约5 mm，尖头，基部上侧有耳状突起，下侧下延，通常以狭翅与羽轴相连，两侧浅羽裂或仅有粗锯齿，裂片顶部有2~3个短尖锯齿。叶脉下面明显，在小羽片上为羽状，侧脉分叉。叶轴和羽轴下面禾秆色，略被浅褐色披针形的小鳞片，上面沿沟两侧边上有贴伏的短硬刺。孢子囊群近圆形或椭圆形。生于主脉与叶边中间；囊群盖椭圆形、弯钩形或马蹄形，浅褐色，膜质，全缘，宿存。孢子周壁表面有明显的褶皱。

图16 禾秆蹄盖蕨
1. 植株一部分；2. 小羽片

产于马场太平顶下、侯家宅等地。生于林下、岩石边。国内分布于东北地区及山东、江苏、安徽、浙江、江西、河南、湖南、重庆和贵州。日本和朝鲜半岛也有分布。

3. 对囊蕨属 Deparia Hooker & Greville

根状茎稍肿大，细长横走、短而斜升至直立，具黑色或棕色披针形、全缘或近全缘的鳞片。叶远生至近生或簇生；叶柄长，基部具褐色的卵形至披针形鳞片；单叶，或1~2回羽状复叶，线状披针形至卵状椭圆形，渐尖；顶端小羽片羽状深裂；羽片或小羽片互生，无柄，两侧对称，基部宽楔形，羽状浅裂至深裂；通常具1~3（4）列细胞组成的蠕虫状腺毛；叶轴、叶脉或中肋上面有纵沟，但彼此不相通；叶脉羽状，侧脉单一或二叉；叶片干后草质、纸质至近革质。孢子囊群圆形、长圆形、弯钩形或马蹄形，背生或侧生于小脉中部；囊群盖与孢子囊群同形，膜质，全缘或边缘撕裂状、啮蚀状，宿存。孢子两面体型，周壁表面具皱褶或棒状、刺状纹饰。

约70种，广布于亚洲热带、亚热带地区，向北达日本、朝鲜和俄罗斯东部。中国53种。徂徕山3种。

分种检索表

1. 根状茎细长横走,叶远生至近生。
    2. 叶片狭披针形或披针形,羽片先端钝圆或急尖 ································· 1. 钝羽对囊蕨 Deparia conilii
    2. 叶片阔披针形至长圆状披针形,羽片先端通常渐尖至长渐尖 ············· 2. 东洋对囊蕨 Deparia japonica
1. 根状茎直立,叶簇生;叶轴、羽轴疏被节状毛 ····································· 3. 河北对囊蕨 Deparia vegetior

1. 钝羽对囊蕨 钝羽假蹄盖蕨(图17)

Deparia conilii (Franch. & Sav.) M. Kato

Bot. Mag. (Tokyo) 90: 37. 1977.

—— *Athyriopsis conilii* (Franch. & Sav.) Ching

—— *Lunathyrium conilii* (Franchet & Sav.) Sa. Kurata

根状茎细长横走,直径 1~1.5 mm,黑褐色,先端疏被浅褐色卵形至卵状披针形的膜质鳞片;叶远生至近生。叶明显近2型,不育叶的柄显著较短。能育叶长达50 cm;叶柄长9~20 cm,基部黑褐色,直径0.5~1 mm,疏被与根状茎上相同的鳞片,向上禾秆色,疏被较小且更易脱落的披针形鳞片;叶片狭披针形至披针形,长15~25 cm,宽4~7 cm,先端渐尖,基部略宽或与中部等宽至略缩狭,1回羽状;侧生羽片12~15对,矩圆形至短披针形,平展或基部的略向下反折,长2~4 cm,宽0.5~1 cm,先端钝圆、急尖或短渐尖,基部不对称,上侧略呈耳状突起,与叶轴平行,下侧圆楔形,无柄,羽状浅裂至深裂;裂片4~8对,矩圆形或长方形,全缘,略向上斜展,先端平截或钝圆,基部上侧1片较大;叶脉羽状,在侧生羽片的裂上小脉单一,2~4对,两面可见。叶薄草质,干后绿色或浅褐绿色,上面色较深,沿叶轴疏生浅褐色披针形小鳞片及长节毛,羽片中肋及小脉疏生短节毛。孢子囊群短线形,在侧生羽片的裂片上1~3对,单生或在基部上出1脉双生;囊群盖褐色,膜质,边缘通常啮蚀状,有时呈撕裂状,孢子囊群成熟前大多不内弯,少见内弯。孢子极面观椭圆形,赤道面观半圆形,周壁明显而透明,具疣状和脊条状突起。

产于马场、卧尧、磙石峪、黄石崖等地。生于溪边林下。国内分布于河南、甘肃、山东、江苏、安徽、浙江、江西、湖南、台湾。也分布于韩国和日本。

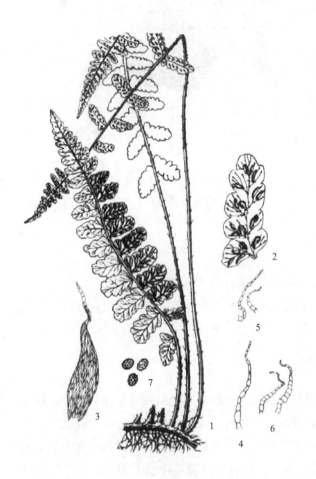

图17 钝羽对囊蕨
1. 植株;2. 羽片;3. 叶柄基部的鳞片;4. 叶柄上的毛;5. 叶轴上的毛;6. 叶片上的毛;7. 孢子

2. 东洋对囊蕨（图18）

Deparia japonica（Thunb.）M. Kato

Bot. Mag.（Tokyo）90: 37. 1977.

—— *Asplenium japonicum* Thunb.

—— *Athyriopsis japonica*（Thunb.）Ching

根状茎细长横走，直径 2~3 mm，先端被黄褐色阔披针形或披针形鳞片；叶远生至近生。能育叶长可达 1 m；叶柄长 10~50 cm，直径 1~2 mm，禾秆色，基部被与根状茎上同样的鳞片，并略有黄褐色节状柔毛，向上鳞片较稀疏而小，披针形，色较深，有时呈浅黑褐色，也有稀疏的节状柔毛；叶片矩圆形至矩圆状阔披针形，长 15~50 cm，宽 6~22 cm，基部略缩狭或不缩狭，顶部羽裂长渐尖或略急缩长渐尖；侧生分离羽片 4~8 对，通常以约 60°的夹角向上斜展，少见平展，通直或略向上呈镰状弯曲，长 3~13 cm，宽 1~3 cm，先端渐尖至尾状长渐尖，基部阔楔形，两侧羽状半裂至深裂，基部 1~2 对常较阔，长椭圆披针形，其下侧常稍阔，其余的披针形，两侧对称；侧生分离羽片的裂片 5~18 对，以 40°~45°的夹角向上斜展，略向上偏斜的长方形或矩圆形，或为镰状披针形，先端近平截或钝圆至急尖，边缘有疏锯齿或波状，罕见浅羽裂；裂片上羽状脉的小脉 8 对以下，极斜向上，二叉或单一，上面常不明显，下面略可见。叶草质，叶轴疏生浅褐色披针形小鳞片及节状柔毛，羽片上面仅沿中肋有短节毛，下面沿中肋及裂片主脉疏生节状柔毛。孢子囊群短线形，通直，大多单生于小脉中部上侧，在基部上出 1 脉有时双生于上下两侧；囊群盖浅褐色，膜质，背面无毛，边缘撕裂状，在囊群成熟前内弯。孢子赤道面观半圆形，周壁表面具刺状纹饰。

产于卧尧、磅石峪等地。生于溪边、林下。国内分布于河南、甘肃、山东、江苏、上海、安徽、浙江、江西、福建、台湾、河南、湖北、湖南、广东、广西、四川、重庆、贵州、云南。也分布于韩国、日本、尼泊尔、印度、缅甸。

3. 河北对囊蕨（图19）

Deparia vegetior（Kitag.）X. C. Zhang

Lycophytes Ferns China. 391. 2012.

根状茎直立，有时可分叉成丛，先端连同叶柄基部密被红褐色或深褐色、膜质、阔披针形大鳞片及长鳞毛和节状毛；叶簇生。能育叶长 60~80 cm；叶柄

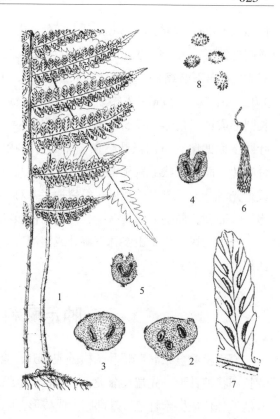

图 18　东洋对囊蕨

1. 植株；2~3. 根状茎横切面；4~5. 叶轴横切面；6. 鳞片；7. 小羽片；8. 孢子

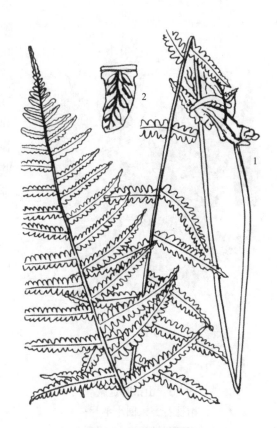

图 19　河北对囊蕨

1. 植株一部分；2. 小羽片

长 20~25 cm，直径约 1~3 mm，禾秆色或带红褐色、褐色，上面有纵沟，下面近光滑；叶片狭长圆形或倒披针形，长 35~60 cm，中部宽 16~24 cm，急尖头，1 回羽状，羽片深羽裂；羽片约 20 对，下部 3 对左右向下略缩短，基部 1 对长 3~4 cm，近对生，彼此远离，相距 2~3 cm，中部羽片披针形，长 9~13 cm，宽 1~2 cm，先端渐尖，基部阔楔形，互生，斜展，深羽裂；裂片 15~18 对，长圆形、卵状长圆形或钝三角形，长 5~7 mm，基部宽 3~7 mm，圆钝头或钝尖头，稍斜展，近全缘或有波状圆齿。叶脉上面凹陷，下面微凸，在裂片上为羽状，有侧脉 4~5 对，小脉单一。叶干后纸质，褐绿色，不育叶片上面短节状毛较显著，能育叶上面及下面几无毛，叶轴和羽轴与叶柄同色，下面稍有稀疏短毛或近光滑。孢子囊群长圆形，每裂片 2~4 对；囊群盖新月形，长约 2 mm，近全缘，淡灰褐色，宿存。孢子二面型，周壁表面具有少数连续的褶皱状突起。

产于马场。生于山谷林下湿处或溪沟边。分布于北京、河北、山西、陕西、甘肃、山东、河南和四川。

6. 肿足蕨科 Hypodematiaceae

旱生植物。根状茎粗壮，横卧或斜升，具网状中柱，连同叶柄膨大的基部密被蓬松的大鳞片，鳞片长卵状披针形，先端长渐尖，毛发状，全缘或偶有细齿，淡棕色，有光泽，宿存。叶近生或近簇生；叶柄禾秆色或棕禾秆色，基部膨大成梭形，隐没于鳞片中，向上通常光滑，或被有柔毛或球杆状腺毛；下部横切面可见 2 条维管束，向上汇合成 "V" 字形；叶片卵状长圆形至五角状卵形，先端渐尖并羽裂，3~5 回羽裂，通常基部 1 对羽片最大，三角状披针形至三角状卵形，先端渐尖，基部不对称，有柄，各回小羽片上先出，互生或近对生，其下侧基部 1 片 1 回小羽片最大，向上渐次缩小，具短柄；末回小羽片长圆形，浅至深裂；叶脉在末回小羽片上羽状，侧脉单一或分叉，斜上，伸达叶边，下面凸起，上面下凹。叶草质或纸质，两面连同叶轴和各回羽轴通常被灰白色的单细胞柔毛或针状毛，有时被球杆状腺毛。孢子囊群圆形，背生于侧脉中部；囊群盖特大，膜质，灰白色或淡棕色，圆肾形或马蹄形，间为肾形或圆心形，背面多少有针毛或腺毛，罕无毛，宿存。孢子两面型，圆肾形，具周壁；周壁透明或不透明，具条纹状或环状褶皱，罕在周壁内面有垂直的柱状分子，表面具小刺状或颗粒状纹饰，稀光滑。

1 属约 16 种，主产亚洲和非洲的亚热带至暖温带地区。中国 12 种，除东北和西北地区外，广布全国各地。徂徕山 1 属 1 种。

1. 肿足蕨属 Hypodematium Kunze

形态特征、种类、分布与科相同。

1. 山东肿足蕨（图 20）

Hypodematium sinense K. Iwatsuki

Acta Phytotax. Geobot. 21: 54. 1964.

—— *Hypodematium cystopteroides* Ching

多年生草本，高达 17~45 cm；根状茎横走，连同

图 20　山东肿足蕨
1. 植株；2. 末回小羽片；
3. 叶柄基部的鳞片；4. 囊群盖；
5. 孢子；6. 球杆状腺毛

叶柄膨大的基部密被红棕色披针形鳞片，鳞片长 8~15 mm，宽 2~3 mm。叶近生，2 列；叶柄长 10~25 cm，粗约 1.3 mm，近光滑；叶片卵状五角形，长 7~10 cm，宽 6~18 cm，两面疏被金黄色球杆状腺毛，沿叶轴、中脉和小脉较密。叶片基部 4 回羽状，先端渐尖并羽裂；羽片约 8 对，基部 1~2 对对生，相距 3~4 cm，向上互生；基部 1 对最大，卵状三角形，长达 10 cm，基部宽达 6 cm，基部阔楔形，柄长约 7~15 mm，3 回羽状，先端渐尖；末回小羽片约 7 对，近对生，歪斜，长圆状披针形，基部下侧 1 片最大，长 1~1.5 cm，宽 4~6 mm，基部楔形并下延，羽状分裂，先端短渐尖；裂片 4~6 对，长圆形，全缘或有 1~2 个圆锯齿。第 2 对及其上的羽片逐渐变短，长圆状披针形，基部圆楔形，先端渐尖。叶脉两面明显，小脉伸至叶缘。孢子囊群圆形，每裂片 1 枚。生于小脉中部；囊群盖宿存，淡棕色，肾形，中型或小型，有稀疏腺毛；孢子椭圆形，周壁表面有疣状纹饰。

产于大寺等地。生于干旱山坡岩石下。山东特有植物，分布于济南、枣庄、济宁、泰安、临沂等地。

7. 金星蕨科 Thelypteridaceae

陆生植物。根状茎直立、斜升或细长而横走，顶端被鳞片，具放射状对称的网状中柱；鳞片披针形，棕色，质厚，筛孔狭长，背面常有灰白色短刚毛或边缘有睫毛。叶簇生、近生或远生，柄禾秆色，不以关节着生，基部横断面有 2 条维管束，向上逐渐靠合呈 U 形，通常基部有鳞片，向上多少有灰白色、单细胞针状毛。叶 1 型，罕近 2 型，长圆披针形或倒披针形，常 2 回羽裂，少有 3~4 回羽裂，罕为 1 回羽状，各回羽片基部对称，羽片基部着生处下面常有一膨大的疣状气囊体。叶脉分离、部分联结或侧脉间小脉全部联结成不规则的四方形或五角形网眼。叶草质或纸质，两面被灰白色单细胞针状毛；羽片下面常有橙色球形或棒形腺体，偶沿叶轴和羽轴下面被小鳞片。孢子囊群圆形、长圆形或粗短线形，背生于叶脉，有盖或无盖；盖圆肾形，以深缺刻着生，多少有毛，宿存或隐没于囊群中，早落；或不集生成群而沿网脉散生，无盖。孢子囊有长柄，在囊体的顶部薄壁细胞处或囊柄顶部常有毛。孢子两面型，罕四面型，表面有瘤状、刺状、颗粒状纹饰或有翅状周壁。

约 20 属近 1000 种，广布于世界热带和亚热带地区，也见于温带。中国 18 属 199 种，主产长江以南各省份低山区。徂徕山 1 属 1 种。

1. 卵果蕨属 Phegopteris Fée

中小型陆生植物。根状茎长而横走或短而直立，密被棕色鳞片和灰白色针状毛。叶远生或簇生；叶柄纤细，有光泽，基部被鳞片；鳞片棕色，披针形，边略有疏长毛；叶片卵状三角形或狭披针形，2 回羽裂；羽片与羽轴合生，彼此以狭翅相连，或下部 1~3 对分离；叶脉羽状，侧脉单一或多少分叉，小脉伸达叶边。叶草质或软纸质，两面多少被灰白色针状毛，叶轴、羽轴和小羽轴两面圆形隆起，密生同样的毛，有时混生顶端分叉的毛，下面被较多浅棕色、边缘疏生长缘毛的披针形鳞片。孢子囊群卵圆形或长圆形，背生于侧脉中部以上，无盖；孢子囊体顶部近环带处常有少数短针毛或头状毛。孢子两面型，肾形，周壁翅状，薄而透明，表面有颗粒状纹饰。

4 种，产北半球温带和亚热带地区。中国 3 种，分布于东北、华北、西北地区及长江以南平原和西南高山。徂徕山 1 种。

1. 延羽卵果蕨（图 21）

Phegopteris decursive-pinnata（H. C. Hall）Fée

Mém. Foug. 5: 242. 1852.

株高 30~60 cm。根状茎短而直立，连同叶柄基部被红棕色、具长缘毛的狭披针形鳞片。叶簇生；叶柄长 10~25 cm，粗 2~3 mm；叶片长 20~50 cm，中部宽 5~12 cm，披针形，先端渐尖并羽裂，向基部渐变狭，2 回羽裂，或 1 回羽状而边缘具粗齿；羽片 20~30 对，互生，斜展，中部的最大，长 2.5~6 cm，宽约 1 cm，狭披针形，先端渐尖，基部阔而下延，在羽片间彼此以圆耳状或三角形的翅相连，羽裂达 1/3~1/2；裂片斜展，卵状三角形，钝头，全缘，向两端的羽片逐渐缩短，基部 1 对羽片常缩小成耳片；叶脉羽状，侧脉单一，伸达叶边。叶草质，沿叶轴、羽轴和叶脉两面被灰白色的单细胞针状短毛，下面并混生顶端分叉或呈星状的毛，在叶轴和羽轴下面还疏生淡棕色、毛状的或披针形而具缘毛的鳞片。孢子囊群近圆形，背生于侧脉的近顶端，每裂片 2~3 对，幼时中央有成束的、具柄的分叉毛，无盖；孢子囊体顶部近环带处有时有短刚毛或具柄的头状毛；孢子外壁光滑，周壁表面具颗粒状纹饰。

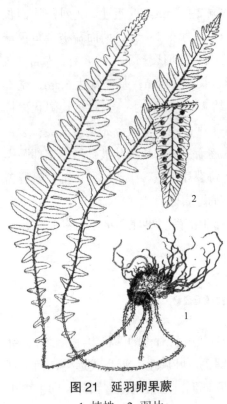

图 21 延羽卵果蕨
1. 植株；2. 羽片

产于大寺道士庄、磙石峪上场。生于河沟两岸或路边林下。广布于中国亚热带地区。日本、韩国南部和越南北部也产。

8. 铁角蕨科 Aspleniaceae

中小型石生或附生、土生草本。根状茎横走、卧生或直立，被具透明粗筛孔的褐色或深棕色的披针形小鳞片，无毛，有网状中柱。叶远生、近生或簇生，光滑或疏被不规则的星芒状小鳞片，有柄，基部不以关节着生；叶柄常为栗色并有光泽，上面有纵沟，基部有维管束 2 条，横切面呈卵圆形或椭圆肾形，左右两侧排成"八"字形，向上结合成"X"字形，在羽状叶上的各回羽轴上面有 1 条纵沟，两侧常有相连的狭翅，各纵沟彼此不互通；单叶、深羽裂或 1~3 回羽状细裂，偶为 4 回羽状，复叶的分枝式为上先出，末回小羽片或裂片常为斜方形或不等边四边形，基部不对称。叶脉分离，上先出，1 至多回二歧分枝，小脉不达叶边，有时向叶边多少结合。孢子囊群多为线形，有时近椭圆形，沿小脉上侧着生常有囊群盖；囊群盖厚膜质或薄纸质，全缘，以一侧着生于叶脉，通常开向主脉（中脉），或有时相向对开，在细裂叶的种类中，每一末回裂片只有 1 条叶脉及孢子囊群，囊群盖通常开向上侧叶边；孢子囊环带垂直，间断，约由 20 个增厚细胞组成。孢子两侧对称，椭圆形或肾形，单裂缝，周壁具褶皱，褶皱连接形成网状或不形成网状，表面具小刺或光滑，但常因不同的分类群而变化很大，外壁表面光滑。

2 属约 700 种，广布于世界各地，主产热带。中国 2 属 108 种，分布全国各地。徂徕山 1 属 5 种 1 变种。

1. 铁角蕨属 Asplenium Linn.

石生或附生，有时土生或攀缘。根状茎横走、斜卧或直立，密被小鳞片。叶疏生或簇生；有柄，草质，上面有纵沟；叶片单一，或为 1~3 回羽状（3 回均为细裂），各回羽轴上面有纵沟，末回小羽片或裂片基部不对称，边缘有锯齿或为撕裂状。叶脉分离，小脉通直，不达叶边，明显或隆起；叶轴顶端或羽片着生处有时有1芽孢，在母株上萌发。孢子囊群多为线形，有时近椭圆形，沿每组叶脉的上侧1脉的一侧（大多数为上侧）着生；通常有囊群盖，开向主脉或有时同时开向叶边。孢子两侧对称，椭圆形，单裂缝，周壁具褶皱，外壁表面光滑。

约700种，广布于世界各地，尤以热带为多。中国90种，以热带和亚热带地区为分布中心。徂徕山5种1变种。

分种检索表

1. 单叶，叶片椭圆形至披针形 ·· 1. 过山蕨 Asplenium ruprechtii
1. 叶片为1~3回羽状。
  2. 叶片为2~3回羽状。
    3. 叶片阔披针形，下部羽片缩短成耳形，长宽不及5 mm；叶片阔披针形，长10~27 cm，2回羽状，偶1回，羽片12~22对，小羽片圆头并有粗齿牙 ··· 2. 虎尾铁角蕨 Asplenium incisum
    3. 叶片披针形，下部羽片不缩短成耳形，2~3回羽状。
      4. 叶草质或薄草质，2~3回羽状；叶脉上面明显，下面隐约可见或不可见。
        5. 叶薄草质，小羽片顶端有2~3个粗钝齿或2~3浅裂；叶脉下面隐约可见 ·· 3. 钝齿铁角蕨 Asplenium tenuicaule var. subvarians
        5. 叶草质，小羽片顶端有6~8个小锯齿，叶脉下面不可见 ············· 4. 变异铁角蕨 Asplenium varians
      4. 叶厚纸质，2~3回羽状；小羽片椭圆形，边缘羽状深裂，裂片有2~3个锐尖小齿牙；叶脉两面均明显 ··· 5. 北京铁角蕨 Asplenium pekinense
  2. 叶片为1回羽状，有大型叶和小型叶2种类型 ····················· 6. 东海铁角蕨 Asplenium castaneoviride

1. 过山蕨（图22）

Asplenium ruprechtii Sa. Kurata

Enum. Jap. Pterid. 338. 1961.

—— *Camptosorus sibiricus* Rupr.

株高20 cm。根状茎短小，直立，先端密被小鳞片；鳞片披针形，黑褐色，膜质，全缘。叶簇生；基生叶不育，较小，柄长1~3 cm，叶片长1~2 cm，宽5~8 mm，椭圆形，钝头，基部阔楔形；能育叶较大，柄长1~5 cm，叶片长10~15 cm，宽5~10 mm，披针形，全缘或波状，基部楔形或圆楔形，以狭翅下延于叶柄，先端延伸成鞭状，末端稍卷曲，能着地生根行无性繁殖。叶脉网状，仅上面隐约可见，有网眼1~3行，靠近主脉的1行网眼狭长，与主脉平行，其外的1~2行网眼斜。叶草质，无毛。孢子囊群线形或椭圆形，在主脉两侧各形成不整齐的1~3行，通常靠近主脉的1行较长。生于网眼向轴的一侧，囊群盖向主脉开口，其外的1~2行如成对地生于网眼内时则囊群盖相对开，如单独地生于网眼内时则囊群盖开向主脉或叶边；囊群盖狭，同形，膜质，灰绿色

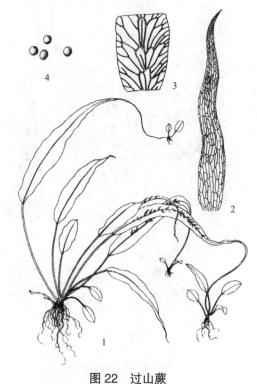

图22 过山蕨
1. 植株；2. 鳞片；
3. 叶片一部分（示叶脉）；4. 孢子

或浅棕色。

徂徕山各山地林区均产。生于湿润的林下石上。国内分布于东北地区及内蒙古、河北、山西、陕西、山东、江苏、江西、河南。也分布于朝鲜、日本及俄罗斯远东地区。

2. 虎尾铁角蕨（图23）

Asplenium incisum Thunb.

Trans. Linn. Soc. London. 2: 342. 1794.

株高10~30 cm。根状茎短而直立或横卧，先端密被鳞片；鳞片狭披针形，长3~5 mm，膜质，黑色，全缘。叶密集簇生；叶柄长4~10 cm，略被少数褐色纤维状小鳞片，后脱落；叶片阔披针形，长10~27 cm，中部宽2~4（5.5）cm，两端渐狭，先端渐尖，2回羽状（有时1回羽状）；羽片12~22对，下部对生，向上互生，下部羽片逐渐缩短成卵形或半圆形，长宽不及5 mm，逐渐远离，中部羽片三角状披针形或披针形，长1~2 cm，基部宽6~12 mm，先端渐尖并有粗齿牙，1回羽状或为深羽裂达于羽轴；小羽片4~6对，互生，彼此密接，基部1对较大，长4~7 mm，宽3~5 mm，椭圆形或卵形，圆头并有粗齿牙，基部阔楔形。叶脉两面可见，小羽片上的主脉不显著，侧脉二叉或单一，先端有明显的水囊，伸入齿牙，但不达叶边。叶薄草质。孢子囊群椭圆形，长约1 mm，棕色，斜向上，生于小脉中部或下部，紧靠主脉，不达叶边；囊群盖椭圆形，灰黄色，后变淡灰色，薄膜质，全缘，开向主脉，偶有开向叶边。

产于上池、马场。生于林下潮湿岩石上。国内分布于辽宁、陕西、甘肃、山东、江苏、浙江、江西、福建、台湾、河南、湖南、四川、重庆、贵州。朝鲜、日本及俄罗斯远东地区也有分布。

图23　虎尾铁角蕨
1. 植株；2~3. 鳞片；4. 羽片；5. 孢子

3. 钝齿铁角蕨（变种）（图24）

Asplenium tenuicaule Hayata var. **subvarians** (Ching) Viane

Pterid. New Millennium. 100. 2003.

—— *Asplenium subvarians* Ching ex C. Chr.

株高6~15（20）cm。根状茎短而直立，先端密被鳞片；鳞片阔披针形，长1.5~2 mm，膜质，深棕色，有虹色光泽，全缘。叶簇生；叶柄长1~5 cm；叶片披针形，长5~9 cm，中部宽1.5~2 cm，先端

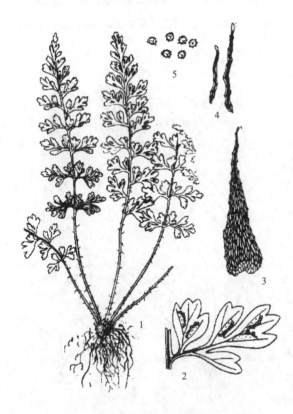

图24　钝齿铁角蕨
1. 植株；2. 羽片；3. 根状茎上的鳞片；
4. 叶轴上的鳞片；5. 孢子

渐尖，基部几变狭，2回羽状；羽片8~10对，基部的近对生，疏离，向上的互生，接近，斜展，基部羽片几不缩短，中部羽片长6~11 mm，宽6~9 mm，三角状卵形，基部不对称，上侧截形并略覆盖叶轴，下侧楔形，1回羽状；小羽片2~3对，上先出，接近，基部上侧1片略较大，长3~5 mm，宽2.5~3.5 mm，阔倒卵形，基部圆楔形，下延，多少与羽轴合生，顶端有2~3个粗钝齿或2~3浅裂，两侧全缘，其余小羽片同形而较小，基部与羽轴合生并下延。叶脉上面明显，下面隐约可见，小脉二叉或单一，纤细，不达叶边。孢子囊群椭圆形，长1~2 mm，生于小脉中部，斜向上，每小羽片有1枚（基部小羽片有2~3枚）；囊群盖同形，灰棕色，膜质，全缘，大都开向羽轴或主脉，少数开向叶边，宿存。

产于马场、磲石峪娄子沟、庙子羊栏沟。生于林下阴处岩石上。国内分布于东北地区及内蒙古、河北、山西、陕西、甘肃、青海、江苏、浙江、江西、河南、湖南、四川。日本及朝鲜也有分布。

4. 变异铁角蕨（图25）

Asplenium varians Wall. ex Hook. & Grev.

Icon. Filic. 2: t. 172. 1830.

—— *Asplenium lankongense* Ching

株高10~22 cm。根状茎短而直立，先端密被鳞片；鳞片披针形，长2~3 mm，基部宽0.5 mm，膜质，黑褐色，有虹色光泽，近全缘。叶簇生；叶柄长4~7 cm，粗1~1.2 mm，疏被黑褐色纤维状鳞片，后脱落；叶片披针形，长7~13 cm，宽2.5~4 cm，先端渐尖，基部略变狭或几不变狭，2回羽状；羽片10~11对，中部羽片长8~17 mm，宽7~11 mm，三角状卵形，基部不对称，1回羽状；小羽片2~3对，上先出，基部上侧1片较大，倒卵形，长3.5~5.5 mm，宽2.5~4 mm，多少与羽轴合生，两侧全缘，顶端有6~8个小锯齿，其余小羽片较小，基部合生或下部的小羽片分离。叶脉上面明显，下面不可见，小脉在小羽片为二叉或2回二叉，不达叶边。叶薄草质；叶轴光滑。

图25　变异铁角蕨
1. 植株；2. 羽片

孢子囊群短线形，长1.5~3 mm。生于小脉下部，斜向上，在羽片上部的紧靠羽轴两侧排列，在羽片下部小羽片上的则生于小羽片中央，每小羽片有2~4枚，成熟后为棕色，满铺羽片下面；囊群盖短线形，淡棕色，膜质，全缘，开向羽轴或主脉，宿存。

产于马场、磲石峪娄子沟。生于杂木林下潮湿岩石上或岩壁上。国内分布于陕西、四川、云南、西藏等省份。尼泊尔、不丹、印度、斯里兰卡、中南半岛、印度尼西亚、夏威夷群岛和非洲南部均有分布。

5. 北京铁角蕨（图26）

Asplenium pekinense Hance

J. Bot. 5: 262. 1867.

株高8~20 cm。根状茎短而直立，先端密被鳞片；鳞片披针形，长2~4 mm，膜质，黑褐色，全缘或略呈微波状。叶簇生；叶柄长2~4 cm，疏被鳞片；叶片披针形，长6~12 cm，中部宽2~3 cm，先端渐尖，2回羽状或3回羽裂；羽片9~11对，相距8~12 mm，下部羽片略缩短，对生，向上互生，斜展，中部羽

图26 北京铁角蕨
1. 植株；2. 鳞片；3. 羽片；4. 孢子

片三角状椭圆形，长1~2 cm，宽6~13 mm，急尖头，1回羽状；小羽片2~3对，互生，上先出，基部上侧1片最大，紧靠叶轴，椭圆形，长5~6 mm，宽2~3 mm，近圆头，基部楔形并略与羽轴合生，下延，边缘羽状深裂，裂片3~4个，舌形或线形，先端圆截并有2~3个锐尖小齿牙，两侧全缘；其余的小羽片较小，不为深裂。叶脉两面均明显，上面隆起，小脉扇状二叉分枝，伸入齿牙的先端，但不达边缘。叶坚草质；叶轴及羽轴两侧有连续的线状狭翅，下部疏被黑褐色的纤维状小鳞片。孢子囊群近椭圆形，长1~2 mm，每小羽片有1~2枚（基部1对小羽片有2~4枚），排列不甚整齐，成熟后深棕色，常满铺于小羽片下面；囊群盖同形，灰白色，膜质，全缘，开向羽轴或主脉，宿存。

产于大寺、光华寺、磻石峪、上池等地。生于林下湿地、岩石上或石缝中。国内广布于内蒙古、河北、山西、陕西、宁夏、甘肃、山东、江苏、浙江、福建、台湾、河南、湖北、湖南、广东、广西、四川、贵州、云南。朝鲜及日本也有分布。

6. 东海铁角蕨 曲阜铁角蕨（图27）
Asplenium castaneoviride Baker
Ann. Bot.（Oxford）5: 304. 1891.

—— *Asplenium kobayashii* Tagawa

—— × *Asplenosorus castaneoviridis*（Baker）Nakaike.

株高8~20 cm。根状茎短而直立，密被鳞片，鳞片线状披针形，黑色。叶簇生；叶柄光滑；叶片羽状全裂，2型。大型叶的柄长6~8 cm，粗约1 mm，叶片披针形，长11~14 cm，中部宽2~3 cm；羽片10~15对，对生或近对生，无柄；下部羽片向基部逐渐变小，并渐变为椭圆形，相距1~2 cm，中部羽片相距约1 cm，较长，披针形，长1~2 cm，宽3~5 mm，边缘浅波状至深波状，顶端圆钝，或有时渐尖成小植株。小型叶的柄长2~4 cm，粗约0.5 mm，叶片线状披针形，长5~9 cm，宽约1 cm，基部不变狭，羽片7~9对，椭圆形或倒卵形，下部羽片略大，长5~7 cm，中部宽3~5 mm，圆头，基部与叶轴合生，沿叶轴以狭翅相连。叶脉羽状，纤细，两面均不明显，小脉单一或二叉，先端有明显的水囊，不达叶边。孢子囊群线状椭圆形，长约2 mm，每羽片3~10枚，位于小脉上侧，成熟后为褐棕色；囊群盖同形，淡白绿色，全缘，开向主脉。

产于徂徕、中军帐。生于林下湿润的岩石表面及其

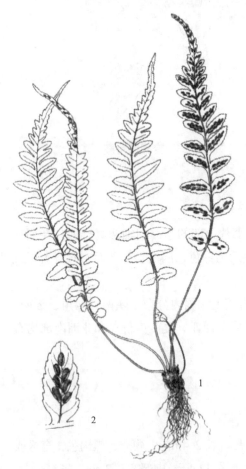

图27 东海铁角蕨
1. 植株；2. 羽片

缝隙内。国内分布于辽东半岛、江苏北部。日本、朝鲜也有分布。

9. 岩蕨科 Woodsiaceae

旱生中小型草本。根状茎短而直立或横卧、斜升，幼时为原生中柱或管状中柱，后为简单的网状中柱，被鳞片；鳞片披针形，棕色，膜质，筛孔狭长细密。叶簇生；叶柄多少被鳞片及节状长毛，有的具有关节；叶片椭圆披针形至狭披针形，1回羽状至2回羽裂。叶脉羽状，小脉先端常有水囊，不达叶边。叶草质或纸质，多少被有间隔或有节的透明粗毛或细长毛，有时被腺毛或头状腺体。孢子囊群圆形，由少数（3~18个）孢子囊组成，着生于小脉的中部或近顶部，不具隔丝；囊托略隆起，在远轴一端生出孢子囊，孢子囊为向基发育；囊群盖下位，膜质，碟形、杯形、球形或膀胱形，或孢子囊群完全裸露而无盖；孢子囊球形，环带纵行，仅下方为囊柄所阻断，由16~22个增厚细胞组成，具有水平裂口。孢子椭圆形，两侧对称，单裂缝，周壁形成褶皱，表面有颗粒状、小刺状及小瘤状纹饰，外壁表面光滑。

4属43种，主要分布于北半球温带及寒带，少数分布至南美洲、非洲。中国3属24种，主产北部，向南至南岭山脉以北及喜马拉雅山区。徂徕山1属3种。

1. 岩蕨属 Woodsia R. Brown

石生，根状茎短，直立或斜升，罕有横卧，被鳞片；鳞片披针形或线状披针形。叶簇生或近簇生；柄有明显的关节，关节位于中部以下或顶部，叶片干枯后常由关节处脱落，或不具关节；叶片披针形，常向基部变狭，1~2回羽状分裂。叶脉分离，羽状，小脉不达叶边。叶草质或近纸质。孢子囊群小，圆形，由3~18个孢子囊组成，位于小脉顶端或中部，囊托稍隆起；囊群盖下位，杯形至碟形，膜质，边缘具睫毛或流苏状，或退化为卷发状的多细胞长毛，或无囊群盖；孢子囊球形，环带纵向，由18~20个增厚细胞组成，孢子囊柄粗短，有3行细胞。孢子椭圆形，周壁形成褶皱，常联结成明显而整齐的网状，表面分布有颗粒状和小刺状纹饰，或具小瘤状纹饰。

约38种，产北半球温带及寒带。中国20种，分布于东北、华北、西北及西南高山。徂徕山3种。

分种检索表

1. 上部的羽片合生。
  2. 羽片两面被密毛，近纸质，干后草绿色或上面灰绿色··················1. 东亚岩蕨 Woodsia intermedia
  2. 羽片仅被疏毛，草质，干后棕绿色或暗绿色··················2. 妙峰岩蕨 Woodsia oblonga
1. 叶片顶部以下的羽片都分离，羽片镰刀形，全缘或波状··················3. 耳羽岩蕨 Woodsia polystichoides

1. 东亚岩蕨　中岩蕨（图28）

Woodsia intermedia Tagawa

Acta Phytotax. Geobot. 5: 250. 1936.

—— *Woodsia taishanensis* Eaton

株高10~25 cm。根状茎短而直立或斜升，与叶柄基部均密被鳞片；鳞片披针形至卵状披针形，长约3 mm，先端长渐尖，棕色，膜质，边缘近全缘或具疏睫毛。叶多数簇生；柄长3~7.5 cm，粗约1 mm，棕禾秆色或浅栗色，上部具倾斜的关节，基部以上及叶轴均密被浅棕色的膝曲节状长毛及疏被线形的棕色小鳞片，以后大部分脱落；叶片披针形，长8~18 cm，中部宽2~3.8 cm，先端渐尖或有时为急尖，基部多少变狭，1回羽状；羽片14~20对，对生或中部以上的互生，平展，疏离，中部以下的羽片无柄，但基部不与叶轴合生，上部的羽片其基部与叶轴合生，下部数对缩小，椭圆形或三角状卵形，中部羽片较大，长三角状披针形，长1~2 cm，基部宽4~10 mm，先端钝或微尖，二基部阔楔形，上侧有明显的耳形凸起，边缘波状或圆齿状浅裂。叶脉不明显，小脉斜向上，二至三叉，先端有棒状水囊，不达叶边。叶近纸质，两面被密毛。孢子囊群圆形，位于小脉的顶端，靠近叶缘，沿叶缘排列成行；囊群盖杯形，边缘具睫毛或呈毛发状。

徂徕山各山地林区均产。生于阴湿的林下石缝中。国内分布于东北地区及河北、北京、山东、山西及河南。也分布于朝鲜及日本。

2. 妙峰岩蕨（图29）

Woodsia oblonga Ching & S. H. Wu

Fl. Tsinling. 2: 221. 1974.

株高7~18 cm。根状茎斜升，先端及叶柄基部密被鳞片；鳞片披针形，长约3 mm，先端渐尖，浅棕色，薄膜质，边缘有睫毛。叶多数簇生；叶柄长2~5 cm，粗约1 mm，棕禾秆色，有光泽，顶端有倾斜关节（偶位于上部），基部密被鳞片，向上被稀疏的膝曲长毛及线形小鳞片；叶片披针形，长6~16 cm，中部宽2~3.5 cm，尖头，向基部略变狭，1回羽状；羽片8~18对，对生或中部以上的互生，平展，褶距1~1.5 cm，无柄，下部1~2对羽片略缩短，并向下反折，中部羽片较大，椭圆形，长1~1.5 cm，基部宽5~8 mm，圆头，基部不对称，上侧平截并紧靠叶轴，略呈耳形，下侧狭楔形，近全缘或略呈波状，上羽片与中部的同形，但基部与叶轴合生。叶脉在光线下明晰，小脉以锐角斜向上，下部的为简单羽状分枝，向上为二至三叉，小脉不达叶边。叶草质，干后棕绿色或暗绿色，两面均疏被棕色节状毛；叶轴禾秆色，疏被节状毛或线形小鳞片，上面有浅阔纵沟，上部或中部以上两侧有狭翅。孢子囊群圆形，位于分叉小脉的顶端，靠近叶缘，沿羽片边缘排列成行；囊群盖杯形，边缘具睫毛，成熟时浅裂为2~3瓣。

产于马场。生于山坡阴处岩石间。分布于北

图28 东亚岩蕨
1. 植株；2. 羽片

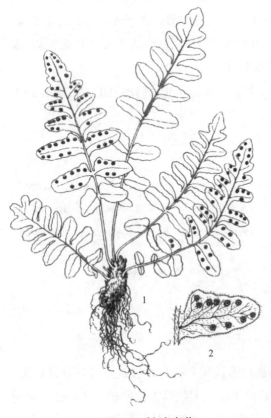

图29 妙峰岩蕨
1. 植株；2. 羽片

京、河北、山东及河南。

3. 耳羽岩蕨（图30）

Woodsia polystichoides D. C. Eaton

Proc. Amer. Acad. Arts. 4: 110. 1858.

株高15~30 cm。根状茎短而直立，先端密被鳞片；鳞片披针形或卵状披针形，长约4 mm，先端渐尖，棕色，膜质，全缘。叶簇生；柄长4~12 cm，粗1~1.5 mm，禾秆色或棕禾秆色，略有光泽，顶端或上部有倾斜关节；叶片线状披针形或狭披针形，长10~23 cm，中部宽1.5~3 cm，渐尖头，向基部渐变狭，1回羽状，羽片16~30对，近对生或互生，下部3~4对缩小并略向下反折，彼此分开，基部1对呈三角形，中部羽片较大，疏离，椭圆披针形或线状披针形，略呈镰状，长8~20 mm，基部宽4~7 mm，急尖或尖，基部不对称，上侧截形，与叶轴平行并紧靠叶轴，有明显的耳形凸起，下侧楔形，全缘或波状，有时缺刻状或钝齿牙状浅裂。叶脉羽状，小脉斜展，二叉，先端有棒状水囊，不达叶边。叶纸质或草质，上面近无毛或疏被长毛，下面疏被长毛及线形小鳞片。孢子囊群圆形，着生于二叉小脉的上侧分枝顶端，每裂片有1枚（羽片基部上侧的耳形凸起有3~6枚），靠近叶边；囊群盖杯形，边缘浅裂并有睫毛。

图30　耳羽岩蕨
1. 植株；2. 羽片；3. 孢子囊群盖

徂徕山各山地林区均产。生于林下石上及山谷石缝间。国内广泛分布于东北、华北、西北、西南、华中及华东地区。也广布于日本、朝鲜及俄罗斯远东地区。

10. 鳞毛蕨科 Dryopteridaceae

中等大小或小形陆生植物。根状茎短而直立或斜升，具簇生叶，或横走具散生或近生叶，连同叶柄（至少下部）密被鳞片，内部放射状结构，有高度发育的网状中柱；鳞片狭披针形至卵形，棕色或黑色，质厚，具锯齿或睫毛，无单细胞或多细胞的针状硬毛。叶柄横切面具4~7条或更多的维管束，上面有纵沟；叶片1~5回羽状，极少单叶，纸质或革质，干后淡绿色，光滑，或叶轴、各回羽轴和主脉下面多少被披针形或钻形鳞片，如为2回以上的羽状复叶，则小羽片或为上先出或除基部1对羽片的1回小羽片为上先出外，其余各回小羽片为下先出；各回小羽轴和主脉下面圆而隆起，上面具纵沟；叶边通常有锯齿或芒刺。叶脉常分离（Cyrtomium 属为网状），上先出或下先出，小脉单一或二叉，不达叶边，顶端常膨大呈球杆状的小囊。孢子囊群小，圆，顶生或背生于小脉，有盖，偶无盖；盖厚膜质，圆肾形、以深缺刻着生，或圆形、盾状着生，少为椭圆形，近黑色，以外侧边中部凹点着生于囊托，成熟时开向主脉。孢子两面形、卵圆形，具薄壁。

约25属2100种，分布于世界各洲，但主要集中于北半球温带和亚热带高山地带。中国10属493种，分布全国各地，尤以长江以南最为丰富。徂徕山3属6种。

分属检索表

1. 叶脉联结成网状 ··· 1. 贯众属 Cyrtomium
1. 叶脉羽状，分离。
　　2. 囊群盖圆肾形，以缺刻处着生 ··· 2. 鳞毛蕨属 Dryopteris
　　2. 囊群盖圆盾形，盾状着生 ··· 3. 耳蕨属 Polystichum

1. 贯众属 Cyrtomium Presl

根状茎短，直立或斜生，连同叶柄基部密被鳞片。鳞片卵形或披针形，边缘有齿或流苏状。叶簇生，叶柄腹面有浅纵沟，嫩时密生鳞片；叶片卵形或矩圆披针形少为三角形，1回羽状；侧生羽片多少上弯成镰状，其基部两侧近对称或不对称，有时上侧间或两侧有耳状突起；主脉明显，侧脉羽状，小脉联结在主脉两侧成2至多行的网眼，网眼为或长或短的不规则的近似六角形，有内含小脉。叶纸质至革质，少有草质，背面疏生鳞片或秃净。孢子囊群圆形，背生于内含小脉上，在主脉两侧各1至多行；囊群盖圆形，盾状着生。

约35种，主要分布在亚洲东部，以中国西南为中心，极少种类达印度南部和非洲东部。中国31种。徂徕山1种。

1. 贯众（图31）

Cyrtomium fortunei J. Smith

Ferns Brit. For. 286. 1866.

多年生草本，高25~50 cm。根茎直立，密被棕色鳞片。叶簇生，叶柄长12~26 cm，基部直径2~3 mm，禾秆色，腹面有浅纵沟，密生卵形及披针形棕色有时中间为深棕色鳞片，鳞片边缘有齿，有时向上部秃净；叶片矩圆披针形，长20~42 cm，宽8~14 cm，先端钝，基部不变狭或略变狭，奇数1回羽状；侧生羽片7~16对，互生，近平伸，柄极短，披针形，多少上弯成镰状，中部的长5~8 cm，宽1.2~2 cm，先端渐尖少数成尾状，基部偏斜、上侧近截形有时略有钝的耳状突、下侧楔形，边缘全缘有时有前倾的小齿；具羽状脉，小脉联结成2~3行网眼，腹面不明显，背面微凸起；顶生羽片狭卵形，下部有时有1或2个浅裂片，长3~6 cm，宽1.5~3 cm。叶为纸质，两面光滑；叶轴腹面有浅纵沟，疏生披针形及线形棕色鳞片。孢子囊群遍布羽片背面；囊群盖圆形，盾状，全缘。

产于礤石峪隐仙观。生于岩缝、路边。国内分布于河北、山西、陕西、甘肃、河南至华南。也分布于日本、朝鲜、越南、泰国、印度、尼泊尔。

贯众带叶柄基部的干燥根状茎是常用中药，具有清热解毒、杀虫、止血等功效。

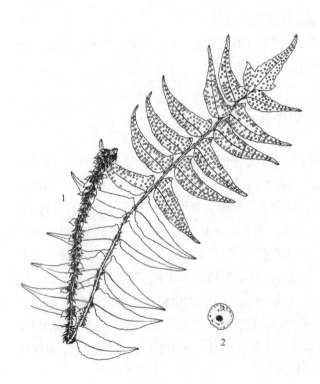

图31　贯众
1. 植株一部分；2. 囊群盖

2. 鳞毛蕨属 Dryopteris Adanson

中型蕨类。根状茎粗短，直立或斜升，偶为横走，顶端密被鳞片，鳞片卵形至披针形，红棕色、褐棕色或黑色，有光泽，全缘、有疏齿牙或呈流苏状，由狭长而不透明的细胞组成，胞壁厚而曲折。叶簇生，螺旋状排列、向四面放射呈中空的倒圆锥形，有柄，被鳞片；叶片阔披针形、长圆形、三角状卵形，有时五角形，1 回羽状或 2~4 回羽状或 4 回羽裂，顶部羽裂，罕为 1 回奇数羽状，如为多回羽状复叶，则除基部 1 对羽片的 1 回小羽片为上先出外，其余均为下先出，通常多少有鳞片，鳞片全缘或为流苏状；末回羽片基部圆形对称，罕不对称，通常有锯齿。叶纸质至近革质；各回小羽轴或主脉以锐角斜出，基部以狭翅下沿于下 1 回的小羽轴，下面圆形隆起，上面具纵沟，两侧具隆起的边，光滑无毛，且与下 1 回的小羽轴上面的纵沟互通。叶脉分离，羽状，单一或二至三叉，不达叶边，先端常有膨大水囊。孢子囊群圆形，生于叶脉背部，囊群盖圆肾形，大而全缘、光滑（偶有腺体或边缘啮蚀），棕色，以深缺刻着生于叶脉。孢子两面形，肾形或肾状椭圆形，表面有疣状突起或有阔翅状的周壁。

约 400 种，广布于世界各地，以亚洲大陆为分布中心。中国 167 种。徂徕山 4 种。

分种检索表

1. 叶片长圆形、长圆状披针形或卵状披针形，2~3 回羽裂。
    2. 孢子囊群布满叶片下面。
        3. 末回小羽片羽状深裂，叶两面无腺毛··································1. 华北鳞毛蕨 Dryopteris goeringiana
        3. 末回小羽片不分裂，叶两面有短腺毛··································2. 细叶鳞毛蕨 Dryopteris woodsiisora
    2. 孢子囊群通常仅生于叶片中部以上的羽片··································3. 半岛鳞毛蕨 Dryopteris peninsulae
1. 叶片五角形，渐尖头，3~4 回羽裂；羽片 5~8 对，三角状披针形，基部不对称，上侧靠近叶轴，下侧斜出··································4. 中华鳞毛蕨 Dryopteris chinensis

1. 华北鳞毛蕨（图 32）

Dryopteris goeringiana（Kuntze）Koidz.

Bot. Mag.（Tokyo）43: 386. 1929.

植株高 50~90 cm。根状茎状粗壮，横卧。叶近生；叶柄长 25~50 cm，淡褐色，有纵沟，具淡褐色、膜质、边缘微具齿的鳞片，下部的鳞片较大，广披针形至线形，长达 1.5 cm，上部连同中轴被线形或毛状鳞片，叶片卵状长圆形、长圆状卵形或三角状广卵形，长 25~50 cm，宽 15~40 cm，先端渐尖，3 回羽状深裂；羽片互生，具短柄，披针形或长圆披针形，长渐尖头，中下部羽片较长，长 11~27 cm，宽 2.5~6 cm，向基部稍微变狭，小羽片稍远离，基部下侧几个小羽片缩短，披针形或长圆状披针形，尖头至锐尖头，羽状深裂，裂片长圆形，宽 1~3 mm，通常顶端有尖锯齿，有时边缘也有；侧脉羽状，分叉；叶片草质至薄纸质，羽轴及小羽轴背面生有毛状鳞片。孢子囊群近圆形，通常沿小羽片中肋排成 2 行；囊群盖圆肾形，

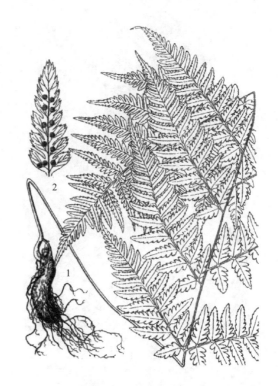

图 32 华北鳞毛蕨
1. 植株一部分；2. 小羽片

膜质，边缘啮蚀状。

产于马场、上池。生于阔叶林下或灌丛中。国内分布于东北、华北及西北地区。俄罗斯、朝鲜、日本也有分布。

2. 细叶鳞毛蕨（图 33）

Dryopteris woodsiisora Hayata

Icon. Pl. Formosan. 6:158. 1916.

植株高达 60 cm。根状茎短，直立或斜升，密被棕色、膜质、边缘流苏状的卵状披针形鳞片。叶簇生；叶柄长 6~20 cm，粗约 3 mm，禾秆色，下部疏被宽披针形鳞片，向上鳞片变小；叶片卵状披针形至披针形，长 20~50 cm，宽 6~17 cm，基部略狭缩，1 回羽状深裂；羽片 12~20 对，披针形至卵状长圆形，长 2~9 cm，宽 1.5~2.5 cm，先端钝至短渐尖，基部较宽，近无柄或具短柄，基部 1~2 对羽片略缩短，羽状深裂；小羽片或裂片 5~10 对，长圆形或近矩圆形，先端圆钝，边缘具浅锯齿。叶脉羽状，小脉二至三叉；叶纸质，两面被短腺毛，羽轴疏生小鳞片。孢子囊群圆形，背生于小脉上，每裂片 1~6 个；囊群盖蚌壳状，淡棕色，膜质，全缘，疏被短腺毛，完全覆盖孢囊群，宿存。

图 33　细叶鳞毛蕨

1. 植株一部分；2. 小羽片；
3. 腺毛；4. 叶柄基部的鳞片；
　　 5. 羽轴上的鳞片

产于马场、庙子羊栏沟。生于岩石缝中。国内分布于辽宁、山东、江西、台湾、广东、四川、贵州、云南、西藏。印度、尼泊尔、不丹、泰国也有分布。

3. 半岛鳞毛蕨（图 34）

Dryopteris peninsulae Kitag.

Rep. First Sci. Exped. Manchoukuo. 4（2）: 54. 1935.

植株高达 50 cm。根状茎粗短，近直立。叶簇生；叶柄长达 24 cm，淡棕褐色，有 1 条纵沟，基部密被棕褐色，膜质，线状披针形至卵状长圆形且具长尖头的鳞片，向上连同叶轴散生栗色或基部栗色上部棕褐色，边缘疏生细尖齿，披针形至长圆形的鳞片；叶片厚纸质，长圆形或狭卵状长圆形，长 13~38 cm，宽 8~20 cm，基部多少心形，先端短渐尖，2 回羽状；羽片 12~20 对，对生或互生，具短柄，卵状披针形至披针形，基部不对称，先端长渐尖且微镰状上弯，下部羽片较大，长达 11 cm，宽达 4.5 cm，向上渐次变小，羽轴禾秆色，疏生线形易脱落的鳞片；小羽片或裂片达 15 对，长圆形，先端钝圆且具短尖齿，基部几对小羽片的基部多少耳形，边缘具浅波状齿，上部

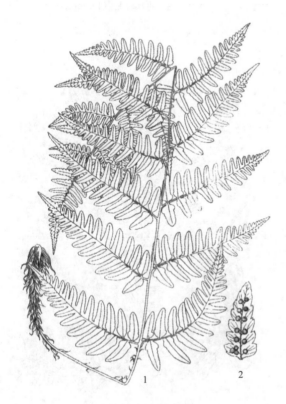

图 34　半岛鳞毛蕨

1. 植株一部分；2. 小羽片

裂片的基部近全缘，上部具浅尖齿；裂片或小羽片上的叶脉羽状，明显。孢子囊群圆形，较大，通常仅叶片上半部生有孢子囊群，沿裂片中肋排成2行；囊群盖圆肾形至马蹄形，近全缘，成熟时不完全覆盖孢子囊群；孢子近椭圆形，外壁具瘤状突起。

徂徕山各山地林区均产。生于阴湿地杂草丛中。分布于辽宁、甘肃、陕西、山东、江西、河南、湖北、四川、贵州、云南。

4. 中华鳞毛蕨（图35）

Dryopteris chinensis (Baker) Koidz.

Fl. Symb. Orient.-Asiat. 39. 1930.

株高25~35 cm。根状茎粗短，直立，连同叶柄基部密生棕色或有时中央褐棕色的披针形鳞片。叶簇生；叶柄长10~20 cm，粗约2 mm，禾秆色，基部以上疏生鳞片或近光滑；叶片长等于或略长于叶柄，宽8~18 cm，五角形渐尖头，基部4回羽裂，中部3回羽状；羽片5~8对，斜展，基部1对最大，长6~12 cm，基部宽3~8 cm，三角状披针形，渐尖头，基部不对称，上侧靠近叶轴，下侧斜出，柄长5~10 mm，3回羽裂；1回小羽片斜展，下侧的较上侧的为大，基部1片更大，长2.5~5 cm，基部宽1.5~2.5 cm，三角状披针形，短渐尖头，基部近截形，柄长1.5~3 mm，2回羽裂，末回小羽片或裂片三角状卵形或披针形，钝头，基部与小羽轴合生，边缘羽裂或有粗齿；叶脉下面可见，在末回小羽片或裂片上羽状，侧脉分叉或单一；叶纸质，干后褐绿色，上面光滑，下面沿叶轴及羽轴有褐棕色披针形小鳞片，沿叶脉生疏稀的棕色短毛。孢子囊群生于小脉顶部，靠近叶边；囊群盖圆肾形，近全缘，宿存。

图35 中华鳞毛蕨
1.植株一部分；2~3.鳞片；4.小羽片

产于马场。生于太平顶后坡林下。国内分布于辽宁、山东、江苏、安徽、浙江、江西、河南。朝鲜及日本也有分布。

3. 耳蕨属 Polystichum Roth

根状茎短，直立或斜升，连同叶柄基部通常被鳞片；鳞多型，卵形、披针形、线形或纤毛状，边缘有齿或芒状，棕色或带黑棕色而成二色。叶簇生，叶柄腹面有浅纵沟，基部以上常被与基部相同而较小的鳞片；叶片线状披针形、卵状披针形、矩圆形，1回羽状、2回羽裂至2回羽状，少为3回羽状细裂，羽片基部上侧常有耳状突；叶脉羽状，分离。叶纸质、草质或为薄革质，背面多少有披针形或纤毛状的小鳞片；叶轴上部有时有芽胞，有时芽胞在顶端而叶轴先端能延生成鞭状，着地生根萌发成新株。孢子囊群圆形，着生于小脉顶端，少数为背生或近顶生；囊群盖圆形，盾状着生。

约500种，多在北半球温带及亚热带山地，较集中地分布在中国西南和南部。中国208种。徂徕山1种。

1. 鞭叶耳蕨（图 36，彩图 3）

Polystichum craspedosorum（Maxim.）Diels Nat. Pflanzenfam. 1（4）：189. 1899.

植株高 10~20 cm。根茎直立，密生披针形棕色鳞片。叶簇生，叶柄长 2~6 cm，基部直径 1~2 mm，禾秆色，腹面有纵沟，密生披针形棕色鳞片，鳞片边缘有齿，下部边缘为卷曲的纤毛状；叶片线状披针形或狭倒披针形，长 10~20 cm，宽 2~4 cm，先端渐狭，基部略狭，1 回羽状；羽片 14~26 对，下部的对生，向上为互生，平展或略斜向下，柄极短，矩圆形或狭矩圆形，中部的长 0.8~2 cm，宽 5~8 mm，先端钝或圆形。基部偏斜，上侧截形，耳状突明显或不明显，下侧楔形，边缘有内弯的尖齿牙；具羽状脉，侧脉单一，腹面不明显，背面微凸。叶纸质，背面脉上有或疏或密的线形及毛状黄棕色鳞片，鳞片下部边缘为卷曲的纤毛状；叶轴腹面有纵沟，背面密生狭披针形，基部边缘纤毛状的鳞片，先端延伸成鞭状，顶端有芽胞能萌发新植株。孢子囊群通常位于羽片上侧边缘成 1 行，有时下侧也有；囊群盖大，圆形，全缘，盾状。

产于马场。国内分布于东北地区及河北、山西、陕西、甘肃、宁夏、山东、浙江、河南、湖北、湖南、四川、贵州。俄罗斯远东地区、日本、朝鲜半岛也有分布。

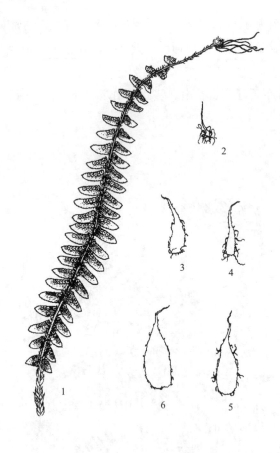

图 36　鞭叶耳蕨
1. 植株一部分；2. 芽胞；3~6. 鳞片

11. 水龙骨科 Polypodiaceae

中型或小型蕨类，通常附生，少为土生。根状茎长而横走，有网状中柱，通常有厚壁组织，被鳞片；鳞片盾状着生，通常具粗筛孔，全缘或有锯齿，少具刚毛或柔毛。叶 1 型或 2 型，以关节着生于根状茎上，单叶，全缘，或分裂，或羽状，草质或纸质，无毛或被星状毛。叶脉网状，少为分离的，网眼内通常有分叉的内藏小脉，小脉顶端具水囊。孢子囊群通常为圆形或近圆形，或为椭圆形，或为线形，或有时布满能育叶片下面一部或全部，无盖而有隔丝。孢子囊具长柄，有 12~18 个增厚的细胞构成的纵行环带。孢子椭圆形，单裂缝，两侧对称。

约 50 属 1200 种，广布于全世界，但主要产于热带和亚热带地区。中国 39 属 267 种，主产于长江以南各省份。徂徕山 2 属 3 种。

分属检索表

1. 叶片两面无毛或下面疏被鳞片，孢子囊群幼时被鳞片形隔丝覆盖，成熟后脱落··············1. 瓦韦属 Lepisorus
1. 叶片下面密被星状毛，孢子囊群被星状毛覆盖································2. 石韦属 Pyrrosia

1. 瓦韦属 Lepisorus (J. Sm.) Ching

附生蕨类。根状茎粗壮，横走，密被鳞片；鳞片卵圆形，卵状披针形或钻状披针形，黑褐色，不透明或粗筛孔状透明，全缘或具锯齿。单叶，远生或近生，1型；叶柄较短，基部略被鳞片；叶片多为披针形，全缘或波状，干后常反卷。主脉明显，小脉连接成网，网眼内有顶端呈棒状不分叉或分叉的内藏小脉。叶片两面均无毛，或下面有时疏被棕色小鳞片。孢子囊群大，圆形或椭圆形，通常彼此远离，少为密接，汇生或线形。多生于叶片下表面，少有陷入叶肉内的，在主脉和叶缘之间排成1行，幼时被隔丝覆盖；隔丝多为圆盾形，全缘或有细齿，少为星芒状或鳞片形，网眼大，透明，中部常呈棕色，边绿色淡。孢子囊近梨形，有长柄，纵行环带，有14个增厚的细胞组成；少数孢子囊近圆形，无明显增厚的环带。孢子椭圆形，不具周壁，外壁轮廓线为不整齐波纹状，较密时则融合呈拟网状或穴状，少数则散开而呈块状。

约80种，主要分布亚洲东部，少数到非洲。中国49种，广布全国各地。徂徕山1种。

1. 乌苏里瓦韦（图 37）

Lepisorus ussuriensis（Regel & Maack）Ching
Bull. Fan Mem. Inst. Biol. 4: 91. 1933.

植株高 10~15 cm。根状茎细长横走，密被鳞片；鳞片披针形，褐色，基部扩展近圆形，胞壁加厚，网眼大而透明，近等直径，向上突然狭缩，具有长的芒状尖，网眼长方形，边缘有细齿。叶着生变化较大，相距 3~22 mm；叶柄长 1.5~5 cm，禾秆色，或淡棕色至褐色，光滑无毛；叶片线状披针形，长 4~13 cm，中部宽 0.5~1 cm，向两端渐变狭，短渐尖头，或圆钝头，基部楔形，下延，干后上面淡绿色，下面淡黄绿色，或两面均为淡棕色，边缘略反卷，纸质或近革质。主脉上下均隆起，小脉不显。孢子囊群圆形，位于主脉和叶边之间，彼此相距约等于 1~1.5 枚孢子囊群体积，幼时被星芒状褐色隔丝覆盖。

产于马场。生于林下或山坡岩石缝中。国内分布于东北地区及安徽、河南、山东、河北、北京。

图 37 乌苏里瓦韦
1. 植株；2. 根状茎上的鳞片

2. 石韦属 Pyrrosia Mirbel

中型附生蕨类。根状茎长而横走，或短而横卧，有网状中柱和黑色厚壁组织束散生，密被鳞片；鳞片盾状着生，常呈棕色，通体或仅边缘及顶部具睫毛。叶1型或2型，近生、远生或近簇生；常有柄，基部以关节与根状茎连接，下部疏被鳞片；叶片线形至披针形，或长卵形，全缘，罕为戟形或掌状分裂。主脉明显，侧脉斜展，小脉不显，联结成各式网眼，有内藏小脉，小脉顶端有膨大的水囊，在叶片上面通常形成注点。叶干通体特别是下面常被厚的星状毛，上面较稀疏；覆盖于叶片下面的星状毛分为1或2层。孢子囊群近圆形，着生于内藏小脉顶端，成熟时多少汇合，在主脉两侧排成1至多行，无囊群盖，具有星芒状隔丝，幼时被星状毛覆盖，呈淡灰棕色，成熟时孢子囊开裂而呈砖红色。孢子囊常有长柄。孢子椭圆形，表面有瘤状、颗粒状或纵脊凸起。

约60种，主产亚洲热带和亚热带地区，少数达非洲及大洋洲。中国32种，主要分布于长江流域、华南和西南地区。徂徕山2种。

分种检索表

1. 叶2型，叶片卵形至卵状长圆形，先端钝圆头 ·· 1. 有柄石韦 Pyrrosia petiolosa
1. 叶1型，叶片狭披针形，先端渐尖 ·· 2. 华北石韦 Pyrrosia davidii

1. 有柄石韦（图38，彩图4）

Pyrrosia petiolosa（Christ）Ching

Bull. Chin. Bot. Soc. 1:59. 1935.

植株高5~15 cm。根状茎细长横走，幼时密被披针形棕色鳞片；鳞片长尾状渐尖头，边缘具睫毛。叶远生，1型；具长柄，通常等于叶片长度的1/2~2倍长，基部被鳞片，向上被星状毛，棕色或灰棕色；叶片椭圆形，急尖短钝头，基部楔形，下延，干后厚革质，全缘，上面灰淡棕色，有洼点，疏被星状毛，下面被厚层星状毛，初为淡棕色，后为砖红色。主脉下面稍隆起，上面凹陷，侧脉和小脉均不显。孢子囊群布满叶片下面，成熟时扩散并汇合。

徂徕山各山地林区均产。多附生于干旱裸露岩石上。国内分布于东北、华北、西北、西南地区和长江中下游各省份。朝鲜和俄罗斯也有分布。

药用，有利尿、通淋、清湿热之效。

2. 华北石韦（图39）

Pyrrosia davidii（Giesenhagen ex Diels）Ching

Acta Phytotax.Sin. 10: 301. 1965.

植株高5~10 cm。根状茎略粗壮而横卧，密被披针形鳞片；鳞片长尾状渐尖头，幼时棕色，老时中部黑色，边缘具齿牙。叶密生，1型；叶柄长2~5 cm，基部着生处密被鳞片，向上被星状毛，禾秆

图38 有柄石韦

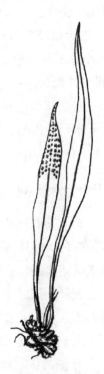

图39 华北石韦

色；叶片狭披针形，中部最宽，向两端渐狭，短渐尖头，顶端圆钝，基部楔形，两边狭翅沿叶柄长下延，长5~7 cm，中部宽0.5~1.5 cm，全缘，干后软纸质，上面淡灰绿色，下面棕色，密被星状毛，主脉在下面不明显隆起，上面浅凹陷，侧脉与小脉均不显。孢子囊群布满叶片下表面，幼时被星状毛覆盖，棕色，成熟时孢子囊开裂而呈砖红色。

徂徕山各山地林区均产。附生于阴湿岩石上。国内分布于辽宁、内蒙古、河北、北京、山东、河南、陕西、山西、甘肃、湖北、湖南。

12. 蘋科 Marsileaceae

小型蕨类，通常生于浅水淤泥或湿地沼泥中。根状茎细长横走，有管状中柱，被短毛。不育叶为线形单叶，或有2~4片倒三角形的小叶组成，着生于叶柄顶端，漂浮或伸出水面。叶脉分叉，但顶端联结成狭长网眼。能育叶变为球形或椭圆状球形孢子果，有柄或无柄，通常接近根状茎，着生于不育叶的叶柄基部或近叶柄基部的根状茎上，1个孢子果内含2至多数孢子囊。孢子囊2型，大孢子囊只含1个大孢子，小孢子囊含多数小孢子。

3属约60种，大部分产于大洋洲、非洲南部及南美洲。中国1属3种。徂徕山1属1种。

1. 蘋属 Marsilea Linn.

浅水生蕨类。根状茎细长横走，有腹背之分，节上生根，向上长出单生或簇生的叶。不育叶近生或远生，沉水时叶柄细长柔弱，湿生时柄短而坚挺；叶片"十"字形，由4片倒三角形的小叶组成，着生于叶柄顶端，漂浮水面或挺立。叶脉明显，从小叶基部呈放射状二叉分枝，向叶边组成狭长网眼。孢子果圆形或椭圆状肾形，外壁坚硬，开裂时呈两瓣，果瓣有平行脉；孢子囊线形或椭圆状圆柱形，排列成2行，着生于孢子果内壁胶质的囊群托上，囊群托的末端附着于孢子果内壁上，成熟时孢子果开裂，每个孢子囊群内有少数大孢子囊和多数小孢子囊，每个大孢子囊内含1个大孢子，每个小孢子囊内含有多数小孢子。孢子囊均无环带。大孢子卵圆形，周壁有较密的细柱，形成不规则的网状纹饰；小孢子近球形，具明显的周壁。

约52种，遍布世界各地，尤以大洋洲及南部非洲为最多。徂徕山1种。

1. 蘋 田字草（图40，彩图5）
Marsilea quadrifolia Linn.
Sp. Pl. 2: 1099. 1753.

植株高5~20 cm。根状茎细长横走，分枝，顶端被有淡棕色毛，茎节远离，向上发出1至数片叶子。叶柄长5~20 cm；叶片由4片倒三角形的小叶组成，呈"十"字形，长宽各1~2.5 cm，外缘半圆形，基部楔形，全缘，幼时被毛，草

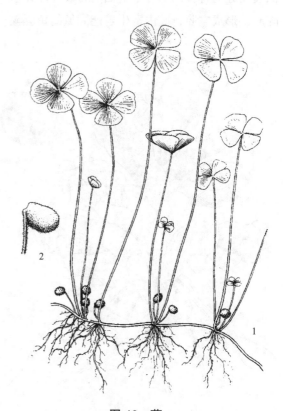

图40 蘋
1. 植株；2. 孢子果

质。叶脉从小叶基部向上呈放射状分叉，组成狭长网眼，伸向叶边，无内藏小脉。孢子果双生或单生于短柄上，而柄着生于叶柄基部，长椭圆形，幼时被毛，褐色，木质，坚硬。每个孢子果内含多数孢子囊，大小孢子囊同生于孢子囊托上，1个大孢子囊内只有1个大孢子，而小孢子囊内有多数小孢子。

产于西旺。生于河边水塘。中国广布于长江以南各省份，北达华北和辽宁，西到新疆。世界温热两带其他地区也有分布。

全草入药，清热解毒，利水消肿，外用治疮痈。嫩茎叶可供食用，整个生长季节均可采摘，将鲜茎叶洗净后炒食或做汤。

13. 槐叶蘋科 Salviniaceae

小型漂浮植物。茎纤细而横走，有须根或具由叶变态的须状假根。叶无柄或具极短柄，单叶全缘或为2深裂，成2或3行排列，3行中的1行细裂变态成须根悬垂水中，称假根，起根的作用。孢子果着生于茎上，外形有大小之分，体积小的为大孢子果，内生1至多数（约8~10个）大孢子囊，体积大的为小孢子果，内生数目众多的小孢子囊，孢子囊均无环带，有柄。孢子异形，大孢子体积远比小孢子的大。雌雄配子体分别在大小孢子囊内发育，前者较后者发达。

2属约17种，广布全球。中国2属4种。徂徕山1属1亚种。

1. 满江红属 Azolla Lam.

小型水生蕨类。根状茎细弱，有明显直立或呈"之"字形的主茎，羽状或假二歧分枝，通常横卧漂浮于水面，或在水浅时或植株生长密集时呈莲座状。叶无柄，2列互生于茎上，覆瓦状排列，叶片深裂而分为背腹两部分，上面的背裂片浮在水面上，密被瘤状突起，绿色，肉质，基部肥厚，下表面隆起，形成空腔，腔内寄生着能固氮的鱼腥藻；腹裂片近贝壳状，膜质，覆瓦状紧密排列，无色或近

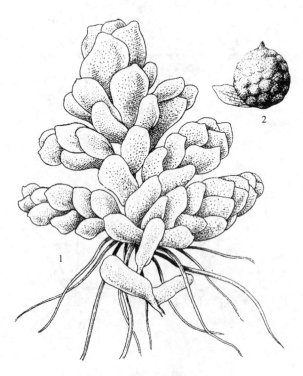

图41 满江红
1.植株；2.大孢子果

基部粉红色，略增厚，沉于水下，主要起浮载作用。若植物体处于直立生长状态，则腹裂片向背裂片形态转化，叶片内的花青素因受外界温度影响会由绿色变为红色或黄色。孢子果有大小两种，多为双生，少4个簇生；大孢子果体积远比小孢子果小，位于小孢子果下面，幼时被孢子叶所包被，长圆锥形，外面被果壁包裹着，内藏1个大孢子，顶部有帽状物覆盖，成熟时帽脱落；小孢子果体积是大孢子果的4~6倍，顶部有喙状突起，外壁薄而透明，内含多数小孢子囊，小孢子囊球形，有长柄，每个小孢子囊内有64个小孢子；大小孢子均为圆形，3裂缝。

7种，分布于欧洲、非洲、美洲、亚洲和大洋洲。中国2种。徂徕山1亚种。

1.满江红（亚种）（图41）

Azolla pinnata R. Brown subsp. ***asiatica*** R. M. K. Saunders & K. Fowler

Bot. J. Linn. Soc. 109: 349. 1992.

小型漂浮植物。植物体呈卵形或三角状，根状茎细长横走，侧枝腋生，假二歧分枝，向下生须根。叶小，互生，无柄，覆瓦状排列成 2 行，叶片深裂分为背裂片和腹裂片两部分，背裂片长圆形或卵形，肉质，绿色，但在秋后常变为紫红色，边缘无色透明，上表面密被乳状瘤突，下表面中部略凹陷，基部肥厚形成共生腔；腹裂片贝壳状，无色透明，多少饰有淡紫红色，斜沉水中。孢子果双生于分枝处，大孢子果体积小，长卵形，顶部喙状，内藏 1 个大孢子囊，大孢子囊只产 1 个大孢子，大孢子囊有 9 个浮膘，分上下 2 排附生在孢子囊体上，上部 3 个较大，下部 6 个较小；小孢子果体积远较大，球圆形或桃形，顶端有短喙，果壁薄而透明，内含多数具长柄的小孢子囊，每个小孢子囊内有 64 个小孢子，分别埋藏在 5~8 块无色海绵状的泡胶块上，泡胶块上有丝状毛。

产于光华寺。生于水田和静水沟塘中。中国广布于长江流域和南北各省份。朝鲜、日本也有分布。

本植物体和蓝藻共生，是优良的绿肥，又是很好的饲料，还可药用，能发汗，利尿，祛风湿，治顽癣。

裸子植物

乔木，稀灌木或藤本。次生木质部具管胞，稀具导管，韧皮部仅有筛管。叶多为针形、条形、披针形，稀椭圆形或扇形。球花单性，胚珠裸生于大孢子叶上，大孢子叶从不形成密闭的子房，胚珠发育成种子。裸子植物在地球上分布广泛，共15科74属900余种，中国连引种栽培约12科44属250余种。徂徕山5科15属30种3变种。

裸子植物分科检索表

1. 叶片扇形，具叉状分枝的细脉；种子有长梗，成熟后呈核果状…………………………1. 银杏科 Ginkgoaceae
1. 叶片各种形状，不为扇形，也无叉状分枝的细脉。
　2. 胚珠1至多枚生于雌球花的珠鳞腹面；球果成熟后木质化，由种鳞和苞鳞组成，成熟后开裂，稀愈合而整个球果呈浆果状。
　　3. 球果的种鳞与苞鳞分离或仅基部合生，每个种鳞有种子2粒…………………………2. 松科 Pinaceae
　　3. 球果的种鳞和苞鳞合生或仅先端分离，每个种鳞具1至多粒种子。
　　　4. 叶与种鳞均为螺旋状互生（稀对生，但为落叶性）；叶条形、条状披针形、钻形或鳞形……3. 杉科 Taxodiaceae
　　　4. 叶与种鳞均为对生或轮生，常绿性；叶鳞形或刺形…………………………………4. 柏科 Cupressaceae
　2. 胚珠1枚生于苞腋间，种子1粒，肉质假种皮杯状、瓶状或全包种子…………………5. 红豆杉科 Taxaceae

1. 银杏科 Ginkgoaceae

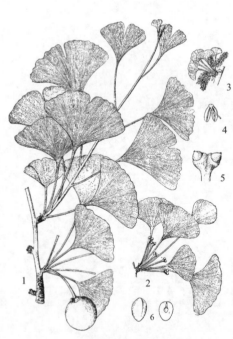

图42　银杏
1. 长短枝及种子；2. 雌球花枝；
3. 雄球花枝；4. 雄蕊；5. 雌球花上端；
6. 去掉外种皮的种子及纵切面

落叶乔木，树干高大，分枝繁茂，有明显的长枝和短枝。单叶，扇形，有长柄，具多数叉状并列细脉，在长枝上螺旋状排列散生，在短枝上成簇生状。雌雄异株；雄球花成柔荑花序状；雄蕊多数，具短梗，螺旋状着生，排列较疏，花药2，花丝短，精子有纤毛，能游动；雌球花具长梗，梗端常分二叉，叉顶各生1枚直立胚珠。种子核果状，有长柄，下垂，外种皮肉质，中种皮骨质，内种皮膜质，胚乳丰富；子叶2枚，发芽时不出土。

仅存1属1种，为中生代子遗植物，称活化石，中国特产。徂徕山广泛栽培。

1. 银杏属 Ginkgo Linn.

形态特征、种类、分布与科相同。

1. 银杏（图42，彩图6）

Ginkgo biloba Linn.

Mant. Pl. 2: 313. 1771.

落叶乔木；高达30~40 m，胸径达4 m；树皮幼时浅纵裂，老则深纵裂，粗糙；幼年及壮年树冠圆锥形，老则广卵形；枝近轮生，斜上伸展，通常雌株大枝较雄株开展；一年生长枝淡褐黄色，二年生以上变为灰色，并有细纵裂纹；短枝密被叶痕，黑灰色。叶扇形，有长柄，顶端宽 5~8 cm，在短枝上常具波状缺刻，在长枝上常 2 裂，基部宽楔形，幼树及萌生枝上的叶常较大且深裂；叶片在一年生长枝上螺旋状散生，在短枝上 3~8 叶呈簇生状，秋季落叶前变为黄色。雌雄异株，雌、雄球花均簇生于短枝顶端的鳞片状叶腋内；雄球花柔荑花序状，下垂，雄蕊具短柄，花药 2，长椭圆形；雌球花 6~7 簇生，具长柄，顶端二叉，各生胚珠 1 枚。种子具长柄，下垂，常为椭圆形、长倒卵形、卵圆形或近圆球形，长 2.5~3.5 cm，径 2 cm；肉质外种皮成熟时，黄色或橙黄色，外被白粉，有臭味；中种皮白色，骨质，具 2~3 条纵脊；内种皮膜质，淡红褐色；胚乳丰富，味甘略苦。子叶 2 枚，不出土。花期 3~4 月；种子 9~10 月成熟。

徂徕山各林区均有栽培，光华寺、隐仙观、大寺、磙石峪、中军帐等地有古树。全国各地有引种栽培，据记载浙江天目山尚有野生状态的树木。

树形优美，叶形、秋季叶色颇为美观，为观赏绿化树种，常作庭院树、行道树。木材优良，可供建筑、雕刻及制作家具、绘图板等用。种子名白果，可食用，亦可入药。

2. 松科 Pinaceae

常绿或落叶乔木，稀灌木状；有树脂；有长枝与短枝之分。叶条形或针形，基部不下延生长；条形叶扁平，稀呈四棱形，在长枝上螺旋状散生，在短枝上呈簇生状；针形叶 2~5 针成 1 束，着生于极度退化的短枝顶端，基部有膜质叶鞘。花单性，雌雄同株；雄球花腋生或单生枝顶，卵圆形或圆柱状，雄蕊多数，螺旋状着生，每雄蕊具 2 花药，花粉有气囊或无；雌球花由多数螺旋状着生的珠鳞与苞鳞组成，花期时珠鳞小于苞鳞，珠鳞上面有 2 枚倒生胚珠，苞鳞与珠鳞离生（仅基部合生），花后珠鳞增大发育成种鳞。球果直立或下垂，当年或次年稀第 3 年成熟，熟时种鳞张开，稀不张开，木质或革质，宿存或熟后脱落；每种鳞有种子 2 粒。种子有膜质翅或无翅；子叶 2~16，出土或不出土。

10~11 属约 235 种，多产于北半球。中国 10 属 108 种 29 变种（其中引种栽培 24 种），分布遍于全国。徂徕山 6 属 19 种 2 变种。

分属检索表

1. 叶条形扁平或具四棱，或为针形，在长枝上螺旋状着生，在短枝上成簇生状，均不成束。
  2. 叶条形扁平或具四棱，质硬；枝仅 1 种类型，无短枝，叶螺旋状散生；球果当年成熟。
    3. 球果直立，成熟后或干后种鳞自宿存的中轴上脱落；叶扁平；枝上无隆起叶枕，具圆形、微凹的叶痕…………………………………………………………………………………………………1. 冷杉属 Abies
    3. 球果下垂，成熟后或干后种鳞宿存；叶四棱状，小枝有显著隆起的叶枕…………2. 云杉属 Picea
  2. 叶针状、坚硬，或条形扁平、柔软；枝分长枝与短枝，叶在长枝上螺旋状散生，在短枝上端成簇生状；球果当年或翌年成熟。
    4. 落叶性；叶扁平、柔软，倒披针状条形或条形；球果当年成熟。
      5. 雄球花单生于短枝顶端；种鳞革质，成熟后或干后不脱落；芽鳞先端钝；叶较窄，宽约 1.8 mm………………………………………………………………………………………………3. 落叶松属 Larix
      5. 雄球花数个簇生于短枝顶端；种鳞木质，成熟后或干后种鳞脱落；芽鳞先端尖；叶较宽，通常宽达 2~4 mm…………………………………………………………………………………4. 金钱松属 Pseudolarix
    4. 常绿性；叶针状，球果翌年成熟，熟后种鳞自宿存中轴上脱落……………………5. 雪松属 Cedrus

1. 叶针形，2、3、5针1束生于苞片状鳞叶的腋部，着生于极度退化的短枝顶端，基部包有脱落或宿存的叶鞘；球果翌年成熟，种鳞宿存，背面上方具鳞盾与鳞脐···6. 松属 Pinus

1. 冷杉属 Abies Mill.

常绿乔木，树干端直；大枝轮生，小枝对生，稀轮生，基部有宿存芽鳞，叶脱落后枝上留有圆形的吸盘状叶痕；冬芽常具树脂，枝顶之芽三个排成一平面。叶螺旋状着生，辐射伸展或基部扭转列成2列；叶条形，扁平，柄端微膨大，上面中脉凹下，下面中脉隆起，每边有1条气孔带；叶内具2个（稀4~12个）树脂道，中生或边生。雌雄同株，球花单生于去年枝叶腋；雄球花幼时长椭圆形或矩圆形，后成穗状圆柱形，下垂，有梗，雄蕊多数，螺旋状着生，花药2，药室横裂，花粉有气囊；雌球花直立，短圆柱形，具多数螺旋状着生的珠鳞和苞鳞，苞鳞大于珠鳞，珠鳞腹面基部有2枚胚珠。球果当年成熟，直立；种鳞木质，排列紧密，常为肾形或扇状四边形，上部通常较厚，边缘内曲，腹面有2粒种子，背面托一基部结合而生的苞鳞；苞鳞露出、微露出或不露出；种子上部具宽大的膜质长翅；种翅不易脱离；球果成熟后种鳞与种子一同从宿存的中轴上脱落；子叶3~12（多4~8）枚，发芽时出土。

约50种，分布于亚洲、欧洲、北美洲及非洲北部的高山地带。中国23种，分布于东北、华北、西北、西南地区及浙江、台湾等省份的高山地带。徂徕山2种。

分种检索表

1. 一年生枝无毛，叶先端尖，球果成熟时淡黄褐或淡褐色··1. 辽东冷杉 Abies holophylla
1. 一年生枝有毛；叶先端凹缺或微裂，球果成熟时紫褐色或紫黑色··2. 臭冷杉 Abies nephrolepis

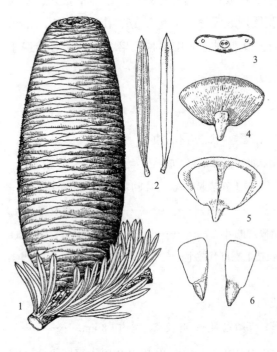

图43 辽东冷杉
1. 球果枝；2. 叶的上下面；
3. 叶的横切面；4. 种鳞背面及苞鳞；
5. 种鳞腹面及种子；6. 种子背腹面

1. 辽东冷杉　杉松（图43）

Abies holophylla Maxim.

Bull. Acad. Imp. Sci. Saint-Pétersbourg III, 10: 487. 1866.

乔木，高达30 m；幼树树皮淡褐色、不开裂，老则浅纵裂成条片状；枝条平展；一年生枝淡黄灰色或淡黄褐色，无毛，有光泽，二至三年生枝灰色、灰黄色或灰褐色；冬芽卵圆形，有树脂。叶在果枝下面列成2列，上面的叶斜上伸展，在营养枝上排成2列；条形，直伸或成弯镰状，长2~4 cm，宽1.5~2.5 mm，先端急尖或渐尖，上面深绿色、有光泽，下面沿中脉两侧各有1条白色气孔带。生于果枝上之叶的上面近先端或中上部通常有2~5条不规则的气孔线；横切面有2个中生树脂道。球果圆柱形，长6~14 cm，径3.5~4 cm，近无梗，熟时淡黄褐色或淡褐色；中部种鳞近扇状四边形或倒三角状扇形，上部宽圆、微厚，边缘内曲，两侧较薄，鳞背露出部分被密生短毛；苞鳞短，长不及种鳞的1/2，不露出；种子倒三角状，长8~9 mm，种翅宽大，较种子为长，连同种子长约 2.4 cm；子叶 5~6 枚，条形。花期 4~5 月；球果 10 月成熟。

上池有栽培。国内分布于中国东北地区。俄罗斯、朝鲜也有分布。

优良用材树种。

2. 臭冷杉（图 44）

Abies nephrolepis（Trautv.）Maxim.

Bull. Acad. Sci. St. Petersb. 10: 486. 1866.

乔木，高达 30 m；幼树树皮平滑或有浅裂纹，常具多而明显的横列瘤状皮孔，老则裂成鳞片状；一年生枝淡黄褐色或淡灰褐色，密被淡褐色短柔毛；冬芽圆球形，有树脂。叶成 2 列，条形，直或弯镰状，长 1.5~2.5 cm，宽约 1.5 mm，上面光绿色，下面有 2 条白色气孔带；营养枝上的叶先端有凹缺或 2 裂，果枝及主枝上的叶先端尖或有凹缺；横切面有 2 个中生树脂道。球果卵状圆柱形或圆柱形，长 4.5~9.5 cm，径 2~13 cm，无梗，熟时紫褐色或紫黑色；中部种鳞肾形或扇状肾形，长较宽为短，长 1~1.5 cm，宽 1.4~2.2 cm，上部边缘内曲，有不规则的细缺齿，鳞背露出部分密被短毛；苞鳞倒卵形，中部狭窄成条状，长为种鳞的 3/5~4/5，不露出或微露出；种子倒卵状三角形，长 4~6 mm；子叶 4~5 枚，条形。花期 4~5 月；球果 9~10 月成熟。

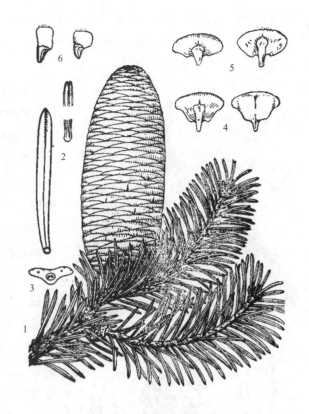

图 44　臭冷杉
1. 球果枝；2. 叶；3. 叶的横切面；
4~5. 种鳞；6. 种子

上池有栽培。分布于中国东北及河北、山西。

2. 云杉属 **Picea** Dietr.

常绿乔木。小枝上有显著的叶枕，叶枕下延彼此间形成凹槽，顶端凸起成木钉状，叶生于叶枕之上，脱落后枝条粗糙；冬芽卵圆形、圆锥形或近球形，芽鳞覆瓦状排列，小枝基部芽鳞宿存。叶螺旋状着生，横切面常四棱形，四面的气孔线条数近相等；树脂道 2 个，边生，常不连续，稀无树脂道。雌雄同株；雄球花椭圆形或圆柱形，单生叶腋，雄蕊多数，螺旋状着生，花药 2，花粉粒有气囊；雌球花单生枝顶，珠鳞多数。球果下垂，卵状圆柱形或圆柱形，当年秋季成熟；种鳞木质较薄，或近革质，宿存，腹面生 2 粒种子；苞鳞短小，不露出；种子倒卵圆形或卵圆形，上部有膜质长翅，种翅常成倒卵形，有光泽；子叶 4~9 枚，出土。

约 35 种，分布于北半球。中国 16 种，另引种栽培 2 种，分布于东北、华北、西北、西南地区及台湾等省份的高山地带。徂徕山引入栽培 3 种。

分种检索表

1. 一年生枝淡黄绿色或淡黄灰色；小枝基部宿存的芽鳞排列紧密，不反曲；叶长 0.8~1.8 cm，宽约 1 mm ·· 1. 青杆 Picea wilsonii

1. 一年生枝颜色常较深，黄色、黄褐色或淡红褐色；小枝基部宿存芽鳞或多或少向外反曲。

2. 叶先端钝；主枝之叶长 1.3~3 cm，宽约 2 mm ································· 2. 白杆 Picea meyeri
2. 叶先端急尖；叶长 1.2~2.2 cm，宽约 1.5 mm ···························· 3. 红皮云杉 Picea koraiensis

1. 青杆（图 45）
Picea wilsonii Mast.

Gard. Chron. III. 33: 133. 1903.

常绿乔木；高可达 50 m。树皮灰色或暗灰色，裂成不规则鳞状块片脱落；枝条近平展，树冠塔形；一年生枝淡黄绿色或淡黄灰色，无毛；冬芽卵圆形，长不到 5 mm，芽鳞排列紧密，光滑无毛，小枝基部宿存芽鳞先端紧贴小枝。叶四棱状条形，直或微弯，长 0.8~1.8 cm，先端尖，横切面四棱形或扁菱形，四面各有气孔线 4~6 条，微具白粉，排列较密；球果卵状圆柱形或圆柱状长卵圆形，长 5~8 cm，径 2.5~4 cm，熟时黄褐色或淡褐色；中部种鳞倒卵形，长 1.4~1.7 cm，先端圆或有急尖头，或呈钝三角形，或具突起截形之尖头，基部宽楔形，鳞背露出部分无明显槽纹；苞鳞匙状长圆形，先端钝圆，长约 4 mm；种子倒卵圆形，连翅长 1.2~1.5 cm；子叶 6~9，条状钻形。花期 4 月；球果 10 月成熟。

大寺有栽培。中国特有树种，分布于内蒙古、河北、山西、陕西、甘肃及青海等省份。

材质较轻软，纹理直，结构细，可供建筑、电杆、桥梁、家具及木纤维工业原料等用。

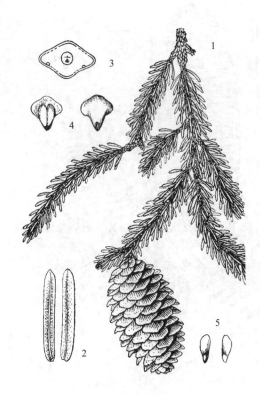

图 45　青杆
1. 球果枝；2. 叶；3. 叶横切面；
4. 种鳞腹面及背面；5. 种子

2. 白杆（图 46）
Picea meyeri Rehd. & Wils.

Sarg. Pl. Wilson. 2: 28. 1914.

乔木，高达 30 m；树皮灰褐色，裂成不规则的薄块片脱落；大枝近平展，树冠塔形；小枝有密生或疏生短毛或无毛，一年生枝黄褐色，二至三年生枝淡黄褐色、淡褐色或褐色；冬芽圆锥形，间或侧芽成卵状圆锥形，褐色，微有树脂，光滑无毛，基部芽鳞有背脊，上部芽鳞的先端常微向外反曲，小枝基部宿存芽鳞的先端微反卷或开展。主枝之叶常辐射伸展，侧枝上面之叶伸展，两侧及下面之叶向上弯伸，四棱状条形，微弯曲，长 1.3~3 cm，宽约 2 mm，先端钝尖或钝，横切面四棱形，四面有白色气孔线，上面 6~7 条，下面 4~5 条。球果成熟前绿色，熟时褐黄色，矩圆状圆柱形，长 6~9 cm，径 2.5~3.5 cm；中部种鳞倒卵形，长约 1.6 cm，宽约 1.2 cm，先端圆或钝三角形，下部宽楔形或微圆，鳞背露出部分有条纹；种子倒卵圆形，长约 3.5 mm，种翅淡褐色，倒宽披针形，连种子长约 1.3 cm。

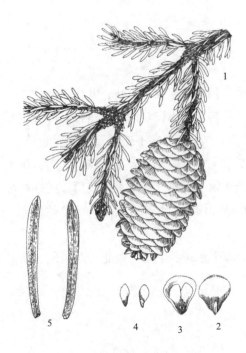

图 46　白杆
1. 球果枝；2. 种鳞背面；3. 种鳞腹面；
4. 种子；5. 叶

花期 4 月；球果 9 月下旬至 10 月上旬成熟。

上池有栽培。中国特有树种，分布于山西、河北、内蒙古。北京、辽宁、河南等地有栽培。

3. 红皮云杉（图 47）

Picea koraiensis Nakai

Bot. Mag Tokyo 33: 195. 1919.

常绿乔木，高达 30 m；树皮灰褐色或淡红褐色，裂成不规则薄条片脱落，裂缝常红褐色；大枝斜伸至平展，树冠尖塔形；一年生枝黄色、淡黄褐色或淡红褐色，无白粉，无毛或几无毛；冬芽圆锥形，淡褐黄色或淡红褐色，微有树脂，上部芽鳞常向外展，稍反曲，小枝基部种鳞宿存，先端向外反曲，明显或微明显。叶四棱状条形，长 1.2~2.2 cm，宽约 1.5 mm，先端急尖，横切面四棱形，四面有气孔线，上面每边 5~8 条，下面每边 3~5 条；主枝之叶近辐射排列，侧生小枝上面之叶直上伸展，下面及两侧之叶从两侧向上弯伸。球果卵状圆柱形或长卵状圆柱形，成熟时绿黄褐色至褐色，长 5~8 cm，径 2.5~3.5 cm；中部种鳞倒卵形或三角状倒卵形，先端圆或钝三角形，基部宽楔形，鳞背微有光泽，平滑；苞鳞条

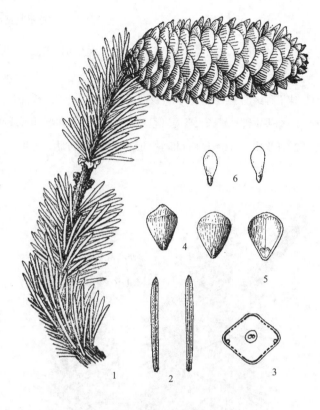

图 47　红皮云杉

1.球果枝；2.叶；3.叶横切面；4.种鳞背面及苞鳞；5.种鳞腹面；6.种子

状，先端钝或微尖；种子灰黑褐色，倒卵圆形，种翅淡褐色，先端圆；子叶 6~9。花期 5~6 月；球果 9~10 月成熟。

上池有栽培。国内分布于东北大、小兴安岭地区及吉林、辽宁、内蒙古等省份。朝鲜北部及俄罗斯远东地区也有分布。

材质较轻软，供建筑、木纤维工业原料、细木加工及造船、家具等用。树皮及球果可提栲胶。

3. 落叶松属 Larix Mill.

落叶乔木；枝 2 型，有长枝和由长枝上的腋芽长出而生长缓慢的距状短枝；冬芽小，近球形，芽鳞排列紧密，先端钝。叶在长枝上螺旋状散生，在短枝上呈簇生状，倒披针状窄条形，扁平，柔软，上面平或中脉隆起，下面中脉隆起，两侧各有数条气孔线，横切面有 2 个树脂道，常边生，稀中生。球花单性，雌雄同株，雄球花和雌球花均单生于短枝顶端，春季与叶同时开放；雄球花具多数雄蕊，雄蕊螺旋状着生，花药 2，药室纵裂，花粉无气囊；雌球花直立，珠鳞形小，螺旋状着生，腹面基部着生 2 枚倒生胚珠，背面托以大而显著的苞鳞，苞鳞膜质，中肋延长成尖头。球果当年成熟，幼嫩球果通常紫红色或淡红紫色，稀绿色。熟时球果的种鳞张开、宿存；苞鳞短小，不露出或微露出，或苞鳞较种鳞为长，显著露出；发育种鳞腹面有 2 粒种子。种子上部有膜质长翅；子叶 6~8，发芽时出土。

约 16 种，分布于亚洲、欧洲及北美洲的温带高山与寒温带、寒带。中国 10 种，分布于东北地区及河北、山西、陕西、甘肃、四川、云南、西藏、新疆。另引进 2 种。徂徕山 3 种 1 变种。

分种检索表

1. 球果种鳞的上部边缘显著地向外反曲，种鳞卵状矩圆形或卵方形，背面有褐色细小疣状突起和短粗毛；一年生长枝淡黄色或淡红褐色，有白粉 ·· 1. 日本落叶松 Larix kaempferi
1. 球果种鳞的上部边缘不向外反曲或微反曲；一年生长枝无白粉。
   2. 球果中部种鳞长大于宽，呈三角状卵形、五角状卵形或卵形 ·································· 2. 落叶松 Larix gmelinii
   2. 球果中部种鳞长宽近相等，近方圆形或四方状广卵形 ································ 3. 黄花落叶松 Larix olgensis

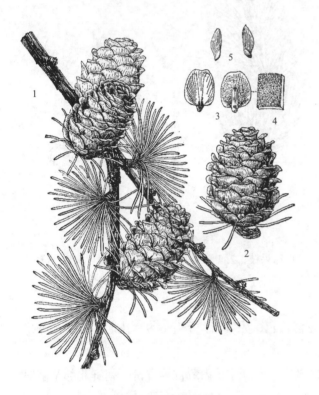

图 48　日本落叶松
1. 球果枝；2. 球果；3. 种鳞腹面；
4. 种鳞背面及苞鳞；5. 种子背腹面

1. 日本落叶松（图 48，彩图 7）
Larix kaempferi（Lamb.）Carr.

J. Gén. Hort. 11: 97. 1856.

乔木，高达 30 m，胸径 1 m；树皮暗褐色，纵裂粗糙，成鳞片状脱落；枝平展，树冠塔形；幼枝有淡褐色柔毛，后渐脱落，一年生长枝淡黄色或淡红褐色，有白粉，直径约 1.5 mm，2~3 年生枝灰褐色或黑褐色；短枝上历年叶枕形成的环痕特别明显，直径 2~5 mm，顶端叶枕之间有疏生柔毛；冬芽紫褐色，顶芽近球形，基部芽鳞三角形，先端具长尖头，边缘有睫毛。叶倒披针状条形，长 1.5~3.5 cm，宽 1~2 mm，先端微尖或钝，上面稍平，下面中脉隆起，两面均有气孔线，尤以下面多而明显，通常 5~8 条。雄球花淡褐黄色，卵圆形，长 6~8 mm，径约 5 mm；雌球花紫红色，苞鳞反曲，有白粉，先端 3 裂，中裂急尖。球果卵圆形或圆柱状卵形，熟时黄褐色，长 2~3.5 cm，径 1.8~2.8 cm，种鳞 46~65 枚，上部边缘波状，显著地向外反曲，背面具褐色瘤状突起和短粗毛；中部种鳞卵状矩圆形或卵方形，长 1.2~1.5 cm，宽约 1 cm，基部较宽，先端平截微凹；苞鳞紫红色，窄矩圆形，长 7~10 mm，基部稍宽，上部微窄，先端 3 裂，中肋延长成尾状长尖，不露出；种子倒卵圆形，长 3~4 mm，径约 2.5 mm，种翅上部三角状，中部较宽，种子连翅长 1.1~1.4 cm。花期 4~5 月；球果 10 月成熟。

马场、上池、卧尧、里峪、张栏有栽培。原产日本。中国东北地区及河北、山东、河南、江西、北京、天津、西安等地引种栽培。

2. 落叶松（图 49）
Larix gmelinii（Rupr.）Kuzen

Trudy Bot. Muz. Rossiisk. Akad. Nauk 18: 41. 1920.

乔木，高达 35 m，胸径 60~90 cm；幼树树皮深褐色，裂成鳞片状块片，老树树皮灰色、暗灰色或灰褐色，纵裂成鳞片状剥离，剥落后内皮呈紫红色；枝斜展或近平展，树冠卵状圆锥形；一年生长枝较细，淡黄褐色，直径约 1 mm，无毛或有散生长毛或短毛，或被或疏或密的短毛，基部常有长毛，二至三年生枝褐色、灰褐色或灰色；短枝直径 2~3 mm，顶端叶枕之间有黄白色长柔毛；冬芽近圆球形，芽鳞暗褐色，边缘具睫毛，基部芽鳞的先端具长尖头。叶倒披针状条形，长 1.5~3 cm，宽 0.7~1 mm，先端尖或钝尖，上面中脉不隆起，有时两侧各有 1~2 条气孔线，下面沿中脉两侧各有 2~3 条气孔线。球果幼时紫红色，成熟前卵圆形或椭圆形，成熟时上部的种鳞张开，黄褐色、褐色或紫褐色，长 1.2~3 cm，径 1~2 cm，种鳞 14~30 枚；中部种鳞五角状卵形，长 1~1.5 cm，宽 0.8~1.2 cm，先端截形、圆截形或微凹，鳞背无毛，有光泽；苞鳞较短，长为种鳞的 1/3~1/2，近三角状长卵形或卵状披针形，先端具中肋延长的急尖头；种子斜卵圆形，灰白色，具淡褐色斑纹，长 3~4 mm，径 2~3 mm，连翅长约 1 cm，种翅中下部宽，上部斜三角形，先端钝圆。花期 5~6 月；球果 9 月成熟。

马场有少量栽培。国内分布于黑龙江、吉林、内蒙古。朝鲜、蒙古、俄罗斯远东地区也有分布。

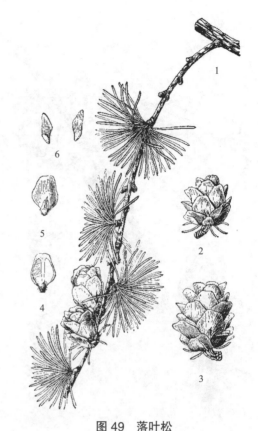

图 49　落叶松

1. 球果枝；2~3. 球果；4. 种鳞腹面；5. 种鳞背面及苞鳞；6. 种子背腹面

华北落叶松（变种）（图 50）

var. principis-rupprechtii（Mayr.）Pilger Nat. Pflanzenfam. ed. 2. 13: 327. 1926.

——*Larix principis-rupprechtii* Mayr.

乔木，高达 30 m，胸径 1 m；树皮暗灰褐色，不规则纵裂，成小块片脱落；枝平展，具不规则细齿；苞鳞暗紫色，近带状矩圆形，长 0.8~1.2 cm，基部宽，中上部微窄，先端圆截形，中肋延长成尾状尖头，仅球果基部苞鳞的先端露出；种子斜倒卵状椭圆形，灰白色，具不规则的褐色斑纹，长 3~4 mm，径约 2 mm，种翅上部三角状，中部宽约 4 mm，种子连翅长 1~1.2 cm；子叶 5~7 枚，针形，长约 1 cm，下面无气孔线。花期 4~5 月；球果 10 月成熟。

马场、龙湾有栽培。中国特产，分布于河北、河南、山西。

3. 黄花落叶松（图 51）

Larix olgensis A. Henry

Gard. Chron. III, 57: 109. 1915.

—— *Larix gmelinii* var. *olgensis*（A. Henry）Ostenf. & Syrach

乔木，高达 30 m，胸径达 1 m；树皮纵裂成长鳞片状翘离，易剥落，剥落后呈酱紫红。当年生长枝

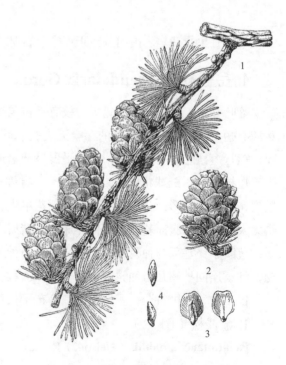

图 50　华北落叶松

1. 球果枝；2. 球果；3. 种鳞背腹面；4. 种子背腹面

淡红褐色或淡褐色，微有光泽，直径 1~1.2 mm，密被毛或无毛；二至三年生枝灰色或暗灰色；短枝深灰色，直径 2~3 mm，顶端叶枕间密生淡褐色柔毛；冬芽淡紫褐色，顶芽卵圆形或微成圆锥状，芽鳞膜质，边缘具睫毛，基部芽鳞三角状卵形，先端有长尖头。叶倒披针状条形，长 1.5~2.5 cm，宽约 1 mm，先端钝或微尖，上面中脉平，稀每边有 1~2 条气孔线，下面中脉隆起，两边各有 2~5 条气孔线。球果成熟前淡红紫色或紫红色，熟时淡褐色，或稍带紫色，长卵圆形，种鳞微张开，通常长 1.5~2.6 cm，稀达 3.2~4.6 cm，径 1~2 cm，种鳞 16~40 枚，背面及上部边缘有或密或疏的细小瘤状突起，间或在近中部杂有短毛，稀近于光滑；中部种鳞广卵形常成四方状，或近方圆形，长 0.9~1.2 cm，宽约 1 cm，基部稍宽，先端圆或圆截形微凹，干后边缘常反曲；苞鳞暗紫褐色，矩圆状卵形或卵状椭圆形，不露出，长 4~7 mm，宽 2.5~4 mm，中部稍收缩，先端圆截形或微凹，中肋延长成尾状尖头；种子近倒卵圆形，淡黄白色或白色，具不规则的紫色斑纹，长 3~4 mm，径约 2 mm，种翅先端钝尖，中部或中下部较宽，种子连翅长约 9 mm。花期 5 月；球果 9~10 月成熟。

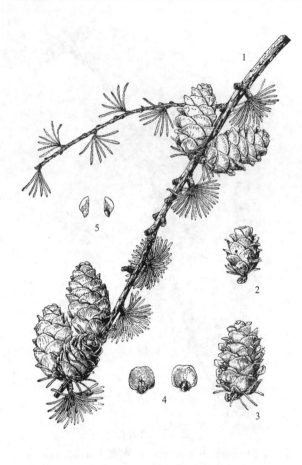

图 51　黄花落叶松
1. 球果枝；2~3. 球果；4. 种鳞背腹面；
5. 种子背腹面

马场有少量栽培。国内分布于辽宁、吉林。朝鲜北部及俄罗斯远东地区也有分布。

4. 金钱松属 Pseudolarix Gord.

落叶乔木，大枝不规则轮生；枝有长枝与短枝，长枝基部有宿存的芽鳞，短枝矩状；顶芽外部的芽鳞有短尖头，长枝上腋芽的芽鳞无尖头。叶条形，柔软，在长枝上螺旋状散生，叶枕下延，微隆起，矩状短枝之叶呈簇生状，辐射平展呈圆盘形，叶脱落后有密集成环节状的叶枕。雌雄同株，球花生于短枝顶端；雄球花穗状，多数簇生，有细梗，雄蕊多数，螺旋状着生，花丝极短，花药 2，药室横裂，药隔三角形，花粉有气囊；雌球花单生，具短梗，有多数螺旋状着生的珠鳞与苞鳞，苞鳞较珠鳞为大，珠鳞的腹面基部有 2 枚胚珠，受精后珠鳞迅速增大。球果当年成熟，直立，有短梗；种鳞木质，苞鳞小，基部与种鳞结合而生，熟时与种鳞一同脱落，发育的种鳞各有 2 粒种子；种子有宽大种翅，种子连同种翅几与种鳞等长；子叶 4~6 枚。

仅 1 种，中国特产，孑遗植物，分布于长江中下游各省份温暖地带。徂徕山有栽培。

1. 金钱松（图 52）

Pseudolarix amabilis（Nelson.）Rehd.

J. Arnold Arbor. 1: 53. 1919.

乔木，高达 40 m，胸径达 1.5 m；树干通直，树皮粗糙，灰褐色，裂成不规则的鳞片状块片；枝平展，树冠宽塔形；一年生长枝淡红褐色或淡红黄色，无毛，有光泽，二至三年生枝淡黄灰色或淡褐灰色，稀淡紫褐色，老枝及短枝呈灰色、暗灰色或淡褐灰色；矩状短枝生长极慢，有密集成环节状的叶枕。叶条形，柔软，镰状或直，上部稍宽，长 2~5.5 cm，宽 1.5~4 mm（幼树及萌生枝之叶长达 7 cm，宽 5 mm），先端锐尖或尖，上面绿色，中脉微明显，下面蓝绿色，中脉明显，每边有 5~14 条气孔线，气孔带较中脉带为宽或近等宽；长枝之叶辐射伸展，短枝之叶簇状密生，平展成圆盘形，秋后叶呈金黄色。雄球花黄色，圆柱状，下垂，长 5~8 mm，梗长 4~7 mm；雌球花紫红色，直立，椭圆形，长约 1.3 cm，有短梗。球果卵圆形或倒卵圆形，长 6~7.5 cm，径 4~5 cm，成熟前绿色或淡黄绿色，熟时淡红褐色，有短梗；中部的种鳞卵状披针形，长 2.8~3.5 cm，基部宽约 1.7 cm，两侧耳状，先端钝有凹缺，腹面种翅痕之间有纵脊凸起，脊上密生短柔毛，鳞背光滑无毛；苞鳞长约种鳞的 1/4~1/3，卵状披针形，边缘有细齿；种子卵圆形，白色，长约 6 mm，种翅三角状披针形，淡黄色或淡褐黄色，上面有光泽，连同种子几乎与种鳞等长。花期 4 月；球果10 月成熟。

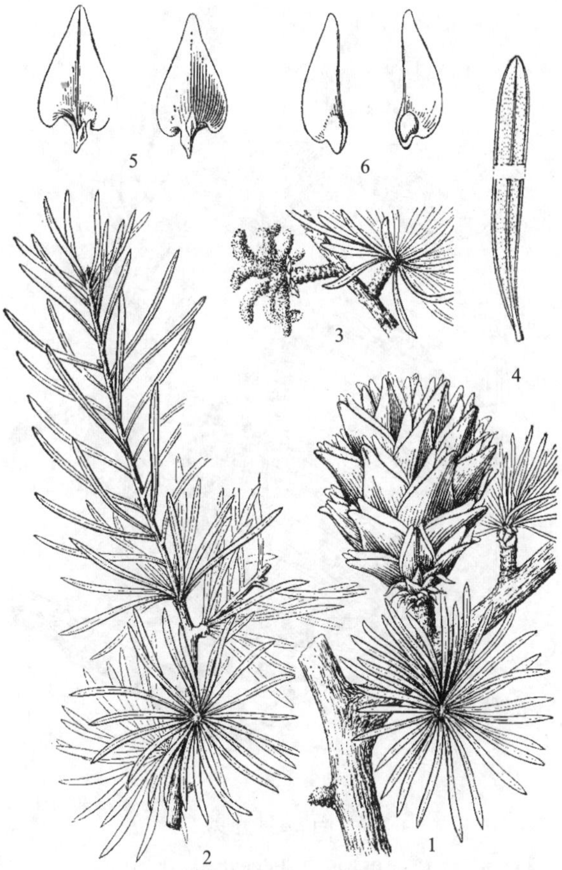

磉石峪有栽培。中国特有树种，分布于江苏、浙江、安徽、福建、江西、湖南、湖北、四川、重庆等省份。

为优良的用材树种及庭园树种。

图 52 金钱松
1. 球果枝；2. 长短枝；3. 雄球花枝；4. 叶；
5. 种鳞背腹面；6. 种子

5. 雪松属 Cedrus Trew

常绿乔木；冬芽小，有少数芽鳞，枝有长枝与短枝之分，枝条基部有宿存芽鳞。叶针状，坚硬，常三棱形，在长枝上螺旋状着生，在短枝上呈簇生状；叶脱落后有隆起的叶枕。雌雄同株或异株，球花直立，单生于短枝顶端；雄球花具多数螺旋状着生的雄蕊，花药 2，花粉无气囊；雌球花有多数螺旋状着生的珠鳞，珠鳞背面托有短小的苞鳞，腹面基部有胚珠 2 枚。球果直立，翌年（稀第 3 年）成熟；种鳞木质，宽大，排列紧密；种子 2 粒，熟时与种鳞一同从宿存的中轴上脱落；种子有宽大膜质的种翅；子叶 6~10。

4 种，分布于非洲北部、亚洲西部及喜马拉雅山西部。中国 1 种，引入栽培 1 种。徂徕山 1 种。

1. 雪松（图 53）

Cedrus deodara（Roxb.）G. Don

Loud. Hort. Brit. 388. 1830.

常绿乔木；高可达 50 m，胸径达 3 m。树皮深灰色，裂成不规则的鳞状块片；枝平展、微斜展或微下垂，基部宿存芽鳞向外反曲，小枝常下垂；一年生长枝淡灰黄色，密生短绒毛，微有白粉。叶针形，坚硬，常呈三棱形，淡绿色或深绿色，长 2.5~5 cm，宽 1~1.5 mm，先端锐尖，每面均有气孔线，幼时被白粉；叶在长枝上辐射伸展，在短枝上簇生。雄球花长卵圆形或椭圆状卵圆形，长 2~3 cm，径约 1 cm，比雌球花早开放；雌球花卵圆形，长约 8 mm，径约 5 mm。球果卵圆形或宽椭圆形，长 7~12 cm，径 5~9 cm，顶端圆钝，有短梗，成熟前淡绿色，微有白粉，熟时红褐色；种鳞木质，扇状倒三角形，长 2.5~4 cm，宽 4~6 cm，鳞背密生短绒毛；苞鳞短小；种子近三角状，种翅宽大，较种子为长，连同种子长 2.2~3.7 cm。花期 10~11 月；球果翌年 10 月下旬成熟。

大寺、光华寺等地栽培。原产于喜马拉雅山地区，中国多数省份均有引种栽培。

树体高大，树形优美，为世界五大园景树之一。木材材质优良，可供建筑、桥梁、造船及制作家具等用。不耐水湿，对大气中的氟化氢及二氧化硫有较强的敏感性，抗烟害能力差。

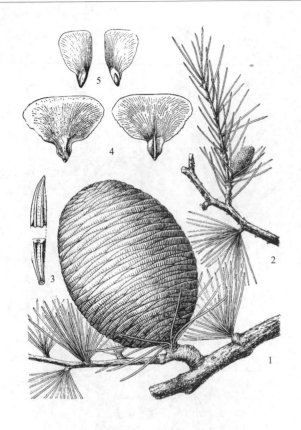

图 53 雪松
1. 球果枝；2. 雄球花枝；3. 叶；
4. 种鳞；5. 种子

6. 松属 Pinus Linn.

常绿乔木，稀灌木。大枝轮生；冬芽显著，芽鳞多数，覆瓦状排列；短枝不发育。叶 2 型：鳞叶（原生叶）单生，螺旋状着生，在幼苗时期为扁平条形，绿色，后则逐渐退化成膜质苞片状，基部下延生长或不下延；针叶（次生叶）常 2、3 或 5 针 1 束，生于鳞叶腋部不发育的短枝顶端，基部由 8~12 芽鳞组成的叶鞘所包围，叶鞘脱落或宿存；针叶横切面三角形、扇状三角形或半圆形，具 1~2 条维管束；树脂道中生或边生，稀内生。雌雄同株；雄球花多数聚集成穗状，生于新枝下部的苞片腋部，雄蕊多数，螺旋状着生，花药 2，花粉有气囊；雌球花单生或 2~4 个生于新枝近顶端，珠鳞与苞鳞多数，螺旋状着生，每珠鳞的腹面基部有胚珠 2 枚，苞鳞小。小球果于翌年春受精后迅速长大，秋季成熟；球果直立或下垂；种鳞木质，宿存，背部上方有鳞盾和鳞脐，鳞脐有刺或无刺；种子上部具长翅，稀有短翅或无翅；子叶 3~18，出土。

约 110 种，主要分布于北半球，北至北极地区。中国 23 种，引入栽培约 16 种，分布几遍全国各地，是森林主要树种。徂徕山 9 种 1 变种。

分种检索表

1. 叶鞘早落，针叶基部的鳞叶不下延，叶内具 1 条维管束。
  2. 种鳞的鳞脐背生，有刺；针叶 3 针 1 束···1. 白皮松 Pinus bungeana
  2. 种鳞的鳞脐顶生，无刺状尖头；针叶常 5 针 1 束。
    3. 种子无翅或具极短之翅，球果长 10~20 cm；针叶长 6~15 cm。
      4. 小枝无毛···2. 华山松 Pinus armandii
      4. 小枝被黄褐色或红褐色毛···3. 红松 Pinus koraiensis
    3. 种子具长翅，球果长 4~7.5 cm；针叶长 3.5~5.5 cm················4. 日本五针松 Pinus parviflora

1. 叶鞘宿存，稀脱落，针叶基部的鳞叶下延，叶内具2条维管束。

　　5. 枝条每年生长1轮，一年生小球果生于近枝顶。

　　　　6. 针叶内树脂道中生；冬芽银白色；针叶粗硬·····························5. 黑松 Pinus thunbergii

　　　　6. 叶内树脂道边生；冬芽红褐色。

　　　　　　7. 针叶较长而细，长（6）8~15 cm，径1~1.5 mm。

　　　　　　　　8. 一年生枝有白粉；针叶径约1 mm；种鳞较薄，鳞盾平坦·····················6. 赤松 Pinus densiflora

　　　　　　　　8. 一年生枝无白粉；针叶粗硬，径1~1.5 mm；鳞盾肥厚······················7. 油松 Pinus tabuliformis

　　　　　　7. 针叶粗硬，常扭曲，长4~9 cm，径1.5~2 mm·····························8. 樟子松 Pinus sylvestris var. mongolica

　　5. 枝条每年生长2~3轮，一年生小球果生于小枝侧面。

　　　　9. 针叶3针1束，长7~16 cm，径2 mm；主干上常有不定芽······················9. 刚松 Pinus rigida

　　　　9. 针叶2针1束，扭曲，长2~4 cm；主干上无不定芽·····························10. 北美短叶松 Pinus banksiana

1. 白皮松（图54，彩图8）

Pinus bungeana Zucc. ex Endl.

Syn. Conif. 166. 1847.

常绿乔木；高达30 m，胸径可达3 m。有明显主干，或从树干近基部分成数干；幼树树皮光滑，灰绿色；老树皮呈淡褐灰色或灰白色，裂成不规则鳞状块片脱落，脱落后露出粉白色内皮，白褐相间成斑鳞状。一年生枝无毛；冬芽红褐色，卵圆形，无树脂。针叶3针1束，粗硬，长5~10 cm，径1.5~2 mm，叶背及腹面两侧均有气孔线；横切面扇状三角形或宽纺锤形，树脂道6~7个，边生或1~2个中生；叶鞘早落。雄球花卵圆形或椭圆形，多数聚生于新枝基部成穗状，长5~10 cm。球果常单生，初直立而后下垂，成熟时淡黄褐色，卵圆形或圆锥状卵圆形，长5~7 cm，径4~6 cm；种鳞矩圆状宽楔形，先端厚；鳞盾近菱形，有横脊；鳞脐生于鳞盾的中央，明显，三角状，顶端有刺，刺之尖头向下反曲；种子灰褐色，近倒卵圆形，长约1 cm，种翅短，赤褐色，有关节易脱落；子叶9~11，针形；初生叶窄条形，长1.8~4 cm，宽不及1 mm，上下面均有气孔线。花期4~5月；球果翌年10~11月成熟。

大寺等地有栽培。中国特有树种，分布于山西、河南、陕西、甘肃、四川、湖北等省份。

树姿优美，树皮别致，比其他松树能耐盐碱，在pH7.5~8的土壤中能正常生长，是优良的绿化树种。木材可供建筑、家具、文具等用。种子可食用。

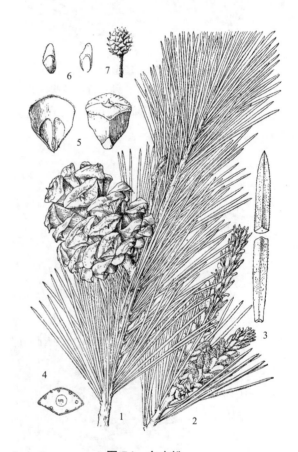

图54　白皮松
1. 球果枝；2. 雄球花枝；3. 针叶；
4. 针叶横切面；5. 种鳞腹面及背面；
6. 种子；7. 雌球花

2. 华山松（图55）

Pinus armandii Franch.

Nouv. Arch. Mus. Hist. Nat. II. 7: 95. 1884.

常绿乔木；高可达35 m，胸径可达1 m。幼树树皮灰绿色或淡灰色，平滑，老则呈灰色，裂成方形或长方形厚块片固着于树干上，或脱落；枝条平展，树冠圆锥形或柱状塔形；小枝绿色或灰绿色，无毛，微被白粉；冬芽近圆柱形，褐色，芽鳞排列疏松。针叶5针1束，长8~15 cm，腹面两侧有白色气孔线；横切面三角形，树脂道3个，中生或背面2个边生、腹面1个中生；叶鞘早落。雄球花黄色，卵状圆柱形，多数集生于新枝下部成穗状，基部围有近10枚卵状匙形的鳞片。球果圆锥状长卵圆形，长10~20 cm，径5~8 cm，幼时绿色，成熟时黄色或褐黄色，种鳞张开，种子脱落，果梗长2~3 cm；中部种鳞近斜方状倒卵形；鳞盾近斜方形或宽三角状斜方形，无纵脊，先端不反曲或微反曲；鳞脐不明显；种子倒卵圆形，无翅或具棱脊；子叶10~15，针形；初生叶条形，长3.5~4.5 cm，宽约1 mm，上下两面均有气孔线，边缘有细锯齿。花期4~5月；球果翌年9~10月成熟。

马场、光华寺等地有栽培。中国分布于山西、河南、陕西、甘肃、四川、湖北、贵州、海南、台湾、云南及西藏等省份，普遍栽培。

树姿优美，常作城市绿化树种。木材优良，可供建筑、枕木、纤维工业原料等用；针叶可提炼芳香油；种子含油40%，可食用，亦可榨油供食用或工业用油。

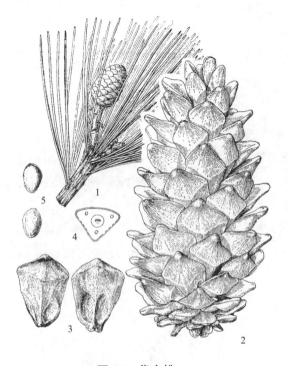

图55 华山松
1. 球果枝；2. 球果；3. 种鳞背面及腹面；
4. 叶横切面；5. 种子

3. 红松（图56）

Pinus koraiensis Sieb. & Zucc.

Fl. Jap. 2: 28. t. 116. f. 5-6. 1842.

乔木，高达50 m；树冠圆锥形；一年生枝密被黄褐色或红褐色柔毛。针叶5针1束，长6~12 cm，粗硬，深绿色，边缘具细锯齿，背面通常无气孔线，腹面每侧具6~8条淡蓝灰色的气孔线；横切面近三角形，树脂道3个，中生；叶鞘早落。雄球花椭圆状圆柱形，长7~10 mm，多数密集于新枝下部成穗状；雌球花绿褐色，圆柱状卵圆形，直立，单生或数个集生于新枝近顶

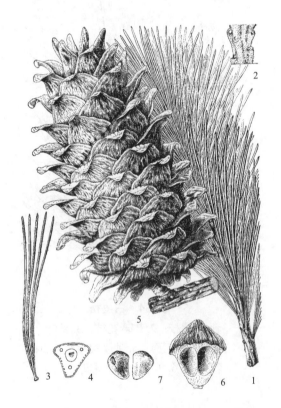

图56 红松
1. 枝叶；2. 小枝局部放大；3. 针叶束；
4. 针叶横切面；5. 球果；
6. 种鳞腹面；7. 种子

端。球果圆锥状卵圆形、圆锥状长卵圆形或卵状矩圆形，长9~14 cm，径6~8 cm，成熟后种鳞不张开或微张开；种鳞菱形，鳞脐不显著；种子大，着生于种鳞腹面下部的凹槽中，无翅或顶端及上部两侧微具棱脊，暗紫褐色或褐色，倒卵状三角形，微扁，长1.2~1.6 cm，径7~10 mm；子叶13~16枚，针状，横切面三角形，长3.8~5 cm，宽约1.5 mm，先端尖，边缘有细锯齿；初生叶条形，长1.3~1.6 cm，宽不及1 mm，边缘有细锯齿。花期6月；球果翌年9~10月成熟。

中军帐、马场、卧尧、上池等地有引种栽培。国内分布于东北长白山、吉林山区及小兴安岭棕色森林土地带。俄罗斯、朝鲜、日本也有分布。

优良的用材树种。种子大，可食，含脂肪油及蛋白质，可榨油供食用，亦可供药用。

4. 日本五针松（图57）

Pinus parviflora Sieb. & Zucc.

Fl. Jap. 2: 27. t. 115. 1842.

乔木，在原产地高达25 m；幼树树皮淡灰色，平滑，大树树皮暗灰色，裂成鳞状块片脱落；枝平展，树冠圆锥形；一年生枝幼嫩时绿色，后呈黄褐色，密生淡黄色柔毛；冬芽卵圆形，无树脂。针叶5针1束，微弯曲，长3.5~5.5 cm，径不及1 mm，边缘具细锯齿，背面暗绿色，无气孔线，腹面每侧有3~6条灰白色气孔线；横切面三角形，单层皮下层细胞，背面有2个边生树脂道，腹面1个中生或无树脂道；叶鞘早落。球果卵圆形或卵状椭圆形，几无梗，熟时种鳞张开，长4~7.5 cm，径3.5~4.5 cm；中部种鳞宽倒卵状斜方形或长方状倒卵形，长2~3 cm，宽1.8~2 cm，鳞盾淡褐色或暗灰褐色，近斜方形，先端圆，鳞脐凹下，微内曲，边缘薄，两侧边向外弯，下部底边宽楔形；种子为不规则倒卵圆形，近褐色，具黑色斑纹，长8~10 mm，径约7 mm，种翅宽6~8 mm，连种子长1.8~2 cm。

大寺等地有栽培。原产于日本。中国长江流域各大城市及山东青岛等地已普遍引种栽培，作庭园树或作盆景用。生长较慢。

5. 黑松（图58）

Pinus thunbergii Parl.

Prod. 16（2）：388. 1868.

常绿乔木；高达30 m。幼树树皮暗灰色，老则灰黑色，粗厚，块状脱落；树冠宽圆锥状或伞形；一年生

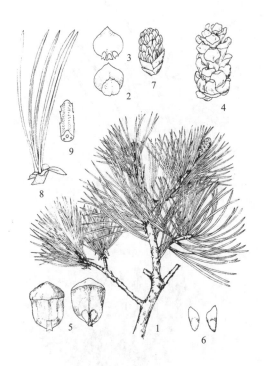

图57 日本五针松

1. 雌球花枝；2. 珠鳞背面及苞鳞；
3. 珠鳞腹面及胚珠；4. 球果；
5. 种鳞背腹面；6. 种子；
7. 雄球花；8. 针叶束；
9. 针叶中段部分放大

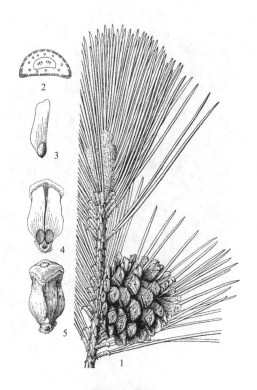

图58 黑松

1. 球果枝；2. 针叶横切面；3. 种子；
4. 种鳞腹面；5. 种鳞背面

枝淡褐黄色，无毛；冬芽银白色，圆柱形，芽鳞披针形或条状披针形，边缘白色丝状。针叶2针1束，长6~12 cm，径1.5~2 mm，深绿色，有光泽，粗硬，两面均有气孔线；树脂道6~11个，中生；叶鞘宿存。雄球花淡红褐色，聚生于新枝下部；雌球花单生或2~3个聚生于新枝近顶端，直立，有梗，卵圆形，淡紫红色或淡褐红色。球果卵圆形或卵圆形，长4~6 cm，径3~4 cm，有短梗，向下弯垂；中部种鳞卵状椭圆形，鳞盾微肥厚，横脊显著，鳞脐微凹，有短刺；种子倒卵状椭圆形，连翅长1.5~1.8 cm；子叶5~10（多为7~8）枚，初生叶条形，长约2 cm。花期4~5月；球果翌年10月成熟。

徂徕山各林区均有栽培，生长良好。原产于日本及朝鲜，中国东部各地也有引种栽培。

中国东部沿海地区常栽培作园林绿化树种和沿海防护林树种。木材可作建筑、坑木、器具、板材及薪炭等用。

6. 赤松（图59）

Pinus densiflora Sieb. & Zucc.

Fl. Jap. 2: 22. t. 112. 1842.

乔木，高达30 m，胸径达1.5 m；树皮橘红色，裂成不规则的鳞片状块片脱落；一年生枝淡黄色或红黄色，微被白粉，无毛；冬芽矩圆状卵圆形，暗红褐色。针叶2针1束，长5~12 cm，径约1 mm，先端微尖，两面有气孔线，边缘有细锯齿；横切面半圆形，皮下层细胞1层，稀角上2~3层，树脂道约4~6个，边生。雄球花淡红黄色，圆筒形，长5~12 mm，聚生于新枝下部呈短穗状，长4~7 cm；雌球花淡红紫色，单生或2~3聚生，一年生小球果的种鳞先端有短刺。球果成熟时暗黄褐色或淡褐黄色，种鳞张开，不久即脱落，卵圆形或卵状圆锥形，长3~5.5 cm，径2.5~4.5 cm，有短梗；种鳞薄，鳞盾扁菱形，通常扁平，稀具微隆起的横脊，鳞脐平或微凸起有短刺，稀无刺；种子倒卵状椭圆形或卵圆形，长4~7 mm；连翅长1.5~2 cm，种翅宽5~7 mm；子叶5~8枚，长2.5~4 cm，初生叶窄条形，中脉两面隆起，长2~3 cm，边缘有细锯齿。花期4月；球果翌年9月下旬至10月成熟。

徂徕山各山地林区均有栽培。国内分布于东北地区及山东、江苏。日本、朝鲜、俄罗斯也有分布。

7. 油松（图60，彩图9）

Pinus tabuliformis Carr.

Traité Gén. Conif. ed. 2: 510. 1867.

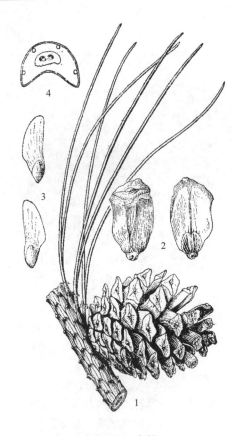

图59 赤松
1. 球果枝；2. 种鳞背腹面；3. 种子；
4. 针叶横切面

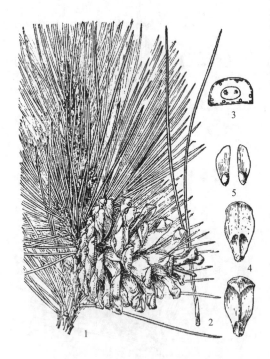

图60 油松
1. 球果枝；2. 针叶束；3. 针叶横切面；
4. 种鳞腹面及背面；5. 种子

常绿乔木；高可达25 m，胸径可达1 m。树皮灰褐色，呈不规则较厚鳞片状开裂，裂缝树皮红褐色，老树树冠平顶；冬芽长圆形，红褐色，微具树脂。针叶2针1束，稍粗硬，长10~15 cm，径约1.5 mm，两面具气孔线；横切面半圆形，具5~8个或更多边生树脂道；叶鞘宿存。雄球花圆柱形，在新枝下部聚生成穗状。球果卵圆形，长4~9 cm，有短梗，向下弯垂，熟时淡黄色或淡褐黄色，常宿存树上近数年之久；中部种鳞近长圆状倒卵形，长1.6~2 cm，宽约1.4 cm，鳞盾肥厚、隆起或微隆起，扁菱形或菱状多角形，横脊显著，鳞脐凸起有尖刺；种子卵圆形或长卵圆形，淡褐色有斑纹，连翅长1.5~1.8 cm；子叶8~12枚；初生叶窄条形，长约4.5 cm。花期4~5月；球果翌年10月成熟。

徂徕山各山地林区均产，也有人工林，光华寺等地有古树。中国特有树种，分布于东北、华北地区及内蒙古、陕西、甘肃、宁夏、青海、四川等省份。

木材优良，可供建筑、电杆、矿柱、造船、器具、家具及木纤维工业等用。树干可割取树脂，提取松节油；树皮可提取栲胶；松针、花粉均供药用；种子油供食用及工业用。

8. 樟子松（变种）（图61）

Pinus sylvestris Linn. var. **mongolica** Litv. Spisok Rast. Gerb. Russk. Fl. Bot. Muz. Imp. Akad. Nauk 5: 160. 1905.

常绿乔木；高达25 m，胸径达80 cm。大树树皮厚，下部灰褐色或黑褐色，鳞状深裂脱落，上部树皮及枝皮黄褐色，裂成薄片脱落；幼树树冠尖塔形，老则呈圆顶或平顶，树冠稀疏；一年生枝淡黄褐色，无毛；冬芽褐色或淡黄褐色，长卵圆形，有树脂。针叶2针1束，长4~9 cm，硬直，常扭曲，两面均有气孔线；横切面半圆形，微扁，树脂道6~11个，边生；叶鞘基部宿存。雄球花圆柱状卵圆形，聚生于新枝下部，长约3~6 cm；雌球花有短梗，淡紫褐色。球果卵圆形或长卵圆形，长3~6 cm，径2~3 cm，熟时淡褐灰色，熟后开始脱落；鳞盾多呈斜方形，肥厚隆起的纵脊、横脊明显，常反曲，鳞脐突起，有易脱落的短刺；种子黑褐色，长卵圆形或倒卵圆形，微扁，连翅长1.1~1.5 cm；子叶6~7；初生叶条形，长1.8~2.4 cm，上面有凹槽。花期5~6月；球果翌年9~10月成熟。

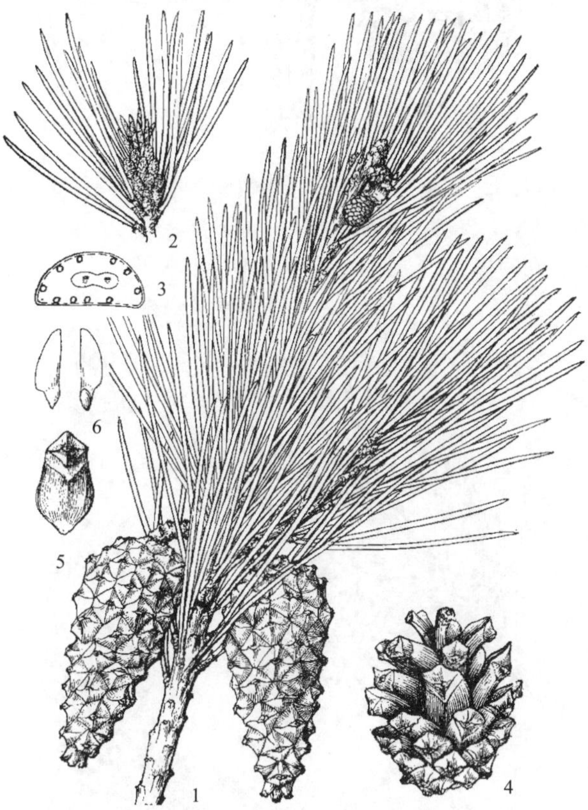

图61 樟子松
1.球果枝；2.雄球花枝；3.针叶横切面；4.球果；
5.种鳞背面；6.种子

上池有栽培。国内分布于黑龙江、内蒙古等省份。蒙古也有分布。

9. 刚松（图62）

Pinus rigida Mill.

Gard. Dict. ed. 8. 10. 1768.

乔木，在原产地高达25 m；幼树树皮灰色或暗灰色，大树树皮暗灰褐色或黑灰色，裂成鳞状块片，裂缝红褐色；树冠近球形；主干及枝通常有不定芽；枝条每年生长多轮；一年生枝红褐色，老枝灰色或灰黑色；冬芽红褐色，卵圆形或圆柱状长卵圆形，顶端尖，被较多的树脂。针叶3针1束，坚硬，长7~16 cm，径2 mm，先端尖；横切面三角形，多层皮下层细胞，在表皮层下呈倒三角状断续分布，树脂道5~8个，中生，稀1~3个内生；叶鞘黄褐色至暗灰褐色。球果常3~5个聚生于小枝基部，圆锥状卵圆形，长5~8 cm或更长，成熟前绿色，熟时栗褐色；种鳞迟张开，常宿存树上达数年之久；种鳞的鳞盾强隆起，横脊显著，鳞脐隆起有长尖刺；种子倒卵圆形，长约4 mm，种翅长约1.3 cm。花期4~5月；球果翌年秋季成熟。

中军帐、上池有栽培。原产美国东部。中国辽宁、山东、浙江、江苏等省份引种栽培，作庭园树。

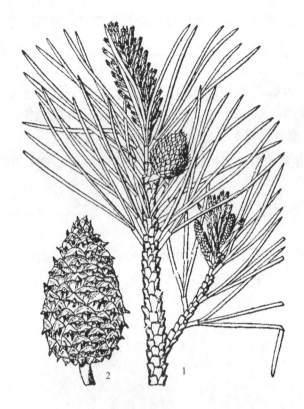

图62 刚松
1.球花枝；2.球果

10. 北美短叶松（图63）
Pinus banksiana Lamb.
Descr. Gen. Pinus 7. t. 3. 1803.

乔木，在原产地高达25 m，胸径60~80 cm，有时成灌木状；树皮暗褐色，裂成不规则的鳞状薄片脱落；枝近平展，树冠塔形；每年生长2~3轮枝条，小枝淡紫褐色或棕褐色；冬芽褐色，矩圆状卵圆形，被树脂。针叶2针1束，粗短，通常扭曲，长2~4 cm，径约2 mm，先端钝尖、两面有气孔线，边缘全缘；横切面扁半圆形，皮下层细胞2层，连续排列，树脂道通常2个，中生；叶鞘褐色，宿存2~3年后脱落或与叶同时脱落。球果直立或向下弯垂，近无梗，窄圆锥状椭圆形，不对称，通常向内侧弯曲，长3~5 cm，径2~3 cm，成熟时淡绿黄色或淡褐黄色，宿存树上多年；种鳞薄，张开迟缓，鳞盾平或微隆起，常成多角状斜方形，横脊明显，鳞脐平或微凹，无刺；种子长3~4 mm，翅较长约为种子的3倍。

中军帐、上池有栽培。分布于北美洲东北部。中国辽宁、北京、山东、江苏、江西、河南等省份已引种栽培。

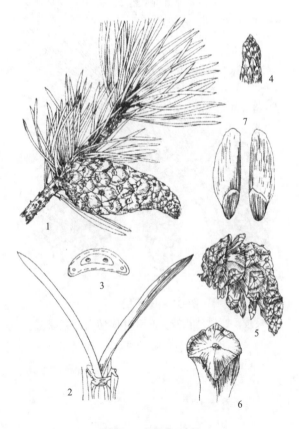

图63 北美短叶松
1.球果枝；2.针叶及叶鞘；3.针叶横切面；4.冬芽；5.球果；6.种鳞（示鳞盾）；7.种子

3. 杉科 Taxodiaceae

常绿或落叶乔木；树干端直，树皮裂成长条状脱落，大枝轮生或近轮生。叶螺旋状互生，稀对生，披针形、钻形、鳞状或条形，同一树上之叶同型或2型。雌雄同株；雄球花小，生于枝顶或叶腋，单生或簇生，雄蕊有2~9（常3~4）个花药，花粉无气囊；雌球花顶生，珠鳞与苞鳞半合生或完全合生，或珠鳞甚小，或苞鳞退化，珠鳞螺旋状排列或交互对生，上面着2~9枚直立或倒生胚珠。球果当年或翌年成熟；种鳞（或苞鳞）扁平或盾形，木质或革质；种子扁平或三棱形，周围或两侧有窄翅，或下部具长翅；子叶2~9枚。

9属12种，主要分布于北温带。中国产5属5种，引入栽培3属4种。徂徕山2属2种1变种。

分属检索表

1. 常绿，叶和种鳞均螺旋状着生；叶钻形；能育种鳞有2~5粒种子··················1. 柳杉属 Cryptomeria
1. 落叶，叶和种鳞均对生；叶条形；能育种鳞有5~9粒种子··················2. 水杉属 Metasequoia

1. 柳杉属 Cryptomeria D. Don

常绿乔木，树皮红褐色，裂成长条片脱落；枝近轮生，平展或斜上伸展，树冠尖塔形或卵圆形；冬芽形小。叶螺旋状排列略成五行列，腹背隆起呈钻形，两侧略扁，先端尖，直伸或向内弯曲，有气孔线，基部下延。雌雄同株；雄球花单生小枝上部叶腋，常密集成短穗状花序状，矩圆形，基部有一短小的苞叶，无梗，具多数螺旋状排列的雄蕊，花药3~6，药室纵裂，药隔三角状；雌球花近球形，无梗，单生枝顶，稀数个集生，珠鳞螺旋状排列，每珠鳞有2~5枚胚珠，苞鳞与珠鳞合生，仅先端分离。球果近球形，种鳞不脱落，木质，盾形，上部肥大，上部边缘有3~7裂齿，背面中部或中下部有1个三角状分离的苞鳞尖头，球果顶端的种鳞形小，无种子；种子不规则扁椭圆形或扁三角状椭圆形，边缘有极窄的翅；子叶2~3枚，发芽时出土。

1种1变种，分布于中国和日本。徂徕山均有栽培。

1. 日本柳杉（图64）

Cryptomeria japonica（Thunb. ex Linn. f.）D. Don

Trans. Linn. Soc. London 18: 167. 1841.

乔木，在原产地高达40 m，胸径可达2 m以上；树皮红褐色，纤维状，裂成条片状落脱；大枝常轮状着生，水平开展或微下垂，树冠尖塔形；小枝下垂，当年生枝绿色。叶钻形，直伸，先端通常不内曲，锐尖或尖，长0.4~2 cm，基部背腹

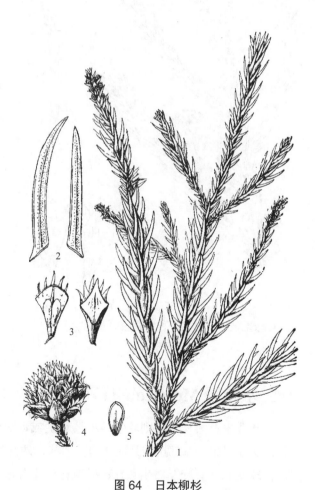

图64 日本柳杉
1. 球花枝；2. 叶；3. 种鳞背腹面及苞鳞上部；
4. 球果；5. 种子

宽约 2 mm，四面有气孔线。雄球花长椭圆形或圆柱形，长约 7 mm，径 2.5 mm，雄蕊有 4~5 花药，药隔三角状；雌球花圆球形。球果近球形，稀微扁，径 1.5~2.5 cm，稀达 3.5 cm；种鳞 20~30 枚，上部通常 4~5（7）深裂，裂齿较长，窄三角形，长 6~7 mm，鳞背有 1 个三角状分离的苞鳞尖头，先端通常向外反曲，能育种鳞有 2~5 粒种子；种子棕褐色，椭圆形或不规则多角形，长 5~6 mm，径 2~3 mm，边缘有窄翅。花期 4 月；球果 10 月成熟。

大寺窑场等地栽培。原产日本，为日本的重要造林树种。中国东部各地引种栽培，作庭园观赏树。

心材淡红色，边材近白色，易施工。供建筑、桥梁、造船、家具等用。

柳杉（变种）（图 65，彩图 10）

var. **sinensis** Miq.

Fl. Jap. 2: 52. 1870.

——*Cryptomeria fortunei* Hooibrenk ex Otto & Dietr.

乔木；树皮红棕色，长条片脱落；小枝细长，常下垂，绿色，枝条中部的叶较长，常向两端逐渐变短。叶钻形略向内弯曲，长 1~1.5 cm，果枝的叶较短，有时长不及 1 cm，幼树及萌芽枝的叶长达 2.4 cm。雄球花长约 7 mm；雌球花顶生于短枝上。球果圆球形或扁球形，径 1~2.2 cm，多为 1.5~1.8 cm；种鳞约 20 枚，上部有 4~5（少 6~7）短三角形裂齿，齿长 2~4 mm，基部宽 1~2 mm，鳞背中部或中下部有 1 个三角状分离的苞鳞尖头，尖头长 3~5 mm，基部宽 3~14 mm，能育的种鳞有 2 粒种子；种子褐色，近椭圆形，扁平，长 4~6.5 mm，宽 2~3.5 mm，边缘有窄翅。花期 4 月；球果 10 月成熟。

大寺有栽培。中国特有树种，分布于浙江、福建、江西等省份。

边材黄白色，心材淡红褐色，材质较轻软，纹理直，结构细，耐腐力强，易加工。可供房屋建筑、电杆、器具、家具及造纸原料等用。

图 65　柳杉

1. 球果枝；2. 叶；3. 种鳞背腹面及苞鳞上部；4. 种子

2. 水杉属 Metasequoia Hu & W. C. Cheng

落叶乔木；大枝不规则轮生，小枝对生或近对生；冬芽芽鳞 6~8 对，交互对生。叶条形，扁平，柔软，交互对生，基部扭转列成 2 列，羽状，两面均有气孔线，冬季与侧生无芽小枝一同脱落。雌雄同株；球花基部具交互对生苞片；雄球花单生叶腋或枝顶，具短梗；雄蕊交叉对生，约 20 枚；花粉无气囊；雌球花单生于去年生枝顶或近枝顶，珠鳞 11~14 对，交互对生，每珠鳞有胚珠 5~9 枚。球果下垂，当年成熟，近球形，微具四棱，有长梗；种鳞木质，盾形，顶部有凹槽，交互对生，宿存；

种子扁平，周围有窄翅，先端有凹缺；子叶 2，出土。

1 种，产于中国四川、湖北、湖南等省份。佴徕山有引种。

1. 水杉（图 66）

Metasequoia glyptostroboides Hu & W. C. Cheng Bull. Fan Mem. Inst. Biol. n.s. 1: 154. 1948.

落叶乔木；高可达 35 m，胸径达 2.5 m。树干基部常膨大；树皮灰色、灰褐色或暗灰色，裂成长条状脱落，内皮淡紫褐色；一年生枝光滑无毛，幼时绿色，后成淡褐色；侧生无芽小枝排成羽状，长 4~15 cm，冬季凋落；冬芽卵圆形或椭圆形，顶端钝。叶条形，长 0.8~3.5 cm，宽 1~2.5 mm，中脉两侧有淡黄色气孔带；在侧生小枝上成羽状排成 2 列，冬季与枝一同脱落。球果下垂，近四棱状球形或长圆状球形，长 1.8~2.5 cm，径 1.6~2.5 cm，熟时深褐色；种鳞木质，盾形，常 11~12 对，交互对生；种子扁平，周围有翅，先端有凹缺，长约 5 mm；子叶 2 枚。花期 2 月下旬；球果 11 月成熟。

图 66 水杉
1. 雄球花枝；2. 球果枝；3. 雄球花；
4. 球果；5. 种子

大寺、光华寺、王家院、西旺、庙子、二圣宫等地均有栽培。孑遗植物，中国特产。

树姿优美，为著名的庭园树种，亦可作为造林树种及四旁绿化树种。木材可供建筑、板料、电杆、家具及木纤维工业原料等用。

此外，大寺、上池有引种栽培的中山杉 *Taxodium* 'Zhongshanshan'，为落羽杉属的杂交品种，系由落羽杉（*T. distichum*）和墨西哥落羽杉（*T. mucronatum*）杂交选育而成。形态接近落羽杉，半常绿乔木，叶线状条形、二列状排列，侧生无芽小枝排成 2 列，但叶比落羽杉的小，气孔线也少。树干挺拔、树形优美，可栽培供观赏。

4. 柏科 Cupressaceae

常绿乔木或灌木。叶多交叉对生或 3~4 片轮生，鳞形或刺形，或同株上有两种形状的叶。球花单性，雌雄同株或异株，单生枝顶或叶腋；雄球花有雄蕊 3~8 对，每枚雄蕊有花药 2~6，花粉无气囊；雌球花有 3~16 枚交叉对生或 3~4 枚轮生的珠鳞，珠鳞与苞鳞合生。球果圆形、卵圆形或圆柱形；种鳞扁平或盾形，木质或近革质，成熟时张开，或肉质合生呈浆果状，成熟时不裂或仅顶端微开裂，发育种鳞有 1 至多数种子，种子有窄翅或无翅。

19 属约 125 种，分布于南北两半球。中国 8 属 46 种（其中引入栽培 1 属 13 种），分布几遍全国，多为优良用材树种或园林观赏树种。佴徕山 5 属 7 种。

分属检索表

1. 球果的种鳞木质或近革质，熟时张开，种子通常有翅，稀无翅。
   2. 种鳞扁平或鳞背隆起，薄或较厚，但不为盾形。
      3. 种鳞厚，4对，鳞背有尖头；种子无翅 ·· 1. 侧柏属 Platycladus
      3. 种鳞薄，4~6对，鳞背无尖头；种子有窄翅 ··· 2. 崖柏属 Thuja
   2. 种鳞盾形。
      4. 生鳞叶的小枝不排列成平面，或排列成平面但下面的叶无白粉；球果翌年成熟；发育的种鳞各有5至多粒种子 ··· 3. 柏木属 Cupressus
      4. 生鳞叶的小枝平展，排列成平面，下面的叶有白粉；球果当年成熟；发育种鳞通常具3粒种子 ··· 4. 扁柏属 Chamaecyparis
1. 球果的种鳞肉质、愈合，熟时不张开，种子无翅；叶刺形或鳞形 ························ 5. 刺柏属 Juniperus

1. 侧柏属 **Platycladus** Spach.

常绿乔木或灌木。树皮淡灰褐色。生鳞叶的小枝直展或斜展，排成平面。鳞叶2型，交互对生，排成4列，背面有腺点。雌雄同株，球花单生小枝顶端；雄球花有6对雄蕊，交互对生；雌球花有4对珠鳞，交互对生，仅中间2对可育，各具1~2枚胚珠。球果当年成熟，开裂；种鳞木质，扁平，背部顶端下方有1个弯曲的钩状尖头；种子无翅或顶端有短膜。

1种，分布几乎遍布中国。朝鲜和俄罗斯亦有分布。徂徕山有分布和栽培。

1. 侧柏（图67，彩图11）

Platycladus orientalis（Linn.）Franco

Portugaliae Acta Biol. ser. B. Suppl. 33. 1949.

乔木，高达20 m，胸径1 m；树皮薄，浅灰褐色，纵裂成条片；枝条向上伸展或斜展，幼树树冠卵状尖塔形，老树树冠则为广圆形；生鳞叶的小枝细，向上直展或斜展，扁平，排成一平面。叶鳞形，长1~3 mm，先端微钝，小枝中央的叶的露出部分呈倒卵状菱形或斜方形，背面中间有条状腺槽，两侧的叶船形，先端微内曲，背部有钝脊，尖头的下方有腺点。雄球花黄色，卵圆形，长约2 mm；雌球花近球形，径约2 mm，蓝绿色，被白粉。球果近卵圆形，长1.5~2（2.5）cm，成熟前近肉质，蓝绿色，被白粉，成熟后木质，开裂，红褐色；中间2对种鳞倒卵形或椭圆形，鳞背顶端的下方有1个向外弯曲的尖头，上部1对种鳞窄长，近柱状，顶端有向上的尖头，下部1对种鳞极小，长达13 mm，稀退化而不显著；

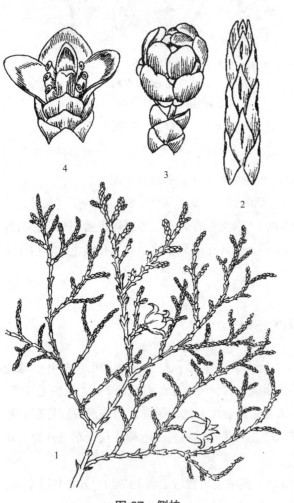

图67 侧柏
1. 球果枝；2. 小枝一段及叶；
3. 雄球花；4. 雌球花

种子卵圆形或近椭圆形，顶端微尖，灰褐色或紫褐色，长 6~8 mm，稍有棱脊，无翅或有极窄之翅。花期 3~4 月；球果 10 月成熟。

徂徕山各林区均有分布和栽培。中国各地均有分布或栽培。

常用作造林绿化树种。材质细密，富树脂，坚实耐用，可用于建筑、家具、文具等用。种子入药，具有强壮、滋补等功效；枝叶入药，具有止血、利尿、健胃等功效。

此外，徂徕山见于栽培的品种尚有：千头柏 'Sieboldii'，丛生灌木，无主干；枝密斜伸；树冠卵圆形或球形。大寺、光华寺等地有栽培。金黄球柏 'Semperaurescens'，又名洒金千头柏。树冠球形，叶全年为金黄色。大寺、光华寺有栽培。

2. 崖柏属 Thuja Linn.

常绿乔木或灌木。生鳞叶的小枝扁平，排成平面。鳞叶 2 型，交互对生，排成 4 列，两侧的叶船形，中央的叶近斜方形。雌雄同株，球花单生小枝顶端；雄球花有多数雄蕊；雌球花有 3~5 对珠鳞，仅下面 2~3 对有胚珠。球果当年成熟，长圆形或长卵圆形，种鳞薄，革质，扁平，近顶端有突起的小尖头，发育的种鳞腹面各有 1~2 粒种子；种子扁平，两侧有翅。

5 种，产北美及东亚。中国 2 种，引入栽培 3 种。徂徕山 1 种。

1. 北美香柏（图 68）

Thuja occidentalis Linn.

Sp. Pl. 1002. 1753.

乔木，在原产地可高达 20 m。树皮红褐色或橘红色，稀灰褐色；当年生小枝扁，2~3 年后逐渐变圆。鳞叶先端尖，长 1.5~3 mm，两侧的叶与中间的叶近等长或稍短，中间的叶尖头下方有透明的圆形腺点；球果幼时直立，成熟时向下弯垂，淡红褐色，长 8~13 mm，径 6~10 mm；种鳞薄木质，常 5 对，近顶端处有尖头，下部 2~3 对种鳞能育，卵状椭圆形，或宽椭圆形，各有 1~2 粒种子；种子扁，两侧有翅。

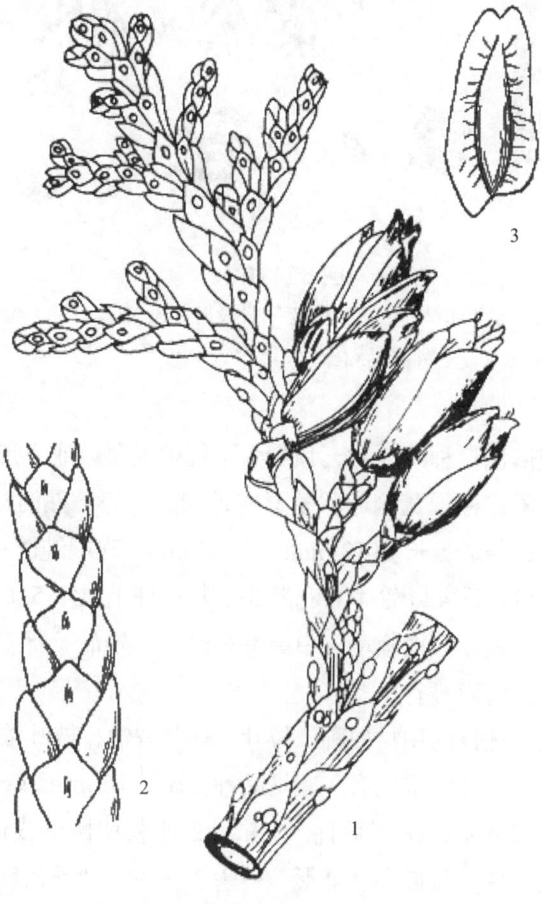

大寺、磅石峪有栽培。原产北美洲。国内江苏、上海、浙江、湖北、山东等省份栽培。

树冠整齐优美，栽培可用于观赏。材质坚韧，耐腐性强，有香气，可作家具等。

图 68 北美香柏
1. 球果枝；2. 小枝一段及叶；3. 种子

3. 柏木属 Cupressus Linn.

常绿乔木，稀灌木。生鳞叶的小枝圆柱形或四棱形，一般不排成平面。鳞叶交互对生，排成 4 行，仅在幼苗或萌发枝上生有刺形叶。雌雄同株，球花单生枝顶；雄球花具有多枚雄蕊，每雄蕊有花药 2~6；雌球花有 4~8 对珠鳞，中部珠鳞有 5 至多数胚珠。球果翌年成熟，球形或近球形；种鳞成熟时张开，木质，盾形，顶端的中部有尖头；种子长圆形或长圆状倒卵形，稍扁，有棱角，两侧有窄翅。

约 17 种，分布于北美洲南部、东亚、喜马拉雅山及地中海等温带及亚热带地区。中国 5 种，分布于秦岭以南和长江流域以南，引种栽培 4 种。徂徕山 1 种。

1. 柏木（图 69）

Cupressus funebris Endl.

Syn. Conif. 58. 1847.

乔木，高达 35 m，胸径 2 m；树皮淡褐灰色，裂成窄长条片；小枝细长下垂，生鳞叶的小枝扁，排成一平面，两面同形，绿色，宽约 1 mm，较老的小枝圆柱形，暗褐紫色，略有光泽。鳞叶 2 型，长 1~1.5 mm，先端锐尖，中央之叶的背部有条状腺点，两侧的叶对折，背部有棱脊。雄球花椭圆形或卵圆形，长 2.5~3 mm，雄蕊通常 6 对，药隔顶端常具短尖头，中央具纵脊，淡绿色，边缘带褐色；雌球花长 3~6 mm，近球形，径约 3.5 mm。球果圆球形，径 8~12 mm，熟时暗褐色；种鳞 4 对，顶端为不规则五角形或方形，宽 5~7 mm，中央有尖头或无，能育种鳞有 5~6 粒种子；种子宽倒卵状菱形或近圆形，扁，熟时淡褐色，有光泽，长约 2.5 mm，边缘具窄翅；子叶 2 枚，条形，长 8~13 mm，宽 1.3 mm，先端钝圆；初生叶扁平刺形，长 5~17 mm，宽约 0.5 mm，起初对生，后 4 叶轮生。花期 3~5 月；种子翌年 5~6 月成熟。

图 69　柏木
1. 球果枝；2. 小枝一段及叶；3. 雄蕊；
4. 雌球花；5. 球果；6. 种子

大寺等地栽培。中国特有树种，分布于浙江、福建、江西、湖南、湖北、四川、贵州、广东、广西、云南等省份。

优良的用材树种。枝叶可提芳香油；枝叶浓密，小枝下垂，树冠优美，可作庭园树种。

此外，本属有一栽培品种蓝冰柏 [*Cupressus arizonica* Greene var. *glabra*（Sudw.）Little'Blue Ice'], 常绿乔木，株型垂直，生鳞叶的小枝四棱形或近四棱形，叶终年呈现霜蓝色，中部有明显的圆形腺点；球果宽椭圆状球形，种鳞 3~4 对，种子稍扁，微具棱。上池有栽培，供观赏。

徂徕山还有引种栽培的雷登柏 × *Cuprocyparis leylandii*（A. B. Jacks. & Dallim.）Farjon，系本属与扁柏属 *Chamaecyparis* 的属间杂交种。

4. 扁柏属 Chamaecyparis Spach

常绿乔木；生鳞叶的小枝扁平，排成一平面（一些栽培品种例外）。叶鳞形，通常 2 型，稀同型（一些栽培品种），交叉对生，小枝上面中央的叶卵形或菱状卵形，先端微尖或钝，下面的叶有白粉或无，侧面的叶对折呈船形。雌雄同株，球花单生于短枝顶端；雄球花黄色、暗褐色或深红色，卵圆形或矩圆形，雄蕊 3~4 对，交叉对生，每雄蕊有 3~5 花药；雌球花圆球形，有 3~6 对交叉对生的珠鳞，胚珠1~5枚，直立，着生于珠鳞内侧。球果圆球形，很少矩圆形，当年成熟，种鳞3~6对，木质，盾形，顶部中央有小尖头，发育种鳞有种子1~5（通常3）粒。

约6种，分布于北美洲、日本及中国台湾。中国台湾产1种及1变种，为主要森林树种。另引入栽培4种。徂徕山1种。

1. 日本花柏（图70）

Chamaecyparis pisifera（Sieb. & Zucc.）Endl. Syn. Conif. 64. 1847.

乔木，在原产地高达50 m；树皮红褐色，裂成薄皮脱落；树冠尖塔形；生鳞叶小枝条扁平，排成一平面。鳞叶先端锐尖，侧面之叶较中间之叶稍长，小枝上面中央之叶深绿色，下面之叶有明显的白粉。球果圆球形，径约6 mm，熟时暗褐色；种鳞5~6对，顶部中央稍凹，有凸起的小尖头，发育的种鳞各有1~2粒种子；种子三角状卵圆形，有棱脊，两侧有宽翅，径约2~3 mm。

图70　日本花柏
1. 球果枝；2. 小枝一段及叶

大寺等地栽培。原产日本。中国青岛、庐山、南京、上海、杭州等地引种栽培，作庭园树。生长较慢。

5. 刺柏属 Juniperus Linn.

常绿乔木或灌木，直立或匍匐。生叶小枝不排成一平面。叶交互对生或3叶轮生，刺形或鳞形，叶基下延或有关节、不下延；幼树的叶为刺形，大树的叶全为刺形或全为鳞形，或同一株树兼有2型叶；刺叶上面有气孔带，鳞叶通常下面有腺体。雌雄同株或异株，球花单生小枝顶端或叶腋；雄球花卵圆形或椭圆形，有3~8对雄蕊，各有花药2~8；雌球花有4~8枚交互对生的珠鳞，或3枚珠鳞轮生，每珠鳞具胚珠1~3枚，胚珠生于腹面基部或珠鳞之间。球果通常翌年成熟，稀当年成熟；种鳞肉质、合生，苞鳞与种鳞合生，仅苞鳞顶端的尖头分离；球果成熟时不开裂或仅顶端微张开；种子1~6（10）粒，无翅，常有树脂槽；子叶2~6。

约60种，分布于北半球，北至北极圈，南至热带高山。中国21种，多数分布于西北、西南和西部山地；另有引种栽培2种。徂徕山3种。

分种检索表

1. 乔木；球果卵圆形或近球形。
   2. 鳞叶先端钝，生鳞叶的小枝圆柱形或微四棱形；球果翌年成熟⋯⋯⋯⋯⋯⋯⋯⋯1. 圆柏 Juniperus chinensis
   2. 鳞叶先端尖，生鳞叶的小枝常呈四棱形；球果当年成熟⋯⋯⋯⋯⋯⋯⋯⋯⋯⋯2. 铅笔柏 Juniperus virginiana
1. 匍匐灌木；球果常呈倒三角状或叉状球形⋯⋯⋯⋯⋯⋯⋯⋯⋯⋯⋯⋯⋯⋯⋯⋯⋯⋯3. 砂地柏 Juniperus sabina

1. 圆柏 桧（图71）
Juniperus chinensis Linn.

Mant. Pl. 127. 1767.

—— *Sabina chinensis*（Linn.）Ant.

常绿乔木；高可达20 m。树皮灰褐色，纵裂成不规则片状脱落。幼树枝条斜上伸展，呈尖塔形树冠，老树下部大枝平展，呈广圆形树冠。叶2型，3叶轮生，刺叶生于幼树上，老树全为鳞叶，壮龄树兼有刺叶和鳞叶，刺叶披针形，上面微凹，有2条白粉带，鳞叶背面近中部有椭圆形微凹的腺体。多雌雄异株，雄球花椭圆形，黄色，有5~7对雄蕊，常有3~4花药。球果翌年成熟，暗褐色，被白粉或白粉脱落，种子1~4粒，卵圆形，有棱脊及少数树脂槽。花期3~4月；球果翌年10~11月成熟。

徂徕山各林区均有栽培，为常见的庭园树种。国内分布于内蒙古、河北、山西、山东、江苏、浙江、福建、安徽、江西、河南、陕西、甘肃、四川、湖北、湖南、贵州、广东、广西及云南等省份，各地亦多栽培。朝鲜、日本也有分布。

材质坚韧致密，耐腐性强，心材淡褐红色，边材淡黄褐色，有香气，可作建筑、家具等用；树根、树干及枝叶可提取柏木脑的原料和柏木油；枝叶入药，能活血消肿，利尿；种子可提润滑油。

此外，徂徕山见于栽培的品种尚有：龙柏 '**Kaizuca**'，树冠圆柱状或柱状塔形；枝条向上直展，常有扭转上升之势；小枝密，在枝端形成几乎等长的密簇。鳞叶排列紧密。球果蓝色，微被白粉。大寺有栽培。塔柏 '**Pyramidalis**'，树冠圆柱状尖塔形；枝向上直展，密生。叶多为刺叶，稀兼有鳞叶。大寺有栽培。

2. 铅笔柏 北美圆柏（图72）
Juniperus virginiana Linn.

Sp. Pl. 2: 1039. 1753.

—— *Sabina virginiana*（Linn.）Ant.

乔木，在原产地可高达30 m，树冠柱状圆锥形或圆锥形。树皮红褐色，裂成长条片状。叶2型，均交叉对生；生鳞叶的小枝细，四棱形，鳞叶排列较疏，先端急尖或渐尖，背面中下部有下凹的腺体；刺叶5~6 mm，上面凹，被白粉。常雌雄异株，雄球花有6枚雄蕊。球果当年成熟，黄绿色，近球形或

图71 圆柏
1. 球果枝；2. 小枝一段及鳞形叶；3. 刺形叶；
4. 雌球花；5. 雄球花枝；6. 雄球花

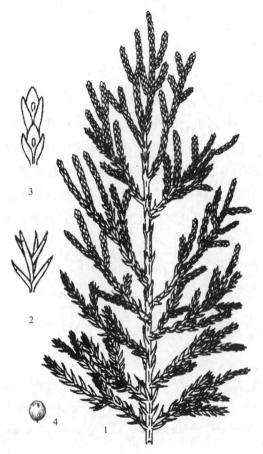

图72 铅笔柏
1. 枝条；2. 小枝及刺形叶；
3. 小枝及鳞形叶；4. 球果

卵圆形，长5~6 mm，被白粉；种子1~2粒，卵圆形，有树脂槽。花期3月；果期10月。

大寺有栽培。原产北美洲。华东地区有引种栽培。

生长快，可作造林树种和园林树种。

3. 砂地柏　叉子圆柏（图73）

Juniperus sabina Linn.

Sp. Pl. 2: 1039. 1753.

—— *Sabina vulgaris* Ant.

匍匐灌木，高不到1 m。枝密集，斜上伸展，枝皮灰褐色，裂成薄片状脱落。一年生枝的分枝均为圆柱形。幼树上全部为刺叶，交叉对生，先端刺尖，上面凹，下面拱圆，中部有长椭圆形或条形腺体，壮龄树上多为鳞叶，交互对生，背面中部有明显的椭圆形或卵形腺体。多雌雄异株，雄球花长2~3 mm，雄蕊5~7对，各具2~4个花药；雌球花初期直立，后期俯垂。球果生于弯曲的小枝顶端，形态多样，多为倒三角状球形，熟时褐色、蓝紫色到黑色；种子多2~3粒，卵圆形，微扁，有纵脊或树脂槽。花期5~6月；球果翌年8~9月成熟。

图73　砂地柏

徂徕山有栽培。国内分布于新疆、宁夏、内蒙古、青海、甘肃等省份。

喜光，喜凉爽干燥的气候，耐旱性强。是良好的木本地被植物，可作水土保持及固沙造林树种。

5. 红豆杉科 Taxaceae

常绿乔木或灌木。叶条形或披针形，螺旋状排列或交互对生，上面中脉明显或不明显，下面中脉两侧各有1条气孔带，叶内树脂道有或无。雌雄异株，稀同株。雄球花单生叶腋或苞腋，或呈穗状花序集生于枝顶，雄蕊多枚，各有3~9个花药，花粉无气囊；雌球花单生或成对生于叶腋或苞腋，基部有多枚苞片，胚珠1枚，着生于花轴顶端或侧生于短轴顶端的苞腋，基部有盘状或漏斗状的花托。种子核果状，有柄或无柄，若有柄，种子包于囊状肉质的假种皮中，其顶端尖头露出，若无柄，则种子全部包于肉质假种皮中；有的种子呈坚果状，包于肉质假种皮中，有柄或近于无柄；胚乳丰富，子叶2枚。

5属21种，主产北半球。中国4属11种。徂徕山1属1种。

1. 红豆杉属 Taxus Linn.

常绿乔木或灌木；小枝基部有多数或少数宿存的芽鳞，冬芽的芽鳞覆瓦状排列。叶条形，直立或弯曲，叶基扭转排列成2列，叶上面中脉明显，下面有2条淡灰色、灰绿色或淡黄色的气孔带，叶内无树脂道。雌雄异株，球花单生叶腋；雄球花圆球形，有柄，基部有覆瓦状排列的苞片，雄蕊6~14枚，盾状，花药4~9个；雌球花几乎无梗，基部有多数覆瓦状排列的苞片，上端的2~3对苞片交叉对生；胚珠1枚，基部有圆盘状珠托。种子坚果状，当年成熟，生于杯状肉质的假种皮内，稀生于膜质种托上，成熟时肉质假种皮红色，种子内含2枚子叶，种子表面种脐明显。

约11种，分布于北半球。中国4种2变种。徂徕山1种。

1. 紫杉 东北红豆杉（图74）

Taxus cuspidata Sieb. & Zucc.

Abh. Math. Phys. Akad. Wiss. Manch. 4（3）: 232. t. 3. 1846.

乔木，高达20 m，胸径达1 m；树皮红褐色，有浅裂纹；枝条平展或斜上直立，密生；小枝基部有宿存芽鳞，一年生枝绿色，秋后呈淡红褐色，二至三年生枝呈红褐色或黄褐色；冬芽淡黄褐色，芽鳞先端渐尖，背面有纵脊。叶排成不规则的2列，斜上伸展，约成45°角，条形，通常直，稀微弯，长1~2.5 cm，宽2.5~3 mm，稀长达4 cm，基部窄，有短柄，先端通常凸尖，上面深绿色，有光泽，下面有2条灰绿色气孔带，气孔带较绿色边带宽2倍，干后呈淡黄褐色，中脉带上无角质乳头状突起点。雄球花有雄蕊9~14枚，各具5~8个花药。种子紫红色，有光泽，卵圆形，长约6 mm，上部具3~4钝脊，顶端有小钝尖头，种脐通常三角形或四方形，稀矩圆形。花期5~6月；种子9~10月成熟。

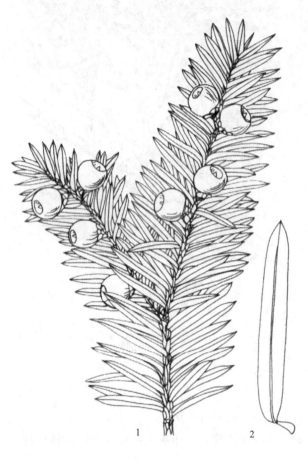

图74 紫杉
1. 种子枝；2. 叶

大寺有栽培。分布于吉林、辽宁、黑龙江、陕西等省份。日本、朝鲜、俄罗斯也有分布。

是重要的园林观赏树种和用材树种。种子可榨油；木材、枝叶、树根、树皮能提取紫杉素，可治糖尿病；叶有毒，种子的假种皮味甜可食。

另外，上池栽培有曼地亚红豆杉 [*Taxus* × *media*（Pilger）Rehd.]，由紫杉做母本、欧洲红豆杉为父本杂交而成，形态介于二亲本之间。常绿灌木，高达2 m；叶条形，长约2.5 cm。中国东部常有栽培。

被子植物

　　被子植物是植物界进化最高级的一类，种类多，分布广，适应性强，在地球上占有绝对优势。被子植物有真正的花，典型的花由花萼、花冠、雄蕊群、雌蕊群四部分组成；胚珠包藏在子房内，受精后胚珠发育成种子，子房发育成果实；种子的胚有 2 或 1 枚子叶。被子植物花的各部在数量上、形态上有极其多样的变化，是分类学中重要的形态依据之一。根据子叶的数目、花各部的数目、茎内维管束的排列、根系及叶脉类型等通常将被子植物分为双子叶植物纲和单子叶植物纲。

　　现已知被子植物共 1 万多属 20 多万种，占植物界的半数以上。中国有 2700 余属约 3 万种。徂徕山有 143 科 543 属 964 种 16 亚种 82 变种 15 变型。

被子植物分科检索表

1. 胚具对生的子叶 2 枚，极稀可为 1 枚或较多；茎有皮层和髓的区别；多年生木本植物有年轮；叶片常具网状脉；花部 4~5 基数，稀 3 基数（双子叶植物）。
　2. 花无花被，或仅有花萼（有时呈花瓣状）。
　　3. 花单性，雌雄同株或异株，柔荑花序，至少雄花成柔荑花序或类似柔荑花序，或隐头花序。
　　　4. 叶为单叶。
　　　　5. 果实不为蒴果。
　　　　　6. 植物体不含乳汁；坚果或小坚果，外有发育的鳞片或总苞。
　　　　　　7. 坚果一部分至全部包在具鳞片或具刺的木质总苞内·················22. 壳斗科 Fagaceae
　　　　　　7. 坚果包在叶状或囊状总苞内，或小坚果和鳞片合成球状果序·················23. 桦木科 Betulaceae
　　　　　6. 植物体含有白色乳汁；子房上位，花生于囊状总花托内成隐头花序·················19. 桑科 Moraceae
　　　　5. 蒴果，含多数种子，种子有丝状毛绒·················44. 杨柳科 Salicaceae
　　　4. 羽状复叶·················21. 胡桃科 Juglandaceae
　　3. 花两性或单性，非柔荑花序。
　　　8. 子房每室内有多数胚珠。
　　　　9. 子房下位或半下位。
　　　　　10. 花单性；头状花序·················15. 金缕梅科 Hamamelidaceae
　　　　　10. 花两性；单生、簇生或排成总状、聚伞或伞房花序·················4. 马兜铃科 Aristolochiaceae
　　　　9. 子房上位。
　　　　　11. 雌蕊 1 枚。
　　　　　　12. 雄蕊着生在扁平或凸起的花托上。
　　　　　　　13. 子房 1~2 室。
　　　　　　　　14. 果实为胞果或蒴果；非总状花序。
　　　　　　　　　15. 胞果；花序穗状、头状、圆锥状；萼片干膜质·················27. 苋科 Amaranthaceae
　　　　　　　　　15. 蒴果；聚伞花序；萼片草质·················31. 石竹科 Caryophyllaceae
　　　　　　　　14. 果实为角果；总状花序·················46. 十字花科 Brassicaceae
　　　　　　　13. 子房 3~5 室；叶对生或轮生·················30. 粟米草科 Molluginaceae
　　　　　　12. 雄蕊着生在萼筒上；蒴果·················62. 千屈菜科 Lythraceae

11. 雌蕊 2 枚以上，彼此分离，木质缠绕性藤本；花各部 3 出数……………………10. 木通科 Lardizabalaceae
8. 子房每室内 1 至数枚胚珠。
　　16. 叶片有透明腺点。羽状复叶，互生，有刺灌木……………………………………86. 芸香科 Rutaceae
　　16. 叶片无透明腺点。
　　　17. 雄蕊合生成单体雄蕊。
　　　　18. 花单性，雌雄同株；雄花成球形头状花序；雌花 2 个，同生于 1 个有 2 室而且有芒刺的果壳中………
　　　　　…………………………………………………………………………………118. 菊科 Asteraceae
　　　　18. 花两性。如为单性则雌雄花不为上状。
　　　　　19. 草本，叶对生，花两性，胞果………………………………………………27. 苋科 Amaranthaceae
　　　　　19. 木本，叶互生，花单性或杂性，果实成熟时裂成 5 个叶状果瓣………38. 梧桐科 Sterculiaceae
　　　17. 雄蕊彼此分离，或为多体雄蕊，有时仅有 1 雄蕊。
　　　　20. 每花雌蕊 2 至多数，完全分离或近于离生。
　　　　　21. 单叶，全缘；果实肉质多浆………………………………………………24. 商陆科 Phytolaccaceae
　　　　　21. 叶多少有些分裂或成复叶，聚合瘦果或聚合蓇葖果………………………8. 毛茛科 Ranunculaceae
　　　　20. 每花仅 1 枚雌蕊，心皮有时成熟后各自分离。
　　　　　22. 子房下位或半下位。
　　　　　　23. 草本植物。
　　　　　　　24. 水生草本，叶对生或轮生，叶片常细裂或为复叶……………………61. 小二仙草科 Haloragaceae
　　　　　　　24. 陆生草本，叶互生，窄而细长，不分裂，半寄生植物………………70. 檀香科 Santalaceae
　　　　　　23. 木本植物。花柱 1 枚或无花柱；浆果；寄生于乔木的干枝上………71. 槲寄生科 Viscaceae
　　　　　22. 子房上位。
　　　　　　25. 有托叶鞘，抱茎；草本，叶互生……………………………………………32. 蓼科 Polygonaceae
　　　　　　25. 无托叶鞘，如有托叶鞘也为木本植物，且易脱落。
　　　　　　　26. 草本。
　　　　　　　　27. 无花被。
　　　　　　　　　28. 水生植物，无乳汁；子房 1 室，坚果有刺…………………………7. 金鱼藻科 Ceratophyllaceae
　　　　　　　　　28. 陆生植物；有乳汁；子房 3 室，多为蒴果……………………75. 大戟科 Euphorbiaceae
　　　　　　　　27. 有花被。
　　　　　　　　　29. 花萼呈花冠状，且成管状。
　　　　　　　　　　30. 花下有叶状总苞，有时总苞类似花萼…………………………25. 紫茉莉科 Nyctaginaceae
　　　　　　　　　　30. 花下无总苞……………………………………………………63. 瑞香科 Thymelaeaceae
　　　　　　　　　29. 花萼不为上述情况。
　　　　　　　　　　31. 下位花。
　　　　　　　　　　　32. 花柱 1 枚，常顶端为柱头，有时无花柱。
　　　　　　　　　　　　33. 花单性，雄蕊与花被片同数且对生…………………………20. 荨麻科 Urticaceae
　　　　　　　　　　　　33. 花两性，萼片 4。雄蕊 2 或 4 枚；角果……………………46. 十字花科 Brassicaceae
　　　　　　　　　　　32. 花柱 2 或更多，内侧为柱头面。
　　　　　　　　　　　　34. 子房常由 2~3 枚心皮合生而成。
　　　　　　　　　　　　　35. 子房 1~2 室。
　　　　　　　　　　　　　　36. 单叶，羽状脉，稀掌状脉，无托叶。

　　　　　37. 花被片及苞片草质，绿色…………………………………26. **藜科** Chenopodiaceae
　　　　　37. 花被片及苞片干膜质，有光泽………………………………27. **苋科** Amaranthaceae
　　　　36. 掌状复叶，或单叶掌状脉，有托叶……………………………18. **大麻科** Cannabaceae
　　　　35. 子房3室……………………………………………………………75. **大戟科** Euphorbiaceae
　　　34. 子房由数枚心皮合生而成………………………………………24. **商陆科** Phytolaccaceae
　　31. 周位花；羽状复叶，互生，瘦果………………………………………56. **蔷薇科** Rosaceae
26. 木本。
　　38. 子房2至数室；蒴果。
　　　　39. 蒴果室背开裂；胚珠有背脊；叶对生…………………………74. **黄杨科** Buxaceae
　　　　39. 蒴果室间开裂；胚珠有腹脊；叶互生…………………………75. **大戟科** Euphorbiaceae
　　38. 子房1室或2室。
　　　　40. 花萼呈花冠状，且成筒状。
　　　　　41. 叶无鳞片；萼筒后期整个脱落……………………………63. **瑞香科** Thymelaeaceae
　　　　　41. 叶有银白色或棕色鳞片；萼筒或萼筒下部宿存，当果实成熟时变为肉质而紧包果实
　　　　　　　…………………………………………………………………60. **胡颓子科** Elaeagnaceae
　　　　40. 花萼非上述情况，或无花被。
　　　　　42. 叶对生。
　　　　　　43. 双翅果……………………………………………………82. **槭树科** Aceraceae
　　　　　　43. 单翅果……………………………………………………107. **木犀科** Oleaceae
　　　　　42. 叶互生。
　　　　　　44. 单叶。
　　　　　　　45. 有花萼。
　　　　　　　　46. 植物体无乳汁；花萼不肥厚肉质。
　　　　　　　　　47. 子房2室，每室1枚胚珠；木质蒴果……………15. **金缕梅科** Hamamelidaceae
　　　　　　　　　47. 子房1室，1枚胚珠；翅果或核果………………17. **榆科** Ulmaceae
　　　　　　　　46. 植物体有乳汁；花萼肥厚肉质包被瘦果…………………19. **桑科** Moraceae
　　　　　　　45. 无花萼；雌雄异株，雄花簇生，雌花单生…………………16. **杜仲科** Eucommiaceae
　　　　　　44. 1回羽状复叶；雌雄异株，核果…………………………………83. **漆树科** Anacardiaceae
2. 花有花萼和花冠，或有2层以上的花被片。
　　48. 组成花冠的花瓣彼此分离。
　　　　49. 雄蕊通常多数（10枚以上），超过花瓣的2倍。
　　　　　50. 子房下位或半下位。
　　　　　　51. 陆生植物，子房1至数室。
　　　　　　　52. 草本。
　　　　　　　　53. 花单性；花被片呈花瓣状，2~4（10）；蒴果有翅或棱……………43. **秋海棠科** Begoniaceae
　　　　　　　　53. 花两性，花萼裂片2，花瓣5；蒴果盖裂……………………28. **马齿苋科** Portulacaceae
　　　　　　　52. 木本。
　　　　　　　　54. 叶通常对生。
　　　　　　　　　55. 叶缘有锯齿或全缘；花序常有不孕的边缘花……………52. **绣球科** Hydrangeaceae
　　　　　　　　　55. 叶全缘；花序无不孕花……………………………………65. **石榴科** Punicaceae

54. 叶互生，有托叶；果实为梨果…………………………………………………………………56. 蔷薇科 Rosaceae
51. 水生草本植物，子房多室……………………………………………………………………6. 睡莲科 Nymphaeaceae
50. 子房上位。
56. 花周位。
57. 叶互生；单叶或复叶；花瓣不皱褶；核果、瘦果或蓇葖果………………………………56. 蔷薇科 Rosaceae
57. 叶对生或轮生；花瓣有细爪，边缘呈波状或流苏状；蒴果………………………………62. 千屈菜科 Lythraceae
56. 花下位。
58. 雌蕊少数至多数，彼此分离或微合生。
59. 水生植物。叶片盾状，全缘………………………………………………………………5. 莲科 Nelumbonaceae
59. 陆生植物。
60. 茎为缠绕性或蔓生性藤本。花单性，小型，雌雄异株……………………………11. 防己科 Menispermaceae
60. 茎直立，不为缠绕性。
61. 雄蕊的花丝合生成单体雄蕊………………………………………………………39. 锦葵科 Malvaceae
61. 雄蕊花丝分离，数枚至多数。
62. 草本；复叶或为单叶且多少有些分裂。
63. 无托叶；种子有胚乳。
64. 花大；雄蕊离心发育；花盘存在……………………………………………33. 芍药科 Paeoniaceae
64. 花径 6 cm 以下；雄蕊向心发育；无花盘…………………………………8. 毛茛科 Ranunculaceae
63. 有托叶；种子无胚乳………………………………………………………………56. 蔷薇科 Rosaceae
62. 木本；叶全缘，萼片及花瓣 3 出数，雌、雄蕊多数……………………………1. 木兰科 Magnoliaceae
58. 雌蕊 1 枚，花柱、柱头可以多个。
65. 叶有透明腺点。
66. 叶对生，单叶……………………………………………………………………36. 藤黄科 Clusiaceae
66. 叶互生，三出复叶、单身复叶…………………………………………………86. 芸香科 Rutaceae
65. 叶无透明腺点。
67. 子房 2 至数室，或为不完全 2 至数室。
68. 萼片在花蕾期呈镊合状排列。
69. 雄蕊离生，或连合呈多束；花药 2 室…………………………………37. 椴树科 Tiliaceae
69. 雄蕊合生成单体；花药 1 室，有副萼…………………………………39. 锦葵科 Malvaceae
68. 萼片在花蕾期呈覆瓦状或旋转状排列。
70. 雄蕊 2 层，外层 10 枚和花瓣对生，内侧 5 枚和萼片对生……………87. 蒺藜科 Zygophyllaceae
70. 雄蕊的排列不为上述特征。
71. 蒴果室背开裂或浆果状顶端开裂，乔灌木，直立……………………34. 山茶科 Theaceae
71. 浆果，藤本………………………………………………………………35. 猕猴桃科 Actinidiaceae
67. 子房 1 室，侧膜胎座，植物体有乳汁……………………………………………12. 罂粟科 Papaveraceae
49. 雄蕊 10 枚或较少，若多于 10 枚，也不超过花瓣数的 2 倍。
72. 雄蕊和花瓣同数且对生。
73. 雌蕊 1 枚。
74. 子房 1 室。
75. 花药不为瓣裂。

76. 直立草本或木本；胚珠1至数枚。
　　77. 草本；花瓣4；复雌蕊···13. **紫堇科** Fumariaceae
　　77. 木本；花瓣4~9；单心皮雌蕊···9. **小檗科** Berberidaceae
76. 缠绕性草本；胚珠1枚，叶肥厚、肉质···29. **落葵科** Basellaceae
75. 花药瓣裂···9. **小檗科** Berberidaceae
74. 子房2至数室。
　　78. 花萼裂齿不明显或微小；藤本，有卷须···77. **葡萄科** Vitaceae
　　78. 花萼明显4~5裂；乔木、灌木，无卷须···76. **鼠李科** Rhamnaceae
73. 雌蕊3~6枚，离生；花单性，雌雄异株；核果··11. **防己科** Menispermaceae
72. 雄蕊和花瓣不同数，若同数则互生。
　　79. 子房下位或半下位。
　　　　80. 子房每室2至数枚胚珠。
　　　　　　81. 蒴果，常为草本。
　　　　　　　　82. 萼片或花萼裂片4~5；植物体不为肉质。
　　　　　　　　　　83. 花5出数，花柱2或更多；种子有胚乳·······················52. **绣球科** Hydrangeaceae
　　　　　　　　　　83. 花4出数，花柱1；种子无胚乳·······································66. **柳叶菜科** Onagraceae
　　　　　　　　82. 萼片或花萼裂片2；植物肉质多浆·······································28. **马齿苋科** Portulacaceae
　　　　　　81. 浆果，木本植物···53. **茶藨子科** Grossulariaceae
　　　　80. 子房每室仅有1枚胚珠。
　　　　　　84. 果实为双悬果；通常复伞形花序···92. **伞形科** Apiaceae
　　　　　　84. 果实不为双悬果；不为复伞形花序。
　　　　　　　　85. 草本。
　　　　　　　　　　86. 水生植物。
　　　　　　　　　　　　87. 叶1型，羽状细裂；花单性，小坚果或核果，无刺···········61. **小二仙草科** Haloragaceae
　　　　　　　　　　　　87. 叶2型，水下叶羽状细裂，浮水叶不裂；花两性，坚果有2~4角或刺······64. **菱科** Trapaceae
　　　　　　　　　　86. 陆生或湿生植物；叶对生或互生；花为2出数，坚果有钩状刺毛········66. **柳叶菜科** Onagraceae
　　　　　　　　85. 木本。
　　　　　　　　　　88. 翅果或蒴果。
　　　　　　　　　　　　89. 子房2室；花柱2；蒴果·····································15. **金缕梅科** Hamamelidaceae
　　　　　　　　　　　　89. 子房1室；花柱1；翅果···68. **蓝果树科** Nyssaceae
　　　　　　　　　　88. 核果或浆果。
　　　　　　　　　　　　90. 花瓣4~5（8），不为细长方形，也不向外反卷；花药短。
　　　　　　　　　　　　　　91. 花4出数，子房1~2室；叶对生，稀互生；单叶·······69. **山茱萸科** Cornaceae
　　　　　　　　　　　　　　91. 花5出数，子房2~15室；叶互生；单叶或复叶·········91. **五加科** Araliaceae
　　　　　　　　　　　　90. 花瓣6~8，细长方形，向外反卷；花药细长···············67. **八角枫科** Alangiaceae
　　79. 子房上位。
　　　　92. 叶片有透明腺点··86. **芸香科** Rutaceae
　　　　92. 叶片无透明腺点。
　　　　　　93. 雌蕊2至多数，分离或仅基部连合，或子房分离而花柱连合。
　　　　　　　　94. 植物体非肉质多浆。

95. 花周位。
　　96. 花的各部分螺旋状排列；雌蕊多数，生于壶状花托内……………………2. 蜡梅科 Calycanthaceae
　　96. 花的各部分轮状排列；萼片和花瓣区别明显。
　　　　97. 雌蕊 2~4，各有多数胚珠；种子有胚乳；无托叶………………55. 虎耳草科 Saxifragaceae
　　　　97. 雌蕊 2 至多数，各有 1 至数枚胚珠；种子无胚乳；有或无托叶………56. 蔷薇科 Rosaceae
95. 花下位。
　　98. 单叶；叶柄基部扩大成帽状覆盖腋芽；头状花序………………………14. 悬铃木科 Platanaceae
　　98. 羽状复叶；叶柄基部不扩大；圆锥花序或聚伞花序……………………84. 苦木科 Simaroubaceae
94. 植物体肉质多浆；草本……………………………………………………………54. 景天科 Crassulaceae
93. 雌蕊 1 枚。
　　99. 单心皮雌蕊，荚果。
　　　　100. 蝶形花冠，常二体雄蕊，稀花丝分离……………………………………59. 豆科 Fabaceae
　　　　100. 假蝶形花冠，雄蕊花丝分离…………………………………58. 云实科 Caesalpiniaceae
　　99. 由 2 枚以上的心皮构成的复雌蕊。
　　　　111. 子房 1 室或因假隔膜发育成 2 室，有时下部 2~5 室，上部 1 室。
　　　　　　112. 花下位；花瓣 4，稀更多。
　　　　　　　　113. 萼片 4。
　　　　　　　　　　114. 子房柄细长；雄蕊 6，等长；蒴果…………………45. 白花菜科 Cleomaceae
　　　　　　　　　　114. 子房柄短或无；雄蕊 6，四强雄蕊；角果……………46. 十字花科 Brassicaceae
　　　　　　　　113. 萼片 2……………………………………………………13. 紫堇科 Fumariaceae
　　　　　　112. 花周位或下位；花瓣 3~5，稀 2 或更多。
　　　　　　　　115. 子房每室仅 1 枚胚珠。
　　　　　　　　　　116. 单叶；花 3 出数；花柱 1，花药瓣裂……………………3. 樟科 Lauraceae
　　　　　　　　　　116. 羽状复叶或单叶；花 5 出数，花柱 3，花药纵裂……83. 漆树科 Anacardiaceae
　　　　　　　　115. 子房每室 2 至数枚胚珠。
　　　　　　　　　　117. 草本。
　　　　　　　　　　　　118. 侧膜胎座；花两侧对称，下方 1 花瓣基部延伸成距………40. 堇菜科 Violaceae
　　　　　　　　　　　　118. 特立中央胎座；花辐射对称……………………31. 石竹科 Caryophyllaceae
　　　　　　　　　　117. 木本；叶细小呈鳞片状……………………………………41. 柽柳科 Tamaricaceae
　　　　111. 子房 2 至多室。
　　　　　　119. 花两侧对称。
　　　　　　　　120. 子房 2 室；花无距………………………………………………79. 远志科 Polygalaceae
　　　　　　　　120. 子房 5 室；花有 1 花瓣有距………………………………90. 凤仙花科 Balsaminaceae
　　　　　　119. 花辐射对称或花瓣微不等。
　　　　　　　　121. 雄蕊数和花瓣数既不相等，也不为其倍数。
　　　　　　　　　　122. 叶对生。雄蕊 4~10 枚，通常为 8；花瓣 5。
　　　　　　　　　　　　123. 蒴果；掌状复叶……………………………………81. 七叶树科 Hippocastanaceae
　　　　　　　　　　　　123. 双翅果；单叶或羽状复叶………………………………82. 槭树科 Aceraceae
　　　　　　　　　　122. 叶互生。
　　　　　　　　　　　　124. 花单性；单叶全缘………………………………………75. 大戟科 Euphorbiaceae

124. 花两性或杂性；复叶……………………………………………80. 无患子科 Sapindaceae
121. 雄蕊数和花瓣数相等，或为其倍数。
　125. 子房每室胚珠 3 至数枚。
　　126. 复叶。
　　　127. 雄蕊分离。
　　　　128. 叶互生。
　　　　　129. 叶为 2~3 回羽状复叶，草本……………………………55. 虎耳草科 Saxifragaceae
　　　　　129. 叶为 1 回羽状复叶，乔木…………………………………85. 楝科 Meliaceae
　　　　128. 叶对生，偶数羽状复叶；草本；蒴果有刺……………87. 蒺藜科 Zygophyllaceae
　　　127. 单体雄蕊；蒴果；掌状复叶由 3 小叶组成……………………88. 酢浆草科 Oxalidaceae
　　126. 单叶。
　　　130. 草本。
　　　　131. 花下位；花托通常扁平；特立中央胎座……………………31. 石竹科 Caryophyllaceae
　　　　131. 花周位；花托多少呈杯状或筒状，雄蕊着生于杯状或筒状花托内侧…………………
　　　　　　………………………………………………………………62. 千屈菜科 Lythraceae
　　　130. 木本；花瓣有瓣爪，花药纵裂……………………………51. 海桐花科 Pittosporaceae
　125. 子房每室胚珠 1~2 枚。
　　132. 草本。
　　　133. 雄蕊离生；花柱合生；蒴果有长喙………………………89. 牻牛儿苗科 Geraniaceae
　　　133. 雄蕊合生为单体；花柱分离；蒴果无喙……………………78. 亚麻科 Linaceae
　　132. 木本。
　　　134. 叶互生，若对生也非双翅果。
　　　　135. 复叶；核果。
　　　　　136. 单体雄蕊………………………………………………85. 楝科 Meliaceae
　　　　　136. 雄蕊彼此离生…………………………………………83. 漆树科 Anacardiaceae
　　　　135. 单叶。
　　　　　137. 蒴果，种子有假种皮…………………………………72. 卫矛科 Celastraceae
　　　　　137. 核果。
　　　　　　138. 雄蕊数为花瓣的倍数，叶簇生……………………87. 蒺藜科 Zygophyllaceae
　　　　　　138. 雄蕊数和花瓣同数，叶互生………………………73. 冬青科 Aquifoliaceae
　　　134. 叶对生，双翅果………………………………………………82. 槭树科 Aceraceae
48. 组成花冠的花瓣合生。
　139. 雄蕊数多于花冠裂片数。
　　140. 心皮 1 至数枚，离生或近于离生。
　　　141. 单叶或有时羽裂，对生，肉质；心皮数枚，蓇葖果…………54. 景天科 Crassulaceae
　　　141. 2 回羽状复叶，互生，不为肉质；心皮 1 枚，荚果…………57. 含羞草科 Mimosaceae
　　140. 心皮 2 枚以上，合生成复雌蕊。
　　　142. 花两性。
　　　　143. 雄蕊 8~10 枚；花药顶孔开裂………………………………47. 杜鹃花科 Ericaceae
　　　　143. 雄蕊多数；花药纵裂………………………………………49. 山矾科 Symplocaceae

142. 花单性，雌雄异株或同株，稀杂性，浆果……………………………………………48. 柿树科 Ebenaceae
139. 雄蕊数等于或少于花冠裂片数。
144. 雄蕊和花冠裂片同数且对生；子房 1 室，特立中央胎座……………………………50. 报春花科 Primulaceae
144. 雄蕊和花冠裂片同数且互生，或少于花冠裂片数。
145. 子房下位。
146. 直立草本或藤本，无卷须；不为瓠果。
147. 雄蕊彼此分离。
148. 雄蕊着生于花冠上。
149. 雄蕊 4~5 枚，和花冠裂片同数。
150. 叶轮生，若对生则有托叶……………………………………………………115. 茜草科 Rubiaceae
150. 叶对生，无托叶；聚伞花序……………………………………………116. 忍冬科 Caprifoliaceae
149. 雄蕊 1~4 枚，少于花冠裂片数。
151. 水生植物，子房 2~4 室，均可成熟，果实有刺……………………………111. 胡麻科 Pedaliaceae
151. 陆生植物，子房 3~4 室，仅有其中 1~2 室可成熟……………………117. 败酱科 Valerianaceae
148. 雄蕊和花冠分离或近于分离，即雄蕊不着生于花冠上……………………114. 桔梗科 Campanulaceae
147. 蕊的花药合生；头状花序，花辐射对称或两侧对称；子房 1 室，1 枚胚珠；瘦果…118. 菊科 Asteraceae
146. 草质藤本，有卷须；瓠果；花单性，雄蕊结合，花药盘曲…………………42. 葫芦科 Cucurbitaceae
145. 子房上位。
152. 子房深 4 裂；花柱自子房裂瓣之间伸出。
153. 花冠唇形，稀辐射对称；叶对生，雄蕊 4 或 2 枚……………………………104. 唇形科 Lamiaceae
153. 花冠辐射对称；叶互生，雄蕊 5 枚………………………………………102. 紫草科 Boraginaceae
152. 子房不分裂；花柱通常顶生。
154. 花两侧对称；雄蕊 2 或 4 枚，彼此分离，退化雄蕊有时存在。
155. 子房每室 1 或 2 枚胚珠
156. 子房 2~4 室，共有 2 或数枚胚珠………………………………………103. 马鞭草科 Verbenaceae
156. 子房 1 室，1 枚胚珠…………………………………………………………105. 透骨草科 Phrymaceae
155. 子房每室有 2 至数枚胚珠。
157. 子房 1 室，侧膜胎座或特立中央胎座。
158. 有绿色叶，草本或木本。
159. 草本，种子无翅。
160. 陆生植物，非食虫性；侧膜胎座……………………………………110. 苦苣苔科 Gesneriaceae
160. 食虫性水生或沼生植物；特立中央胎座，雄蕊 2 枚………113. 狸藻科 Lentibulariaceae
159. 木本或木质藤本，稀草本，种子有翅………………………………112. 紫葳科 Bignoniaceae
158. 无绿色叶，寄生草本植物；雄蕊 4 枚，侧膜胎座…………………109. 列当科 Orobanchaceae
157. 子房 2~4 室，中轴胎座。
161. 植物体有分泌黏液的腺毛；子房 4 室…………………………………111. 胡麻科 Pedaliaceae
161. 植物体无分泌黏液的腺毛；子房 2 室……………………………108. 玄参科 Scrophulariaceae
154. 花辐射对称或近于辐射对称。
162. 雄蕊数较花冠裂片数少。
163. 子房 2~4 室，每室仅有 1 或 2 枚胚珠。

164. 雄蕊 2 枚 ··· 107. **木犀科** Oleaceae
164. 雄蕊 4 枚 ··· 103. **马鞭草科** Verbenaceae
163. 子房 1~2 室，每室有数枚胚珠。
　　165. 草本，中轴胎座 ··· 108. **玄参科** Scrophulariaceae
　　165. 木本，顶生胎座 ··· 107. **木犀科** Oleaceae
162. 雄蕊数与花冠裂片数相同。
　　166. 子房 2 室，成熟后呈双角状。
　　　　167. 雄蕊分离，花粉粒分离 ······································ 95. **夹竹桃科** Apocynaceae
　　　　167. 雄蕊与花柱合生成合蕊柱，花粉粒连成花粉块 ······ 96. **萝藦科** Asclepiadaceae
　　166. 子房 1 室，不成双角状。
　　　　168. 子房 1 室，或因侧膜胎座的深入隔成 2 室；草本，蒴果。
　　　　　　169. 陆生植物；叶对生；花冠裂片在蕾中覆瓦状排列 ·········· 94. **龙胆科** Gentianaceae
　　　　　　169. 水生植物；叶互生，稀对生；花冠裂片在蕾中内向镊合状排列 ·············
　　　　　　　　·· 100. **睡菜科** Menyanthaceae
　　　　168. 子房 2~10 室。
　　　　　　170. 无绿色叶，为缠绕性寄生植物 ·································· 99. **菟丝子科** Cuscutaceae
　　　　　　170. 有绿色叶，自养植物。
　　　　　　　　171. 叶对生，且在两叶之间有托叶所形成的连接线或附属物，稀互生；雄蕊着生在花冠
　　　　　　　　　　上 ·· 93. **马钱科** Loganiaceae
　　　　　　　　171. 叶互生或基生。若有对生叶，两叶之间无托叶所形成的连接线或附属物。
　　　　　　　　　　172. 雄蕊 4。
　　　　　　　　　　　　173. 木本；叶对生，聚伞花序 ······················ 103. **马鞭草科** Verbenaceae
　　　　　　　　　　　　173. 草本，无地上茎，叶基生，穗状花序 ········ 106. **车前科** Plantaginaceae
　　　　　　　　　　172. 雄蕊 5，稀更多。
　　　　　　　　　　　　174. 子房每室 1~2 胚珠。
　　　　　　　　　　　　　　175. 果实为 1~4 个种子状的小坚果；花冠有明显裂片 ·············
　　　　　　　　　　　　　　　　··· 102. **紫草科** Boraginaceae
　　　　　　　　　　　　　　175. 果实为蒴果；花冠常完整，几乎无裂片 ······ 98. **旋花科** Convolvulaceae
　　　　　　　　　　　　174. 子房每室有多数胚珠。
　　　　　　　　　　　　　　176. 子房 3 室，柱头 3；蒴果 ··················· 101. **花荵科** Polemoniaceae
　　　　　　　　　　　　　　176. 子房 2 室，柱头 1~2；浆果或蒴果 ········ 97. **茄科** Solanaceae

1. 胚具子叶 1 个；茎无皮层和髓的区别；叶大多数有平行叶脉；花部通常 3 基数（单子叶植物）。
177. 植物体通常高大，有主干，通常不分枝；叶大型，羽状或掌状分裂，生于主干顶端；圆锥或穗状花序，有佛焰状
　　苞片 ·· 123. **棕榈科** Arecaceae
177. 植物体各种形状和习性，但均非如上述之棕榈状。
　　178. 花无花被，或很微小、不明显，或呈膜质，或退化成刚毛状。
　　　　179. 花通常生于覆瓦状排列的鳞片中（在禾本科中称为颖），由 1 至多花组成小穗。
　　　　　　180. 秆通常圆柱形，有节，中空，很少实心；茎生叶通常排成 2 列，叶鞘通常一侧纵开裂，很少闭合；花药
　　　　　　　　"丁"字形着生；颖果 ·· 131. **禾本科** Poaceae
　　　　　　180. 秆通常三棱形，实心；茎生叶通常排成 3 列，叶鞘闭合；花药基底着生；小坚果或被果囊包被 ·········
　　　　　　　　·· 130. **莎草科** Cyperaceae
　　　　179. 花单生或排成各种花序，但不生于覆瓦状排列的鳞片中，不组成小穗。

181. 植物体微小，无茎叶之分，仅有漂浮水面或沉没水中的叶状体……………………126. 浮萍科 Lemnaceae
181. 植物体有茎叶之分。
　182. 水生植物，有沉没水中或漂浮水面的叶片。
　　183. 花两性或单性，穗状花序；心皮数枚离生………………………121. 眼子菜科 Potamogetonaceae
　　183. 花单性，单生或簇生叶腋；心皮 1 枚………………………………122. 茨藻科 Najadaceae
　182. 陆生或沼生植物，有位于空气中的叶片。
　　184. 佛焰花序，花单性或两性
　　　185. 佛焰苞和叶片同形、同色；花被片 6……………………………124. 菖蒲科 Acoraceae
　　　185. 佛焰苞和叶片分异，具特异颜色；无花被或 2~3 枚………………125. 天南星科 Araceae
　　184. 不为佛焰花序，花单性。
　　　186. 蜡烛状的穗状花序，雄花生于上部，雌花在下部…………………132. 香蒲科 Typhaceae
　　　186. 头状花序，单生于无叶花葶的顶端，雌雄花混生于同 1 个头状花序中………………………
　　　　………………………………………………………………………128. 谷精草科 Eriocaulaceae
178. 花有花被，通常显著呈花瓣状，或呈颖片状。
　187. 雌蕊多数，相互分离；叶狭长，披针形至卵圆形，常为箭形，有长柄；花常轮生，呈总状或圆锥花序；
　　瘦果……………………………………………………………………………119. 泽泻科 Alismataceae
　187. 雌蕊 1，为几个心皮合生的复雌蕊。
　　188. 子房上位。
　　　189. 花大中型，有时小型；花被呈花瓣状，或有花萼、花冠之分。
　　　　190. 花被片彼此相同，无花萼、花冠的区分。
　　　　　191. 陆生植物，雄蕊彼此相同；花辐射对称。
　　　　　　192. 花瓣 6，雄蕊 6，子房 3 室，叶基生、互生，稀对生或轮生。
　　　　　　　193. 叶具平行支脉；花两性，常排成总状、圆锥或其他花序。
　　　　　　　　194. 茎木质化，常能增粗，有近环状的叶痕；叶常聚生于茎的上部或顶端；一般为圆锥花序，
　　　　　　　　　少有总状花序………………………………………………139. 龙舌兰科 Agavaceae
　　　　　　　　194. 草本，不为上述情况，常具根状茎、块茎或鳞茎；叶基生或生于茎上；花序通常不为圆
　　　　　　　　　锥花序…………………………………………………………137. 百合科 Liliaceae
　　　　　　　193. 叶具网状支脉；花单性，雌雄异株，伞形花序；一般为多分枝的或攀缘灌木，极少为草
　　　　　　　　本…………………………………………………………………141. 菝葜科 Smilacaceae
　　　　　　192. 花被片 4，雄蕊 4，子房 2 室，叶对生或轮生…………………140. 百部科 Stemonaceae
　　　　　191. 水生植物，雄蕊彼此不同或有不发育者；花两侧对称………136. 雨久花科 Pontederiaceae
　　　　190. 花被有花萼、花冠的区分；茎有明显的节；叶有叶鞘……………127. 鸭跖草科 Commelinaceae
　　　189. 花小型；花被颖片状。聚伞花序，蒴果室背开裂………………………129. 灯心草科 Juncaceae
　　188. 子房下位或半下位。
　　　195. 花辐射对称或近于辐射对称。
　　　　196. 花单性，雌雄异株或同株。
　　　　　197. 水生植物………………………………………………………120. 水鳖科 Hydrocharitaceae
　　　　　197. 陆生缠绕性植物；蒴果……………………………………………142. 薯蓣科 Dioscoreaceae
　　　　196. 花两性；叶两侧扁平，2 行排列，基部套叠……………………………138. 鸢尾科 Iridaceae
　　　195. 花两侧对称或不对称。
　　　　198. 花被片并不都呈花瓣状，其外层者形如萼片，雄蕊和雌蕊花柱离生；种子小或中等大小。
　　　　　199. 发育雄蕊 1 枚，不育雄蕊通常变成花瓣状。

200. 花药 2 室；萼片合生成管状，或佛焰苞状·················134. **姜科** Zingiberaceae
200. 花药 1 室；萼片离生·················135. **美人蕉科** Cannaceae
199. 发育雄蕊 5 枚，不育雄蕊 1，不成花瓣状·················133. **芭蕉科** Musaceae
198. 花被片均呈花瓣状，有唇瓣；发育雄蕊 1 稀 2，并和花柱合生，种子极多数，微小如尘··················
·················143. **兰科** Orchidaceae

1. 木兰科 Magnoliaceae

落叶或常绿，乔木或灌木。芽为盔帽状托叶包被。单叶互生，有时集生枝顶成假轮生，全缘，稀分裂，羽状脉；托叶贴生叶柄或与之分离，早落，脱落后留有环状托叶痕。花大，常两性，稀单性，辐射对称，单生枝顶或叶腋，稀 2~3 朵组成聚伞花序。花被下具 1 或数枚佛焰苞状苞片；花被片 6~9（45），2 至数轮，每轮 3（6）片，通常带肉质，有时外轮近革质，或因退化其大小色泽似萼片；雌蕊及雄蕊均多数，分离，螺旋状排列于伸长花托上；雄蕊群排列在花托下部；花药线形，2 室，纵裂，花丝粗短，药隔通常伸出成长或短的尖头；雌蕊群排列在花托上部，无柄或具雌蕊群柄；心皮通常分离，有时在发育时仅基部结合或很少全部相结合不分离；胚珠每室 2~14 枚，2 列着生在腹缝线上。聚合蓇葖果或聚合翅果，果皮木质、骨质或革质；通常背缝、腹缝开裂或腹背缝同时开裂。种子 1~12 粒，成熟时悬垂于一延长丝状而有弹性的假珠柄上；伸出于蓇葖之外，外层具红色肉质种皮，内为硬骨质；很少成熟心皮翅果状，种子与内种皮愈合；胚细小，倒生，胚乳丰富，含油质。

13 属约 330 种，分布于亚洲东南部、拉丁美洲、北美洲热带及亚热带。中国 9 属 112 种，主产东南至西南部。徂徕山 2 属 6 种。

分属检索表

1. 叶全缘；花药内向或侧向开裂；蓇葖果；种皮与果皮分离·················1. 木兰属 Magnolia
1. 叶 4~10 裂；花药外向开裂；翅果状坚果；种皮与果皮愈合·················2. 鹅掌楸属 Liriodendron

1. 木兰属 Magnolia Linn.

乔木或灌木，树皮通常灰色，光滑，或有时粗糙具深沟，通常落叶，少数常绿；小枝具环状的托叶痕；芽有 2 型：营养芽（枝、叶芽）腋生或顶生，具芽鳞 2；混合芽顶生（枝、叶及花芽）具 1 至数枚次第脱落的佛焰苞状苞片。叶膜质或厚纸质，互生，有时密集成假轮生，全缘，稀先端 2 浅裂；托叶膜质，贴生于叶柄，在叶柄上留有托叶痕。花通常芳香，大而美丽，单生枝顶，很少 2~3 朵顶生，两性，落叶种类在发叶前开放或与叶同时开放；花被片白色、粉红色或紫红色，很少黄色，9~21（45）片，每轮 3~5 片；雄蕊早落，花丝扁平，药隔延伸成短尖或长尖，很少不延伸，药室内向或侧向开裂。心皮分离，多数或少数，花柱向外弯曲，每心皮通常有胚珠 2 枚。聚合果成熟时通常为长圆状圆柱形、卵状圆柱形或长圆状卵圆形，常因心皮不育而偏斜弯曲。成熟蓇葖革质或近木质，沿背缝线开裂。种子 1~2 粒，外种皮橙红色或鲜红色，肉质，内种皮坚硬。

约 90 种，产亚洲东南部温带及热带，北美洲与中美洲。中国约有 30 种，分布于西南部、秦岭以南至华东、东北地区。徂徕山引入栽培 5 种。

分种检索表

1. 落叶乔木或灌木，叶纸质。
  2. 花被片大小近相等或外轮较小，均呈花瓣状，花先于叶开放。

3. 花被片白色或基部外面带红色,近等长 1. 白玉兰 Magnolia denudata
3. 花被片浅红至深红色,外轮花被片稍短于内轮 2. 二乔木兰 Magnolia × soulangeana
2. 花被片外轮与内轮不相等,外轮小而呈萼片状,常早落。
4. 花与叶同时或稍后于叶开放;瓣状花被片紫红色,叶椭圆状倒卵形或倒卵形 3. 紫玉兰 Magnolia liliflora
4. 花先于叶开放;瓣状花被片白色或淡红色;叶椭圆状披针形、卵状披针形 4. 望春玉兰 Magnolia biondii
1. 常绿乔木,叶厚革质 5. 广玉兰 Magnolia grandiflora

1. 白玉兰（图 75）

Magnolia denudata Desr.

Encycl. Bot. 3: 675. 1791.

—— *Yulania denudata* (Desr.) D. L. Fu

落叶乔木,高可达 25 m,枝广展;树皮深灰色,粗糙开裂;小枝灰褐色;冬芽及花梗密被淡灰黄色长绢毛。叶纸质,倒卵形、宽倒卵形或倒卵状椭圆形,长 10~15 cm,宽 6~10 cm,先端宽圆、平截或稍凹,具短突尖,中部以下渐狭成楔形,叶上面深绿色,嫩时被柔毛,后仅中脉及侧脉留有柔毛,下面淡绿色,沿脉上被柔毛,侧脉每边 8~10 条,网脉明显;叶柄长 1~2.5 cm,被柔毛;托叶痕为叶柄长的 1/4~1/3。花蕾卵圆形,花先于叶开放,直立,芳香,直径 10~16 cm;花梗显著膨大,密被淡黄色长绢毛;花被片 9,白色,基部常带粉红色,近相似,长圆状倒卵形,长 6~8 cm,宽 2.5~4.5 cm;雄蕊长 7~12 mm,花药长 6~7 mm,侧向开裂;雌蕊群淡绿色,无毛,圆柱形,长 2~2.5 cm;雌蕊狭卵形,长 3~4 mm。聚合果圆柱形或因部分心皮不育而弯曲,长 12~15 cm,直径 3.5~5 cm;蓇葖厚木质,褐色,

图 75　白玉兰
1. 枝叶；2. 花枝；3. 雄蕊群和雌蕊群

具白色皮孔;种子心形,侧扁,长约 9 mm,宽约 10 mm,外种皮红色,内种皮黑色。花期 3~4 月;果期 9~10 月。

大寺、隐仙观等地有栽培,供观赏。分布于江西、浙江、湖南、贵州等省份。现全国各大城市园林广泛栽培。

早春白花满树,气味芳香,为驰名中外的庭园观赏树种。材质优良,供家具、图板、细木工等用。花蕾入药与辛夷功效相同;花含芳香油,可提取配制香精或制浸膏;花被片食用或用以熏茶;种子榨油供工业用。

2. 二乔玉兰（图 76）

Magnolia × soulangeana Soulange-Bodin

Mem. Soc. Linn. Paris 269. 1826.

—— *Yulania × soulangeana* (Soulange-Bodin) D. L. Fu

落叶乔木,高 6~10 m,小枝无毛。叶纸质,倒卵形,长 6~15 cm,宽 4~7.5 cm,先端短急尖,

2/3以下渐狭成楔形，上面基部中脉常残留有毛，下面多少被柔毛，侧脉每边7~9条，叶柄长1~1.5 cm，被柔毛，托叶痕约为叶柄长的1/3。花蕾卵圆形，花先于叶开放，浅红色至深红色，花被片6~9，外轮3片常较短，约为内轮长的2/3；雄蕊长1~1.2 cm，花药长约5 mm，侧向开裂，药隔伸出成短尖，雌蕊群无毛，圆柱形，长约1.5 cm。聚合果长约8 cm，直径约3 cm；蓇葖卵圆形或倒卵圆形，长1~1.5 cm，熟时黑色，具白色皮孔；种子深褐色，宽倒卵圆形或倒卵圆形，侧扁。花期4月中下旬；果期9~10月。

大寺有栽培。华中、华北等各地庭园普遍栽培。本种为玉兰与紫玉兰的人工杂交种，但较二亲本更为耐寒、耐旱。早春观花树种，庭院、公园等栽植供观赏。

3. 紫玉兰（图77）

Magnolia liliflora Desr.
Encycl. Bot. 3: 675. 1791.
—— *Yulania liliiflora* (Desr.) D. L. Fu

落叶灌木，高达3 m，常丛生，树皮灰褐色，小枝绿紫色或淡褐紫色。叶椭圆状倒卵形或倒卵形，长8~18 cm，宽3~10 cm，先端急尖或渐尖，基部渐狭沿叶柄下延至托叶痕，上面深绿色，幼嫩时疏生短柔毛，下面灰绿色，沿脉有短柔毛；侧脉每边8~10条，叶柄长8~20 mm，托叶痕约为叶柄长之半。花蕾卵圆形，被淡黄色绢毛；花叶同时开放，瓶形，直立于粗壮、被毛的花梗上，稍有香气；花被片9~12，外轮3片萼片状，紫绿色，披针形长2~3.5 cm，常早落，内两轮肉质，外面紫色或紫红色，内面带白色，花瓣状，椭圆状倒卵形，长8~10 cm，宽3~4.5 cm；雄蕊紫红色，长8~10 mm，花药长约7 mm，侧向开裂，药隔伸出成短尖头；雌蕊群长约1.5 cm，淡紫色，无毛。聚合果深紫褐色，变褐色，圆柱形，长7~10 cm；成熟蓇葖近圆球形，顶端具短喙。花期4月；果期8~9月。

徂徕山有栽培。分布于重庆、福建、湖北、陕西、四川、云南等省份。华北以南各省份广泛栽培。

花色艳丽，与玉兰同为中国传统名花，广为栽培观赏。树皮、叶、花蕾均可入药；花蕾晒干后

图76 二乔玉兰

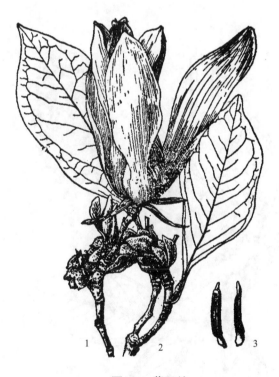

图77 紫玉兰
1. 花枝；2. 果枝；3. 雄蕊

称辛夷，气香、味辛辣，作镇痛消炎剂；亦作玉兰、二乔玉兰等的砧木。

4. 望春玉兰（图78）

Magnolia biondii Pampan.

Nuov. Giorn. Bot. Ital. n. ser. 17: 275. 1910.

—— *Yulania biondii* (Pamp.) D. L. Fu

落叶乔木，高可达12 m；树皮淡灰色，光滑；小枝细长，灰绿色，直径3~4 mm，无毛；顶芽卵圆形或宽卵圆形，长1.7~3 cm，密被淡黄色展开长柔毛。叶椭圆状披针形、卵状披针形、狭倒卵或卵形，长10~18 cm，宽3.5~6.5 cm，先端急尖或短渐尖，基部阔楔形，或圆钝上面暗绿色，下面浅绿色，初被平伏绵毛，后无毛；叶柄长1~2 cm，托叶痕为叶柄长的1/5~1/3。花先于叶开放，直径6~8 cm，芳香；花梗顶端膨大，长约1 cm；花被9，外轮3片紫红色，近狭倒卵状条形，长约1 cm，中内两轮近匙形，白色，外面基部常紫红色，长4~5 cm，宽1.3~2.5 cm，内轮的较狭小；雄蕊长8~10 mm，花药紫色；雌蕊群长1.5~2 cm。聚合果圆柱形，长8~14 cm，常因部分不育而扭曲；果梗长约1 cm，径约7 mm，残留长绢毛；蓇葖浅褐色，近圆形，侧扁，具凸起瘤点；种子心形，外种皮鲜红色，内种皮深黑色。花期4月；果期9月。

上池有栽培，供观赏。分布于陕西、甘肃、河南、湖北、四川等省份。

优良的庭园绿化树种。花可提出浸膏作香精；花蕾入药；亦可作玉兰及其他同属种类的砧木。

图78　望春玉兰
1. 果枝；2. 花枝；3. 雄蕊群和雌蕊群

5. 广玉兰　荷花玉兰（图79）

Magnolia grandiflora Linn.

Syst. Nat. ed. 10. 2: 1802. 1759.

常绿乔木，在原产地高达30 m。树皮淡褐色或灰色，薄鳞片状开裂；小枝粗壮，具横隔的髓心；小枝、芽、叶下面、叶柄、均密被褐色或灰褐色短绒毛。叶厚革质，椭圆形、长圆状椭圆形或倒卵状椭圆形，长10~20 cm，宽4~7（10）cm，先端钝或短钝尖，基部楔形，叶面深绿色，有光泽；叶柄长1.5~4 cm，无托叶痕，具深沟。花白色，有芳香，直径15~20 cm；花被片9~12，厚

图79　广玉兰
1. 花枝；2. 雄蕊；3. 单心皮雌蕊；4. 聚合蓇葖果

肉质，倒卵形，长6~10 cm，宽5~7 cm；花丝扁平，紫色；雌蕊群椭圆体形，密被长绒毛。聚合果圆柱状长圆形或卵圆形，长7~10 cm，径4~5 cm，密被褐色或淡灰黄色绒毛；蓇葖背裂，背面圆，顶端外侧具长喙；种子近卵圆形或卵形，长约14 mm，径约6 mm，外种皮红色。花期6月；果期9~10月。

大寺等地有栽培。原产北美洲。中国长江流域以南各城市有栽培。

优良庭园绿化观赏树种。材质坚重，可供装饰材用。叶、幼枝和花可提取芳香油；花制浸膏用；叶入药治高血压。

2. 鹅掌楸属 Liriodendron Linn.

落叶乔木，树皮灰白色，纵裂小块状脱落；小枝具分隔的髓心。冬芽卵形，为2枚黏合的托叶所包围，幼叶在芽中对折，向下弯垂。叶互生，具长柄，托叶与叶柄离生，叶片先端平截或微凹，近基部具1~2对侧裂片。花无香气，单生枝顶，与叶同时开放，两性，花被片9~17，3片1轮，近相等，药室外向开裂；雌蕊群无柄，心皮多数，螺旋状排列，分离，最下部不育，每心皮具胚珠2枚，自子房顶端下垂。聚合果纺锤状，成熟心皮木质，种皮与内果皮愈合，顶端延伸成翅状，成熟时自花托脱落，花托宿存；种子1~2粒，具薄而干燥的种皮，胚藏于胚乳中。

2种，分布于亚洲东部和北美洲东部。中国产1种，引入栽培1种。徂徕山1种。

1. 鹅掌楸 马褂木（图80）

Liriodendron chinense（Hemsl.）Sarg. Trees & Shrubs 1: 103. t. 52. 1903.

大乔木，高可达40 m，胸径1 m以上。树皮灰色，小枝灰色或灰褐色，略有白粉。叶马褂状，长4~18 cm，稀25 cm，近基部每边具1侧裂片，先端2浅裂，下面苍白色，叶柄长4~8 cm，稀16 cm。花杯状，花被片9，外轮3片绿色，萼片状，向外弯垂，内2轮6片、直立，花瓣状、倒卵形，长3~4 cm，绿色，具黄色纵条纹，花药长10~16 mm，花丝长5~6 mm，花期时雌蕊群超出花被之上，心皮黄绿色。聚合果长7~9 cm，具翅的小坚果长约6 mm，顶端钝或钝尖，具种子1~2粒。花期5~6月；果期9~10月。

大寺有少量栽培。国内分布于陕西、安徽、浙江、江西、福建、湖北、湖南、广西、四川、贵州、云南、台湾等省份。越南北部也有分布。

供观赏，叶形奇特，花大美丽。木材淡红褐色、纹理直，质轻软、易加工，供建筑、造船、家具、细木工用；亦可制胶合板。叶和树皮入药。

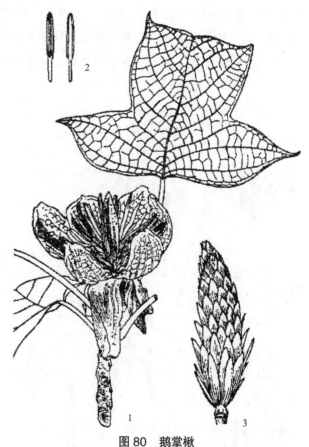

图80 鹅掌楸
1. 花枝；2. 雄蕊；3. 聚合翅果

2. 蜡梅科 Calycanthaceae

落叶或常绿灌木。植物体含油细胞。鳞芽或芽无鳞片而被叶柄基部所包围。单叶对生，全缘或近全缘；有叶柄；无托叶。花两性，辐射对称，单生于侧枝顶端或腋生，通常芳香，黄色、黄白色或褐红色或粉红白色，先于叶开放；花梗短；花被片多数，无花萼和花瓣之分，成螺旋状着生于杯状花托外围，最外轮的花被片呈苞片状，内轮的呈花瓣状；雄蕊着生于花托的顶部，2轮，外轮雄蕊5~30枚，可育，内轮多退化，花丝短，离生，花药外向，2室，纵裂；雌蕊多数，离生，着生于杯状花托内，每心皮有胚珠2枚，或1枚不发育，倒生，花柱丝状，伸长。聚合瘦果着生于坛状的果托内，呈蒴果状，瘦果内含1粒种子；种子形大，无胚乳。

2属9种，分布于亚洲东部和美洲北部。中国2属7种，主要分布于长江流域以南。祖徕山1属1种。

1. 蜡梅属 Chimonanthus Lindl.

直立灌木；小枝四方形至近圆柱形。叶对生，落叶或常绿，纸质或近革质，叶面粗糙；羽状脉，有叶柄；鳞芽。花腋生，芳香，直径0.7~4 cm；花被片15~25，黄色或黄白色，有紫红色条纹，膜质；雄蕊5~6枚，着生于杯状的花托上，花丝丝状，基部宽而连生，通常被微毛，花药2室，外向，退化雄蕊少数至多数，长圆形，被微毛，着生于雄蕊内面的花托上；心皮5~15，离生，每心皮有胚珠2枚或1枚败育。果托坛状，被短柔毛；瘦果长圆形，内有种子1粒。

6种，中国特产。日本、朝鲜及欧洲、北美洲等均有引种栽培。祖徕山1种。

1. 蜡梅（图81）

Chimonanthus praecox（Linn.）Link.

Enum. Pl. Hort. Berol. 2: 66. 1822.

落叶灌木，高可达7 m。幼枝四方形，老枝近圆柱形，灰褐色，无毛或被疏微毛，有皮孔。叶纸质至近革质，对生，椭圆状卵形至卵状披针形，长5~25 cm，宽2~8 cm，顶端急尖至渐尖，稀尾尖，基部圆形或宽楔形，叶上面光绿色，有突起的点状毛，手触之有粗糙感，下面淡绿色，脉上有短硬毛，网脉明显。花生于二年生枝叶腋内，先花后叶，蜡黄色，芳香，径1~3 cm；花被片2~3轮，圆形、长圆形、倒卵形或匙形，覆瓦状排列，无毛，基部有爪；能育雄蕊5~6枚；雌蕊多数，离生，着生于壶状的花托内，花托在果熟时半木质化，长2.5~3.5 cm，常有1弯曲的梗，顶部开口处边缘有刺状附着物，有花被片脱落痕迹，被黄褐色绢毛。瘦果圆柱形，微弯，长1~1.5 cm，熟后栗褐色。花期1~2月；果期7~8月。

祖徕山各林区均有栽培。国内分布于江苏、安徽、浙江、福建、江西、湖南、湖北、河南、陕西、四川、贵州、云南等省份；全国各地普遍

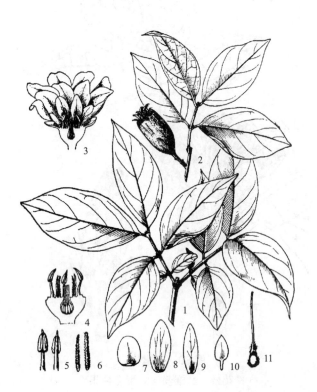

图81 蜡梅
1.枝叶；2.果枝；3.花纵切面；
4.去花被的花纵切面；5.雄蕊；6.退化雄蕊；
7~10.花被片；11.单心皮雌蕊

栽培。日本、朝鲜和欧洲、美洲均有引种栽培。

花开寒冬，清香四溢，庭院绿地观赏植物，亦可做盆花、桩景。根、叶、花可药用；花浸入生油中制成"蜡梅油"，能治烫伤。

3. 樟科 Lauraceae

常绿或落叶，乔木或灌木。树体含油细胞，芳香。鳞芽或裸芽。单叶互生，稀对生或簇生，全缘，稀有缺裂；羽状脉、三出脉或离基三出脉；无托叶。花两性或单性，常组成伞形、总状或圆锥花序；花通常小，白或绿白色，有时黄色、淡红色，通常芳香；花被片2~3为1轮，2轮排列，辐射对称；雄蕊9~12，排成3~4轮，第4轮常退化为腺状，花药2~4室，瓣裂；雌蕊通常由3枚心皮合成（雄花中雌蕊不育），子房常上位，1室，1枚胚珠，倒生。核果或浆果状，果实基部的花被片脱落、断裂或宿存；种子无胚乳，种皮薄。

约45属2000~2500种，主要分布于热带和亚热带地区。中国25属445种，大部分分布在长江流域以南各省份。徂徕山2属2种。

分属检索表

1. 圆锥花序，无总苞；花两性，稀杂性 ·· 1. 樟属 Cinnamomum
1. 伞形花序，有总苞；花单性，雌雄异株 ·· 2. 山胡椒属 Lindera

1. 樟属 Cinnamomum Trew

常绿乔木或灌木；树皮、小枝和叶极芳香。芽裸露或具鳞片，具鳞片时鳞片明显或不明显，覆瓦状排列。叶互生、近对生或对生，有时聚生于枝顶，革质，离基三出脉或三出脉，亦有羽状脉。花黄色或白色，两性，稀杂性，组成腋生或顶生圆锥花序，由（1）3至多花的聚伞花序所组成。花被筒短，杯状或钟状，花被裂片6，近等大，花后脱落，或上部脱落而下部留存在花被筒的边缘上。能育雄蕊9，3轮，第3轮花丝近基部有1对具柄或无柄的腺体，花药4室，第1、2轮花药内向，第3轮花药外向。退化雄蕊3，位于最内轮，心形或箭头形，具短柄。花柱与子房等长，纤细。浆果状核果，有果托。

约250种，产于热带亚热带亚洲东部、澳大利亚及太平洋岛屿。中国约50种，主产南方各省份。徂徕山1种。

1. 樟（图82）

Cinnamomum camphora（Linn.）J. Presl. Priorz Rostlin 2: 36 & 47-56. t. 8. 1825.

常绿乔木，高达30 m。树皮灰褐色，纵裂。

图82 樟树
1.果枝；2.花纵切面；3.果实

小枝黄绿色，无毛。叶互生，薄革质，卵圆形或椭圆状卵圆形，长 8~17 cm，宽 3~10 cm，离基三出脉，脉腋有腺点，侧脉每边 4~6 条，最基部的 1 对近对生，其余的均为互生。芽小，卵圆形，芽鳞疏被绢毛。圆锥花序在幼枝上腋生，长（5）10~15 cm，多分枝，总梗圆柱形，长 4~6 cm。花绿白色，长约 2.5 mm，花梗丝状，长 2~4 mm，被绢状微柔毛。花被筒倒锥形，外面近无毛，花被裂片 6，卵圆形，长约 1.2 mm。能育雄蕊 9，退化雄蕊 3。子房卵球形，长约 1.2 mm，无毛，花柱长 1 mm，柱头头状。果球形，直径 7~8 mm，绿色，熟时紫黑色，无毛；果托浅杯状，顶端宽 6 mm。花期 4~5 月；果期 8~11 月。

大寺、庙子有栽培。国内分布于长江流域以南各省份。

优良的城乡绿化树种。木材致密，有香气，抗虫蛀，供建筑、家具、造船等用。全树各部均可提制樟脑及樟油，广泛用于化工、医药、香料等方面。种子可榨油。

2. 山胡椒属 Lindera Thunb.

常绿或落叶，乔木或灌木，具香气。叶互生，全缘或 3 裂，羽状脉、三出脉或离基三出脉。花单性，雌雄异株，黄色或绿黄色；伞形花序，单生于叶腋或在短枝上 2 至多数簇生；总花梗有或无；总苞片 4，交互对生。花被片 6，近等大或外轮稍大，通常脱落；雄花能育雄蕊 9，偶有 12，通常 3 轮，花药 2 室，内向，第 3 轮的花丝基部着生通常具柄的 2 腺体；退化雌蕊细小；雌花子房球形或椭圆形，退化雄蕊通常 9。核果或浆果，球形或椭圆形，幼时绿色，熟时红色或紫黑色，内有种子 1 粒；花被管稍膨大成果托于果实基部。

约 100 种，产于亚洲及北美洲温带和热带地区。徂徕山 1 种。

1. 三桠乌药（图 83，彩图 12）

Lindera obtusiloba Blume

Mus. Bot. Lugd. Bat. 1（21）：325. 1851.

落叶乔木或灌木，高 3~10 m；树皮黑棕色。小枝黄绿色，较平滑，具皮孔。芽卵形，先端渐尖；外鳞片 3，革质，黄褐色，无毛；内鳞片 3，有淡棕黄色厚绢毛。叶互生，近圆形至扁圆形，长 5.5~10 cm，宽 4.8~10.8 cm，先端急尖，全缘或上部 3 裂，基部近圆形、心形或宽楔形，上面深绿，有光泽，背面灰绿色，被棕黄色柔毛；基生三出脉，网脉明显；叶柄长 1.5~2.8 cm，被黄白色柔毛。花雌雄异株，先于叶开放；伞形花序无梗，腋生，总苞片 4，长椭圆形，膜质，外面被长柔毛，内有 5 花。花黄色，花被片 6，长椭圆形，外被长柔毛，内面无毛；雄花具能育雄蕊 9，花丝无毛，第 3 轮基部有具柄宽肾形腺体 2，雌蕊退化成小凸尖；雌花具多枚退化雄蕊的痕迹，子房椭圆形，长 2.2 mm，无毛，花柱短。核果阔椭圆形，长 0.8 cm，直径 0.5~0.6 cm，成熟时红色，后变紫黑色，干时黑褐色。花期 3~4 月；

图 83 三桠乌药
1. 果枝；2. 叶；3~4. 花被片；
5~6. 雄蕊；7. 雌蕊

果期 8~9 月。

产于龙湾、太平顶。生于山坡、山沟中阴湿处，数量较少。国内分布于辽宁千山以南各地。朝鲜、日本也有分布。

4. 马兜铃科 Aristolochiaceae

藤本、灌木或多年生草本。单叶互生，具柄，叶全缘或 3~5 裂，无托叶。花两性，具花梗，单生或簇生，或排成总状、聚伞或伞房花序，顶生、腋生或生于老茎上；花被呈花瓣状，辐射对称或两侧对称，1 轮，稀 2 轮；筒状、钟形或稍向上方扩大，檐部圆盘状、壶状或圆柱状；雄蕊 6 至多数，1~2 轮；花丝短，离生或与花柱、药隔合生成合蕊柱；花药 2 室，平行，外向纵裂；子房下位，稀半下位或上位，4~6 室，稀心皮离生或仅基部合生；花柱粗短，离生或合生而顶端 3~6 裂；胚珠多数，倒生，中轴胎座或侧膜胎座。蒴果，室背或室间开裂；种子多数，胚乳丰富，胚小。

约 8 属 600 余种。主产热带及亚热带，南美洲较多，温带地区少数。中国 4 属 70 余种。徂徕山 1 属 3 种。

1. 马兜铃属 Aristolochia Linn.

多为藤本，稀为亚灌木或小乔木，常具块状根。叶互生，有柄，全缘或 3~5 裂，基部常心形；羽状脉或掌状三至七出脉。花排成总状花序，稀单生，腋生或生于老茎上。花被 1 轮，两侧对称，花被管基部常肿大，中部管状，劲直或各种弯曲，檐部偏斜，常边缘 3 裂，或一侧分裂成舌片，色艳丽而常具腐肉味；雄蕊 6 枚，稀 4 或 10 枚或更多，围绕合蕊柱排成 1 轮，花丝缺；花药外向，纵裂；子房下位，6 室，侧膜胎座；合蕊柱肉质，顶端 3~6 裂。蒴果；种子多数，种脊增厚或翅状，种皮脆壳质或坚硬，胚乳肉质，胚小。

约 350 种，分布于热带及温带地区。中国产 45 种，分布于南北各省份，以西南和华南地区为多。徂徕山 3 种。

分种检索表

1. 草质藤本，茎叶无毛。
    2. 檐部舌片顶端长渐尖并延伸成线形而弯扭的尾尖；叶卵状心形或三角状心形，长略大于宽·· 1. 北马兜铃 Aristolochia contorta
    2. 檐部舌片顶端钝；叶卵状三角形或戟状披针形，长明显大于宽·························· 2. 马兜铃 Aristolochia debilis
1. 木质藤本，叶下面密被长绵毛；花浅黄色，直径 2~2.5 cm·························· 3. 绵毛马兜铃 Aristolochia mollissima

1. 北马兜铃（图 84，彩图 13）

Aristolochia contorta Bunge

Enum. Pl. China Bor. 58. 1833.

草质藤本，茎无毛。叶卵状心形或三角状心形，长 3~13 cm，宽 3~10 cm，顶端短尖或钝，基部心形，两侧裂片圆形，下垂或扩展，长约 1.5 cm，全缘，两面均无毛；基出脉 5~7 条，邻近中脉的二侧脉平行向上；叶柄柔弱，长 2~7 cm。总状花序有花 2~8 朵生于叶腋；花序梗和花序轴极短；花梗长 1~2 cm，基部有小苞片；小苞片卵形，长约 1.5 cm，宽约 1 cm，具长柄；花被长 2~3 cm，基部膨大呈球形，直径达 6 mm，向上收狭呈一长管，管长约 1.4 cm，绿色，外面无毛，内面具腺体状

图 84　北马兜铃
1. 植株上部；2. 花；3. 花药和合蕊柱；
4. 果实；5. 种子

图 85　马兜铃
1. 植株上部；2. 花

毛，管口扩大呈漏斗状；檐部一侧极短，有时边缘下翻或稍2裂，另一侧渐扩大成舌片；舌片卵状披针形，顶端长渐尖具延伸成1~3 cm线形而弯扭的尾尖，黄绿色，常具紫色纵脉和网纹；花药长圆形，贴生于合蕊柱近基部，并单个与其裂片对生；子房圆柱形，长6~8 mm，六棱；合蕊柱顶端6裂，裂片渐尖，向下延伸成波状圆环。蒴果宽倒卵形或椭圆状倒卵形，长3~6.5 cm，直径2.5~4 cm，顶端圆形而微凹，六棱，平滑无毛，成熟时黄绿色，由基部向上6瓣开裂；果梗下垂，长2.5 cm，随果开裂；种子三角状心形，灰褐色，长宽均3~5 mm，扁平，具小疣点，具宽2~4 mm，浅褐色膜质翅。花期5~7月；果期8~10月。

徂徕山各山地林区均产。生于灌丛中。国内分布于辽宁、吉林、黑龙江、内蒙古、河北、河南、山东、山西、陕西、甘肃、湖北等省份。朝鲜、日本和俄罗斯亦产。

药用，茎叶称天仙藤，有行气治血、止痛、利尿之效。果称马兜铃，有清热降气、止咳平喘之效。根称青木香，有小毒，具健胃、理气止痛之效，并有降血压作用。

2. 马兜铃（图85）

Aristolochia debilis Sieb. & Zucc.

Abh. Bayer. Akad. Wiss. Math. Phys. 4（3）: 197. 1864.

草质藤本；根圆柱形，外皮黄褐色；茎柔弱，无毛，暗紫色或绿色。叶卵状三角形、长圆状卵形或戟形，长3~6 cm，基部宽1.5~3.5 cm，顶端钝圆或短渐尖，基部心形，两侧裂片圆形，下垂或稍扩展，长1~1.5 cm，两面无毛；基出脉5~7条，邻近中脉的两侧脉平行向上，略开叉，其余向侧边延伸，各级叶脉在两面均明显；叶柄长1~2 cm。花单生或2朵聚生于叶腋；花梗长1~1.5 cm，基部具三角形小苞片；花被长3~5.5 cm，基部膨大呈球形，与子房连接处具关节，直径3~6 mm，向上收狭成一长管，管长2~2.5 cm，直径2~3 mm，管口扩大呈漏斗状，黄绿色，口部有紫斑，外面无毛，内面有腺体状毛；檐部一侧极短，另一侧渐延伸成舌片；舌片卵状披针形，向上渐狭，长2~3 cm，顶端钝；子房圆柱形，长约 10 mm，六棱；合蕊柱顶端 6 裂，稍具乳头状突起，裂片顶端钝，向下延伸形成波状圆环。蒴果近球形，顶端圆形而微凹，长约 6 cm，直径约 4 cm，具六棱，由基部向上沿室间 6 瓣开裂；种子扁平，钝三角形，长宽均约 4 mm，边缘具白色膜质宽翅。花期 7~8 月；果期 9~10 月。

产于大寺道士庄、磙石峪等地。生于灌丛中。国内分布于长江流域以南及山东、河南等地。日本亦产。

用途与北马兜铃同。

3. 绵毛马兜铃（图 86）

Aristolochia mollissima Hance

J. Bot. 17: 300. 1879.

木质藤本；嫩枝密被灰白色长绵毛。叶卵形、卵状心形，长 3.5~10 cm，宽 2.5~8 cm，顶端钝圆至短尖，基部心形，基部两侧裂片广展，弯缺深 1~2 cm，边全缘，上面被糙伏毛，下面密被灰色或白色长绵毛，基出脉 5~7 条，侧脉每边 3~4 条；叶柄密被白色长绵毛。花单生于叶腋，花梗长 1.5~3 cm，直立或近顶端向下弯，中部或中部以下有小苞片；小苞片卵形或长卵形，长 5~15 mm，宽 3~10 mm，无柄，顶端短尖；花被管中部急弯曲，下部长 1~1.5 cm，直径 3~6 mm，

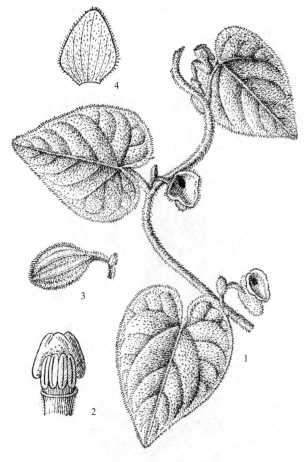

图 86 绵毛马兜铃
1. 花枝；2. 花药和合蕊柱；
3. 果实；4. 苞片

弯曲处至檐部较下部短而狭，外面密生白色长绵毛，内面无毛；檐部盘状，圆形，直径 2~2.5 cm，内面无毛或稍被微柔毛，浅黄色，并有紫色网纹，外面密生白色长绵毛，边缘浅 3 裂，裂片平展，阔三角形，近等大，顶端短尖或钝；喉部近圆形，直径 2~3 mm，稍呈领状突起，紫色；花药长圆形，成对贴生于合蕊柱近基部，并与其裂片对生；子房圆柱形，长约 8 mm，密被白色长绵毛；合蕊柱顶端 3 裂；裂片顶端钝圆，边缘向下延伸，并具乳实状突起。蒴果长圆状或椭圆状倒卵形，长 3~5 m，直径 1.5~2 cm，具 6 条呈波状或扭曲的棱或翅，暗褐色，密被细绵毛或毛常脱落而变无毛，成熟时自顶端向下 6 瓣开裂；种子卵状三角形，长约 4 mm，宽约 3 mm，背面平凸状，具皱纹和隆起的边缘，腹面凹入，中间具膜质种脊。花期 4~6 月；果期 8~10 月。

产于大寺莲花盆、隐仙观等地。生于山坡、草丛、沟边和路旁。分布于陕西、山西、山东、河南、安徽、湖北、贵州、湖南、江西、浙江和江苏。日本亦产。

全株药用，性平、味苦，有祛风湿，通经络和止痛的功能，治疗胃痛、筋骨痛等。

5. 莲科 Nelumbonaceae

多年生水生草本，植物体有乳状汁液；根状茎横生，粗壮，有节，节上生须根，节间中有孔道。叶漂浮或高出水面，近圆形，全缘，叶脉放射状；叶柄长，从根状茎节上伸出，盾状着生于叶片中央。花大而美丽，单生于花茎顶端，挺出水面，常高于叶。花两性，花被片多数，螺旋状着生，外层

4~5个呈萼片状，带绿色，较小，其余向内渐大，花瓣状，黄色、红色、粉红色或白色；雄蕊多数，螺旋状着生，花丝细长，花药狭，外向，药隔棒状；心皮多数，分离，嵌生于大而平顶的海绵质花托内；胚珠1~2枚。坚果椭圆形，埋藏于倒圆锥形的果托内；果皮革质，平滑。种子无胚乳，子叶肥厚。

1属2种，产于亚洲、大洋洲以及美洲。中国1属1种。岨徕山有栽培。

1. 莲属 Nelumbo Adans.

形态特征、种类、分布与科相同。

1. 莲 荷花（图87）

Nelumbo nucifera Gaextn.

Fruct. Semin. Pl. 1: 73. 1788.

多年生水生草本；根状茎横生，肥厚，节间膨大，内有多数纵行通气孔道，节部缢缩，上生黑色鳞叶，下生须状不定根。叶圆形，盾状，直径25~90 cm，全缘并稍呈波状，上面光滑，具白粉，下面叶脉从中央射出，有1~2次叉状分枝；叶柄粗壮，圆柱形，长1~2 m，中空，外面散生小刺。花梗和叶柄等长或稍长，也散生小刺；花直径10~20 cm，美丽，芳香；萼状花被片4~5，早落；瓣状花被片多数，红色、粉红色或白色，矩圆状椭圆形至倒卵形，长5~10 cm，宽3~5 cm，呈舟状弧弯，先端圆钝或微尖；花托（莲房）直径5~10 cm。坚果椭圆形或卵形，长1.8~2.5 cm，果皮革质，坚硬，熟时黑褐色；种子卵形或椭圆形，长1.2~1.7 cm，种皮红色或白色。花期6~8月；果期8~10月。

图 87 莲
1. 根状茎；2. 叶；3. 果实；4. 花

光华寺、大寺有栽培。栽培在池塘或水田内。国内分布于南北各省份。俄罗斯、朝鲜、日本、印度、越南、亚洲南部和大洋洲均有分布。

根状茎（藕）作蔬菜或提制淀粉；种子供食用。叶、叶柄、花托、花、雄蕊、果实、种子及根状茎均作药用。叶为茶的代用品，又作包装材料。

6. 睡莲科 Nymphaeaceae

多年生水生或沼生草本，根状茎沉水生。叶常2型：浮水叶和沉水叶。叶片幼时内卷，成年时呈圆形、心形或戟形，具长叶柄及托叶；沉水叶细弱，有时细裂。花两性，辐射对称，单生于花葶顶端，浮于水面或挺出；萼片4或更多；花瓣8至多数，螺旋状着生，向内渐小或渐变为雄蕊；雄蕊多数，花药内向；心皮2至多数，与花托愈合为多室的子房，子房上位至下位，柱头离生，胚珠多数。浆果，海绵质或下部为海绵质。种子常有假种皮。

6属约70种，广泛分布。中国4属10余种。岨徕山1属1种。

1. 睡莲属 Nymphaea Linn.

多年生水生草本；根状茎肥厚。叶 2 型：浮水叶圆形或卵形，基部具弯缺，心形或箭形，常无出水叶；沉水叶薄膜质，脆弱。花大形、美丽，浮在或高出水面；萼片 4，近离生；花瓣白色、蓝色、黄色或粉红色，12~32 片，多轮，有时内轮渐变成雄蕊；药隔有或无附属物；心皮环状，贴生且半沉没在肉质杯状花托，且在下部与其部分地愈合，上部延伸成花柱，柱头成凹入柱头盘，胚珠倒生，垂生在子房内壁。浆果海绵质，不规则开裂，在水面下成熟；种子坚硬，为胶质物包裹，有肉质杯状假种皮，胚小，有少量内胚乳及丰富外胚乳。

约 50 种，广泛分布在温带及热带。中国产 5 种。徂徕山 1 种。

1. 睡莲（图 88）

Nymphaea tetragona Georgi

Bemerk. Reise Russ. Reiche 1: 220. 1775.

多年水生草本；根状茎短粗。叶纸质，心状卵形或卵状椭圆形，长 5~12 cm，宽 3.5~9 cm，基部具深弯缺，约占叶片全长的 1/3，裂片急尖，稍开展或几重合，全缘，上面光亮，下面带红色或紫色，两面无毛，具小点；叶柄长达 60 cm。花直径 3~5 cm；花梗细长；花萼基部四棱形，萼片革质，宽披针形或窄卵形，长 2~3.5 cm，宿存；花瓣白色，宽披针形、长圆形或倒卵形，长 2~2.5 cm，内轮不变成雄蕊；雄蕊比花瓣短，花药条形，长 3~5 mm；柱头具 5~8 辐射线。浆果球形，直径 2~2.5 cm，为宿存萼片包裹；种子椭圆形，长 2~3 mm，黑色。花期 6~8 月；果期 8~10 月。

徂徕山各林区均有零星栽培。生于池沼中。在中国广泛分布。俄罗斯、朝鲜、日本、印度、越南、美国均有分布。

根状茎含淀粉，供食用或酿酒。全草可作绿肥。

图 88 睡莲
1. 根部；2. 叶；3. 花；4. 种子

7. 金鱼藻科 Ceratophyllaceae

多年生沉水草本，通常无根，漂浮，有分枝。叶 4~12 轮生，硬且脆，1~4 回二歧式细裂，裂片条形或线形，边缘一侧有锯齿或微齿，先端有 2 刚毛；无托叶。花单性，雌雄同株，微小，单生叶腋，雌雄花异节着生，近无梗；总苞有 8~12 苞片；无花被；雄花有 10~20 或更多，螺旋状排列于扁平的花托上，花丝极短，花药外向、纵裂，药隔延长成着色的粗大附属物，先端有 2~3 齿；雌蕊有 1 心皮，柱头侧生，子房 1 室，有 1 枚悬垂直生胚珠，具单层珠被。坚果革质，卵形或椭圆形，平滑或有疣点，先端有长刺状宿存花柱，基部有 2 刺，有时上部还有 2 刺；种子 1 粒，具单层种皮，胚乳极少或全无。

1 属 6 种，广泛分布。中国 3 种。徂徕山 1 属 1 种。

1. 金鱼藻属 Ceratophyllum Linn.

形态特征、种类、分布与科相同。

1. 金鱼藻（图89）

Ceratophyllum demersum Linn.

Sp. Pl. 992. 1753.

多年生沉水草本；茎长 40~150 cm，平滑，具分枝。叶 4~12 轮生，1~2 次二叉状分歧，裂片丝状，或丝状条形，长 1.5~2 cm，宽 0.1~0.5 mm，先端带白色软骨质，边缘仅一侧有数细齿。花直径约 2 mm；苞片 9~12，条形，长 1.5~2 mm，浅绿色，透明，先端有 3 齿及带紫色毛；雄蕊 10~16，微密集；子房卵形，花柱钻状。坚果宽椭圆形，长 4~5 mm，宽约 2 mm，黑色，平滑，边缘无翅，有 3 刺，顶生刺（宿存花柱）长 8~10 mm，先端具钩，基部 2 刺向下斜伸，长 4~7 mm，先端渐细成刺状。花期 6~7 月；果期 8~10 月。

产于大寺、西旺等地。生于池塘、河沟。全国各地广泛分布。全世界分布。

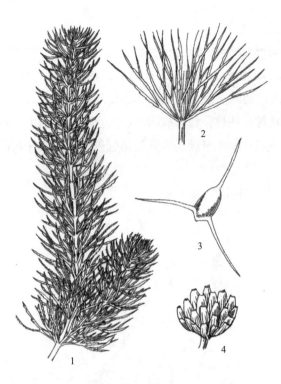

图89 金鱼藻
1. 植株一部分；2. 轮生叶；3. 果实；4. 雄花

为鱼类饲料，又可喂猪；全草药用，治内伤吐血。

8. 毛茛科 Ranunculaceae

多年生或一年生草本，稀灌木或木质藤本。单叶或复叶，通常互生或基生，稀对生或轮生，通常掌状分裂；无托叶。叶脉掌状，稀羽状，网状联结，少有开放的二叉状分枝。花两性，稀单性，辐射对称，稀为两侧对称；单生或组成各种聚伞花序或总状花序；萼片 4~5，稀较多或较少，绿色或花瓣状，覆瓦状排列或芽时镊合状。无花瓣或具 4~5 瓣至较多，常有蜜腺；雄蕊多数，稀少数，螺旋状排列，花药 2 室，纵裂，有时具退化雄蕊；心皮多数、少数或 1 枚，离生，稀合生，子房上位，胚珠 1 枚至多数。蓇葖果或瘦果，稀为蒴果或浆果，花柱宿存或脱落。种子细小，胚小，胚乳丰富。

约 60 属 2500 种，广布世界各地，主产北半球温带地区。中国 38 属 921 种，广布，大多数属种分布于西南部山地。徂徕山 6 属 7 种 5 变种 1 变型。

分属检索表

1. 子房有多数胚珠；果实为蓇葖果。
  2. 花两侧对称；总状花序或圆锥状，花瓣 2 枚·················· 1. 乌头属 Aconitum
  2. 花辐射对称；单歧或二歧聚伞花序，花瓣 5 枚·················· 2. 耧斗菜属 Aquilegia
1. 子房有 1 枚胚珠；果实为瘦果。
  3. 叶对生；萼片镊合状排列；花柱在果期伸长呈羽毛状·················· 3. 铁线莲属 Clematis
  3. 叶互生或基生。
    4. 花瓣不存在；萼片通常花瓣状，白色、黄色、蓝紫色。
      5. 花下无总苞；叶茎生及基生；花柱在果期不呈羽毛状·················· 4. 唐松草属 Thalictrum

5. 花或花序之下有总苞；叶均基生；花柱在果期延长呈羽毛状·················5. 白头翁属 Pulsatilla
4. 花瓣存在，黄色，有蜜槽；萼片通常比花瓣小，多绿色·················6. 毛茛属 Ranunculus

1. 乌头属 Aconitum Linn.

一年生至多年生草本。根为多年生直根，或由 2 至数个块根形成，或为一年生直根。茎直立或缠绕。叶为单叶，互生，有时均基生，掌状分裂，稀不分裂。花序通常总状；花梗有 2 小苞片；花两性，两侧对称；萼片 5，花瓣状，紫色、蓝色或黄色，上萼片 1，船形、盔形或圆筒形，侧萼片 2，近圆形，下萼片 2，较小，近长圆形；花瓣 2 枚，有爪，瓣片通常有唇和距，通常在距的顶部、偶尔沿瓣片外缘生分泌组织；退化雄蕊通常不存在；雄蕊多数，花药椭圆球形，花丝有 1 纵脉，下部有翅；心皮 3~5（6~13），花柱短，胚珠多数成 2 列生于子房室的腹缝线上。蓇葖有脉网，宿存花柱短，种子四面体形，只沿棱生翅或同时在表面生横膜翅。

约 400 种，分布于北半球温带，主要分布于亚洲，其次在欧洲和北美洲。中国约 211 种，除海南外，在中国台湾和大陆各省份都有分布。徂徕山 1 种 1 变种。

1. 乌头（图 90，彩图 14）

Aconitum carmichaelii Debeaux

Acta Soc. Linn. Bordeaux 33: 87. 1879.

块根倒圆锥形，长 2~4 cm，粗 1~1.6 cm。茎高 60~150（200）cm，中部之上疏被反曲的短柔毛，等距离生叶，分枝。茎下部叶在开花时枯萎。茎中部叶有长柄；叶片薄革质或纸质，五角形，长 6~11 cm，宽 9~15 cm，基部浅心形，3 裂达近基部，中央全裂片宽菱形，有时倒卵状菱形或菱形，急尖，有时短渐尖近羽状分裂，2 回裂片约 2 对，斜三角形，生 1~3 牙齿，有时全缘，侧全裂片不等 2 深裂，表面疏被短伏毛，背面通常只沿脉疏被短柔毛；叶柄长 1~2.5 cm，疏被短柔毛。顶生总状花序长 6~10（25）cm；轴及花梗多少密被反曲而紧贴的短柔毛；下部苞片 3 裂，其他的狭卵形至披针形；花梗长 1.5~3（5.5）cm；小苞片生花梗中部或下部，长 3~5（10）mm，宽 0.5~0.8（2）mm；萼片蓝紫色，外面被短柔毛，上萼片高盔形，高 2~2.6 cm，自基部至喙长 1.7~2.2 cm，下缘稍凹，喙不明显，侧萼片长 1.5~2 cm；花瓣无毛，瓣片长约 1.1 cm，唇长约 6 mm，微凹，距长（1）2~2.5 mm，通常拳卷；雄蕊无毛或疏被短毛，花丝有 2 小齿或全缘；心皮 3~5，子房疏或密被短柔毛，稀无毛。蓇葖长 1.5~1.8 cm；种子长 3~3.2 mm，三棱形，只在二面密生横膜翅。花期 9~10 月。

徂徕山各山地林区均产。生于山地草坡或灌丛中。国内分布于云南、四川、湖北、贵州、湖南、广西、广东、江西、浙江、江苏、安徽、陕西、河南、山东、辽宁。越南北部也有。

图 90　乌头
1. 块根；2. 花序；3. 茎中部叶；
4. 花瓣；5. 雄蕊

展毛乌头（变种）

var. truppelianum（Ulbrich）W. T. Wang & P. K. Hsiao

Fl. Reipubl. Popularis Sin. 27: 268. 1979.

花序轴和花梗有开展的柔毛。叶的中央裂片菱形，顶端急尖。

产于上池、马场等地。生于山地草坡、林边或灌丛中。分布于浙江、江苏、山东、辽宁。

2. 耧斗菜属 Aquilegia Linn.

多年生草本，茎直立。基生叶为2~3回三出复叶，有长柄，叶柄基部具鞘；小叶倒卵形或近圆形，中央小叶3裂，侧面小叶常2裂；茎生叶通常存在，比基生叶小，有短柄或近无柄。单歧或二歧聚伞花序。花辐射对称，萼片5，花瓣状，紫色、堇色、黄绿色或白色。花瓣5，与萼片同色或异色，瓣片宽倒卵形、长方形或近方形，罕近缺如，下部常向下延长成距，距直或末端弯曲呈钩状，稀呈囊状或近不存在。雄蕊多数，花药椭圆形，黄色或近黑色，花丝狭线形，上部丝形，中央有1脉。退化雄蕊少数，线形至披针形，白膜质，位于雄蕊内侧。心皮5（10），花柱长约为子房之半；胚珠多数。蓇葖多少直立，顶端有细喙，表面有明显的网脉；种子多数，常黑色，光滑，狭倒卵形，有光泽。

约70种，分布于北温带。中国13种，分布于西南、西北、华北及东北地区。本属植物的花美丽，可供观赏。徂徕山1变型。

1. 紫花耧斗菜（变型）（图91）

Aquilegia viridiflora Pallas f. **atropurpurea**（Willd.）Kitag.

Journ. Jap. Bot. 34: 6. 1959.

多年生草本。根肥大，圆柱形，粗达1.5 cm，简单或有少数分枝，外皮黑褐色。茎高15~50 cm，常在上部分枝，除被柔毛外还密被腺毛。基生叶少数，2回三出复叶；叶片宽4~10 cm，中央小叶具短柄，楔状倒卵形，长1.5~3 cm，宽几相等或更宽，上部3裂，裂片常有2~3个圆齿，表面绿色，无毛，背面淡绿色至粉绿色，被短柔毛或近无毛；叶柄长达18 cm，疏被柔毛或无毛，基部有鞘。茎生叶数枚，为1~2回三出复叶，向上渐变小。花3~7朵，倾斜或微下垂；苞片3全裂；花梗长2~7 cm；萼片暗紫色或紫色，长椭圆状卵形，长1.2~1.5 cm，宽6~8 mm，顶端微钝，疏被柔毛；花瓣瓣片与萼片同色，直立，倒卵形，比萼片短，顶端近截形，距直或微弯，长1.2~1.8 cm；雄蕊长达2 cm，伸出花外，花药长椭圆形，黄色；退化雄蕊线状长椭圆形，长7~8 mm；心皮密被伸展的腺状柔毛，花柱比子房长或等长。蓇葖长1.5 cm；种子黑色，狭倒卵形，长约2 mm，具微凸起的纵棱。花期6~7月；果期8~10月。

徂徕山各林区均产。国内分布于东北地区及青海、甘肃、宁夏、陕西、山西、山东、河北、内蒙古等省份。

根供药用。

图91　紫花耧斗菜

1. 植株下部；2. 植株上部

3. 铁线莲属 Clematis Linn.

木质或草质藤本，稀直立灌木、亚灌木或草本。茎常具纵沟。叶基生或茎生，茎生叶对生，稀互生；单叶或复叶，具掌状脉。花两性，稀单性，辐射对称；花序聚伞状，1 至多花；萼片 4，稀 5~8，花瓣状，平展、斜展或直立，常镊合状排列；无花瓣；雄蕊常多数，有时具退化雄蕊，花丝窄条形、条形或条状披针形，具 1 脉，花药内向；心皮多数，每心皮 1 枚胚珠，花柱长，柱头常不明显。瘦果稍两侧扁，卵形、椭圆形或披针形，宿存花柱伸长，被开展长柔毛呈羽毛状。

约 300 种，广布世界各地。中国 147 种，全国各地都有分布，尤以西南地区种类较多。徂徕山 2 种 3 变种。

分种检索表

1. 藤本；羽状复叶。
   2. 小叶全缘，或有时基部小叶分裂，质地较厚 ··· 1. 太行铁线莲 Clematis kirilowii
   2. 小叶边缘有粗锯齿，质地薄，先端尖 ··· 2. 毛果扬子铁线莲 Clematis puberula var. tenuisepala
1. 直立灌木或草本。
   3. 灌木状，茎基部木质化；1 回三出复叶，枝叶均被粗毛 ··· 3. 大叶铁线莲 Clematis heracleifolia
   3. 草本，茎疏生柔毛，后变无毛；单叶至复叶，1~2 回羽状深裂 ········· 4. 长冬草 Clematis hexapetala var. tchefouensis

1. 太行铁线莲（图 92）

Clematis kirilowii Maxim.

Bull. Acad. Sci. St.-Petersb 22: 210. 1876.

木质藤本，干后常变黑褐色。茎、小枝有短柔毛，老枝近无毛。1~2 回羽状复叶，有 5~11 小叶或更多，基部一对或顶生小叶常 2~3 浅裂、全裂至 3 小叶，中间一对常 2~3 浅裂至深裂，茎基部一对为三出叶；小叶片或裂片革质，卵形至卵圆形，或长圆形，长 1.5~7 cm，宽 0.5~4 cm，顶端钝、锐尖、凸尖或微凹，基部圆形、截形或楔形，全缘，有时裂片或第 2 回小叶片再分裂，两面网脉突出，沿叶脉疏生短柔毛或近无毛。聚伞花序或为总状、圆锥状聚伞花序，有花 3 至多朵或花单生，腋生或顶生；花序梗、花梗有较密短柔毛；花直径 1.5~2.5 cm；萼片 4 或 5~6，开展，白色，倒卵状长圆形，长 0.8~1.5 cm，宽 3~7 mm，顶端常呈截形而微凹，外面有短柔毛，边缘密生绒毛，内面无毛；雄蕊无毛。瘦果卵形至椭圆形，扁，长约 5 mm，有柔毛，边缘凸出，宿存花柱长约 2.5 cm。花期 6~8 月；果期 8~9 月。

徂徕山各林区均产。生于山坡灌丛。分布于山西、河北、山东、河南、安徽及江苏。

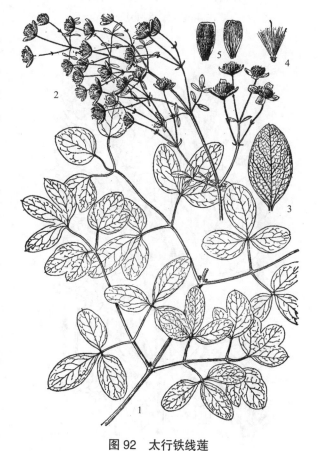

图 92 太行铁线莲
1. 部分茎叶；2. 花序；3. 小叶；4. 雌蕊；
5. 萼片外面和内面

狭裂太行铁线莲（变种）
var. **chanetii**（Lévl.）Hand.-Mazz.
Act. Hort. Gothob. 13: 205. 1939.
—— *Clematis chanetii* Lévl.

小叶片或裂片较狭长，线形、披针形至长椭圆形，基部常楔形。花期6~8月。

产于中军帐。生于山坡或路旁。分布于山西、河北、河南、山东。

2. 毛果扬子铁线莲（变种）（图93）
Clematis puberula Hook var. **tenuisepala**（H. Léveillé & Vaniot）W. T. Wang
Acta Phytotax. Sin. 38: 406. 2000.
—— *Clematis ganpiniana*（Lévl. & Vant.）Tamura var. *tenuisepala*（Maxim.）C. T. Ting

藤本。枝有棱，小枝有短柔毛。1~2回羽状复叶或2回三出复叶，小叶5~21，基部二对常为3小叶或2~3裂，茎上部有时为三出叶；小叶片长卵形、卵形或宽卵形，有时卵状披针形，长1.5~10 cm，宽0.8~5 cm，顶端锐尖、短渐尖至长渐尖，基部圆形、心形或宽楔形，边缘有粗锯齿、牙齿或为全缘，两面疏生短柔毛。圆锥状聚伞花序或单聚伞花序，多花或少至3花，腋生或顶生，常比叶短；花梗长1.5~6 cm；花直径2~2.5 cm；萼片4，开展，白色，干时变褐色至黑色，狭倒卵形或长椭圆形，长0.5~1.8 cm，外面边缘密生短绒毛，内面无毛；雄蕊无毛，花药长1~2 mm。子房有毛。瘦果常为扁卵圆形，长约5 mm，宽约3 mm，有毛，宿存花柱长达3 cm。花期7~9月；果期9~10月。

徂徕山各山地林区均产。生于山坡林下或沟边、路旁草丛中。国内分布于甘肃、陕西、湖北、河南、山西、山东、江苏及浙江。

3. 大叶铁线莲（图94）
Clematis heracleifolia DC.
Syst. 1: 138. 1818.

直立草本或半灌木，高约0.3~1 m。主根粗大，木质化，表面棕黄色。茎粗壮，有明显的纵条纹，密生白色糙绒毛。三出复叶；小叶片近革质或厚纸质，卵圆形、宽卵圆形至近圆形，长6~10 cm，宽3~9 cm，顶端短尖，基部圆形或楔

图93 毛果扬子铁线莲
1. 植株一部分；2. 花；3. 萼片；4. 雄蕊；5. 心皮

图94 大叶铁线莲
1. 植株中部；2. 植株上部；3. 萼片；4. 雄蕊

形，有时偏斜，边缘有不整齐粗锯齿，齿尖有短尖头，上面暗绿色，近无毛，下面有曲柔毛，尤以叶脉上为多，上面主脉及侧脉平坦，下面显著隆起；叶柄粗壮，长达 15 cm，被毛；顶生小叶柄长，侧生者短。聚伞花序顶生或腋生，花梗粗壮，有淡黄色糙绒毛，每花下有 1 枚线状披针形苞片；花杂性，雄花与两性花异株；花直径 2~3 cm，花萼下半部呈管状，顶端常反卷；萼片 4 枚，蓝紫色，长椭圆形至宽线形，常在反卷部分增宽，长 1.5~2 cm，宽 5 mm，内面无毛，外面有白色厚绢状短柔毛，边缘密生白色绒毛；雄蕊长约 1 cm，花丝线形，无毛，花药线形与花丝等长，药隔疏生长柔毛；心皮被白色绢状毛。瘦果卵圆形，两面凸起，长约 4 mm，红棕色，被短柔毛，宿存花柱丝状，长达 3 cm，有白色长柔毛。花期 8~9 月；果期 10 月。

产于上池、马场、张栏、光华寺、龙湾等地。国内分布于湖南、湖北、陕西、河南、安徽、浙江、江苏、河北、山西、辽宁、吉林等省份。日本、朝鲜也有分布。

可作园林耐阴地被。全草及根供药用，有祛风除湿、解毒消肿的作用。种子可榨油。

4. 长冬草（变种）（图 95）

Clematis hexapetala Pallas var. **tchefouensis** (Debeaux) S. Y. Hu

J. Arnold Arbor. 35: 193. 1954.

多年生直立草本，高 30~100 cm。老枝圆柱形，有纵沟。叶近革质，单叶至复叶，1~2 回羽状深裂，裂片线状披针形、长椭圆状披针形至椭圆形或线形，长 1.5~10 cm，宽 0.1~2 cm，顶端锐尖或凸尖，有时钝，全缘，两面无毛或下面疏生长柔毛，网脉突出；干后常变黑色。花序顶生，聚伞花序或为总状、圆锥状聚伞花序，有时花单生；花直径 2.5~5 cm，萼片 4~8，通常 6，白色，长椭圆形或狭倒卵形，长 1~2.5 cm，宽 0.3~1.5 cm，外面边缘有绒毛，内面无毛；雄蕊无毛。瘦果倒卵形，扁平，密生柔毛，宿存花柱长 1.5~3 cm，有灰白色长柔毛。花期 6~8 月；果期 8~9 月。

产于卧尧等地。生于干旱山坡或山坡草地、路边。中国特有植物，分布于山东、江苏。

花白色，较大，数量较多，是夏季较好的观赏花卉；根可入药。

图 95　长冬草
1. 植株上部；2. 雄蕊；3. 瘦果及宿存花柱；
4. 聚合瘦果；5. 萼片

4. 唐松草属 Thalictrum Linn.

多年生草本植物，有须根，常无毛。茎圆柱形或有棱，通常分枝。叶基生并茎生，少有全部基生或茎生，为 1~5 回三出复叶；小叶通常掌状浅裂，有少数牙齿，少有不分裂；叶柄基部稍变宽成鞘；托叶存在或不存在。花序通常为由少数或较多花组成的单歧聚伞花序，花数目很多时呈圆锥状，少有为总状花序。花通常两性，有时单性，雌雄异株。萼片 4~5，椭圆形或狭卵形，通常较小，早落，黄绿色或白色，有时较大，粉红色或紫色，呈花瓣状。花瓣不存在。雄蕊通常多数，偶尔少数；药隔顶端钝或突起成小尖头；花丝狭线形，丝形或上部变粗；心皮 2~20（68），无柄或有柄；花柱短或长；在花柱腹面有不明显的柱头组织或形成明显的柱头，或柱头向两侧延长成翅而呈三角形或箭头形。瘦果椭圆球形或狭卵形，常稍两侧扁，有时扁平，有纵肋。

约150种，分布于亚洲、欧洲、非洲、北美洲和南美洲。中国约有76种，各省份均有分布，多数分布于西南部。徂徕山1变种。

1. 东亚唐松草（变种）（图96）

Thalictrum minus Linn. var. **hypoleucum** (Sieb. & Zucc.) Miq.

Ann. Mus. Bot. Lugduno-Batavi 3: 3. 1867.

植株全部无毛。茎下部叶有稍长柄或短柄，茎中部叶有短柄或近无柄，为4回三出羽状复叶；叶片长达20 cm；小叶纸质或薄革质，顶生小叶楔状倒卵形、宽倒卵形、近圆形或狭菱形，长和宽均为1.5~4（5）cm，基部楔形至圆形，3浅裂或有疏牙齿，偶而不裂，背面有白粉，粉绿色，脉隆起，脉网明显；叶柄长达4 cm，基部有狭鞘。圆锥花序长达30 cm；花梗长3~8 mm；萼片4，淡黄绿色，脱落，狭椭圆形，长约3.5 mm；雄蕊多数，长约6 mm，花药狭长圆形，长约2 mm，顶端有短尖头，花丝丝形；心皮3~5，无柄，柱头正三角状箭头形。瘦果狭椭圆球形，稍扁，长约3.5 mm，有8纵肋。花期6~7月。

图96　东亚唐松草
1. 茎生叶；2. 花序；3. 雄蕊；
4. 雌蕊；5. 瘦果

徂徕山各山地林区均产。生于丘陵或山地林边或山谷沟边。国内分布于广东、湖南、贵州、四川、湖北、安徽、江苏、河南、陕西、山西、山东、河北、内蒙古及东北地区。朝鲜、日本也有分布。根可入药。

5. 白头翁属 Pulsatilla Adans.

多年生草本，有根状茎，常有长柔毛。叶基生，有长柄，掌状或羽状分裂，有掌状脉。花葶有总苞；苞片3，分生，有柄或无柄，基部合生成筒，掌状细裂。花单生花葶顶端，两性；花托近球形。萼片5或6，花瓣状，卵形、狭卵形或椭圆形，蓝紫色或黄色；雄蕊多数，花药椭圆形，花丝狭线形，有1纵脉，雄蕊全部发育或最外层的退化；心皮多数，有1枚胚珠，花柱长，丝形，有柔毛。聚合果球形；瘦果小，近纺锤形，有柔毛，宿存花柱强烈增长，羽毛状。

约33种，主要分布于欧洲和亚洲。中国约有11种。徂徕山1种。

1. 白头翁（图97）

Pulsatilla chinensis (Bunge) Regel

Tent. Fl. Ussur. 5. t. 2. f. B. 1861.

多年生草本，植株高15~35 cm。根状茎粗0.8~1.5 cm。基生叶4~5，通常在开花时刚刚生出，有长柄；叶片宽卵形，长 4.5~14 cm，宽 6.5~16 cm，3 全裂，中全裂片有柄或近无柄，宽卵形，3 深裂，中深裂片楔状倒卵形，少有狭楔形或倒梯形，全缘或有齿，侧深裂片不等 2 浅裂，侧全裂片无柄或近无柄，不等 3 深裂，表面变无毛，背面有长柔毛；叶柄长 7~15 cm，有密长柔毛。花莛 1（2），有柔毛；苞片 3，基部合生成长 3~10 mm 的筒，3 深裂，深裂片线形，不分裂或上部 3 浅裂，背面密被长柔毛；花梗长 2.5~5.5 cm，在果期长达 23 cm；花直立；萼片蓝紫色，长圆状卵形，长 2.8~4.4 cm，宽 0.9~2 cm，背面有密柔毛；雄蕊长约为萼片的 1/2。聚合果直径 9~12 cm；瘦果扁纺锤形，长 3.5~4 mm，有长柔毛，宿存花柱长 3.5~6.5 cm，有向上斜展的长柔毛。花期 4~5 月；果期 7~9 月。

图 97　白头翁
1. 植株；2. 叶；3. 瘦果及宿存花柱

徂徕山各山地林区均产。生于山坡草丛中。国内分布于四川、湖北、江苏、安徽、河南、甘肃、陕西、山西、山东、河北、内蒙古、辽宁、吉林、黑龙江等省份。朝鲜和俄罗斯远东地区也有分布。

根状茎药用，治热毒血痢、温疟、鼻衄、痔疮出血等症。

6. 毛茛属 Ranunculus Linn.

多年生或少数一年生草本，陆生或部分水生。须根纤维状簇生，或基部粗厚呈纺锤形，少数有根状茎。茎直立、斜升或有匍匐茎。叶大多基生并茎生，单叶或三出复叶，3 浅裂至 3 深裂，或全缘及有齿；叶柄伸长，基部扩大成鞘状。花单生或成聚伞花序；花两性，整齐，萼片 5，绿色，草质，大多脱落；花瓣 5，有时 6~10 枚，黄色，基部有爪，蜜槽呈点状或杯状袋穴，或有分离的小鳞片覆盖；雄蕊通常多数，向心发育，花药卵形或长圆形，花丝线形；心皮多数，离生，含 1 枚胚珠，螺旋着生于有毛或无毛的花托上；花柱腹面生有柱头组织。聚合果球形或长圆形；瘦果卵球形或两侧压扁，背腹线有纵肋，或边缘有棱至宽翼，果皮有厚壁组织而较厚，无毛或有毛，或有刺及瘤突，喙较短，直伸或外弯。

约 550 种，全世界的温寒地带广布，多数分布于亚洲和欧洲。中国 125 种，全国广布，多数种分布于西北和西南高山地区。徂徕山 3 种。

分种检索表

1. 基生叶为单叶。
  2. 一年生，茎、叶、花梗无毛；聚合果长圆形··················1. 石龙芮 Ranunculus sceleratus
  2. 多年生，茎、叶两面、花梗均有柔毛；聚合果近球形··················2. 毛茛 Ranunculus japonicas
1. 基生叶为三出复叶，茎叶被淡黄色糙毛；聚合果长圆形··················3. 茴茴蒜 Ranunculus chinensis

1. 石龙芮（图 98）

Ranunculus sceleratus Linn.

Sp. pl. 551. 1753.

一年生草本。须根簇生。茎直立，高 10~50 cm，直径 2~5 mm，有时粗达 1 cm，上部多分枝，具多数节，下部节上有时生根，无毛或疏生柔毛。基生叶多数；叶片肾状圆形，长 1~4 cm，宽 1.5~5 cm，基部心形，3 深裂不达基部，裂片倒卵状楔形，不等地 2~3 裂，顶端钝圆，有粗圆齿，无毛；叶柄长 3~15 cm，近无毛。茎生叶多数，下部叶与基生叶相似；上部叶较小，3 全裂，裂片披针形至线形，全缘，无毛，顶端钝圆，基部扩大成膜质宽鞘抱茎。聚伞花序有多数花；花小，直径 4~8 mm；花梗长 1~2 cm，无毛；萼片椭圆形，长 2~3.5 mm，外面有短柔毛，花瓣 5，倒卵形，等长或稍长于花萼，基部有短爪，蜜槽呈棱状袋穴；雄蕊 10 多枚，花药卵形，长约 0.2 mm；花托在果期伸长增大呈圆柱形，长 3~10 mm，径 1~3 mm，生短柔毛。聚合果长圆形，长 8~12 mm，为宽的 2~3 倍；瘦果极多数，近百枚，紧密排列，倒卵球形，稍扁，长 1~1.2 mm，无毛，喙短至近无，长 0.1~0.2 mm。花、果期 5~8 月。

产于西旺等地。生于河沟边及湿地。全国各地均有分布。亚洲、欧洲、北美洲的亚热带至温带地区广布。

全草含原白头翁素，有毒，药用能消结核、截疟及治痈肿、疮毒、蛇毒和风寒湿痹。

图 98 石龙芮
1. 植株；2. 花瓣；3. 聚合瘦果及果托；4. 瘦果

2. 毛茛（图 99）

Ranunculus japonicus Thunb.

Trans. Linn. Soc. 2: 337. 1794.

多年生草本。须根多数簇生。茎直立，高 30~70 cm，中空，有槽，具分枝，生开展或贴伏的柔毛。基生叶多数；叶片圆心形或五角形，长及宽 3~10 cm，基部心形或截形，通常 3 深裂不达基部，中裂片倒卵状楔形或宽卵圆形或菱形，3 浅裂，边缘有粗齿或缺刻，侧裂片不等的 2 裂，两面贴生柔毛，下面或幼时毛较密；叶柄长达 15 cm，生开展柔毛。下部叶与基生叶相似，渐向上叶柄变短，叶片较小，3 深裂，裂片披针形，有尖齿牙或再分裂；最上部叶线形，全缘，无柄。聚伞花序有多数

图 99 毛茛
1. 植株；2. 花瓣；3. 聚合瘦果；4. 瘦果

花，疏散；花直径 1.5~2.2 cm；花梗长达 8 cm，贴生柔毛；萼片椭圆形，长 4~6 mm，生白柔毛；花瓣 5，倒卵状圆形，长 6~11 mm，宽 4~8 mm，基部有长约 0.5 mm 的爪，蜜槽鳞片长 1~2 mm；花药长约 1.5 mm；花托短小，无毛。聚合果近球形，直径 6~8 mm；瘦果扁平，长 2~2.5 mm，上部最宽处与长近相等，约为厚的 5 倍以上，边缘有宽约 0.2 mm 的棱，无毛，喙短直或外弯，长约 0.5 mm。花、果期 4~9 月。

徂徕山各山地林区均产。生于林缘、沟边湿草地上。除西藏外，中国各省份广布。朝鲜、日本、俄罗斯远东地区也有分布。

全草含原白头翁素，有毒，可制发泡剂和杀菌剂；捣碎外敷，可截疟、消肿及治疮癣。

3. 茴茴蒜（图 100）

Ranunculus chinensis Bunge

Enum. pl. Chin. Bor. 3. 1831.

一年生草本。须根多数簇生。茎直立粗壮，高 20~70 cm，直径在 5 mm 以上，中空，有纵条纹，分枝多，与叶柄均密生开展的淡黄色糙毛。基生叶与下部叶有长达 12 cm 的叶柄，为三出复叶，叶片宽卵形至三角形，长 3~8（12）cm，小叶 2~3 深裂，裂片倒披针状楔形，宽 5~10 mm，上部有不等的粗齿或缺刻或 2~3 裂，顶端尖，两面伏生糙毛，小叶

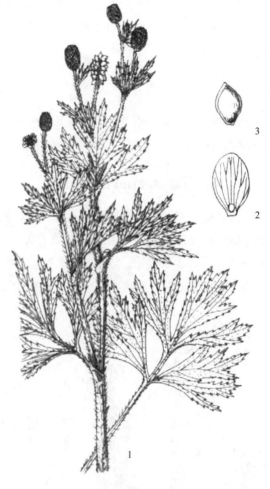

图 100　茴茴蒜
1.植株上部；2.花瓣；3.瘦果

柄长 1~2 cm 或侧生小叶柄较短，生开展的糙毛。上部叶较小，叶柄较短，叶片 3 全裂，裂片有粗齿牙或再分裂。花序有较多疏生的花，花梗贴生糙毛；花直径 6~12 mm；萼片狭卵形，长 3~5 mm，外面生柔毛；花瓣 5，宽卵圆形，与萼片近等长或稍长，黄色或上面白色，基部有短爪，蜜槽有卵形小鳞片；花药长约 1 mm；花托在果期显著伸长，圆柱形，长达 1 cm，密生白短毛。聚合果长圆形，直径 6~10 mm；瘦果扁平，长 3~3.5 mm，宽约 2 mm，为厚的 5 倍以上，无毛，边缘有宽约 0.2 mm 的棱，喙极短，呈点状，长 0.1~0.2 mm。花、果期 5~9 月。

产于大寺、西旺、锦罗等地。生于低湿地。中国大部分地区有分布。印度、朝鲜、日本及俄罗斯西伯利亚、远东地区也有分布。

全草药用，外敷引赤发泡，有消炎、退肿、截疟及杀虫之效。

9. 小檗科 Berberidaceae

常绿或落叶灌木，或多年生草本。单叶、羽状复叶或三出复叶，互生或基生，通常无托叶。单生或组成总状、聚伞或圆锥花序，花序顶生或腋生；花两性，辐射对称；花萼、花冠常区分不明显；萼片 2~3 轮，每轮 3 片，覆瓦状排列；花瓣 6，有时具蜜腺，或退化成蜜腺状距；雄蕊 4~18，常 6 枚，花药 2 室，瓣裂，稀纵裂；雌蕊由 1 枚心皮组成，花柱较短或不明显，柱头盾状，子房上位，1 室，胚

珠多数或少数，稀1枚。果实为浆果，或蓇葖果状。种子1至多数，有时具假种皮；富含胚乳；胚形小。

17属约670种，主产北温带和亚热带高山地区。中国11属约320种，分布于南北各省份。徂徕山2属2种。

分属检索表

1. 枝上有单一或分叉的刺；单叶；花药瓣裂··1. 小檗属 Berberis
1. 枝不具刺；2~3回羽状复叶；花药纵裂··2. 南天竹属 Nandina

1. 小檗属 Berberis Linn.

落叶或常绿灌木。内皮和木质部黄色，枝常有单一或分叉的变态叶刺。单叶，互生或簇生，叶缘有细锯齿或全缘，叶片与叶柄联结处有关节。花两性，单生、丛生或组成下垂的总状花序；花3数，每小花下常有2~3苞片；萼片6，成2轮，稀9；花瓣6，黄色，基部多具2腺体；雄蕊6，花药瓣裂；单心皮雌蕊，1室，胚珠1至多数，花柱短或无。浆果球形、椭圆形或卵圆形，熟时红色或蓝黑色，内含种子1粒或多数。

约500种，主产北温带。中国200余种，主产西部和西南部各省份。徂徕山1种。

1. 日本小檗（图101）

Berberis thunbergii DC.

Reg. Veg. Syst. 2: 9. 1821.

灌木，通常高1~2 m。小枝淡红褐色，光滑无毛，老枝暗紫红色；变态叶刺多不分叉，长0.5~1.8 cm，与小枝同色。叶倒卵形、匙形或菱状卵形，长0.5~2 cm，宽0.2~1.6 cm，先端钝圆，常有小刺尖，基部下延成短柄状，全缘，近革质，上面暗绿色，下面灰绿色，两面网脉不明显；叶柄长3~8 mm。花单生或2~3花成簇生的伞形花序；小花梗长0.5~1.5 cm；每花有小苞片3，卵形，淡红色；花黄色；萼片2轮，外轮比内轮稍短；花瓣黄白色，长圆状倒卵形，先端平截；子房长圆形，有短花柱，无柄，胚珠1~2枚。浆果长椭圆形，长约1 cm，熟时亮红色，无宿存花柱，内有种子1~2粒。花期4~6月；果期7~10月。

大寺等地有栽培。原产日本。中国大部分省份，特别是各大城市常栽培，供观赏或作绿篱。

常见的观赏类型有紫叶小檗（var. *atropurpurea*），幼枝、叶均为红色至暗紫色；萼片背面中部紫红色。

图101　日本小檗
1.花枝；2.果枝；3.花；4~5.花被片；
6.雄蕊；7.雌蕊

2. 南天竹属 Nandina Thunb.

常绿灌木。枝丛生，直立，无刺。2~3回奇数羽状复叶，互生，叶轴具关节；小叶全缘；托叶呈鞘状抱茎。大型圆锥花序顶生；花两性，花被近同型，萼片每轮3，多轮，内部6片呈花瓣状，白色，3数，有3~6蜜腺；雄蕊6，离生，花药条形，纵裂；心皮1，子房1室，胚珠2枚。浆果球形，熟时红色或橙红色，花柱宿存，含扁圆形的种子2粒。

1种，分布于中国及日本中部地区。徂徕山有栽培。

1. 南天竹（图102）

Nandina domestica Thunb.

Nov. Gen. Pl. 14. 1781.

常绿直立灌木，高可达2 m。分枝较少，光滑无毛，红色。2~3回羽状复叶，互生，长达50 cm；羽片对生；小叶薄革质，椭圆状披针形，长3~7 cm，顶端渐尖，基部楔形，全缘，深绿色，冬季变红色，两面无毛，上面中脉凹陷，下面隆起；近无柄，总柄基部常有膨大的抱茎叶鞘。圆锥花序，顶生直立，长20~30 cm；花小，白色，具芳香，直径约6 mm；萼片多轮，每轮3；花瓣长圆形，先端圆钝；雄蕊6，花瓣状，花丝极短；子房球形，1室，有短花柱。浆果球形，直径5~8 mm，熟时鲜红色，稀橙红色。种子扁圆形。花期5~7月；果期9~10月。

大寺等地有栽培。国内分布于福建、浙江、江苏、江西、安徽、湖南、湖北、广西、广东、四川、云南、贵州、陕西、河南等省份。日本也有分布。

供观赏。根、叶、果均可药用，分别有强筋活络、消炎解毒、镇咳平喘之效。

图102　南天竹
1.果枝；2.花序；3.花

10. 木通科 Lardizabalaceae

木质藤本，很少为直立灌木。茎木质部有宽大髓射线；冬芽大，有2至多数覆瓦状排列的外鳞片。叶互生，掌状或三出复叶，很少为羽状复叶，无托叶；叶柄和小柄两端膨大为节状。花辐射对称，单性，雌雄同株或异株，很少杂性，通常组成总状花序或伞房状的总状花序，少为圆锥花序，萼片花瓣状，6片，排成2轮，覆瓦状或外轮的镊合状排列，很少仅有3片；花瓣6，蜜腺状，远较萼片小，有时无花瓣；雄蕊6枚，花丝离生或多少合生成管，花药外向，2室，纵裂，药隔常突出于药室顶端而成角状或凸头状的附属体；退化心皮3枚；在雌花中有退化雄蕊6枚；心皮3，很少6~9，轮生在扁平花托上或心皮多数，螺旋状排列在膨大的花托上，上位，离生，柱头显著，近无花柱，胚珠多数或仅1枚，倒生或直生，纵行排列。果为肉质的骨葖果或浆果，不开裂或沿向轴的腹缝开裂；种子多数或仅1粒，卵形或肾形，种皮脆壳质，有肉质、丰富的胚乳和小而直的胚。

9属约50种，大部分产于亚洲东部，只有2属分布于南美洲的智利。中国7属37种，南北各省份均产，但多数分布于长江以南各省份。徂徕山1属1种。

1. 木通属 Akebia Decne

落叶或半常绿木质缠绕藤本。冬芽具多枚宿存的鳞片。掌状复叶互生或在短枝上簇生，具长柄，通常有小叶3或5片，很少为6~8片；小叶全缘或边缘波状。花单性，雌雄同株同序，多朵组成腋生的总状花序，有时花序伞房状；雄花较小而数多。生于花序上部；雌花远较雄花大，1至数朵生于花序总轴基部；萼片3（偶4~6），花瓣状，紫红色，有时为绿白色，卵圆形，近镊合状排列，开花时向外反折；花瓣缺。雄花雄蕊6枚，离生，花丝极短或近于无花丝；花药外向，纵裂，开花时内弯；退化心皮小。雌花心皮3~9（12）枚，圆柱形，柱头盾状，胚珠多数，着生于侧膜胎座上，胚珠间有毛状体。肉质蓇葖果长圆状圆柱形，成熟时沿腹缝开裂；种子多数，卵形，略扁平，排成多行藏于果肉中，有胚乳，胚小。

5种，分布于亚洲东部。中国4种。徂徕山1种。

图103 木通
1. 花枝；2. 果枝；3. 雄花；4. 雄蕊

1. 木通（图103）

Akebia quinata（Thunb.）Decne.

Arch. Mus. Hist. Nat. Paris 1: 195, t. 13a. 1839.

落叶木质藤本。掌状复叶互生或在短枝上的簇生，小叶5片，偶3~7片；叶柄长4.5~10 cm；小叶倒卵形或倒卵状椭圆形，长2~5 cm，宽1.5~2.5 cm，先端圆或凹入，基部圆阔；侧脉每边5~7条，与网脉均在两面凸起；小叶柄纤细，长8~10 mm，中间1枚长可达18 mm。伞房花序式的总状花序腋生，长6~12 cm，疏花，基部有雌花1~2朵，以上4~10朵为雄花；总花梗长2~5 cm；着生于缩短的侧枝上，基部为芽鳞片所包托；花略芳香。雄花花梗纤细，长7~10 mm；萼片通常3，有时4或5片，淡紫色，偶有淡绿色或白色，兜状阔卵形，顶端圆形，长6~8 mm，宽4~6 mm；雄蕊6（7），离生，初时直立，后内弯，花丝极短，花药长圆形，钝头；退化心皮3~6枚，小。雌花花梗细长，长2~4（5）cm；萼片暗紫色，偶有绿色或白色，阔椭圆形至近圆形，长1~2 cm，宽8~15 mm；心皮3~6（9）枚，离生，圆柱形，柱头盾状，顶生；退化雄蕊6~9枚。果孪生或单生，长圆形或椭圆形，长5~8 cm，直径3~4 cm，成熟时紫色，腹缝开裂；种子多数，卵状长圆形，略扁平，不规则的多行排列，着生于白色、多汁的果肉中，种皮褐色或黑色，有光泽。花期4~5月；果期6~8月。

产于光华寺。生于山地灌木丛、林缘和沟谷中。国内分布于长江流域各省份。日本和朝鲜有分布。

中国的传统中草药，其藤茎、根、果实、果皮、种子含有多种齐墩果酸及常春藤皂苷类三萜皂苷，全株可入药；果味甜可食，种子榨油，可制肥皂。此外，木通也具有较高观赏价值。

11. 防己科 Menispermaceae

攀缘或缠绕藤本，稀直立灌木或小乔木，木质部常有车辐状髓线。叶螺旋状排列，无托叶，单叶，稀复叶，常具掌状脉，稀羽状脉；叶柄两端肿胀。聚伞花序，或由聚伞花序再作圆锥花序式、总状花序式或伞形花序式排列。花通常小而不鲜艳，单性，雌雄异株，通常花萼和花冠分化明显，较少单被；萼片轮生，每轮3片，较少4或2片；花瓣通常2轮，每轮3片，很少4或2片；雄蕊2至多数，通常6~8；心皮3~6，较少1~2或多数，分离，子房上位，1室，胚珠2枚，花柱顶生，柱头分裂或条裂，较少全缘。核果，外果皮革质或膜质，中果皮通常肉质，内果皮骨质或有时木质，稀革质，表面有皱纹或有各式凸起，稀平坦；胎座迹半球状、球状、隔膜状或片状，有时不明显或没有；种子通常弯，种皮薄，有或无胚乳；胚通常弯，胚根小，对着花柱残迹，子叶扁平而叶状或厚而半柱状。

65属约350种，分布全世界的热带和亚热带地区，温带很少。中国19属约77种，主产长江流域及其以南各省份。徂徕山2属2种。

分属检索表

1. 叶非盾状着生；萼片6或9，排成2或3轮，花瓣6，雄蕊6或9 ·················· 1. 木防己属 Cocculus
1. 叶盾状着生；萼片4~10，螺旋状着生，花瓣6~8，雄蕊12~18 ·················· 2. 蝙蝠葛属 Menispermum

1. 木防己属 Cocculus DC.

木质藤本，稀直立灌木或小乔木。叶非盾状，全缘或分裂，具掌状脉。聚伞花序或聚伞圆锥花序，腋生或顶生；雄花萼片6或9，排成2或3轮，外轮较小，内轮较大而凹，覆瓦状排列；花瓣6，基部二侧内折呈小耳状，顶端2裂，裂片叉开；雄蕊6或9，花丝分离，药室横裂；雌花萼片和花瓣与雄花的相似；退化雄蕊6或无；心皮6或3，花柱柱状，柱头外弯伸展。核果倒卵形或近圆形，稍扁，花柱残迹近基生，果核骨质，背肋二侧有小横肋状雕纹；种子马蹄形，胚乳少，子叶线形，扁平，胚根短。

约8种，广布于美洲中部和北部、非洲、亚洲及太平洋岛屿。中国2种。徂徕山1种。

1. 木防己（图104）

Cocculus orbiculatus（Linn.）DC.

Syst. Nat. 1: 523. 1817.

木质藤本；小枝被绒毛至疏柔毛，或近无毛。叶片纸质至近革质，形状变异极大，线状披针形至阔卵状近圆形、狭椭圆形至近圆形、倒披针形至倒心形，有时卵状心形，顶端短尖或钝而有小凸尖，有时微缺或2裂，全缘或3~5裂，长3~8（10）cm，两面被密柔毛至疏柔毛，有时除下面中脉外两面近无毛；掌状脉3条，很少5条；叶柄长1~3（5）cm，被稍密的白色柔毛。聚伞花序少花，腋生，或排成多花、狭窄聚伞状圆锥

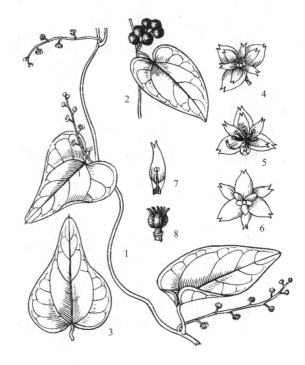

图104 木防己
1. 花枝；2. 果枝；3. 叶；4. 雌花；5. 雄花；
6. 花底面观；7. 花瓣及雄蕊；8. 雌蕊

花序，顶生或腋生，长可达 10 cm，被柔毛；雄花小苞片 2 或 1，长约 0.5 mm，紧贴花萼，被柔毛；萼片 6，外轮卵形或椭圆状卵形，长 1~1.8 mm，内轮阔椭圆形至近圆形，有时阔倒卵形，长达 2.5 mm；花瓣 6，长 1~2 mm，下部边缘内折，抱着花丝，顶端 2 裂，裂片叉开，渐尖或短尖；雄蕊 6，比花瓣短；雌花萼片和花瓣与雄花相同；退化雄蕊 6，微小；心皮 6，无毛。核果近球形，红色至紫红色，径 7~8 mm；果核骨质，径约 5~6 mm，背部有小横肋状雕纹。

产于上池、马场、中军帐等地。生于路边、灌丛、林缘。中国大部分地区都有分布，以长江流域中下游及其以南各省份常见。广布于亚洲东南部、东部以及夏威夷群岛。

2. 蝙蝠葛属 Menispermum Linn.

落叶藤本。叶盾状，具掌状脉。圆锥花序腋生，雄花萼片 4~10，近螺旋状着生，通常凹；花瓣 6~8 或更多，近肉质，肾状心形至近圆形，边缘内卷；雄蕊 12~18，稀更多，花丝柱状，花药近球状，纵裂；雌花萼片和花瓣与雄花的相似；不育雄蕊 6~12 或更多，棒状；心皮 2~4，具心皮柄，子房囊状半卵形，花柱短，柱头大而分裂，外弯。核果近扁球形，花柱残迹近基生；果核肾状圆形或阔半月形，甚扁，两面低平部分呈肾形，背脊隆起呈鸡冠状，其上有 2 列小瘤体，背脊二侧也各有 1 列小瘤体，胎座迹片状；种子有丰富的胚乳，胚环状弯曲，子叶半柱状，比胚根稍长。

3~4 种，分布北美洲、亚洲东北和东部。中国 1 种。徂徕山 1 种。

1. 蝙蝠葛（图 105，彩图 15）

Menispermum dauricum DC.

Syst. Nat. 1: 540. 1817.

落叶藤本，根状茎褐色，垂直生，茎自位于近顶部的侧芽生出，一年生茎纤细，有条纹，无毛。叶纸质或近膜质，心状扁圆形，长和宽均约 3~12 cm，边缘有 3~9 角或 3~9 裂，很少近全缘，基部心形至近截平，两面无毛，下面有白粉；掌状脉 9~12 条，其中向基部伸展的 3~5 条很纤细，均在背面凸起；叶柄长 3~10 cm，有条纹。圆锥花序单生或有时双生，有细长的总梗，有花数朵至 20 余朵，花密集或稍疏散，花梗纤细，长 5~10 mm；雄花萼片 4~8，膜质，绿黄色，倒披针形至倒卵状椭圆形，长 1.4~3.5 mm，自外至内渐大；花瓣 6~8 或多至 9~12 片，肉质，凹成兜状，有短爪，长 1.5~2.5 mm；雄蕊通常 12，有时稍多或较少，长 1.5~3 mm；雌花退化雄蕊 6~12，长约 1 mm，雌蕊群具长约 0.5~1 mm 的柄。核果紫黑色；果核宽约 10 mm，高约 8 mm，基部弯缺深约 3 mm。花期 6~7 月；果期 8~9 月。

徂徕山各山地林区均产。常生于路边灌丛或疏林中。分布于中国东北部、北部和东部。也分布于日本、朝鲜和俄罗斯西伯利亚南部。

图 105 蝙蝠葛
1. 植株；2. 花

12. 罂粟科 Papaveraceae

一、二年生或多年生草本，稀灌木。植株常有白色乳汁或有色液汁。主根明显。基生叶通常莲座状，有长柄；茎生叶互生，有柄或无柄，叶片全缘或分裂，无托叶。花单生或排列成总状花序、聚伞花序或圆锥花序。花两性，整齐，辐射对称；萼片2~3，分离，早脱；花瓣通常2倍于花萼，4~8枚，排列成2轮，稀无花瓣，覆瓦状排列，芽时皱褶；雄蕊多数，分离，花药2室；子房上位，2至多枚合生心皮组成，1室，侧膜胎座，或心皮6至多数，在果期分离，胚珠多数，倒生或弯生，花柱短或近无，柱头单生或分裂。果为蒴果，成熟时瓣裂或顶孔开裂。种子细小，胚小，胚乳油质。

23属230种，主产北温带，尤以地中海区、西亚、中亚至东亚及北美洲西南部为多。中国有12属67种，南北均产，但以西南部最为集中。徂徕山2属3种。

分属检索表

1. 花排列成伞房或圆锥花序；子房圆柱形，2心皮；蒴果2瓣裂 ································· 1. 白屈菜属 Chelidonium
1. 花单生或总状花序；雌蕊3至多枚心皮；蒴果3~12瓣裂或顶孔开裂 ·························· 2. 罂粟属 Papaver

1. 白屈菜属 Chelidonium Linn.

二年生或多年生草本。具黄色液汁。茎直立，圆柱形，聚伞状分枝。基生叶羽状全裂，裂片倒卵状长圆形、宽倒卵形或披针形，边缘圆齿状、浅裂或近羽状全裂；具长柄；茎生叶互生，叶片同基生叶，具短柄。花多数排列成腋生的伞形花序；具苞片。萼片2，黄绿色；花瓣4，黄色，2轮；雄蕊多数，花丝细长；子房圆柱形，2心皮，1室，无毛，花柱明显，柱头2裂。蒴果狭圆柱形，近念珠状，成熟时自基部向先端开裂成2果瓣，柱头宿存。种子多数，小，具光泽，表面具网纹，有鸡冠状种阜。

1种，分布于旧大陆温带，从欧洲到日本均有，中国广泛分布。徂徕山有分布。

1. 白屈菜（图106，彩图16）

Chelidonium majus Linn.

Sp. Pl. 505. 1753.

多年生草本，高30~60（100）cm。主根粗壮，圆锥形。茎多分枝，常被短柔毛，节上较密，后变无毛。基生叶少，早凋落，叶片倒卵状长圆形或宽倒卵形，长8~20 cm，羽状全裂，全裂片2~4对，倒卵状长圆形，具不规则的深裂或浅裂，裂片边缘圆齿状，表面绿色，无毛，背面具白粉，疏被短柔毛；叶柄长2~5 cm，被柔毛或无毛，基部扩大成鞘；茎生叶叶片长2~8 cm，宽1~5 cm；叶柄长0.5~1.5 cm，其他同基生叶。伞形花序多花；花梗纤细，长2~8 cm，幼时被长柔毛，后变无毛；苞片小，卵形，长1~2 mm。花芽卵圆形，直径5~8 mm；萼片卵圆形，舟状，

图106 白屈菜
1.根部；2.植株上部；3.花萼；4.花瓣；
5.雄蕊；6.雌蕊

长 5~8 mm，无毛或疏生柔毛，早落；花瓣倒卵形，长约 1 cm，全缘，黄色；雄蕊长约 8 mm，花丝丝状，黄色，花药长圆形，长约 1 mm；子房线形，长约 8 mm，绿色，无毛，花柱长约 1 mm，柱头 2 裂。蒴果狭圆柱形，长 2~5 cm，粗 2~3 mm，果柄短于果实。种子卵形，长约 1 mm，暗褐色，具光泽及蜂窝状小格。花、果期 4~9 月。

产于大寺张栏沟。中国大部分省份均有分布。朝鲜、日本及欧洲也有分布。

种子含油 40% 以上；全草入药，有毒，含多种生物碱，有镇痛、止咳、消肿、利尿、解毒之功效，治胃肠疼痛、痛经、黄疸、疥癣疮肿、蛇虫咬伤，外用消肿；亦可作农药。

2. 罂粟属 Papaver Linn.

一、二年生或多年生草本，稀亚灌木。茎直立或上升，圆柱形，通常被刚毛，稀无毛，有乳白色液汁。基生叶羽状浅裂、深裂、全裂，有时为各种缺刻，极稀全缘，表面通常具白粉，两面被刚毛，具叶柄；茎生叶若有，则与基生叶同形，但无柄，有时抱茎。花单生，有细长花梗，开放前花蕾下垂；萼片 2，极稀 3，开花前即脱落，大多被刚毛；花瓣 4，极稀 5~6，生于短花托上，通常倒卵形，2 轮排列，外轮较大，多红色，稀白色、黄色、橙黄色或淡紫色，鲜艳，常早落；雄蕊多数；子房上位，1 室，胚珠多数，无花柱，柱头 4~18，辐射状，连合成扁平或尖塔形的盘状体盖于子房之上。蒴果倒卵形或球形，被刚毛或无毛，稀具刺，成熟时于辐射状柱头下孔裂。种子多数，肾形；胚乳白色、肉质且富含油分；胚藏于胚乳中。

约 100 种，主产中欧、南欧至亚洲温带，少数种产美洲、大洋洲和非洲南部。中国 7 种，其中引入栽培 3 种。徂徕山 2 种。

分种检索表

1. 叶片 2 回羽状深裂，不抱茎；花丝紫红或深紫色 ·· 1. 虞美人 Papaver rhoeas
1. 叶缘为不规则波状锯齿，茎生叶抱茎；花丝白色 ·· 2. 罂粟 Papaver somniferum

图 107 虞美人
1. 植株上部；2. 雌蕊；3. 雄蕊

1. 虞美人（图 107）

Papaver rhoeas Linn.

Sp. Pl. ed. 1: 507. 1753.

一年生草本。全体被伸展的刚毛，稀无毛。茎直立，高 25~90 cm，具分枝，被淡黄色刚毛。叶互生，叶片轮廓披针形或狭卵形，长 3~15 cm，宽 1~6 cm，羽状分裂，下部全裂，全裂片披针形，羽状浅裂，上部深裂或浅裂，裂片披针形，最上部粗齿状羽状浅裂，顶生裂片通常较大，小裂片先端均渐尖，两面被淡黄色刚毛，叶脉在背面凸起，在表面略凹；下部叶具柄，上部叶无柄。花单生于茎和分枝顶端；花梗长 10~15 cm，被淡黄色平展的刚毛。花蕾长圆状倒卵形，下垂；萼片 2，宽椭圆形，长 1~1.8 cm，绿色，外面被刚毛；花瓣 4，圆形、横向宽椭圆形或宽倒卵形，长 2.5~4.5 cm，全缘，稀圆齿状或顶端缺刻状，紫红色，基部通常具深紫色斑点；雄蕊多数，花丝丝状，长约 8 mm，深紫红色，花药长圆形，长约 1 mm，黄色；子房倒卵形，长 7~10 mm，无毛，柱头 5~18，辐射状，连合成扁平、边缘圆齿状的盘状体。蒴果宽倒卵形，长 1~2.2 cm，无毛，具不明显的肋。种子多数，肾状长圆形，长约 1 mm。花、果期 3~8 月。

大寺有栽培。原产于欧洲，中国各地常见栽培，为观赏植物。

花和全株入药，含多种生物碱，有镇咳、止泻、镇痛、镇静等功效；种子含油 40% 以上。

2. 罂粟（图 108）

Papaver somniferum Linn.

Sp. Pl. 508. 1753.

一年生草本。无毛或稀在植株下部或总花梗上被极少的刚毛，高 30~60（100）cm，栽培者可达 1.5 m。主根近圆锥状，垂直。茎直立，不分枝，无毛，具白粉。叶互生，叶片卵形或长卵形，长 7~25 cm，先端渐尖至钝，基部心形，边缘为不规则的波状锯齿，两面无毛，具白粉，叶脉明显，略突起；下部叶具短柄，上部叶无柄、抱茎。花单生；花梗长达 25 cm，无毛或稀散生刚毛。花蕾卵圆状长圆形或宽卵形，长 1.5~3.5 cm，宽 1~3 cm，无毛；萼片 2，宽卵形，绿色，边缘膜质；花瓣 4，近圆形或近扇形，长 4~7 cm，宽 3~11 cm，边缘浅波状或各式分裂，白色、粉红色、红色、紫色或杂色；雄蕊多数，花丝线形，长 1~1.5 cm，白色，花药长圆形，长 3~6 mm，淡黄色；子房球形，直径 1~2 cm，绿色，无毛，柱头（5）8~12（18），辐射状，连合成扁平的盘状体，盘边缘深裂，裂片具细圆齿。蒴果球形或长圆状椭圆形，长 4~7 cm，直径 4~5 cm，无毛，成熟时褐色。种子多数，黑色或深灰色，表面呈蜂窝状。花、果期 3~11 月。

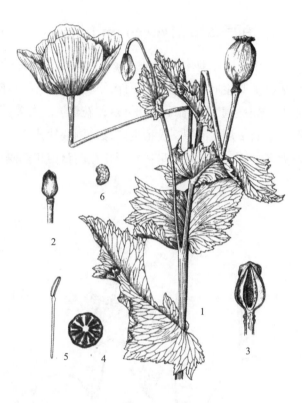

图 108 罂粟
1. 植株上部；2. 雌蕊；3. 雌蕊纵切面；
4. 子房横切面；5. 雄蕊；6. 种子

徂徕山部分药圃有少量栽培。原产于南欧，中国许多地区药物研究单位有栽培。印度、缅甸、老挝及泰国北部也有栽培。

花大色艳，有观赏价值。未成熟果实内乳白色浆液含吗啡、罂粟碱等多种生物碱，入药有敛肺、涩肠、止咳、止痛和催眠等功效；种子榨油，可食用。

13. 紫堇科 Fumariaceae

一年生或多年生草本。植株直立或匍匐，常有白粉，多无毛。有根状茎或块茎。茎单生或丛生，直立或平卧。叶互生，稀对生或基生呈莲座状；通常为羽状复叶或掌状复叶。花两性，2 基数，两侧对称，排列成顶生或腋生的总状花序或聚伞花序；有苞片；萼片 2 枚，花瓣状，通常略呈盾状；花瓣 4，2 轮，内外轮极不相似，外轮 2 片大小不等，前面 1 片平展，后面 1 片极不微膨大或有距，内轮 2

片有爪，顶部分离或联合，包围雄蕊和雌蕊；雄蕊6枚，合成2束，花丝较宽扁，通常在基部具有蜜腺；2心皮合生，子房上位，侧膜胎座。果实为蒴果，2瓣裂，或为不开裂的坚果。种子1至多数。

20属约570种，主要分布于亚洲、非洲温带和亚热带地区，以及欧洲和北美洲。中国7属378种，各地均产。徂徕山2属6种。

分属检索表

1. 雄蕊4枚，与花瓣对生；花瓣无距 ·· 1. 角茴香属 Hypecoum
1. 雄蕊6枚，合生成2束；上花瓣后部有距 ·· 2. 紫堇属 Corydalis

1. 角茴香属 Hypecoum Linn.

一年生矮小草本，常呈灰绿色，无毛，极稀叶被长柔毛，具微透明的液汁。茎直立，分枝直立至平卧。基生叶近莲座状，羽状分裂，具叶柄。花小，排列成二歧式聚伞花序。萼片2，披针形或卵形，先端通常具细牙齿，早落；花瓣4，大多黄色，2轮排列，外面2片3浅裂或全缘，基部楔形，里面2片3深裂，极稀近全缘，侧裂片狭窄，中裂片匙形，常具柄，边缘被短缘毛；雄蕊4，花丝大多具翅，有时基部呈披针形，花药常由于药隔延伸而至少具2短尖；子房1室，2心皮。蒴果长圆柱形，大多具节，节内有横隔膜，成熟时在节间分离，或者不具节而裂为2果瓣。种子多数，卵形，表面具小疣状突起，稀近四棱形并具"十"字形的突起。

约8种，分布于地中海区至中亚及中国。中国4种，主产北部、西北部至西南部。徂徕山1种。

1. 角茴香（图109）

Hypecoum erectum Linn.

Sp. Pl. 1: 124. 1753.

一年生草本，高15~30 cm。根圆柱形，长8~15 cm，向下渐狭，具少数细根。花茎多，圆柱形，二歧状分枝。基生叶多数，叶片轮廓倒披针形，长3~8 cm，多回羽状细裂，裂片线形，先端尖；叶柄细，基部扩大成鞘；茎生叶同基生叶，但较小。二歧聚伞花序多花；苞片钻形，长2~5 mm。萼片卵形，长约2 mm，先端渐尖，全缘；花瓣淡黄色，长1~1.2 cm，无毛，外面2片倒卵形或近楔形，先端宽，3浅裂，中裂片三角形，长约2 mm，里面2片倒三角形，长约1 cm，3裂至中部以上，侧裂片较宽，长约5 mm，具微缺刻，中裂片狭，匙形，长约3 mm，先端近圆形；雄蕊4，长约8 mm，花丝宽线形，长约5 mm，扁平，下半部加宽，花药狭长圆形，长约3 mm；子房狭圆柱形，长

图109 角茴香
1. 植株上部；2. 萼片；3. 花瓣

约 1 cm，粗约 0.5 mm，花柱长约 1 mm，柱头 2 深裂，裂片细，向两侧伸展。蒴果长圆柱形，长 4~6 cm，粗 1~1.5 mm，直立，先端渐尖，两侧稍压扁，成熟时分裂成 2 果瓣。种子多数，近四棱形，两面均具"十"字形的突起。花、果期 5~8 月。

产于庙子。生于山坡草地。国内分布于东北、华北和西北等地。蒙古和俄罗斯西伯利亚有分布。全草入药，有清火解热和镇咳之功效。

2. 紫堇属 Corydalis DC.

一、二年生或多年生草本。主根圆柱状或芜菁状增粗，如为簇生的须根，则须根纺锤状或棒状增粗或纤维状；根茎缩短或横走，有时呈块茎状。茎直立、上升或斜生。基生叶少数或多数（稀 1 枚），早凋或残留宿存的叶鞘。茎生叶 1 至多数，稀无叶，互生或稀对生，叶片 1 至多回羽状分裂或掌状分裂或三出。总状花序，稀伞房状或穗状至圆锥状；苞片分裂或全缘；花梗纤细。萼片 2，膜质，早落或稀宿存；花冠两侧对称，花瓣 4，蓝紫色、黄色、玫瑰色或稀白色，上花瓣前端扩展成伸展的花瓣片，后部成圆筒形、圆锥形或短囊状的距，下花瓣大多具爪，基部有时呈囊状或具小囊，两侧内花瓣同形，先端黏合，明显具爪，有时具囊；雄蕊 6，合生成 2 束，中间花药 2 室，两侧花药 1 室，花丝长圆形或披针形，基部延伸成线形的蜜腺体伸入距内；子房 1 室，2 心皮，胚珠排成 1 或 2 列，花柱伸长，柱头各式。蒴果线形或圆柱形，极稀圆而囊状、不裂。种子肾形或近圆形，平滑且有光泽；种阜各式，通常紧贴种子。

约 465 种，除北极地区外，广布于北温带地区。中国 357 种，南北各省份均有分布，但以西南部最集中。徂徕山 5 种。

分种检索表

1. 不具块茎，具主根。茎下部无鳞片状低出叶。子叶 2 枚。
  2. 花粉红色、紫色或紫蓝色。
    3. 蒴果卵圆形，花较小，长约 1~1.2 cm；叶 2 回羽状全裂··················1. 地丁草 Corydalis bungeana
    3. 蒴果线形，花较大，长约 2 cm；叶 2 回三出··················2. 紫堇 Corydalis edulis
  2. 花黄色或污黄色··················3. 小黄紫堇 Corydalis raddeana
1. 具球形块茎，块茎坚实，终不变空。茎下部具 1 枚大而反折的鳞片状低出叶。子叶 1 枚。
  4. 果宽卵圆形；小叶通常圆、全缘，具细长的叶柄和小叶柄；花序具 3~8 花··················4. 小药八旦子 Corydalis caudata
  4. 果线形；小叶有粗齿和分裂，叶柄和小叶柄较粗短；花序具 8~20 花··················5. 齿瓣延胡索 Corydalis turtschaninovii

1. 地丁草（图 110）

Corydalis bungeana Turcz.

Bull. Soc. Nat. Mosc. 19: 62. 1846.

二年生草本，高 10~50 cm。具主根。茎自基部铺散分枝，具棱。基生叶多数，长 4~8 cm，叶柄约与叶片等长，基部多少具鞘，边缘膜质；叶片上面绿色，下面苍白色，2~3 回羽状全裂，1 回羽片 3~5 对，具短柄，2 回羽片 2~3 对，顶端分裂成短小的裂片，裂片顶端圆钝。茎生叶与基生叶同形。总状花序长 1~6 cm，多花，先密集，后疏离；果期伸长。苞片叶状，具柄至近无柄。花梗短，长 2~5 mm。萼片宽卵圆形至三角形，长约 0.7~1.5 mm，具齿，常早落。花粉红色至淡紫色，平展。外花瓣顶端多少下凹，具浅鸡冠状突起，边缘具浅圆齿。上花瓣长 1.1~1.4 cm；距长约 4~5 mm，稍向上斜伸，末端多少囊状膨大；蜜腺体约占距长的 2/3，末端稍增粗。下花瓣稍向前伸出；爪向后渐狭，稍长于瓣片。内花瓣顶端深紫色。柱头小，圆肾形，顶端稍下凹，两侧基部稍下延，无乳突而具膜质的边缘。蒴果椭圆形，下垂，约长1.5~2 cm，宽4~5 mm，具2列种子。种子直径2~2.5 mm，边缘具4~5列小凹点；种阜鳞片状，长1.5~1.8 cm，远离。花、果期4~6月。

产于光华寺、庙子等地。生于路旁草地。国内分布于吉林、辽宁、河北、山东、河南、山西、陕西、甘肃、宁夏、内蒙古、湖南、江苏等省份。蒙古、朝鲜和俄罗斯远东地区也有分布或逸生。

2. 紫堇（图111）

Corydalis edulis Maxim.

Bull. Acad. Sci. St. Petersb. 24: 30. 1877.

一年生草本，高20~50 cm，灰绿色，具主根。茎分枝，具叶；花枝花葶状，常与叶对生。基生叶具长柄，叶片近三角形，长5~9 cm，上面绿色，下面苍白色，1~2回羽状全裂，1回羽片2~3对，具短柄，2回羽片近无柄，倒卵圆形，羽状分裂，裂片狭卵圆形，顶端钝，近具短尖。茎生叶与基生叶同形。总状花序疏具3~10花；苞片狭卵圆形至披针形，渐尖，全缘，有时下部的疏具齿，约与花梗等长或稍长；花梗长约5 mm。萼片小，近圆形，直径约1.5 mm，具齿。花粉红色至紫红色，平展，外花瓣较宽展，顶端微凹，无鸡冠状突起，上花瓣长1.5~2 cm；距圆筒形，基部稍下弯，约占花瓣全长的1/3；蜜腺体长，近伸达距末端，大部分与距贴生，末端不变狭，下花瓣近基部渐狭；内花瓣具鸡冠状突起；爪纤细，稍长于瓣片。柱头横向纺锤形，两端各具1乳突，上面具沟槽，槽内具极细小的乳突。蒴果线形，下垂，长3~3.5 cm，具1列种子。种子直径约1.5 mm，密生环状小凹点；种阜小，紧贴种子。花、果期4~7月。

产于光华寺、庙子、大寺。生于林缘、沟边或多石地。分布于辽宁、北京、河北、山西、河南、陕西、甘肃、四川、云南、贵州、湖北、江西、安徽、江苏、浙江、福建等省份。

全草药用，能清热解毒、止痒、收敛、固精、润肺、止咳。

图110 地丁草
1. 植株；2. 花；3. 花萼；4. 花冠的下瓣；
5. 花冠的上瓣；6. 内轮2花瓣；7. 二体雄蕊之一；
8. 雌蕊；9. 蒴果；10. 种子

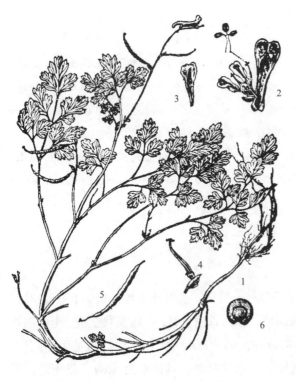

图111 紫堇
1. 植株；2. 花冠展开；3. 花冠的下瓣；
4. 雌蕊；5. 果实；6. 种子

3. 小黄紫堇（图112）

Corydalis raddeana Regel

Bull. Soc. Imp. Naturalistes Moscou 34（2）: 143. 1861.

一年生草本，高60~90 cm，无毛。主根粗壮，具侧根和纤维状细根。茎直立，具棱，通常自下部分枝。基生叶少数，具长柄，叶片三角形或宽卵形，长4~9（13）cm，宽2~6（9）cm，2~3回羽状分裂，第1回全裂片具长1~2.5 cm的柄，第2回具2~5 mm的柄，2~3深裂或浅裂，小裂片倒卵形、菱状倒卵形或卵形，先端圆或钝，具尖头，背面具白粉；茎生叶多数，与基生叶相同。总状花序顶生和腋生，长5~9 cm，在果期达15 cm，有（5）13~20花；苞片狭卵形至披针形，全缘，有时基部者3浅裂；花梗劲直，长约为苞片的1/2。萼片近肾形，长约1 mm，具缺刻状齿；花瓣黄色，上花瓣长1.8~2 cm，花瓣片舟状卵形，先端渐尖，背部鸡冠状突起高1~1.5 mm，超出瓣片先端并延伸至其中部，距圆筒形，与花瓣片近等长或稍长，末端略下弯，下花瓣长1~1.2 cm，鸡冠同上瓣，中部稍缢缩，下部呈浅囊状，内花瓣长8~9 cm，花瓣片倒卵形，具1侧生囊，爪线形，略长于花瓣片；雄蕊束长7~8 mm，花药小，长圆形，花丝披针形，蜜腺体贯穿距的2/5~1/2；子房狭椭圆形，长4~5 mm，胚珠1列，花柱细长，柱头扁长方形，上端具4乳突。蒴果圆柱形，长1.5~2（2.5）cm，粗约2 mm，具4~12粒种子。种子近圆形，直径1.5~2 mm，黑色，具光泽。花、果期6~10月。

徂徕山各山地林区均产。生于水沟边。国内分布于东北地区及内蒙古、河北、山西、陕西、甘肃、河南、山东、浙江、台湾等省份。俄罗斯远东地区、朝鲜、日本也有分布。

图112 小黄紫堇
1.植株上部；2.根；3.花序

4. 小药八旦子（图113，彩图17）

Corydalis caudata（Lam.）Persoon

Syn. Pl. 2: 269. 1807.

多年生草本，高15~20 cm。块茎圆球形或长圆形，长8~20 mm，宽8~12 mm。茎基以上具1~2鳞片，鳞片上部具叶，枝条多发自叶腋，少数发自鳞片腋内。叶2回三出，稀1~3回，具细

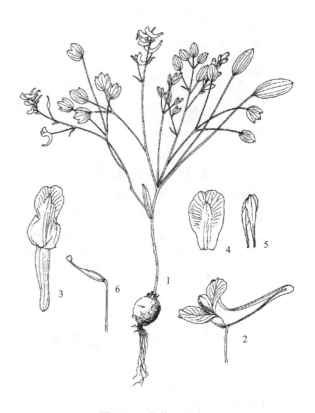

图113 小药八旦子
1.植株；2.花；3.花冠的上瓣；
4.花冠的下瓣；5.内轮花瓣；6.雌蕊

长的叶柄和小叶柄；叶柄基部常具叶鞘；小叶圆形至椭圆形，有时浅裂，下部苍白色，长 9~25 mm，宽 7~15 mm。总状花序具 3~8 花，疏离。苞片卵圆形或倒卵形，下部的较大，约长 6 mm，宽 3 mm。花梗明显长于苞片，下部的长 15~25（40）mm。萼片小，早落。花蓝色或紫蓝色。上花瓣长约 2 cm，瓣片较宽展，顶端微凹；距圆筒形，弧形上弯，长（1）1.2~1.4 cm；蜜腺体约贯穿距长的 3/4，顶端钝。下花瓣长约 1 cm，瓣片宽展，微凹，基部具宽大的浅囊。内花瓣长 7~8 mm。柱头四方形，上端具 4 乳突，下部具 2 尾状的乳突。蒴果卵圆形至椭圆形，长 8~15 mm，具 4~9 粒种子。种子光滑，直径约 2 mm，具狭长的种阜。花、果期 4~5 月。

徂徕山各林区均产。生于山坡或林缘。国内分布于北京、河北、山西、山东、江苏、安徽、湖北、陕西和甘肃。

5. 齿瓣延胡索（图 114）

Corydalis turtschaninovii Besser

Flora 17（1 Beibl.）：6. 1834.

多年生草本，高 10~30 cm。块茎圆球形，直径 1~3 cm，质色黄，有时瓣裂。茎多少直立或斜伸，通常不分枝，基部以上具 1 枚大而反卷的鳞片；鳞片腋内有时具 1 腋生的块茎或枝条；茎生叶腋通常无枝条。茎生叶通常 2 枚，2 回或近 3 回三出，末回小叶变异极大，全缘、具粗齿、深裂、篦齿分裂，裂片宽椭圆形、倒披针形或线形，钝或具短尖。总状花序花期密集，具 6~20（30）花。苞片楔形，篦齿状多裂，稀分裂较少，约与花梗等长。花梗在花期长 5~10 mm，在果期长 10~20 mm。萼片小，不明显；花蓝色、白色或紫蓝色；外花瓣宽展，边缘常具浅齿，顶端下凹，具短尖；上花瓣长约 2~2.5 cm；距直或顶端稍下弯，长 1~1.4 cm；蜜腺体约占距长的 1/3~1/2，末端钝；内花瓣长 9~12 mm；柱头扁四方形，顶端具 4 乳突，基部下延成 2 尾状突起。蒴果线形，长 1.6~2.6 cm，具 1 列种子，多少扭曲。种子平滑，直径约 1.5 mm；种阜远离。花、果期 4~7 月。

图 114　齿瓣延胡索

1. 植株；2. 花；3. 除去花冠的下瓣，剖开距（示腺体），并展开内轮 2 花瓣（示 2 枚雄蕊及柱头）；4. 花冠的下瓣；5. 花冠的上瓣（示距及上面 3 枚雄蕊）；6. 内轮 2 花瓣背腹面观；7. 二体雄蕊之一；8. 雌蕊；9. 蒴果；10. 种子

产于光华寺。生于山坡、灌丛或阴湿地。国内分布于东北地区及内蒙古、河北。朝鲜、日本和俄罗斯远东地区也有分布。

14. 悬铃木科 Platanaceae

落叶乔木。枝叶被树枝状毛及星状绒毛；树皮苍白色，表面平滑，老时薄片状剥落；侧芽卵圆形，先端稍尖，外被一盔形芽鳞，位于膨大叶柄的基部，无顶芽。单叶互生，大形，具长柄，掌状脉，呈掌状分裂；托叶明显，边缘开张，基部鞘状，早落。花单性，雌雄同株，排成紧密球形的头状花序，雌雄花序同形，各生于不同的花枝上；雄花序无苞片，雌花序有苞片；萼片 3~8，三角形，有短柔毛；花瓣与萼片同数，倒披针形；雄花有雄蕊 3~8 个，花丝短，药隔顶端膨大成圆盾状；雌花有 3~8 枚离生心皮，子房长卵形，1 室，有 1~2 枚垂生胚珠，花柱伸长，突出头状花序外，柱头位于内面。聚合果，由多数狭长的倒锥形小坚果组成，基部围以长毛，每坚果有种子 1 粒，线形，胚乳薄。

1 属 11 种，分布于北美洲、东南欧、西亚及越南北部。中国引种 3 种，徂徕山均有栽培。

1. 悬铃木属 Platanus Linn.

形态特征、种类、分布与科相同。

分种检索表

1. 树皮小鳞片状开裂，常固着干上；叶之缺刻浅，不及叶片的 1/3，中裂片阔三角形，宽大于长；托叶长 2~3 cm，基部鞘状；果序常单生，平滑···1. 一球悬铃木 Platanus occidentalis
1. 树皮不规则大鳞片状开裂，剥落，内皮平滑，淡绿白色。
   2. 叶常 3~5 裂，托叶长于 1 cm；果序常 2 个···2. 二球悬铃木 Platanus × hispanica
   2. 叶 5~7 深裂，托叶长不及 1 cm；果序常 3~6 个···3. 三球悬铃木 Platanus orientalis

1. 一球悬铃木　美国梧桐（图 115）

Platanus occidentalis Linn.

Sp. Pl. 417. 1753.

落叶大乔木，高 40 m。树皮灰褐色，小鳞片状开裂，常固着干上，剥落后内皮乳白色；嫩枝被黄褐色绒毛。叶阔卵形，通常 3 浅裂，稀为 5 浅裂；基部截形、阔心形，或稍呈楔形；裂片短三角形，宽度远较长度为大，边缘有数个粗大锯齿；上下两面初时被灰黄色绒毛，不久脱落，上面秃净，下面仅在脉上有毛，掌状脉 3 条，离基约 1 cm；叶柄长 4~7 cm，密被绒毛；托叶较大，长约 2~3 cm，基部鞘状，上部扩大呈喇叭形，早落。花通常 4~6 数，单性，聚成圆球形头状花序。雄花萼片及花瓣均短小，花丝极短，花药伸长，盾状药隔无毛。雌花基部有长绒毛；萼片短小；花瓣比萼片长 4~5 倍；心皮 4~6，花柱伸长，比花瓣为长。头状果序圆球形，单生，稀为 2 个，直径约 3 cm，宿存花柱极短；小坚果先端钝，基部的绒毛长为坚果之半，不突出头状果序外。花期 5 月；果期 9~10 月。

大寺场部、光华寺栽培。原产北美洲。中国广泛引种，北部及中部等地区较多。

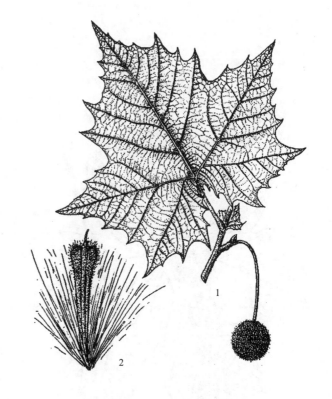

图 115　一球悬铃木
1. 果枝；2. 小坚果

2. 二球悬铃木 英国梧桐（图116）

Platanus × hispanica Mill. ex Münchh. Hausvater 5: 229. 1770.

—— *Platanus × acerifolia* (Aiton) Willd.

落叶大乔木，高可达30 m。树皮光滑，不规则片状脱落；嫩枝密生灰黄色绒毛；老枝秃净，红褐色。叶阔卵形，宽12~25 cm，长15~25 cm，上下两面嫩时有灰黄色毛被，下面毛被更厚而密，后变秃净，仅在背脉腋内有毛；基部截形或微心形，3~5中裂；中裂片阔三角形，宽度与长度约相等；裂片全缘或有1~2个粗大锯齿；掌状脉3条，稀5条；叶柄长3~10 cm，密生黄褐色毛被；托叶中等大，长约1~1.5 cm，基部鞘状，上部开裂。花通常4数。雄花萼片卵形，被毛；花瓣矩圆形，长为萼片2倍；雄蕊比花瓣长，盾形药隔有毛。头状果序球形，直径约2.5 cm，通常每2个果序球生于1个较长的果序柄上，并生或成串，稀1或3个，宿存花柱长2~3 mm，刺状，坚果之间无突出的绒毛，或有极短的毛。花期5月；果期9~10月。

大寺场部、光华寺栽培。本种是三球悬铃木与一球悬铃木的杂交种，最先起源于英国伦敦。中国东北、华中及华南地区均有引种，是常见的公园、街道绿化树种。

图116 二球悬铃木
1. 枝叶；2. 花枝；3. 果序

3. 三球悬铃木 法国梧桐（图117）

Platanus orientalis Linn. Sp. Pl. 417. 1753.

落叶大乔木，高达30 m。树皮灰褐至灰绿色，薄片状脱落；嫩枝被黄褐色绒毛，老枝秃净，干后红褐色，有细小皮孔。叶大，阔卵形，宽9~18 cm，长8~16 cm，基部浅三角状心形，或近于平截，上部掌状5~7裂，稀为3裂，中央裂片深裂过半，长7~9 cm，宽4~6 cm，两侧裂片稍短，边缘有少数裂片状粗齿，上下两面初时被灰黄色毛被，以后脱落，仅在背脉上有毛，掌状脉5条或3条，从基部发出；叶柄长3~8 cm，圆柱形，被绒毛，基部膨大；托叶小，短于1 cm，基部鞘状。花4数；雄花序无柄，基部有长绒毛，萼片短小，雄蕊远比花瓣为长，花丝极短，花药伸长，顶端盾片稍扩大；雌花序常有柄，萼片被

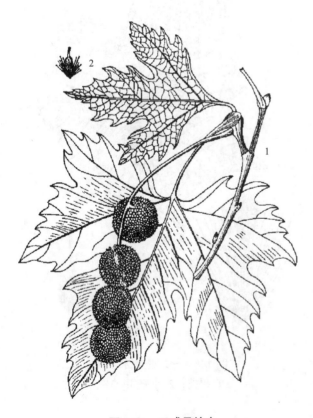

图117 三球悬铃木
1. 果枝；2. 小坚果

毛，花瓣倒披针形，心皮4个，花柱伸长，先端卷曲。果枝长10~15 cm，果序球多3~5个，稀为2个；直径2~2.5 cm，宿存花柱突出呈刺状，长3~4 mm，小坚果之间有黄色绒毛，突出头状果序外。花期4~5月；果期9~10月。

大寺场部、光华寺栽培。原产欧洲东南部及亚洲西部。据记载中国晋代即已引种，现以黄河、长江流域的城乡为栽培中心。

优良的庭荫树和行道树种。

15. 金缕梅科 Hamamelidaceae

常绿或落叶，乔木或灌木。单叶互生，罕对生，全缘或有锯齿，或为掌状分裂，具羽状脉或掌状脉；常具明显叶柄；托叶早落，线形或为苞片状，少数无托叶。花排成头状花序、穗状花序或总状花序，两性，或单性而雌雄同株，稀雌雄异株，有时杂性；异被，辐射对称，或缺花瓣；萼筒与子房分离或多少合生，萼裂片4~5数，镊合状或覆瓦状排列；花瓣与萼裂片同数，线形、匙形或鳞片状；雄蕊4~5数，稀为不定数，花药常2室，直裂或瓣裂，药隔突出；退化雄蕊存在或缺；子房半下位或下位，稀上位，2室，上半部分离；花柱2，胚珠多数，中轴胎座，或只有1枚垂生胚珠。蒴果，常开裂为4片，外果皮木质或革质，内果皮角质或骨质；种子多数，常为多角形，扁平或有窄翅，或单独而呈椭圆状卵形，具明显种脐；胚乳肉质，胚直生。

28属约140种，主要分布于亚洲东部、北美、中美、非洲及大洋洲。中国18属约80种。徂徕山3属3种。

分属检索表

1. 胚珠及种子多枚，花序头状或肉质穗状；叶掌状3~5裂，掌状脉··················1. 枫香属 Liquidambar
1. 胚珠及种子1枚，具总状或穗状花序；叶具羽状脉，不分裂。
　2. 花有花瓣，两性花，花萼、花瓣、雄蕊均为4数··················2. 金缕梅属 Hamamelis
　2. 花无花瓣，花单性、雌雄同株，萼齿及雄蕊为5数··················3. 山白树属 Sinowilsonia

1. 枫香属 Liquidambar Linn.

落叶乔木。叶互生，具长柄，掌状裂，具掌状脉，有锯齿；托叶线形，常与叶柄基部合生，早落。花单性，雌雄同株，无花瓣。雄花多数，排成头状或短穗状花序；每花序具4苞片，无萼片及花瓣；雄蕊多而密集，花丝与花药等长，花药2室，纵裂。雌花多数，头状花序，具1苞片；萼筒与子房合生，萼裂针状，宿存，有时或缺；无花瓣；子房半下位，2室，藏在头状花序轴内，花柱2，柱头线形，有多数细小乳头状突起；胚珠多数，中轴胎座。头状果序圆球形，有蒴果多数；蒴果木质，室间裂开为2片，果皮薄，有宿存花柱或萼齿；种子多数，在胎座最下部的数粒完全发育，有窄翅，种皮坚硬，胚乳薄，胚直立。

6种，分布于亚洲及北美洲的温带与亚热带。中国2种和1变种，主要分布于长江流域以南各省份。徂徕山1种。

1. 枫香（图118）

Liquidambar formosana Hance

Ann. Sci. Nat. ser. 5. 5: 215. 1866.

落叶乔木。树皮灰褐色，浅裂；小枝灰色，被柔毛，略有皮孔。叶薄革质，宽卵形，掌状3裂，

图 118 枫香
1. 花枝；2. 果枝；3. 雄蕊；
4. 雌蕊；5. 蒴果

中裂片前伸，先端尾状渐尖；侧裂片平展；基部心形；上面绿色；下面灰绿色，有短柔毛，或变秃净仅在脉腋间有毛；掌状脉 3~5 条，在上下两面均显著，网脉明显；缘有腺状锯齿；叶柄 4~11 cm；托叶条形，与叶柄合生，长 1~1.4 cm，红褐色，被毛，早落。雄性短穗状花序常多个排成总状，雄蕊多数，花丝不等长，花药比花丝略短。雌性头状花序具花 22~40 朵，花序柄长；萼齿 4~7 个，针形，长 4~8 mm，子房下半部藏在头状花序轴内，上半部游离，有柔毛，花柱长 6~10 mm，先端常卷曲。头状果序圆球形，木质，直径 3~4 cm；蒴果下半部藏于花序轴内，有宿存花柱及针刺状萼齿。种子多数，褐色，多角形或有窄翅。花期 4~5 月；果期 10 月。

庙子有栽培。国内分布于秦岭及淮河以南各省份，北起河南，东至台湾，西至四川、云南及西藏，南至广东。亦见于越南北部、老挝及朝鲜南部。

著名秋色叶树种，可作庭荫树；树脂供药用，能解毒止痛，止血生肌；果序球药用，称"路路通"，有祛风除湿，通络活血功效；木材稍坚硬，可制家具及贵重商品的装箱。

2. 金缕梅属 Hamamelis Gronov. ex Linn.

落叶灌木或小乔木；嫩枝有绒毛。裸芽，有绒毛。叶阔卵形，不等侧，羽状脉，第 1 对侧脉通常有第 2 次分支侧脉，全缘或有波状齿，有叶柄，托叶披针形，早落。花聚成头状或短穗状花序，两性，4 数；萼筒与子房多少合生，萼齿卵形，4 个，被星毛；花瓣带状，4 片，黄色或淡红色，在花芽时皱折；雄蕊 4 枚，花丝极短，花药卵形，2 室，单瓣裂开；退化雄蕊 4 枚，鳞片状，与雄蕊互生；子房近于上位或半下位，2 室；花柱 2，极短；胚珠每室 1 枚，垂生于心皮室的内上角。蒴果木质，卵圆形，上半部 2 片裂开，每片 2 浅裂；内果皮骨质，常与木质外果皮分离。种子长椭圆形，种皮角质，发亮；胚乳肉质。

6 种，分布于东亚和北美。中国 1 种。徂徕山有栽培。

1. 金缕梅（图 119）
Hamamelis mollis Oliver
Hook. f. Ic. Pl. 18: t. 1742. 1888.

落叶灌木或小乔木，高达 8 m；嫩枝有星状绒

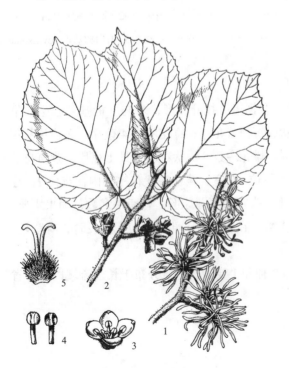

图 119 金缕梅
1. 花枝；2. 果枝；3. 花；4. 雄蕊；5. 雌蕊

毛；老枝秃净；芽长卵形，有灰黄色绒毛。叶纸质或薄革质，阔倒卵圆形，长 8~15 cm，宽 6~10 cm，先端短急尖，基部不等侧心形，上面稍粗糙，有稀疏星状毛，不发亮，下面密生灰色星状绒毛；侧脉 6~8 对，最下面 1 对侧脉有明显的第 2 次侧脉，在上面很显著，在下面突起；边缘有波状钝齿；叶柄长 6~10 mm，被绒毛，托叶早落。头状或短穗状花序腋生，有花数朵，无花梗，苞片卵形，花序柄短，长不到 5 mm；萼筒短，与子房合生，萼齿卵形，长 3 mm，宿存，均被星状绒毛；花瓣带状，长约 1.5 cm，黄白色；雄蕊 4 枚，花丝长 2 mm，花药与花丝几等长；退化雄蕊 4 枚，先端平截；子房有绒毛，花柱长 1~1.5 mm。蒴果卵圆形，长 1.2 cm，宽 1 cm，密被黄褐色星状绒毛，萼筒长约为蒴果 1/3。种子椭圆形，长约 8 mm，黑色，发亮。花期 5 月。

上池有栽培。国内分布于四川、湖北、安徽、浙江、江西、湖南及广西等省份。

3. 山白树属 Sinowilsonia Hemsl.

落叶灌木或小乔木；嫩枝及叶背均有星状绒毛，裸芽。叶互生，有柄，倒卵形或椭圆形，羽状脉，第 1 对侧脉有第 2 次分支侧脉，托叶线形，早落。花单性、雌雄同株，稀两性花，排成总状或穗状花序，有苞片及小苞片。雄花有短柄，萼筒壶形，有星状绒毛，萼齿 5 个，窄匙形；花瓣不存在；雄蕊 5 枚，与萼齿对生，花丝极短，花药椭圆形，纵裂；无退化子房。雌花序穗状，花无柄，萼筒壶形，萼齿 5 个，窄匙形，无花瓣；退化雄蕊 5 枚，有发育不全的花药；子房近于上位，2 室，每室有 1 枚垂生胚珠，花柱 2，稍伸长，突出萼筒外。蒴果木质，卵圆形，有星状绒毛，下半部被宿存萼筒所包裹，2 片裂开，内果皮骨质，与外果皮分离。种子 1 粒，长椭圆形，种皮角质，胚乳肉质。

仅 1 种，中国特有，分布于中国中部及其西北部地带。徂徕山有栽培。

1. 山白树（图 120）

Sinowilsonia henryi Hemsl.

Icon. Pl. 29: pl. 2817. 1906.

落叶灌木或小乔木，高约 8 m；嫩枝有灰黄色星状绒毛；老枝秃净，略有皮孔；芽体无鳞状苞片，有星状绒毛。叶纸质或膜质，倒卵形，稀为椭圆形，长 10~18 cm，宽 6~10 cm，先端急尖，基部圆形或微心形，稍不等侧，上面绿色，脉上略有毛，下面有柔毛；侧脉 7~9 对，网脉明显；边缘密生小齿突，叶柄长 8~15 mm，有星毛；托叶线形，长 8 mm，早落。雄花总状花序，萼筒极短，萼齿匙形；雄蕊近于无柄，花丝极短，与萼齿基部合生，花药 2 室，长约 1 mm。雌花穗状花序长 6~8 cm，基部有 1~2 片叶子，花序柄长 3 cm，与花序轴均有星状绒毛；苞片披针形，长 2 mm，小苞片窄披针形，长 1.5 mm，均有星状绒毛；萼筒壶形，长约 3 mm，萼齿长 1.5 mm，均有星毛；退化雄蕊 5 枚，无正常发育的花药，子房上位，有星状毛，藏于萼筒内，花柱长 3~5 mm，突出萼筒外。果序长 10~20 cm，花序轴稍增厚，有不规则棱状突起，被星状绒毛。蒴果无柄，卵圆

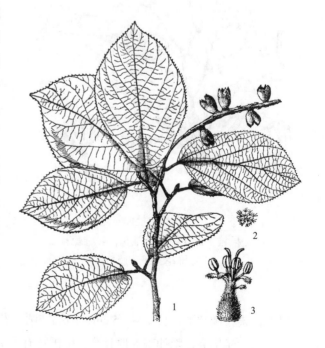

图 120 山白树
1.果枝；2.星状毛；3.花

形，长 1 cm，先端尖，被灰黄色长丝毛，宿存萼筒长 4~5 mm，被褐色星状绒毛，与蒴果离生。种子长 8 mm，黑色，有光泽，种脐灰白色。

上池有栽培。国内分布于湖北、四川、河南、陕西及甘肃等省份。

16. 杜仲科 Eucommiaceae

落叶乔木。单叶互生，羽状脉，叶缘有锯齿，具柄；无托叶。花单性，雌雄异株，无花被，先于叶开放或与叶同放。雄花簇生，位于幼枝基部的苞腋内，有短柄，具小苞片；雄蕊 5~10，花药条形，纵裂，花丝极短，花药 4 室。雌花单生于小枝下部枝腋，有苞片，具短花梗，子房 1 室，由 2 枚心皮合生而成，有子房柄，扁平，顶端 2 裂，柱头位于裂口内侧，先端反折，胚珠 2 枚，并立、倒生、下垂。翅果不开裂，扁平，长椭圆形，先端 2 裂，果皮薄革质，果梗极短。种子 1 粒，垂生于顶端；胚乳丰富；胚直立，与胚乳同长；子叶肉质，扁平；外种皮膜质。

1 属 1 种，为中国特产，分布于华中、华西、西南及西北地区。徂徕山有栽培。

1. 杜仲属 Eucommia Oliv.

形态特征、种类、分布与科相同。

1. 杜仲（图 121）

Eucommia ulmoides Oliv.

Hooker's Icon. Pl. 20: t. 1950（1890）

落叶乔木，高可达 20 m。树皮灰褐色；枝灰褐色或黄褐色，光滑或幼时有毛，髓心白色或灰色，2 年以下小枝髓部常隔片状。叶椭圆形或卵形，薄革质，长 6~18 cm，宽 3~7.5 cm，基部圆形或阔楔形，先端渐尖，边缘具内弯斜上的锯齿；上面暗绿色，老叶微皱，下面淡绿，初有褐色毛，以后仅在脉上有毛；侧脉 6~9 对，网脉明显；叶柄长 1~2 cm，有沟槽，被散生长毛。花生于当年枝基部；雄花梗长约 9 mm，无毛；苞片倒卵状匙形，长 6~8 mm，先端圆或平截，边缘有睫毛，早落；雄蕊黄绿色，条形，长约 1 cm，无毛，花丝长约 1 mm，药隔突出，无退化雌蕊。雌花梗长约 8 mm，子房无毛，1 室，扁而长，先端 2 裂，柱头位于裂口内侧，顶端突出向两侧伸展反曲，下有倒卵形的苞片。翅果扁平，长椭圆形，长 3~3.5 cm，宽 1~1.3 cm，先端 2 裂，基部楔形，周围具薄翅；坚果位于中央，稍突起。种

图 121　杜仲
1.果枝；2.花枝；3.雄花；4.雄蕊；
5.雌花；6.雌蕊

子扁平，狭长椭圆形，长 1.4~1.5 cm，两端钝圆。花期 4 月；果期 10 月。

大寺、光华寺、隐仙观等地栽培。中国特有，分布于陕西、甘肃、河南、湖北、四川、云南、贵州、湖南及浙江等省份。普遍栽培。

树皮药用，能治高血压、风湿性腰膝痛及习惯性流产等。树体提炼的硬橡胶，供工业原料及绝缘

材料；木材供建筑、家具等。是绿化结合生产的优良树种。

17. 榆科 Ulmaceae

落叶乔木或灌木，稀常绿；芽具鳞片，稀裸露。单叶互生，稀对生，有锯齿或全缘，通常基部偏斜，羽状脉或基部三出脉，有柄；托叶常呈膜质，早落。单被花，两性，稀单性或杂性，雌雄异株或同株，排成疏或密聚伞花序，或花序轴短缩而似簇生状，或单生，生于当年生枝或去年生枝的叶腋，或生于当年生枝下部或近基部的无叶部分的苞腋；花单被，萼4~8裂，覆瓦状（稀镊合状）排列，宿存或脱落；雄蕊着生于花被的基底，在蕾中直立，稀内曲，常与花被裂片同数而对生，稀较多，花丝明显，花药2室，纵裂，外向或内向；雌蕊由2心皮连合而成，花柱极短，柱头2，条形，其内侧为柱头面，子房上位，通常1室，稀2室，胚珠1枚，倒生，珠被2层。果为翅果、核果、小坚果或有时具翅或附属物，顶端常有宿存的柱头；胚直立、弯曲或内卷，胚乳缺或少量。

16属约230种，广布于全世界热带至温带地区。中国8属46种10变种，分布遍及全国。另引入栽培3种。徂徕山4属9种1变种。

分属检索表

1. 翅果，或为周围具翅或上半部具鸡头状窄翅的小坚果。
 2. 叶具羽状脉；花两性；翅果 ··· 1. 榆属 Ulmus
 2. 叶基部三出脉；花单性同株，雄花簇生，雌花单生；小坚果周围有翅 ············ 2. 青檀属 Pteroceltis
1. 核果。
 3. 叶基部三出脉；侧脉先端在未达叶缘前弧曲，不伸入锯齿 ······························ 3. 朴属 Celtis
 3. 叶具羽状脉；侧脉直，先端伸入锯齿；核果偏斜，宿存柱头喙状 ···················· 4. 榉属 Zelkova

1. 榆属 Ulmus Linn.

落叶乔木，稀灌木。树皮不规则纵裂，粗糙，稀裂成块片或薄片脱落；小枝无刺，有时具木栓翅；无顶芽，侧芽芽鳞覆瓦状，无毛或有毛。单叶互生，2列，边缘重锯齿或单锯齿，羽状脉，脉端伸入锯齿，基部多少偏斜，稀近对称，有柄；托叶条形，膜质，早落。花两性，排成聚伞花序或簇生；花被钟形，4~9裂，膜质，先端常丝裂，宿存，稀脱落或残页存；雄蕊与花被裂片同数而对生，花丝细直，花药2室，纵裂；子房由2心皮合成，1室，有1枚倒生胚珠，花柱极短，2裂；花后数周果即成熟。翅果扁平，果核部分位于中部至上部，果翅膜质，顶端具宿存的柱头及缺口。种子扁或微凸，种皮薄，无胚乳，胚直立，子叶扁平或微凸。

约40种，多分布于北温带。中国21种，分布遍及全国，以长江流域以北较多。徂徕山4种1变种。

分种检索表

1. 花春季开放，自花芽抽出，排成簇状聚伞花序或短聚伞花序；花被钟形、浅裂。
 2. 翅果近圆形，果核位于翅果中部或近中部，上端不接近缺口。
  3. 翅果仅顶端缺口柱头面被毛；枝条无木栓翅；叶卵形或卵状椭圆形 ············ 1. 白榆 Ulmus pumila
  3. 翅果两面及边缘有毛；枝条常有木栓翅；叶倒卵状菱形或倒卵形 ········ 2. 大果榆 Ulmus macrocarpa
 2. 翅果倒卵形或近倒卵形 ··· 3. 黑榆 Ulmus davidiana

1. 花秋季开放，花被片裂至杯状花被近基部，叶缘具单锯齿；翅果长约 1 cm，椭圆形，果核部分较两侧之翅为宽……
....4. 榔榆 Ulmus parvifolia

1. 白榆（图122）
Ulmus pumila Linn.
Sp. Pl. 326. 1753.

落叶乔木；树皮暗灰色，不规则深纵裂，粗糙；小枝灰白色，有散生皮孔；冬芽卵圆形，暗棕色，有毛。叶卵形或卵状椭圆形，长 2~6 cm，宽 1.5~2.5 cm，先端渐尖，基部偏斜或近对称，侧脉 9~14 对，叶面平滑无毛，叶背脉腋有簇生毛，边缘具重锯齿或单锯齿，叶柄长 2~5 mm，有短柔毛。花先于叶开放，簇生于去年生枝上，有短梗；花萼 4 裂，雄蕊 4，与萼片对生；子房扁平，花柱 2 裂。翅果近圆形，长 1~1.5 cm，除顶端缺口柱头面被毛外，余处无毛，果核部分位于翅果的中部，成熟前后其色与果翅相同，初淡绿色，后白黄色。花期 3 月；果期 4~5 月。

徂徕山各林区均产。国内分布于东北、华北、西北及西南地区，为华北及淮北平原农村的习见树木。朝鲜、俄罗斯、蒙古也有分布。

优良的绿化和用材树种。木材供建筑、家具等用。树皮纤维可代麻制绳或作人造棉原料。幼叶、嫩果可食；果、树皮等可入药。

此外，徂徕山见于栽培的品种有：金叶榆 '**Meiren**'，叶金黄色。垂枝榆 '**Pendula**'，树干上部的主干不明显，分枝较多，一至三年生枝下垂，树冠伞形。

2. 大果榆　黄榆（图123）
Ulmus macrocarpa Hance
Journ. Bot. 6: 332. 1868.

落叶乔木或灌木；树皮黑褐色，纵裂，粗糙，小枝黑褐色，两侧常有对生而扁平的木栓翅，间或上下亦有微凸起的木栓翅，幼时有疏毛，具散生皮孔。叶倒卵形或椭圆状倒卵形，质厚，大小变异很大，先端突尖，基部偏斜，边缘具大而浅钝的重锯齿，两面粗糙，叶面密生硬毛，叶背常有疏毛，脉腋常有簇生毛。花 5~9 朵簇生；花萼 4~5 裂；雄蕊 4；花柱 2 裂。翅果倒卵形，长 2.5~3.5 cm，宽 2~3 cm，基部多少偏斜

图 122　白榆
1. 枝叶；2. 果枝；3. 花；4. 翅果

图 123　大果榆
1. 枝条（示木栓翅）；2. 果枝；3~4. 果实

或近对称，顶端缺口内缘柱头面被毛，两面及边缘有毛，果核部分位于翅果中部，宿存花被钟形，果梗长 2~4 mm，被短毛。花期 4 月；果期 4~5 月。

徂徕山各山地林区均产。国内分布于黑龙江、吉林、辽宁、内蒙古、河北、山东、江苏、安徽、河南、山西、陕西、甘肃、青海等省份。朝鲜及俄罗斯中部也有分布。

造林树种。木材纹理直，韧性强，弯挠性能良好，耐磨损，可供车辆、农具、家具、器具等用。翅果含油量高，是医药和轻、化工业的重要原料。

3. 黑榆（图 124）

Ulmus davidiana Planch.

Prodr. 17: 158. 1873.

落叶乔木或灌木状；树皮暗灰色，纵裂；小枝有时具向四周膨大而不规则纵裂的瘤状木栓层，幼时有毛。叶倒卵形或椭圆状倒卵形，长 4~10 cm，宽 2~6 cm，先端短尖或渐尖，基部歪斜，边缘具重锯齿，叶面暗绿色，有粗硬毛，叶背初有毛，后变无毛，仅脉腋簇生毛，侧脉 10~20 对，叶柄短，有柔毛。花在去年生枝上排成簇状聚伞花序；花萼钟形，3~4 浅裂；花梗较花被为短。翅果倒卵形或近倒卵形，长 10~19 mm，宽 7~14 mm，果翅无毛，稀具疏毛，果核部分常被密毛，或被疏毛，位于翅果中上部或上部，上端接近缺口，宿存花被无毛，果梗被毛，长约 2 mm。花期 4 月；果期 5 月。

徂徕山各山地林区均产。分布于东北、华北地区及河南、陕西等省份。

造林树种。木材坚实可供建筑、农具等用。树皮可代麻制绳。

春榆（变种）

var. japonica（Rehd.）Nakai

Fl. Sylv. Kor. 19: 26. t. 9. 1932.

翅果无毛，树皮色较深。

徂徕山各山地林区均产。国内分布于东北地区及内蒙古、河北、山东、浙江、山西、安徽、河南、湖北、陕西、甘肃、青海等省份。朝鲜、俄罗斯、日本也有分布。

4. 榔榆（图 125，彩图 18）

Ulmus parvifolia Jacq.

Pl. Rar. Hort. Schoenbr. 3: 6. t. 262. 1798.

图 124 黑榆
1. 果枝；2. 翅果

图 125 榔榆
1. 果枝；2. 花；3. 翅果

落叶乔木；树皮灰色，不规则鳞状薄片剥落，露出红褐色内皮；当年生枝密被短柔毛，灰褐色；冬芽卵圆形，红褐色。叶质地厚，椭圆形，稀卵形或倒卵形，长2~5 cm，宽1~3 cm，先端短渐尖，基部偏斜，叶面深绿色，有光泽，除中脉凹陷处有疏柔毛外，余处无毛，叶背色较浅，脉腋白色柔毛，边缘有钝而整齐的单锯齿，侧脉每边10~15条，叶柄长2~6 mm，仅上面有毛。花3~6数，在新枝叶腋簇生，花被上部杯状，下部管状，花被片4，深裂，花梗极短，被疏毛。翅果椭圆形，长10~13 mm，宽6~8 mm，除顶端缺口柱头面被毛外，余处无毛，果核部分位于翅果的中上部，上端接近缺口，花被片脱落或残存，果梗较管状花被为短，长1~3 mm，有疏生短毛。花期8月；果期9~10月。

祖徕山各山地林区均产。国内分布于河北、山东、江苏、安徽、浙江、福建、台湾、江西、广东、广西、湖南、湖北、贵州、四川、陕西、河南等省份。日本、朝鲜也有分布。

树姿优美，枝叶细密，干皮斑驳，具有较高的观赏价值，广泛用于园林绿化与桩景制作。材质坚韧，耐水湿，可供家具、车辆、造船、农具等用。树皮纤维可作蜡纸及人造棉原料，或织麻袋、编绳索；亦供药用。

2. 青檀属 Pteroceltis Maxim.

落叶乔木；小枝细。叶互生，质薄，基部以上有单锯齿，基部三出脉，侧脉先端在未达叶缘前弯曲，不伸入锯齿；托叶早落。花单性，雌雄同株；雄花数朵簇生于当年生新枝的下部叶腋，花被5深裂，裂片覆瓦状排列，雄蕊5，与花被片对生，花丝直立，花药2室，纵裂，顶端有长毛，退化子房缺；雌花单生于当年生新枝的上部叶腋，花被4深裂，裂片披针形，花柱短，柱头2，条形，胚珠倒垂。坚果具细长果梗，两侧有宽翅，先端缺凹，内果皮骨质。种子具很少胚乳，胚弯曲，子叶宽。

1种，特产于中国。祖徕山有栽培。

1. 青檀（图126）

Pteroceltis tatarinowii Maxim.

Bull. Acad. Sci. St. Petersb. 18: 293. cum fig. 1873.

落叶乔木。树皮灰色或深灰色，不规则长片状剥落。叶互生，宽卵形至长卵形，长3~10 cm，宽2~5 cm，先端渐尖至尾状渐尖，基部不对称，楔形、圆形或截形，边缘有不整齐的锯齿，基部三出脉，侧出的1对近直伸达叶的上部，侧脉4~6对，叶面幼时被短硬毛，后脱落常残留有圆点，光滑或稍粗糙，叶背在脉上有稀疏的或较密的短柔毛，脉腋有簇毛，其余近光滑无毛；叶柄长5~15 mm，被短柔毛。花单性、同株，雄花数朵簇生于当年生枝的下部叶腋，花被5深裂，裂片覆瓦状排列，雄蕊5，花丝直立，花药顶端有毛，退化子房缺；雌花单生于当年生枝的上部叶腋，花被4深裂，裂片披针形，子房侧向压扁，花柱短，柱头2，

图126 青檀
1.果枝；2.树皮；3.雄花；
4.雄蕊；5.雌花

条形，胚珠倒垂。翅果状坚果近圆形或近四方形，直径 10~17 mm，黄绿色或黄褐色，翅宽，稍带木质，有放射线条纹，下端截形或浅心形，顶端有凹缺，果实外面无毛或多少被曲柔毛，常有不规则的皱纹，有时具耳状附属物，具宿存的花柱和花被，果梗纤细，长 1~2 cm，被短柔毛。花期 3~5 月；果期 8~10 月。

上池有栽培。中国特有植物，分布于安徽、福建、甘肃、青海、广东、广西、贵州、湖北、湖南、河北、河南、江苏、江西、辽宁、陕西、山西、四川、浙江等省份。

茎皮、枝皮纤维是生产宣纸的优质原料；木材坚硬细致；种子可榨油。特别耐干旱瘠薄，可作石灰岩山地的造林树种，也可栽作庭荫树。

3. 朴属 Celtis Linn.

常绿或落叶乔木，稀灌木；冬芽小，卵形，先端紧贴小枝。单叶互生，有锯齿或全缘，三出脉，侧脉弯曲向上，不伸达齿端，叶柄长。花两性或杂性同株；雄花簇生于新枝下部叶腋，雌花与两性花单生或 2~3 朵集生于新枝上部叶腋；花被片 4~5，离生或基部稍合生，脱落；雄蕊与花被片同数，与花被片对生，着生于通常具柔毛的花托上；雌蕊具短花柱，柱头 2，子房无柄，上位，1 室，具 1 倒生胚珠。核果近球形，单生或 2~3 枚生于叶腋，内果皮骨质，表面有网孔状凹陷或近平滑；种子充满核内，胚乳少量或无，胚弯，子叶宽。

约 60 种，分布于北温带及热带。中国 11 种 2 变种，广布于全国各地。徂徕山 3 种。

分种检索表

1. 叶的先端非上述情况，渐尖、钝尖或突尖。
    2. 果橙红色，果梗与叶柄近等长；小枝及叶下面密生黄褐色柔毛··················1. 朴树 Celtis sinensis
    2. 果紫黑色，果柄长为叶柄长的 2~3 倍；小枝及叶两面无毛，或仅萌生枝叶有毛··········2. 小叶朴 Celtis bungeana
1. 叶先端近平截而具粗锯齿，中间的齿常呈尾状长尖·······················3. 大叶朴 Celtis koraiensis

1. 朴树（图 127）

Celtis sinensis Pers.

Syn. Pl. 1: 292. 1805.

—— *Celtis tetrandra* Roxb. subsp. *sinensis* (Pers.) Y. C. Tang

落叶乔木。树皮灰色，平滑；一年生枝密生短毛。叶阔卵形或椭圆状卵形，长 3~10 cm，先端短渐尖、钝尖或微突尖，基部一边楔形，一边圆形，叶上面无毛，下面沿脉及脉腋疏生毛，网脉隆起，边缘中部以上有浅锯齿；叶柄长 0.6~1 cm。花 1~3 朵生于当年生新枝叶腋；萼片 4，有毛；雄蕊 4，柱头 2。核果近球形，径 4~6 mm，橙红色，单生或 2 枚并生，稀 3 枚；果与果柄近等长；果核微有突肋和网纹状凹陷。花期 4 月；果期 9~10 月。

大寺等地有栽培。国内分布于华东、中南

图 127 朴树
1. 果枝；2. 果核

地区及陕西、甘肃、四川等省份。

树形优美，绿荫浓郁，广泛用于城乡绿化，可作庭荫树、行道树，及盆景树种。木材可供建筑、家具用。茎皮纤维可代麻用。

2. 小叶朴（图 128）

Celtis bungeana Blume

Mus. Bot. Lugd.-Bat. 2: 71. 1852.

落叶乔木，树皮淡灰色，光滑；小枝无毛，幼时萌枝密被毛。叶厚纸质，卵状椭圆形或卵形，长 3~8 cm，宽 2~4 cm，基部偏斜，先端尖至渐尖，边缘上半部有浅钝锯齿，有时近全缘，两面无毛；叶柄淡黄色，长 3~10 mm，上面有沟槽；萌发枝上的叶形变异较大，先端可具尾尖且有糙毛。核果近球形，直径 5~7 mm，熟时蓝黑色，单生叶腋；果柄较细软，无毛，长为叶柄 2 倍以上；果核白色，近球形，肋不明显，表面极大部分近平滑或略具网孔状凹陷，直径 4~5 mm。花期 4~5 月；果期 10~11 月。

产于王庄、大寺、庙子、马场、上池、锦罗、光华寺等林区。国内分布于辽宁、河北、山东、山西、内蒙古、甘肃、宁夏、青海、陕西、河南、安徽、江苏、浙江、湖南、江西、湖北、四川、云南、西藏。朝鲜也有分布。

可作庭荫树及城乡绿化树种。木材供家具、农具及建筑等用。根皮入药，可治老年慢性气管炎等症。

图 128　小叶朴
1. 果枝；2. 果核

3. 大叶朴（图 129）

Celtis koraiensis Nakai

Bot. Mag. Tokyo 23: 191. 1909.

落叶乔木，高达 15 m；树皮灰色或暗灰色，浅微裂；当年生小枝老后褐色至深褐色，散生小而微凸、椭圆形的皮孔；冬芽深褐色，内部鳞片具棕色柔毛。叶椭圆形至倒卵状椭圆形，少有为倒广卵形，长 7~12 cm（连尾尖），宽 3.5~10 cm，基部稍不对称，宽楔形至近圆形或微心形，先端具尾状长尖，长尖常由平截状先端伸出，边缘具粗锯齿，两面无毛，或仅叶背疏生短柔毛或在中脉和侧脉上有毛；叶柄长 5~15 mm，无毛或生短毛；在萌发枝上的叶较大，且具较多和较硬的毛。果单生叶腋，果梗长 1.5~2.5 cm，果近球形至球状椭圆形，直径约 12 mm，成熟时橙黄色至深褐色；核球状椭圆形，直径约 8 mm，有 4 纵肋，表面具明显网孔状凹陷，灰褐色。花期 4~5 月；果期 9~10 月。

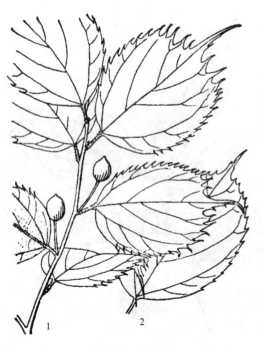

图 129　大叶朴
1. 果枝；2. 叶

产于中军帐、龙湾、太平顶、庙子等处。多生于山坡、沟谷林中。国内分布于辽宁、河北、山东、安徽、山西、陕西和甘肃。朝鲜也有分布。

4. 榉属 Zelkova Spach

落叶乔木。叶互生，具短柄，有圆齿状锯齿，羽状脉，脉端直达齿尖；托叶成对离生，膜质，狭窄，早落。花杂性，几乎与叶同时开放，雄花数朵簇生于幼枝的下部叶腋，雌花或两性花通常单生于幼枝的上部叶腋，稀 2~4 朵簇生；雄花的花被钟形，4~6（7）浅裂，雄蕊与花被裂片同数，花丝短而直立，退化子房缺；雌花或两性花的花被 4~6 深裂，裂片覆瓦状排列，退化雄蕊缺或多少发育，稀具发育的雄蕊，子房无柄，花柱短，柱头 2，条形，偏生，胚珠倒垂，稍弯生。果为核果，偏斜，宿存柱头呈喙状，在背面具龙骨状突起，内果皮多少坚硬；种子上下多少压扁，顶端凹陷，胚乳缺，胚弯曲，子叶宽，近等长，先端微缺或 2 浅裂。

5 种，分布于地中海东部至亚洲东部。中国 3 种，分布于辽东半岛至西南以东的广大地区。岨徕山 1 种。

1. 光叶榉（图 130）

Zelkova serrata（Thunb.）Makino

Bot. Mag. Tokyo 17: 13. 1903.

乔木，高达 30 m，胸径达 100 cm。树皮灰白色或褐灰色，呈不规则片状剥落；当年生枝紫褐色或棕褐色，疏被短柔毛，后渐脱落；冬芽圆锥状卵形或椭圆状球形。叶薄纸质至厚纸质，卵形、椭圆形或卵状披针形，长 3~10 cm，宽 1.5~5 cm，先端渐尖或尾状渐尖，基部稍偏斜，圆形或浅心形，稀宽楔形，叶面绿，稀带光泽，幼时疏生糙毛，后脱落变平滑，叶背浅绿，幼时被短柔毛，后脱落或仅沿主脉两侧残留有稀疏的柔毛，边缘有圆齿状锯齿，具短尖头，侧脉 7~14 对；叶柄粗短，长 2~6 mm，被短柔毛；托叶膜质，紫褐色，披针形，长 7~9 mm。雄花具极短的梗，径约 3 mm，花被裂至中部，花被裂片（5）6~7（8），不等大，外面被细毛，退化子房缺；雌花近无梗，径约 1.5 mm，花被片 4~5（6），外面被细毛，子房被细毛。核果几乎无梗，淡绿色，斜卵状圆锥形，上面偏斜，凹陷，直径 2.5~3.5 mm，具背腹脊，网肋明显，表面被柔毛，具宿存的花被。花期 4 月；果期 9~11 月。

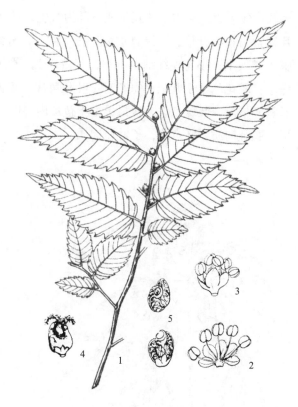

图 130 光叶榉
1. 果枝；2~3. 雄花；4. 两性花；5. 果实

上池有栽培。国内分布辽宁、陕西、甘肃、山东、江苏、安徽、浙江、江西、福建、台湾、河南、湖北、湖南、广东等省份。日本和朝鲜也有分布。

庭院绿化树和行道树种。木材坚实，富弹性，纹理美丽，耐水湿，可供家具、建筑、造船等用。树皮和叶供药用。

18. 大麻科 Cannabaceae

一年生或多年生草本，直立或缠绕。单叶，互生或对生，掌状分裂；托叶分离。花单性异株，或有时同株，腋生或顶生。雄花排成圆锥花序，花被片 5，覆瓦状排列，雄蕊 5，与花被片对生，花丝短，花药 2 室，纵裂；雌花无梗，丛生或集成穗状聚伞花序，有宿存的苞片，花被退化为 1 个全缘的膜质片，贴于子房，子房 1 室，胚珠 1 枚，花柱 2 裂。瘦果，有宿存的花被。种子的胚曲生或螺旋状向内卷曲，胚乳肉质。

2 属 4 种，产于非洲北部、亚洲、欧洲和北美洲。中国 2 属 4 种。徂徕山 2 属 2 种。

分属检索表

1. 一年生直立草本；叶互生或下部之叶对生··1. 大麻属 Cannabis
1. 攀缘性多年生草本；茎具六棱；叶对生···2. 葎草属 Humulus

1. 大麻属 Cannabis Linn.

一年生直立草本。叶互生或下部为对生，掌状全裂，上部叶具裂片 1~3，下部叶具裂片 5~11，裂片通常为狭披针形，边缘具锯齿；托叶侧生，分离。花单性异株，稀同株；雄花为疏散大圆锥花序，腋生或顶生；小花梗纤细，下垂；花被片 5，覆瓦状排列；雄蕊 5，花丝极短，在芽时直立，退化子房小；雌花丛生于叶腋，每花有 1 叶状苞片；花被退化，膜质，贴于子房，子房无柄，花柱 2，柱头丝状，早落，胚珠悬垂。瘦果单生于苞片内，卵形，两侧扁平，宿存花被紧贴，外包以苞片；种子扁平，胚乳肉质，胚弯曲，子叶厚肉质。

1 种，原产亚洲。中国南北各省份均有栽培。徂徕山也有。

1. 大麻（图 131）

Cannabis sativa Linn.

Sp. Pl. 1: 1027. 1753.

一年生直立草本，高 1~3 m，枝具纵沟槽，密生灰白色贴伏毛。叶掌状全裂，裂片披针形或线状披针形，长 7~15 cm，中裂片最长，宽 0.5~2 cm，先端渐尖，基部狭楔形，表面深绿，微被糙毛，背面幼时密被灰白色贴状毛后变无毛，边缘具向内弯的粗锯齿，中脉及侧脉在表面微下陷，背面隆起；叶柄长 3~15 cm，密被灰白色贴伏毛；托叶线形。雄花序长达 25 cm；花黄绿色，花被 5，膜质，外面被细伏贴毛，雄蕊 5，花丝极短，花药长圆形；小花梗长 2~4 mm；雌花绿色；花被 1，紧包子房，略被小毛；子房近球形，外面包于苞片。瘦果为宿存黄褐色苞片所包，果皮坚脆，表面具细网纹。花期 5~6 月；果期 7 月。

徂徕山各林区均产。生于路边、林缘、沟

图 131 大麻
1. 植株上部；2. 雄花；3. 雌花；
4. 宿存苞片包被瘦果；5. 瘦果

边。原产不丹、印度和中亚,中国各地均有野生或栽培。

茎皮纤维长而坚韧,可用以织麻布或纺线,制绳索,编织渔网和造纸;种子榨油,含油量30%,可供做油漆、涂料等,油渣可作饲料。

2. 葎草属 Humulus Linn.

一年生或多年生草本,茎粗糙,具棱。叶对生,3~7裂。花单性,雌雄异株;雄花为圆锥花序式的总状花序;花被5裂,雄蕊5,在花芽时直立,雌花少数,生于宿存覆瓦状排列的苞片内,排成1假柔荑花序,在果期苞片增大,变成球果状体,每花有1全缘苞片包围子房,花柱2。果为扁平的瘦果。

3种,主要分布北半球温带及亚热带地区。中国3种,主要分布于东南部和西南部。徂徕山1种。

1. 葎草(图132)

Humulus scandens(Lour.)Merr.

Trans. Amer. Philip. Soc. n. ser. 24. 2: 138. 1935.

缠绕草本,茎、枝、叶柄均具倒钩刺。叶纸质,肾状五角形,掌状5~7深裂,稀3裂,长宽7~10 cm,基部心形,表面粗糙,疏生糙伏毛,背面有柔毛和黄色腺体,裂片卵状三角形,边缘具锯齿;叶柄长5~10 cm。雄花小,黄绿色,圆锥花序,长15~25 cm;雌花序球果状,径约5 mm,苞片纸质,三角形,顶端渐尖,具白色绒毛;子房为苞片包围,柱头2,伸出苞片外。瘦果成熟时露出苞片外。花期5~8月;果期8~10月。

徂徕山各林区均产。生于沟边、荒地、废墟、林缘边。中国除新疆、青海外,各省份均有分布。日本、越南也有分布。

全草可作药用;茎皮纤维可作造纸原料,种子油可制肥皂;果穗可代啤酒花用。

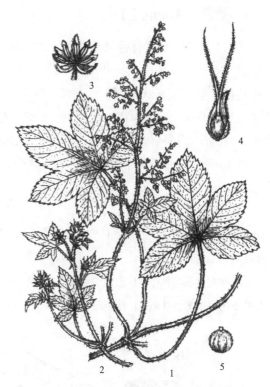

图132 葎草
1. 雄花枝;2. 雌花枝;3. 雄花;
4. 雌花;5. 果实

19. 桑科 Moraceae

落叶或常绿,乔木或灌木,有时为藤本,很少为草本。植株通常具乳汁。单叶,互生,稀对生,全缘或具锯齿、分裂,叶脉掌状或羽状,有时有钟乳体;托叶2,通常早落。花小,单性,雌雄同株或异株,常密集成柔荑花序、头状或聚伞花序,花序托有时为肉质,增厚而封闭成为隐头花序。雄花花被片2~4,有时仅1或多至6,分离或基部合生,宿存;雄蕊通常与花被片同数而对生,花丝在芽时弯曲,少直立,退化雌蕊有或无。雌花花被片4,基部稍合生,宿存;子房上位,1室,胚珠1枚,悬垂;柱头线形或2裂。果为小瘦果或核果状,通常外面包有肥大肉质增厚的花被(或肉质部分在子房基部肥大)而成聚花果,或隐藏于肉质而中空的花序托内壁上形成隐花果。种子包于内果皮中;胚悬垂,多弯曲;子叶厚,平直或折叠。

约37~43属1100~1400种,主要分布于热带及亚热带,少数分布于温带。中国9属144种和亚种,分布于全国各省份,多分布于长江流域各省份。徂徕山4属6种1变种。

分属检索表

1. 柔荑花序或头状花序。
   2. 雄花序为柔荑花序；叶缘有锯齿。
      3. 雌、雄花均为柔荑花序；聚花果圆柱形··1. 桑属 Morus
      3. 雄花为柔荑花序，雌花为头状花序；聚花果圆球形·····························2. 构属 Broussonetia
   2. 雌、雄花序均为头状花序；叶全缘或 3 裂，枝有刺·····································3. 柘属 Maclura
1. 隐头花序；小枝有环状托叶痕···4. 榕属 Ficus

1. 桑属 Morus Linn.

乔木或灌木。植物体通常含乳汁。枝无刺；无顶芽，腋芽有芽鳞 3~6。单叶，互生；叶缘有锯齿或缺刻，掌状脉 3~5 出；托叶小，早落。雌雄异株，或同株；雄花序为短穗状的柔荑花序，多早落；雄花花被 4 裂，覆瓦状排列，雄蕊 4，与花被裂片对生，花丝在芽内弯曲折叠；雌花序亦为短穗状；雌花花被裂片 4，子房为花被所包围，1 室，花柱短或稍长，柱头 2 裂，顶生。聚花果肉质卵形或圆柱形，由肉质花被所包围的多数小瘦果集合而成，常称葚果；种子近球形，皮薄，有胚乳。

约 16 种，分布于北半球的温带及亚热带。中国 11 种，分布于全国各省份。徂徕山 3 种 1 变种。

分种检索表

1. 雌花无花柱或具极短的花柱，柱头内侧具乳头状突起··1. 桑 Morus alba
1. 雌花具明显的花柱。
   2. 叶缘锯齿齿端具刺芒，柱头内侧具乳头状突起···3. 蒙桑 Morus mongolica
   2. 叶缘锯齿齿端不具刺芒，柱头内侧具毛···2. 鸡桑 Morus australia

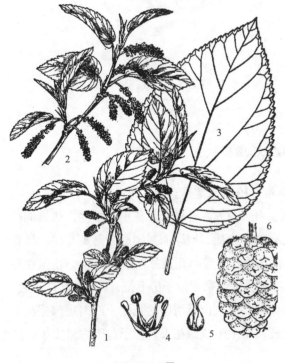

图 133 桑
1. 雌花枝；2. 雄花枝；3. 叶；4. 雄花；
5. 雌花；6. 聚花果

1. 桑（图 133）
Morus alba Linn.

Sp. Pl. 986. 1753.

小乔木或灌木；高可达 10 m，胸径 50 cm。树皮黄褐色至灰褐色，不规则浅裂；小枝细长，黄色、灰白色或灰褐色，光滑或幼时有毛；冬芽多红褐色。叶卵形、卵状椭圆形至阔卵形，长 6~15 cm，宽 4~13 cm，先端尖或短渐尖，基部圆形或浅心形，缘有不整齐的疏钝锯齿，无裂或偶有裂，上面绿色无毛，下面淡绿色，沿叶脉或腋间有白色毛；叶柄长 1.5~2.5 cm。雌雄异株，稀同株；雄花序长 1.5~3.5 cm，下垂，花被边缘及花序轴有细绒毛；雌花序长 1.2~2 cm，直立或斜生，花被片阔卵形，在果期变为肉质，子房卵圆形，顶部有外卷的 2 柱状，无花柱或花柱极短。葚果球形至长圆柱状，熟时白色、淡红色或紫黑色，大小因品种而异，通常叶用桑直径约 1 cm，果用桑直径 1.5~2 cm。花期

4~5月；果期5~7月。

徂徕山各林区均产，也有栽培。分布于中国中部和北部，现由东北至西南地区，西北至新疆均有栽培。朝鲜、日本、蒙古、中亚各国、俄罗斯、欧洲等地以及印度、越南等亦有栽培。

叶可饲桑蚕。葚果可生吃及酿酒，富营养。种子榨油，适用于油漆及涂料。木材坚实，有弹性，可作家具、器具、装饰及雕刻材。细枝条用于编织筐篓。根、皮、叶、果供药用；桑枝能祛风清热、通络；桑葚能滋补肝肾、养血补血；桑叶能祛风清热、清肝明目、止咳化痰。

鲁桑 湖桑、女桑（变种）
var. multicaulis（Perrott.）Loud.
Arb. Frut. Brit. 3: 1348. 1838.

叶大而厚，叶长可达30 cm，表面泡状皱缩；聚花果圆筒状，长1.5~2 cm，成熟时白绿色或紫黑色。

徂徕山周围农家有栽培。因叶大，肉厚多汁，为家蚕的良好饲料。江苏、山东、浙江、四川及陕西等省份有栽培。

2. 鸡桑（图134）

Morus australis Poir.
Encycl. Meth. 4: 380. 1796.

乔木或灌木状；树皮灰褐色。叶卵形，长5~14 cm，先端骤尖或尾尖，基部稍心形或近平截，具锯齿，不裂或3~5裂，上面硬毛，下面沿叶脉疏被粗毛；叶柄长1~1.5 cm，被毛，托叶线状披针形，早落。雄花序长1~1.5 cm，被柔毛；雌花序长1~1.5 cm，被柔毛；雌花序卵形或球形，长约1 cm。雌花花被长圆形，花柱较长，柱头2裂，内侧被柔毛。聚花果短椭圆形，径约1 cm。熟时红或暗紫色。花期3~4月；果期4~5月。

产于龙湾、上池。国内分布于辽宁、河北、陕西、甘肃、山东、安徽、浙江、江西、福建、台湾、河南、湖北、湖南、广东、广西、四川、贵州、云南、西藏等省份。朝鲜、日本、斯里兰卡、不丹、尼泊尔及印度也有分布。

韧皮纤维可造纸。果味甜可食。

3. 蒙桑（图135，彩图19）

Morus mongolica（Bureau）Schneid.

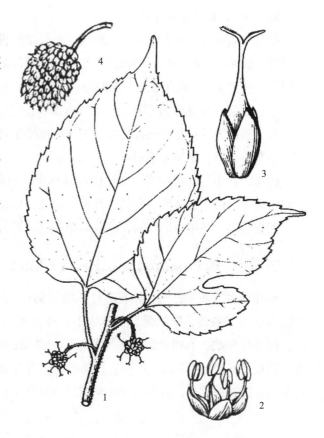

图134 鸡桑
1. 雌花枝；2. 雄花；3. 雌花；4. 聚花果

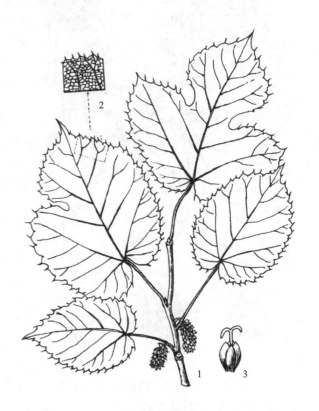

图135 蒙桑
1. 果枝；2. 叶局部放大；3. 雌花

Sarg. Pl. Wils. 3: 296. 1916.

小乔木或灌木。树皮灰褐色，纵裂；小枝暗红色，老枝灰黑色；冬芽卵圆形，灰褐色。叶长椭圆状卵形，长8~15 cm，宽5~8 cm，先端尾尖，基部心形，边缘具三角形单锯齿，稀为重锯齿，齿尖有长刺芒，两面无毛；叶柄长2.5~3.5 cm。雄花序长3 cm，雄花花被暗黄色，外面及边缘被长柔毛，花药2室，纵裂；雌花序短圆柱状，长1~1.5 cm，总花梗纤细，长1~1.5 cm。雌花花被片外面上部疏被柔毛，或近无毛；花柱长，柱头2裂，内面密生乳头状突起。聚花果长1.5 cm，成熟时红色至紫黑色。花期3~4月；果期4~5月。

徂徕山各山地林区均产。生于山地或林中。国内分布于东北地区及内蒙古、新疆、青海、河北、山西、河南、山东、陕西、安徽、江苏、湖北、四川、贵州、云南等省份。蒙古和朝鲜也有分布。

韧皮纤维系高级造纸原料，脱胶后可作纺织原料；根皮入药。

2. 构属 Broussonetia L'Her. ex Vent.

落叶乔木或灌木；植物体有乳汁。枝无刺；无顶芽，腋芽的芽鳞2~3片。单叶，互生，稀对生；叶缘有锯齿或缺刻，掌状脉，主脉3出；有长叶柄；托叶膜质，早落。雌雄异株；雄花序柔荑状下垂，雌花序头状，有球形的花序托及较短的总梗；雄花花被4裂，雄蕊4枚，花丝在芽内呈折曲状；雌花花被筒状，3~4齿裂，包围有柄的子房，花柱细长，丝状，侧生。聚花果球形；单果为瘦果，包被于宿存的花被筒内；成熟时子房柄肉质向外伸出；种子圆形、长圆形，有胚乳。

约4种，分布于亚洲东部的温带及亚热带。中国4种，主要分布于东南及西南地区。徂徕山1种。

1. 构（图136）

Broussonetia papyifera（Linn.）L'Hert. ex Vent. Tableau Regn. Veget. 3: 458. 1799.

乔木；高可达18 m。树皮灰色至灰褐色，平滑或不规则浅纵裂；小枝灰褐色或红褐色，密被灰色长毛。叶卵形或阔卵形，长7~26 cm，宽5~20 cm，先端渐尖或锐尖，基部阔楔形、截形、圆形或心形，两侧偏斜，不裂或有2~5不规则的缺裂，边缘有粗锯齿，上面绿色，被灰色粗毛，下面灰绿色，密被灰柔毛；叶柄圆柱形，长2~12 cm，有长柔毛；托叶膜质，卵状披针形，略带紫色。雌雄异株；雄花序为下垂的柔荑花序，长4~8 cm，总梗粗长，总梗及雄花花被上均有毛；雌花序头状，直径约2 cm，总梗长1~1.5 cm；雌花有筒状的花被及棒状的苞片，被白色细毛，花柱细长，灰色或紫红色。聚花果球形，直径2~3 cm，瘦果由肉质的子房柄挺出于球形果序外，橘红色；种子扁球形，红褐色。花期4~5月；果期7~9月。

徂徕山各林区均产。中国南北各省份均有分布。缅甸、泰国、越南、马来西亚、日本、朝鲜也有分布。

图136 构树

1. 雌花枝；2. 雄花枝；3. 果枝；4. 雄花；5. 雌花序；6. 雌花；7. 带肉质子房柄的瘦果；8. 瘦果

适应性强，抗干旱瘠薄及烟害，适宜作城镇及工矿区的绿化用树。茎皮纤维长而柔韧，为优质的人造棉及纤维工业原料。根、皮及果实药用，有利尿、补肾、明目、健胃的功效；叶及皮内乳汁可治疮癣等皮肤病。

3. 柘属 Maclura Nuttall

落叶乔木或灌木，稀藤本。植物体有乳汁，枝有刺。单叶，互生，全缘或3裂；托叶离生，早落。花雌雄异株，雌雄花序均为头状花序，腋生。雄花的花被片4（3~5），基部常有2~3苞片，雄蕊4枚，与花被片对生，花丝在芽内直伸；雌花的花被4裂，包围子房，先端肥厚，花柱1或2，丝状或毛状。聚花果由肉质的花被和苞片包围小瘦果形成，不规则球形；种子形小，种皮膜质，有胚乳，子叶折叠。

约12种，分布于亚洲东部温带、亚热带及大洋洲。中国5种，主要分布于东南及西南地区。徂徕山1种。

1. 柘（图137）

Maclura tricuspidata Carr.

Rev. Hort. 1864: 390. pl. 37. 1864.

—— *Cudrania tricuspidata* （Carr.） Bureau ex Lavall.

落叶灌木或小乔木，高可达8 m。树皮灰褐色，不规则片状剥落；小枝暗绿褐色，光滑无毛，或幼时有细毛；枝刺圆锥形，锐尖，长可达3.5 cm。叶卵形、倒卵形、椭圆状卵形或椭圆形，长3~17 cm，宽2~5 cm，先端圆钝或渐尖，基部近圆形或阔楔形，全缘或上部2~3裂，有时边缘呈浅波状，上面深绿色，下面浅绿色，嫩时两面被疏毛，老时仅下面沿主脉有细毛，近革质；叶柄长5~15 mm，有毛。雌雄花序头状，均有短梗，单一或成对腋生；雄花序直径约5 mm，花被片长约2 mm，肉质，下有苞片2；雌花序直径1.3~1.5 cm，开花时花被片陷于花托内；子房又埋藏于花被下部，每有1花柱。聚花果近球形，成熟时橙黄色或橘红色，径可达2.5 cm。花期5~6月；果期9~10月。

图137 柘
1. 叶枝；2. 果枝；3. 雄花枝；
4. 雌花；5. 雄花

产于大寺张栏、马家峪、光华寺、龙湾等地。国内分布于华北、华东、中南、西南地区，北达陕西、河北等省份。朝鲜有分布，日本有栽培。

为良好的护坡及绿篱树种。木材可作家具及细工用材。茎皮纤维强韧，可代麻供打绳、织麻袋及造纸。根皮药用，有清凉活血、消炎的功效。葚果可酿酒及食用。叶可饲蚕，为桑叶的代用品。

4. 榕属 Ficus Linn.

乔木或灌木，稀藤本，常绿或落叶。植物体有乳汁。叶对生；全缘或有粗齿及缺刻，幼叶在芽内席卷；托叶合生，包围顶芽，脱落后在枝上留有环形痕迹。花小形，单性，雌雄同株（同花序），稀异株；花生于肉质、内陷的花序托内形成隐头花序，顶端有孔口，孔口处常为数轮苞片所隐蔽，基部有短梗或苞片；雄花花被片2~6，雄蕊1~2，稀3~6，花丝扁平或毛状；雌花花被片有时不完全或缺，子房常偏斜，花柱侧生，柱头分叉状条形或盾形；同花序内有结实花与虫瘿花（花柱极短，不实）之分，此外还有无雄蕊和雌蕊的中性花。隐花果球形、扁球形或倒梨形，肉质；内壁着生小瘦果及多数棕红色的苞片。

约1000种，分布于南北两半球的亚热带及热带。中国99种，主要分布于华东、西南及华南地区；引进的种类也较多。徂徕山1种。

1. 无花果（图138）
Ficus carica Linn.

Sp. Pl. 2: 1059. 1753.

落叶灌木或小乔木，高达3~6 m。树皮灰褐色或暗褐色；树冠多圆球形；枝直立，粗壮，节间明显。叶倒卵形或近圆形，掌状3~5深裂，长与宽均可达20 cm，裂缘有波状粗齿或全缘，先端钝尖，基部心形或近截形，上面粗糙，深绿色，下面黄绿色，沿叶脉有白色硬毛，厚纸质；叶柄长9~13 cm，较粗壮；托叶三角状卵形，初绿色，后带红色，脱落性。隐头花序单生叶腋。隐花果扁球形或倒卵形、梨形，直径3 cm以上，长5~6 cm，黄色、绿色或紫红色，种子卵状三角形，橙黄色或褐黄色。花期5~6月；果期6~10月。

徂徕山各林区农家有零星栽培。原产古地中海一带。中国南北各省份均有栽培，以新疆南部尤多。

为庭院观赏植物。隐花果营养丰富，可生吃，也可制干及加工成各种食品，并有药用价值。叶片药用，治疗痔疾有效。

图138 无花果
1.果枝；2.雄花；3.雌花

20. 荨麻科 Urticaceae

草本、亚灌木或灌木，稀乔木或攀缘藤本。茎常富含纤维，有时肉质。叶互生或对生，单叶；托叶存在，稀缺。花极小，单性，稀两性，花被单层，稀2层；花序雌雄同株或异株，由若干小的团伞花序排成聚伞状、圆锥状、总状、伞房状、穗状、串珠式穗状、头状，有时花序轴上端发育成球状、杯状或盘状多少肉质的花序托，稀退化成单花。雄花花被片4~5，有时1~3，覆瓦状排列或镊合状排列；雄蕊与花被片同数，花药2室；退化雌蕊常存在。雌花花被片5~9，稀2或缺，分生或多少合生，花后常增大，宿存；退化雄蕊鳞片状，或缺；子房1室，与花被离生或贴生，具雌蕊柄或无柄；花柱单一或无花柱，柱头头状、画笔头状、钻形、丝形、舌状或盾形；胚珠1枚，直立。果实为瘦果，有时为肉质核果状，常包被于宿存的花被内。种子具直生的胚；胚乳常为油质或缺；子叶肉质，卵形、椭圆形或圆形。

47属约1300种，分布于热带与温带。中国25属341种，产于全国各地，以长江流域以南亚热带和热带地区分布最多，多数种类喜生于阴湿环境。徂徕山2属2种。

分属检索表

1. 雌蕊有花柱；雌花花被合生成管状，无退化雄蕊··1. 苎麻属 Boehmeria
1. 雌蕊无花柱；雌花花被片分生或基部合生，有退化雄蕊··································2. 冷水花属 Pilea

1. 苎麻属 Boehmeria Jacq.

灌木、小乔木、亚灌木或多年生草本。叶互生或对生，边缘有牙齿，不分裂，稀2~3裂，表面平滑或粗糙，基出脉3条，钟乳体点状；托叶通常分生，脱落。团伞花序生于叶腋，或排列成穗状花序或圆锥花序；苞片膜质，小。雄花花被片（3）4（5~6），镊合状排列，下部常合生，椭圆形；雄蕊与花被片同数；退化雌蕊椭圆球形或倒卵球形。雌花花被管状，顶端缢缩，有2~4个小齿，在果期稍增大，通常无纵肋；子房通常卵形，包于花被中，柱头丝形，密被柔毛，通常宿存。瘦果卵形，包于宿存花被之中，果皮薄，通常无光泽，无柄或有柄，或有翅。

约65种，分布于热带或亚热带，少数分布到温带地区。中国约25种，自西南、华南至东北地区广布，多数分布于西南和华南地区。徂徕山1种。

1. 野线麻　大叶苎麻（图139）

Boehmeria japonica（Linn. f.）Miq.

Ann. Mus. Bot. Lugduno-Batavi 3: 131. 1867.

——*Boehmeria longispica* Steud.

亚灌木或多年生草本，高0.6~1.5 m，上部通常有较密的开展或贴伏的糙毛。叶对生，同一对叶等大或稍不等大；叶片纸质，近圆形、卵圆形或卵形，长7~17（26）cm，宽5.5~13（20）cm，顶端骤尖，有时不明显三骤尖，基部宽楔形或截形，边缘在基部之上有牙齿，上面粗糙，有短糙伏毛，下面沿脉网有短柔毛，侧脉1~2对；叶柄长达6~8 cm。穗状花序单生叶腋，雌雄异株，不分枝，有时具少数分枝，雄花序长约3 cm，雌花序长7~20（30）cm；雄团伞花序直径约1.5 mm，约有3花，雌团伞花序直径2~4 mm，有极多数雌花；苞片卵状三角形或狭披针形，长0.8~1.5 mm。雄花花被片4，椭圆形，长约1 mm，基部合生，外面被短糙伏毛；雄蕊4，花药长约0.5 mm；退化雌蕊椭圆形，长约0.5 mm。雌花花被倒卵状纺锤形，长1~1.2 mm，顶端有2小齿，上部密被糙毛，果期呈菱状倒卵形，长约2 mm；柱头长1.2~1.5 mm。瘦果倒卵球形，长约1 mm，光滑。花期6~9月。

图139　野线麻
1.花枝；2.果实

徂徕山各林区均产。生于山地灌丛中、疏林中或溪边。国内分布于广东、广西、贵州、湖南、江西、福建、台湾、浙江、江苏、安徽、湖北、四川、陕西、河南、山东。日本也有分布。

茎皮纤维可代麻,供纺织麻布用。叶供药用,可清热解毒、消肿,治疥疮,又可饲猪。

2. 冷水花属 Pilea Lindl.

草本或亚灌木,稀灌木。叶对生,叶片同对的近等大或极不等大,具齿或全缘,三出脉,稀羽状脉,钟乳体条形、纺锤形或短杆状,稀点状;托叶鳞片状或叶状,在柄内合生。花雌雄同株或异株,花序单生或成对腋生,聚伞状、聚伞总状、聚伞圆锥状、穗状、串珠状、头状,稀雄花序盘状(此时序具杯状花序托);苞片小,生于花的基部。花单性,稀杂性;雄花4~5基数,稀2基数;花被片合生至中部或基部,镊合状排列,稀覆瓦状排列,在外面近先端处常有角状突起;雄蕊与花被片同数;退化雌蕊小。雌花通常3(2~5)基数,花被片分离或多少合生,在果期增大;退化雄蕊内折,鳞片状,花后常增大;子房顶端多少歪斜;柱头呈画笔头状。瘦果卵形或近圆形,多少压扁,常稍偏斜。种子无胚乳;子叶宽。

约400种,分布于美洲、亚洲、非洲、巴布亚新几内亚。中国约80种,主要分布长江以南各省份,少数可分布到东北地区及甘肃等省份。徂徕山1种。

1. 透茎冷水花(图140)

Pilea pumila(Linn.)A. Gray

Manual, 437. 1848.

一年生草本。茎肉质,直立,高5~50 cm,无毛,分枝或不分枝。叶近膜质,同对的近等大,近平展,菱状卵形或宽卵形,长1~9 cm,宽0.6~5 cm,先端渐尖、锐尖或微钝(尤在下部的叶),基部常宽楔形,有时钝圆,边缘除基部全缘外,其上有牙齿或牙状锯齿,稀近全缘,两面疏生透明硬毛,钟乳体条形,长约0.3 mm,基出脉3条,侧出的一对微弧曲,伸达上部与侧脉网结或达齿尖,侧脉数对,不明显,上部的几对常网结;叶柄长0.5~4.5 cm,上部近叶片基部常疏生短毛;托叶卵状长圆形,长2~3 mm,后脱落。花雌雄同株并常同序,雄花常生于花序下部,花序蝎尾状,密集,生于几乎每个叶腋,长0.5~5 cm,雌花枝在果期增长。雄花具短梗或无梗,在芽时倒卵形,长0.6~1 mm;花被片常2,有时3~4,近船形,外面近先端处有短角突起;雄蕊2(3~4);退化雌蕊不明显。雌花花

图140 透茎冷水花
1.植株上部;2.雄花;3.雌花;4.瘦果;
5.带有宿存花被片的瘦果

被片3,近等大,或侧生的2片较大,中间的1片较小,条形,在果期长不过果实或与果实近等长,而不育的雌花花被片更长;退化雄蕊在果期增大,椭圆状长圆形,长及花被片的1/2。瘦果三角状卵形,扁,长1.2~1.8 mm,初时光滑,常有褐色或深棕色斑点,熟时色斑多少隆起。花期6~8月;果期8~10月。

产于马场、锦罗、大寺张栏、光华寺。生于山坡林下或岩石缝的阴湿处。除新疆、青海、台湾和海南外,分布几遍及全国。俄罗斯西伯利亚、蒙古、朝鲜、日本和北美洲温带地区广泛分布。

根、茎药用,有利尿解热和安胎之效。

21. 胡桃科 Juglandaceae

落叶乔木，稀灌木。裸芽或鳞芽。叶互生，羽状复叶；无托叶。花单性，雌雄同株，风媒；雄花序为柔荑花序，生于叶腋或芽鳞腋内；雄花生于 1 片不分裂或 3 裂的苞片内，小苞片 2；花被片 1~4，贴生于苞片内方的扁平花托周围，或无小苞片及花被片；雄蕊 3~40，花丝短或无，花药 2 室，纵裂，药隔不发达；雌花序穗状，顶生，直立或下垂；雌花生于 1 枚不分裂或 3 裂的苞片腋内，苞片与子房离生或与 2 小苞片愈合贴生于子房下端，或与 2 小苞片各自分离而贴生于子房下端，或与花托及小苞片形成 1 壶状总苞贴生于子房；花被片 2~4，贴生于子房；雌蕊 1，由 2 心皮合成，子房下位，初时 1 室，后来变为不完全 2 或 4 室。坚果，呈核果状、翅果状等。

9 属约 60 种，多分布于北半球热带及温带。中国有 7 属 27 种，主要分布于长江以南，少数种类分布到北部。徂徕山 2 属 4 种。

分属检索表

1. 核果状坚果，无翅；鳞芽 ··· 1. 胡桃属 Juglans
1. 坚果有翅；裸芽或鳞芽 ··· 2. 枫杨属 Pterocarya

1. 胡桃属 Juglans Linn.

落叶乔木。小枝粗壮，髓心片状分隔；鳞芽。奇数羽状复叶，互生。雄花序为柔荑花序，单生于去年生枝的叶痕腋内；雄花有 1 苞片，2 小苞片，分离，位于两侧，贴生于花托；花被片 3，分离，贴生于花托；雄蕊 4~40，几乎无花丝，药隔较发达，伸出花药顶端；雌花数朵排成穗状，顶生于当年生小枝；雌花有 1 苞片及 2 小苞片愈合成一壶状总苞并贴生于子房，花后随子房增大；花被片 4，下部联合并与子房贴生，子房下位，2 心皮合成。核果状坚果大，中果皮硬骨质，有皱纹及纵脊；子叶不出土。

约 20 种，分布于亚洲、欧洲、美洲温带及亚热带地区。中国 4 种，分布于南北各省份。徂徕山 3 种。

分种检索表

1. 小叶 5~9，全缘，除下面侧脉腋内具簇毛外其余近于无毛，侧脉 11~15 对；花药无毛；雌花序具 1~4 雌花 ··· 1. 胡桃 Juglans regia
1. 小叶 7~23，有锯齿，下面有毛或成长后变近无毛；花药有毛；雌花序具（2）5~10 雌花。
　2. 果序通常具 5~7 个果实 ··· 2. 胡桃楸 Juglans mandshurica
　2. 果序通常具 1~3 个果实 ··· 3. 美国黑胡桃 Juglans nigra

1. 胡桃　核桃（图 141）

Juglans regia Linn.

Sp. Pl. 997. 1753.

落叶乔木，高可达 25 m。树冠广阔。树皮幼时淡灰色，平滑，老时则灰白色而纵向浅裂；小枝无毛。奇数羽状复叶长 25~30 cm，叶柄及叶轴幼时被有极短腺毛及腺体；小叶 5~9，椭圆形或椭圆状倒卵形，长约 6~15 cm，宽约 3~6 cm，顶端钝圆或急尖、短渐尖，基部歪斜，近圆形，全缘，幼树及萌枝上的叶缘有疏齿，叶有香气。雄性柔荑花序下垂，长约 5~10 cm，雄花的苞片、小苞片及花被片

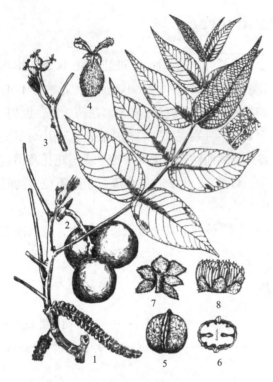

图 141 胡桃
1.雄花枝；2.果枝；3.雌花序；4.雌花；
5.果核（坚果）；6.果核纵切面；
7.雄花背面观；8.雄花侧面观

图 142 胡桃楸
1.带幼果的枝条；2.果核（坚果）

均被腺毛；雄蕊6~30枚，花药黄色，无毛。雌性穗状花序通常具1~3（4）雌花；雌花的总苞被极短腺毛，柱头浅绿色。果球形，径3~5 cm，无毛，直径4~6 cm，两端平或钝；果核稍具皱曲，有2纵脊及不规则浅刻纹；隔膜较薄，内里无空隙，内果皮壁内具不规则的空隙或无空隙而仅具皱曲。花期4~5月；果期9~10月。

徂徕山各林区普遍栽培。中国新疆霍城、新源、额敏一带有野生核桃林，华北、西北、西南、华中、华南和华东地区均有栽培，西北、华北地区为主要产区。分布于中亚、西亚、南亚和欧洲。

种仁含油量高，可生食，亦可榨油食用；木材坚实，是很好的硬木材料。

2. 胡桃楸（图142，彩图20）

Juglans mandshurica Maxim.

Bull. Phys.-Math. Acad. Petersb. 15: 127. 1856.

乔木；高20 m。树皮灰色，浅纵裂；幼枝有短绒毛。奇数羽状复叶，小叶15~23，长6~15 cm，宽3~7 cm，椭圆形至长椭圆形，边缘有细锯齿，上面深绿色，初有毛，后沿中脉有毛，余无毛，下面淡绿色，有贴伏短柔毛及星状毛，侧生小叶无柄，先端渐尖，基部歪斜截形至近心形，顶生小叶基部楔形。雄柔荑花序长10~20 cm，花序轴有短柔毛；雄蕊12，稀14，花药黄色，药隔急尖或微凹，有灰黑色细毛；雌花序穗状，有花4~10朵，花序轴有绒毛；雌花花被片披针形，有柔毛，柱头红色，背面有柔毛。果序长10~15 cm，下垂，通常有5~7个果实；果实球形、卵形或椭圆形，顶端尖，密被腺质短柔毛，长3.5~7.5 cm，径3~5 cm，果核有8纵棱，各棱间有不规则的皱纹及凹穴，顶端有尖头。花期5月；果期8~9月。

产于马场、太平顶、庙子、磈石峪、龙湾等地。国内分布于东北地区及河北、山西、山东等省份。朝鲜北部也有分布。

木材不翘裂，可作枪托、车轮、建筑等用材。种仁可食；可榨油，供食用。树皮、叶及外果皮含鞣质，可提取栲胶。枝、叶、皮可作土农药。

3. 美国黑胡桃（图 143）

Juglans nigra Linn.

Sp. Pl. 997. 1753.

落叶乔木，高可达 30 m。一年生枝灰褐色、红褐或褐绿色，有灰白色柔毛，皮孔浅褐色，稀疏而明显。奇数羽状复叶，互生，长 20~26 cm，小叶 11~23 片，具短柄；小叶披针形，长 4~11 cm，宽 1~4 cm，基部宽楔形至近圆形，偏斜，叶缘有锯齿，上面无毛或沿叶脉具稀疏的绒毛和腺毛，下面和沿脉被柔毛及腺毛，叶轴密被柔毛。雌雄同株，雌花序顶生，小花 2~5 朵；雄花序生于侧芽处，花序长 5~12 cm。果序短，具果实 1~3 个，果实圆形，当年成熟，直径 3~4 cm，密被黄色腺体及稀疏的腺毛；果核表面无明显的纵棱，有不规则刻状条纹。

光华寺、庙子有引种栽培。原产美国。中国北部和东北部有少量引种栽培。

果材兼用树种。

图 143　美国黑核桃
1. 花枝；2. 雌花；3. 果核（坚果）；
4. 果核纵切面

2. 枫杨属 Pterocarya Kunth

落叶乔木。小枝髓心片状分隔；裸芽或鳞芽，有柄。羽状复叶。雄柔荑花序下垂，单生于小枝上端的叶丛下方；雄花有明显凸起的条形花托，苞片 1，小苞片 2；4 片花被片中仅 1~3 片发育；雄蕊 9~15，花药无毛或有毛，药隔不凸出；雌花序单生于枝顶，下垂；雌花无柄，苞片 1，小苞片 2，各自离生，贴生于子房，花被片 4，贴生于子房，在子房顶端与子房分离，子房下位，内有 2 不完全隔膜在子房底部分成不完全 4 室，柱头 2 裂，裂片羽状。坚果，基部有 1 宿存的鳞状苞片及 2 革质翅（由 2 小苞片形成），顶端留有 4 片宿存的花被片及花柱，外果皮薄革质，内果皮木质；种子 1 粒，子叶 4 深裂，发芽时出土。

约 6 种，分布于北温带。中国 5 种。徂徕山 1 种。

1. 枫杨　枰柳（图 144）

Pterocarya stenoptera C. DC.

Ann. Sci. Nat. ser 4. 18: 34. 1852.

乔木；高可达 30 m。树皮暗灰色，老时深纵裂；裸芽，密被锈褐色腺鳞。多为偶数羽状复叶，

图 144　枫杨
1. 花枝；2. 果序；3. 冬态枝条；4. 带翅的坚果；
5. 雄花；6. 雌花；7. 雌花及苞片

叶轴有窄翅，小叶 10~20，长圆形或长圆状披针形，长 8~12 cm，先端短尖，基部偏斜，有细锯齿，两面有小腺鳞，下面脉腋有簇生毛。雄花序长 6~10 cm，生于去年生枝条上，花序轴有稀疏星状毛；雄蕊 5~12；雌花序顶生，长 10~15 cm，花序轴密生星状毛及单毛；雌花几无梗。果序长达 40 cm，果序轴有毛，坚果有狭翅，长 10~20 mm，宽 3~6 mm。花期 4 月；果期 8~9 月。

徂徕山各林区均产。多生于河边。国内分布于陕西、河南、山东、安徽、江苏、浙江、江西、福建、台湾、广东、广西、湖南、湖北、四川、贵州、云南等省份。

树皮和枝皮含鞣质，可提取栲胶，亦可作纤维原料；果实可作饲料和酿酒，种子还可榨油。木材可供作农具、家具等用。可作山沟、河岸的造林树种，亦可用作庭院树或行道树。

22. 壳斗科 Fagaceae

常绿或落叶乔木，稀灌木。单叶，互生，全缘或有锯齿，或不规则羽状；羽状脉；托叶早落。花单性同株，稀异株；单被花，花被 1 轮，4~6（8），基部合生，干膜质。雄花序头状或柔荑花序，下垂或直立，整序脱落，稀呈圆锥花序；雄花有雄蕊 4~12 枚，花丝纤细，花药基着或背着，2 室，纵裂。雌花序直立，雌花 1~5 朵聚生于 1 总苞（壳斗）内，总苞单生或 3~5 组成聚伞花序；子房下位，3~6 室，每室 2 枚胚珠，仅 1 室 1 枚胚珠能育，中轴胎座，花柱与子房室同数。果熟时由总苞木质化形成壳斗，壳斗形状多样，木质、角质或木栓质，被鳞形、线形小苞片、瘤状突起或针刺，包着坚果底部至全包坚果；每壳斗具 1~3（5）个坚果；每果具 1 粒种子。种子无胚乳，子叶肉质，平凸，稀褶皱或折扇状，富含淀粉及鞣质。

8 属 900 余种。除非洲中南部外广布全球。中国 7 属约 290 种，分布于全国各省份。徂徕山 2 属 5 种 2 变种。

分属检索表

1. 雄花序直立；坚果被刺状壳斗全包···1. 栗属 Castnanea
1. 雄花序柔软下垂；坚果只被壳斗包住 1/4~2/3 ·······································2. 栎属 Quercus

1. 栗属 Castanea Mill.

落叶乔木，稀灌木。小枝无顶芽，腋芽顶端钝，芽鳞 2~3。叶二列状互生，羽状侧脉直达齿尖呈芒尖；托叶对生，早落。花单性同株，雄柔荑花序直立，雌花生于雄花序基部或单独形成花序。花被 6 裂，稀 5 裂；雄花 1~3（5）簇生，每簇具 3 苞片，每朵雄花有雄蕊 10~12 枚，中央有被长绒毛的不育雌蕊；总苞单生，具 1~3（7）雌花，子房 6 室，稀 9 室，花柱 6 或 9 枚，每室有顶生的胚珠 2 枚，柱头与花柱等粗，细点状。壳斗外壁在授粉后不久即长出短刺，刺随壳斗的增大而增长且密集，4 瓣裂，密被尖刺；每壳斗具栗褐色坚果 1~3（5）个，果顶部常被伏毛，底部有淡黄白色略粗糙的果脐。种皮红棕色至暗褐色，被伏贴的丝光质毛；子叶平凸，富含淀粉，种子萌发时子叶不出土。

12 种，分布于亚洲、欧洲南部、非洲北部及北美洲东部。中国 4 种。徂徕山 1 种。

1. 板栗（图 145）

Castanea mollissima Blume

Mus. Lugd. Bat. 1: 286. 1850.

落叶乔木，高达 20 m，胸径 80 cm。冬芽长约 5 mm；小枝灰褐色，被灰色绒毛。托叶长圆形，长 10~15 mm，被疏长毛及鳞腺。叶椭圆至长圆形，长 11~17 cm，先端渐尖，基部近平截或圆，常一侧偏斜而不对称，上面近无毛，下面被星状绒毛或近无毛；叶柄长 1.2~2 cm。雄花序长 10~20 cm，花序轴被毛，花 3~5 朵成簇；雌花 1~3（5）朵发育结实，花柱下部被毛。成熟壳斗连刺径 5~8 cm，刺长短疏密不一，被星状毛，具（1）2~3 果；坚果高 1.5~3 cm，宽 1.8~3.5 cm。花期 4~5 月；果期 8~10 月。

徂徕山各林区均有栽培。除青海、宁夏、新疆、海南外，各省份均有分布或栽培。

中国有两千多年栽培历史，是重要的干果树种和用材树种。

2. 栎属 Quercus Linn.

常绿、半常绿或落叶乔木，稀灌木；树皮深裂或片状剥落。冬芽具数枚芽鳞，芽鳞覆瓦状排列。叶螺旋状互生；托叶常早落。花单性，雌雄同株；雄柔荑花序簇生，下垂，花被杯状，4~7 裂，雄蕊与花被裂片同数或较少，花丝细长，花药 2 室，纵裂，退化雌蕊细小；雌花单生、簇生或排成穗状，单生总苞内，花被 5~6 深裂；子房 3 室，稀 2 或 4 室，每室 2 枚胚珠，花柱与子室同数，柱头侧生带状或顶生头状。壳斗杯状、碟状、半球形或近钟形，包着坚果一部分，稀全包坚果；小苞片鳞片形、线形或钻形，覆瓦状排列，紧贴、开展或反曲；每壳斗具 1 个坚果，坚果当年或翌年成熟。种子萌发时子叶不出土。

图 145　板栗
1. 果枝；2. 花枝；3. 叶背面局部放大；4. 雄花；
5. 雌花；6. 壳斗及坚果；7. 坚果

约 300 种，广布于亚洲、非洲、欧洲、美洲。中国 35 种，广布南北各省份。徂徕山 4 种 2 变种。

分种检索表

1. 叶片长椭圆状披针形或卵状披针形，叶缘有刺芒状锯齿；壳斗小苞片钻形，常反曲。
   2. 成叶两面无毛或仅叶背脉上有柔毛；树皮木栓层不发达··················1. 麻栎 Quercus acutissima
   2. 成叶背面密被灰白色星状毛；树皮木栓层发达··················2. 栓皮栎 Quercus variabilis
1. 叶片椭圆状倒卵形、倒卵形或椭圆形，叶缘有粗锯齿或波状齿；壳斗小苞片窄披针形、三角形或瘤状。
   3. 壳斗小苞片窄披针形，长约 1 cm，红棕色，反曲或直立；成叶背面密被星状毛··················3. 槲树 Quercus dentata
   3. 壳斗小苞片三角形或瘤状，长不超过 4 mm，紧贴壳斗壁。
      4. 叶柄长 1~3 cm；壳斗小苞片无瘤状突起··················4. 北京槲栎 Quercus aliena var. pekingensis
      4. 叶柄长不足 1 cm；壳斗小苞片呈半球形瘤状突起··················5. 蒙古栎 Quercus mongolica

1. 麻栎（图 146）

Quercus acutissima Carruth.

Journ. Linn. Soc. Bot. 6: 33. 1862.

落叶乔木，高达 30 m，胸径 1 m；树皮深纵裂。幼枝被灰黄色柔毛。叶长椭圆状披针形，长 8~19 cm，宽 2~6 cm，先端长渐尖，基部近圆或宽楔形，具刺芒状锯齿，两面同色，幼时被柔毛，老

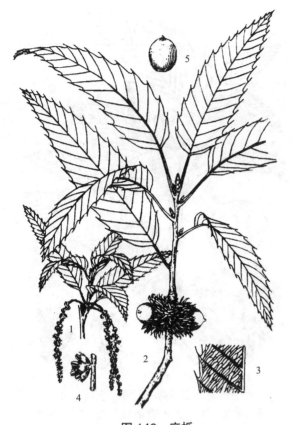

图 146 麻栎
1. 花枝；2. 果枝；3. 叶缘局部放大；
4. 雄花；5. 坚果

图 147 栓皮栎
1. 果枝；2. 叶缘局部放大

叶无毛或仅下面脉上被毛，侧脉 13~18 对；叶柄长 1~3（5）cm。壳斗杯状，连苞片径 2~4 cm，高约 1.5 cm，苞片钻形，外曲；果卵圆形或椭圆形，长 1.7~2.2 cm，径 1.5~2 cm，顶端圆。花期 3~4 月；果期翌年 9~10 月。

徂徕山各林区均产。常成小片纯林或与栓皮栎等其他树种组成混交林。国内分布于辽宁、河北、山西、山东、江苏、安徽、浙江、江西、福建、河南、湖北、湖南、广东、海南、广西、四川、贵州、云南等省份。朝鲜、日本、越南、印度也有分布。

木材优良，为造船、车辆、家具、军工等优良用材。种仁可酿酒，作饲料，又可药用，止泻、消浮肿；叶及树皮可治痢疾；壳斗及树皮可提取栲胶；叶可饲蚕；朽木可培养香菇、木耳。

2. 栓皮栎（图 147）

Quercus variabilis Blume

Mus. Bot. Lugd.-Bat. 1: 297. 1850.

落叶乔木，高达 30 m，胸径达 1 m 以上，树皮黑褐色，深纵裂，木栓层发达。小枝灰棕色，无毛；芽圆锥形，芽鳞褐色，具缘毛。叶片卵状披针形或长椭圆形，长 8~15（20）cm，宽 2~6（8）cm，顶端渐尖，基部圆形或宽楔形，叶缘具刺芒状锯齿，叶背密被灰白色星状绒毛，侧脉每边 13~18 条，直达齿端；叶柄长 1~3（5）cm，无毛。雄花序长达 14 cm，花序轴密被褐色绒毛，花被 4~6 裂，雄蕊 10 或多数；雌花序生于新枝上端叶腋，花柱 30，壳斗杯形，包着坚果 2/3，连小苞片直径 2.5~4 cm，高约 1.5 cm；小苞片钻形，反曲，被短毛。坚果近球形或宽卵形，高、径约 1.5 cm，顶端圆，果脐突起。花期 3~4 月；果期翌年 9~10 月。

徂徕山各林区均产，隐仙观有古树群。国内分布于辽宁、河北、山西、陕西、甘肃、山东、江苏、安徽、浙江、江西、福建、台湾、河南、湖北、湖南、广东、广西、四川、贵州、云南等省份。

用材树种，木材为环孔材；树皮木栓层发达，是中国生产软木的主要原料；栎实含淀粉、单宁；壳斗、树皮富含单宁，可提取栲胶。

3. 槲树（图 148）

Quercus dentata Thunb.

Fl. Jap. 177. 1784.

落叶乔木，高达 20 m，树皮暗灰褐色，深纵裂。小枝粗壮，有沟槽，密被灰黄色星状绒毛。芽宽卵形，密被黄褐色绒毛。叶片倒卵形或长倒卵形，长 10~30 cm，宽 6~20 cm，顶端短钝尖，叶面深绿色，基部耳形，叶缘波状裂片或粗锯齿，幼时被毛，后渐脱落，叶背面密被灰褐色星状绒毛，侧脉每边 4~10 条；托叶线状披针形，长 1.5 cm；叶柄长 2~5 mm，密被棕色绒毛。雄花序生于新枝叶腋，长 4~10 cm，花序轴密被淡褐色绒毛，花数朵簇生于花序轴上；花被 7~8 裂，雄蕊通常 8~10 枚；雌花序生于新枝上部叶腋，长 1~3 cm。壳斗杯形，包着坚果 1/2~1/3，连小苞片直径 2~5 cm，高 0.2~2 cm；小苞片革质，窄披针形，长约 1 cm，反曲或直立，红棕色，外面被褐色丝状毛，内面无毛。坚果卵形至宽卵形，直径 1.2~1.5 cm，高 1.5~2.3 cm，无毛，有宿存花柱。花期 4~5 月；果期 9~10 月。

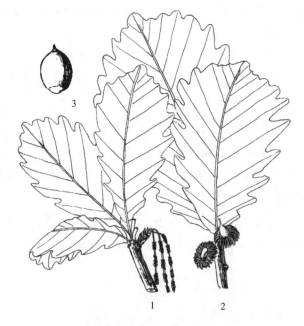

图 148 槲树
1. 雄花序枝；2. 果枝；3. 坚果

产于光华寺林区。生于杂木林或松林中。国内分布于东北地区及河北、山西、陕西、甘肃、山东、江苏、安徽、浙江、台湾、河南、湖北、湖南、四川、贵州、云南等省份。朝鲜、日本也有分布。

用材树种。叶可饲柞蚕；种子含淀粉，可酿酒或作饲料；树皮、种子入药作收敛剂；树皮、壳斗可提取栲胶。

4. 北京槲栎（变种）（图 149）

Quercus aliena Blume var. **pekingensis** Schott.

Bot. Jahrb. 47: 636. 1911.

落叶乔木，高达 30 m；树皮暗灰色，深纵裂。小枝灰褐色，近无毛，具圆形淡褐色皮孔；芽卵形，芽鳞具缘毛。叶片长椭圆状倒卵形至倒卵形，长 5~11 cm，稀达 13 cm，宽 5~7 cm，顶端微钝或短渐尖，基部楔形或圆形，叶缘具波状钝齿，叶背无毛或近无毛，侧脉 10~15 对；叶柄长 1~3 cm，无毛。雄花序长 4~8 cm，雄花单生或数朵簇生于花序轴，微有毛，花被 6 裂，雄蕊通常 10 枚；雌花序生于新枝叶腋，单生或 2~3 朵簇生。壳斗杯形，包着坚果约 1/2，直径 1.2~2 cm，高 1~1.5 cm；小苞片扁平，卵状披针形，长约 2 mm，排列紧密，有时在壳斗顶端向内卷曲，形成厚缘

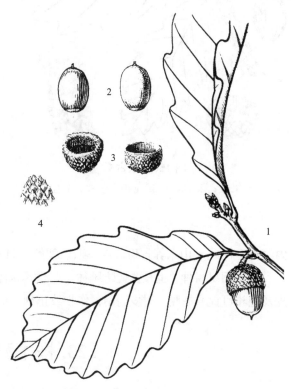

图 149 北京槲栎
1. 果枝；2. 坚果；3. 壳斗；4. 小苞片放大

壳斗。坚果椭圆形至卵形，直径 1.3~1.8 cm，高 1.7~2.5 cm，果脐微突起。花期（3）4~5 月；果期 9~10 月。

产于龙湾、大寺。生于山坡或杂木林中。分布于辽宁、河北、山西、陕西、山东、河南等省份。木材坚硬，纹理致密，供建筑、家具及薪炭等用；种子富含淀粉，壳斗、树皮富含单宁。

锐齿槲栎（变种）

var. acuteserrata Maxim. & Wenz.

Jahrb. Bot. Gart. Berlin 4: 219. 1886.

叶缘具粗大锯齿，齿端尖锐、内弯，叶背密被灰色细绒毛，叶片形状变异较大。花期 3~4 月；果期 10~11 月。

上池有栽培。分布于辽宁、河北、山西、陕西、甘肃、山东、江苏、安徽、浙江、江西、台湾、河南、湖北、湖南、广东、广西、四川、贵州、云南等省份。

5. 蒙古栎（图 150）

Quercus mongolica Fisch. ex Ledeb.

Fl. Ross. 3（2）: 589. 1850.

落叶乔木，高达 30 m。树皮灰褐色，纵裂。幼枝紫褐色，无毛，具皮孔。叶柄长 2~8 mm，无毛。叶片倒卵形至长倒卵形，长 7~19 cm；宽 5~11 cm，幼时沿脉有毛，后渐脱落，顶端截形、短尖或短突尖，基部窄圆形或耳形，叶缘具 7~10 对波状粗齿；侧脉每边 7~15 条，细脉明显。雄花序为柔荑花序，生于新枝基部，长 5~7 cm，花序轴近无毛；花被 6~8 裂，雄蕊通常 8~10；雌花序生于新枝顶端，长约 1 cm，有花 4~5 朵，通常只 1~2 朵发育，花被 6 裂，花柱短，柱头 3 裂。壳斗杯状，直径 1.5~1.8 cm，高 0.8~1.5 cm，包着坚果 1/3~1/2，壳斗外壁小苞片三角状卵形，背面呈半球形瘤状突起，稀疏到密被灰白色短绒毛，伸出口部边缘呈流苏状。坚果卵形、长卵形或卵状椭圆形，直径 1.3~1.8 cm，高 2~2.4 cm，无毛，果脐微突起。花期 4~5 月；果期 9 月。

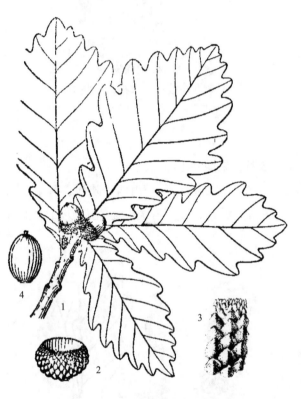

图 150　蒙古栎
1. 果枝；2. 壳斗；3. 壳斗小苞片；4. 坚果

产于马场、中军帐、上池、卧尧等地。生于山坡或沟谷。国内分布于黑龙江、吉林、辽宁、内蒙古、河北、山东等省份。俄罗斯、朝鲜、日本也有分布。

珍贵用材树种，也是营造防风林、水源涵养林的优良树种。种仁可酿酒、制糊料；叶可饲柞蚕；树皮及壳斗可提取栲胶，树皮药用，作收敛止剂、治痢疾。木材坚硬，耐腐，供船舶、车辆、胶合板用。

23. 桦木科 Betulaceae

落叶乔木或灌木；小枝及叶有时具树脂腺体或腺点。单叶，互生；羽状脉，侧脉直达叶缘或在近缘处结网；托叶早落。花单性，雌雄同株，风媒；雄花序顶生或侧生，春季或秋季开放。雄花有苞片，有花被或无被，雄蕊 2~20，生于苞腋，花丝短，花药 2 室，纵裂；雌花序为球果状、穗状、总状或头状，直立或下垂；雌花 2~3 生于苞腋；每朵雌花下部又有 1 苞片和 1~2 小苞片；无花被或有花被并与子房贴生；子房下位，2 室或不完全 2 室，每室有 1 枚倒生胚珠，花柱 2，分离，宿存。果序呈球果状、穗状、总状或头状；果苞由雌花下部的苞片及小苞片在发育过程中逐渐以不同程度的连合而成，木质、革质、厚纸质或膜质，宿存或脱落。果为小坚果或坚果；胚直立，子叶扁平或肉质，无胚乳。

6 属 150~200 种，主要分布于北温带。中国 6 属 89 种。徂徕山 4 属 6 种。

分属检索表

1. 坚果扁平，有翅，包藏于革质或木质鳞片状果苞内，组成球果状或柔荑状果序；雄花花被片 4 裂，雄蕊 2~4。
   2. 果苞厚，5 裂，宿存；冬芽常有柄··1. 桤木属 Alnus
   2. 果苞薄，3 裂，脱落；冬芽无柄··2. 桦木属 Betula
1. 坚果卵形或球形，无翅，包藏于叶状或囊状草质果苞内，组成簇生或穗状果序；雄花无花被，雄蕊 3~14。
   3. 果实小而多数，集生成下垂之穗状，果苞叶状··3. 鹅耳枥属 Carpinus
   3. 果实大，簇生，外被叶状、囊状或刺状果苞···4. 榛属 Corylus

1. 桤木属 Alnus Mill.

落叶乔木或灌木；树皮光滑；芽有柄，具芽鳞 2~3 枚，或无柄而具多数覆瓦状排列的芽鳞。单叶，互生，具叶柄，边缘具锯齿或浅裂，很少全缘，叶脉羽状，第 3 级脉常与侧脉成直角相交，彼此近于平行或网结；托叶早落。花单性，雌雄同株；雄花序生于上一年枝条的顶端，春季或秋季开放，圆柱形；雄花每 3 朵生于 1 苞片内；小苞片 4（3~5）枚；花被 4 枚，基部连合或分离；雄蕊多为 4 枚，与花被对生，很少 1 或 3 枚；花丝甚短，顶端不分叉；花药卵圆形，2 药室不分离，顶端无毛，很少有毛；雌花序单生或聚成总状或圆锥状，秋季出自叶腋或着生于少叶的短枝上；苞片覆瓦状排列，每个苞片内具 2 朵雌花；雌花无花被；子房 2 室，每室具 1 枚倒生胚珠；花柱短，柱头 2。果序球果状；果苞木质，鳞片状，宿存，由 3 枚苞片、2 枚小苞片愈合而成，顶端具 5 枚浅裂片，每个果苞内具 2 个小坚果。小坚果扁平，具或宽或窄的膜质或厚纸质之翅；种子单生，具膜质种皮。

约 40 种，分布于亚洲、非洲、欧洲及北美洲，最南分布于南美洲的秘鲁。中国 10 种，分布于东北、华北、华东、华南、华中及西南地区。徂徕山 2 种。

分种检索表

1. 叶几圆形，顶端常钝圆，基部圆形或宽楔形，边缘具波状缺刻···1. 辽东桤木 Alnus hirsuta
1. 短枝上的叶一般为倒卵形、长倒卵形，基部常楔形，顶端尖；长枝上的叶为披针形、椭圆形，较少为长倒卵形，基部一般为楔形，叶缘有细锯齿··2. 日本桤木 Alnus japonica

1. 辽东桤木（图 151）

Alnus hirsuta Turcz. ex Rupr.

Bull. Soc. Nat. Moscou 11: 101. 1838.

—— *Alnus sibirica* Fisch. ex Turcz

乔木，高 6~15（20）m；树皮灰褐色，光滑；枝条暗灰色，具棱，无毛；小枝褐色，密被灰色短柔毛，稀近无毛；芽具柄，具 2 枚疏被长柔毛的芽鳞。叶近圆形，稀近卵形，长 4~9 cm，宽 2.5~9 cm，

图 151　辽东桤木
1. 果序枝；2. 果序；3. 坚果；4. 果苞

图 152　日本桤木
1. 果序枝；2. 小坚果；3~4. 果苞

顶端圆，稀锐尖，基部圆形或宽楔形，稀截形或近心形，边缘具波状缺刻，缺刻间具不规则的粗锯齿，上面暗褐色，疏被长柔毛，下面淡绿色或粉绿色，密被褐色短粗毛或疏被毛至无毛，有时脉腋间具簇生的髯毛，侧脉 5~10 对；叶柄长 1.5~5.5 cm，密被短柔毛。果序 2~8 个呈总状或圆锥状排列，近球形或矩圆形，长 1~2 cm；序梗极短，几无梗或长 2~3 mm；果苞木质，长 3~4 mm，顶端微圆，具 5 个浅裂片。小坚果宽卵形，长约 3 mm；果翅厚纸质，极狭，宽及果的 1/4。花期 4~5 月；果期 7~8 月。

马场、上池、龙湾等地有引种栽培。生于海拔 700 m 以上的山坡林中、岸边或潮湿地。国内分布于东北地区及山东。俄罗斯西伯利亚和远东地区、朝鲜、日本也有。

木材坚实，可作家具或农具。

2. 日本桤木（图 152）

Alnus japonica（Thunb.）Steud. Nomemcl. Bot. ed. 2. 55. 1840.

乔木，高 6~15 m，较少高达 20 m；树皮灰褐色，平滑；枝条暗灰色或灰褐色，无毛，具棱；小枝褐色，无毛或被黄色短柔毛，有时密生腺点；芽具柄，芽鳞 2，光滑。短枝上的叶倒卵形或长倒卵形，长 4~6 cm，宽 2.5~3 cm，顶端骤尖、锐尖或渐尖，基部楔形，很少微圆，边缘具疏细齿；长枝上的叶披针形，较少与短枝上的叶同形，较大，长可达 15 cm，上面无毛，下面于幼时疏被短柔毛或无毛，脉腋间具簇生髯毛，有时具腺点，侧脉 7~11 对；叶柄长 1~3 cm，疏生腺点，幼时疏被短柔毛，后渐无毛。雄花序 2~5 枚排成总状，下垂，春季先于叶开放。果序矩圆形，长约 2 cm，直径 1~1.5 cm，2~9 个呈总状或圆锥状排列；序梗粗壮，长约 10 mm；果苞木质，长 3~5 mm，基部楔形，顶端圆，具 5 个小裂片。小坚果卵形或倒卵形，长 3~4 mm，宽 2~2.5 mm；果翅厚纸质，极狭，宽及果的 1/4。

产于马场。生于山坡林中、河边、路旁。国内分布于吉林、辽宁、河北、山东。俄罗斯远东地区、日本、朝鲜也有。

生长迅速，可作造林树种。

2. 桦木属 Betula Linn.

落叶乔木或灌木。树皮白色、灰色、黄白色、红褐色、褐色或黑褐色，光滑、横裂、纵裂、薄层状剥裂或块状剥裂。芽无柄，芽鳞覆瓦状排列。单叶，互生，叶下面通常具腺点，边缘具重锯齿，很少为单锯齿，叶脉羽状，具叶柄；托叶分离，早落。花单性，雌雄同株；雄花序2~4枚簇生于上一年枝条的顶端或侧生；苞片覆瓦状排列，每苞片内具2枚小苞片及3朵雄花；花被膜质，基部连合；雄蕊通常2枚，花丝短，顶端叉分，花药具2个完全分离的药室，顶端有毛或无毛；雌花序单生或2~5生于短枝顶端，圆柱状、矩圆状或近球形，直立或下垂；苞片覆瓦状排列，每苞片内有3朵雌花；雌花无花被，子房扁平，2室，每室有1倒生胚珠，花柱2，分离。果苞革质，鳞片状，脱落，由3枚苞片愈合而成，具3裂片，内有3个小坚果。小坚果小，扁平，具或宽或窄的膜质翅，顶端具2枚宿存的柱头。种子单生，具膜质种皮。

约50~60种，主要分布于北温带，少数种类分布至北极区内。中国32种，全国均有分布。徂徕山2种。

分种检索表

1. 树皮龟裂；小枝有树脂腺体；叶长卵形，具不规则锐尖重锯齿·················1. 黑桦 Betula dahurica
1. 树皮光滑，灰白色，成层剥裂；小枝无树脂腺体；叶三角状卵形·················2. 白桦 Betula platyphylla

1. 黑桦（图153）

Betula dahurica Pall.

Fl. Ross. 1: 60. 1784.

乔木，高6~20 m；树皮黑褐色，龟裂；枝条红褐色或暗褐色，光亮，无毛；小枝红褐色，疏被长柔毛，密生树脂腺体。叶厚纸质，通常为长卵形，间有宽卵形、卵形、菱状卵形或椭圆形，长4~8 cm，宽3.5~5 cm，顶端锐尖或渐尖，基部近圆形、宽楔形或楔形，边缘具不规则的锐尖重锯齿，上面无毛，下面密生腺点，沿脉疏被长柔毛，脉腋间具簇生的髯毛，侧脉6~8对；叶柄长约5~15 mm，疏被长柔毛或近无毛。果序矩圆状圆柱形，单生，直立或微下垂，长2~2.5 cm，直径约1 cm；序梗长约5~12 mm，疏被长柔毛或几无毛，有时具树脂腺体；果苞长5~6 mm，背面无毛，边缘具纤毛，基部宽楔形，上部3裂，中裂片矩圆形或披针形，顶端钝，侧裂片卵形或宽卵形，斜展，横展至下弯，比中裂片宽，与之等长或稍短。小坚果宽椭圆形，两面无毛，膜质翅宽约为果的1/2。

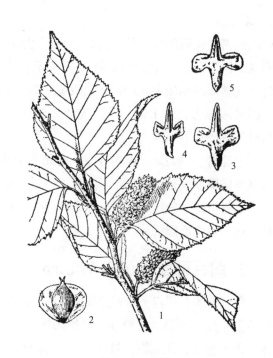

图153 黑桦
1. 果序枝；2. 小坚果；3~5. 果苞

马场、中军帐、卧尧等地有引种栽培，组成小片纯林后散生于杂木林中。国内分布于东北地区及河北、山西、内蒙古。俄罗斯、蒙古东部、朝鲜、日本也有分布。

木材质重，心材红褐色，边材淡黄色，可供火车车厢、车轴、车辕、胶合板、家具、枕木及建筑用。

2. 白桦（图 154）

Betula platyphylla Suk.

Trav. Mus. Bot. Acad. Imp. Sci. St. Petersb. 8: 220. t. 3. 1911.

图 154 白桦
1. 花序枝；2. 果序枝；3. 果苞；4. 小坚果

乔木，高可达 27 m；树皮灰白色，成层剥裂；枝条暗灰色或暗褐色，无毛，具或疏或密的树脂腺体或无；小枝暗灰色或褐色，无毛亦无树脂腺体，有时疏被毛和疏生树脂腺体。叶厚纸质，三角状卵形、三角状菱形、三角形，少有菱状卵形和宽卵形，长 3~9 cm，宽 2~7.5 cm，顶端锐尖、渐尖至尾状渐尖，基部截形、宽楔形或楔形，有时微心形或近圆形，边缘具重锯齿，有时具缺刻状重锯齿或单齿，上面于幼时疏被毛和腺点，成熟后无毛、无腺点，下面无毛，密生腺点，侧脉 5~7（8）对；叶柄细瘦，长 1~2.5 cm，无毛。果序单生，圆柱形或矩圆状圆柱形，通常下垂，长 2~5 cm，直径 6~14 mm；序梗细瘦，长 1~2.5 cm，密被短柔毛，成熟后近无毛，无或具或疏或密的树脂腺体；果苞长 5~7 mm，背面密被短柔毛至成熟时毛渐脱落，边缘具短纤毛，基部楔形或宽楔形，中裂片三角状卵形，顶端渐尖或钝，侧裂片卵形或近圆形，直立、斜展至向下弯，如为直立或斜展时则较中裂片稍宽且微短，如为横展至下弯时则长及宽均大于中裂片。小坚果狭矩圆形、矩圆形或卵形，长 1.5~3 mm，宽 1~1.5 mm，背面疏被短柔毛，膜质翅较果长 1/3，较少与之等长，与果等宽或较果稍宽。

上池有引种栽培。国内分布于东北、华北地区及河南、陕西、宁夏、甘肃、青海、四川、云南、西藏。俄罗斯远东地区及东西伯利亚、蒙古东部、朝鲜北部、日本也有分布。

木材可供一般建筑及制作器、具之用；树皮可提桦油，白桦皮在民间常用以编制日用器具。本种易栽培，可为庭园树种。

3. 鹅耳枥属 Carpinus Linn.

落叶乔木。树皮平滑；芽顶端锐尖，芽鳞多数，覆瓦状排列。单叶互生，叶脉羽状，三次脉与侧脉垂直；托叶早落。花单性，雌雄同株。雄花序生于上一年的枝条上，春季开放，每苞片内有 1 雄花，无小苞片，无花被；雄蕊 3~13，花丝短，顶端分叉；花药 2 室，药室分离，顶端有 1 簇毛。雌花序单生于上部枝顶或腋生于短枝上，直立或下垂，每苞片内有 2 朵雌花；雌花有 1 苞片和 2 小苞片，三者在发育过程中愈合，在果期扩大成叶状，称果苞；有花被，与子房贴生，顶端不规则浅裂；子房下位，不完全 2 室，每室 2 枚胚珠，其中 1 枚败育，花柱 2。果苞叶状，3 裂、2 裂或不明显 2 裂；小坚果卵形，微扁，着生苞片基部，顶部有宿存花被，有数条纵肋；果皮坚硬，不开裂。种子 1 粒，子叶厚，肉质。

约 50 种，分布于北温带及北亚热带地区。中国 33 种，分布于南北各省份。徂徕山 1 种。

1. 鹅耳枥（图 155）

Carpinus turczaninowii Hance

Journ. Linn. Soc. Bot. 10: 203. 1869.

小乔木，高 5~10 m。树灰褐色，平滑，老时浅裂；枝细，棕褐色，幼时有柔毛，后脱落。叶卵形或状椭圆形，长 2~5 cm，宽 1.5~3.5 cm，先端渐尖，基部圆形、阔楔形或微心形，边缘有重锯齿，上面无毛，下面沿脉疏被长柔毛，脉腋有簇毛，侧脉 8~12 对；叶柄长 5~10 mm，有短柔毛。果序长 3~5 cm，果序梗长 10~15 mm，果序梗、果序轴均有短柔毛；果苞半阔卵形、半卵形、半长圆形至卵形，长 6~20 mm，宽 5~10 mm，先端钝尖或渐尖，疏被短柔毛，内侧基部有 1 内折的卵形小裂片，外侧无裂片，中裂片内侧全缘或疏生浅齿，外侧有不规则粗齿；小坚果阔卵形，长约 3 mm，无毛，有时顶端疏生长柔毛，或上部有时疏生腺体。花期 3~5 月；果期 8~10 月。

产于马场、中军帐、太平顶、龙湾、庙子等地。生于山坡杂木林中。国内分布于辽宁、山西、河北、河南、山东、陕西、甘肃等省份。朝鲜、日本也有分布。

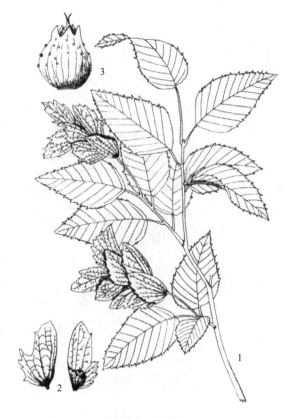

图 155　鹅耳枥
1. 果枝；2. 果苞；3. 小坚果

木材坚韧，可制农具及小器具等。种子含油，可食用。

4. 榛属 Corylus Linn.

落叶灌木或小乔木，稀乔木；树皮暗灰色、褐色或灰褐色，稀灰白色；芽卵圆形，具多数覆瓦状排列的芽鳞。单叶，互生，边缘具重锯齿或浅裂；叶脉羽状，伸向叶缘，第 3 次脉与侧脉垂直，彼此平行；托叶膜质，分离，早落。花单性，雌雄同株；雄花序每 2~3 枚生于上一年的侧枝的顶端，下垂；苞片覆瓦状排列，每个苞片内具 2 枚贴生的小苞片及 1 朵雄花；雄花无花被，具雄蕊 4~8，插生于苞片中部；花丝短，分离；花药 2 室，药室分离，顶端被毛；雌花序为头状；每个苞片内具 2 枚对生的雌花，每朵雌花具 1 枚苞片和 2 枚小苞片，在发育过程中不同程度地愈合，具花被；花被顶端有 4~8 枚不规则的小齿；子房下位，2 室，每室具 1 枚倒生胚珠；花柱 2 枚，柱头钻状。果苞钟状或管状，一部分种类果苞的裂片硬化呈针刺状。坚果球形，大部或全部为果苞所包，外果皮木质或骨质；种子 1 粒，子叶肉质。

约 20 种，分布于亚洲、欧洲及北美洲。中国有 7 种，分布于东北、华北、西北及西南地区。徂徕山 1 种。

1. 榛（图 156）

Corylus heterophylla Fisch.

Pl. Imag. Descr. Fl. Ross. 10. t. 4. 1844.

灌木或小乔木，高 1~7 m；树皮灰色；枝条暗灰色，无毛，小枝黄褐色，密被短柔毛兼被疏生的长柔毛，无或多少具刺状腺体。叶的轮廓为矩圆形或宽倒卵形，长 4~13 cm，宽 2.5~10 cm，顶端凹

图156 榛
1. 果枝；2. 坚果

缺或截形，中央具三角状突尖，基部心形，有时两侧不相等，边缘具不规则的重锯齿，中部以上具浅裂，上面无毛，下面于幼时疏被短柔毛，以后仅沿脉疏被短柔毛，其余无毛，侧脉 3~5 对；叶柄纤细，长 1~2 cm，疏被短毛或近无毛。雄花序单生，长约 4 cm。果单生或 2~6 枚簇生成头状；果苞钟状，外面具细条棱，密被短柔毛兼有疏生的长柔毛，密生刺状腺体，很少无腺体，较果长但不超过 1 倍，很少较果短，上部浅裂，裂片三角形，边缘全缘，很少具疏锯齿；序梗长约 1.5 cm，密被短柔毛。坚果近球形，长 7~15 mm，无毛或仅顶端疏被长柔毛。

锦罗、上池有栽培。国内分布于东北地区及河北、山西、陕西。江苏有栽培。朝鲜、日本、俄罗斯东西伯利亚和远东地区、蒙古东部也有分布。

种子可食，并可榨油。

24. 商陆科 Phytolaccaceae

草本或灌木，稀为乔木。直立，稀攀缘。单叶互生，全缘，托叶无或细小。花两性，或有时退化成单性（雌雄异株），辐射对称，排列成总状或聚伞花序、圆锥花序、穗状花序，腋生或顶生；花被片 4~5，分离或基部连合，叶状或花瓣状，在花蕾中覆瓦状排列，宿存；雄蕊 4~5 或多数，着生于花盘上，与花被片互生或对生，或多数呈不规则生长，花丝线形或钻状，分离或基部略相连，通常宿存，花药背着，2 室，平行，纵裂；子房上位，间或下位，球形，心皮 1 至多数，分离或合生，每心皮有 1 枚基生、横生或弯生胚珠，花柱短或无，直立或下弯，与心皮同数，宿存。浆果或核果，稀蒴果；种子小，侧扁，双凸镜状或肾形、球形，直立，外种皮膜质或硬脆，平滑或皱缩；胚乳丰富，粉质或油质，为 1 弯曲的大胚所围绕。

17 属约 70 种，广布于热带至温带地区，主产热带美洲、非洲南部，少数产亚洲。中国 2 属 5 种。徂徕山 1 属 2 种。

1. 商陆属 Phytolacca Linn.

草本，常具肥大的肉质根，或灌木，稀乔木；直立，稀攀缘。茎枝圆柱形，有沟槽或棱角。叶片卵形、椭圆形或披针形，常有针晶体；无托叶。花两性，稀单性或雌雄异株，排成总状花序、聚伞圆锥花序或穗状花序，花序顶生或与叶对生；花被片 5，辐射对称，草质或膜质，长圆形至卵形，顶端钝，开展或反折，宿存；雄蕊 6~33，着生花被基部，花丝钻状或线形，分离或基部连合，花药长圆形或近圆形；子房近球形，上位，心皮 5~16，分离或连合，每心皮 1 枚胚珠。浆果，肉质多汁，后干燥；种子肾形，外种皮硬脆，亮黑色，光滑，内种皮膜质；胚环形，包围粉质胚乳。

约 25 种，分布热带至温带地区，绝大部分产南美洲，有杂草状大树，少数产非洲和亚洲，亚洲种均为宿根草本。中国 4 种。徂徕山 2 种。

分种检索表

1. 花序粗壮，花密；果序直立；心皮通常8，分离；雄蕊8~10·················1. 商陆 Phytolacca acinosa
1. 花序纤细，花稀；果序下垂；心皮合生，雄蕊和心皮10···················2. 垂序商陆 Phytolacca americana

1. 商陆（图157）

Phytolacca acinosa Roxb.

Fl. Ind. ed. 2: 458. 1832.

多年生草本，高0.5~1.5 m，全株无毛。根肥大，肉质，倒圆锥形，外皮淡黄色或灰褐色，内面黄白色。茎直立，圆柱形，有纵沟，肉质，绿色或红紫色，多分枝。叶片薄纸质，椭圆形、长椭圆形或披针状椭圆形，长10~30 cm，宽4.5~15 cm，顶端急尖或渐尖，基部楔形，渐狭，两面散生细小白色斑点（针晶体），背面中脉凸起；叶柄长1.5~3 cm，粗壮。总状花序顶生或与叶对生，圆柱状，直立，通常比叶短，密生多花；花梗基部的苞片线形，长约1.5 mm，上部2枚小苞片线状披针形，均膜质；花梗细，长6~10（13）mm，基部变粗；花两性，径约8 mm；花被片5，白色、黄绿色，椭圆形、卵形或长圆形，顶端圆钝，长3~4 mm，宽约2 mm，花后常反折；雄蕊8~10，花丝白色，钻形，基部成片状，宿存，花药椭圆形，粉红色；心皮通常为8，有时少至5或多至10，分离；花柱短，柱头不明显。果序直立；浆果扁球形，径约7 mm，熟时黑色；种子肾形，黑色，长约3 mm，具三棱。花期5~8月；果期6~10月。

产于中军帐、上池、庙子羊栏沟等地。中国除东北地区及内蒙古、青海、新疆外，各地均有分布。朝鲜、日本及印度也有分布。

根可入药。果实含鞣质，可提制栲胶。嫩茎叶可供蔬食。

图157 商陆
1. 植株上部；2. 花；3. 雌蕊；4. 果实；5. 种子

2. 垂序商陆 美洲商陆（图158）

Phytolacca americana Linn.

Sp. Pl. 441. 1753.

多年生草本，高1~2 m，全株光滑无毛。根粗壮，肥大，倒圆锥形。茎直立，圆柱形，有时带紫红色。叶片椭圆状卵形或卵状披针形，长9~18 cm，宽5~10 cm，顶端急尖，基部楔形；

图158 垂序商陆
1. 植株上部；2. 果序；3. 花；4. 果；5. 根部

叶柄长 1~4 cm。总状花序顶生或侧生，较纤细，长 5~20 cm，花较少而稀；花梗长 6~8 mm；花白色，微带红晕，直径约 6 mm；花被片 5，雄蕊、心皮及花柱通常均为 10，心皮合生。果序下垂；浆果扁球形，熟时紫黑色；种子圆肾形，直径约 3 mm。花期 6~8 月；果期 8~10 月。

产于光华寺等林区，逸生。原产北美洲，中国引入栽培，1960 年以后遍及全国。

根供药用。全草可作农药。

25. 紫茉莉科 Nyctaginaceae

草本、灌木或乔木，有时为具刺藤状灌木。单叶，对生、互生或假轮生，全缘，具柄，无托叶。花辐射对称，两性，稀单性或杂性；单生、簇生或成聚伞花序、伞形花序；常具苞片或小苞片，有的苞片色彩鲜艳；花被单层，常为花冠状，圆筒形或漏斗状，有时钟形，下部合生成管，顶端 5~10 裂，在芽内镊合状或折扇状排列，宿存；雄蕊 1 至多数，通常 3~5，下位，花丝离生或基部连合，芽时内卷，花药 2 室，纵裂；子房上位，1 室，1 枚胚珠，花柱单一，柱头球形，不分裂或分裂。瘦果，包在宿存花被内，有棱或槽，有时具翅，常具腺；种子有胚乳；胚直生或弯生。

约 30 属 300 种，分布于热带和亚热带地区，主产热带美洲。中国 6 属 13 种，主要分布于华南和西南。徂徕山 1 属 1 种。

1. 紫茉莉属 Mirabilis Linn.

一年生或多年生草本。根肥粗，常呈倒圆锥形。单叶，对生，有柄或上部叶无柄。花两性，1 至数朵簇生枝端或腋生；每花基部有 1 个 5 深裂的萼状总苞，裂片直立，渐尖，花后不扩大；花被各色，花被筒伸长，在子房上部稍缢缩，顶端 5 裂，裂片平展，凋落；雄蕊 5~6，与花被筒等长或外伸，花丝下部贴生花被筒上；子房卵球形或椭圆体形；花柱线形，与雄蕊等长或更长，伸出，柱头头状。果球形或倒卵球形，革质、壳质或坚纸质，平滑或有疣状突起；胚弯曲，子叶折叠，包围粉质胚乳。

约 50 种，主产热带美洲。中国栽培 1 种，有时逸为野生。徂徕山 1 种。

1. 紫茉莉　胭脂花、粉豆花（图 159）

Mirabilis jalapa Linn.

Sp. Pl. 177. 1753.

一年生草本，高可达 1 m。根肥粗，倒圆锥形。茎直立，圆柱形，多分枝，无毛或疏生细柔毛，节稍膨大。叶片卵形或卵状三角形，长 3~15 cm，宽 2~9 cm，顶端渐尖，基部截形或心形，全缘，两面均无毛，脉隆起；叶柄长 1~4 cm，上部叶几无柄。花常数朵簇生枝端；花梗长 1~2 mm；总苞钟形，长约 1 cm，5 裂，裂片三角状卵形，顶端渐尖，无毛，具脉纹，在果期宿存；花被紫红色、黄色、白色或杂色，高脚碟状，筒部长 2~6 cm，

图 159　紫茉莉
1. 植株上部；2. 雄蕊；3. 花柱

檐部直径 2.5~3 cm，5 浅裂；花午后开放，有香气，次日午前凋萎；雄蕊 5，花丝细长，常伸出花外，花药球形；花柱单生，线形，伸出花外，柱头头状。瘦果球形，直径 5~8 mm，革质，黑色，表面具皱纹；种子胚乳白粉质。花期 6~10 月；果期 8~11 月。

大寺、光华寺等地均有栽培，为观赏花卉。原产热带美洲。中国南北各省份常栽培，有时逸为野生。

根、叶可供药用，有清热解毒、活血调经和滋补的功效。

26. 藜科 Chenopodiaceae

一年生草本或灌木，较少为多年生草本或乔木。茎和枝有时具关节。叶互生，少对生，扁平或圆柱状及半圆柱状，常为肉质，稀退化成鳞片状，有柄或无柄；无托叶。花小型，为单被花，两性，或单性、杂性，如为单性时则雌雄同株，极少雌雄异株；花簇生呈穗状，后再组成圆锥花序，少单生；常有苞片和小苞片，小苞片舟状至鳞片状；花被膜质、草质或肉质，花被片（1）3~5，分离或合生，在果期常增大、变硬，或在背面生出翅状、刺状、疣状附属物，较少无显著变化；雄蕊与花被片同数对生或较少，着生于花被基部或花盘上，花丝钻形或条形，离生或基部合生，花药 2 室，顶端钝或药隔突出形成附属物；子房上位，卵形至球形，由 2~5 个心皮合生而成，极少基部与花被合生，1 室；花柱顶生，通常极短；柱头 2，很少 3~5；胚珠 1 枚，弯生。果实为胞果，常包于宿存花被内，果皮膜质、革质或肉质，与种子贴生或贴伏。种子扁平圆形、双凸镜形、肾形或斜卵形；胚乳为外胚乳，粉质或肉质，或无胚乳，胚环形、半环形或螺旋形，子叶通常狭细。

约 100 属 1400 余种，主要分布于非洲南部、中亚、南美洲、北美洲及大洋洲的干草原、荒漠、盐碱地。中国 42 属约 190 种，主要分布在西北、东北地区及内蒙古。徂徕山 6 属 8 种 2 变种 1 变型。

分属检索表

1. 胚环形或半环形；胚乳被胚围绕在中间。
  2. 花被与子房离生，在果期不增厚，不硬化。
    3. 花两性，有时杂性。
      4. 花被 5 裂，较少 3~4 裂，肉质、草质或纸质；胞果顶基扁，无喙；植物体无分枝状毛。
        5. 叶为较宽阔的平面叶；全株有粉粒或圆柱状毛···1. 藜属 Chenopodium
        5. 叶为较狭小的平面叶；植物体有柔毛···2. 地肤属 Kochia
      4. 花被片 1~3，膜质，白色；胞果背腹扁，顶端具 2 喙；植物体多少有分枝状毛··········3. 虫实属 Corispermum
    3. 花单性，雌雄异株；植物体完全无粉···4. 菠菜属 Spinacia
  2. 花被的下部与子房合生，合生部分在果期增厚并硬化···5. 甜菜属 Beta
1. 胚圆锥螺旋状；无胚乳；花两性，小苞片 2，草质或肉质···6. 猪毛菜属 Salsola

1. 藜属 Chenopodium Linn.

一年生或多年生草本，全株有囊状毛（粉粒）或圆柱状毛，较少为腺毛或无毛。叶互生，有柄；叶片通常宽阔扁平，全缘或具不整齐锯齿或浅裂片。花两性或兼有雌性，不具苞片和小苞片，通常数花聚集成团伞花序（花簇），较少为单生，并再排列成腋生或顶生的穗状、圆锥状或复二歧式聚伞状的花序；花被球形，绿色或灰绿色，5 裂，少 3~4 裂，裂片内曲，背面中央稍肥厚或具纵隆脊，结果后稍增大或否；雄蕊与花被同数或较少，花丝基部有时合生；子房球形，顶基稍扁；柱头 2，少 3~5，丝状状。胞果双凸镜形或扁球形包在花被中或突出在外，不开裂。种子横生，少直立，外种皮硬脆或革质。胚乳丰富，粉质。

约170种，分布遍及世界各处。中国15种。徂徕山4种。

分种检索表

1. 花被裂片5枚；种子全为横生。
    2. 叶缘多少有齿。
        3. 叶非三裂状；种子表面有浅沟纹；花被裂片覆瓦状闭合或展开·················1. 藜 Chenopodium album
        3. 叶明显3裂，中裂片及侧裂片有锯齿；种子表面有清晰的六角形细洼；花被裂片镊合状闭合··················
        ···2. 小藜 Chenopodium ficifolium
    2. 叶全缘并具半透明的环边；花被在果期增厚并呈五角星状··············3. 尖头叶藜 Chenopodium acuminatum
1. 花被裂片3~4；种子横生，兼有直立及斜生的；叶下面灰白色··············4. 灰绿藜 Chenopodium glaucum

1. 藜（图160）

Chenopodium album Linn.

Sp. Pl. 219. 1753.

一年生草本，高30~150 cm。茎直立，粗壮，具条棱及绿色或紫红色色条，多分枝；枝条斜升或开展。叶片菱状卵形至宽披针形，长3~6 cm，宽2.5~5 cm，先端急尖或微钝，基部楔形至宽楔形，上面通常无粉，有时嫩叶的上面有紫红色粉，下面多少有粉，边缘具不整齐锯齿；叶柄与叶片近等长，或为叶片长度的1/2。花两性，花簇于枝上部排列成或大或小的穗状或圆锥状花序；花被裂片5，宽卵形至椭圆形，背面具纵隆脊，有粉，先端或微凹，边缘膜质；雄蕊5，花药伸出花被，柱头2。果皮与种子贴生。种子横生，双凸镜状，直径1.2~1.5 mm，边缘钝，黑色，有光泽，表面具浅沟纹；胚环形。花、果期5~10月。

徂徕山各林区均产。生于路旁、荒地及田间。中国各地均产。分布遍及全球温带及热带。

幼苗可作蔬菜用，茎叶可喂家畜。全草又可入药，能止泻痢，止痒，可治痢疾腹泻。

图160 藜
1. 植株上部；2. 花被与胞果；3. 种子

2. 小藜（图161）

Chenopodium ficifolium Smith

Fl. Brit. 1: 276. 1800.

一年生草本，高20~50 cm。茎直立，具条棱及绿色色条。叶片卵状矩圆形，长2.5~5 cm，宽1~3.5 cm，通常3浅裂；中裂片两边近平行，先端钝或急尖并具短尖头，边缘具深波状锯齿；侧裂片位于中部以下，通常各具2浅裂齿。花两性，数个团集，排列于上部的枝上形成较开展的顶生圆锥状花序；花被近球形，5深裂，裂片宽卵形，不开展，背面具微纵隆脊并有密粉；雄蕊5，开花时外伸；柱头2，丝形。胞果包在花被内，果皮与种子贴生。种子双凸镜状，黑色，有光泽，直径约1 mm，边缘微钝，表面具六角形细洼；胚环形。花期6~7月；果期7~9月。

徂徕山各林区均产。为常见杂草，生于荒地、路旁。中国除西藏外各省份均有分布。也分布于亚洲、欧洲、北美洲等地区。

幼苗可作蔬菜用。

3. 尖头叶藜（图162）

Chenopodium acuminatum Willd.

Neue Schriften Ges. Naturf. Freunde Berlin 2: 124. 1799.

一年生草本，高20~80 cm。茎直立，具条棱及绿色色条，有时色条带紫红色，多分枝；枝斜升，较细瘦。叶片宽卵形至卵形，茎上部的叶片有时呈卵状披针形，长2~4 cm，宽1~3 cm，先端急尖或短渐尖，有短尖头，基部宽楔形、圆形或近截形，上面无粉，浅绿色，下面多少有粉，灰白色，全缘并具半透明的环边；叶柄长1.5~2.5 cm。花两性，团伞花序于枝上部排列成紧密的或有间断的穗状或穗状圆锥状花序，花序轴（或仅在花间）具圆柱状毛束；花被扁球形，5深裂，裂片宽卵形，边缘膜质，并有红色或黄色粉粒，在果期背面大多增厚并彼此合成五角星形；雄蕊5，花药长约0.5 mm。胞果顶基扁，圆形或卵形。种子横生，直径约1 mm，黑色，有光泽，表面略具点纹。花期6~7月；果期8~9月。

产于大寺土岭、光华寺、上池。生于路边荒地、河岸等处。国内分布于黑龙江、吉林、辽宁、内蒙古、河北、山东、浙江、河南、山西、陕西、宁夏、甘肃、青海、新疆等省份。日本、朝鲜、蒙古及俄罗斯中亚和西伯利亚地区也有分布。

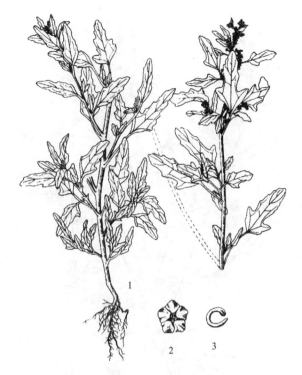

图161 小藜
1.植株；2.花；3.胚

图162 尖头叶藜
1.植株；2.花序轴的一段；
3.花被与胞果；4.种子

4. 灰绿藜（图 163）

Chenopodium glaucum Linn.

Sp. Pl. 220. 1753.

一年生草本，高 20~40 cm。茎平卧或外倾，具条棱及绿色或紫红色色条。叶片矩圆状卵形至披针形，长 2~4 cm，宽 6~20 mm，肥厚，先端急尖或钝，基部渐狭，边缘具缺刻状牙齿，上面无粉，平滑，下面有粉而呈灰白色，稍带紫红色；中脉明显，黄绿色；叶柄长 5~10 mm。花两性兼有雌性，通常数花聚成团伞花序，再于分枝上排列成有间断而通常短于叶的穗状或圆锥状花序；花被裂片 3~4，浅绿色，稍肥厚，通常无粉，狭矩圆形或倒卵状披针形，长不及 1 mm，先端通常钝；雄蕊 1~2，花丝不伸出花被，花药球形；柱头 2，极短。胞果顶端露出于花被外，果皮膜质，黄白色。种子扁球形，直径 0.75 mm，横生、斜生及直立，暗褐色或红褐色，边缘钝，表面有细点纹。花、果期 5~10 月。

产于上池等地。见于路边、沟旁湿处。中国除台湾、福建、江西、广东、广西、贵州、云南诸省份外，其他各省份均有分布。广布于南北半球的温带。

图 163　灰绿藜
1. 植株；2. 种子

2. 地肤属 Kochia Roth

一年生草本，少为半灌木，有长柔毛或绵毛，很少无毛。茎直立或斜升，通常多分枝。叶互生，无柄或几无柄，圆柱状、半圆柱状，或为窄狭的平面叶，全缘。花两性，有时兼有雌性，无花梗，通常 1~3 个团集于叶腋，无小苞片；花被近球形，草质，常有毛，5 深裂；裂片内曲，在果期背面各具 1 横翅状附属物；翅状附属物膜质，有脉纹；雄蕊 5，着生于花被基部，花丝扁平，花药宽矩圆形，外伸，花盘不存在；子房宽卵形，花柱纤细，柱头 2~3，丝状，有乳头状突起，胚珠近无柄。胞果扁球形；果皮膜质，不与种子贴生。种子横生，顶基扁，圆形或卵形，接近种脐处微凹；种皮膜质，平滑；胚细瘦，环形；胚乳较少。

约 10~15 种，分布于非洲、中欧、亚洲温带、美洲的北部和西部。中国 7 种 3 变种 1 变型。徂徕山 1 种 1 变型。

1. 地肤（图 164）

Kochia scoparia（Linn.）Schrad.

Neues Journ. 3: 85. 1809.

—— *Chenopodium scoparia* Linn.

—— *Bassia scoparia*（Linn.）A. J. Scott.

一年生草本，高 50~100 cm。根略呈纺锤形。茎直立，圆柱状，淡绿色或带紫红色，有多数条棱，稍有短柔毛或下部几无毛；分枝稀疏，斜上。叶为平面叶，披针形或条状披针形，长 2~5 cm，宽 3~7 mm，无毛或稍有毛，先端短渐尖，基部渐狭入短柄，通常有 3 条明显的主脉，边缘有疏生的锈色绢状缘毛；茎上部叶较小，无柄，1 脉。花两性或雌性，通常 1~3 个生于上部叶腋，构成疏穗状圆锥状花序，花下有时有锈色长柔毛；花被近球形，淡绿色，花被裂片近三角形，无毛或先端稍有毛；翅端附属物三角形至倒卵形，有时近扇形，膜质，脉不很明显，边缘微波状或具缺刻；花丝丝状，花药淡黄色；柱头 2，丝状，紫褐色，花柱极短。胞果扁球形，果皮膜质，与种子离生。种子卵形，黑褐色，长 1.5~2 mm，稍有光泽；胚环形，胚乳块状。花期 6~9 月；果期 7~10 月。

徂徕山各林区均产。生于田边、路旁、荒地、村庄附近。全国各地均有分布。也分布于欧洲及亚洲。

幼苗可作蔬菜；果实称"地肤子"，为常用中药，能清湿热、利尿，治尿痛、尿急、小便不利及荨麻疹，外用治皮肤癣及阴囊湿疹。

徂徕山见于栽培的还有 1 变型：扫帚菜（f. trichophylla），分枝繁多，植株呈卵形或倒卵形；

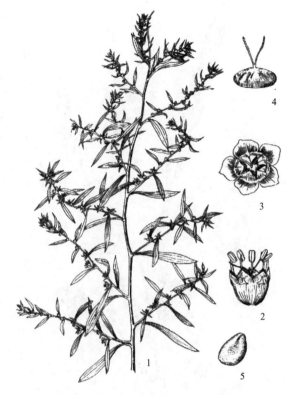

图 164　地肤
1. 植株上部；2. 花；3. 花被和胞果；
4. 胞果；5. 种子

叶较狭。各林区均有栽培，主要见于场部及村庄附近。栽培作扫帚用。晚秋枝叶变红，可供观赏。

3. 虫实属 Corispermum Linn.

一年生草本，植株全体被星状毛。叶条形，无柄，扁平，全缘，1（3）脉。花序穗状，顶生和侧生，苞片叶状、狭披针形至近圆形，1~3 脉，具宽或窄的膜质边缘，全缘，先端渐尖或骤尖并具小尖头，基部楔形或圆形；无小苞片。花两性，单生；花被片膜质，1 或 3 枚，近轴 1 片直立，较大，远轴 2 片较小或缺；雄蕊下位，1、3 或 5（远轴 2，近轴 3）枚；花丝条形，扁平，通常长于花被片；花药 2 室；子房上位，背腹压扁，花柱短，柱头 2。果实直立，背腹压扁，近圆形或在果喙基部两侧下陷呈缺刻状；果核通常为倒卵形或椭圆形，平滑，具斑纹、疣状或乳头状突起；果喙明显，上部具 2 喙尖，喙尖针状；果翅宽或窄或几近于无，全缘或啮蚀状；果皮与种皮相联。种子与果核同形，直立；胚马蹄形，胚根向下，胚乳较多。

60 余种，分布于北半球温带地区，亚洲最多。中国有 27 种，主要分布于东北、华北、西北和青藏高原等地区。徂徕山 1 种 1 变种。

分种检索表

1. 穗状花序圆柱状或棍棒状，直径 8~10 mm ·· 1. 烛台虫实 Corispermum candelabrum
1. 穗状花序细圆柱形，稍紧密，直径 5 mm ·· 2. 毛果兴安虫实 Corispermum chinganicum var. stellipile

1. 烛台虫实（图 165）

Corispermum candelabrum Iljin

Bull. Jard. Princ. URSS 28: 645. 1929.

图 165 烛台虫实
1. 植株上部；2~3. 果实

植株高约 30 cm。茎直立，圆柱形，直径 2~5 mm，果期绿色或紫红色，毛稀疏；分枝多集中于茎基部，上升，有时呈灯架状弯曲。叶条形至宽条形，长达 4.5 cm，宽 2~5.5 mm，先端渐尖具小尖头，基部渐狭，1 脉。穗状花序顶生和侧生，圆柱状或棍棒状，紧密，长 4~6（1~25）cm，直径 8~10（7~15）mm，下部花稍疏离；苞片条状披针形（花序下部的）至卵形和卵圆形，长 5~16 mm，宽 2~4 mm，先端渐尖或骤尖，（1）3 脉，具白膜质边缘，除下部苞片外均较果宽。花被片 1 或 3，近轴花被片矩圆形或宽倒卵圆形，长 1~1.5 mm，顶端圆形具不规则细齿，远轴 2，小，三角状；雄蕊 5，较花被片长。果实矩圆状倒卵形或宽椭圆形，长 3~5 mm，宽 2~3.5 mm，顶端圆形，基部近圆形或心形，背部凸起中央压扁，腹面扁平或凹入，被毛；果核椭圆形，顶端圆形，基部楔形，背部有时具瘤状突起；果喙粗短，喙尖为喙长的 1/3~1/2，直立或略叉分，翅明显，为核宽的 1/4~1/2，不透明，缘较薄，具不规则细齿或全缘。花、果期 7~9 月。

产于西旺、王家院等地。生于河滩草丛。中国特产，分布于辽宁西部、河北和内蒙古。

2. 毛果兴安虫实（变种）

Corispermum chinganicum Iljin var. **stellipile** Tsien & C. G. Ma

Acta Phytotax. Sin. 16（1）: 118. 1978.

植株高 10~50 cm，茎直立，圆柱形，直径约 2.5 mm，绿色或紫红色；由基部分枝，下部分枝较长，上升，上部分枝较短，斜展。叶条形，长 2~5 cm，宽约 2 mm，先端渐尖具小尖头，基部渐狭，1 脉。穗状花序顶生和侧生，细圆柱形，稍紧密，长（1.5）4~5 cm，直径 5（3~8）mm；苞片披针形（少数花序基部的）至卵形和卵圆形，先端渐尖或骤尖，（1）3 脉，具较宽的膜质边缘。花被片 3，近轴花被片 1，宽椭圆形，顶端具不规则细齿，远轴 2，小，近三角形，稀不存在；雄蕊 5，稍超过花被片。果实矩圆状倒卵形或宽椭圆形，长 2~4 mm，宽 1.5~2 mm，顶端圆形，基部心形，背面凸起中央稍微压扁，腹面扁平，果实两面均被星状毛。果核椭圆形，黄绿色或米黄色，光亮，有时具少数深褐色斑点；喙尖为喙长的 1/3~1/4，粗短；果翅明显，浅黄色，不透明，全缘。花、果期 6~8 月。

产于大寺、西旺。分布于黑龙江、内蒙古、山东等省份。

4. 菠菜属 Spinacia Linn.

一、二年生草本，平滑无毛，直立。叶为平面叶，互生，有叶柄；叶片三角状卵形或戟形，全缘或具缺刻。花单性，集成团伞花序，雌雄异株。雄花通常再排列成顶生有间断的穗状圆锥花序；花被 4~5 深裂，裂片矩圆形，先端钝，不具附属物；雄蕊与花被裂片同数，着生于花被基部，花丝毛发状,花药外伸。雌花生于叶腋,无花被,子房着生于2枚合生的小苞片内,苞片在果期革质或硬化;子房近球形,柱头4~5,丝状,胚珠近无柄。胞果扁,圆形;果皮膜质,与种皮贴生。种子直立,胚环形;胚乳丰富,粉质。

3种,分布于地中海地区。中国仅有1栽培种,徂徕山有栽培。

1. 菠菜（图166）

Spinacia oleracea Linn.

Sp. Pl. 1027. 1753.

一、二年生草本,高可达1 m。无粉。根圆锥状,带红色,较少为白色。茎直立,中空,脆弱多汁,不分枝或有少数分枝。叶戟形至卵形,鲜绿色,柔嫩多汁,稍有光泽,全缘或有少数牙齿状裂片。雄花集成球形团伞花序,再于枝和茎的上部排列成有间断的穗状圆锥花序;花被片通常4,花丝丝形,扁平,花药不具附属物;雌花团集于叶腋;小苞片两侧稍扁,顶端残留2小齿,背面通常各具1棘状附属物;子房球形,柱头4或5,外伸。胞果卵形或近圆形,直径约2.5 mm,两侧扁;果皮褐色。花、果期4~6月。

徂徕山各林区均有栽培。原产伊朗,中国普遍栽培。

为极常见的蔬菜之一。富含维生素及磷、铁。

图166 菠菜
1.营养期植株；2.花序枝；3.花

5. 甜菜属 Beta Linn.

一、二年生或多年生草本,平滑无毛。茎直立或略平卧,具条棱。叶互生,近全缘。花两性,无小苞片,单生或2~3花团集,于枝上部排列成顶生穗状花序;花被坛状,5裂,基部与子房合生,在果期变硬,裂片直立或向内弯曲,背面具纵隆脊;雄蕊5,周位,花丝钻状,花药矩圆形;柱头2~3,很少较多,内侧面有乳头状突起;胚珠几无柄。胞果的下部与花被基部合生,上部肥厚多汁或硬化。种子顶基扁,圆形,横生;种皮壳质,有光泽,与果皮分离;胚环形或近环形,具多量胚乳。

约10种,分布于欧洲、亚洲及非洲北部。中国1种4变种,全为栽培植物。徂徕山1变种。

1. 莙荙菜 厚皮菜（变种）

Beta vulgaris Linn. var. **cicla** Linn.

Sp. Pl. 222. 1753.

二年生草本,根不肥大,有分枝。茎直立,多少有分枝,具条棱及色条。基生叶矩圆形,长20~30 cm,宽10~15 cm,具长叶柄,上面皱缩不平,略有光泽,下面有粗壮凸出的叶脉,全缘或略呈波状,先端钝,基部楔形、截形或略呈心形;叶柄粗壮,下面凸,上面平或具槽;茎生叶互生,较小,卵形或披针状矩圆形,先端渐尖,基部渐狭入短柄。花2~3朵团集,在果期花被基底部彼此合生;花被裂片条形或狭矩圆形,在果期变为革质并向内拱曲。胞果下部陷在硬化的花被内,上部稍肉质。种子双凸镜形,直径2~3 mm,红褐色,有光泽;胚环形,苍白色;胚乳粉状,白色。花期5~6月;果期7月。

徂徕山各林区农家有零星栽培。原产非洲北部、亚洲西南部和欧洲。中国北方各地广泛栽培。叶供蔬菜用。

6. 猪毛菜属 Salsola Linn.

一年生草本、半灌木或灌木。无毛或有柔毛、硬毛，或有乳头状小突起。叶互生，极少为对生，无柄，叶片圆柱形、半圆柱形，稀为条形，顶端钝圆或有刺状尖，基部通常扩展，有时下延。花序通常为穗状，有时为圆锥状；花两性，辐射对称，单生或簇生于苞腋；苞片卵形或宽披针形；小苞片2；花被圆锥形，5深裂，花被片卵状披针形或矩圆形，内凹，膜质，以后变硬，无毛或生柔毛，果期自背面中部横生伸展的，膜质的翅状附属物，有时翅不发育或为鸡冠状、瘤状突起；花被片在翅以上部分内折，包覆果实，通常顶部聚集成圆锥体；雄蕊通常5；花丝扁平，钻状或狭条形；花药矩圆形，顶端有附属物，附属物顶端急尖或钝圆；子房宽卵形或球形，顶基扁；花柱长或极短；柱头2，钻形或丝形，直立或外弯，内面有小乳头状突起。果实为胞果，球形，果皮膜质或多汁呈肉质；种子横生，斜生或直立；胚螺旋状，无胚乳。

约130种，分布于亚洲、非洲及欧洲，有少数种分布于大洋洲及美洲。中国36种。徂徕山1种。

1. 猪毛菜（图167）

Salsola collina Pall.

Illustr. 34. t. 26. 1803.

一年生草本，高20~100 cm。茎自基部分枝，枝互生，伸展，茎、枝绿色，有白色或紫红色条纹，生短硬毛或近于无毛。叶片丝状圆柱形，伸展或微弯曲，长2~5 cm，宽0.5~1.5 mm，生短硬毛，顶端有刺状尖，基部边缘膜质，稍扩展而下延。花序穗状，生枝条上部；苞片卵形，顶部延伸，有刺状尖，边缘膜质，背部有白色隆脊；小苞片狭披针形，顶端有刺状尖，苞片及小苞片与花序轴紧贴；花被片卵状披针形，膜质，顶端尖，在果期变硬，自背面中上部生鸡冠状突起；花被片在突起以上部分，近革质，顶端为膜质，向中央折曲成平面，紧贴果实，有时在中央聚集成小圆锥体；花药长1~1.5 mm；柱头丝状，长为花柱的1.5~2倍。种子横生或斜生。花期7~9月；果期9~10月。

徂徕山各林区均产。为常见田间杂草。国内分布于东北、华北、西北、西南地区及西藏、河南、山东、江苏等省份。朝鲜、蒙古、俄罗斯、巴基斯坦也有分布。

全草入药，有降低血压作用；嫩茎、叶可供食用。种子可榨油，全株可提取绿色及黄色染料。

图167 猪毛菜
1.植株上部；2.花；3.花外面的3苞片；
4.花被和胞果；5.胞果

27. 苋科 Amaranthaceae

一年或多年生草本，少数为攀缘藤本或灌木。叶互生或对生，全缘，少数有微齿，无托叶。花小，两性，或单性同株或异株，或杂性，花簇生在叶腋内，成疏散或密集的穗状花序、头状花序、总状花序或圆锥花序；苞片1及小苞片2，干膜质，绿色或着色；花被片3~5，干膜质，覆瓦状排列，常和果实同脱落，少有宿存；雄蕊常和花被片同数且对生，偶较少，花丝分离，或基部合生成杯状或管状，花药2室或1室；有或无退化雄蕊；子房上位，1室，具基生胎座，胚珠1枚或多数，珠柄短或伸长，花柱1~3，宿存，柱头头状或2~3裂。果实为胞果，稀为小坚果或浆果，果皮薄膜质，不裂、不规则开裂或顶端盖裂。种子1或多数，凸镜状或近肾形，光滑或有小疣点，胚环状，胚乳粉质。

约70属900种，分布很广。中国15属约44种。徂徕山5属15种。

分属检索表

1. 叶对生或茎上部叶互生。
  2. 穗状花序；雄蕊花药2室。花在花期后向下折，贴近伸长的总梗··················1. 牛膝属 Achyranthes
  2. 头状花序；雄蕊花药1室。花丝基部连合。
    3. 有退化雄蕊；柱头1，头状··2. 莲子草属 Alternanthera
    3. 无退化雄蕊；柱头2~3··3. 千日红属 Gomphrena
1. 叶互生。
  4. 花单性，雌雄同株或异株；胚珠或种子1枚；花丝离生；花柱短或无·············4. 苋属 Amaranthus
  4. 花两性，胚珠或种子2至数枚；花丝基部连合成杯状；花柱伸长·····················5. 青葙属 Celosia

1. 牛膝属 Achyranthes Linn.

草本或亚灌木；茎具显明节，枝对生。叶对生，有叶柄。穗状花序顶生或腋生，在花期直立，花期后反折、平展或下倾；花两性，单生在干膜质宿存苞片基部，并有2小苞片，小苞片有1长刺，基部加厚，两旁各有1短膜质翅；花被片4~5，干膜质，顶端芒尖，花后变硬，包裹果实；雄蕊5，少数4或2，远短于花被片，花丝基部连合成一短杯，和5短退化雄蕊互生，花药2室；子房长椭圆形，1室，具1枚胚珠，花柱丝状，宿存，柱头头状。胞果卵状矩圆形、卵形或近球形，有1粒种子，和花被片及小苞片同脱落。种子矩圆形，凸镜状。

约15种，分布于热带及亚热带地区。中国3种。徂徕山1种。

1. 牛膝（图168）

Achyranthes bidentata Blume

Bijdr. 545. 1825.

多年生草本，高70~120 cm；根圆柱形，直径5~10 mm；茎有棱角或四方形，绿色或带紫色，

图168 牛膝

1. 植株上部；2. 小苞片；3. 花；4. 去掉花被的花（示雄蕊和雌蕊）；5. 果实

有白色贴生或开展柔毛，或近无毛，分枝对生。叶片椭圆形或椭圆披针形，少数倒披针形，长 4.5~12 cm，宽 2~7.5 cm，顶端尾尖，尖长 5~10 mm，基部楔形或宽楔形，两面有贴生或开展柔毛；叶柄长 5~30 mm，有柔毛。穗状花序顶生及腋生，长 3~5 cm，花期后反折；总花梗长 1~2 cm，有白色柔毛；花多数，密生，长 5 mm；苞片宽卵形，长 2~3 mm，顶端长渐尖；小苞片刺状，长 2.5~3 mm，顶端弯曲，基部两侧各有 1 卵形膜质小裂片，长约 1 mm；花被片披针形，长 3~5 mm，光亮，顶端急尖，有 1 中脉；雄蕊长 2~2.5 mm；退化雄蕊顶端平圆，稍有缺刻状细锯齿。胞果矩圆形，长 2~2.5 mm，黄褐色，光滑。种子矩圆形，长 1 mm，黄褐色。花期 7~9 月；果期 9~10 月。

祖徕山各林区均产。除东北地区外，全国广布。朝鲜、俄罗斯、印度、越南、菲律宾、马来西亚、非洲均有分布。

根可入药。生用，活血通经；治产后腹痛，月经不调，闭经，鼻衄，虚火牙痛，脚气水肿；熟用，补肝肾，强腰膝；治腰膝酸痛，肝肾亏虚，跌打瘀痛。兽医用作治牛软脚症，跌伤断骨等。

2. 莲子草属 Alternanthera Forssk.

匍匐或上升草本，茎多分枝。叶对生，全缘。花两性，成有或无总花梗的头状花序，单生在苞片腋部；苞片及小苞片干膜质，宿存；花被片 5，干膜质，常不等；雄蕊 2~5，花丝基部连合成管状或短杯状，花药 1 室；退化雄蕊全缘、有齿或条裂；子房球形或卵形，胚珠 1 枚，垂生，花柱短或长，柱头头状。胞果球形或卵形，不裂，边缘翅状。种子凸镜状。

约 200 种，分布美洲热带及暖温带。中国 5 种。祖徕山 2 种。

有些种为中草药；嫩叶食用或作饲料；有些种叶片具各种颜色，栽培为花坛植物，供观赏。

分种检索表

1. 头状花序有总梗，单生叶腋；叶绿色··1. 喜旱莲子草 Alternanthera philoxeroides
1. 头状花序无总梗，2~5 个丛生；叶绿色或红色或杂以红色或黄色斑纹··········2. 锦绣苋 Alternanthera bettzickiana

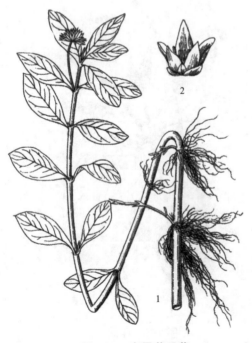

图 169 喜旱莲子草
1. 植株上部；2. 花

1. 喜旱莲子草（图 169）

Alternanthera philoxeroides（Mart.）Griseb.
Abh. Königl. Ges. Wiss. Göttingen 24: 36. 1879.

多年生草本；茎基部匍匐，上部上升，管状，不明显四棱，具分枝，幼茎及叶腋有白色或锈色柔毛，茎老时无毛，仅在两侧纵沟内保留。叶片矩圆形、矩圆状倒卵形或倒卵状披针形，长 2.5~5 cm，宽 7~20 mm，顶端急尖或圆钝，具短尖，基部渐狭，全缘，两面无毛或上面有贴生毛及缘毛，下面有颗粒状突起；叶柄长 3~10 mm，无毛或微有柔毛。花密生，成具总花梗的头状花序，单生在叶腋，球形，直径 8~15 mm；苞片及小苞片白色，顶端渐尖，具 1 脉；苞片卵形，长 2~2.5 mm，小苞片披针形，长 2 mm；花被片矩圆形，长 5~6 mm，白色，光亮，无毛，顶端急尖，背部侧扁；雄蕊花丝长 2.5~3 mm，基部连合成杯状；退化雄蕊矩圆状条形，和雄蕊约等长，顶端裂成窄条；子房倒卵形，具短柄，背面侧扁，顶端圆形。花期 5~10 月。

产于光华寺、西旺等地。生于河边、池沼、水沟内。原产巴西，中国引种于北京、江苏、浙江、江西、湖南、福建，后逸为野生。

全草可入药。茎叶可作饲料。

2. 锦绣苋（图 170）

Alternanthera bettzickiana (Regel) Nichols. Gard. Dict. ed. 1. 59. 1884.

多年生草本，高 20~50 cm。茎直立或基部匍匐，多分枝，上部四棱形，下部圆柱形，两侧各有 1 纵沟，在顶端及节部有贴生柔毛。叶片矩圆形、矩圆倒卵形或匙形，长 1~6 cm，宽 0.5~2 cm，顶端急尖或圆钝，有凸尖，基部渐狭，边缘皱波状，绿色或红色，或部分绿色，杂以红色或黄色斑纹，幼时有柔毛，后脱落；叶柄长 1~4 cm，稍有柔毛。头状花序顶生及腋生，2~5 个丛生，长 5~10 mm，无总花梗；苞片及小苞片卵状披针形，长 1.5~3 mm，顶端渐尖，无毛或脊部有长柔毛；花被片卵状矩圆形，白色，外面 2 片长 3~4 mm，凹形，背部下半密生开展柔毛，中间 1 片较短，稍凹或近扁平，疏生柔毛或无毛，内面 2 片极凹，稍短且较窄，疏生柔毛或无毛；雄蕊 5，花丝长 1~2 mm，花药条形，其中 1~2 室较短且不育；退化雄蕊带状，高达花药的中部或顶部，顶端裂成 3~5 极窄条；子房无毛，花柱长约 0.5 mm。果实不发育。花期 8~9 月。

大寺等地零星栽培。原产巴西，现中国各大城市栽培。

由于叶片有各种颜色，可用作布置花坛，排成各种图案。全草入药，有清热解毒、凉血止血、清积逐瘀功效。

3. 千日红属 Gomphrena Linn.

草本或亚灌木。叶对生，少数互生。花两性，成球形或半球形的头状花序；花被片 5，相等或不等，有长柔毛或无毛；雄蕊 5，花丝基部扩大，连合成管状或杯状，顶端 3 浅裂，中裂片具 1 室花药，侧裂片齿裂状、锯齿状、流苏状或 2 至多裂；无退化雄蕊；子房 1 室，有 1 枚垂生胚珠，柱头 2~3，条形，或 2 裂。胞果球形或矩圆形，侧扁，不裂。种子凸镜状，种皮革质，平滑。

约 100 种，大部产热带美洲，有些种产大洋洲及马来西亚。中国 2 种，供观赏，有些种可入药。徂徕山 1 种。

1. 千日红（图 171）

Gomphrena globosa Linn. Sp. Pl. 224. 1753.

图 170 锦绣苋

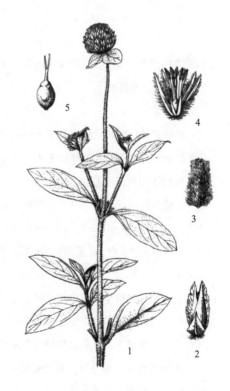

图 171 千日红
1. 植株上部；2. 花；3. 去掉苞片的花；
4. 展开的花；5. 果实

一年生直立草本，高 20~60 cm；茎粗壮，有分枝，枝略成四棱形，有灰色糙毛，幼时更密，节部稍膨大。叶片纸质，长椭圆形或矩圆状倒卵形，长 3.5~13 cm，宽 1.5~5 cm，顶端急尖或圆钝，凸尖，基部渐狭，边缘波状，两面有小斑点、白色长柔毛及缘毛，叶柄长 1~1.5 cm，有灰色长柔毛。花多数，密生，成顶生球形或矩圆形头状花序，单一或 2~3 朵，直径 2~2.5 cm，常紫红色，有时淡紫色或白色；总苞为 2 绿色对生叶状苞片而成，卵形或心形，长 1~1.5 cm，两面有灰色长柔毛；苞片卵形，长 3~5 mm，白色，顶端紫红色；小苞片三角状披针形，长 1~1.2 cm，紫红色，内面凹陷，顶端渐尖，背棱有细锯齿缘；花被片披针形，长 5~6 mm，不展开，顶端渐尖，外面密生白色绵毛，花期后不变硬；雄蕊花丝连合成管状，顶端 5 浅裂，花药生在裂片的内面，微伸出；花柱条形，比雄蕊管短，柱头 2，叉状分枝。胞果近球形，直径 2~2.5 mm。种子肾形，棕色，光亮。花、果期 6~9 月。

徂徕山有栽培，供观赏。原产美洲热带，中国南北各省份均有栽培。

头状花序经久不变，除用作花坛及盆景外，还可作花圈、花篮等装饰品。花序可入药。

4. 苋属 Amaranthus Linn.

一年生草本。茎直立或伏卧。叶互生，全缘，有叶柄。花单性，雌雄同株或异株，或杂性，成无梗花簇，腋生，或腋生及顶生，再集合成单一或圆锥状穗状花序；每花有 1 苞片及 2 小苞片，干膜质；花被片 5，少数 1~4，大小近相等，绿色或着色，薄膜质，直立或倾斜开展，在果期直立，间或在花期后变硬或基部加厚；雄蕊 5，少数 1~4，花丝钻状或丝状，基部离生，花药 2 室；无退化雄蕊；子房具 1 枚直生胚珠，花柱极短或缺，柱头 2~3，钻状或条形，宿存，内面有细齿或微硬毛。胞果球形或卵形，侧扁，膜质，盖裂或不规则开裂，常为花被片包裹，或不裂，则和花被片同落。种子球形，凸镜状，侧扁，黑色或褐色，光亮，平滑，边缘锐或钝。

约 40 种，分布于全世界，有些种为伴人植物。中国 14 种。徂徕山 8 种。

分种检索表

1. 穗状花序顶生及腋生，或再合成圆锥花序；花被片 5，雄蕊 5，稀 2；果实环状横裂。
  2. 花被片 5，雄蕊 5。
    3. 植物体有毛。
      4. 圆锥花序较粗；苞片长 4~6 mm；胞果包裹在宿存花被片内··················1. 反枝苋 Amaranthus retroflexus
      4. 圆锥花序细长；苞片长 3~4.5 mm；胞果超出花被片·····················2. 绿穗苋 Amaranthus hybridus
    3. 植物体无毛或近无毛。
      5. 圆锥花序下垂，中央花穗尾状，花穗顶端钝；苞片及花被片顶端芒刺不显明；花被片比胞果短·················
        ··3. 尾穗苋 Amaranthus caudatus
      5. 圆锥花序直立，花穗顶端尖；苞片及花被片顶端芒刺显明；花被片和胞果等长······4. 繁穗苋 Amaranthus paniculatus
  2. 花被片 5，雄蕊 2··5. 泰山苋 Amaranthus taishanensis
1. 穗状花序腋生及顶生，或全部成腋生穗状花序；花被片 3（2~4）；雄蕊 3；果实不裂或横裂。
  6. 果实不裂。雄花、雌花花被片均为 3，雄蕊 3。
    7. 茎通常伏卧上升，从基部分枝；胞果近平滑···6. 凹头苋 Amaranthus blitum
    7. 茎通常直立，稍分枝；胞果皱缩··7. 皱果苋 Amaranthus viridis
  6. 果实环状横裂。
    8. 花被片 3，有时 2；叶片大，卵形、菱状卵形或披针形，长 4~10 cm，宽 2~7 cm··········8. 苋 Amaranthus tricolor
    8. 花被片 4，有时 5；叶片小，倒卵形、匙形至矩圆状倒披针形，长 0.5~2.5 mm，宽 0.3~1 mm·················
      ··9. 北美苋 Amaranthus blitoides

1. 反枝苋（图172）

Amaranthus retroflexus Linn.

Sp. Pl. 991. 1753.

一年生草本，高20~80 cm，有时达1 m多；茎直立，粗壮，单一或分枝，淡绿色，有时具带紫色条纹，稍具钝棱，密生短柔毛。叶片菱状卵形或椭圆状卵形，长5~12 cm，宽2~5 cm，顶端锐尖或尖凹，有小凸尖，基部楔形，全缘或波状缘，两面及边缘有柔毛，下面毛较密；叶柄长1.5~5.5 cm，淡绿色，有时淡紫色，有柔毛。圆锥花序顶生及腋生，直立，直径2~4 cm，由多数穗状花序形成，顶生花穗较侧生者长；苞片及小苞片钻形，长4~6 mm，白色，背面有1龙骨状突起，伸出顶端成白色尖芒；花被片矩圆形或矩圆状倒卵形，长2~2.5 mm，薄膜质，白色，有1淡绿色细中脉，顶端急尖或尖凹，具凸尖；雄蕊比花被片稍长；柱头3，有时2。胞果扁卵形，长约1.5 mm，环状横裂，薄膜质，淡绿色，包裹在宿存花被片内。种子近球形，直径1 mm，棕色或黑色，边缘钝。花期7~8月；果期8~9月。

徂徕山各林区均产。生于农田、村庄附近、河边路旁等各处。原产于热带美洲，广泛传播并归化于世界各地。中国黑龙江、吉林、辽宁、内蒙古、河北、山东、山西、河南、陕西、甘肃、宁夏、新疆等省份均有分布。

嫩茎叶为野菜，也可作家畜饲料；种子作青箱子入药；全草可药用。

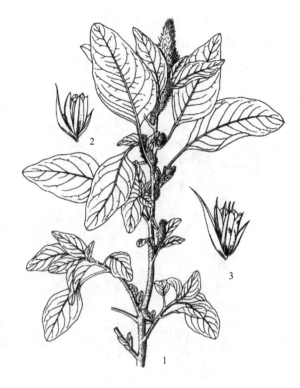

图172　反枝苋
1. 植株上部；2. 雄花；3. 雌花

2. 绿穗苋（图173）

Amaranthus hybridus Linn.

Sp. Pl. 990. 1753.

一年生草本，高30~50 cm；茎直立，分枝，上部近弯曲，有开展柔毛。叶片卵形或菱状卵形，长3~4.5 cm，宽1.5~2.5 cm，顶端急尖或微凹，具凸尖，基部楔形，边缘波状或有不明显锯齿，微粗糙，上面近无毛，下面疏生柔毛；叶柄长1~2.5 cm，有柔毛。圆锥花序顶生，细长，上升稍弯曲，有分枝，由穗状花序而成，中间花穗最长；苞片及小苞片钻状披针形，长3.5~4 mm，中脉坚硬，绿色，向前伸出成尖芒；花被片矩圆状披针形，长约2 mm，顶端锐尖，具凸尖，中脉绿色；雄蕊略和花被片等长或稍长；柱头3。胞果卵形，长2 mm，环状横裂，超出宿存花被片。种子近球形，直径约1 mm，黑色。花期7~8月；果期9~10月。

图173　绿穗苋
1. 植株上部；2. 雄花；3. 胞果

产于光华寺等地。生于田边、旷地或路旁。国内分布于陕西、河南、安徽、江苏、浙江、江西、湖南、湖北、四川、贵州等省份。分布于欧洲、北美洲、南美洲。

嫩茎叶为野菜，也可作家畜饲料。

本种和反枝苋极相近，但本种花序较细长，苞片较短，胞果超出宿存花被片。

3. 尾穗苋（图174）

Amaranthus caudatus Linn.

Sp. Pl. 990. 1753.

一年生草本，高达15 m；茎直立，粗壮，具钝棱角，单一或稍分枝，绿色，或常带粉红色，幼时有短柔毛，后渐脱落。叶片菱状卵形或菱状披针形，长4~15 cm，宽2~8 cm，顶端短渐尖或圆钝，具凸尖，基部宽楔形，稍不对称，全缘或波状缘，绿色或红色，除在叶脉上稍有柔毛外，两面无毛；叶柄长1~15 cm，绿色或粉红色，疏生柔毛。圆锥花序顶生，下垂，有多数分枝，中央分枝特长，由多数穗状花序形成，顶端钝，花密集成雌花和雄花混生的花簇；苞片及小苞片披针形，长3 mm，红色，透明，顶端尾尖，边缘有疏齿，背面有1中脉；花被片长2~2.5 mm，红色，透明，顶端具凸尖，边缘互压，有1中脉，雄花的花被片矩圆形，雌花的花被片矩圆状披针形；雄蕊稍超出；柱头3，长不及1 mm。胞果近球形，直径3 mm，上半部红色，超出花被片。种子近球形，直径1 mm，淡棕黄色，有厚的环。花期7~8月；果期9~10月。

徂徕山林区农家有栽培。中国各地栽培，有时逸为野生。原产热带，全世界各地栽培。

根供药用，有滋补强壮作用；可作家畜及家禽饲料。

图174 尾穗苋
1. 植株上部；2. 雄花

4. 繁穗苋（图175）

Amaranthus cruentus Linn.

Syst. Nat. ed. 10. 2: 1269. 1759.

—— *Amaranthus paniculatus* Linn.

和尾穗苋相近，区别为：圆锥花序直立或以后下垂，花穗顶端尖；苞片及花被片顶端芒刺显明；花被片和胞果等长。又和千穗谷相近，区别为：雌花苞片为花被片长的1.5倍，花被片顶端圆钝。花期6~7月；果期9~10月。

庙子等林区有栽培。粮饲两用作物。中国各地栽培或野生。全世界广泛分布。

茎叶可作蔬菜；栽培供观赏；种子为粮食作物，食用或酿酒。

图175 繁穗苋
1. 植株上部；2. 雄花；3. 花被和胞果

5. 泰山苋（彩图 21）

Amaranthus taishanensis F. Z. Li & C. K. Ni

Acta Phytotax. Sin. 19: 116. 1981.

一年生草本，高 15~30 cm；茎直立或斜生，被短柔毛或近无毛，绿白色，有时带淡紫色；通常多分枝。叶片较小，菱状卵形或长圆形，长 5~30 mm，宽 3~15 mm，无毛，顶端微凹，有凸尖头，基部楔形，下延，全缘或微波状，叶面中央常横生 1 条白色斑带，干后不明显；叶柄长 2~15 mm。花单性，雌雄花混生，常簇生于叶腋；苞片及小苞片钻形，长 1.2~1.5 mm，较花被片稍长；花被片 5，膜质；雄蕊 2（3），略长于花被片；柱头 3 裂。胞果不裂，长矩圆形，长 2~2.5 mm，与花被片几等长。种子红褐色，侧扁，直径约 1 mm。花、果期 7~10 月。

产于西旺、王家院、大寺等地。生于路旁、林下、村落附近。分布于山东、安徽等省份。

有的人认为本种应作为合被苋（*Amaranthus polygonoides* Linn.）的异名。本书遵循 FOC 处理。

6. 凹头苋 野苋（图 176）

Amaranthus blitum Linn.

Sp. Pl. 990. 1753.

—— *Amaranthus lividus* Linn.

图 176 凹头苋
1. 植株上部；2. 花被和胞果

一年生草本，高 10~30 cm，全体无毛；茎伏卧而上升，从基部分枝，淡绿色或紫红色。叶片卵形或菱状卵形，长 1.5~4.5 cm，宽 1~3 cm，顶端凹缺，有 1 芒尖，或微小不显，基部宽楔形，全缘或稍呈波状；叶柄长 1~3.5 cm。花成腋生花簇，直至下部叶的腋部，生在茎端和枝端者成直立穗状花序或圆锥花序；苞片及小苞片矩圆形，长不及 1 mm；花被片矩圆形或披针形，长 1.2~1.5 mm，淡绿色，顶端急尖，边缘内曲，背部有 1 隆起中脉；雄蕊比花被片稍短；柱头 3 或 2，果熟时脱落。胞果扁卵形，长 3 mm，不裂，微皱缩而近平滑，超出宿存花被片。种子环形，直径约 12 mm，黑色至黑褐色，边缘具环状边。花期 7~8 月；果期 8~9 月。

产于大寺等地。生于荒地和弃耕地，常形成小片群落。除内蒙古、宁夏、青海、西藏外，全国广泛分布。也分布于日本、欧洲、非洲北部及南美洲。

茎叶可作猪饲料；全草可入药。

7. 皱果苋 绿苋（图 177）

Amaranthus viridis Linn.

Sp. Pl. ed. 2. 1405. 1763.

一年生草本，高 40~80 cm，全体无毛；茎直立，有

图 177 皱果苋
1. 植株上部；2. 雄花；3. 花被和胞果

图 178 苋
1. 植株上部；2. 雄花；3. 雌花；
4. 花被和胞果

不显明棱角，稍有分枝，绿色或带紫色。叶片卵形、卵状矩圆形或卵状椭圆形，长 3~9 cm，宽 2.5~6 cm，顶端尖凹或凹缺，少数圆钝，有 1 芒尖，基部宽楔形或近截形，全缘或微呈波状缘；叶柄长 3~6 cm，绿色或带紫红色。圆锥花序顶生，长 6~12 cm，宽 1.5~3 cm，有分枝，由穗状花序形成，圆柱形，细长，直立，顶生花穗比侧生者长；总花梗长 2~2.5 cm；苞片及小苞片披针形，长不及 1 mm，顶端具凸尖；花被片矩圆形或宽倒披针形，长 1.2~1.5 mm，内曲，顶端急尖，背部有 1 绿色隆起中脉；雄蕊比花被片短；柱头 3 或 2。胞果扁球形，直径约 2 mm，绿色，不裂，极皱缩，超出花被片。种子近球形，直径约 1 mm，黑色或黑褐色，具薄且锐的环状边缘。花期 6~8 月；果期 8~10 月。

徂徕山各林区均产。生于村庄附近的杂草地上或田野间。国内分布于东北、华北、华东、华南地区以及云南、江西、陕西。广泛分布在南北两半球的温带、亚热带和热带地区。

嫩茎叶可作野菜食用，也可作饲料；全草可入药。

8. 苋 雁来红、老少年、三色苋（图 178）

Amaranthus tricolor Linn.

Sp. Pl. 989. 1753.

一年生草本，高 80~150 cm；茎粗壮，绿色或红色，常分枝，幼时有毛或无毛。叶片卵形、菱状卵形或披针形，长 4~10 cm，宽 2~7 cm，绿色或常成红色、紫色或黄色，或部分绿色加杂其他颜色，顶端圆钝或尖凹，具凸尖，基部楔形，全缘或波状缘，无毛；叶柄长 2~6 cm，绿色或红色。花簇腋生，直到下部叶，或同时具顶生花簇，成下垂的穗状花序；花簇球形，直径 5~15 mm，雄花和雌花混生；苞片及小苞片卵状披针形，长 2.5~3 mm，透明，顶端有 1 长芒尖，背面具 1 绿色或红色隆起中脉；花被片矩圆形，长 3~4 mm，绿色或黄绿色，顶端有 1 长芒尖，背面具 1 绿色或紫色隆起中脉；雄蕊比花被片长或短。胞果卵状矩圆形，长 2~2.5 mm，环状横裂，包裹在宿存花被片内。种子近圆形或倒卵形，直径约 1 mm，黑色或黑棕色，边缘钝。花期 5~8 月；果期 7~9 月。

王家院、马场等地有栽培，各林区农家也有栽培。原产亚洲南部、中亚等地。中国各地均有栽培，有时逸为半野生。

茎叶作为蔬菜食用；叶杂有各种颜色者供观赏；根、果实及全草可入药。

9. 北美苋（图 179）

Amaranthus blitoides S. Watson

Proc. Amer. Acad. Arts & Sc. 12: 273. 1877.

图 179 北美苋
1. 植株上部；2. 花被和胞果；3. 种子

一年生草本，高 15~50 cm；茎大部分伏卧，从基部分枝，绿白色，全体无毛或近无毛。叶片密生，倒卵形、匙形至矩圆状倒披针形，长 5~25 mm，宽 3~10 mm，顶端圆钝或急尖，具细凸尖，尖长达 1 mm，基部楔形，全缘；叶柄长 5~15 mm。花成腋生花簇，比叶柄短，有少数花；苞片及小苞片披针形，长 3 mm，顶端急尖，具尖芒；花被片 4，有时 5，卵状披针形至矩圆披针形，长 1~2.5 mm，绿色，顶端稍渐尖，具尖芒；柱头 3，顶端卷曲。胞果椭圆形，长 2 mm，环状横裂，上面带淡红色，近平滑，比最长花被片短。种子卵形，直径约 1.5 mm，黑色，稍有光泽。花期 8~9 月；果期 9~10 月。

徂徕山各林区均有分布。生于路边、荒地。原产于北美洲，中国东部和北部各地逸生。

5. 青葙属 Celosia Linn.

一年生或多年生草本、亚灌木或灌木。叶互生，卵形至条形，全缘或近全缘，有叶柄。花两性，成顶生或腋生、密集或间断的穗状花序，简单或排列成圆锥花序，总花梗有时扁化；每花有 1 苞片和 2 小苞片，着色，干膜质，宿存；花被片 5，着色，干膜质，光亮，无毛，直立开展，宿存；雄蕊 5，花丝钻状或丝状，上部离生，基部连合成杯状；无退化雄蕊；子房 1 室，具 2 至多数胚珠，花柱 1，宿存，柱头头状，微 2~3 裂，反折。胞果卵形或球形，具薄壁，盖裂。种子凸镜状肾形，黑色，光亮。

约 45~60 种，分布于非洲、美洲和亚洲亚热带和温带地区。中国 3 种。徂徕山 2 种 1 变种。供药用或观赏。

分种检索表

1. 穗状花序塔状或圆柱状，无分枝；花被片白色或粉红色···1. 青葙 Celosia argentea
1. 穗状花序鸡冠状、卷冠状或羽毛状，多分枝；花被片各色···2. 鸡冠花 Celosia cristata

1. 青葙（图 180）

Celosia argentea Linn.

Sp. Pl. 205. 1753.

一年生草本，高 0.3~1 m，全体无毛；茎直立，有分枝，绿色或红色，具显明条纹。叶片矩圆披针形、披针形或披针状条形，少数卵状矩圆形，长 5~8 cm，宽 1~3 cm，绿色常带红色，顶端急尖或渐尖，具小芒尖，基部渐狭；叶柄长 2~15 mm，或无叶柄。花多数，密生，在茎端或枝端成单一、无分枝的塔状或圆柱状穗状花序，长 3~10 cm；苞片及小苞片披针形，长 3~4 mm，白色，光亮，顶端渐尖，延长成细芒，具 1 中脉，在背部隆起；花被片矩圆状披针形，长 6~10 mm，初为白色顶端带红色，或全部粉红色，后成白色，顶端渐尖，具 1 中脉，在背面凸起；花丝长 5~6 mm，分离部分长约 2.5~3 mm，花药紫色；子房有短柄，花柱紫色，长 3~5 mm。胞果卵形，长 3~3.5 mm，包裹在宿存花被片内。种子凸透镜状肾形，直径约 1.5 mm。花期 5~8 月；果期 6~10 月。

图 180 青葙
1. 植株；2. 花；3. 雄蕊和雌蕊；4. 展开的雄蕊；
5. 雌蕊；6. 蒴果；7. 种子

图181 鸡冠花
1. 植株上部；2. 花；3. 去掉花被
（示雄蕊和雌蕊）

徂徕山各林区均产。生于路旁、村落附近。分布几遍全国，野生或栽培。朝鲜、日本、俄罗斯、印度、越南、缅甸、泰国、菲律宾、马来西亚及非洲热带均有分布。

种子供药用；花序宿存经久不凋，可供观赏；嫩茎叶浸去苦味后，可作野菜食用；全植物可作饲料。

2. 鸡冠花（图181）

Celosia cristata Linn.

Sp. Pl. 205. 1753.

与青葙相近，但叶片卵形、卵状披针形或披针形，宽2~6 cm；花多数，极密生，成扁平肉质鸡冠状、卷冠状或羽毛状的穗状花序，1个大花序下面有数个较小的分枝，圆锥状矩圆形，表面羽毛状；花被片红色、紫色、黄色、橙色或红色黄色相间。花、果期7~9月。

徂徕山各林区普遍栽培。中国南北各省份均有栽培。广布于世界温暖地区。

供观赏。花和种子供药用，为收敛剂，有止血、凉血、止泻功效。常见栽培的还有凤尾鸡冠花（var. *pyramidalis*），穗状花序常密集成圆锥花序，着生于枝顶成火焰状，外形似芦花细穗，有紫红、橙红、金黄、乳白等花色品种。

28. 马齿苋科 Portulacaceae

一年生或多年生草本，稀半灌木。单叶，互生或对生，全缘，常肉质；托叶干膜质或刚毛状，稀不存在。花两性，整齐或不整齐，腋生或顶生，单生或簇生，或成聚伞花序、总状花序、圆锥花序；萼片2，稀5，草质或干膜质，分离或基部连合；花瓣4~5片，稀更多，覆瓦状排列，分离或基部稍连合，常鲜艳，早落或宿存；雄蕊与花瓣同数，对生，或更多，分离或成束或与花瓣贴生，花丝线形，花药2室，内向纵裂；雌蕊3~5心皮合生，子房上位或半下位，1室，基生胎座或特立中央胎座，有弯生胚珠1至多枚，花柱线形，柱头2~5裂，形成内向的柱头面。蒴果近膜质，盖裂或2~3瓣裂，稀为坚果；种子肾形或球形，多数，稀为2粒，种阜有或无，胚环绕粉质胚乳，胚乳大多丰富。

约20属500种，广布于全世界，主产南美洲。中国2属7种。徂徕山1属2种。

1. 马齿苋属 Portulaca Linn.

一年生或多年生肉质草本，无毛或被疏柔毛。茎铺散，平卧或斜升。叶互生或近对生，或在茎上部轮生，叶片圆柱状或扁平；托叶为膜质鳞片状或毛状的附属物，稀完全退化。花顶生，单生或簇生；花梗有或无；常具数片叶状总苞；萼片2，筒状，其分离部分脱落；花瓣4或5，离生或下部连合，花开后黏液质，早落；雄蕊4至多数，着生花瓣上；子房半下位，1室，胚珠多数，花柱线形，上端3~9裂成线状柱头。蒴果盖裂；种子细小，多数，肾形或圆形，光亮，具疣状突起。

约 150 种，广布热带、亚热带至温带地区。中国 5 种。徂徕山 2 种。

分种检索表

1. 叶片扁平；花径不及 1 cm，黄色···1. 马齿苋 Portulaca oleracea
1. 叶圆柱状钻形；花径 2.5~4 cm，各色··2. 大花马齿苋 Portulaca grandiflora

1. 马齿苋（图 182）

Portulaca oleracea Linn.

Sp. Pl. 445. 1753.

一年生草本，全株无毛。茎平卧或斜倚，伏地铺散，多分枝，圆柱形，长 10~15 cm，淡绿色或带暗红色。叶互生，有时近对生，叶片扁平，肥厚，倒卵形，似马齿状，长 1~3 cm，宽 0.6~1.5 cm，顶端圆钝或平截，有时微凹，基部楔形，全缘，上面暗绿色，下面淡绿色或带暗红色，中脉微隆起；叶柄粗短。花无梗，直径 4~5 mm，常 3~5 朵生枝端，午时盛开；苞片 2~6，叶状，膜质，近轮生；萼片 2，对生，绿色，盔形，左右压扁，长约 4 mm，顶端急尖，背部具龙骨状突起，基部合生；花瓣 5，稀 4，黄色，倒卵形，长 3~5 mm，顶端微凹，基部合生；雄蕊通常 8，或更多，长约 12 mm，花药黄色；子房无毛，花柱比雄蕊稍长，柱头 4~6 裂，线形。蒴果卵球形，长约 5 mm，盖裂；种子细小，多数，偏斜球形，黑褐色，有光泽，直径不及 1 mm，具小疣状突起。花期 5~8 月；果期 6~9 月。

徂徕山各林区均产。生于菜园、农田、路旁，为田间常见杂草。中国南北各省份均有分布。广布全世界温带和热带地区。

全草供药用，有清热利湿、解毒消肿、消炎、止渴、利尿作用；种子明目；还可作兽药和农药；嫩茎叶可作蔬菜，味酸，也是很好的饲料。

图 182　马齿苋

1. 植株；2. 花；3. 展开的花；4. 雄蕊；5. 果实；6. 种子

2. 大花马齿苋（图 183）

Portulaca grandiflora Hook.

Curtis's Bot. Mag. 56: pl. 2885. 1829.

一年生草本，高 10~30 cm。茎平卧或斜升，紫红色，多分枝，节上丛生毛。叶密集枝端，茎枝下部的叶不规则互生；叶片细圆柱形，有时微弯，长 1~2.5 cm，直径 2~3 mm，顶端圆钝，无毛；叶柄极短或近无柄，叶腋常生一撮白色长柔毛。花单生或数朵簇生枝端，直径 2.5~4 cm，日开夜闭；总苞 8~9 片，叶状，轮生，具白色长柔毛；萼片 2，淡黄绿色，卵状三角形，长 5~7 mm，顶端急尖，多少具龙骨状突起，两面均无毛；花瓣 5 或重瓣，倒卵形，顶端微凹，

图 183　大花马齿苋

1. 植株上部；2. 蒴果

长 12~30 mm, 红色、紫色或黄白色；雄蕊多数，长 5~8 mm, 花丝紫色，基部合生；花柱与雄蕊近等长，柱头 5~9 裂，线形。蒴果近椭圆形，盖裂；种子细小，多数，圆肾形，直径不及 1 mm, 铅灰色、灰褐色或灰黑色，有珍珠光泽，表面有小瘤状突起。花期 6~9 月；果期 8~11 月。

大寺等地有栽培。原产巴西。中国公园、花圃常有栽培，是一种美丽的花卉，繁殖容易，扦插或播种均可。

全草可供药用，有散瘀止痛、清热、解毒消肿功效，用于咽喉肿痛、烫伤、跌打损伤、疮疖肿毒。

29. 落葵科 Basellaceae

草质缠绕藤本。全株无毛。单叶，互生，全缘，稍肉质，通常有叶柄；无托叶。花小，两性，稀单性，辐射对称，通常成穗状花序、总状花序或圆锥花序，稀单生；苞片 3，早落，小苞片 2，宿存；花被片 5，离生或下部合生，通常白色或淡红色，宿存，在芽中覆瓦状排列；雄蕊 5 枚，与花被片对生，花丝着生于花被上；雌蕊由 3 心皮合生，子房上位，1 室，1 枚胚珠，着生于子房基部，弯生，花柱单一或三分叉。胞果，干燥或肉质，通常被宿存的小苞片和花被包围，不开裂；种子球形，种皮膜质，胚乳丰富，围以螺旋状、半圆形或马蹄状胚。

约 4 属 25 种，主要分布亚洲、非洲及拉丁美洲热带地区。中国栽培 2 属 3 种。徂徕山 1 属 1 种。

1. 落葵属 Basella Linn.

一、二年生缠绕草本。叶互生。穗状花序腋生，花序轴粗壮，伸长；花小，无梗，通常淡红色或白色；苞片极小，早落；小苞片和坛状花被合生，肉质，花后膨大，卵球形，花期很少开放，花后肉质，包围果实；花被短 5 裂，钝圆，裂片有脊，但在果期不为翅状；雄蕊 5，内藏，与花被片对生，着生于花被筒近顶部，花丝很短，在芽中直立，花药背着，丁字着生；子房上位，1 室，1 枚胚珠，花柱 3，柱头线形。胞果球形，肉质；种子直立；胚螺旋状，有少量胚乳，子叶大而薄。

5 种，1 种产热带非洲，3 种产马达加斯加，1 种产全热带。中国栽培 1 种。徂徕山 1 种。

1. 落葵（图 184）

Basella alba Linn.

Sp. Pl. 272. 1753.

一年生缠绕草本。茎无毛，肉质，绿色或略带紫红色。叶片卵形或近圆形，长 3~9 cm, 宽 2~8 cm, 顶端渐尖，基部微心形或圆形，下延成柄，全缘，背面叶脉微凸起；叶柄长 1~3 cm, 上有凹槽。穗状花序腋生，长 3~15 (20) cm; 苞片极小，早落；小苞片 2, 萼状，长圆形，宿存；

图 184 落葵

花被片淡红色或淡紫色，卵状长圆形，全缘，顶端钝圆，内折，下部白色，连合成筒；雄蕊着生于花被筒口，花丝短，基部扁宽，白色，花药淡黄色；柱头椭圆形。果实球形，直径 5~6 mm，红色至深红色或黑色，多汁液，外包宿存小苞片及花被。花期 5~9 月；果期 7~10 月。

徂徕山各林区农家有零星栽培，主要见于村庄。原产亚洲热带地区。中国南北各省份多有种植，南方有逸为野生的。

叶含有多种维生素和钙、铁，栽培作蔬菜，也可观赏。全草可供药用。果汁可作无害的食品着色剂。

30. 粟米草科 Molluginaceae

一年生或多年生草本、亚灌木或灌木。植株无毛或很少有毛。茎直立或平卧。单叶，互生，稀对生，全缘；无托叶或托叶膜质。花序为顶生或近腋生的聚伞花序、伞形花序，很少为单花；花两性，稀单性，辐射对称；花被片 5，稀 4，离生，或下部联合成筒；花瓣无，或多数，白色、粉红色或紫色；雄蕊 3~5，或多数，排成几轮，分离或基部联合成管，花药纵裂；子房上位，心皮 2~5 或多数合生，中轴胎座，柱头与子房室同数，每室胚珠 1 至多数。果实通常 1 室或深裂成（3）5~15 分果，很少分解成 2 小坚果。种子具弯胚，外胚乳淀粉质。

约 14 属 120 种，分布于热带和亚热带地区。中国 3 属 8 种。徂徕山 1 属 1 种。

1. 粟米草属 Mollugo Linn.

一年生或多年生草本。茎铺散、斜升或直立，多分枝，无毛。单叶，基生叶莲座状，茎生叶对生或假轮生、轮生，全缘。花小，具梗，顶生或腋生，聚伞花序或伞形花序；花被片 5，离生，草质，常具透明干膜质边缘；无花瓣；雄蕊 3，有时 4 或 5，稀更多，与花被片互生，无退化雄蕊；子房上位，心皮 3（5）合生，3（5）室，每室有多数胚珠，花柱 3（5），线形。蒴果球形，果皮膜质，部分或全部包于宿存花被内，室背开裂为 3（5）果瓣；种子多数，肾形，平滑或有颗粒状突起或脊具凸起肋棱；胚环形。

约 35 种，分布于热带和亚热带地区，欧洲和北美洲温暖地区也有。中国有 4 种。徂徕山 1 种。

1. 粟米草（图 185）

Mollugo stricta Linn.

Sp. Pl. ed. 2. 131. 1762.

一年生草本，高 10~30 cm。茎纤细，铺散，多分枝，有棱角，无毛，老茎通常淡红褐色。叶 3~5 片假轮生或对生，叶片披针形或线状披针形，长 1.5~4 cm，宽 2~7 mm，顶端急尖或长渐尖，基部渐狭，全缘，中脉明显；叶柄短或近无柄。

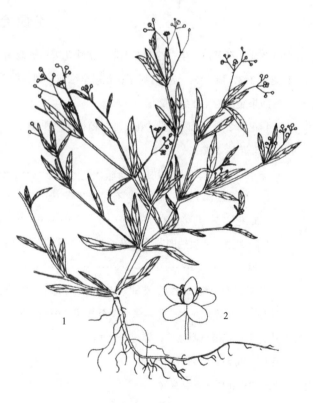

图 185 粟米草
1. 植株；2. 花

花极小，组成疏松聚伞花序，花序梗细长，顶生或与叶对生；花梗长 1.5~6 mm；花被片 5，淡绿色，椭圆形或近圆形，长 1.5~2 mm，脉达花被片 2/3，边缘膜质；雄蕊通常 3，花丝基部稍宽；子房宽椭圆形或近圆形，3 室，花柱 3，线形。蒴果近球形，与宿存花被等长，3 瓣裂；种子多数，肾形，栗色，具多数颗粒状突起。花期 6~8 月；果期 8~10 月。

产于光华寺等地。生于路边、田间。国内分布于黄河以南，东南至西南地区。亚洲热带和亚热带地区也有分布。

全草可供药用，有清热解毒功效，治腹痛泄泻、皮肤热疹、火眼及蛇伤。

31. 石竹科 Caryophyllaceae

一年生或多年生草本，稀亚灌木。茎节常膨大，具关节。单叶对生，稀互生或轮生，全缘，基部多少连合；托叶膜质，或缺。花辐射对称，两性，稀单性，排列成聚伞花序或聚伞圆锥花序，稀单生，少数呈总状花序、头状花序、假轮伞花序或伞形花序，有时具闭花受精花；萼片 5（4），草质或膜质，宿存，覆瓦状排列或合生成筒状；花瓣 5（4），无爪或具爪，瓣片全缘或分裂，通常爪和瓣片之间具 2 枚片状或鳞片状副花冠片，稀无花瓣；雄蕊 10，2 轮，稀 5 或 2；雌蕊由 2~5 合生心皮构成，子房上位，3 室或基部 1 室、上部 3~5 室，特立中央胎座或基底胎座，具 1 至多数胚珠；花柱（1）2~5，有时基部合生，稀合生成单花柱。果实为蒴果，果皮壳质、膜质或纸质，顶端齿裂或瓣裂，开裂数与花柱同数或为其 2 倍，稀为浆果状、不规则开裂或为瘦果；种子弯生，多数或少数；胚环形或半圆形，围绕胚乳或劲直，胚乳偏于一侧；胚乳粉质。

约 75~80 属 2000 种，世界广布，主产北半球温带和暖温带，以地中海地区为分布中心。中国 30 属约 390 种，几遍布全国，以北部和西部为主要分布区。徂徕山 10 属 22 种。

分属检索表

1. 萼片离生，稀基部合生；花瓣近无爪，稀缺花瓣；雄蕊周位生，稀下位生。
  2. 花柱 2~3，稀 4~5，与萼片对生；花瓣全缘或分裂，但不裂至基部，稀深裂至基部但花柱 3，或无花瓣。
    3. 蒴果裂齿为花柱数的 2 倍。
      4. 花非 2 型，无闭花受精花；通常植株无肉质根。
        5. 花柱 2 或 3。
          6. 花瓣全缘或顶端齿裂至缝裂···1. 无心菜属 Arenaria
          6. 花瓣深 2 裂，稀多裂，有时缺花瓣···2. 繁缕属 Stellaria
        5. 花柱 5，与萼片对生···3. 卷耳属 Cerastium
      4. 花 2 型：茎顶端的花为开花受精花，通常不结实；茎基部的花为闭花受精花，缺花瓣，结实；植株具肉质根···4. 孩儿参属 Pseudostellaria
    3. 蒴果裂齿与花柱同数。花柱 4~5；花瓣全缘，远比萼片短，稀缺花瓣·············5. 漆姑草属 Sagina
  2. 花柱 5，与萼片互生；花瓣深 2 裂至基部···6. 鹅肠菜属 Myosoton
1. 萼片合生；花瓣具明显爪；雄蕊下位生。
  7. 花柱 3 或 5；花萼具连合纵脉···7. 蝇子草属 Silene
  7. 花柱 2；花萼无连合纵脉。
    8. 花萼筒状或钟形，无棱；蒴果 1 室。
      9. 花萼基部具 1 至数对苞片；种子盾形。花萼有脉 7~11 条·························8. 石竹属 Dianthus

9. 花萼基部缺苞片；种子肾形。花萼具5纵脉 ··· 9. 石头花属 Gypsophila

8. 花萼狭卵形，基部膨大，顶端狭，具五棱；蒴果不完全4室 ··················· 10. 麦蓝菜属 Vaccaria

1. 无心菜属 Arenaria Linn.

一年生或多年生草本。茎直立，稀铺散，常丛生。单叶对生，叶片全缘，扁平，卵形、椭圆形至线形。花单生或多数，常为聚伞花序；花5（4）数；萼片全缘，稀顶端微凹；花瓣全缘或顶端齿裂至繸裂；雄蕊10，稀8或5；子房1室，含多数胚珠，花柱3（2）。蒴果卵形，通常短于宿存萼，稀较长或近等长，裂瓣为花柱的同数或2倍；种子稍扁，肾形或近卵圆形，具疣状突起，平滑或具狭翅。

约300余种，分布于北温带或寒带。中国102种，分布集中于西南至西北的高山、亚高山地区，华北、东北、华东地区较少。徂徕山1种。

1. 无心菜（图186）

Arenaria serpyllifolia Linn.

Sp. Pl. 423. 1753.

一、二年生草本，高10~30 cm。主根细长，支根较多而纤细。茎丛生，直立或铺散，密生白色短柔毛，节间长0.5~2.5 cm。叶片卵形，长4~12 mm，宽3~7 mm，基部狭，无柄，边缘具缘毛，顶端急尖，两面近无毛或疏生柔毛，下面具3脉，茎下部的叶较大，茎上部的叶较小。聚伞花序，具多花；苞片草质，卵形，长3~7 mm，通常密生柔毛；花梗长约1 cm，纤细，密生柔毛或腺毛；萼片5，披针形，长3~4 mm，边缘膜质，顶端尖，外面被柔毛，具显著的3脉；花瓣5，白色，倒卵形，长为萼片的1/3~1/2，顶端钝圆；雄蕊10，短于萼片；子房卵圆形，无毛，花柱3，线形。蒴果卵圆形，与宿存萼等长，顶端6裂；种子小，肾形，表面粗糙，淡褐色。花期6~8月；果期8~9月。

图186 无心菜
1. 植株；2. 种子

徂徕山各林区均产。生于荒地、田野、园圃、草地。分布于全国各地。也广泛分布于欧洲、北非、亚洲和北美洲。

全草入药，清热解毒，治麦粒肿和咽喉痛等病。

2. 繁缕属 Stellaria Linn.

一年生或多年生草本。叶扁平，有各种形状，但很少针形。花小，多数组成顶生聚伞花序，稀单生叶腋；萼片5，稀4；花瓣5，稀4，白色，稀绿色，2深裂，稀微凹或多裂，有时无花瓣；雄蕊10，有时少数（8或2~5）；子房1室，稀幼时3室，胚珠多数，稀少数，1~2枚成熟；花柱3，稀2。蒴果圆球形或卵形，裂齿数为花柱数的2倍；种子多数，稀1~2粒，近肾形，微扁，具瘤或平滑；胚环形。

约190种，广布于温带至寒带。中国64种，广布于全国。徂徕山5种。

分种检索表

1. 花瓣正常。
    2. 多年生草本；雄蕊10；花瓣2深裂，裂片近线形，与萼片近等长。
        3. 叶片卵形至卵状披针形，长3~4 cm，宽1~1.6 cm ··· 1. 中国繁缕 Stellaria chinensis
        3. 叶片线状披针形至线形，长2~4.5 cm，宽2~4 mm ·· 2. 沼生繁缕 Stellaria palustris
    2. 一、二年生草本；雄蕊3~5，有时6~7（10）；花瓣裂片较宽。
        4. 叶片披针形至椭圆形，长5~20 mm，宽2~4 mm，无柄；萼片无毛；雄蕊5，有时6~7 ······ 3. 雀舌草 Stellaria uliginosa
        4. 叶片宽卵形或卵形，长1.5~2.5 cm，宽1~1.5 cm，基生叶具长柄；萼片外面被短腺毛；雄蕊3~5 ···················
        ··· 4. 繁缕 Stellaria media
1. 花瓣无或极小，近于退化；花柱极短；叶近卵形，长5~8（15）mm ·· 5. 无瓣繁缕 Stellaria pallida

图187 中国繁缕
1. 植株；2. 花；3. 花瓣；4. 花萼和果实；
5. 萼片；6. 种子

1. 中国繁缕（图187）

Stellaria chinensis Regel

Bull. Soc. Imp. Naturalistes Moscou 35（1）: 283. 1862.

多年生草本，高30~100 cm。茎细弱，铺散或上升，具四棱，无毛。叶片卵形至卵状披针形，长3~4 cm，宽1~1.6 cm，顶端渐尖，基部宽楔形或近圆形，全缘，两面无毛，有时带粉绿色，下面中脉明显凸起；叶柄短或近无，被长柔毛。聚伞花序疏散，具细长花序梗，苞片膜质；花梗细，长约1 cm；萼片5，披针形，长3~4 mm，顶端渐尖，边缘膜质；花瓣5，白色，2深裂，与萼片近等长；雄蕊10，稍短于花瓣；花柱3。蒴果卵圆形，比宿存萼稍长或等长，6齿裂；种子卵圆形，稍扁，褐色，具乳头状突起。花期5~6月；果期7~8月。

产于上池。生于灌丛或林下、石缝或湿地。分布于北京、河北、河南、陕西、甘肃、山东、江苏、安徽、浙江、福建、江西、湖北、湖南、广西、四川。

全草可入药，有祛风利关节之效。也可作饲料。

2. 沼生繁缕（图188，彩图22）

Stellaria palustris Ehrh. ex Retz.

Fl. Scand. Prodr. ed. 2: 106. 1795.

多年生草本，高（10）20~35 cm，全株无毛，灰绿色，沿茎棱、叶缘和中脉背面粗糙，均具小乳凸。根纤细。茎丛生，直立，下部分枝，具四棱。叶片线状披针形至线形，长2~4.5 cm，宽2~4 mm，顶端尖，基部稍狭，边缘具短缘毛，无柄，带粉绿色，两面无毛，中脉明显。二歧聚伞花序，花序梗长7~10 cm；苞片披针形至狭卵状披针形，长（3）5~6（7）mm，边缘白色，膜质；萼片卵状披针形，长（4）5~7 mm，顶端渐尖，边缘膜质，下面3脉明显；花瓣白色，长 4~7 mm，2深裂达近基部，与萼片等长或稍长，裂片近线形，基部稍狭，顶端钝尖；雄蕊10，稍短于萼片；子房卵形，具多数胚珠；花柱3，丝状，长 3 mm。蒴果卵状长圆形，比宿存萼稍长或近等长，具多数种子；种子细小，近圆形，稍扁，暗棕色或黑褐色，表面具明显的皱纹状突起。花期 6~7 月；果期 7~8 月。

产于上池、马场、太平顶。生于山坡草地或山谷疏林地，喜湿润。国内分布于黑龙江、辽宁、内蒙古、河北、山西、河南、山东、陕西、甘肃、四川、云南。俄罗斯、哈萨克斯坦、日本、伊朗、蒙古以及欧洲也有分布。

3. 雀舌草（图 189）

Stellaria alsine Grimm

Nova Acta Phys.-Med. Acad. Caes. Leop.-Carol. Nat. Cur. 3（App.）: 313. 1767.

—— *Stellaria uliginosa* Murray

二年生草本，高 15~25（35）cm，全株无毛。须根细。茎丛生，稍铺散，上升，多分枝。叶无柄，叶片披针形至长圆状披针形，长 5~20 mm，宽 2~4 mm，顶端渐尖，基部楔形，半抱茎，边缘软骨质，呈微波状，基部具疏缘毛，两面微显粉绿色。聚伞花序通常具 3~5 花，顶生，或花单生叶腋；花梗细，长 5~20 mm，无毛，在果期稍下弯，基部有时具 2 披针形苞片；萼片 5，披针形，长 2~4 mm，宽 1 mm，顶端渐尖，边缘膜质，中脉明显，无毛；花瓣 5，白色，短于萼片或近等长，2 深裂几达基部，裂片条形，钝头；雄蕊 5（10），有时 6~7，微短于花瓣；子房卵形，花柱 3（偶 2），短线形。蒴果卵圆形，与宿存萼等长或稍长，6 齿裂，含多数种子；种子肾脏形，微扁，褐色，具皱纹状突起。花期 5~6 月；果期 7~8 月。

产于大寺、上池、庙子、锦罗、光华寺。生于溪岸或潮湿地。国内分布于内蒙古、甘肃、河南、安徽、江苏、浙江、江西、台湾、福建、湖南、广东、广西、贵州、四川、云南、西藏。北温带广布，南达印度、喜马拉雅地区、越南。

全株药用，可强筋骨，治刀伤。

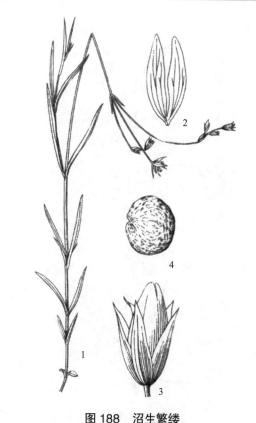

图 188 沼生繁缕
1. 植株一部分；2. 花瓣；3. 花萼和果实；4. 种子

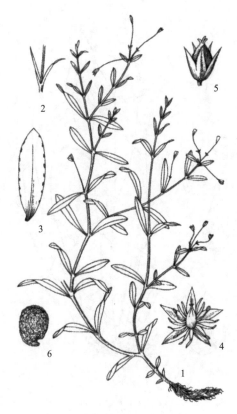

图 189 雀舌草
1. 植株；2. 节部；3. 叶片；4. 花；
5. 花萼和果实；6. 种子

4. 繁缕（图 190）

Stellaria media（Linn.）Villars

Hist. Pl. Dauphiné 3: 615. 1789.

一、二年生草本，高 10~30 cm。茎俯仰或上升，基部多少分枝，常带淡紫红色，被 1（2）列毛。叶片宽卵形或卵形，长 1.5~2.5 cm，宽 1~1.5 cm，顶端渐尖或急尖，基部渐狭或近心形，全缘；基生叶具长柄，上部叶常无柄或具短柄。疏聚伞花序顶生；花梗细弱，具 1 列短毛，花后伸长，下垂，长 7~14 mm；萼片 5，卵状披针形，长约 4 mm，顶端稍钝或近圆形，边缘宽膜质，外面被短腺毛；花瓣白色，长椭圆形，比萼片短，深 2 裂达基部，裂片近线形；雄蕊 3~5，短于花瓣；花柱 3，线形。蒴果卵形，稍长于宿存萼，顶端 6 裂，具多数种子；种子卵圆形至近圆形，稍扁，红褐色，直径 1~1.2 mm，表面具半球形瘤状突起，脊较显著。花期 6~7 月；果期 7~8 月。

产于大寺、光华寺、中军帐等地，为常见杂草。全国广布，亦为世界广布种。

茎、叶及种子供药用，嫩苗可食。

图 190 繁缕
1. 植株下部；2. 植株上部；3. 花；
4. 雄蕊；5. 雌蕊

5. 无瓣繁缕（图 191）

Stellaria pallida（Dumortier）Crépin

Man. Fl. Belgique ed. 2: 19. 1866.

一年生草本。茎通常铺散，有时上升，基部分枝，有 1 列长柔毛，但绝不被腺柔毛。叶小，叶片近卵形，长 5~8 mm，有时达 1.5 cm，顶端急尖，基部楔形，两面无毛，上部及中部者无柄，下部者具长柄。二歧聚伞状花序；花梗细长；萼片披针形，长 3~4 mm，顶端急尖，稀卵圆状披针形而顶端钝，多少被密柔毛，稀无毛；花瓣无或小，近于退化；雄蕊 3~5（10）；花柱极短。种子小，淡红褐色，直径 0.7~0.8 mm，具不显著的小瘤凸，边缘多少锯齿状或近平滑。

产于大寺、光华寺等地。生于荒地、路边。中国分布于江苏、新疆等省份。欧洲、亚洲和北美洲均有分布。

为常见杂草。

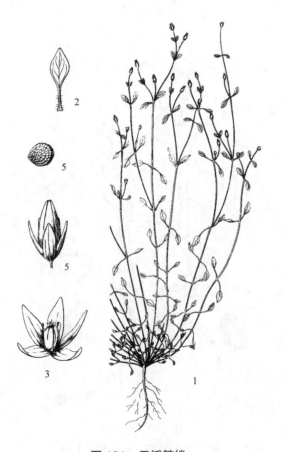

图 191 无瓣繁缕
1. 植株；2. 叶；3. 花；4. 花萼和蒴果；5. 种子

3. 卷耳属 Cerastium Linn.

一年生或多年生草本，被柔毛或腺毛。叶对生，叶片卵形或长椭圆形至披针形。二歧聚伞花序，顶生；萼片5（4），离生；花瓣5（4），白色，顶端2裂，稀全缘或微凹；雄蕊10（5），花丝无毛或被毛；子房1室，具多数胚珠；花柱5（3），与萼片对生。蒴果圆柱形，薄壳质，露出宿萼外，顶端裂齿为花柱数的2倍；种子多数，近肾形，稍扁，常具疣状突起。

约100种，主要分布于北温带，多见于欧洲至西伯利亚，极少数种见于亚热带山区。中国23种，产北部至西南地区。徂徕山1种。

1. 球序卷耳（图192）
Cerastium glomeratum Thuillier
Fl. Env. Paris ed. 2. 226. 1800.

一年生草本，高10~20 cm。茎单生或丛生，密被长柔毛，上部混生腺毛。茎下部叶匙形，顶端钝，基部渐狭成柄状；上部茎生叶倒卵状椭圆形，长1.5~2.5 cm，宽5~10 mm，顶端急尖，基部渐狭成短柄状，两面皆被长柔毛，边缘具缘毛，中脉明显。聚伞花序呈簇生状或呈头状；花序轴密被腺柔毛；苞片草质，卵状椭圆形，密被柔毛；花梗细，长1~3 mm，密被柔毛；萼片5，披针形，长约4 mm，顶端尖，外面密被长腺毛，边缘狭膜质；花瓣5，白色，线状长圆形，与萼片近等长或微长，顶端2浅裂，基部被疏柔毛；雄蕊明显短于萼；花柱5。蒴果长圆柱形，长于宿存萼0.5~1倍，顶端10齿裂；种子褐色，扁三角形，具疣状突起。花期3~4月；果期5~6月。

产于大寺、光华寺、西旺等地。生于路边荒地。国内分布于山东、江苏、浙江、湖北、湖南、江西、福建、云南、西藏等省份。分布几乎遍及全球。

图192 球序卷耳
1. 植株；2. 花；3. 萼片；4. 雄蕊和雌蕊；
5. 花萼和蒴果；6. 种子

4. 孩儿参属 Pseudostellaria Pax

多年生小草本。块根纺锤形、卵形或近球形。茎直立或上升，有时匍匐，不分枝或分枝，无毛或被毛。托叶无；叶对生，叶片卵状披针形至线状披针形，具明显中脉；花2型：开花受精花较大形，生于茎顶或上部叶腋，单生或数朵成聚伞花序；萼片5，稀4；花瓣5，稀4，白色，全缘或顶端微凹缺；雄蕊10，稀8；花柱通常3，稀2~4，线形，柱头头状。闭花受精花生于茎下部叶腋，较小，具短梗或近无花梗；萼片4；花瓣无，雄蕊退化，稀2；子房具多数胚珠，花柱2。蒴果3瓣裂，稀2~4瓣裂，裂瓣再2裂；种子稍扁平，具瘤状突起或平滑。

约18种，分布于亚洲东部和北部、欧洲东部。中国9种，广布于长江流域以北地区。徂徕山1种。

1. 蔓孩儿参（图193）

Pseudostellaria davidii (Franch.) Pax

Nat. Pflanzenfam. (ed. 2) 16 (c): 318. 1934.

多年生草本。块根纺锤形。茎匍匐，细弱，长60~80 cm，稀疏分枝，被2列毛。叶片卵形或卵状披针形，长2~3 cm，宽1.2~2 cm，顶端急尖，基部圆形或宽楔形，具极短柄，边缘具缘毛。开花受精花单生于茎中部以上叶腋；花梗细，长3.8 cm，被1列毛；萼片5，披针形，长约3 mm，外面沿中脉被柔毛；花瓣5，白色，长倒卵形，全缘，比萼片长1倍；雄蕊10，花药紫色，比花瓣短；花柱3，稀2。闭花受精花通常1~2朵，匍匐枝多时则2朵以上，腋生；花梗长约1 cm，被毛；萼片4，狭披针形，长约3 mm，宽0.8~1 mm，被柔毛；雄蕊退化；花柱2。蒴果宽卵圆形，稍长于宿存萼；种子圆肾形或近球形，直径约1.5 mm，表面具棘凸。花期5~7月；果期7~8月。

产于上池、马场、卧尧、王庄等地。生于林下、溪旁、草地。国内分布于东北地区及内蒙古、河北、山西、陕西、甘肃、青海、新疆、浙江、山东、安徽、河南、四川、云南、西藏。俄罗斯、蒙古和朝鲜也有分布。

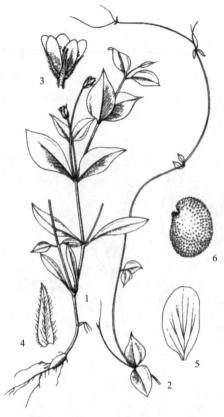

图193 蔓孩儿参

1. 花期植株；2. 花期后茎的先端部分；3. 花；4. 萼片；5. 花瓣；6. 种子

5. 漆姑草属 Sagina Linn.

一年生或多年生小草本。茎多丛生。叶线形或线状锥形，基部合生成鞘状；托叶无。花小，单生叶腋或顶生成聚伞花序，通常具长梗；萼片4~5，顶端圆钝；花瓣白色，4~5片，有时无花瓣，通常较萼片短，稀等长，全缘或顶端微凹缺；雄蕊4~5，有时为8或10；子房1室，含多数胚珠；花柱4~5，与萼片互生。蒴果卵圆形，4~5瓣裂，裂瓣与萼片对生；种子细小，肾形，表面有小突起或平滑。

约30种，分布于北温带。中国4种，南北各省份均产。徂徕山1种。

1. 漆姑草（图194）

Sagina japonica (Sw.) Ohwi

Journ. Jap. Bot. 13: 438. 1937.

一年生小草本，高5~20 cm，上部被稀疏腺柔毛。茎丛生，稍铺散。叶片线形，长5~20 mm，宽

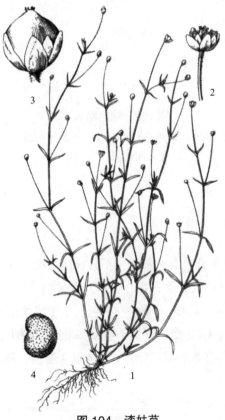

图194 漆姑草

1. 植株；2. 花；3. 花萼和蒴果；4. 种子

0.8~1.5 mm，顶端急尖，无毛。花小形，单生枝端；花梗细，长 1~2 cm，被稀疏短柔毛；萼片 5，卵状椭圆形，长约 2 mm，顶端尖或钝，外面疏生短腺柔毛，边缘膜质；花瓣 5，狭卵形，稍短于萼片，白色，顶端圆钝，全缘；雄蕊 5，短于花瓣；子房卵圆形，花柱 5，线形。蒴果卵圆形，微长于宿存萼，5 瓣裂；种子细，圆肾形，微扁，褐色，表面具尖瘤状突起。花期 3~5 月；果期 5~6 月。

产于大寺、光华寺、西旺等地。生于路边荒地。中国分布于东北、华北、西北、华东、华中、西南等地区。俄罗斯远东地区、朝鲜、日本、印度、尼泊尔也有分布。

全草药用，有退热解毒之效；嫩时可作猪饲料。

6. 鹅肠菜属 Myosoton Moench

二年生或多年生草本。茎下部匍匐，无毛，上部直立，被腺毛。叶对生。花两性，白色，排列成顶生二歧聚伞花序；萼片 5；花瓣 5，比萼片短，2 深裂至基部；雄蕊 10 枚；子房 1 室，花柱 5。蒴果卵形，比萼片稍长，5 瓣裂至中部，裂瓣顶端再 2 齿裂；种子肾状圆形，种脊具疣状突起。

1 种，分布于欧洲、亚洲、非洲的温带和亚热带地区。分布于中国东北、华北、华东、华中、西南、西北等地区。徂徕山 1 种。

1. 鹅肠菜（图 195）

Myosoton aquaticum（Linn.）Moench

Meth. Pl. 225. 1794.

—— *Stellaria aquatica*（Linn.）Scop.

二年生或多年生草本，具须根。茎上升，多分枝，长 50~80 cm，上部被腺毛。叶片卵形或宽卵形，长 2.5~5.5 cm，宽 1~3 cm，顶端急尖，基部稍心形，有时边缘具毛；叶柄长 5~15 mm，上部叶常无柄或具短柄，疏生柔毛。顶生二歧聚伞花序；苞片叶状，边缘具腺毛；花梗细，长 1~2 cm，花后伸长并向下弯，密被腺毛；萼片卵状披针形或长卵形，长 4~5 mm；果期长达 7 mm，顶端较钝，边缘狭膜质，外面被腺柔毛，脉纹不明显；花瓣白色，2 深裂至基部，裂片线形或披针状线形，长 3~3.5 mm，宽约 1 mm；雄蕊 10，稍短于花瓣；子房长圆形，花柱短，线形。蒴果卵圆形，稍长于宿存萼；种子近肾形，直径约 1 mm，稍扁，褐色，具小疣。花期 5~8 月；果期 6~9 月。

徂徕山各林区普遍分布。生于路旁、低湿处或水沟旁。国内分布于南北各省份。北半球温带及亚热带以及北非也有分布。

全草供药用，祛风解毒，外敷治疖疮；幼苗可作野菜和饲料。

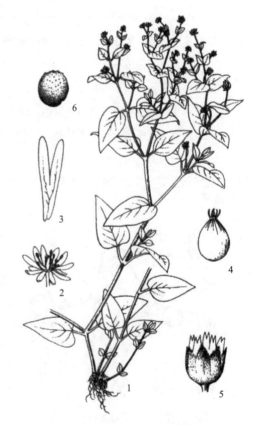

图 195 鹅肠菜
1. 植株；2. 花；3. 花瓣；4. 雌蕊；
5. 花萼和蒴果；6. 种子

7. 蝇子草属 Silene Linn.

一、二年生或多年生草本，稀亚灌木状。叶对生，线形、披针形、椭圆形或卵形，近无柄；托叶无。花两性，稀单性，雌雄同株或异株，聚伞花序或圆锥花序，稀头状花序或单生；花萼筒状、钟形、棒状或卵形，稀呈囊状或圆锥形，花后多少膨大，具 10、20 或 30 条纵脉，萼脉平行，稀网结状，萼齿 5，萼冠间具雌雄蕊柄；花瓣 5，白色、淡黄绿色、红色或紫色，瓣爪无毛或具缘毛，上部扩展呈耳状，稀无耳，瓣片外露，稀内藏，平展，2裂，稀全缘或多裂，有时微凹缺；花冠喉部具10枚片状或鳞片状副花冠，稀缺；雄蕊10，2轮，外轮5枚较长，与花瓣互生，常早熟，内轮5枚基部多少与瓣爪合生，花丝无毛或具缘毛；子房基部1、3或5室，具多数胚珠；花柱3，稀5（偶4或6）。蒴果基部隔膜常多变化，顶端6或10齿裂，裂齿为花柱数的2倍，稀5瓣裂，与花柱同数；种子肾形或圆肾形；种皮表面具短线条纹或小瘤，稀具棘凸，有时平滑；种脊平、圆钝、具槽或具环翅；胚环形。

约400种，主要分布北温带，其次为非洲和南美洲。中国有110种，广布长江流域和北部各省份，以西北和西南地区较多。徂徕山6种。

分种检索表

1. 蒴果球形，呈浆果状，成熟后干燥，果皮薄壳质，不规则开裂·············1. 狗筋蔓 Silene baccifera
1. 蒴果不呈圆球形，顶端整齐齿裂，裂齿与花柱同数或为其2倍。
  2. 花萼非圆锥形，具10条平行脉，有时微网结状；萼齿短小。
    3. 一、二年生植物。花萼卵状钟形，花瓣不露或微露出花萼。
      4. 茎多分枝，全株密被灰色短柔毛；叶片倒披针形至披针形；花序呈圆锥式；花瓣露出花萼·············2. 女娄菜 Silene aprica
      4. 茎不分枝，稀分枝，无毛；叶片椭圆状披针形；花序呈间断假轮伞状总状式；花瓣与花萼几等长·············3. 坚硬女娄菜 Silene firma
    3. 多年生植物。
      5. 基生叶花期枯萎，茎生叶发达，通常叶腋生不育短枝；花瓣淡红色·············4. 鹤草 Silene fortune
      5. 基生叶莲座状，花期不枯萎，茎生叶少数，叶腋无不育短枝；花瓣白色或淡绿色·············5. 山蚂蚱草 Silene jenisseensi
  2. 花萼圆锥形，具20~30条平行脉；萼齿锥形，长为花萼1/2或更长·············6. 麦瓶草 Silene conoidea

图 196 狗筋蔓
1. 植株一部分；2. 花瓣；3. 种子

1. 狗筋蔓（图196）

Silene baccifera（Linn.）Roth

Tent. Fl. Germ. 1: 192. 1788.

—— *Cucubalus baccifer* Linn.

多年生草本，全株被逆向短绵毛。根簇生，长纺锤形，白色，断面黄色，稍肉质；根颈粗壮，多头。茎铺散，俯仰，长50~150 cm，多分枝。叶片卵形、卵状披针形或长椭圆形，长1.5~5（13）cm，宽0.8~2（4）cm，基部渐狭成柄状，顶端急尖，边缘具短缘毛，两面沿脉被毛。圆锥花序疏松；花梗细，具1对叶状苞片；花萼宽钟形，长9~11 mm，草质，后期膨大呈半圆球形，沿纵脉多少被短毛，萼齿卵状三角形，与萼筒近等长，边缘膜质；果期反折；雌雄蕊柄长约1.5 mm，无毛；花瓣白色，轮廓倒披针形，长约15 mm，宽约2.5 mm，爪狭长，瓣片叉状浅2裂；副花冠片不明显，微呈乳头状；雄蕊不外露，花丝无毛；花柱细长，不外露。蒴果圆球形，呈浆果状，直径6~8 mm，成熟时薄壳质，黑色，具光泽，不规则开裂；种子圆肾形，肥厚，长约 1.5 mm，黑色，平滑，有光泽。花期 6~8 月；果期 7~9（10）月。

产于黄石崖、光华寺。生于林缘、灌丛或草地。国内分布于辽宁、河北、山西、陕西、宁夏、甘肃、新疆、江苏、安徽、浙江、福建、台湾、河南、湖北、广西至西南地区。欧洲及朝鲜、日本、俄罗斯、哈萨克斯坦也有分布。

根或全草入药，用于骨折、跌打损伤和风湿关节痛等。

2. 女娄菜（图 197）

Silene aprica Turcz. ex Fisch. & Mey.

Sem. Hort. Petrop. 38. 1835.

一、二年生草本，高 30~70 cm，全株密被灰色短柔毛。主根较粗壮，稍木质。茎单生或数个，直立，分枝或不分枝。基生叶叶片倒披针形或狭匙形，长 4~7 cm，宽 4~8 mm，基部渐狭成长柄状，顶端急尖，中脉明显；茎生叶叶片倒披针形、披针形或线状披针形，比基生叶稍小。圆锥花序较大；花梗长 5~20（40）mm，直立；苞片披针形，草质，渐尖，具缘毛；花萼卵状钟形，长 6~8 mm，近草质，密被短柔毛；果期长达 12 mm，纵脉绿色，脉端多少联结，萼齿三角状披针形，边缘膜质，具缘毛；雌雄蕊柄极短或近无，被短柔毛；花瓣白色或淡红色，倒披针形，长 7~9 mm，微露出花萼或与花萼近等长，爪具缘毛，瓣片倒卵形，2 裂；副花冠片舌状；雄蕊不外露，花丝基部具缘毛；花柱不外露，基部具短毛。蒴果卵形，长 8~9 mm，与宿存萼近等长或微长；种子圆肾形，灰褐色，长 0.6~0.7 mm，肥厚，具小瘤。花期 5~7 月；果期 6~8 月。

徂徕山各林区均产。生于路边、草地和荒坡。分布于中国大部分省份。朝鲜、日本、蒙古和俄罗斯西伯利亚和远东地区也有分布。

全草入药，治乳汁少、体虚浮肿等。

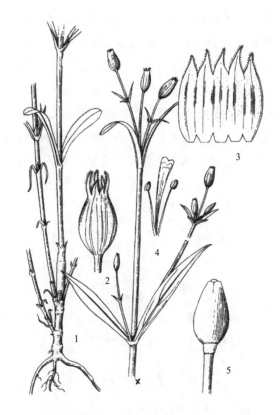

图 197　女娄菜
1. 植株；2. 花萼；3. 花萼展开；
4. 花瓣和雄蕊；5. 蒴果

3. 坚硬女娄菜（图 198）

Silene firma Sieb. & Zucc.

Abh. Math.-Phys. Cl. Königl. Bayer. Akad. Wiss. 4 (2): 166. 1843.

一、二年生草本，高 50~100 cm，几乎全株无毛，有时茎基部被短毛。茎单生或疏丛生，粗壮，

图 198　坚硬女娄菜
1. 植株上部；2. 节部；3. 展开的花萼；
4. 雌蕊；5. 花瓣和雄蕊

直立，不分枝，稀分枝，有时下部暗紫色。叶片椭圆状披针形或卵状倒披针形，长 4~10（16）cm，宽 8~25（50）mm，基部渐狭成短柄状，顶端急尖，仅边缘具缘毛。假轮伞状间断式总状花序；花梗长 5~18（30）mm，直立，常无毛；苞片狭披针形；花萼卵状钟形，长 7~9 mm，无毛；果期微膨大，长 10~12 mm，脉绿色，萼齿狭三角形，顶端长渐尖，边缘膜质，具缘毛；雌雄蕊柄极短或近无；花瓣白色，不露出花萼，爪倒披针形，无毛和耳，瓣片轮廓倒卵形，2 裂；副花冠片小，具不明显齿；雄蕊内藏，花丝无毛；花柱不外露。蒴果长卵形，长 8~11 mm，比宿存萼短；种子圆肾形，长约 1 mm，灰褐色，具棘凸。花期 6~7 月；果期 7~8 月。

产于马场、上池。生于草坡、灌丛或林缘草地。国内分布于中国北部和长江流域。朝鲜、日本和俄罗斯远东地区也有分布。

4. 鹤草（图 199）

Silene fortunei Visiani

Linnaea 24: 181. 1851.

多年生草本，高 50~80（100）cm。根粗壮，木质化。茎丛生，直立，多分枝，被短柔毛或近无毛，有黏质。基生叶叶片倒披针形或披针形，长 3~8 cm，宽 7~12（15）mm，基部渐狭，下延成柄状，顶端急尖，两面无毛或早期被微柔毛，边缘具缘毛，中脉明显。聚伞状圆锥花序，小聚伞花序对生，具 1~3 花，有黏质，花梗细，长 3~12（15）mm；苞片线形，长 5~10 mm，被微柔毛；花萼长筒状，长 22~30 mm，直径约 3 mm，无毛，基部截形；果期上部微膨大呈筒状棒形，长 25~30 mm，纵脉紫色，萼齿三角状卵形，长 1.5~2 mm，顶端圆钝，边缘膜质，具短缘毛；雌雄蕊柄无毛；果期长 10~15（17）mm；花瓣淡红色，爪微露出花萼，倒披针形，长 10~15 mm，无毛，瓣片平展，轮廓楔状倒卵形，长约 15 mm，2 裂达瓣片的 1/2 或更深，裂片呈撕裂状条裂，副花冠片小，舌状；雄蕊微外露，花丝无毛；花柱微外露。蒴果长圆形，长 12~15 mm，直径约 4 mm，比宿存萼短或近等长；种子圆肾形，微侧扁，深褐色，长约 1 mm。花期 6~8 月；果期 7~9 月。

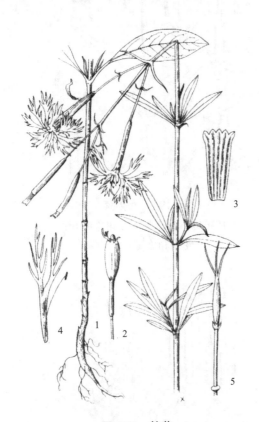

图 199 鹤草
1. 植株；2. 花萼；3. 展开的花萼；
4. 花瓣和雄蕊；5. 雌蕊

产于光华寺、磉石峪等地。生于低山草坡或灌丛。国内分布于长江流域和黄河流域，东达福建、台湾，西至四川和甘肃东部，北抵山东、河北、山西和陕西。

全草可入药。

5. 山蚂蚱草（图 200）

Silene jenisseensis Willd.

Enum. Pl. Hort. Berol. 1: 154. 1809.

多年生草本。高 20~50 cm。根粗壮，木质。茎丛生，直立或近直立，不分枝，无毛，基部常具不育茎。基生叶叶片狭倒披针形或披针状线形，长 5~13 cm，宽 2~7 mm，基部渐狭成长柄状，顶端急尖或渐尖，边缘近基部具缘毛，余均无毛，中脉明显；茎生叶少数，较小，基部微抱茎。假轮伞状圆锥花序或总状花序，花梗长 4~18 mm，无毛；苞片卵形或披针形，基部微合生，顶端渐尖，边缘膜质，具缘毛；花萼狭钟形，后期微膨大，长 8~12 mm，无毛，纵脉绿色，脉端联结，萼齿卵形或卵状三角形，无毛，顶端急尖或渐尖，边缘膜质，具缘毛；雌雄蕊柄被短毛，长约 2 mm；花瓣白色或淡绿色，长 12~18 mm，爪狭倒披针形，无毛，无明显耳，瓣片叉状 2 裂达瓣片的中部，裂片狭长圆形；副花冠长椭圆状，细小；雄蕊外露，花丝无毛；花柱外露。蒴果卵形，长 6~7 mm，比宿存萼短；种子肾形，长约 1 mm，灰褐色。花期 7~8 月；果期 8~9 月。

产于王庄、上池、马场等地。生于草地、林缘。国内分布于东北地区及河北、内蒙古、山西。朝鲜、蒙古及俄罗斯西伯利亚和远东地区也有分布。

根可入药，称山银柴胡。

6. 麦瓶草（图 201）

Silene conoidea Linn.

Sp. Pl. 418. 1753.

一年生草本，高 25~60 cm，全株被短腺毛。主根发达，稍木质。茎单生，直立，不分枝。基生叶片匙形，茎生叶叶片长圆形或披针形，长 5~8 cm，宽 5~10 mm，基部楔形，顶端渐尖，两面被短柔毛，边缘具缘毛，中脉明显。二歧聚伞花序具数花；花直立，直径约 20 mm；花萼圆锥形，长 20~30 mm，直径 3~4.5 mm，绿色，基部脐形；果期膨大，长达 35 mm，下部宽卵状，直径 6.5~10 mm，纵脉 30 条，沿脉被短腺毛，萼齿狭披针形，长为花萼的 1/3 或更长，边缘下部狭膜质，具缘毛；雌雄蕊柄几无；花瓣淡红色，长 25~35 mm，爪不露出花萼，狭披针形，长 20~25 mm，无毛，耳三角形，瓣片倒卵形，长约 8 mm，全缘或微凹缺，有时微啮蚀状；副花冠片狭披针形，长 2~2.5 mm，白色，顶端具数浅齿；雄蕊微外露或不外露，花丝具稀疏短毛；花柱微外露。蒴果梨状，长约 15 mm，直径 6~8 mm；种子肾形，长约 1.5 mm，暗褐色。花期 5~6 月；果期 6~7 月。

徂徕山各林区均产。国内分布于黄河流域和长江流域各省份，西至新疆和西藏。广布亚洲、欧洲和非洲。

全草可药用。

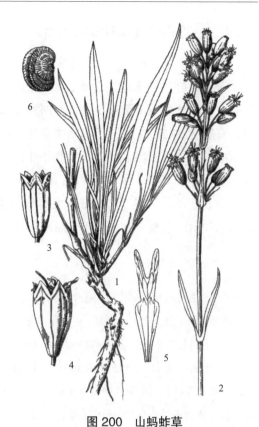

图 200　山蚂蚱草
1. 根及茎生叶；2. 花序；3. 花期的花萼；
4. 果期花萼及开裂的果实；5. 花瓣；6. 种子

图 201　麦瓶草
1. 植株；2. 花的纵切面；3. 雄蕊；4. 雌蕊

8. 石竹属 Dianthus Linn.

多年生草本，稀一年生。根有时木质化。茎多丛生，圆柱形或具棱，有关节，节处膨大。叶禾草状，对生，叶片线形或披针形，常苍白色，脉平行，边缘粗糙，基部微合生。花红色、粉红色、紫色或白色，单生或成聚伞花序，有时簇生成头状，围以总苞片；花萼圆筒状，5齿裂，无干膜质接着面，有脉7、9或11条，基部贴生苞片1~4对；花瓣5，具长爪，瓣片边缘具齿或细裂，稀全缘；雄蕊10；花柱2，子房1室，具多数胚珠，有长子房柄。蒴果圆筒形或长圆形，稀卵球形，顶端4齿裂或瓣裂；种子多数，圆形或盾状；胚直生，胚乳常偏于一侧。

约600种，广布于北温带，大部分产欧洲和亚洲，少数产美洲和非洲。中国16种，多分布于北方草原和山区草地，大多生于干燥向阳处。有不少栽培种类，是很好的观赏花卉。徂徕山4种。

分种检索表

1. 花单生或数花成疏聚伞花序，花梗较长。
  2. 花瓣顶缘不整齐齿裂或细裂，但不及中部。
    3. 小苞片披针形，长约为萼筒的1/2以上；植株绿色················1. 石竹 Dianthus chinensis
    3. 小苞片三角形，长约为萼筒的1/3~1/4；植株蓝绿或灰绿色············2. 常夏石竹 Dianthus plumarius
  2. 花瓣边缘繸裂至中部或中部以上················3. 瞿麦 Dianthus superbus
1. 花簇生成密集的聚伞花序形似头状，花梗极短或几无梗················4. 须苞石竹 Dianthus barbatus

图202 石竹
1. 植株上部；2. 花瓣；3. 雄蕊和雌蕊；
4. 苞片、萼筒和蒴果

1. 石竹（图202）

Dianthus chinensis Linn.

Sp. Pl. 411. 1753.

多年生草本，高30~50 cm，全株无毛，带粉绿色。茎由根颈生出，疏丛生，直立，上部分枝。叶片线状披针形，长3~5 cm，宽2~4 mm，顶端渐尖，基部稍狭，全缘或有细小齿，中脉较显。花单生枝端或数花集成聚伞花序；花梗长1~3 cm；苞片4，卵形，顶端长渐尖，长达花萼1/2以上，边缘膜质，有缘毛；花萼圆筒形，长15~25 mm，直径4~5 mm，有纵条纹，萼齿披针形，长约5 mm，直伸，顶端尖，有缘毛；花瓣长16~18 mm，瓣片倒卵状三角形，长13~15 mm，紫红色、粉红色、鲜红色或白色，顶缘不整齐齿裂，喉部有斑纹，疏生髯毛；雄蕊露出喉部外，花药蓝色；子房长圆形，花柱线形。蒴果圆筒形，包于宿存萼内，顶端4裂；种子黑色，扁圆形。花期5~6月；果期7~9月。

徂徕山各林区均产。生于山坡林下、灌丛中，也有栽培。原产中国北方各地，现在南北普遍生长。俄罗斯西伯利亚和朝鲜也有栽培。

供观赏。根和全草入药，清热利尿，破血通经，散瘀消肿。

2. 常夏石竹 羽裂石竹
Dianthus plumarius Linn.

Sp. Pl. 411. 1753.

多年生草本，株高 15~30 cm，全株光滑无毛。茎直立，光滑，簇生，被白粉。叶线形至线状披针形，长 3~8 cm，基部合生成鞘，先端急尖，具中脉，侧脉不明显，边缘粗糙或有锯齿。花 2~5 朵生于茎顶成聚伞花序状，或单生，直径 2.5~4 cm，芳香。萼下苞 2 对，紧贴萼片，长为萼的 1/3~1/4；萼圆筒形，长约 2.5 cm，带紫色，先端分裂至 1/3~1/2，裂片三角形至狭线形，裂齿锐尖。花瓣先端流苏状细裂，白色、粉红或深红色，具条纹或中间具深色斑块，具须毛，基部具爪。雄蕊 10；花柱 2，线形。蒴果卵圆形，包于宿萼内。花期 5~11 月。

大寺、上池有栽培。供观赏。原产欧洲。中国北方常见栽培。

3. 瞿麦（图 203）
Dianthus superbus Linn.

Fl. Suec. ed. 2. 146. 1755.

多年生草本，高 50~60 cm，有时更高。茎丛生，直立，绿色，无毛，上部分枝。叶片线状披针形，长 5~10 cm，宽 3~5 mm，顶端锐尖，中脉特显，基部合生成鞘状，绿色，有时带粉绿色。花 1 或 2 朵生枝端，有时顶下腋生；苞片 2~3 对，倒卵形，长 6~10 mm，约为花萼 1/4，宽 4~5 mm，顶端长尖；花萼圆筒形，长 2.5~3 cm，直径 3~6 mm，常染紫红色晕，萼齿披针形，长 4~5 mm；花瓣长 4~5 cm，爪长 1.5~3 cm，包于萼筒内，瓣片宽倒卵形，边缘繸裂至中部或中部以上，通常淡红色或带紫色，稀白色，喉部具丝毛状鳞片；雄蕊和花柱微外露。蒴果圆筒形，与宿存萼等长或微长，顶端 4 裂；种子扁卵圆形，长约 2 mm，黑色，有光泽。花期 6~9 月；果期 8~10 月。

产于马场、上池等地。生于山地疏林下、林缘、沟谷溪边。国内分布于东北、华北、西北地区及山东、江苏、浙江、江西、河南、湖北、四川、贵州、新疆。北欧、中欧、俄罗斯西伯利亚、哈萨克斯坦、蒙古、朝鲜、日本也有分布。

全草入药，有清热、利尿、破血通经功效。也可作农药，能杀虫。

4. 须苞石竹 十样锦、五彩石竹（图 204）
Dianthus barbatus Linn.

Sp. Pl. 409. 1753.

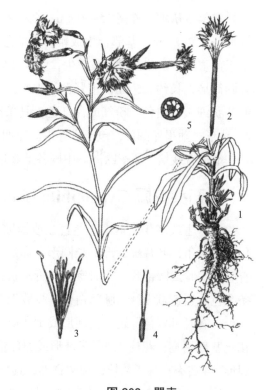

图 203 瞿麦
1. 植株；2. 花瓣；3. 雄蕊；4. 雌蕊；
5. 雌蕊横切面

图 204 须苞石竹
1. 植株上部；2. 花萼展开；
3. 花瓣和雌蕊

多年生草本，株高 15~30 cm，全株光滑无毛。茎直立，光滑，簇生，被白粉。叶线形至线状披针形，长 3~8 cm，基部合生成鞘，先端急尖，具中脉，侧脉不明显，边缘粗糙或有锯齿。花 2~5 朵生于茎顶成聚伞花序状，或单生，直径 2.5~4 cm，芳香。萼下苞 2 对，紧贴萼片，长为萼的 1/3~1/4；萼圆筒形，长约 2.5 cm，带紫色，先端分裂至 1/3~1/2，裂片三角形至狭线形，裂齿锐尖。花瓣先端流苏状细裂，白色、粉红或深红色，具条纹或中间具深色斑块，具须毛，基部具爪。雄蕊 10；花柱 2，线形。蒴果卵圆形，包于宿萼内。花期 5~11 月。

上池有栽培。原产欧洲。中国各地栽培。

9. 石头花属 Gypsophila Linn.

一年生或多年生草本。茎直立或铺散，通常丛生，有时被白粉，无毛或被腺毛，有时基部木质化。叶对生，叶片披针形、长圆形、卵形、匙形或线形，有时钻状或肉质。花两性，二歧聚伞花序，有时伞房状或圆锥状，有时密集成近头状；苞片干膜质，稀叶状；花萼钟形或漏斗状，稀筒状，具 5 条绿色或紫色宽纵脉，脉间白色，少数无白色间隔，无毛或被微毛，顶端 5 齿裂；花瓣 5，白色或粉红色，有时具紫色脉纹，长圆形或倒卵形，长于花萼，顶端圆、平截或微凹，基部常楔形；雄蕊 10，花丝基部稍宽；花柱 2，子房球形或卵球形，1 室，具多数胚珠，无子房柄。蒴果球形、卵球形或长圆形，4 瓣裂；种子数粒，扁圆肾形，具疣状突起；种脐侧生；胚环形，围绕胚乳，胚根突出。

约 150 种，主要分布欧亚大陆温带地区。中国 171 种，主要分布于东北、华北和西北地区。徂徕山 1 种。

1. 长蕊石头花（图 205）

Gypsophila oldhamiana Miq.

Ann. Mus. Bot. Lugd.-Bat. 3: 187. 1867.

多年生草本，高 60~100 cm。根粗壮，木质化。茎数个由根颈处生出，二歧或三歧分枝，开展，老茎常红紫色。叶片近革质，稍厚，长圆形，长 4~8 cm，宽 5~15 mm，顶端短凸尖，基部稍狭，两叶基相连成短鞘状，微抱茎，脉 3~5 条，中脉明显，上部叶较狭，近线形。伞房状聚伞花序较密集，顶生或腋生，无毛；花梗长 2~5 mm，直伸，无毛或疏生短柔毛；苞片卵状披针形，长渐尖尾状，膜质，大多具缘毛；花萼钟形或漏斗状，长 2~3 mm，萼齿卵状三角形，略急尖，脉绿色，伸达齿端，边缘白色，膜质，具缘毛；花瓣粉红色，倒卵状长圆形，顶端截形或微凹，长于花萼 1 倍；雄蕊长于花瓣；子房倒卵球形，花柱长线形，伸出。蒴果卵球形，稍长于宿存萼，顶端 4 裂；种子近肾形，长 1.2~1.5 mm，灰褐色，两侧压扁，具条状突起，脊部具短尖的小疣状突起。花期 6~9 月；果期 8~10 月。

徂徕山各林区均产。生于山坡草地、灌丛、乱石间。国内分布于辽宁、河北、山西、陕西、山东、江苏、河南。朝鲜也有分布。

图 205 长蕊石头花

1. 植株下部；2. 茎生叶；3. 花序；4. 花；
5. 花的纵切；6. 展开的花萼；7. 种子

根供药用，有清热凉血、消肿止痛、化腐生肌长骨功效。全草可作猪饲料；也可栽培供观赏。

10. 麦蓝菜属 Vaccaria Medic.

一、二年生草本，全株无毛，呈灰绿色。茎直立，二歧分枝。叶对生，叶片基部微抱茎；托叶缺。花两性，伞房花序或圆锥花序；花萼狭卵形，具5条翅状棱，花后下部膨大，萼齿5；雌雄蕊柄极短；花瓣5，淡红色，微凹缺或全缘，具长爪；副花冠缺；雄蕊10，通常不外露；子房1室，具多数胚珠；花柱2。蒴果卵形，基部4室，顶端4齿裂；种子多数，近圆球形，具小瘤。

1种，分布于欧洲和亚洲西部、北部。中国1种，分布于北部至长江流域。徂徕山1种。

1. 麦蓝菜　王不留行（图206）

Vaccaria hispanica (Miller) Rauschert

Wiss. Z. Martin-Luther-Univ. Halle-Wittenberg. Math.-Naturwiss. Reihe 14: 496. 1965.

—— *Vaccaria segetalis* (Neck.) Garcke

一、二年生草本，高30~70 cm，全株无毛，微被白粉，呈灰绿色。主根明显。茎单生，直立，上部分枝。叶片卵状披针形或披针形，长3~9 cm，宽1.5~4 cm，基部圆形或近心形，微抱茎，顶端急尖，基出3脉。伞房花序稀疏；花梗细，长1~4 cm；苞片披针形，着生于花梗中上部；花萼卵状圆锥形，长10~15 mm，宽5~9 mm，后期微膨大呈球形，棱绿色，棱间绿白色，近膜质，萼齿小，三角形，顶端急尖，边缘膜质；雌雄蕊柄极短；花瓣淡红色，长14~17 mm，宽2~3 mm，爪狭楔形，淡绿色，瓣片狭倒卵形，斜展或平展，微凹缺，有时具不明显的缺刻；雄蕊内藏；花柱线形，微外露。蒴果宽卵形或近圆球形，长8~10 mm；种子近圆球形，直径约2 mm，红褐色至黑色。花期5~7月；果期6~8月。

产于大寺、王家院、西旺。中国除华南地区外，全国都产。广布于欧洲和亚洲。

种子入药，治经闭、乳汁不通、乳腺炎和痈疖肿痛。

图206　麦蓝菜
1.植株上部；2.花纵切；
3.花瓣；4.种子

32. 蓼科 Polygonaceae

草本，稀灌木或小乔木。茎直立、平卧、攀缘或缠绕，通常具膨大的节，具沟槽或条棱，有时中空。单叶，互生，稀对生或轮生，通常全缘，有时分裂，具叶柄或近无柄；托叶通常联合成鞘状（托叶鞘），膜质，褐色或白色，顶端偏斜、截形或2裂，宿存或脱落。花序穗状、总状、头状或圆锥状，顶生或腋生；花较小，两性，稀单性，雌雄异株或雌雄同株，辐射对称；花梗通常具关节；花被3~5深裂，覆瓦状，或花被片6成2轮，宿存，内花被片有时增大，背部具翅、刺或小瘤；雄蕊6~9，稀较少或较多，花丝离生或基部贴生，花药背着，2室，纵裂；花盘环状、腺状或缺，子房上位，1室，心皮通常3，稀2~4，合生，花柱2~3，稀4，离生或下部合生，柱头头状、盾状或画笔状，胚珠1枚，直生，极少倒生。瘦果卵形或椭圆形，具三棱或双凸镜状，极少具四棱，有时具翅或刺，包于宿存花被内或外露；胚直立或弯曲，通常偏于一侧，胚乳丰富，粉末状。

约50属1120种，世界性分布，但主产于北温带，少数分布于热带。中国13属238种，产于全国各地。徂徕山5属22种2变种。

分属检索表

1. 花被片5，稀4；柱头头状。
   2. 茎直立；花被在果期不增大，稀增大呈肉质。
      3. 瘦果具三棱，明显比宿存花被长，稀近等长 ································· 1. 荞麦属 Fagopyrum
      3. 瘦果具三棱或双凸镜状，比宿存花被短，稀较长 ························· 2. 蓼属 Polygonum
   2. 茎缠绕或直立，花被片外面3片在果期增大，背部具翅或龙骨状突起。
      4. 茎缠绕；花两性；柱头头状 ··· 3. 首乌属 Fallopia
      4. 茎直立；花单性，雌雄异株；柱头流苏状 ····································· 4. 虎杖属 Reynoutria
1. 花被片6；柱头画笔状 ··· 5. 酸模属 Rumex

1. 荞麦属 Fagopyrum Mill.

一年生或多年生草本，稀半灌木。茎直立，无毛或具短柔毛。叶三角形、心形、宽卵形、箭形或线形；托叶鞘膜质，偏斜，顶端急尖或截形。花两性，花序总状或伞房状；花被5深裂，在果期不增大；雄蕊8，排成2轮，外轮5，内轮3；花柱3，柱头头状，花盘腺体状。瘦果具三棱，比宿存花被长。

约15种，广布于亚洲及欧洲。中国10种，有2种为栽培种，南北各省份均有。徂徕山1种。

1. 荞麦（图207）

Fagopyrum esculentum Moench Moth. Pl. 290. 1794.

一年生草本。茎直立，高30~90 cm，上部分枝，绿色或红色，具纵棱，无毛或于一侧沿纵棱具乳头状突起。叶三角形或卵状三角形，长2.5~7 cm，宽2~5 cm，顶端渐尖，基部心形，两面沿叶脉具乳头状突起；下部叶具长叶柄，上部较小，近无梗；托叶鞘膜质，短筒状，长约5 mm，顶端偏斜，无缘毛，易破裂脱落。花序总状或伞房状，顶生或腋生，花序梗一侧具小突起；苞片卵形，长约2.5 mm，绿色，边缘膜质，每苞内具3~5花；花梗比苞片长，无关节，花被5深裂，白色或淡红色，花被片椭圆形，长3~4 mm；雄蕊8，比花被短，花药淡红色；花柱3，柱头头状。瘦果卵形，具三锐棱，顶端渐尖，长5~6 mm，暗褐色，无光泽，比宿存花被长。花期5~9月；果期6~10月。

徂徕山各山地林区均有零星生长。中国各地栽培，

图207 荞麦
1. 植株上部；2. 花；3. 花展开；4. 瘦果

有时逸为野生。亚洲、欧洲有栽培。

种子含丰富淀粉，供食用；为蜜源植物；全草可入药。

2. 蓼属 Polygonum Linn.

一年生或多年生草本，稀为半灌木或小灌木。茎直立、平卧或上升，无毛、被毛或具倒生钩刺，通常节部膨大。叶互生，线形、披针形、卵形、椭圆形、箭形或戟形，全缘，稀具裂片；托叶鞘膜质或草质，筒状，顶端截形或偏斜，全缘或分裂，有缘毛或无缘毛。花序穗状、总状、头状或圆锥状，顶生或腋生，稀为花簇，生于叶腋；花两性稀单性，簇生稀为单生；苞片及小苞片为膜质；花梗具关节；花被5深裂稀4裂，宿存；花盘腺状、环状，有时无花盘；雄蕊8，稀4~7；子房卵形；花柱2~3，离生或中下部合生；柱头头状。瘦果卵形，具三棱或双凸镜状，包于宿存花被内或突出花被之外。

约230种，广布于全世界，主要分布于北温带。中国有113种，南北各省份均有。徂徕山15种2变种。

分种检索表

1. 花单生或数朵成簇。生于叶腋；叶基部具关节；托叶鞘2裂，以后撕裂；花丝基部或仅内侧者扩大。
 2. 花梗顶部具关节；瘦果密被小点，无光泽或微有光泽……………………………1. 萹蓄 Polygonum aviculare
 2. 花梗中部具关节；瘦果平滑，有光泽……………………………………………2. 习见蓼 Polygonum plebeium
1. 花序总状、头状或圆锥状；叶基部无关节；托叶鞘既不为2裂也不为撕裂；花丝基部不扩大。
 3. 茎、叶柄具倒生皮刺。
  4. 托叶鞘叶状或边缘具叶状翅。
   5. 叶柄盾状着生；叶三角形，上面无毛；花被在果期增大，肉质……………3. 杠板归 Polygonum perfoliatum
   5. 叶柄不为盾状着生；叶戟形，两面疏生刺毛；花被在果期不增大……………4. 戟叶蓼 Polygonum thunbergii
  4. 托叶鞘不为叶状，边缘无叶状翅。
   6. 叶宽披针形或长圆形，边缘无缘毛，两面无毛，下面沿中脉具倒生短皮刺；花序头状，花白色或淡紫红色……………………………………………………………………………………………5. 箭头蓼 Polygonum sagittatum
   6. 叶卵状椭圆形，长4~14 cm，宽3~7 cm，边缘具短缘毛，两面疏生星状毛及刺毛；花序圆锥状，花淡红色……………………………………………………………………………………6. 稀花蓼 Polygonum dissitiflorum
 3. 茎、叶柄无倒生皮刺。
  7. 花序头状或呈穗状，不为圆锥状。
   8. 花序头状，托叶鞘顶端无缘毛；叶柄具明显翅………………………………7. 尼泊尔蓼 Polygonum nepalense
   8. 总状花序呈穗状；托叶鞘顶端截形，常具缘毛，稀无缘毛。
    9. 茎不分枝，稀上部分枝，基生叶宽披针形或狭卵形，基部沿叶柄下延成翅；根状茎粗壮，木质；托叶鞘顶端偏斜，无缘毛…………………………………………………………………………8. 拳参 Polygonum bistorta
    9. 茎分枝，无基生叶；无根状茎或具细长的非木质根状茎；托叶鞘顶端截形，具缘毛。
     10. 花序梗无腺毛、腺体。
      11. 托叶鞘顶端无翅；叶宽不超过4 cm。
       12. 花被具腺点；叶披针形，长4~8 cm………………………………9. 水蓼 Polygonum hydropiper
       12. 花被无腺点。
        13. 花序细弱，全部间断或下部间断。

14. 叶披针形，宽披针形或狭披针形，基部楔形或圆形··············10. 长鬃蓼 Polygonum longisetum
14. 叶卵状披针形或卵形，顶端尾状渐尖，基部宽楔形··············11. 丛枝蓼 Polygonum posumbu
13. 花序紧密，不间断；托叶鞘长 1~2 cm，缘毛长 1~3 mm··············12. 春蓼 Polygonum persicaria
11. 托叶鞘顶端通常具绿色的翅；叶宽 5~12 cm··············13. 红蓼 Polygonum orientale
10. 花序梗被腺毛或腺体。
15. 花序梗疏被短腺毛；花被通常 5 深裂；瘦果双凸镜状，稀具三棱·········12. 春蓼 Polygonum persicaria
15. 花序梗被腺体；花被 4 深裂，稀 5 裂；瘦果宽卵形，双凹·········14. 酸模叶蓼 Polygonum lapathifolium
7. 花序圆锥状；茎自基部叉状分枝，叶披针形或长圆形，基部狭楔形··············15. 叉分蓼 Polygonum divaricatum

图 208　萹蓄
1. 植株；2. 花；3. 花展开
（示花被和雄蕊）；4. 雌蕊

1. 萹蓄（图 208）

Polygonum aviculare Linn.

Sp. Pl. 362. 1753.

一年生草本。茎平卧、上升或直立，高 10~40 cm，自基部多分枝，具纵棱。叶椭圆形、狭椭圆形或披针形，长 1~4 cm，宽 3~12 mm，顶端钝圆或急尖，基部楔形，全缘，两面无毛，下面侧脉明显；叶柄短或近无柄，基部具关节；托叶鞘膜质，下部褐色，上部白色，撕裂脉明显。花单生或数朵簇生于叶腋，遍布于植株；苞片薄膜质；花梗细，顶部具关节；花被 5 深裂，花被片椭圆形，长 2~2.5 mm，绿色，边缘白色或淡红色；雄蕊 8，花丝基部扩展；花柱 3，柱头头状。瘦果卵形，具三棱，长 2.5~3 mm，黑褐色，密被由小点组成的细条纹，无光泽，与宿存花被近等长或稍超过。花期 5~7 月；果期 6~8 月。

徂徕山各林区均产。多见于田边、路旁。分布于全国各地。北温带广泛分布。

嫩叶、茎尖可作菜食；全草入药，有通经利尿、清热解毒功效。也可作饲料。

2. 习见蓼（图 209）

Polygonum plebeium R. Brown

Prodr. Fl. Nov. Holl. 420. 1810.

一年生草本。茎平卧，自基部分枝，长 10~40 cm，具纵棱，沿棱具小突起，通常小枝的节间比叶片短。叶狭椭圆形或倒披针形，长 0.5~1.5 cm，宽 2~4 mm，顶端钝或急尖，基部狭楔形，两面无毛，侧脉不明显；叶柄极短或近无柄；托叶鞘膜质，白色，透明，长 2.5~3 mm，顶端撕裂，花 3~6 朵，簇生于叶腋，遍布于全植株；苞片膜质；花梗中部具关节，比苞片短；花被 5 深裂；花被片长椭圆形，绿色，背部稍隆起，边缘白色或淡红色，长 1~1.5 mm；雄蕊 5，花丝基部稍扩展，比花被短；花柱 3，稀 2，极短，柱头头状。瘦果宽卵形，具三锐棱或双凸镜状，长 1.5~2 mm，黑褐色，平滑，有光泽，包于宿存花被内。花期 5~8

月；果期 6~9 月。

产于大寺。生于龙湾水库路旁草丛。除西藏外，分布几遍全国。日本、印度以及大洋洲、欧洲及非洲也有分布。

3. 杠板归（图 210）

Polygonum perfoliatum Linn.

Sp. Pl. ed. 2. 521. 1762.

一年生草本。茎攀缘，多分枝，长 1~2 m，具纵棱，沿棱具稀疏的倒生皮刺。叶三角形，长 3~7 cm，宽 2~5 cm，顶端钝或微尖，基部截形或微心形，薄纸质，上面无毛，下面沿叶脉疏生皮刺；叶柄与叶片近等长，具倒生皮刺，盾状着生于叶片的近基部；托叶鞘叶状，草质，绿色，圆形或近圆形，穿叶，直径 1.5~3 cm。总状花序呈短穗状，不分枝顶生或腋生，长 1~3 cm；苞片卵圆形，每苞片内具花 2~4 朵；花被 5 深裂，白色或淡红色，花被片椭圆形，长约 3 mm，在果期增大，呈肉质，深蓝色；雄蕊 8，略短于花被；花柱 3，中上部合生；柱头头状。瘦果球形，直径 3~4 mm，黑色，有光泽，包于肉质宿存花被内。花期 6~8 月；果期 7~10 月。

徂徕山各林区均产。生于林缘、沟边灌草丛。国内分布于黑龙江、吉林、辽宁、河北、山东、河南、陕西、甘肃、江苏、浙江、安徽、江西、湖南、湖北、四川、贵州、福建、台湾、广东、海南、广西、云南等省份。朝鲜、日本、印度尼西亚、菲律宾、印度及俄罗斯西伯利亚也有分布。

全草入药，能清热解毒、利咽祛湿。

4. 戟叶蓼（图 211）

Polygonum thunbergii Sieb. & Zucc.

Abh. Math.-Phys. Cl. Königl. Bayer. Akad. Wiss. 4（3）：208. 1846.

一年生草本。茎直立或上升，具纵棱，沿棱具倒生皮刺，基部外倾，节部生根，高 30~90 cm。叶戟形，长 4~8 cm，宽 2~4 cm，顶端渐尖，基部截形或近心形，两面疏生刺毛，极少具稀疏的星状毛，边缘具短缘毛，中部裂片卵形或宽卵形，侧生裂片较小，卵形，叶柄长 2~5 cm，具倒生皮刺，通常具狭翅；托叶鞘膜质，边缘具叶状翅，

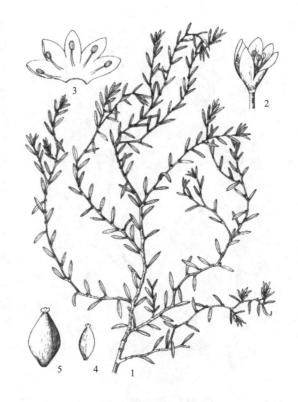

图 209　习见蓼
1. 植株一部分；2. 花；3. 花展开（示花被和雄蕊）；
4. 雌蕊；5. 瘦果

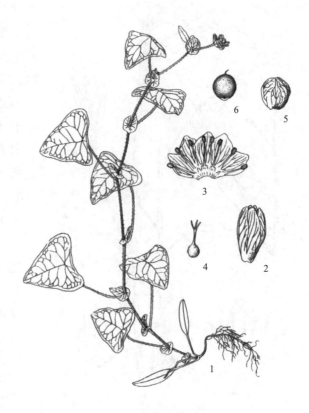

图 210　杠板归
1. 植株；2. 花；3. 花展开；4. 雌蕊；
5. 花被和瘦果；6. 瘦果

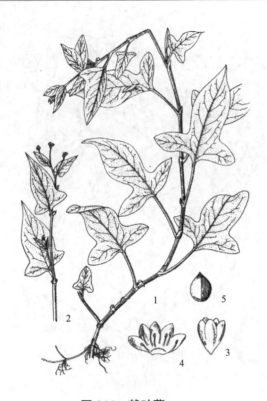

图 211 戟叶蓼
1. 植株；2. 花序；3. 花；
4. 展开的花被（示雄蕊）；5. 瘦果

图 212 箭头蓼
1. 植株下部；2. 植株上部；
3. 展开的花被（示雄蕊）；4. 瘦果

翅近全缘，具粗缘毛。花序头状，顶生或腋生，分枝，花序梗具腺毛及短柔毛；苞片披针形，顶端渐尖，边缘具缘毛，每苞内具2~3花；花梗无毛，比苞片短，花被5深裂，淡红色或白色，花被片椭圆形，长3~4 mm；雄蕊8，成2轮，比花被短；花柱3，中下部合生，柱头头状。瘦果宽卵形，具三棱，黄褐色，无光泽，长3~3.5 mm，包于宿存花被内。花期7~9月；果期8~10月。

产于大寺张栏、光华寺、马场、锦罗、西旺、上池、黄石崖。生于山谷湿地、山坡草丛。国内分布于东北、华北、华东、华中、华南地区及陕西、甘肃、四川、贵州、云南。也分布于朝鲜、日本、俄罗斯远东地区。

5. 箭头蓼（图212）
Polygonum sagittatum Linn.
Sp. Pl. 1: 363. 1753.

一年生草本。茎基部外倾，上部近直立，有分枝，无毛，四棱形，沿棱具倒生皮刺。叶宽披针形或长圆形，长2.5~8 cm，宽1~2.5 cm，顶端急尖，基部箭形，上面绿色，下面淡绿色，两面无毛，下面沿中脉具倒生短皮刺，边缘全缘，无缘毛；叶柄长1~2 cm，具倒生皮刺；托叶鞘膜质，偏斜，无缘毛，长0.5~1.3 cm。花序头状，通常成对，顶生或腋生，花序梗细长，疏生短皮刺；苞片椭圆形，顶端急尖，背部绿色，边缘膜质，每苞内具2~3花；花梗短，长1~1.5 mm，比苞片短；花被5深裂，白色或淡紫红色，花被片长圆形，长约3 mm；雄蕊8，比花被短；花柱3，中下部合生。瘦果宽卵形，具三棱，黑色，无光泽，长约2.5 mm，包于宿存花被内。花期6~9月；果期8~10月。

徂徕山各山地林区均产。生于山谷、沟旁、水边。国内分布于东北、华北、华东、华中地区及四川、贵州、云南、陕西、甘肃。朝鲜、日本、俄罗斯远东地区也有分布。

全草供药用，有清热解毒，止痒功效。

6. 稀花蓼（图213）
Polygonum dissitiflorum Hemsl.
Journ. Linn. Soc. 26: 338. 1891.

一年生草本。茎直立或下部平卧，分枝，具稀疏的倒生短皮刺，通常疏生星状毛，高70~100 cm。

叶卵状椭圆形，长 4~14 cm，宽 3~7 cm，顶端渐尖，基部戟形或心形，边缘具短缘毛，上面绿色，疏生星状毛及刺毛，下面淡绿色，疏生星状毛，沿中脉具倒生皮刺；叶柄长 2~5 cm，通常具星状毛及倒生皮刺；托叶鞘膜质，长 0.6~1.5 cm，偏斜，具短缘毛。花序圆锥状，顶生或腋生，花稀疏，间断，花序梗细，紫红色，密被紫红色腺毛；苞片漏斗状，包围花序轴，长 2.5~3 mm，绿色，具缘毛，每苞内具 1~2 花；花梗无毛，与苞片近等长；花被 5 深裂，淡红色，花被片椭圆形，长约 3 mm；雄蕊 7~8，比花被短；花柱 3，中下部合生。瘦果近球形，顶端微具三棱，暗褐色，长 3~3.5 mm，包于宿存花被内。花期 6~8 月；果期 7~9 月。

产于光华寺。生于河边湿地、山谷草丛。中国分布于东北、华东、华中地区及贵州、河北、山西、陕西、甘肃、四川。朝鲜、俄罗斯远东地区也有分布。

7. 尼泊尔蓼（图 214，彩图 23）
Polygonum nepalense Meisn.
Monogr. Polyg. 84. t. 7. f. 2. 1826.

一年生草本。茎外倾或斜上，自基部多分枝，无毛或在节部疏生腺毛，高 20~40 cm。茎下部叶卵形或三角状卵形，长 3~5 cm，宽 2~4 cm，顶端急尖，基部宽楔形，沿叶柄下延成翅，两面无毛或疏被刺毛，疏生黄色透明腺点，茎上部较小；叶柄长 1~3 cm，或近无柄，抱茎；托叶鞘筒状，长 5~10 mm，膜质，淡褐色，顶端斜截形，无缘毛，基部具刺毛。花序头状，顶生或腋生，基部常具 1 叶状总苞片，花序梗细长，上部具腺毛；苞片卵状椭圆形，通常无毛，边缘膜质，每苞内具 1 花；花梗比苞片短；花被通常 4 裂，淡紫红色或白色，花被片长圆形，长 2~3 mm，顶端圆钝；雄蕊 5~6，与花被近等长，花药暗紫色；花柱 2，下部合生，柱头头状。瘦果宽卵形，双凸镜状，长 2~2.5 mm，黑色，密生洼点，无光泽，包于宿存花被内。花期 5~8 月；果期 7~10 月。

产于大寺、光华寺、龙湾、上池、马场、锦罗等地。生于山沟、林缘湿地。除新疆外，全国有分布。朝鲜、日本、俄罗斯远东地区、阿富汗、

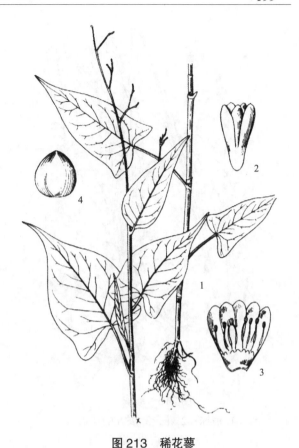

图 213　稀花蓼
1. 植株；2. 花；3. 展开的花被（示雄蕊）；4. 瘦果

图 214　尼泊尔蓼
1. 植株；2. 展开花被（示雄蕊）；3. 瘦果

巴基斯坦、印度、尼泊尔、菲律宾、印度尼西亚及非洲也有。

8. 拳参（图215）
Polygonum bistorta Linn.
Sp. Pl. 1: 360. 1753.

多年生草本。根状茎肥厚，直径 1~3 cm，弯曲，黑褐色。茎直立，高 50~90 cm，不分枝，无毛，通常 2~3 条自根状茎发出。基生叶宽披针形或狭卵形，纸质，长 4~18 cm，宽 2~5 cm；顶端渐尖或急尖，基部截形或近心形，沿叶柄下延成翅，两面无毛或下面被短柔毛，边缘外卷，微呈波状，叶柄长 10~20 cm；茎生叶披针形或线形，无柄；托叶筒状，膜质，下部绿色，上部褐色，顶端偏斜，开裂至中部，无缘毛。总状花序呈穗状，顶生，长 4~9 cm，直径 0.8~1.2 cm，紧密；苞片卵形，顶端渐尖，膜质，淡褐色，中脉明显，每苞片内含 3~4 朵花；花梗细弱，开展，长 5~7 mm，比苞片长；花被 5 深裂，白色或淡红色，花被片椭圆形，长 2~3 mm；雄蕊 8，花柱 3，柱头头状。瘦果椭圆形，两端尖，褐色，有光泽，长约 3.5 mm，稍长于宿存的花被。花期 6~7 月；果期 8~9 月。

产于马场、上池、黄石崖等地。生于山顶草地。国内分布于东北、华北地区及陕西、宁夏、甘肃、山东、河南、江苏、浙江、江西、湖南、湖北、安徽。日本、蒙古、哈萨克斯坦、俄罗斯西伯利亚及远东地区、欧洲也有分布。

根状茎入药，清热解毒，散结消肿。

图215 拳参
1. 植株；2. 花；3. 展开的花被（示雄蕊）；4. 瘦果

9. 水蓼（图216）
Polygonum hydropiper Linn.
Sp. Pl. 361. 1753.

一年生草本，高 40~70 cm。茎直立，多分枝，无毛，节部膨大。叶披针形或椭圆状披针形，长 4~8 cm，宽 0.5~2.5 cm，顶端渐尖，基部楔形，全缘，具缘毛，两面无毛，被褐色小点，有时沿中脉具短硬伏毛，具辛辣味，叶腋具闭花受精花；叶柄长 4~8 mm；托叶鞘筒状，膜质，褐色，长 1~1.5 cm，疏生短硬伏毛，顶端截形，具短缘毛，通常托叶鞘内藏有花簇。总状花序呈穗状，顶生或腋生，长 3~8 cm，通常下垂，花稀疏，下部间断；苞片漏斗状，长 2~3 mm，绿色，边缘膜质，疏生短缘

图216 水蓼
1. 植株；2. 花；3. 展开花被（示雄蕊）；
4. 雌蕊；5. 瘦果

毛，每苞内具 3~5 花；花梗比苞片长；花被 5 深裂，稀 4 裂，绿色，上部白色或淡红色，被黄褐色透明腺点，花被片椭圆形，长 3~3.5 mm；雄蕊 6，稀 8，比花被短；花柱 2~3，柱头头状。瘦果卵形，长 2~3 mm，双凸镜状或具三棱，密被小点，黑褐色，无光泽，包于宿存花被内。花期 5~9 月；果期 6~10 月。

徂徕山各林区均产。生于浅水及水边湿地。分布于中国南北各省份。朝鲜、日本、印度尼西亚、印度、欧洲及北美洲也有分布。

古代为常用调味剂。嫩叶、嫩茎尖可作菜食用。全草入药，称辣蓼，有消肿止痢之效，可治疗细菌性痢疾、肠炎。

10. 长鬃蓼（图 217）

Polygonum longisetum Bruijn

Miq. Pl. Jungh. 307. 1854.

一年生草本。茎直立、上升或基部近平卧，自基部分枝，高 30~60 cm，无毛，节部稍膨大。叶披针形或宽披针形，长 5~13 cm，宽 1~2 cm，顶端急尖或狭尖，基部楔形，上面近无毛，下面沿叶脉具短伏毛，边缘具缘毛；叶柄短或近无柄；托叶鞘筒状，长 7~8 mm，疏生柔毛，顶端截形，缘毛。长 6~7 mm。

图 217　长鬃蓼
1. 植株；2. 叶一部分；3. 节部（示托叶鞘）；
4. 花；5. 瘦果

总状花序呈穗状，顶生或腋生，细弱，下部间断，直立，长 2~4 cm；苞片漏斗状，无毛，边缘具长缘毛，每苞内具 5~6 花；花梗长 2~2.5 mm，与苞片近等长；花被 5 深裂，淡红色或紫红色，花被片椭圆形，长 1.5~2 mm；雄蕊 6~8；花柱 3，中下部合生，柱头头状。瘦果宽卵形，具三棱，黑色，有光泽，长约 2 mm，包于宿存花被内。花期 6~8；果期 7~9 月。

产于马场、西旺、磙石峪等地。国内分布于东北、华北、华东、华中、华南地区及陕西、甘肃、四川、贵州、云南等省份。日本、朝鲜、菲律宾、马来西亚、印度尼西亚、缅甸、印度也有分布。

圆基长鬃蓼（变种）

var. rotundatum A. J. Li

Bull. Bot. Res. 15（4）：418. f. 6. 1995.

叶基部圆形或近圆形。

徂徕山各林区均产。分布于东北、华北地区及陕西、甘肃、河南、山东、江苏、浙江、安徽、湖北、江西、福建、广东、广西、四川、贵州、云南和西藏。

11. 丛枝蓼（图 218）

Polygonum posumbu Buch.-Ham. ex D. Don

Prodr. Fl. Nepal. 71. 1825.

一年生草本。茎细弱，无毛，具纵棱，高 30~70 cm，下部多分枝，外倾。叶卵状披针形或卵形，长 3~6（8）cm，宽 1~2（3）cm，顶端尾状渐尖，基部宽楔形，纸质，两面疏生硬伏毛或近无毛，下面中脉稍凸出，边缘具缘毛；叶柄长 5~7 mm，具硬伏毛；托叶鞘筒状，薄膜质，长 4~6 mm，具硬

图 218 丛枝蓼
1. 植株上部；2. 花；3. 展开花被, 示雄蕊；
4. 雌蕊；5. 花被和瘦果；6. 瘦果

伏毛, 顶端截形, 缘毛粗壮, 长 7~8 mm。总状花序呈穗状, 顶生或腋生, 细弱, 下部间断, 花稀疏, 长 5~10 cm; 苞片漏斗状, 无毛, 淡绿色, 边缘具缘毛, 每苞片内含 3~4 花; 花梗短, 花被 5 深裂, 淡红色, 花被片椭圆形, 长 2~2.5 mm; 雄蕊 8, 比花被短; 花柱 3, 下部合生, 柱头头状。瘦果卵形, 具三棱, 长 2~2.5 mm, 黑褐色, 有光泽, 包于宿存花被内。花期 6~9 月; 果期 7~10 月。

徂徕山各林区均产。生于沟边阴湿处。国内分布于东北、华东、华中、华南、西南地区及陕西、甘肃。朝鲜、日本、印度尼西亚及印度也有。

12. 春蓼（图 219）

Polygonum persicaria Linn.

Sp. Pl. 361. 1753.

一年生草本。茎直立或上升, 分枝或不分枝, 疏生柔毛或近无毛, 高 40~80 cm。叶披针形或椭圆形, 长 4~15 cm, 宽 1~2.5 cm, 顶端渐尖或急尖, 基部狭楔形, 两面疏生短硬伏毛, 下面中脉上毛较密, 上面近中部有时具黑褐色斑点, 边缘具粗缘毛; 叶柄长 5~8 mm, 被硬伏毛; 托叶鞘筒状, 膜质, 长 1~2 cm, 疏生柔毛, 顶端截形, 缘毛长 1~3 mm。总状花序呈穗状, 顶生或腋生, 较紧密, 长 2~6 cm, 通常数个再集成圆锥状, 花序梗具腺毛或无毛; 苞片漏斗状, 紫红色, 具缘毛, 每苞内含 5~7 花; 花梗长 2.5~3 mm, 花被通常 5 深裂, 紫红色, 花被片长圆形, 长 2.5~3 mm, 脉明显; 雄蕊 6~7, 花柱 2, 偶 3, 中下部合生, 瘦果近圆形或卵形, 双凸镜状, 稀具三棱, 长 2~2.5 mm, 黑褐色, 平滑, 有光泽, 包于宿存花被内。花期 6~9 月; 果期 7~10 月。

徂徕山各林区均产。生于沟边湿地。国内分布于东北、华北、西北、华中地区及广西、四川、贵州等省份。欧洲、非洲及北美洲也有分布。

13. 红蓼（图 220）

Polygonum orientale Linn.

Sp. Pl. 362. 1753.

一年生草本。茎直立, 粗壮, 高 1~2 m, 上

图 219 春蓼
1. 植株下部；2. 植株中部；3. 节部；
4. 植株上部及花序；5. 花被和瘦果；6~7. 瘦果

部多分枝，密被开展的长柔毛。叶宽卵形、宽椭圆形或卵状披针形，长10~20 cm，宽5~12 cm，顶端渐尖，基部圆形或近心形，微下延，边缘全缘，密生缘毛，两面密生短柔毛，叶脉上密生长柔毛；叶柄长2~10 cm，具开展的长柔毛；托叶鞘筒状，膜质，长1~2 cm，被长柔毛，具长缘毛，通常沿顶端具草质、绿色的翅。总状花序呈穗状，顶生或腋生，长3~7 cm，花紧密，微下垂，通常数个再组成圆锥状；苞片宽漏斗状，长3~5 mm，草质，绿色，被短柔毛，边缘具长缘毛，每苞内具3~5花；花梗比苞片长；花被5深裂，淡红色或白色；花被片椭圆形，长3~4 mm；雄蕊7，比花被长；花盘明显；花柱2，中下部合生，比花被长，柱头头状。瘦果近圆形，双凹，直径长3~3.5 mm，黑褐色，有光泽，包于宿存花被内。花期6~9月；果期8~10月。

徂徕山各林区有零星栽培。除西藏外，广布于全国各地。朝鲜、日本、俄罗斯、菲律宾、印度以及欧洲、大洋洲也有分布。

果实入药，名"水红花子"，有活血、止痛、消积、利尿功效。

图220 红蓼
1.植株上部；2.花；3.雌蕊

14. 酸模叶蓼（图221）

Polygonum lapathifolium Linn. Sp. Pl. 360. 1753.

一年生草本，高40~90 cm。茎直立，具分枝，无毛，节部膨大。叶披针形或宽披针形，长5~15 cm，宽1~3 cm，顶端渐尖或急尖，基部楔形，上面绿色，常有1个大的黑褐色新月形斑点，两面沿中脉被短硬伏毛，全缘，边缘具粗缘毛；叶柄短，具短硬伏毛；托叶鞘筒状，长1.5~3 cm，膜质，淡褐色，无毛，具多数脉，顶端截形，无缘毛，稀具短缘毛。总状花序呈穗状，顶生或腋生，近直立，花紧密，通常由数个花穗再组成圆锥状，花序梗被腺体；苞片漏斗状，边缘具稀疏短缘毛；花被淡红色或白色，4（5）深裂，花被片椭圆形，外面两面较大，脉粗壮，顶端叉分，外弯；雄蕊通常6。瘦果宽卵形，双凹，长2~3 mm，黑褐色，有光泽，包于宿存花被内。花期6~8月；果期7~9月。

徂徕山各林区均产。多见于沟边水旁。广

图221 酸模叶蓼
1.植株上部；2.花；
3.展开花被（示雄蕊）；4.瘦果

布于中国南北各省份。朝鲜、日本、蒙古、菲律宾、印度、巴基斯坦及欧洲也有分布。

幼苗和嫩茎叶可供蔬食，也是优良的牧草。全草入药，具利尿、消肿、止痛、止呕等功能。果实为利尿药，主治水肿和疮毒；外用可敷治疮肿和蛇毒。

绵毛酸模叶蓼（变种）

var. salicifolium Sibth.

Fl. Oxon. 129. 1794.

叶下面密生白色绵毛。

徂徕山各林区均产。广布于中国南北各省份。

15. 叉分蓼（图222）

Polygonum divaricatum Linn.

Sp. Pl. 1: 363. 1753.

多年生草本。茎直立，高70~120 cm，无毛，自基部分枝，分枝呈叉状，开展，植株外型呈球形。叶披针形或长圆形，长5~12 cm，宽0.5~2 cm，顶端急尖，基部楔形或狭楔形，边缘通常具短缘毛，两面无毛或被疏柔毛；叶柄长约0.5 cm；托叶鞘膜质，偏斜，长1~2 cm，疏生柔毛或无毛，开裂，脱落。花序圆锥状，分枝开展；苞片卵形，边缘膜质，背部具脉，每苞片内

图222　叉分蓼
1. 植株中上部；2. 花；3. 瘦果

具2~3花；花梗长2~2.5 mm，与苞片近等长，顶部具关节；花被5深裂，白色，花被片椭圆形，长2.5~3 mm，大小不相等；雄蕊7~8，比花被短；花柱3，极短，柱头头状。瘦果宽椭圆形，具三锐棱，黄褐色，有光泽，长5~6 mm，超出宿存花被约1倍。花期7~8月；果期8~9月。

产于上池等地。生于山坡草地、山谷灌丛。国内分布于东北、华北地区及山东。也分布于朝鲜、蒙古、俄罗斯远东地区和东西伯利亚。

3. 首乌属 Fallopia Adans.

一年生或多年生草本，稀半灌木。茎缠绕；叶互生、卵形或心形，具叶柄；托叶鞘筒状，顶端截形或偏斜。花序总状或圆锥状，顶生或腋生；花两性，花被5深裂，外面3片具翅或龙骨状突起，在果期增大，稀无翅、无龙骨状突起；雄蕊通常8，花丝丝状，花药卵形；子房具三棱，花柱3，较短，柱头头状。瘦果卵形，具三棱，包于宿存花被内。

约9种，主要分布于北半球的温带。中国8种，分布于东北到西北、西南地区。徂徕山2种。

分种检索表

1. 一年生草本；花序总状··1. 齿翅蓼 Fallopia dentato-alata
1. 多年生草本；花序圆锥状··2. 何首乌 Fallopia dumetorum

1. 齿翅蓼 齿翅首乌（图 223）

Fallopia dentato-alata（F. Schm.）Holub

Folia Geobot. Phyt. 6: 176. 1971.

—— *Polygonum dentato-alatum* F. Schm.

一年生草本。茎缠绕，长 1~2 m，分枝，无毛，具纵棱，沿棱密生小突起。有时茎下部小突起脱落。叶卵形或心形，长 3~6 cm，宽 2.5~4 cm，顶端渐尖，基部心形，两面无毛，沿叶脉具小突起，边缘全缘，具小突起；叶柄长 2~4 cm，具纵棱及小突起；托叶鞘短，偏斜，膜质，无缘毛，长 3~4 mm。花序总状，腋生或顶生，长 4~12 cm，花排列稀疏，间断，具小叶；苞片漏斗状，膜质，长 2~3 mm，偏斜，顶端急尖，无缘毛，每苞内具 4~5 花；花被 5 深裂，红色；花被片外面 3 片背部具翅，在果期增大，翅通常具齿，基部沿花梗明显下延；花被在果期外形呈倒卵形，长 8~9 mm，直径 5~6 mm；花梗细弱，果后延长，长可达 6 mm，中下部具关节；雄蕊 8，比花被短；花柱 3，极短，柱头头状。瘦果椭圆形，具三棱，长 4~4.5 mm，黑色，密被小颗粒，微有光泽，包于宿存花被内。花期 7~8 月；果期 9~10 月。

产于光华寺、黄石崖等地。国内分布于东北、华北地区及陕西、甘肃、青海、江苏、安徽、河南、湖北、四川、贵州、云南等省份。分布于俄罗斯远东地区、朝鲜、日本。

图 223 齿翅蓼

1~2. 植株一部分；3. 花被和瘦果；4. 瘦果

2. 何首乌（图 224）

Fallopia multiflora（Thunb.）Harald.

Symb. Bot. Upsl. 22（2）: 77. 1978.

—— *Polygonum multiflorum* Thunb.

多年生草本。块根肥厚，长椭圆形，黑褐色。茎缠绕，长 2~4 m，多分枝，具纵棱，无毛，微粗糙，下部木质化。叶卵形或长卵形，长 3~7 cm，宽 2~5 cm，顶端渐尖，基部心形或近心形，两面粗糙，边缘全缘；叶柄长 1.5~3 cm；托叶鞘膜质，偏斜，无毛，长 3~5 mm。花序圆锥状，顶生或腋生，长 10~20 cm，分枝开展，具细纵棱，沿棱密被小突起；苞片三角状卵形，具小突起，顶端尖，每苞内具 2~4 花；花梗细弱，长 2~3 mm，下部具关节，在果期延长；花被 5 深

图 224 何首乌

1. 植株一部分；2. 花序；3~4. 花；
5. 雄蕊；6. 雌蕊；7. 根

裂，白色或淡绿色，花被片椭圆形，大小不相等，外面3片较大背部具翅，在果期增大，花被在果期外形近圆形，直径6~7 mm；雄蕊8，花丝下部较宽；花柱3，极短，柱头头状。瘦果卵形，具三棱，长2.5~3 mm，黑褐色，有光泽，包于宿存花被内。花期8~9月；果期9~10月。

产于光华寺、磙石峪，林区农家也常有零星栽培。国内分布于华东、华中、华南地区及四川、云南、陕西、甘肃、贵州等省份。日本也有栽培。

块根入药，为滋补强壮剂，安神、养血、活络。嫩叶和茎尖可作菜食用。

4. 虎杖属 Reynoutria Houtt.

多年生草本。根状茎横走。茎直立，中空。叶互生，卵形或卵状椭圆形，全缘，具叶柄；托叶鞘膜质，偏斜，早落。花序圆锥状，腋生；花单性，雌雄异株，花被5深裂；雄蕊6~8；花柱3，柱头流苏状。雌花花被片，外面3片在果期增大，背部具翅。瘦果卵形，具三棱。

2种，分布于东亚。中国1种，分布于陕西、甘肃及华东、华中、华南至西南地区。徂徕山1种。

1. 虎杖（图225）

Reynoutria japonica Houtt.

Nat. Hist. 2（8）: 640. T. 51. f. 1. 1777.

多年生草本。根状茎粗壮，横走。茎直立，高1~2 m，粗壮，空心，具明显的纵棱，具小突起，无毛，散生红色或紫红斑点。叶宽卵形或卵状椭圆形，长5~12 cm，宽4~9 cm，近革质，顶端渐尖，基部宽楔形、截形或近圆形，边缘全缘，疏生小突起，两面无毛，沿叶脉具小突起；叶柄长1~2 cm，具小突起；托叶鞘膜质，偏斜，长3~5 mm，褐色，具纵脉，无毛，顶端截形，无缘毛，常破裂，早落。花单性，雌雄异株，花序圆锥状，长3~8 cm，腋生；苞片漏斗状，长1.5~2 mm，顶端渐尖，无缘毛，每苞内具2~4花；花梗长2~4 mm，中下部具关节；花被5深裂，淡绿色，雄花花被片具绿色中脉，无翅，雄蕊8，比花被长；雌花花被片外面3片背部具翅，在果期增大，翅扩展下延，花柱3，柱头流苏状。瘦果卵形，具三棱，长4~5 mm，黑褐色，有光泽，包于宿存花被内。花期8~9月；果期9~10月。

产于大寺春阳坡沟、马场，也有零星栽培。生于沟边、村旁。国内分布于华东、华中、华南地区及陕西、甘肃、四川、云南、贵州等省份。朝鲜、日本也有栽培。

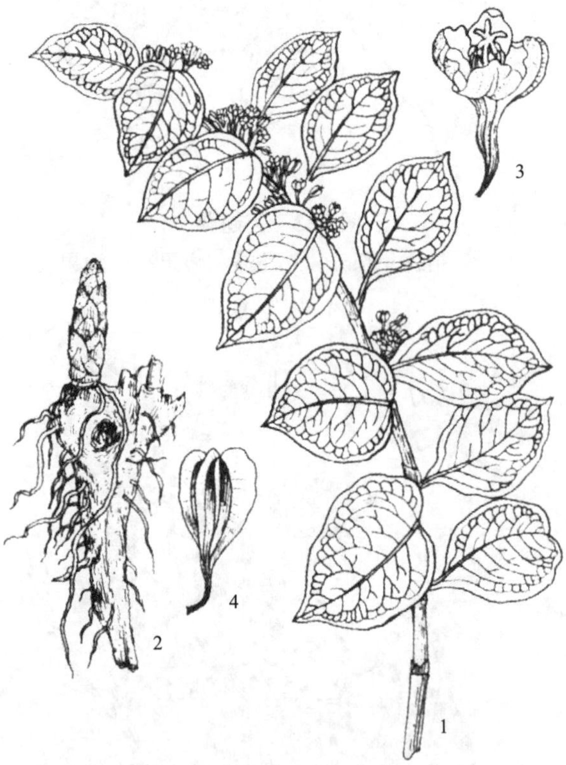

图225 虎杖
1. 植株上部；2. 根部；3. 花；4. 花被和瘦果

根状茎供药用，有活血、散瘀、通经、镇咳等功效。

5. 酸模属 Rumex Linn.

一年生或多年生草本，稀为灌木。根通常粗壮，有时具根状茎。茎直立，通常具沟槽，分枝或上部分枝。叶基生和茎生，茎生叶互生，全缘或波状，托叶鞘膜质，易破裂而早落。花序圆锥状，多花簇生成轮。花两性，有时杂性，稀单性，雌雄异株。花梗具关节；花被片6，成2轮，宿存，外轮3片不增大，内轮3片在果期增大，全缘、具齿或针刺，背部具小瘤或无小瘤；雄蕊6，花药基着；子房卵形，具三棱，1室，含1枚胚珠，花柱3，柱头画笔状。瘦果卵形或椭圆形，具三锐棱，包于增大的内花被片内。

约200种，分布于全世界，主产北温带。中国27种，全国各省份均产。徂徕山3种。

分种检索表

1. 一年生草本；内花被片在果期三角状卵形，全部具小瘤，边缘具针刺⋯⋯⋯⋯⋯⋯⋯⋯⋯⋯⋯1. 齿果酸模 Rumex dentatus
1. 多年生草本。
 2. 花两性；基生叶长圆形或长圆状披针形⋯⋯⋯⋯⋯⋯⋯⋯⋯⋯⋯⋯⋯⋯⋯⋯2. 巴天酸模 Rumex patientia
 2. 花单性，雌雄异株；基生叶或茎下部叶箭形⋯⋯⋯⋯⋯⋯⋯⋯⋯⋯⋯⋯⋯⋯⋯⋯⋯3. 酸模 Rumex acetosa

1. 齿果酸模（图226）

Rumex dentatus Linn.

Mant. Pl. 2: 226. 1771.

一年生草本。茎直立，高30~70 cm，自基部分枝，枝斜上，具浅沟槽。茎下部叶长圆形或长椭圆形，长4~12 cm，宽1.5~3 cm，顶端圆钝或急尖，基部圆形或近心形，边缘浅波状，茎生叶较小；叶柄长1.5~5 cm。花序总状，顶生和腋生，具叶由数个再组成圆锥状花序，长达35 cm，多花，轮状排列，花轮间断；花梗中下部具关节；外花被片椭圆形，长约2 mm；内花被片在果期增大，三角状卵形，长3.5~4 mm，宽2~2.5 mm，顶端急尖，基部近圆形，网纹明显，全部具小瘤，小瘤长1.5~2 mm，边缘每侧具2~4刺状齿，齿长1.5~2 mm，瘦果卵形，具三锐棱，长2~2.5 mm，两端尖，黄褐色，有光泽。花期5~6月；果期6~7月。

徂徕山各林区均产。见于沟岸、低地、水湿荒地。国内分布于华北、西北、华东、华中地区及四川、贵州、云南等省份。尼泊尔、印度、阿富汗、哈萨克斯坦及欧洲东南部也有分布。

图226 齿果酸模
1. 植株一部分；2. 花；
3. 宿存花被和瘦果；4. 瘦果

2. 巴天酸模（图227）

Rumex patientia Linn.

Sp. Pl. 333. 1753.

多年生草本。根肥厚，直径可达3 cm；茎直立，粗壮，高90~150 cm，上部分枝，具深沟槽。基生叶长圆形或长圆状披针形，长15~30 cm，宽5~10 cm，顶端急尖，基部圆形或近心形，边缘

图 227 巴天酸模
1. 植株一部分；2. 果序；3. 花；
4. 花被和瘦果；5. 瘦果

图 228 酸模
1. 植株；2. 雄花；3. 花药；4. 雌花；
5. 花被片和瘦果

波状；叶柄粗壮，长 5~15 cm；茎上部叶披针形，较小，具短叶柄或近无柄；托叶鞘筒状，膜质，长 2~4 cm，易破裂。花序圆锥状，大型；花两性；花梗细弱，中下部具关节；关节在果期稍膨大，外花被片长圆形，长约 1.5 mm，内花被片果期增大，宽心形，长 6~7 mm，顶端圆钝，基部深心形，近全缘，具网脉，全部或一部具小瘤；小瘤长卵形，通常不能全部发育。瘦果卵形，具三锐棱，顶端渐尖，褐色，有光泽，长 2.5~3 mm。花期 5~6 月；果期 6~7 月。

徂徕山各林区均产。生于沟边湿地、水边。国内分布于东北、华北、西北地区及山东、河南、湖南、湖北、四川及西藏等省份。分布于高加索、哈萨克斯坦、俄罗斯、蒙古及欧洲。

3. 酸模（图 228）

Rumex acetosa Linn.

Sp. Pl. 337. 1753.

多年生草本。根为须根。茎直立，高 40~100 cm，具深沟槽，通常不分枝。基生叶和茎下部叶箭形，长 3~12 cm，宽 2~4 cm，顶端急尖或圆钝，基部裂片急尖，全缘或微波状；叶柄长 2~10 cm；茎上部叶较小，具短叶柄或无柄；托叶鞘膜质，易破裂。花序狭圆锥状，顶生，分枝稀疏；花单性，雌雄异株；花梗中部具关节；花被片 6，成 2 轮，雄花内花被片椭圆形，长约 3 mm，外花被片较小，雄蕊 6；雌花内花被片在果期增大，近圆形，直径 3.5~4 mm，全缘，基部心形，网脉明显，基部具极小的小瘤，外花被片椭圆形，反折。瘦果椭圆形，具三锐棱，两端尖，长约 2 mm，黑褐色，有光泽。花期 5~7 月；果期 6~8 月。

徂徕山各林区均产。生于路旁、沟边、草丛。分布于中国南北各省份。朝鲜、日本、高加索、哈萨克斯坦、俄罗斯、欧洲及美洲也有分布。

全草供药用，有凉血、解毒之效；嫩茎、叶可作蔬菜及饲料。根、叶含鞣质，可提取栲胶。

33. 芍药科 Paeoniaceae

灌木、亚灌木或多年生草本。根圆柱形或有纺锤形的块根。叶互生，常2回三出复叶，小叶不裂或分裂，裂片常全缘。单花顶生或数花生茎顶上部叶腋，大型，直径4 cm以上；苞片2~6，披针形，叶状，大小不等，宿存；萼片3~5，宽卵形，大小不等；花瓣5~13（栽培者多重瓣），倒卵形；雄蕊多数，离心发育，花丝狭条形，花药黄色，纵裂；花盘杯状或盘状，革质或肉质，完全包被或半包被心皮或仅包于心皮基部；心皮多为2~3，稀4~6或更多，离生，有毛或无毛，向上逐渐收缩成极短小的花柱，柱头扁平，向外反卷，胚珠多数，沿心皮腹缝线排成2列。蓇葖果成熟时沿心皮的腹缝线开裂；种子黑色、深褐色。无毛。

1属约30种，分布于欧亚大陆温带地区。中国15种，主要分布在西南、西北地区，少数种类在东北、华北地区及长江两岸各省份。徂徕山2种。

1. 芍药属 Paeonia Linn.

形态特征、种类、分布与科相同。

分种检索表

1. 多年生草本，花数朵生茎顶和叶腋··1. 芍药 Paeonia lactiflora
1. 灌木，花单生枝顶··2. 牡丹 Paeonia suffruticosa

1. 芍药（图229）

Paeonia lactiflora Pall.

Reise 3: 286. 1776.

多年生草本。根粗壮，分枝黑褐色。茎高40~70 cm，无毛。下部茎生叶为2回三出复叶，上部茎生叶为三出复叶；小叶狭卵形，椭圆形或披针形，顶端渐尖，基部楔形或偏斜，边缘具白色骨质细齿，两面无毛，背面沿叶脉疏生短柔毛。花数朵，生茎顶和叶腋，有时仅顶端1朵开放，而近顶端叶腋处有发育不好的花芽，直径8~11.5 cm；苞片4~5，披针形，大小不等；萼片4，宽卵形或近圆形，长1~1.5 cm，宽1~1.7 cm；花瓣9~13，倒卵形，长3.5~6 cm，宽1.5~4.5 cm，白色，有时基部具深紫色斑块；花丝长0.7~1.2 cm，黄色；花盘浅杯状，包裹心皮基部，顶端裂片钝圆；心皮（2）4~5，无毛。蓇葖长2.5~3 cm，直径1.2~1.5 cm，顶端具喙。花期5~6月；果期8月。

徂徕山各林区均有零星栽培。国内分布于东北、华北地区及陕西、甘肃等省份。朝鲜、日本、蒙古及俄罗斯西伯利亚地区也有分布。

著名的观赏花卉。根药用，称"白芍"；种

图229 芍药
1. 花枝；2. 雄蕊；3. 雌蕊

子含油量约25%，供制皂和涂料用。

2. 牡丹（图 230）

Paeonia suffruticosa Andr.

Bot. Rep. 6: t. 373. 1804.

灌木，高可达2 m。分枝粗而短。叶常为2回三出复叶，稀近枝顶的叶为3小叶；顶生小叶宽卵形，长7~8 cm，宽5.5~7 cm，3裂至中部，裂片不裂或2~3浅裂，表面绿色，无毛，背面淡绿色，有时有白粉，沿叶脉疏生短柔毛或近无毛，小叶柄1.2~3 cm，侧生小叶狭卵形或长圆状卵形，长4.5~6.5 cm，宽2.5~4 cm，不等2裂至3浅裂或不裂，近无柄；叶柄长5~11 cm，叶柄及叶轴均无毛。花单生枝顶，直径10~17 cm，花梗长4~6 cm；苞片5，长椭圆形，大小不等；萼片5，绿色，宽卵形，大小不等；花瓣5，或为重瓣。玫瑰色、红紫色、粉红色至白色，通常变异较大，倒卵形，长5~8 cm，宽4~6 cm，先端呈不规则的波状；雄蕊长1~2 cm，花丝紫红色、粉红色，上部白色，长约1.3 cm，花药长圆形，长4 mm；花盘革质，杯状，紫红色，顶端有数个钝齿或裂片，完全包围雌蕊，在心皮成熟时开裂；心皮5，稀更多，密生柔毛。蓇葖果长圆形，密生黄褐色硬毛。花期5月；果期6~8月。

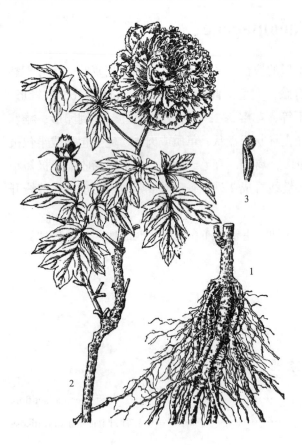

图 230　牡丹
1. 根；2. 花枝；3. 心皮

徂徕山各林区均有少量栽培。中国特有，全国各地普遍栽培，并早已引种国外。

花大美丽，为名贵观赏花木。根皮药用，称"丹皮"，为镇痉药，能凉血散瘀。

34. 山茶科 Theaceae

乔木或灌木，落叶或常绿。单叶，互生，常革质，无托叶。花通常两性，稀单性，辐射对称；单生、簇生，稀排成聚伞或圆锥花序；花萼5，稀4~9，覆瓦状排列，常宿存；花瓣5，稀4~9或多数，离生或基部稍合生；雄蕊多数，稀5或10，离生或有时花丝基部合生成束，常与花瓣贴生；子房上位，稀半下位，3~5室，稀10室，每室胚珠2至多数，稀1枚，中轴胎座。蒴果、浆果或核果状；种子1至多数，无或有少量胚乳，胚通常弯曲。

19属600余种，分布于热带和亚热带。中国12属247种，主要分布于长江流域以南各省份。徂徕山1属2种。

1. 山茶属 Camellia Linn.

常绿乔木或灌木。单叶，互生，通常革质。花两性，辐射对称。通常单生叶腋，稀2~3花簇生；苞片早落；萼片5，稀多数，大小不等，有渐次变为苞片及花瓣者；花瓣5~9，基部稍合生；雄蕊多数，外层花丝稍合生并贴生于花瓣基部，内层花丝离生，花药丁字着生；子房3~5室，每室4~6枚胚珠，花柱3~5，基部合生或离生。蒴果，室背开裂，中轴与果瓣同时脱落；种子形大，近球形或有角棱，种脐小。

约120种，主要分布于亚洲热带及亚热带。中国97种，主要分布于西南部及东南部。徂徕山2种。

分种检索表

1. 叶薄革质，椭圆状披针形或长椭圆形，长 3~10 cm；侧脉在上面显著且下凹；花期秋冬季……1. 茶 Camellia sinensis
1. 叶厚革质，卵形、倒卵形或椭圆形，长 5~12 cm；侧脉在叶片上面不太明显；花期春季……2. 山茶 Camellia japonica

1. 茶（图231）

Camellia sinensis（Linn.）O. Ktze.

Trudy Imp. S.-Peterburgsk. Bot. Sada 10: 195. 1887.

灌木或小乔木，嫩枝无毛。叶革质，长圆形或椭圆形，长 4~12 cm，宽 2~5 cm，先端钝或尖锐，基部楔形，上面发亮，下面无毛或初时有柔毛，侧脉 5~7 对，边缘有锯齿，叶柄长 3~8 mm，无毛。花 1~3 朵腋生，白色，花梗长 4~6 mm，有时稍长；苞片 2 片，早落；萼片 5 片，阔卵形至圆形，长 3~4 mm，无毛，宿存；花瓣 5~6 片，阔卵形，长 1~1.6 cm，基部略连合，背面无毛，有时有短柔毛；雄蕊长 8~13 mm，基部连生 1~2 mm；子房密生白毛；花柱无毛，先端 3 裂，裂片长 2~4 mm。蒴果球形，高 1.1~1.5 cm，有种子 1~2 粒。花期 8~10 月；果期翌年 9~11 月。

礤石峪、光华寺、庙子等地有栽培。分布于中国长江以南各省份。

2. 山茶（图232）

Camellia japonica Linn.

Sp. Pl. 2: 698. 1753.

常绿大灌木或小乔木，高 9 m，嫩枝无毛。叶革质，椭圆形，长 5~10 cm，宽 2.5~5 cm，先端略尖，或急短尖而有钝尖头，基部阔楔形，上面深绿色，干后发亮，无毛，下面浅绿色，无毛，侧脉 7~8 对，在上下两面均能见，边缘有相隔 2~3.5 cm 的细锯齿。叶柄长 8~15 mm，无毛。花顶生，红色，无柄；苞片及萼片约 10 片，组成长 2.5~3 cm 的杯状苞被，半圆形至圆形，长 4~20 mm，外面有绢毛，脱落；花瓣 6~7 片，外侧 2 片近圆形，几离生，长 2 cm，外面有毛，内侧 5 片基部连生约 8 mm，倒卵圆形，长 3~4.5 cm，无毛；雄蕊 3 轮，长 2.5~3 cm，外轮花丝基部连生，花丝管长 1.5 cm，无毛；内轮雄蕊离生，稍短，子房无毛，花柱长 2.5 cm，先端 3 裂。蒴果圆球形，直径 2.5~3 cm，2~3 室，每室有种子 1~2 粒，3 瓣裂开，果爿厚木质。花期 3~5 月；果期 9~10 月。

大寺有少量露地栽培。国内分布于山东、台湾及浙江。日本也有分布。

是著名的观赏植物，品种繁多。种子可榨油，食用及

图 231 茶
1. 花枝；2. 果实；3. 种子；
4. 花瓣及雄蕊；5. 花纵切；6. 子房横切

图 232 山茶
1. 花枝；2. 果实

工业用。花为收敛止血药。

35. 猕猴桃科 Actinidiaceae

乔木、灌木或藤本，常绿或落叶。单叶，互生，无托叶。花两性、杂性，或单性而雌雄异株，辐射对称；萼片5，稀2~3，覆瓦状排列，稀镊合状排列；花瓣5或更多，覆瓦状排列；雄蕊10~13，2轮排列，或多数，不作轮列式排列，背着药，纵裂或顶孔开裂；心皮多数或3枚；子房多室或3室，花柱离生或合为一体，胚珠每室多数或少数，中轴胎座。浆果或蒴果；种子每室多数或1粒，有肉质假种皮，胚乳丰富。

3属357种，主要分布于热带、亚洲热带及美洲热带。中国3属66种，主要分布于长江流域及西南地区。徂徕山1属3种。

1. 猕猴桃属 Actinidia Lindl.

落叶或常绿藤本。无毛或有毛；髓实心或片层状。单叶，互生；无托叶。花单性，雌雄异株，或两性；花单生或排成聚伞花序；有苞片，小；萼片5，稀3~4片，覆瓦状排列，花瓣5或更多，覆瓦状排列；雄蕊多数，花药黄色或紫黑色，丁字着生，2室，纵裂；子房上位，多室，中轴胎座；胚珠多数，在雄花中有退化子房。浆果。种子多数。

约55种，分布于亚洲。中国52种，主要分布于秦岭以南及横断山脉以东大陆地区。徂徕山3种。

分种检索表

1. 果实无斑点，顶端有喙或无喙；子房圆柱状或瓶状。
　2. 枝髓片层状，白色或褐色；果实成熟时花萼脱落；叶片无白斑··················1. 软枣猕猴桃 Actinidia arguta
　2. 枝髓实心，白色；果实基部有宿存萼片；叶片间有白斑··················2. 葛枣猕猴桃 Actinidia polygama
1. 果实有斑点；叶片圆形、卵圆形或倒卵形，下面密生绒毛··················3. 中华猕猴桃 Actinidia chinensis

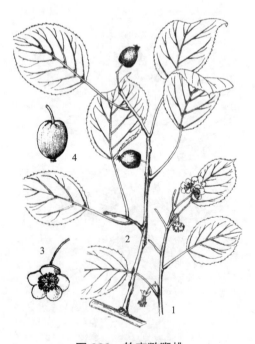

图233 软枣猕猴桃
1. 花枝；2. 果枝；3. 雄花；4. 果实

1. 软枣猕猴桃（图233，彩图24）

Actinidia arguta（Sieb. & Zucc.）Planch. ex Miq. Ann. Mus. Bot. Lugduno-Batavi 3: 15. 1867.

落叶藤本；小枝无毛或幼时被绒毛；髓白色至淡褐色，片层状。叶膜质或纸质，卵形、长圆形、阔卵形至近圆形，长6~12 cm，宽5~10 cm，顶端急短尖，基部圆形至浅心形，等侧或稍不等侧，边缘具锐锯齿，背面脉腋有髯毛或连中脉和侧脉下段生少量卷曲柔毛；侧脉6~7对。花序腋生或腋外生，1~2回分枝，1~7花。花绿白色或黄绿色，芳香，直径1.2~2 cm；萼片4~6枚，卵圆形至长圆形，长3.5~5 mm；花瓣4~6片，楔状倒卵形或瓢状倒阔卵形，长7~9 mm；花丝长1.5~3 mm，花药黑色或暗紫色；子房瓶状，长6~7 mm，无毛，花柱长3.5~4 mm。果圆球形至柱状长圆形，长2~3 cm，有喙，无毛，无斑点，萼片脱落。花期5~6月；果期9~10月。

产于太平顶、马场、龙湾、卧尧等地。生于灌丛中，或攀缘于乔木上。国内分布于东北、华北、长江流域至华南地区。日本、朝鲜也有分布。

重要的果树资源，果实可生食，也可药用，经济价值大，也是猕猴桃育种的重要野生种质资源。

2. 葛枣猕猴桃（图 234）

Actinidia polygama（Sieb. & Zucc.）Maxim.

Mém. Acad. Imp. Sci. St.-Pétersbourg, Divers Savans 9: 64. 1859.

落叶藤本；小枝无毛或幼时顶部被微柔毛，皮孔不显著；髓白色，实心。叶膜质（花期）至薄纸质，卵形或卵状椭圆形，长 7~14 cm，宽 4.5~8 cm，顶端急渐尖至渐尖，基部圆形或阔楔形，有细锯齿，腹面散生少数小刺毛，有时前端部变为白色或淡黄色，背面沿脉被卷曲的微柔毛，有时中脉上着生小刺毛，叶脉较发达，侧脉约 7 对，上段常分叉。花序 1~3 花；花白色，芳香，直径 2~2.5 cm；萼片 5 片，卵形至长方卵形，长 5~7 mm；花瓣 5 片，倒卵形至长方倒卵形，长 8~13 mm；花丝线形，长 5~6 mm，花药黄色；子房瓶状，长 4~6 mm，花柱长 3~4 mm。果成熟时淡橘黄色，卵球形或柱状卵球形，长 2.5~3 cm，无毛，无斑点，顶端有喙，基部有宿存萼片。花期 6~7 月；果期 9~10 月。

产于上池推磨山、马场东沟、龙湾等地。生于溪边灌丛、林缘。国内分布于东北地区及甘肃、陕西、河北、河南、湖北、湖南、四川、云南、贵州等省份。俄罗斯远东地区、朝鲜和日本也有分布。

果实除作水果利用之外，虫瘿可入药。也是猕猴桃重要的育种材料。

3. 中华猕猴桃（图 235）

Actinidia chinensis Planch.

London Journ. Bot. 6: 303. 1847.

落叶藤本。幼枝密被灰白色茸毛或锈色硬刺毛，老时秃净或留断残毛；髓白至淡褐色，片层状。叶纸质，阔倒卵形、倒卵形至近圆形，长 6~17 cm，宽 7~15 cm，先端平截并中间凹入或有突尖，基部钝圆至浅心形，边缘有小齿，上面深

图 234 葛枣猕猴桃
1. 果枝；2. 雌花腹面；3. 雌花背面

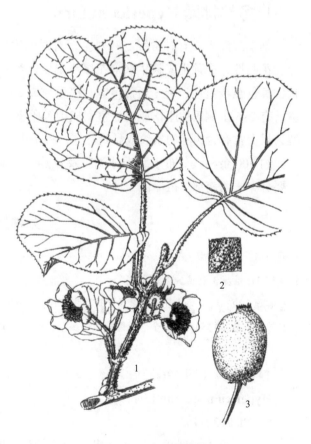

图 235 中华猕猴桃
1. 花枝；2. 叶背面；3. 果实

绿色，无毛或沿脉有毛，下面苍绿色，密被灰白色或淡褐色星状绒毛，侧脉 5~8 对，横脉发达；叶柄长 3~6 cm，有灰白色或黄褐色刺毛。聚伞花序有 1~3 花，花序梗长 7~15 mm；花梗长 9~15 mm；苞片小，卵形或钻形，长约 1 mm，均被柔毛；花白色，有香气，径 2~3.5 cm；萼片 3~7，通常 5，阔卵形，长 6~10 mm，两面被绒毛；花瓣 5，有时 3~4 或 6~7，阔倒卵形，有短爪，长 1~2 cm，宽 0.6~1.7 cm；雄蕊多数，花药黄色；子房球形，被金黄色绒毛；花柱狭条形，多数。果黄褐色，近球形，长 4~6 cm，被茸毛或刺毛，熟时近无毛，有多数淡褐色斑点；宿存萼片反折。花期 4~5 月；果期 9~10 月。

光华寺、礤石峪隐仙观有栽培。国内分布于陕西、河南、安徽、湖南、湖北、江苏、浙江、福建、广东、广西等省份。

果实含丰富的维生素。富有营养，可生食、酿酒。

36. 藤黄科 Clusiaceae

乔木或灌木，有时为藤本，稀为草本；有油腺或树脂道。单叶，对生或轮生；全缘；无托叶。花两性或单性，辐射对称，常为聚伞花序，有时单生；萼片 2~6；花瓣 2~6；在芽中呈覆瓦状、回旋状或十字状排列；雄蕊 4 至多数，离生或合成 3 或多束；雌蕊 1 个，子房上位，心皮 1~15，合生，通常为 3~5 心皮，中轴胎座，稀为侧膜胎座，各含 1 枚胚珠，花柱与心皮同数，离生或基部合生；柱头也与心皮同数，常成盾状或放射状。果实为蒴果，有时为浆果或核果；种子无胚乳，常有假种皮。

约 40 属 1200 种，主要分布于热带。中国有 8 属 95 种，分布于全国，主要分布于西南地区。徂徕山 1 属 3 种。

1. 金丝桃属 Hypericum Linn.

草本或灌木，有时常绿。叶对生，有时轮生，有短柄或无柄，全缘，有黑色或透明小点；无托叶。花两性，成顶生或腋生聚伞花序或单生；萼片 5 或 4，覆瓦状或镊合状排列；花瓣 5 或 4，回旋状，黄色至金黄色；雄蕊通常多数，离生或成 3~5 束，花丝纤细，花药纵裂，药隔上有腺体；子房 1 室，有 3~5 个侧膜胎座，或 3~5 室而成中轴胎座，胚珠多数，花柱 3~5，离生或合生。蒴果，室间开裂，果爿常有含树脂的条纹或囊状腺体；种子小。

约 400 余种，分布于北半球温带及亚热带，少数分布于南半球。中国约有 64 种，广布于全国，主要分布于西南部。徂徕山 3 种。

分种检索表

1. 花柱 5；雄蕊 5 束 ················· 1. 黄海棠 Hypericum ascyron
1. 花柱 3；雄蕊 3 束或不规则排列。
  2. 雄蕊 3 束；叶、萼片及有时茎及花瓣有黑色腺点 ················· 2. 赶山鞭 Hypericum attenuatum
  2. 雄蕊不规则排列；植株全然无黑腺点 ················· 3. 地耳草 Hypericum japonicum

1. 黄海棠（图 236）

Hypericum ascyron Linn.

Sp. Pl. 783. 1753.

多年生草本，高 0.5~1.3 m。茎及枝条幼时具四棱，后具 4 纵棱线。叶无柄，叶片披针形、长圆状披针形、长圆状卵形至椭圆形或狭长圆形，长（2）4~10 cm，宽（0.4）1~2.7（3.5）cm，先端渐尖、锐尖或钝形，基部楔形或心形而抱茎，全缘，下面散布淡色腺点，脉网较密。花序顶生，近伞房状至狭圆锥状。花直径（2.5）3~8 cm，花梗长 0.5~3 cm。萼片卵形或披针形，长（3）5~15（25）mm，宽 1.5~7 mm，全缘，果期直立。花瓣金黄色，倒披针形，长 1.5~4 cm，宽 0.5~2 cm，弯曲，具腺斑或无腺斑，宿存。雄蕊 5 束，每束约 30 枚，花药金黄色，具松脂状腺点。子房宽卵球形至狭卵珠状三角形，长 4~7（9）mm，5 室，具中央空腔；花柱 5，长为子房的 1/2 至为其 2 倍，自基部或至上部 4/5 处分离。蒴果卵形或卵状三角形，长 0.9~2.2 cm，宽 0.5~1.2 cm，成熟后先端 5 裂。种子棕色或黄褐色。花期 7~8 月；果期 8~9 月。

产于上池、马场。生于山坡林下、灌丛间或草丛中。除新疆及青海外，全国各地均有分布。俄罗斯（阿尔泰至堪察加及库页岛）、朝鲜、日本、越南北部、美国东北部及其近邻的加拿大也有。

全草药用，也是栲胶原料。此外民间有用叶作茶叶代用品饮用，也可供观赏。

图 236　黄海棠
1. 植株；2. 花；3. 雌蕊；4. 果实；5. 种子

2. 赶山鞭（图 237）

Hypericum attenuatum Fischer ex Choisy Prodr. Monogr. Hypéric. 47. 1821.

多年生草本，高 30~70 cm。茎常有 2 纵线棱，且散生黑色腺点。叶无柄；叶片卵状长圆形或卵状披针形至长圆状倒卵形，长 1.5~2.5 cm，宽 0.5~1.2 cm，先端圆钝或渐尖，基部渐狭或微心形，略抱茎，全缘，两面光滑，下面散生黑腺点，侧脉 2 对，脉网不明显。花序顶生，多花或少花，近伞房状或圆锥花序；苞片长约 0.5 cm。花直径 1.3~1.5 cm，平展。萼片卵状披针形，长约 5 mm，宽 2 mm，先端锐尖，散生黑腺点。花瓣淡黄色，长圆状倒卵形，长 1 cm，宽约 0.4 cm，先端钝形，有稀疏黑腺点，宿存。雄蕊 3 束，每束约 30 枚，花药具黑腺点。子房卵形，长约 3.5 mm，3 室；花柱 3，自基部离生。蒴果卵形或长圆状卵形，长 6~10 mm，宽约 4 mm。种子圆柱形，微弯，长 1.2~1.3 mm。花期 7~8 月；果期 8~9 月。

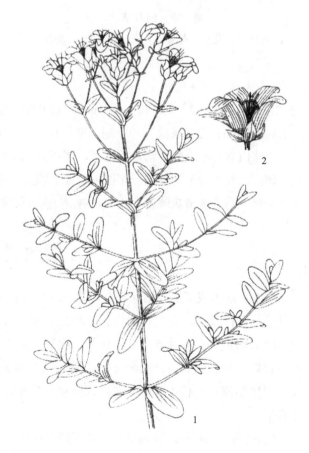

图 237　赶山鞭
1. 植株上部；2. 花

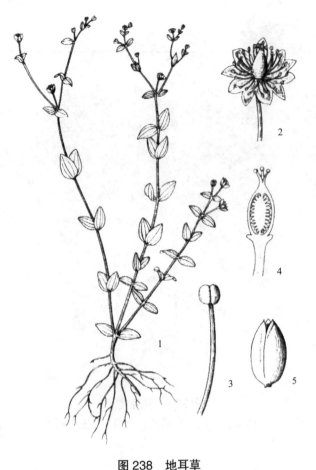

图 238　地耳草
1. 植株；2. 花；3. 雄蕊；4. 雌蕊纵切；5. 果实

徂徕山各林区均产。生于山坡草地、林内及林缘等处。国内分布于东北地区及内蒙古、河北、山西、陕西、甘肃、山东、江苏、安徽、浙江、江西、河南、广东、广西。俄罗斯（西伯利亚东部及远东地区）、蒙古、朝鲜及日本也有分布。

民间用全草代茶叶用；全草又可入药，捣烂治跌打损伤或煎服作蛇药用。

3. 地耳草（图 238）

Hypericum japonicum Thunb. Syst. Veg. ed. 14. 702. 1784.

一年生或多年生草本。茎具4纵线棱，散布淡色腺点。叶无柄，叶片卵形或卵状三角形至长圆形或椭圆形，长 0.2~1.8 cm，宽 0.1~1 cm，先端近锐尖至圆形，基部心形抱茎至截形，全缘，但无明显脉网，散布透明腺点。花序具 1~30 花；苞片及小苞片线形、披针形至叶状，微小至与叶等长。花直径 4~8 mm，多少平展。萼片长 2~5.5 mm，宽 0.5~2 mm，先端锐尖至钝形，全缘，无边缘生的腺点，全面散生有透明腺点或腺条纹，在果期直伸。花瓣白色至黄色，椭圆形或长圆形，长 2~5 mm，宽 0.8~1.8 mm，先端钝，无腺点，宿存。雄蕊 5~30 枚，不成束，长约 2 mm，宿存，花药黄色，具松脂状腺体。子房 1 室，长 1.5~2 mm；花柱（2）3，长 0.4~1 mm，自基部离生，开展。蒴果短圆柱形至圆球形，长 2.5~6 mm，宽 1.3~2.8 mm，无腺条纹。种子圆柱形，长约 0.5 mm。花期 3~5 月；果期 6~10 月。

徂徕山有分布。生于沟边草地上。国内分布于辽宁、山东至长江以南各省份。日本、朝鲜、尼泊尔、印度、斯里兰卡、缅甸至印度尼西亚、澳大利亚、新西兰以及美国的夏威夷也有分布。

全草入药，能清热解毒，止血消肿，治肝炎、跌打损伤以及疮毒。

37. 椴树科 Tiliaceae

乔木、灌木或草本，植株常有星状毛或细毛；树皮富含纤维。单叶，互生，稀对生，基出脉；托叶早落、宿存或不存在。花两性，或单性异株，辐射对称，聚伞花序或再组成圆锥花序；苞片早落或有时大而宿存；萼片 5，花瓣与萼片同数，离生，内侧常有腺体，有时无花瓣；雄蕊多数，离生或基部联合成束，稀 5，花药 2 室，纵裂或顶端孔裂；子房上位，2~6（10）室，每室胚珠 1 至数枚，中轴胎座；花柱 1，柱头锥状或盾状。核果、蒴果或浆果；种子无假种皮，有胚乳，胚直，子叶扁平。

约 52 属，500 种，分布于热带及亚热带地区。中国有 11 属 70 种。徂徕山 3 属 1 种 2 变种。

分属检索表

1. 花瓣内侧基部无腺体；有或无雌雄蕊柄。
   2. 草本；无花瓣状退化雄蕊；胚珠多数；蒴果 ·· 1. 田麻属 Corchoropsis
   2. 木本；花有花瓣状退化雄蕊；子房每室 2 枚胚珠；核果 ··· 2. 椴树属 Tilia
1. 花瓣基部有腺体；有雌雄蕊柄。腋生聚伞花序，核果有缢沟 ··· 3. 扁担杆属 Grewia

1. 田麻属 Corchoropsis Sieb. & Zucc.

一年生草本，茎被星状柔毛或平展柔毛。叶互生，边缘具牙齿或锯齿，被星状柔毛，基出 3 脉；具叶柄；托叶细小，早落。花黄色，单生于叶腋；萼片 5 片，狭窄披针形；花瓣与萼片同数，倒卵形；雄蕊 20，其中 5 枚无花药，与萼片对生，匙状条形，其余能育的 15 枚中每 3 枚连成 1 束；子房被短茸毛或无毛，3 室，每室有胚珠多数，花柱近棒状，柱头顶端截平，3 齿裂。蒴果角状圆筒形，3 瓣裂开；种子多数。

约 4 种，分布于东亚。中国 1 种 1 变种，南北均产。徂徕山 1 变种。

1. 光果田麻（变种）（图 239）

Corchoropsis crenata Sieb. & Zucc. var. **hupehensis** Pamp.

Nuovo Giorn. Bot. Ital. n.s. 17: 431. 1910.

一年生草本，高 30~60 cm；分枝带紫红色，有白色短柔毛和平展的长柔毛。叶卵形或狭卵形，长 1.5~4 cm，宽 0.6~2.2 cm，边缘有钝牙齿，两面均密生星状短柔毛，基出脉 3 条；叶柄长 0.2~1.2 cm；托叶钻形，长约 3 mm，脱落。花单生于叶腋，直径约 6 mm；萼片 5 片，狭披针形，长约 2.5 mm；花瓣 5 片，黄色，倒卵形；发育雄蕊和退化雄蕊近等长；雌蕊无毛。蒴果角状圆筒形，长 1.8~2.6 cm，无毛，裂成 3 瓣；种子卵形，长约 2 mm。花期 4~6 月；果期 8~10 月。

产于磄石峪、光华寺、大寺。生于草坡、田边。分布于甘肃、河北、辽宁、山东、河南、江苏、安徽、湖北。

2. 椴树属 Tilia Linn.

落叶乔木。内皮富含纤维及黏液。单叶，互生，有长柄，托叶早落。花两性，聚伞花序，花序梗下半部与叶状苞片合生；花萼 5；花瓣 5，覆瓦状排列，常有花瓣状退化雄蕊与之对生；雄蕊多数，离生，或基部联合成 5 束与花瓣对生；子房 5 室，每室胚珠 2 枚。核果球形，不开裂，有种子 1~3 粒。

图 239 光果田麻
1. 植株一部分；2. 花；3. 果实

图 240 紫椴
1. 花枝；2. 果枝；3. 花；
4. 叶背面脉腋；5. 星状毛

约 80 种，主要分布于亚热带和北温带。中国 30 种，自东北至华南地区均有分布。徂徕山 1 种。

1. 紫椴（图 240）

Tilia amurensis Rupr.

Fl. Cauc. 253. 1869.

落叶乔木，高达 25 m，直径达 1 m。树皮暗灰色，片状脱落；嫩枝初时有白丝毛，很快变秃净，顶芽无毛，有鳞苞 3 片。叶阔卵形或卵圆形，长 4.5~6 cm，宽 4~5.5 cm，先端急尖或渐尖，基部心形，稍整正，有时斜截形，上面无毛，下面浅绿色，脉腋内有毛丛，侧脉 4~5 对，边缘有锯齿，齿尖突出 1 mm；叶柄长 2~3.5 cm，纤细，无毛。聚伞花序长 3~5 cm，纤细，无毛，有花 3~20 朵；花梗长 7~10 mm；苞片狭带形，长 3~7 cm，宽 5~8 mm，两面均无毛，下半部或下部 1/3 与花序柄合生，基部有柄长 1~1.5 cm；萼片阔披针形，长 5~6 mm，外面有星状柔毛；花瓣长 6~7 mm；退化雄蕊不存在；雄蕊较少，约 20 枚，长 5~6 mm；子房有毛，花柱长 5 mm。果实卵圆形，长 5~8 mm，被星状茸毛，有棱或有不明显的棱。花期 6~7 月；果期 9~10 月。

产于马场、太平顶、中军帐、龙湾，上池有栽培。国内分布于东北和华北地区。朝鲜、俄罗斯也有分布。

紫椴是中国著名蜜源植物，也是优良的园林观赏树种。木材色白轻软，纹理致密通直，为建筑、家具、造纸、雕刻、铅笔杆等用材。

3. 扁担杆属 Grewia Linn.

乔木或灌木；嫩枝通常被星状毛。叶互生，具基出脉，有锯齿或有浅裂；叶柄短；托叶细小，早落。花两性或单性雌雄异株，通常 3 朵组成腋生的聚伞花序；苞片早落；花序柄及花梗通常被毛；萼片 5 片，分离，外面被毛，内面秃净，稀有毛；花瓣 5 片，比萼片短，腺体常为鳞片状，着生于花瓣基部，常有长毛；雌雄蕊柄短，秃净；雄蕊多数，离生；子房 2~4 室，每室有胚珠 2~8 枚，花柱单生，顶端扩大，柱头盾形，全缘或分裂。核果常有纵沟，收缩成 2~4 个分核，具假隔膜；胚乳丰富，子叶扁平。

约 90 余种，分布于东半球热带。中国 27 种，主产长江流域以南各地。徂徕山 1 变种。

1. 小花扁担杆（变种）（图 241）

Grewia biloba G. Don var. **parviflora** (Bunge) Hand.-Mazz.

Symb. Sin. 7:612. 1929.

落叶灌木。树皮灰褐色，平滑；小枝灰褐色；当年生枝及叶、花序均密生灰黄色星状毛。叶菱状卵形，长 3~13 cm，宽 1~7 cm，先端渐尖，有时不明显 3 裂，基部阔楔形至圆形，边缘有不整齐细锯齿，基出 3 脉，上面粗糙，疏生星状毛，下面密生星状毛；叶柄长 3~10 mm，密生星状毛；托叶细条形，长 5~7 mm，宿存。聚伞花序近伞状与叶对生。常有 10 余花或 3~4 花；花梗长 4~7 mm，密生星状毛；萼片 5，绿色，条状披针形，先端尖，长 5~6 mm，外面密生星状毛，里面有单毛；花瓣 5，与萼片互生，细小，淡黄绿色，长约 1.2 mm；雄蕊多数，花丝无毛，花药黄色；雌蕊长度不超出雄蕊，子房有毛，花柱合一，顶端分裂。核果熟时橙红色，有光泽，2~4 裂，每裂有 2 粒种子；种子淡黄色，径约 7 mm。花期 6~7 月；果期 8~10 月。

徂徕山各山地林区均产。国内分布于华北至华南地区。

茎皮可代麻。种子榨油工业用。根茎叶药用，有健脾、固精、祛风湿等功效。栽培可供观赏。

图 241　小花扁担杆子
1. 花枝；2. 叶背面星状毛；3. 花纵切；4. 雄蕊；
5. 花瓣；6. 子房横剖；7. 果实

38. 梧桐科 Sterculiaceae

乔木或灌木，稀为草本或藤本。植物体上常有星状毛或盾状鳞。单叶，稀掌状复叶，互生，稀对生，全缘，有深裂或有锯齿；有托叶，早落。花两性、单性或杂性，常排列成顶生或腋生的各种花序，少数有茎上生花，花辐射对称；萼片 5，稀 3~4，镊合状排列，基部合生或完全离生；花瓣 5 或无花瓣，常旋转式排列；雌蕊、雄蕊常合生，有柄；雄蕊 2 轮，单体或离生，外轮与花萼对生，常退化为舌状、条状，内轮与花瓣对生，花药 2 室，纵裂或孔裂；雌蕊常 2~5 心皮合成，4~5 室，合生或多少分离，子房上位，每室有胚珠 2 枚至多数。果实革质或肉质，形成开裂或不开裂的蓇葖果或蒴果，稀浆果或核果；种子有或无胚乳。

约 68 属 1100 余种，多分布于热带及亚热带，少数种可延伸至温带。中国 19 属 90 种，主要在长江流域及西南地区。徂徕山 1 属 1 种。

1. 梧桐属 Firmiana Mars.

落叶乔木或灌木。单叶，互生，掌状分裂，稀全缘；有长柄。花单性或杂性，圆锥花序顶生或腋生；萼钟形，5 深裂，内面基部多有色彩，呈花瓣状向外卷曲；无花瓣；雄花的雄蕊连合成筒状，花药集生在顶端呈头状；雌花有退化雄蕊，无花丝筒，不育花药围绕在子房基部，子房有柄，5 心皮靠合，基部分离，上部愈合成 1 花柱；胚珠多数，中轴胎座。蒴果成为 5 个张开的蓇葖果状，膜质叶片状，有柄；种子球形，4~5 粒，生于果皮基部的边缘。

约 16 种，分布于亚洲和非洲东部。中国 7 种。徂徕山 1 种。

1. 梧桐（图 242）

Firmiana simplex（Linn.）W. F. Wight

Bull. Bur. Pl. Industr. U.S.D.A. 142: 67. 1909.

—— *Firmiana platanifolia*（Linn. f.）Marsili

落叶乔木，高可达 15 m。树皮青绿色，光滑，老树灰色，纵裂；枝绿色，无毛或微有白粉；芽

图 242 梧桐
1. 花枝；2. 雌花；3. 雄花及雄蕊；4. 果实

近球形，芽鳞外被赤褐色毛。叶卵圆形或圆形，径 15~30 cm，3~5 缺刻状裂，裂片近三角形，先端渐尖，裂凹 V 形或 U 形，叶基多心形；两面平滑或略有毛，基出掌状脉 7 条。叶柄与叶片近等长。圆锥花序长 20~30 cm，宽达 20 cm，疏大；花萼深裂至基部，裂片条形或钝矩圆形，长约 1 cm，内面基部少有紫红色彩斑，外面黄白色，有柔毛，开花时常反卷；雄花的花丝筒约与花萼片等长，上粗下细，白色，花药黄色，约 15 枚集生成头状；雌花的子房圆球形，5 室，花柱合生，基部有退化雄蕊附生，外被毛。蓇葖状果皮膜质，开裂后匙形，有柄，长 6~11 cm，宽 3~4 cm，全缘，上面有细脉纹；种子小，球形，径约 0.6~1 cm，棕褐色，表面有皱纹。花期 6~7 月；果期 9~10 月。

大寺等地栽培。分布于黄河流域以南各省份。优良的观赏树种。木材质地轻软，适宜做箱盒、乐器用。花、果、根皮及叶均可药用。种子煨炒后可食用。

39. 锦葵科 Malvaceae

草本、灌木或乔木。叶互生，单叶或分裂，叶脉通常掌状；有托叶。花腋生或顶生，单生，或为聚伞花序至圆锥花序。花两性，辐射对称；萼片 3~5，离生或合生，其下面附有总苞状的副萼 3 至多数；花瓣 5 片，分离，但与雄蕊管的基部合生；雄蕊多数，花丝连和成管状，称单体雄蕊，花药 1 室，花粉被刺；子房上位，2 至多室，通常以 5 室较多，由 2~5 或较多的心皮环绕中轴而成，花柱上部分成棒状，每室有胚珠 1 至多数，花柱与心皮同数或为其 2 倍。蒴果，常分裂成为分果，稀为浆果状；种子肾形或倒卵形，有毛或光滑无毛，有胚乳。

约 100 属 1000 种，分布于热带至温带。中国 19 属 81 种，分布于全国各地。徂徕山 6 属 10 种。

分属检索表

1. 果分裂成分果，与花托或果轴脱离；子房由几枚分离心皮组成。
  2. 每室仅有胚珠 1 枚。花柱分枝线形。
    3. 小苞片 6~7 片，基部合生；花瓣齿啮状；果轴盘状···································1. 蜀葵属 Alcea
    3. 小苞片 3 片，分离；花瓣倒心形或微缺；果轴圆筒形·······································2. 锦葵属 Malva
  2. 每室有胚珠 2 枚或更多，心皮 8 或更多···3. 苘麻属 Abutilon
1. 果为蒴果；子房由几枚合生心皮组成，通常 3~5（10）室。
  4. 花柱分枝 5；小苞片 5~15，种子肾形，很少为圆球形。
    5. 萼佛焰苞状，花后在一边开裂而早落；种子平滑无毛·································4. 秋葵属 Abelmoschus
    5. 萼钟形、杯形，整齐 5 裂或 5 齿，宿存；种子被毛或腺状乳突·······················5. 木槿属 Hibiscus

4. 花柱不分枝；小苞片3，大而为叶状；种子倒卵形至圆球形，有长毛·································6. 棉属 Gossypium

1. 蜀葵属 Alcea Linn.

一、二年生至多年生直立草本，全株被星状毛和刚毛。叶卵形至近圆形，浅裂至深裂。花单生或簇生叶腋，集成顶生总状花序；小苞片6~7，基部合生；花萼5裂，多少被毛；花冠粉红、紫色、白色、黄色等，通常直径大于3 cm，花瓣5，先端浅裂；雄蕊柱无毛，花药集生于顶端，黄色，排列紧密；子房15室或更多，每室1枚胚珠，花柱分枝与子房室数目相同。蒴果盘状，分果爿15枚以上，侧向压扁或圆形，光滑或有毛，2室，近侧1室具1粒种子。

约60种，分布于亚洲和欧洲温带地区。中国2种。徂徕山1种。

1. 蜀葵（图243）

Alcea rosea Linn.

Sp. Pl. 687. 1753.

—— *Althaea rosea*（Linn.）Cavan.

二年生直立草本，高达2 m，茎枝密被刺毛。叶近圆心形，直径6~16 cm，掌状5~7浅裂或波状棱角，裂片三角形或圆形，中裂片长约3 cm，宽4~6 cm，上面疏被星状柔毛，粗糙，下面被星状长硬毛或绒毛；叶柄长5~15 cm，被星状长硬毛；托叶卵形，长约8 mm，先端具3尖。花腋生，单生或近簇生，排列成总状花序式，具叶状苞片，花梗长约5 mm，在果期延长至1~2.5 cm，被星状长硬毛；小苞片杯状，常6~7裂，裂片卵状披针形，长10 mm，密被星状粗硬毛，基部合生；萼钟状，直径2~3 cm，5齿裂，裂片卵状三角形，长1.2~1.5 cm，密被星状粗硬毛；花大，直径6~10 cm，有红、紫、白、粉红、黄和黑紫等色，单瓣或重瓣，花瓣倒卵状三角形，长约4 cm，先端凹缺，基部狭，爪被长髯毛；雄蕊柱无毛，长约2 cm，花丝纤细，长约2 mm，花药黄色；花柱分枝多数，微被细毛。果盘状，直径约2 cm，被短柔毛，分果爿近圆形，多数，背部厚达1 mm，具纵槽。花期4~7月；果期8~9月。

大寺等地栽培，也有逸生。原产中国西南地区，全国各地广泛栽培供园林观赏用。世界各国均有栽培供观赏用

图243 蜀葵
1. 植株上部；2. 植株一部分

全草入药，有清热止血、消肿解毒之功，治吐血、血崩等症。茎皮含纤维可代麻用。

2. 锦葵属 Malva Linn.

一年生或多年生草本；叶互生，有角或掌状分裂。花单生于叶腋或簇生成束，有花梗或无花梗；

有小苞片（副萼）3，线形，常离生，萼杯状，5裂；花瓣5，顶端常凹入，白色或玫红色至紫红色；雄蕊柱的顶端有花药；子房有心皮9~15，每心皮有胚珠1枚，柱头与心皮同数。果由数枚心皮组成，成熟时各心皮彼此分离，且与中轴脱离而成分果。

约30种，分布亚洲、欧洲和北非洲。中国3种，产全国各地。供观赏或药用和采嫩叶供蔬食。徂徕山2种。

分种检索表

1. 花白色至淡粉红色，直径 5~15 mm；小苞片线状披针形，先端锐尖 ··············· 1. 圆叶锦葵 Malva pusilla
1. 花紫红色，直径 3~5 cm；小苞片长圆形，先端圆形 ······················· 2. 锦葵 Malva cathayensis

1. 圆叶锦葵（图244，彩图25）

Malva pusilla Smith

Smith & Sowerby. Engl. Bot. 4: t.241. 1795.

多年生草本，高25~50 cm，分枝多而常匍生，被粗毛。叶肾形，长1~3 cm，宽1~4 cm，基部心形，边缘具细圆齿，偶为5~7浅裂，上面疏被长柔毛，下面疏被星状柔毛；叶柄长3~12 cm，被星状长柔毛；托叶小，卵状，渐尖。花通常3~4簇生于叶腋，偶有单生于茎基部的，花梗不等长，长2~5 cm，疏被星状柔毛；小苞片3，披针形，长约5 mm，被星状柔毛；萼钟形，长5~6 mm，被星状柔毛，裂片5，三角状渐尖头；花白色至浅粉红色，长10~12 mm，花瓣5，倒心形；雄蕊柱被短柔毛；花柱分枝13~15。果扁圆形，径约5~6 mm，分果爿13~15，不为网状，被短柔毛；种子肾形，径约1 mm，被网纹或无网纹。花期4~6月；果期7~9月。

产于光华寺一带。生于路边荒野、草坡。国内分布于河北、山东、河南、山西、陕西、甘肃、新疆、西藏、四川、贵州、云南、江苏和安徽等省份。欧洲和亚洲各地也有分布。

图244 圆叶锦葵
1. 植株上部；2. 花纵切面；3. 果实及果爿

2. 锦葵（图245）

Malva cathayensis M. G. Gilbert, Y. Tang & Dorr.

Fl. China 12: 266. 2007.

—— *Malva sinensis* Cavanilles

二年生或多年生草本，高50~90 cm，分枝多，疏被粗毛。叶圆心形或肾形，具5~7圆齿状钝裂片，长5~12 cm，宽几相等，基部近心形至圆形，边缘具圆锯齿，两面均无毛或仅脉上疏被短糙伏毛；叶柄长4~8 cm，近无毛，但上面槽内被长硬毛；托叶偏斜，卵形，具锯齿，先端渐尖。花3~11朵簇生，花梗长1~2 cm，无毛或疏被粗毛；小苞片3，长圆形，长3~4 mm，宽1~2 mm，先端圆形，疏被柔毛；萼杯状，长6~7 mm，萼裂片5，宽三角形，两面均被星状疏柔毛；花紫红色或白色，直径 3.5~4 cm，花瓣 5，匙形，长 2 cm，先端微缺，爪具髯毛；雄蕊柱长 8~10 mm，被刺毛，花丝无毛；花柱分枝 9~11，被微细毛。果扁圆形，径 5~7 mm，分果爿 9~11，肾形，被柔毛；种子黑褐色，肾形，长 2 mm。花期 5~7 月；果期 7~9 月。

徂徕山林区及附近农家庭院有零星栽培。原产印度。中国南北各省份常见栽培，偶有逸生。

3. 苘麻属 Abutilon Miller

草本、亚灌木状或灌木。叶互生，基部心形，掌状叶脉。花顶生或腋生，单生或排列成圆锥花序状；小苞片缺如；花萼钟状，裂片 5；花冠钟形、轮形，很少管形，花瓣 5，基部联合，与雄蕊柱合生；雄蕊柱顶端具多数花丝；子房具心皮 8~20，花柱分枝与心皮同数，子房每室具胚珠 2~9 枚。蒴果近球形、陀螺状、磨盘状或灯笼状，分果爿 8~20；种子肾形。

约 200 种，分布于热带和亚热带地区。中国 9 种，分布于南北各省份。徂徕山 1 种。

1. 苘麻（图 246）

Abutilon theophrasti Medicus Malv. 28. 1787.

一年生亚灌木状草本，高达 1~2 m，茎枝被柔毛。叶互生，圆心形，长 5~10 cm，先端长渐尖，基部心形，边缘具细圆锯齿，两面均密被星状柔毛；叶柄长 3~12 cm，被星状细柔毛；托叶早落。花单生于叶腋，花梗长 1~13 cm，被柔毛，近顶端具节；花萼杯状，密被短绒毛，裂片 5，卵形，长约 6 mm；花黄色，花瓣倒卵形，长约 1 cm；雄蕊柱平滑无毛，心皮 15~20，长 1~1.5 cm，顶端平截，具扩展、被毛的长芒 2，排列成轮状，密被软毛。蒴果半球形，直径约 2 cm，长约 1.2 cm，分果爿 15~20，被粗毛，顶端具长芒 2；种子肾形，褐色，被星状柔毛。花期 7~8 月；果期 9~10 月。

徂徕山各林区均有分布或逸为野生。常见于路旁、荒地和田野间。中国除青藏高原外，其他各省份均产。也分布于越南、印度、日本

图 245　锦葵
1. 植株上部；2. 果爿

图 246　苘麻
1. 果枝；2. 花纵切

以及欧洲、北美洲等地区。

茎皮纤维色白，具光泽，可编织麻袋、搓绳索、编麻鞋等纺织材料。全草也作药用。种子油供制皂、油漆和工业用润滑油。

4. 秋葵属 Abelmoschus Medicus

一、二年生或多年生草本。叶全缘或掌状分裂。花单生于叶腋；小苞片 5~15，线形，很少为披针形；花萼佛焰苞状，一侧开裂，先端具 5 齿，早落；花黄色或红色，漏斗形，花瓣 5；雄蕊柱较花冠为短，基部具花药；子房 5 室，每室具胚珠多枚，花柱 5 裂。蒴果长尖，室背开裂，密被长硬毛；种子肾形或球形，多数，无毛。

约 15 种，分布于东半球热带和亚热带地。中国 6 种，分布于东南至西南地区。徂徕山 1 种。

1. 咖啡黄葵 秋葵（图 247）

Abelmoschus esculentus（Linn.）Moench Meth. 617. 1794.

一年生草本，高 1~2 m；茎圆柱形，疏生散刺。叶掌状 3~7 裂，直径 10~30 cm，裂片阔至狭，边缘具粗齿及凹缺，两面均被疏硬毛；叶柄长 7~15 cm，被长硬毛；托叶线形，长 7~10 mm，被疏硬毛。花单生于叶腋，花梗长 1~2 cm，疏被糙硬毛；小苞片 8~10，线形，长约 1.5 cm，疏被硬毛；花萼钟形，长于小苞片，密被星状短绒毛；花黄色，内面基部紫色，直径 5~7 cm，花瓣倒卵形，长 4~5 cm。蒴果筒状尖塔形，长 10~25 cm，直径 1~5~2 cm，顶端具长喙，疏被糙硬毛；种子球形，多数，直径 4~5 mm，具毛脉纹。花、果期 5~10 月。

农家零星栽培。原产于印度。中国河北、山东、江苏、浙江、湖南、湖北、云南和广东等省份引入栽培。

嫩果可作蔬食用。

图 247　咖啡黄葵
1. 花枝；2. 果实

5. 木槿属 Hibiscus Linn.

草本、灌木或乔木。叶互生，掌状分裂或不分裂，叶脉掌状；有托叶。花两性，5 数，花常单生于叶腋，副萼 5 或多数，分离或于基部合生；花萼钟状，稀为浅杯状或管状，5 齿裂，宿存；花瓣 5，各色，基部与雄蕊柱合生；雄蕊柱顶端平截或 5 齿裂，花药多数，生于柱顶；子房 5 室，每室有胚珠 3 至多数，花柱 5 裂，柱头头状。蒴果室背开裂成 5 果片；种子肾形，有毛或腺状乳突。

约 200 余种，分布于热带和亚热带。中国 25 种（包括引入栽培种）。徂徕山 4 种。

分种检索表

1. 落叶灌木，叶菱形至三角状卵形，3 裂或不裂；蒴果卵圆形····················1. 木槿 Hibiscus syriacus
1. 一年生或多年生草本。

2. 子房和果爿具糙硬毛；叶掌状深裂。

    3. 一年生，茎软弱铺散，具长白毛；叶 3~5 深裂，裂片倒卵形·················2. 野西瓜苗 Hibiscus trionum

    3. 多年生，茎粗壮直立，散生疏刺；叶掌状深裂，裂片披针形·················3. 大麻槿 Hibiscus cannabinus

2. 子房和果爿平滑无毛；叶不分裂，下面密被白色黏毛；花直径 10~14 cm·················4. 芙蓉葵 Hibiscus moscheutos

1. 木槿（图 248）

Hibiscus syriacus Linn.

Sp. Pl. 695. 1753.

落叶灌木，高 3~4 m。小枝密生黄色星状绒毛。叶菱形至三角状卵形，长 3~10 cm，宽 2~4 cm，有深浅不同的 3 裂或不裂，先端钝，基部楔形，边缘有不整齐齿缺，下面沿叶脉微有毛或近无毛；叶柄长 0.5~2.5 cm，上面被星状柔毛；托叶条形，长约 6 mm，疏被柔毛。花单生于枝端叶腋间；花梗长 0.4~1.4 cm，有星状短柔毛；副萼 6~8，条形，长 0.6~1.5 cm，宽 1~2 mm，有密星状柔毛；花萼钟形，长 1.4~2 cm，有密星状柔毛；裂片 5，三角形；花钟形，淡紫色，径 5~6 cm，花瓣倒卵形，长 3.5~4.5 cm，外面有稀疏纤毛和星状长柔毛；雄蕊柱长约 3 cm；花柱枝无毛。蒴果卵圆形，直径约 1.2 cm，密被黄色星状绒毛；种子肾形，背部有黄白色长柔毛。花、果期 6~11 月。

光华寺、磉石峪、大寺等地栽培。国内分布于中部各省份，普遍栽培。世界各地温带和热带地区有栽培。

供绿化及观赏，或作绿篱，对二氧化硫、氯气等的抗性较强，可以在大气污染较重的地区栽种。茎皮富含纤维，作造纸原料。

图 248　木槿
1. 花枝；2. 果枝；3. 星状毛；4. 花纵切面

此外，徂徕山见于栽培的品种尚有：粉紫重瓣木槿 'Amplissimus'，花粉紫色，花瓣内面基部洋红色，重瓣。白花木槿 'Totus-albus'，花白色，单瓣。白花重瓣木槿 'Alboplenus'，花重瓣，白色，径 6~10 cm。

2. 野西瓜苗（图 249）

Hibiscus trionum Linn.

Sp. Pl. 697. 1753.

一年生草本，直立或平卧，高 25~70 cm。茎柔软，被白色星状粗毛。下部的叶圆形，不分裂，上部的叶掌状 3~5 深裂，直径 3~6 cm，中裂片较长，两侧裂片较短，裂片倒卵形至长圆形，通常羽状全裂，上面疏被粗硬毛或无毛，下面疏被星状粗刺毛；叶柄长 2~4 cm，被星状粗硬毛和星状柔毛；托叶线形，长约 7 mm，被星状粗硬毛。花单生于叶腋，花梗长约 2.5 cm，在果期延长达 4 cm，被星状粗硬毛；小苞片 12，线形，长约 8 mm，被粗长硬毛，基部合生；花萼钟形，淡绿色，长 1.5~2 cm，被粗长硬毛或星状粗长硬毛，裂片5，膜质，三角形，具纵向紫色条纹，中部以上合生；花淡黄色，内面基部紫色，直径2~3 cm，花瓣5，倒卵形，长约2 cm，外面疏被极细柔毛；雄蕊柱长约5 mm，花丝纤细，长约3 mm，花药黄色；花柱枝5，无毛。蒴果长圆状球形，直径约1 cm，被粗硬毛，果爿5，果皮薄，黑色；种子肾形，黑色，具腺状突起。花期7~10月。

徂徕山各林区普遍分布。是常见的田间杂草。全国各地均有分布。也分布于非洲、欧洲至亚洲各地。

全草和果实、种子作药用，治烫伤、烧伤、急性关节炎等。

3. 大麻槿 洋麻（图250）
Hibiscus cannabinus Linn.
Syst. ed. 10. 1149. 1759.

一年生或多年生草本，高达3 m，茎直立，无毛，疏被锐利小刺。茎下部的叶心形，不分裂，上部的叶掌状3~7深裂，裂片披针形，长2~11 cm，宽6~20 mm，先端渐尖，基部心形至近圆形，具锯齿，两面均无毛，主脉5~7条，在下面中肋近基部具腺；叶柄长6~20 cm，疏被小刺；托叶丝状，长6~8 mm。花单生于枝端叶腋间，近无柄；小苞片7~10，线形，长6~8 mm，分离，疏被小刺；花萼近钟状，长约3 cm，被刺和白色绒毛，中部以下合生，裂片5，长尾状披针形，长1~2 cm，下面基部具1大脉；花大，黄色，内面基部红色，花瓣长圆状倒卵形，长约6 cm；雄蕊柱长1.5~2 cm，无毛；花柱枝5，无毛。蒴果球形，直径约1.5 cm，密被刺毛，顶端具短喙；种子肾形，近无毛。花期秋季。

大寺、西旺等地有栽培。原产印度，现各热带地区均广泛栽培。中国黑龙江、辽宁、河北、江苏、浙江、广东和云南等省份均有栽培。

茎皮纤维柔软，韧度大，富弹性，是供织麻袋、麻布、渔网和搓绳索等的上好原料。对气候适应幅度大，寒、温、热三带气候均能适应，在有盐碱的土壤和干湿之地均可生长。

4. 芙蓉葵 大花秋葵（图251）
Hibiscus moscheutos Linn.
Sp. Pl. 693. 1753.

图249 野西瓜苗
1. 植株；2. 花萼；3. 果实；4. 雌蕊；5. 花

图250 大麻槿
1. 植株上部；2. 花萼展开；3. 果实

多年生直立草本，高 1~2.5 m；茎被星状短柔毛或近于无毛。叶卵形至卵状披针形，有时具 2 小侧裂片，长 10~18 cm，宽 4~8 cm，基部楔形至近圆形，先端尾状渐尖，边缘具钝圆锯齿，上面近于无毛或被细柔毛，下面被灰白色毡毛；叶柄长 4~10 cm，被短柔毛；托叶丝状，早落。花单生于枝端叶腋间，花梗长 4~8 cm，被极疏星状柔毛，近顶端具节；小苞片 10~12，线形，长约 18 mm，宽约 1.5 mm，密被星状短柔毛，裂片 5，卵状三角形，宽约 1 cm；花大，白色、淡红和红色等，内面基部深红色，直径 10~14 cm，花瓣倒卵形，长约 10 cm，外面疏被柔毛，内面基部边缘具髯毛；雄蕊柱长约 4 cm；花柱枝 5，疏被糙硬毛；子房无毛。蒴果圆锥状卵形，长 2.5~3 cm，果爿 5；种子近圆肾形，端尖，直径 2~3 mm。花期 7~9 月。

徂徕山有栽培，供观赏。原产美国东部。中国各大城市有栽培。

6. 棉属 Gossypium Linn.

一年生或多年生草本，有时成乔木状。叶掌状分裂。花大，单生于枝端叶腋，白色、黄色，有时花瓣基部紫色，凋萎时常变色；小苞片 3~7，叶状，分离或连合，分裂或呈流苏状，具腺点；花萼杯状，近平截或 5 裂；花瓣 5，芽时旋转排列；雄蕊柱有多数具花药的花丝，顶端平截；子房 3~5 室，每室具胚珠 2 至多枚。蒴果圆球形或椭圆形，室背开裂；种子圆球形，密被白色长绵毛，或混生具紧着种皮而不易剥离的短纤毛，或有时无纤毛。

约 20 种，分布于热带和亚热带。中国引入栽培 4 种 2 变种。徂徕山 1 种。

1. 陆地棉（图 252）

Gossypium hirsutum Linn.

Sp. Pl. 2: 975. 1763.

一年生草本，高 0.6~1.5 m，小枝疏被长毛。叶阔卵形，直径 5~12 cm，长、宽近相等，基部心形或心状截头形，常 3 浅裂，很少为 5 裂，中裂片常深裂达叶片之半，裂片宽三角状卵形，先端突渐尖，基部宽，上面近无毛，沿脉被粗毛，下面疏被长柔毛；叶柄长 3~14 cm，疏被柔毛；托叶卵状镰形，长 5~8 mm，早落。花单生于叶腋，花梗通常较叶柄略

图 251 芙蓉葵

图 252 陆地棉
1. 植株上部；2. 果实

短；小苞片3，分离，基部心形，具腺体1个，边缘具7~9齿，连齿长达4 cm，宽约2.5 cm，被长硬毛和纤毛；花萼杯状，裂片5，三角形，具缘毛；花白色或淡黄色，后变淡红色或紫色，长2.5~3 cm；雄蕊柱长1.2 cm。蒴果卵圆形，长3.5~5 cm，具喙，3~4室；种子分离，卵圆形，具白色长绵毛和灰白色不易剥离的短绵毛。花期7~8月；果期10月。

王家院、西旺栽培。原产美洲墨西哥，19世纪末叶始传入中国，已广泛栽培于全国各产棉区。著名的纤维植物。

40. 堇菜科 Violaceae

多年生草本、半灌木或小灌木，稀一年生草本、攀缘灌木或小乔木。单叶，互生，少数对生，全缘、有锯齿或分裂，有叶柄；托叶小或叶状。花两性或单性，少有杂性，辐射对称或两侧对称，单生或组成腋生或顶生的穗状、总状或圆锥状花序，有2枚小苞片，有时有闭花受精花；萼片下位，5枚，同形或异形，覆瓦状，宿存；花瓣下位，5片，覆瓦状或旋转状，异形，下面1片通常较大，基部囊状或有距；雄蕊5，通常下位，花药直立，分离、或围绕子房成环状靠合，药隔延伸于药室顶端成膜质附属物，花丝短或无，下方2枚雄蕊基部有距状蜜腺；子房上位，完全被雄蕊覆盖，1室，由3~5心皮联合构成，具3~5个侧膜胎座，花柱单一，稀分裂，柱头形状多变化，胚珠1至多数，倒生。果实为沿室背弹裂的蒴果或为浆果状；种子无柄或具极短的种柄，种皮坚硬，有光泽，常有油质体，有时具翅，胚乳丰富，肉质，胚直立。

约22属900~1000种，广布世界各洲，温带、亚热带及热带均产。中国3属约100种。徂徕山1属15种。

1. 堇菜属 Viola Linn.

多年生，少为二年生草本，稀半灌木，具根状茎。地上茎发达或缺，有时具匍匐枝。单叶，互生或基生，全缘、具齿或分裂；托叶小或大，呈叶状，离生或不同程度地与叶柄合生。花两性，两侧对称，单生，稀为2花，有两种类型的花，生于春季者有花瓣，生于夏季者无花瓣，名闭花。花梗腋生，有2枚小苞片；萼片5，略同形，基部延伸成明显或不明显的附属物；花瓣5，异形，稀同形，下方（远轴）1瓣通常稍大且基部延伸成距；雄蕊5，花丝极短，花药环生于雌蕊周围，药隔顶端延伸成膜质附属物，下方2枚雄蕊的药隔背方近基部处形成距状蜜腺，伸入于下方花瓣的距中；子房1室，3枚心皮，侧膜胎座，有多数胚珠；花柱棍棒状，基部较细，通常稍膝曲，顶端浑圆、平坦或微凹，有各种附属物，前方具喙或无喙，柱头孔位于喙端或在柱头面上。蒴果球形、长圆形或卵圆状，成熟时3瓣裂；果瓣舟状，有厚而硬的龙骨，当薄的部分干燥而收缩时，则果瓣向外弯曲将种子弹射出。种子倒卵状，种皮坚硬，有光泽，内含丰富的内胚乳。

约550种，广布温带、热带及亚热带；主要分布于北半球的温带。中国96种，南北各省份均有分布。徂徕山15种。

分种检索表

1. 柱头呈球状，腹面无喙；地上茎发达，无缩短的根状茎 ··· 1. 三色堇 Viola tricolor
1. 柱头不呈头状或球状，前方具喙，喙端具柱头孔。
  2. 茎直立，通常 2~4 条丛生；叶片心形或卵形 ·· 2. 鸡腿堇菜 Viola acuminata
  2. 无地上茎，或有时具极短缩的地上茎。
    3. 蒴果球形，果梗弯曲，致使果实接近地面；柱头连前方之喙呈钩状 ··················· 3. 球果堇菜 Viola collina
    3. 蒴果不为球形；柱头前方不延伸成钩状喙。
      4. 花为紫色、淡紫色。
        5. 叶狭窄，狭披针形、卵状披针形、长三角状戟形或长圆状卵形等，长一般为宽的 2 倍以上。
          6. 距较长，长 4~9 mm；下方花瓣连距长 1.3~2.5 cm。
            7. 叶片狭长，宽 0.5~1 cm，距短细，长 4~6 mm ··························· 4. 紫花地丁 Viola philippica
            7. 叶片较宽，宽 0.6~2 cm，距较粗长，长 5~9 mm ··························· 5. 早开堇菜 Viola prionantha
          6. 距粗短，长 2~6 mm，粗 2~3.5 mm，末端圆；叶片狭披针形、长三角状戟形或三角状卵形，长 2~7.5 cm，宽 0.5~3 cm，花期后增大，基部垂片开展；花白色或淡紫色 ··················· 6. 戟叶堇菜 Viola betonicifolia
        5. 叶较宽，三角形、圆形或卵状心形。
          8. 叶三角形、三角状卵形或戟形。
            9. 托叶 1/2~2/3 与叶柄合生，分离部分长 12 mm；萼片基部附属物长 3~5 mm，末端深裂；距长 4~5 mm；蒴果长 12~20 mm ··· 7. 犁头叶堇菜 Viola magnifica
            9. 托叶 3/4 与叶柄合生，分离部分长 3~5 mm；萼片基部附属物长 2~3 mm，末端具缺刻状浅齿；距长 2.5~3 mm；蒴果长 8~10 mm ··· 8. 长萼堇菜 Viola inconspicua
          8. 叶宽卵形、卵状心形或近圆形。
            10. 叶上面沿脉不具白色斑纹或不明显。
              11. 子房及幼果无毛。
                12. 花紫堇色或淡紫色；叶基部微心形或近圆形 ··················· 9. 细距堇菜 Viola tenuicornis
                12. 花淡粉红、粉紫或近白色；叶基部心形 ··················· 10. 北京堇菜 Viola pekinensis
              11. 子房及幼果密被短粗毛，花紫红色；叶片最下方者常呈圆形，其余卵形或卵圆形 ··· 11. 茜堇菜 Viola phalacrocarpa
            10. 叶上面沿脉有明显白色斑纹，下面带紫红色；叶圆形或卵圆形，先端圆钝 ··· 12. 斑叶堇菜 Viola variegata
      4. 花为白色或近白色。
        13. 距短粗，长与粗均约 1.5~3 mm，末端圆；叶片长圆形、狭卵形或长圆状披针形，长 1.5~6 cm，宽 0.6~2 cm ··· 13. 白花地丁 Viola patrinii
        13. 距长 4~7 mm；叶片较宽。
          14. 叶片卵状心形；萼附属物长 1.5 mm，花心黄绿色 ··················· 14. 西山堇菜 Viola hancockii
          14. 叶片长卵或椭圆状心形；萼附属物长 3~4 mm，花心淡黄色 ··················· 15. 蒙古堇菜 Viola mongolica

图 253 三色堇
1. 植株上部；2. 较宽的叶；3 上瓣、侧瓣和下瓣；
4. 萼片；5. 雌蕊

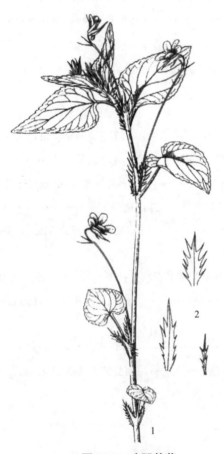

图 254 鸡腿堇菜
1. 植株一部分；2. 不同形状的托叶

1. 三色堇（图 253）

Viola tricolor Linn.

Sp. Pl. 935. 1753.

一、二年生或多年生草本，高 10~40 cm。地上茎较粗，直立或稍倾斜，有棱，单一或多分枝。基生叶长卵形或披针形，具长柄；茎生叶卵形、长圆状圆形或长圆状披针形，先端圆或钝，基部圆，边缘具稀疏的圆齿或钝锯齿，上部叶叶柄较长，下部者较短；托叶大型，叶状，羽状深裂，长 1~4 cm。花大，单生叶腋，直径 3.5~6 cm，每个茎上有 3~10 朵，通常每花有紫、白、黄三色；花梗稍粗，上部具 2 枚对生的卵状三角形小苞片；萼片绿色，长圆状披针形，长 1.2~2.2 cm，宽 3~5 mm，先端尖，边缘狭膜质，基部附属物发达，长 3~6 mm，边缘不整齐；上方花瓣深紫堇色，侧方及下方花瓣均为三色，有紫色条纹，侧方花瓣里面基部密被须毛，下方花瓣距较细，长 5~8 mm；子房无毛，花柱短，基部明显膝曲，柱头膨大，呈球状，前方具较大的柱头孔。蒴果椭圆形，长 8~12 mm。无毛。花期 4~7 月；果期 5~8 月。

徂徕山有栽培。原产欧洲。中国各地公园栽培供观赏。

2. 鸡腿堇菜（图 254）

Viola acuminata Ledebour

Fl. Ross. 1: 252. 1842.

多年生草本，通常无基生叶。地上茎直立，丛生，高 10~40 cm。叶片心形、卵状心形或卵形，长 1.5~5.5 cm，宽 1.5~4.5 cm，先端锐尖至长渐尖，基部心形，边缘具钝锯齿，两面密生褐色腺点，沿叶脉被疏柔毛；叶柄下部者长达 6 cm，上部者较短；托叶叶状，长 1~3.5 cm，羽状分裂。花淡紫色或近白色；花梗通常均超出于叶；萼片线状披针形，长 7~12 mm，宽 1.5~2.5 mm，外面 3 片较长而宽，基部附属物长约 2~3 mm，末端截形或有时具 1~2 齿裂，上面及边缘有短毛，具 3 脉；花瓣有褐色腺点，上方花瓣与侧方花瓣近等长，上瓣向上反曲，侧瓣里面近基部有长须毛，下瓣里面常有紫色脉纹，连距长 0.9~1.6 cm；距直，长 1.5~3.5 mm，呈囊状，末端钝；下方 2

枚雄蕊之距短而钝，长约 1.5 mm；子房圆锥状，无毛，花柱基部微向前膝曲，向上渐增粗，顶部具数列明显的乳头状突起。蒴果椭圆形，长约 1 cm，无毛，通常有黄褐色腺点。花、果期 5~9 月。

产于上池、马场。生于杂木林下、林缘、灌丛、山坡草地或溪谷湿地等处。国内分布于东北地区及内蒙古、河北、山西、陕西、甘肃、山东、江苏、安徽、浙江、河南。日本、朝鲜、俄罗斯东西伯利亚及远东地区也有分布。

全草民间供药用，能清热解毒，排脓消肿；嫩叶作蔬菜。

3. 球果堇菜（图 255）

Viola collina Besser

Cat. Hort. Cremenecr. 151. 1816.

多年生草本，花期高 4~9 cm；果期高可达 20 cm。根状茎粗而肥厚，具结节，长 2~6 cm，黄褐色，垂直或斜生，顶端常具分枝；根多条，淡褐色。叶基生，呈莲座状；叶片宽卵形或近圆形，长 1~3.5 cm，宽 1~3 cm，先端钝、锐尖，稀渐尖，基部弯缺浅或深而狭窄，边缘具浅钝锯齿，两面密生白色短柔毛；果期叶片显著增大，长可达 8 cm，宽约 6 cm，基部心形；叶柄具狭翅，被倒生短柔毛，花期长 2~5 cm；果期长达 19 cm；托叶膜质，披针形，长 1~1.5 cm，先端渐尖，基部与叶柄合生，边缘具稀疏流苏状细齿。花淡紫色，长约 1.4 cm，具长梗，花梗中部或中部以上有 2 枚长约 6 mm 的小苞片；萼片长圆状披针形或披针形，长 5~6 mm，具缘毛和腺体，基部的附属物短而钝；花瓣基部微带白色，上方花瓣及侧方花瓣先端钝圆，侧方花瓣里面有须毛或近无毛；下方花瓣的距白色，较短，长约 3.5 mm，平伸而稍向上方弯曲，末端钝；子房被毛，花柱基部膝曲，向上渐增粗，常疏生乳头状突起，顶部向下方弯曲成钩状喙，喙端具较细的柱头孔。蒴果球形，密被白色柔毛，成熟时果梗通常向下方弯曲，致使果实接近地面。花、果期 5~8 月。

图 255 球果堇菜
1. 植株；2. 雌蕊

徂徕山各山地林区均产。生于林下或林缘、灌丛、草坡、沟谷及路旁较阴湿处。国内分布于东北地区及内蒙古、河北、山西、陕西、宁夏、甘肃、山东、江苏、安徽、浙江、河南、四川。朝鲜、日本及俄罗斯的亚洲部分、欧洲也有分布。

全草民间供药用，能清热解毒，凉血消肿。

4. 紫花地丁（图 256）

Viola philippica Cavanille

Icons & Descr. Pl. Hisp. 6: 19. 1801.

—— *Viola yedoensis* Makino

图 256 紫花地丁
1. 花期植株；2. 花期叶；3~4. 果期叶

多年生草本，无地上茎，高 4~14 cm；果期高达 20 cm。根状茎长 4~13 mm，粗 2~7 mm，节密生。叶基生，莲座状，下部者较小，三角状卵形或狭卵形，上部者较长，长圆形、狭卵状披针形或长圆状卵形，长 1.5~4 cm，宽 0.5~1 cm，先端圆钝，基部截形或楔形，边缘具圆齿，两面无毛或被细短毛；果期叶片增大，长达 10 cm，宽达 4 cm，叶柄长达 10 cm；托叶膜质，长 1.5~2.5 cm，2/3~4/5 与叶柄合生，离生部分线状披针形。花紫堇色或淡紫色，稀白色，喉部色较淡并带有紫色条纹；花梗细弱，与叶片等长或高出于叶片，无毛或有短毛；萼片卵状披针形或披针形，长 5~7 mm，先端渐尖，基部附属物长 1~1.5 mm，末端圆或截形，边缘具膜质白边；花瓣倒卵形或长圆状倒卵形，侧方花瓣长 1~1.2 cm，里面无毛或有须毛，下方花瓣连距长 1.3~2 cm，里面有紫色脉纹；距细管状，长 4~8 mm，末端圆；子房无毛，花柱棍棒状，基部稍膝曲，柱头三角形。蒴果长圆形，长 5~12 mm，无毛；种子卵球形，淡黄色。花、果期 4 月中下旬至 9 月。

徂徕山各林区均产。生于田间、荒地、草丛或灌丛。国内分布于东北地区及内蒙古、河北、山西、陕西、甘肃、山东、江苏、安徽、浙江、江西、福建、台湾、河南、湖北、湖南、广西、四川、贵州、云南。朝鲜、日本、俄罗斯远东地区也有分布。

全草供药用。嫩叶可作野菜。可作早春观赏花卉。

5. 早开堇菜（图 257）

Viola prionantha Bunge

Mém. Acad. Imp. Sci. St.-Pétersbourg Divers Savans 2: 82. 1835.

多年生草本，无地上茎，花期高 3~10 cm；果期高达 20 cm。根状茎短而粗壮。叶片在花期呈长圆状卵形、卵状披针形或狭卵形，长 1~4.5 cm，宽 6~20 mm，幼叶两侧通常向内卷折，边缘密生细圆齿，两面无毛或被细毛；果期叶片显著增大，长可达 10 cm，宽可达 4 cm，三角状卵形，最宽处靠近中部，基部宽心形；叶柄粗壮，花期长 1~5 cm，果期长达 13 cm；托叶 2/3 与叶柄合生，离生部分线状披针形，长 7~13 mm，边缘疏生细齿。花紫堇色或淡紫色，喉部色淡并有紫色条纹，直径 1.2~1.6 cm；花梗超出于叶；萼片披针形或卵状披针形，长 6~8 mm，先端尖，具白色狭膜质边缘，基部附属物长 1~2 mm；上方花瓣倒卵形，长 8~11 mm，向上方反曲，侧方花瓣长圆状倒卵形，长 8~12 mm，里面基部有须毛或近无毛，下方花瓣连距长 14~21 mm，距长 5~9 mm，粗 1.5~2.5 mm，末端钝圆且微向上弯；药隔顶端附属物长约 1.5 mm，花药长 1.5~2 mm，下方 2 枚雄蕊背方的距长约 4.5 mm，末端尖；子房无毛，花柱棍棒状，基部膝曲，上部

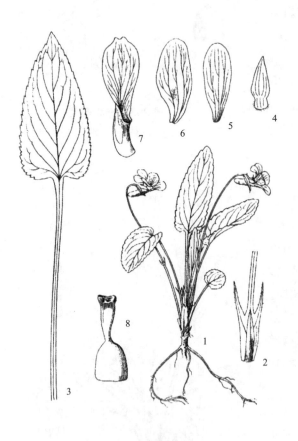

图 257　早开堇菜
1. 花期植株；2. 托叶；3. 果期叶；4. 萼片；
5. 上瓣；6. 侧瓣；7. 下瓣；8. 雌蕊

增粗，柱头顶部平或微凹。蒴果长椭圆形，长 5~12 mm，无毛，顶端钝常具宿存的花柱。种子多数，卵球形，长约 2 mm，直径约 1.5 mm，深褐色常有棕色斑点。花、果期 4 月上中旬至 9 月。

徂徕山各林区普遍分布。生于草地、沟边等向阳处。国内分布于东北地区及内蒙古、河北、山

西、陕西、宁夏、甘肃、山东、江苏、河南、湖北、云南。朝鲜、俄罗斯远东地区也有分布。

全草供药用。花形较大，色艳丽，是一种美丽的早春观赏植物。

6. 戟叶堇菜（图258）

Viola betonicifolia Smith

Rees，Cycl. 37: Viola no. 7.1817.

多年生草本，无地上茎。根状茎长5~10 mm。叶片狭披针形、长三角状戟形或三角状卵形，长2~7.5 cm，宽0.5~3 cm，先端尖，有时稍钝圆，基部截形或略呈浅心形，有时宽楔形，花期后叶增大，基部垂片开展并具明显的牙齿，边缘具疏而浅的波状齿，近基部齿较深，两面无毛或近无毛；叶柄较长，长1.5~13 cm，上半部有狭而明显的翅；托叶约3/4与叶柄合生，离生部分线状披针形或钻形，先端渐尖，边缘全缘或疏生细齿。花白色或淡紫色，有深色条纹，长1.4~1.7 cm；花梗细长，与叶等长或超出于叶，中部附近有2枚线形小苞片；萼片卵状披针形或狭卵形，长5~6 mm，先端渐尖或稍尖，基部附属物较短，长0.5~1 mm，末端圆，有时疏生钝齿，具狭膜质缘，具3脉；上方花瓣倒卵形，长1~1.2 cm，侧方花瓣长圆状倒卵形，长1~1.2 cm，里面基部有毛，下方花瓣通常稍短，连距长1.3~1.5 cm；距管状，稍短而粗，长2~6 mm，粗2~3.5 mm，末端圆，直或稍向上弯；花药及药隔顶部附属物均长约2 mm，下方2枚雄蕊具长1~3 mm的距；子房卵球形，长约2 mm，无毛，花柱棍棒状，基部稍向前膝曲，上部逐渐增粗，柱头两侧及后方略增厚成狭缘边，前方具明显的短喙，喙端具柱头孔。蒴果椭圆形至长圆形，长6~9 mm，无毛。花、果期4~9月。

产于马场。生于路边、山坡草地、灌丛、林缘。国内分布于陕西、甘肃、江苏、安徽、浙江、江西、福建、台湾、河南、湖北、湖南、广东、海南、四川、云南、西藏。喜马拉雅地区、印度、斯里兰卡、澳大利亚、印度尼西亚、日本也有分布。

全草供药用，有清热解毒、消肿散瘀；外敷可治疔疮痈肿。

7. 犁头叶堇菜（图259，彩图26）

Viola magnifica C. J. Wang & X. D. Wang

Acta Bot. Yunnan. 13（3）：263. 1991.

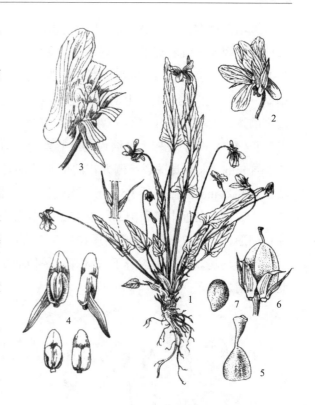

图258 戟叶堇菜

1. 植株；2. 花；3. 花剖开；4. 雄蕊；5. 雌蕊；6. 蒴果；7. 种子

图259 犁头叶堇菜

1. 花期植株；2. 果期植株；3. 托叶；4~5. 花；6. 花瓣；7. 蒴果

多年生草本，高约 28 cm，无地上茎。根状茎粗壮，长 1~2.5 cm，粗可达 0.5 cm，向下发出多条圆柱状支根及纤维状细根。叶均基生，通常 5~7 枚，叶片果期较大，三角形、三角状卵形或长卵形，长 7~15 cm，宽 4~8 cm，基部最宽，先端渐尖，基部宽心形或深心形，两侧垂片大而开展，边缘具粗锯齿，齿端钝而稍内曲，上面深绿色，两面无毛或下面沿脉疏生短毛；叶柄长可达 20 cm，上部有极窄的翅，无毛；托叶大形，1/2~2/3 与叶柄合生，分离部分线形或狭披针形，边缘近全缘或疏生细齿，长约 1.2 cm。花较大，淡粉色或蓝紫色。萼片狭卵形，长 4~7 mm，宽 2~3.2 mm，基部附属物长 3~5 mm，末端具深裂；侧方花瓣里面基部有疏须毛，下方花瓣矩圆形，连距长约 1.9 cm；距管状，长 4~5 mm，直径 3~3.5 mm，末端钝。蒴果椭圆形，长 1.2~2 cm，直径约 5 mm，无毛；果梗长 4~15 cm，在近中部和中部以下有 2 枚小苞片；小苞片线形或线状披针形，长 7~10 mm；宿存萼片狭卵形，长 4~7 mm，基部附属物长 3~5 mm，末端齿裂。花期 3~4 月；果期 7~9 月。

产于马场。生于山坡林下或林缘、谷地的阴湿处。分布于安徽、浙江、重庆、贵州、江西、湖北、河南、山东。

8. 长萼堇菜（图 260）

Viola inconspicua Blume

Bijdr. 58. 1825.

多年生草本，无地上茎。根状茎长 1~2 cm，粗 2~8 mm。叶片三角形、三角状卵形或戟形，长 1.5~7 cm，宽 1~3.5 cm，最宽处在叶的基部，先端渐尖或尖，基部宽心形，两侧垂片发达，通常平展，稍下延于叶柄成狭翅，边缘具圆锯齿，两面无毛，或下面叶脉及近基部叶缘有短毛，上面密生乳头状小白点，在较老叶上则变成暗绿色；叶柄无毛，长 2~7 cm；托叶 3/4 与叶柄合生，分离部分披针形，长 3~5 mm，先端渐尖，边缘疏生流苏状短齿，稀全缘，通常有褐色锈点。花淡紫色，有暗色条纹；花梗细弱，通常与叶片等长或稍高出于叶，中部稍上处有 2 枚线形小苞片；萼片卵状披针形或披针形，长 4~7 mm，顶端渐尖，基部附属物伸长，长 2~3 mm，末端具缺刻状浅齿，具狭膜质缘；花瓣长圆状倒卵形，长 7~9 mm，侧方花瓣里面基部有须毛，下方花瓣连距长 10~12 mm；距管状，长 2.5~3 mm，末端钝；下方雄蕊背部的距角状，长约 2.5 mm，顶端尖，基部宽；子房球形，无毛，花柱

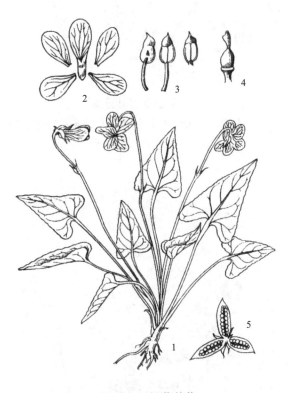

图 260 长萼堇菜
1. 植株；2. 花；3. 雄蕊；4. 雌蕊；5. 蒴果

棍棒状，基部稍膝曲，顶端平。蒴果长圆形，长 8~10 mm，无毛。种子卵球形，长 1~1.5 mm，直径 0.8 mm，深绿色。花、果期 3~11 月。

产于大寺张栏、光华寺等地。生于林缘、山坡草地、田边及溪旁等处。国内分布于陕西、甘肃、江苏、安徽、浙江、江西、福建、台湾、湖北、湖南、广东、海南、广西、四川、贵州、云南。缅甸、菲律宾、马来西亚也有分布。

全草入药，能清热解毒。

9. 细距堇菜（图261）

Viola tenuicornis W. Becker

Beih. Bot. Centralbl., Abt. 2, 34: 248. 1916.

多年生细弱草本，无地上茎，高2~13 cm。根状茎短，细或稍粗，节间缩短，节密生，长2~10 mm，通常垂直，有数条淡黄色细根。叶均基生；叶片卵形或宽卵形，长1~3 cm，宽1~2 cm；果期增大，长可达6 cm，宽约达4.5 cm，先端钝，基部微心形或近圆形，边缘具浅圆齿，两面皆为绿色，无毛或沿叶脉及叶缘有微柔毛；叶柄细弱，长1.5~6 cm，无翅或仅上部具极狭的翅，通常有细短毛或近无毛；托叶外侧者近膜质，内侧者淡绿色，2/3与叶柄合生，离生部分线状披针形或披针形，边缘疏生流苏状短齿。花紫堇色；花梗细弱，稍超出或不超出于叶，被细毛或近无毛，在中部或中部稍下处有2枚线形小苞片；萼片通常绿色或带紫红色，披针形、卵状披针形，长5~8 mm，无毛，先端尖，边缘狭膜质，具3脉，基部附属物短，长1~1.5 mm，末端截形或圆形，稀具浅齿；花瓣倒卵形，上方花瓣长1~1.2 cm，宽约6 mm，侧方花瓣长8~10 mm，宽3~4.5 mm，里面基部稍有须毛或无毛，下方花瓣连距长15~17（20）mm；距圆筒状，较细或稍粗，长5~7（9）mm，粗1.2~3 mm，末端圆而向上弯；花药长约1.5 mm，下方2枚雄蕊背部之距长而细，长约5.5 mm，粗约0.3 mm，末端圆而稍弯曲；子房无毛，花柱棍棒状，基部向前方膝曲，上部明显增粗，柱头两侧及后方增厚成直伸的缘边，中央部分微隆起，前方具稍粗的短喙，喙端具向上开口的柱头孔。蒴果椭圆形，长4~6 mm，无毛。花、果期4月中旬至9月。

产于马场。生于山坡草地较湿润处、林下或林缘。国内分布于黑龙江东部、吉林、辽宁、河北、山西、陕西、甘肃。朝鲜、俄罗斯远东地区有分布。

10. 北京堇菜（图262）

Viola pekinensis（Regel）W. Becker

Beih. Bot. Centralbl., Abt. 2, 34: 251. 1916.

多年生草本，无地上茎，高达6~8 cm。根状茎稍粗壮，短缩，长0.5~1 cm，粗约0.5 cm，绿

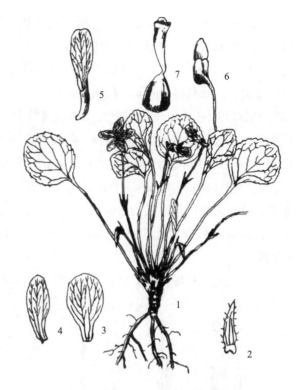

图261 细距堇菜
1. 花期植株；2. 萼片；3. 上瓣；4. 侧瓣；
5. 下瓣；6. 带距的雄蕊；7. 雌蕊

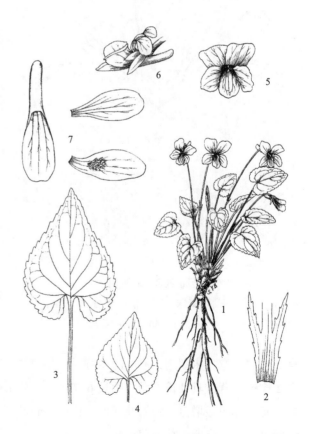

图262 北京堇菜
1. 花期植株；2. 托叶；3. 花期叶；4. 果期叶；
5~6. 花；7. 花瓣

色，无毛。叶基生，莲座状；叶片圆形或卵状心形，长 2~3 cm，宽与长几相等，先端钝圆，基部心形，边缘具钝锯齿，两面无毛或沿叶脉被疏柔毛；叶柄细长，长 1.5~4.5 cm，无毛；托叶外方者较宽，白色，膜质，约 3/4 与叶柄合生，内部者较窄，绿色，约 1/2 与叶柄合生，离生部分狭披针形，先端渐尖，边缘具稀疏的流苏状细齿。花淡紫色，有时近白色；花梗细弱，通常稍高出于叶丛，近中部有 2 枚线形小苞片；萼片披针形或卵状披针形，长 7~9 mm，宽 1.5~2 mm，先端急尖，边缘狭膜质，具 3 脉，基部具明显伸长的附属物，附属物长 2~3 cm，末端浅裂；花瓣宽倒卵形，上瓣长约 1.1 cm，宽约 7 mm，侧瓣长约 1.1 cm，宽约 6 mm，里面近基部有明显须毛，下瓣连距长 1.5~1.8 cm；距圆筒状，稍粗壮，长 6~9 mm，直伸，末端钝圆；花药长约 2 mm，药隔顶端附属物与花药近等长，下方雄蕊背部之距线形，长约 5 mm；子房无毛，花柱棍棒状，基部通常直且较细，向上渐增粗，顶部平坦，两侧及后方具明显缘边，前方具短喙，喙端具较宽的柱头孔。蒴果无毛。花期 4~5 月；果期 5~7 月。

产于上池、马场。生于林下或林缘草地。分布于河北、陕西。

11. 茜堇菜（图 263）

Viola phalacrocarpa Maxim.

Mélanges Biol. Bull. Phys.-Math. Acad. Imp. Sci. Saint-Pétersbourg 9: 726. 1876.

多年生草本，无地上茎，花期较低矮；果期显著增高。根状茎短被白色鳞片，长 3~10 mm，生 2 至数条根；根不分枝，黄褐色，长达 18 cm；叶基生，叶片最下方者常呈圆形，其余卵形或卵圆形，长 1.5~4.5 cm，宽 1.2~2.5 cm；果期长 6~7 cm，宽 5.5~6 cm，先端钝或稍尖，边缘具低而平的圆齿，基部心形，花期幼叶上两面散生或密被白色短毛；叶柄细长，长 4~13 cm，上部具翅，幼时密被短毛；托叶 1/2 以上与叶柄合生，离生部分披针形或狭披针形。花紫红色，有深紫色条纹；花梗细弱，通常超出于叶或与叶近等长，中部以上有 2 枚线形小苞片；萼片披针形或卵状披针形，连附属物长 6~7 mm，先端尖，基部附属物长 1~2 mm，末端钝圆或截形；上方花瓣倒卵形，长 11~13 mm，宽 6~7 mm，先端常具波状凹缺，侧方花瓣长圆状倒卵形，长 11~13 mm，宽 5~6 mm，里面基部有明显长须毛，下方花瓣连距长 1.7~2.2 mm，先端具微凹；距细管状，长 6~9 mm，粗 1~1.8 mm，

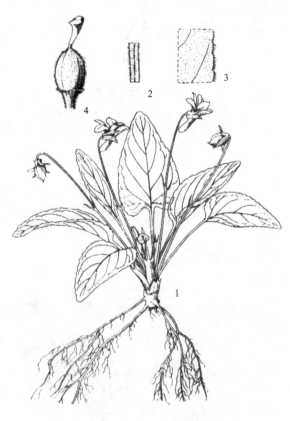

图 263 茜堇菜
1. 植株；2. 叶柄一部分；
3. 叶的一部分；4. 雌蕊

直或稍向上弯，末端圆，有时疏生细毛；雄蕊 5，药隔顶端附属物长约 1.5 mm，花药长约 2 mm，下方 2 枚雄蕊背方具细长之距，距长 6~7 mm，粗 0.3~0.4 mm；子房密被短柔毛，花柱棍棒状，基部膝曲，向上部明显增粗。蒴果椭圆形，长 6~8 mm，幼果密被短粗毛，成熟时毛渐变稀疏。种子卵球形，红棕色。花、果期 4 月下旬至 9 月。

产于卧尧、光华寺。生于向阳山坡草地、灌丛及林缘等处。国内分布于东北地区及内蒙古、河北、山西、陕西、宁夏、甘肃、山东、河南、湖北、湖南、四川。朝鲜、日本及俄罗斯远东地区有分布。

12. 斑叶堇菜（图 264）

Viola variegata Fischer ex Link

Enum. Hort. Berol. Alt. 1:240. 1821.

多年生草本，无地上茎，高 3~12 cm。根状茎较短而细，长 4~15 mm。叶片圆形或卵圆形，长 1.2~5 cm，宽 1~4.5 cm，先端圆钝，基部心形，边缘具圆钝齿，上面暗绿色或绿色，沿叶脉有明显的白色斑纹，下面稍带紫红色，两面通常密被短粗毛，有时近无毛；叶柄长短不一；托叶 2/3 与叶柄合生，离生部分披针形，边缘疏生流苏状腺齿。花红紫或暗紫色，长 1.2~2.2 cm；花梗超出于叶或较短；萼片常带紫色，长圆状披针形或卵状披针形，长 5~6 mm，先端尖，具狭膜质边缘并被缘毛，具 3 脉，基部附属物较短，长 1~1.5 mm，末端截形或疏生浅齿，上面被粗短毛或无毛；花瓣倒卵形，长 7~14 mm，侧方花瓣里面基部有须毛，下方花瓣基部白色并有堇色条纹，连距长 1.2~2.2 cm；距筒状，长 3~8 mm，末端钝；花药及药隔顶端附属物均各长约 2 mm；子房通常有粗短毛，或近无毛，花柱棍棒状，基部稍膝曲。蒴果椭圆形，长约 7 mm，幼果被短粗毛，后近无毛。种子淡褐色，长约 1.5 mm，附属物短。花期 4 月下旬至 8 月；果期 6~9 月。

产于大寺张栏、庙子羊栏沟。生于山坡林下、灌丛或阴处岩石缝隙中。国内分布于东北地区及内蒙古、河北、山西、陕西、甘肃、安徽。朝鲜、日本、俄罗斯远东地区也有分布。

图 264　斑叶堇菜

13. 白花地丁（图 265）

Viola patrinii Gingins

Prodr. 1:293. 1824.

多年生草本，无地上茎，高 7~20 cm。根状茎粗短，长 4~10 mm。叶片较薄，长圆形、椭圆形、狭卵形或长圆状披针形，长 1.5~6 cm，宽 0.6~2 cm，先端圆钝，基部截形、微心形或宽楔形，下延于叶柄，边缘两侧近平行，疏生波状浅圆齿或有时近全缘，两面无毛或沿叶脉有细短毛；叶柄细长，通常比叶片长 2~3 倍，长 2~12 cm；托叶绿色，约 2/3 与叶柄合生，离生部分线状披针形。花白色，带淡紫色脉纹；花梗通常高出叶，或与叶近等长；萼片卵状披针形或披针形，先端稍尖或微钝，基部具长约 1 mm 的附属物；上方花瓣倒卵形，长约 12 mm，基部变狭，侧方花瓣长圆状倒卵形，长约 12 mm，里面有细须毛，下方花瓣

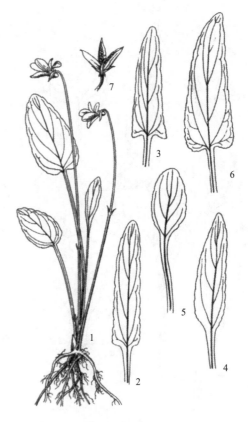

图 265　白花地丁

1. 花期植株；2~5. 不同形状的叶；
6. 果期的叶；7. 蒴果

连距长约 13 mm；距短而粗，浅囊状，长与粗均约 3 mm 或稍短，末端圆；花药长约 2 mm，药隔顶部附属物长约 1.5 mm，下方 2 枚雄蕊背部的距短而粗，长约 2 mm，粗约 0.6 mm；子房无毛，花柱细，棍棒状，基部稍膝曲，上部略增粗，柱头顶部平坦呈三角形。蒴果长约 1 cm，无毛。种子卵球形，黄褐色至暗褐色。花、果期 5~9 月。

产于黄石崖花叶沟、光华寺、大寺张栏等地。生于灌丛及林缘较阴湿地带。国内分布于东北地区及内蒙古、河北。朝鲜、日本、俄罗斯远东地区也有分布。

全草供药用，能清热解毒，消肿去瘀，外敷能治节疮痈肿。

14. 西山堇菜（图 266）

Viola hancockii W. Becker

Bull. Misc. Inform. Kew 1928:249. 1928.

多年生草本，无地上茎，高 10~15 cm。根状茎粗壮，长 1.5~2 cm，粗 4~6 mm，节密生。根粗而长，深褐色，常有分枝，长者可达 13 cm，生多数分枝的须根。叶多数，基生；叶片卵状心形，长 2~6 cm，宽 2~4 cm，先端急尖，有时钝，基部深心形，弯缺狭或稍开展，边缘具整齐钝锯齿，上面散生短柔毛，下面基部疏生短柔毛或近无毛，叶脉明显隆起；叶柄狭细，无翅，与叶片等长或稍长，疏生柔毛或无毛；托叶外部者膜质，白色，长 1~1.3 cm，宽约 4 mm，内部者 3/4 与叶柄合生，离生部分宽披针形或披针形，边缘疏生短齿。花近白色，大形，长达 2 cm；花梗通常不高出于叶，或有时稍高于叶，中部有 2 枚小苞片，小苞片线形，长 8~10 mm，先端渐尖，边缘疏生细齿；萼片披针形或宽披针形，长 7~8 mm，宽约 3 mm，先端尖，基部附属物短，长约 1.5 mm，末端平截，疏生钝齿；花瓣长圆状倒卵形，上方花瓣长约 1.2 cm，宽约 0.8 cm，侧方花瓣长约 1.2 cm，宽约 1 cm，里面近基部有须毛，下方花瓣连距长 1.8~2 cm，距筒状，长 6~8 mm，末端圆，通常向上方弯曲；下方雄蕊的距细，角状，长 4~5 mm；子房近球形，无毛，花柱基部微膝曲，柱头顶部平坦，周围有稍厚的缘边，前方具短喙，喙端的柱头孔细。果实长圆状，长 0.7~1 cm，无毛。花期 4~5 月。

产于上池、马场。生于阴坡阔叶林林下、林缘、山村附近水沟边。分布于河北、山东。

15. 蒙古堇菜（图 267）

Viola mongolica Franch.

Pl. David. 1: 42. 1884.

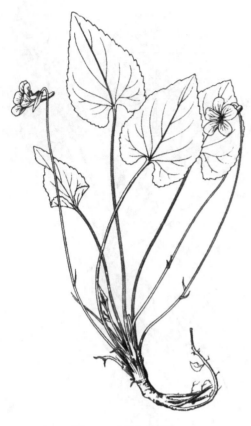

图 266　西山堇菜

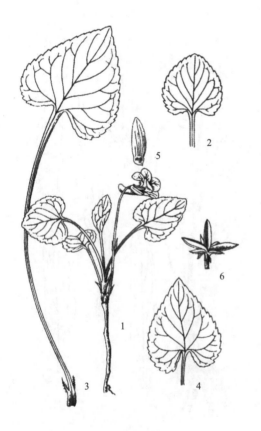

图 267　蒙古堇菜
1. 花期植株；2. 花期叶；3~4. 果期叶；
5. 萼片；6. 蒴果

多年生草本，无地上茎，高 5~9 cm；果期高可达 17 cm，花期通常宿存去年残叶。根状茎稍粗壮，垂直或斜生，长 1~4 cm 或更长，生多条白色细根。叶数枚，基生；叶片卵状心形、心形或椭圆状心形，长 1.5~3 cm，宽 1~2 cm；果期叶片较大，长 2.5~6 cm，宽 2~5 cm，先端钝或急尖，基部浅心形或心形，边缘具钝锯齿，两面疏生短柔毛，下面有时几无毛；叶柄具狭翅，长 2~7 cm，无毛；托叶 1/2 与叶柄合生，离生部分狭披针形，边缘疏生细齿。花白色；花梗细，通常高出于叶，无毛，近中部有 2 枚线形小苞片；萼片椭圆状披针形或狭长圆形，先端钝或尖，基部附属物长 2~2.5 mm，末端浅齿裂，具缘毛；侧方花瓣里面近基部稍有须毛，下方花瓣连距长 1.5~2 cm，中下部有时具紫色条纹，距管状，长 6~7 mm，稍向上弯，末端钝圆；子房无毛，花柱基部稍向前膝曲，向上渐增粗，柱头两侧及后方具较宽的缘边，前方具短喙，喙端具微上向的柱头孔。蒴果卵形，长 6~8 mm，无毛。花、果期 5~8 月。

徂徕山各林区均产。生于林下及林缘。国内分布于东北地区及内蒙古、河北、甘肃。

41. 柽柳科 Tamaricaceae

灌木、亚灌木或小乔木，稀草本，生叶的枝多纤细。单叶，互生，鳞片状或短针形，无叶柄，无托叶。花两性，整齐，单生或集成穗状、总状花序或再集为顶生圆锥状总状花序；花萼 4~5，深裂，宿存；花瓣 4~5，覆瓦状排列；雄蕊与花瓣同数而互生，或为其 2 倍，稀多数，离生或在下部合生，有花盘，下位或周位，具 5~10 腺体；子房上位；1 室，具 2~5 个侧膜胎座，含 2 至多数倒生胚珠，花柱常 3，稀 5，离生或合生。蒴果，成熟时纵裂；种子直立，先端具毛或翅。

约 3 属 110 种，分布于亚洲、北非温带及亚热带地区。中国 3 属 32 种，主要分布于西部、北部及中部各省份。徂徕山 1 属 1 种。

1. 柽柳属 Tamarix Linn.

灌木或小乔木，小枝细弱。叶小，鳞片状，冬季与无芽的细弱小枝一起脱落。花小形，有短梗或无，成顶生或侧生的穗状、总状或密圆锥状花序；萼片及花瓣均为 4~5 片，花冠直立或开张；雄蕊 4~5，稀 8~12，离生或基部稍连合；基部花盘明显，边缘 5~10 深裂；子房上位，1 室，着生于花盘内，胚珠多数，花柱 2~5，柱头短，头状。蒴果 3~5 瓣裂；种子多数，顶端有无柄的簇生毛，无胚乳。

约 90 种。主要分布于亚洲大陆和北非，部分地分布于欧洲的干旱和半干旱区域，沿盐碱化河岸滩地到森林地带。中国约 18 种，主要分布于西北、华北地区及内蒙古。徂徕山 1 种。

1. 柽柳（图 268）

Tamarix chinensis Lour.

Fl. Cochinch. 1: 152. Pl. 24. 1790.

—— *Tamarix juniperina* Bunge

乔木或灌木，高 3~6（8）m；老枝暗褐红色，

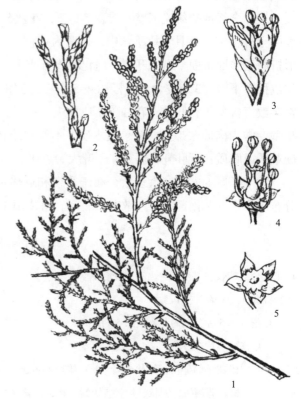

图 268　柽柳
1. 花枝；2. 小枝一段放大；3. 花；
4. 去掉花瓣的花；5. 花萼和花盘

光亮，幼枝稠密细弱，常开展而下垂。叶鲜绿色，从去年生木质化生长枝上生出的绿色营养枝上的叶长圆状披针形或长卵形，长 1.5~1.8 mm，稍开展，先端尖，基部背面有龙骨状隆起，常呈薄膜质；上部绿色营养枝上的叶钻形或卵状披针形，半贴生，先端渐尖而内弯，基部变窄，长 1~3 mm，背面有龙骨状突起。每年开花二三次。春季开花：总状花序侧生在去年生木质化的小枝上，长 3~6 cm，宽 5~7 mm，花大而少，有短总花梗或近无梗，苞片线状长圆形；花梗纤细，较萼短；萼片 5，狭长卵形，具短尖头，外面 2 片背面具隆脊，较花瓣略短；花瓣 5，粉红色，卵状椭圆形或椭圆状倒卵形，长约 2 mm，在果期宿存；花盘 5 裂，裂片先端圆或微凹，紫红色，肉质；雄蕊 5，着生在花盘裂片间；子房圆锥状瓶形，花柱 3，棍棒状，长约为子房的 1/2。蒴果圆锥形。夏、秋季开花：总状花序长 3~5 cm，较春生者细，生于当年生幼枝顶端组成顶生大圆锥花序，疏松而下弯；花 5 出，较春季者略小，密生；苞片较春季花的狭细，线形至线状锥形或狭三角形；花盘 5 裂或每裂片再 2 裂成 10 裂片状；雄蕊长等于花瓣或为其 2 倍，花药钝；花柱棍棒状，其长等于子房的 2/5~3/4。花期 4~9 月。

王庄、东大泉有栽培。国内分布于辽宁、河北、河南、山东、江苏、安徽等省份。

枝叶纤细悬垂，婀娜可爱，多栽于庭院作观赏用。细枝柔韧耐磨，可用来编筐用。枝叶药用为解表发汗药，有去除麻疹之效。

42. 葫芦科 Cucurbitaceae

一年生或多年生草质或木质藤本，稀灌木或乔木状；一年生植物的根为须根，多年生植物常为球状或圆柱状块根；具卷须，侧生叶柄基部，极稀无卷须。叶互生，无托叶；单叶，稀为鸟足状复叶，具锯齿或稀全缘，掌状脉。花单性，雌雄同株或异株，罕两性，单生、簇生或集成总状花序、圆锥花序或近伞形花序。雄花花萼辐状、钟状或管状，5 裂；花冠基部合生成筒状或钟状，或完全分离，5 裂，裂片全缘或边缘流苏状；雄蕊 5 或 3，花丝分离或合生成柱状，花药分离或靠合，药室在 5 枚雄蕊中全部 1 室，在具 3 枚雄蕊中，通常为 1 枚 1 室、2 枚 2 室，或稀全部 2 室，药室通直、弓曲或 S 形折曲至多回折曲，纵向开裂；退化雌蕊有或无。雌花花萼与花冠同雄花，退化雄蕊有或无；子房下位或稀半下位，3 心皮合生，极稀 4~5 心皮，3 室或 1（2）室，有时为假 4~5 室，侧膜胎座，胚珠通常多数，极稀 1 枚胚珠；花柱单 1 或顶端 3 裂，稀完全分离，柱头膨大，2 裂或流苏状。果实大型至小型，常为肉质浆果状，或果皮木质，不开裂或在成熟后盖裂或 3 瓣纵裂。种子扁压状，种皮骨质、硬革质或膜质；无胚乳；胚直，子叶大、扁平，常含丰富的油脂。

约 123 属 800 种，大多数分布于热带和亚热带，少数种类散布到温带。中国 35 属 151 种，主要分布于西南部和南部，少数散布到北部。徂徕山 11 属 13 种 4 变种。

分属检索表

1. 花丝分离或仅在基部联合，有时花药靠合。
  2. 雄蕊 3，极稀 2 或 1。
    3. 花冠具 5 片分离的花瓣或深 5 裂。
      4. 花冠裂片全缘。
        5. 雄花萼筒伸长，筒状或漏斗状；雄蕊不伸出；花白色····················1. 葫芦属 Lagenaria
        5. 雄花萼筒短，钟状、杯状或短漏斗状；雄蕊常伸出。
          6. 花梗上无苞片。
            7. 雄花组成总状花序····················2. 丝瓜属 Luffa

7. 雄花单生或簇生。
　　　　　8. 花萼裂片钻形，全缘，不反折。
　　　　　　　9. 药隔不伸出；卷须 2~3 歧；叶羽状深裂···3. 西瓜属 Citrullus
　　　　　　　9. 药隔伸出；卷须不分歧；叶 3~7 浅裂··4. 黄瓜属 Cucumis
　　　　　8. 花萼裂片叶状，有锯齿，反折··5. 冬瓜属 Benincasa
　　　6. 花梗上有盾状苞片；果实表面常有明显瘤状突起···6. 苦瓜属 Momordica
　　4. 花冠裂片流苏状···7. 栝楼属 Trichosanthes
　　3. 花冠钟状，5 裂片仅达花冠中部或中部之上··8. 南瓜属 Cucurbita
2. 雄蕊 5。
　　10. 果实由近中部或顶端环状盖裂，胚珠和种子下垂生···9. 盒子草属 Actinostemma
　　10. 果实不开裂，胚珠和种子水平生···10. 赤瓟属 Thladiantha
1. 花丝多少贴合成柱状，子房 1 室，1 枚胚珠；种子 1 粒，长达 10 cm·································11. 佛手瓜属 Sechium

1. 葫芦属 Lagenaria Ser.

攀缘草本；植株被黏毛。叶柄顶端具一对腺体；叶片卵状心形或肾状圆形。卷须二歧。雌雄同株，花大，单生，白色。雄花花梗长；花萼筒狭钟状或漏斗状，裂片 5，小；花冠裂片 5，长圆状倒卵形，微凹；雄蕊 3，花丝离生；花药内藏，稍靠合，长圆形，1 枚 1 室，2 枚 2 室，药室折曲，药隔不伸出；退化雌蕊腺体状。雌花花梗短；花萼筒杯状，花萼和花冠同雄花；子房卵状或圆筒状或中间缢缩，3 胎座，花柱短，柱头 3，2 浅裂；胚珠多数，水平着生。果实形状变化大，不开裂，嫩时肉质，成熟后果皮木质，中空。种子多数，倒卵圆形，扁，边缘多少拱起，顶端截形。

6 种，主要分布于非洲热带地区。中国栽培 1 种。徂徕山 1 种 3 变种。

1. 葫芦（图 269）

Lagenaria siceraria（Molina）Standl.

Publ. Field Mus. Nat. Hist. Chicago Bot. Ser. 3: 435. 1930.

一年生攀缘草本。茎、枝具沟纹，被黏质长柔毛，老后渐脱落，变近无毛。叶柄纤细，长 16~20 cm，有黏质长柔毛，顶端有 2 腺体；叶片卵状心形或肾状卵形，长、宽均 10~35 cm，不分裂或 3~5 裂，具 5~7 掌状脉，先端锐尖，边缘有不规则的齿，基部心形，弯缺开张，半圆形或近圆形，深 1~3 cm，宽 2~6 cm，两面均被微柔毛，叶背及脉上较密。卷须纤细，初时有微柔毛，后渐脱落，上部分二歧。雌雄同株，雌、雄花均单生。雄花花梗细，比叶柄稍长，花梗、花萼、花冠均被微柔毛；花萼筒漏斗状，长约 2 cm，裂片披针形，长 5 mm；花冠黄色，裂片皱波状，长 3~4 cm，宽 2~3 cm，先端微缺而顶端有小尖头，5 脉；雄蕊 3，花丝长 3~4 mm，花药长 8~10 mm，

图 269　葫芦
1. 雌花枝；2. 雄花；3. 柱头；4. 雄蕊；5. 果实

长圆形，药室折曲。雌花花梗比叶柄稍短或近等长；花萼和花冠似雄花，花萼筒长 2~3 mm；子房中间缢细，密生黏质长柔毛，花柱粗短，柱头 3，膨大，2 裂。果实初为绿色，后变白色至带黄色，哑铃状，中间缢细，下部和上部膨大，或扁球形或棒状等，成熟后果皮变木质。种子白色，倒卵形或三角形，顶端截形或 2 齿裂，稀圆，长约 20 mm。花期 6~8 月；果期 8~10 月。

徂徕山各林区均有栽培。中国各地栽培。亦广泛栽培于世界热带到温带地区。

徂徕山见于栽培的类型有：瓠瓜（var. *depressa*），瓠果扁球形，直径约 30 cm。果实可制作水瓢和容器。小葫芦（var. *microcarpa*），植株结实较多，果实形状虽似葫芦，但较小，长仅约 10 cm。果实药用，成熟后外壳木质化，可作儿童玩具。种子油可制肥皂。瓠子（var. *hispida*），子房圆柱状；果实粗细匀称而呈圆柱状，直或稍弓曲，长可达 60~80 cm，绿白色，果肉白色。果实嫩时柔软多汁，可作蔬菜。

2. 丝瓜属 Luffa Mill.

一年生攀缘草本，无毛或被短柔毛、卷须稍粗糙，二歧或多歧。叶柄顶端无腺体，叶片通常 5~7 裂。花黄色或白色，雌雄异株。雄花生于伸长的总状花序上；花萼筒倒锥形，裂片 5，三角形或披针形；花冠裂片 5，离生，开展，全缘或啮蚀状；雄蕊 3 或 5，离生，若为 3 枚时，1 枚 1 室，2 枚 2 室，5 枚时，全部为 1 室，药室线形，多回折曲，药隔通常膨大；退化雌蕊缺或稀为腺体状。雌花单生，具长或短的花梗；花被与雄花同；退化雄蕊 3，稀 4~5；子房圆柱形，柱头 3，3 胎座，胚珠多数，水平着生。果实长圆形或圆柱状，未成熟时肉质，熟后变干燥，里面呈网状纤维，熟时由顶端盖裂。种子多数，长圆形，扁压。

约 6 种，分布于东半球热带和亚热带地区。中国栽培 2 种。徂徕山 1 种。

1. 丝瓜（图 270）

Luffa aegyptiaca Miller

Gard. Dict. ed. 8. Luffa no. 1. 1768.

—— *Luffa cylindrica*（Linn.）Roem.

一年生攀缘藤本。茎、枝粗糙，有棱沟，被微柔毛。卷须稍粗壮，被短柔毛，通常 2~4 分歧。叶柄粗糙，长 10~12 cm，具不明显的沟，近无毛；叶片三角形或近圆形，长、宽约 10~20 cm，掌状 5~7 裂，裂片三角形，中间的较长，长 8~12 cm，顶端急尖或渐尖，边缘有锯齿，基部深心形，弯缺深 2~3 cm，宽 2~2.5 cm，上面深绿色，粗糙，有疣点，下面浅绿色，有短柔毛，脉掌状，具白色的短柔毛。雌雄同株。雄花通常 15~20 花，生于总状花序上部，花序梗稍粗壮，长 12~14 cm，被柔毛；花梗长 1~2 cm，花萼筒宽钟形，径 5~9 mm，被短柔毛，裂片卵状披针形或近三角形，上端向外反折，长约 8~13 mm，宽 4~7 mm，里面密被短柔毛，边缘尤为明显，外面毛被较少，先端渐尖，具 3 脉；花冠黄色，辐状，开展时直径 5~9 cm，

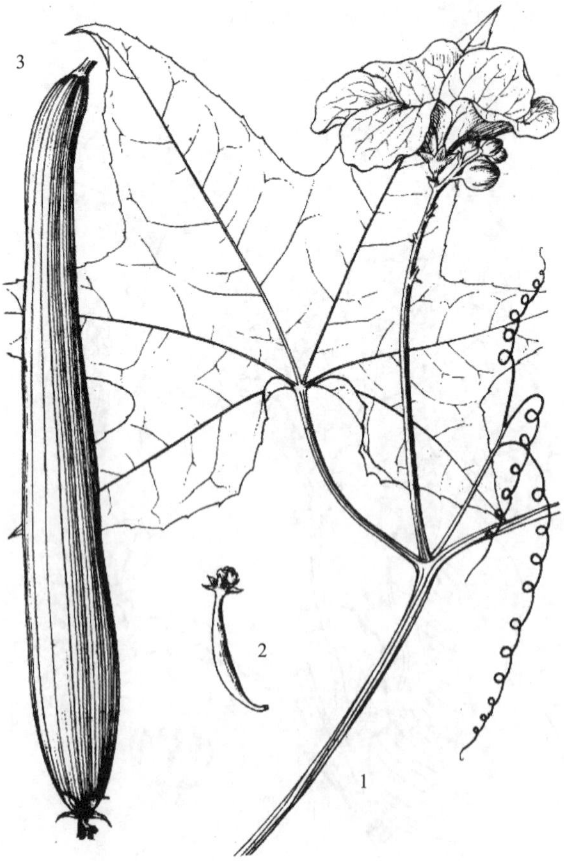

图 270 丝瓜

1.花枝；2.雌花；3.果实

裂片长圆形，长 2~4 cm，宽 2~2.8 cm，里面基部密被黄白色长柔毛，外面具 3~5 条凸起的脉，脉上密被短柔毛，顶端钝圆，基部狭窄；雄蕊通常 5，稀 3，花丝长 6~8 mm，基部有白色短柔毛，花初开放时稍靠合，最后完全分离，药室多回折曲。雌花单生，花梗长 2~10 cm；子房长圆柱状，有柔毛，柱头 3，膨大。果实圆柱状，直或稍弯，长 15~30 cm，直径 5~8 cm，表面平滑，通常有深色纵条纹，未熟时肉质，成熟后干燥，里面呈网状纤维，由顶端盖裂。种子多数，黑色，卵形，扁，平滑，边缘狭翼状。花、果期 6~11 月。

徂徕山各林区均有栽培。中国南北各省份普遍栽培。也广泛栽培于世界温带、热带地区。

果为夏季蔬菜，成熟时里面的网状纤维称丝瓜络，可代替海绵用作洗刷灶具及家具；还可供药用，有清凉、利尿、活血、通经、解毒之效。

3. 西瓜属 Citrullus Schrad.

一年生或多年生蔓生草本。茎、枝稍粗壮，粗糙。卷须 2~3 歧，稀不分歧，极稀变为刺状。叶片圆形或卵形，3~5 深裂，裂片又羽状或 2 回羽状浅裂或深裂。雌雄同株。雌、雄花单生或稀簇生，黄色。雄花花萼筒宽钟形，裂片 5；花冠辐状或宽钟状，深 5 裂，裂片长圆状卵形，钝；雄蕊 3，生在花被筒基部，花丝短，离生，花药稍靠合，1 枚 1 室，其余的 2 室，药室线形，折曲，药隔膨大，不伸出；退化雌蕊腺体状。雌花花萼和花冠与雄花同；退化雄蕊 3，刺毛状或舌状；子房卵球形，3 胎座，胚珠多数，水平着生，花柱短，柱头 3，肾形，2 浅裂。果实大，球形至椭圆形，果皮平滑，肉质，不开裂。种子多数，长圆形或卵形，压扁，平滑。

4 种，分布于地中海东部、非洲热带、亚洲西部。中国栽培 1 种。徂徕山 1 种。

1. 西瓜（图 271）

Citrullus lanatus（Thunb.）Matsum. & Nakai Index Seminum（TI）1916: 30. 1916.

一年生蔓生草本。茎、枝粗壮，具明显的棱沟，被长而密的白色或淡黄褐色长柔毛。卷须较粗壮，具短柔毛，二歧，叶柄粗，长 3~12 cm，粗 0.2~0.4 cm，具不明显的沟纹，密被柔毛；叶片纸质，轮廓三角状卵形，带白绿色，长 8~20 cm，宽 5~15 cm，两面具短硬毛，脉上和背面较多，3 深裂，中裂片较长，倒卵形、长圆状披针形或披针形，顶端急尖或渐尖，裂片又羽状或 2 回羽状浅裂或深裂，边缘波状或有疏齿，末裂片通常有少数浅锯齿，先端钝圆，叶片基部心形，有时形成半圆形的弯缺，弯缺宽 1~2 cm，深 0.5~0.8 cm。雌雄同株。雌、雄花均单生于叶腋。雄花花梗长 3~4 cm，密被黄褐色长柔毛；花萼筒宽钟形，密被长柔毛，花萼裂片狭披针形，与花萼筒近等长，长 2~3 mm；花冠淡黄色，径 2.5~3 cm，外面带绿色，被长柔毛，裂片卵状长圆形，长 1~1.5 cm，宽 0.5~0.8 cm，顶端钝或稍尖，脉黄褐色，被毛；雄蕊 3，近离生，1 枚 1

图 271 西瓜
1. 花枝；2. 雄花；3. 雄蕊；4. 柱头；5. 果实

室，2枚2室，花丝短，药室折曲。雌花花萼和花冠与雄花同；子房卵形，长0.5~0.8 cm，宽0.4 cm，密被长柔毛，花柱长4~5 mm，柱头3，肾形。果实大型，近球形或椭圆形，肉质，多汁，果皮光滑，色泽及纹饰各式。种子多数，卵形，黑色、红色、白色、黄色、淡绿色或有斑纹，两面平滑，基部钝圆，长1~1.5 cm，宽0.5~0.8 cm，厚1~2 mm。花、果期夏季。

徂徕山各林区均有栽培。中国各地栽培，品种甚多。广泛栽培于世界热带到温带。金、元时始传入中国。

果实为夏季之水果，果肉味甜，能降温去暑；种子含油，可作消遣食品；果皮药用，有清热、利尿、降血压之效。

4. 黄瓜属 Cucumis Linn.

一年生攀缘或蔓生草本；茎、枝有棱沟，密被白色或稍黄色的糙硬毛。卷须纤细，不分歧。叶片近圆形、肾形或心状卵形，不分裂或3~7浅裂，具锯齿，两面粗糙，被短刚毛。雌雄同株，稀异株。雄花簇生或稀单生；花萼筒钟状或近陀螺状，5裂，裂片近钻形；花冠辐状或近钟状，黄色，5裂，裂片长圆形或卵形；雄蕊3，离生，着生在花被筒上，花丝短，花药长圆形，1枚1室，2枚2室，药室线形，折曲或稀弓曲，药隔伸出，成乳头状；退化雌蕊腺体状。雌花单生或稀簇生；花萼和花冠与雄花相同；退化雄蕊缺如；子房纺锤形或近圆筒形，具3~5胎座，花柱短，柱头3~5，靠合；胚珠多数，水平着生。果实多形，肉质或质硬，通常不开裂，平滑或具瘤状突起。种子多数，扁压，光滑，无毛，种子边缘不拱起。

约32种，分布于世界热带到温带地区，以非洲种类较多。中国4种。徂徕山3种1变种。

分种检索表

1. 果皮平滑，无瘤状突起。
　2. 花单性，雄花常数朵簇生于叶腋；果实大型 ·· 1. 甜瓜 Cucumis melo
　2. 花两性，单生或双生于叶腋；果实小，长3~3.5 cm ····························· 2. 小马泡 Cucumis bisexualis
1. 果皮粗糙，常具刺尖的瘤状突起；长圆形或圆柱形，长超过5 cm ·············· 3. 黄瓜 Cucumis sativus

1. 甜瓜（图272）

Cucumis melo Linn.

Sp. Pl. 1011. 1753.

一年生匍匐或攀缘草本；茎、枝有棱，有黄褐色或白色的糙硬毛和疣状突起。卷须纤细，单一，被微柔毛。叶柄长8~12 cm，具槽沟及短刚毛；叶片厚纸质，近圆形或肾形，长、宽均8~15 cm，上面粗糙，被白色糙硬毛，背面沿脉密被糙硬毛，边缘不分裂或3~7浅裂，裂片先端圆钝，有锯齿，基部截形或具半圆形的弯缺，具掌状脉。花单性，雌雄同株。雄花数朵簇生于叶腋；花梗纤细，长0.5~2 cm，被柔毛；花萼筒狭钟形，密被白色长柔毛，长6~8 mm，裂片近钻形，直立或开展，比筒部短；花冠黄色，长2 cm，裂片卵状长圆形，急尖；雄蕊3，花丝极短，药室折曲，药隔顶端引长；退化雌蕊长约1 mm。雌花单生，花梗粗糙，被柔毛；子房长椭圆形，密被长柔毛和长糙硬毛，花柱长1~2 mm，柱头靠合，长约2 mm。果实的形状、颜色因品种而异，通常为球形或长椭圆形，果皮平滑，有纵沟纹，或斑纹，无刺状突起，果肉白色、黄色或绿色，有香甜味；种子污白色或黄白色，卵形或长圆形，先端尖，基部钝，表面光滑，无边缘。花、果期夏季。

徂徕山各林区均有栽培。全国各地广泛栽培。世界温带至热带地区也广泛栽培。

果实为盛夏的重要水果。

徂徕山见于栽培的类型还有菜瓜（var. conomon），果实长圆状圆柱形或近棒状，长 20~30（50）cm，径 6~10（15）cm，上部比下部略粗，两端圆或稍呈截形，平滑无毛，淡绿色，有纵线条，果肉白色或淡绿色，无香甜味。花、果期夏季。果实为夏季的蔬菜，并多酱渍作酱瓜。

2. 小马泡（图 273）

Cucumis bisexualis A. M. Lu & G. C. Wang ex Lu & Z. Y. Zhang

Bull. Bot. Res. Harbin 4（2）: 126. 1984.

一年生匍匐草本。茎、枝及叶柄粗糙，有浅沟纹和疣状突起，幼时有稀疏腺质短柔毛，后渐脱落。叶柄细，长 7~10 cm；叶片质稍硬，肾形或近圆形，长、宽均为 6~11 cm，常 5 浅裂，裂片钝圆，边缘稍反卷，中间裂片较大，侧裂片较小，基部心形，弯缺半圆形，深 1 cm，宽 2~2.5 cm，两面粗糙，有腺点，幼时有短柔毛，后渐脱落，叶面深绿色，叶背苍绿色，掌状脉，脉上有腺质短柔毛。卷须纤细，不分歧，有微柔毛。花两性，在叶腋内单生或双生，花梗细，长 2~4 cm；花梗和花萼被白色的短柔毛；花萼淡黄绿色，筒杯状，长 3~4 mm，上部宽 4~5 mm，裂片线形，长 3~4 mm，宽 1~1.2 mm，顶端尖；花冠黄色，钟状，径 2.2~2.3 cm，裂片倒宽卵形，长 1.5 cm，宽 1.3 cm，外面有稀疏短柔毛，先端钝，5 脉；雄蕊 3，生于花被筒的口部，2 枚 2 室，1 枚 1 室，花丝极短或近无，药室 2 回折曲，药隔顶端引长；子房纺锤形，长 8 mm，宽 3.5 mm，外面密被白色的细绵毛，花柱极短，基部周围有 1 浅杯状的盘，柱头 3，近长方形，长 2~2.5 mm，靠合，2 浅裂。果实椭圆形，长 3~3.5 cm，径 2~3 cm，幼时有柔毛，后渐脱落而光滑。种子多数，水平着生，卵形，扁压，黄白色，长 4~5 mm，宽 2.4 mm，厚约 1 mm，顶端尖，基部圆，两面光滑。花期 5~7 月；果期 7~10 月。

产于西旺、光华寺、王庄等林区。生于田边、路旁。分布于山东、安徽和江苏。

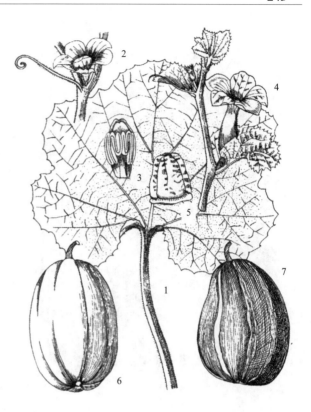

图 272　甜瓜
1. 叶；2. 雄花；3. 雄蕊；4. 雌花枝；
5. 柱头；6~7. 果实

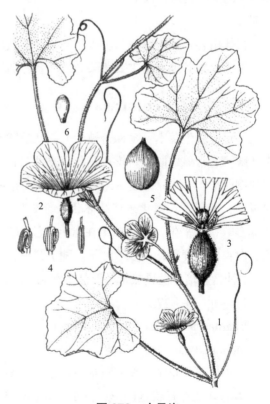

图 273　小马泡
1. 花枝；2. 花；3. 花冠展开；4. 雄蕊；
5. 果实；6. 种子

3. 黄瓜（图274）

Cucumis sativus Linn.

Sp. Pl. 1012. 1753.

一年生蔓生或攀缘草本；茎、枝伸长，有棱沟，被白色的糙硬毛。卷须细，不分歧，具白色柔毛。叶柄稍粗糙，有糙硬毛，长10~16（20）cm；叶片宽卵状心形，膜质，长、宽均7~20 cm，两面甚粗糙，被糙硬毛，3~5个角或浅裂，裂片三角形，有齿，有时边缘有缘毛，先端急尖或渐尖，基部弯缺半圆形，宽2~3 cm，深2~2.5 cm，有时基部向后靠合。雌雄同株。雄花常数朵在叶腋簇生；花梗纤细，长0.5~1.5 cm，被微柔毛；花萼筒狭钟状或近圆筒状，长8~10 mm，密被白色的长柔毛，花萼裂片钻形，开展，与花萼筒近等长；花冠黄白色，长约2 cm，花冠裂片长圆状披针形，急尖；雄蕊3，花丝近无，花药长3~4 mm，药隔伸出，长约1 mm。雌花单生或稀簇生；花梗粗壮，被柔毛，长1~2 cm；子房纺锤形，粗糙，有小刺状突起。果实长圆形或圆柱形，长10~30（50）cm，熟时黄绿色，表面粗糙，有

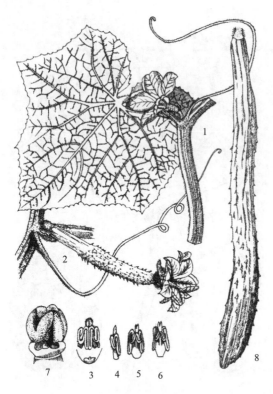

图274 黄瓜
1.雄花枝；2.雌花枝；3~6.雄蕊；
7.柱头；8.果实

具刺尖的瘤状突起，极稀近于平滑。种子小，狭卵形，白色，无边缘，两端近急尖，长5~10 mm。花、果期夏季。

徂徕山各林区均有栽培。中国各地普遍栽培。亦广泛栽培于温带和热带地区。

果为中国各地夏季主要蔬菜之一。茎藤药用。

5. 冬瓜属 Benincasa Savi

一年生蔓生草本。全株密被硬毛。叶掌状5浅裂，叶柄无腺体。卷须2~3歧。花大型，黄色，单生叶腋，通常雌雄同株。雄花花萼筒宽钟状，裂片5，近叶状，有锯齿，反折；花冠辐状，通常5裂，裂片倒卵形，全缘；雄蕊3，离生，着生在花被筒上，花丝短粗，花药1枚1室，其他2室，药室多回折曲，药隔宽；退化子房腺体状。雌花花萼和花冠同雄花；退化雄蕊3；子房卵珠状，具3胎座，胚珠多数；水平生，花柱插生在盘上，柱头3，膨大，2裂。果实大型，长圆柱状或近球状，具糙硬毛及白霜，不开裂，具多数种子。种子圆形，扁，边缘肿胀。

1种，栽培于世界热带、亚热带和温带地区。中国各地普遍栽培。徂徕山1种。

1. 冬瓜（图275）

Benincasa hispida（Thunb.）Cogn.

Monogr. Phan. 3: 513. 1881.

一年生蔓生草本。茎被黄褐色硬毛及长柔毛，有棱沟。叶柄粗壮，长5~20 cm，被黄褐色的硬毛和长柔毛；叶片肾状近圆形，宽15~30 cm，5~7浅裂或中裂，裂片宽三角形或卵形，先端急尖，边缘有小齿，基部深心形，弯缺张开，近圆形，深、宽均为2.5~3.5 cm，表面深绿色，稍粗糙，有疏柔毛，老后渐脱落，变近无毛；背面粗糙，灰白色，有粗硬毛，叶脉在叶背面稍隆起，密被毛。卷

须 2~3 歧，被粗硬毛和长柔毛。雌雄同株；花单生。雄花梗长 5~15 cm，密被黄褐色短刚毛和长柔毛，常在花梗的基部具 1 苞片，苞片卵形或宽长圆形，长 6~10 mm，先端急尖，有短柔毛；花萼筒宽钟形，宽 12~15 mm，密生刚毛状长柔毛，裂片披针形，长 8~12 mm，有锯齿，反折；花冠黄色，辐状，裂片宽倒卵形，长 3~6 cm，宽 2.5~3.5 cm，两面有稀疏的柔毛，先端钝圆，具 5 脉；雄蕊 3，离生，花丝长 2~3 mm，基部膨大，被毛，花药长 5 mm，宽 7~10 mm，药室 3 回折曲，雌花梗长不及 5 cm，密生黄褐色硬毛和长柔毛；子房卵形或圆筒形，密生黄褐色茸毛状硬毛，长 2~4 cm；花柱长 2~3 mm，柱头 3，长 12~15 mm，2 裂。果实长圆柱状或近球状，大型，有硬毛和白霜，长 25~60 cm，径 10~25 cm。种子卵形，白色或淡黄色。花、果期 6~8 月。

徂徕山各林区均有栽培。分布于亚洲热带、亚热带地区，澳大利亚东部及马达加斯加也有分布。中国各地有栽培。

本种果实除作蔬菜外，也可浸渍为各种糖果；果皮和种子药用，有消炎、利尿、消肿的功效。

图 275　冬瓜
1. 花枝；2. 雌花；3. 花柱和柱头；4. 果实

6. 苦瓜属 Momordica Linn.

一年生或多年生攀缘或匍匐草本。卷须不分歧或二歧。叶柄有腺体或无，叶片近圆形或卵状心形，掌状 3~7 浅裂或深裂，稀不分裂，全缘或有齿。花雌雄异株，稀同株。雄花单生或成总状花序；花梗上通常具 1 大型的兜状苞片，苞片圆肾形；花萼筒短，钟状、杯状或短漏斗状，裂片卵形、披针形或长圆状披针形；花冠黄色或白色，辐状或宽钟状，通常 5 深裂到基部或稀 5 浅裂，裂片倒卵形、长圆形或卵状长圆形，雄蕊 3，极稀 5 或 2，着生在花萼筒喉部，花丝短，离生，花药起初靠合，后来分离，1 枚 1 室，其余 2 室，药室折曲，极稀直或弓曲，药隔不伸长；退化雌蕊腺体状或缺。雌花单生，花梗具 1 苞片或无；花萼和花冠同雄花；退化雄蕊腺体状或无；子房椭圆形或纺锤形，花柱细长，柱头 3，不分裂或 2 裂；胚珠多数，水平着生。果实卵形、长圆形、椭圆形或纺锤形，不开裂或 3 瓣裂，常具瘤状、刺状突起，顶端有喙或无。种子少数或多数，卵形或长圆形，平滑或有各种刻纹。

约 45 种，多数种分布于非洲热带地区，少数种类在温带地区有栽培。中国 3 种，主要分布于南部和西南部，个别种南北各省份普遍栽培。徂徕山 1 种。

1. 苦瓜（图 276）

Momordica charantia Linn.

Sp. pl. 1009. 1753.

一年生攀缘草本。柔弱，多分枝；茎、枝被柔毛。卷须纤细，长达 20 cm，具微柔毛，不分歧。叶柄细，初时被白色柔毛，后变近无毛，长 4~6 cm；叶片轮廓卵状肾形或近圆形，膜质，长、宽均

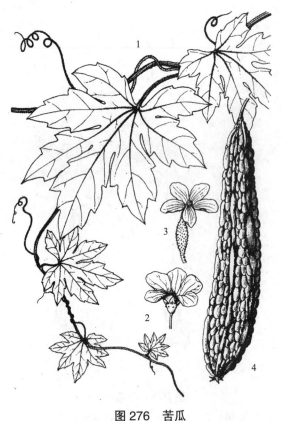

图 276 苦瓜
1. 枝叶；2. 雄花；3. 雌花；4. 果实

为 4~12 cm，上面绿色，背面淡绿色，脉上密被明显的微柔毛，其余毛较稀疏，5~7 深裂，裂片卵状长圆形，边缘具粗齿或有不规则小裂片，先端多半钝圆形稀急尖，基部弯缺半圆形，叶脉掌状。雌雄同株。雄花单生叶腋，花梗纤细，被微柔毛，长 3~7 cm，中部或下部具 1 苞片；苞片绿色，肾形或圆形，全缘，稍有缘毛，两面被疏柔毛，长、宽均 5~15 mm；花萼裂片卵状披针形，被白色柔毛，长 4~6 mm，宽 2~3 mm，急尖；花冠黄色，裂片倒卵形，先端钝，急尖或微凹，长 1.5~2 cm，宽 0.8~1.2 cm，被柔毛；雄蕊 3，离生，药室 2 回折曲。雌花单生，花梗被微柔毛，长 10~12 cm，基部常具 1 苞片；子房纺锤形，密生瘤状突起，柱头 3，膨大，2 裂。果实纺锤形或圆柱形，多瘤皱，长 10~20 cm，成熟后橙黄色，由顶端 3 瓣裂。种子多数，长圆形，具红色假种皮，两端各具 3 小齿，两面有刻纹，长 1.5~2 cm，宽 1~1.5 cm。花、果期 5~10 月。

徂徕山各林区均有栽培。中国南北各省份均普遍栽培。广泛栽培于世界热带到温带地区。

本种果味甘苦，主作蔬菜，也可糖渍；成熟果肉和假种皮也可食用；根、藤及果实入药，有清热解毒的功效。

7. 栝楼属 Trichosanthes Linn.

一年生或多年生藤本，常具肥大块。卷须 2~5 裂，稀单一。单叶，互生，叶片通常卵状心形或圆心形，全缘或 3~7（9）裂，具细齿，稀为具 3~5 小叶的复叶。雌雄异株或同株。雄花通常排列成总状花序，或单生；常具苞片；花萼筒延长，5 裂，裂片披针形，全缘、具锯齿或条裂；花冠白色，稀红色，5 裂，裂片先端具流苏；雄蕊 3，着生于花被筒内，花丝短，分离，花药外向，靠合，1 枚 1 室，2 枚 2 室，药室对折，药隔不伸长。雌花单生，极稀为总状花序；花萼与花冠同雄花；子房下位，1 室，具 3 个侧膜胎座，花柱纤细，伸长，柱头 3，全缘或 2 裂；胚珠多数，水平生或半下垂。果实肉质，不开裂，球形、卵形或纺锤形，无毛且平滑，稀被长柔毛，具多数种子。种子褐色，1 室，长圆形、椭圆形或卵形，压扁，或 3 室，膨胀，两侧室空。

约 100 种，分布于东南亚，由此向南经马来西亚至澳大利亚北部，向北经中国至朝鲜、日本。中国 33 种，分布于全国各地，而以华南和西南地区最多。徂徕山 1 种。

1. 栝楼（图 277）

Trichosanthes kirilowii Maxim.

Prim. Pl. Amur. 482. 1859.

多年生藤本，长达 10 m。块根圆柱状，粗大肥厚，富含淀粉，淡黄褐色。茎较粗，多分枝，具纵棱及槽，被白色伸展柔毛。叶片纸质，轮廓近圆形，长宽均 5~20 cm，常 3~5（7）浅裂至中裂，稀深裂或不裂而仅有粗齿，裂片菱状倒卵形、长圆形，先端钝，急尖，边缘常再浅裂，叶基心形，弯缺深 2~4 cm，上表面深绿色，粗糙，背面淡绿色，两面沿脉被长柔毛状硬毛，基出掌状脉 5 条，细脉网状；叶柄长 3~10 cm，具纵条纹，被长柔毛。卷须 3~7 歧，被柔毛。花雌雄异株。雄总状花序单生，或与一单花并生，或在枝条上部者单生，总状花序长 10~20 cm，粗壮，具纵棱与槽，被微柔毛，顶端有 5~8 花，单花花梗长约 15 cm，花梗长约 3 mm，小苞片倒卵形或阔卵形，长 1.5~2.5（3）cm，宽 1~2 cm，中上部具粗齿，基部具柄，被短柔毛；花萼筒筒状，长 2~4 cm，顶端扩大，径约 10 mm，中、下部径约 5 mm，被短柔毛，裂片披针形，长 10~15 mm，宽 3~5 mm，全缘；花冠白色，裂片倒卵形，长 20 mm，宽 18 mm，顶端中央具 1 绿色尖头，两侧具丝状流苏，被柔毛；花药靠合，长约 6 mm，径约 4 mm，花丝分离，粗壮，被长柔毛。雌花单生，花梗长 7.5 cm，被短柔毛；花萼筒圆筒形，长 2.5 cm，径 1.2 cm，裂片和花冠同雄花；子房椭圆形，绿色，长 2 cm，径 1 cm，花柱长 2 cm，柱头 3。果梗粗壮，长 4~11 cm；果实椭圆形或

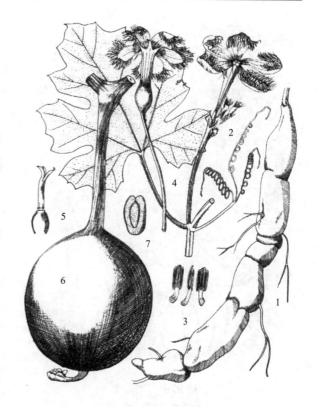

图 277　栝楼
1. 根部；2. 雄花；3. 雄蕊；4. 雌花；
5. 雌蕊；6. 果实；7. 种子

圆形，长 7~10.5 cm，成熟时黄褐色或橙黄色；种子卵状椭圆形，压扁，长 11~16 mm，宽 7~12 mm，淡黄褐色，近边缘处具棱线。花期 5~8 月；果期 8~10 月。

徂徕山各林区均产。生于林下、灌丛、草地和村旁田边。国内分布于华北、华东、中南地区及辽宁、陕西、甘肃、四川、贵州和云南等省份。朝鲜、日本、越南和老挝也有分布。

根、果实、果皮和种子为传统的中药。

8. 南瓜属 Cucurbita Linn.

一年生蔓生草本；茎、枝稍粗壮。叶具浅裂，基部心形。卷须 2 至多歧。雌雄同株。花单生，黄色。雄花花萼筒钟状，稀伸长，裂片 5，披针形或顶端扩大成叶状；花冠合瓣，钟状，5 裂仅达中部；雄蕊 3，花丝离生，花药靠合成头状，1 枚 1 室，其他 2 室，药室线形，折曲，药隔不伸长；无退化雌蕊。雌花花梗短；花萼和花冠同雄花，退化雄蕊 3，短三角形；子房长圆状或球状，具 3 胎座；花柱短，柱头 3，具 2 浅裂或 2 分歧，胚珠多数，水平着生。果实通常大型，肉质，不开裂。种子多数，扁平，光滑。

约 15 种，分布于热带及亚热带地区，在温带地区栽培。中国栽培 3 种。徂徕山 2 种。

分种检索表

1. 花萼裂片条形，上部扩大成叶状；瓜蒂明显扩大成喇叭状······························1. 南瓜 Cucurbita moschata
1. 花萼裂片不扩大成叶状；瓜蒂变粗或稍扩大，但不成喇叭状·······························2. 西葫芦 Cucurbita pepo

图278 南瓜
1. 雄花枝；2. 雌花；3. 柱头；
4. 雄蕊；5~6. 果实

图279 西葫芦
1. 雌花枝；2. 雄花；3. 雄蕊；4. 柱头；5. 果实

1. 南瓜（图278）

Cucurbita moschata（Duch. ex Lam.）Duch. ex Poiret

Dict. Sc. Nat. 11: 234. 1818.

一年生蔓生草本；茎常节部生根，伸长达2~5 m，密被白色短刚毛。叶柄粗壮，长8~19 cm，被短刚毛；叶片宽卵形或卵圆形，质稍柔软，有5角或5浅裂，稀钝，长12~25 cm，宽20~30 cm，侧裂片较小，中间裂片较大，三角形，上面密被黄白色刚毛和茸毛，常有白斑，叶脉隆起，各裂片之中脉常延伸至顶端成1小尖头，背面色较淡，毛更明显，边缘有小而密的细齿，顶端稍钝。卷须稍粗壮，与叶柄一样被短刚毛和茸毛，3~5歧。雌雄同株。雄花单生；花萼筒钟形，长5~6 mm，裂片条形，长1~1.5 cm，被柔毛，上部扩大成叶状；花冠黄色，钟状，长8 cm，径6 cm，5中裂，裂片边缘反卷，具皱褶，先端急尖；雄蕊3，花丝腺体状，长5~8 mm，花药靠合，长15 mm，药室折曲。雌花单生；子房1室，花柱短，柱头3，膨大，顶端2裂。果梗粗壮，有棱和槽，长5~7 cm，瓜蒂扩大成喇叭状；瓠果形状多样，因品种而异，外面常有数条纵沟或无。种子多数，长卵形或长圆形，灰白色，边缘薄，长10~15 mm，宽7~10 mm。花期7~8月；果期9~10月。

徂徕山各林区均有栽培。原产墨西哥到中美洲一带，世界各地普遍栽培。明代传入中国，现南北各省份广泛种植。

本种的果实作肴馔，亦可代粮食。全株各部供药用；种子含南瓜子氨基酸，有清热除湿、驱虫的功效，对血吸虫有控制和杀灭的作用；藤有清热的作用；瓜蒂有安胎的功效，根治牙痛。

2. 西葫芦（图279）

Cucurbita pepo Linn.

Sp. Pl. 1010. 1753.

一年生蔓生草本；茎有棱沟，有短刚毛和半透明的糙毛。叶柄粗壮，被短刚毛，长6~9 cm；叶片质硬，挺立，三角形或卵状三角形，先端锐尖，边缘有不规则的锐齿，基部心形，弯缺半圆形，深0.5~1 cm，宽3~4 cm，上面深绿色，下面颜色较浅，叶脉在背面稍凸起，两面均有糙毛。卷须稍粗壮，具柔毛，分多歧。雌雄同株。雄花单生；花梗粗壮，有棱角，长 3~6 cm，被黄褐色短刚毛；花萼筒有明显 5 角，花萼裂片线状披针形；花冠黄色，常向基部渐狭呈钟状，长 5 cm，径 3 cm，分裂至近中部，裂片直立或稍扩展，顶端锐尖；雄蕊 3，花丝长 15 mm，花药靠合，长 10 mm。雌花单生，子房卵形，1 室。果梗粗壮，有明显的棱沟，果蒂变粗或稍扩大，但不成喇叭状。果实形状因品种而异；种子多数，卵形，白色，长约 20 mm，边缘拱起而钝。花、果期 5~6 月。

徂徕山各林区均有栽培。世界各国普遍栽培。中国清代始从欧洲引入。

果实作蔬菜。

9. 盒子草属 Actinostemma Griff.

纤细攀缘草本。叶有柄，叶片心状戟形、心状卵形、宽卵形或披针状三角形，不分裂或 3~5 裂，边缘有疏锯齿或微波状；卷须分二叉或稀单一。花单性，雌雄同株，稀两性。雄花序总状或圆锥状，稀单生或双生。花萼辐状，筒部杯状，裂片线状披针形；花冠辐状，裂片披针形，尾状渐尖；雄蕊 5（6），离生，花丝短，丝状，花药近卵形，外向，基底着生药隔在花药背面乳头状突出，1 室，纵缝开裂，无退化雌蕊。雌花单生、簇生，或稀雌雄同序，花萼和花冠与雄花同型；子房卵形，常具疣状突起，1 室，花柱短，柱头 3，肾形。胚珠 2（4）枚，着生于室壁近顶端因而胚珠成下垂生。果实卵状，自中部以上环状盖裂，顶盖圆锥状，具 2（4）粒种子。种子稍扁，卵形，种皮有不规则的雕纹。

1 种，分布于东亚。中国南北各省份普遍分布。徂徕山 1 种。

1. 盒子草（图 280）

Actinostemma tenerum Griff.

Pl. Cantor. 25. t. 3. 1837.

柔弱草本。枝纤细，疏被长柔毛，后变无毛。叶柄细，长 2~6 cm，被短柔毛；叶心状戟形、心状狭卵形或披针状三角形，不分裂或 3~5 裂，或仅在基部分裂，边缘波状或具小圆齿或具疏齿，基部弯缺半圆形、长圆形、深心形，裂片顶端狭三角形，先端稍钝或渐尖，顶端有小尖头，两面具疏散疣状突起，长 3~12 cm，宽 2~8 cm。卷须细，二歧。雄花排成总状花序或有时圆锥状，小花序基部具长 6 mm 的叶状 3 裂总苞片，罕 1~3 花生于短缩的总梗上。花序轴细弱，长 1~13 cm，被短柔毛；苞片线形，长约 3 mm，密被短柔毛，长 3~12 mm；花萼裂片线状披针形，边缘有疏小齿，长 2~3 mm，宽 0.5~1 mm；花冠裂片披针形，先端尾状钻形，具 1 脉，稀 3 脉，疏生短柔毛，长 3~7 mm，宽 1~1.5 mm；雄蕊 5，花丝被柔毛或无毛，长 0.5 mm，花药长 0.3 mm，药隔稍伸出于花药成乳头状。雌花单生、双生或雌雄同序；雌花梗具关节，长 4~8 cm，花萼和花冠同

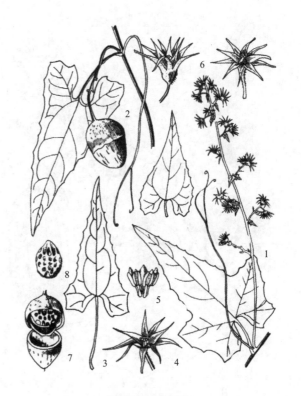

图 280　盒子草
1. 花枝；2. 果枝；3. 叶；4. 雄花；5. 雄蕊；
6. 雌花；7. 果；8. 种子

雄花；子房卵状，有疣状突起。果实绿色，卵形、阔卵形、长圆状椭圆形，长 1.6~2.5 cm，径 1~2 cm，疏生暗绿色鳞片状突起，自近中部盖裂，果盖锥形，具种子 2~4 粒。种子表面有不规则雕纹，长

11~13 mm，宽 8~9 mm，厚 3~4 mm。花期 7~9 月；果期 9~11 月。

产于西旺等林区。生于河边草丛中。国内分布于辽宁、河北、河南、山东、江苏、浙江、安徽、湖南、四川、西藏、云南、广西、江西、福建、台湾。朝鲜、日本、印度、中南半岛也有分布。

种子及全草药用，有利尿消肿、清热解毒、去湿之效；种子含油，可制肥皂，油饼可作肥料及猪饲料。

10. 赤瓟属 Thladiantha Bunge

多年生草质藤本，稀一年生，攀缘或匍匐。根块状，稀须根。茎具纵向棱沟。卷须单一或二歧；单叶，心形，边缘有锯齿，极稀掌状分裂或呈鸟趾状 3~5（7）小叶。雌雄异株。雄花序总状或圆锥状，稀单生；雄花花萼筒短钟状或杯状，裂片 5，线形、披针形、卵状披针形或长圆形，1~3 脉；花冠钟状，黄色，5 深裂，裂片全缘，长圆形或宽卵形、倒卵形，常 5~7 条脉；雄蕊 5，插生于花萼筒部，分离，通常 4 枚两两成对，第 5 枚分离，花丝短，花药长圆形或卵形，全部 1 室，药室通直；退化子房腺体状。雌花单生、双生或 3~4 朵簇生于短梗上，花萼和花冠同雄花；子房卵形、长圆形或纺锤形，表面平滑或有瘤状突起，花柱 3 裂，柱头 2 裂，肾形；具 3 胎座，胚珠多数，水平生。果实平滑或具多数瘤状突起，有明显纵肋或无。种子多数，水平生。

23 种，主要分布中国西南部，少数种分布到黄河流域以北地区；个别种也分布到朝鲜、日本、印度半岛东北部、中南半岛和大巽他群岛。徂徕山 1 种。

1. 赤瓟（图 281，彩图 27）

Thladiantha dubia Bunge

Enum. Pl. Chin. Bor. 29. 1833.

草质藤本，全株被黄白色的长柔毛状硬毛；根块状；茎有棱沟。叶柄长 2~6 cm；叶片宽卵状心形，长 5~8 cm，宽 4~9 cm，边缘浅波状，基部心形，弯缺深，两面粗糙，脉上有长硬毛，最基部 1 对叶脉沿叶基弯缺边缘向外展开。卷须纤细，被长柔毛，单一。雌雄异株；雄花单生或聚生于短枝的上端呈假总状花序，花梗细长，长 1.5~3.5 cm，被长柔毛；花萼筒极短，上端径 7~8 mm，裂片披针形，向外反折，长 12~13 mm，宽 2~3 mm，3 脉，两面有长柔毛；花冠黄色，裂片长圆形，长 2~2.5 cm，宽 0.8~1.2 cm，上部向外反折，5 脉，外面被短柔毛，内面有极短的疣状腺点；雄蕊 5，着生在花萼筒檐部，其中 1 枚分离，其余 4 枚两两稍靠合，花丝长 2~2.5 mm，花药卵形，长约 2 mm；退化子房半球形。雌花单生，花梗长 1~2 cm，有长柔毛；花萼和花冠同雄花；退化雌蕊 5，长约 2 mm；子房长圆形，长 5~8 mm，外面密被淡黄色长柔毛，花柱无毛，三

图 281 赤瓟
1. 雄株花枝；2. 雄蕊；3. 雌株花枝；
4. 花柱、柱头及退化雄蕊；5. 果实

叉，柱头膨大，2 裂。果实卵状长圆形，长 4~5 cm，径 2.8 cm，橙黄色或红棕色，被柔毛，具 10 条明显的纵纹。种子卵形，黑色。花期 6~8 月；果期 8~10 月。

产于马场。生于路边及林缘湿处。国内分布于东北地区及河北、山西、山东、陕西、甘肃、宁夏。朝鲜、日本和欧洲有栽培。

果实和根入药，果实能理气、活血、祛痰和利湿，根有活血去瘀、清热解毒、通乳之效。

11. 佛手瓜属 Sechium P. Browne

多年生草质藤本，根块状。卷须 3~5 裂。叶片膜质，心形，浅裂。雌雄同株；花小，白色。雄花生于总状花序上；花萼筒半球形，裂片 5；花冠辐状，深 5 裂，裂片卵状披针形，先端近急尖；雄蕊 3，着生在花被筒下部，花丝短，连合成柱，花药离生，1 枚 1 室，其余 2 室，药室折曲；无退化雌蕊。雌花单生或双生，通常与雄花序在同一叶腋，花萼及花冠同雄花；无退化雄蕊；子房纺锤状，1 室，有刺毛，花柱短，柱头头状，5 浅裂，裂片反折，具 1 枚胚珠，胚珠从室的顶端下垂生。果实肉质，倒卵形，上端具沟槽。种子 1 粒，卵圆形，扁，种皮木质，光滑，子叶大。

5 种，主要分布于美洲热带地区。中国 1 种，南部栽培。徂徕山 1 种。

1. 佛手瓜（图 282）

Sechium edule（Jacq.）Swartz

Fl. Ind. Occ. 2: 150. 1800.

多年生草质藤本，具块状根。茎有棱沟。叶柄纤细，无毛，长 5~15 cm；叶片膜质，近圆形，中间的裂片较大，侧面的较小，先端渐尖，边缘有小细齿，基部心形，弯缺较深，近圆形，深 1~3 cm，宽 1~2 cm；上面深绿色，稍粗糙，背面淡绿色，有短柔毛，以脉上较密。卷须粗壮，有棱沟，无毛，3~5 歧。雌雄同株。雄花 10~30 生于 8~30 cm 长的总花梗上部成总状花序，花序轴稍粗壮，无毛，花梗长 1~6 mm；花萼筒短，裂片展开，近无毛，长 5~7 mm，宽 1~1.5 mm；花冠辐状，宽 12~17 mm，分裂到基部，裂片卵状披针形，5 脉；雄蕊 3，花丝合生，花药分离，药室折曲。雌花单生，花梗长 1~1.5 cm；花冠与花萼同雄花；子房倒卵形，具五棱，有疏毛，1 室，具 1 枚下垂生的胚珠，花柱长 2~3 mm，柱头宽 2 mm。果实淡绿色，倒卵形，有稀疏短硬毛，长 8~12 cm，径 6~8 cm，上部有 5 纵沟，具 1 粒种子。种子大型，长达 10 cm，宽 7 cm，卵形，压扁状。花期 7~9 月；果期 8~10 月。

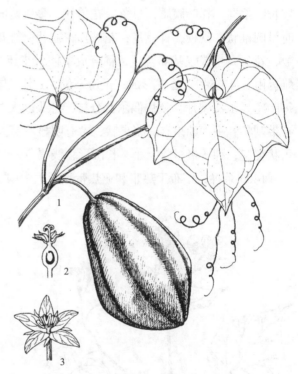

图 282 佛手瓜
1. 果枝；2. 雌花纵切；3. 雄花

徂徕山各林区均有零星栽培。果实作蔬菜。原产南美洲。中国云南、广西、广东等省份有栽培或逸为野生。

43. 秋海棠科 Begoniaceae

多年生肉质草本，稀为亚灌木。茎直立或匍匐状，稀攀缘状或仅具根状茎、球茎或块茎。单叶互生，偶为复叶，边缘具齿或分裂，极稀全缘，通常基部偏斜，两侧不相等；具长柄；托叶早落。花单性，雌雄同株，偶异株，通常组成聚伞花序。花被片呈花瓣状；雄花花被片2~4（10），离生，极稀合生，雄蕊多数，花丝离生或基部合生；花药2室，药隔变化较大。雌花被片2~5（6~10），离生，稀合生；雌蕊由2~5（7）心皮形成；子房下位，稀半下位，1室，具3个侧膜胎座，或2~4（5~7）室而具中轴胎座，每室胎座有1~2裂片，裂片通常不分枝，偶尔分枝，花柱离生或基部合生；柱头呈螺旋状、头状、肾状以及"U"字形，并带刺状乳头。蒴果，有时呈浆果状，通常具不等大3翅，稀近等大，少数种无翅而带棱；种子极多数。

约2~3属1400多种。广布于热带和亚热带地区。中国1属173种，主要分布南部和中部。徂徕山1属1变种。

1. 秋海棠属 Begonia Linn.

多年生肉质草本，极稀亚灌木。根状茎球形、块状、圆柱状或伸长呈长圆柱状，直立、横生或匍匐。茎直立、匍匐，稀攀缘状或短缩而无地上茎。单叶，稀掌状复叶，互生或全部基生；叶片常偏斜，基部两侧不相等，边缘常有不规则疏浅锯齿，并常浅至深裂，偶全缘，叶脉通常掌状；叶柄较长，柔弱；托叶膜质，早落。花单性，多雌蕊同株，极稀异株，（1）2~4至数朵组成聚伞花序，有时呈圆锥状；具梗；有苞片；花被片花冠状；雄花花被片2~4，对生，通常外轮大，内轮小，雄蕊多数，花丝离生或仅基部合生，稀合成单体，花药2室，顶生或侧生，纵裂；雌花花被片2~5（6~8）；雌蕊由2~4（5~7）心皮形成；子房下位，1室，具3个侧膜胎座，或2~4（稀5~7）室，具中轴胎座，每胎座具1~2裂片，裂片偶尔有分枝，柱头膨大，扭曲呈螺旋状或"U"字形，稀头状和近肾形，常有带刺状乳头。蒴果有时浆果状，常有明显不等大，稀近等大3翅，少数种类无翅，呈三至四棱或小角状突起；种子极多数，小，长圆形，浅褐色，光滑或有纹理。

1400余种，广布于热带和亚热带地区。中国173种。徂徕山1变种。

图283 中华秋海棠

1. 植株下部；2. 植株上部（示花序）；3. 果枝

1. 中华秋海棠（亚种）（图283，彩图28）

Begonia grandis Dryand. subsp. **sinensis**（A. DC.）Irmsch.

Mitt. Inst. Allg. Bot. Hamburg 10: 497. 1939.

多年生草本。茎高20~40（70）cm，几无分枝，外形似金字塔形。叶较小，椭圆状卵形至三角状卵形，长5~12（20）cm，宽3.5~9（13）cm，先端渐尖，下面色淡，偶带红色，基部心形，宽侧下延呈圆形，长0.5~4 cm，宽1.8~7 cm。花序较短，呈伞房状至圆锥状歧聚伞花序；花小，雄蕊多数，短于2 mm，整体呈球状；花柱基部合生或微合生，有分枝，柱头呈螺旋状扭曲，稀呈"U"字形。蒴果具3不等大之翅。

徂徕山各山地林区均产。生于山谷阴湿岩石上、滴水的石灰岩边、疏林阴处、荒坡阴湿处以及山坡林下。分布于河北、甘肃、陕西、山西、河南、广西、广东、福建、贵州、江西、浙江、四川、云南。

花色优美，花期长，幽香淡雅，可栽培供观赏。

44. 杨柳科 Salicaceae

落叶乔木或灌木。树皮光滑或开裂粗糙，有顶芽或无顶芽；芽鳞1至多数。单叶互生，稀对生，不分裂或浅裂，全缘、有锯齿缘或齿牙缘；托叶鳞片状或叶状，早落或宿存。花单性，雌雄异株；柔荑花序，直立或下垂，先于叶开放或与叶同开；花无花被，着生于苞腋内，基部有杯状花盘或腺体；雄蕊2至多数，花药2室，纵裂，花丝分离至合生；子房无柄或有柄，雌蕊由2~4心皮合成，子房1室，侧膜胎座，胚珠多数，花柱不明显至很长，柱头2~4裂。蒴果2~4瓣裂，稀5瓣裂。种子微小多数，基部围有多数白色丝状长毛。

3属约620种，分布于寒温带至亚热带。中国3属约340种，分布于全国各省份。徂徕山2属13种2变种2变型。

分属检索表

1. 顶芽常发达，稀缺；芽鳞多数；雌雄花序下垂；苞片分裂；花盘杯状；叶片通常宽大，柄较长……1. 杨属 Populpus
1. 顶芽缺；芽鳞1；雌雄花序均直立；苞片全缘；花盘腺体状；叶片通常狭长………………2. 柳属 Salix

1. 杨属 Populus Linn.

乔木。顶芽常发达；芽鳞多数；萌枝髓心五角形。叶互生。雌雄异株。柔荑花序下垂，常先于叶开放；风媒传粉，苞片边缘分裂，早落；花盘斜杯状；雄蕊4至多数，着生于花盘内，花药暗红色，花丝较短，离生；子房花柱短，柱头2~4裂。蒴果2~4裂，稀5裂。种子小，多数，基部围有丝状毛。

约100种，广泛分布于欧洲、亚洲、美洲。中国约71种。徂徕山8种2变种1变型。

分种检索表

1. 叶缘具缺刻或波状齿；苞片边缘具长毛。
   2. 叶三角状卵形，叶缘为缺刻状或深波状齿；芽被毛…………………………1. 毛白杨 Populus tomentosa
   2. 叶近圆形，叶缘为浅波状齿；芽无毛………………………………………………2. 山杨 Populus davidiana
1. 叶缘具锯齿；苞片边缘无长毛。
   3. 叶缘无半透明边；叶下面常为苍白色。
      4. 叶柄圆柱形，叶下面淡黄绿色或苍白色。
         5. 叶最宽处常在中部或中上部，叶菱状卵形、菱状椭圆形或菱状倒卵形，基部楔形；蒴果2瓣裂……………………………………………………………………………3. 小叶杨 Populus simonii
         5. 叶最宽处在中下部；短枝叶卵形、椭圆状卵形，长枝或萌枝叶卵状长圆形，基部圆形至近心形；蒴果3~4瓣裂………………………………………………………………………4. 青杨 Populus cathayana
      4. 叶柄侧扁或先端侧扁；叶菱状三角形、菱状椭圆形或菱状卵圆形，先端渐尖，基部楔形至广楔形，仅上面沿脉有毛………………………………………………………5. 小钻杨 Populus × xiaozhuanica
   3. 叶缘有半透明的狭边；叶柄侧扁。
      6. 短枝叶卵形、菱形、菱状卵形，稀三角形，叶缘无毛（北京杨有疏毛）；叶柄先端无腺点。
         7. 小枝灰绿色或红色；长枝叶广卵形或三角状广卵形，短枝叶卵形……6. 北京杨 Populus × beijingensis
         7. 小枝淡黄色；长短枝叶同形，菱形、菱状卵形或三角形………………………7. 黑杨 Populus nigra
      6. 短枝叶三角形或三角状卵形，叶缘具毛；叶柄先端有腺点……………8. 加拿大杨 Populus × canadensis

1. 毛白杨（图284）

Populus × tomentosa Carr.

Rev. Hort. 867: 340. 1867.

乔木，高达30 m。树干端直，树冠卵圆形，树皮灰绿色至灰白色，光滑，老树干下部灰黑色，纵裂；幼枝及萌枝密生灰色绒毛，后渐脱落，老枝无毛；芽卵形；花芽卵圆形或近球形，鳞片褐色，微有绒毛。长枝叶阔卵形或三角状卵形，长10~15 cm，宽8~14 cm，先端短渐尖，基部心形或截形，边缘有深波状牙齿或波状牙齿，下面密生灰白色绒毛，后渐脱落；叶柄上部侧扁，长4~7 cm，顶端常有2腺体；短枝叶较小，卵形或三角状卵形，先端渐尖，下面无毛，边缘有深波状齿牙，叶柄先端无腺体。雄花序长10~15 cm；苞片尖裂，边缘密生长毛；每花有雄蕊6~12，药红色；雌花序长4~7 cm；苞片褐色，尖裂，边缘有长毛；子房长椭圆形，柱头2裂，红色。果序长达15 cm；蒴果长圆锥形，2瓣裂。花期3月；果期4月。

徂徕山各林区均产，也有栽培。中国分布广泛，在辽宁、河北、山东、山西、陕西、甘肃、河南、安徽、江苏、浙江等省份均有，以黄河流域中、下游为中心分布区。

为平原用材林、防护林、庭院绿化及行道树优良树种。木材供建筑、造船、家具等用。

抱头毛白杨（变型）

f. fastigiata Y. H. Wang

Bull. Bot. Res. Harbin 2（4）: 159. 1982.

树冠狭长，侧枝紧抱主干。

光华寺、王家院林区有栽培。分布于河北、山东、河南、甘肃等省份。

为用材林、防护林及农林间作树种。木材可供建筑、家具等用。

图284 毛白杨

1. 枝叶；2. 雄花序；3. 雌花序；4. 雄花及苞片；5. 雌花及苞片

2. 山杨（图285）

Populus davidiana Dode

Extr. Monogr. Ined. Populus 31. 1905.

—— *Populus tremula* var. *davidiana*（Dode）C. K. Schneid.

乔木，高达25 m，胸径约60 cm。树皮光滑灰绿色或灰白色，老树基部黑色粗糙；树冠圆形。

图285 山杨

1. 果序枝；2. 雌花序；3. 雌花及苞片

小枝圆筒形，光滑，赤褐色，萌枝被柔毛。芽卵形或卵圆形，无毛，微有黏质。叶三角状卵圆形或近圆形，长宽近等，长 3~6 cm，先端钝尖、急尖或短渐尖，基部圆形、截形或浅心形，边缘有密波状浅齿，发叶时显红色，萌枝叶大，三角状卵圆形，下面被柔毛；叶柄侧扁，长 2~6 cm。花序轴有疏毛或密毛；苞片棕褐色，掌状条裂，边缘有密长毛；雄花序长 5~9 cm，雄蕊 5~12，花药紫红色；雌花序长 4~7 cm；子房圆锥形，柱头 2 深裂，带红色。果序长达 12 cm；蒴果卵状圆锥形，长约 5 mm，有短柄，2 瓣裂。花期 3~4 月；果期 4~5 月。

中军帐、马场有引种栽培。分布广泛，中国北自黑龙江、内蒙古、吉林及华北、西北、华中、西南高山地区均有分布。朝鲜、俄罗斯东部也有分布。

强阳性树种，耐寒冷、耐干旱瘠薄土壤。木材白色，轻软，富弹性，供造纸及民房建筑等用；幼叶红艳、美观供观赏。

3. 小叶杨（图 286）

Populus simonii Carr.

Rev. Hort. 1867: 360. 1867.

乔木；高可达 20 m。树皮幼时灰绿色，老时暗灰色，下部纵裂；萌枝有明显棱脊，红褐色，老树小枝圆柱形，无毛；芽细长，先端长渐尖，褐色，有黏质。叶菱状卵形、菱状椭圆形或菱状倒卵形，长 3~12 cm，宽 2~8 cm，常中部以上较宽，先端突尖，基部楔形或阔楔形，边缘有细锯齿，下面灰绿色或微白，无毛；叶柄圆柱形，长 0.5~4 cm。雄花序长 3~7 cm，花序轴无毛；苞片细裂；每花有雄蕊 8~9，稀达 25；雌花序长 2.5~6 cm；苞片淡绿色，裂片褐色，无毛；柱头 2 裂。果序长达 15 cm；蒴果 2~3 瓣裂，无毛。花期 4 月；果期 5 月。

产于大寺、锦罗、隐仙观等地，王庄林区也有栽培。中国分布广泛，东北、华北、华中、西北及西南地区均产。蒙古也有分布。

木材可供建筑、家具、造纸、火柴杆等用。

4. 青杨（图 287）

Populus cathayana Rehd.

J. Arnold Arbor. 12（1）: 59-63. 1931.

乔木，高达 30 m。树冠阔卵形；树皮初光滑，灰绿色，老时暗灰色，沟裂。枝圆柱形，有时具角棱，幼时橄榄绿色，后变为橙黄色至灰黄色，无毛。芽长圆

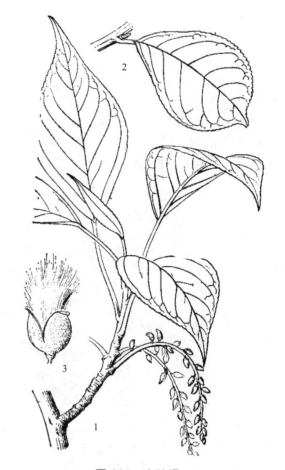

图 286 小叶杨
1. 果枝；2. 萌条叶；3. 果实

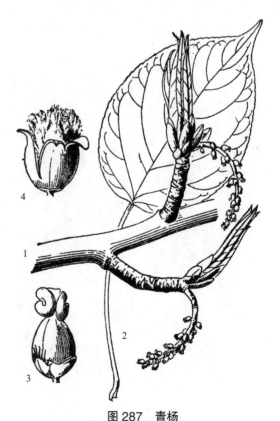

图 287 青杨
1. 雌花序枝；2. 叶；3. 雌蕊；4. 蒴果

锥形，无毛，紫褐色或黄褐色，多黏质。短枝叶卵形、椭圆状卵形、椭圆形或狭卵形，长 5~10 cm，宽 3.5~7 cm，最宽处在中部以下，先端渐尖或突渐尖，基部圆形，稀近心形或阔楔形，边缘具腺圆锯齿，上面亮绿色，下面绿白色，脉两面隆起，尤以下面为明显，具侧脉 5~7 条，无毛，叶柄圆柱形，长 2~7 cm，无毛；长枝或萌枝叶较大，卵状长圆形，长 10~20 cm，基部常微心形；叶柄圆柱形，长 1~3 cm，无毛。雄花序长 5~6 cm，雄蕊 30~35，苞片条裂；雌花序长 4~5 cm，柱头 2~4 裂；果序长 10~15（20）cm。蒴果卵圆形，长 6~9 mm，3~4 瓣裂，稀 2 瓣裂。花期 3~5 月；果期 5~7 月。

马场有引种栽培。生于沟谷、河岸和阴坡山麓。国内分布于华北、西北地区及辽宁、四川等省份。为中国北方的习见树种。

木材纹理直，结构细，质轻柔，加工易，可作家具、箱板及建筑用材，为四旁绿化及防林树种。

5. 小钻杨（图 288）

Populus × xiaozhuanica W. Y. Hsu & Liang Bull. Bot. Res. Harbin 2（2）：107. 1982.

乔木；高可达 30 m。树冠圆锥形；幼枝微有棱，灰黄色，有毛，老时干基部浅裂，灰褐色；顶芽长椭圆状圆锥形，长 8~14 mm，赤褐色，有黏质，腋芽较细小。萌枝及长枝叶较大，菱状三角形，先端突尖，基部阔楔形至圆形，短枝叶形多变，菱状三角形、菱状椭圆形至阔菱状卵圆形，长 5~9 cm，宽 3~6 cm，先端渐尖，基部楔形，边缘锯齿有腺体，近基部全缘，有的有半透明窄边，上面沿脉有毛，近基部较密，下面淡绿色，无毛；叶柄长 1~4 cm，先端微扁，略有疏毛或光滑。雄花序长 5~6 cm，具花 70~80，每花有雄蕊 8~15；雌花序长 4~6 cm，有花 50~100，柱头 2 裂。果序长 10~16 cm；蒴果卵圆形，2~3 瓣裂。花期 4 月；果期 5 月。

徂徕山各林区均有零星栽培。为小叶杨与钻天杨自然杂交种，国内分布于辽宁、吉林、内蒙古、河南及江苏等省份。

木材供建筑、造纸、火柴杆等用。

6. 北京杨（图 289）

Populus × beijingensis W. Y. Hsu Bull. Bot. Res., Harbin 2（2）：111-112. 1982.

图 288　小钻杨
1. 果枝；2. 雄花序；3. 雄花

图 289　北京杨
1. 枝叶；2. 雄花序；3. 雄花；4. 苞片

乔木，高25 m。树干通直；树皮灰绿色，光滑；皮孔圆形或长椭圆形，密集，树冠卵形或广卵形。侧枝斜上，嫩枝稍带绿色或呈红色，无棱。芽细圆锥形，先端外曲，淡褐色或暗红色，具黏质。长枝或萌枝叶广卵圆形或三角状广卵圆形，先端短渐尖或渐尖，基部心形或圆形，边缘具波状皱曲的粗圆锯齿，有半透明边，具疏缘毛，后光滑；苗期枝端初放叶时叶腋内含有白色乳质；短枝叶卵形，长7~9 cm，先端渐尖或长渐尖，基部圆形或广楔形至楔形，边缘有腺锯齿，具窄的半透明边，上面亮绿色，下面青白色；叶柄侧扁，长2~4.5 cm。雄花序长2.5~3 cm，苞片淡褐色，长4 mm，具不整齐的丝状条裂，裂片长于不裂部分，雄蕊18~21。花期3月。

光华寺、王家院等地有栽培。人工杂交而育成。在华北、西北和东北南部等地区推广栽培。

7. 黑杨

Populus nigra Linn.

Sp. Pl. 1034. 1753.

乔木；高可达30 m。树皮暗灰色，老时沟裂；小枝圆形，淡黄色，无毛；芽长卵形，富黏质，赤褐色，花芽先端向外弯曲。叶在长短枝上同形，薄革质，菱形、菱状卵圆形或三角形，长5~10 cm，宽4~8 cm，先端长渐尖，基部楔形或阔楔形，稀截形，边缘具圆锯齿，有半透明边，无缘毛，上面绿色，下面淡绿色；叶柄略等于或长于叶片，侧扁，无毛。雄花序长5~6 cm，花序轴无毛，苞片膜质，淡褐色，顶端有线条状的尖锐裂片；雄蕊15~30，花药紫红色；子房卵圆形，有柄，无毛，柱头2。果序长5~10 cm，果序轴无毛，蒴果卵圆形，有柄，长5~7 mm，宽3~4 mm，2瓣裂。花期4~5月；果期6月。

西旺有栽培。国内产新疆，北方地区以及四川、云南、福建等省份有引种栽培。分布于亚洲中部和西部、欧洲、非洲北部。

常作造林绿化树种，亦是杨树育种的优良亲本之一。木材供家具和建筑用。皮可提取单宁，并可作黄色染料。

钻天杨（变种）（图290）

var. **italica**（Moench.）Koehne

Deutsch. Dendr. 81. 1893.

树皮暗灰褐色，老时黑褐色；树冠圆柱形。侧枝成20°~30°角开展，小枝光滑，黄褐色或淡黄褐色。长枝叶扁三角形，通常宽大于长，长约7.5 cm，先端短渐尖，基部截形或阔楔形，边缘钝圆锯齿；短枝叶菱状三角形，或菱状卵圆形，长5~10 cm，宽4~9 cm，先端渐尖，基部阔楔形或近圆形；叶柄上部微扁，长2~4.5 cm，顶端无腺点。雄花序长4~8 cm，花序轴光滑，雄蕊15~30；雌花序长10~15 cm。蒴果2瓣裂，先端尖，果柄细长。花期4月；果期5月。

大寺、光华寺有栽培。中国长江、黄河流域各地广为栽培。原产亚洲中部和西部、欧洲，广泛栽培。

木材供建筑、造纸及火柴杆等用。

图290 钻天杨
1. 枝叶；2. 雄花序；3. 雄花；4. 雄花苞片；
5. 雌花；6. 雌花苞片

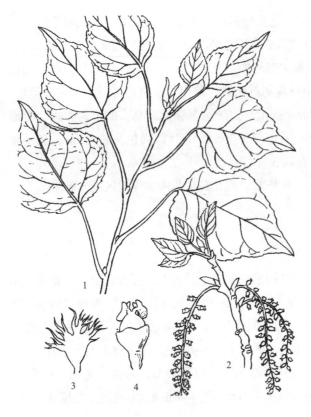

图291 箭杆杨
1. 枝叶；2. 雌花枝；3. 苞片；4. 雌花

图292 加拿大杨
1. 枝叶；2. 雌花；3. 雌花苞片；
4. 雄花；5. 雄花苞片

箭杆杨（变种）（图291）
var. **thevestina**（Dode）Bean
Trees Shrubs Brit. Isl. 2: 217. 1914.

似钻天杨但树冠更为狭窄；树皮灰白色，较光滑。叶较小，基部楔形；萌枝叶长宽近相等。只见雌株，有时出现两性花。

大寺、龙湾有栽培。中国西北、华北地区广为栽培。原产亚洲中部和西部、欧洲、非洲北部，广泛栽培。

8. 加拿大杨（图292）
Populus × canadensis Moench.
Verz. Ausländ. Bäume 81. 1785.
—— *Populus euramericana*（Dode）Guinier.

大乔木，高达30 m。干直，树皮粗厚，深沟裂，下部暗灰色，上部褐灰色，大枝微向上斜伸，树冠卵形；萌枝及苗茎棱角明显，小枝圆柱形，稍有棱角，无毛，稀微被短柔毛。芽大，先端反曲，初为绿色，后变为褐绿色，富黏质。叶三角形或三角状卵形，长7~10 cm，长枝和萌枝叶较大，长10~20 cm，一般长大于宽，先端渐尖，基部截形或宽楔形，无或有1~2腺体，边缘半透明，有圆锯齿，近基部较疏，具短缘毛，上面暗绿色，下面淡绿色；叶柄侧扁而长，带红色（苗期明显）。雄花序长7~15 cm，花序轴光滑，每花有雄蕊15~25（40）朵；苞片淡绿褐色，不整齐，丝状深裂，花盘淡黄绿色，全缘，花丝细长，白色，超出花盘；雌花序有花45~50，柱头4裂。果序长达27 cm；蒴果卵圆形，长约8 mm，先端锐尖，2~3瓣裂。雄株多，雌株少。花期4月；果期5~6月。

徂徕山各林区均有栽培。原产北美洲。中国除广东、云南、西藏外，各省份均有引种栽培。

为良好的绿化树种。木材供箱板、家具、火柴杆、造纸等用。

2. 柳属 Salix Linn.

乔木或灌木。无顶芽，侧芽常紧贴枝上，芽鳞1。单叶互生，稀对生；叶柄短；具托叶，常早落，稀宿存。柔荑花序直立或斜展，先于叶开放，或与叶同时开放，稀后叶开放；苞片全缘，宿存；雄蕊 2 至多数，花丝离生，或部分或全部合生，花药多黄色；腺体 1~2（腹生或背生）；雌蕊由 2 心皮组成，花柱 1~2，分裂或不裂。蒴果 2 瓣裂；种子小，暗褐色，基部有白色长毛。

约 520 种，主要分布于北半球温带地区。中国有 275 种，分布于全国各省份。徂徕山 5 种 1 变型。

分种检索表

1. 雄蕊通常 2 枚，或花丝合生为 1。
   2. 雄蕊的花丝分离。
      3. 雌花具有背、腹腺体；枝条一般不下垂，偶下垂··1. 旱柳 Salix matsudana
      3. 雌花仅具 1 腹腺；枝条柔垂··2. 垂柳 Salix babylonica
   2. 雄蕊的花丝合生。
      4. 花药黄色；小枝、芽及叶无毛或仅幼时有疏毛···3. 筐柳 Salix linearistipularis
      4. 花药紫红色；小枝及芽密生绒毛，幼叶密被绒毛···4. 黄龙柳 Salix liouana
1. 雄蕊通常 5 枚；叶椭圆形、卵圆形至椭圆状披针形···5. 河柳 Salix chaenomeloides

1. 旱柳（图 293）

Salix matsudana Koidz.

Tokyo Bot. Mag. 29: 312. 1915.

乔木；高可达 18 m。树皮暗灰黑色，纵裂，枝直立或斜展，褐黄绿色，后变褐色，无毛，幼枝有毛；芽褐色，微有毛。叶披针形，长 5~10 cm，宽 1~1.5 cm，先端长渐尖，基部窄圆形或楔形，上面绿色，无毛，下面苍白色，幼时有丝状柔毛，叶缘有细锯齿，齿端有腺体；叶柄短，长 5~8 mm，上面有长柔毛；托叶披针形或无，有细腺齿。花序与叶同时开放。雄花序圆柱形，长 1.5~2.5（3）cm，粗 6~8 mm，多少有梗，花序轴有长毛；雄蕊 2，花丝基部有长毛，花药黄色；苞片卵形，黄绿色，先端钝，基部被短柔毛，腺体 2。雌花序长达 2 cm，粗 4~5 mm，3~5 小叶生于短花序梗上，花序轴有长毛；子房长椭圆形，近无柄，无毛，无花柱或很短，柱头卵形，近圆裂；苞片同雄花，腺体 2，背生和腹生。果序长达 2.5 cm。花期 4 月；果期 4~5 月。

徂徕山各林区广泛分布和栽培，为当地最常见的树种之一。国内分布于东北、华北平原、西北黄土高原，西至甘肃、青海，南至淮河流域以及浙江、江苏。朝鲜、日本、俄罗斯远东地区也有分布。

木材白色，轻软，供建筑、器具、造纸及火药等用。细枝可编筐篮。为早春蜜源树种和固沙保土、四旁绿化树种。

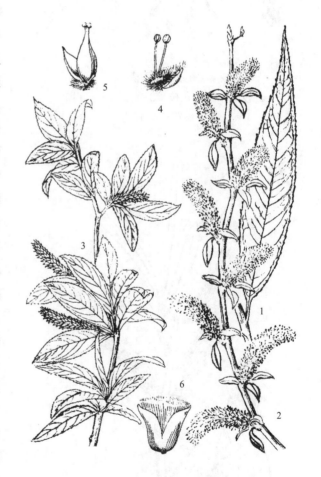

图 293 旱柳
1. 叶；2. 雄花枝；3. 雌花枝；4. 雄花；
5. 雌花；6. 果实

图294 垂柳
1. 枝叶；2. 雄花枝；3. 雌花枝；4. 叶；5. 雄花；6. 雌花

图295 筐柳
1. 雌花枝；2. 雌花

龙爪柳（变型）
f. tortuosa（Vilm.）Rehd.
Journ. Arn. Arb. 6: 206. 1925.

枝卷曲。

大寺、中军帐、隐仙观有栽培。中国各地栽于庭院做绿化树种。日本、欧洲、北美洲均引种。

2. 垂柳（图294）

Salix babylonica Linn.

Sp. Pl. 1017. 1753.

乔木，高可达18 m。树皮灰黑色，不规则纵裂；树冠开展而疏散；枝细长而下垂，淡褐黄色，无毛；芽条形，先端急尖。叶狭披针形或条状披针形，8~15 cm，宽0.5~1.5 cm，先端长渐尖，基部楔形，两面无毛，上面绿色，下面色较淡，边缘有锯齿；叶柄长5~10 mm，有短柔毛；萌枝有托叶，斜披针形或卵圆形，缘有锯齿。花序先于叶开放。雄花序长1.5~3 cm，有短梗，花序轴有毛；雄蕊2，花丝与苞片等长或较长，基部多少有长毛，花药红黄色；苞片披针形，外面有毛；腺体2。雌花序长2~3 cm，有梗，基部有3~4小叶，花序轴有毛；子房椭圆形，无毛或下部稍有毛，无柄，花柱短，柱头2~4深裂；苞片披针形，长约2 mm，外面有毛；腺体1。蒴果长3~4 mm。花期3~4月；果期4~5月。

徂徕山各林区均有栽植。耐水湿，多生于河流、水塘及湖水边。国内分布于长江流域与黄河流域，各地均栽培。

木材供制家具；枝条可编筐篮。公园多栽为观赏树。

3. 筐柳（图295）

Salix linearistipularis（Franch.）K. S. Hao

Repert. Spec. Nov. Regni Veg. Beih. 93: 102. 1936.

灌木或小乔木，高可达8 m。树皮黄灰色至暗灰色。小枝细长。芽卵圆形，淡褐色或黄褐色，无毛。叶披针形或线状披针形，长8~15 cm，宽5~10 mm，两端渐狭，或上部较宽，无毛，幼叶有绒毛，上面绿色，下面苍白色，边缘有腺锯齿，外卷；叶柄长8~12 mm，无毛，托叶线形或线状披针形，长达1.2 cm，边缘有腺齿，萌枝上的托叶长达 3 cm。花先于叶开放或与叶近同时开放，无花序梗，基部具 2 枚长圆形的全缘鳞片；雄花序长圆柱形，长 3~3.5 cm，粗 2~3 mm；雄蕊 2，花丝合生，最下部有柔毛，花药黄色；苞片倒卵形，先端黑色，有长毛；腺体 1，腹生；雌花序长圆柱形，长 3.5~4 cm，粗约 5 mm；子房卵状圆锥形，有短柔毛，无柄，花柱短，柱头 2 裂；苞片卵圆形，先端黑色，有长毛。花期 5 月上旬；果期 5 月中旬至下旬。

产于中军帐、马场、上池、龙湾。生于水沟边。国内分布于河北、山西、陕西、河南、甘肃等省份。

枝条细柔，是很好的编织材料。适应性强，不择土壤，可选作固砂和护堤固岸树种。

4. 黄龙柳（图 296）

Salix liouana C. Wang & C. Y. Yang

Bull. Bot. Lab. N.-E. Forest. Inst., Harbin 9: 97-98. 1980.

图 296 黄龙柳
1. 雌花枝；2. 枝叶；3. 叶局部放大；4. 雌蕊

灌木，树皮淡黄色。小枝黄褐或红褐色，沿芽附近常有短绒毛；1~2 年枝密被灰绒毛；芽扁，卵圆形，密被绒毛。叶倒披针形或披针形，常上部较宽，长 6~10 cm，宽 1.5~2.5 cm，短枝叶较小，先端短渐尖，基部楔形或阔楔形，边缘微外卷，有腺锯齿，上面淡绿色，下面苍白色，幼叶有短绒毛，成叶仅叶脉有毛，叶脉淡褐色，两面突出；叶柄长 5~10 mm，密被绒毛；托叶披针形，先端渐尖，基部渐狭，具腺齿，长于叶柄。花几与叶同时开放；雌花序卵圆形至短圆柱形，长 1~2.5 cm，粗 6~7 mm，无梗，基部具椭圆形下面有长毛的鳞片；苞片倒卵圆形或几圆形，先端圆，暗褐或栗色，两面有灰白色长柔毛；腺体 1，腹生，细小；子房圆锥形，密被灰绒毛，无柄，花柱短至缺，柱头全缘或 2 裂。花期 4 月；果期 5 月。

产于马场。生于山沟路旁。分布于陕西、河南、山东等省份。

5. 河柳 腺柳（图 297）

Salix chaenomeloides Kimura

Sci. Rep. Tohoku Imp. Univ. ser. 4（Biol.）13: 77. 1938.

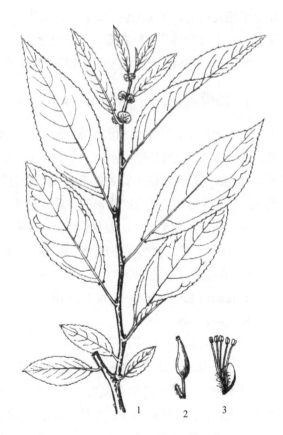

图 297 河柳
1. 枝叶；2. 雌花；3. 雄花

—— *Salix glandulosa* Seemen

乔木，高达 15 m；枝红褐色，有光泽。叶椭圆形、卵圆形至椭圆状披针形，长 5~9 cm，宽 2~3.5 cm，先端急尖，基部楔形或近圆形，两面无毛，上面绿色，下面苍白色，边缘有腺锯齿；叶柄长 5~12 mm，初有短绒毛，后脱落，先端有腺体；托叶半圆形，边缘有腺齿。雄花序长 4~6 cm，粗约 1 cm，花序梗和花序轴有柔毛；苞片卵形；雄蕊 5，花丝长为苞片的 2 倍，基部有毛，花药黄色，球形；雌花序长 4~5 cm，粗约 1 cm，花序梗长 2 cm，花序轴有绒毛；子房狭卵形，有长柄，无毛，无花柱，柱头头状；苞片椭圆状倒卵形，与子房柄等长或稍短；腺体 2，基部联结成假花盘状。蒴果卵状椭圆形，长 3~7 mm。花期 4 月；果期 5 月。

产于马场、光华寺、磻石峪、庙子、上池等林区。生于溪边。国内分布于辽宁及黄河中下游各省份。朝鲜、日本也有分布。

此外，祖徕山见于栽培的品种尚有：金丝垂柳 Salix 'Aureo-pendula'，落叶乔木，小枝细长，金黄色，下垂。叶窄披针形或条状披针形，长 9~16 cm，宽 0.5~1.5 cm，两面无毛或幼叶微被毛，有细锯齿；托叶斜披针形。花期 3~4 月；果期 4~5 月。大寺有栽培。

45. 白花菜科 Cleomaceae

草本，稀灌木，有特殊气味；茎直立，基部有时木质化，无毛或具腺毛。叶互生，很少对生，掌状复叶，小叶 3~7（11）；托叶鳞片状，早落，或无托叶。花序为总状、伞房状或单花，腋生；花两性，辐射对称或稍两侧对称，旋转状、漏斗状、钟状或坛状；萼片 4 片，分离或基部合生，宿存；花瓣 4 片，下部有爪，分离，覆瓦状排列，具蜜腺或腺体，有时无；雄蕊 6（32），花丝分离，或基部贴生于雌蕊柄上；子房上位，2 心皮，胚珠 1 至多数，花柱 1，柱头头状。蒴果，下部有长的子房柄，纵裂，有 1 薄的环状木质花盘。种子肾形，黄棕色。

约 17 属 150 种，主产热带与亚热带，少数至温带。中国 5 属 5 种。祖徕山 1 属 1 种。

1. 醉蝶花属 Tarenaya Rafinesque.

一年生草本，稀灌木。常被腺状短柔毛或无毛，有时具刺。茎少分枝。叶互生，掌状复叶，有皮刺，小叶 3~11，全缘或有锯齿；托叶刺状，稀无。总状花序生于茎顶或上部叶腋，有时伞房状或伸长，10~80 花；苞片位于花梗基部，或无；花稍两侧对称；萼片 4，相等，宿存；花瓣 4，等大；雄蕊 6，花丝着生在盘状或圆锥形的雄雌蕊柄中，花药线形，散粉时弯曲；雌蕊柄细长；果期延伸和弯曲；花柱粗短，柱头头状。蒴果长圆形，2 瓣裂。种子肾形，弯曲。

约 33 种，产东西两半球热带与亚热带，少数种产温带。中国引入 1 种。祖徕山 1 种。

1. 醉蝶花（图 298）

Tarenaya hassleriana（Chodat）Iltis

Novon 17: 450. 2007.

—— *Cleome spinosa* Jacq.

一年生草本，高 1~1.5 m。全株被黏质腺毛，有特殊臭味，有托叶刺，刺长达 4 mm，尖利，外弯。叶为具 5~7 小叶的掌状复叶，小叶草质，椭圆状披针形或倒披针形，中央小叶大，长 6~8 cm，宽 1.5~2.5 cm，外侧的最小，长约 2 cm，宽约 5 mm，基部楔形，下延成小叶柄，与叶柄相联接处稍呈蹼状，顶端渐狭或急尖，有短尖头，两面被毛，背面中脉常有刺，侧脉 10~15 对；叶柄长 2~8 cm，常有淡黄色皮刺。总状花序长达 40 cm，密被黏质腺毛；苞片叶状，卵状长圆形，长 5~20 mm，无柄或近无柄，基部多少心形；花蕾圆筒形，长约 2.5 cm，直径 4 mm，无毛；花梗长 2~3 cm，被短腺毛，单生于苞片腋内；萼片 4，长 6 mm，长圆状椭圆形，顶端渐尖，外被腺毛；花瓣粉红色，少见白色，在芽中时覆瓦状排列，无毛，爪长 5~12 mm，瓣片倒卵状匙形，长 10~15 mm，宽 4~6 mm，顶端圆形，基部渐狭；雄蕊 6，花丝长 3.5~4 cm，花药线形，长 7~8 mm；雌雄蕊柄长 1~3 mm；雌蕊柄长 4 cm，在果期略有增长；子房线柱形，长 3~4 mm，无毛；几无花柱，柱头头状。果圆柱形，长 5.5~6.5 cm，中部直径约 4 mm，两端稍钝，表面近平坦或微呈念珠状，有细而密且不甚清晰的脉纹。种子直径约 2 mm，表面近平滑或有小疣状突起，不具假种皮。花、果期 7~9 月。

徂徕山有少量栽培。原产热带美洲，现在全球热带至温带栽培。中国各大城市常见栽培。

供观赏，也是一种优良的蜜源植物。

图 298　醉蝶花
1. 花枝；2. 叶；3. 花；4. 花瓣；5. 雌蕊

46. 十字花科 Brassicaceae

一、二年生或多年生草本。植株常具单毛、分枝毛、星状毛或腺毛。根有时膨大成肥厚的块根。茎直立或铺散，有时短缩。叶 2 型：基生叶旋叠状或莲座状；茎生叶通常互生，有柄或无柄，常无托叶。花整齐，两性，少退化成单性；总状花序，顶生或腋生，偶单生；萼片 4 片，分离，排成 2 轮，有时基部呈囊状；花瓣 4 片，分离，成"十"字形排列，花瓣白色、黄色、粉红色、紫色或淡紫红色，基部有时具爪；雄蕊通常 6 枚，排成 2 轮，外轮 2 枚具较短的花丝，内轮 4 枚具较长的花丝，为四强雄蕊；子房上位，2 室，少数无假隔膜时子房 1 室，每室有胚珠 1 至多枚，排成 1 或 2 行，侧膜胎座，花柱短或缺，柱头单一或 2 裂。果实为长角果或短角果，成熟后自下而上成 2 果瓣开裂。种子较小，表面光滑或具纹理，有翅或无翅，无胚乳。

约 330 属 3500 种，主产北温带，尤以地中海区域分布较多。中国 102 属 412 种，全国各地均有分布，以西南、西北、东北高山区及丘陵地带为多，平原及沿海地区较少。徂徕山 14 属 23 种 8 变种。

经济价值大，主要为蔬菜和油料作物，有的种类是重要的药用植物、观赏植物，也可用作染料、野菜或饲料。

分属检索表

1. 果实成熟后开裂。
  2. 长角果（长宽比大于 2，球果蔊菜除外）。
    3. 长角果有明显的长喙。
      4. 花瓣紫色或淡红色；果实线形；种子矩圆形，稍压扁…………………………1. 诸葛菜属 Orychophragmus
      4. 花瓣黄色；果实长圆柱形，稍扁，果瓣凸起；种子球形………………………………2. 芸薹属 Brassica
    3. 长角果无明显的长喙。

5. 植株无毛或有单毛，有时杂有分枝毛或腺毛。
　　6. 花瓣黄色，有时花瓣退化或无；果实线状圆柱形、椭圆形或球形·················3. 蔊菜属 Rorippa
　　6. 花瓣白色、淡红色或淡紫色。
　　　　7. 叶片为羽状分裂或羽状复叶···4. 碎米荠属 Cardamine
　　　　7. 叶片为单叶，全缘或有锯齿··5. 花旗杆属 Dontostemon
5. 植株有分枝毛或星状毛，有时无毛或有单毛。
　　8. 叶片不分裂。
　　　　9. 茎生叶基部抱茎；花瓣白色或紫红色···6. 南芥属 Arabis
　　　　9. 茎生叶基部下延，不抱茎。
　　　　　　10. 花瓣黄色、橘黄色或带紫色，长角果通常有四棱··7. 糖芥属 Erysimum
　　　　　　10. 花瓣白色，长角果圆柱形··8. 鼠耳芥属 Arabidopsis
　　8. 叶片2~3回羽状深裂；花黄色或乳黄色··9. 播娘蒿属 Descurainia
2. 短角果（长宽比小于2）。
　　11. 短角果无翅；花瓣明显；雄蕊6枚。
　　　　12. 基生叶常羽状分裂；短角果倒三角形或倒心状三角形··10. 荠属 Capsella
　　　　12. 基生叶不分裂；短角果椭圆形等··11. 葶苈属 Draba
　　11. 短角果顶端稍有翅或翅不明显；花瓣小，有时退化或无；雄蕊6枚，有时退化成4或2枚···············
　　　··12. 独行菜属 Lepidium
1. 果实成熟后不开裂。
　　13. 短角果长圆形或近圆形，压扁，有翅；高大草本，叶片几全缘···13. 菘蓝属 Isatis
　　13. 长角果念珠状缢缩，成熟时裂成几个含1粒种子的节或裂成几部分···14. 萝卜属 Raphanus

1. 诸葛菜属 Orychophragmus Bunge

一、二年生草本。无毛或稍有细柔毛。茎单一或从基部分枝。基生叶及下部茎生叶大头羽状分裂，有长柄，上部茎生叶基部耳状，抱茎，有短柄或无柄。花大，美丽，紫色或淡红色，具长花梗，成疏松总状花序；花萼合生，内轮萼片基部囊状，边缘透明；花瓣宽倒卵形，基部成窄长爪；雄蕊全部离生，或长雄蕊花丝成对合生达顶端；侧蜜腺近三角形，无中蜜腺；花柱短，柱头2裂。长角果线形，四棱或压扁，熟时2瓣裂，果瓣具锐脊，顶端有长喙。种子1行，扁平；子叶对折。

2种，分布亚洲中部和东部。中国2种。徂徕山1种。

1. 诸葛菜 二月兰（图299）

Orychophragmus violaceus（Linn.）O. E. Schulz

Bot. Jahrb. 54: Beibl. 119. 56. 1916.

一、二年生草本，高10~50 cm。无毛。茎单一，直立，基部或上部稍有分枝，浅绿色或带紫色。基生叶及下部茎生叶大头羽状全裂，顶裂片近圆形或短卵形，长3~7 cm，宽2~3.5 cm，顶端钝，基部心形，有钝齿，侧裂片2~6对，卵形或三角状卵形，长3~10 mm，越向下越小，偶在叶轴上杂有极小裂片，全缘或有牙齿，

图299　诸葛菜
1. 植株上部；2. 花；3. 果实

叶柄长 2~4 cm, 疏生细柔毛; 上部叶长圆形或窄卵形, 长 4~9 cm, 顶端急尖, 基部耳状, 抱茎, 边缘有不整齐牙齿。花紫色、浅红色或白色, 直径 2~4 cm; 花梗长 5~10 mm; 花萼筒状, 紫色, 萼片长约 3 mm; 花瓣宽倒卵形, 长 1~1.5 cm, 宽 7~15 mm, 密生细脉纹, 爪长 3~6 mm。长角果线形, 长 7~10 cm。具四棱, 裂瓣有 1 凸出中脊, 喙长 1.5~2.5 cm; 果梗长 8~15 mm。种子卵形至长圆形, 长约 2 mm; 稍扁平, 黑棕色, 有纵条纹。花期 4~5 月; 果期 5~6 月。

徂徕山各林区均产。国内分布于辽宁、河北、山西、山东、河南、安徽、江苏、浙江、湖北、江西、陕西、甘肃、四川等省份。朝鲜有分布。

嫩茎叶用开水泡后, 再放在冷开水中浸泡, 直至无苦味时即可炒食。种子可榨油。

2. 芸薹属 Brassica Linn.

一、二年或多年生草本。无毛或有单毛。根细或成块状。基生叶常成莲座状, 茎生叶有柄或抱茎。总状花序伞房状, 果期延长; 花中等大, 黄色, 少数白色; 萼片近相等, 内轮基部囊状; 侧蜜腺柱状, 中蜜腺近球形、长圆形或丝状。子房有 5~45 枚胚珠。长角果线形或长圆形、圆筒状, 少有近压扁, 常稍扭曲, 喙多为锥状, 喙部有 1~3 粒种子或无种子; 果瓣无毛, 有 1 显明中脉, 柱头头状, 近 2 裂; 隔膜完全, 透明。种子每室 1 行, 球形或少数卵形, 棕色; 子叶对折。

约 40 种, 多分布在地中海地区。中国 6 种。徂徕山常见栽培 3 种及 8 变种。

本属植物为重要蔬菜, 也是重要的蜜源植物, 少数种类的种子可榨油, 某些种类可供药用。关于本属的种的分类有不同意见。传统的看法把每种蔬菜作为种来处理。有人主张用 *Brassica rapa* 为并合的种名, 下面设许多亚种; 有人主张用 *Brassica chinensis* 作各类白菜的总学名; 近来又有人主张用 *Brassica campestris* 作为中国白菜类的种的总称。《中国植物志》曾记载中国栽培种类 14 种 11 变种, 但 FOC 将中国长期栽培的种类归于 4 个种, 并把合并后的种类处理为变种。

分种检索表

1. 茎上部叶无柄, 基部常呈耳状、抱茎或深心形。
   2. 植株常被疏柔毛, 侧面雄蕊的花丝基部弯曲, 花瓣亮黄色, 稀乳黄色, 长 0.7~1.3 cm ············ 1. 蔓菁 Brassica rapa
   2. 全株光滑无毛, 所有花丝基部直立, 花瓣乳黄色, 稀白色, 长 1.5~3 cm ···················· 2. 野甘蓝 Brassica oleracea
1. 茎上部叶有柄或近无柄, 基部不呈耳状, 不抱茎或心形。
   3. 花瓣亮黄色, 长 0.5~1.3 cm, 植株至少下部被疏柔毛, 上部有时蓝绿色 ···················· 3. 芥菜 Brassica juncea
   3. 花瓣白色或乳黄色, 长 1.5~3 cm, 全株光滑并蓝绿或粉绿色 ···················· 2. 野甘蓝 Brassica oleracea

1. 蔓菁

Brassica rapa Linn.

Sp. Pl. 666. 1753.

二年生草本, 高达 100 cm; 块根肉质, 球形、扁圆形或长圆形, 无辣味。茎直立, 有分枝, 下部稍有毛, 上部无毛。基生叶长 20~40 cm, 羽状分裂或大头羽裂, 边缘波状或有钝齿, 侧裂片约 5 对, 向下渐变小, 两面有少数散生刺毛; 叶柄长 10~16 cm, 有小裂片。茎中部及上部叶为长圆状披针形, 先端钝尖, 基部圆耳状, 半抱茎, 边缘有大小不等的疏齿, 无毛, 带粉霜。总状花序顶生; 花萼长圆形, 长 4~6 mm; 花瓣鲜黄色, 倒披针形, 长 4~8 mm, 有短爪。长角果线形, 长 4~8 cm, 果瓣具 1 显明中脉; 喙长 10~20 mm; 果梗长达 3 cm。种子球形, 棕黄色, 表面有细网纹。花期 3~4 月; 果期 5~6 月。

各地栽培。块根及叶供食用。

图 300 白菜
1. 植株一部分；2. 花；3. 果

白菜（变种）（图 300）
var. **glabra** Regel
Gartenflora 9: 9. 1860.
—— *Brassica pekinensis*（Lour.）Rupr.
—— *Brassica campestris* var. *pekinensis*（Lour.）Viehoever
—— *Brassica chinensis* var. *pekinensis*（Lour.）V. G. Sun
—— *Brassica rapa* subsp. *pekinensis*（Lour.）Hanelt

一、二年生草本。主根圆柱形。基生叶多达 20 枚以上，紧密的莲座状着生，形成长圆形或倒卵球形头状体；叶柄白色，极宽扁，长 5~9 cm，宽 2~8 cm，具缺刻的宽薄翅；叶片有锯齿，中脉白色，很宽，有多数粗壮侧脉。抽花茎上的茎生叶小，长圆形至长披针形，顶端圆钝至急尖，全缘或有裂齿，有短柄或抱茎；花黄色，花瓣倒卵形。长角果较粗短，长 3~6 cm，宽约 3 mm，两侧压扁，喙顶端圆。种子球形，直径约 1.5 mm，棕色。花期 3~6 月；果期 6~7 月。

徂徕山各地普遍栽培。原产中国华北地区，现各地广泛栽培。为东北及华北地区冬、春季主要蔬菜。

青菜　小白菜、油菜、小油菜（变种）
var. **chinensis**（Linn.）Kitam.
Mem. Coll. Sci. Kyoto Imp. Univ. Ser. B Biol. 19: 79. 1950.
—— *Brassica chinensis* Linn.
—— *Brassica campestris* Linn. subsp. *chinensis*（Linn.）Makino

一年生草本，稀二年生。植株无毛；根粗，坚硬。茎直立，高 25~70 cm，有分枝。基生叶 20 枚以上，莲座状着生，不形成紧密头状。叶柄宽而肉质肥厚，横切面呈半圆形或长圆形，无翼。叶片匙形、圆形、卵形或宽倒卵形，长 20~30 cm，全缘或波状。茎生叶基部耳状抱茎。总状花序顶生，呈圆锥状；花浅黄色。长角果线形，长 2~6 cm，宽 3~4 mm，坚硬，无毛，果瓣有明显中脉及网结侧脉；喙顶端细，长约 10 mm。种子球形，直径 1~1.5 mm，紫褐色，有蜂窝纹。花期 4~5 月；果期 5~6 月。

徂徕山各地普遍栽培。原产亚洲。中国南北各省份栽培。嫩叶供蔬菜用，为中国最普遍蔬菜之一。

2. 野甘蓝

Brassica oleracea Linn.
Sp. Pl. 2: 667. 1753.

二年生或多年生草本，稀一年生，高（0.3）0.6~1.5（3）m。全株光滑无毛，被粉霜，蓝绿或粉绿色。茎直立或俯卧，中上部分枝，有时基部肉质。基生叶及茎基部的叶有长柄，质厚，有时层层包裹成球状体，乳白色或淡绿色，叶片轮廓为卵形、长圆形或披针形，长达 40 cm，宽达 15 cm，全缘、波状或有钝齿，有时大头羽状分裂或羽状全裂，侧裂片小，1~13 对，长圆形或卵形。上部茎生叶无柄或近无柄，长圆状披针形、卵形或长圆形，长 10 cm，宽 4 cm，基部抱茎、耳状，稀楔形，全缘或波状，稀有钝齿。总状花序有时缩短成头状，肉质；萼片长圆形，长 0.8~1.5 cm，宽 1.5~2.7 mm，直立；花瓣乳黄色，稀白色，长（1.5）1.8~2.5（3）cm，宽（0.6）0.8~1.2 cm，卵形或椭圆形，先端圆，瓣爪长0.7~1.5 cm；花丝长0.8~1.2 cm，花药长圆形，长2.5~4 mm。果实线形，圆筒状，长（2.5）4~8（10）cm，直径（2.5）3~4（5）mm，无柄或有长约3 mm的雌蕊柄，每室10~20粒种子，果瓣具1中脉，喙长4~10 mm，无种子或有1~2粒种子。种子球形，直径1.5~2.5 mm，棕色。花期3~6月；果期4~7月。

原产欧洲西部，约有15变种和16变型，中国各地栽培有7变种，作蔬菜及饲料用。

甘蓝（变种）（图301）

var. **capitata** Linn.

Sp. Pl. 667. 1753.

图 301　甘蓝
1. 花序；2. 茎一段；3. 营养期植株

二年生草本。一年生茎肉质，不分枝，绿色或灰绿色。基生叶多数，质厚，层层包裹成球状体，扁球形，直径10~30 cm，乳白色或淡绿色；二年生茎有分枝，具茎生叶。基生叶及下部茎生叶长圆状倒卵形至圆形，长和宽达30 cm，顶端圆形，基部骤窄成极短有宽翅的叶柄，边缘有波状不显明锯齿；上部茎生叶卵形或长圆状卵形，长8~13.5 cm，宽3.5~7 cm，基部抱茎；最上部叶长圆形，长约4.5 cm，宽约1 cm，抱茎。总状花序顶生及腋生；花淡黄色，直径2~2.5 cm；花梗长7~15 mm；萼片直立，线状长圆形，长5~7 mm；花瓣宽椭圆状倒卵形或近圆形，长13~15 mm，脉纹显明，顶端微缺，基部骤变窄成爪，爪长5~7 mm。长角果圆柱形，长6~9 cm，宽4~5 mm，两侧稍压扁，中脉突出，喙圆锥形，长6~10 mm；果梗粗，直立开展，长2.5~3.5 cm。种子球形，直径1.5~2 mm，棕色。花期4~5月；果期5~6月。

普遍栽培。作蔬菜及饲料用。按叶色和叶形可分为普通甘蓝、紫甘蓝和皱叶甘蓝等。

擘蓝（变种）（图302）

var. **gongylodes** Linn

Sp. Pl. 667. 1753.

—— *Brassica caulorapa* Pasq.

又名球茎甘蓝、芥兰头。茎基部在地面上缩短并膨大成球形或扁球形的球状茎，肉质，直径5~10 cm，蓝绿色或绿白色，偶紫色，其上生叶。叶略厚，蓝绿色、淡绿色或紫色，有蜡粉，卵圆形至长圆形，长15~20 cm，基部在两侧各有1~2裂片，

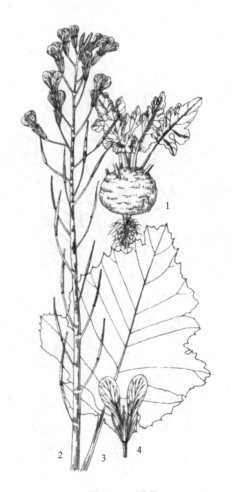

图 302　擘蓝
1. 营养期植株；2. 花序；3. 叶；4. 花

边缘波状，有不规则裂齿；叶柄长 6.5~20 cm。

徂徕山有零星栽培。全国大多数省份均有栽培。球茎及嫩叶作蔬菜食用；种子油供食用。

羽衣甘蓝（变种）

var. acephala DC.

Syst. Nat. 2: 583. 1821.

营养生长期茎缩短，开花繁殖期茎抽花葶可高达 1 m。基生叶密生，莲座状，皱缩、波状或分裂，呈白黄、黄绿、粉红或红紫等色，有长叶柄。

徂徕山有零星栽培，供观赏。中国大城市公园有栽培。

花椰菜（变种）

var. botrytis Linn.

Sp. Pl. 667. 1753.

二年生草本，高 60~90 cm，被粉霜。茎直立，粗壮，有分枝。基生叶及下部叶长圆形至椭圆形，长 2~3.5 cm，灰绿色，顶端圆形，开展，不卷心，全缘或具细牙齿，有时叶片下延，具数个小裂片，并成翅状；叶柄长 2~3 cm；茎中上部叶较小且无柄，长圆形至披针形，抱茎。茎顶端有 1 枚由总花梗、花梗和未发育的花芽密集成的乳白色肉质头状体；总状花序顶生及腋生；花淡黄色，后变成白色。长角果圆柱形，长 3~4 cm，有 1 中脉，喙下部粗上部细，长 10~12 mm。种子宽椭圆形，长近 2 mm，棕色。花期 4 月；果期 5 月。

徂徕山有零星栽培。头状体作蔬菜食用。

3. 芥菜（图 303）

Brassica juncea（Linn.）Czern.

Conspect. Fl. Chark. 8. 1859.

一年生草本，高 30~150 cm。茎叶有柔毛，稀无毛，有或无粉霜，有辣味。茎直立，上部有分枝。基生叶和茎下部的叶有长柄，叶柄长（1）2~8（15）cm，叶片轮廓卵形、矩圆形或披针形，大头羽裂或羽状全裂，长（4）6~30（80）cm，宽 1.5~15（28）cm，顶生裂片卵形，叶缘波状、有钝齿或缺刻状，侧裂片 1~3 对，远小于顶生裂片，皱褶、缺刻状、有钝齿、波状，或全缘。茎上部叶有柄或近无柄，倒披针形、矩圆形、披针形或线形，长达 10 cm，宽达 5 cm，基部楔形至下延，全缘或波状，稀有钝齿。总状花序顶生，花后延长。萼片长圆形，长 4~6 mm，斜展；花瓣黄色，卵形或倒卵形，长 8~11 mm，先端圆或凹缺；瓣爪长 3~6 mm；花丝长 4~7 mm；花药长圆形，长 1.5~2 mm。果实线形，长（2）3~5（6）cm，宽 3~4（5）mm，圆筒形或微具四棱，无柄，不与果序轴贴生，向外叉开或斜展，果瓣略肿胀，具 1 突出中脉，每果瓣有 6~15（20）粒种子，顶喙长（4）5~10（15）mm，圆锥形。种

图 303 芥菜

1. 植株上部；2. 花；3. 去花萼、花冠的花

子褐色或灰色，球形，直径 1~1.7 mm，表面有细网纹。花期 3~6 月；果期 4~7 月。

徂徕山有零星栽培。全国各地栽培。

叶盐腌供食用；种子及全草供药用；种子磨粉称芥末，为调味料；榨出的油称芥子油。为优良的蜜源植物。

芥菜疙瘩（变种）（图 304）

var. **napiformis**（Pailleux & Bois）Kitam.

Mem. Coll. Sci. Kyoto Imp. Univ. Ser. B Biol. 19: 76. 1950.

—— *Brassica napiformis*（Pailleux & Bois）L. H. Bailey

—— *Brassica juncea* subsp. *napiformis*（Pailleux & Bois）Gladis

二年生，主根肉质膨大，芜菁状、圆锥形、矩圆形或倒卵球形，直径 7~10 cm。基生叶叶柄较纤细，不肉质肥厚，中脉不扁平加宽，叶片长 5~30 cm，叶缘不规则锯齿或全裂，裂片皱褶。花期 4~5 月；果期 5~6 月。

徂徕山有零星栽培。主根盐腌作蔬菜食用。

雪里蕻　雪里红、雪菜（变种）

var. **multiceps** Tsen & Lee

Hortus Sinicus 2: 20. 1942.

基生叶与茎下部的叶倒披针形或长圆状倒披针形，长约 40 cm，多裂，裂片深裂或浅裂，边缘皱卷；叶柄细长。上部茎生叶叶片有齿或稍分裂。茎顶端的叶全缘。茎缩短，侧芽发达，形成多分蘖，叶片多。

徂徕山有零星栽培。中国南北各省份均有栽培。盐腌作蔬菜食用。

图 304　芥菜疙瘩
1. 植株一部分；2. 花序；3. 叶；
4. 去花萼、花冠的花；5. 果；6. 根部

3. 蔊菜属 Rorippa Scop.

一、二年生或多年生草本，植株无毛或具单毛。茎直立或呈铺散状，多数有分枝。叶全缘、浅裂或羽状分裂。总状花序顶生，多数，有时每花生于叶状苞片腋部，花小，黄色；萼片 4，开展，长圆形或宽披针形；花瓣 4 或有时缺，倒卵形，基部较狭，稀具爪；雄蕊 6 或较少。长角果多呈细圆柱形，或短而呈椭圆形或球形，直立或微弯，果瓣凸出，无脉或仅基部具明显中脉；柱头全缘或 2 裂。种子细小，多数，每室 1 或 2 行；子叶缘倚胚根。

约 75 种，广布于北半球的温暖地区。中国 9 种，南北各省份均有分布。徂徕山 5 种。

分种检索表

1. 短角果球形、近球形、圆柱形、椭圆形。
   2. 总状花序顶生，花均具叶状苞片；短角果圆柱形 ·· 1. 广州蔊菜 Rorippa cantoniensis
   2. 总状花序顶生或腋生，无苞片；叶片羽状深裂至全裂、或大头羽裂。
      3. 果实近球形，直径 2~4 mm，熟时 4 瓣裂 ·· 2. 风花菜 Rorippa globosa

3. 果实椭圆形，长 3~8 mm，宽 1~3 mm ·· 3. 沼生蔊菜 Rorippa islandica
1. 长角果细圆柱形或线形。
　　　4. 具黄色花瓣；种子每室 2 行 ··· 4. 蔊菜 Rorippa indica
　　　4. 无花瓣；种子每室 1 行 ··· 5. 无瓣蔊菜 Rorippa dubia

1. 广州蔊菜（图 305）

Rorippa cantoniensis（Lour.）Ohwi

Acta Phytotax. & Geobot. 6: 55. 1937.

一、二年生草本，高 10~30 cm。植株无毛。茎直立或呈铺散状分枝。基生叶具柄，基部扩大贴茎，叶片羽状深裂或浅裂，长 4~7 cm，宽 1~2 cm，裂片 4~6，边缘具 2~3 缺刻状齿，顶端裂片较大；茎生叶渐缩小，无柄，基部呈短耳状，抱茎，叶片倒卵状长圆形或匙形，边缘常呈不规则齿裂，向上渐小。总状花序顶生，花黄色，近无柄，每花生于叶状苞片腋部；萼片 4，宽披针形，长 1.5~2 mm，宽约 1 mm；花瓣 4，倒卵形，基部渐狭成爪，稍长于萼片；雄蕊 6，近等长，花丝线形。短角果圆柱形，长 6~8 mm，宽 1.5~2 mm，柱头短，头状。种子极多数，细小，扁卵形，红褐色，表面具网纹，一端凹缺；子叶缘倚胚根。花期 3~4 月；果期 4~6 月。

产于大寺、马场。生于路旁、山沟潮湿地。国内分布于辽宁、河北、山东、河南、安徽、江苏、浙江、福建、台湾、湖北、湖南、江西、广东、广西、陕西、四川、云南等省份。朝鲜、俄罗斯、日本、越南也有分布。

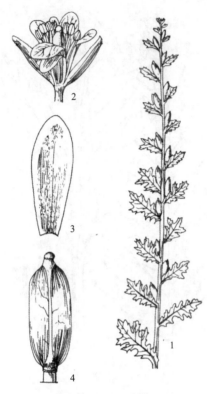

图 305　广州蔊菜
1. 植株上部；2. 花；3. 花萼；4. 果实

2. 风花菜（图 306）

Rorippa globosa（Turcz.）Hayek

Beih. Bot. Centralbl. 27: 195. 1911.

一、二年生草本，高 20~80 cm。植株粗壮，被白色硬毛或近无毛。茎单一，基部木质化，下部被白色长毛，上部近无毛，分枝或不分枝。茎下部叶具柄，上部叶无柄，叶片长圆形至倒卵状披针形，长 5~15 cm，宽 1~2.5 cm，基部渐狭，下延成短耳状而半抱茎，边缘具不整齐粗齿，两面被疏毛，尤以叶脉为显。总状花序多数，呈圆锥花序式排列，果期伸长。花小，黄色，具细梗，长 4~5 mm；萼片 4，长卵形，长约 1.5 mm，开展，基部等大，边缘膜质；花瓣 4，倒卵形，与萼片等长或稍短，基部渐狭成短爪；雄蕊 6，四强或近于等长。短角果近球形，径约 2 mm，果瓣隆起，平滑无毛，有不明显网纹，顶端具宿存短花柱；果梗纤细，呈水平开展或稍向下弯，长 4~6 mm。种子多数，淡褐色，极细小，扁卵形，一端微

图 306　风花菜
1. 植株下部；2. 叶；3. 植株上部；4. 花；
5. 花瓣；6. 雄蕊；7. 果实；8. 种子

凹；子叶缘倚胚根。花期 4~6 月；果期 7~9 月。

产于光华寺、西旺。国内分布于黑龙江、吉林、江宁、河北、山西、山东、安徽、江苏、浙江、湖北、湖南、江西、广东、广西、云南等省份。俄罗斯亦有分布。

3. 沼生蔊菜（图 307）

Rorippa islandica（Oed.）Borb.

Balaton Tav. part. 2: 392. 1900.

一、二年生草本，高（10）20~50 cm。光滑无毛，稀有单毛。茎直立，单一或分枝，下部常带紫色，具棱。基生叶多数，具柄；叶片羽状深裂或大头羽裂，长圆形至狭长圆形，长 5~10 cm，宽 1~3 cm，裂片 3~7 对，边缘不规则浅裂或呈深波状，顶端裂片较大，基部耳状抱茎，有时有缘毛；茎生叶向上渐小，近无柄，叶片羽状深裂或具齿，基部耳状抱茎。总状花序顶生或腋生；果期伸长，花小，多数，黄色或淡黄色，具纤细花梗，长 3~5 mm；萼片长椭圆形，长 1.2~2 mm，宽约 0.5 mm；花瓣长倒卵形至楔形，等于或稍短于萼片；雄蕊 6，近等长，花丝线状。短角果椭圆形或近圆柱形，有时稍弯曲，长 3~8 mm，宽 1~3 mm，果瓣肿胀。种子每室 2 行，多数，褐色，细小，近卵形而扁，一端微凹，表面具细网纹；子叶缘倚胚根。花期 4~7 月；果期 6~8 月。

图 307　沼生蔊菜
1. 植株上部；2. 花；3. 花萼；4. 果实

徂徕山各林区均产。生于潮湿环境或近水处。国内分布于黑龙江、吉林、辽宁、内蒙古、河北、山西、山东、河南、安徽、江苏、湖南、陕西、甘肃、青海、新疆、贵州等省份。北半球温暖地区皆有分布。

4. 蔊菜（图 308）

Rorippa indica（Linn.）Hiern

Cat. Afr. Pl. Welw. 1: 26. 1896.

一、二年生直立草本，高 20~40 cm，植株较粗壮，无毛或具疏毛。茎单一或分枝，表面具纵沟。叶互生，基生叶及茎下部叶具长柄，叶形多变化，通常大头羽状分裂，长 4~10 cm，宽 1.5~2.5 cm，顶端裂片大，卵状披针形，边缘具不整齐牙齿，侧裂片 1~5 对；茎上部叶片宽披针形或匙形，边缘具疏齿，具短柄或基部耳状抱茎。总状花序顶生或侧生，花小，多数，具细花梗；萼片 4，卵状长圆形，长 3~4 mm；花瓣 4，黄色，匙形，基部渐狭成短爪，与萼片近等长；雄蕊 6，2 枚稍短。长角果线状圆柱形，短而粗，长 1~2 cm，宽 1~1.5 mm，直立或稍内弯，成熟时果瓣隆起；果梗纤细，长 3~5 mm，斜升或近水平开展。种子每室 2 行，多数，细小，卵圆形而扁，一端微凹，表面褐色，具细网纹；子叶缘倚胚根。花期 4~6 月；果期 6~8 月。

图 308　蔊菜
1. 植株上部；2. 花；3. 果

徂徕山各林区均产。生于河边、屋边墙脚及路旁等较潮湿处。国内分布于山东、河南、江苏、浙江、福建、台湾、湖南、江西、广东、陕西、甘肃、四川、云南等省份。日本、朝鲜、菲律宾、印度尼西亚、印度等也有分布。

全草可入药，内服有解表健胃、止咳化痰、平喘、清热解毒、散热消肿等效；外用治痈肿疮毒及烫火伤。

5. 无瓣蔊菜（图309）

Rorippa dubia（Pers.）Hara

Journ. Jap. Bot. 30（7）：196. 1955.

一年生草本，高10~30 cm；植株较柔弱，光滑无毛，直立或呈铺散状分枝，表面具纵沟。单叶互生，基生叶与茎下部叶倒卵形或倒卵状披针形，长3~8 cm，宽1.5~3.5 cm，多数呈大头羽状分裂，顶裂片大，边缘具不规则锯齿，下部具1~2对小裂片，稀不裂，叶质薄；茎上部叶卵状披针形或长圆形，边缘具波状齿，具短柄或无柄。总状花序顶生或侧生，花小，多数，具细花梗；萼片4，直立，披针形至线形，长约3 mm，宽约1 mm，边缘膜质；无花瓣，偶有不完全花瓣；雄蕊6，2枚较短。长角果线形，长2~3.5 cm，宽约1 mm，细而直；果梗纤细，斜升或近水平开展。种子每室1行，多数，细小，褐色，近卵形，表面具细网纹；子叶缘倚胚根。花期4~6月；果期6~8月。

图309 无瓣蔊菜
1. 植株；2. 角果

产于大寺、光华寺等林区。国内分布于安徽、江苏、浙江、福建、湖北、湖南、江西、广东、广西、陕西、甘肃、四川、贵州、云南、西藏。日本、菲律宾、印度尼西亚、印度及美国南部均有分布。

全草可入药。

4. 碎米荠属 Cardamine Linn.

一、二年生或多年生草本，有单毛或无毛。地下根状茎不明显，或根状茎显著，偶有小球状块茎，有或无匍匐茎。茎单一，不分枝或自基部、上部分枝。叶为单叶或为各种羽裂，或为羽状复叶，具叶柄，很少无柄。总状花序通常无苞片，花初开时排列成伞房状；萼片直立或稍开展，卵形或长圆形，边缘膜质，基部等大，内轮萼片的基部多呈囊状；花瓣白色、淡紫红色或紫色，倒卵形或倒心形，有时具爪；雄蕊花丝直立，细弱或扁平，稍扩大；侧蜜腺环状或半环状，有时成二鳞片状，中蜜腺单一，乳突状或鳞片状；雌蕊柱状。长角果线形，扁平，果瓣平坦，无脉或基部有1不明显的脉，成熟时常自下而上开裂或弹裂卷起。种子每室1行，压扁状，椭圆形或长圆形，无翅或有窄的膜质翅；子叶扁平，通常缘倚胚根。

约200种，分布于全球，主产温带地区。中国48种，广布南北各省份。徂徕山2种。

分种检索表

1. 茎不曲折；基生叶的顶生小叶肾形或肾圆形 ·· 1. 碎米荠 Cardamine hirsuta

1. 茎较曲折；基生叶的顶生小叶菱状卵形 ·· 2. 弯曲碎米荠 Cardamine flexuosa

1. 碎米荠（图310）

Cardamine hirsuta Linn.

Sp. Pl. 655. 1753.

一年生草本，高15~35 cm。茎直立或斜升，分枝或不分枝，下部有时淡紫色，被较密柔毛，上部毛渐少。基生叶具叶柄，有小叶2~5对，顶生小叶肾形或肾圆形，长4~10 mm，宽5~13 mm，边缘有3~5圆齿，小叶柄明显，侧生小叶卵形或圆形，较小，基部楔形而两侧稍歪斜，边缘有2~3圆齿，有或无小叶柄；茎生叶具短柄，有小叶3~6对，生于茎下部的与基生叶相似，生于茎上部的顶生小叶菱状长卵形，顶端3齿裂，侧生小叶长卵形至线形，多数全缘；全部小叶两面稍有毛。总状花序生于枝顶，花小，直径约3 mm，花梗纤细，长2.5~4 mm；萼片绿色或淡紫色，长椭圆形，长约2 mm，边缘膜质，外面有疏毛；花瓣白色，倒卵形，长3~5 mm，顶端钝，向基部渐狭；花丝稍扩大；雌蕊柱状，花柱极短，柱头扁球形。长角果线形，稍扁，无毛，长达30 mm；果梗纤细，直立开展，长4~12 mm。种子椭圆形，宽约1 mm，顶端有的具明显的翅。花期2~4月；果期4~6月。

产于光华寺、庙子、上池、马场。多生于水边、路旁、荒地及耕地的草丛中。分布几遍全国。亦广布于全球温带地区。

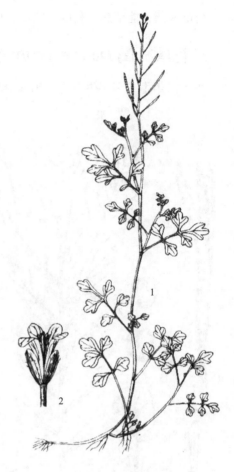

图310 碎米荠
1. 植株；2. 花

2. 弯曲碎米荠（图311）

Cardamine flexuosa Withering

Arr. Brit. Pl. ed. 3. 3:578. 1796.

一、二年生草本，高达30 cm。茎自基部多分枝，斜升呈铺散状，表面疏生柔毛。基生叶有叶柄，小叶3~7对，顶生小叶卵形、倒卵形或长圆形，长与宽各为2~5 mm，顶端3齿裂，基部宽楔形，有小叶柄，侧生小叶卵形，较小，1~3齿裂，有小叶柄；茎生叶有小叶3~5对，小叶多为长卵形或线形，1~3裂或全缘，小叶柄有或无，全部小叶近无毛。总状花序生于枝顶，花小，花梗纤细，长2~4 mm；萼片长椭圆形，长约2.5 mm，边缘膜质；花瓣白色，倒卵状楔形，长约3.5 mm；花丝不扩大；雌蕊柱状，花柱极短，柱头扁球状。长角果线形，扁平，长12~20 mm，宽约1 mm，与果序轴近于平行排列，果序轴左右弯曲，果梗直立开展，长3~9 mm。种子长圆形而扁，长约1 mm，黄绿色，顶端有极窄的翅。花期3~5月；果期4~6月。

徂徕山各林区均产。生于田边、路旁及草地。分布几遍全国。朝鲜、日本、欧洲、北美洲均有分布。

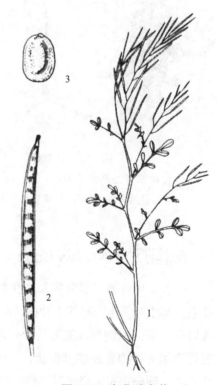

图311 弯曲碎米荠
1. 植株；2. 果；3. 种子

全草入药,能清热、利湿、健胃、止泻。

5. 花旗杆属 Dontostemon Andrz. ex Ledeb.

一、二年生或多年生草本。植株具单毛、腺毛,稀无毛;茎分枝或单一。叶多数,全缘或具齿,草质或肉质。总状花序顶生或侧生,萼片直立,扁平,或内轮2枚基部略呈囊状;花淡紫色、紫色或白色,瓣片顶部钝圆或微凹,基部具爪;长雄蕊花丝成对联合至长度的3/4或几达花药处,具侧蜜腺,半圆形或塔形。长角果圆柱形至长线形,或果瓣与假隔膜呈平行方向压扁成带状,种子1行,褐色,卵形或长椭圆形,具膜质边缘或无边缘;子叶背依、缘倚或斜缘倚胚根。

11种,主产于亚洲。中国11种,分布于东北、华北、华东、西南、西北等地区。徂徕山1种。

1. 花旗杆(图312)

Dontostemon dentatus(Bunge)Ledeb.

Fl. Ross. 1: 175. 1842.

二年生草本,高15~50 cm,植株散生白色弯曲柔毛;茎单一或分枝,基部常带紫色。叶椭圆状披针形,长3~6 cm,宽3~12 mm,两面稍具毛。总状花序生枝顶,果期长10~20 cm;萼片椭圆形,长3~4.5 mm,宽1~1.5 mm,具白色膜质边缘背面稍被毛;花瓣淡紫色,倒卵形,长6~10 mm,宽约3 mm,顶端钝,基部具爪。长角果长圆柱形,光滑无毛,长2.5~6 cm,宿存花柱短,顶端微凹。种子棕色,长椭圆形,长1~1.3 mm,宽0.5~0.8 mm,具膜质边缘;子叶斜缘倚胚根。花期5~7月;果期7~8月。

徂徕山各林区均产。国内分布于东北地区及河北、山西、山东、河南、安徽、江苏、陕西等省份。朝鲜、日本、俄罗斯也有分布。

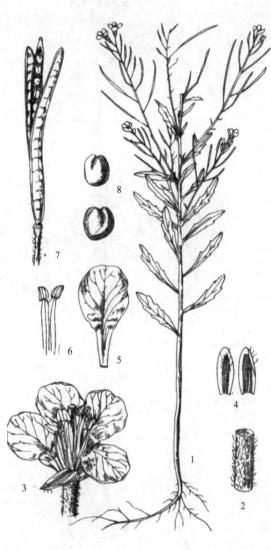

图312 花旗杆
1.植株;2.茎的一段;3.花;4.萼片;
5.花瓣;6.雄蕊;7.果实;8.种子

6. 南芥属 Arabis Linn.

一、二年生或多年生草本,很少呈半灌木状。茎直立或匍匐,有单毛、二至三叉毛、星状毛或分枝毛。基生叶簇生,有或无叶柄;叶多为长椭圆形,全缘、有齿牙或疏齿;茎生叶有短柄或无柄,基部楔形,有时呈钝形或箭形的叶耳抱茎、半抱茎或不抱茎。总状花序顶生或腋生;萼片直立,卵形至长椭圆形,内轮基部呈囊状,边缘白色膜质,背面有毛或无毛;花瓣白色,很少紫色、蓝紫色或淡红色,倒卵形至楔形,顶端钝,有时略凹入,基部呈爪状;雄蕊6,花药顶端常反曲;子房具多数(20~60枚)胚珠,柱头头状或2浅裂。长角果线形,顶端钝或渐尖,直立或下垂,果瓣扁平,开裂,具中脉或无。种子每室 1~2 行，边缘有翅或无翅，有时表面具小颗粒状突起；子叶缘倚胚根。

约 70 种，分布于亚洲和欧洲，北美洲很少，也分布于南半球。中国 14 种，分布于东北、西北、华北及西南地区。徂徕山 1 种。

1. 垂果南芥（图 313）

Arabis pendula Linn.

Sp. Pl. 2: 665. 1753.

二年生草本，高 30~150 cm，全株被硬单毛，杂有二至三叉毛。主根圆锥状，黄白色。茎直立，上部有分枝。茎下部的叶长椭圆形至倒卵形，长 3~10 cm，宽 1.5~3 cm，顶端渐尖，边缘有浅锯齿，基部渐狭而成叶柄，长达 1 cm；茎上部的叶狭长椭圆形至披针形，略小，基部呈心形或箭形，抱茎，上面黄绿色至绿色。总状花序顶生或腋生，有花 10 余朵；萼片椭圆形，长 2~3 mm，背面被有单毛、二至三叉毛及星状毛；花瓣白色，匙形，长 3.5~4.5 mm，宽约 3 mm。长角果线形，长 4~10 cm，宽 1~2 mm，弧曲，下垂。种子每室 1 行，椭圆形，褐色，长 1.5~2 mm，边缘有环状翅。花期 6~9 月；果期 7~10 月。

产于上池、马场。生于山坡、路旁、河边草丛中。国内分布于东北地区及内蒙古、河北、山西、湖北、陕西、甘肃、青海、新疆、四川、贵州、云南、西藏。亚洲北部和东部也有分布。

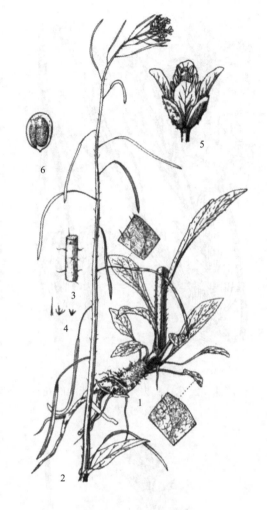

图 313　垂果南芥
1. 植株下部；2. 植株上部；3. 茎上的单毛；
4. 星状毛、单毛；5. 花；6. 种子

7. 糖芥属 Erysimum Linn.

一、二年或多年生草本。植株通常有二至四叉丁字毛或星状毛。单叶，基生叶莲座状，全缘或有齿；茎生叶互生，中下部叶条形或长椭圆形，基部楔形或狭，全缘至羽状浅裂，有柄至无柄。总状花序顶生，花期呈伞房状；果期伸长；萼片直立，内轮基部稍成囊状；花瓣大，具长爪；雄蕊 6；侧蜜腺环状或半环状，中蜜腺短或无，常 2~3 裂。子房有多数胚珠，长角果，稍四棱或圆筒状、线形，果瓣具显明中脉。种子每室 1~2 行，长圆形，有时有棱、翅，子叶背倚胚根。

约 150 种，广布于北半球，多产欧洲及亚洲。中国 17 种。徂徕山 2 种。

分种检索表

1. 花瓣倒卵形，明显长于萼片；叶全缘或稍具小齿··········1. 桂竹香 Erysimum × cheiri
1. 花瓣线形或线状倒披针形，与萼片近等长；下部叶具波状齿··········2. 波齿糖芥 Erysimum macilentum

1. 桂竹香（图 314）

Erysimum × cheiri（Linn.）Crantz.

Cl. Crucif. Emend. 116. 1769.

图 314 桂竹香
1. 植株；2. 花；3. 去掉花萼和花瓣的花；
4. 花瓣；5. 果实

—— *Cheiranthus cheiri* Linn.

多年生草本，高 20~60 cm；茎直立或上升，具棱角，下部木质化，具分枝，全体有贴生长柔毛。基生叶莲座状，倒披针形、披针形至线形，长 1.5~7 cm，宽 5~15 mm，顶端急尖，基部渐狭，全缘或稍具小齿；叶柄长 7~10 mm；茎生叶较小，近无柄。总状花序果期伸长；花橘黄色或黄褐色，直径 2~2.5 cm，芳香；花梗长 4~7 mm；萼片长圆形，长 6~11 mm；花瓣倒卵形，长约 1.5 cm，有长爪；雄蕊 6，近等长。长角果线形，长 4~7.5 cm，宽 3~5 mm，具扁四棱，直立，劲直，果瓣有 1 显明中肋；花柱长 1~1.5 mm，具稍开展 2 裂柱头；果梗长 1~1.5 cm，上升；种子 2 行，卵形，长 2~2.5 mm，浅棕色，顶端有翅。花期 4~5 月；果期 5~6 月。

大寺、上池有栽培，供观赏。原产欧洲南部。中国各地栽培。

2. 波齿糖芥　小花糖芥（图 315）

Erysimum macilentum Bunge

Mém. Acad. Imp. Sci. St.-Pétersbourg Divers Savans 2: 80. 1835.

—— *Erysimum sinuatum* (Franch.) Hand.-Mazz.

—— *Erysimum cheiranthoides* Linn. var. *sinuatum* Franch.

一年生草本，高 30~80 cm。茎直立，不分枝或上部分枝，具贴伏的二至三叉毛。基生叶莲座状，茎生叶线状披针形至长圆形，两面有三（四）叉状毛，下部叶具波状齿，上部叶近全缘。总状花序，顶生或腋生；花径约 0.5 cm，萼片披针形，密被三叉状毛；花瓣黄色，线形或线状倒披针形，基部渐狭成爪，顶端圆形，长约 5 mm；雄蕊 6，花丝伸长；雌蕊线形，柱头头状。长角果线形，长 2~4 cm，侧扁，稍呈四棱形，散生三（四）叉毛，顶端有细喙；果柄长 3~7 mm。种子淡褐色，直径约 1 mm。花期 5~6 月；果期 6~7 月。

徂徕山各林区均产。生于路边。除华南外，分布几遍全国。日本、朝鲜、蒙古、俄罗斯以及非洲、北美洲也有分布。

8. 鼠耳芥属 **Arabidopsis** Heynhold

一、二年或多年生草本，无毛或有单毛与分枝毛。萼片斜向上展开，近相等；花瓣白色、淡紫色或淡黄色；雄蕊 6 枚，花丝无齿，花药长圆形或卵形；侧蜜腺环形或半环形、半球形，中蜜腺为瘤状，常与侧蜜腺汇合；子房无柄，花柱短而粗，柱头扁头状，很少近 2 裂。长角果近圆

图 315 波齿糖芥
1. 植株；2. 花；3. 果实；4. 星状毛

筒状，开裂；果瓣有1中脉与网状侧脉，隔膜有光泽。种子每室1行或2行，卵状，近光滑，棕色，遇水有胶黏物质；子叶宽长圆形，背倚胚根。

约9种，主要分布在亚洲与欧洲。中国3种。徂徕山1种。

1. 拟南芥　鼠耳芥（图316）
Arabidopsis thaliana（Linn.）Heynh.

Fl. Sachsen 538. 1842.

一年生细弱草本，高20~35 cm，被单毛与分枝毛。茎不分枝或自中上部分枝，下部有时为淡紫白色，茎上常有纵槽，上部无毛，下部被单毛，偶杂有二叉毛。基生叶莲座状，倒卵形或匙形，长1~5 cm，宽3~15 mm，顶端钝圆或略急尖，基部渐窄成柄，边缘有少数不明显的齿，两面均有二至三叉毛；茎生叶无柄，披针形、条形、长圆形或椭圆形，长5~15（50）mm，宽1~2（10）mm。花序为疏松的总状花序，果期可伸长达20 cm；萼片长卵圆形，长约1.5 mm，顶端钝、外轮的基部成囊状，外面无毛或有少数单毛；花瓣白色，长圆条形，长2~3 mm，先端钝圆，基部线形。角果长10~14 mm，宽不到1 mm，果瓣两端钝或钝圆，有1中脉与稀疏的网状脉，多为橘黄色或淡紫色；果梗伸展，长3~6 mm。种子每室1行，种子卵形、小、红褐色。花期4~6月。

产于光华寺。生于平地、山坡、河边、路边。国内分布于华东、中南、西北及西部地区。

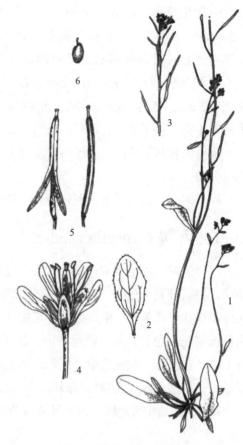

图316　拟南芥
1. 植株；2. 叶；3. 花序及幼果；
4. 花；5. 果实；6. 种子

9. 播娘蒿属 Descurainia Webb & Berth.

一、二年生草本。被单毛、分枝毛或腺毛，有时无毛。茎于上部分枝。叶2~3回羽状分裂，下部叶有柄，上部叶近无柄。花序伞房状，花无苞片；萼片近直立，早落；花瓣黄色，卵形，具爪；雄蕊6枚，花丝基部宽，无齿，有时长于花萼与花冠；侧蜜腺环状或向内开口的半环状，中蜜腺"山"字形，二者连接成封闭的环；雌蕊圆柱形，花柱短，柱头呈扁压头状。长角果长圆筒状，果瓣1~3脉，隔膜透明。种子每室1~2行，种子细小，长圆形或椭圆形，无翅，遇水有胶黏物质；子叶背倚胚根。

40多种，主产于北美洲，少数产于亚洲、欧洲、南非洲。中国1种。徂徕山1种。

1. 播娘蒿（图317）
Descurainia sophia（Linn.）Webb. ex Prantl

Engl. & Prantl Nat. Pflanzenfam. 3（2）：192. 1891.

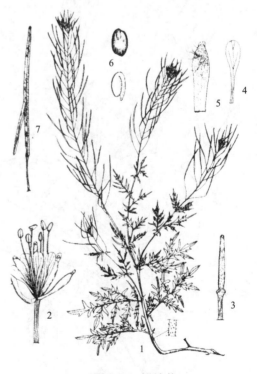

图317　播娘蒿
1. 植株；2. 花；3. 雌蕊；4. 花瓣；
5. 萼片；6. 种子；7. 果实

一年生草本，高20~80 cm。有叉状毛或无毛。茎直立，分枝多。叶为3回羽状深裂，长2~12（15）cm，末端裂片条形或长圆形，裂片长（2）3~5（10）mm，宽0.8~1.5（2）mm，下部叶具柄，上部叶无柄。花序伞房状，果期伸长；萼片直立，早落，长圆条形，背面有分叉细柔毛；花瓣黄色，长圆状倒卵形，长2~2.5 mm，或稍短于萼片，具爪；雄蕊6枚，比花瓣长。长角果圆筒状，长2.5~3 cm，宽约1 mm，无毛，稍内曲，与果梗不成1条直线，果瓣中脉明显；果梗长1~2 cm。种子每室1行，种子小，长圆形，长约1 mm，稍扁，淡红褐色，表面有细网纹。花、果期4~6月。

徂徕山各林区均产。生于田野及农田中。除华南外，全国各地均产。亚洲、欧洲、非洲及北美洲均有分布。

种子入药，具有泻下、利尿功效。种子亦可榨油，油供制肥皂及油漆，亦可食用。

10. 荠属 Capsella Medic.

一年生或二年生草本；茎直立或近直立，单一或从基部分枝，无毛、具单毛或分叉毛。基生叶莲座状，羽状分裂至全缘，有叶柄；茎上部叶无柄，叶边缘具弯缺牙齿至全缘，基部耳状，抱茎。总状花序伞房状，花疏生；果期延长；花梗丝状；果期上升；萼片近直立，长圆形，基部不成囊状；花瓣白色或带粉红色，匙形；花丝线形，花药卵形，蜜腺成对，半月形，常有1外生附属物，子房2室，有12~24枚胚珠，花柱极短。短角果倒三角形或倒心状三角形，扁平，开裂，无翅，无毛，果瓣近顶端最宽，具网状脉，隔膜窄椭圆形，膜质，无脉。种子每室6~12粒，椭圆形，棕色；子叶背倚胚根。

1种，产地中海地区、欧洲及亚洲西部。中国也产。徂徕山有分布。

1. 荠（图318）

Capsella bursa-pastoris（Linn.）Medic.

Pflanzengatt. 1: 85. 1792.

一、二年生草本，高（7）10~50 cm，无毛、有单毛或分叉毛；茎直立，单一或从下部分枝。基生叶丛生呈莲座状，大头羽状分裂，长可达12 cm，宽可达2.5 cm，顶裂片卵形至长圆形，长5~30 mm，宽2~20 mm，侧裂片3~8对，长圆形至卵形，长5~15 mm，顶端渐尖，浅裂，或有不规则粗锯齿或近全缘，叶柄长5~40 mm；茎生叶窄披针形或披针形，长5~6.5 mm，宽2~15 mm，基部箭形，抱茎，边缘有缺刻或锯齿。总状花序顶生及腋生；果期延长达20 cm；花梗长3~8 mm；萼片长圆形，长1.5~2 mm；花瓣白色，卵形，长2~3 mm，有短爪。短角果倒三角形或倒心状三角形，长5~8 mm，宽4~7 mm，扁平，无毛，顶端微凹；花柱长约0.5 mm；果梗长5~15 mm。种子2行，长椭圆形，长约1 mm，浅褐色。花、果期4~6月。

徂徕山各林区广泛分布。生于田野、路旁、水边。分布几遍全国。全世界温带地区广布。

茎叶作蔬菜食用；全草入药，有利尿、止血、

图318 荠
1. 植株下部；2. 果序；3. 花瓣

清热、明目、消积功效。

11. 葶苈属 Draba Linn.

一、二年生或多年生草本。植株矮小，茎和叶通常有单毛、叉状毛、星状毛。单叶，基生叶常呈莲座状，有柄或无柄；茎生叶通常无柄。总状花序短或伸长，无或有苞片。花小，外轮萼片长圆形或椭圆形，内轮较宽，顶端都为圆形或稍钝，基部不呈或略呈囊状，边缘白色，透明；花瓣黄色或白色，少玫瑰色或紫色，倒卵状楔形，顶端常微凹，基部大多成狭爪；雄蕊6，偶4枚，花药卵形或长圆形，花丝细或基部扩大，通常在短雄蕊基部有侧蜜腺1对；雌蕊瓶状，罕有圆柱形，无柄；花柱圆锥形或丝状，有的不发育，有的伸长；柱头头状或浅2裂。短角果，多呈卵形或披针形，一部分为长圆形或条形，直、弯或扭转；2室，具隔膜；果瓣2，扁平或稍隆起，熟时开裂。种子小，2行，每室数粒至多数，卵形或椭圆形；子叶缘倚胚根。

约350种，主要分布在北半球北部高山地区。中国48种，主要分布在中国西南、西北高山地区。徂徕山1种。

1. 葶苈（图319，彩图29）
Draba nemorosa Linn.

Sp. Pl. 2: 642. 1973.

一、二年生草本。茎直立，高5~45 cm，单一或分枝，下部密生单毛、叉状毛和星状毛，上部渐稀至无毛。基生叶莲座状，长倒卵形，顶端稍钝，边缘有疏细齿或近全缘；茎生叶长卵形或卵形，顶端尖，基部楔形或圆，边缘有细齿，无柄，上面被单毛和叉状毛，下面以星状毛为多。总状花序有花25~90朵，密集成伞房状，花后显著伸长，疏松，小花梗细，长5~10 mm；萼片椭圆形，背面略有毛；花瓣黄色，花期后成白色，倒楔形，长约2 mm，顶端凹；雄蕊长1.8~2 mm；花药短心形；雌蕊椭圆形，密生短单毛，花柱几乎不发育，柱头小。短角果长圆形或长椭圆形，长4~10 mm，宽1.1~2.5 mm，被短单毛；果梗长8~25 mm，与果序轴成直角开展，或近于直角向上开展。种子椭圆形，褐色，种皮有小疣。花期3~4月上旬；果期5~6月。

产于光华寺、太平顶、上池、马场、龙湾。生于田边路旁及河谷湿地。国内分布于东北、华北、华东、西北、西南地区。北温带都有分布。

图319 葶苈
1. 植株；2. 花

种子油可制肥皂，种子可入药。嫩叶可食。

12. 独行菜属 Lepidium Linn.

一年生至多年生草本或半灌木。常具单毛、腺毛、柱状毛；茎单一或多数，分枝。叶草质至纸质，线状钻形至宽椭圆形，全缘、有锯齿至羽状深裂，有叶柄，或基部深心形抱茎。总状花序顶生及腋生；萼片长方形或线状披针形，稍凹，基部不成囊状，具白色或红色边缘；花瓣白色，少数带粉红色或微黄色，线形至匙形，常比萼片短，有时退化或不存；雄蕊6，常退化成2或4，基部间具微小蜜腺；花柱短或不存，柱头头状，有时稍2裂；子房常有2枚胚珠。短角果卵形、倒卵形、圆形或椭圆形，扁平，开裂，有窄隔膜，果瓣有龙骨状突起，或上部稍有翅。种子卵形或椭圆形，无翅或有翅；子叶背倚胚根，很少缘倚胚根。

约180种，全世界广布。中国约有16种，全国各地均有分布。祖徕山2种。

分种检索表

1. 花瓣不存或退化成丝状，比萼片短··1. 独行菜 Lepidium apetalum
1. 有花瓣，和萼片等长或比萼片长··2. 北美独行菜 Lepidium virginicum

图320 独行菜
1. 植株；2. 果实

1. 独行菜（图320）
Lepidium apetalum Willd.
Sp. Pl. 3: 439. 1800.

一年生或二年生草本，高5~30 cm；茎直立，有分枝，无毛或具微小头状毛。基生叶窄匙形，1回羽状浅裂或深裂，长3~5 cm，宽1~1.5 cm；叶柄长1~2 cm；茎上部叶线形，有疏齿或全缘。总状花序在果期可延长至5 cm；萼片早落，卵形，长约0.8 mm，外面有柔毛；花瓣不存或退化成丝状，比萼片短；雄蕊2或4。短角果近圆形或宽椭圆形，扁平，长2~3 mm，宽约2 mm，顶端微缺，上部有短翅，隔膜宽不到1 mm；果梗弧形，长约3 mm。种子椭圆形，长约1 mm，平滑，棕红色。花、果期5~7月。

祖徕山各林区均产，为常见的田间杂草。国内分布于东北、华北、西北、西南地区及江苏、浙江、安徽等省份。俄罗斯、喜马拉雅地区有分布。

嫩叶作野菜食用；全草及种子供药用，有利尿、止咳、化痰功效；种子作葶苈子用，亦可榨油。

2. 北美独行菜（图321）
Lepidium virginicum Linn.
Sp. Pl. 645. 1753.

图321 北美独行菜
1. 植株；2. 花；3. 果

一年生或二年生草本，高20~50 cm；茎单一，直立，上部分枝，具柱状腺毛。基生叶倒披针形，长1~5 cm，羽状分裂或大头羽裂，裂片大小不等，卵形或长圆形，边缘有锯齿，两面有短伏毛；叶柄长1~1.5 cm；茎生叶有短柄，倒披针形或线形，长1.5~5 cm，宽2~10 mm，顶端急尖，基部渐狭，边缘有尖锯齿或全缘。总状花序顶生；萼片椭圆形，长约1 mm；花瓣白色，倒卵形，和萼片等长或稍长；雄蕊2或4。短角果近圆形，长2~3 mm，宽1~2 mm，扁平，有窄翅，顶端微缺，花柱极短；果梗长2~3 mm。种子卵形，长约1 mm，光滑，红棕色，边缘有窄翅；子叶缘倚胚根。花期4~5月；果期6~7月。

祖徕山各林区均产。生在田边或荒地，为田间杂草。

原产于北美洲。国内分布于山东、河南、安徽、江苏、浙江、福建、湖北、江西、广西等省份，为归化植物。

种子入药，有利水平喘功效，也作葶苈子用；全草可作饲料。

13. 菘蓝属 Isatis Linn.

一、二年或多年生草本。无毛或具单毛；茎常多分枝。基生叶有柄，茎生叶无柄，叶基部箭形或耳形，抱茎或半抱茎，全缘。总状花序或圆锥花序，果期延长；萼片近直立，略相同，基部不成囊状；花瓣黄色、白色或紫白色，长圆状倒卵形或倒披针形；侧蜜腺几成环状，向内侧常略弯曲，中蜜腺窄，连接侧蜜腺；子房1室，具1~2枚垂生胚珠，柱头几无柄，近2裂。短角果长圆形、长圆状楔形或近圆形，压扁，不开裂，至少在上部有翅，无毛或有毛，顶端平截或尖凹，果瓣常有1显明中脉。种子常1粒，长圆形，带棕色；子叶背倚胚根。

约50种，分布在中欧、地中海地区、西亚及中亚。中国4种。徂徕山1种。

1. 菘蓝（图322）

Isatis tinctoria Linn.

Sp. Pl. 670. 1753.

——*Isatis indigotica* Fortune

二年生草本，高40~100 cm；茎直立，绿色，顶部多分枝，植株光滑无毛，带白粉霜。基生叶莲座状，长圆形至宽倒披针形，长5~15 cm，宽1.5~4 cm，顶端钝或尖，基部渐狭，全缘或稍具波状齿，具柄；基生叶蓝绿色，长椭圆形或长圆状披针形，长7~15 cm，宽1~4 cm，基部叶耳不明显或为圆形。萼片宽卵形或宽披针形，长2~2.5 mm；花瓣黄白，宽楔形，长3~4 mm，顶端近平截，具短爪。短角果近长圆形，扁平，无毛，边缘有翅；果梗细长，微下垂。种子长圆形，长3~3.5 mm，淡褐色。花期4~5月；果期5~6月。

庙子羊栏沟有栽培。国内分布于东北南部、华北、西北、华中、西南及东南地区，常见栽培。也分布于日本、朝鲜、蒙古、哈萨克斯坦、巴基斯坦、俄罗斯、乌兹别克斯坦以及亚洲西南部和欧洲。

根（板蓝根）、叶（大青叶）均供药用，有清热解毒、凉血消斑、利咽止痛的功效。叶还可提取蓝色染料；种子榨油，供工业用。

图322 菘蓝
1. 植株；2. 花；3. 果

14. 萝卜属 Raphanus Linn.

一、二年生或多年生草本，有时具肉质根；茎直立，常有单毛。叶大头羽状半裂，上部多具单齿。总状花序伞房状；无苞片；花大，白色或紫色；萼片直立，长圆形，近相等，内轮基部稍成囊状；花瓣倒卵形，常有紫色脉纹，具长爪；侧蜜腺微小，凹陷，中蜜腺近球形或柄状；子房钻状，2节，具2~21枚胚珠，柱头头状。长角果圆筒形，下节极短，无种子，上节伸长，在相当种子间处稍缢缩，顶端成1细喙，成熟时裂成含1粒种子的节，或裂成几个不开裂的部分。种子1行，球形或卵形，棕色；子叶对折。

3种，多在地中海地区。中国2种。徂徕山1种。

1. 萝卜（图 323）

Raphanus sativus Linn.

Sp. Pl. 669. 1753.

一、二年生草本，高 20~100 cm；直根肉质，长圆形、球形或圆锥形，外皮绿色、白色或红色；茎有分枝，无毛，稍具粉霜。基生叶和下部茎生叶大头羽状半裂，长 8~30 cm，宽 3~5 cm，顶裂片卵形，侧裂片 4~6 对，长圆形，有钝齿，疏生粗毛，上部叶长圆形，有锯齿或近全缘。总状花序顶生及腋生；花白色或粉红色，直径 1.5~2 cm；花梗长 5~15 mm；萼片长圆形，长 5~7 mm；花瓣倒卵形，长 1~1.5 cm，具紫纹，下部有长 5 mm 的爪。长角果圆柱形，长 3~6 cm，宽 10~12 mm，在相当种子间处缢缩，并形成海绵质横隔；顶端喙长 1~1.5 cm；果梗长 1~1.5 cm。种子 1~6 粒，卵形，微扁，长约 3 mm，红棕色，有细网纹。花期 4~5 月；果期 5~6 月。

徂徕山各地普遍栽培。原产地中海地区。全国各地栽培。

根作蔬菜食用；种子、鲜根、枯根、叶皆入药；种子消食化痰；鲜根止渴、助消化，枯根利二便；叶治初痢，并预防痢疾；种子榨油工业用及食用。

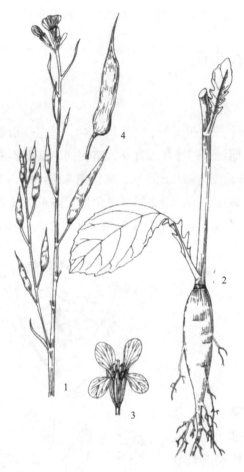

图 323 萝卜
1. 植株上部；2. 植株下部；3. 花；4. 果

47. 杜鹃花科 Ericaceae

灌木或小乔木，稀草本。单叶，互生，稀对生及轮生，无托叶。花两性，单生叶腋或簇生于枝顶或枝侧，有的组成总状、圆锥状或伞形总状花序；花萼 4~5 裂，宿存；花瓣合生，稀离生，多着生在肉质花盘上，组成漏斗状或高脚碟状的花冠，4~5 裂，裂片近覆瓦状排列；雄蕊为花冠裂片数的 2 倍，稀同数或更多，内向顶孔开裂，稀纵长缝裂，子房上位或下位，4~5 室，稀 6~20 室；雌蕊有 4~5 心皮合生，子房上位或下位，5~10 室，每室胚珠 1 枚至多数。蒴果，稀浆果或核果。

约 125 属 4000 种，广布于全世界的热带高山及温带、亚寒带地区。中国 22 属约 826 种，分布于全国，主产西部。徂徕山 2 属 4 种。

分属检索表

1. 子房上位，蒴果；花大，花冠钟形、漏斗状或管状，稍两侧对称 ················· 1. 杜鹃花属 Rhododendron
1. 子房下位，浆果；花冠坛状，辐射对称 ··································· 2. 越橘属 Vaccinium

1. 杜鹃花属 Rhododendron Linn.

常绿或落叶灌木，稀乔木。芽鳞覆瓦状排列。叶互生，全缘，稀有缘毛及细齿，有短柄。花有梗，常为伞形总状花序，或单生或簇生，顶生，稀生于枝侧；花萼5裂，稀6~10，早落；花冠漏斗状、钟状，5裂，稀6~10；雄蕊与花冠裂片同数或为其倍数；子房上位，5~10室，每室具多数倒生胚珠。蒴果，卵圆形或长椭圆形，熟时自室间裂开；种子细小，多数。

约1000种，分布于亚洲、欧洲及北美洲的温带、寒带及亚热带的高山上。中国有571种，除新疆外各省份均有分布。徂徕山3种。

分种检索表

1. 枝、叶有圆形腺鳞，尤其是幼嫩部分为密。
  2. 落叶灌木，叶质较薄，长椭圆状披针形；花2~5朵簇生枝顶，花冠淡红紫色·············
   ··1. 迎红杜鹃 Rhododendron mucronulatum
  2. 常绿或半常绿，叶厚革质，倒披针形，边缘略反卷；总状花序，花10~28朵，花冠乳白色······
   ··2. 照山白 Rhododendron micranthum
1. 枝、叶无腺鳞，被糙状毛；叶卵状椭圆形或椭圆状披针形··················3. 映山红 Rhododendron simsii

1. 迎红杜鹃（图324）

Rhododendron mucronulatum Turcz.

Bull. Soc. Imp. Naturalistes Moscou 10（7）：155. 1837.

落叶灌木，分枝多。幼枝细长，疏生鳞片。叶片质薄，椭圆形或椭圆状披针形，长3~7 cm，宽1~3.5 cm，顶端锐尖、渐尖或钝，边缘全缘或有细圆齿，基部楔形或钝，上面疏生鳞片，下面鳞片大小不等，褐色，相距为其直径的2~4倍；叶柄长3~5 mm。花序簇生枝顶或假顶生，1~3花，先于叶开放，伞形着生；花芽鳞宿存；花梗长5~10 mm，疏生鳞片；花萼长0.5~1 mm，5裂，被鳞片，无毛或疏生刚毛；花冠宽漏斗状，长2.3~2.8 cm，径3~4 cm，淡红紫色，外面被短柔毛，无鳞片；雄蕊10，不等长，稍短于花冠，花丝下部被短柔毛；子房5室，密被鳞片，花柱光滑，长于花冠。蒴果长圆形，长1~1.5 cm，径4~5 mm，先端5瓣开裂。花期3~5月；果期7~9月。

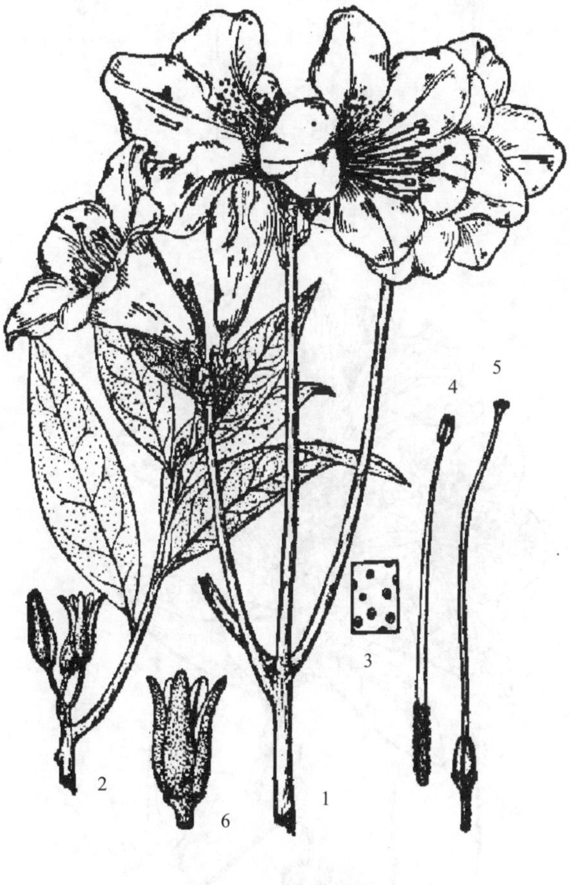

产于上池、马场、光华寺、磙石峪。生于高山坡、林下和灌丛中。国内分布于河北、江苏、辽宁、内蒙古。日本、朝鲜、蒙古、俄罗斯也有分布。

花色美丽，观赏价值高，是重要的野生观赏植物资源；叶入药，主治感冒、头痛、咳嗽、支气管炎等；花含绿原酸、槲皮素等药用成分，具有抗菌、抗炎、抗病毒等药效。

图324 迎红杜鹃
1. 花枝；2. 果枝；3. 腺鳞；4. 雄蕊；5. 雌蕊；6. 蒴果

2. 照山白（图325）

Rhododendron micranthum Turcz.

Bull. Soc. Imp. Naturalistes Moscou 10（7）: 155. 1837.

常绿灌木，高可达2.5 m，茎灰棕褐色；枝条细瘦。幼枝被鳞片及细柔毛。叶近革质，倒披针形、长圆状椭圆形至披针形，长3~4 cm，宽0.4~1.2 cm，顶端钝，急尖或圆，具小突尖，基部狭楔形，上面深绿色，有光泽，常被疏鳞片，下面黄绿色，被棕色鳞片，叶柄长3~8 mm，被鳞片。总状花序顶生，有花10~28朵，花密集；花序轴长1~2.6 cm；花梗长0.8~2 cm，密被鳞片；花小，乳白色；花萼长1~3 mm，深5裂；花冠钟状，长4~8（10）mm，外面被鳞片，内面无毛，花裂片5，较花管稍长；雄蕊10，花丝无毛；子房长1~3 mm，5~6室，密被鳞片，花柱与雄蕊等长或较短，无鳞片。蒴果长圆形，长5~6 mm，疏被鳞片。花期5~6月；果期8~11月。

产于上池、马场、太平顶、磙石峪娄子沟、中军帐。生于山坡灌丛、山谷、峭壁及石岩上。广布中国东北、华北、西北地区及山东、河南、湖北、湖南、四川等省份。朝鲜也有分布。

本种有毒，牲畜误食易中毒死亡。

图325 照山白
1. 花枝；2. 腺鳞；3. 花；4. 雄蕊；
5. 雌蕊；6. 蒴果

3. 映山红　杜鹃花（图326）

Rhododendron simsii Planch.

Fl. Serres Jard. Eur. 9: 78. 1853.

落叶灌木，高2~3 m；分枝多而纤细，密被亮棕褐色扁平糙伏毛。叶革质，常集生枝端，卵形、椭圆状卵形、倒卵形至倒披针形，长1.5~5 cm，宽0.5~3 cm，先端短渐尖，基部楔形或宽楔形，边缘微反卷，具细齿，上面疏被糙伏毛，下面密被褐色糙伏毛。花2~3朵簇生枝顶；花梗长8 mm，密被亮棕褐色糙伏毛；花萼5深裂，裂片三角状长卵形，长5 mm，被糙伏毛，边缘具睫毛；花冠阔漏斗形，红色，长3.5~4 cm，宽1.5~2 cm，裂片5，倒卵形，长2.5~3 cm，上部裂片具深红色斑点；雄蕊10，长约与花冠相等，花丝中部以下被微柔毛；子房卵球形，10室，密被亮棕褐色糙伏毛，花柱伸出花冠外，无毛。蒴果卵球形，长达1 cm，密被糙伏毛；花萼宿存。花期4~5月；果期6~8月。

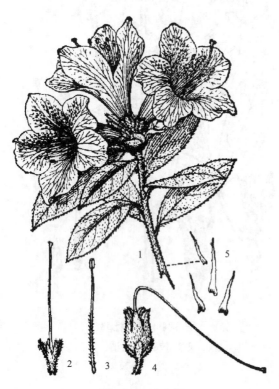

图326 映山红
1. 花枝；2. 花萼和雌蕊；3. 雄蕊；
4. 蒴果；5. 糙毛

上池栽培。国内分布于江苏、安徽、浙江、江西、福建、台湾、湖北、湖南、广东、广西、四川、贵州和云南等省份。日本、老挝、缅甸、泰国也有分布。

本种花冠鲜红色，为著名的观赏植物；全株供药用，有行气活血、补虚功效。

2. 越橘属 Vaccinium Linn.

灌木或小乔木，通常地生，少数附生。常绿，少数落叶。叶具柄，互生，稀假轮生，全缘或有锯齿。总状花序，顶生、腋生或假顶生，稀腋外生，或花少数簇生叶腋，稀单花腋生；通常有苞片和小苞片；花小形，花萼（4）5 裂，稀檐状不裂；花冠坛状、钟状或筒状，（4）5 裂，稀深裂至近基部，裂片反折或直立；雄蕊（8）10，稀 4，花丝分离，花药顶部形成 2 直立的管，管口圆形孔裂，或伸长缝裂，背部有 2 距，稀无距；花盘垫状；子房与萼筒完全合生，稀大部分合生，4~5 室，或因假隔膜而成 8~10 室，每室有多数胚珠；花柱不超出或略超出花冠，柱头截平形，稀头状。浆果球形，顶部冠以宿存萼片；种子多数，细小，卵圆形或肾状侧扁，种皮革质，胚乳肉质，胚直，子叶卵形。

约 450 余种，主要分布北半球温带、亚热带地区。中国 92 种，南北各省份均产，主产西南、华南地区。徂徕山 1 种。

1. 高丛越橘　蓝莓（图 327）
Vaccinium corymbosum Linn.

Sp. Pl. 350. 1753.

落叶灌木，高 1~5 m。小枝绿色，有棱或呈圆柱形，常有成列的毛。叶片深绿色，卵形到狭椭圆形，长 15~70 mm，宽 10~25 mm，近革质，全缘或有锯齿，叶面光滑或背面有毛。花萼绿色，无毛，花冠白色到粉红色，多少呈圆柱状，长 5~12 mm，花丝常有纤毛。浆果暗黑色到蓝色、灰绿色，直径 4~12 mm，光滑。种子 10~20（25）粒。花期春季或初夏。

上池有栽培。栽培蓝莓主要来源于本种选育的类型和杂交种。

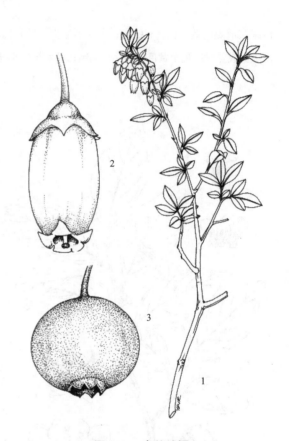

图 327　高丛越橘
1. 花枝；2. 花；3. 果实

48. 柿树科 Ebenaceae

落叶乔木或灌木，稀常绿。单叶互生，全缘；无托叶。花单性，稀两性，多雌雄异株或杂性，常单生或排成小型聚伞花序，花辐射对称；萼片宿存，3~7 裂，在花后随果实发育增大；花冠合生，裂片旋转状排列，3~7 裂；雄蕊与花冠裂片同数或为其 2~4 倍，花丝短，分离或成对合生，位于花冠筒基部，花药 2 室，内向纵裂；雌花中常有退化雄蕊，子房上位，2~16 室，花柱 2~8，分离或基部合生，中轴胎座，每室胚珠 1~2 枚，悬生于室顶内角处。浆果肉质；种子有胚乳，胚乳有时为嚼烂状，种皮薄。

约 3 属 500 种，主要分布于热带及亚热带地区。中国 1 属 60 种，主要分布在西南地区及东南部各省份。徂徕山1属2种。

1. 柿属 Diospyros Linn.

乔木或灌木。无顶芽，侧芽有芽鳞2~3片。叶互生，稀对生。花单性，雌雄异株或杂性；雄花常较雌花小，组成聚伞花序，雌花常单生叶腋；花萼3~7裂，通常4裂，绿色，果熟时雌花萼增大并宿存；花冠壶形或钟形，黄白色或淡绿色，通常4~5裂，稀3~7裂；雄蕊4~16，常成对合生；子房4~12室；花柱常为子房室数的1/2，离生或基部合生。浆果肉质；种子大而扁平。

约485种，分布于暖温带、亚热带及热带。中国60种，以华南各省份最多。徂徕山2种。

分种检索表

1. 果实成熟时蓝黑色，有蜡粉；冬芽顶端尖；叶长椭圆形·····················1. 君迁子 Diospyros lotus
1. 果实成熟时红色至黄色；冬芽顶端钝；叶宽椭圆形至卵状椭圆形·····················2. 柿 Diospyros kaki

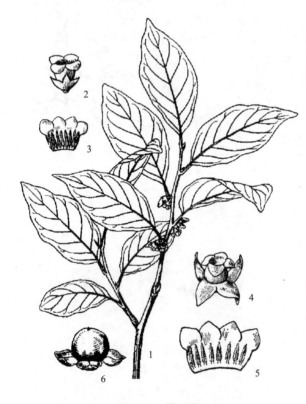

图328 君迁子
1.花枝；2.雄花；3.雄花展开；4.雌花；
5.雌花花冠展开（示退化雄蕊）；6.果实

1. 君迁子（图328）

Diospyros lotus Linn.

Sp. Pl. 1057. 1753.

落叶乔木，高可达15 m。树冠卵形或卵圆形；树皮暗灰色，长方形小块状裂；幼枝灰色至灰褐色，初有灰色细毛；芽先端尖，芽鳞边缘有毛。叶椭圆状卵形或长圆形，长5~12 cm，先端渐尖或微突尖，基部圆形或宽楔形，羽状脉，上面凹陷，下面微凸，被灰色毛；叶柄长约1 cm。花单性或两性，雌雄异株或杂性，雌花单生，雄花2~3朵簇生；萼4裂，裂片三角形或半圆形，长约6 mm，外被疏毛，里面下部被密毛；花冠壶形，4裂，裂片倒卵形，长约3 mm，淡绿色或粉红色；雄蕊在雄花中16，在两性花中8或6，在雌花中退化雄蕊8；花盘圆形，周围有密毛；子房长4~5 mm，花柱短，柱头4裂。浆果球形或长椭圆形，径1.2~2 cm，熟前黄褐色，后变紫黑色，外被蜡粉。花期4~5月；果期9~10月。

徂徕山各山地林区均产。国内分布于山东、辽宁、河南、河北、山西、陕西、甘肃、江苏、浙江、安徽、江西、湖南、湖北、贵州、四川、云南、西藏等省份。亚洲西部、小亚细亚、欧洲南部亦有分布，在地中海各国已驯化栽培。

果实可食。木材可作家具。是嫁接柿的良好砧木。

2. 柿树（图329）

Diospyros kaki Thunb.

Nova Acta Sor. Sc. Upsal. 3: 208. 1780.

落叶乔木，高可达20 m。树冠球形或长圆球形，树皮呈粗方块状深裂，枝略粗壮，淡褐色，被短绒毛；冬芽三角状卵形，先端钝。叶卵状椭圆形至倒卵形或近圆形，长 6~13.5 cm，宽 4~8 cm，先端渐尖或突尖，基部圆形或宽楔形，羽状脉，叶脉上面微凹，下面突起，光绿色，幼时或沿叶脉有黄色绒毛，质地厚；叶柄长 1.5~1.7 cm，粗短。雌雄异株或同株；雄花序由 1~3 花组成，雌花单生；花萼 4 深裂，裂片三角形，长 1.3~1.6 cm；花冠黄白色，钟形，先端 4 裂，向外卷，花冠筒高约 1 cm；雄花的雄蕊 16~24；雌花有退化雄蕊 8，子房上位，花柱 4，柱头 2~3 裂。浆果形大，扁球形至卵圆形，罕四方形，径 3.5~15 cm，熟时橘黄色或橘红色，宿存萼大形，厚革质。花期 5~6 月；果期 10~11 月。

徂徕山各山地林区均有栽培。国内分布于中国长江流域，现广泛栽培。东南亚、大洋洲及朝鲜、日本、阿尔及利亚、法国、俄罗斯、美国等地区和国家有栽培。

果实生食或制成柿饼。柿蒂、柿霜药用，有祛痰镇咳、降气止呃的功效。木材可作家具。

图 329 柿
1. 花枝；2. 雄花；3. 雄蕊；4. 雄花展开；
5. 雌花；6. 去掉花冠的雌花；7. 果

49. 山矾科 Symplocaceae

灌木或乔木。单叶，互生，具锯齿或全缘，无托叶。花辐射对称，两性，稀杂性，穗状花序、总状花序、圆锥花序或团伞花序，很少单生；花通常具 1 枚苞片和 2 枚小苞片；萼通常（3~4）5 裂，裂片镊合状或覆瓦状排列，常宿存；花冠裂片分裂至近基部或中部，裂片 5（3~11），覆瓦状排列；雄蕊多数，很少 4~5 枚，着生于花冠筒上，花丝呈各式连生或分离，排成 1~5 列，花药近球形，2 室，纵裂；子房下位或半下位，顶端常具花盘和腺点，3（2~5）室，花柱 1，纤细，柱头小，头状或 2~5 裂；每室 2~4 枚胚珠，下垂。核果，顶端冠以宿存的萼裂片，通常具薄的中果皮和坚硬木质的核（内果皮）；核光滑或具棱，1~5 室，每室有种子 1 粒，具丰富的胚乳，胚直或弯曲，子叶很短，线形。

1 属约 200 种，广布于亚洲、大洋洲和美洲的热带和亚热带，非洲不产。中国约 42 种，主要分布于西南部至东南部，以西南部的种类较多。徂徕山 1 属 1 种。

1. 山矾属 Symplocos Jacq.

形态特征、种类、分布与科相同。

1. 白檀（图 330，彩图 30）

Symplocos paniculata（Thunb.）Miquel

图 330 白檀
1. 花枝；2. 部分花冠及雄蕊；3. 花萼；
4. 果序；5. 果实

Ann. Mus. Bot. Lugd. Bat. 3: 102. 1867.

落叶灌木或小乔木；嫩枝有灰白色柔毛，老枝无毛。叶阔倒卵形、椭圆状倒卵形或卵形，长3~11 cm，宽2~4 cm，先端急尖或渐尖，基部阔楔形或近圆形，边缘有细尖锯齿，叶面无毛或有柔毛，叶背通常有柔毛或仅脉上有柔毛；中脉在叶面凹下，侧脉在叶面平坦或微凸起，每边4~8条；叶柄长3~5 mm。圆锥花序长5~8 cm，通常有柔毛；苞片早落，通常条形，有褐色腺点；花萼长2~3 mm，萼筒褐色，无毛或有疏柔毛，裂片半圆形或卵形，稍长于萼筒，淡黄色，有纵脉纹，边缘有毛；花冠白色，长4~5 mm，5深裂几达基部；雄蕊40~60枚，子房2室，花盘具5凸起的腺点。核果熟时蓝色，卵状球形，稍偏斜，长5~8 mm，顶端宿萼裂片直立。花期4~6月；果期9~11月。

产于马场。生于山坡路边。国内分布于东北、华北、华中、华南、西南地区。朝鲜、日本、印度也有分布。北美洲有栽培。

叶可药用；根皮与叶作农药用。

50. 报春花科 Primulaceae

一年生或多年生草本，稀为亚灌木。茎直立或匍匐，叶互生、对生或轮生，或无地上茎而叶全部基生，并常形成稠密的莲座丛。花单生或组成总状、伞形或穗状花序，两性，辐射对称；花萼通常5裂，稀4或6~9裂，宿存；花冠下部合生成短或长筒，上部通常5裂，稀4或6~9裂；雄蕊多少贴生于花冠上，与花冠裂片同数而对生，极少具1轮鳞片状退化雄蕊，花丝分离或下部连合成筒；子房上位，1室；花柱单一；胚珠多数，生于特立中央胎座上。蒴果5齿裂或瓣裂，稀盖裂；种子小，有棱角，常为盾状，种脐位于腹面的中心；胚小而直，藏于丰富的胚乳中。

22属近1000种，分布于全世界，主产于北半球温带。中国12属517种，产于全国各地，尤以西部高原和山区种类特别丰富。徂徕山2属4种。

分属检索表

1. 花冠裂片在花蕾中覆瓦状排列，叶基生或簇生于根状茎或根出条端，形成莲座状叶丛··········1. 点地梅属 Androsace
1. 花冠裂片在花蕾中旋转状排列，叶互生、对生或轮生··2. 珍珠菜属 Lysimachia

1. 点地梅属 Androsace Linn.

一、二年生或多年生小草本。叶同型或异型，基生或簇生于根状茎或根出条端，形成莲座状叶丛，极少互生于直立的茎上。叶丛单生、数枚簇生或多数紧密排列，使植株成为半球形的垫状体。花组成伞形花序生于花葶端，很少单生而无花葶；花萼钟状至杯状，5浅裂至深裂；花冠白色、粉红色或深红色，少有黄色，筒部短，通常呈坛状，约与花萼等长，喉部常收缩成环状突起，裂片5，全缘或先端微凹；雄蕊5，花丝极短，贴生于花冠筒上；花药卵形，先端钝；子房上位，花柱短，不伸出冠筒。蒴果近球形，5瓣裂；种子通常少数，稀多数。

约100种，广布于北半球温带。中国73种，主要产于四川、云南和西藏等省份；西北、华北、东北、华东以及华南地区亦有少量种类分布。徂徕山1种。

1. 点地梅（图331）

Androsace umbellata（Lour.）Merrill.

Philipp. J. Sci. 15: 237. 1919.

一、二年生草本。主根不明显，具多数须根。叶全部基生，叶片近圆形或卵圆形，直径5~20 mm，先端钝圆，基部浅心形至近圆形，边缘具三角状钝牙齿，两面均被贴伏的短柔毛；叶柄长 1~4 cm，被开展的柔毛。花葶通常数枚自叶丛中抽出，高 4~15 cm，被白色短柔毛。伞形花序具 4~15 花；苞片卵形至披针形，长 3.5~4 mm；花梗纤细，长 1~3 cm，果期伸长可达 6 cm，被柔毛并杂生短柄腺体；花萼杯状，长 3~4 mm，密被短柔毛，分裂近达基部，裂片菱状卵圆形，具 3~6 纵脉，果期增大呈星状展开；花冠白色，直径 4~6 mm，筒部长约 2 mm，短于花萼，喉部黄色，裂片倒卵状长圆形，长 2.5~3 mm，宽 1.5~2 mm。蒴果近球形，直径 2.5~3 mm，果皮白色，近膜质。花期 2~4 月；果期 5~6 月。

徂徕山各林区均产。生于河边、荒坡、草地。国内分布于东北、华北和秦岭以南地区。朝鲜、日本、菲律宾、越南、缅甸、印度均有分布。

民间用全草治扁桃腺炎、咽喉炎、口腔炎和跌打损伤。

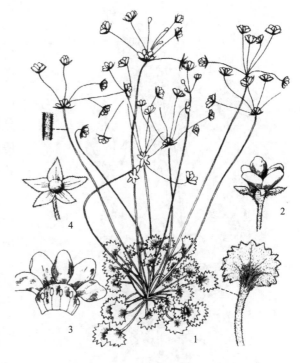

图 331　点地梅
1. 植株；2. 花；3. 花冠展开；4. 雌蕊

2. 珍珠菜属 Lysimachia Linn.

直立或匍匐草本，极少亚灌木。无毛或被多细胞毛，通常有腺点。叶互生、对生或轮生，全缘。花单生叶腋或排成顶生或腋生的总状花序、伞形花序，总状花序常缩短成近头状或有时复出而成圆锥花序；花萼 5（6~9）深裂，宿存；花冠白色或黄色，稀淡红色或淡紫红色，辐状或钟状，5（6~9）深裂，裂片在花蕾中旋转状排列；雄蕊与花冠裂片同数而对生，花丝分离或基部合生成筒，多少贴生于花冠上；花药顶孔开裂或纵裂；子房球形，花柱丝状或棒状，柱头钝。蒴果卵圆形或球形，通常 5 瓣裂；种子具棱角或有翅。

约 180 种，主要分布于北半球温带和亚热带地区，少数种类产于非洲、拉丁美洲和大洋洲。中国有 138 种，部分为民间常用草药和香料。徂徕山 3 种。

分种检索表

1. 花萼合生部分达全长的 1/3~1/2；花冠裂片近分离；叶狭披针形至线形…………1. 狭叶珍珠菜 Lysimachia pentapetala
1. 花萼分裂几乎达基部；花冠合生部分较长。
　2. 植株高 30~100 cm；果期花柱比成熟蒴果短或近等长………………………………2. 狼尾花 Lysimachia barystachys
　2. 植株高 10~30 cm；果期花柱比成熟蒴果长………………………………………………3. 泽珍珠菜 Lysimachia candida

1. 狭叶珍珠菜（图 332）

Lysimachia pentapetala Bunge

Mém. Acad. Imp. Sci. St.-Pétersbourg Divers Savans 2: 127. 1835.

一年生草本。全体无毛。茎直立，高 30~60 cm，圆柱形，多分枝，密被褐色无柄腺体。叶互生，狭披针形至线形，长 2~7 cm，宽 2~8 mm，先端锐尖，基部楔形，上面绿色，下面粉绿色，有褐色腺点；叶柄短，长约 0.5 mm。总状花序顶生，初时因花密集而成圆头状，后渐伸长，在果期长 4~13 cm；

图 332 狭叶珍珠菜
1. 植株上部；2. 花；3. 果实

苞片钻形，长 5~6 mm；花梗长 5~10 mm；花萼长 2.5~3 mm，下部合生达全长的 1/3 或近 1/2，裂片狭三角形，边缘膜质；花冠白色，长约 5 mm，基部合生仅 0.3 mm，近于分离，裂片匙形或倒披针形，先端圆钝；雄蕊比花冠短，花丝贴生于花冠裂片的近中部，分离部分长约 0.5 mm；花药卵圆形，长约 1 mm；子房无毛，花柱长约 2 mm。蒴果球形，直径 2~3 mm。花期 7~8 月；果期 8~9 月。

徂徕山各山地林区均产。生于荒地、路旁、田边。分布于中国东北、华北地区以及甘肃、陕西、河南、湖北、安徽、山东等省份。

2. 狼尾花（图 333）

Lysimachia barystachys Bunge

Mém. Acad. Imp. Sci. St.-Pétersbourg Divers Savans 2: 127. 1835.

多年生草本，具横走的根茎，全株密被卷曲柔毛。茎直立，高 30~100 cm。叶互生或近对生，长圆状披针形、倒披针形以至线形，长 4~10 cm，宽 6~22 mm，先端钝或锐尖，基部楔形，近无柄。总状花序顶生，花密集，常转向一侧；花序轴长 4~6 cm，后渐伸长，果期长可达 30 cm；苞片线状钻形，花梗长 4~6 mm，通常稍短于苞片；花萼长 3~4 mm，分裂近达基部，裂片长圆形，周边膜质，顶端圆形，略呈啮蚀状；花冠白色，长 7~10 mm，基部合生部分长约 2 mm，裂片舌状狭长圆形，宽约 2 mm，先端钝或微凹，常有暗紫色短腺体；雄蕊内藏，花丝基约 1.5 mm 连合并贴生于花冠基部，分离部分长约 3 mm，具腺毛；花药椭圆形，长约 1 mm；子房无毛，花柱短，长 3~3.5 mm。蒴果球形，直径 2.5~4 mm。花期 5~8 月；果期 8~10 月。

徂徕山各山地林区均产。生于草甸、山坡路旁灌丛间。国内分布于东北地区及内蒙古、河北、山西、陕西、甘肃、四川、云南、贵州、湖北、河南、安徽、山东、江苏、浙江等省份。俄罗斯、朝鲜、日本有分布。

3. 泽珍珠菜（图 334）

Lysimachia candida Lindley

J. Hort. Soc. London 1:301. 1846.

一、二年生草本，全体无毛。茎单生或数条簇生，直立，高 10~30 cm，单一或有分枝。基生叶匙形或倒披针形，长 2.5~6 cm，宽 0.5~2 cm，具有狭翅的

图 333 狼尾花
1. 植株；2. 花；3. 花萼和雌蕊；4. 花冠展开（示雄蕊）；5. 果实；6. 种子

柄，开花时存在或早凋；茎叶互生，很少对生，叶片倒卵形、倒披针形或线形，长 1~5 cm，宽 2~12 mm，先端渐尖或钝，基部渐狭，下延，边缘全缘或微皱呈波状，两面均有黑色或带红色的小腺点，无柄或近无柄。总状花序顶生，初时因花密集而呈阔圆锥形，其后渐伸长，果期长 5~10 cm；苞片线形，长 4~6 mm；花梗长约为苞片的 2 倍，花序最下方的长达 1.5 cm；花萼长 3~5 mm，分裂近达基部，裂片披针形，边缘膜质，背面沿中肋两侧有黑色短腺条；花冠白色，长 6~12 mm，筒部长 3~6 mm，裂片长圆形或倒卵状长圆形，先端圆钝；雄蕊稍短于花冠，花丝贴生至花冠的中下部，分离部分长约 1.5 mm；花药近线形，长约 1.5 mm；子房无毛，花柱长约 5 mm。蒴果球形，直径 2~3 mm。花期 3~6 月；果期 4~7 月。

产于西旺。生于河边湿地。国内分布于陕西、河南、山东以及长江以南各省份。也分布于越南、缅甸。

全草可入药。

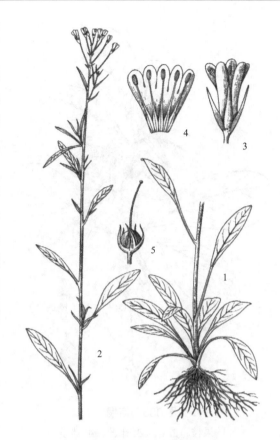

图 334　泽珍珠菜
1. 植株下部；2. 植株上部；3. 花；
4. 花冠展开（示雄蕊）；5. 果实

51. 海桐花科 Pittosporaceae

常绿乔木或灌木。单叶，互生或偶为对生，全缘，稀有齿或分裂；无托叶。花两性，稀单性或杂性，排成伞形、伞房或圆锥花序，偶单生；辐射对称或两侧对称；萼片 5，离生或基部合生；花瓣 5，在芽中覆瓦状排列，离生或基部合生；雄蕊 5，与花瓣互生，花药 2 室，内向，纵裂或孔裂；子房上位，心皮 2~3，稀 5，合生，1~5 室，通常有短花柱，胚珠多数。蒴果或浆果；种子常有黏质或油质包在外面，种皮薄，胚乳发达，胚小。

9 属约 250 种，分布于热带、亚热带及太平洋西南各岛。中国 1 属 46 种。徂徕山 1 属 1 种。

1. 海桐花属 Pittosporum Banks ex Soland.

常绿灌木或小乔木，单叶互生，常簇生枝顶呈对生或假轮生状，全缘或有波状齿，革质。花两性，组成顶生的伞形花序、伞房花序及圆锥花序，或单生于枝顶及叶腋；萼片通常离生；花瓣离生或基部合生近中部；花药纵裂，花丝无毛；子房 1 室或不完全 2~5 室，常有柄及短花柱，胚珠通常 1~4 枚，蒴果圆球形或椭圆形，2~5 瓣裂，果皮木质或革质；种子有黏质或油质物包裹。

约 150 种，主要分布在东半球热带及亚热带。中国 46 种。徂徕山 1 种。

1. 海桐（图 335）

Pittosporum tobira（Thunb.）Ait.

Hort. Kew. ed 2. 2: 37. 1811.

常绿小乔木，栽培中通常为灌木，高 1~2 m，树冠呈圆球形。枝条近轮生，嫩枝上被褐色柔毛。叶革质，多聚生枝顶，倒卵形或倒卵状披针形，长 4~10 cm，宽 1.5~4 cm，先端圆或微凹，基部楔形，

图335 海桐
1.果枝；2.花；3.雄蕊；4.雌蕊

全缘，周边略向下反卷，羽状脉，侧脉6~8对，在近边缘处网结，两面无毛或近叶柄处疏生短柔毛；叶柄长1~2 cm。伞形花序或伞房状伞形花序顶生或近顶生，总梗及苞片上均被褐色毛；花白色，后变黄色，径约1 cm；萼片卵形，长3~4 mm；花瓣倒披针形，长1~1.2 cm，离生，基部狭常呈爪状；退化雄蕊的花丝长2~3 mm，花药近不发育，正常雄蕊的花丝长5~6 mm，花药黄色，长圆形；子房长卵形，密生短柔毛。蒴果圆球形，长0.7~1.5 cm，3瓣裂，果瓣木质，内侧有横格；种子多角形，暗红色，长约4 mm。花期5月；果期10月。

大寺有栽培。国内分布于长江以南滨海各省份。亦见于日本、朝鲜。

常栽培供观赏。叶可以代替明矾做媒染剂用；种子及叶药用，分别有散瘀、涩肠、解毒的功效。

52. 绣球科 Hydrangeaceae

灌木、小乔木或藤本，稀半灌木至具根状茎的草本。全体常被单细胞毛。单叶，对生，稀轮生或互生；常具锯齿，稀全缘；羽状脉；无托叶。聚伞花序，再组成伞房花序至圆锥花序；花两性或花序周围有不孕性放射花。不孕花有1或2~5大型、扁平的萼片，呈花瓣状。可孕花细小，萼筒与子房合生；萼片4~5（12）裂，绿色；花瓣与萼裂片同数，分离，镊合状或旋转状排列；雄蕊4~5或多数，常为花瓣的倍数，花丝分离或基部连合；雌蕊2~5心皮合生，子房下位或半下位，中轴胎座，有时侧膜胎座，胚珠多数。蒴果，稀浆果。种子细小，有胚乳。

约17属190~250种，主要分布于北温带和亚热带，少数分布于热带。中国11属约130种。徂徕山1属2种。

1. 溲疏属 Deutzia Thunb.

落叶灌木，稀常绿。小枝中空或有白色髓心，枝皮通常灰褐色，片状剥落。叶对生，通常有星状毛；叶柄短；无托叶。花序伞房状、聚伞状或圆锥状，稀为单生；花通常白色、粉红色或蓝紫色，周位花；萼裂片5；花瓣5；雄蕊10，2轮，花丝带翅或近顶端有2裂齿；子房下位或有时半下位，3~5室，胚珠多数，花柱3~5，离生，条形。蒴果，3~5瓣裂；种子小，褐色。

约60种，分布于东亚、中美洲及墨西哥。中国53种，各省份均有分布，主产西南一带。徂徕山2种。

分种检索表

1. 聚伞花序有花1~3朵；植物体各部分有星状毛……………………………………1. 钩齿溲疏 Deutzia baroniana
1. 伞房花序多花；植物体各部分常无毛，但芽鳞和叶上面有时疏被星状毛…………2. 光萼溲疏 Deutzia glabrata

1. 钩齿溲疏（图336，彩图31）

Deutzia baroniana Diels.

Bot. Jahrb. Syst. 29: 372. 1900.

—— *Deutzia hamata* Koehne ex Gilg & Loesener

—— *Deutzia prunifolia* Rehd.

灌木，高0.3~1 m，老枝灰褐色，无毛；花枝长1~4 cm，具2~4叶，具棱，浅褐色，被星状毛。叶卵状菱形或卵状椭圆形，长2~5（7）cm，宽1.5~3（4）cm，先端急尖，基部楔形或阔楔形，边缘具不整齐或大小相间锯齿，上面疏被4~5辐线星状毛，有时具中央长辐线，下面疏被5~6（7）辐线星状毛，叶脉上具中央长辐线，侧脉每边4~5条；叶柄长3~5 mm，疏被星状毛。聚伞花序长和宽均1~1.5 cm，具（1）2~3花；花冠直径1.5~2.5 cm；花梗长3~12 mm；萼筒杯状，高约2 mm，直径约4 mm，密被4~6辐线星状毛，具中央长辐线，裂片线状披针形，长5~9 mm，疏被毛或无毛；花瓣白色，倒卵状长圆形或倒卵状披针形，长15~20 mm，宽5~7 mm，先端圆形，下部收狭，外面被星状毛，花蕾时内向镊合状排列；外轮雄蕊长6~7 mm，花丝先端2齿，齿平展或下弯成钩状，花药长圆形，具柄，内轮雄蕊长3.5~4.5 mm；花柱3或4，长可达1.2 cm。蒴果半球形，直径约4 mm，密被星状毛，宿存萼裂片外弯。花期4~5月；果期9~10月。

徂徕山各山地林区均产。生于山坡灌丛中。国内分布于辽宁、河北、山西、陕西、山东、江苏和河南。朝鲜亦产。

图336　钩齿溲疏
1. 花枝；2. 星状毛；3. 花纵切面；
4. 雄蕊；5. 花瓣；6. 果实

2. 光萼溲疏（图337）

Deutzia glabrata Komarov

Trudy Imp. S.-Peterburgsk. Bot. Sada 22: 433. 1903.

落叶灌木，高2~3 m；老枝灰褐色，表皮常脱落；花枝长6~8 cm，常具4~6叶，红褐色，无毛。叶薄纸质，卵形或卵状披针形，长5~10 cm，宽

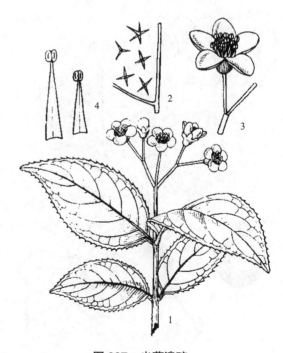

图337　光萼溲疏
1. 花枝；2. 星状毛；3. 花；4. 雄蕊

2~4 cm，先端渐尖基部阔楔形或近圆形，边缘具细锯齿，上面无毛或疏被 3~4（5）辐线星状毛，下面无毛；侧脉每边 3~4 条；叶柄长 2~4 mm，花枝上叶近无柄或叶柄长 1~2 mm。伞房花序直径 3~8 cm，有花 5~20（30）朵，花序轴无毛；花蕾球形或倒卵形；花冠直径 1~1.2 cm；花梗长 10~15 mm；萼筒杯状，高约 2.5 mm，直径约 3 mm，无毛；裂片卵状三角形，长约 1 mm，先端稍钝；花瓣白色，圆形或阔倒卵形，长约 6 mm，宽约 4 mm，先端圆，基部收狭，两面被细毛，花蕾时覆瓦状排列；雄蕊长 4~5 mm，花丝钻形，基部宽扁；子房下位，花柱 3，约与雄蕊等长。蒴果球形，直径 4~5 mm，无毛。花期 6~7 月；果期 8~9 月。

上池有栽培。国内分布于黑龙江、吉林、河南、山东。朝鲜和俄罗斯东部亦产。

花色洁白，花型雅致，花期正值少花的初夏时节，观赏价值高，是优良的园林花灌木。

53. 茶藨子科 Grossulariaceae

乔木或灌木，枝有刺或无刺，常被单细胞毛。单叶，互生，稀对生，常具齿或掌状分裂；无托叶或小而早落。总状花序，少为圆锥花序或小伞形花序，或花单生、簇生。花两性，稀单性且雌雄异株；萼片下部合生，5（3~9）裂，有时呈花瓣状，宿存；花瓣与萼片同数且互生，有时无花瓣；雄蕊与萼片同数且对生，但常存在第 2 轮与之互生的雄蕊，花药纵裂；蜜腺花盘浅裂，常位于雄蕊内；子房下位、半下位或上位，心皮 2 或 3，合生，胚珠多数，中轴或侧膜胎座；花柱分裂或合生。蒴果或浆果。种子常有假种皮。

25 属约 350 种，分布于热带至温带，主产南美洲及澳大利亚。中国 3 属 80 种。徂徕山 1 属 1 种。

1. 茶藨子属 Ribes Linn.

落叶灌木，稀为常绿。枝有刺或无刺。单叶，互生或簇生，通常掌状分裂，有长柄，无托叶。花两性或单性异株；总状花序或簇生，稀单生，花 5 数，稀 4 数；萼筒钟状、管状或碟形，萼片花瓣状；花瓣通常小，或鳞片状；雄蕊 4~5，短于或长于萼裂片，且与其对生；子房下位，1 室，侧膜胎座，多数，花柱 2。浆果球形，顶端有宿存的萼；种子多数，有胚乳。

约 160 种，分布于北温带和南美洲。中国约 59 种，产西南部、西北部至东北部。徂徕山 1 种。

1. 黑茶藨子（图 338）

Ribes nigrum Linn.

Sp. Pl. 201. 1753.

落叶灌木，高 1~2 m；幼枝褐色或棕褐色，具短柔毛，被黄色腺体；芽长卵圆形或椭圆形，长 4~7 mm，宽 2~4 mm，先端急尖。叶近圆形，长 4~9 cm，宽 4.5~11 cm，基部心形，上面幼时微具短柔毛，下面被短柔毛和黄色腺体，掌状 3~5 浅裂，裂片宽三角形，先端急尖，边缘具不规则粗锐锯齿；叶柄长 1~4 cm，具短柔毛。花两性，开花时直径 5~7 mm；总状花序长 3~5 cm，具花 4~12 朵；花序轴和花梗具短柔毛，

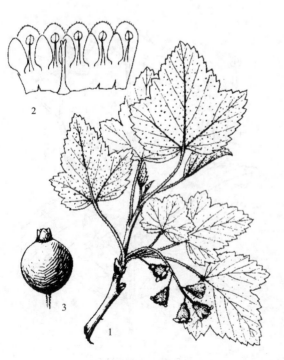

图 338 黑茶藨子
1. 花枝；2. 花冠展开（示雄蕊）；3. 果实

或混生稀疏黄色腺体；花梗长 2~5 mm；苞片小，披针形或卵圆形，长 1~2 mm，先端急尖，具短柔毛；花萼浅黄绿色或浅粉红色，具短柔毛和黄色腺体；萼筒近钟形，长 1.5~2.5 mm，宽 2~4 mm；萼片舌形，长 3~4 mm，宽 1.5~2 mm，先端圆钝，开展或反折；花瓣卵圆形或卵状椭圆形，长 2~3 mm，宽 1~1.5 mm，先端圆钝；雄蕊与花瓣近等长，花药卵圆形，具蜜腺；子房疏生短柔毛和腺体；花柱稍短于雄蕊，先端 2 浅裂，稀几不裂。果实近圆形，直径 8~10（14）mm，熟时黑色，疏生腺体。花期 5~6 月；果期 7~8 月。

上池、马场、大寺曾有引种栽培。分布于黑龙江、内蒙古、新疆。

果实富含多种维生素、糖类和有机酸等，尤其维生素 C 含量较高，主要供制作果酱、果酒及饮料等。

54. 景天科 Crassulaceae

草本、半灌木或灌木。常有肥厚、肉质的茎、叶，无毛或有毛。叶不具托叶，互生、对生或轮生，单叶，全缘或稍有缺刻，少浅裂或羽状复叶。聚伞花序，或伞房状、穗状、总状或圆锥状花序，有时单生。花两性，或单性而雌雄异株，辐射对称，花各部常 4~6 数；萼片自基部分离，少基部以上合生，宿存；花瓣分离，或多少合生；雄蕊 1 或 2 轮，与萼片或花瓣同数或为其 2 倍，分离，或与花瓣或花冠筒部多少合生，花丝丝状或钻形，花药基生，少为背着，内向开裂；心皮常与萼片或花瓣同数，分离或基部合生，常在基部外侧有腺状鳞片 1 枚，花柱钻形，柱头头状或不显著，胚珠多数，稀少数或 1 枚，倒生，有 2 层珠被。蓇葖有膜质或革质的皮，稀蒴果；种子小，长椭圆形，种皮有皱纹或微乳头状突起，或有沟槽，胚乳不发达或缺。

34 属 1500 种以上。分布于非洲、亚洲、欧洲、美洲，以中国西南部、非洲南部及墨西哥种类较多。中国有 10 属 242 种。徂徕山 4 属 5 种 1 变种。

分属检索表

1. 心皮有柄或基部渐狭，全部分离，直立；花两性。
　2. 花瓣分离；花序外形呈半圆球形至圆锥形；多年生植物 ·· 1. 八宝属 Hylotelephium
　2. 花瓣基部合生；花序外形为圆柱形至长圆锥形；二年生植物，稀多年生 ················ 2. 瓦松属 Orostachys
1. 心皮无柄，基部不为渐狭，常基部合生，稀离心皮。
　3. 叶缘有锯齿，横切面呈扁平状；种子沿长轴具肋状结构 ·· 3. 费菜属 Phedimus
　3. 叶片全缘，横切面呈圆形或半圆形；种子具网状或乳突结构 ·· 4. 景天属 Sedum

1. 八宝属 Hylotelephium H. Ohba

多年生草本。根状茎肉质、短；新枝不为鳞片包被，茎自基部脱落或宿存而下部木质化，自其上部或旁边发出新枝。叶互生、对生或 3~5 叶轮生，不具距，扁平，无毛，花序复伞房状、伞房圆锥状、伞状伞房状，小花序聚伞状，有密生的花，顶生，有苞；花两性，或退化为单性，5 基数，少为 4 基数；萼片不具距，常较花瓣为短，基部多少合生；花瓣常离生，先端通常不具短尖，白色、粉红色、紫色，或淡黄色、绿黄色，雄蕊 10，较花瓣长或短，对瓣雄蕊着生在花瓣近基部处；鳞长圆状楔形至线状长圆形，先端圆或稍有微缺；成熟心皮几直立，分离，腹面不隆起，基部狭，近有柄。蓇葖种子多数；种子有狭翅。

约 30 种，分布欧亚大陆及北美洲。中国有 15 种 2 变种。徂徕山 1 种。

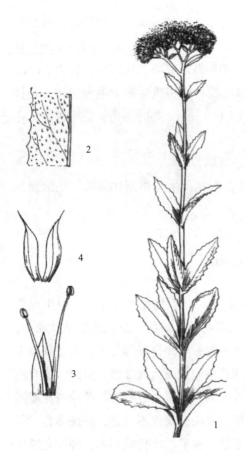

图339 长药八宝
1. 植株上部；2. 叶部分放大；
3. 花瓣及雄蕊；4. 心皮

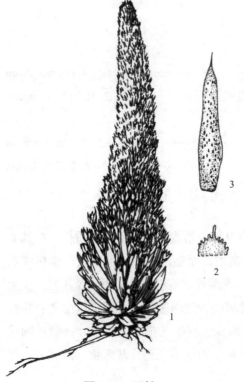

图340 瓦松
1. 植株；2. 莲座叶上部；3. 茎生叶

1. 长药八宝（图339，彩图32）

Hylotelephium spectabile（Boreau）H. Ohba

Bot. Mag.（Tokyo）90: 52. 1977.

多年生草本。茎直立，高30~70 cm。叶对生或3叶轮生，卵形至宽卵形，或长圆状卵形，长4~10 cm，宽2~5 cm，先端急尖或钝，基部渐狭，全缘或多少有波状牙齿。伞房状花序大形，顶生，直径7~11 cm；花密生，直径约1 cm，萼片5，线状披针形至宽披针形，长1 mm，渐尖；花瓣5，淡紫红色至紫红色，披针形至宽披针形，长4~5 mm，雄蕊10，长6~8 mm，花药紫色；鳞片5，长方形，长1~1.2 mm，先端有微缺；心皮5，狭椭圆形，长4.2 mm，花柱长约1.2 mm。蓇葖直立。花期8~9月；果期9~10月。

产于上池、马场。生于多石山坡上。国内分布于安徽、陕西、河南、山东、河北、辽宁、吉林、黑龙江等省份。朝鲜也有分布。

2. 瓦松属 Orostachys（DC.）Fisch.

二年生或多年生草本。第1年叶呈莲座状，常有软骨质的先端，少有为柔软的渐尖头或钝头，线形至卵形，多具暗紫色腺点。第2年自莲座中央长出不分枝的花茎；花几无梗或有梗，多花成密集的圆锥花序或伞房状聚伞花序，外表呈狭金字塔形至圆柱形；花5基数；萼片基部合生，常较花瓣为短；花瓣黄色、绿色、白色、浅红色或红色，基部稍合生，披针形，直立；雄蕊1~2轮，如为1轮则与花瓣互生，如为2轮则外轮对瓣；鳞片小，长圆形，先端截形；子房上位，心皮有柄，基部渐狭，直立，花柱细；胚珠多数，侧膜胎座。蓇葖分离，先端有喙，种子多数。

13种，分布中国、朝鲜、日本、蒙古至俄罗斯。中国有10种。徂徕山1种。

1. 瓦松（图340）

Orostachys fimbriata（Turcz.）Berger

Engl. & Prantl Nat. Pflanzenfam. 2. Aufl. 18a: 464. 1930.

二年生草本。一年生莲座丛的叶短，线形，先端增大为白色软骨质，半圆形，有齿；二年生花茎高10~20（40）cm，叶互生，有刺，线形至披针形，长达3 cm，宽2~5 mm。总状花序紧密，或下部分枝，可呈宽20 cm的金字塔形；苞片线状渐尖；花梗长达1 cm，萼片5，长圆形，长 1~3 mm；花瓣 5，红色，稀黄白色，披针状椭圆形，长 5~6 mm，宽 1.2~1.5 mm，先端渐尖，基部合生；雄蕊 10，与花瓣同长或稍短，花药紫色；鳞片 5，近四方形，长 0.3~0.4 mm，先端稍凹。蓇葖 5，长圆形，长 5 mm，喙细，长 1 mm；种子多数，卵形，细小。花期 8~9 月；果期 9~10 月。

徂徕山各林区均产。多生于阳坡山石上。国内分布于湖北、安徽、江苏、浙江、青海、宁夏、甘肃、陕西、河南、山东、山西、河北、内蒙古、辽宁、黑龙江等省份。朝鲜、日本、蒙古、俄罗斯也有分布。

全草药用，有止血、活血、敛疮之效。但有小毒，宜慎用。

3. 费菜属 Phedimus Rafinesque

多年生草本，根状茎粗壮，茎无毛，不分枝。叶互生或对生；叶片扁平，边缘具锯齿。聚伞花序，顶生；无苞片；花两性，无柄或几无柄；萼片 5，肉质；花瓣 5，黄色；雄蕊 10，2 轮排列，蜜腺体全缘或顶端微凹；雌蕊的心皮分离或在基部合生，5 枚，花柱短，在花期斜伸或展开。蓇葖果，小蓇葖呈星芒状排列；种子多数，种皮沿种子纵轴具肋状结构。

约 20 种，分布于亚洲和欧洲。中国 8 种。徂徕山 1 种 1 变种。

1. 费菜（图 341）

Phedimus aizoon（Linn.）'t Hart

Evol. & Syst. Crassulac. 168. 1995.

—— *Sedum aizoon* Linn.

多年生草本，高 20~50 cm，根状茎短粗。茎直立，无毛，不分枝。叶互生，狭披针形、椭圆状披针形至卵状倒披针形，长 3.5~8 cm，宽 1.2~2 cm，先端渐尖，基部楔形，边缘有不整齐的锯齿。聚伞花序多花，水平分枝，平展，下托以苞叶。萼片 5，线形，肉质，不等长，长 3~5 mm，先端钝；花瓣 5，黄色，长圆形至椭圆状披针形，长 6~10 mm，有短尖；雄蕊 10，较花瓣短；鳞片 5，近正方形，长 0.3 mm，心皮 5，卵状长圆形，基部合生，腹面凸出，花柱长钻形。蓇葖星芒状排列，长 7 mm；种子椭圆形，长约 1 mm。花期 6~7 月；果期 8~9 月。

徂徕山各山地林区均产。国内分布于四川、湖北、江西、安徽、浙江、江苏、青海、宁夏、甘肃、内蒙古、宁夏、河南、山西、陕西、河北、山东、辽宁、吉林、黑龙江等省份。俄罗斯乌拉尔至蒙古、日本、朝鲜也有分布。

根或全草药用，有止血散瘀，安神镇痛之效。

狭叶费菜（变种）

var. **yamatutae**（Kitag.）H. Ohba, K. T. Fu & B. M. Barthol.

Novon 10: 401. 2000.

图 341　费菜
1. 植株；2. 花；3. 雌蕊

叶狭长圆状楔形或几为线形，宽不及 5 mm。花期 6~7 月；果期 8 月。

产于上池。国内分布于甘肃、陕西、山东、河北、内蒙古、吉林、黑龙江。

4. 景天属 Sedum Linn.

一年生或多年生草本。少有茎基部呈木质，无毛或被毛，肉质，直立或外倾，有时丛生或薛状。叶各式，横切面常呈圆形或半圆形，对生、互生或轮生，常全缘，稀线形。聚伞花序呈伞房状，腋生或顶生；花两性，稀退化为单性，多为黄色，稀白色、红色、紫色；常为不等 5 基数，少有 4~9 基数；花瓣分离或基部合生；雄蕊通常为花瓣数的 2 倍，对瓣雄蕊贴生在花瓣基部或稍上处；鳞片状蜜腺体全缘或有微缺；心皮 5，分离或在基部合生，基部宽阔，无柄，花柱短。蓇葖有种子多数或少数，种子具网状或乳突结构。

约 470 种，主要分布于北半球，少数产于南半球的非洲和拉丁美洲。中国 121 种。徂徕山 2 种。

分种检索表

1. 花无梗或几无梗；蓇葖腹面浅囊状；叶常为轮生，倒披针形至椭圆状长圆形············1. 垂盆草 Sedum sarmentosum
1. 花有梗；蓇葖腹面不作浅囊状；叶互生，三角形或三角状宽卵·····················2. 繁缕景天 Sedum stellariifolium

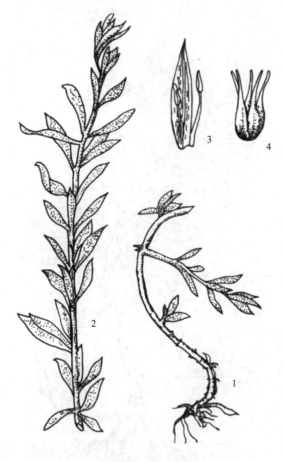

1. 垂盆草（图 342）

Sedum sarmentosum Bunge

Mem. Acad. Sci. St. Petersb. Sav. Etrang. 2: 104. 1833.

多年生草本。不育枝及花茎细，匍匐而节上生根，直到花序之下，长 10~25 cm。3 叶轮生，叶倒披针形至长圆形，长 15~28 mm，宽 3~7 mm，先端近急尖，基部急狭，有距。聚伞花序，有 3~5 分枝，花少，宽 5~6 cm；花无梗；萼片 5，披针形至长圆形，长 3.5~5 mm，先端钝，基部无距；花瓣 5 枚，黄色，披针形至长圆形，长 5~8 mm，先端有稍长的短尖；雄蕊 10，较花瓣短；鳞片 10，楔状四方形，长 0.5 mm，先端稍有微缺；心皮 5，长圆形，长 5~6 mm，略叉开，有长花柱。种子卵形，长 0.5 mm。花期 5~7 月；果期 8 月。

徂徕山各山地林区均产。国内分布于福建、贵州、四川、湖北、湖南、江西、安徽、浙江、江苏、甘肃、陕西、河南、山东、山西、河北、辽宁、吉林、北京等省份。朝鲜、日本也有分布。

全草药用，能清热解毒。

图 342 垂盆草
1. 植株下部；2. 植株上部；
3. 花瓣及雄蕊；4. 雌蕊

2. 繁缕景天（图343）

Sedum stellariifolium Franch.

Nouv. Arch. Mus. Hist. Nat., sér. 2, 6: 10. 1883.

一、二年生草本。植株被腺毛。茎直立，有多数斜上的分枝，基部呈木质，高 10~15 cm，褐色，被腺毛。叶互生，三角形或三角状宽卵形，长 7~15 mm，宽 5~10 mm，先端急尖，基部宽楔形至截形，入于叶柄，柄长 4~8 mm，全缘。总状聚伞花序；花顶生，花梗长 5~10 mm，萼片 5，披针形至长圆形，长 1~2 mm，先端渐尖；花瓣 5，黄色，披针状长圆形，长 3~5 mm，先端渐尖；雄蕊 10，较花瓣短；鳞片 5，宽匙形至宽楔形，长 0.3 mm，先端有微缺；心皮 5，近直立，长圆形，长约 4 mm，花柱短。蓇葖下部合生，上部略叉开；种子长圆状卵形，长 0.3 mm，有纵纹，褐色。花期 7~8 月；果期 8~9 月。

产于大寺、磋石峪。生于山坡石缝中。分布于云南、贵州、四川、湖北、湖南、甘肃、陕西、河南、山东、山西、河北、辽宁、台湾。

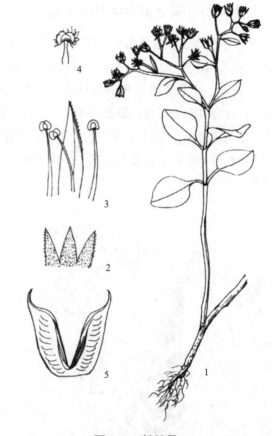

图343 繁缕景天
1. 植株；2. 萼片；3. 花瓣及雄蕊；4. 雄蕊；5. 心皮

55. 虎耳草科 Saxifragaceae

多年生草本，稀一年生或亚灌木。有时稍肉质，植株常被毛。单叶或复叶，互生，有时全部基生，较少对生；叶片常在顶端和边缘具排水孔，无托叶。聚伞花序、总状花序至圆锥花序，稀单花；花两性，稀单性，辐射对称，稀两侧对称；花萼常联合，5（3~10）片，覆瓦状或镊合状排列；花瓣常离生，与萼片同数，覆瓦状或旋转状排列，常具爪，有时多裂，或早落，或无；雄蕊（4）5~10，2轮，或 1 轮而另有 1 轮退化雄蕊，花药纵裂，雄蕊内侧有环状蜜腺花盘；心皮 2~4（7），完全分离至下部合生；子房下位至上位，中轴胎座、侧膜胎座，稀顶生胎座。蒴果，种子小而多数；胚乳丰富至少。

约 40 属 700 种，分布几遍全球，主产于北温带。中国 13 属约 300 种，南北各省份均产，主产西南地区。徂徕山 3 属 4 种。

分属检索表

1. 2~4 回三出复叶；萼片 4~5，花瓣 1~5，有时更多或不存在 ·· 1. 落新妇属 Astilbe
1. 单叶。
  2. 叶膜质；心皮 5，稀 6~8，下部合生，上部分离 ·· 2. 扯根菜属 Penthorum
  2. 叶非膜质；心皮 2，分离或合生 ·· 3. 虎耳草属 Saxifraga

1. 落新妇属 Astilbe Buchanan-Hamilton ex D. Don

多年生草本。根状茎粗壮。茎基部具褐色膜质鳞片状毛或长柔毛。叶互生，2~4回三出复叶，稀单叶，具长柄；托叶膜质；小叶片披针形、卵形、阔卵形至阔椭圆形，边缘具齿。圆锥花序顶生，具苞片；花小，白色、淡紫色或紫红色，两性或单性，稀杂性或雌雄异株；萼片通常5，稀4；花瓣1~5，有时更多或不存在；雄蕊8~10，稀5；心皮2（3），多少合生或离生；子房近上位或半下位，2（3）室，中轴胎座，或为1室，边缘胎座；胚珠多数。蒴果或蓇葖果；种子小。

约18种，分布于东亚和北美。中国7种，南北各省份均产，主产华东、华中和西南地区。徂徕山1种。

1. 落新妇（图344）

Astilbe chinensis（Maxim.）Franch. & Savatier Enum. Pl. Jap. 1: 144. 1873.

多年生草本，高50~100 cm。根状茎暗褐色，粗壮，须根多数。茎无毛。基生叶为2~3回三出羽状复叶；顶生小叶菱状椭圆形，侧生小叶卵形至椭圆形，长1.8~8 cm，宽1.1~4 cm，先端短渐尖至急尖，边缘有重锯齿，基部楔形、浅心形至圆形，腹面沿脉生硬毛，背面沿脉疏生硬毛和小腺毛；叶轴仅于叶腋部具褐色柔毛；茎生叶2~3，较小。圆锥花序，长8~37 cm，宽3~4（12）cm；下部第1回分枝长4~11.5 cm，通常与花序轴成15°~30°角斜上；花序轴密被褐色卷曲长柔毛；苞片卵形，几无花梗；花密集；萼片5，卵形，长1~1.5 mm，宽约0.7 mm，两面无毛，边缘中部以上生微腺毛；花瓣5，淡紫色至紫红色，线形，长4.5~5 mm，宽0.5~1 mm，单脉；雄蕊10，长2~2.5 mm；心皮2，仅基部合生，长约1.6 mm。蒴果长约3 mm；种子褐色，长约1.5 mm。花、果期6~9月。

图344 落新妇
1. 植株；2. 花序；3. 花；4. 果实

产于上池、马场。生于山谷、溪边、林下、林缘等处。国内分布于东北、河北、山西、陕西、甘肃、青海、山东、浙江、江西、河南、湖北、湖南、四川、云南等省份。俄罗斯、朝鲜和日本也有分布。

根状茎可入药。

2. 扯根菜属 Penthorum Linn.

多年生草本。茎直立。叶互生，膜质，狭披针形或披针形。螺状聚伞花序；花两性，多数，小形；萼片5（8）；花瓣5（8）或不存在；雄蕊2轮，10（16）；心皮5（8），下部合生，花柱短，胚珠多数。蒴果5（8），浅裂，裂瓣先端喙形，成熟后喙下环状横裂；种子多数，细小。

2种，分布于东亚和北美。中国1种。徂徕山1种。

1. 扯根菜（图 345）

Penthorum chinense Pursh

Fl. Amer. Sept. 1: 323. 1814.

多年生草本，高 40~65（90）cm。根状茎分枝；茎不分枝，稀基部分枝，具多数叶，中下部无毛，上部疏生黑褐色腺毛。叶互生，无柄或近无柄，披针形至狭披针形，长 4~10 cm，宽 0.4~1.2 cm，先端渐尖，边缘具细重锯齿，无毛。聚伞花序具多花，长 1.5~4 cm；花序分枝与花梗均被褐色腺毛；苞片小，卵形至狭卵形；花梗长 1~2.2 mm；花小型，黄白色；萼片 5，革质，三角形，长约 1.5 mm，宽约 1.1 mm，无毛，单脉；无花瓣；雄蕊 10，长约 2.5 mm；雌蕊长约 3.1 mm，心皮 5~6，下部合生；子房 5~6 室，胚珠多数，花柱 5~6，较粗。蒴果红紫色，直径 4~5 mm；种子多数，卵状长圆形，表面具小丘状突起。花、果期 7~10 月。

产于光华寺、马场、大寺林区。生于林下、灌丛草甸及水边。国内分布于东北地区及河北、陕西、甘肃、江苏、安徽、浙江、江西、河南、湖北、湖南、广东、广西、四川、贵州、云南等省份。俄罗斯远东地区、日本、朝鲜均有分布。

全草可入药。嫩苗可供蔬食。

图 345　扯根菜
1.植株下部；2.植株上部，花序；3~4.果实

3. 虎耳草属 Saxifraga Linn.

多年生草本，稀一、二年生。茎通常丛生，或单一。单叶，全部基生或兼茎生，有柄或无柄，叶片全缘、具齿或分裂；茎生叶通常互生，稀对生。花通常两性，有时单性，辐射对称，稀两侧对称，黄色、白色、红色或紫红色，多组成聚伞花序，有时单生，具苞片；花托杯状（内壁完全与子房下部愈合），或扁平；萼片 5；花瓣 5，通常全缘，脉显著，具痂体或无痂体；雄蕊 10，花丝棒状或钻形；心皮 2，通常下部合生，有时近离生；子房近上位至半下位，通常 2 室，具中轴胎座，有时 1 室而具边缘胎座，胚珠多数；蜜腺隐藏在子房基部或花盘周围。蒴果，稀蓇葖果；种子多数。

约 450 种，分布于北半球温带以及南美洲安第斯山脉，主要生于高山地区。中国有 216 种，南北各省份均产，主产西南地区和青海、甘肃等省份的高山地区。徂徕山 2 种。

分种检索表

1. 无鳞茎；叶近心形、肾形至扁圆形，长 1.5~7.5 cm，宽 2~12 cm·················1. 虎耳草 Saxifraga stolonifera
1. 具鳞茎；叶肾形，长 0.7~1.8 cm，宽 1~2.7 cm·················2. 球茎虎耳草 Saxifraga sibirica

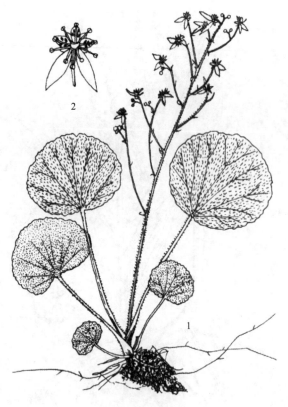

图 346 虎耳草
1. 植株；2. 花

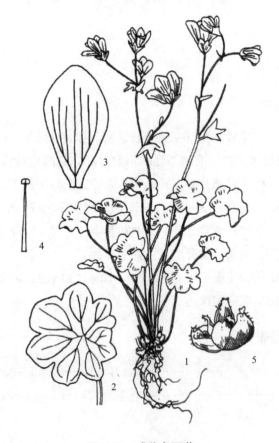

图 347 球茎虎耳草
1. 植株；2. 叶；3. 花瓣；4. 雄蕊；5. 鳞茎

1. 虎耳草（图 346）

Saxifraga stolonifera Curtis

Philos. Trans. 64（1）: 308. 1774.

多年生草本，高 8~45 cm。茎、叶、花序均被腺毛。匍匐枝细长，具鳞片状叶。基生叶具长柄，叶片近心形、肾形至扁圆形，长 1.5~7.5 cm，宽 2~12 cm，先端钝或急尖，基部近截形、圆形至心形，常（5）7~11 浅裂，裂片边缘具不规则齿牙，上面绿色，下面常红紫色，掌状脉，叶柄长 1.5~21 cm；茎生叶披针形，长约 6 mm，宽约 2 mm。聚伞花序圆锥状，长 7.3~26 cm，具 7~61 花；花序分枝长 2.5~8 cm，具 2~5 花；花梗长 0.5~1.6 cm，细弱；花两侧对称；萼片在花期开展至反曲，卵形，长 1.5~3.5 mm，宽 1~1.8 mm，先端急尖，3 脉于先端汇合成 1 疣点；花瓣 5，白色，中上部具紫红色斑点，基部具黄色斑点，先端急尖，其中 3 枚较短，卵形，长 2~4.4 mm，宽 1.3~2 mm，另 2 枚较长，披针形至长圆形，长 6.2~14.5 mm，宽 2~4 mm。雄蕊长 4~5.2 mm，花丝棒状；花盘半环状，围绕于子房一侧，边缘具瘤突；2 心皮下部合生，长 3.8~6 mm；子房卵球形，花柱 2，叉开。花、果期 4~11 月。

大寺等林区庭院有栽培。国内分布于河北、陕西、甘肃、江苏、安徽、浙江、江西、福建、台湾、河南、湖北、湖南、广东、广西、四川、贵州、云南等省份。朝鲜、日本也有栽培。

全草入药；微苦、辛，寒，有小毒；祛风清热，凉血解毒。

2. 球茎虎耳草（图 347，彩图 33）

Saxifraga sibirica Linn.

Syst. Nat., ed. 10, 2: 1027. 1759.

多年生草本，高 6.5~25 cm，具鳞茎。茎、叶、花序均被腺毛。基生叶具长柄，叶片肾形，长 0.7~1.8 cm，宽 1~2.7 cm，7~9 浅裂，裂片卵形、阔卵形至扁圆形，叶柄长 1.2~4.5 cm，基部扩大；茎生叶肾形、阔卵形至扁圆形，长 0.45~1.5 cm，宽 0.5~2 cm，基部肾形、截形至楔形，5~9 浅裂，叶柄长 1~9 mm。聚伞花序伞房状，长 2.3~17 cm，具 2~13 花，稀单花；花梗纤细，长 1.5~4 cm；萼片直立，披针形至长圆形，长 3~4 mm，宽 0.6~1.8 mm，先端急尖或钝，腹面无毛，3~5 脉于先端不汇合、半汇合至汇合（同时交错存在）；花瓣白色，倒卵形至狭倒卵形，长 6~14.5 mm，宽 1.5~4.7 mm，基部渐狭呈爪，3~8 脉，无痂体；雄蕊长 2.5~5.5 mm，花丝钻形；2 心皮中下部合生，长 2.6~4.9 mm；子房卵球形，长 1.8~3 mm，花柱 2，长 0.8~2 mm。柱头小。花、果期 5~11 月。

产于王庄林区。生于林下、灌丛和石隙。国内分布于黑龙江、河北、山西、陕西、甘肃、新疆、山东、湖北、湖南、四川、云南、西藏。俄罗斯、蒙古、尼泊尔、印度、克什米尔地区及欧洲东部均有。

56. 蔷薇科 Rosaceae

草本、灌木或乔木，落叶或常绿，有刺或无刺。冬芽常具数个鳞片，有时仅具 2 个。叶互生，稀对生，单叶或复叶，常有显明托叶，稀无。花两性，稀单性。通常整齐，周位花或上位花；花轴上端发育成碟状、钟状、杯状、坛状或圆筒状的花托（一称萼筒），在花托边缘着生萼片、花瓣和雄蕊；萼片和花瓣同数，通常 4~5，覆瓦状排列，稀无花瓣，萼片有时具副萼；雄蕊 5 至多数，稀 1 或 2，花丝离生，稀合生；子房下位、半下位或上位，心皮 1 至多数，离生或合生，有时与花托连合，每心皮有 1 至数枚直立的或悬垂的倒生胚珠；花柱与心皮同数，有时连合，顶生、侧生或基生。果实为蓇葖果、瘦果、梨果或核果，稀蒴果；种子通常不含胚乳，极稀具少量胚乳；子叶为肉质，背部隆起，稀对褶或呈席卷状。

约 125 属 3500 余种，广布于全世界，北温带较多。中国约 55 属 950 余种，产于全国各地。徂徕山 27 属 63 种 14 变种 8 变型。

分亚科检索表

1. 果实为开裂的蓇葖果，稀蒴果，心皮 1~5（12）；有或无托叶·················Ⅰ. 绣线菊亚科 Spiraeoideae
1. 果实不开裂；有托叶。
  2. 子房上位，稀少下位。
    3. 心皮常多数；瘦果；萼宿存；常为复叶，稀单叶·················Ⅱ. 蔷薇亚科 Rosoideae
    3. 心皮常为 1，稀 2 或 5；核果；萼常脱落；单叶·················Ⅳ. 李亚科 Prunoideae
  2. 子房下位、半下位，心皮（1）2~5；梨果或浆果状，稀小核果·················Ⅲ. 苹果亚科 Maloideae

Ⅰ. 绣线菊亚科 Spiraeoideae

灌木，稀草本；单叶，稀复叶，叶全缘或有锯齿，常不具托叶，或稀具托叶；心皮 1~5（12），离生或基部合生；子房上位，具 2 至多数悬垂的胚珠；果实为开裂的蓇葖果，稀蒴果。

分属检索表

1. 单叶。
  2. 有托叶；蓇葖果膨大，沿背腹两缝线开裂·················1. 风箱果属 Physocarpus
  2. 无托叶；蓇葖果不膨大，沿腹缝线开裂·················2. 绣线菊属 Spiraea
1. 羽状复叶；大型圆锥花序·················3. 珍珠梅属 Sorbaria

1. 风箱果属 Physocarpus Maxim.

落叶灌木。冬芽小，有数枚互生鳞片。单叶互生，边缘有锯齿，基部常3裂，三出脉，有叶柄和托叶。伞形总状花序顶生；萼筒杯状，萼片5，镊合状排列；花瓣5，略长于萼片，白色或稀粉红色；雄蕊20~40；雌蕊1~5，基部合生，子房1室。蓇葖果常膨大，沿背腹两缝开裂，内有2~5粒种子。

约20种，主要分布于北美洲。中国产1种，引种栽培1种。徂徕山1种。

图348 无毛风箱果
1. 果枝；2. 花枝；3. 花

1. 无毛风箱果（图348）

Physocarpus opulifolius（Linn.）Maxim. Trudy Imp. S.-Peterburgsk. Bot. Sada 6: 220. 1879.

落叶灌木，高约2 m。叶三角状卵形至宽卵形，长3~6 cm，宽3~5 cm，先端急尖或渐尖，基部楔形或宽楔形，边缘有较钝锯齿；叶柄长1~2.5 cm，微有毛或近无毛；托叶条状披针形，边缘有不规则锐锯齿，早落；伞形总状花序，总花梗无毛，花萼和花梗无毛或有稀疏柔毛；花瓣椭圆形，白色；雄蕊多数，着生萼筒边缘，花药紫色；心皮2~4，花柱顶生。蓇葖果膨大，无毛。花期6月；果期7~8月。

上池有栽培。原产北美洲。中国北方各地常栽培观赏。

此外，徂徕山见于栽培的品种尚有：金叶风箱果 'Lutens'，新叶金黄色，夏至秋季叶为黄色或黄绿色。紫叶风箱果 'Summer Wine'，叶片生长期紫红色，落前暗红色。

2. 绣线菊属 Spiraea Linn.

落叶灌木。冬芽小，具2~8枚外露的鳞片。单叶互生，边缘有锯齿或缺刻，有时分裂，稀全缘，羽状叶脉，或基部三至五出脉，通常具短叶柄，无托叶。花两性，稀杂性，伞形、伞形总状、伞房或圆锥花序；萼筒钟状；萼片5，通常稍短于萼筒；花瓣5，常圆形，较萼片长；雄蕊15~60，着生在花盘和萼片之间；心皮5（3~8），离生。蓇葖果5，常沿腹缝线开裂，内具数粒细小种子；种子线形至长圆形，种皮膜质，胚乳少或无。

约100余种，分布在北半球温带至亚热带山区。中国有70余种。徂徕山3种。

分种检索表

1. 花序着生在当年生具叶长枝的顶端，复伞房花序宽广；羽状叶脉。
  2. 花序无毛，花白色；蓇葖果直立···1. 华北绣线菊 Spiraea fritschiana
  2. 花序被短柔毛，花粉红或紫红色；蓇葖果成熟时略分开···············2. 粉花绣线菊 Spiraea japonica
1. 花序着生在短枝顶端，伞形或伞形总状花序；叶片近圆形，三至五出脉，先端圆钝，常3裂··3. 三裂绣线菊 Spiraea trilobata

1. 华北绣线菊（图349）

Spiraea fritschiana Schneid.

Bull. Herb. Boiss. ser. 2. 5: 347. 1905.

灌木，高1~2 m；枝条粗壮，小枝具明显棱角，有光泽，嫩枝无毛或具稀疏短柔毛；冬芽卵形，先端渐尖或急尖，幼时具稀疏短柔毛。叶片卵形、卵状椭圆形或椭圆长圆形，长3~8 cm，宽1.5~3.5 cm，先端急尖或渐尖，基部宽楔形，边缘有不整齐重锯齿或单锯齿，上面深绿色，无毛，稀沿叶脉有稀疏短柔毛，下面浅绿色，具短柔毛；叶柄长2~5 mm，幼时具短柔毛。复伞房花序，无毛，顶生于当年生直立新枝上，多花；花梗长4~7 mm；苞片披针形或线形，微被短柔毛；花直径5~6 mm；萼筒钟状，内面密被短柔毛；萼片三角形，先端急尖，内面近先端有短柔毛；花瓣卵形，先端圆钝，长2~3 mm，宽2~2.5 mm，白色，在芽中呈粉红色；雄蕊25~30，长于花瓣；花盘圆环状，约有8~10个大小不等的裂片，裂片先端微凹；子房具短柔毛，花柱短于雄蕊。蓇葖果几直立，开张，无毛或仅沿腹缝有短柔毛，花柱顶生，直立或稍倾斜，常具反折萼片。花期6月；果期7~8月。

徂徕山各山地林区均产。生于岩石坡地、山谷丛林间。国内分布于河南、陕西、山东、江苏、浙江。也分布于朝鲜。

图349 华北绣线菊
1. 花枝；2. 花；3. 果实

2. 粉花绣线菊（图350）

Spiraea japonica Linn. f.

Suppl. Pl. 262. 1781.

落叶灌木，高1.5 m。枝条细长，开展；小枝近圆柱形，无毛或幼时被短柔毛；冬芽卵形，芽鳞数片。叶卵形至卵状椭圆形，长2~8 cm，宽1~3 cm，先端急尖至短渐尖，基部楔形，边缘有缺刻状重锯齿或单锯齿，上面暗绿色，无毛或沿叶脉微具短柔毛，下面色浅或有白霜，通常沿叶脉有短柔毛；叶柄长1~3 mm，具短柔毛。复伞房花序生于当年新枝顶端，花密生，密被短柔毛；花梗长4~6 mm；苞片披针形至线状披针形，下面微被柔毛；花直径4~7 mm；花萼外面有稀疏短柔毛，萼筒钟状，内面有短柔

图350 粉花绣线菊
1. 花枝；2. 花纵切面；3. 果实

毛；萼片三角形，先端急尖，内面近先端有短柔毛；花瓣卵形至圆形，先端常圆钝，长 2.5~3.5 mm，宽 2~3 mm，粉红色；雄蕊多数，远长于花瓣；花盘圆环形，约有 10 个不整齐裂片。蓇葖果半开张，无毛或沿腹缝有稀疏柔毛。花期 6~7 月；果期 8~9 月。

上池有栽培。原产日本、朝鲜。中国各地栽培观赏。

此外，徂徕山见于栽培的品种尚有：金山绣线菊 'Gold Mound'，矮生灌木，高仅 20~40 cm；小枝细弱，呈"之"字形弯曲；叶片卵圆形或卵形，长 1~3 cm，叶缘具深锯齿，新叶和秋叶为金黄色，夏季浅黄色；复伞房花序，直径 2~3 cm，花色淡紫红。花期 5~10 月。大寺、上池有栽培。金焰绣线菊 'Gold Flame'，直立灌木，高 30~60 cm，叶片长卵形至卵状披针形。叶色多变，初春新叶橙红色，后变为黄绿色，秋叶渐变为紫红色。上池有栽培。

3. 三裂绣线菊　三桠绣线菊（图 351）

Spiraea trilobata Linn.

Mant. Pl. 2: 244. 1771.

灌木，高 1~2 m；小枝细瘦，开展，稍呈"之"字形弯曲，嫩时褐黄色，无毛，老时暗灰褐色；冬芽小，宽卵形，先端钝，无毛，外被数个鳞片。叶片近圆形，长 1.7~3 cm，宽 1.5~3 cm，先端钝，常 3 裂，基部圆形、楔形或近心形，边缘自中部以上有少数圆钝锯齿，两面无毛，下面色较浅，基部具显著 3~5 脉。伞形花序具总梗，无毛，有花 15~30 朵；花梗长 8~13 mm，无毛；苞片线形或倒披针形，上部深裂成细裂片；花直径 6~8 mm；萼筒钟状，外面无毛，内面有灰白色短柔毛；萼片三角形，先端急尖，内面具稀疏短柔毛；花瓣宽倒卵形，先端常微凹，长与宽各 2.5~4 mm；雄蕊 18~20，比花瓣短；花盘约有 10 个大小不等的裂片，裂片先端微凹，排列成圆环形；子房被短柔毛，花柱比雄蕊短。蓇葖果开张，仅沿腹缝微具短柔毛或无毛，花柱顶生稍倾斜，具直立萼片。花期 5~6 月；果期 7~8 月。

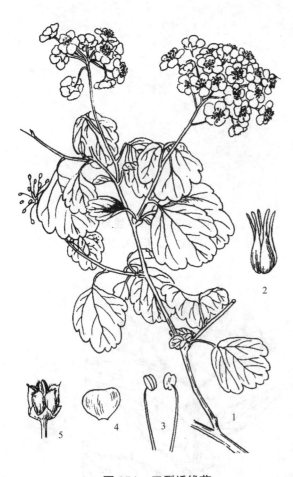

图 351　三裂绣线菊

1. 花枝；2. 雌蕊；3. 雄蕊；4. 花瓣；5. 果实

产于王庄林区灌龙湾沟、上池。生于向阳坡地或灌木丛中。国内分布于黑龙江、辽宁、内蒙古、山东、山西、河北、河南、安徽、陕西、甘肃。俄罗斯西伯利亚也有分布。

3. 珍珠梅属 Sorbaria（Ser. ex DC.）A. Braun

落叶灌木。冬芽卵形，具数枚互生外露的鳞片。羽状复叶互生；小叶有锯齿，具托叶。花小，组成大型的顶生圆锥花序；萼筒钟状，萼片 5，反折；花瓣 5，白色，覆瓦状排列；雄蕊 20~50；心皮 5，基部合生，与萼片对生。蓇葖果沿腹缝线开裂，含种子数枚。

约 9 种，分布于亚洲。中国 3 种，产东北、华北至西南地区。徂徕山 2 种。

分种检索表

1. 雄蕊40~50，长于花瓣；花柱顶生；萼片三角形 ··· 1. 珍珠梅 Sorbaria sorbifolia
1. 雄蕊20，与花瓣近等长；花柱稍侧生；萼片长圆形 ··· 2. 华北珍珠梅 Sorbaria kirilowii

1. 珍珠梅（图352）

Sorbaria sorbifolia（Linn.）A. Braun

Aschers. Fl. Brandenb. 177. 1864.

落叶灌木，高达2 m。小枝圆柱形，初时绿色，老时暗红褐色或暗黄褐色；冬芽卵形，先端圆钝。羽状复叶，小叶片11~17，连叶柄长13~23 cm，叶轴微被短柔毛；小叶对生，披针形至卵状披针形，长5~7 cm，宽1.8~2.5 cm，先端渐尖，稀尾尖，基部近圆形或宽楔形，边缘有尖锐重锯齿，两面无毛或近无毛，羽状脉，侧脉12~16对，下面明显；小叶无柄或近无柄；托叶卵状披针形至三角披针形，先端渐尖至急尖，边缘有不规则锯齿或全缘，长8~13 mm，外面微被短柔毛。大型圆锥花序顶生，分枝近于直立，长10~20 cm，直径5~12 cm，总花梗和花梗被星状毛或短柔毛；果期逐渐脱落；苞片卵状披针形至线状披针形，长5~10 mm，先端长渐尖，全缘或有浅齿，两面微被柔毛；果期逐渐脱落；花梗长5~8 mm；花径10~12 mm；萼筒钟状，外面基部微被短柔毛，萼片三角卵形，先端钝或急尖，约与萼筒等长；花瓣长圆形或倒卵形，长5~7 mm，白色；雄蕊40~50，约长于花瓣1.5~2倍，生在花盘边缘；心皮5，无毛或稍具柔毛。蓇葖果长圆形，有顶生弯曲花柱，长约3 mm，果梗直立；萼片宿存，反折，稀开展。花期7~8月；果期9月。

上池有栽培。国内分布于辽宁、吉林、黑龙江、内蒙古等省份。俄罗斯、朝鲜、日本、蒙古亦有分布。

栽培供观赏。枝条入药，治风湿性关节炎、骨折、跌打损伤。

2. 华北珍珠梅（图353）

Sorbaria kirilowii（Regel）Maxim.

Acta Hort. Petrop. 6: 225. 1879.

落叶灌木，高达3 m。小枝幼时绿色，老

图352 珍珠梅
1. 花枝；2. 花纵切面；3. 果序一部分；4. 果实

图353 华北珍珠梅
1. 花枝；2. 花纵切面；3. 果实；4. 种子

时红褐色；冬芽卵形，先端急尖，红褐色。羽状复叶，具有小叶片 13~21；小叶片对生，披针形至长圆披针形，长 4~7 cm，宽 1.5~2 cm，先端渐尖，稀尾尖，基部圆形至宽楔形，边缘有尖锐重锯齿，羽状脉，侧脉 15~23 对，近平行，下面显著；小叶柄短或近无柄；托叶膜质，线状披针形。大型圆锥花序顶生，直径 7~11 cm，长 15~20 cm，无毛，微被白粉；苞片线状披针形，长 2~3 mm；花径 5~7 mm；萼筒浅钟状，两面无毛；萼片长圆形，与萼筒近等长；花瓣长 4~5 mm，白色；雄蕊 20，与花瓣等长或稍短，着生于圆杯状花盘边缘；心皮 5，花柱稍短于雄蕊。蓇葖果长圆柱形，无毛，长约 3 mm，宿存花柱稍侧生，向外弯曲；宿存萼片反折。花期 6~7 月；果期 9~10 月。

光华寺有栽培。耐阴，花期长。中国分布于河北、河南、山东、山西、陕西、甘肃、青海、内蒙古等省份。华北地区常见栽培。

II. 蔷薇亚科 Rosoideae

灌木或草本，复叶，稀单叶，有托叶；心皮常多数，离生，各有 1~2 枚悬垂或直立的胚珠；子房上位，稀下位；果实多瘦果，稀小核果，着生在花托上或在膨大肉质的花托内。

分属检索表

1. 瘦果，生在杯状或坛状花托里面。
   2. 雌蕊 1~4；花托成熟时干燥坚硬；草本。
      3. 花瓣黄色；花萼下有钩刺；雄蕊 5~15 枚··1. 龙芽草属 Agrimonia
      3. 无花瓣；花萼无钩刺；雄蕊通常 4 枚··2. 地榆属 Sanguisorba
   2. 雌蕊多数；花托成熟时肉质而有色泽；灌木或木质藤本，枝常有刺··3. 蔷薇属 Rosa
1. 瘦果或小核果，着生在扁平或隆起的花托上。
   4. 托叶常与叶柄连合；雌蕊数枚至多数，生在球形或圆锥形花托上。
      5. 瘦果，相互分离；心皮各有胚珠 1 枚。
         6. 花柱在果期不延长或稍微延长。
            7. 花托在成熟时膨大或变为肉质；草本。
               8. 花黄色，副萼片比萼片大··4. 蛇莓属 Duchesnea
               8. 花白色或红色，副萼片比萼片小··5. 草莓属 Fragaria
            7. 花托在成熟时干燥；草本或灌木；雄蕊雌蕊均多数，有副萼····································6. 委陵菜属 Potentilla
         6. 花柱在果期延长，常有羽状毛。多年生草本；萼片和花瓣各 5·······································7. 路边青属 Geum
      5. 小核果，相互聚合成聚合果，心皮各含胚珠 2 枚；茎常有刺，稀无刺·································8. 悬钩子属 Rubus
   4. 托叶不与叶柄连合；雌蕊生在扁平或微凹的花托基部··9. 棣棠属 Kerria

1. 龙芽草属 Agrimonia Linn.

多年生草本。根状茎倾斜，常有地下芽，奇数羽状复叶，有托叶。花小，两性，成顶生穗状总状花序；萼筒陀螺状，有棱，顶端有数层钩刺，花后靠合、开展或反折；萼片 5，覆瓦状排列；花瓣 5，黄色；花盘边缘增厚，环绕萼筒口部；雄蕊 5~15 或更多，成 1 列着生在花盘外面；雌蕊通常 2 枚，包藏在萼筒内，花柱顶生，丝状，伸出萼筒外，柱头微扩大；每心皮 1 枚胚珠，下垂。瘦果 1~2，包藏在具钩刺的萼筒内。种子 1 粒。

10 种，分布在北温带和热带高山及拉丁美洲。中国 4 种，分布于南北各省份。徂徕山 1 种。

1. 龙芽草（图 354）

Agrimonia pilosa Ledeb.

Ind. Sem. Hort. Dorpat. Suppl. 1. 1823.

多年生草本。根茎短，基部常有 1 至数个地下芽。茎高 30~120 cm，被疏柔毛及短柔毛，稀下部被稀疏长硬毛。叶为间断奇数羽状复叶，小叶 3~4 对，稀 2 对，向上减少至 3 小叶，叶柄被稀疏柔毛或短柔毛；小叶无柄或有短柄，倒卵形、倒卵椭圆形或倒卵披针形，长 1.5~5 cm，宽 1~2.5 cm，顶端急尖至圆钝，稀渐尖，基部楔形至宽楔形，边缘有急尖到圆钝锯齿，上面被疏柔毛，稀脱落几无毛，下面通常脉上伏生疏柔毛，稀脱落几无毛，有显著腺点；托叶草质，绿色，镰形，稀卵形，顶端急尖或渐尖，边缘有尖锐锯齿或裂片，稀全缘，茎下部托叶有时卵状披针形，常全缘。花序穗状总状顶生，分枝或不分枝，花序轴被柔毛，花梗长 1~5 mm，被柔毛；苞片通常深 3 裂，裂片带形，小苞片对生，卵形，全缘或边缘分裂；花直径 6~9 mm；萼片 5，三角卵形；花瓣黄色，长圆形；雄蕊 5~8（15）枚；花柱 2，丝状，柱头头状。果实倒卵圆锥形，外面有 10 条肋，被疏柔毛，顶端有数层钩刺，幼时直立，成熟时靠合，连钩刺长 7~8 mm，最宽处直径 3~4 mm。花、果期 5~12 月。

图 354　龙芽草
1. 植株上部；2. 花；3. 果

徂徕山各山地林区均产。见于灌木林和河滩湿地。中国南北各省份均产。欧洲中部以及俄罗斯、蒙古、朝鲜、日本、越南北部等亦有分布。

全草供药用，为收敛止血药，兼有强心作用。全株富含鞣质，可提制栲胶。

2. 地榆属 Sanguisorba Linn.

多年生草本，根粗壮，下部长出若干纺锤形、圆柱形或细长条形根。叶为奇数羽状复叶。花两性，稀单性，密集成穗状或头状花序；萼筒喉部缢缩，有 4（7）萼片，覆瓦状排列，紫色、红色或白色，稀带绿色，如花瓣状；花瓣无；雄蕊通常 4 枚，稀更多，花丝通常分离，稀下部联合，插生于花盘外面，花盘贴生于萼筒喉部；心皮通常 1，稀 2 枚，包藏在萼筒内，花柱顶生，柱头扩大呈画笔状；胚珠 1 枚，下垂。瘦果小，包藏在宿存的萼筒内；种子 1 粒，子叶平凸。

约 30 余种，分布于欧洲、亚洲及北美洲。中国有 7 种，南北各省份均有分布，但种类大多集中在东北地区。徂徕山 1 种 1 变种。

1. 地榆（图 355）

Sanguisorba officinalis Linn.

Sp. Pl. 116. 1753.

多年生草本，高 30~120 cm。根粗壮，多呈纺锤形，稀圆柱形，表面棕褐色或紫褐色，有纵皱及

图 355 地榆
1. 植株一部分；2. 花序；3. 花；4. 雄蕊

横裂纹。茎直立，有棱，无毛或基部有稀疏腺毛。基生叶为羽状复叶，有小叶 4~6 对，叶柄无毛或基部有稀疏腺毛；小叶片有短柄，卵形或长圆状卵形，长 1~7 cm，宽 0.5~3 cm，顶端圆钝稀急尖，基部心形至浅心形，边缘有多数粗大圆钝稀急尖的锯齿，两面绿色，无毛；茎生叶较少，小叶片有短柄至几无柄，长圆形至长圆披针形，狭长，基部微心形至圆形，顶端急尖；基生叶托叶膜质，褐色，外面无毛或被稀疏腺毛，茎生叶托叶大，草质，半卵形，外侧边缘有尖锐锯齿。穗状花序椭圆形，圆柱形或卵球形，直立，长 1~3（4）cm，横径 0.5~1 cm，从花序顶端向下开放，花序梗光滑或偶有稀疏腺毛；苞片膜质，披针形，顶端渐尖至尾尖，比萼片短或近等长，背面及边缘有柔毛；萼片 4 枚，紫红色，椭圆形至宽卵形，背面被疏柔毛，中央微有纵棱脊，顶端常具短尖头；雄蕊 4 枚，花丝丝状，不扩大，与萼片近等长或稍短；子房外面无毛或基部微被毛，柱头顶端扩大，盘形，边缘具流苏状乳头。果实包藏在宿存萼筒内，外面有四棱。花、果期 7~10 月。

徂徕山各山地林区均产。生于草甸、山坡草地、灌丛中、疏林下。国内分布于黑龙江、吉林、辽宁、内蒙古、河北、山西、陕西、甘肃、青海、新疆、山东、河南、江西、江苏、浙江、安徽、湖南、湖北、广西、四川、贵州、云南、西藏等省份。广布于欧洲、亚洲温带地区。

根为止血要药及治疗烧伤、烫伤，此外有些地区用来提制栲胶，嫩叶可食，又作代茶饮。

长叶地榆（变种）

var. **longifolia** (Bertol.) Yu & Li

Acta Phytotax. Sin. 17（1）: 9. 1979.

基生叶小叶带状长圆形至带状披针形，基部微心形，圆形至宽楔形，茎生叶较多，与基生叶相似，但更长而狭窄；花穗长圆柱形，长 2~6 cm，直径 0.5~1 cm，雄蕊与萼片近等长。花、果期 8~11 月。

产于上池、双泉金龙湾等地。生于山坡草地、溪边、灌丛中、湿草地及疏林中。国内分布于黑龙江、辽宁、河北、山西、甘肃、河南、山东、湖北、安徽、江苏、浙江、江西、四川、湖南、贵州、云南、广西、广东、台湾。

3. 蔷薇属 Rosa Linn.

直立或攀缘灌木，多有皮刺或刺毛，稀无刺，有毛、无毛或有腺毛。奇数羽状复叶，稀单叶，互生；小叶边缘有锯齿；托叶贴生或着生于叶柄上，稀无托叶。花单生或成伞房，稀复伞房状或圆锥状花序；萼筒（花托）球形、坛状至杯状，颈部缢缩；萼片 5，稀 4，开展，覆瓦状排列，有时呈羽状分裂；花瓣 5，稀 4，开展，覆瓦状排列，白色、黄色、粉红色及红色；花盘环绕萼筒口部；雄蕊多数成多轮排列，着生于花盘周围；心皮多数，稀少数，着生在萼筒内，无柄，极稀有柄，离生；花柱顶生至侧生、离生或上部合生；胚珠单生，下垂。瘦果木质，多数，稀少数，着生在肉质花托内，形成"蔷薇果"；种子下垂。

约 200 种，广泛分布亚洲、欧洲、北非、北美各洲寒温带至亚热带地区。中国 95 种。徂徕山 3 种 3 变种 1 变型。

分种检索表

1. 萼筒坛状；瘦果着生在萼筒边周及基部。
   2. 小叶 5~9，下面有毛。
      3. 花柱合生，小叶不褶皱，托叶分裂成篦齿状··················1. 多花蔷薇 Rosa multiflora
      3. 花柱离生，小叶明显褶皱，托叶不分裂，有腺齿··················2. 玫瑰 Rosa rugosa
   2. 小叶 3~5，稀 7，边缘有锐锯齿，两面近无毛，托叶全缘··················3. 月季 Rosa chinensis
1. 萼筒杯状；瘦果着生在基部突起的花托上；小叶 9~15，两面无毛··················4. 单瓣缫丝花 Rosa roxburghii f. normalis

1. 多花蔷薇　野蔷薇（图 356）

Rosa multiflora Thunb.

Fl. Jap. 214. 1784.

落叶灌木。小枝有短粗稍弯曲皮刺。奇数羽状复叶，小叶 5~9，近花序的有时小叶 3，连叶柄长 5~10 cm；小叶片长 1.5~5 cm，宽 0.8~2.8 cm，先端急尖或圆钝，基部近圆形或楔形，边缘有尖锐单锯齿，稀混有重锯齿，上面无毛，下面有柔毛；小叶柄和叶轴有柔毛或无毛，有散生腺毛；托叶篦齿状，大部贴生于叶柄。花多数组成圆锥状花序，花梗长 1.5~2.5 cm，有时基部有篦齿状小苞片；花径 1.5~2 cm，萼片披针形，有时中部有 2 个线形裂片；花瓣白色，芳香；花柱结合成束，无毛，比雄蕊稍长。果近球形，径 6~8 mm，红褐色或紫褐色，萼片脱落。花期 4~5 月；果期 8~10 月。

徂徕山各山地林区均有分布，也有栽培。国内分布于华北至黄河流域以南各省份。日本、朝鲜也有分布。

园林观赏植物，常见栽培作绿篱、护坡及棚架绿化材料。根多含鞣质 23%~25%，可提制栲胶，鲜花含有芳香油可提制香精用于化妆品工业，根、叶、花和种子均入药，根能活血通络收敛，叶外用治肿毒，种子能峻泻、利水通经。

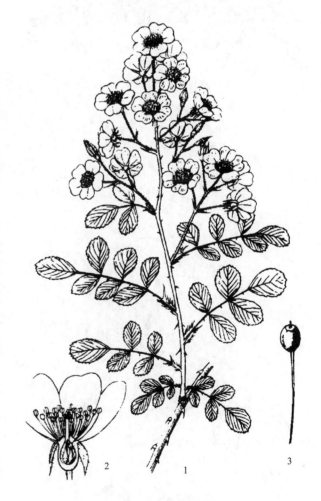

图 356　多花蔷薇
1. 花枝；2. 花；3. 果实

徂徕山常见的栽培类型有：粉团蔷薇（var. *cathayensis*），花粉红色，单瓣；果红色。七姊妹（var. *carnea*），又名十姊妹，花重瓣，粉红色。白玉堂（var. *albo-plena*），花白色，重瓣。

2. 玫瑰（图357）

Rosa rugosa Thunb.

Fl. Jap. 213. 1784.

落叶灌木，高达2 m；小枝密被绒毛，并有针刺和腺毛。小叶5~9，连叶柄长5~13 cm；小叶片椭圆形或椭圆状倒卵形，长1.5~4.5 cm，宽1~2.5 cm，先端急尖或圆钝，基部圆形或宽楔形，边缘有尖锐锯齿，上面深绿色，无毛，叶脉下陷，有褶皱，下面灰绿色，中脉突起，网脉明显，密被绒毛和腺毛，有时腺毛不明显；叶柄和叶轴密被绒毛和腺毛；托叶大部贴生于叶柄，离生部分卵形，边缘有带腺锯齿，下面被绒毛。花单生于叶腋，或数朵簇生，苞片卵形，边缘有腺毛，外被绒毛；花梗长5~22 mm，密被绒毛和腺毛；花直径4~5.5 cm；萼片卵状披针形，先端尾状渐尖，常有羽状裂片而扩展成叶状，上面有稀疏柔毛，下面密被柔毛和腺毛；花瓣倒卵形，重瓣至半重瓣，芳香，紫红色至白色；花柱离生，被毛，稍伸出萼筒口外，比雄蕊短很多。果扁球形，直径2~2.5 cm，砖红色，萼片宿存。花期5~6月；果期8~9月。

大寺、上池、马场、磻石峪等地栽培。国内分布于辽宁、吉林和山东。日本、朝鲜、俄罗斯也有分布。

花色艳丽，芳香，为重要观赏花木。花瓣含芳香油，为世界名贵香精，用于化妆品及食品工业；花瓣可制成玫瑰膏，供食用。果实可提取维生素C及各种糖类。花蕾入药可治肝、胃气病。种子含油约14%。

图357 玫瑰
1. 花枝；2. 果实

3. 月季花（图358）

Rosa chinensis Jacq.

Obs. Bot. 3: 7. t. 55. 1768.

直立灌木，高1~2 m；小枝粗壮，有短粗的钩状皮刺，无毛。小叶3~5，稀7，连叶柄长5~11 cm，小叶长2~6 cm，宽1~3 cm，边缘有锐锯齿，两面近无毛；顶生小叶有柄，侧生小叶近无柄，总叶柄较长，有散生皮刺和腺毛；托叶大部贴生叶柄，先端分离部分成耳状，边缘常有腺毛。花少数集生，稀单生，直径4~5 cm；花梗长2~6 cm，近无毛或有腺毛，萼片卵形，先

图358 月季花
1. 花枝；2. 果实；3. 果实纵切面；4. 瘦果

端尾状渐尖，边缘常有羽状裂片，稀全缘，外面无毛，内面密生长柔毛；花瓣重瓣至半重瓣，红色、粉红色至白色，先端有凹缺，基部楔形；花柱离生，约与雄蕊等长。果卵球形或梨形，长 1~2 cm，红色，萼片脱落。花期 4~10 月；果期 7~11 月。

徂徕山各林区普遍栽培。原产中国，各地普遍栽培。

品种众多，花期长，色香俱佳可美化园林。花、根、叶均可入药。

4. 单瓣缫丝花（变型）（图 359）

Rosa roxburghii Tratt. f. **normalis** Rehd. & Wils. Sarg. Pl. Wils. 2: 319. 1915.

灌木，高可达 2 m；树皮灰褐色，成片状剥落；小枝有基部稍扁而成对皮刺。小叶 9~15，连叶柄长 5~11 cm，小叶椭圆形或长圆形，稀倒卵形，长 1~2 cm，宽 6~12 mm，先端急尖或圆钝，基部宽楔形，边缘有细锐锯齿，两面无毛，下面叶脉突起，网脉明显，叶轴和叶柄有散生小皮刺；托叶大部贴生于叶柄，离生部分呈钻形，边缘有腺毛。花单生或 2~3 生于短枝顶端；花径 5~6 cm；花梗短；小苞片 2~3，卵形，边缘有腺

图 359　单瓣缫丝花
1. 花枝；2. 果枝；3. 果实纵切面

毛；萼片常宽卵形，有羽状裂片，内面密被绒毛，外面密被针刺；花单瓣，粉红色，直径 4~6 cm；雄蕊多数。生于杯状萼筒边缘；心皮多数。生于花托底部；花柱离生，被毛，不外伸，短于雄蕊。果扁球形，径 3~4 cm，熟时绿红色或黄色，外面密生针刺；萼片宿存，直立。花期 5~7 月；果期 8~10 月。

上池有栽培。国内分布于华中、西南地区及陕西、甘肃、西藏等省份，野生或栽培。也分布于日本。

4. 蛇莓属 Duchesnea J. E. Smith

多年生草本，具短根茎。匍匐茎细长，在节处生不定根。基生叶数个，茎生叶互生，皆为三出复叶，有长叶柄，小叶片边缘有锯齿；托叶宿存，贴生于叶柄。花多单生于叶腋，无苞片；副萼片、萼片及花瓣各 5 枚；副萼片大形，和萼片互生，宿存，先端有 3~5 锯齿；萼片宿存；花瓣黄色；雄蕊 20~30；心皮多数，离生；花托半球形或陀螺形，在果期增大，海绵质，红色；花柱侧生或近顶生。瘦果微小，扁卵形；种子 1 粒，肾形，光滑。

2 种，分布于亚洲南部、欧洲及北美洲。中国 2 种。徂徕山 1 种。

1. 蛇莓（图 360）

Duchesnea indica (Andr.) Focke

Engler & Prantl. Nat. Pflanzenfam. 3（3）：33. 1888.

多年生草本；根茎短，粗壮；匍匐茎多数，长 30~100 cm，有柔毛。小叶片倒卵形至菱状长圆形，长 2~3.5 cm，宽 1~3 cm，先端圆钝，边缘有钝锯齿，两面有柔毛，或上面无毛；叶柄长

1~5 cm，有柔毛；托叶窄卵形至宽披针形，长5~8 mm。花单生于叶腋；直径1.5~2.5 cm；花梗长3~6 cm，有柔毛；萼片卵形，长4~6 mm，先端锐尖，外面有散生柔毛；副萼片倒卵形，长5~8 mm，比萼片长，先端常具3~5锯齿；花瓣倒卵形，长5~10 mm，黄色，先端圆钝；雄蕊20~30；心皮多数，离生；花托在果期膨大，海绵质，鲜红色，有光泽，直径10~20 mm，外面有长柔毛。瘦果卵形，长约1.5 mm，光滑或具不显明突起，鲜时有光泽。花期6~8月；果期8~10月。

徂徕山各林区均产。生于林下、河岸、草地潮湿处。国内分布于辽宁以南各省份。分布于阿富汗至日本，南达印度、印度尼西亚，欧洲及美洲也有。

优良的地被植物。全草药用，能散瘀消肿、收敛止血、清热解毒。茎叶捣敷治疗疮有特效，亦可敷蛇咬伤、烫伤、烧伤。果实煎服能治支气管炎。全草水浸液可防治农业害虫、杀蛆、孑孓等。

图360 蛇莓
1.植株；2.果实；3.花；4.花纵切面；5.小瘦果

5. 草莓属 Fragaria Linn.

多年生草本。通常具纤匍枝，常被开展或紧贴的柔毛。叶为三出或羽状5小叶；托叶膜质，褐色，基部与叶柄合生，鞘状。花两性或单性，杂性异株，数朵成聚伞花序，稀单生；萼筒倒卵圆锥形或陀螺形，裂片5，镊合状排列，宿存，副萼片5，与萼片互生；花瓣白色，稀淡黄色，倒卵形或近圆形；雄蕊18~24枚，花药2室；雌蕊多数，着生在凸出的花托上，彼此分离；花柱自心皮腹面侧生，宿存；每心皮有1胚珠。瘦果小形，硬壳质，成熟时着生在球形或椭圆形肥厚肉质花托凹陷内。种子1粒，种皮膜质，子叶平凸。

约20种，分布于北半球温带至亚热带。中国9种，1种系引种栽培。果供鲜食或作果酱、罐头，味道鲜美。徂徕山1种。

1. 草莓（图361）

Fragaria × ananassa Duch.
Hist. Nat. des Fraisiers 190. 1766.

多年生草本，高10~40 cm。茎低于叶或近相等，密被开展的黄色柔毛。三出复叶，小叶具短

图361 草莓
1.植株；2.雄蕊；3.花萼；4.雌蕊纵切面；
5.小瘦果；6.果实

柄，质地较厚，倒卵形或菱形，稀几圆形，长 3~7 cm，宽 2~6 cm，顶端圆钝，基部阔楔形，侧生小叶基部偏斜，边缘具缺刻状锯齿，锯齿急尖，上面深绿色，几无毛，下面淡绿白色，疏生毛，沿脉较密；叶柄长 2~10 cm，密被开展黄色柔毛。聚伞花序，有花 5~15 朵，花序下面具 1 短柄的小叶；花两性，直径 1.5~2 cm；萼片卵形，比副萼片稍长，副萼片椭圆披针形，全缘，稀深 2 裂，在果期扩大；花瓣白色，近圆形或倒卵椭圆形，基部具不显的爪；雄蕊 20 枚，不等长；雌蕊极多。聚合果大，直径达 3 cm，鲜红色，宿存萼片直立，紧贴于果实；瘦果尖卵形，光滑。花期 4~5 月；果期 6~7 月。

徂徕山各林区均有栽培。为园艺杂种，中国各地栽培。

果食用，也作果酱或罐头。

6. 委陵菜属 Potentilla Linn.

多年生草本，稀为一年生草本或灌木。茎直立、上升或匍匐。奇数羽状复叶或掌状复叶；托叶与叶柄不同程度合生。花常两性，单生、聚伞花序或聚伞圆锥花序；萼筒下凹，多呈半球形，萼片 5，镊合状排列，副萼 5，与萼片互生；花瓣 5，常黄色，稀白色或紫红色；雄蕊常 20，稀减少或更多，花药 2 室；雌蕊多数，着生在微凸起的花托上，离生；花柱顶生、侧生或基生；每心皮有 1 枚胚珠，倒生、横生或近直生。瘦果多数，着生在干燥的花托上，萼片宿存；种子 1 粒。

约 500 种，大多分布北半球温带、寒带及高山地区，极少数种类接近赤道。中国 86 种，全国各地均产。徂徕山 8 种 3 变种。

分种检索表

1. 花柱圆锥状，下粗上细。
  2. 基生叶为羽状复叶。
    3. 叶下面绿色或淡绿色。
      4. 一、二年生草木，小叶两面被稀疏柔毛或脱落几无毛；花直径 0.6~0.8 cm……1. 朝天委陵菜 Potentilla supina
      4. 多年生草本，小叶下面被短柔毛及腺体，沿脉疏生长柔毛；花直径 1.5~1.8 cm………………………………………………2. 腺毛委陵菜 Potentilla longifolia
    3. 叶片下面密被白色或淡黄色绒毛或绢毛。
      5. 基生叶有小叶 5~15 对，小叶边缘羽状中裂………………………………3. 委陵菜 Potentilla chinensis
      5. 基生叶有小叶 2~4 对，边缘具圆钝锯齿………………………………4. 翻白草 Potentilla discolor
  2. 基生叶为近鸟足状掌状 5 小叶；茎平卧，具匍匐茎；花直径 8~10 mm…………5. 蛇含委陵菜 Potentilla kleiniana
1. 花柱铁钉状，上粗下细。
  6. 花茎直立或上升。伞房状聚伞花序，多花、疏散。
    7. 羽状复叶，小叶 2~3（4）对，两面被疏柔毛；花直径 10~17 mm……………6. 莓叶委陵菜 Potentilla fragarioides
    7. 掌状三出复叶，下面被平铺糙毛或密被柔毛；花直径 8~10 mm…………7. 三叶委陵菜 Potentilla freyniana
  6. 茎平卧或匍匐，常在节处生根；叶为掌状五出复叶。
    8. 花直径 10~15 mm，副萼片狭窄，顶端渐尖，稀急尖，花后不增大；小叶长圆披针形，锯齿极不相等，顶端急尖或渐尖……………………………………………………8. 匍枝委陵菜 Potentilla flagellaris
    8. 花直径 15~22 mm，副萼片较宽阔，顶端圆钝或急尖，花后增大呈叶状；小叶倒卵长圆形，边缘锯齿相等，顶端圆钝，稀急尖………………………………………9. 绢毛匍匐委陵菜 Potentilla reptans var. sericophylla

1. 朝天委陵菜（图 362）

Potentilla supina Linn.

Sp. Pl. 497. 1753.

一、二年生草本。主根细长，并有稀疏侧根。茎平展，上升或直立，叉状分枝，长 20~50 cm，被疏柔毛或脱落几无毛。基生叶羽状复叶，有小叶 2~5 对，间隔 0.8~1.2 cm，连叶柄长 4~15 cm，叶柄被疏柔毛或脱落几无毛；小叶互生或对生，无柄，最上面 1~2 对小叶基部下延与叶轴合生，小叶片长圆形或倒卵状长圆形，通常长 1~2.5 cm，宽 0.5~1.5 cm，顶端圆钝或急尖，基部楔形或宽楔形，边缘有圆钝或缺刻状锯齿，两面绿色，被稀疏柔毛或脱落几无毛；茎生叶与基生叶相似，向上小叶对数逐渐减少；基生叶托叶膜质，褐色，外面被疏柔毛或几无毛，茎生叶托叶草质，绿色，全缘，有齿或分裂。花茎上多叶，下部花自叶腋生，顶端呈伞房状聚伞花序；花梗长 0.8~1.5 cm，常密被短柔毛；花直径 0.6~0.8 cm；萼片三角卵形，顶端急尖，副萼片长椭圆形或椭圆披针形，顶端急尖，比萼片稍长或近等长；花瓣黄色，倒卵形，顶端微凹，与萼片近等长或较短；花

图 362　朝天委陵菜
1. 植株；2. 花；3. 果实；4. 小瘦果

柱近顶生，基部乳头状膨大，花柱扩大。瘦果长圆形，先端尖，表面具脉纹，腹部鼓胀若翅或有时不明显。花、果期 3~10 月。

徂徕山各山地林区均产。生于田边、荒地、河岸沙地、草甸。国内分布于黑龙江、吉林、辽宁、内蒙古、河北、山西、陕西、宁夏、甘肃、新疆、山东、河南、江苏、浙江、安徽、江西、湖北、湖南、广东、四川、贵州、云南、西藏等省份。广布于北半球温带及部分亚热带地区。

嫩茎叶可作野菜食用。

三叶朝天委陵菜（变种）

var. teynata Peterm.

Anal. Pflanzenschl. Lot. 1846.

植株分枝极多，矮小铺地或微上升，稀直立；基生叶有小叶 3 枚，顶生小叶有短柄或几无柄，常 2~3 深裂或不裂。

产于光华寺村和大娄村。生于路边荒地。国内分布于黑龙江、辽宁、河北、山西、陕西、甘肃、新疆、河南、安徽、江苏、浙江、江西、广东、四川、贵州、云南。俄罗斯远东地区也有分布。

2. 腺毛委陵菜（图 363）

Potentilla longifolia Willd. ex Schlechtendal

Ges. Naturf. Freunde Berlin Mag. Neuesten Entdeck. Gesammten Naturk. 7: 287. 1816.

多年生草本。根粗壮，圆柱形。花茎直立或微上升，高 30~90 cm，被短柔毛，长柔毛及腺体。基生叶羽状复叶，有小叶 4~5 对，连叶柄长 10~30 cm，叶柄被短柔毛、长柔毛及腺体，小叶对生，

稀互生，无柄，最上面 1~3 对小叶基部下延与叶轴汇合；小叶片长圆披针形至倒披针形，长 1.5~8 cm，宽 0.5~2.5 cm，顶端圆钝或急尖，边缘有缺刻状锯齿，上面被疏柔毛或脱落无毛，下面被短柔毛及腺体，沿脉疏生长柔毛；茎生叶与基生叶相似；基生叶托叶膜质，褐色，外被短柔毛及长柔毛，茎生叶托叶草质，绿色，全缘或分裂，外被短柔毛及长柔毛。伞房花序集生于花茎顶端，少花，花梗短；花直径 1.5~1.8 cm；萼片三角披针形，顶端通常渐尖，副萼片长圆披针形，顶端渐尖或圆钝，与萼片近等长或稍短，外面密被短柔毛及腺体；花瓣宽倒卵形，顶端微凹，与萼片近等长，在果期直立增大；花柱近顶生，圆锥形，基部明显具乳头，膨大，柱头不扩大。瘦果近肾形或卵球形，直径约 1 mm，光滑。花、果期 7~9 月。

产于马场、锦罗。生于路边山坡草地、灌丛、林缘及疏林下。国内分布于黑龙江、吉林、内蒙古、河北、山西、甘肃、青海、新疆、山东、四川、西藏。俄罗斯、蒙古、朝鲜均有分布。

全草入药，清热解毒、止血止痢。

3. 委陵菜（图 364）

Potentilla chinensis Seringe

DC. Prodr. 2: 581. 1825.

多年生草本。根粗壮，圆柱形，稍木质化。花茎直立或上升，高 20~70 cm，被稀疏短柔毛及白色绢状长柔毛。基生叶为羽状复叶，有小叶 5~15 对，间隔 0.5~0.8 cm，连叶柄长 4~25 cm，叶柄被短柔毛及绢状长柔毛；小叶片对生或互生，上部小叶较长，向下逐渐减小，无柄，长圆形、倒卵形或长圆披针形，长 1~5 cm，宽 0.5~1.5 cm，边缘羽状中裂，裂片三角卵形、三角状披针形或长圆披针形，顶端急尖或圆钝，边缘向下反卷，上面绿色，被短柔毛或脱落几无毛，中脉下陷，下面被白色绒毛，沿脉被白色绢状长柔毛，茎生叶与基生叶相似，唯叶片对数较少；基生叶托叶近膜质，褐色，外面被白色绢状长柔毛，茎生叶托叶草质，绿色，边缘锐裂。伞房状聚伞花序，花梗

图 363 腺毛委陵菜
1. 植株上部；2. 植株下部

图 364 委陵菜
1. 植株上部；2. 花

长 0.5~1.5 cm，基部有披针形苞片，外面密被短柔毛；花直径通常 0.8~1 cm，稀达 1.3 cm；萼片三角卵形，顶端急尖，副萼片带形或披针形，顶端尖，比萼片短约 1 倍且狭窄，外面被短柔毛及少数绢状柔毛；花瓣黄色，宽倒卵形，顶端微凹，比萼片稍长；花柱近顶生，基部微扩大，稍有乳头或不明显，柱头扩大。瘦果卵球形，深褐色，有明显皱纹。花、果期 4~10 月。

徂徕山各山地林区均产。生于路边荒地、田埂、林缘。国内分布于东北地区及内蒙古、河北、山西、陕西、甘肃、山东、河南、江苏、安徽、江西、湖北、湖南、台湾、广东、广西、四川、贵州、云南、西藏。俄罗斯远东地区、日本、朝鲜均有分布。

细裂委陵菜（变种）

var. lineariloba Franch. & Savatier

Enum. Fl. Jap. 2: 339. 1878.

小叶片边缘深裂至中脉或几达中脉，裂片狭窄带形。

产于上池等地。生于向阳山坡、草地、草甸、荒山草丛中。国内分布于黑龙江、辽宁、河北、山东、江苏、河南。

4. 翻白草（图 365）

Potentilla discolor Bunge

Mem. Acad. Sci. St. Petersb. 2: 99. 1833.

多年生草本。根粗壮，下部常肥厚呈纺锤形。花茎直立，高 10~45 cm，密被白色绵毛。基生叶有小叶 2~4 对，间隔 0.8~1.5 cm，连叶柄长 4~20 cm，叶柄密被白色绵毛，有时并有长柔毛；小叶对生或互生，无柄，小叶片长圆形或长圆披针形，长 1~5 cm，宽 0.5~0.8 cm，顶端圆钝，稀急尖，基部楔形、宽楔形或偏斜圆形，边缘具圆钝锯齿，上面暗绿色，被稀疏白色绵毛或脱落几无毛，下面密被白色或灰白色绵毛，茎生叶 1~2，有掌状 3~5 小叶；基生叶托叶膜质，褐色，外面被白色长柔毛，茎生叶托叶草质，卵形或宽卵形，边缘常有缺刻状牙齿，稀全缘，下面密被白色绵毛。聚伞花序有花数朵至多朵，疏散，花梗长 1~2.5 cm，外被绵毛；花直径 1~2 cm；萼片三角状卵形，副萼片披针形，比萼片短，外面被白色绵毛；花瓣黄色，倒卵形，顶端微凹或圆钝，比萼片长；花柱近顶生，基部具乳头状膨大，柱头稍微扩大。瘦果近肾形，宽约 1 mm，光滑。花、果期 5~9 月。

图 365 翻白草
1. 植株；2. 花；3. 去掉花冠的花；
4. 雄蕊；5. 雌蕊

徂徕山各山地林区均产。生于荒地、山谷、沟边、山坡草地、草甸及疏林下。国内分布于黑龙江、辽宁、内蒙古、河北、山西、陕西、山东、河南、江苏、安徽、浙江、江西、湖北、湖南、四川、福建、台湾、广东等省份。日本、朝鲜也有分布。

全草入药，能解热、消肿、止痢、止血。块根含丰富淀粉，嫩苗可食。

5. 蛇含委陵菜（图366）

Potentilla kleiniana Wight & Arnott

Prodr. Fl. Ind. Orient 300. 1834.

一、二年生或多年生草本。花茎上升或匍匐，常于节处生根并发育出新植株，长10~50 cm，被疏柔毛或开展长柔毛。基生叶为近于鸟足状5小叶，连叶柄长3~20 cm，叶柄被疏柔毛或开展长柔毛；小叶几无柄稀有短柄，小叶片倒卵形或长圆倒卵形，长0.5~4 cm，宽0.4~2 cm，顶端圆钝，基部楔形，边缘有多数急尖或圆钝锯齿，两面绿色，被疏柔毛，有时上面脱落几无毛，或下面沿脉密被伏生长柔毛，下部茎生叶有5小叶，上部茎生叶有3小叶，小叶与基生小叶相似，唯叶柄较短；基生叶托叶膜质，淡褐色，外面被疏柔毛或脱落几无毛，茎生叶托叶草质，绿色，卵形至卵状披针形，全缘，稀有1~2齿，顶端急尖或渐尖，外被稀疏长柔毛。聚伞花序密集枝顶如假伞形，花梗长1~1.5 cm，密被开展长柔毛，下有茎生叶如苞片状；花直径0.8~1 cm；萼片三角卵圆形，顶端急尖或渐尖，副萼片披针形或椭圆披针形，顶端急尖或渐尖，花时比萼片短，在果期略长或近等长，外被稀疏长柔毛；花瓣黄色，倒卵形，顶端微凹，长于萼片；花柱近顶生，圆锥形，基部膨大，柱头扩大。瘦果近圆形，一面稍平，直径约0.5 mm，具皱纹。花、果期4~9月。

图366 蛇含委陵菜

徂徕山各山地林区均产。生于田边、水旁、草甸及山坡草地。国内分布于辽宁、陕西、山东、河南、安徽、江苏、浙江、湖北、湖南、江西、福建、广东、广西、四川、贵州、云南、西藏。朝鲜、日本、印度、马来西亚及印度尼西亚均有分布。

全草供药用，有清热、解毒、止咳。

6. 莓叶委陵菜（图367）

Potentilla fragarioides Linn.

Sp. Pl. 1: 496. 1753.

多年生草本。根极多，簇生。花茎多数，丛生，上升或铺散，长8~25 cm，被开展长柔毛。基生叶羽状复叶，有小叶2~3对，间隔0.8~1.5 cm，稀4对，连叶柄长5~22 cm，叶柄

图367 莓叶委陵菜
1.植株；2.花；3.瘦果

被开展疏柔毛，小叶有短柄或几无柄；小叶片倒卵形、椭圆形或长椭圆形，长 0.5~7 cm，宽 0.4~3 cm，顶端圆钝或急尖，基部楔形或宽楔形，边缘有多数急尖或圆钝锯齿，近基部全缘，两面绿色，被平铺疏柔毛，下面沿脉较密，锯齿边缘有时密被缘毛；茎生叶常有 3 小叶，小叶与基生叶小叶相似或长圆形顶端有锯齿而下半部全缘，叶柄短或几无柄；基生叶托叶膜质，褐色，外面有稀疏开展长柔毛，茎生叶托叶草质，绿色，卵形，全缘，顶端急尖，外被平铺疏柔毛。伞房状聚伞花序顶生，多花，松散，花梗纤细，长 1.5~2 cm，外被疏柔毛；花直径 1~1.7 cm；萼片三角卵形，顶端急尖至渐尖，副萼片长圆披针形，顶端急尖，与萼片近等长或稍短；花瓣黄色，倒卵形，顶端圆钝或微凹；花柱近顶生，上部大，基部小。成熟瘦果近肾形，直径约 1 mm，表面有脉纹。花期 4~6 月；果期 6~8 月。

产于光华寺、马场、太平顶、庙子等地。生于地边、沟边、草地、灌丛及疏林下。国内分布于东北地区及内蒙古、河北、山西、陕西、甘肃、山东、河南、安徽、江苏、浙江、福建、湖南、四川、云南、广西。日本、朝鲜、蒙古、俄罗斯西伯利亚等地均有分布。

7. 三叶委陵菜（图 368，彩图 34）

Potentilla freyniana Bornmüller

Mitth. Thüring. Bot. Vereins 20: 12. 1904.

多年生草本，有匍匐枝或不明显。根簇生，多分枝。花茎纤细，直立或上升，高 8~25 cm，被平铺或开展疏柔毛。基生叶掌状三出复叶，连叶柄长 4~30 cm，宽 1~4 cm；小叶片长圆形、卵形或椭圆形，顶端急尖或圆钝，基部楔形或宽楔形，边缘有多数急尖锯齿，两面绿色，疏生平铺柔毛，下面沿脉较密；茎生叶 1~2，小叶与基生叶小叶相似，唯叶柄很短，叶边锯齿减少；基生叶托叶膜质，褐色，外面被稀疏长柔毛，茎生叶托叶草质，绿色，呈缺刻状锐裂，有稀疏长柔毛。伞房状聚伞花序顶生，多花，松散，花梗纤细，长 1~1.5 cm，外被疏柔毛；花直径 0.8~1 cm；萼片三角卵形，顶端渐尖，副萼片披针形，顶端渐尖，与萼片近等长，外面被平铺柔毛；花瓣淡黄色，长圆倒卵形，顶端微凹或圆钝；花柱近顶生，上部粗，基部细。成熟瘦果卵球形，直径 0.5~1 mm，表面有显著脉纹。花、果期 3~6 月。

图 368　三叶委陵菜
1. 植株；2. 茎的一段；3. 叶下面一部分；4. 花

祖徕山各山地林区均产。生于山坡草地、溪边及疏林下阴湿处。国内分布于东北地区及河北、山西、山东、陕西、甘肃、湖北、湖南、浙江、江西、福建、四川、贵州、云南。俄罗斯、日本和朝鲜也有分布。

根或全草入药，清热解毒，止痛止血，对金黄色葡萄球菌有抑制作用。

8. 匍枝委陵菜（图 369）

Potentilla flagellaris Willd. ex Schlecht.

Mag. Ges. Naturf. Fr. Ferl. 7: 291. 1816.

多年生匍匐草本。根细而簇生。匍匐枝长 8~60 cm，被伏生短柔毛或疏柔毛。基生叶掌状 5 出复叶，连叶柄长 4~10 cm，叶柄被伏生柔毛或疏柔毛，小叶无柄；小叶片披针形，卵状披针形或长椭圆形，长 1.5~3 cm，宽 0.7~1.5 cm，顶端急尖或渐尖，基部楔形，边缘有 3~6 缺刻状大小不等急尖锯齿，下部两个小叶有时 2 裂，两面绿色，伏生稀疏短毛，以后脱落或在下面沿脉伏生疏柔毛；匍匐枝上叶与基生叶相似；基生叶托叶膜质，褐色，外面被稀疏长硬毛，匍匐枝上托叶草质，绿色，卵披针形，常深裂。单花与叶对生，花梗长 1.5~4 cm，被短柔毛；花直径 1~1.5 cm；萼片卵状长圆形，顶端急尖，与萼片近等长稍短，外面被短柔毛及疏柔毛；花瓣黄色，顶端微凹或圆钝，比萼片稍长；花柱近顶生，基部细，柱头稍微扩大。成熟瘦果长圆状卵形表面呈泡状突起。花、果期 5~9 月。

徂徕山各山地林区均产。国内分布于东北地区及河北、山西、甘肃、山东。俄罗斯、蒙古和朝鲜也有分布。

嫩苗可食，也可作饲料。

9. 绢毛匍匐委陵菜（变种）（图 370）

Potentilla reptans Linn. var. **sericophylla** Franch. Pl. David. 1: 113. 1884.

多年生匍匐草本，常具纺锤状块根。匍匐枝节上生不定根。三出复叶，边缘 2 枚小叶浅裂至深裂，有时混生有不裂者，小叶下面及叶柄伏生绢状柔毛，稀脱落被稀疏柔毛。单花自叶腋生或与叶对生，花梗长 6~9 cm，被疏柔毛；花直径 1.5~2.2 cm；萼片卵状披针形，顶端急尖，副萼片长椭圆形或椭圆披针形，顶端急尖或圆钝，与萼片近等长，外面被疏柔毛，在果期显著增大；花瓣黄色，宽倒卵形，顶端显著下凹，比萼片稍长；花柱近顶生，基部细，柱头扩大。瘦果黄褐色，卵球形，外面被显著点纹。花、果期 4~9 月。

产于上池、马场、王庄、中军帐。分布于内蒙古、河北、山西、陕西、甘肃、河南、山东、江苏、浙江、四川、云南。

7. 路边青属 Geum Linn.

多年生草本。基生叶为奇数羽状复叶，顶

图 369　匍枝委陵菜
1. 植株；2. 雄蕊；3. 雌蕊

图 370　绢毛匍匐委陵菜
1. 植株；2. 雄蕊；
3. 去掉花瓣和花萼的花；4. 雌蕊

生小叶特大，或为假羽状复叶，茎生叶数较少，常三出或单出如苞片状；托叶常与叶柄合生。花两性，单生或成伞房花序；萼筒陀螺形或半球形，萼片5，镊合状排列，副萼片5，较小，与萼片互生；花瓣5，黄色、白色或红色；雄蕊多数，花盘在萼筒上部，平滑或有突起；雌蕊多数，着生在凸出花托上，彼此分离；花柱丝状，花盘围绕萼筒口部；心皮多数，花柱丝状，柱头细小，上部扭曲，成熟后自弯曲处脱落；每心皮含有1胚珠，上升。瘦果形小，有柄或无柄，果喙顶端具钩；种子直立，种皮膜质，子叶长圆形。

约70余种，广泛分布于南北两半球温带。中国有3种，分布于南北各省份。徂徕山1种1变种。

分种检索表

1. 果托具短硬毛，长约1 mm；茎生叶2~6小叶，有时重复羽裂，小叶披针形或菱状椭圆形，顶端通常渐尖··1. 路边青 Geum aleppicum
1. 果托具长硬毛，长2~3 mm；上部茎生叶通常单叶，不裂或3浅裂，小叶或顶生裂片卵形，顶端圆钝稀急尖··2. 柔毛路边青 Geum japonicum var. chinense

图371 路边青
1.植株；2.茎的一段；3.叶的一部分；4.花；5.雄蕊；6.雌蕊；7.一个瘦果；8.聚合瘦果

1. 路边青（图371）

Geum aleppicum Jacq.

Ic. Pl. Rar. 10 t. 93. 1781.

多年生草本。须根簇生。茎直立，高30~100 cm，被开展粗硬毛稀几无毛。基生叶为大头羽状复叶，通常有小叶2~6对，连叶柄长10~25 cm，叶柄被粗硬毛，小叶大小极不相等，顶生小叶最大，菱状广卵形或宽扁圆形，长4~8 cm，宽5~10 cm，顶端急尖或圆钝，基部宽心形至宽楔形，边缘常浅裂，有不规则粗大锯齿，锯齿急尖或圆钝，两面绿色，疏生粗硬毛；茎生叶羽状复叶，有时重复分裂，向上小叶逐渐减少，顶生小叶披针形或倒卵披针形，顶端常渐尖或短渐尖，基部楔形；茎生叶托叶大，绿色，叶状，卵形，边缘有不规则粗大锯齿。花序顶生，疏散排列，花梗被短柔毛或微硬毛；花直径1~1.7 cm；花瓣黄色，几圆形，比萼片长；萼片卵状三角形，顶端渐尖，副萼片狭小，披针形，顶端渐尖，稀2裂，比萼片短1倍多，外面被短柔毛及长柔毛；花柱顶生，在上部1/4处扭曲，成熟后自扭曲处脱落，脱落部分下部被疏柔毛。聚合果倒卵球形，瘦果被长硬毛，花柱宿存部分无毛，顶端有小钩；果托被短硬毛，长约1 mm。花、果期7~10月。

徂徕山各山地林区均产。生于山坡草地、沟边、林间隙地及林缘。国内分布于黑龙江、吉林、辽宁、内蒙古、山西、陕西、甘肃、新疆、山东、河南、湖北、四川、贵州、云南、西藏。广布北半球温带及暖温带。

全株含鞣质，可提制栲胶；全草入药；种子含干性油，可用制肥皂和油漆。鲜嫩叶可食用。

2. 柔毛路边青（变种）（图372，彩图35）

Geum japonicum Thunb. var. **chinense** F. Bolle

Notizbl. Bot. Gart. Berl. 11: 210. 1931.

多年生草本。须根簇生。茎直立，高25~60 cm，被黄色短柔毛及粗硬毛。基生叶为大头羽状复叶，通常有小叶1~2对，其余侧生小叶呈附片状，连叶柄长5~20 cm，叶柄被粗硬毛及短柔毛，顶生小叶最大，卵形或广卵形，浅裂或不裂，长3~8 cm，宽5~9 cm，顶端圆钝，基部阔心形或宽楔形，边缘有粗大圆钝或急尖锯齿，两面绿色，被稀疏糙伏毛，下部茎生叶3小叶，上部茎生叶单叶，3浅裂，裂片圆钝或急尖；茎生叶托叶草质，绿色，边缘有不规则粗大锯齿。花序疏散，顶生数朵，花梗密被粗硬毛及短柔毛；花直径1.5~1.8 cm；萼片三角卵形，顶端渐尖，副萼片狭小，椭圆披针形，顶端急尖，比萼片短1倍多，外面被短柔毛；花瓣黄色，几圆形，比萼片长；花柱顶生，在上部1/4处扭曲，成熟后自扭曲处脱落，脱落部分下部被疏柔毛。聚合果卵球形或椭球形，瘦果被长硬毛，花柱宿存部分光滑，顶端有小钩，果托被长硬毛，长2~3 mm。花、果期5~10月。

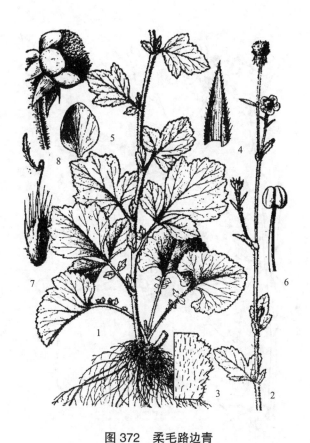

图372　柔毛路边青
1. 植株下部；2. 植株上部；3. 叶的一部分；
4. 萼片；5. 花瓣；6. 雄蕊；7. 雌蕊；8. 花

徂徕山各山地林区均产。生于山坡草地、河边、灌丛及疏林下。分布于陕西、甘肃、新疆、山东、河南、江苏、安徽、浙江、江西、福建、湖北、湖南、广东、广西、四川、贵州、云南。

8. 悬钩子属 Rubus Linn.

落叶稀常绿，灌木、半灌木或草本。茎直立或蔓生，常有刺。叶互生，单叶、掌状复叶或羽状复叶，边缘常具锯齿或裂片，有叶柄；托叶与叶柄合生。花两性，稀为单性而雌雄异株，单生或排成总状、圆锥或伞房花序；萼筒短，常5裂，萼片直立或反折，在果期宿存；花瓣5，稀无花瓣，直立或开展，白色或红色；雄蕊多数，着生在花萼上部；心皮多数，稀少数，离生，着生于球形或圆锥形的花托上，花柱近顶生，子房1室，每室2枚胚珠。聚合核果，多浆或干燥。

约700余种，分布于全世界，主要产于北温带。中国208种。徂徕山3种。

分种检索表

1. 单叶，3~5 掌状分裂，宽卵形至近圆形，五出脉 ··· 1. 牛叠肚 Rubus crataegifolius
1. 复叶。
  2. 羽状复叶，小叶 3，偶 5，菱状圆形至宽倒卵形 ··· 2. 茅莓 Rubus parvifolius
  2. 掌状复叶，小叶 5，有时枝条上部的具 3 小叶 ··· 3. 欧洲黑莓 Rubus fruticosus

1. 牛叠肚　山楂叶悬钩子（图 373）

Rubus crataegifolius Bunge

Enum. Pl. Chin. Bor. 24. 1833.

直立灌木，高 1~2（3）m；枝具沟棱，幼时被细柔毛，老时无毛，有微弯皮刺。单叶，卵形至长卵形，长 5~12 cm，宽达 8 cm，开花枝上的叶稍小，顶端渐尖，稀急尖，基部心形或近截形，上面近无毛，下面脉上有柔毛和小皮刺，边缘 3~5 掌状分裂，裂片卵形或长圆状卵形，有不规则缺刻状锯齿，基部具掌状 5 脉；叶柄长 2~5 cm，疏生柔毛和小皮刺；托叶线形，几无毛。花数朵簇生或成短总状花序，常顶生；花梗长 5~10 mm，有柔毛；苞片与托叶相似；花直径 1~1.5 cm；花萼外面有柔毛，至果期近于无毛；萼片卵状三角形或卵形，顶端渐尖；花瓣椭圆形或长圆形，白色，几与萼片等长；雄蕊直立，花丝宽扁；雌蕊多数，子房无毛。果实近球形，直径约 1 cm，暗红色，无毛，有光泽；核具皱纹。花期 5~6 月；果期 7~9 月。

徂徕山各山地林区均产。生于向阳山坡灌木丛中或林缘、路边。国内分布于东北地区及河北、河南、山西、山东。朝鲜、日本、俄罗斯远东地区也有。

果酸甜，可生食，制果酱或酿酒；全株含单宁，可提取栲胶；茎皮含纤维，可作造纸及制纤维板原料；果和根入药，补肝肾，祛风湿。

图 373　牛叠肚
1. 花枝；2. 果枝；3. 花纵切面；4. 雌蕊群；
5. 花瓣；6. 雌蕊；7. 雄蕊；8. 雌蕊的纵切面

2. 茅莓（图 374）

Rubus parvifolius Linn.

Sp. Pl. 1197. 1753.

灌木，高 1~2 m；枝呈弓形弯曲，被柔毛和稀疏钩状皮刺；小叶 3，在新枝上偶有 5，菱状圆形或倒卵形，长 2.5~6 cm，宽 2~6 cm，顶端圆钝或急尖，基部圆形或宽楔形，上面伏生疏柔毛，下面密被灰白色绒毛，边缘有不整齐粗锯齿或缺刻状粗重锯齿，常具浅裂片；叶柄长 2.5~5 cm，顶生小叶柄长 1~2 cm，均被柔毛和稀疏小皮刺；托叶线形，长 5~7 mm，具柔毛。伞房花序顶生或腋生，稀顶生花序成短总状，具花数朵，被柔毛和细刺；花梗长 0.5~1.5 cm，具柔毛和稀疏小皮刺；苞片线形，有柔毛；花直径约 1 cm；花萼外面密被柔毛和疏密不等的针刺；萼片卵状披针形或披针形，顶端渐尖，有时条裂，在花果期均直立开展；花瓣卵圆形或长圆形，粉红至紫红色，基部具爪；雄蕊花丝白色，稍短于花瓣；子房具柔毛。果实卵球形，直径 1~1.5 cm，红色，无毛或具稀疏柔毛；核有浅皱纹。花期 5~6 月；果期 7~8 月。

徂徕山各山地林区均产。国内分布于黑龙江、吉林、辽宁、河北、河南、山西、陕西、甘肃、湖北、湖南、江西、安徽、山东、江苏、浙江、福建、台湾、广东、广西、四川、贵州。日本、朝鲜也有分布。

果实酸甜多汁，可供食用、酿酒及制醋等；根和叶含单宁，可提取栲胶；全株入药，有止痛、活血、祛风湿及解毒之效。

3. 欧洲黑莓

Rubus fruticosus Linn.

Sp. Pl. 493. 1753.

攀附状落叶灌木；株高 1~1.5 m，稀达 5 m。枝密生皮刺或刺毛。叶互生，掌状复叶有 3~5 小叶。花两性，雄蕊多数，着生于突起的花托上。聚合果红色、黄色或紫色。

大寺、上池有栽培。原产欧洲。中国各地园圃有引种栽培。

果可食。

9. 棣棠属 Kerria DC.

灌木。小枝细长，冬芽具数枚鳞片。单叶互生，边缘有重锯齿；托叶早落；花两性，单生，大型；萼筒短，萼片 5；花瓣黄色，有短爪；雄蕊多数，花盘环状，被疏柔毛；雌蕊 5~8，分离，生于萼筒内；花柱顶生，细长直立，顶端截形；每心皮有 1 枚胚珠；瘦果侧扁，无毛。

1 种，分布于中国及日本。徂徕山有栽培。

1. 棣棠（图 375）

Kerria japonica（Linn.）DC.

Trans. Linn. Soc. 12: 157. 1817.

落叶灌木；高 1~2 m，稀达 3 m。叶互生；

图 374　茅莓
1. 植株；2. 茎的一段；3. 花；4. 花瓣；
5. 雄蕊；6. 雌蕊

图 375　棣棠
1. 花枝；2. 花；3. 雄蕊；4. 雌蕊

三角状卵形或至卵圆形，先端长渐尖，基部圆形、截形或微心形，边缘有尖锐重锯齿，两面绿色，上面无毛或有稀疏柔毛，下面沿叶脉或脉腋有毛；叶柄长 5~10 mm，无毛；托叶膜质，条状披针形，有缘毛，早落。花单生于当年生侧枝顶端；花直径 2.5~6 cm；萼片卵状椭圆形，先端急尖，有小尖头，全缘，宿存；花瓣宽椭圆形，黄色，先端下凹，长为萼片的 1~4 倍。瘦果倒卵形至半球形，有褶皱。花期 4~6 月；果期 6~8 月。

大寺等地有栽培，供观赏。中国分布于甘肃、陕西、山东、河南、湖北、江苏、安徽、浙江、福建、江西、湖南、四川、贵州、云南。日本也有分布。

茎髓药用，有通乳、利尿的功效；花有消肿、止咳及助消化的作用。

重瓣棣棠

f. **pleniflora**（Witte）Rehd.

Bibl. Cult. Trees Shrubs 284. 1949.

花重瓣。隐仙观等地有栽培。中国南北各省份普遍栽培。

Ⅲ. 苹果亚科 Maloideae

灌木或乔木；单叶或复叶，有托叶；心皮（1）2~5，多数与杯状花托内壁连合；子房下位、半下位，稀上位，（1）2~5 室，各具 2 枚胚珠，稀 1 至多数；果实成熟时为肉质梨果，稀浆果状或小核果状。

分属检索表

1. 心皮熟时坚硬骨质；梨果内有 1~5 骨质小核。
    2. 叶有锯齿或分裂，稀近全缘；常有枝刺。
        3. 常绿性，叶不分裂，有细锯齿或近全缘；心皮 5，各具成熟胚珠 2 枚··················1. 火棘属 Pyracantha
        3. 落叶性，叶羽状分裂或有粗重锯齿；心皮 1~5，各具成熟胚珠 1 枚··················2. 山楂属 Crataegus
    2. 叶全缘，无刺；心皮全部或大部与萼筒合生，成熟时为小梨果状··················3. 栒子属 Cotoneaster
1. 心皮熟时纸质、软骨质或革质；梨果 1~5 室，每室种子 1 至数粒。
    4. 复伞房花序或圆锥花序，有花多朵。
        5. 单叶，常绿性，稀落叶性但总花梗及花梗常有瘤状突起。
            6. 心皮全部合生，子房下位；圆锥花序··················4. 枇杷属 Eriobotrya
            6. 心皮一部分离生，子房半下位；伞形、伞房或复伞房花序··················5. 石楠属 Photinia
        5. 单叶或复叶，落叶性；总花梗及花梗无瘤状突起··················6. 花楸属 Sorbus
    4. 伞形或总状花序，有时花单生。
        7. 每心皮胚珠 2 枚；伞形总状或近伞形花序。
            8. 花柱基部合生；果实多无石细胞··················7. 苹果属 Malus
            8. 花柱离生；果实常有多数石细胞··················8. 梨属 Pyrus
        7. 每心皮胚珠多枚；花单生或簇生··················9. 木瓜属 Chaenomeles

1. 火棘属 Pyracantha Roem.

常绿灌木或小乔木，常具枝刺；芽细小，被短柔毛。单叶互生，具短柄，边缘有圆钝锯齿、细锯齿或全缘；托叶细小，早落。花白色，成复伞房花序；萼筒短，萼片 5；花瓣 5，近圆形，开展；雄蕊 15~20，花药黄色；心皮 5，腹面离生，背面约 1/2 与萼筒相连，每心皮具 2 枚胚珠，子房半下位。

梨果小，球形，顶端萼片宿存，内含5小核。

10种，产亚洲东部至欧洲南部。中国7种。徂徕山1种。

1. 火棘（图376）

Pyracantha fortuneana (Maxim.) Li

Journ. Arn. Arb. 25: 420. 1944.

常绿灌木，高达3 m。侧枝短，先端成刺状，嫩枝外被锈色短柔毛；芽小，外被短柔毛。叶片倒卵形或倒卵状长圆形，长1.5~6 cm，宽0.5~2 cm，先端圆钝或微凹，有时具短尖头，基部楔形，下延连于叶柄，边缘有钝锯齿，齿尖内弯，近基部全缘，无毛；叶柄短，无毛或嫩时具柔毛。花集成复伞房花序，直径3~4 cm，花梗和总花梗近无毛；萼筒钟状，无毛；萼片三角卵形，先端钝；花瓣白色，近圆形，长约4 mm；雄蕊20，花药黄色；花柱5，离生，与雄蕊等长，子房上部密生白色柔毛。果实近球形，径约5 mm，熟时橘红色或深红色。花期3~5月；果期8~11月。

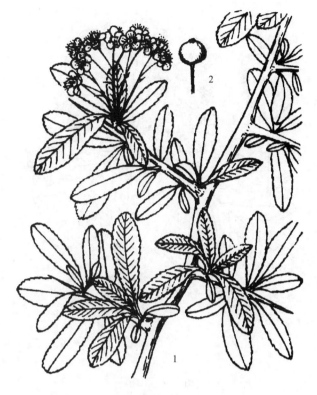

图376 火棘
1. 花枝；2. 果实

大寺、庙子等林区有栽培。分布于陕西、河南、江苏、浙江、福建、湖北、湖南、广西、贵州、云南、四川、西藏。

常栽培观赏，亦可作绿篱。嫩叶可作茶叶代用品。茎皮根皮含鞣质，可提栲胶。

2. 山楂属 Crataegus Linn.

落叶灌木或小乔木，稀半常绿。常具刺，稀无刺；冬芽卵形或近圆形。单叶互生，有锯齿、浅裂或深裂，稀不裂，有叶柄与托叶。花两性，稀单性，伞房花序或伞形花序生于枝顶；花辐射对称；萼筒钟状，萼片5；花瓣5，白色，稀粉红色；雄蕊5~25；心皮1~5，大部分与花托合生，仅先端和腹面分离；子房下位至半下位，每室具2枚胚珠，其中1枚常不发育。梨果，萼片宿存；心皮熟时为骨质，成小核状，各具1粒种子；种子直立，扁，子叶平凸。

约1000种，广泛分布于北半球，北美洲种类最多。中国18种，分布于南北各省份。徂徕山2种2变种。

分种检索表

1. 叶片羽状3~5裂；果实径1.5 cm以上···1. 山楂 Crataegus pinnatifida
1. 叶顶端有缺刻或3~5浅裂；果实直径1~1.2 cm·································2. 野山楂 Crataegus cuneata

1. 山楂（图377）

Crataegus pinnatifida Bunge

Mem. Div. Sav. Acad. Sci. St. Petersb. 2: 100. 1835.

落叶乔木，高达6 m；刺长1~2 cm，有时无刺；一年生枝紫褐色，无毛或近无毛，疏生皮孔；冬

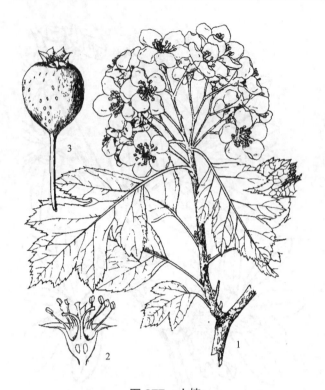

图377 山楂
1. 花枝；2. 花纵切面；3. 果实

图378 野山楂
1. 花枝；2. 花纵切面；3. 果实；
4. 果实横切面；5. 种子

芽紫色，无毛。叶片宽卵形或三角状卵形，稀菱状卵形，长5~10 cm，先端短渐尖，基部截形至宽楔形，两侧各有3~5羽状深裂片，裂片卵状披针形或带形，先端短渐尖，疏生不规则重锯齿；上面有光泽，下面沿叶脉有疏生短柔毛或在脉腋有髯毛；侧脉6~10对，有的直达裂片先端，有的达到裂片分裂处；叶柄长2~6 cm，无毛；托叶草质，镰形，边缘有锯齿。伞房花序具多花，直径4~6 cm；总花梗和花梗均被柔毛，花后脱落；苞片膜质，线状披针形，早落；萼筒钟状，外侧密被灰白色柔毛；萼片三角卵形至披针形；花白色；雄蕊20，短于花瓣，花药粉红色；花柱3~5，基部被柔毛，柱头头状。果实近球形或梨形，直径约1.5 cm，深红色，具浅色斑点；小核3~5；萼片脱落迟，先端留一圆形深洼。花期5~6月；果期9~10月。

徂徕山各林区均产。分布于东北、华北地区及江苏等省份。

果实可生食及加工成各种山楂食品；药用制成饮片，有消积化痰、降血压等功效，亦可做绿篱和观赏树。幼树可嫁接山里红。

山里红（变种）

var. **major** N. H. Br.

Gard. Chron. n. ser. 26: 621. f. 121. 1886.

叶片形大而厚，羽裂较浅；果大形，直径约2.5 cm。熟时深红色，有光泽。

徂徕山各林区普遍栽培。

重要果树，果实供鲜吃、加工或作糖葫芦用。一般用山楂为砧木嫁接繁殖。

秃山楂 无毛山楂（变种）

var. **pilosa** Schneid.

Ill. Handb. Laubb. 1: 769. 1906.

叶片、花梗和总花梗均无毛。

产于磻石峪、上池等地。国内分布于东北地区及山东。

2. 野山楂（图378）

Crataegus cuneata Sieb. & Zucc.

Abh. Akad. Wiss. Munch 4（2）: 130. 1845.

落叶灌木，高达1.5 m，分枝密，通常具细刺，刺长5~8 mm；小枝细弱，圆柱形，有棱，幼时被柔毛，一年生枝紫褐色，无毛，老枝灰褐色，散生长圆形皮孔；冬芽三角卵形，先端圆钝，无毛，紫褐色。叶片宽倒卵形至倒卵状长圆形，长 2~6 cm，宽 1~4.5 cm，先端急尖，基部楔形，下延于叶柄，边缘有不规则重锯齿，顶端 3 浅裂，稀 5~7 浅裂，上面无毛，有光泽，下面具稀疏柔毛，沿叶脉较密，以后脱落，叶脉显著；叶柄两侧有翼，长 4~15 mm；托叶大形，草质，镰刀状，边缘有齿。伞房花序，直径 2~2.5 cm，具花 5~7 朵，总花梗和花梗均被柔毛。花梗长约 1 cm；苞片草质，披针形，条裂或有锯齿，长 8~12 mm，迟落；花直径约 1.5 cm；萼筒钟状，外被长柔毛，萼片三角卵形，长约 4 mm，约与萼筒等长，先端尾状渐尖，全缘或有齿，内外两面均具柔毛；花瓣近圆形或倒卵形，长 6~7 mm，白色，基部有短爪；雄蕊 20；花药红色；花柱 4~5，基部被绒毛。果实近球形或扁球形，直径 1~1.2 cm，红色或黄色，常具有宿存反折萼片或 1 苞片；小核 4~5，内面两侧平滑。花期 5~6 月；果期 9~11 月。

据山东植物精要记载，徂徕山有野生。国内分布于河南、湖北、江西、湖南、安徽、江苏、浙江、云南、贵州、广东、广西、福建。

3. 枸子属 Cotoneaster B. Ehrh.

落叶、常绿或半常绿灌木，偶为小乔木状。冬芽小，具数个覆瓦状鳞片。叶互生，有时成两列状，柄短，全缘；托叶早脱落。花单生，2~3 或多朵成聚伞花序，腋生或着生在短枝顶端；萼筒钟状、筒状或陀螺状，有短萼片 5；花瓣 5，白色、粉红色或红色，直立或开张，在花芽中覆瓦状排列；雄蕊常 20，稀 5~25；花柱 2~5，离生，心皮背面与萼筒连合，腹面分离，每心皮具 2 枚胚珠，花柱离生。果实小形梨果状，红色、褐红色至紫黑色，先端有宿存萼片，内含 1~5 小核。

约 90 种，分布于亚洲、欧洲和北非温带地区。中国约 59 种。徂徕山 1 种。

1. 西北枸子（图 379，彩图 36）

Cotoneaster zabelii Schneid.

Ill. Handb. Laubh. 1: 479. f. 420 f-h. 422 i-k. 1906.

落叶灌木，高达 2 m；枝条细瘦开张，小枝圆柱形，深红褐色，幼时密被带黄色柔毛，老时无毛。叶片椭圆形至卵形，长 1.2~3 cm，宽 1~2 cm，先端多数圆钝，稀微缺，基部圆形或宽楔形，全缘，上面具稀疏柔毛，下面密被带黄色或带灰色绒毛；叶柄长 1~3 mm，被绒毛；托叶披针形，有毛，在果期多数脱落。花 3~13 朵成下垂聚伞花序，总花梗和花梗被柔毛；花梗长 2~4 mm；萼筒钟状，外面被柔毛；萼片三角形，先端稍钝或具短尖头，外面具柔毛，内面几无毛或仅沿边缘有少数柔毛；花瓣直立，倒卵形或近圆形，直径 2~3 mm，先端圆钝，浅红色；雄蕊 18~20，较花瓣短；花柱 2，离生，短于雄蕊，子房先端具柔毛。果实倒卵形至卵球形，直径 7~8 mm，鲜红色，常具 2 小核。花

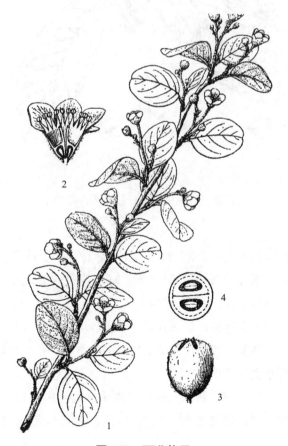

图 379 西北枸子
1. 花枝；2. 花纵切面；3. 果实；4. 果实横切面

期5~6月；果期8~9月。

产于马场、中军帐。生于山地、山坡阴处、沟谷边、灌木丛中。分布于河北、山西、山东、河南、陕西、甘肃、宁夏、青海、湖北、湖南。

4. 枇杷属 Eriobotrya Lindl.

常绿乔木或灌木。单叶互生，边缘有锯齿或近全缘，羽状网脉明显，通常有叶柄或近无柄；托叶多早落。顶生圆锥花序，常有绒毛；萼筒杯状或倒圆锥状，萼片5，宿存；花瓣5，倒卵形或圆形，无毛或有毛，芽时呈卷旋状或双盖覆瓦状排列；雄蕊20~40；花柱2~5，基部合生，常有毛，子房下位，合生，2~5室，每室有2枚胚珠。梨果肉质或干燥，内果皮膜质，有1或数粒大种子。

约30种，分布在亚洲温带及亚热带，中国产3种。徂徕山1种。

图380 枇杷
1.花枝；2.花纵切面；3.果实；4.种子

1. 枇杷（图380）

Eriobotrya japonica（Thunb.）Lindl.
Trans. Linn. Soc. 13: 102. 1822.

常绿小乔木，高可达10 m；小枝粗壮，黄褐色，密生锈色或灰棕色绒毛。叶片革质，披针形、倒披针形、倒卵形或椭圆长圆形，长12~30 cm，宽3~9 cm，先端急尖或渐尖，基部楔形或渐狭成叶柄，上部边缘有疏锯齿，基部全缘，上面光亮，多皱，下面密生灰棕色绒毛，侧脉11~21对；叶柄短或几无柄，长6~10 mm，有灰棕色绒毛；托叶钻形，长1~1.5 cm，先端急尖，有毛。圆锥花序顶生，长10~19 cm，具多花；总花梗和花梗密生锈色绒毛；花梗长2~8 mm；苞片钻形，长2~5 mm，密生锈色绒毛；花直径12~20 mm；萼筒浅杯状，长4~5 mm，萼片三角卵形，长2~3 mm，先端急尖，萼筒及萼片外面有锈色绒毛；花瓣白色，长圆形或卵形，长5~9 mm，宽4~6 mm，基部具爪，有锈色绒毛；雄蕊20，远短于花瓣，花丝基部扩展；花柱5，离生，柱头头状，无毛，子房顶端有锈色柔毛，5室，每室有2枚胚珠。果实球形或长圆形，直径2~5 cm，黄色或橘黄色，外有锈色柔毛，不久脱落；种子1~5粒，球形或扁球形，直径1~1.5 cm，褐色，光亮，种皮纸质。花期10~12月；果期5~6月。

大寺等林区场部庭院有少量栽培。国内分布于甘肃、陕西、河南、江苏、安徽、浙江、江西、湖北、湖南、四川、云南、贵州、广西、广东、福建、台湾。日本、印度、越南、缅甸、泰国、印度尼西亚也有栽培。

美丽观赏树木和果树。果味甘酸，供生食、蜜饯和酿酒用；叶晒干去毛，可供药用，有化痰止咳，和胃降气之效。木材红棕色，可作木梳、手杖、农具柄等用。

5. 石楠属 Photinia Lindl.

落叶或常绿，乔木或灌木。冬芽小，芽鳞覆瓦状排列。单叶互生，革质或纸质，多数有锯齿，稀全缘；有托叶。花两性，多数，成顶生伞形、伞房或复伞房花序，稀成聚伞花序；萼筒杯状、钟状或筒状，萼片 5；花瓣 5，在芽中成覆瓦状或卷旋状排列；雄蕊 20，稀较多或较少；心皮 2，稀 3~5，花柱离生或基部合生，子房半下位，2~5 室，每室 2 枚胚珠。2 梨果小球形，微肉质，先端或 1/3 部分与萼筒分离；萼片宿存；每室有 1~2 粒种子，直立，近卵形。

约 60 种，分布在亚洲东部及南部。中国 43 种。徂徕山 2 种。

分种检索表

1. 叶绿色，长椭圆形至倒卵状长椭圆形，长 8~22 cm，叶柄长 2~4 cm ·················· 1. 石楠 Photinia serratifolia
1. 叶红紫色，尤其以春叶为甚，椭圆形至倒卵状椭圆形，长 5~10 cm，叶柄长 0.5~1.5 cm ······ 2. 红叶石楠 Photinia fraseri

1. 石楠（图 381）

Photinia serratifolia（Desf.）Kalkman

Blumea 21（2）：424. 1973.

—— *Photinia serrulata* Lindl.

常绿大灌木或乔木，一般高 4~6 m。幼枝绿色或红褐色，无毛，老枝灰褐色。叶长椭圆形、长倒卵形或倒卵状椭圆形，长 9~22 cm；先端尾尖或短尖，基部圆形或宽楔形，叶缘疏生腺状细锯齿，有时在萌发枝上锯齿为针刺状；羽状脉，侧脉 25~30 对，上面绿色，下面淡绿色，光滑或幼时中脉有毛，厚革质；叶柄长 2~4 cm，粗壮。复伞房花序由 30~40 花组成；总花梗及花梗无毛；花径 6~8 mm；萼筒杯状，萼片阔三角形，无毛；花瓣近圆形，白色，无毛；雄蕊 20，2 轮，外轮较花瓣长，内轮较花瓣短；花柱 2，稀 3，基部合生。果实球形，径 5~6 mm，熟时紫红色，有光泽；种子卵形，棕色。花期 4~5 月；果期 10 月。

图 381　石楠
1. 果枝；2. 花；3. 花纵切面；4. 果实；
5. 果实纵切面和横切面

大寺有栽培。国内分布于陕西、甘肃、河南、江苏、安徽、浙江、江西、湖南、湖北、福建、台湾、广东、广西、四川、云南、贵州等省份。日本、印度尼西亚也有分布。

供绿化观赏。种子可榨油。根、叶入药，为强壮剂及利尿剂，有镇静解热的功效。

2. 红叶石楠

Photinia × fraseri Dress

Baileya 9: 101. 1961.

常绿灌木或小乔木，高达 4~6 m；小枝灰褐色，无毛。叶互生，长椭圆形或倒卵状椭圆形，长 9~22 cm，宽 3~6.5 cm，边缘有疏生腺齿，无毛。复伞房花序顶生，花白色，径 6~8 mm。果球形，径 5~6 mm，红色或褐紫色。花期 4~5 月；果期 8~10 月。

徂徕山各林区场部有栽培。新梢和嫩叶鲜红，是著名观叶树种。

6. 花楸属 Sorbus Linn.

落叶乔木或灌木。枝无刺；冬芽大，具多数覆瓦状鳞片。单叶或奇数羽状复叶，互生，有托叶，在芽中为对折状，稀席卷状。花两性，多数组成顶生复伞房花序；萼片和花瓣各 5；雄蕊 15~25；心皮 2~5，部分离生或全部合生；子房半下位或下位，2~5 室，每室具 2 枚胚珠。梨果形小，熟时白色、红色或黄色；子房壁成软骨质，每室具 1~2 粒种子。

约 100 种，分布于北半球各洲的温带及寒温带。中国 67 种。徂徕山 2 种。

分种检索表

1. 单叶，卵形至卵状椭圆形，边缘有不整齐锯齿 ························· 1. 水榆花楸 Sorbus alnifolia
1. 羽状复叶，小叶 5~7 对，卵状披针形或椭圆状披针形，有细锐锯齿 ············ 2. 花楸树 Sorbus pohuashanensis

图 382 水榆花楸
1. 果枝；2. 花枝；3. 花纵切面；
4. 果实；5. 果实横切面

1. 水榆花楸（图 382，彩图 37）

Sorbus alnifolia（Sieb. & Zucc.）K. Koch
Ann. Mus. Bot. Lugd.-Bat. 1: 249. 1864.

乔木，高达 20 m；小枝圆柱形，具灰白色皮孔，幼时微具柔毛，二年生枝暗红褐色，老枝暗灰褐色，无毛；冬芽卵形，先端急尖，外具数枚暗红褐色无毛鳞片。叶片卵形至卵状椭圆形，长 5~10 cm，宽 3~6 cm，先端短渐尖，基部宽楔形至圆形，边缘有不整齐的尖锐重锯齿，有时微浅裂，上下两面无毛或在下面的中脉和侧脉上微具短柔毛，侧脉 6~10（14）对，直达叶边齿尖；叶柄长 1.5~3 cm，无毛或微具稀疏柔毛。复伞房花序较疏松，具花 6~25 朵，总花梗和花梗具稀疏柔毛；花梗长 6~12 mm；花直径 10~14（18）mm；萼筒钟状，外面无毛，内面近无毛；萼片三角形，先端急尖，外面无毛，内面密被白色绒毛；花瓣卵形或近圆形，长 5~7 mm，宽 3.5~6 mm，先端圆钝，白色；雄蕊 20，短于花瓣；花柱 2，基部或中部以下合生，光滑无毛，短于雄蕊。果实椭圆形或卵形，直径 7~10 mm，长 10~13 mm，红色或黄色，不具斑点或具极少数细小斑点，2 室，萼片脱落后果实先端残留圆斑。花期 5 月；果期 8~9 月。

产于马场、太平顶、王庄龙湾等地。生于山坡、山沟或混交林中。国内分布于东北地区及河北、河南、陕西、甘肃、山东、安徽、湖北、江西、浙江、四川。朝鲜和日本也有分布。

树冠圆锥形，秋季叶片红色，为美丽观赏树。木材供器具、车辆及模型用，树皮可作染料，纤维供造纸原料。

2. 花楸树（图 383）

Sorbus pohuashanensis (Hance) Hedl.

Svensk. Vet. Akad. Handl. 35: 33. 1901.

乔木或灌木，高可达 8 m。树皮紫灰褐色；小枝灰褐色，具灰白色细小皮孔，光滑无毛或仅嫩时有毛；冬芽大，红褐色，鳞片外密被灰白色绒毛。奇数羽状复叶，连叶柄长 12~20 cm，小叶片 5~7 对，基部、顶部常稍小；小叶卵状披针形或椭圆状披针形，长 3~5 cm，宽 1.4~1.8 cm，先端急尖或短渐尖，基部偏斜圆形，缘有细锐锯齿，基部或中部以下近于全缘，上面具稀疏毛或近无毛，下面苍白色，有稀疏或较密集绒毛；侧脉 9~16 对，在叶边稍弯曲，下面中脉显著突起；叶轴被白色毛，老时近无；托叶宽卵形，具粗锐锯齿，宿存。复伞房花序较密集，总花梗和花梗初被白色密绒毛，后脱落；萼筒钟状，外被绒毛或近无，内有绒毛；萼片三角形，先端急尖，内外两面均具绒毛；花瓣宽卵形或近圆形，先端圆钝，白色，内面微具短柔毛；雄蕊 20；花柱 3，基部具短柔毛。果实近球形，直径 6~8 mm，熟时红色或橘红色，具宿存闭合萼片。花期 6 月；果期 9~10 月。

图 383 花楸树
1.花枝；2.果枝；3.花纵切面；4.花瓣；
5.雌蕊；6.雄蕊

产于马场、太平顶。上池有栽培。分布于东北、华北地区及甘肃等省份。

花、叶美丽，入秋红果累累，有观赏价值。木材可作家具。果可制酱酿酒及入药。

7. 苹果属 Malus Mill.

落叶乔木或灌木，稀半常绿。枝常无刺；冬芽卵形，外被数枚覆瓦状鳞片。单叶互生，叶缘有齿或分裂，在芽中呈席卷状或对折状，有叶柄和托叶。伞形总状花序；花瓣近圆形或倒卵形，白色、浅红至鲜红色；雄蕊 15~50，具有黄色花药和白色花丝；花柱 3~5，基部合生，无毛或有毛，子房下位，3~5 室，每室 2 枚胚珠。梨果，通常不具石细胞，稀有石细胞，萼片宿存或脱落，子房壁软骨质，每室有种子 1~2 粒。

约 55 种，广泛分布于北温带，亚洲、欧洲和北美洲均产。中国 25 种。徂徕山 5 种。

分种检索表

1. 萼片脱落；花柱 3~5；果实较小，直径多在 1.5 cm 以下。
　　2. 萼片披针形，比萼筒长。花柱 5 或 4。
　　　　3. 嫩枝无毛或被短柔毛，细弱；花白色，果径 8~10 mm ················· 1. 山荆子 Malus baccata
　　　　3. 嫩枝和叶下面常被绒毛或柔毛；花粉红色；果径 1~1.5 cm ········· 2. 西府海棠 Malus micromalus
　　2. 萼片三角卵形，与萼筒等长或稍短。
　　　　4. 萼片先端圆钝；花柱 4 或 5；果实梨形或倒卵形 ·············· 3. 垂丝海棠 Malus halliana

4. 萼片先端尖；花柱3，稀4；果实椭圆或近球形，径约1 cm ············· 4. 湖北海棠 Malus hupehensis
1. 萼片宿存，稀部分脱落；花柱5；果较大，直径1.5 cm以上。
　　5. 萼片先端渐尖，比萼筒长；果实大，小枝、冬芽及叶片上毛茸较多 ············· 5. 苹果 Malus pumila
　　5. 萼片先端急尖，比萼筒短或等长；果实较小，果梗细长 ············· 2. 西府海棠 Malus micromalus

图384　山荆子
1.花枝；2.果枝；3.花纵切面；
4.雄蕊；5.果实纵切面；6.果实横切面

图385　西府海棠

1. 山荆子　山定子（图384）

Malus baccata（Linn.）Borkh.

Theor.-Prakt. Handb. Forst. 2: 1280. 1803.

落叶乔木，高可达14 m。幼枝微屈曲，无毛，红褐色，老枝暗褐色；冬芽红褐色，芽鳞边缘稍具绒毛。叶椭圆形或卵形，长3~8 cm，宽2~3.5 cm，先端渐尖，稀尾状渐尖，基部楔形或圆形，边缘具细锐锯齿，幼时无毛或稍被短柔毛；叶柄长2~5 cm，幼时有短柔毛及少数腺体，后脱落无毛；托叶膜质，披针形，全缘或有腺齿，早落。伞形花序，具花4~6朵，无总梗，生于小枝顶端，直径5~7 cm；苞片膜质，线状披针形，缘具腺齿，无毛，早落；花径3~3.5 cm；萼片披针形，长于萼筒，内被绒毛，与萼筒外面均无毛；花瓣倒卵形，基部有爪，白色；雄蕊15~20；花柱5或4，基部有长柔毛，较雄蕊长。果实近球形，径8~10 mm，熟时红色或黄色，柄洼及萼洼稍微陷入，萼片脱落；果梗长3~4 cm。花期4~6月；果期9~10月。

产于光华寺、大寺土岭。国内分布于东北地区及内蒙古、河北、山西、陕西、甘肃等省份。也分布于朝鲜及俄罗斯西伯利亚等地。

优良的苹果树砧木及庭园观赏树种。木材可制作家具、农具。叶及树皮富含单宁，可提制栲胶。

2. 西府海棠（图385）

Malus × micromalus Makino

Bot. Mag. Tokyo 22: 69. 1908.

落叶小乔木，高达2.5~5 m，直立性强。枝紫红色或暗褐色，幼时被短柔毛，老时脱落，具稀疏皮孔；冬芽卵形，暗紫色。叶长椭圆形或椭圆形，长5~10 cm，宽2.5~5 cm，先端急尖或渐尖，基部楔形，稀近圆形，缘有尖锐锯齿，嫩叶被短柔毛，老时脱落；叶柄长2~3.5 cm；托叶线状披针形，缘有疏生腺齿，早落。伞形总状花序，有花4~7朵，集生于小枝顶端，花梗长2~3 cm，幼时有毛，后脱落；苞片膜质，线状披针形，早落；花径约 4 cm；萼筒外面密被白色长绒毛；萼片三角卵形、三角披针形至长卵形，内面被白色绒毛，外面较稀疏，萼片与萼筒等长或稍长；花瓣近圆形或长椭圆形，基部有爪，粉红色；雄蕊约 20；花柱 5，基部具绒毛。果实近球形，直径 1~1.5 cm，红色，萼洼、梗洼均下陷，萼片脱落或仅少数宿存。花期 4~5 月；果期 8~9 月。

大寺、上池有栽培。分布于辽宁、河北、山西、陕西、甘肃、云南等省份。

树姿直立，花朵密集，优良庭院观赏树。果可供鲜食及加工用。华北有些地区用作苹果或花红的砧木。

3. 垂丝海棠（图 386）

Malus halliana Koehne

Gatt. Pomac. 27. 1890.

落叶小乔木，高可达 5 m。小枝微弯曲，圆柱形，初有毛，后脱落，紫色或紫褐色；冬芽卵形，紫色，无毛或仅在鳞片边缘具柔毛。叶卵形或椭圆形至长椭卵形，长 3.5~8 cm，宽 2.5~4.5 cm，先端长渐尖，基部楔形至近圆形，缘有圆钝细锯齿；上面深绿色，有光泽并常带紫晕，无毛或仅中脉有时具短柔毛；叶柄长 5~25 mm，幼时被疏柔毛，老时近无毛；托叶小，披针形，早落。花 4~6 朵成伞房花序，花梗细弱，长 2~4 cm，下垂，被稀疏柔毛，紫色；花径 3~3.5 cm；萼片三角卵形，外面无毛，内面密被绒毛，与萼筒等长或稍短；花瓣倒卵形，基部有爪，粉红色，常在 5 数以上；雄蕊 20~25；花柱 4 或 5，较雄蕊为长，基部有长绒毛，顶花有时缺少雌蕊。果实梨形或倒卵形，直径 6~8 mm，略带紫色，成熟较迟，萼片脱落；果梗长 2~5 cm。花期 3~4 月；果期 9~10 月。

大寺有栽培。分布于江苏、浙江、安徽、陕西、四川、云南。

嫩枝、嫩叶均带紫红色，花粉红色，下垂，早春期间甚为美丽，常栽培供观赏用。

4. 湖北海棠（图 387）

Malus hupehensis（Pamp.）Rehd.

Journ. Arn. Arb. 14: 207. 1933.

图 386　垂丝海棠
1. 花枝；2. 花纵切面

图 387　湖北海棠
1. 花枝；2. 果枝；3. 花纵切面；
4. 果实横切面；5. 果实纵切面

乔木，高达8m。小枝初有短柔毛，后脱落；老枝紫色至紫褐色；冬芽卵形，暗紫色，芽鳞边缘有疏生短柔毛。叶卵形或卵状椭圆形，长5~10 cm，宽2.5~4 cm，先端渐尖，基部宽楔形，稀近圆形，缘具细锐锯齿，嫩时具稀疏短柔毛，后脱落无毛，常紫红色；叶柄长1~3 cm，幼时被疏毛；托叶线状披针形，疏生柔毛，早落。伞房花序，具花4~6朵，花梗长3~6 cm，无毛或稍有长柔毛；苞片披针形，早落；花径3.5~4 cm；萼筒外面无毛或稍有长柔毛；萼片三角卵形，外面无毛，内有柔毛，略带紫色，与萼筒等长或稍短；花瓣倒卵形，基部有爪，粉白色或近白色；雄蕊20；花柱3，稀4，基部被长毛。果实椭圆形或近球形，直径约1 cm，熟时黄绿色，稍带红晕，萼片脱落；果梗长2~4 cm。花期4~5月；果期8~9月。

产于上池至马场一带。国内分布于华中、华东、华南、西南地区及甘肃、陕西、河南、山西等省份。

是观赏及保土树种。嫩叶晒干可作茶叶代用品，俗称花红茶。分根萌蘖可作苹果砧木。

5. 苹果（图388）

Malus pumila Mill.

Gard. Dict. ed. 8. M. no. 3. 1768.

—— *Malus domestica* Borkh.

落叶乔木，高可达15 m。树冠常圆形，具短主干；小枝短而粗，幼时密被绒毛；老枝紫褐色，无毛；冬芽卵形，先端钝，密被短柔毛。叶椭圆形、卵形或宽椭圆形，长4.5~10 cm，宽3~5.5 cm，先端急尖，基部宽楔形或圆形，边缘具圆钝锯齿，幼时两面被短柔毛，后上面脱落无毛；叶柄粗壮，长1.5~3 cm，被短柔毛；托叶披针形，密被短柔毛，早落。伞房花序，具花3~7朵，集生于小枝顶端，花梗长1~2.5 cm，密被绒毛；苞片线状披针形，被绒毛；花径3~4 cm；萼筒外密被绒毛；萼片三角披针形或三角卵形，内外两面均密被绒毛，长于萼筒；花瓣倒卵形，基部具爪，白色，未开放时略带粉红色；雄蕊20；花柱5，下半部密被灰白色毛。果实扁球形，径2 cm以上，先端常有隆起，萼洼下陷，萼片永存，果梗短粗。花期5月；果期7~10月。

图388 苹果
1. 花枝；2. 果实

祖厉山各林区均有栽培。原产欧洲及亚洲中部，栽培历史已久，全世界温带地区均有种植。中国辽宁、河北、山西、山东、陕西、甘肃、四川、云南、西藏常见栽培。

著名果树，是目前栽培量最大的经济果树之一，果实大型，品种众多。亦可观赏。

8. 梨属 Pyrus Linn.

落叶乔木或灌木，稀半常绿。枝有时具刺；芽多圆锥形。单叶互生，有锯齿或全缘，稀分裂，在芽中呈席卷状，有叶柄与托叶。花两性，辐射对称，先于叶开放或同时开放，伞形总状花序；萼片5，反折或开展；花瓣5，具爪，白色，稀粉红色；雄蕊15~30，花药深红色或紫色；花柱2~5，离生；子房下位，2~5心皮，2~5室，每室2枚胚珠。梨果，倒卵形或球形，萼片脱落或宿存，果肉多汁，富石细胞，内果皮软骨质，外果皮黄绿色或褐色，有较多的皮孔点；种子黑色或黑褐色。

约 25 种，分布于北半球温带及亚热带。中国 14 种，主要分布于华北及华中地区。徂徕山 5 种 1 变种。

分种检索表

1. 萼片脱落或部分宿存。
  2. 叶缘具有带刺芒的尖锐锯齿；花柱 4~5。
    3. 果实黄色；叶片基部宽楔形 ·· 1. 白梨 Pyrus bretschneideri
    3. 果实褐色；叶片基部圆形或近心形 ··· 2. 沙梨 Pyrus pyrifolia
  2. 叶缘有不带刺芒的尖锐锯齿或圆钝锯齿；花柱 2~4；果实褐色。
    4. 叶边有尖锐锯齿；幼枝、花序和叶片下面均被绒毛 ···························· 3. 杜梨 Pyrus betulaefolia
    4. 叶缘有圆钝锯齿；叶片、花序均无毛 ··· 4. 豆梨 Pyrus calleryana
1. 果实上有萼片宿存；花柱 3~5。
  5. 叶边有圆钝锯齿，叶片多为椭圆形 ·· 5. 西洋梨 Pyrus communis var. sativa
  5. 叶边有带刺芒尖锐锯齿，叶片卵形至宽卵形 ······································ 6. 秋子梨 Pyrus ussuriensis

1. 白梨（图 389）

Pyrus bretschneideri Rehd.

Proc. Am. Acad. Arts Sci. 50: 231. 1915.

落叶乔木，高 5~8 m，胸径达 30 cm。树皮灰黑色，呈粗块状裂；枝圆柱形，微屈曲，黄褐色至紫褐色，幼时被柔毛；冬芽卵形，芽鳞棕黑色，边缘及先端有柔毛。叶卵形或卵状椭圆形，长 5~11 cm，宽 3.5~6 cm，先端渐尖或短尾状尖，基部宽楔形，缘有尖锯齿，齿尖有刺芒，微向内合拢；嫩时紫绿色，有毛，后脱落；叶柄长 2.5~7 cm，嫩时密被绒毛；托叶线形至线状披针形，缘有腺齿，长 1~1.3 cm，早落。伞形总状花序由 6~10 朵花组成，总花梗和花梗嫩时有毛；苞片膜质，条形，长 1~1.5 cm，先端渐尖，全缘，内密被褐色长绒毛；花直径 2~3.5 cm；萼片三角形，缘有腺齿，外无毛，内密被褐色绒毛；花瓣卵圆形或椭圆形，先端常呈啮齿状，基部有爪；雄蕊 20；花柱 5，稀 4，无毛。果实卵形、倒卵形或近球形，萼片脱落，黄色或绿黄色，稀褐色。花期 4 月；果期 8~9 月。

徂徕山各林区果园均有栽培。国内分布于河北、河南、山东、山西、陕西、甘肃、青海。

果肉脆甜，品质好，适于生吃，也可加工

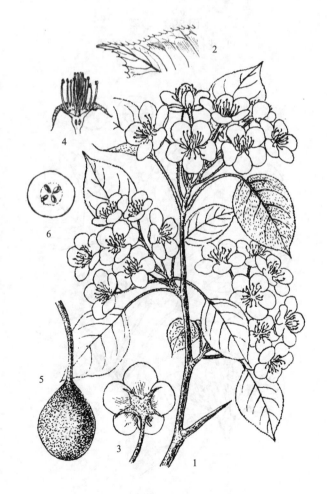

图 389 白梨
1. 花枝；2. 叶缘；3. 花；4. 花纵切面；
5. 果实；6. 果实横切面

各种梨食品，富营养，有止咳平喘等功效，可治慢性支气管炎。木材褐色，致密，是良好的雕刻材。花供观赏。

2. 沙梨（图390）

Pyrus pyrifolia (Burm. f.) Nakai

Bot. Mag. Tokyo 40: 564. 1926.

—— *Pyrus serotina* Rehd.

落叶乔木，高达15 m。幼枝被黄褐色长柔毛，老枝紫褐色或暗褐色，有浅色皮孔；冬芽长卵形，芽鳞片边缘和先端稍具长绒毛。叶卵状椭圆形或卵形，长7~12 cm，先端长尖，基部圆或近心形，缘有刺芒锯齿，微向内合拢，无毛或幼时被褐色绵毛；叶柄长3~4.5 cm，幼时被绒毛，后脱落；托叶膜质，线状披针形，早落。伞形总状花序，具花6~9朵，径5~7 cm，总花梗和花梗幼时微具柔毛；苞片膜质，线形，边缘有长柔毛；花径2.5~3.5 cm；萼片三角卵形，缘有腺齿，外无毛，内密被褐色绒毛；花瓣卵形，先端啮齿状，基部具爪，白色；雄蕊20；花柱5，稀4，光滑无毛。果实近球形，熟时浅褐色，有浅色斑点，先端微向下陷，萼片脱落。花期4月；果期8月。

大寺有栽培。分布于安徽、江苏、浙江、江西、湖北、湖南、贵州、四川、云南、广东、广西、福建等省份。

用途同白梨。

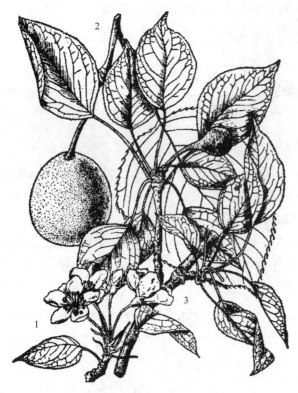

图390 沙梨
1. 花枝；2. 果实；3. 叶枝

3. 杜梨 棠梨（图391）

Pyrus betulaefolia Bunge

Mem. Div. Sav. Acad. Sci. St. Petersb. 2: 101. 1835.

落叶乔木或大灌木，高可达10 m。树皮灰黑色，呈小方块状开裂；小枝黄褐色至深褐色，幼时密被灰白色绒毛，后渐变紫褐色，近无毛，常具刺；冬芽卵形，外被灰白色绒毛。叶菱状卵形至长卵圆形，长4~8 cm，宽3~5 cm，先端渐尖，基部宽楔形，稀近圆形，缘有粗锐锯齿，几无芒尖；幼叶及叶柄密被灰白色绒毛；叶柄长2~3 cm；托叶膜质，线状披针形，两面均被绒毛，早落。伞形总状花序由6~15花组成，总花梗和花梗均被灰白色绒毛；苞片膜质，线形，两面微被绒毛，早落；花径1.5~2 cm；萼片三

图391 杜梨
1. 果枝；2. 花纵切面；3. 花瓣；
4. 雄蕊；5. 果实横切面

角卵形，萼筒外及萼片内外均被绒毛；花瓣宽卵形，先端圆钝，基部有爪；白色；雄蕊20，花药紫色；花柱2~3，基部微具毛。果实近球形，径5~10 mm，2~3室，熟时褐色，有淡色斑点；萼片脱落；果梗具绒毛。花期4月；果期8~9月。

徂徕山各林区均产。国内分布于辽宁、河北、河南、陕西、山西、甘肃、湖北、江苏、安徽、江西等省份。

是北方白梨系品种育苗的主要砧木种。木材红褐色，坚硬致密，是著名的细工、家具和雕刻材。树皮是提制栲胶的原料。

4. 豆梨（图392）

Pyrus calleryana Dcne.

Jard. Fruit. 1: 329. 1871-72.

落叶乔木，高5~8 m。树皮褐灰色，粗块状裂；小枝粗壮，灰褐色，幼时稍有绒毛，后脱落；冬芽三角卵形，微具绒毛。叶宽卵形至卵形，稀长椭卵形，长4~8 cm，宽3.5~6 cm，先端渐尖，稀短尖，基部圆形至宽楔形，缘有钝锯齿，两面无毛；叶柄长2~4 cm，无毛；托叶线状披针形，无毛。伞形总状花序，具花6~12朵，总花梗和花梗均无毛，花梗长1.5~3 cm；苞片膜质，线状披针形，内面具绒毛；花径2~2.5 cm；萼筒无毛；萼片披针形，外面无毛，内面具绒毛，边缘较密；花瓣卵形，基部具短爪，白色；雄蕊20；花柱2，稀3，基部无毛。梨果球形，径约1 cm，黑褐色，密生白色斑点，萼片脱落，果梗细长。花期4月；果期8~9月。

徂徕山各林区均产。国内分布于山东、河南、江苏、浙江、江西、安徽、湖北、湖南、福建、广东、广西。也分布于越南北部。

木材致密可作器具。通常用作沙梨砧木。

5. 西洋梨（变种）（图393）

Pyrus communis Linn. var. **sativa** (DC.) DC.

Prodr. 2: 643. 1825.

乔木，高达15 m。枝常无刺，无毛或幼时微具短柔毛。叶片大、卵形、近圆形或椭圆形，长5~10 cm，宽3~6 cm，先端急尖或短渐尖，基部宽楔形或近圆形，边缘有圆钝锯齿，稀全

图392 豆梨
1. 花枝；2. 果枝；3. 花纵切面；
4. 果实纵切面；5. 果实横切面

图393 西洋梨
1. 果枝；2. 花枝；3. 花纵切面

缘，幼时有蛛丝状柔毛，后脱落或仅下面沿中脉有柔毛；叶柄细，长 1.5~5 cm，幼时微具柔毛，后脱落；托叶膜质，线状披针形，早落。伞形总状花序，具花 6~9 朵，总花梗和花梗密被绒毛；苞片线状披针形脱落早；花径 2.5~4 cm；萼筒外被柔毛，内无毛或近无毛；萼片三角披针形，内外均被短柔毛；花瓣倒卵形，白色；雄蕊 20，长约花瓣的 1/2；花柱 5，基部有柔毛。果实倒卵形或近球形，长 3~5 cm，宽 1.5~2 cm，熟时绿色、黄色或带红晕，稀带红晕，具斑点，萼片宿存；果柄粗厚，长 2.5~5 cm。花期 4 月；果期 7~9 月。

礤石峪、中军帐有栽培。分布于欧洲及亚洲西部，栽培历史悠久。中国各地栽培。常见品种有巴梨、茄梨等。

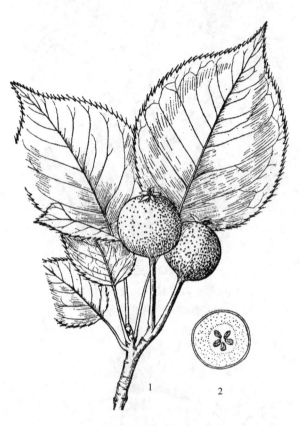

图 394 秋子梨
1. 果枝；2. 果实横切面

6. 秋子梨（图 394）

Pyrus ussuriensis Maxim.

Bull. Acad. Sci. St. Petersb. 15: 132. 1857.

乔木，高达 15 m。树冠宽广。嫩枝无毛或微具毛，二年生枝黄灰色至紫褐色；冬芽肥大，卵形，先端钝，鳞片边缘微具毛或近于无毛。叶片卵形至宽卵形，长 5~10 cm，宽 4~6 cm，先端短渐尖，基部圆形或近心形，稀宽楔形，边缘具有带刺芒状尖锐锯齿，两面无毛或在幼嫩时被绒毛，不久脱落；叶柄长 2~5 cm，嫩时有绒毛，不久脱落；托叶线状披针形，先端渐尖，边缘具有腺齿，长 8~13 mm，早落。花序密集，具花 5~7 朵，花梗长 2~5 cm，总花梗和花梗在幼嫩时被绒毛，不久脱落；苞片膜质，线状披针形，先端渐尖，全缘，长 12~18 mm；花直径 3~3.5 cm；萼筒外面无毛或微具绒毛；萼片三角披针形，先端渐尖，边缘有腺齿，长 5~8 mm，外面无毛，内面密被绒毛；花瓣倒卵形或广卵形，先端圆钝，基部具短爪，长约 18 mm，宽约 12 mm，无毛，白色；雄蕊 20，短于花瓣，花药紫色；花柱 5，离生，近基部有稀疏柔毛。果实近球形，黄色，直径 2~6 cm，萼片宿存，基部微下陷，具短果梗，长 1~2 cm。花期 5 月；果期 8~10 月。

中军帐、光华寺有栽培。国内分布于东北地区及内蒙古、河北、山东、山西、陕西、甘肃，东北、华北和西北地区均有栽培，品种多。亚洲东北部、朝鲜等地亦有分布。

抗寒力很强。

9. 木瓜属 Chaenomeles Lindl.

落叶或半常绿，灌木或小乔木。枝有刺或无；冬芽小，外被 2 芽鳞。单叶，互生，具齿或全缘，有短柄与托叶。花两性，单生或 3~5 簇生；先于叶开放或迟于叶开放；花梗粗短或近无梗，花辐射对称；萼筒钟状，萼片 5，全缘或有齿；花瓣 5，大型，雄蕊 20 或多数，排成 2 轮；花柱 3~5，基部合生，子房下位，5 室，每室具有多数胚珠，排成 2 行。梨果大型，果皮黄色或深褐色，熟后木质；萼片脱落，花柱常宿存，内含多数褐色外皮坚硬的种子。

约 5 种，产亚洲东部。中国 5 种。徂徕山 3 种。

分种检索表

1. 枝有刺；花簇生，萼片全缘或近全缘、直立；叶缘锯齿齿尖无腺；托叶肾形或耳形。
  2. 叶片卵形至长椭圆形，锯齿尖锐，幼叶和花柱基部无毛或稍有毛……………………1. 贴梗海棠 Chaenomeles speciosa
  2. 叶片椭圆形或披针形，锯齿刺芒状，幼叶和花柱基部被柔毛或绵毛…………2. 毛叶木瓜 Chaenomeles cathayensis
1. 枝无刺，有棘状短枝；花单生，萼片有齿、反折；叶缘锯齿齿尖有腺；托叶卵状披针形………3. 木瓜 Chaenomeles sinensis

1. 贴梗海棠　皱皮木瓜（图 395）

Chaenomeles speciosa（Sweet）Nakai

Jap. Journ. Bot. 4: 331. 1929.

落叶灌木，高达 2 m。枝条直立开展；小枝圆柱形，常有椎刺状的短枝，紫褐色或黑褐色，无毛，具疏生淡褐色皮孔；冬芽三角卵形，紫褐色。叶卵形至椭圆形，稀长椭圆形，长 3~9 cm，宽 1.5~5 cm，先端急尖，稀圆钝，基部楔形至宽楔形，缘有尖锐锯齿，齿尖开张，无毛或仅沿下面叶脉有短柔毛；叶柄长约 1 cm；托叶大，草质，肾形或半圆形，边缘有尖细锯齿。花先于叶开放，3~5 朵簇生于二年生老枝；花梗短粗或近无；花径 3~5 cm；萼筒钟状，萼片直立，半圆形稀卵形，全缘或有波状齿；花瓣倒卵形或近圆形，基部常有爪，猩红色，稀淡红色或白色；雄蕊 45~50；花柱 5，基部合生。果实球形或卵球形，径 4~6 cm，熟时黄色或黄绿色，有稀疏斑点，味芳香；萼片脱落，果梗短或近无梗。花期 3~5 月；果期 9~10 月。

大寺、磻石峪有栽培。国内分布于陕西、甘肃、四川、贵州、云南、广东。缅甸亦有分布。

习见栽培，供观赏。果干制后可入药，有祛风舒筋、镇痛消肿、活络顺气等功效。

图 395　贴梗海棠
1. 花枝；2. 叶枝；3. 花纵切面；
4. 果实；5. 果实横切面

2. 毛叶木瓜　木瓜海棠（图 396）

Chaenomeles cathayensis（Hemsl.）Schneid.

Ill. Handb. Laubh. 1: 730. f. 405 p-p2. f. 406 e-f. 1906.

落叶灌木或小乔木，高可达 6 m。枝条具短枝刺；小枝紫褐色，无毛，具疏生浅褐色皮孔；冬芽三角卵形，无毛，紫褐色。叶椭圆形、披针形至倒卵披针形，长 5~11 cm，宽 2~4 cm，急尖或渐尖，基部楔形至宽楔形，缘有芒状细尖锯齿，上部有时具重锯齿，下部有时近全缘，上面无毛，下面密被褐色绒毛，后脱落近无毛；叶柄长约 1 cm，有毛或无毛；托叶肾形、耳形或半圆形，缘有芒状细锯齿，下面被褐色绒毛。花先于叶开放，2~3 朵簇生于二年生枝上，花梗短粗或近无；花

图396 毛叶木瓜

直径2~4 cm；萼筒钟状，萼片直立，卵圆形至椭圆形，先端圆钝至截形，全缘或有浅齿及黄褐色睫毛；花瓣倒卵形或近圆形，淡红色或白色；雄蕊多数；花柱5，基部合生，下部被柔毛或绵毛。果实卵球形或近圆柱形，先端有突起，长8~12 cm，熟时黄色有红晕，味芳香。花期3~5月；果期9~10月。

光华寺有栽培。分布于华中、华南、西南地区及陕西、甘肃等省份。

果实入药可作木瓜的代用品。也栽培供观赏。

3. 木瓜（图397）

Chaenomeles sinensis (Thouin) Koehne Gatt. Pomac. 29. 1890.

—— *Cydonia sinensis* Thouin

—— *Pseudocydonia sinensis* (Thouin) Schneid.

小乔木，高可达10 m。树皮灰色，片状脱落，呈黄绿斑块；枝紫褐色，无刺，幼枝初被柔毛，后脱落；冬芽半圆形，无毛，紫褐色。叶卵状椭圆形或椭圆长圆形，稀倒卵形，长5~8 cm，宽3.5~5.5 cm，先端急尖，基部宽楔形或圆形，缘有刺芒状细腺齿，幼时下面密被黄白色厚绒毛，后脱落无毛；叶柄长5~10 mm，微被毛，有腺齿；托叶明显，膜质，卵状披针形，缘具腺齿，长约7 mm。花单生于叶腋，花梗短粗，长5~10 mm，无毛；花直径2.5~3 cm；萼筒钟状，无毛；萼片三角披针形，外面无毛，内密被浅褐色绒毛，反折；花瓣倒卵形，淡粉红色；雄蕊多数，长不及花瓣之半；花柱3~5，基部合生，被柔毛，柱头有不显明分裂。果实长椭圆形，长10~15 cm，熟时暗黄色，光滑，木质，有浓香气。花期4~5月；果期9~10月。

徂徕山有栽培。分布于山东、陕西、湖北、江西、安徽、江苏、浙江、广东、广西等省份。

常见观赏花木及果树。果熟后香气持久，可观赏及药用；经水煮或浸渍糖液中可供食用；木材坚硬，可制作优良家具及工艺品。

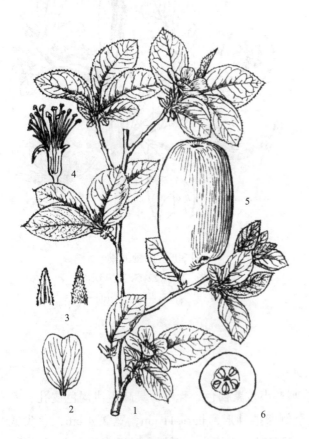

图397 木瓜
1.花枝；2.花瓣；3.萼片；4.花纵切面；
5.果实；6.果实横切面

Ⅳ. 李亚科 Prunoideae

乔木或灌木，有时具刺；单叶，有托叶；花单生，伞形或总状花序；花瓣常白色或粉红色，稀缺；雄蕊 10 至多数；心皮 1，稀 2~5，子房上位，1 室，内含 2 枚悬垂胚珠；果实为核果，含 1 粒稀 2 粒种子，外果皮和中果皮肉质，内果皮骨质，成熟时多不裂开或极稀裂开。

分属检索表

1. 幼叶多为席卷式，少数为对折式；果实有沟，外面被毛或被蜡粉。
 2. 侧芽常 3 枚并生，具顶芽；子房和果实常被短柔毛；果核有孔穴；叶片对折式·················1. 桃属 Amygdalus
 2. 侧芽常单生，顶芽缺；果核常光滑或有不明显孔穴。
  3. 子房和果实常被短柔毛；花无柄或有短柄，花先叶开·················2. 杏属 Armeniaca
  3. 子房和果实均光滑无毛，常被蜡粉；花常有柄，花与叶同放·················3. 李属 Prunus
1. 幼叶常为对折式；果实常无沟，不被毛及蜡粉。
 4. 花单生或少数组成短总状或伞房状花序，基部常有明显苞片·················4. 樱属 Cerasus
 4. 花 10 至多朵组成总状花序，花序梗上常有叶片，稀无叶·················5. 稠李属 Padus

1. 桃属 Amygdalus Linn.

  落叶乔木或灌木；枝有刺或无。腋芽常 3 或 2~3 个并生，两侧为花芽，中间叶芽。幼叶在芽中呈对折状，花后开放，稀与花同时开放，叶柄或叶边常具腺体。花单生，稀 2 朵生于 1 芽内，粉红色，罕白色，几无梗或具短梗，稀有较长梗；雄蕊多数；雌蕊 1 枚，子房常具柔毛，1 室具 2 枚胚珠。果实为核果，外常被毛，成熟时果肉多汁不开裂，或干燥开裂，腹部有明显的缝合线，果洼较大；核扁圆形、圆形至椭圆形，与果肉黏连或分离，表面具深浅不同的纵、横沟纹和孔穴，极稀平滑；种皮厚，种仁味苦或甜。

  约 40 种，分布于亚洲中部至地中海地区，广泛栽培于寒温带、暖温带至亚热带地区。中国 11 种。徂徕山 3 种。

分种检索表

1. 果实成熟时肉质多汁，不开裂。
 2. 叶片长圆披针形或倒卵状披针形，下面脉腋常具短柔毛，叶缘锯齿钝；冬芽密生毛，花萼被短柔毛·················1. 桃 Amygdalus persica
 2. 叶片卵状披针形，无毛，叶缘锯齿细锐；冬芽和花萼无毛·················2. 山桃 Amygdalus davidiana
1. 果实成熟时干燥无汁，开裂；萼筒宽钟形；叶片宽椭圆形至倒卵形，先端常 3 裂，边缘具粗锯齿或重锯齿·················3. 榆叶梅 Amygdalus triloba

1. 桃（图 398）

Amygdalus persica Linn.

Sp. Pl. 472. 1753.

—— *Prunus persica*（Linn.）Batsch

  乔木，高可达 8 m。树皮暗红褐色，老时粗糙呈鳞片状；小枝无毛，具小皮孔；冬芽圆锥形，被短柔毛，常 2~3 个簇生，中间为叶芽，两侧为花芽。叶片长圆披针形、椭圆披针形或倒卵状披针形，长 7~15 cm，先端渐尖，基部宽楔形，上面无毛，下面在脉腋间具少数短柔毛或无毛，叶边具细锯齿或粗锯齿，齿端具腺体或无腺体；叶柄粗，长 1~2 cm，常具 1 至数枚腺体，有时无腺体。花单生，先于叶开放，径 2.5~3.5 cm；粉红色，稀白色；花梗极短或无；萼筒钟形，被短柔毛，稀几无毛；萼片卵形至长圆形,被短柔毛。果实卵形、宽椭圆形或扁圆形,熟时由淡绿白至橙黄色,向阳面具红晕,密被短柔毛,腹缝明显,果梗短而深入果洼;果肉白色、浅绿白色、黄色、橙黄色或红色,多汁有香味,甜或酸甜;核大,离核或黏核,椭圆形或近圆形,两侧扁平,顶端渐尖,表面具纵、横沟纹和孔穴;种仁味苦,稀味甜。花期3~4月;果期8~9月。

徂徕山各山地林区均有分布,也普遍栽培。原产中国,各省份广泛栽培。

是常见的果树及观赏树种。果实可鲜食或加工。木材可用于小细工。枝叶、根皮、花、果及种仁都可入药。

常见作果树栽培的类型有:蟠桃(var. *compressa*),果实扁平形,两端凹入呈柿饼状;核小,有深沟纹。油桃(var. *aganonucipersica*),果实光滑无毛,果肉与核分离。

常见作观赏栽培的类型有:寿星桃(var. *densa*),树形低矮,枝屈曲,节间短;花单瓣或重瓣。碧桃(f. *duplex*),花粉色,重瓣、半重瓣。白桃(f. *alba*),花白色,单瓣。白碧桃(f. *albo-plena*),花白色,重瓣。洒金碧桃(f. *versicolor*),花白色和粉红色相间,同1株或同1花两色,甚至同1花瓣上杂有红色彩。紫叶桃(f. *atropurpurea*),叶紫色,花粉色,单瓣或重瓣。塔型碧桃(f. *pyramidalis*),树冠塔型或狭圆锥形,枝条分枝角度小。

2. 山桃(图399)

Amygdalus davidiana(Carr.)C. de Vos ex Henry

Rev. Hort 290. f.120. 1902.

—— *Prunus davidiana*(Carr.)Franch.

乔木,高可达10 m。树皮暗紫色,光滑;小枝细长,幼时无毛,老时褐色。叶片卵状披针形,长5~13 cm,先端渐尖,基部楔形,两面无毛,具细锐锯齿;叶柄长1~2 cm,无毛,常具腺体。花单生,先于叶开放,径2~3 cm;花梗极短或几无梗;花萼无毛;萼筒钟形;萼片卵形或卵状长圆形,紫色;花瓣倒卵形或近圆形,粉红色,先端圆钝,稀微凹。雄蕊多数,与花瓣等长

图398 桃
1.果枝;2.花枝;3.果核

图399 山桃
1.花枝;2.果枝;3.花纵切面;4.果核

或稍短；子房被柔毛。果实近球形，径 2.5~3.5 cm，熟时淡黄色，密被短柔毛，果梗短而深入果洼；果肉薄而干；核球形或近球形，表面具纵、横沟纹和孔穴，与果肉分离。花期 3~4 月；果期 7~8 月。

王庄有栽培。分布于山东、河北、河南、山西、陕西、甘肃、四川、云南等省份。

抗旱耐寒，亦耐盐碱。可作砧木及观赏；果核可作玩具或念珠；种仁可榨油食用。

3. 榆叶梅（图 400）

Amygdalus triloba（Lindl.）Ricker

Proc. Biol. Soc. Wash. 30: 18. 1917.

—— *Prunus triloba* Lindl.

灌木，稀小乔木，高 2~3 m；枝条开展，具多数短小枝；小枝灰色，一年生枝灰褐色，无毛或幼时微被短柔毛；冬芽短小，长 2~3 mm。短枝上的叶常簇生，一年生枝上的叶互生；叶片宽椭圆形至倒卵形，长 2~6 cm，宽 1.5~3（4）cm，先端短渐尖，常 3 裂，基部宽楔形，上面具疏柔毛或无毛，下面被短柔毛，叶边具粗锯齿或重锯齿；叶柄长 5~10 mm，被短柔毛。花 1~2 朵，先于叶开放，直径 2~3 cm；花梗长 4~8 mm；萼筒宽钟形，长 3~5 mm，无毛或幼时微具毛；萼片卵形或卵状披针形，无毛，近先端疏生小锯齿；花瓣近圆形或宽倒卵形，长 6~10 mm，先端圆钝，有时微凹，粉红色；雄蕊 25~30，短于花瓣；子房密被短柔毛，花柱稍长于雄蕊。果实近球形，直径 1~1.8 cm，顶端具短小尖头，红色，外被短柔毛；果梗长 5~10 mm；果肉薄，成熟时开裂；核近球形，具厚硬壳，直径 1~1.6 cm，两侧几不压扁，顶端圆钝，表面具不整齐的网纹。花期 4~5 月；果期 5~7 月。

图 400 榆叶梅
1. 花枝；2. 果枝；3. 花纵切面

大寺、隐仙观、光华寺等地有栽培。国内分布于东北地区及内蒙古、河北、山西、陕西、甘肃、山东、江西、江苏、浙江等省份。俄罗斯、中亚也有栽培。

开花早，主要供观赏。常见的栽培类型有重瓣榆叶梅（f. *multiplex*），花重瓣，粉红色。

2. 杏属 Armeniaca Mill.

落叶乔木，极稀灌木；枝无刺，极少有刺；叶芽和花芽并生，2~3 个簇生于叶腋。幼叶在芽中席卷状；叶柄常具腺体。花常单生，稀 2 朵，先于叶开放，近无梗或有短梗；萼 5 裂；花瓣 5，着生于花萼口部；雄蕊 15~45；心皮 1，花柱顶生；子房具毛，1 室，具 2 胚珠。果实为核果，两侧多少扁平，有明显纵沟，果肉肉质而有汁液，成熟时不开裂，稀干燥而开裂，外被短柔毛，稀无毛，离核或黏核；核两侧扁平，表面光滑、粗糙或呈网状，罕具蜂窝状孔穴；种仁味苦或甜；子叶扁平。

约 11 种，分布于东亚、中亚、小亚细亚和高加索。中国 10 种，以黄河流域各省份为分布中心。徂徕山 2 种 1 变种。

分种检索表

1. 小枝紫红色或红褐色；叶宽卵形或卵圆形，先端急尖至短渐尖 ·· 1. 杏 Armeniaca vulgaris
1. 小枝绿色；叶卵形至广卵形，先端长渐尖或尾尖 ·· 2. 梅 Armeniaca mume

1. 杏（图 401）

Armeniaca vulgaris Lam.

Encycl. Meth. Bot. 1: 2. 1783.

—— *Prunus armeniaea* Linn.

乔木，高 5~8 m，胸径达 30 cm。树皮灰褐色，浅纵裂；小枝浅红褐色，光滑或有稀疏皮孔；老枝浅褐色，皮孔大而横生；冬芽 2~3 簇生侧枝。叶宽卵形或卵圆形，长 5~9 cm，宽 4~8 cm，先端有短尖头，稀尾尖，基部圆形或近心形，叶缘有圆钝锯齿，两面无毛或下面脉腋间具柔毛；叶柄长 2~3 cm，无毛，基部常具 1~6 腺体。花单生，直径 2~3 cm，先于叶开放；花梗短，长 1~3 mm，被短柔毛；花萼紫绿色；萼筒狭圆筒形，基部微被短柔毛；萼片卵形至卵状长圆形，先端急尖或圆钝，花后反折；花瓣圆形至倒卵形，白色或带红色，具短爪；雄蕊 20~45，稍短于花瓣；子房被短柔毛，花柱稍长或几与雄蕊等长，下部具柔毛。果实球形，稀倒卵形，径通常在 2.5 cm 以上，熟时白色、黄色或黄红色，常具红晕，微被短柔毛；果肉多汁，不开裂；核卵形或椭圆形，两侧扁平，

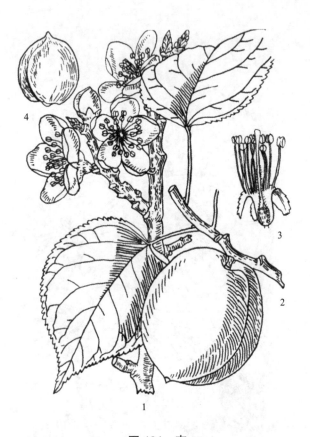

图 401 杏
1. 花枝；2. 果枝；3. 去掉花瓣的花；4. 果实

两侧不对称，表面稍粗糙或平滑；种仁味苦或甜。花期 3 月；果期 6~7 月。

徂徕山各山地林区均有分布，也有栽培。全国各地都有栽培，尤以华北、西北和华东地区种植较多。

常见果树，果肉酸甜，可生吃，也可加工成罐头及杏干、杏脯。种仁药用。木材可作器具或雕刻用材。

野杏（变种）

var. ansu（Maxim.）T. T. Yü & L. T. Lu

叶片基部楔形或宽楔形；花常 2 朵，淡红色；果实近球形，红色；核卵球形，离肉，表面粗糙而有网纹，腹棱常锐利。

产隐仙观、庙子、上池等地。分布于中国北部，栽培或野生，尤其在河北、山西等省份普遍野生，山东、江苏等省份也产。

2. 梅（图 402）

Armeniaca mume Sieb.

Verh. Batav. Genoot. Kunst. Wetensch. 12（1）: 69. 1830.

—— *Prunus mume* Sieb. & Zucc.

小乔木，稀灌木，高 4~10 m。小枝绿色，光滑无毛；树皮暗灰色或绿灰色，平滑或粗裂；冬芽 2~3 枚簇生侧枝，顶芽缺，幼叶在芽内席卷。叶卵形或椭圆形，长 4~8 cm，宽 2.5~5 cm，先端长渐尖或尾尖，基部宽楔形圆形，缘有尖锐的细锯齿，侧脉 8~12 对，上面绿色，幼时被短柔毛，后脱落，下面淡绿色，沿叶脉始终有毛；叶柄长 1~2 cm，幼时具毛，老时脱落，常有腺体。花单生或 2 花并生，有短花梗，直径约 2 cm，香味浓，先于叶开放；萼筒宽钟形，萼片卵形或近圆形，常红褐色，偶绿色或绿紫色；花瓣倒卵形，白色、粉红色或微带绿色；雄蕊多数，生于萼筒的上缘；子房密被柔毛。果实近球形，直径 2~3 cm，熟时黄色、绿白色或紫红色，被柔毛，味酸；果肉与核黏贴；核多卵圆形，有 2 纵棱，顶端圆形表面具较多的蜂窝状点孔。花期 2~4 月；果期 7~8 月。

图 402 梅
1. 花枝 2. 果枝；3. 花纵切面；4. 果纵切面

大寺等地栽培。中国各地均有栽培，以长江流域以南各省份最多。

供观赏，著名的早春观赏植物。鲜花可提取香精，花、叶、根和种仁均可入药。果实可食或加工成各种食品，药用有止咳止泻、生津止渴之效。

3. 李属 Prunus Linn.

落叶小乔木或灌木。分枝较多，无顶芽，腋芽单生，有数枚覆瓦状排列鳞片。单叶互生，在芽中席卷状或对折状；有叶柄，叶基部边缘或叶柄顶端常有 2 小腺体；托叶早落。花单生或 2~3 朵簇生，具短梗，先于叶开放或与叶同时开放；小苞片早落；萼片和花瓣均 5，覆瓦状排列；雄蕊 20~30；雌蕊 1，周位花，子房上位，无毛，1 室，2 枚胚珠。核果，有沟，无毛，常被蜡粉；核两侧扁平，平滑，稀有沟或皱纹；种子 1 粒；子叶肥厚。

约 30 种，主要分布北半球温带，现已广泛栽培。中国原产及习见栽培 7 种。徂徕山 2 种 1 变型。

分种检索表

1. 叶绿色，倒卵状椭圆形或倒卵状披针形，两面无毛或下面沿主脉有疏毛··················1. 李 Prunus salicina
1. 叶片紫红色，新叶最为明显，叶椭圆形。
  2. 小乔木，叶暗紫红色，先端渐尖或短渐尖，有时圆钝···············2. 紫叶李 Prunus cerasifera f. atropurpurea
  2. 灌木，叶紫红色，较亮，先端多圆钝··································3. 紫叶矮樱 Prunus × cistena

图 403 李
1. 花枝；2. 果枝

图 404 紫叶李
1. 花枝；2. 果枝

1. 李（图 403）

Prunus salicina Lindl.

Trans Hort. Soc. Lond. 7:239. 1828.

落叶乔木；高可达 12 m。小枝黄红色，无毛；冬芽红紫色，无毛。叶片长圆倒卵形、长椭圆形，稀长卵圆形，长 6~8（12）cm，先端渐尖、急尖或短尾尖，基部楔形，叶缘有圆钝重锯齿，常混有单锯齿，幼时齿尖带腺，侧脉 6~10 对，两面均无毛或下面沿主脉有稀疏柔毛，或脉腋有髯毛；托叶膜质，线形，早落；叶柄长 1~2 cm，无毛，顶端有 2 腺体或无，有时叶基部边缘有腺体。花常 3 朵并生；花梗 1~2 cm，无毛，花径 1.5~2.2 cm；萼筒钟状，萼片长卵圆形，长约 5 mm，萼筒和萼片外面均无毛；花瓣白色，长圆倒卵形，具明显带紫色脉纹；雄蕊多数；雌蕊 1，柱头盘状。核果球形、卵球形或近圆锥形，直径 3.5~5（7）cm，熟时黄或红色，有时绿或紫色，果柄处凹陷，顶端微尖，有纵沟，被蜡粉；核卵圆形或长圆形，有皱纹。花期 4 月；果期 7~8 月。

中军帐有栽培，各林区果园也有。分布于陕西、甘肃、四川、云南、贵州、湖南、湖北、江苏、浙江、江西、福建、广东、广西和台湾等省份，普遍栽培。世界各地均有栽培。

为重要温带果树。

2. 紫叶李（变型）（图 404）

Prunus cerasifera Ehrh. f. **atropurpurea**（Jacq.）Rehd.

J. Arnold Arbor. 5: 210. 1924.

—— *Prunus cerasifera* Ehrh. var. *atropurpurea* Jacq.

落叶小乔木，高可达 8 m。树皮灰紫色；小枝红褐色无毛；芽单生叶腋，外被紫红色数芽鳞。叶椭圆形、卵形或倒卵形，极稀椭圆状披针形，长 3~6 cm，宽 2~4 cm，先端短尖，基部楔形或近圆形，边缘有尖或钝的单锯齿或重锯齿，上下两面无毛或仅在叶脉处微被短柔毛，紫红色；叶柄长 0.5~2.5 cm，无毛或幼时稍被柔毛，无腺；托叶早落。花多单生，稀 2 朵簇生；花径 2~2.5 cm；萼筒钟状；萼片长卵形，与萼筒近等长，外面无毛；花瓣淡粉红色，卵形或匙形；雄蕊25~30，成不规则2轮排列；雌蕊1，心皮被长柔毛，柱头盘状。核果近球形，径2~3 cm，先端凹陷，梗洼不显著，有侧纵沟或不明显，熟时暗红色，微有蜡粉。花期4月；果期6~8月。

大寺、隐仙观有栽培，供观赏。原产亚洲西南部。中国华北、华东地区常见栽培。

著名观赏植物。此外，见于栽培的还有美人梅（Prunus × blireiana Andr.），由紫叶李与宫粉型梅花杂交而成。枝叶似紫叶李，但花梗细长，花托不肿大。叶卵圆形，长5~9 cm，紫红色。花粉红至浅紫红色。萼筒宽钟状，萼片近圆形至扁圆，花瓣15~17枚，花梗长约1.5 cm。花期3~4月。中国各地栽培。是优良的园林观赏树种。

3. 紫叶矮樱

Prunus × cistena N. E. Hansen ex Koehne

落叶灌木，高1.8~2.5 m，冠幅1.5~2.8 m。枝条幼时紫褐色，通常无毛，老枝有皮孔。单叶互生，叶长卵形或卵状椭圆形，长4~8 cm，紫红色或深紫红色，新叶亮丽，当年生枝条木质部红色。花单生，淡粉红色，微香。花期4~5月。

上池有栽培。为杂交种，是优良的观叶树种。

4. 樱属 Cerasus Mill.

落叶乔木或灌木。腋芽单生，或3个并生，中间叶芽、两侧花芽。幼叶在芽中对折状；先叶开花或花叶同放；单叶互生，具叶柄，托叶脱落；叶缘有细锯齿或缺刻状锯齿，叶柄、托叶和锯齿常有腺体。花常数朵，组成伞形、伞房状或短总状花序，或1~2花生于叶腋内，有花梗，花序基部有芽鳞或苞片；萼筒钟状或管状，萼片反折或直立开张；花瓣白色或粉红色，先端圆钝、微缺或深裂；雄蕊15~50；雌蕊1，花柱和子房有毛或无毛。核果成熟时肉质多汁，不裂；核球形或卵球形，核面平滑或稍有皱纹。

约150种，主要分布北半球温带。中国43种。徂徕山7种1变种。

分种检索表

1. 腋芽单生；花序多伞形或伞房总状，稀单生；叶柄一般较长。
  2. 萼片反折。
    3. 花序有褐色苞片，果期脱落；叶缘有尖锐重锯齿····················1. 樱桃 Cerasus pseudocerasus
    3. 花序基部无叶状苞片；叶缘有缺刻状圆钝重锯齿················2. 欧洲甜樱桃 Cerasus avium
  2. 萼片直立或开张。
    4. 花梗及萼筒无毛；花与叶同放··3. 山樱花 Cerasus serrulata
    4. 花梗及萼筒被柔毛，至少花梗被柔毛；花先于叶开放················4. 日本樱花 Cerasus yedoensis
1. 腋芽3个并生，中间为叶芽，两侧为花芽。
  5. 叶片下面无毛或仅脉腋有簇毛，先端急尖或渐尖。
    6. 叶片中部以上最宽，倒卵状长圆形或倒卵状披针形·····················5. 欧李 Cerasus humilis
    6. 叶片中部或近中部最宽，卵状长圆形或长圆披针形·················6. 麦李 Cerasus glandulosa
  5. 叶下面密生绒毛或微硬毛或仅脉上被疏柔毛，网脉显著；叶先端圆钝·············7. 毛叶欧李 Cerasus dictyoneura

图 405 樱桃
1. 花枝；2. 果枝

图 406 欧洲甜樱桃
1. 花枝；2. 果枝；3. 花纵切面；4. 果核

1. 樱桃（图 405）

Cerasus pseudocerasus（Lindl.）G. Don London Hort. Brit. 200. 1830.

—— *Prunus pseudocerasus* Lindl.

落叶乔木，高可达 6~8 m。树皮灰褐色或紫褐色；多短枝，小枝褐色或红褐色，无毛或仅在幼嫩时被疏柔毛。冬芽卵形，无毛。叶卵形或长圆状卵形，长 6~15 cm，宽 3~8 cm，先端渐尖或尾状渐尖，基部圆形或宽楔形，边有尖锐重锯齿，齿端有小腺体，上面暗绿色，近无毛，下面淡绿色，沿脉或脉间有稀疏柔毛，侧脉 9~11 对；叶柄长 0.7~1.5 cm，被疏柔毛，先端有 1~2 大腺体；托叶披针形，多有羽裂腺齿，早落。花序伞房状或近伞形，有花 3~6 朵，先于叶开放；总苞倒卵状椭圆形，褐色，具腺齿；花梗长 0.8~1.9 cm，被疏柔毛；萼筒钟状，外侧疏生柔毛；萼片三角卵圆形或卵状长圆形；花瓣白色或粉红色，卵圆形，先端凹或 2 裂；雄蕊多数；花柱与雄蕊近等长，无毛。核果近球形，红色，径 0.9~1.3 cm。花期 3~4 月；果期 5~6 月。

徂徕山各山地林区均有栽培。分布于辽宁、河北、陕西、甘肃、山东、河南、江苏、浙江、江西、四川等省份。

本种在中国久经栽培，品种颇多，供食用，亦可酿酒。枝、叶、根、花可入药。

2. 欧洲甜樱桃 大樱桃（图 406）

Cerasus avium（Linn.）Moench Meth. Pl. 672. 1794.

—— *Prunus avium* Linn.

落叶乔木，高可达 20 m，胸径可达 30 cm。小枝浅红色，无毛；冬芽卵状椭圆形，无毛。叶倒卵状椭圆形或卵状椭圆形，长 3~13 cm，先端急尖或短渐尖，基部圆形或楔形，叶缘有缺刻状圆钝重锯齿，齿端具小腺体，上面无毛，下面被稀疏长柔毛；侧脉 7~12 对；叶柄长 2~7 cm，无毛；托叶狭带形，长约 1 cm，边有腺齿。花序伞形，有花 3~4 朵，花与叶同开，花芽鳞片大形，开花期反折；总梗不明显；花梗长 2~3 cm，无毛；萼筒钟状，长约 5 mm，宽约 4 mm，无毛，萼片长椭圆形，先端圆钝，全缘，与萼筒近等长或略长于萼筒，开花后反折；花瓣白色，倒卵圆形，先端微下凹；雄蕊约34枚；花柱与雄蕊近等长，无毛。核果近球形或卵球形，红色至紫黑色，直径1.5~2.5 cm；核表面光滑。花期4~5月；果期6~7月。

大寺、王庄、庙子、光华寺、礓石峪等各林区均有栽培。原产欧洲及亚洲西部。中国东北、华北等地区引种栽培。

著名的栽培大樱桃种系之一，果型大，风味优美，生食或制罐头，樱桃汁可制糖浆、糖胶及果酒；核仁可榨油，似杏仁油。

3. 山樱花（图407）

Cerasus serrulata（Lindl.）G. Don ex London Hort. Brit. 480. 1830.

—— *Prunus serrulata* Lindl.

乔木，高10~25 m，胸径可达30 cm。树皮栗褐色；小枝灰白色或淡褐色，无毛；芽单生或簇生，幼叶在芽内对折。叶卵状椭圆形或倒卵椭圆形，长5~9 cm，宽3~5 cm，先端长渐尖或尾尖，基部楔形至宽楔形或圆形，缘有尖锐的单锯齿或重锯齿，齿尖芒状有腺体，上面深绿色，无毛，下面略有白粉，并沿中脉有短毛，侧脉10对左右；叶柄长1~1.5 cm，无毛，靠近叶片基部有1~3圆形腺体；托叶线形，早落。花序伞房总状或近伞形，有花3~5朵；总苞片褐红色，倒卵状长圆形，外面无毛，内被长柔毛；苞片褐色或淡绿褐色，边缘有腺齿；花梗长1.5~2.5 cm，无毛或被极稀疏柔毛；萼筒近钟形，无毛；萼片卵状椭圆形，先端急尖；花瓣倒卵形，先端凹，多白色、粉红色；雄蕊约38；花柱无毛。核果球形或卵球形，熟时紫黑色，径6~8 mm。花期4~5月；果期6~7月。

产于马场、太平顶、徂徕等林区。生于山坡林林中。国内分布于黑龙江、河北、江苏、浙江、安徽、江西、湖南、贵州等省份。日本、朝鲜也有分布。

供观赏及作樱桃、樱花的育种材料。

日本晚樱（变种）（图408）

var. lannesiana（Carr.）Makino Jour. Jap. Bot. 5: 13. 45. 1928.

—— *Prunus serrulata* Lindl. var. *lannesiana*（Carr.）Makino

图407 山樱花
1. 花枝；2. 叶；3. 花纵切面；4. 果纵切面

图408 日本晚樱

图409 日本樱花
1. 叶枝；2. 花枝

图410 欧李
1. 花枝；2. 果枝；3. 花纵切面；4. 果实

小乔木。叶边有渐尖重锯齿，齿端有长芒，花多重瓣，常有香气。花期4~5月。

各林区、居住区绿地普遍栽培。供观赏。原产日本，中国各地庭园栽培。

4. 日本樱花 东京樱花（图409）

Cerasus yedoensis（Matsum.）A. V. Vassiljeva Trans. Sukhumi Bot. Gard. Fasc. 10: 124. 1957.

—— *Cerasus yedoensis*（Matsum.）Yü & Li

—— *Prunus yedoensis* Matsum.

落叶乔木，高可达16 m。树皮暗灰色。有较明显的横纹及皮孔。芽单生或2~3簇生，幼叶在芽内对折。叶卵状椭圆形或倒卵形，长5~12 cm，先端渐尖或尾尖，基部圆形，稀楔形，边有细芒状的尖锐重锯齿，齿尖有腺体，上面无毛，下面沿脉被稀疏柔毛，侧脉7~10对；叶柄长1.3~1.5 cm，密被柔毛，基部常有两红色腺体；托叶条形，被柔毛，早落。5~6花组成伞形或短总状花序，总梗极短，先于叶开放，花径3~3.5 cm；总苞片褐色，卵状椭圆形，两面被疏柔毛；苞片褐色，有腺体；萼筒狭圆筒状，被短柔毛；萼片三角状长卵形，边有腺齿；花瓣白色或粉红色，卵状椭圆形，先端凹；雄蕊多数，短于花瓣；花柱基部有疏柔毛。核果近球形，熟时紫黑色，有光泽。花期3~4月；果期6~7月。

大寺有栽培，供观赏。原产日本。

著名的观赏植物。园艺品种很多。

5. 欧李（图410，彩图38）

Cerasus humilis（Bunge）Sokolov Cep. Kyct. CCCP 3:751. 1954.

—— *Prunus humilis* Bunge

灌木，高0.4~1.5 m。小枝灰褐色或棕褐色，被短柔毛。叶倒卵状长椭圆形或倒卵状披针形，长2.5~5 cm，宽1~2 cm，中部以上最宽，先端急尖或短渐尖，基部楔形，叶缘有单锯齿或重锯齿，上面深绿色，无毛，下面浅绿色，无毛或被稀疏短柔毛，侧脉6~8对；叶柄长2~4 mm，无毛或被稀疏短柔毛；托叶线形，具腺体。花单生或2~3花簇生，花与叶同放；花梗短，被稀疏短柔毛；萼筒外被稀疏柔毛，萼片三角卵圆形，先端急尖或圆钝；花瓣长圆形或倒卵形，白色或粉红色；雄蕊30~35；花柱与雄蕊近等长，无毛。核果近球形，熟时红色或紫红色，直径 1.5~1.8 cm；核表面除背部两侧无棱纹。花期 4~5 月；果期 6~10 月。

徂徕山各山地林区均产。生于阳处灌丛中。国内分布于东北地区及内蒙古、河北、山东、河南，野生或栽培。

种仁入药，作郁李仁用，有利尿、缓下作用，治大便燥结、小便不利。果味酸可食。

6. 麦李（图 411）

Cerasus glandulosa（Thunb.）Lois.

Duham. Trait. Arb. Arbust. ed. augm. 5:33. 1812.

—— *Prunus glandulosa* Thunb.

灌木，高 0.5~2 m。小枝绿色，微带紫红色，无毛或幼时被短柔毛。冬芽 3，簇生于枝侧，幼叶在芽内对折。叶长圆披针形或椭圆披针形，长 2.5~6 cm，宽 1~2 cm，先端急尖，稀渐尖，基部宽楔形或圆形，最宽处在中部，边有圆钝的细锯齿，两面无毛或仅在下面沿中脉有稀疏柔毛，侧脉 6~8 对；叶柄长 1.5~3 mm，无毛或上面被疏柔毛；托叶线形，早落。1~2 花生于叶腋，花与叶同放或近同放；花梗长约 1 cm；萼筒钟状，无毛，萼片卵形，缘有细腺齿，外被短柔毛或无毛；花瓣倒卵形，白色或粉红色；雄蕊 30；花柱稍比雄蕊长，无毛或基部有疏柔毛。核果近球形，熟时红色或紫红色，有光泽，顶端有短尖，径 1~1.2 cm；核宽椭圆形，一边有沟，略光滑。花期 4 月；果期 7 月。

产于光华寺、隐仙观、张栏沟等地。国内分布于陕西、河南、山东、江苏、安徽、浙江、福建、广东、广西、湖南、湖北、四川、贵州、云南。日本也有分布。

观赏花木。果可食及加工；种仁药用。

7. 毛叶欧李（图 412）

Cerasus dictyoneura（Diels.）Holub

Folia Geobot. Phytotax. 11: 82. 1976.

—— *Prunus dictyoneura* Diels

灌木，高 0.3~1（2）m。小枝灰褐色，嫩枝密被短柔毛。冬芽卵形，密被短茸毛。叶片倒卵状椭圆形，长 2~4 cm，宽 1~2.5 cm，中部以上最宽，先端圆形或急尖，基部楔形，边有单锯齿或重锯齿，上面深绿色、无毛或被短柔毛，常有皱纹，下面淡绿色，密被褐色微硬毛，网脉明显突出，侧脉 5~8 对；

图 411 麦李
1. 花枝；2. 果枝；3. 花纵切面；4. 果核

图 412 毛叶欧李

叶柄长 2~3 mm，密被短柔毛；托叶线形，长 3~4 mm，边有腺齿。花单生或 2~3 朵簇生，先于叶开放；花梗长 4~8 mm，密被短柔毛；萼筒钟状，长宽近相等，约 3 mm，外被短柔毛，萼片卵形，长约 3 mm，先端急尖；花瓣粉红色或白色，倒卵形；雄蕊 30~35；花柱与雄蕊近等长，无毛。核果球形，红色，直径 1~1.5 cm；核除棱背两侧外，无棱纹。花期 4~5 月；果期 7~9 月。

产于龙湾等地。生于山坡阳处灌丛中或荒草地上。国内分布于河北、山西、陕西、河南、甘肃、宁夏。种仁及根皮供药用，宁夏地区常作郁李仁用。

5. 稠李属 Padus Mill.

落叶小乔木或灌木；分枝较多。冬芽卵圆形，具有数枚覆瓦状排列鳞片。单叶互生，幼叶在芽内对折，具齿，稀全缘；叶柄顶端或叶片基部边缘常具 2 个腺体；托叶早落。花多数，成总状花序，顶生，基部有叶或无；苞片早落；萼筒钟状，裂片 5，花瓣 5，白色，先端常啮蚀状；雄蕊 10 至多数；雌蕊 1，柱头平，心皮 1，2 枚胚珠。核果无纵沟，中果皮骨质；种子 1 粒，子叶肥厚。

约 20 种，主要分布于北温带。中国 15 种。徂徕山 1 种。

图 413 稠李
1. 花枝；2. 除去花瓣的花；3. 花纵切面；
4. 花瓣；5. 雌蕊；6. 雄蕊

1. 稠李（图 413）

Padus avium Mill.

Gard. Dict. ed. 8. Padus no.1. 1768.

—— *Padus racemosa*（Lam.）Gilib.

—— *Prunus padus* L.

落叶乔木，高达 15 m。树皮灰褐色，浅裂，小枝红褐色或带黄褐色，幼时被短绒毛；老枝具浅色皮孔；冬芽卵圆形，鳞片边缘有疏毛。叶椭圆形、长圆形或长圆倒卵形，长 4~10 cm，宽 2~4.5 cm，先端尾尖，基部圆形或宽楔形，边缘有不规则锐锯齿，两面无毛；下面中脉和侧脉均突起；叶柄长 1~1.5 cm，幼时被毛，后脱落无毛，靠近叶片处常有 2 腺体；托叶条形，边缘具腺齿，早落。总状花序常有 10~20 花组成，长 7~10 cm，基部通常有 2~3 叶；花梗长 1~1.5 cm，总花梗和花梗无毛；花径 1~1.6 cm；萼筒杯状，无毛，萼片卵形，具细腺齿，开花时反折；花瓣倒卵形，白色，略有臭味；雄蕊多数，成不规则 2 轮；花柱无毛，比长雄蕊短近 1 倍。核果卵球形，顶端有尖头，径 6~8 mm，熟时紫黑色，光亮；萼片脱落；核有褶皱。花期 4~5 月；果期 8~9 月。

上池有栽培。中国分布于东北、华北地区及河南等省份。欧洲及西亚亦有分布。

良好的蜜源植物。木材质地细，可供器具、家具及细工用材。种子可榨油。花、叶、果可入药。

此外，见于栽培的还有一品种紫叶稠李（*Padus virginiana* 'Canada Red'），叶片长椭圆形，成熟叶深紫色，长达 7.5 cm，宽约 3.7 cm，有锯齿，背面尤其是脉腋有灰色柔毛，花白色。核果熟时紫红色。花期 4~5 月；果期 6~7 月。优良彩叶树种。

57. 含羞草科 Mimosaceae

常绿或落叶，乔木或灌木，有时为藤本，很少草本。叶互生，常为 2 回羽状复叶，稀为 1 回羽状复叶或变为叶状柄、鳞片或无；叶柄具显著叶枕；羽片常对生；叶轴或叶柄上常有腺体；有托叶或无，或呈刺状。花小，两性，有时单性，辐射对称，组成头状、穗状或总状花序或再排成圆锥花序；苞片小，生在花序梗基部或上部，常脱落，小苞片早落或无。花萼管状，稀萼片分离，常 5 齿裂，稀 3~4 或 6~7 齿裂，裂片镊合状排列，稀覆瓦状；花瓣镊合状排列，分离或合生成管状；雄蕊 5~10 或多数，突露于花被之外，分离或合成管或与花冠相连，花药小，2 室，纵裂，顶端常有一脱落性腺体；心皮 1，稀 2~15，子房上位，1 室，胚珠数枚，花柱细长，柱头小。果为荚果，开裂或不开裂，有时具节或横裂，直或旋卷。种子扁平，坚硬，具马蹄形痕或无。

约 64 属 2950 种，分布于全世界热带、亚热带地区，少数分布于温带地区，以中、南美洲为最盛。中国国产、连同引入栽培的共 15 属约 66 种。徂徕山 1 属 2 种。

1. 合欢属 Albizia Durazz.

落叶乔木或灌木，稀攀缘，通常无刺。叶互生，2 回偶数羽状复叶，总叶柄及叶轴上有腺体，羽片及小叶对生；小叶通常小，近无柄，多数。头状或圆柱形穗状花序，花两性，通常为 5 基数；花萼钟状或漏斗状；花瓣在中部以下合生；雄蕊多数，基部联合，花丝细长，长为花冠的数倍，花药小；子房无柄或有短柄，花柱丝状，柱头头状。荚果扁平、果皮薄，通常不开裂；种子有厚种皮。

约 120 种，分布于亚洲、非洲和大洋洲的热带和亚热带地区。中国 16 种，大部分分布于南部和西南部。徂徕山 2 种。

分种检索表

1. 羽片 4~12 对，各有小叶 10~30 对，小叶长 6~12 mm，宽 1~4 mm；花丝粉红色·················1. 合欢 Albizia julibrissin
1. 羽片 2~4 对，各有小叶 5~14 对，小叶长 1.5~4.5 cm，宽 7~20 mm；花丝黄白色·················2. 山合欢 Albizia kalkora

1. 合欢（图 414）

Albizia julibrissin Durazz.

Mag. Tosc. 3: 11. 1772.

落叶乔木，高达 16 m。树皮灰褐色；小枝褐绿色，皮孔黄灰色。羽片 4~12 对；小叶 10~30 对，镰刀形或长圆形，两侧极偏斜，长 6~12 mm，先端尖，基部平截，中脉近上缘；叶柄有 1 腺体。头状花序多数，于枝顶排成圆锥状，花萼、花冠外均被短柔毛；萼片长 2.5~4 mm；花冠长 0.6~1 cm，淡黄色，裂片三角形，长 1.5 mm；雄蕊多数，花丝粉红色，长 2.5 cm。荚果扁平带状，长 9~15 cm，宽 1.2~2.5 cm，基部短柄状，幼时有毛，褐色。花期 6~7 月；果期 9~10 月。

徂徕山各林区均有分布，也常见栽培。国内分布于中国东北至华南及西南地区。非洲、中亚至东亚均有分布；北美洲亦有栽培。

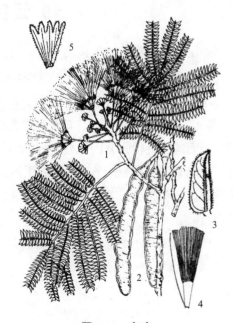

图 414 合欢
1. 花枝；2. 果实；3. 小叶；
4. 雄蕊和雌蕊；5. 花萼

木材可用于制家具。树皮入药，能安神活血、消肿痛；花蕾入药，能安神解郁。花美丽，开放如绒簇，十分可爱，常植为行道树，供绿化观赏。嫩叶可食。

2. 山合欢（图 415，彩图 39）

Albizia kalkora (Roxb.) Prain.

Journ. Asiat Soc. Bengal 66: 661. 1897.

落叶小乔木或灌木，通常高 3~8 m；枝条暗褐色，被短柔毛，有显著皮孔。2 回羽状复叶；羽片 2~4 对；小叶 5~14 对，长圆形或长圆状卵形，长 1.8~4.5 cm，宽 7~20 mm，先端圆钝而有细尖头，基部不等侧，两面均被短柔毛，中脉稍偏于上侧。头状花序 2~7 枚生于叶腋，或于枝顶排成圆锥花序；花初开时白色，后变黄色，具明显的小花梗；花萼管状，长 2~3 mm，5 齿裂；花冠长 6~8 mm，中部以下连合呈管状，裂片披针形，花萼、花冠均密被长柔毛；雄蕊长 2.5~3.5 cm，基部连合呈管状。荚果带状，长 7~17 cm，宽 1.5~3 cm，深棕色，嫩荚密被短柔毛，老时无毛；种子 4~12 粒，倒卵形。花期 5~6 月；果期 8~10 月。

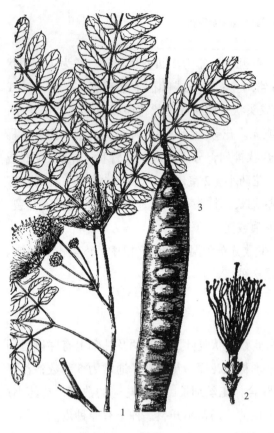

图 415　山合欢
1. 花枝；2. 花；3. 果实

徂徕山各林区均产。多生于阳坡山坡林间。国内分布于国华北、西北、华东、华南地区至西南部各省份。非洲、中亚至东亚均有分布，北美洲有栽培。

本种生长快，能耐干旱及瘠薄地。木材耐水湿；花美丽，亦可植为风景树。

58. 云实科 Caesalpiniaceae

乔木或灌木，有时为藤本，稀草本。叶互生，1 回或 2 回羽状复叶，稀单叶或单小叶；托叶常早落；小托叶存在或缺。花两性，多少两侧对称，稀为辐射对称，组成总状花序或圆锥花序，稀穗状花序；小苞片小或大而呈花萼状，包覆花蕾时则苞片极退化。花托极短或杯状，或延长为管状；萼片 5，稀 4，离生或下部合生，花蕾时常覆瓦状排列；花瓣通常 5，稀 1 片或无花瓣，在花蕾时覆瓦状排列，上面的（近轴的）1 片被侧生的 2 片所覆叠；雄蕊 10 或较少，稀多数，花丝离生或合生，花药 2 室，常纵裂，稀孔裂；子房具柄或无柄，与花托管内壁的一侧离生或贴生；胚珠倒生，1 至多数，花柱细长，柱头顶生。荚果开裂，或不裂而呈核果状或翅果状。种子有时具假种皮，子叶肉质或叶状，胚根直。

180 属约 3000 种，分布于全世界热带和亚热带地区，少数分布于温带地区。中国连引入栽培的有 21 属约 130 种。徂徕山 3 属 6 种。

分属检索表

1. 单叶，全缘，花于老枝上簇生或成总状花序··················1. 紫荆属 Cercis
1. 羽状复叶。

2. 有枝刺；叶柄和叶轴上无腺体，花绿白色 ························· 2. 皂荚属 Gleditsia

2. 无刺；叶柄和叶轴上常有腺体，花黄色 ························· 3. 番泻决明属 Senna

1. 紫荆属 Cercis Linn.

落叶乔木或灌木。芽叠生。单叶，互生，全缘或先端微凹，叶脉掌状；有叶柄；托叶小，早落。花两性，两侧对称，于老枝或主干上簇生，或排成总状花序，通常先于叶同放；花萼短钟状，不等的5裂，萼齿顶端钝或圆形；花冠假蝶形，花瓣5；雄蕊10，离生，花丝下部常被毛，花药背部着生，药室纵裂；子房有柄，有胚珠2~10枚，花柱线形，柱头头状。荚果扁平，狭长椭圆形，沿腹缝线处有狭翅，不开裂或开裂。种子扁平，近圆形，有少量胚乳或无胚乳，胚直立。

11种，分布于东亚、南欧和北美。中国5种，产西南和东南部，引入栽培2种。徂徕山2种。

分种检索表

1. 叶两面无毛，常为掌状5出脉，偶7出 ························· 1. 紫荆 Cercis chinensis
1. 叶有毛，至少下面基部有簇生毛，叶多为掌状7出脉 ························· 2. 加拿大紫荆 Cercis canadensis

1. 紫荆（图 416）

Cercis chinensis Bunge

Mem. Acad. Sci. St. petersb. Sav. Etrang. 2: 95. 1833.

落叶灌木或小乔木，高2~5 m，通常呈丛生灌木状。小枝灰褐色，有皮孔。单叶互生；叶片近圆形，先端急尖，基部心形，长6~14 cm，宽5~14 cm，两面无毛，叶脉在两面明显。花常先于叶开放，嫩枝及幼株上的花与叶同时开放；4~10余花簇生于老枝上；小花梗细柔，长0.6~1.5 cm；小苞片2，长卵形；花萼红色；花冠紫红色，长1.5~1.8 cm。荚果狭披针形，扁平，长5~14 cm，宽1.3~1.5 cm，沿腹缝线有狭翅，不开裂，网脉明显；种子2~8粒，扁圆形，近黑色。花期4~5月；果期8~10月。

徂徕山各地均有栽培。分布于中国东南部，北至河北，南至广东、广西，西至云南、四川，西北至陕西，东至浙江、江苏和山东等省份。为常见的栽培植物。

花美丽，供观赏。树皮药用，有清热解毒、活血行气、消肿止痛的功效；花可治风湿筋骨痛。

图 416 紫荆
1. 花枝；2. 叶枝；3. 花；4. 花瓣；
5. 雌蕊；6. 雄蕊；7. 果实

2. 加拿大紫荆（图 417）

Cercis canadensis Linn.

Sp. Pl. 374. 1753.

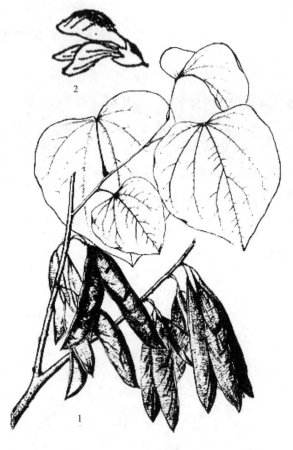

图 417　加拿大紫荆
1. 果枝；2. 花

落叶大灌木或小乔木，高（3）5~8 m，树冠开张。幼枝无毛或被短柔毛。单叶，互生；叶片心形或宽卵形，长 5~14 cm，宽 4~14 cm，先端急尖，基部截形、浅心形至心形，有毛，至少下面基部有簇生毛；掌状 7 出脉。花簇生于老枝上，花常先叶开放，嫩枝及幼株上的花与叶同时开放；花梗细柔，长 3~12 mm；小苞片 2，长卵形；花萼暗红色，萼齿 5；花冠玫瑰粉色、淡红紫色，也有白花类型。荚果长椭圆形，扁平，长 5~8 cm，宽 1~1.2 cm，沿腹缝线有狭翅，网脉明显，具种子 10~12 粒。种子扁圆形，栗棕色。花期 4~5 月；果期 8~10 月。

大寺等地有栽培。原产北美洲。中国北方各省份常见栽培。

2. 皂荚属 Gleditsia Linn.

落叶乔木或灌木。茎、枝常有分枝的粗刺；芽叠生。叶互生，常簇生于短枝上；1 回和 2 回偶数羽状复叶常并存于同一植株上；叶轴和羽轴具槽；小叶多数，近对生或互生，两侧稍不对称，边缘有细锯齿或钝齿，稀全缘；托叶小，早落。花杂性或单性异株，淡绿色或绿白色，组成总状花序，稀圆锥花序，腋生，稀顶生；花萼钟状，3~5 裂，近相等，外面有柔毛；花瓣 3~5，稍不等；雄蕊 6~10，离生，伸出，花丝下部稍扁宽并有长曲柔毛，花药背着；花柱短，柱头顶生。荚果扁平带状，劲直、弯曲或扭转，不裂或迟开裂；种子 1 至多数，卵形或椭圆形，扁或近柱形，有角质胚乳。

约 16 种，分布亚洲中部和东南部、南北美洲、热带非洲。中国 6 种，广布于南北各省份。徂徕山 2 种。

分种检索表

1. 枝刺断面圆；小叶上面网脉明显凸起，边缘具细密锯齿；子房于缝线处和基部被柔毛；荚果肥厚，不扭转，劲直或指状稍弯呈猪牙状··················1. 皂荚 Gleditsia sinensis
1. 枝刺断面扁，至少基部如此；小叶上面网脉不明显，全缘或具疏浅钝齿；子房无毛；荚果扁，不规则扭转或弯曲作镰刀状··················2. 山皂荚 Gleditsia japonica

1. 皂荚（图 418）

Gleditsia sinensis Lam.

Encycl. 2: 465. 1786.

落叶乔木或小乔木，高可达 30 m。树皮暗灰或灰黑色，粗糙；刺粗壮，圆柱形，常分枝，多呈圆锥状，长达 16 cm。叶为 1 回羽状复叶，幼树及萌芽枝有 2 回羽状复叶；小叶 3~9 对，互生，卵状披针形、长卵形或长椭圆形，先端钝圆，有小尖头，基部稍偏斜、圆形或稀阔楔形，长 2.5~8 cm，宽 1.5~3.5 cm，边缘有锯齿，上面有短柔毛，下面中脉上稍有柔毛；叶轴及小叶柄密生柔毛。花杂性，总状花序，腋生；花序轴、花梗有密毛；花萼钟状，4 裂，宽三角形，外面有毛；花瓣 4，白色；雄蕊 6~8；子房长条形，仅沿两边缘有白色短柔毛。荚果带状，长 5~35 cm，宽 2~4 cm，劲直或弯曲，果肉稍厚，两面膨起，种子多数；或有的荚果短小，多少呈柱形，长 5~13 cm，宽 1~1.5 cm，弯曲作新月形，通常称猪牙皂，内无种子。花期 4~5 月；果期 10 月。

光华寺、磔石峪等地有栽培。分布于河北、山东、河南、山西、陕西、甘肃、江苏、安徽、浙江、江西、湖南、湖北、福建、广东、广西、四川、贵州、云南等省份。也常栽培于庭院或宅旁。

木材坚硬，为车辆、家具用材；荚果煎汁可代肥皂用以洗涤丝毛织物；嫩芽、种子可食。荚、子、刺均可入药。可作四旁绿化树种。

2. 山皂荚（图 419）

Gleditsia japonica Miq.

Ann. Mus. Bot. Lugd.-Bat. 3: 53. 1867.

落叶乔木，高可达 14 m。小枝紫褐色或脱皮后呈灰绿色；刺基部扁圆，中上部扁平，常分枝，黑棕色或深紫色，长 2~16 cm。叶为 1 回或 2 回羽状复叶，长 10~25 cm，1 回羽状复叶常簇生，小叶 6~11 对，互生或近对生，卵状长椭圆形至长圆形，长 2~6 cm，宽 1~4 cm，先端钝尖或微凹，基部阔楔形至圆形，稍偏斜，边缘有细锯齿，稀全缘，两面疏生柔毛，中脉较多；2 回羽状复叶具 2~6 对羽片，小叶 3~10 对，卵形或卵状长圆形，长约 1 cm。雌雄异株；雄花成细长的总状花序，花萼和花瓣均为 4，黄绿色，雄蕊 8；雌花成穗状花序，花萼和花瓣同雄花，有退化的雄蕊，子房有柄。荚果带状，长 20~36 cm，宽约 3 cm，棕黑色，常不规则扭转。花期 5~6 月；果期 6~10 月。

产于大寺、车厢村等地。国内分布于辽宁、河北、山东、河南、江苏、安徽、浙江、江西

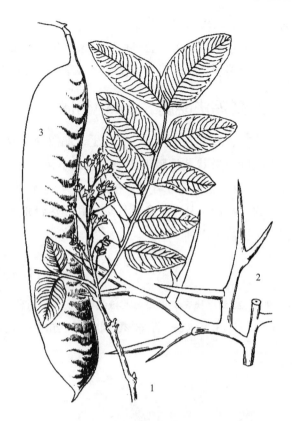

图 418　皂荚
1. 花枝；2. 枝刺；3. 果实

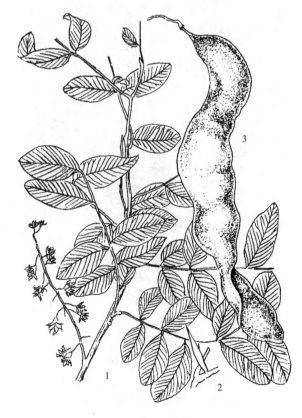

图 419　山皂荚
1. 花枝；2. 枝刺；3. 果实

湖南。日本、朝鲜也有分布。

荚果含皂素,可代肥皂用以洗涤,并可作染料,种子可入药,嫩叶可食;木材坚实,心材带粉红色,色泽美丽,纹理粗,可作建筑、器具、支柱等用。

3. 番泻决明属 Senna Miller

草本、灌木或小乔木。叶互生,偶数羽状复叶;叶柄和叶轴上常有腺体;小叶对生;托叶多样,无小托叶。总状花序腋生或顶生,无小苞片;花近辐射对称,通常黄色;花萼5;花瓣5,近相等;雄蕊10枚,全可育或有时3枚退化;子房无柄或有柄。荚果2瓣裂或不开裂。种子有胚乳。

约260种,分布于全世界热带和亚热带地区,少数分布至温带地区。中国15种,广布于南北各省份。徂徕山2种。

分种检索表

1. 小叶8~28对,长5~9 mm,线形或线状镰刀形,雄蕊4枚··················1. 豆茶决明 Senna nomame
1. 小叶3对,长2~6 cm,倒卵形或倒卵状长椭圆形,能育雄蕊7··················2. 决明 Senna tora

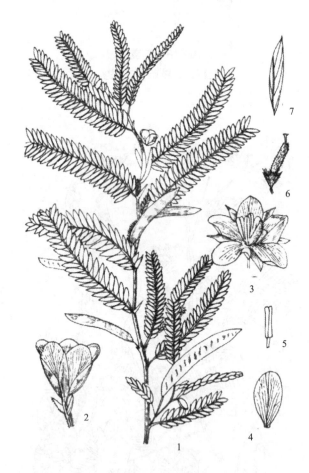

图 420 豆茶决明
1. 植株上部;2. 花;3. 花顶面观;
4. 花瓣;5. 雄蕊;6. 荚果;7. 小叶

1. 豆茶决明(图420,彩图40)
Senna nomame(Makino)T. C. Chen
Fl. China. 10: 31. 2010.

—— *Cassia nomame*(Sieb.)Kitag.

一年生草本,株高30~60 cm,稍有毛,分枝或不分枝。叶长4~8 cm,有小叶8~28对,在叶柄的上端有黑褐色、盘状、无柄腺体1枚;小叶长5~9 mm,带状披针形,稍不对称。花生于叶腋,有柄,单生或2至数朵组成短的总状花序;萼片5,分离,外面疏被柔毛;花瓣5,黄色;雄蕊4枚,有时5枚;子房密被短柔毛。荚果扁平,有毛,开裂,长3~8 cm,宽约5 mm,有种子6~12粒;种子扁,近菱形,平滑。花期6~8月;果期8~10月。

产于西旺、大寺等地。国内分布于东北地区及河北、山东、浙江、江苏、安徽、江西、湖南、湖北、云南及四川。亦分布于朝鲜、日本。

2. 决明(图421)
Senna tora(Linn.)Roxb.
Fl. Ind. ed. 1832. 2: 340. 1832.

—— *Cassia tora* Linn.

一年生亚灌木状草本,高1~2 m。叶长4~8 cm;叶柄上无腺体;叶轴上每对小叶间有棒状的腺体1枚;小叶3对,膜质,倒卵形或倒卵状长椭圆形,长2~6 cm,宽1.5~2.5 cm,顶端圆钝而有小尖头，基部渐狭，偏斜，上面被稀疏柔毛，下面被柔毛；小叶柄长 1.5~2 mm；托叶线状，被柔毛，早落。花腋生，通常 2 朵聚生；总花梗长 6~10 mm；花梗长 1~1.5 cm，丝状；萼片稍不等大，卵形或卵状长圆形，膜质，外面被柔毛，长约 8 mm；花瓣黄色，下面 2 片略长，长 12~15 mm，宽 5~7 mm；能育雄蕊 7 枚，花药四方形，顶孔开裂，长约 4 mm，花丝短于花药；子房无柄，被白色柔毛。荚果纤细，近四棱形，两端渐尖，长达 15 cm，宽 3~4 mm，膜质；种子约 25 粒，菱形，光亮。花、果期 7~11 月。

徂徕山各地村落有零星栽培和逸生。中国长江以南各省份普遍分布。原产美洲热带地区，现全世界热带、亚热带地区广泛分布。

种子入药，有清肝明目、利水通便之功效，同时还可提取蓝色染料。

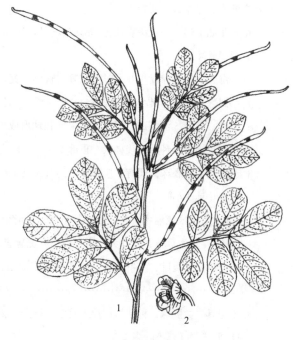

图 421　决明
1. 果枝；2. 花

59. 豆科 Fabaceae

乔木、灌木、藤本或草本，有时具刺。叶互生，稀对生，常为羽状或掌状复叶、三出复叶，稀单叶或退化为鳞片状；托叶常存在，有时变为刺；有小托叶或无。花两性，单生或组成总状或圆锥状花序，稀为头状花序和穗状花序，腋生、顶生或与叶对生；苞片和小苞片小，稀大。花萼钟形或筒形，萼齿或裂片 5，最下方 1 齿通常较长；花瓣 5，不等大，两侧对称，或具 2 型花，其闭花受精的花冠退化；雄蕊 10 或有时部分退化，花丝分离或连合成单体或二体，花药 2 室；子房上位，1 室，胚珠弯生，1 至多数，边缘胎座，花柱单一，常上弯，有时螺旋状卷曲或扭曲，柱头通常小。荚果开裂或不裂，有时具翅，或具横向关节而断裂成节荚。种子 1 至多数，常具革质种皮，无胚乳或具很薄的内胚乳，种脐常显著；胚轴延长并弯曲，胚根内贴或折叠于子叶下缘之间；子叶 2 枚，卵状椭圆形，基部不呈心形。

约 440 属，12000 种，遍布全世界。中国包括引进栽培的共 131 属约 1380 多种。徂徕山 26 属 56 种 2 亚种 2 变种 1 变型。

分属检索表

1. 花丝全部分离，花药同型；奇数羽状复叶，荚果呈念珠状 ··· 1. 槐属 Sophora
1. 花丝全部或大部分连合成雄蕊管，雄蕊单体或二体，二体时对旗瓣的 1 枚花丝与其余合生的 9 枚分离或部分连合，花药同型、近同型或 2 型。
  2. 乔木，腋芽为叶柄下芽；奇数羽状复叶；托叶刚毛状或刺状 ····································· 2. 刺槐属 Robinia
  2. 灌木、草本或藤本。
    3. 木质藤本。
      4. 二体雄蕊，奇数羽状复叶 ·· 3. 紫藤属 Wisteria
      4. 单体雄蕊，羽状 3 小叶 ·· 4. 葛属 Pueraria

3. 直立灌木、草本或草质藤本。

　　5. 花萼非如上述，一般深裂几达基部或显著呈二唇形，或下部细管状而上部二唇形，或呈佛焰苞状。

　　　6. 羽状复叶。

　　　　7. 奇数羽状复叶具小叶多对；花萼二唇形；荚果扁平……………………………………5. 合萌属 Aeschynomene

　　　　7. 偶数羽状复叶具小叶 2~3 对；花萼下部呈细长萼状而上部二唇形；荚果果瓣凸起……6. 落花生属 Arachis

　　　6. 单叶；萼管 5 深裂或二唇形；荚果卵状球形或长椭圆形，肿胀……………………………7. 猪屎豆属 Crotalaria

　　5. 花萼下部筒状、钟状或浅杯状，顶部 5 裂，有时上方 2 裂片不同程度合生或略呈二唇形。

　　　8. 子房具 1 枚胚珠，偶有 2 枚胚珠；荚果仅具 1 粒种子。

　　　　9. 复叶具 3 小叶

　　　　　10. 灌木或亚灌木，托叶细小，早落；小叶侧脉不达叶缘………………………………8. 胡枝子属 Lespedeza

　　　　　10. 一年生草本，托叶大，宿存；小叶侧脉直达叶缘…………………………………9. 鸡眼草属 Kummerowia

　　　　9. 奇数羽状复叶，小叶有腺点，花密集成圆锥状总状花序，荚果镰状长圆形，果皮有腺点……10. 紫穗槐属 Amorpha

　　　8. 子房具多数胚珠，稀 2 枚；荚果具多少种子，稀 1~2 粒。

　　　　11. 羽状复叶，小叶多于 3。

　　　　　12. 灌木，羽状复叶，小叶 2~9 对。

　　　　　　13. 奇数羽状复叶；植物体被贴伏单毛或丁字毛…………………………………11. 木蓝属 Indigofera

　　　　　　13. 偶数羽状复叶；植物体无贴伏单毛或丁字毛…………………………………12. 锦鸡儿属 Caragana

　　　　　12. 草本。

　　　　　　14. 奇数羽状复叶。

　　　　　　　15. 茎正常；花序腋生……………………………………………………………13. 黄芪属 Astragalus

　　　　　　　15. 茎极度缩短而呈根颈，叶丛生于缩短的茎上呈莲座状；花序自叶丛中抽出，呈花葶状。

　　　　　　　　16. 龙骨瓣仅为翼瓣长的 1/2；花柱比子房短或长，花柱内卷…………14. 米口袋属 Gueldenstaedtia

　　　　　　　　16. 龙骨瓣与翼瓣近等长或稍短；花柱比子房长……………………………15. 棘豆属 Oxytropis

　　　　　　14. 偶数羽状复叶。

　　　　　　　17. 托叶半箭头形、斜披针形或披针形，不甚发达，明显小于小叶。

　　　　　　　　18. 花柱圆柱形，上部周围被长柔毛或顶端外侧有 1 丛髯毛………………16. 野豌豆属 Vicia

　　　　　　　　18. 花柱扁平，上部内侧具髯毛或长柔毛，形似牙刷……………………17. 山黧豆属 Lathyrus

　　　　　　　17. 托叶呈叶状，发达，大于或大于小叶………………………………………18. 豌豆属 Pisum

　　　　11. 小叶 3，羽状或掌状着生。

　　　　　19. 草质缠绕藤本。

　　　　　　20. 花柱圆柱形，无髯毛；种脐无海绵状残留物。

　　　　　　　21. 翼瓣和龙骨瓣的瓣柄长于瓣片，子房壁透明，种子表面光滑…………19. 两型豆属 Amphicarpaea

　　　　　　　21. 翼瓣和龙骨瓣的瓣柄短于瓣片，子房壁不透明，种子表面较粗糙…………20. 大豆属 Glycine

　　　　　　20. 花柱膨大，扁平或旋转，常具髯毛，若花柱无毛且为圆柱形，则旗瓣和龙骨瓣具附属体；种脐常具海绵状残留物。

　　　　　　　22. 花柱压扁或线形，卷曲或弯曲，柱头偏斜或斜生。

　　　　　　　　23. 旗瓣反折，龙骨瓣窄长，顶端喙状，并与花柱形成数圈螺旋，柱头偏斜………21. 菜豆属 Phaseolus

　　　　　　　　23. 旗瓣不反折，基部具附属物，龙骨瓣顶端近于截形，具喙但不旋转，柱头侧生…………

....22. 豇豆属 Vigna
    22. 花柱一侧扁平，弯折近90°···23. 扁豆属 Lablab
  19. 直立草本。
    24. 羽状3小叶，花瓣凋落，花丝先端不膨大。
      25. 总状花序缩短，有时头状，荚果螺旋形、镰刀形或肾形·············24. 苜蓿属 Medicago
      25. 总状花序顶生，细长，多花，荚果宽卵形、球形·····················25. 草木犀属 Melilotus
    24. 掌状3小叶，花瓣宿存，花丝先端膨大·······································26. 车轴草属 Trifolium

1. 槐属 Sophora Linn.

乔木或灌木，常绿或落叶，稀为草本。芽小，芽鳞不明显。奇数羽状复叶，小叶通常3~8对；托叶小，有时变成刺。总状花序顶生或腋生；萼钟状，顶端截形或有5个三角形的短萼齿；旗瓣圆形或长椭圆状倒卵形；雄蕊10，离生或基部稍合生。荚果圆柱形或稍扁，有长梗；种子与种子间缢缩成串珠状，不开裂或开裂稍迟。

约70余种，主要产于北半球热带、亚热带及温带。中国约21种，各地均有分布。徂徕山2种1变型。

分种检索表

1. 亚灌木；小叶15~29；总状花序；果不为肉质·······································1. 苦参 Sophora flavescens
1. 乔木；小叶7~17；圆锥花序；果肉质···2. 槐 Sophora japonica

1. 苦参（图422，彩图41）

Sophora flavescens Ait.

Hort. Kew ed. 1. 2: 43. 1789.

半灌木，高1.5~3 m。主根圆柱形，长可达1 m，外皮黄色。小枝被柔毛，后脱落。奇数羽状复叶，长20~25 cm；小叶15~29，椭圆状披针形至条状披针形，稀为椭圆形，长3~4 cm，宽1.2~2 cm，先端渐尖，基部圆形，背面有平贴柔毛；叶轴被柔毛，托叶条形。总状花序顶生，长15~30 cm，有疏生短柔毛或近无毛；萼钟状，偏斜，齿不明显；花冠淡黄色或粉红色，旗瓣匙形，翼瓣无耳；雄蕊1/4合生。荚果长5~11 cm，圆筒形，种子间微缢缩，呈不明显的串珠状，先端有长喙，疏生短柔毛；种子1~5粒。花期6~9月；果期8~10月。

徂徕山各山地林区均有零星分布。国内分布于中国南北各省份。印度、日本、朝鲜、俄罗斯西伯利亚也有分布。

根药用，有清热燥湿、杀虫止痒的功效。茎皮纤维可作工业原料。种子可作农药。

图 422 苦参
1. 花枝；2. 果实；3. 花瓣；
4. 去掉花冠的花；5. 小叶

2. 槐（图423）
Sophora japonica Linn.

Mant. 1: 68. 1767.

—— *Styphnolobium japonicum* (Linn.) Schott.

落叶乔木，高 15~25 m，胸径达 1.5 m。树皮灰黑色，粗糙纵裂；无顶芽，侧芽为叶柄下芽，青紫色。奇数羽状复叶长 15~25 cm；叶轴有毛，基部膨大，小叶 7~17，卵状长圆形，长 2.5~7.5 cm，宽 1.5~5 cm，先端渐尖而有细尖头，基部阔楔形，或近圆形，下面灰白色，疏生短柔毛；托叶钻形，早落。圆锥花序顶生；萼钟状，有 5 小齿；花冠乳白色，长 1~1.5 cm，旗瓣阔心形，有短爪，并有紫脉，翼瓣、龙骨瓣边缘稍带紫色，有 2 耳；雄蕊 10，不等长。荚果肉质，串珠状，长 2.5~8 cm，无毛，不裂；种子 1~6 粒，深棕色，肾形。花期 6~8 月；果期 9~10 月。

徂徕山各林区普遍栽培或野生。国内分布于东北、华北、华南地区及内蒙古、新疆。日本、越南、朝鲜也有分布，欧洲、美洲各国均有引种。

树姿美观，耐烟尘，可作绿化树种；并为优良的蜜源植物。果实、花蕾及花药用；花亦可作黄色染料。木材富有弹性，耐水湿，可供建筑及家具用。

图 423 槐
1. 果枝；2. 花序；3. 花瓣；4. 去掉花冠的花

龙爪槐（变型）

f. **pendula** Hort. ex Loud.

Arb. Brit. 2: 564. 1838.

大枝扭转斜向上伸展，小枝下垂，树冠伞形。大寺等地有栽培。供观赏。

此外，徂徕山见于栽培的品种尚有黄金槐 **'Golden Stem'**，又名金枝槐。枝条金黄色。隐仙观等地栽培。

2. 刺槐属 Robinia Linn.

落叶乔木或灌木。无顶芽，腋芽为叶柄下芽。奇数羽状复叶；托叶刚毛状或刺状；小叶全缘，对生，有小叶柄与小托叶。总状花序腋生，下垂，有细梗；花萼钟状，萼齿 5，上方 2 萼齿近合生，稍二唇形；花冠白色、粉红色或玫瑰红色，旗瓣近圆形，外卷，翼瓣狭长弯曲，龙骨瓣背部连合向内弯曲；雄蕊 10，二体，对旗瓣的 1 枚分离，其余 9 枚合生，花药同型，2 室纵裂；子房具柄，花柱钻状，顶端具毛，柱头小，顶生，胚珠多数。荚果扁平，沿腹缝浅具狭翅，果瓣薄，2 瓣裂。种子数枚，长圆形或偏斜肾形，无种阜。

约 10 种，产于北美洲及墨西哥。中国引种 2 种。徂徕山 2 种。

分种检索表

1. 小枝及花梗无毛；花冠白色，旗瓣基部有黄斑···1. 刺槐 Robinia pseudoacacia
1. 小枝、叶轴及花梗密被棕红色刚毛；花冠玫瑰红色或淡紫色·············2. 毛刺槐 Robinia hispida

1. 刺槐（图 424）
Robinia pseudoacacia Linn.

Sp. Pl. 722. 1753.

落叶乔木，高 10~25 m；树皮灰褐色至黑褐色，浅裂至深纵裂，稀光滑。小枝灰褐色，幼时有棱脊，微被毛，后无毛；具托叶刺，长达 2 cm；冬芽小，被毛。羽状复叶长 10~25（40）cm；叶轴上面具沟槽；小叶 2~12 对，常对生，椭圆形、长椭圆形或卵形，长 2~5 cm，宽 1.5~2.2 cm，先端圆，微凹，具小尖头，基部圆至阔楔形，全缘，上面绿色，下面灰绿色，幼时被短柔毛，后变无毛；小叶柄长 1~3 mm；小托叶针芒状，总状花序花序腋生，长 10~20 cm，下垂，花多数，芳香；苞片早落；花梗长 7~8 mm；花萼斜钟状，长 7~9 mm，萼齿 5，三角形至卵状三角形，密被柔毛；花冠白色，各瓣均具瓣柄，旗瓣近圆形，长 16 mm，宽约 19 mm，先端凹缺，基部圆，反折，内有黄斑，翼瓣斜倒卵形，与旗瓣几等长，长约 16 mm，基部一侧具圆耳，龙骨瓣镰状，三角形，与翼瓣等长或稍短，前缘合生，先端钝尖；雄蕊二体，对旗瓣的 1 枚分离；子房线

图 424 刺槐
1. 花枝；2. 果枝；3. 托叶刺；
4. 去掉花冠的花；5. 花瓣

形，长约 1.2 cm，无毛，柄长 2~3 mm，花柱钻形，长约 8 mm，上弯，顶端具毛，柱头顶生。荚果褐色，或具红褐色斑纹，线状长圆形，长 5~12 cm，宽 1~1.3（1.7）cm，扁平，先端上弯，具尖头，果颈短，沿腹缝线具狭翅；花萼宿存，有种子 2~15 粒；种子褐色至黑褐色，微具光泽，有时具斑纹，近肾形，长 5~6 mm，宽约 3 mm，种脐圆形，偏于一端。花期 4~6 月；果期 8~9 月。

徂徕山各山地林区普遍栽培。原产美国东部，17 世纪传入欧洲及非洲。中国于 18 世纪末从欧洲引入青岛栽培，现全国各地广泛栽植。

木质坚硬可作枕木、农具。叶可作家畜饲料。种子含油 12%，可作制肥皂及油漆的原料。花可提取香精；又是较好的蜜源植物。

此外，徂徕山见于栽培的品种尚有：曲枝刺槐 'Tortuosa'，小枝扭曲如龙游状。隐仙观有栽培。香花槐（*Robinia ambigua* Poir. 'Idaho'），叶较大，深绿色有光泽；花大，紫红色。徂徕山各地栽培。供观赏。

2. 毛刺槐（图 425）
Robinia hispida Linn.

Mant. 101. 1767.

落叶灌木，高 1~3 m。幼枝绿色，密被紫红色硬腺毛及白色曲柔毛，二年生枝深灰褐色，密被褐

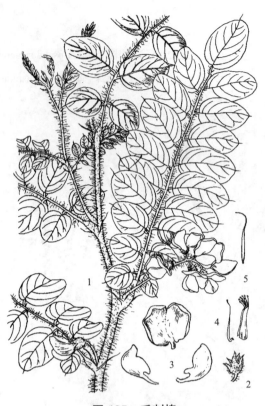

图 425 毛刺槐
1. 花枝；2. 花萼；3. 花瓣；4. 雄蕊；5. 雌蕊

色刚毛，毛长 2~5 mm，羽状复叶长 15~30 cm；叶轴被刚毛及白色短曲柔毛，上面有沟槽；小叶 5~7（8）对，椭圆形、卵形、阔卵形至近圆形，长 1.8~5 cm，宽 1.5~3.5 cm，通常叶轴下部 1 对小叶最小，两端圆，先端有芒尖，幼嫩时上面暗红色，后变绿色，无毛，下面灰绿色，中脉疏被毛；小叶柄被白色柔毛；小托叶芒状，宿存。总状花序腋生，除花冠外，均被紫红色腺毛及白色细柔毛，花 3~8 朵；总花梗长 4~8.5 cm；苞片卵状披针形，长 5~6 mm，有时上部 3 裂，先端渐尾尖，早落；花萼紫红色，斜钟形，萼筒长约 5 mm，萼齿卵状三角形，长 3~6 mm，先端尾尖至钻状；花冠红色至玫瑰红色，花瓣具柄，旗瓣近肾形，长约 2 cm，宽约 3 cm，先端凹缺，翼瓣镰形；长约 2 cm，龙骨瓣近三角形，长约 1.5 cm，先端圆，前缘合生，与翼瓣均具耳；雄蕊二体，对旗瓣的 1 枚分离，花药椭圆形；子房近圆柱形，长约 1.5 cm，密布腺状突起，沿缝线微被柔毛，柱头顶生，胚珠多数，荚果线形，长 5~8 cm，宽 8~12 mm，扁平，密被腺刚毛，先端急尖，果颈短，有种子 3~5 粒。花期 5~6 月；果期 7~10 月。

龙湾等地有栽培。原产北美洲。中国北方各省份有少量引种。

花大色美，栽培供观赏。

3. 紫藤属 Wisteria Nutt.

落叶木质藤本，芽鳞 3。奇数羽状复叶，互生；小叶 7~19，对生，全缘，有柄；小托叶条形，宿存；托叶早落。总状花序，下垂，蓝紫、红紫或白色，艳丽、芳香；花萼阔钟状，有 5 裂齿，下面 3 裂齿较长；旗瓣大，反曲，基部常有 2 胼胝体，翼瓣镰刀形，基部有耳，龙骨瓣钝，有凸尖；雄蕊为（9）+1 二体；子房条形，有短柄，花柱向内弯，柱头近球形。荚果长条形，有柄，扁平，含数种子，通常在种子间微缢缩，开裂很迟；种子扁圆形。

约 6 种，分布在东亚和美洲东部。中国 4 种，各地均有栽培。徂徕山 1 种。

1. 紫藤（图 426）

Wisteria sinensis（Sims）Sweet Hort. Brit. 121. 1827.

落叶藤本。茎左旋，枝较粗壮，嫩枝被白色柔

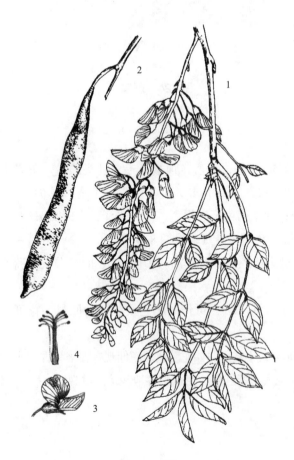

图 426 紫藤
1. 花枝；2. 荚果；3. 花；4. 雄蕊

毛，后秃净；冬芽卵形。奇数羽状复叶长 15~25 cm；托叶线形，早落；小叶 3~6 对，纸质，卵状椭圆形至卵状披针形，上部小叶较大，基部 1 对最小，长 5~8 cm，宽 2~4 cm，先端渐尖至尾尖，基部钝圆或楔形，或歪斜，嫩叶两面被平伏毛，后秃净；小叶柄长 3~4 mm，被柔毛；小托叶刺毛状，长 4~5 mm，宿存。总状花序发自去年生短枝的腋芽或顶芽，长 15~30 cm，径 8~10 cm，花序轴被白色柔毛；苞片披针形，早落；花长 2~2.5 cm，芳香；花梗细，长 2~3 cm；花萼杯状，长 5~6 mm，宽 7~8 mm，密被细绢毛，上方 2 齿甚钝，下方 3 齿卵状三角形；花冠紫色，旗瓣圆形，先端略凹陷，花开后反折，基部有 2 胼胝体，翼瓣长圆形，基部圆，龙骨瓣较翼瓣短，阔镰形，子房线形，密被绒毛，花柱无毛，上弯，胚珠 6~8。荚果倒披针形，长 10~15 cm，宽 1.5~2 cm，密被绒毛，悬垂枝上不脱落，有种子 1~3 粒；种子褐色，具光泽，圆形，宽 1.5 cm，扁平。花期 4~5 月；果期 5~8 月。

徂徕山各林区普遍栽培。分布于河北以南黄河、长江流域及陕西、河南、广西、贵州、云南等省份。

花大美丽，可供观赏。根皮和花药用。种子有毒。

4. 葛属 Pueraria DC.

缠绕藤本；常有块根。叶为 3 小叶的羽状复叶；有托叶和小托叶，托叶基部着生；小叶全缘或波状 3 裂。总状花序腋生，花着生于花序轴的节瘤状突起上；花萼钟状，萼齿不等长，上面 2 萼齿合生，下面 3 萼齿离生，中间 1 片最长；旗瓣圆形，基部有附属体和短爪，翼瓣中部与龙骨瓣合生，龙骨瓣与翼瓣近等长；雄蕊有时为单体，或对着旗瓣的 1 枚仅在基部离生，中部与雄蕊管合生；子房近无柄，花柱丝状，上部无毛。荚果条形，扁平，革质，缝线两侧无纵肋，有种子多粒。

约 20 种，分布于热带及亚热带。中国 10 种，广布西南、东南地区。徂徕山 2 变种。

1. 葛藤（变种）（图 427）

Pueraria montana（Lour.）Merr. var. **lobata**（Willd.）Maesen & S. M. Almeida ex Sanjappa & Predeep

Sanjappa Legumes India. 288. 1992.

—— *Pueraria lobata*（Willd.）Ohwi

多年生藤本，全株有黄色长硬毛；块根肥厚。三出羽状复叶；顶生小叶菱状卵形，长 6~19 cm，宽 5~17 cm，先端渐尖，基部圆形，全缘或有时有 3 裂浅裂，下面有粉霜；侧生小叶偏斜，边缘深裂；托叶盾形，小托叶条状披针形。总状花序腋生，有 1~3 花簇生在具有节瘤状突起的花序轴上；花萼钟形，萼齿 5，上面 2 齿合生，下面 1 齿较长，内外两面均有黄色绒毛；花冠紫红色，长约 1.5 cm，旗瓣近圆形，基部有附体和爪，翼瓣的短爪长大于阔。荚果条形，长 5~10 cm，扁平，密生黄色长硬毛。花期 6~8 月；果期 8~9 月。

徂徕山各山地林区均产。国内分布于除新疆、西藏以外的各省份。东南亚至澳大利亚亦有分布。

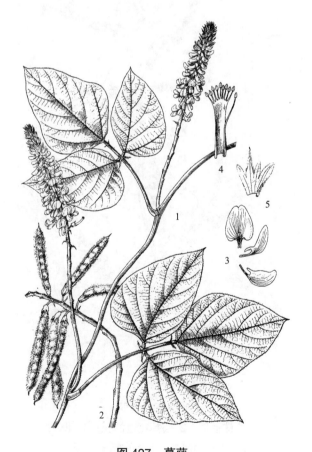

图 427 葛藤
1.花枝；2.果枝；3.花瓣；4.雄蕊；5.花萼

根可制葛粉，供食用和酿酒，又可药用。花称葛花，药用有解酒毒、除胃热的作用。茎皮纤维可作造纸原料。全株匍匐蔓延，为良好的水土保持植物。

白花葛藤（变种）（彩图 42）

var. **zulaishanensis** D. K. Zang

Journ. Shandong Agric. Univ. 47（1）:30. 2016.

花冠白色，花萼黄白色；苞片长于小苞片；旗瓣直径 10~12 mm。

产于太平顶。分布于徂徕山，为徂徕山特有植物。

5. 合萌属 Aeschynomene Linn.

草本或小灌木。茎直立或匍匐在地上而枝端向上。奇数羽状复叶具小叶多对，互相紧接并容易闭合；托叶早落。花小，数朵组成腋生的总状花序；苞片托叶状，成对，宿存，边缘有小齿；小苞片卵状披针形，宿存；花萼膜质，通常二唇形，上唇2裂，下唇3裂；花易脱落；旗瓣大，圆形，具瓣柄；翼瓣无耳；龙骨瓣弯曲而略有喙；雄蕊二体（5+5）或基部合生成一体，花药1型，肾形；子房具柄，线形，有胚珠多枚，花柱丝状，向内弯曲，柱头顶生。荚果有果颈，扁平，具荚节 4~8，各节有种子 1 粒。

约 150 种，分布于全世界热带和亚热带地区。中国 2 种。徂徕山 1 种。

1. 合萌（图 428）

Aeschynomene indica Linn.

Sp. Pl. 2: 713. 1753.

一年生草本或亚灌木状，茎直立，高 0.3~1 m。多分枝，圆柱形，无毛，具小凸点而稍粗糙，小枝绿色。叶具 20~30 对小叶或更多；托叶膜质，卵形至披针形，长约 1 cm，基部下延成耳状，通常有缺刻或啮蚀状；叶柄长约 3 mm；小叶近无柄，薄纸质，线状长圆形，长 5~10（15）mm，宽 2~2.5（3.5）mm，上面密布腺点，下面稍带白粉，先端钝圆或微凹，具细刺尖头，基部歪斜，全缘；小托叶极小。总状花序比叶短，腋生，长 1.5~2 cm；总花梗长 8~12 mm；花梗长约 1 cm；小苞片卵状披针形，宿存；花萼膜质，具纵脉纹，长约 4 mm，无毛；花冠淡黄色，具紫色的纵脉纹，易脱落，旗瓣大，近圆形，基部具极短的瓣柄，翼瓣篦状，龙骨瓣比旗瓣稍短，比翼瓣稍长或近相等；雄蕊二体；子房扁平，线形。荚果线状长圆形，直或弯曲，长 3~4 cm，宽约 3 mm，腹缝直，背缝多少呈波状；荚节 4~8（10），平滑或中央有小疣凸，不开裂，成熟时逐节脱落；种子黑棕色，肾形，长 3~3.5 mm，宽 2.5~3 mm。花期 7~8 月；果期 8~10 月。

徂徕山各山地林区均产。全国各地均产。非

图 428 合萌
1.植株上部；2.去掉花冠的花；3.花萼；
4.旗瓣；5.翼瓣；6.龙骨瓣；7.雄蕊；
8.雌蕊；9.种子；10.小叶

洲、大洋洲及亚洲热带地区及朝鲜、日本均有分布。

为优良的绿肥植物。全草入药，能利尿解毒。种子有毒，不可食用。

6. 落花生属 Arachis Linn.

一年生草本。偶数羽状复叶具小叶 2~3 对；托叶大而显著，部分与叶柄贴生；无小托叶。花单生或数朵簇生于叶腋内，无柄；花萼膜质，萼管纤弱，随花的发育而伸长，裂片 5，上部 4 裂片合生，下部 1 裂片分离；花冠黄色，旗瓣近圆形，具瓣柄，无耳，翼瓣长圆形，具瓣柄，有耳，龙骨瓣内弯，具喙，雄蕊 10，单体，1 枚常缺如，花药 2 型，长短互生，长者具长圆形近背着的花药，短的具小球形基着的花药，子房近无柄，胚珠 2~3 枚，稀为 4~6 枚，花柱细长，胚珠受精后子房柄逐渐延长，下弯成 1 坚硬的柄，将尚未膨大的子房插入土下，并于地下发育成熟。荚果长椭圆形，有凸起的网脉，不开裂，通常于种子之间缢缩，有种子 1~4 粒。

约 22 种，分布于热带美洲，其中落花生现已广泛栽培于世界各地。中国亦有引种。徂徕山 1 种。

1. 落花生（图 429）

Arachis hypogaea Linn.

Sp. Pl. 741. 1753.

一年生草本。根部有丰富的根瘤；茎直立或匍匐，长 30~80 cm，茎和分枝均有棱，被黄色长柔毛，后变无毛。叶通常具小叶 2 对；托叶长 2~4 cm，具纵脉纹，被毛；叶柄基部抱茎，长 5~10 cm，被毛；小叶纸质，卵状长圆形至倒卵形，长 2~4 cm，宽 0.5~2 cm，先端钝圆形，有时微凹，具小刺尖头，基部近圆形，全缘，两面被毛，边缘具睫毛；侧脉每边约 10 条；叶脉边缘互相联结成网状；小叶柄长 2~5 mm，被黄棕色长毛；花长约 8 mm；苞片 2，披针形；小苞片披针形，长约 5 mm，具纵脉纹，被柔毛；萼管细，长 4~6 cm；花冠黄色或金黄色，旗瓣直径 1.7 cm，开展，先端凹入；翼瓣与龙骨瓣分离，翼瓣长圆形或斜卵形，细长；龙骨瓣长卵圆形，内弯，先端渐狭成喙状，较翼瓣短；花柱延伸于萼管咽部之外，柱头顶生，小，疏被柔毛。荚果长 2~5 cm，宽 1~1.3 cm，膨胀，荚厚，种子横径 0.5~1 cm。花、果期 6~8 月。

图 429 落花生
1. 花枝；2. 植株下部果枝；3. 花瓣；
4. 去掉花冠的花；5. 叶片局部放大

徂徕山各林区普遍栽培。原产南美洲。现世界各地广泛栽培。

为重要油料作物，种子含油量约 45%，除食用外，亦是制皂和生发油等化妆品的原料；油麸为肥料和饲料；茎、叶为良好绿肥，茎可供造纸。

7. 猪屎豆属 Crotalaria Linn.

草本、亚灌木或灌木。茎枝圆或四棱形，单叶或三出复叶；有或无托叶。总状花序顶生、腋生、与叶对生或密集枝顶形似头状。花萼二唇形或近钟形，二唇形时，上唇二萼齿宽大，合生或稍合生，下唇三萼齿较窄小；近钟形时，5 裂，萼齿近等长；花冠黄色或深紫蓝色，旗瓣通常为圆形或长圆形，基部具 2 枚胼胝体或无，翼瓣长圆形或长椭圆形，龙骨瓣中部以上通常弯曲，具喙，雄蕊连合成单体，花药 2 型，一为长圆形，以底部附着花丝，一为卵球形，以背部附着花丝；子房有柄或无柄，有毛或无毛，胚珠 2 至多数，花柱长，基部弯曲，柱头小，斜生；荚果长圆形、圆柱形或卵状球形，稀四角菱形，膨胀，有果颈或无，种子 2 至多数。

约 700 种，分布于美洲、非洲、大洋洲及亚洲热带、亚热带地区。中国 42 种，分布于辽宁、山东、河北、河南、安徽、江苏、浙江、江西、湖北、湖南、福建、台湾、贵州、广东、广西、四川、云南、西藏等省份。徂徕山 1 种。

1. 野百合　农吉利、羊屎蛋（图 430，彩图 43）

Crotalaria sessiliflora Linn.

Sp. Pl. ed. 2. 2: 1004. 1763.

直立草本，高 30~100 cm，基部常木质化，不分枝或茎上部分枝，被紧贴粗糙的长柔毛。托叶线形，长 2~3 mm，宿存或早落；单叶，叶片线形或线状披针形，两端渐尖，长 3~8 cm，宽 0.5~1 cm，上面近无毛，下面密被丝质短柔毛；近无叶柄。总状花序顶生、腋生或密生枝顶形似头状，亦有叶腋生出单花，花 1 至多数；苞片线状披针形，长 4~6 mm，小苞片与苞片同形，成对生萼筒基部；花梗短，长约 2 mm；花萼二唇形，长 10~15 mm，密被棕褐色长柔毛，萼齿阔披针形，先端渐尖；花冠蓝色或紫蓝色，包被萼内，旗瓣长圆形，长 7~10 mm，宽 4~7 mm，先端钝或凹，基部具胼胝体 2 枚，翼瓣长圆形或披针状长圆形，约与旗瓣等长，龙骨瓣中部以上变狭，形成长喙；子房无柄。荚果短圆柱形，长约 10 mm，苞被萼内，下垂紧贴于枝，秃净无毛；种子 10~15 粒。花、果期 5 月至翌年 2 月。

图 430　野百合

1. 植株上部；2. 花；3. 旗瓣；4. 翼瓣；5. 龙骨瓣；6. 花萼展开；7. 雄蕊；8. 雌蕊；9. 荚果

产于磴石峪、上场。生于荒地路旁及山谷草地。国内分布于辽宁、河北、山东、江苏、安徽、浙江、江西、福建、台湾、湖南、湖北、广东、海南、广西、四川、贵州、云南、西藏。分布于中南半岛、南亚、太平洋诸岛及朝鲜、日本等地区。

可供药用，有清热解毒、消肿止痛、破血除瘀等效用。

8. 胡枝子属 Lespedeza Michx.

落叶灌木、半灌木，稀草本。羽状三出复叶，小叶全缘，托叶钻形或刺芒状，早落。总状或头状花序；花双生苞腋，花梗顶端无关节；花2型，有花冠者结实或不结实，无花冠者均结实；花萼钟状或杯状，4~5齿裂，线形或披针形，上方2萼齿合生，有小苞片2；花冠突出花萼，花瓣有爪，旗瓣宽大，倒卵形至长圆形，翼瓣长圆形，与龙骨瓣稍附着或分离，龙骨瓣先端钝，内弯；雄蕊10，联合成（9+1）的二体雄蕊；花柱内弯，柱头小，顶生，子房含1枚胚珠。荚果扁平，卵形至椭圆形，常有网脉，不开裂，含1粒种子。

约60种，分布于欧洲东北部至亚洲、北美洲及大洋洲。中国25种，分布于全国各地。徂徕山10种。

分种检索表

1. 无闭锁花；花红紫色。
   2. 花序比叶长或与叶近等长 ·· 1. 胡枝子 Lespedeza bicolor
   2. 花序比叶短，近无总花梗 ·· 2. 短梗胡枝子 Lespedeza cyrtobotrya
1. 有闭锁花。
   3. 总花梗纤细。
      4. 花紫色；总花梗稍粗，不为毛发状 ·· 3. 多花胡枝子 Lespedeza floribunda
      4. 花黄白色；总花梗毛发状 ··· 4. 细梗胡枝子 Lespedeza virgata
   3. 总花梗粗壮。
      5. 花萼裂片披针形或三角形，花萼长不及花冠之半；小叶狭披针形至长圆状披针形或线状楔形。
         6. 小叶较宽，长为宽的5倍以下。
            7. 小叶长圆形或倒卵状长圆形，先端钝圆或微凹；旗瓣反卷 ············ 5. 阴山胡枝子 Lespedeza inschanica
            7. 小叶楔形或线状楔形，先端截形或近截形 ························ 6. 截叶胡枝子 Lespedeza cuneata
         6. 小叶较狭，长约为宽的10倍；荚果长圆状卵形 ····················· 7. 长叶胡枝子 Lespedeza caraganae
      5. 花萼裂片狭披针形，花萼为花冠长的1/2以上。
         8. 植株被粗硬毛或柔毛。
            9. 花序与叶近等长或更短；小叶长圆形或狭长圆形，长2~5 cm，宽5~16 mm ··· 8. 兴安胡枝子 Lespedeza davurica
            9. 花序明显超出叶；小叶狭长圆形，稀椭圆形至宽椭圆形，长8~15 mm，宽3~5 mm ··· 9. 牛枝子 Lespedeza potaninii
         8. 植株密被黄褐色绒毛；小叶质厚，椭圆形或卵状长圆形；闭锁花簇生于叶腋呈球形 ··· 10. 绒毛胡枝子 Lespedeza tomentosa

1. 胡枝子（图431）

Lespedeza bicolor Turcz.

Bull. Soc. Nat. Mosc. 13:69. 1840.

直立灌木，高1~3 m。幼枝黄褐色或绿褐色，被柔毛，后脱落，老枝灰褐色。羽状三出复叶；顶生小叶较大，阔椭圆形、倒卵状椭圆形或卵形，长1.5~5 cm，宽1~2 cm，先端圆钝，或凹，稀锐尖，有短刺尖，基部阔楔形或圆形，上面绿色，下面淡绿色，两面疏被平伏毛；叶短柄，长2~3 mm，密被柔毛。总状花序腋生，总花梗较叶长；花梗长2~3 mm；花萼杯状，萼齿4，较萼筒短，裂片常无毛，披针形或卵状披针形，先端渐尖或钝；花冠紫色，旗瓣倒卵形，长10~12 mm，顶端圆形或微凹，基部有短爪，翼瓣长圆形，长约10 mm，龙骨瓣与旗瓣等长或稍长；子房条形，有毛。荚果斜卵形，两面微凸，长约 1 cm，较萼长，顶端有短喙，基部有柄，网脉明显，被柔毛。花期 7~8 月；果期 9~10 月。

徂徕山各山地林区均产。国内分布于黑龙江、吉林、辽宁、河北、内蒙古、山西、陕西、甘肃、山东、江苏、安徽、浙江、福建、台湾、河南、湖南、广东、广西等省份。朝鲜、日本、俄罗斯等也有分布。

为保持水土的优良灌木；亦可栽培供观赏。嫩枝和叶可作家畜饲料和绿肥。嫩叶可代茶。根药用，有润肺解毒、利尿止血等功效。枝条可编筐。花为蜜源。种子油可供食用或工业用。

2. 短梗胡枝子（图 432）

Lespedeza cyrtobotrya Miq.

Ann. Mus. Bot. Lugduno-Batavi. 3: 48. 1867.

直立灌木，高 1~3 m，多分枝。小枝褐色或灰褐色，具棱，贴生疏柔毛。羽状三出复叶；托叶 2，线状披针形，长 2~5 mm，暗褐色；叶柄长 1~2.5 cm；小叶宽卵形、卵状椭圆形或倒卵形，长 1.5~4.5 cm，宽 1~3 cm，先端圆或微凹，具小刺尖，上面绿色，无毛，下面贴生疏柔毛，侧生小叶比顶生小叶稍小。总状花序腋生，比叶短，稀与叶近等长；总花梗短缩或近无总花梗，密被白毛；苞片小，卵状渐尖，暗褐色；花梗短，被白毛；花萼筒状钟形，长 2~2.5 mm，5 裂至中部，裂片披针形，渐尖，表面密被毛；花冠红紫色，长约 11 mm，旗瓣倒卵形，先端圆或微凹，基部具短柄，翼瓣长圆形，比旗瓣和龙骨瓣短约 1/3，先端圆，基部具明显的耳和瓣柄，龙骨瓣顶端稍弯，与旗瓣近等长，基部具耳和柄。荚果斜卵形，稍扁，长 6~7 mm，宽约 5 mm，表面具网纹，且密被毛。花期 7~8 月；果期 9 月。

产于龙湾等地。生于山坡、灌丛或杂木林下。国内分布于东北地区及河北、山西、陕西、甘肃、浙江、江西、河南、广东等省份。朝鲜、日本和俄罗斯也有分布。

枝条可供编织，叶可作牧草。

3. 多花胡枝子（图 433）

Lespedeza floribunda Bunge

Pl. Monghoico-Chin. 1: 13. 1835.

图 431　胡枝子
1. 花枝；2. 荚果

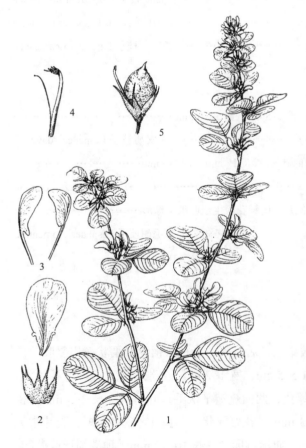

图 432　短梗胡枝子
1. 花枝；2. 花萼；3. 花瓣；4. 雄蕊；5. 荚果

小灌木，高30~60（100）cm。根细长；茎常近基部分枝；枝有条棱，被灰白色绒毛。托叶线形，长4~5 mm，先端刺芒状；羽状三出复叶；小叶具柄，倒卵形、宽倒卵形或长圆形，长1~1.5 cm，宽6~9 mm，先端微凹、钝圆或近截形，具小刺尖，基部楔形，上面被疏伏毛，下面密被白色伏柔毛；侧生小叶较小。总状花序腋生；总花梗细长，显著超出叶；花多数；小苞片卵形，长约1 mm，先端急尖；花萼长4~5 mm，被柔毛，5裂，上方2裂片下部合生，上部分离，裂片披针形或卵状披针形，长2~3 mm，先端渐尖；花冠紫色、紫红色或蓝紫色，旗瓣椭圆形，长8 mm，先端圆形，基部有柄，翼瓣稍短，龙骨瓣长于旗瓣，钝头。荚果宽卵形，长约7 mm，超出宿存萼，密被柔毛，有网状脉。花期6~9月；果期9~10月。

徂徕山各山地林区均产。国内分布于辽宁、河北、山西、陕西、宁夏、甘肃、青海、山东、江苏、安徽、江西、福建、河南、湖北、广东、四川等省份。

可作家畜饲料级绿肥；亦为水土保持植物。

4. 细梗胡枝子（图434）

Lespedeza virgata（Thunb.）DC.

Prodr. 2: 350. 1825.

小灌木，高25~50 cm，有时可达1 m。基部分枝，枝细，带紫色，被白色伏毛。托叶线形，长5 mm；羽状三出复叶；小叶椭圆形、长圆形或卵状长圆形，稀近圆形，长（0.6）1~2（3）cm，宽4~10（15）mm，先端钝圆，有时微凹，有小刺尖，基部圆形，边缘稍反卷，上面无毛，下面密被伏毛，侧生小叶较小；叶柄长1~2 cm，被白色伏柔毛。总状花序腋生，通常具3朵稀疏的花；总花梗纤细，毛发状，被白色伏柔毛，显著超出叶；苞片及小苞片披针形，长约1 mm，被伏毛；花梗短；花萼狭钟形，长4~6 mm，旗瓣长约6 mm，基部有紫斑，翼瓣较短，龙骨瓣长于旗瓣或近等长；闭锁花簇生于叶腋，无梗。荚果近圆形，通常不超出萼。花期7~9月；果期9~10月。

徂徕山有分布。生于山坡灌丛中。国内分布于辽宁南部经华北、陕、甘至长江流域各省份，但云南、西藏无分布。朝鲜、日本也有分布。

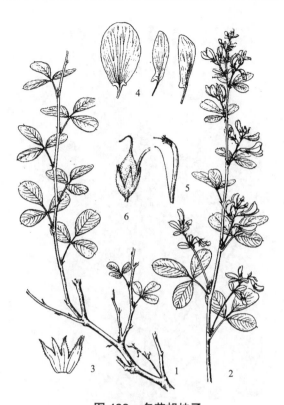

图433　多花胡枝子
1.叶枝；2.花枝；3.花萼；4.花瓣；
5.雄蕊和雌蕊；6.荚果

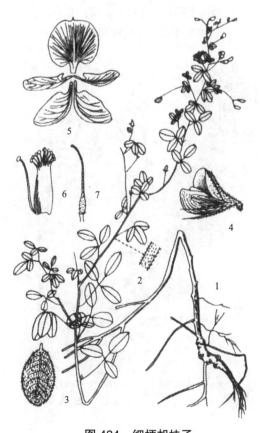

图434　细梗胡枝子
1.植株；2.茎的一段；3.叶；4.花；
5.花瓣；6.雄蕊；7.雌蕊

图 435 阴山胡枝子
1. 植株上部；2. 花；3. 花瓣；4. 雄蕊；
5. 雌蕊；6. 复叶和托叶

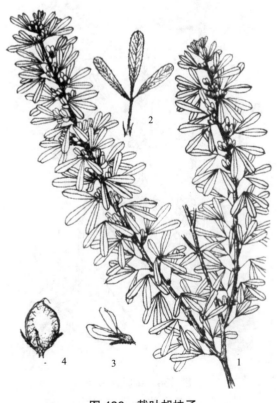

图 436 截叶胡枝子
1. 植株一部分；2. 复叶和托叶；3. 花；4. 荚果

5. 阴山胡枝子　白指甲花（图 435）

Lespedeza inschanica（Maxim.）Schindl. Bot. Jahrb. Syst. 49: 603. 1913.

灌木，高达 80 cm。茎直立或斜升，下部近无毛，上部被短柔毛。托叶丝状钻形，长约 2 mm，背部具 1~3 条明显的脉，被柔毛；叶柄长（3）5~10 mm；羽状三出复叶；小叶长圆形或倒卵状长圆形，长 1~2（2.5）cm，宽 0.5~1（1.5）cm，先端钝圆或微凹，基部宽楔形或圆形，上面近无毛，下面密被伏毛，顶生小叶较大。总状花序腋生，与叶近等长，具 2~6 花；小苞片长卵形或卵形，背面密被伏毛，边有缘毛；花萼长 5~6 mm，5 深裂，前方 2 裂片分裂较浅，裂片披针形，先端长渐尖，具明显 3 脉及缘毛，萼筒外被伏毛，向上渐稀疏；花冠白色，旗瓣近圆形，长 7 mm，宽 5.5 mm，先端微凹，基部带紫斑，花期反卷，翼瓣长圆形，长 5~6 mm，宽 1~1.5 mm，龙骨瓣长 6.5 mm，通常先端带紫色。荚果倒卵形，长 4 mm，宽 2 mm，密被伏毛，短于宿存萼。

产大寺、庙子等林区。生于山坡。国内分布于辽宁、内蒙古、河北、山西、陕西、甘肃、河南、山东、江苏、安徽、湖北、湖南、四川、云南等省份。朝鲜、日本也有分布。

6. 截叶胡枝子（图 436）

Lespedeza cuneata（Dum.Cours.）G. Don Gen. Hist. 2: 307. 1832.

小灌木，高达 1 m。茎直立或斜升，被毛，上部分枝；分枝斜上举。羽状三出复叶，密集，柄短；小叶楔形或线状楔形，长 1~3 cm，宽 2~5（7）mm，先端截形成近截形，具小刺尖，基部楔形，上面近无毛，下面密被伏毛。总状花序腋生，具 2~4 花；总花梗极短；小苞片卵形或狭卵形，长 1~1.5 mm，先端渐尖，背面被白色伏毛，边具缘毛；花萼狭钟形，密被伏毛，5 深裂，裂片披针形；花冠淡黄色或白色，旗瓣基部有紫斑，有时龙骨瓣先端带紫色，翼瓣与旗瓣近等长，龙骨瓣稍长；闭锁花簇生于叶腋。荚果宽卵形或近球形，被伏毛，长 2.5~3.5 mm，宽约 2.5 mm。花期 7~8 月；果期 9~10 月。

徂徕山各山地林区均产。生于山坡路旁。国内分布于陕西、甘肃、山东、台湾、河南、湖北、湖南、广东、四川、云南、西藏等省份。朝鲜、日本、印度、巴基斯坦、阿富汗及澳大利亚也有分布。

7. 长叶胡枝子（图437）

Lespedeza caraganae Bunge

Pl. Mongholico-Chin. 11. 1835.

灌木，高约50 cm。茎直立，多棱，沿棱被短伏毛；分枝斜升。托叶钻形，长2.5 mm；叶柄短，被短伏毛，长3~5 mm；羽状三出复叶；小叶长圆状线形，长2~4 cm，宽2~4 mm，先端钝或微凹，具小刺尖，基部狭楔形，边缘稍内卷，上面近无毛，下面被伏毛。总状花序腋生；总花梗长0.5~1 cm，密生白色伏毛，具3~4（5）花；花梗长2 mm，密生白色伏毛，基部具3~4枚苞片；小苞片狭卵形，长约2.5 mm，先端锐尖，密被伏毛；花萼狭钟形，长5 mm，外密被伏毛，5深裂，裂片披针形，先端长渐尖，具1~3脉；花冠显著超出花萼，白色或黄色，旗瓣宽椭圆形，长约8 mm，宽约5 mm，白色或黄色，翼瓣长圆形，长约7 mm，宽约1 mm，龙骨瓣长约8.5 mm，瓣柄长，先端钝头。有瓣花的荚果长圆状卵形，长4.5~5 mm，宽约2 mm，疏被白色伏毛，先端具喙，长约1.5 mm，疏被白色伏毛；闭锁花的荚果倒卵状圆形，长约3 mm，宽约2.5 mm，先端具短喙。花期6~9月；果期10月。

产于大寺张栏。分布于辽宁、河北、陕西、甘肃、山东、河南等省份。

图437 长叶胡枝子
1. 植株一部分；2. 花萼；3. 花瓣；
4. 雄蕊和雌蕊

8. 兴安胡枝子 达呼里胡枝子（图438）

Lespedeza davurica（Laxmann）Schindl.

Fedde Repert. Sp. Nov. 22: 274. 1926.

小灌木，高达1 m。茎通常稍斜升，单一或数个簇生；老枝黄褐色或赤褐色，被短柔毛或无毛，幼枝绿褐色，有细棱，被白色短柔毛。羽状三出复叶；托叶线形，长2~4 mm；叶柄长1~2 cm；小叶长圆形或狭长圆形，长2~5 cm，宽5~16 mm，先端圆形或微凹，有小刺尖，基部圆形，上面无毛，下面被贴伏的短柔毛；顶生小叶较大。总状花序腋生。较叶短或与叶等长；总花梗密生短柔毛；小苞片披针状线形，有毛；花萼5深裂，外面被白毛，萼裂片披针形，先端长渐尖，成刺芒状，与花冠近等长；花冠白色或黄白色，旗瓣长圆形，长约1 cm，中央稍带紫色，具瓣柄，翼瓣长圆形，先端钝，较短，龙骨瓣比翼瓣长，先端圆形；闭锁花生于叶腋，结实。荚果小，倒

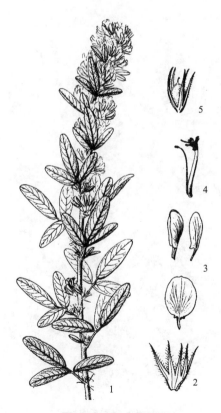

图438 兴安胡枝子
1. 花枝；2. 花萼；3. 花瓣；
4. 雄蕊和雌蕊；5. 荚果

卵形或长倒卵形，长 3~4 mm，宽 2~3 mm，先端有刺尖，基部稍狭，两面凸起，有毛，包于宿存花萼内。花期 7~8 月；果期 9~10 月。

徂徕山各山地林区均产。国内分布于东北、华北地区经秦岭淮河以北至西南地区。朝鲜、日本、俄罗斯西伯利亚也有分布。

为重要的山地水土保持植物；又可作牧草和绿肥。全株可药用。

9. 牛枝子（图 439）

Lespedeza potaninii V. N. Vassiljev

Bot. Mater. Gerb. Bot. Inst. Komarova Akad. Nauk S.S.S.R. 9: 202. 1946.

半灌木，高 20~60 cm。茎斜升或平卧，基部多分枝，有细棱，被粗硬毛。托叶刺毛状，长 2~4 mm；羽状三出复叶，小叶狭长圆形，稀椭圆形至宽椭圆形，长 8~15（22）mm，宽 3~5（7）cm，先端钝圆或微凹，具小刺尖，基部稍偏斜，上面苍白绿色，无毛，下面被灰白色粗硬毛。总状花序腋生；总花梗长，明显超出叶；花疏生；小苞片锥形，长 1~2 mm；花萼密被长柔毛，5 深裂，裂片披针形，长 5~8 mm，先端长渐尖，呈刺芒状；花冠黄白色，稍超出萼裂片，旗瓣中央及龙骨瓣先端带紫色，翼瓣较短；闭锁花腋生，无梗或近无梗。荚果倒卵形，长 3~4 mm，双凸镜状，密被粗硬毛，包于宿存萼内。花期 7~9 月；果期 9~10 月。

产大寺。分布于辽宁、内蒙古、河北、山西、陕西、宁夏、甘肃、青海、山东、江苏、河南、四川、云南、西藏等省份。

为优质饲用植物；性耐干旱，可作水土保持及固沙植物。

10. 绒毛胡枝子　山豆花（图 440）

Lespedeza tomentosa（Thunb.）Sieb.

Trudy Imp. S.-Peterburgsk. Bot. Sada. 2: 376. 1873.

灌木，高达 1 m。全株密被黄褐色绒毛。茎直立，单一或上部少分枝。托叶线形，长约 4 mm；羽状三出复叶；小叶质厚，椭圆形或卵状长圆形，长 3~6 cm，宽 1.5~3 cm，先端钝或微心形，边缘稍反卷，上面被短伏毛，下面密被黄褐色绒毛或柔毛，沿脉上尤多；叶柄长 2~3 cm。总状花序顶生或于茎上部腋生；总花梗粗壮，长 4~8（12）cm；苞

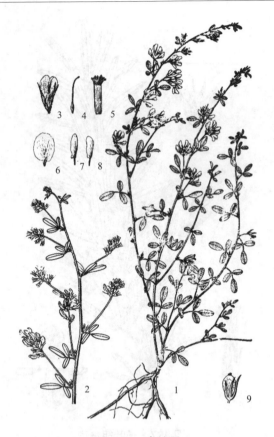

图 439　牛枝子
1. 植株；2. 花枝；3. 花；4. 雌蕊；
5. 雄蕊；6~8. 花瓣；9. 荚果

图 440　绒毛胡枝子
1. 植株上部；2. 小叶背面；3. 花；
4. 花瓣；5. 雄蕊；6. 雌蕊；7. 荚果

片线状披针形，长 2 mm，有毛；花具短梗，密被黄褐色绒毛；花萼密被毛长约 6 mm，5 深裂，裂片狭披针形，长约 4 mm，先端长渐尖；花冠黄色或黄白色，旗瓣椭圆形，长约 1 cm，龙骨瓣与旗瓣近等长，翼瓣较短，长圆形；闭锁花生于茎上部叶腋，簇生成球状。荚果倒卵形，长 3~4 mm，宽 2~3 mm，先端有短尖，表面密被毛。

产于光华寺、王庄林区。生于干山坡草地及灌丛间。除新疆及西藏外全国各地普遍生长。

水土保持植物，又可做饲料及绿肥；根药用。

9. 鸡眼草属 Kummerowia Schindl.

一年生草本，常多分枝。叶为三出羽状复叶；托叶膜质，大而宿存，通常比叶柄长。花通常 1~2 簇生于叶腋，稀 3 或更多，小苞片 4 枚生于花萼下方，其中有 1 枚较小；花小，旗瓣与翼瓣近等长，通常均较龙骨瓣短，正常花的花冠和雄蕊管在果期脱落，闭锁花的花冠、雄蕊管和花柱在成果期与花托分离连在荚果上至后期才脱落；雄蕊二体（9+1）；子房 1 枚胚珠。荚果扁平，具 1 节，1 粒种子，不开裂。

2 种，产俄罗斯至中国、朝鲜、日本。中国 2 种。徂徕山 2 种。

分种检索表

1. 小枝上的毛向下；小叶长圆形或倒卵形，先端通常圆形；托叶被长缘毛；花梗无毛；荚果略长于萼或长达 1 倍……………………………………………………………………………………1. 鸡眼草 Kummerowia striata
1. 小枝上的毛向上；小叶常为倒卵形，先端微凹；托叶被短缘毛；花梗有毛；荚果较萼长 1.5~3 倍……………………………………………………………………………2. 长萼鸡眼草 Kummerowia stipulacea

1. 鸡眼草（图 441，彩图 44）

Kummerowia striata（Thunb.）Schindl.

Repert. Spec. Nov. Regni Veg. 10: 403. 1912.

一年生草本。披散或平卧，多分枝，高（5）10~45 cm，茎和枝上被倒生的白色细毛。叶为三出羽状复叶；托叶大，膜质，卵状长圆形，比叶柄长，长 3~4 mm，具条纹，有缘毛；叶柄极短；小叶纸质，倒卵形、长倒卵形或长圆形，长 6~22 mm，宽 3~8 mm，先端圆形，稀微缺，基部近圆形或宽楔形，全缘；两面沿中脉及边缘有白色粗毛，上面毛较稀少，侧脉多而密。花单生或 2~3 朵簇生于叶腋；花梗下端具 2 枚大小不等的苞片，萼基部具 4 枚小苞片，其中 1 枚极小，位于花梗关节处，小苞片常具 5~7 纵脉；花萼钟状，带紫色，5 裂，裂片宽卵形，具网状脉，外面及边缘具白毛；花冠粉红色或紫色，长 5~6 mm，较萼约长 1 倍，旗瓣椭圆形，下部渐狭成瓣柄，具耳，龙骨瓣比旗瓣稍长或近等长，翼瓣比龙骨瓣稍短。荚果圆形或倒卵形，稍侧扁，长 3.5~5 mm，较萼稍长或长达 1 倍，先端短尖，被小柔毛。花期 7~9 月；果期 8~10 月。

徂徕山各林区均产。生于路旁、田野、溪旁。国内分布于东北、华北、华东、中南、西南等地区。朝鲜、日本、俄

图 441 鸡眼草
1. 花枝；2. 花；3. 叶

罗斯西伯利亚也有分布。

全草供药用，有利尿通淋、解热止痢之效；全草煎水，可治风疹；又可作饲料和绿肥。

2. 长萼鸡眼草（图 442）

Kummerowia stipulacea（Maxim.）Makino

Bot. Mag.（Tokyo）28: 107. 1914.

一年生草本，高 7~15 cm。茎平伏、上升或直立，多分枝，茎和枝上被疏生向上的白毛，有时仅节处有毛。叶为三出羽状复叶；托叶卵形，长 3~8 mm，比叶柄长或有时近相等，边缘通常无毛；叶柄短；小叶纸质，倒卵形、宽倒卵形或倒卵状楔形，长 5~18 mm，宽 3~12 mm，先端微凹或近截形，基部楔形，全缘；下面中脉及边缘有毛，侧脉多而密。花常 1~2 朵腋生；小苞片 4，较萼筒稍短、稍长或近等长，生于萼下，其中 1 枚很小，生于花梗关节之下，常具 1~3 脉；花梗有毛；花萼膜质，阔钟形，5 裂，裂片宽卵形，有缘毛；花冠上部暗紫色，长 5.5~7 mm，旗瓣椭圆形，先端微凹，下部渐狭成瓣柄，较龙骨瓣短，翼瓣狭披针形，与旗瓣近等长，龙骨瓣钝，上面有暗紫色斑点；雄蕊二体（9+1）。荚果椭圆形或卵形，稍侧偏，长约 3 mm，常较萼长 1.5~3 倍。花期 7~8 月；果期 8~10 月。

徂徕山各林区均产。国内分布于东北、华北、华东、中南、西北等地区。日本、朝鲜、俄罗斯远东地区也有分布。

全草药用，能清热解毒、健脾利湿；又可作饲料及绿肥。

图 442 长萼鸡眼草

1. 花枝；2. 花；3. 果实；4. 茎的一段

10. 紫穗槐属 Amorpha Linn.

落叶灌木，稀为草本。奇数羽状复叶，小叶全缘，有腺点；托叶针形，早落。花小，密集成顶生圆锥状穗状或总状花序，直立；苞片钻形，早落；花萼短钟状，萼齿 5，相等或不相等，通常有腺点；仅有旗瓣，无翼瓣和龙骨瓣；雄蕊 10，花丝基部集合成单体，子房无柄，有胚珠 2 枚。荚果短，通常只有 1 粒种子，不开裂，果皮上常有腺点；种子亮。

约 15 种，产于北美洲，南至墨西哥。中国引入 1 种。徂徕山有栽培。

1. 紫穗槐 棉槐（图 443）

Amorpha fruticosa Linn.

Sp. Pl. 713. 1753.

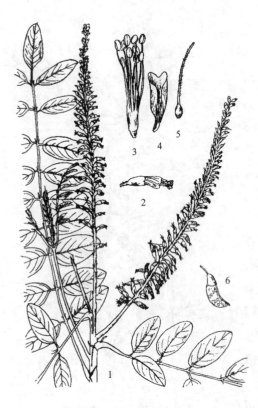

图 443 紫穗槐

1. 花枝；2~3. 花；4. 旗瓣；5. 雌蕊；6. 荚果

落叶灌木，丛生，高1~4 m。小枝灰褐色，被疏毛，后变无毛，嫩枝密被短柔毛。叶互生，奇数羽状复叶，长10~15 cm，小叶11~25片，基部有线形托叶；叶柄长1~2 cm；小叶卵形或椭圆形，长1~4 cm，宽0.6~2 cm，先端圆形，锐尖或微凹，有一短而弯曲的尖刺，基部宽楔形或圆形，上面无毛或被疏毛，下面有白色短柔毛，具黑色腺点。穗状花序常1至数个顶生和枝端腋生，长7~15 cm，密被短柔毛；花有短梗；苞片长3~4 mm；花萼长2~3 mm，被疏毛或几无毛，萼齿三角形，较萼筒短；旗瓣心形，紫色，无翼瓣和龙骨瓣；雄蕊10，下部合生成鞘，上部分裂，包于旗瓣之中，伸出花冠外。荚果下垂，长6~10 mm，宽2~3 mm，微弯曲，顶端具小尖，棕褐色，表面有凸起的疣状腺点。花、果期5~10月。

徂徕山各林区普遍栽培。原产美国东北部和东南部。中国东北、华北、西北地区及山东、安徽、江苏、河南、湖北、广西、四川等省份均有栽培。

枝叶作绿肥、家畜饲料；茎皮可提取栲胶，枝条编制篓筐；果实含芳香油，种子含油率10%，可作油漆、甘油和润滑油之原料。栽植于河岸、河堤、沙地、山坡及铁路沿线，有护堤防沙、防风固沙的作用。

11. 木蓝属 Indigofera Linn.

灌木或草本，稀小乔木；被白色或褐色平贴丁字毛。奇数羽状复叶，偶为掌状复叶、3小叶或单叶；托叶脱落或留存，小托叶有或无；小叶通常对生，稀互生，全缘。总状花序腋生，少数成头状、穗状或圆锥状；苞片常早落；花萼钟状或斜杯状，萼齿5，近等长或下萼齿常稍长；花冠紫红色至淡红色，偶为白色或黄色，早落或旗瓣留存稍久，旗瓣卵形或长圆形，先端钝圆，微凹或具尖头，基部具短瓣柄，外面被短绢毛或柔毛，有时无毛，翼瓣较狭长，具耳，龙骨瓣常呈匙形，常具距突与翼瓣钩连；雄蕊二体，花药同型，背着或近基着，药隔顶端具硬尖或腺点，有时具髯毛，基部偶有鳞片；子房无柄，花柱线形，通常无毛，柱头头状，胚珠1至多数。荚果线形或圆柱形，稀长圆形或卵形或具四棱，被毛或无毛，偶具刺，内果皮通常具红色斑点；种子肾形、长圆形或近方形。

约750种，分布于热带和亚热带，温带也有。中国79种。徂徕山1种。

1. 花木蓝（图444）

Indigofera kirilowii Maxim. ex Palibin

Act. Hort. Petrop. 17: 62. t. 4. 1898.

落叶灌木，高0.3~1 m。茎圆柱形，嫩枝条有纵棱，疏生白色丁字毛或柔毛。奇数羽状复叶，长6~15 cm；叶柄长1~2.5 cm，叶轴上面略扁平，有浅槽，被毛或近无毛；托叶披针形，长4~6 mm，早落；小叶（2）3~5对，对生，阔卵形、卵状菱形或椭圆形，长1.5~4 cm，宽1~2.3 cm，先端圆钝或急尖，具小尖头，基部楔形或阔楔形，上面绿色，下面粉绿色，两面散生白色丁字毛，中脉上面微隆起，下面隆起，侧脉两面明显；小叶柄长2.5 mm，密生毛；小托叶钻形，长2~3 mm，宿存。总状花序长5~12（20）cm，

图444 花木蓝

1.花枝；2.果实；3.花瓣；4.去掉花瓣的花

疏花；总花梗长 1~2.5 cm，花序轴有棱，疏生白色丁字毛；苞片线状披针形，长 2~5 mm；花梗长 3~5 mm，无毛；花萼杯状，外面无毛，长约 3.5 mm，萼筒长约 1.5 mm，萼齿披针状三角形，有缘毛，最下萼齿长达 2 mm；花冠淡红色，稀白色，花瓣近等长，旗瓣椭圆形，长 12~15（17）mm，宽约 7.5 mm，先端圆形，外面无毛，边缘有短毛，翼瓣边缘有毛；花药阔卵形，两端有髯毛；子房无毛。荚果棕褐色，圆柱形，长 3.5~7 cm，径约 5 mm，无毛，内果皮有紫色斑点，有种子 10 余粒；果梗平展；种子赤褐色，长圆形，长约 5 mm，径约 2.5 mm。花期 5~7 月；果期 8 月。

徂徕山各林区均产。国内分布于东北、华北地区及河南、浙江、内蒙古等省份。朝鲜、日本也有分布。

可做保持水土和荒山绿化的先锋树种。花可食。种子含油和淀粉，也可酿酒或作饲料。可引种栽培供观赏和做绿化树种。茎皮纤维供制人造棉。

12. 锦鸡儿属 Caragana Fabr.

落叶灌木，稀小乔木。叶常簇生或互生，为偶数羽状复叶或假掌状复叶，有小叶 2~20，全缘；叶轴通常宿存，成刺状；托叶小，脱落或宿存，硬化成刺。花单生或簇生，花梗有关节；花萼筒状或钟状，萼齿 5，大小近相等，或上面 2 齿较小；花冠黄色，稀淡紫、浅红色或白色，旗瓣倒卵形或近圆形，直立，两侧向外反卷，基部有爪，翼瓣斜长椭圆形，有爪和耳，龙骨瓣直伸，钝头或锐尖，有爪及短耳；二体雄蕊（9+1）；子房近无柄，胚珠多数，花柱无髯毛。荚果圆筒形或披针形，扁平或肿胀，顶端尖，近于无柄，2 片开裂；种子偏斜，近球形或椭圆形。

约 100 种，分布于欧洲和亚洲。中国 66 种，主要分布于黄河流域以北干燥地区。徂徕山 2 种。

分种检索表

1. 羽状复叶有小叶 2 对，小叶长 1~4 cm，宽 0.5~1.5 cm；花黄色并常带红晕 ·················· 1. 锦鸡儿 Caragana sinica
1. 羽状复叶有小叶 5~10 对，小叶长 3~10 mm，宽 2~8 mm；花黄色 ·················· 2. 小叶锦鸡儿 Caragana microphylla

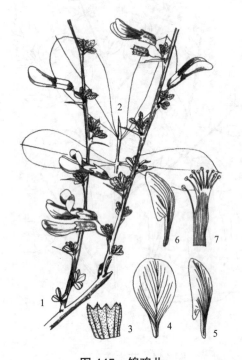

图 445 锦鸡儿
1. 花枝；2. 叶；3. 花萼；4~6. 花瓣；7. 雄蕊

1. 锦鸡儿（图 445）

Caragana sinica（Buc'hoz）Rehd.

J. Arnold Arbor. 22: 576. 1941.

丛生灌木，高 1~2 m。小枝细长，有棱，黄褐色或灰色，无毛；托叶硬化成刺，褐色，直或稍弯，长 0.7~1.5 cm。小叶 2 对，羽状排列，顶上 1 对较大，叶片倒卵形或楔状倒卵形，长 1~4 cm，宽 0.5~1.5 cm，先端圆形或微凹，有时有小硬尖头，基部楔形，全缘，上面深绿色，有光泽，下面淡绿色，两面无毛，下面网脉明显，叶轴脱落，或宿存并硬化成针刺，长 2~2.5 cm。花单生，花梗长约 3 cm，中部有关节及苞片；花萼钟形，基部偏斜；花冠黄色并多少带红晕，凋谢时褐红色，长约 3 cm，旗瓣倒卵形，先端钝圆形，基部带红色，有短爪，翼瓣长圆形，龙骨瓣比翼瓣稍短。荚果长圆筒形，长 3~3.5 cm，宽约 5 mm，光滑，褐色。花期 4~5 月；果期 6~7 月。

产于光华寺西沟。国内分布于河南、河北、陕西、江苏、浙江、福建、江西、湖北、湖南、云南、贵州、四川等省份。

供观赏或作绿篱。根皮供药用，能祛风活血、舒筋、除湿利尿、止咳化痰。

2. 小叶锦鸡儿（图 446）

Caragana microphylla Lam.

Encycl. 1: 615. 1785.

灌木，高 1~2（3）m；老枝深灰色或黑绿色，嫩枝被毛，直立或弯曲。羽状复叶有 5~10 对小叶；托叶长 1.5~5 cm，脱落；小叶倒卵形或倒卵状长圆形，长 3~10 mm，宽 2~8 mm，先端圆钝，很少凹入，具短刺尖，幼时被短柔毛。花梗长约 1 cm，近中部具关节，被柔毛；花萼管状钟形，长 9~12 mm，宽 5~7 mm，萼齿宽三角形；花冠黄色，长约 25 mm，旗瓣宽倒卵形，先端微凹，基部具短瓣柄，翼瓣的瓣柄长为瓣片的 1/2，耳短，齿状；龙骨瓣的瓣柄与瓣片近等长，耳不明显，基部截平；子房无毛。荚果圆筒形，稍扁，长 4~5 cm，宽 4~5 mm，具锐尖头。花期 5~6 月；果期 7~8 月。

图 446 小叶锦鸡儿
1. 花枝；2. 花萼；3. 花瓣；4. 荚果

产于王庄林区。国内分布于东北、华北地区及山东、陕西、甘肃。

枝条可作绿肥；嫩枝叶可作饲草。固沙和水土保持植物。

13. 黄芪属 Astragalus Linn.

草本，稀灌木或半灌木。具单毛或丁字毛，稀无毛。茎发达或短缩，稀不明显。羽状复叶，稀三出复叶或单叶；少数种叶柄和叶轴退化成硬刺；托叶与叶柄离生或贴生，相互离生或合生而与叶对生；小叶全缘，不具小托叶。总状花序或密集呈穗状、头状与伞形花序式，稀花单生，腋生或由根状茎（叶腋）发出；花紫红、紫、青紫、淡黄或白色；苞片小，膜质；小苞片极小或缺，稀大型；花萼管状或钟状，萼筒基部近偏斜，或在花期前后呈肿胀囊状，具 5 齿，包被或不包被荚果；花瓣近等长或翼瓣和龙骨瓣较旗瓣短，下部常渐狭成瓣柄，旗瓣直立，卵形、长圆形或提琴形，翼瓣长圆形，全缘，极稀顶端 2 裂；瓣片基部具耳，龙骨瓣向内弯，近直立，先端钝，稀尖，一般上部黏合；雄蕊二体，极稀全体花丝由中上部向下合生为单体，均能育，花药同型；子房有或无子房柄，含多数或少数胚珠，花柱丝形，劲直或弯曲，极稀上部内侧有毛，柱头小，顶生，头形，无髯毛，稀具簇毛。荚果线形至球形，一般肿胀，先端喙状，1 室，有时因背缝隔膜侵入分为不完全假 2 室或假 2 室，有或无果颈（即果熟后的子房柄），开裂或不开裂，果瓣膜质、革质或软骨质；种子通常肾形，无种阜，珠柄丝形。

约 3000 种，分布于北半球、南美洲及非洲，稀见于北美洲和大洋洲。中国 401 种，南北各省份均产。徂徕山 4 种。

分种检索表

1. 茎和叶被丁字毛。
   2. 茎极短缩，不明显；花白色或淡黄色 ··· 1. 糙叶黄芪 Astragalus scaberrimus
   2. 茎发达，直立；花蓝紫色或淡红色 ··· 2. 斜茎黄芪 Astragalus laxmannii
1. 茎和叶被单毛。
   3. 多年生草本，小叶 5~7 ·· 3. 草木犀状黄芪 Astragalus melilotoides
   3. 一、二年生草本，小叶 11~19（23） ·· 4. 达乌里黄芪 Astragalus dahuricus

1. 糙叶黄芪（图 447）

Astragalus scaberrimus Bunge

Mem. Acad. Sci. St. Petersb. Sav. Etrang. 2: 91. 1833.

多年生草本，密被白色伏贴毛。根状茎短缩，多分枝，木质化；地上茎不明显或极短，有时伸长而匍匐。羽状复叶有 7~15 小叶，长 5~17 cm；叶柄与叶轴等长或稍长；托叶下部与叶柄贴生，长 4~7 mm，上部呈三角形至披针形；小叶椭圆形或近圆形，有时披针形，长 7~20 mm，宽 3~8 mm，先端锐尖、渐尖，有时稍钝，基部宽楔形或近圆形，两面密被伏贴毛。总状花序生 3~5 花，排列紧密或稍稀疏；总花梗极短或较长达，腋生；花梗极短；苞片披针形，较花梗长；花萼管状，长 7~9 mm，被细伏贴毛，萼齿线状披针形，与萼筒等长或稍短；花冠淡黄色或白色，旗瓣倒卵状椭圆形，先端微凹，中部稍缢缩，下部稍狭成不明显的瓣柄，翼瓣较旗瓣短，瓣片长圆形，先端微凹，较瓣柄长，龙骨瓣较翼瓣短，瓣片半长圆形，与瓣柄等长或稍短；子房有短毛。荚果披针状长圆形，微弯，长 8~13 mm，宽 2~4 mm，具

图 447 糙叶黄芪
1. 植株；2~4. 花瓣；5. 荚果；6. 小叶

短喙，背缝线凹入，革质，密被白色伏贴毛，假 2 室。花期 4~8 月；果期 5~9 月。

徂徕山各山地林区均产。生于干旱山坡、草地及河流两岸坡地。国内分布于东北、华北、西北地区。俄罗斯西伯利亚、蒙古也有分布。

2. 斜茎黄芪 直立黄芪、沙打旺（图 448）

Astragalus laxmannii Jacquin

Hort. Bot. Vindob. 3: 22. 1776.

—— *Astragalus adsurgens* Pallas

多年生草本，高 20~100 cm。根较粗壮，暗褐色，有时有长主根。茎丛生，直立或斜上，有毛或近无毛。羽状复叶，叶柄较叶轴短；托叶三角形，渐尖，基部稍合生或有时分离，长 3~7 mm；小叶 9~25，长圆形、近椭圆形或狭长圆形，长 10~25（35）mm，宽 2~8 mm，基部圆形或近圆形，有时稍

尖，上面疏被伏贴毛，下面较密。总状花序长圆柱状、穗状、稀近头状，生多数花，排列密集，有时较稀疏；总花梗较叶长或与其等长；花梗极短；苞片狭披针形至三角形，先端尖；花萼管状钟形，长 5~6 mm，被黑褐色或白色毛，或有时被黑白混生毛，萼齿狭披针形，长为萼筒的 1/3；花冠近蓝色或红紫色，旗瓣长 11~15 mm，倒卵圆形，先端微凹，基部渐狭，翼瓣较旗瓣短，瓣片长圆形，与瓣柄等长，龙骨瓣长 7~10 mm，瓣片较瓣柄稍短；子房被密毛，有极短的柄。荚果长圆形，长 7~18 mm，两侧稍扁，背缝凹入成沟槽，顶端具下弯的短喙，被黑色、褐色或和白色混生毛，假 2 室。花期 6~8 月；果期 8~10 月。

王家院有引种栽培。国内分布于东北、华北、西北、西南等地区。俄罗斯、蒙古、日本、朝鲜和北美洲温带地区都有分布。

种子入药，为强壮剂，治神经衰弱，又为优良牧草和保土植物。

3. 草木犀状黄芪（图 449）

Astragalus melilotoides Pallas

Pall. It. III. App. 748. t. d（1-2）. 1776.

多年生草本。主根粗壮。茎直立或斜生，高 30~50 cm，被白色短柔毛或近无毛。羽状复叶有 5~7 片小叶，长 1~3 cm；叶柄与叶轴近等长；托叶离生，三角形或披针形，长 1~1.5 mm；小叶长圆状楔形或线状长圆形，长 7~20 mm，宽 1.5~3 mm，先端截形或微凹，基部渐狭，具极短的柄，两面均被白色细伏贴柔毛。总状花序生多数花，稀疏；总花梗远较叶长；花小；苞片小，披针形，长约 1 mm；花梗长 1~2 mm，连同花序轴均被白色短伏贴柔毛；花萼短钟状，长约 1.5 mm，被白色短伏贴柔毛，萼齿三角形，较萼筒短；花冠白色或带粉红色，旗瓣近圆形或宽椭圆形，长约 5 mm，先端微凹，基部具短瓣柄，翼瓣较旗瓣稍短，先端有不等的 2 裂或微凹，基部具短耳，瓣柄长约 1 mm，龙骨瓣较翼瓣短，瓣片半月形，先端带紫色；瓣柄长为瓣片的 1/2；子房近无柄，无毛。荚果宽倒卵状球形或椭圆形，先端微凹，具短喙，长 2.5~3.5 mm，假 2 室，背部具稍深的沟，有横纹；种子 4~5 粒，肾形，暗褐色，长约

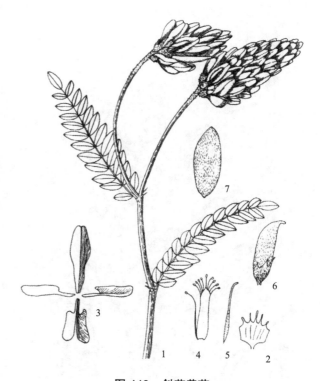

图 448 斜茎黄芪
1. 花枝；2. 花萼；3. 花瓣；4. 雄蕊；5. 雌蕊；
6. 荚果；7. 种子

图 449 草木犀状黄芪
1. 植株上部；2. 花；3. 花萼；4. 花瓣；5. 雄蕊；
6. 雌蕊；7. 荚果；8. 小叶

1 mm。花期7~8月；果期8~9月。

徂徕山各山地林区均产。生于向阳山坡、路旁草地或草甸草地。国内分布于长江以北各省份。俄罗斯、蒙古亦有分布。

4. 达乌里黄芪（图450，彩图45）

Astragalus dahuricus（Pallas）DC. Prodr. 2: 285. 1825.

一、二年生草本。被开展的白色柔毛。茎直立，高达80 cm，分枝，有细棱。羽状复叶有11~19（23）片小叶，长4~8 cm；叶柄长不及1 cm；托叶分离，狭披针形或钻形，长4~8 mm；小叶长圆形、倒卵状长圆形或长圆状椭圆形，长5~20 mm，宽2~6 mm，先端圆或略尖，基部钝或近楔形，小叶柄长不及1 mm。总状花序较密，生10~20花，长3.5~10 cm；总花梗长2~5 cm 苞片线形或刚毛状，长3~4.5 mm。花梗长1~1.5 mm；花萼斜钟状，长5~5.5 mm，萼筒长1.5~2 mm，萼齿线形或刚毛状，上边2齿较萼短，下边3齿长达4 mm；花冠紫色，旗瓣近倒卵形，长12~14 mm，宽6~8 mm，先端微缺，基部宽楔形，翼瓣长约10 mm，瓣片弯长圆形，长约7 mm，宽1~1.4 mm，先端钝，基部耳向外伸，瓣柄长约3 mm，龙骨瓣长约13 mm，瓣片近倒卵形，长8~9 mm，宽2~2.5 mm，瓣柄长约4.5 mm；子房柄长约1.5 mm，被毛。荚果线

图450　达乌里黄芪
1.植株上部；2.果实；3.花；4.花萼；
5~7.花瓣；8.雄蕊及雌蕊；9.雄蕊；
10.雌蕊；11.荚果；12.种子

形，长1.5~2.5 cm，宽2~2.5 mm，先端凸尖喙状，直立，内弯，具横脉，假2室，含20~30粒种子，果颈短，长1.5~2 mm。种子淡褐色或褐色，肾形，长约1 mm，宽约1.5 mm，有斑点，平滑。花期7~9月；果期8~10月。

产于上池、马场等地。国内分布于东北、华北、西北地区及山东、河南、四川。

全株可作饲料，大牲畜特别喜食，故有驴干粮之称。

14. 米口袋属 Gueldenstaedtia Fisch.

多年生草本。主根圆锥状，主茎极缩短而成根颈。自根颈发出多数缩短的分茎。奇数羽状复叶具多对全缘的小叶，着生于缩短的分茎上而呈莲座状，稀退化为1小叶；托叶贴生于叶柄，宽到狭三角形，常成膜质宿存于分茎基部。小叶具短叶柄或几无柄，卵形、披针形、椭圆形、长圆形和线形，稀近圆形。伞形花序具3~8（12）朵花；花紫堇色、淡红色及黄色；花萼钟状，密被贴伏白色长柔毛，间有或多或少的黑色毛，稀无毛，萼齿5，上方2齿较长而宽；旗瓣卵形或近圆形，基部渐狭成瓣柄，顶端微凹，翼瓣斜倒卵形，离生，稍短于旗瓣，龙骨瓣钝头，卵形，极短小，约为翼瓣长的1/2。二体雄蕊（9+1）。子房圆筒状，花柱内卷，柱头钝，圆形。荚果圆筒形，1室，无假隔膜，具多数种子；种子三角状肾形，表面具凹点。

12种，分布于亚洲。中国有3种。徂徕山1种。

1. 米口袋（图 451）

Gueldenstaedtia multifora Bunge

Mem. Acad. St. Petersb. Sav. Etrang. 2: 98. 1883.

—— *Gueldenstaedtia verna*（Georgi）Boriss. subsp. *multiflora*（Bunge）Tsui

多年生草本。主根圆锥状。分茎极缩短，叶及总花梗于分茎上丛生。托叶宿存，下面的阔三角形，上面的狭三角形，基部合生，外面密被白色长柔毛；叶在早春时长仅 2~5 cm，夏秋间可长达 15 cm，早生叶被长柔毛，后生叶毛稀疏；叶柄具沟；小叶 7~21 片，椭圆形、卵形、披针形，顶端小叶有时为倒卵形，长 (4.5) 10~14 (25) mm，宽 (1.5) 5~8 (10) mm，基部圆，先端急尖、钝或微缺。伞形花序有 2~6 朵花；总花梗具沟，被长柔毛，花期较叶稍长；苞片三角状线形，长 2~4 mm，花梗长 1~3.5 mm；花萼钟状，长 7~8 mm，被贴伏长柔毛，上 2 萼齿最大，与萼筒等长，下 3 萼齿较小，最下 1 枚最小；花冠紫堇色，旗瓣长 13 mm，宽 8 mm，倒卵形，全缘，先端微缺，基部渐狭成瓣柄，翼瓣长 10 mm，宽 3 mm，斜长倒卵形，具短耳，瓣柄长 3 mm，龙骨瓣长 6 mm，宽 2 mm，倒卵形，瓣柄长 2.5 mm；子房椭圆状，密被贴伏长柔毛，花柱无毛，内卷，顶端膨大成圆形柱头。荚果圆筒状，长 17~22 mm，直径 3~4 mm，被长柔毛；种子三角状肾形，直径约 1.8 mm，具凹点。花期 4 月；果期 5~6 月。

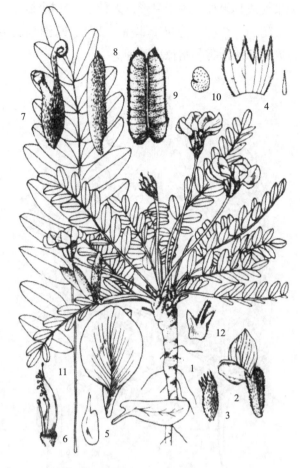

图 451　米口袋

1. 植株；2. 花；3. 花萼；4. 花萼展开；5. 花瓣；
6. 雄蕊和雌蕊；7. 雌蕊；8~9. 荚果；
10. 种子；11. 叶；12. 托叶

徂徕山各林区普遍分布。生于路旁、田边、河岸等各处。国内分布于东北、华北、华东地区及陕西中南部、甘肃东部等地区。俄罗斯中、东西伯利亚和朝鲜北部亦有分布。

全草作为紫花地丁入药。

15. 棘豆属 Oxytropis DC.

多年生草本、半灌木或矮灌木。根通常发达。茎发达或缩短。植物体被毛、腺毛或腺点，稀被不等臂的丁字毛。奇数羽状复叶；托叶纸质、膜质，稀近革质，合生或离生，与叶柄贴生或分离；叶轴有时硬化成刺状；小叶对生、互生或轮生，全缘，无小托叶。总状花序，或密集成头形总状花序，有时为伞形花序，腋生或基生，具多花或少花，有时 1~2 花；苞片小膜质；小苞片微小或无；花萼筒状或钟状，萼齿 5，近等长；花冠紫色、紫堇色、白色或淡黄色，多少突出萼外，常具较长的瓣柄；旗瓣直立，卵形或长圆形，翼瓣长圆形，龙骨瓣与翼瓣等长或较短，直立，先端具直立或反曲的喙；雄蕊二体 (9+1)，花药同型；子房无柄或有柄，具多数胚珠，花柱线状，直立或内弯，无髯毛，柱头头状，顶生。荚果长圆形、线状长圆形或卵状球形，膨胀，膜质、草质或革质，伸出萼外，稀藏于萼内，腹缝通常成深沟槽，沿腹缝 2 瓣裂，稀不裂，1 室或不完全 2 室（稍具隔膜），稀 2 室（具隔膜），无果梗或具果梗。种子肾形，无种阜，珠柄线状。

约300余种，分布于非洲、亚洲、欧洲和北美洲。中国133种，多分布于内蒙古和新疆的山地、荒漠和草原地带。徂徕山1种。

1. 地角儿苗　二色棘豆（图452）

Oxytropis bicolor Bunge

Mém. Acad. Imp. Sci. St.-Péters-bourg Divers Savans. 2: 91. 1835.

多年生草本，高5~20 cm。植株各部密被开展白色绢状长柔毛，淡灰色。主根发达，直伸，暗褐色。茎缩短，簇生。轮生羽状复叶长4~20 cm；托叶膜质，卵状披针形，与叶柄贴生，彼此于基部合生，先端分离而渐尖，密被白色绢状长柔毛；叶轴有时微具腺体；小叶7~17轮（对），对生或4片轮生，线形、线状披针形、披针形，长3~23 mm，宽1.5~6.5 mm，先端急尖，基部圆形，边缘常反卷，两面密被绢状长柔毛，上面毛较疏。总状花序具10~15（23）花；花莛与叶等长或稍长，直立或平卧，被开展长硬毛；苞片披针形，长4~10 mm，宽1~2 mm，先端尖，疏被白色柔毛；花长约20 mm；花萼筒状，长9~12 mm，宽2.5~4 mm，密被长柔毛，萼齿线状披针形，长3~5 mm；花冠紫红色、蓝紫色，旗瓣菱状卵形，长14~20 mm，宽7~9 mm，先端圆，或略微凹，中部黄色，干后有黄绿色斑，翼瓣长圆形，长15~18 mm，先端斜宽，微凹，龙骨瓣

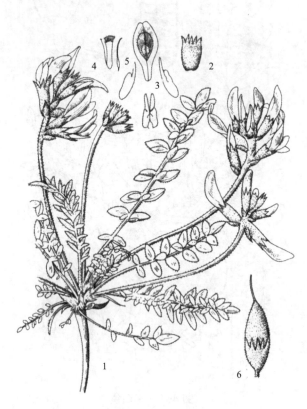

图452　地角儿苗
1. 植株；2. 花萼；3. 花瓣；4. 雄蕊；
5. 雌蕊；6. 荚果

长11~15 mm，喙长2~2.5 mm；子房被白色长柔毛或无毛，花柱下部有毛，上部无毛；胚珠26~28枚。荚果几革质，稍坚硬，卵状长圆形，膨胀，腹背稍扁，长17~22 mm，宽约5 mm，先端具长喙，腹、背缝均有沟槽，密被长柔毛，隔膜宽约1.5 mm，不完全2室。种子宽肾形，长约2 mm，暗褐色。花、果期4~9月。

徂徕山各山地林区均产。生于干旱山坡、沙荒地上。国内分布于内蒙古、河北、山西、陕西、宁夏、甘肃、青海及河南等省份。蒙古东部也有分布。

16. 野豌豆属 Vicia Linn.

一、二年生或多年生草本。茎细长，攀缘、蔓生或匍匐，稀直立。偶数羽状复叶，叶轴先端具卷须或短尖头；托叶通常半箭头形，少数种类具腺点，无小托叶；小叶（1）2~12对，长圆形、卵形、披针形至线形，先端圆、平截或渐尖，微凹，有细尖，全缘。花序腋生，总状或复总状，长于或短于叶；花多数，密集生于花序轴上部，稀单生或2~4簇生于叶腋，苞片甚小而且多数早落，大多无小苞片；花萼近钟状，基部偏斜，上萼齿通常短于下萼齿，多少被柔毛；花冠淡蓝色、蓝紫色或紫红色，稀黄色或白色；旗瓣倒卵形、长圆形或提琴形，先端微凹，下方具较大的瓣柄，翼瓣与龙骨瓣耳部相互嵌合，二体雄蕊（9+1），雄蕊管上部偏斜，花药同型；子房近无柄，胚珠2~7枚，花柱圆柱

形，顶端四周被毛，或侧向压扁于远轴端具一束髯毛。荚果大多扁，沿腹缝开裂；种子2~7粒，球形、扁球形、肾形或扁圆柱形，种皮褐色、灰褐色或棕黑色，稀具斑点或花纹；种脐相当于种子周长1/3~1/6，胚乳微量，子叶扁平、不出土。

约160种，产北半球温带至南美洲温带和东非，以地中海地域为中心。中国40种，广布于全国各省份。徂徕山8种。

分种检索表

1. 总花梗长。
　2. 花少，仅1~4（7）朵。
　　3. 花大，长10~25 mm，红紫色或金蓝紫色；花序长于叶 ················· 1. 大花野豌豆 Vicia bungei
　　3. 花小，长不及7 mm，淡蓝色或带紫白色；花序与叶等长 ················· 2. 四籽野豌豆 Vicia tetrasperma
　2. 花多，通常5朵以上。
　　4. 卷须发达。
　　　5. 花序有花15~30（40）朵，小叶长圆形或披针形 ················· 3. 长柔毛野豌豆 Vicia villosa
　　　5. 花序有花5~15；小叶较宽，椭圆形、卵形或披针形。
　　　　6. 托叶小，长不及10 mm；小叶长圆形或线形 ················· 4. 确山野豌豆 Vicia kioshanica
　　　　6. 托叶大，长10 mm以上；小叶椭圆形至卵披针形 ················· 5. 山野豌豆 Vicia amoena
　　4. 叶轴顶端无卷须，呈细刺状；小叶1对，卵状披针形或近菱形 ················· 6. 歪头菜 Vicia unijuga
1. 总花梗极短，花1~4（6）朵。
　7. 花长15 mm；叶轴顶端具卷须；荚果扁 ················· 7. 救荒野豌豆 Vicia sativa
　7. 花长25~33 mm；叶轴顶端无卷须；荚果肥厚 ················· 8. 蚕豆 Vicia faba

1. 大花野豌豆（图453）

Vicia bungei Ohwi

J. Jap. Bot. 12: 330. 1936.

一、二年生缠绕或匍匐草本，高15~40（50）cm。茎有棱，多分枝，近无毛。偶数羽状复叶，顶端卷须有分枝；托叶半箭头形，长3~7 mm，有锯齿；小叶3~5对，长圆形或狭倒卵长圆形，长1~2.5 cm，宽2~8 mm，先端平截微凹，稀齿状，上面叶脉不甚清晰，下面叶脉明显，被疏柔毛。总状花序长于叶或与叶轴近等长；具花2~4（5）朵，着生于花序轴顶端，长2~2.5 cm，萼钟形，被疏柔毛，萼齿披针形；花冠红紫色或金蓝紫色，旗瓣倒卵披针形，先端微缺，翼瓣短于旗瓣，长于龙骨瓣；子房柄细长，沿腹缝线被金色绢毛，花柱上部被长柔毛。荚果扁长圆形，长2.5~3.5 cm，宽约7 mm。种子2~8粒，球形，直径约3 mm。花期4~5月；果期6~7月。

产于上池。生于河边草丛、荒地、田边及路旁。分布于东北、华北、西北、西南地区及山东、江苏、

图453 大花野豌豆
1. 花枝；2. 花萼；3. 旗瓣；4. 翼瓣；
5. 龙骨瓣；6. 荚果；7. 种子

安徽等省份。

为绿肥及饲料。

2. 四籽野豌豆（图454）

Vicia tetrasperma（Linn.）Schreber

Spic. Fl. Lips. 26. 1771.

—— Ervum tetraspermum Linn.

一年生缠绕草本，高20~60 cm。茎纤细柔软，有棱，被微柔毛。偶数羽状复叶，长2~4 cm；顶端为卷须，托叶箭头形或半三角形，长2~3 mm；小叶2~6对，长圆形或线形，长6~7 mm，宽约0.3 cm，先端圆，具短尖头，基部楔形。总状花序长约3 cm，花1~2朵着生于花序轴先端；花萼斜钟状，长约3 mm，萼齿圆三角形；花冠淡蓝色或带蓝、紫白色，旗瓣长圆倒卵形，长约6 mm，宽3 mm，翼瓣与龙骨瓣近等长；子房长圆形，长3~4 mm，宽约1.5 mm，有柄，胚珠4，花柱上部四周被毛。荚果长圆形，长0.8~1.2 cm，宽2~4 mm，表皮棕黄色，近革质，具网纹。种子4粒，扁圆形，直径约2 mm，种皮褐色，种脐白色，长相当于种子周长1/4。花期3~6月；果期6~8月。

徂徕山有分布。生于山谷、草地阳坡。国内分布于陕西、甘肃、新疆及华东、华中、西南等地区。欧洲、亚洲、北美洲、北非亦有分布。

为优良牧草，嫩叶可食。全草药用，有平胃、明目之功效。

3. 长柔毛野豌豆（图455）

Vicia villosa Roth

Tent. Fl. Germ. 2（2）：182. 1793.

一年生草本，攀缘或蔓生。植株被长柔毛，长30~150 cm，茎柔软，有棱，多分枝。偶数羽状复叶，叶轴顶端卷须2~3分支；托叶披针形或2深裂，呈半边箭头形；小叶5~10对，长圆形、披针形至线形，长1~3 cm，宽3~7 mm，先端渐尖，具短尖头，基部楔形，叶脉不甚明显。总状花序腋生，与叶近等长或略长于叶；具花10~20朵，一面向着生于总花序轴上部；花萼斜钟形，长约7 mm，萼齿5，近锥形，长约4 mm，下面的3枚较长；花冠紫色、淡紫色或紫蓝色，旗瓣长圆形，中部缢缩，长约5 mm，先端微凹；翼

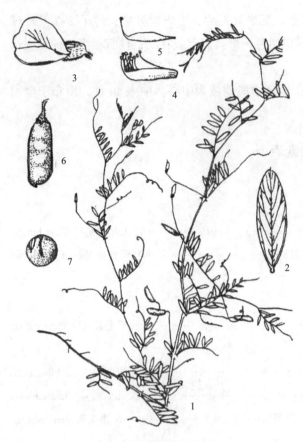

图454 四籽野豌豆
1. 植株；2. 小叶；3. 花；4. 雄蕊；
5. 雌蕊；6. 荚果；7. 种子

图455 长柔毛野豌豆
1. 花枝；2. 花；3. 荚果

瓣短于旗瓣；龙骨瓣短于翼瓣。荚果长圆状菱形，长 2.5~4 cm，宽 0.7~1.2 cm，侧扁，先端具喙。种子 2~8 粒，球形，直径约 3 mm，表皮黄褐色至黑褐色，种脐长相等于种子圆周 1/7。花、果期 4~10 月。

各林区有零星栽培。国内分布于东北、华北、西北、西南地区及山东、江苏、湖南、广东等省份，为归化植物。原产于欧洲、中亚、伊朗等。

为优良牧草及绿肥作物。

4. 确山野豌豆（图 456）

Vicia kioshanica L. H. Bailey

Gentes Herb. 1: 32. 1920.

多年生草本，高 20~80 cm。偶数羽状复叶，卷须单一或有分枝；托叶半箭头形，2 裂，有锯齿；小叶 3~7 对，近互生，革质，长圆形或线形，长 1.2~4 cm，宽 0.5~1.3 cm，先端圆或渐尖，具短尖头，叶脉密集而清晰，侧脉 10 对，下面密被长柔毛，后渐脱落，叶全缘，背具极细微可见的白边。总状花序长可达 20 cm，柔软而弯曲，明显长于叶；花萼钟状，长约 4 mm，萼齿披针形，外面疏被柔毛；具花 6~16（20）朵，疏松排列于花序轴上部，花冠紫色或紫红色，稀近黄或红色，长 0.7~1.4 cm，旗瓣长圆形，长 1~1.1 cm，宽 6 mm，翼瓣与旗瓣近等长，龙骨瓣最短；子房线形，有柄，胚珠 3~4 枚，花柱上部四周被毛。荚果菱形或长圆形，长 2~2.5 cm，宽约 5 mm，深褐色。种子 1~4 粒，扁圆形，直径 3~5 mm，表皮黑褐色，种脐长约为种子圆周的 1/3。花期 4~6 月；果期 6~9 月。

产于马场。生于山坡、谷地、田边、路旁灌丛或湿草地。国内分布于陕西、甘肃、河北、河南、山西、湖北、山东、江苏、安徽、浙江等省份。

本种茎、叶嫩时可食，亦为饲料。药用有清热、消炎之效。

5. 山野豌豆（图 457）

Vicia amoena Fisch. ex DC.

Prodr. 2: 355. 1825.

多年生草本，高 30~100 cm，植株被疏柔毛，稀近无毛。主根粗壮，须根发达。茎具棱，多分枝，细软，斜升或攀缘。偶数羽状复叶，

图 456 确山野豌豆
1. 植株上部；2. 花萼；3. 雌蕊；4~6. 花瓣；
7. 荚果；8. 种子；9. 小叶

图 457 山野豌豆
1. 花枝；2. 花萼；3~5. 花瓣；6. 雄蕊；7. 雌蕊

长 5~12 cm，几无柄，顶端卷须有 2~3 分枝；托叶半箭头形，长 0.8~2 cm，边缘有 3~4 裂齿；小叶 4~7 对，互生或近对生，椭圆形至卵披针形，长 1.3~4 cm，宽 0.5~1.8 cm；先端圆，微凹，基部近圆形，上面被贴伏长柔毛，下面粉白色；沿中脉毛被较密，侧脉扇状展开直达叶缘。总状花序通常长于叶；花 10~20（30）密集着生于花序轴上部；花冠红紫色、蓝紫色或蓝色；花萼斜钟状，萼齿近三角形，上萼齿长 3~4 mm，明显短于下萼齿；旗瓣倒卵圆形，长 1~1.6 cm，宽 5~6 mm，先端微凹，瓣柄较宽，翼瓣与旗瓣近等长，瓣片斜倒卵形，瓣柄长 4~5 mm，龙骨瓣短于翼瓣，长 1.1~1.2 cm；子房无毛，胚珠 6 枚，花柱上部四周被毛，子房柄长约 4 mm。荚果长圆形，长 1.8~2.8 cm，宽 4~6 mm，无毛。种子 1~6 粒，圆形，直径 3.5~4 mm；种皮革质，深褐色，具花斑；种脐内凹，黄褐色，长相当于种子周长的 1/3。花期 4~6 月；果期 7~10 月。

产于上池、马场。生于山坡、灌丛或杂木林中。国内分布于东北、华北地区及陕西、甘肃、宁夏、河南、湖北、山东、江苏、安徽等省份。俄罗斯西伯利亚及远东地区、朝鲜、日本、蒙古亦有。

本种为优良牧草。民间药用称透骨草，有去湿、清热解毒之效。繁殖迅速，再生力强，是防风、固沙、水土保持及绿肥作物。

6. 歪头菜（图 458，彩图 46）

Vicia unijuga A. Braun

Index Sem. Hort. Berol. 1853: 22. 1853.

多年生草本，高（15）40~100（180）cm。根茎粗壮，近木质，主根长达 8~9 cm，直径 2.5 cm，须根发达，表皮黑褐色。通常数茎丛生，具棱，疏被柔毛，老时渐脱落，茎基部表皮红褐色或紫褐红色。叶轴末端为细刺尖头；偶见卷须，托叶戟形或近披针形，长 0.8~2 cm，宽 3~5 mm，边缘有不规则齿蚀状；小叶 1 对，卵状披针形或近菱形，长 3~7 cm，宽 1.5~4 cm，先端渐尖，边缘具小齿状，基部楔形，两面均疏被微柔毛。总状花序单一，稀有分枝，明显长于叶，长 4.5~7 cm；花 8~20 朵一面向密集于花序轴上部；花萼紫色，斜钟状或钟状，长约 4 mm，直径 2~3 mm，无毛或近无毛，萼齿明显短于萼筒；花冠蓝紫色、紫红色或淡蓝色，长 1~1.6 cm，旗瓣倒提琴形，中部缢缩，先端圆有凹，长 1.1~1.5 cm，宽 0.8~1 cm，翼瓣先端钝圆，长 1.3~1.4 cm，宽 4 mm，龙骨瓣短于翼瓣，子房线形，无毛，胚珠 2~8 枚，具子房柄，花柱上部四周被毛。荚果扁、长圆形，长 2~3.5 cm，宽 5~7 mm，无毛，表皮棕黄色，近革质，两端渐尖，先端具喙，成熟时腹背开裂，果瓣扭曲。种子 3~7 粒，扁圆球形，直径 2~3 mm，种皮黑褐色，革质，种脐长相当于种子周长 1/4。花期 6~7 月；果期 8~9 月。

图 458 歪头菜

1. 植株上部；2. 花；3~5. 花瓣；6. 雄蕊；7. 雌蕊

产于上池、马场。生于山地林缘、沟边及灌丛。国内分布于东北、华北、华东、西南地区。朝鲜、日本、蒙古、俄罗斯西伯利亚及远东地区均有分布。

本种为优良牧草、牲畜喜食。嫩时亦可为蔬菜。全草药用，有补虚、调肝、理气、止痛等功效。

本种生长旺盛，广布荒草坡，亦用于水土保持及绿肥，为早春蜜源植物之一。

7. 救荒野豌豆 大巢菜（图459）

Vicia sativa Linn.

Sp. Pl. 736. 1753.

一、二年生草本，高15~90（105）cm。茎斜升或攀缘，具棱，被微柔毛。偶数羽状复叶，长2~10 cm，叶轴顶端卷须2~3分枝；托叶戟形，通常2~4裂齿，长3~4 mm，宽1.5~3.5 mm；小叶2~7对，长椭圆形或近心形，长0.9~2.5 cm，宽0.3~1 cm，先端圆或平截有凹，具短尖头，基部楔形，侧脉不明显，两面被贴伏黄柔毛。花1~2（4）腋生，近无梗；萼钟形，外面被柔毛，萼齿披针形或锥形；花冠紫红色或红色，旗瓣长倒卵圆形，先端圆，微凹，中部缢缩，翼瓣短于旗瓣，长于龙骨瓣；子房线形，微被柔毛，胚珠4~8枚，子房具柄短，花柱上部被淡黄白色髯毛。荚果线长圆形，长4~6 cm，宽5~8 mm，表皮土黄色，种间缢缩，有毛，成熟时背腹开裂，果瓣扭曲。种子4~8粒，圆球形，棕色或黑褐色，种脐长相当于种子圆周1/5。花期4~7月；果期7~9月。

徂徕山各林区均产。生于农田、杂草丛中。原产欧洲南部、亚洲西部，现已广为栽培。全国各地均产。

为绿肥及优良牧草。全草药用。花、果期及种子有毒。

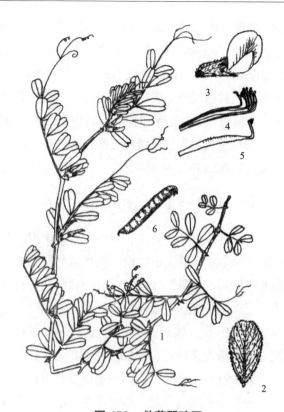

图459 救荒野豌豆
1. 植株上部；2. 小叶；3. 花；4. 雄蕊；
5. 雌蕊；6. 荚果

8. 蚕豆（图460）

Vicia faba Linn.

Sp. Pl. 737. 1753.

一年生草本，高30~100（120）cm。主根短粗，多须根，根瘤粉红色，密集。茎粗壮，直立，直径0.7~1 cm，具四棱，中空，无毛。偶数羽状复叶，叶轴顶端卷须短缩为短尖头；托叶戟头形或近三角状卵形，长1~2.5 cm，宽约0.5 cm，略有锯齿，具深紫色密腺点；小叶1~3对或茎上部4~5对，小叶互生，椭圆形、长圆形或倒卵形，稀圆形，长4~6（10）cm，宽1.5~4 cm，先端圆钝，具短尖头，基部楔形，全缘，两面无毛。总状花序腋生，具花2~4（6）朵呈丛状，花近无梗；花萼钟形，萼齿披针形，下萼齿较长；花冠白色，具紫色脉纹及

图460 蚕豆
1. 植株上部；2. 去掉花冠的花；3. 旗瓣；4. 翼瓣；
5. 龙骨瓣；6. 荚果；7. 种子

黑色斑晕，长 2~3.5 cm，旗瓣中部缢缩，基部渐狭，翼瓣短于旗瓣，长于龙骨瓣；雄蕊二体（9+1），子房线形，无柄，胚珠 2~4（6）枚，花柱密被白柔毛，顶端远轴面有一束髯毛。荚果肥厚，长 5~10 cm，宽 2~3 cm；被绒毛，内有白色海绵状横隔膜，成熟后表皮变为黑色。种子 2~4（6）粒，长方圆形，种脐线形，黑色，位于种子一端。花期 4~5 月；果期 5~6 月。

徂徕山有零星栽培。原产欧洲地中海沿岸、亚洲西南部至北非。全国各地均有栽培，以长江以南为盛。

蚕豆是人类最早栽培的豆类作物之一，作为粮食磨粉制糕点、小吃，嫩时作为蔬菜或饲料，种子含蛋白质 22.35%，淀粉 43%。

17. 山黧豆属 Lathyrus Linn.

一年生或多年生草本，具根状茎或块根。茎直立、上升或攀缘，有翅或无翅。偶数羽状复叶，具 1 至数对小叶，稀无小叶而叶轴增宽叶化或托叶叶状，叶轴末端具卷须或针刺；小叶椭圆形、卵形、卵状长圆形、披针形或线形，具羽状脉或平行脉；托叶通常半箭形，稀箭形，偶为叶状。总状花序腋生，具 1 至数花。花紫色、粉红色、黄色或白色，有时具香味；萼钟状，萼齿不等长或稀近相等；雄蕊二体（9+1），雄蕊管顶端通常截形稀偏斜；花柱先端通常扁平，线形或增宽成匙形，近轴一面被刷毛。荚果通常压扁，开裂。种子 2 至多数。

约 160 种，分布于欧洲、亚洲及北美洲的北温带地区，南美洲及非洲也有少量分布。中国 18 种，主要分布于东北、华北、西北及西南地区。徂徕山 1 种。

1. 大山黧豆（图 461）

Lathyrus davidii Hance

J. Bot. 9: 130. 1871.

多年生草本，具块根，高 1~1.8 m。茎粗壮，圆柱状，具纵沟，直立或上升，无毛。托叶大，半箭形，全缘或下面稍有锯齿，长 4~6 cm，宽 2~3.5 cm；叶轴末端具分枝的卷须；小叶（2）3~4（5）对，通常为卵形，具细尖，基部宽楔形或楔形，全缘，长 4~6 cm，宽 2~7 cm，两面无毛，上面绿色，下面苍白色，羽状脉。总状花序腋生，约与叶等长，有花 10 余朵。萼钟状，长约 5 mm，无毛，萼齿短小，长 1~2 mm；花深黄色，长 1.5~2 cm，旗瓣长 1.6~1.8 cm，瓣片扁圆形，瓣柄狭倒卵形，与瓣片等长，翼瓣与旗瓣瓣片等长，具耳及线形长瓣柄，龙骨瓣约与翼瓣等长，瓣片卵形，先端渐尖，基部具耳及线形瓣柄；子房线形，无毛。荚果线形，长 8~15 cm，宽 5~6 mm，具长网纹。种子紫褐色。宽长圆形，长 3~5 mm，光滑。花期 5~7 月；果期 8~9 月。

产于庙子羊栏沟等地。生于山坡、林缘、灌丛。国内分布于东北地区及内蒙古、河北、陕西、甘肃、山东、安徽、河南、湖北等省份。朝鲜、日本及俄罗斯远东地区也有分布。

图 461 大山黧豆
1. 植株上部；2~4. 发花瓣；5. 雄蕊；6. 雌蕊；7. 荚果

可作绿肥及饲料。

18. 豌豆属 Pisum Linn.

一年生或多年生柔软草本。茎方形，空心，无毛。叶具小叶 2~6 片，卵形至椭圆形，全缘或多少有锯齿，下面被粉霜，托叶大，叶状；叶轴顶端具羽状分枝的卷须；花白色或颜色多样，单生或数朵排成总状花序，腋生，具柄；萼钟状，偏斜或在基部为浅束状，萼片多少呈叶片状；花冠蝶形，旗瓣扁倒卵形，翼瓣稍与龙骨瓣连生，雄蕊二体（9+1）；子房近无柄，有胚珠多粒，花柱内弯，压扁，内侧面有纵列的髯毛。荚果肿胀，长椭圆形，顶端斜急尖；种子数粒，球形。

约 2~3 种，产欧洲及亚洲。中国引入栽培 1 种。徂徕山有栽培。

1. 豌豆（图 462）

Pisum sativum Linn.

Sp. Pl. 727. 1753.

一年生攀缘草本，高 0.5~2 m。全株绿色，光滑无毛，被粉霜。叶具小叶 4~6 片，托叶比小叶大，叶状，心形，下缘具细牙齿。小叶卵圆形，长 2~5 cm，宽 1~2.5 cm；花单生于叶腋或数朵排列为总状花序；花萼钟状，深 5 裂，裂片披针形；花冠颜色多样，多为白色和紫色，雄蕊二体（9+1）。子房无毛，花柱扁，内面有髯毛。荚果肿胀，长椭圆形，长 2.5~10 cm，宽 0.7~14 cm，顶端斜急尖，背部近于伸直，内侧有坚硬纸质的内皮；种子 2~10 粒，圆形，青绿色，有皱纹或无，干后变为黄色。花期 6~7 月；果期 7~9 月。

徂徕山有零星栽培。原产地中海地区，中国各地普遍栽培。

种子、嫩果荚或嫩茎叶供食用，茎叶作饲料。

图 462 豌豆
1.植株上部；2.去掉花冠的花；
3.花瓣；4.荚果

19. 两型豆属 Amphicarpaea Elliot ex Nuttall

缠绕性草本。羽状复叶有 3 小叶，互生，托叶和小托叶常有脉纹。花两性，常 2 型：闭锁花（闭花受精）无花瓣，生于茎下部，于地下结实。正常花生于茎上部，常 3~7 朵排成腋生短总状花序；苞片宿存或脱落，小苞片有或无；花萼管状，4~5 裂；花冠伸出于萼外，各瓣近等长，旗瓣倒卵形或倒卵状椭圆形，具瓣柄和耳，龙骨瓣略镰状弯曲；雄蕊二体（9+1），花药 1 型；子房无柄或近无柄，基部具鞘状花盘，花柱无毛，柱头小，顶生。荚果线状长圆形，扁平，微弯，不具隔膜；在地下结的果通常圆形或椭圆形。

约 5 种，分布于东亚、北美洲以及非洲东南部等。中国 3 种。徂徕山 1 种。

1. 两型豆（图 463）

Amphicarpaea edgeworthii Benth.

Miq. Pl. Jungh. 231. 1851.

一年生缠绕草本。茎纤细，被淡褐色柔毛。羽状复叶有3小叶；托叶小，披针形或卵状披针形，长3~4 mm；叶柄长2~5.5 cm；小叶薄纸质或近膜质，顶生小叶菱状卵形或扁卵形，长2.5~5.5 cm，宽2~5 cm，先端钝或有短尖，基部圆形、宽楔形或近截平，两面常被贴伏的柔毛，基出脉3，侧生小叶稍小，常偏斜。花2型：生在茎上部的为正常花，排成腋生的短总状花序，有花2~7朵；苞片卵形至椭圆形，长3~5 mm；花梗纤细，长1~2 mm；花萼管状，5裂，裂片不等；花冠淡紫色或白色，长1~1.7 cm，各瓣近等长，旗瓣倒卵形，具瓣柄，两侧具内弯的耳，翼瓣长圆形亦具瓣柄和耳，龙骨瓣与翼瓣近似，先端钝，具长瓣柄；雄蕊二体，子房被毛。生于下部为闭锁花，无花瓣，柱头弯至与花药接触，子房伸入地下结实。荚果2型；生于茎上部的完全花结的荚果为长圆形或倒卵状长圆形，长2~3.5 cm，宽约6 mm，扁平，被淡褐色柔毛，种子2~3粒，肾状圆形；由闭锁花伸入地下结的荚果呈椭圆形或近球形，不开裂，内含1粒种子。花、果期8~11月。

图 463 两型豆
1. 植株一部分；2. 果枝；3. 花；4. 花瓣；
5. 雄蕊和雌蕊；6. 种子

徂徕山各山地林区均产。常生于山坡路旁及旷野草地上。国内分布于东北、华北地区至陕西、甘肃及江南各省份。俄罗斯、朝鲜、日本、越南、印度亦有分布。

20. 大豆属 Glycine Willd.

一年生或多年生草本。根草质或近木质，通常具根瘤；茎粗壮或纤细，缠绕、攀缘、匍匐或直立。羽状复叶通常具3小叶，罕为4~5（7）；托叶小，和叶柄离生，通常脱落；小托叶存在。总状花序腋生，在植株下部的常单生或簇生；苞片小，着生于花梗基部，小苞片成对，着生于花萼基部，在花后均不增大；花萼膜质，钟状，有毛，深裂为近二唇形，上部2裂片通常合生，下部3裂片披针形至刚毛状；花冠微伸出萼外，紫色、淡紫色或白色，无毛，各瓣均具长瓣柄，旗瓣大，近圆形或倒卵形，基部有不很显著的耳，翼瓣狭，与龙骨瓣稍贴连，龙骨瓣钝，比翼瓣短，先端不扭曲；单体雄蕊（10）或对旗瓣的1枚离生而成二体（9+1）；子房近无柄，有胚珠数枚，花柱微内弯，柱头顶生，头状。荚果线形或长椭圆形，扁平或稍膨胀，直或弯镰状，具果颈，种子间有隔膜，果瓣于开裂后扭曲；种子1~5粒，卵状长椭圆形、近扁圆状方形、扁圆形或球形。

约9种，分布于东半球热带、亚热带至温带地区。中国6种。徂徕山2种。

分种检索表

1. 茎粗壮、直立；荚果肥大，长 4~7.5 cm；栽培植物··1. 大豆 Glycine max
1. 茎纤细、缠绕；荚果长 17~23 mm；野生植物··2. 野大豆 Glycine soja

1. 大豆 菽、黄豆（图 464）
Glycine max（Linn.）Merr.

Interpr. Rumph. Herb. Amb. 274. 1917.

一年生草本，高 30~90 cm。茎直立或上部近缠绕状，密被褐色长硬毛。叶具 3 小叶；托叶宽卵形，长 3~7 mm，被黄色柔毛；叶柄长 2~20 cm，幼嫩时散生疏柔毛或具棱并被长硬毛；小叶纸质，宽卵形、近圆形或椭圆状披针形，顶生 1 枚较大，长 5~12 cm，宽 2.5~8 cm，先端渐尖或近圆形，基部宽楔形或圆形，侧生小叶较小，斜卵形；侧脉每边 5 条；小托叶铍针形，长 1~2 mm。总状花序；花萼长 4~6 mm，密被长硬毛或糙伏毛，二唇形，裂片 5，披针形，上部 2 裂片常合生至中部以上，下部 3 裂片分离，均密被白色长柔毛，花紫色、淡紫色或白色，长 4.5~8（10）mm，旗瓣倒卵状近圆形，先端微凹并外反，基部具瓣柄，翼瓣篦状，基部狭，具瓣柄和耳，龙骨瓣斜倒卵形，具短瓣柄；雄蕊二体；子房基部有不发达的腺体，被毛。荚果肥大，长圆形，稍弯，下垂，黄绿色，长 4~7.5 cm，宽 8~15 mm，密被褐黄色长毛；种子 2~5 粒，椭圆形、近球形、卵圆形至长圆形，种皮光滑，淡绿、黄、褐、黑等色，种脐明显。花期 6~7 月；果期 7~9 月。

徂徕山各地普遍栽培。原产中国，各地均有栽培，亦广泛栽培于世界各地。

大豆是中国重要粮食作物之一，通常被认为是由野大豆驯化而来。

2. 野大豆（图 465）
Glycine soja Sieb. & Zucc.

Abh. Akad. Wiss. Muenchen 4（2）: 119. 1843.

一年生缠绕性草本，主根细长，可达 20 cm 以上，侧根稀疏，略带四棱形。蔓茎疏生黄褐色长毛，多攀在伴生植物上或匍匐在地面生长。叶为羽状复叶，具 3 小叶，卵圆形至狭卵形，长 1~6 cm，宽 1~3 cm，先端锐尖至钝圆，基部近圆形，两面被毛。总状花序腋生，苞片披针形，萼钟状，密生黄色长

图 464 大豆
1. 花枝；2. 果实；3. 花；4. 花萼；
5~7. 花瓣；8. 雄蕊

图 465 野大豆
1. 花枝；2. 花；3. 花萼；4. 花瓣；5. 雄蕊；
6. 荚果；7. 裂开的荚果；8. 种子

硬毛；花淡紫红色，蝶形，长 4~5 cm；5 齿裂，裂片三角状披针形，先端锐尖；旗瓣近圆形，翼瓣歪倒卵形，龙骨瓣最短。荚果狭长圆形或镰刀形，两侧稍扁，长约 3 cm，密被黄褐色长硬毛；含 2~4 粒种子，种子椭圆形或稍扁，长 2.5~4 mm，褐色、黄色、绿色或呈黄黑双色。花期 5~6 月；果期 9~10 月。

产于磙石峪、马场、大寺道士庄等地。生于河岸、沼泽、湿草中。分布于中国从寒温带到亚热带广大地区。阿富汗、朝鲜、日本和俄罗斯远东地区也有分布。

野大豆为国家重点保护野生植物，与大豆是近缘种，具有耐盐碱、抗寒、抗病等许多优良性状，在大豆育种上常用作选育优良大豆品种的种质资源。

21. 菜豆属 Phaseolus Linn.

缠绕或直立草本，常被钩状毛。羽状复叶具 3 小叶；托叶基着，宿存，基部不延长；有小托叶。总状花序腋生，花梗着生处肿胀；苞片及小苞片宿存或早落；花小，黄色、白色、红色或紫色，生于花序中上部；花萼 5 裂，二唇形，上唇微凹或 2 裂，下唇 3 裂；旗瓣圆形，反折，瓣柄的上部常有一横向的槽，附属体有或无，翼瓣阔，倒卵形，稀长圆形，顶端兜状；龙骨瓣狭长，顶端喙状，并形成 1 个 1~5 圈的螺旋；雄蕊二体，对旗瓣的 1 枚雄蕊离生，其余的雄蕊部分合生；花药 1 室，或 5 枚背着的与 5 枚基着的互生；子房长圆形或线形，具 2 至多枚胚珠，花柱下部纤细，顶部增粗，通常与龙骨瓣同作 360° 以上的旋卷，柱头偏斜，不呈画笔状。荚果线形或长圆形，有时镰状，压扁或圆柱形，有时具喙。2 瓣裂；种子 2 至多粒，长圆形或肾形，种脐短小，居中。

约 50 种，分布于全世界的温暖地区，尤以热带蒂美洲为多。中国 3 种，南北各省份均有分布，悉为栽培种。徂徕山 1 种。

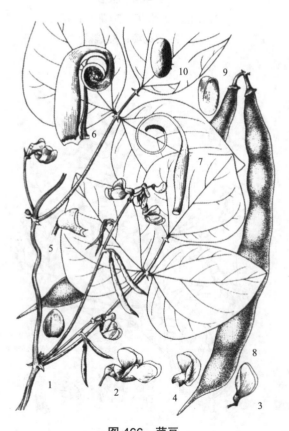

图 466 菜豆
1. 花枝；2~3. 花；4. 旗瓣；5. 花萼；6. 雄蕊；
7. 雌蕊；8. 荚果；9~10. 种子

1. 菜豆（图 466）

Phaseolus vulgaris Linn.

Sp. Pl. 723. 1753.

一年生草本。茎缠绕或近直立，被短柔毛或老时无毛。羽状复叶具 3 小叶；托叶披针形，长约 4 mm，基着。小叶宽卵形或卵状菱形，侧生的偏斜，长 4~16 cm，宽 2.5~11 cm，先端长渐尖，有细尖，基部圆形或宽楔形，全缘，被短柔毛。总状花序比叶短，有数朵花生于花序顶部；花梗长 5~8 mm；小苞片卵形，有数条隆起的脉，约与花萼等长或稍较其为长，宿存；花萼杯状，长 3~4 mm，上方的 2 枚裂片连合成一微凹的裂片；花冠白色、黄色、紫堇色或红色；旗瓣近方形，宽 9~12 mm，翼瓣倒卵形，龙骨瓣长约 1 cm，先端旋卷，子房被短柔毛，花柱压扁。荚果带形，稍弯曲，长 10~15 cm，宽 1~1.5 cm，略肿胀，无毛，顶有喙；种子 4~6 粒，长椭圆形或肾形，长 0.9~2 cm，宽 0.3~1.2 cm，白色、褐色、蓝色或有花斑，种脐通常白色。花期春夏。

徂徕山各林区均有栽培。原产美洲，现广植于各热带至温带地区。中国各地普遍栽培。

嫩荚供蔬食。

22. 豇豆属 Vigna Savi

缠绕或直立草本，稀为亚灌木。羽状复叶具3小叶；托叶盾状着生或基着。总状花序或1至多花的花簇腋生或顶生，花序轴上花梗着生处常增厚并有腺体；苞片及小苞片早落；花萼5裂，二唇形，下唇3裂，中裂片最长，上唇中2裂片完全或部分合生；花冠小或中等大，白色、黄色、蓝或紫色；旗瓣圆形，基部具附属体，翼瓣远较旗瓣为短，龙骨瓣与翼瓣近等长，无喙或有1内弯、稍旋卷的喙（但不超过360°）；雄蕊二体，对旗瓣的1枚雄蕊离生，其余合生，花药1室；子房无柄，胚珠3至多数，花柱线形，上部增厚，内侧具髯毛或粗毛，下部喙状，柱头侧生。荚果线形或线状长圆形，圆柱形或扁平，直或稍弯曲，2瓣裂，通常多少具隔膜；种子通常肾形或近四方形；种脐小或延长，有假种皮或无。

约100种，分布于热带地区。中国14种，产东南部、南部至西南部。徂徕山5种。

分种检索表

1. 荚果无毛。
  2. 托叶较大，长1~1.7 cm。
    3. 托叶箭头形，长1.7 cm ·· 1. 赤豆 Vigna angularis
    3. 托叶披针形至卵状披针形，长1~1.5 cm。
      4. 茎幼时被黄色长柔毛；荚果长4~10 cm，宽5~6 mm ················ 2. 赤小豆 Vigna umbellata
      4. 茎叶近无毛；荚果长7.5~70（90）cm，宽6~10 mm ················ 3. 豇豆 Vigna unguiculata
  2. 托叶小，披针形，长约4 mm；小叶卵形、圆形、披针形至线形 ················ 4. 贼小豆 Vigna minima
1. 荚果被散生长硬毛；种子淡绿色或黄褐色，短柱形；小叶卵形，被疏长毛 ················ 5. 绿豆 Vigna radiata

1. 赤豆（图467）

Vigna angularis（Willd.）Ohwi & H. Ohashi Journ. Jap. Bot. 44: 29. 1969.

—— *Phaseolus angularis* W. F. Wight

一年生草本，直立或缠绕。植株高30~90 cm，被疏长毛。羽状复叶具3小叶；托叶盾状着生，箭头形，长0.9~1.7 cm；小叶卵形至菱状卵形，长5~10 cm，宽5~8 cm，先端宽三角形或近圆形，侧生小叶偏斜，全缘或3浅裂，两面均稍被疏长毛。花黄色，5~6朵生于短的总花梗顶端；花梗极短；小苞片披针形，长6~8 mm；花萼钟状，长3~4 mm；花冠长约9 mm，旗瓣扁圆形或近肾形，常稍歪斜，顶端凹，翼瓣比龙骨瓣宽，具短瓣柄及耳，龙骨瓣顶端弯曲近半圈，其中1个的中下部有一角状突起，基部有瓣柄；子房线形，花柱弯曲，近先端有毛。荚果圆柱状，长5~8 cm，宽5~6 mm，平展或下弯，无毛；种

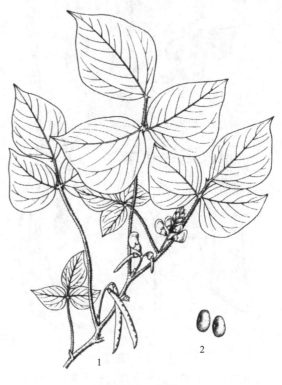

图467 赤豆
1. 植株上部；2. 种子

子暗红色或其他颜色，长圆形，长 5~6 mm，宽 4~5 mm，两头截平或近浑圆，种脐不凹陷。花期夏季；果期 9~10 月。

徂徕山各林区有栽培。原产亚洲，中国各地普遍栽培。美洲及非洲的刚果、乌干达亦有引种。

重要的豆类植物，干豆含蛋白质 21%~23%，脂肪 0.3%，碳水化合物 65%，常以煮粥、制豆沙食用。红色赤豆入药。

2. 赤小豆（图 468）

Vigna umbellata（Thunb.）Ohwi & Ohashi Journ. Jap. Bot. 44:31. 1969.

图 468　赤小豆
1. 花枝；2. 花瓣；3. 雄蕊；4. 雌蕊

一年生草本。茎纤细，长达 1 m，幼时被黄色长柔毛，老时无毛。羽状复叶具 3 小叶；托叶盾状着生，披针形或卵状披针形，长 10~15 mm，两端渐尖；小托叶钻形，小叶纸质，卵形或披针形，长 10~13 cm，宽（2）5~7.5 cm，先端急尖，基部宽楔形或钝，全缘或微 3 裂，两面沿脉被疏毛，基出 3 脉。总状花序短，腋生，有花 2~3 朵；苞片披针形；花梗短，着生处有腺体；花黄色，长约 1.8 cm，宽约 1.2 cm；龙骨瓣右侧具长角状附属体。荚果线状圆柱形，下垂，长 6~10 cm，宽约 5 mm，无毛，种子 6~10 粒，长椭圆形，暗红色，有时为褐色、黑色或草黄色，直径 3~3.5 mm，种脐凹陷。花期 5~8 月。

徂徕山各林区均产。生于旷野、草丛。中国南部野生或栽培。原产于亚洲热带，朝鲜、日本、菲律宾及其他东南亚国家亦有栽培。

种子供食用；入药，有行血补血、健脾去湿、利水消肿之效。

3. 豇豆（图 469）

Vigna unguiculata（Linn.）Walp. Repert. Bot. Syst. 1: 779. 1842.

图 469　豇豆
1. 花枝；2. 花萼；3~5. 花瓣；6. 雄蕊；7. 雌蕊；
8. 花药；9. 荚果；10. 种子

一年生缠绕性草质藤本，或近直立，顶端缠绕状。茎近无毛。羽状复叶具 3 小叶；托叶披针形，长约 1 cm，着生处下延成一短距，有线纹；小叶卵状菱形，长 5~15 cm，宽 4~6 cm，先端急尖，全缘或近全缘，无毛。总状花序腋生，具长梗；花 2~6 聚生于花序顶端，花梗间常有肉质蜜腺；花萼浅绿色，钟状，长 6~10 mm，裂齿披针形；花冠黄白色而略带青紫，长约 2 cm，各瓣均具瓣柄，旗瓣扁圆形，宽约 2 cm，顶端微凹，基部稍有耳，翼瓣略呈三角形，龙骨瓣稍弯；子房线形，被毛。荚果下垂、直立或斜展，线形，长 7.5~70（90）cm，宽 6~10 mm，稍肉质而膨胀或坚实，种子多粒；种子长椭圆形或圆柱形或稍肾形，长 6~12 mm，黄白色、暗红色或其他颜色。花期 5~8 月。

徂徕山各林区均有栽培。中国各地常见栽培。全球热带、亚热带地区广泛栽培。

嫩荚作蔬菜食用。

长豇豆（亚种）

subsp. **sesquipedalis**（Linn.）Verdcourt

P. H. Davis Fl. Turkey. 3: 266. 1970.

又名豆角。一年生攀缘植物，长 2~4 m。荚果长 30~70（90）cm，宽 4~8 mm，下垂，嫩时多少膨胀；种子肾形，长 8~12 mm。花、果期夏季。

嫩荚作蔬菜，品种依荚的色泽可大致为白皮种（淡绿色）、青皮种、红皮种及斑纹种 4 种。

短豇豆（亚种）

subsp. **cylindrica**（Linn.）Verdcourt

Kew Bull. 24:544. 1970.

又名眉豆。一年生直立草本，高 20~40 cm。荚果长 10~16 cm；种子颜色种种。花期 7~8 月；果期 9 月。

种子供食用，可掺入米中作豆饭、煮汤、煮粥或磨粉用。

4. 贼小豆　山绿豆（图 470，彩图 47）

Vigna minima（Roxb.）Ohwi & Ohashi

Journ. Tap. Bot. 44: 30. 1969.

—— *Phaseolus minimus* Roxb.

一年生缠绕草本。茎纤细，无毛或被疏毛。羽状复叶具 3 小叶；托叶披针形，长约 4 mm，盾状着生，疏被硬毛；小叶的形状和大小变化颇大，卵形、卵状披针形、披针形或线形，长 2.5~5 cm，宽 0.8~3 cm，先端急尖或钝，基部圆形或宽楔形，两面近无毛或被极稀疏的糙伏毛。总状花序柔弱；总花梗远长于叶柄，通常有花 3~4 朵；小苞片线形或线状披针形；花萼钟状，长约 3 mm，具不等大的 5 齿，裂齿被硬缘毛；花冠黄色，旗瓣极外弯，近圆形，长约 1 cm，宽约 8 mm；龙骨瓣具长而尖的耳。荚果圆柱形，长 3.5~6.5 cm，宽 4 mm，无毛，开裂后旋卷；种子 4~8 粒，长圆形，长约 4 mm，宽约 2 mm，深灰色，种脐线形，凸起，长 3 mm。花、果期 8~10 月。

徂徕山各林区均产。生于旷野、草丛或沟边路旁。国内分布于中国北部、东南部至南部。日本、菲律宾亦有分布。

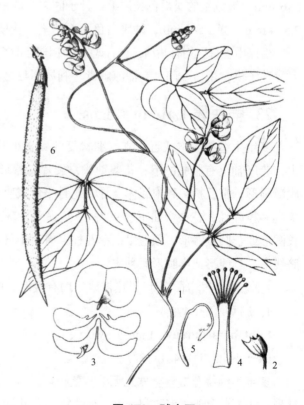

图 470　贼小豆
1. 花枝；2. 花萼；3. 花瓣；4. 雄蕊；
5. 雌蕊；6. 荚果

5. 绿豆（图 471）

Vigna radiata (Linn.) Wilczek

Fl. Congo Belge 6: 386. 1954.

—— *Phaseolus radiatus* Linn.

图 471 绿豆
1. 果枝；2. 花枝；3. 花瓣；4. 雄蕊；5. 雌蕊

一年生直立草本，高 20~60 cm。茎被褐色长硬毛。羽状复叶具 3 小叶；托叶盾状着生，卵形，长 0.8~1.2 cm，具缘毛；小托叶显著，披针形；小叶卵形，长 5~16 cm，宽 3~12 cm，侧生小叶多少偏斜，全缘，先端渐尖，基部阔楔形或浑圆，两面被疏长毛，基部 3 脉明显；叶柄长 5~21 cm；叶轴长 1.5~4 cm；小叶柄长 3~6 mm。总状花序腋生，有花 4 至数朵，最多可达 25；总花梗长 2.5~9.5 cm；花梗长 2~3 mm；小苞片线状披针形或长圆形，长 4~7 mm，近宿存；萼管无毛，长 3~4 mm，裂片狭三角形，长 1.5~4 mm，具缘毛，上方的 1 对合生成一先端 2 裂的裂片；旗瓣近方形，长 1.2 cm，宽 1.6 cm，外面黄绿色，里面有时粉红，顶端微凹，内弯，无毛；翼瓣卵形，黄色；龙骨瓣镰刀状，绿色而染粉红，右侧有显著的囊。荚果线状圆柱形，平展，长 4~9 cm，宽 5~6 mm，被散生的淡褐色长硬毛，种子间多少收缩；种子 8~14 粒，淡绿色或黄褐色，短圆柱形，长 2.5~4 mm，宽 2.5~3 mm，种脐白色而不凹陷。花期 5~7 月；果期 7~9 月。

徂徕山各林区均有栽培，也有逸生。中国南北各省份均有栽培。世界各热带、亚热带地区广泛栽培。种子供食用。入药，有清凉解毒、利尿明目之效。全株是很好的夏季绿肥。

23. 扁豆属 Lablab Adans.

多年生缠绕藤本或近直立。羽状复叶具 3 小叶；托叶反折，宿存；小托叶披针形。总状花序腋生，花序轴上有肿胀的节；花萼钟状，裂片二唇形，上唇全缘或微凹，下唇 3 裂；花冠紫色或白色，旗瓣圆形，常反折，具附属体及耳，龙骨瓣弯成直角；对旗瓣的 1 枚雄蕊离生或贴生，花药 1 室；子房具多枚胚珠；花柱弯曲不逾 90°，一侧扁平，基部无变细部分，近顶部内缘被毛，柱头顶生。荚果长圆形或长圆状镰形，顶冠以宿存花柱，有时上部边缘具疣状体，具海绵质隔膜；种子卵形，扁，种脐线形，具线形或半圆形假种皮。

1 种，原产非洲，全世界热带地区均有栽培。中国各地常见栽培。徂徕山 1 种。

1. 扁豆（图 472）

Lablab purpureus (Linn.) Sweet

Hort. Brit. ed. 1. 481. 1827.

多年生缠绕藤本。全株几无毛，茎长可达 6 m，常呈淡紫色。羽状复叶具 3 小叶；托叶基着，披针形；小托叶线形，长 3~4 mm；小叶宽三角状卵形，长 6~10 cm，宽约与长相等，侧生小叶两边不等大，偏斜，先端急尖或渐尖，基部近截平。总状花序直立，长 15~25 cm，花序轴粗壮，总花梗长 8~14 cm；小苞片 2，近圆形，长 3 mm，脱落；花 2 至多朵簇生于每节上；花萼钟状，长约 6 mm，上方2裂齿几完全合生，下方的3枚近相等；花冠白色或紫色，旗瓣圆形，基部两侧具2长而直立的小附属体，附属体下有2耳，翼瓣宽倒卵形，具截平的耳，龙骨瓣呈直角弯曲，基部渐狭成瓣柄；子房线形，无毛，花柱比子房长，弯曲不逾90°，一侧扁平，近顶部内缘被毛。荚果长圆状镰形，长5~7 cm，近顶端最阔，宽1.4~1.8 cm，扁平，直或稍向背弯曲，顶端有弯曲的尖喙，基部渐狭；种子3~5粒，扁平，长椭圆形，白色、紫黑色，种脐线形，长约占种子周围的2/5。花期4~12月。

徂徕山各林区广泛栽培。原产印度，中国各地广泛栽培。世界各热带地区均有栽培。

本种花有红白两种，豆荚有绿白、浅绿、粉红或紫红等色。嫩荚作蔬食，白花和白色种子入药，有消暑除湿，健脾止泻之效。

24. 苜蓿属 Medicago Linn.

图472 扁豆
1. 花枝；2. 花；3. 花萼；4~6. 花瓣；7. 雄蕊和雌蕊；
8. 雄蕊；9. 雌蕊；10. 荚果；11. 种子

一年生或多年生草本，稀灌木。无香草气味。羽状复叶，互生；托叶部分与叶柄合生，全缘或齿裂；小叶3，边缘具锯齿，侧脉直伸至齿尖。总状花序腋生，有时呈头状或单生，花小，一般具花梗；苞片小或无；萼钟形或筒形，萼齿5，等长；花冠黄色，或为紫色、堇青色、褐色等，旗瓣倒卵形至长圆形，基部窄，常反折，翼瓣长圆形，一侧有齿尖突起与龙骨瓣的耳状体互相钩住，授粉后脱开，龙骨瓣钝头；雄蕊二体，花丝顶端不膨大，花药同型；花柱短，锥形或线形，两侧略扁，无毛，柱头顶生，子房线形，无柄或具短柄，胚珠1至多数。荚果螺旋形转曲、肾形、镰形或近于挺直，比萼长，背缝常具棱或刺；种子1至多数。种子小，常平滑，多少呈肾形，无种阜；幼苗出土子叶基部不膨大，也无关节。

约85种，分布地中海区域、西亚、中亚和非洲。中国15种，多系重要饲料植物。徂徕山2种。

分种检索表

1. 荚果呈螺旋形转曲2~4圈；种子10~20粒；花冠紫色·················2. 紫苜蓿 Medicago sativa
1. 荚果不作螺旋转曲，肾形；种子1粒；花黄色·················1. 天蓝苜蓿 Medicago lupulina

1. 紫苜蓿（图473）

Medicago sativa Linn.

Sp. Pl. 778. 1753.

多年生草本，高30~100 cm。根粗壮，根颈发达。茎直立、丛生至平卧，四棱形，无毛或微被柔毛，枝叶茂盛。羽状三出复叶；托叶大，卵状披针形，先端锐尖，基部全缘或具1~2齿裂，脉纹清晰；叶柄比小叶短；小叶长卵形、倒长卵形至线状卵形，等大或顶生小叶稍大，长10~25（40）mm，宽3~10 mm，纸质，先端钝圆，具由中脉伸出的长齿尖，基部楔形，边缘1/3以上具锯齿，上面无毛，深绿色，下面被贴伏柔毛，侧脉8~10对，与中脉成锐角，在近叶边处略有分叉；顶生小叶柄比侧生小叶柄略长。花序总状或头状，长1~2.5 cm，具花5~30朵；总花梗挺直，比叶长；苞片线状锥形，比花梗长或等长；花长6~12 mm；花梗长约2 mm；萼钟形，长3~5 mm，萼齿线状锥形，比萼筒长，被贴伏柔毛；花冠淡黄、深蓝至暗紫色，花瓣均具长瓣柄，旗瓣长圆形，先端微凹，明显较翼瓣和龙骨瓣长，翼瓣较龙骨瓣稍长；子房线形，具柔毛，花柱短阔，上端细尖，柱头点状，胚珠多数。荚果螺旋状紧卷2~4（6）圈，中央无孔或近无孔，径5~9 mm，被柔毛或渐脱落，脉纹细，不清晰，熟时棕色；有种子10~20粒。种子卵形，长1~2.5 mm，平滑，黄色或棕色。花期5~7月；果期6~8月。

徂徕山有零星分布或栽培。欧亚大陆和世界各国广泛种植。

为优良的饲料与牧草。也作绿肥。

2. 天蓝苜蓿（图474）

Medicago lupulina Linn.

Sp. Pl. 779. 1753.

一、二年生或多年生草本，高15~60 cm。全株被柔毛或有腺毛。主根浅，须根发达。茎平卧或上升，多分枝，叶茂盛。羽状三出复叶；托叶卵状披针形，长可达1 cm，先端渐尖，基部圆或戟状，常齿裂；下部叶柄较长，长1~2 cm，上部叶柄比小叶短；小叶倒卵形、阔倒卵形或倒心形，长5~20 mm，宽4~16 mm，纸质，先端多少截平或微凹，具细尖，基部楔形，边缘在上半部具不明显尖齿，两面均被毛，侧脉近10对，平行达叶边，几不分叉，上下均平坦；顶生小叶较大，小叶柄长2~6 mm，侧生小叶柄甚短。花序头状，具花10~20朵；总花梗细，挺直，比叶长，密被贴伏柔毛；苞片刺毛状，甚小；花长2~2.2 mm；花梗长不及1 mm；萼钟形，长约2 mm，密被毛，萼齿线状披针形，稍不等长，比萼筒略长或等长；花冠黄色，旗瓣近圆形，顶端微凹，翼瓣和龙骨瓣近等长，均比旗瓣短；子房阔卵形，被毛，花柱弯曲，胚珠1枚。荚果肾形，长3 mm，宽2 mm，表面具同心弧形脉纹，被稀

图473　紫苜蓿
1. 花枝；2. 叶；3. 花；4. 花瓣；5. 雄蕊；
6. 雌蕊；7. 荚果

图474　天蓝苜蓿
1. 植株；2. 花枝；3. 花；4. 花瓣；5. 雄蕊；
6. 雌蕊；7. 荚果；8~9. 种子

疏毛，熟时变黑；有种子1粒。种子卵形，褐色，平滑。花期7~9月；果期8~10月。

产于光化寺等地。生于路旁草地。中国各地均产。欧亚大陆广布，世界各地都有归化种。

25. 草木犀属 Melilotus Miller

一、二年生或短期多年生草本。主根直。茎直立，多分枝。叶互生。羽状三出复叶；托叶全缘或具齿裂，先端锥尖，基部与叶柄合生；顶生小叶具较长小叶柄，侧小叶几无柄，边缘具锯齿，有时不明显；无小托叶。总状花序细长，着生叶腋，花序轴伸长，多花疏列；果期常延续伸展；苞片针刺状，无小苞片；花小；萼钟形，无毛或被毛，萼齿5，近等长，具短梗；花冠黄色或白色，偶带淡紫色晕斑，花瓣分离，旗瓣长圆状卵形，先端钝或微凹，基部几无瓣柄，翼瓣狭长圆形，等长或稍短于旗瓣，龙骨瓣阔镰形，钝头，通常最短；雄蕊二体，上方1枚完全离生或中部连合于雄蕊筒，其余9枚花丝合生成雄蕊筒，花丝顶端不膨大，花药同型；子房具胚珠2~8枚，无毛或被微毛，花柱细长，先端上弯，果期常宿存，柱头点状。荚果阔卵形、球形或长圆形，伸出萼外，表面具网状或波状脉纹或皱褶；果梗在果熟时与荚果一起脱落，有种子1~2粒。种子阔卵形，光滑或具细疣点。

20余种，分布于欧洲地中海区域、东欧和亚洲。中国4种。徂徕山2种。

分种检索表

1. 花白色；托叶尖刺状，甚长；荚果先端锐尖···1. 白花草木犀 Melilotus albus
1. 花黄色；托叶镰状线形；荚果先端钝圆···2. 草木犀 Melilotus officinalis

1. 白花草木犀（图475）

Melilotus albus Medic.

Vorles. Churpfalz. Phys.-Ocon. Ges. 2: 382. 1787.

一、二年生草本，高70~200 cm。茎直立，圆柱形，中空，多分枝，几无毛。羽状三出复叶；托叶尖刺状锥形，长6~10 mm，全缘；叶柄比小叶短，纤细；小叶长圆形或倒披针状长圆形，长15~30 cm，宽（4）6~12 mm，先端钝圆，基部楔形，边缘疏生浅锯齿，上面无毛，下面被细柔毛，侧脉12~15对，平行直达叶缘齿尖，两面均不隆起，顶生小叶稍大，具较长小叶柄，侧小叶小叶柄短。总状花序长9~20 cm，腋生，具花40~100朵，排列疏松；苞片线形，长1.5~2 mm；花长4~5 mm；花梗短，长1~1.5 mm；萼钟形，长约2.5 mm，微被柔毛，萼齿三角状披针形，短于萼筒；花冠白色，旗瓣椭圆形，稍长于翼瓣，龙骨瓣与翼瓣等长或稍短；子房卵状披针形，上部渐窄至花柱，无毛，胚珠3~4枚。荚果椭圆形至长圆形，长3~3.5 mm，先端锐尖，具尖喙表面脉纹细，网状，棕褐色，熟后变黑褐色；有种子1~2粒。种子卵形，棕色，

图475 白花草木犀

1. 花枝；2. 花；3. 花瓣；4. 雄蕊；5. 雌蕊；
6. 荚果；7. 种子

表面具细瘤点。花期5~7月；果期7~9月。

徂徕山各林区均有零星分布。国内分布于东北、华北、西北及西南地区。欧洲地中海沿岸、中东、西南亚、中亚及俄罗斯西伯利亚均有分布。

适应北方气候，生长旺盛，是优良的饲料植物与绿肥。

2. 草木犀（图476）

Melilotus officinalis（Linn.）Lam.

Fl. Franç. 2: 594. 1778.

—— *Trifolium officinalis* Linn.

—— *Melilotus officinalis*（Linn.）Pall.

二年生草本，高40~100（250）cm。茎直立，多分枝，具纵棱，微被柔毛。羽状三出复叶；托叶镰状线形，长3~5（7）mm，中央有1条脉纹，全缘或基部有1尖齿；叶柄细长；小叶倒卵形、阔卵形、倒披针形至线形，长15~25（30）mm，宽5~15 mm，先端钝圆或截形，基部阔楔形，边缘具不整齐疏浅齿，上面无毛，粗糙，下面散生短柔毛，侧脉8~12对，直达齿尖，两面均不隆起，顶生小叶稍大，具较长小叶柄，侧小叶的柄短。总状花序长6~15（20）cm，腋生，具花30~70朵，初时稠密，花开后渐疏松，

图476　草木犀
1. 花枝；2. 花；3. 荚果

花序轴在花期显著伸展；苞片刺毛状，长约1 mm；花长3.5~7 mm；花梗与苞片等长或稍长；萼钟形，长约2 mm，脉纹5条，甚清晰，萼齿三角状披针形，稍不等长，比萼筒短；花冠黄色，旗瓣倒卵形，与翼瓣近等长，龙骨瓣稍短或三者均近等长；雄蕊筒在花后常宿存包于果外；子房卵状披针形，胚珠4~8枚，花柱长于子房。荚果卵形，长3~5 mm，宽约2 mm，先端具宿存花柱，表面具凹凸不平的横向细网纹，棕黑色；种子1~2粒，卵形，长2.5 mm，黄褐色，平滑。花期5~9月；果期6~10月。

徂徕山各林区均产。国内分布于东北、华南、西南等地区，其他省份常见栽培。欧洲地中海东岸、中东、中亚、东亚均有分布。

是优良的饲料植物与绿肥。全草可提取芳香油。

26. 车轴草属 Trifolium Linn.

一年生或多年生草本。有时具横出的根茎。茎直立、匍匐或上升。掌状复叶，小叶通常3枚，偶5~9枚；托叶显著，通常全缘，部分合生于叶柄上；小叶具锯齿。花具梗或近无梗，集合成头状或短总状花序，花序腋生或假顶生，基部具总苞或无；萼筒形或钟形，或花后增大，肿胀或膨大，萼喉开张，或具二唇状胼胝体而闭合，或具一圈环毛，萼齿等长或不等长，萼筒具脉纹5、6、10、20条，偶有30条；花冠红色、黄色、白色或紫色，也有双色，无毛，宿存，旗瓣离生或基部和翼瓣、龙骨瓣连合，后两者相互贴生；雄蕊10枚，二体，上方1枚离生，全部或5枚花丝的顶端膨大，花药同型；子房无柄或具柄，胚珠2~8枚。荚果不开裂，包藏于宿存花萼或花冠中，稀伸出；果瓣多为膜质，阔卵形、长圆形至线形；通常有种子1~2粒，稀4~8粒。

约250种，分布欧亚大陆，非洲，南、北美洲的温带，以地中海区域为中心。中国包括常见于引种栽培的有13种。徂徕山2种。

分种检索表

1. 花较小，白色，长7~12 mm，具苞片，有花梗；总花梗长···1. 白车轴草 Trifolium repens
1. 花较大，红色，长12~18 mm，无苞片，近无梗；花序无总花梗·······························2. 红车轴草 Trifolium pratense

1. 白车轴草 白三叶（图477）

Trifolium repens Linn.

Sp. Pl. 767. 1753.

短期多年生草本，高10~30 cm。主根短，侧根和须根发达。茎匍匐蔓生，上部稍上升，节上生根，全株无毛。掌状三出复叶；托叶卵状披针形，膜质，基部抱茎成鞘状，离生部分锐尖；叶柄较长，长10~30 cm；小叶倒卵形至近圆形，长8~20（30）mm，宽8~16（25）mm，先端凹至钝圆，基部楔形渐窄至小叶柄，中脉在下面隆起，侧脉约13对，与中脉作50°角展开，两面均隆起，近叶边分叉并伸达锯齿齿尖；小叶柄长1.5 mm。花序球形，顶生，直径15~40 mm；总花梗甚长，比叶柄长近1倍，具花20~50（80）朵，密集；无总苞；苞片披针形，膜质，锥尖；花长7~12 mm；花梗比花萼稍长或等长，开花立即下垂；萼钟形，具脉纹10条，萼齿5，披针形，稍不等长，短于萼筒，萼喉开张，无毛；花冠白色、乳黄色或淡红色，具香气。旗瓣椭圆形，比翼瓣和龙骨瓣长近1倍，龙骨瓣比翼瓣稍短；子房线状长圆形，花柱比子房略长，胚珠3~4枚。荚果长圆形；种子通常3粒。种子阔卵形。花、果期5~10月。

徂徕山各林区零星栽培，或逸生。原产欧洲和北非，世界各地均有栽培。中国常见栽培。

本种为优良牧草，含丰富的蛋白质和矿物质，抗寒耐热，在酸性和碱性土壤上均能适应。可作为绿肥、堤岸防护草种、草坪。

2. 红车轴草 红三叶（图478）

Trifolium pratense Linn.

Sp. Pl. 2: 768. 1753.

短期多年生草本。茎粗壮，具纵棱，直立或平卧上升，疏生柔毛或秃净。掌状三出复叶；托叶近卵形，膜质，每侧具脉纹8~9条，基部抱茎，先端离生部分渐尖，具锥刺状尖头；叶柄较长，茎上部的

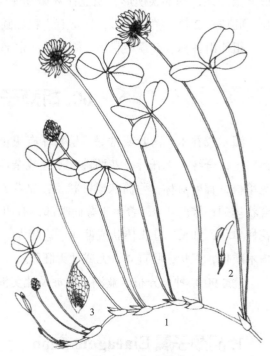

图477 白车轴草
1. 植株；2. 花；3. 荚果

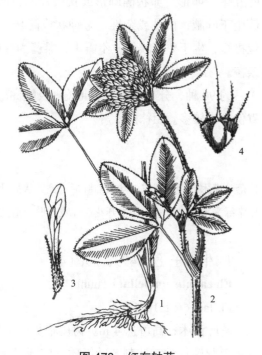

图478 红车轴草
1. 植株下部；2. 植株上部；3. 花；4. 花萼

叶柄短，被伸展毛或秃净；小叶卵状椭圆形至倒卵形，长1.5~3.5（5）cm，宽1~2 cm，先端钝，有时微凹，基部阔楔形，两面疏生褐色长柔毛，叶面上常有"V"字形白斑，侧脉约15对，作20°角展开在叶边处分叉隆起，伸出形成不明显的钝齿；小叶柄短，长约1.5 mm。花序球状或卵状，顶生；无总花梗或总花梗甚短，包于顶生叶的托叶内，托叶扩展成佛焰苞状，具花30~70朵，密集；花长12~14（18）mm；几无花梗；萼钟形，被长柔毛，具脉纹10条，萼齿丝状，锥尖，比萼筒长，最下方1齿比其余萼齿长1倍，萼喉开张，具一多毛的加厚环；花冠紫红色至淡红色，旗瓣匙形，先端圆形，微凹缺，基部狭楔形，明显比翼瓣和龙骨瓣长，龙骨瓣稍比翼瓣短；子房椭圆形，花柱丝状细长，胚珠1~2枚。荚果卵形；通常有1粒扁圆形种子。花、果期5~9月。

徂徕山各林区有零星栽培。原产欧洲中部，引种到世界各国。中国南北各省份均有种植。

60. 胡颓子科 Elaeagnaceae

灌木或乔木，落叶或常绿。植物体有银色或黄褐色的腺鳞或星状毛；枝常呈刺状。单叶，互生，稀对生，全缘；无托叶。花两性、单性或杂性，多雌、雄异株；单生、簇生或排成穗状、总状花序；花单被，辐射对称；萼筒状或钟状，在雌花或两性花内子房上方通常明显收缩，萼裂片4，稀2，镊合状排列；雄蕊4~8，着生于萼筒喉部；有明显的花盘；子房上位，由单心皮构成，1室，1枚胚珠，花柱单一，细长，柱头棒状或偏向一边膨大。坚果或瘦果为肉质增厚的花萼筒包围，形成核果状；种皮木质化，壳状，胚直立，无或几无胚乳。

3属90余种，分布于亚洲、欧洲及北美洲。中国2属74种，分布几遍于全国各地。徂徕山1属2种。

1. 胡颓子属 Elaeagnus Linn.

灌木或乔木，稀藤本，落叶或常绿。枝上常有棘刺；冬芽小，卵圆形，被有银色或棕褐色腺鳞。叶互生，卵形、卵状椭圆形或狭披针形，两面或一面有银白色或褐色腺鳞；有柄。花单生或2~4朵簇生于叶腋，两性或杂性；萼钟状或筒状，裂片4，镊合状排列，萼筒在子房上方收缩；雄蕊4，花丝极短，生于萼筒喉部，不露出；雌蕊为萼筒或花盘所包围，花柱单一，细长。果实核果状或有翅状条棱。

约90种，分布于亚洲、北美洲及欧洲南部。中国67种，分布于全国各地，以长江流域及以南各省份种类较多。徂徕山2种。

分种检索表

1. 落叶灌木；春夏开花；叶长椭圆形、倒卵状披针形·················1. 牛奶子 Elaeagnus umbellata
1. 常绿灌木，攀缘状；秋季开花；叶宽卵形、阔椭圆形·················2. 大叶胡颓子 Elaeagnus macrophylla

1. 牛奶子（图479，彩图48）

Elaeagnus umbellata Thunb.

Fl. Jap. 66. t. 14. 1784.

落叶灌木，高可达4 m。树皮暗灰色；老枝暗褐色至赤褐色，幼枝浅褐色至褐色，被银灰色并杂有褐色腺鳞；常有枝刺。叶纸质，椭圆形至长椭圆形或卵状长圆形、倒卵状披针形，长6~8 cm，宽2~3 cm，先端渐尖，稀圆钝，基部楔形至近圆形，边缘常皱卷，上面绿色，幼时有银灰色腺鳞，下面银灰色，杂有褐色鳞片，侧脉 5~9 对；叶柄长 5~8 mm。2~7 花腋生，稀单生；花梗长 7~12 mm；花萼筒状，黄白色，有芳香，长约 1 cm，萼裂片 4，裂片卵状三角形，长 2~4 mm，先端锐尖，外被褐色鳞片；雄蕊 4，花丝极短，着生于萼筒基部；花柱直立，疏生星状毛，基部无筒状花盘。果近球形或卵圆形，径 5~7 mm。有短尖头，初银灰色，熟时红色，杂有银灰色腺鳞，在果梗及短尖头处特密；种子椭圆形，褐色。花期 5~6 月；果期 9~10 月。

徂徕山各山地林区均产。生于山沟溪边灌丛、山坡疏林下。国内分布于华北、华东、西南地区和陕西、甘肃、青海、宁夏、辽宁、湖北、湖南等省份。日本、朝鲜、中南半岛、印度、尼泊尔、不丹、阿富汗、意大利等均有分布。

果可生食及制果酱、果酒。花为蜜源。叶、根、果可药用。作水土保持、防护林树种及绿化观赏也有一定价值。

2. 大叶胡颓子（图 480）

Elaeagnus macrophylla Thunb.

Fl. Jap. 67. 1784.

常绿性直立或攀缘灌木，高达 4 m，无刺。幼枝扁棱形，灰褐色，密被淡黄白色鳞片，老枝鳞片脱落，灰黑色。叶厚纸质或薄革质，卵形至宽卵形或阔椭圆形至近圆形，长 4~9 cm，宽 4~6 cm，顶端钝，基部圆形至近心形，全缘，上面幼时被银灰色鳞片，成熟后脱落，深绿色；下面银灰色，密被鳞片；侧脉 6~8 对，与中脉开展成 60~80° 角，近边缘 3/5 处分叉而互相连接，两面略明显凸起。花白色，被鳞片，略开展，常 1~8 花生于叶腋短枝上；萼筒钟形，长 4~5 mm，在裂片下面开展，在子房上方骤缩，裂片 4，宽卵形，顶端钝尖，两面密生银灰色腺鳞；雄蕊与裂片互生，花丝极短，花药椭圆形，花柱被白色星状柔毛及鳞片，顶端略弯曲，高于雄蕊。果实长椭圆形，密被银白色鳞片，长 14~20 mm，直径 5~8 mm，两端圆或钝尖，顶端具小尖头；果核两端钝尖，黄褐色，具 8 纵肋。花期 10~11 月；果期翌年 5~6 月。

上池有栽培。国内分布于江苏、浙江的沿海岛屿和台湾。日本、朝鲜也有分布。

四季常绿、叶色奇特，是优良的棚架、篱垣绿

图 479 牛奶子
1. 花枝；2. 果枝；3. 花；4. 花被展开；
5. 雄蕊；6. 雌蕊

图 480 大叶胡颓子
1. 果枝；2. 腺鳞；3. 花被展开；4. 果核

化植物材料。果实可生食，口味酸甜，亦可开发果汁、果酒，具有潜在的经济价值。

61. 小二仙草科 Haloragaceae

水生或陆生草本，有时灌木状。叶互生、对生或轮生，生于水中的常为篦齿状分裂；托叶缺。花小，两性或单性，单生或簇生叶腋，或顶生穗状花序、圆锥花序、伞房花序；萼筒与子房合生，萼片2~4或缺；花瓣2~4，早落，或缺；雄蕊2~8，排成2轮，外轮对萼分离，花药基着；子房下位，2~4室；柱头2~4裂，无柄或具短柄；胚珠与花柱同数，倒垂于其顶端。果为坚果或核果状，小形，有时有翅，不开裂，或很少瓣裂。

8属约100种，广布全世界，主产大洋洲。中国2属13种，几乎产全国各省份，常生于河塘湿地。岨徕山1属1种。

1. 狐尾藻属 Myriophyllum Linn.

水生或半湿生草本。根系发达，在水底泥中蔓生。叶互生、轮生，无柄或近无柄，线形至卵形，全缘，有锯齿、分裂。花单性同株或两性，稀雌雄异株。花小，无柄，单生叶腋或轮生，或穗状花序；苞片2，全缘或分裂。雄花具短萼筒，先端2~4裂或全缘；花瓣2~4，早落；退化雌蕊存在或缺；雄蕊2~8，分离，花丝丝状；花药线状长圆形，基着，纵裂。雌花萼筒与子房合生，具4深槽，萼4裂或不裂；花瓣小，早落或缺；退化雄蕊存在或缺；子房下位，4室，稀2室，每室具1枚倒生胚珠；花柱（2）4裂，通常弯曲；柱头羽毛状。果实成熟后分裂成（2）4小坚果状的果瓣，果皮光滑或有瘤状物，每小坚果状的果瓣具1粒种子。种子圆柱形，种皮膜质，胚具胚乳。

约35种，广布于全世界。中国11种，产南北各省份。岨徕山1种。

1. 穗状狐尾藻（图481，彩图49）
Myriophyllum spicatum Linn.

Sp. Pl. 992. 1753.

多年生沉水草本。根状茎发达，在水底泥中蔓延，节部生根。茎圆柱形，长1~2.5 m，分枝极多。叶常5（3~6）片轮生，长约3.5 cm，丝状全裂，裂片约13对，细线形，裂片长1~1.5 cm；叶柄极短或不存在。花两性、单性或杂性，雌雄同株，单生于苞片状叶腋内，常4朵轮生，由数花排成近裸颖的顶生或腋生的穗状花序，长6~10 cm，生于水面上。如为单性花，则上部为雄花，下部为雌花，中部有时为两性花，基部有1对苞片，其中1片稍大，为广椭圆形，长1~3 mm，全缘或呈羽状齿裂。雄花萼筒广钟状，顶端4深裂平滑；花瓣4，阔匙形，凹陷，长2.5 mm，顶端

图481 穗状狐尾藻
1. 植株上部；2. 去掉花瓣的雌花；3. 去掉花瓣的雄花；4. 花；5. 花萼；6. 花瓣；7. 果实

圆形，粉红色；雄蕊8，花药长椭圆形，长2 mm；淡黄色；无花梗。雌花萼筒管状，4深裂；花瓣缺或不明显；子房下位，4室，花柱4，很短，偏于一侧，柱头羽毛状，向外反转，具4枚胚珠；大苞片矩圆形，全缘或有细锯齿，较花瓣为短，小苞片近圆形，边缘有锯齿。分果广卵形或卵状椭圆形，长2~3 mm，具4纵深沟，沟缘表面光滑。花、果期4~9月。

产于西旺林区等地。生于池塘、河沟中。为世界广布种，中国南北各省份常见。

全草入药，清凉，解毒，止痢，治慢性下痢。夏季生长旺盛，一年四季可采，可为养猪、养鱼、养鸭的饲料。

62. 千屈菜科 Lythraceae

草本、灌木和乔木。枝常呈四棱形，有时具棘状短枝。叶对生，稀轮生或互生，全缘，羽状脉，叶片下面有时有黑色腺体，托叶细小或无托叶。花两性，通常辐射对称，稀两侧对称，单生或簇生，或组成顶生或腋生的穗状、总状、圆锥花序；花萼筒状或钟状，与子房分离而包围子房，3~6裂，镊合状排列，裂片间常有附属物；花瓣与萼片同数，或无花瓣，在蕾中呈皱褶状，着生于萼筒边缘；雄蕊少数至多数，着生于萼筒上；子房上位，2~6室，每室胚珠多数，中轴胎座，花柱单一，柱头头状，稀2裂。蒴果横裂、瓣裂或不规则开裂，稀不裂；种子多数，有翅或无翅，无胚乳。

约25属550种，广布于世界各地，主要分布于热带和亚热带。中国11属约31种，分布于南北各省份。徂徕山4属6种。

分属检索表

1. 乔木或灌木；蒴果基部有宿存花萼，3~6瓣裂··1. 紫薇属 Lagerstroemia
1. 草本或亚灌木。
　2. 花6基数，有明显花瓣，萼筒圆筒形，延长；蒴果完全包藏于宿存萼内·················2. 千屈菜属 Lythrum
　2. 花4基数，花瓣不显著或无花瓣，萼筒钟形或圆形，长宽近相等；蒴果突出于萼筒之外。
　　3. 蒴果不规则开裂，果壁无横条纹；花单生或组成腋生的聚伞花序或稠密花束·············3. 水苋菜属 Ammannia
　　3. 蒴果2~4瓣裂，果壁在新鲜时在放大镜下可见有密横纹；花单生或组成穗状或总状花序······4. 节节菜属 Rotala

1. 紫薇属 Lagerstroemia Linn.

灌木或乔木，落叶或常绿。树皮光滑。叶对生或上部互生，全缘；托叶极小，圆锥状，脱落。圆锥花序顶生或腋生；花两性，辐射对称；花萼半球形或陀螺形，革质，常有棱或翅，雄蕊6至多数，花丝细长，长短不一，着生于萼筒近基部；子房无柄，3~6室，每室有多数胚珠，花柱长，柱头头状。蒴果木质，基部有宿存的花萼包围，多少与萼黏合，成熟时室背开裂为3~6果瓣；种子多数，顶端有翅。

约55种，分布于东南亚及大洋洲。中国15种，分布于西南地区至台湾。徂徕山1种1变种。

1. 紫薇　百日红（图482）

Lagerstroemia indica Linn.

Sp. Pl. ed. 2. 734. 1762

落叶灌木或小乔木，高可达8 m。树皮灰褐色，平滑；嫩枝有四棱，略成翅状。叶对生或互生；椭圆形、倒卵形或倒卵圆形，长2.5~5 cm，宽1.5~4 cm，先端短尖或钝形，有时微凹，全缘，基部阔楔形或近圆形，无毛或下面沿中脉有微柔毛，侧脉3~7对；无柄或近无柄。圆锥花序顶生，长8~

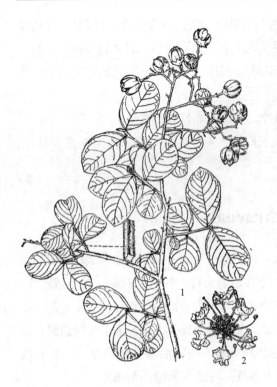

图482 紫薇
1. 花枝；2. 花

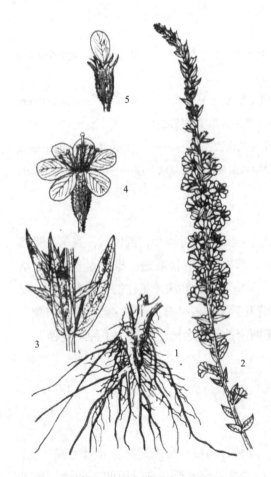

图483 千屈菜
1. 植株基部；2. 花序；3. 茎的一段；4. 花；5. 花萼

18 cm；花梗及花序轴均被柔毛；花萼红色、淡红色或浅绿色，无毛、无棱或鲜时萼筒有微突起的矮棱，裂片6，三角形，裂片间无附属物；花瓣6，淡红色或紫色，檐部皱缩，有长爪；雄蕊多数，外面6枚着生于花萼上，比其余的长得多；子房3~6室，花柱黄棕色至红色。蒴果椭圆状球形或阔椭圆形，长1~1.3 cm，室背开裂；种子有翅。花期6~9月；果期9~10月。

徂徕山各林区均有栽培。中国广东、广西、湖南、福建、江西、浙江、江苏、湖北、河南、河北、山东、安徽、陕西、四川、云南、贵州及吉林均有生长或栽培。分布于亚洲，现广植于热带地区。

花色鲜艳美丽，花期长，寿命长，已广泛栽培为观赏植物。木材坚硬、耐腐，可作农具、家具、建材等。树皮、叶及花药用，为强泻剂，根和树皮有治咯血、吐血、便血的功效。

2. 千屈菜属 Lythrum Linn.

一年生或多年生草本，稀灌木。小枝常具四棱。叶交互对生或轮生，稀互生，全缘。花单生叶腋或组成穗状花序、总状花序或歧伞花序；花辐射对称或稍左右对称，4~6基数；萼筒长圆筒形，稀阔钟形，有8~12棱，裂片4~6，附属体明显，稀不明显；花瓣4~6，稀8枚或缺；雄蕊4~12，成1~2轮，长、短各半，或有长、中、短三型；子房2室，无柄或几无柄，花柱线形，亦有长、中、短三型，以适应同型雄蕊的花粉。蒴果完全包藏于宿存萼内，通常2瓣裂，每瓣或再2裂；种子8至多数，细小。

约35种，广布于全世界。中国2种。徂徕山1种。

1. 千屈菜　水枝锦、水芝锦、水柳（图483）

Lythrum salicaria Linn.

Sp. Pl. ed. 1. 446. 1753.

多年生草本。根茎横卧于地下，粗壮；茎直立，多分枝，高30~100 cm，全株青绿色，略被粗毛或密被绒毛，枝具四棱。叶对生或3叶轮生，披针形或阔披针形，长4~6（10）cm，宽8~15 mm，顶端钝形或短尖，基部圆形或心形，有时略抱茎，全缘，无柄。花组成小聚伞花序，簇生，因花梗及总梗极短，因此花枝全形似一大型穗状花序；苞片阔披针形至三角状卵形，长5~12 mm；萼筒长5~8 mm，有纵棱12条，稍被粗毛，裂片6，三角形；附属体针状，直立，长1.5~2 mm；花瓣6，红紫色或淡紫色，倒披针状长椭圆形，基部楔形，长7~8 mm，着生于萼筒上部,有短爪,稍皱缩；雄蕊12,6长6短,伸出萼筒之外；子房2室,花柱长短不一。蒴果扁圆形。花期7~9月；果期10月。

产于上池、马场等地。生于河岸、湖畔、溪沟边和潮湿草地,也常见栽培。分布于全国各地。亦分布于亚洲、欧洲、非洲的阿尔及利亚、北美洲和澳大利亚东南部等。

本种为花卉植物,华北、华东地区常栽培于水边或作盆栽,供观赏。全草入药,治肠炎、痢疾、便血；外用于外伤出血。

3. 水苋菜属 Ammannia Linn.

一年生草本,茎直立,柔弱,多分枝,枝通常具四棱。叶对生或互生,有时轮生,全缘；近无柄；无托叶。花小,4基数,辐射对称,单生或组成腋生的聚伞花序或稠密花束；苞片通常2枚；萼筒钟形或管状钟形,花后常变为球形或半球形,4~6裂,裂片间有时有细小的附属体；花瓣与萼裂片同数,细小,贴生于萼筒上部,位于萼裂片之间,有时无花瓣,雄蕊2~8,通常4；子房矩圆形或球形,包藏于萼管内,2~4室,花柱细长或短,直立,柱头头状；胚珠多数,着生于中轴胎座上,具隔膜或无隔膜。蒴果球形或长椭圆形,膜质,下半部为宿存萼管包围,成熟时横裂或不规则周裂；果壁无平行的横条纹；种子多数,细小,有棱,种皮革质。

约25种,广布于热带和亚热带,主产于非洲和亚洲。中国4种,产西南至东部。徂徕山2种。

分种检索表

1. 叶基部全为耳形；花少,3~7朵；果实直径2~3.5 mm；总花梗长约5 mm,花柱几与果等长 ·· 1. 耳基水苋 Ammannia auriculata
1. 茎下部叶的基部楔形；花多数,15朵以上；果实直径约1.5 mm；总花梗长约2 mm,花柱长为果的1/2 ·· 2. 多花水苋 Ammannia multiflora

1. 耳基水苋（图484）

Ammannia auriculata Willd.

Hort. Berol. 1: 7. 1803.

—— *Ammannia arenaria* Kunth

直立草本,少分枝,无毛,高15~60 cm,上部的茎四棱或略具狭翅。叶对生,膜质,狭披针形或矩圆状披针形,长1.5~7.5 cm,宽3~15 mm,顶端渐尖或稍急尖,基部扩大,多少呈心状耳形,半抱茎；无柄。聚伞花序腋生,通常有3花,多可至15；总花梗长约5 mm,花梗极短,长1~2 mm；小苞片2枚,线形；萼筒钟形,长1.5~2 mm,最初基部狭,结实时近半球形,有略明显的4~8棱,裂片4,阔三角形；花瓣4,紫色或白色,近圆形,早落,有时无花瓣,雄蕊4~8,约1/2突出萼裂片之上；子房球形,长约1 mm,花柱与子房等长或更长。蒴果扁球形,成熟时约1/3突出于萼之外,紫红色,直径2~3.5 mm,不规则周裂；种子半椭圆形。花、果期8~12月。

产于王家院、西旺。生于湿地和水稻田中,较少见。国内分布于广东、福建、浙江、江苏、安徽、湖北、河南、河北、陕

图484 耳基水苋
1.植株；2.果枝一部分；
3.花；4.果实

西、甘肃及云南等省份。广布于世界热带各地。

2. 多花水苋（图485）

Ammannia multiflora Roxb.

Fl. Ind. 1: 447. 1820.

直立草本，多分枝，无毛，高8~35（65）cm，茎上部略具四棱。叶对生，膜质，长椭圆形，长8~25 mm，宽2~8 mm，顶端渐尖，茎下部的叶基部渐狭，中部以上的叶基部通常耳形或稍圆形，抱茎。多花或疏散的二歧聚伞花序，总花梗短，长约2 mm，纤细，花梗长约1 mm；小苞片2，微小，线形；萼筒钟形，长1.5 mm，稍呈四棱，结实时半球形，裂片4，短三角形，比萼筒短得多；花瓣4，倒卵形，小而早落；雄蕊4，稀6~8，生于萼筒中部，与花萼裂片等长或稍长，花柱长0.5~1 mm，线形。蒴果扁球形，直径约1.5 mm，成熟时暗红色，上半部突出宿存萼之外；种子半椭圆形。花期7~8月；果期9月。

徂徕山有分布。生于湿地或水田中，较少见。分布于中国南部各省份。广布于亚洲、非洲、大洋洲及欧洲。

图485 多花水苋
1. 植株；2. 花；3. 花展开；4. 果实

4. 节节菜属 Rotala Linn.

一年生草本，少有多年生，无毛或近无毛。叶交互对生或轮生，稀互生，无柄或近无柄。花小，3~6基数，辐射对称，单生叶腋，或组成顶生或腋生的穗状花序或总状花序，常无花梗；小苞片2枚；萼筒钟形至半球形或壶形，干膜质，稀革质，3~6裂，裂片间无附属体，或有而成刚毛状；花瓣3~6，细小或无，宿存或早落；雄蕊1~6；子房2~5室，花柱短或细长，柱头盘状。蒴果不完全为宿存的萼管包围，室间开裂成2~5瓣，软骨质，果壁在放大镜下可见有密的横纹；种子细小。

约46种，主产亚洲及非洲热带地区，少数产澳大利亚、欧洲及美洲。中国10种，多分布于南部。徂徕山2种。

分种检索表

1. 叶对生，倒卵状椭圆形或矩圆状倒卵形；花瓣极小，倒卵形，花柱丝状·················1. 节节菜 Rotala indica
1. 叶3~5片轮生，窄披针形或阔线形；无花瓣，几无花柱·················2. 轮叶节节菜 Rotala mexicana

1. 节节菜（图 486）

Rotala indica（Willd.）Koehne

Bot. Jahrb. Syst. 1: 172. 1881.

一年生草本，多分枝，节上生根，茎常略具四棱，基部常匍匐，上部直立或稍披散。叶对生，无柄或近无柄，倒卵状椭圆形或矩圆状倒卵形，长 4~17 mm，宽 3~8 mm，侧枝上的叶仅长约 5 mm，顶端近圆形或钝而有小尖头，基部楔形或渐狭，下面叶脉明显，边缘软骨质。花长不及 3 mm，通常组成腋生的长 8~25 mm 的穗状花序，稀单生，苞片叶状，矩圆状倒卵形，长 4~5 mm，小苞片 2 枚，极小，线状披针形，长约为花萼的 1/2；萼筒管状钟形，膜质，半透明，长 2~2.5 mm，裂片 4，披针状三角形，顶端渐尖；花瓣 4，极小，倒卵形，长不及萼裂片的 1/2，淡红色，宿存；雄蕊 4；子房椭圆形，顶端狭，长约 1 mm，花柱丝状，长为子房的 1/2 或近相等。蒴果椭圆形，稍有棱，长约 1.5 mm，常 2 瓣裂。花期 9~10 月；果期 10 月至翌年 4 月。

产于西旺。生于河滩湿地，常生于湿地上。国内分布于广东、广西、湖南、江西、福建、浙江、江苏、安徽、湖北、陕西、四川、贵州、云南等省份。也分布于印度、斯里兰卡、印度尼西亚、菲律宾、中南半岛、日本至俄罗斯。

本种是夏秋季水稻田中常见的杂草，嫩苗可食。

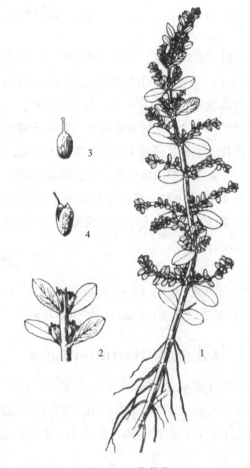

图 486　节节菜
1. 植株；2. 花枝一部分；3. 雌蕊；4. 果实

2. 轮叶节节菜（图 487）

Rotala mexicana Cham. & Schltdl.

Linnaea 5: 67. 1830.

一年生草本，无毛，带红色，茎高 3~10 cm，基部分枝，常匍匐，上部直立。叶 3~5 片轮生，窄披针形或阔线形，长 6~10 mm，宽 1.5~2 mm，顶端截形，有凸尖，基部狭。花单生叶腋，无梗，长 0.6~1 mm，略带红色；小苞片线形，薄膜质，约与花萼等长，萼筒于结实时半球形，萼裂片 4~5，三角形，无附属体；无花瓣；雄蕊 2 或 3；子房卵形或近球形。蒴果球形，长约 1 mm，2~3 瓣裂。花期 9~11 月。

产于西旺、大寺。生于河滩湿地。国内分布于江苏、浙江、河南及陕西。也分布于泰国、越南、菲律宾、日本、马达加斯加等地。

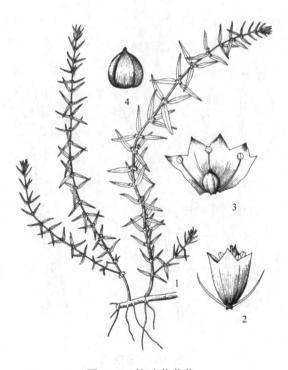

图 487　轮叶节节菜
1. 植株一部分；2. 花；3. 花纵切面；4. 果实

63. 瑞香科 Thymelaeaceae

落叶或常绿灌木，稀乔木或草本。树皮柔韧。叶互生，稀对生；单叶，全缘；无托叶。花辐射对称，两性，稀单性，组成顶生或腋生的穗状、伞形、总状或头状花序，稀单生；花萼呈花瓣状，下位，萼筒圆筒形，裂片4~5，覆瓦状排列；花瓣缺或为鳞片状；雄蕊通常为萼片的2倍，或为同数，稀退化成1或2，花丝通常离生，着生于萼筒的中部或喉部，1或2轮，花药2室；下位花盘环状或为多鳞片状或缺；子房上位，1室，稀2室，每室有悬垂胚珠1枚，花柱短，常偏生，柱头头状或棒状。果为浆果、核果或坚果，稀为蒴果；种子有或无胚乳。

约48属650种，广布于南北两半球的热带和温带地区。中国9属115种，各省份均有分布，但主产于长江流域及以南地区。徂徕山2属2种。

分属检索表

1. 草本，穗状花序疏散，伸长，花细小而不显著··· 1. 草瑞香属 Diarthron
1. 灌木，花较大而显著，头状花序或短穗状花序··· 2. 瑞香属 Daphne

1. 草瑞香属 Diarthron Turcz.

落叶亚灌木或多年生、一年生草本，直立。叶互生，椭圆形、线形或披针形，全缘。花两性，总状花序或短穗状花序，顶生。花萼筒漏斗状圆筒形，在子房上部收缩，具关节，花后关节之上脱落，关节之下宿存、包被果实；裂片4；雄蕊4或8，生于花萼筒关节之上，1~2轮，上轮雄蕊与花萼裂片对生；花盘环状或无；子房无毛或顶端有长柔毛，1室，1枚胚珠。坚果干燥，包藏于膜质花萼管的基部，种子胚乳少或无。

16种，产亚洲中部至西南部、欧洲东南部。中国4种，分布于西北至东北部。徂徕山1种。

1. 草瑞香（图488）

Diarthron linifolium Turcz.

Bull. Soc. Nat. Mosc. 5: 204. 1832.

一年生草本，高10~40 cm，多分枝，小枝纤细，圆柱形，无毛。叶互生，稀近对生，线形至线状披针形或狭披针形，长7~15 mm，宽1~3 mm，先端钝圆，基部楔形或钝，全缘，叶缘微反卷，有时散生少数白色纤毛，上面绿色，下面淡绿色，两面无毛，中脉在下面显著，纤细，上面不明显，无侧脉或不明显；叶柄长达0.6 mm。花绿色，顶生总状花序；无苞片；花梗长约1 mm，顶端膨大，花萼筒细小，筒状，长2.2~3 mm，无毛或微被丝状柔毛，裂片4，卵状椭圆形，长约0.8 mm，渐尖，直立或微开展；雄蕊4，稀5，着生于花萼筒中部以上，不伸出，花药极小，宽卵形；花盘不明显；子房具柄，椭圆形，无毛，

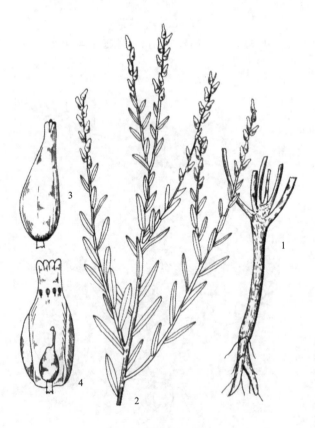

图488 草瑞香
1. 根部；2. 植株上部；3. 花；
4. 花展开（示雄蕊和雌蕊）

花柱纤细，柱头棒状，略膨大。果实卵形或圆锥状，黑色，长约2 mm，为横断的宿存花萼筒所包围，果实上部的花萼筒长约1 mm；果皮膜质，无毛。花期5~7月；果期6~8月。

产于光华寺、磙石峪、王家院。生于沙质荒地。国内分布于吉林、河北、山西、陕西、甘肃、新疆、江苏。俄罗斯西伯利亚也有分布。

2. 瑞香属 Daphne Linn.

落叶或常绿灌木或亚灌木；冬芽小，具数个鳞片。叶互生，稀近对生，具短柄，无托叶。花两性，稀单性，整齐，头状花序顶生，稀圆锥、总状或穗状花序，有时花序腋生，常具苞片，花白色、玫瑰色、黄色或淡绿色；花萼筒短或伸长，钟形、筒状或漏斗状管形，顶端4裂，稀5裂，裂片开展，覆瓦状排列，常大小不等；无花瓣；雄蕊8或10，2轮，通常包藏于花萼筒的近顶部和中部；花盘杯状、环状，或一侧发达呈鳞片状；子房1室，有1枚下垂胚珠，花柱短，柱头头状。浆果肉质或干燥而革质，常为近干燥的花萼筒所包围，有时花萼筒全部脱落而裸露，通常为红色或黄色；种子1粒，种皮薄；胚肉质，无胚乳，子叶扁平而隆起。

约有95种，主要分布于欧洲经地中海、中亚到中国、日本，南到印度至印度尼西亚。中国52种，主产于西南和西北部，其余全国均有分布。徂徕山1种。

1. 芫花（图489，彩图50）

Daphne genkwa Sieb. & Zucc.

Fl. Jap. 1: 137. t. 75. 1835.

落叶灌木，高 0.3~1 m，多分枝；树皮褐色，无毛；小枝圆柱形，细瘦，幼枝黄绿色或紫褐色，密被淡黄色丝状柔毛，老枝紫褐色或紫红色，无毛。叶对生，稀互生，纸质，卵形或卵状披针形至椭圆状长圆形，长 3~4 cm，宽 1~2 cm，先端急尖或短渐尖，基部宽楔形或钝圆形，全缘，上面绿色，下面淡绿色，幼时密被绢状黄色柔毛，老时则仅叶脉基部散生绢状黄色柔毛，侧脉 5~7 对，在下面较上面显著；叶柄短或几无，长约 2 mm，具灰色柔毛。花比叶先开放，紫色或淡紫蓝色，偶白色，无香味，常 3~6 朵簇生于叶腋或侧生，花梗短，具灰黄色柔毛；花萼筒细瘦，筒状，长 6~10 mm，外面具丝状柔毛，裂片4，卵形或长圆形，长 5~6 mm，宽 4 mm，顶端圆形，外面疏生短柔毛；雄蕊 8，2 轮，分别着生于花萼筒的上部和中部，花丝短，长约 0.5 mm，花药黄色，卵状椭圆形，长约 1 mm，伸出喉部，顶端钝尖；花盘环状，不发达；子房长倒卵形，长 2 mm，密被淡黄色柔毛，花柱短或无，柱头头状，橘红色。果实肉质，白色，椭圆形，长约 4 mm，包藏于宿存的花萼筒的下部，具 1 粒种子。花期 3~5 月；果期 6~7 月。

产于光华寺。分布于河北、山西、陕西、甘

图 489 芫花
1.茎枝；2.花枝；3.幼叶背面；
4.花纵切面（示雄蕊）；5.雌蕊和花盘

肃、山东、江苏、安徽、浙江、江西、福建、台湾、河南、湖北、湖南、四川、贵州等省份。

观赏植物；花蕾药用，为治水肿和祛痰药，根可毒鱼，全株可作农药，煮汁可杀虫，灭天牛虫效果良好；茎皮纤维柔韧，可作造纸和人造棉原料。

64. 菱科 Trapaceae

一年生水生草本。根2型：着泥根细长，黑色，呈铁丝状，生水底泥中；同化根由托叶边缘演生而来，生于沉水叶叶痕两侧，对生或轮生状，呈羽状丝裂，淡绿褐色，不脱落，是具有同化和吸收作用的不定根。茎常细长柔软，分枝，出水后节间缩短。叶2型：沉水叶互生，仅见于幼苗或幼株上，叶片小，宽圆形，锯齿；浮水叶互生或轮生状，多数集聚于茎顶呈旋叠莲座状，形成菱盘，叶片卵状菱状，全缘；叶柄长短不一，上部膨大成海绵质气囊；托叶2枚，生沉水叶或浮水叶的叶腋。花小，两性，单生于叶腋，由下向上顺序发生，水面开花；花萼与子房基部合生，裂片4，排成2轮，不同程度膨大形成刺角或退化；花瓣4，1轮，白色或带淡紫色，着生在上部花盘边缘；花盘常呈鸡冠状分裂或全缘；雄蕊4，2轮，与花瓣交互对生；子房半下位，2室，每室仅1枚胚珠发育。坚果，革质或木质，在水中成熟，有刺状角1~4，稀无角，顶端具1果喙。种子1粒，子叶2枚，通常1大1小；胚乳不存在。

1属2种。分布于欧亚及非洲热带、亚热带和温带地区，北美洲和澳大利亚有引种栽培。中国2种，产于全国各地，以长江流域亚热带地区分布与栽培最多。徂徕山1种。

1. 菱属 Trapa Linn.

形态特征、种类、分布与科相同。

1. 欧菱　菱角（图490）

Trapa natans Linn.

Sp. Pl. 120. 1753.

图490　欧菱
1. 植株；2. 果实

一年生水生草本，浮水型。根2型：着泥根细铁丝状，着生水底；同化根羽状细裂，裂片丝状。茎柔弱分枝。叶2型：浮水叶互生，聚生于主茎或分枝茎的顶端，呈旋叠状镶嵌排列在水面成莲座状的菱盘，叶片菱圆形或三角状菱圆形，长3.5~4 cm，宽4.2~5 cm，表面亮绿色，无毛，背面灰褐色或绿色，主侧脉在背面稍突起，密被淡灰色或棕褐色短毛，脉间有棕色斑块，叶边缘中上部具不整齐的圆凹齿或锯齿，中下部全缘，基部楔形或近圆形；叶柄中上部膨大不明显，长5~17 cm，被棕色或淡灰色短毛；沉水叶小，早落。花小，单生于叶腋，两性；萼筒4深裂，外面被淡黄色短毛；花瓣4，白色；雄蕊4；雌蕊具半下位子房，2心皮，2室，每室具1枚倒生胚珠，仅1室胚珠发育；花盘鸡冠状。果三角状菱形，高2 cm，宽2.5 cm，表面具淡灰色长毛，2肩角直伸或斜举，肩角长约1.5 cm，刺角基部不明显粗大，腰角位置无刺角，丘状突起不明显，果喙不明显，果颈高1 mm，径4~5 mm，内具1粒白种子。花期5~10月；果期7~11月。

产于西旺等地。生于河湾。国内分布于黑龙江、吉林、辽宁、陕西、河北、河南、山东、江苏、浙江、安徽、湖北、湖南、江西、福建、广东、广西等省份水域；各地栽培。亚洲热带、亚热带地区和非洲、欧洲、大洋洲、北美洲均有分布。

果实富含淀粉，可生食，也可供制菱粉，配制冰棋淋等各种食品，亦可酿酒或入药。菱壳可制取活性炭。新鲜茎叶为猪及家禽喜食，用作饲料。

65. 石榴科 Punicaceae

落叶灌木或小乔木。小枝常为刺状。单叶，对生、近对生或簇生，全缘，无托叶。花两性或杂性，单生，或1~5朵生于枝顶或叶腋；花辐射对称；萼筒状或钟状，裂片5~7，革质，肥厚，宿存；花瓣5~7片，覆瓦状排列，边缘多有皱褶；雄蕊多数，生于萼筒喉部周围；雌蕊由多数心皮构成，子房下位或半下位，多室，分上下2层排列，胚珠多数，上层各室为侧膜胎座，下层各室中轴胎座。浆果，外皮厚，熟时开裂或不裂，中间有室间隔膜，顶部有宿存萼裂，内含多数种子；种子有角棱，外种皮肉质多汁，内种皮骨质，种仁有胚乳，子叶旋转状。

1属2种，原产亚洲西部。中国引入1种。徂徕山1种。

1. 石榴属 Punica Linn.

形态特征、种类、分布与科相同。

1. 石榴（图491）

Punica granatum Linn.

Sp. Pl. 472. 1753.

落叶灌木或小乔木，高可达7 m。树皮灰黑色，不规则剥落；小枝四棱形，顶部常为刺状。叶对生或簇生，倒卵形或长椭圆状披针形，长2~8 cm，宽1~3 cm，先端尖或钝，基部阔楔形、全缘，羽状脉，中脉在下面凸起，两面光滑；叶柄短。1至数花顶生或腋生，有短梗；花萼钟形，亮红色或紫褐色，长2~3 cm，直径1.5 cm，裂片5~8，三角形，先端尖，长约1.5 cm；花瓣与萼裂同数或更多，生于萼筒内，倒卵形，先端圆，基部有爪，常高出于花萼裂片之外，红色、橙红色、黄色或白色，雄蕊多数，花丝细弱弯曲，生于萼筒的喉部内壁上，花药黄色；雌蕊有1花柱，4~8心皮合成多室子房，子房下位，上部多6室，下部3室。浆果近球形，果皮厚，直径3~18 cm，萼宿存；种子红色、粉红、白色等，晶莹透明。花期5~6月；果期8~9月。

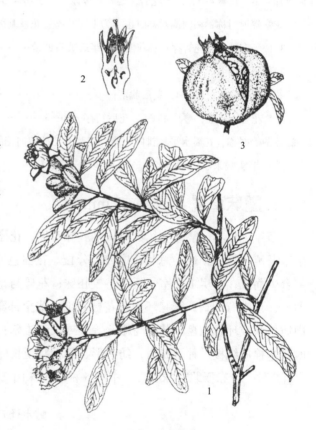

图491 石榴
1.花枝；2.花纵切面；3.果实

徂徕山各林区普遍栽培，多见于庭院或公园、果园。原产巴尔干半岛至伊朗及其邻近地区，全世界的温带和热带都有种植。中国引种历史悠久，江苏、安徽、河南、陕西、云南等省份栽培数量较大。

石榴是常见果树,也常栽培供观赏。果皮入药,称石榴皮,味酸涩,性温,功能涩肠止血,治慢性下痢及肠痔出血等症,根皮可驱绦虫和蛔虫。树皮、根皮和果皮均含多量鞣质(20%~30%),可提制栲胶。

66. 柳叶菜科 Onagraceae

一年生或多年生草本,有的水生,有时为半灌木或灌木,稀小乔木。叶互生或对生;托叶小或无。花两性,稀单性,辐射对称或两侧对称,单生于叶腋或排成顶生的穗状花序、总状花序或圆锥花序。花常4数,稀2或5数;花管(由花萼、花冠、有时还有花丝之下部合生而成)存在或否;萼片(2)4或5;花瓣(2)4或5,在芽时常旋转或覆瓦状排列,脱落;雄蕊(2)4,或8或10,排成2轮;花药丁字着生,稀基部着生;花粉单一,或为四分体,花粉粒间以黏丝连接;子房下位,(1~2)4~5室,每室有少数或多数胚珠,中轴胎座;花柱1,柱头头状、棍棒状或具裂片。蒴果,室背、室间开裂或不开裂,有时为浆果或坚果。种子多数或少数,稀1,无胚乳。

17属约650种,广泛分布于全世界温带与热带地区。中国6属64种。徂徕山5属8种2亚种。

分属检索表

1. 萼片、花瓣、雄蕊各2;子房1~2室,每室有1枚胚珠;果实坚果状 ················· 1. 露珠草属 Circaea
1. 萼片4~6,花瓣4~6,稀无花瓣,雄蕊4枚以上;子房4~5室。
  2. 花常辐射对称,稀两侧对称时也不为上述状态;花丝基部无附属物;子房每室有多数胚珠;果实为蒴果。
    3. 种子有种缨;花管存在;花瓣先端半裂或有凹缺 ················· 2. 柳叶菜属 Epilobium
    3. 种子无种缨。
      4. 花管发达;萼片4,花后脱落 ················· 3. 月见草属 Oenothera
      4. 花管不存在;萼片4或5,花后宿存 ················· 4. 丁香蓼属 Ludwigia
  2. 花两侧对称,花瓣水平地排向一侧,雄蕊与花柱伸向花的另一侧;花丝基部有鳞片状附属物;子房每室有1枚胚珠;果实坚果状 ················· 5. 山桃草属 Gaura

1. 露珠草属 Circaea Linn.

多年生草本,常丛生,具根状茎。叶对生,花序轴上的叶互生并呈苞片状;托叶早落。花序生于主茎及侧生短枝顶端,总状花序或具分枝。花白色或粉红色,2基数,具花管,花管由花萼与花冠下部合生而成;子房1~2室,每室1枚胚珠;花萼与花瓣互生,雄蕊与花萼对生;花瓣倒心形或菱状倒卵形,顶端有凹缺;蜜腺环生于花柱基部,或全部藏于花管之内,或延伸而突出于花管之外而形成1肉质柱状或环状花盘。花柱与雄蕊等长或长于雄蕊;柱头2裂。果为蒴果,不开裂,外被硬钩毛,有时具木栓质纵棱。种子光滑,纺锤形、阔棒状至长卵状,多少紧贴于子房壁。

8种,分布于北半球温带。中国5种。徂徕山2种1亚种。

分种检索表

1. 蜜腺藏于花管中,不伸出于花管之外;花序轴混生腺毛和非腺毛 ················· 1. 露珠草 Circaea cordata
1. 蜜腺伸出花管之外,形成1环状或柱状的肥厚花盘。
  2. 茎无毛或被稀疏镰状毛;叶基圆形至近心形;花序密被腺毛,但无镰状毛 ················· 2. 水珠草 Circaea canadensis subsp. quadrisulcata
  2. 茎被毛,毛被常稠密;叶基楔形,稀心形;花序具腺状和镰状毛 ················· 3. 南方露珠草 Circaea mollis

1. 露珠草（图 492，彩图 51）

Circaea cordata Royle

Illustr. Bot. Himal. 211. t. 43. f. 1 a-i. 1834.

—— *Circaea cardiophylla* Makino

—— *Circaea × hybrida* Handel-Mazzetti

—— *Circaea kitagawae* H. Hara.

粗壮草本，高 20~150 cm，被平伸的长柔毛、镰状外弯的曲柔毛和顶端头状或棒状的腺毛，毛被通常较密；根状茎不具块茎。叶狭卵形至宽卵形，中部的长 4~11 cm，宽 2.3~7 cm，基部常心形，有时阔楔形至圆形或截形，先端短渐尖，边缘具锯齿至近全缘。单总状花序顶生，或基部具分枝，长 2~20 cm；花梗长 0.7~2 mm，与花序轴垂直生或在花序顶端簇生，被毛，基部有 1 极小的刚毛状小苞片；花芽多少被直或微弯稀具钩的长毛；花管长 0.6~1 mm；萼片卵形至阔卵形，长 2~3.7 mm，宽 1.4~2 mm，白色或淡绿色，开花时反曲，先端钝圆形；花瓣白色，倒卵形至阔倒卵形，长 1~2.4 mm，宽 1.2~3.1 mm，先端倒心形，凹缺深至花瓣长度的 1/2~2/3，花瓣裂片阔圆形；雄蕊伸展，略短于花柱或与花柱近等长；蜜腺不明显，全部藏于花管之内。果实斜倒卵形至透镜形，长 3~3.9 mm，径 1.8~3.3 mm，2 室，2 粒种子，背面压扁，基部斜圆形或斜截形，边缘及子房室之间略显木栓质增厚，但不具明显纵沟；成熟果实连果梗长 4.4~7 mm。花期 6~8 月；果期 7~9 月。

产于上池、马场、黄石崖、磜石峪、徂徕、中军帐等林区。生于排水良好的落叶林下、水沟边。国内分布于东北地区及河北、山西、陕西、甘肃、山东、安徽、浙江、江西、台湾、河南、湖北、湖南、四川、贵州、云南及西藏。俄罗斯西伯利亚、朝鲜、日本、印度、尼泊尔、巴基斯坦也有分布。

2. 水珠草（图 493）

Circaea canadensis（Linn.）Hill subsp. **quadrisulcata**（Maxim.）Boufford

Harvard Pap. Bot. 9: 256. 2005.

—— *Circaea lutetiana* Linn. subsp. *quadrisulcata*（Maxim.）Asch. & Magnus

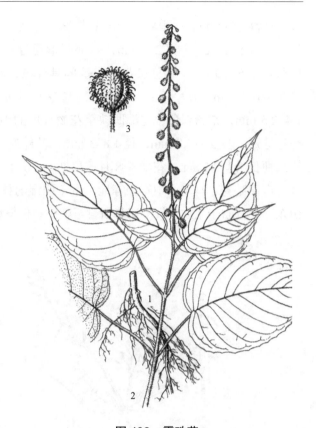

图 492　露珠草
1. 根；2. 植株上部；3. 果实

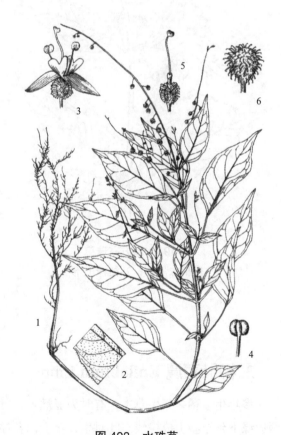

图 493　水珠草
1. 植株；2. 叶片局部放大；3. 花；
4. 雄蕊；5. 雌蕊；6. 果实

株高 15~80 cm；根状茎上不具块茎；茎无毛，稀疏生曲柔毛。叶狭卵形、阔卵形至矩圆状卵形，长 4.5~12 cm，宽 2~5 cm，基部圆形至近心形，稀阔楔形，先端渐尖，边缘具锯齿。总状花序长约 2.5~30 cm，单总状花序或基部具分枝；花梗与花序轴垂直，被腺毛，基部无小苞片。花管长 0.6~1 mm；萼片长 1.3~3.2 mm，宽 1~1.7 mm，常紫红色，反曲；花瓣倒心形，长 1~2 mm，宽 1.4~2.5 mm，常粉红色；先端凹缺至花瓣长度的 1/3 或 1/2；蜜腺明显，伸出于花管之外。果实梨形至近球形，长 2.2~3.8 mm，径 1.8~3 mm，基部通常不对称，渐狭至果梗，果具明显纵沟；成熟果实连果梗长 5.3~8.5 mm。花期 6~8 月；果期 7~9 月。

产于卧尧、马场、中军帐等地。生于阴湿的林下、溪边。国内分布于东北地区及内蒙古、河北、山东。亦分布于东欧、俄罗斯莫斯科至朝鲜、俄罗斯萨哈林岛和日本北部。

3. 南方露珠草（图 494）

Circaea mollis Sieb. & Zucc.

Abh. Akad. Muench. 4: 134. 1843.

株高 25~150 cm，被镰状弯曲毛；根状茎不具块茎。叶狭披针形、阔披针形至狭卵形，长 3~16 cm，宽 2~5.5 cm，基部楔形，稀圆形，先端渐尖，近全缘至具锯齿。顶生总状花序常于基部分枝，稀为单总状花序，长 1.5~4（20）cm；花梗与花序轴垂直生，基部不具或稀具 1 极小的刚毛状小苞片，花梗常被毛，花芽无毛，或被曲的和直的、顶端头状和棒状的腺毛。花管长 0.5~1 mm；萼片长 1.6~2.9 mm，宽 1~1.5 mm，淡绿色或带白色，开花时伸展或略反曲，先端短渐尖至钝圆，或微呈乳突状；花瓣白色，阔倒卵形，长 0.7~1.8 mm，宽 1~2.6 mm，先端下凹至花瓣长度的 1/4~1/2；开花时雄蕊通常直伸，短于或偶尔等于稀长于花柱；蜜腺明显，突出于花管之外。果梨形或球形，长 2.6~3.5 mm，径 2~3.2 mm，基部不对称，渐狭至果梗，果 2 室，具 2 粒种子，纵沟极明显；果梗常明显反曲，成熟果实连梗长 5~7 mm。花期 7~9 月；果期 8~10 月。

徂徕山各山地林区均产。生于阴湿的林下、溪边。国内分布于东北、华北至华中和华南地区。柬埔寨、老挝、缅甸及印度、日本、韩国、俄罗斯东南部也有分布。

图 494　南方露珠草
1. 植株下部；2. 植株上部

2. 柳叶菜属 Epilobium Linn.

多年生、稀一年生草本，有时为亚灌木，常具纤维状根与根状茎。茎圆柱状或近四棱形，常自叶柄边缘下延至茎上成棱线。叶对生，茎上部花序上的叶常互生，有锯齿或胼胝状齿突，稀全缘；无托叶。花单生于茎枝上部叶腋，排成穗状、总状、圆锥状或伞房状花序，两性，4 数，辐射状对称或有时两侧对称；花管由花萼与花冠在基部合生而成，花后不久脱落；萼片 4，排成筒状，披针形；花瓣常紫红色,有时粉红或白色;雄蕊8;花柱直立;子房4室;胚珠多数。蒴果,熟时自顶端室背开裂为4片。种子多数,表面具乳突或网状,顶端常具喙状的合点领,其上生一簇种缨。

约165种,广泛分布于北半球与南半球寒带、温带与热带高山。中国33种,除海南外,全国各省份均产,尤以北方及西南高山地区种类较多。徂徕山3种1亚种。

分种检索表

1. 柱头4裂;茎有长柔毛与短腺毛。
    2. 花瓣长5~8 mm;柱头花时围以外轮花药··1. 小花柳叶菜 Epilobium parviflorum
    2. 花瓣长9~20 mm;柱头花时伸出高过花药··2. 柳叶菜 Epilobium hirsutum
1. 柱头顶端近平;茎近无毛,花序以下只有2毛棱线···3. 毛脉柳叶菜 Epilobium amurense

1. 小花柳叶菜（图495,彩图52）

Epilobium parviflorum Schreber

Spicil. Fl. Hips. 146, 155. 1771.

多年生粗壮草本,越冬莲座状芽不具匍匐枝。茎高18~100（160）cm,上部常分枝,混生长柔毛与短腺毛,下部被伸展的灰色长柔毛,同时叶柄下延的棱线多少明显。叶对生,茎上部的互生,狭披针形或长圆状披针形,长3~12 cm,宽0.5~2.5 cm,先端近锐尖,基部圆形,边缘每侧具15~60枚不等距的细牙齿,两面被长柔毛,侧脉每侧4~8条;近无柄或叶柄长1~3 mm。总状花序直立,常分枝;苞片叶状。花直立,花蕾长圆状倒卵球形,长3~5 mm,径2~3 mm;子房长1~4 cm,密被直立短腺毛,有时混生少数长柔毛;花梗长0.3~1 cm;花管长1~1.9 mm,径1.3~2.5 mm,在喉部有一圈长毛;萼片狭披针形,长2.5~6 mm,背面隆起成龙骨状,被腺毛与长柔毛;花瓣粉红色至鲜玫瑰紫红色,稀白色,宽倒卵形,长4~8.5 mm,宽3~4.5 mm,先端凹缺深1~3.5 mm;雄蕊长圆形,长0.5~1.3 mm,外轮花丝长2.6~6 mm,内轮花丝长1.2~3.5 mm;花柱直立,长2.6~6 mm,白色至粉红色,无毛;柱头4深裂,裂片长圆形,长1~1.8 mm,初时直立,后下弯。蒴果长3~7 cm,被短腺毛和长柔毛;果梗长0.5~1.8 cm。种子倒卵球状,长0.8~1.1 mm,顶端圆形,表面具粗乳突;种缨长5~9 mm,易脱落。花期6~9月;果期7~10月。

图495 小花柳叶菜
1. 植株上部; 2. 果实

产于黄石崖、光华寺、磦石峪、大寺等地。生于河谷、溪流湿润地。国内分布于内蒙古、河北、山西、山东、河南、陕西、新疆、湖南、湖北、四川、贵州、云南。也分布于日本、喜马拉雅南坡、高加索、欧洲及非洲北部。

2. 柳叶菜（图496）

Epilobium hirsutum Linn.

Sp. Pl. 1: 347. 1753.

多年生粗壮草本,在秋季自根颈常平卧生出长达1 m的匍匐根状茎,茎上疏生鳞片状叶,先端常

图 496 柳叶菜
1. 植株上部；2. 花；3. 果实；4. 种子

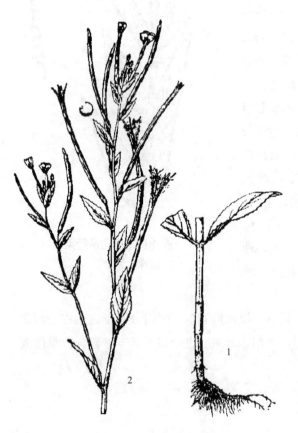

图 497 毛脉柳叶菜
1. 植株下部；2. 植株上部

生莲座状叶芽。茎高 25~120（250）cm，常中上部多分枝，密被长柔毛，常混生短腺毛。叶对生，茎上部的互生，无柄，多少抱茎；茎生叶披针状椭圆形至狭倒卵形或椭圆形，长 4~12（20）cm，宽 0.3~3.5（5）cm，先端锐尖至渐尖，基部近楔形，边缘每侧具 20~50 枚细锯齿，两面被长柔毛，有时背面混生短腺毛，侧脉 7~9 对。总状花序直立；苞片叶状。花直立；子房灰绿色至紫色，长 2~5 cm，密被长柔毛与短腺毛；花梗长 0.3~1.5 cm；花管长 1.3~2 mm，径 2~3 mm，喉部有一圈长白毛；萼片长圆状线形，长 6~12 mm，宽 1~2 mm，背面隆起成龙骨状，被毛如子房；花瓣玫瑰红色，或粉红、紫红，宽倒心形，长 9~20 mm，宽 7~15 mm，先端凹缺；花药乳黄色，长圆形；外轮花丝长 5~10 mm，内轮长 3~6 mm；花柱直立，长 5~12 mm，白色或粉红色；柱头白色，4 深裂，裂片长圆形，初时直立，开放时展开，不久下弯，长稍高过雄蕊。蒴果长 2.5~9 cm，被毛同子房。种子倒卵状，长 0.8~1.2 mm；种缨长 7~10 mm，易脱落。花期 6~8 月；果期 7~9 月。

产于光华寺、大寺。广布于中国温带与热带省份，北京、南京、广州等城市有栽培。广布于欧亚大陆与非洲温带，东自日本、朝鲜半岛、俄罗斯远东地区，经西伯利亚、喜马拉雅，西达小亚细亚、斯堪的纳维亚与非洲北部。

嫩苗嫩叶可作色拉凉菜；根或全草可入药。

3. 毛脉柳叶菜（图 497）

Epilobium amurense Hausskn.

Oesterr. Bot. Zeitschr. 29: 55. 1879.

多年生直立草本，秋季自茎基部生出短的肉质多叶的根出条，伸长后有时成莲座状芽，稀成匍匐枝。茎高 20~50（80）cm，上部有曲柔毛与腺毛，中下部有时甚至上部常有明显的毛棱线，其余无毛，稀全株无毛。叶对生，花序上的互生，近无柄或茎下部的具短柄，卵形，有时长圆状披针形，长 2~7 cm，宽 0.5~2.5 cm，先端锐尖，有时渐尖或钝，基部圆形或宽楔形，每边有 6~25 枚锐齿，侧脉 4~6 对。花序常被曲柔毛与腺毛。花在芽时近直立；花蕾椭圆状卵形，长 1.5~2.4 mm，常疏被曲柔毛与腺毛；子房长 1.5~2.8 mm，被曲柔毛与腺毛；花管长 0.6~0.9 mm，径 1.5~1.8 mm，喉部有一圈长柔毛；萼片披针状长圆形，长 3.5~5 mm，宽 0.8~1.9 mm，疏被曲柔毛，在基部接合处腋间有一束毛；花瓣白色、粉红色或玫瑰紫色，倒卵形，长 5~10 mm，宽 2.4~4.5 mm，先端凹缺；花药卵状；外轮花丝长 2.8~4 mm，内轮长 1.2~2.8 mm；花柱长 2~4.7 mm；柱头近头状，长 1~1.5 mm，径 1~1.3 mm，顶端近平，开花时围以外轮花药或稍伸出。蒴果长 1.5~7 cm，疏被柔毛至变无毛；种子长圆状倒卵形，长 0.8~1 mm；种缨污白色，长 6~9 mm，易脱落。花期 5~8 月；果期 8~12 月。

徂徕山有分布。生于溪沟边、草坡湿润处。国内分布于吉林、内蒙古、河北、山西、山东、河南、陕西、甘肃、青海、台湾、广西、河南、湖北、四川、贵州、云南及西藏。俄罗斯远东地区、日本、朝鲜等也有分布。

光滑柳叶菜（亚种）

subsp. cephalostigma（Hausskn.）C. J. Chen & al.

Syst. Bot. Monogr. 34: 127. 1992.

茎常多分枝，上部周围只被曲柔毛，无腺毛，中下部具不明显棱线，但不贯穿节间，棱线上近无毛；叶长圆状披针形至狭卵形，基部楔形；叶柄长 1.5~6 mm；花较小，长 4.5~7 mm；萼片均匀地被稀疏的曲柔毛。花期 6~8 月；果期 8~9 月。

产于上池、马场。国内分布于东北地区及河北、山东、陕西、甘肃、安徽、浙江、江西、福建、广东、广西、湖南、湖北、四川、贵州、云南。日本、朝鲜与俄罗斯远东地区也有分布。

3. 月见草属 Oenothera Linn.

一、二年生或多年生草本。有明显的茎或无茎；茎直立、上升或匍匐生；稀具地下茎。具垂直主根，稀只具须根，有时自伸展的侧根上生分枝。叶在未成年植株常具基生叶，以后具茎生叶，螺旋状互生，有柄或无柄，全缘、有齿或羽状深裂；无托叶。花大，美丽，4 数，辐射对称，生于茎枝顶端叶腋或退化叶腋，排成穗状花序、总状花序或伞房花序，通常花期短，常傍晚开放，至次日日出时萎凋；花管发达，圆筒状，至近喉部多少呈喇叭状，花后迅速凋落；萼片 4，反折，绿色、淡红或紫红色；花瓣 4，黄色，紫红色或白色，有时基部有深色斑，常倒心形或倒卵形；雄蕊 8，近等长或对瓣的较短；花药丁字着生；子房 4 室，胚珠多数；柱头深裂成 4 线形裂片，裂片授粉面全缘。蒴果圆柱状，常具四棱或翅，直立或弯曲，室背开裂，稀不裂。种子多数，每室排成 2 行。

121 种，分布于北美洲、南美洲及中美洲温带至亚热带地区。中国引种栽培 10 种。徂徕山 1 种。

1. 月见草（图 498）

Oenothera biennis Linn.

Sp. Pl 1: 346. 1753.

二年生草本，粗壮。基生莲座叶丛紧贴地面。茎高 50~200 cm，被曲柔毛与伸展长毛，在茎枝上

图 498 月见草
1.植株；2.花；3.果实

端常混生有腺毛。基生叶倒披针形，长 10~25 cm，宽 2~4.5 cm，先端锐尖，基部楔形，边缘疏生不整齐浅钝齿，侧脉 12~15 对，两面被曲柔毛与长毛；叶柄长 1.5~3 cm。茎生叶椭圆形至倒披针形，长 7~20 cm，宽 1~5 cm，先端锐尖至短渐尖，基部楔形，有疏钝齿，侧脉 6~12 对，两面被曲柔毛与长毛；无叶柄或达 15 mm。花序穗状；苞片叶状，椭圆状披针形，自下向上变小，近无柄，长 1.5~9 cm，宽 0.5~2 cm，在果期宿存，花蕾锥状长圆形，长 1.5~2 cm，粗 4~5 mm，顶端具长喙；花管长 2.5~3.5 cm，径 1~1.2 mm，黄绿色或开花时带红色，被柔毛、长毛与短腺毛；萼片绿色，有时带红色，长圆状披针形，长 1.8~2.2 cm，宽 4~5 mm，先端骤缩成尾状，长 3~4 mm，开放时自基部反折，但又在中部上翻；花瓣黄色，稀淡黄色，宽倒卵形，长 2.5~3 cm，宽 2~2.8 cm，先端微凹缺；花丝近等长，长 10~18 mm；花药长 8~10 mm，花粉约 50% 发育；子房绿色，圆柱状，具四棱，长 1~1.2 cm，粗 1.5~2.5 mm，密被伸展长毛与短腺毛，有时混生曲柔毛；花柱长 3.5~5 cm，伸出花管部分长 0.7~1.5 cm；柱头围以花药。蒴果锥状圆柱形，长 2~3.5 cm，径 4~5 mm，具明显的棱。种子暗褐色，长 1~1.5 mm，径 0.5~1 mm，具棱角，各面具不整齐洼点。花期 6~8 月；果期 9~10 月。

徂徕山各林区均产，村野间逸生。原产北美洲，早期引入欧洲，后迅速传播世界温带与亚热带地区。在中国东北、华北、华东、西南地区有栽培，并逸生。

4. 丁香蓼属 Ludwigia Linn.

直立或匍匐草本，多为水生植物，茎常膨胀成海绵状；节上生根，常束生白色海绵质根状浮水器。叶互生或对生，稀轮生；常全缘；托叶常早落。花单生于叶腋，或组成顶生的穗状花序或总状花序，有小苞片 2；花管不存在；萼片（3）4~5，花后宿存；花瓣与萼片同数，稀不存在，易脱落，黄色，稀白色，全缘或先端微凹；雄蕊与萼片同数或为萼片的 2 倍；花盘位花柱基部，隆起成锥状，在雄蕊着生基部有下陷的蜜腺；柱头头状，常（3）4~5 浅裂；子房（3）4~5 室，中轴胎座；胚珠每室多列或 1 列。蒴果室间、室背开裂，或不规则开裂或不裂。种子近球形、长圆形，或不规则肾形，与内果皮离生，或单个嵌入海绵质或木质的硬内果皮近圆锥状小盒里。

约 82 种，广布于泛热带，少数种分布到温带。中国 9 种，产华东、华南与西南热带与亚热带地区，少数种分布到温带。徂徕山 1 种。

1. 假柳叶菜（图 499）

Ludwigia epilobioides Maxim. Prim. Fl. Amur. 104. 1859.

一年生直立草本；茎高 30~150 cm，四棱形，多分枝，无毛或被微柔毛。叶狭椭圆形至狭披针形，长 3~10 cm，宽 0.7~2 cm，先端渐尖，基部狭楔形，侧脉每侧 8~13 条，两面隆起，脉上疏被微柔毛；叶柄长 4~13 mm；托叶卵状三角形，长约 1.5 mm。萼片 4~5（6），三角状卵形，长 2~4.5 mm，宽 0.6~2.8 mm，先端渐尖，被微柔

图 499　假柳叶菜
1. 植株；2. 花；3. 果实

毛；花瓣黄色，倒卵形，长 2~2.5 mm，宽 0.8~1.2 mm，先端圆形，基部楔形；雄蕊与萼片同数，花丝长 0.5~1 mm；花药宽长圆状，长约 0.5 mm，开花时以单花粉直接授在柱头上；花柱粗短，柱头球状，顶端微凹；花盘无毛。蒴果近无梗，长 1~2.8 cm，粗 1.2~2 mm，初时具四至五棱，表面瘤状隆起，熟时淡褐色，内果皮增厚变硬成木栓质，表面变平滑，使果成圆柱状，每室有 1 或 2 列稀疏嵌埋于内果皮的种子；果皮薄，熟时不规则开裂。种子狭卵球状，稍歪斜，长 0.7~1.4 mm，表面具红褐色纵条纹，其间有横向的细网纹；种脊不明显。花期 8~10 月；果期 9~11 月。

产于磅石峪、西旺。国内分布于东北地区及内蒙古、陕西、河南、山东、安徽、浙江、江西、福建、台湾、广东、海南、广西、湖南、湖北、四川、贵州、云南。日本、朝鲜半岛、俄罗斯远东地区、越南也有。

5. 山桃草属 Gaura Linn.

一、二年生或多年生草本。有时近基部木质化。叶具基生叶与茎生叶，基生叶较大，排成莲座状，向着基部渐变狭成具翅的柄；茎生叶互生，具柄或无柄，向上逐渐变小，全缘或具齿。花序穗状或总状。花常 4 数，稀 3 数，两侧对称，花瓣水平地排向一侧，雄蕊与花柱伸向花的另一侧，花常在傍晚开放，开放后一天内凋谢；花管狭长，由花萼、花冠与花丝之一部分合生而成，其内基部有蜜腺，萼片 4，花期反折，花后脱落；花瓣 4，通常白色，受粉后变红色，具爪；雄蕊为萼片的 2 倍，近等长，花丝基部内面有鳞片状附属体；花药常带红色，2 药室间具药隔；子房 4 室，稀 3 室，每室 1 枚胚珠；花柱线形，被毛；柱头深（3）4 裂，常高出雄蕊。蒴果坚果状，不开裂，具（3）4 条棱。种子常卵状，柔软光滑。

21 种，产北美洲的墨西哥。中国栽培 3 种，并逸为野生杂草。徂徕山 1 种。

1. 小花山桃草（图 500）

Gaura parviflora Dougl.

Hook. Fl. Bor.-Amer. 1: 208. 1833.

一年生草本。主根径达 2 cm，全株尤茎上部、花序、叶、苞片、萼片蜜被伸展灰白色长毛与腺毛；茎直立，不分枝，或在顶部花序之下少数分枝，高 50~100 cm。基生叶宽倒披针形，长达 12 cm，宽达 2.5 cm，先端锐尖，基部渐狭下延至柄。茎生叶狭椭圆形、长圆状卵形，有时菱状卵形，长 2~10 cm，宽 0.5~2.5 cm，先端渐尖或锐尖，基部楔形下延至柄，侧脉 6~12 对。花序穗状，有时有少数分枝，生茎枝顶端，常下垂，长 8~35 cm；苞片线形，长 2.5~10 mm，宽 0.3~1 mm。花傍晚开放；花管带红色，长 1.5~3 mm，径约 0.3 mm；萼片绿色，线状披针形，长 2~3 mm，宽 0.5~0.8 mm，花期反折；花瓣白色，以后变红色，倒卵形，长 1.5~3 mm，宽 1~1.5 mm，先端钝，基部具爪；花丝长 1.5~2.5 mm，基部具鳞片状附属物，花药黄色，长圆形，长 0.5~0.8 mm，

图 500 小花山桃草
1. 植株上部；2. 叶缘；3. 花；4. 雄蕊；5. 蒴果

花粉在开花时或开花前直接授粉在柱头上（自花受精）；花柱长 3~6 mm，伸出花管部分长 1.5~2.2 mm；柱头围以花药，具深 4 裂。蒴果坚果状，纺锤形，长 5~10 mm，径 1.5~3 mm，具不明显四棱。种子 4 或 3 粒，卵状，长 3~4 mm，径 1~1.5 mm，红棕色。花期 7~8 月；果期 8~9 月。

徂徕山各林区普遍分布。原产北美洲。中国北京、山东、南京、浙江、江西、香港等有引种，并逸为野生。

67. 八角枫科 Alangiaceae

落叶乔木或灌木，稀攀缘。枝圆柱形，有时略呈"之"字形。单叶互生，有叶柄，无托叶，全缘或掌状分裂，基部两侧常不对称，羽状叶脉或由掌状 3~7 脉。聚伞花序，腋生，极稀伞形或单生，小花梗常分节；苞片线形、钻形或三角形，早落。花两性，淡白色或淡黄色，常有香气，花萼小，萼管钟形与子房合生，具 4~10 齿状小裂片或近截形，花瓣 4~10，线形，在花芽中彼此密接，镊合状排列，基部常互相黏合，花开后花瓣上部常向外反卷；雄蕊与花瓣同数而互生或为花瓣数目的 2~4 倍，花丝略扁，线形，分离或其基部和花瓣微黏合，内侧常有微毛，花药线形，2 室，纵裂；花盘肉质，子房下位，1（2）室，花柱位于花盘中部，柱头头状或棒状，不分裂或 2~4 裂，胚珠单生，下垂，有 2 层珠被。核果椭圆形、卵形或近球形，顶端有宿存萼齿和花盘；种子 1 粒，具大型的胚和丰富的胚乳，子叶矩圆形至近圆形。

1 属约 21 种。中国 11 种；徂徕山 1 属 1 种。

1. 八角枫属 Alangium Lam.

形态特征、种类、分布与科相同。

1. 八角枫（图 501）
Alangium chinense（Lour.）Harms
Ber. Deutsch. Bot. Ges. 15: 24. 1897.

落叶乔木或灌木，高 3~5 m，稀达 15 m。小枝略呈"之"字形，幼枝紫绿色，无毛或有稀疏的疏柔毛。冬芽锥形，生于叶柄的基部内，鳞片细小。叶纸质，近圆形或椭圆形、卵形，顶端短锐尖或钝尖，基部两侧常不对称，阔楔形、截形，稀近心形，长 13~19 cm，宽 9~15 cm，不分裂或 3~7（9）裂，裂片短锐尖或钝尖，叶上面无毛，下面脉腋有丛状毛；基出脉 3~5，侧脉 3~5 对；叶柄长 2.5~3.5 cm，幼时有微柔毛，后无毛。聚伞花序腋生，长 3~4 cm，被稀疏微柔毛，有 7~30 花，花梗长 5~15 mm；小苞片线形或披针形，长 3 mm，常早落；总花梗长 1~1.5 cm；花冠圆筒形，长 1~1.5 cm，花萼长 2~3 mm，顶端分裂为 5~8 枚齿状萼片；花瓣 6~8，线形，长 1~1.5 cm，宽 1 mm，基部黏合，上部开花后反卷，外面有微柔毛，初为白色，后变黄色；雄蕊

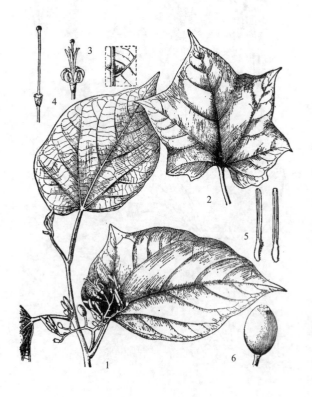

图 501　八角枫
1.花枝；2.叶；3.花；4.雌蕊；5.雄蕊；6.果实

和花瓣同数而近等长，花丝略扁，长 2~3 mm，有短柔毛，花药长 6~8 mm，药隔无毛，外面有时有褶皱；花盘近球形；子房 2 室，花柱无毛，疏生短柔毛，柱头头状，常 2~4 裂。核果卵圆形，长 5~7 mm，直径 5~8 mm，幼时绿色，成熟后黑色，顶端有宿存的萼齿和花盘，种子 1 粒。花期 5~7 月；果期 7~11 月。

上池有栽培。国内分布于河南、陕西、甘肃、江苏、浙江、安徽、福建、台湾、江西、湖北、湖南、四川、贵州、云南、广东、广西和西藏。东南亚及非洲东部各国也有分布。

本种药用，根名白龙须，茎名白龙条，治风湿、跌打损伤、外伤止血等。树皮纤维可编绳索。木材可作家具及天花板。

68. 蓝果树科 Nyssaceae

落叶乔木，稀灌木。单叶互生，有叶柄，无托叶，卵形、椭圆形或矩圆状椭圆形，全缘或有锯齿。花序头状、总状或伞形；花单性或杂性，异株或同株，常无花梗或有短梗。雄花花萼小，裂片齿牙状或不发育；花瓣 5，稀更多，覆瓦状排列；雄蕊常为花瓣的 2 倍，或较少，常排列成 2 轮，花丝线形或钻形，花药内向，椭圆形；花盘肉质，垫状，无毛。雌花花萼的管状部分常与子房合生，上部裂成齿状 5 裂片；花瓣小，5 或 10，排列成覆瓦状；花盘垫状，无毛，有时不发育；子房下位，1 室或 6~10 室，每室有 1 枚下垂的倒生胚珠，花柱钻形，上部微弯曲，有时分枝。核果或翅果，顶端有宿存花萼和花盘，1 室或 3~5 室，每室有 1 粒种子，外种皮薄，纸质或膜质；胚乳肉质，子叶较厚或较薄，近叶状，胚根圆筒状。

5 属 30 种，分布于亚洲东部和美洲。中国 3 属 10 种。徂徕山 1 属 1 种。

1. 喜树属 Camptotheca Decaisne

落叶乔木。叶卵形，互生，叶脉羽状。头状花序近球形，苞片肉质；花杂性；花萼杯状，上部 5 齿裂；花瓣 5，卵形，覆瓦状排列；雄蕊 10，不等长，着生于花盘外侧，排列成 2 轮，花药 4 室；子房下位，在雄花中不发育，在雌花及两性花中发育良好，1 室，胚珠 1 枚，下垂，花柱上部 2 分枝。果实为矩圆形翅果，顶端截形，有宿存花盘，1 室，1 粒种子，着生成头状果序；子叶薄，胚根圆筒形。

1~2 种，中国特产。徂徕山 1 种。

1. 喜树（图 502）

Camptotheca acuminata Decaisne
Buil. Soc. Bot. Fr. 20: 157. 1873.

落叶乔木，高达 20 m。树皮灰色或浅灰色，纵裂成浅沟状。小枝圆柱形，当年生枝紫绿色，有灰色微柔毛；冬芽锥状，有 4 对卵形的鳞片，外面有短柔毛。叶互生，纸质，矩圆状卵形或矩圆状椭圆形，长 12~28 cm，宽 6~12 cm，顶端短

图 502 喜树
1. 花枝；2. 雄花；3. 雌花；4. 果序；5. 翅果

锐尖，基部近圆形或阔楔形，全缘，上面亮绿色，幼时脉上有短柔毛，下面淡绿色，疏生短柔毛，脉上更密，侧脉11~15对；叶柄长1.5~3 cm，幼时有微柔毛，后几无毛。头状花序近球形，直径1.5~2 cm，常由2~9个头状花序组成圆锥花序，顶生或腋生，通常上部为雌花序，下部为雄花序，总花梗圆柱形，长4~6 cm，幼时有微柔毛，其后无毛。花杂性同株；苞片3枚，三角状卵形，长2.5~3 mm，内外两面均有短柔毛；花萼杯状，5浅裂，裂片齿状，边缘睫毛状；花瓣5枚，淡绿色，矩圆形或矩圆状卵形，顶端锐尖，长2 mm，外面密被短柔毛，早落；花盘显著，微裂；雄蕊10，外轮5枚较长，内轮5枚较短，花丝纤细，无毛，花药4室；子房下位，花柱无毛，长4 mm，顶端通常分2枝。翅果矩圆形，长2~2.5 cm，顶端具宿存花盘，两侧具窄翅，幼时绿色，干燥后黄褐色。花期5~7月；果期9月。

庙子林区有栽培。分布于江苏、浙江、福建、江西、湖北、湖南、四川、贵州、广东、广西、云南等省份。

本种的树干挺直，生长迅速，可种为庭园树或行道树，树根可作药用。

69. 山茱萸科 Cornaceae

落叶乔木或灌木，稀常绿或草本。单叶对生，稀互生或近于轮生，通常叶脉羽状，稀为掌状叶脉，全缘或有锯齿；无托叶或托叶纤毛状。花两性或单性异株，为圆锥、聚伞、伞形或头状等花序，有苞片或总苞片；花3~5数；花萼管状与子房合生，先端有齿状裂片3~5；花瓣3~5，通常白色，稀黄色、绿色及紫红色，镊合状或覆瓦状排列；雄蕊与花瓣同数而与之互生，生于花盘的基部；子房下位，1~4（5）室，每室有1枚下垂的倒生胚珠，花柱短或稍长，柱头头状或截形，有时有2~3（5）裂片。果为核果或浆果状核果；核骨质，稀木质；种子1~4（5）粒，种皮膜质或薄革质，胚小，胚乳丰富。

15属约119种，分布于各大洲的热带至温带。中国有9属约60种，分布于除新疆以外的其他省份。徂徕山1属4种。

1. 山茱萸属 Cornus Linn.

落叶乔木或灌木，稀常绿，少有草本。枝常对生。单叶对生，稀互生或轮生，纸质或革质，全缘，下面有贴生的短柔毛。伞形花序、伞房状聚伞花序，或头状花序，顶生；无总苞，或有总苞4枚，呈芽鳞状或白色花瓣状。花小，两性；花萼4齿裂；花瓣4，白色、黄色或绿白色；雄蕊4，与花瓣互生；花盘垫状；子房下位，2室，每室有1枚胚珠。核果，球形或卵球形、椭圆形，或形成球形或扁球形的聚合核果；果核（即内果壁）骨质；种子2粒，扁平。

约55种，多分布于北温带至亚热带。中国25种，全国除新疆外，其余各省份均有分布，而以西南地区的种类为多。徂徕山4种。

分种检索表

1. 叶互生或对生；伞房状聚伞花序，无总苞片；核果球形或近于球形。
 2. 叶对生；核果球形或近于卵圆形，稀椭圆形；核的顶端无孔穴。
  3. 果实紫黑色。幼枝绿色，老后黄绿色……………………………………………1. 毛梾 Cornus walteri
  3. 果实成熟时白色或略带浅蓝色。小枝红色……………………………………2. 红瑞木 Cornus alba
 2. 叶互生并常集生枝顶，侧脉6~8对……………………………………………3. 灯台树 Cornus controversa
1. 叶对生；伞形花序，有芽鳞状总苞片；核果长椭圆形……………………………4. 山茱萸 Cornus officinale

1. 毛梾（图503）

Cornus walteri Wanger.

Fedde Repert. Sp. Nov. 6: 99. 1908.

—— *Swida walteri* (Wanger.) Sojak

落叶乔木，高6~15 m。树皮厚，黑褐色；幼枝对生，绿色，略有棱角，密被贴生灰白色短柔毛，老后黄绿色，无毛。冬芽腋生，扁圆锥形，长约1.5 mm，被灰白色短柔毛。叶对生，纸质，椭圆形、长圆椭圆形或阔卵形，长4~12 cm，宽1.7~5.3 cm，先端渐尖，基部楔形，有时稍不对称，上面深绿色，稀被贴生短柔毛，下面淡绿色，密被灰白色贴生短柔毛，中脉在上面明显，下面凸出，侧脉4（5）对，弓形内弯；叶柄长1~3.5 cm。伞房状聚伞花序顶生，宽7~9 cm，被灰白色短柔毛；总花梗长1.2~2 cm；花密，白色，有香味，直径9.5 mm；花萼裂片4，绿色，齿状三角形，与花盘近于等长，外侧被有黄白色短柔毛；花瓣4，长圆披针形，长4.5~5 mm，宽1.2~1.5 mm，上面无毛，下面有贴生短柔毛；雄蕊4，无毛，长4.8~5 mm，花丝线形，微扁，长4 mm，花药淡黄色，长卵圆形，2室，长1.5~2 mm，"丁"字形着生；花盘明显，垫状或腺体状，无毛；花柱棍棒形，长3.5 mm，有稀疏的贴生短柔毛，柱头头状，子房下位，花托倒卵形，长1.2~1.5 mm，直径1~1.1 mm，密被灰白色贴生短柔毛；花梗细圆柱形，长0.8~2.7 mm，有稀疏短柔毛。核果球形，直径6~7（8）mm，成熟时黑色，无毛；核骨质，扁圆球形，直径5 mm，高4 mm。花期5月；果期9月。

产于马场、大寺、光华寺等地。分布于辽宁、河北、山西南部以及华东、华中、华南、西南等地区。

种子含油率27%~38%，供食用及工业用。木材供建筑、家具用。树皮药用，有祛风止痛、通经络的功效。

2. 红瑞木（图504）

Cornus alba Linn.

Mant. 1: 40. 1767.

—— *Swida alba* (Linn.) Opiz

落叶灌木，高3 m。树皮暗红色，平滑；幼枝

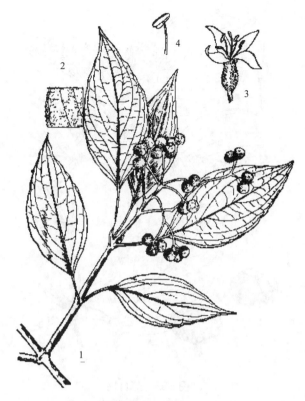

图503 毛梾
1. 果枝；2. 叶缘；3. 花；4. 雄蕊

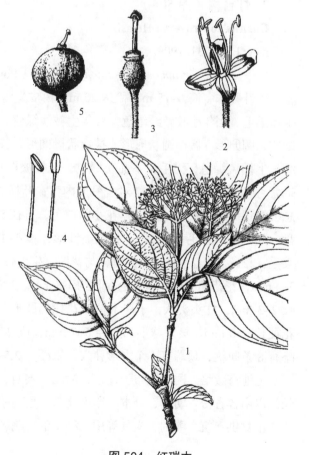

图504 红瑞木
1. 花枝；2. 花；3. 雌蕊；4. 雄蕊；5. 果实

图 505　灯台树
1. 花枝；2. 叶；3. 叶背面；4. 花；
5. 雌蕊；6~7. 果实

有淡白色短柔毛，后即秃净而被蜡状白粉，老枝红白色。叶对生，卵圆形或椭圆形，长 5~8.5 cm，宽 1.8~5.5 cm，先端突尖，基部圆楔形或阔楔形，全缘，上面暗绿色，有极少的白色平贴短柔毛，下面粉绿色，散生白色平伏毛，有时脉腋有浅褐色髯毛，侧脉 5（4~6）对，弓形内弯；叶柄长 1~2.5 cm。伞房状聚伞花序顶生，径 3~5 cm。花较密，白色或淡黄白色，长 5~6 mm，直径 6~8.2 mm；萼齿三角形；花瓣卵状椭圆形，长 3~3.8 mm，宽 1.1~1.8 mm；花丝细，长 5~5.5 mm，花药长圆形；花盘垫状；子房倒卵形，疏生平伏毛，花柱圆柱形，柱头头状。核果长圆形，长约 8 mm，直径 5.5~6 mm，成熟时乳白色或蓝白色。花期 5~6 月；果期 8~9 月。

大寺、卧尧等地栽培。国内分布于黑龙江、吉林、辽宁、内蒙古、河北、陕西、甘肃、青海、山东、江苏、江西等省份。朝鲜、俄罗斯及欧洲等地区也有分布。

供观赏。种子可榨油供工业用。

3. 灯台树（图 505）

Cornus controversa Hemsl.

Kew Bull. 331. 1909.

——*Bothrocaryum controversum*（Hemsl.）Pojark.

落叶乔木，高 6~15 m，稀达 20 m。树皮光滑，暗灰色或带黄灰色；枝开展，圆柱形，无毛或疏生短柔毛，当年生枝紫红绿色，二年生枝淡绿色。冬芽卵圆形或圆锥形，长 3~8 mm，无毛。叶互生，纸质，阔卵形、阔椭圆状卵形或披针状椭圆形，长 6~13 cm，宽 3.5~9 cm，先端突尖，基部圆形，全缘，上面黄绿色，无毛，下面灰绿色，密被淡白色平贴短柔毛，中脉在上面微凹陷，下面凸出，微带紫红色，无毛，侧脉 6~7 对，弓形内弯；叶柄长 2~6.5 cm。伞房状聚伞花序，顶生，宽 7~13 cm；总梗淡黄绿色，长 1.5~3 cm；花小，白色，直径 8 mm，花萼裂片 4，三角形，长约 0.5 mm，长于花盘，外侧被短柔毛；花瓣 4，长圆披针形，长 4~4.5 mm，宽 1~1.6 mm，先端钝尖，外侧疏生平贴短柔毛；雄蕊 4，着生于花盘外侧，与花瓣互生，长 4~5 mm，稍伸出花外，花丝线形，白色，无毛，长 3~4 mm，花药椭圆形，淡黄色，长约 1.8 mm，2 室，"丁"字形着生；花盘垫状，无毛；花柱圆柱形，长 2~3 mm，柱头头状；子房下位，花托椭圆形，长 1.5 mm，直径 1 mm，密被灰白色贴生短柔毛；花梗长 3~6 mm。核果球形，直径 6~7 mm，成熟时紫红色至蓝黑色；核骨质，球形，直径 5~6 mm，略有 8 条肋纹，顶端有 1 个方形孔穴；果梗长 2.5~4.5 mm，无毛。花期 5~6 月；果期 7~8 月。

上池有栽培。国内分布于辽宁、河北、陕西、甘肃、山东、安徽、台湾、河南、广东、广西以及长江以南各省份。朝鲜、日本、印度北部、尼泊尔、不丹等也有分布。

木材供建筑、雕刻、文具等用。种子油可制肥皂及润滑油。亦可作庭荫树及行道树。

4. 山茱萸（图 506）

Cornus officinalis Sieb.et Zucc.

Fl. Jap. 1: 100. t. 50. 1835.

落叶乔木或灌木，高 4~10 m。树皮灰褐色，片状剥落。叶对生，纸质，卵状披针形或卵状椭圆形，长 5.5~10 cm，宽 2.5~4.5 cm，先端渐尖，基部宽楔形或近圆形，全缘，上面绿色，无毛，下面浅绿色，被贴生短柔毛，脉腋密生淡褐色丛毛，中脉在上面明显，下面凸起，近无毛，侧脉 6~7 对，弓形内弯；叶柄长 0.6~1.2 cm，稍被贴生疏柔毛。伞形花序生于枝侧，有总苞片 4，卵形，厚纸质至革质，长约 8 mm，带紫色，两侧略被短柔毛，开花后脱落；总花梗粗壮，长约 2 mm，微被灰色短柔毛；花小，两性，先于叶开放；花萼裂片 4，阔三角形，与花盘等长或稍长，长约 0.6 mm，无毛；花瓣 4，舌状披针形，长 3.3 mm，黄色，向外反卷；雄蕊 4，与花瓣互生，长 1.8 mm，花丝钻形，花药椭圆形，2 室；花盘垫状，无毛；子房下位，花托倒卵形，长约 1 mm，密被贴生疏柔毛，花柱圆柱形，长 1.5 mm，柱头截形；花梗纤

图 506 山茱萸
1. 花枝；2. 果枝；3. 花

细，长 0.5~1 cm，密被疏柔毛。核果长椭圆形，长 1.2~1.7 cm，直径 5~7 mm，红色至紫红色；核骨质，狭椭圆形，长约 12 mm，有不整齐的肋纹。花期 3~4 月；果期 9~10 月。

徂徕山有零星栽培。国内分布于山西、陕西、甘肃、山东、江苏、浙江、安徽、江西、河南、湖南等省份。朝鲜、日本也有分布。

果实药用，可健胃补肾、治腰痛等症。种子油可制肥皂。可栽供观赏。

70. 檀香科 Santalaceae

草本或灌木，稀小乔木，常为寄生或半寄生植物。单叶，互生或对生，有时退化呈鳞片状，无托叶。苞片多少与花梗贴生，小苞片单生或成对，通常离生或与苞片连生呈总苞状。花小，辐射对称，两性，单性或败育的雌雄异株，稀雌雄同株，集成聚伞花序、伞形花序、圆锥花序、总状花序、穗状花序或簇生，有时单花，腋生；花被 1 轮，常稍肉质；雄花花被裂片 3~4，稀 5~6（8），花蕾时呈镊合状排列或稍呈覆瓦状排列，开花时顶端内弯或平展，内面位于雄蕊着生处有疏毛或舌状物；雄蕊与花被裂片同数且对生，常着生于花被裂片基部，花丝丝状，花药基着或近基部背着，2 室，平行或开叉，纵裂或斜裂；花盘上位或周位，边缘弯缺或分裂，有时离生呈腺体状或鳞片状，有时花盘缺；雌花或两性花具下位或半下位子房，子房 1 或 5~12 室（由横生隔膜形成）；花被管通常比雄花的长，花柱常不分枝，柱头小，头状、截平或稍分裂；胚珠 1~3 枚，无珠被，着生于特立中央胎座顶端或自顶端悬垂。核果或小坚果，具肉质外果皮和脆骨质或硬骨质内果皮；种子 1 粒，无种皮，胚小，圆柱状，直立，外面平滑或粗糙或有多数深沟槽，胚乳丰富，肉质，通常白色，常分裂。

约 36 属 500 种，分布于全世界的热带和温带。中国 7 属 33 种，各省份皆产。徂徕山 1 属 1 种。

1. 百蕊草属 Thesium Linn.

一年生或多年生草本，偶呈亚灌木状。叶互生，通常狭长，具1~3脉，有时呈鳞片状。总状花序，常集成圆锥花序式，有时呈小聚伞花序或具腋生单花，有花梗；苞片通常呈叶状，有时部分与花梗贴生；小苞片1枚，或2枚对生，少有4枚，位于花下，有时不存在。花两性，黄绿色，花被与子房合生，花被管延伸于子房之上呈钟状、圆筒状、漏斗状或管状，常深裂，裂片5（4），镊合状排列，内面或在雄蕊之后常具丛毛一撮；雄蕊5（4），着生于花被裂片的基部，花丝内藏，花药卵形或长圆形，药室平行纵裂；花盘上位，不明显或与花被管基部连生；子房下位，子房柄（或称小花梗）有或无；花柱长或短，柱头头状或不明显3裂；胚珠2~3枚，自胎座顶端悬垂，常呈蜿蜒状或卷褶状。坚果，顶端有宿存花被，外果皮膜质，很少略带肉质，内果皮骨质或稍硬，常有棱；胚圆柱状，位于肉质胚乳中央，直立或稍弯曲，胚根与子叶等长或稍长于子叶。

约245种，广布于全世界温带地区，少数分布于热带。中国16种，南北大部分省份有分布。徂徕山1种。

1. 百蕊草（图507，彩图53）

Thesium chinense Turcz.

Bull. Soc. Imp. Naturalistes Moscou 10: 157. 1837.

多年生草本，柔弱，高15~40 cm，全株多少被白粉，无毛；茎细长，簇生，基部以上疏分枝，斜升，有纵沟。叶线形，长1.5~3.5 cm，宽0.5~1.5 mm，顶端急尖或渐尖，具单脉。花单生叶腋，5数；花梗短，长3~3.5 mm；苞片1，线状披针形；小苞片2枚，线形，长2~6 mm，边缘粗糙；花被绿白色，长2.5~3 mm，花被管呈管状，花被裂片顶端锐尖，内弯，内面的微毛不明显；雄蕊不外伸；子房无柄，花柱短。坚果椭圆状或近球形，长、宽2~2.5 mm，淡绿色，表面有明显网脉，顶端的宿存花被近球形，长约2 mm；果柄长3.5 mm。花期4~5月；果期6~7月。

产于光华寺。生于山地草丛间。中国大部分省份均产。日本和朝鲜也有分布。

本种含黄酮苷、甘露醇等成分，有清热解暑等功效，可治中暑、扁桃腺炎、腰痛等症，并作利尿剂。

图507 百蕊草
1.植株；2.花；3.花纵切面；4.果实

71. 槲寄生科 Viscaceae

半寄生性灌木、亚灌木，稀草本，寄生于木本植物的茎或枝上。叶对生，全缘，有基出脉，或叶退化呈鳞片状，基部或大部分合成环状、鞘状或离生；无托叶。花单性，雌雄同株或异株。聚伞花序或单朵，腋生或顶生，具苞片和小苞片或无；副萼无；花被片3~4，萼片状，镊合状排列，离生或下部合生；雄蕊与花被片等数，对生并着生其上，花丝短或缺，花药1至多室，横裂、纵裂或孔裂；心皮3~4，子房下位，贴生于花托，1室，特立中央胎座或基生胎座；花柱短至无，柱头乳头状或垫状。浆果，外果皮革质，中果皮具黏胶质层；种子1粒，贴生内果皮，无种皮，胚乳丰富或肉质，胚圆柱状，有时具2~3胚，子叶2（3~4）。

约7属350余种，主要产热带和亚热带地区，少数种类分布于温带。中国3属18种。岨徕山1属1种。

1. 槲寄生属 Viscum Linn.

寄生性灌木或亚灌木。茎、枝圆柱状或扁平，有节；枝对生或二歧分枝。叶对生，稀轮生，叶具基出脉，或叶退化呈鳞片状。花单性，雌雄同株或异株；聚伞式花序，顶生或腋生，常具3~7花；花序梗短或无，常具2苞片组成的舟形总苞。无花梗，苞片1~2或无；无副萼；花被萼片状。雄花花托辐状；萼片常4；雄蕊贴生于萼片，无花丝，花药多室，药室大小不等，孔裂。雌花花托卵球形或椭圆状；萼片4，稀3，花后常凋落；子房1室，基生胎座，花柱短或无，柱头乳头状或垫状。浆果常具宿存花柱，外果皮平滑或具小瘤体，中果皮具黏胶质。种子1粒，胚乳肉质，胚1~3。

约70种，分布于东半球，主产热带和亚热带地区。中国12种。岨徕山1种。

1. 槲寄生（图508）

Viscum coloratum（Kom.）Nakai

Rep. Veg. Degelet Isl. 17. 1919.

常绿灌木，高30~60 cm。全体无毛。枝黄绿色，丛生，2~5叉状分枝，圆柱形，节稍膨大，节间长7~12 cm。叶对生于枝端，无柄，厚革质或革质，长椭圆形至椭圆状披针形，长3~7 cm，宽0.7~1.5 cm，先端圆钝，基部渐狭，基出3~5脉；叶柄短。花单性，雌雄异株；花序顶生或腋生于茎分叉处，雄花序聚伞状，几总花梗或长达5 mm；总苞舟形，长5~7 mm，通常具3花，中央的花有2苞片或无；雄花花被片4，卵形，雄蕊4，着生于花被片上；雌花序聚伞式穗状，总花梗长2~3 mm，或近无，有花3~5朵；雌花花被片4，柱头乳头状。浆果球形，直径6~8 mm，淡黄色或橙红色，果皮平滑。花期5月；果期9~10月。

产于磲石峪，寄生于栓皮栎、板栗、槲树上。国内分布于除新疆、西藏、云南、广东以外的大部分省份。俄罗斯远东地区、朝鲜、日本也有分布。

全株药用，有补肝肾、除风湿、强筋骨、安胎下乳、降血压之功效。

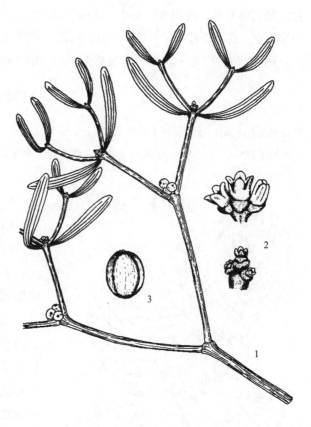

图508 槲寄生
1.果枝；2.花序；3.果实

72. 卫矛科 Celastraceae

常绿、半常绿或落叶乔木、灌木或木质藤本及匍匐小灌木。单叶，互生或对生，稀3叶轮生；托叶小，早落或无。花两性，常退化为单性或杂性同株，少数单性异株；聚伞花序；有苞片和小苞片；花4或5数；花萼、花瓣明显，稀萼瓣相似或花瓣退化；花萼基部与花盘下部合生；花药2室或1室，顶裂或侧裂；子房下部与花盘合生，或与花盘融合界限不明显，子房2~5室，每室有倒生胚珠2或1枚，稀较多。蒴果、核果、翅果或浆果；种子通常有红色肉质假种皮。

约97属1194种，分布于热带、亚热带及温带地区。中国14属192种，分布于南北各省份。徂徕山2属7种。

分属检索表

1. 叶互生；花5数，子房3室···1. 南蛇藤属 Celastrus
1. 叶对生，稀轮生兼互生；花4~5数，子房4~5室······················2. 卫矛属 Euonymus

1. 南蛇藤属 Celastrus Linn.

落叶或常绿灌木，通常攀缘。枝有实心髓或片状髓，有时中空。单叶，互生；托叶小，早落。花单性，雌、雄异株，稀两性；花小，淡绿色或白色；聚伞花序，圆锥状、总状或单生；花5数；有花盘；子房3室，每室2枚胚珠，柱头3裂。蒴果，常黄色，3果瓣裂，有种子1~6粒；种子有红色假种皮。

约30种，广布于亚洲、美洲及大洋洲。中国约25种，南北各省份均有分布。徂徕山2种。

分种检索表

1. 小枝无钩状刺；叶缘锯齿不呈纤毛状·······························1. 南蛇藤 Celastrus orbiculatus
1. 小枝上最外一对芽鳞宿存并特化成坚硬钩刺；叶缘细锯齿纤毛状······2. 刺苞南蛇藤 Celastrus flagellaris

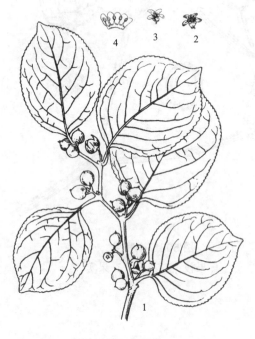

图 509 南蛇藤
1.果枝；2.雄花；3.雌花；4.雄花花冠展开

1. 南蛇藤（图509）

Celastrus orbiculatus Thunb.

Fl. Jap. 42. 1784.

落叶藤本，长10~12 m。枝红褐色，皮孔明显。叶倒卵形或长圆状倒卵形，长4~10 cm，宽3~8 cm，先端短尖，基部阔楔形至近圆形，边缘有粗钝锯齿，上面绿色，下面淡绿色，两面无毛；叶柄长1~2.5 cm。聚伞花序，有3~7花，在雌株上仅腋生，在雄株上腋生兼顶生，顶生者复集成短总状；花梗的节在中部以下或近基部；花黄绿色；萼片三角状卵形，长约1 mm；花瓣狭长圆形，长3~4 mm；雄蕊着生于花盘边缘，长2~3 mm，有退化雌蕊；雌花有退化雄蕊，花柱柱状，长约1.5 mm，柱头3深裂，裂片先端2裂。蒴果近球形，黄色，径约1 cm，3瓣裂；种子椭圆形，红褐色，假种皮橙红色。花期5~6月；果期7~10月。

徂徕山各山地林区均产。国内分布于东北地区及内蒙古、河北、山东、山西、河南、陕西、甘肃、江苏、安徽、浙江、江西、湖北、四川。也分布于朝鲜、日本。

优良垂直绿化树种。根、茎、叶、果药用，有活血行气、消肿解毒之效；并可制杀虫农药。

2. 刺苞南蛇藤（图510）

Celastrus flagellaris Rupr.

Bull. Acad. Sci. St. Petersb. 15: 357. 1857.

落叶藤本。小枝光滑，冬芽小，钝三角状，最外一对芽鳞宿存，并特化成坚硬钩刺，长1.5~2.5 mm，在一年生小枝上芽鳞刺最为明显。叶阔椭圆形或卵状阔椭圆形，稀倒卵椭圆形，长3~6 cm，宽2~4.5 cm，先端较阔，具短尖或极短渐尖，基部渐窄，边缘具纤毛状细锯齿，齿端常成细硬刺状，脉上具细疏短毛或近无毛，侧脉4~5对；叶柄细长，通常为叶片的1/3或达1/2；托叶丝状深裂，长2~3 mm，早落。聚伞花序腋生，1~5花或更多，花序近无梗或梗长1~2 mm，小花

图 510　刺苞南蛇藤
1. 花枝；2. 果枝

梗长2~5 mm，关节位于中部之下；雄花萼片长方形，长1.8 mm；花瓣长方窄倒卵形，长3~3.5 mm，宽1~1.2 mm，花盘浅杯状，顶端近平截，雄蕊稍长于花冠，在雌花中退化雄蕊长约1 mm；子房球状。蒴果球形，直径2~8 mm；种子近椭圆状，长约3 mm，直径约2 mm，棕色。花期4~5月；果期8~9月。

产于龙湾、马场。生于山谷、河岸低湿地的林缘或灌丛中。国内分布于东北地区及河北。俄罗斯远东地区、朝鲜、日本有分布。

2. 卫矛属 Euonymus Linn.

落叶或常绿，灌木或乔木，有时有气生根，匍匐或攀缘。小枝通常四棱形；冬芽显著，有芽鳞。叶对生，稀互生或3叶轮生，托叶早落。腋生聚伞花序；花两性，4~5数；雄蕊着生于花盘上，花丝短，花药1~2室；花盘肉质，扁平，4~5裂；子房埋入花盘内，3~5室，每室有胚珠1~2枚，花柱短或无，柱头3~5裂。蒴果，有角棱或翅，稀有刺，3~5裂，每室种子1~2粒；种子包于红色假种皮内，有胚乳。

约130种，分布于欧洲、亚洲、美洲及大洋洲。中国90种，分布于南北各省份。徂徕山5种。

分种检索表

1. 冬芽较圆阔而短，长4~8 mm，较少达到10 mm；花药2室，有花丝。
    2. 果实发育时心皮顶端生长迟缓，其余部分生长超过顶端，果实呈现浅裂至深裂状；果裂时果皮内外层一般不分离，果内无假轴；小枝外皮一般平滑无瘤突。
        3. 蒴果深裂，仅基部连合，或仅1枚心皮发育；小枝常具2~4列阔木栓翅；叶柄极短，长1~3 mm···1. 卫矛 Euonymus alatus
        3. 蒴果倒圆心状，四棱，上端浅裂状；小枝无木栓翅，叶柄细长··························2. 丝棉木 Euonymus maackii
    2. 果实发育时，心皮各部等量生长，蒴果近球状，果裂时果皮内层常突起成假轴；小枝外皮常有细密瘤点。

4. 直立灌木，无气生根；叶革质，倒卵形或椭圆形 ··············· 3. 大叶黄杨 Euonymus japonicus
4. 攀缘灌木，茎枝具气生根；叶薄革质，椭圆形、长倒卵形、披针形 ··············· 4. 扶芳藤 Euonymus fortunei
1. 冬芽细长，长达 1 cm；花药 1 室，无花丝；叶卵形至卵状长椭圆形，长 4~8 cm，宽 2.5~5 cm；蒴果近球状，红色，果序梗细长下垂 ··············· 5. 垂丝卫矛 Euonymus oxyphyllus

1. 卫矛（图 511）

Euonymus alatus（Thunb.）Sieb.

Verh. Batav. Genoot. Kunst. Wetensch. 12: 49. 1830.

落叶灌木。高达 2 m。枝绿色，有 2~4 条纵向的木栓质宽翅，翅宽可达 1.2 cm，老树分枝有时无翅；冬芽圆形，长约 2 mm，芽鳞边缘具不整齐细坚齿。叶卵状椭圆形、窄长椭圆形，偶为倒卵形，长 2~8 cm，宽 1~3 cm，边缘具细锯齿，两面光滑无毛；叶柄长 1~3 mm。腋生聚伞花序，常有 3 花；花序梗长 1~2 cm；花梗长 3~5 mm；花绿白色、淡黄绿色，直径约 8 mm；萼片半圆形，长约 1 mm；花瓣近圆形，长约 3 mm；雄蕊着生花盘边缘处，花丝极短，开花后稍增长；子房埋入花盘，4 室，每室 2 枚胚珠，花柱短。蒴果带紫红色，常 1~2 心皮发育，基部连合；种子有红色假种皮，种皮褐色或浅棕色。花期 5~6 月；果期 9~10 月。

徂徕山各林区普遍分布，马场形成以卫矛为优势种的灌丛。除东北地区及新疆、青海、西藏、广东及海南以外，全国各省份均产。日本、朝鲜也有分布。

茎叶含鞣质可提取栲胶。根、枝及木栓翅药用，主治烫伤及产后瘀血腹痛等症。

图 511 卫矛
1. 花枝；2. 果枝；3. 花

2. 丝棉木（图 512）

Euonymus maackii Rupr.

Bull. Phy.-Math Acad Sc. St.-Petersb. 15: 358. 1857.

—— *Euonymus bungeanus* Maxim.

落叶灌木或小乔木，高可达 6 m。小枝灰绿色，近圆柱形，无木栓翅。叶对生；叶卵形或长椭圆形，长 5~7 cm，宽 3~5 cm，边缘有细锯齿，有时锯齿较深而尖锐，叶先端渐尖，基部宽楔形或近圆形，两面无毛；叶柄细长，常为叶片的 1/3~1/2。聚伞花序腋生，1~2 回分枝，有 3~15 花；总花梗长 1~2 cm；花黄绿色，直径 8~10 mm；萼

图 512 丝棉木
1. 果枝；2. 花；3. 果

片近圆形，长约 2 mm；花瓣长圆形，长约 4 mm，上面基部有鳞片状柔毛；雄蕊长约 2 mm，着生在花盘上；花盘近四方形；子房与花盘贴生，4 室，花柱长约 1 mm。蒴果倒卵形，上部 4 裂，淡红色，径约 1 cm；种子有红色假种皮。花期 5~6 月；果期 8~9 月。

徂徕山各山地林区均有分布，也有栽培。北起黑龙江包括华北地区及内蒙古，南到长江南岸各省份，西至甘肃均有分布。乌苏里地区、西伯利亚南部和朝鲜半岛也有分布。

栽培供观赏。皮、根入药用，治腰膝痛。木材供细工、雕刻等用。种子油供制肥皂和润滑油。

3. 大叶黄杨（图 513）

Euonymus japonicus Thunb.

Nov. Act. Soc. Sci. Upsal. 3: 218. 1781.

灌木，高可达 3 m。小枝四棱，具细微皱突。叶革质，有光泽，倒卵形或椭圆形，长 3~5 cm，宽 2~3 cm，先端圆阔或急尖，基部楔形，边缘具有浅细钝齿；叶柄长约 1 cm。聚伞花序 5~12 花，花序梗长 2~5 cm，2~3 次分枝，分枝及花序梗均扁壮，第 3 次分枝常与小花梗等长或较短；小花梗长 3~5 mm；花白绿色，直径 5~7 mm；花瓣近卵圆形，长宽各约 2 mm，雄蕊花药长圆状，内向；花丝长 2~4 mm；子房每室 2 枚胚珠，着生中轴顶部。蒴果近球状，直径约 8 mm，淡红色；种子每室 1 粒，顶生，椭圆状，长约 6 mm，直径约 4 mm，假种皮橘红色，全包种子。花期 6~7 月；果期 9~10 月。

徂徕山各林区均有栽培。原产日本。中国南北各省份均有栽培。

著名的观赏植物，常栽培作绿篱。

4. 扶芳藤（图 514）

Euonymus fortunei (Turcz.) Hand.-Mazz.

Symb. Sin. 7: 660. 1933.

——*Euonymus kiautschovicus* Loes.

常绿藤本或蔓性半常绿灌木。枝有须状气生根。叶薄革质，椭圆形、长方椭圆形或长倒卵形，宽窄变异较大，可窄至近披针形，长 3.5~8 cm，宽 1.5~4 cm，先端钝或急尖，基部楔形，边缘齿

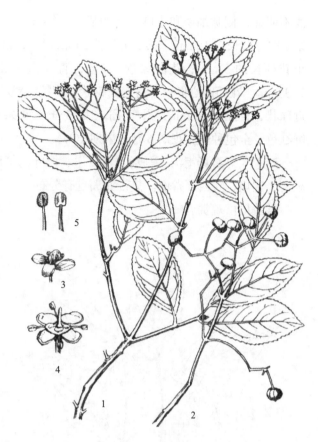

图 513　大叶黄杨
1. 花枝；2. 果枝；3~4. 花；5. 雄蕊

图 514　扶芳藤
1. 花枝；2. 果枝

浅不明显，侧脉细微和小脉全不明显；叶柄长 3~6 mm。聚伞花序 3~4 次分枝；花序梗长 1.5~3 cm，第 1 次分枝长 5~10 mm，第 2 次分枝 5 mm 以下，最终小聚伞花密集，有花 4~7 朵，分枝中央有单花，小花梗长约 5 mm；花白绿色，4 数，直径约 6 mm；花盘方形，直径约 2.5 mm；花丝细长，长 2~3 mm，花药圆心形；子房三角锥状，四棱，粗壮明显，花柱长约 1 mm。蒴果粉红色，果皮光滑，近球状，直径 6~12 mm；果序梗长 2~3.5 cm；小果梗长 5~8 mm；种子长方椭圆状，棕褐色，假种皮鲜红色，全包种子。花期 6 月；果期 10 月。

产于大寺窑场南沟、马场、黄石崖、柳叶沟等地。国内分布于江苏、浙江、安徽、江西、湖北、湖南、四川、陕西等省份。热带亚洲也有分布。

常栽培供观赏。

5. 垂丝卫矛（图 515）

Euonymus oxyphyllus Miq.

Ann. Mus. Bat. Lugd.-Bot. 2: 86. 1865.

落叶灌木或小乔木，高 1~8 m。叶卵圆形或椭圆形，长 4~8 cm，宽 2.5~5 cm，先端渐尖至长渐尖，基部近圆形或平截，边缘有细密锯齿，锯齿明显或浅而不显；叶柄长 4~8 mm。聚伞花序宽而疏，通常 7~20 花；花序梗细长，长 4~5 cm，顶端 3~5 分枝，每分枝具 1 个三出小聚伞；小花梗长 3~7 mm；花淡绿色，直径 7~9 mm，5 数；花瓣近圆形；花盘圆，5 浅裂；雄蕊花丝极短；子房圆锥状，顶端渐窄成花柱。蒴果近球状，直径 10~12 mm，无翅，仅果皮背缝处常有突起棱线；果序梗细长下垂，长 5~6 cm（包括小果梗）。假种皮鲜红。花期 4~6 月；果期 8~11 月。

产于马场、太平顶。生于杂木林内，以在浓阴下生长最好。国内分布于辽宁、山东、河南、安徽、福建、浙江、台湾、江西和湖北。也分布于朝鲜、日本。

图 515　垂丝卫矛

73. 冬青科 Aquifoliaceae

常绿或落叶，乔木或灌木；单叶互生，稀对生；叶片革质、纸质或膜质，全缘、具锯齿或刺，有柄或近无柄；托叶小，宿存或早落。雌雄异株。聚伞花序或伞形花序，生于当年生枝的叶腋内或簇生于二年生枝叶腋内，稀单花腋生；花小，辐射对称。雄花花萼 4~8 裂，覆瓦状排列；花瓣 4~8 枚，基部合生或分离；雄蕊与花瓣同数且互生，或更多，花丝短，花药 2 室，内向，纵裂，有时花药延长或增厚成花瓣状；子房上位，2 至多室，通常 4~8 室，每室具 1 枚悬垂、横生或弯生的胚珠，稀 2 枚，花柱短或无，柱头头状、盘状或浅裂。雄花中败育雌蕊近球形，具喙；雌花中退化雄蕊箭头状或心形。核果，具 2 至多数分核，通常 4~6，稀 1 分核，每分核具 1 粒种子；外果皮膜质或坚纸质，中果皮肉质或明显革质，内果皮木质或石质。种子含丰富的胚乳，胚小，直立，子房扁平。

1属500~600种，分布于热带及温带地区。中国204种，分布于长江流域以南各省份。徂徕山1属2种。

1. 冬青属 Ilex Linn.

形态特征、种类、分布与科相同。

分种检索表

1. 叶缘有尖硬大刺齿1~2对或几乎全缘···1. 枸骨 Ilex cornuta
1. 叶缘有细浅锯齿，叶较小，椭圆形至倒卵形，长1~2.5 cm·······································2. 齿叶冬青 Ilex crenata

1. 枸骨（图516）

Ilex cornuta Lindl. & Paxt.

Flow. Garn. 1: 43. fig. 27. 1850.

常绿灌木或小乔木，高2~4 m。树皮灰白色，平滑。幼枝具纵脊及沟。叶片厚革质，四角状长圆形或卵形，长4~9 cm，宽2~4 cm，先端具3枚尖硬刺齿，中央刺齿常反曲，基部圆形或近截形，两侧各具1~2刺齿，有时全缘，叶面深绿色，具光泽，两面无毛，侧脉5~6对，网状脉两面不明显；托叶胼胝质，宽三角形。雌雄异株，花序簇生于二年生枝的叶腋内；花黄绿色，4基数。雄花花梗长5~6 mm；花萼盘状，直径约2.5 mm，裂片膜质，阔三角形，长约0.7 mm，宽约1.5 mm，疏被微柔毛，具缘毛；花冠辐状，直径约7 mm，花瓣长圆状卵形，长3~4 mm，反折，基部合生；雄蕊与花瓣近等长或稍长，花药长圆状卵形，长约1 mm；退化子房近球形，先端钝圆，不明显4裂。雌花花梗长8~9 mm；果期长达13~14 mm，无毛；花萼与花瓣与雄花相似，退化雄蕊长为花瓣的4/5，略长于子房，败育花药卵状箭头形；子房长圆状卵球形，长3~4 mm，直径2 mm，柱头盘状，4浅裂。核果球形，直径7~10 mm，成熟时鲜红色，花萼宿存；分核4，倒卵形或椭圆形，内果皮骨质。花期4~5月；果期8~10月。

图516 枸骨
1. 果枝；2. 不同的叶形；3. 花；4. 果核

大寺有栽培。国内分布于江苏、上海、安徽、浙江、江西、湖北、湖南等省份。亦分布于朝鲜。

树形美丽，果实秋冬红色，挂于枝头，可供庭园观赏。根、枝叶和果入药。种子含油，可作肥皂原料，树皮可作染料和提取栲胶，木材软韧，可用作牛鼻栓。

2. 钝叶冬青 波缘冬青（图517）

Ilex crenata Thunb.

Fl. Jap. 78. 1784.

常绿灌木，多分枝。树皮灰黑色，幼枝灰色或褐色，具纵棱角，密被短柔毛。叶厚革质，长椭圆

图 517 钝叶冬青
1. 果枝；2. 花

形或长倒卵形，长 1~4 cm，宽 0.6~1 cm，先端圆钝或近急尖，边缘有浅钝锯齿，下面有褐色腺点；侧脉 3~5 对，与网脉均不明显；叶柄长 2~3 mm，被短柔毛；托叶钻形，微小。雌雄异株，花白色，4 数，稀 5 数。雄花 1~7 组成聚伞花序，总花梗长 4~9 mm，花梗长 2~3 mm，花瓣阔椭圆形，雄蕊短于花瓣，退化子房圆锥形，顶端尖；雌花单生或 2~3 组成聚伞花序，花梗长 3.5~6 mm，花冠直径约 6 mm，花瓣卵形，长约 3 mm，基部合生，退化雄蕊长为花瓣的 1/2，不育花药箭头形。果球形，黑色，径 6~8 mm，有 4 分核；宿存花萼平展，直径约 3 mm；宿存柱头厚盘状；分核长圆状椭圆形，长约 5 mm，背部宽 3~3.5 mm，平滑，具条纹，无沟，内果皮革质。花期 5~6 月；果期 8~10 月。

上池有栽培。国内分布于江苏、上海、安徽、浙江、江西、湖北、湖南、福建、广东、广西、海南、台湾等省份。亦分布于日本、朝鲜。

适于庭园配置及供绿篱、盆栽等用。常见栽培的为其品种龟甲冬青（'Convexai'），叶小而密，簇生于枝端，倒卵形，先端尖，基部圆形，长 1~2 cm，宽 8~15 mm，叶面凸起呈龟背状。

74. 黄杨科 Buxaceae

常绿灌木，稀小乔木或草本。单叶，对生或互生，全缘或有齿，革质或纸质，羽状脉或离基三出脉；无托叶。花单性，雌雄同株或异株；花辐射对称，无花瓣；穗状、头状或短总状花序，稀单生；雄花萼片 4，雌花萼片 4~6，排成 2 轮，覆瓦状排列；雄蕊 4，与萼片对生，稀 6 枚，花药大，2 室，瓣裂或纵裂，雄花通常有不育雌蕊；雌蕊通常由 3（2）心皮组成，子房上位，3（2）室，每室有倒生胚珠 2 枚，花柱与心皮同数，具多少向下延伸的柱头，宿存。蒴果，室背开裂，或为肉质核果状；种子有种阜，胚乳肉质，胚直，有扁薄或肥厚的子叶。

4~5 属 100 种，分布与亚洲、欧洲、非洲及美洲热带及温带。中国 3 属 28 种，分布于西南部、西北部、中部、东南部至台湾省。徂徕山 1 属 1 种。

1. 黄杨属 Buxus Linn.

常绿灌木或小乔木。小枝四棱形。叶对生，革质或薄革质，全缘，羽状脉，常有光泽，具短叶柄。花单性，雌雄同株，花序腋生或顶生，总状、穗状或密集的头状，有苞片，雌花 1 朵，生花序顶端，雄花数朵，生花序下方或四周；花小；雄花萼片 4，分内外 2 列，雄蕊 4，和萼片对生，不育雌蕊 1；雌花萼片 6，子房 3 室，花柱 3，柱头下延。果实为蒴果，球形或卵形，通常无毛，稀被毛，熟时沿室背裂为 3 片，宿存花柱角状，每片两角上各有半爿花柱，外果皮和内果皮脱离；种子长圆形，有三侧面，种皮黑色，有光泽，胚乳肉质，子叶长圆形。

约 100 种，分布于亚洲、欧洲、热带非洲以及古巴、牙买加等处。中国 17 种，主要分布于西部和西南部。徂徕山 1 种。

1. 黄杨（图 518）

Buxus sinica (Rehd. & Wils.) M. Cheng

Fl. Reipubl. Popul. Sin. 45 (1): 37. 1980.

—— *Buxus microphylla* Sieb. & Zucc. var. *sinica* Rehd. & Wils.

常绿灌木或小乔木，高 1~6 m。枝圆柱形，有纵棱，灰白色；小枝四棱形，被短柔毛或外方相对两侧面无毛，节间长 0.5~2 cm。叶革质，阔椭圆形、阔倒卵形或卵状椭圆形，长 1.5~3.5 cm，宽 0.8~2 cm，先端圆或钝，常有小凹口，基部圆、急尖或楔形，叶面光亮，中脉凸出，下半段常有微细毛，侧脉明显，叶背中脉平坦或稍凸出，中脉上常密被白色短线状钟乳体，全无侧脉，叶柄长 1~2 mm，上面被毛。花序腋生，头状，花密集，花序轴长 3~4 mm，被毛，苞片阔卵形，长 2~2.5 mm，背部多少有毛；雄花约 10 朵，无花梗，外萼片卵状椭圆形，内萼片近圆形，长 2.5~3 mm，无毛，雄蕊连花药长 4 mm，不育雌蕊有棒状柄，末端膨大，高约 2 mm，约为萼片长度的 2/3 或和萼片几等长；

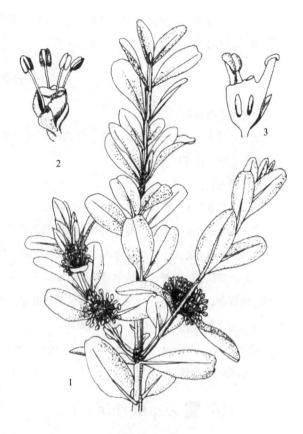

图 518 黄杨
1. 花枝；2. 花；3. 雌蕊纵切面

雌花萼片长 3 mm，子房较花柱稍长，无毛，花柱粗扁，柱头倒心形，下延达花柱中部。蒴果近球形，长 6~8（10）mm，宿存花柱长 2~3 mm。花期 3 月；果期 5~6 月。

大寺、隐仙观、卧尧栽培。国内分布于陕西、甘肃、湖北、四川、贵州、广西、广东、江西、浙江、安徽、江苏等省份。

供观赏或作绿篱。木材坚硬，鲜黄色，适于作木梳、乐器、图章及工艺美术品等。全株药用，有止血、祛风湿、治跌打损伤之功效。

75. 大戟科 Euphorbiaceae

草本、灌木或乔木，稀藤本。植物体多有乳汁。单叶，稀复叶，或叶退化呈鳞片状，互生，稀对生或轮生；叶柄基部或顶端有时具 1~2 枚腺体；托叶 2，早落或宿存，稀鞘状，脱落后具环状托叶痕。花单性，雌雄同株或异株，辐射对称；单花或组成各式花序，通常为聚伞或总状花序，在大戟类中为特殊化的杯状花序（由 1 朵雌花居中，周围环绕以数朵或多朵仅有 1 枚雄蕊的雄花），顶生或腋生；萼片 3~5，离生或合生，覆瓦状或镊合状排列，有的极度退化或无；通常无花瓣，稀有花瓣；花盘环状、杯状、腺状，稀无花盘；雄蕊通常多数，花丝分离或合生成柱状，或退化为仅具 1 枚，花药 2 室，雄花常有退化雌蕊；雌蕊由 3（2~4）心皮或有时多数心皮结合而成，子房上位，通常 3 室，每室 1~2 枚倒生胚珠，中轴胎座；花柱离生或合生，与子房室同数。蒴果，稀为核果或浆果状；种子常有种阜，胚乳丰富，肉质，子叶宽而扁。

约332属8910种，广布全球，主产热带和亚热带地区。中国75属406种，各地均有，主要分布于西南部和南部地区。徂徕山7属14种。

分属检索表

1. 子房每室1枚胚珠。
　　2. 花无花被，花序为杯状聚伞花序（即大戟花序），雄花仅有1枚雄蕊 ················· 1. 大戟属 Euphorbia
　　2. 花有花被，花序不为杯状聚伞花序。
　　　　3. 植株无乳汁，草本。
　　　　　　4. 雄蕊通常8（偶10~15）枚，花丝离生；茎无白霜。
　　　　　　　　5. 雌雄花均无花瓣，雄花的萼片镊合状，雌花的萼片覆瓦状 ················· 2. 铁苋菜属 Acalypha
　　　　　　　　5. 雄花具花瓣，萼片镊合状，雌花稀无花瓣，萼片镊合状 ················· 3. 地构叶属 Speranskia
　　　　　　4. 雄蕊极多，花丝合生成数目众多的雄蕊束；茎常被白霜 ················· 4. 蓖麻属 Ricinus
　　　　3. 植株有乳汁，木本。叶柄上部或叶片基部有腺体 ················· 5. 乌桕属 Triadica
1. 子房每室2枚胚珠；叶柄和叶片均无腺体。
　　6. 花无花瓣；草本 ················· 6. 叶下珠属 Phyllanthus
　　6. 花有花瓣；灌木 ················· 7. 雀舌木属 Leptopus

1. 大戟属 Euphorbia Linn.

一、二年生或多年生草本，或灌木、乔木。植物体具乳状液汁。根圆柱状，纤维状，或具不规则块根。叶互生或对生，少轮生，常全缘，少分裂或具齿；叶常无叶柄，少数具叶柄；托叶常无，少数存在或呈钻状或呈刺状。杯状聚伞花序，单生或组成复花序，复花序呈单歧或二歧或多歧分枝，多生于枝顶或植株上部，少数腋生；每个杯状聚伞花序由1枚位于中间的雌花和多枚位于周围的雄花同生于1个杯状总苞内组成，又称大戟花序；雄花无花被，仅有1枚雄蕊，花丝与花梗间具不明显的关节；雌花常无花被，少数具退化的且不明显的花被；子房3室，每室1枚胚珠；花柱3，常分裂或基部合生；柱头2裂或不裂。蒴果，成熟时分裂为3个2裂的分果爿；种子每室1粒，常卵球状，种皮革质，深褐色或淡黄色，具纹饰或否；种阜存在或否。胚乳丰富；子叶肥大。

约2000种，是被子植物中特大属之一，遍布世界各地，其中非洲和中南美洲较多。中国77种，南北均产，以西南的横断山区和西北的干旱地区较多。徂徕山7种。

分种检索表

1. 总苞的腺体具花瓣状附属物。
　　2. 叶对生，基部不对称；托叶钻形；花序常腋生或聚生，少为顶生。
　　　　3. 茎无毛；子房和果实无毛；叶无紫色斑点 ················· 1. 地锦 Euphorbia humifusa
　　　　3. 茎被柔毛；子房和果实密被柔毛；叶面常有紫色斑点 ················· 2. 斑地锦 Euphorbia maculata
　　2. 叶于茎基部互生、上部对生或轮生，基部对称；无托叶；上部叶边缘白色 ················· 3. 银边翠 Euphorbia marginata
1. 总苞的腺体无附属物。
　　4. 腺体常4~5枚，少数更多；无托叶；复花序二歧或多歧分枝。
　　　　5. 腺体近圆形或半圆形或盘状，无角。
　　　　　　6. 腺体盘状，盾状着生于总苞边缘；蒴果光滑 ················· 4. 泽漆 Euphorbia helioscopia
　　　　　　6. 腺体片状，侧生于总苞边缘；蒴果和子房均密被锥状瘤 ················· 5. 大戟 Euphorbia pekinensis

5. 腺体新月形，两端具角 ·· 6. 乳浆大戟 Euphorbia esula
4. 腺体1枚，少2枚；托叶腺体状；复花序单歧分枝，部分茎顶叶呈红色 ····················· 7. 猩猩草 Euphorbia cyathophora

1. 地锦（图519）

Euphorbia humifusa Willd.

Enum. Pl. Hort. Berol. Suppl. 27. 1814.

一年生草本。根纤细，长10~18 cm，直径2~3 mm，常不分枝。茎匍匐，自基部以上多分枝，偶先端斜向上伸展，基部常红色或淡红色，长达20（30）cm，直径1~3 mm，被柔毛或疏柔毛。叶对生，矩圆形或椭圆形，长5~10 mm，宽3~6 mm，先端钝圆，基部偏斜，略渐狭，边缘常于中部以上具细锯齿；叶面绿色，叶背淡绿色，有时淡红色，两面被疏柔毛；叶柄极短，长1~2 mm。花序单生于叶腋，具1~3 mm短柄；总苞陀螺状，高与直径各约1 mm，边缘4裂，裂片三角形；腺体4，矩圆形，边缘具白色或淡红色附属物。雄花与总苞边缘近等长；雌花1枚，子房柄伸出至总苞边缘；子房三棱状卵形，光滑无毛；花柱3，分离；柱头2裂。蒴果三棱状卵球形，长约2 mm，直径约2.2 mm，成熟时分裂为3个分果爿，花柱宿存。种子三棱状卵球形，长约1.3 mm，直径约0.9 mm，灰色，每个棱面无横沟，无种阜。花、果期5~10月。

徂徕山各林区均产。生于荒地、路旁、田间、林下。除海南外，分布于全国。特别是长江以北地区。广布于欧亚大陆温带。

全草入药，有清热解毒、利尿、通乳、止血及杀虫作用。

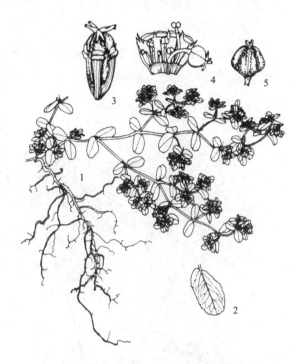

图519 地锦
1. 植株；2. 叶；3. 杯状聚伞花序；
4. 展开的聚伞花序；5. 蒴果

2. 斑地锦（图520）

Euphorbia maculata Linn.

Sp. Pl. 455. 1753.

一年生草本。根纤细，长4~7 cm，直径约2 mm。茎匍匐，长10~17 cm，直径约1 mm，被白色疏柔毛。叶对生，长椭圆形至肾状长圆形，长6~12 mm，宽2~4 mm，先端钝，基部偏斜，不对称，略呈圆形，边缘中部以下全缘，中部以上常具细小疏锯齿；叶面绿色，中部常具有1个长圆形的紫色斑点，叶背淡绿色或灰绿色，新鲜时可见紫色斑，干时不清楚，两面无毛；叶柄极短，长约1 mm；托叶钻状，不分裂，边缘具睫毛。花序单生于叶腋，基部具短柄，柄长1~2 mm；总苞狭杯状，高0.7~1 mm，直径约0.5 mm，

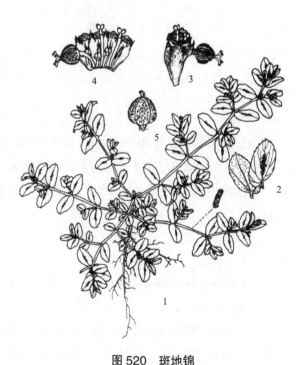

图520 斑地锦
1. 植株；2. 叶；3. 杯状聚伞花序；
4. 展开的聚伞花序；5. 蒴果

外部具白色疏柔毛，边缘5裂，裂片三角状圆形；腺体4，黄绿色，横椭圆形，边缘具白色附属物。雄花4~5，微伸出总苞外；雌花1，子房柄伸出总苞外，且被柔毛；子房被疏柔毛；花柱短，近基部合生；柱头2裂。蒴果三角状卵形，长约2 mm，直径约2 mm，被稀疏柔毛，成熟时易分裂为3个分果爿。种子卵状四棱形，长约1 mm，直径约0.7 mm，灰色或灰棕色，每个棱面具5个横沟，无种阜。花、果期4~9月。

徂徕山各林区均产。生于平原农田、公园、路旁等各处。原产北美洲，归化于欧亚大陆。中国产于江苏、江西、浙江、湖北、河南、河北、台湾等省份。

3. 银边翠　高山积雪（图521）
Euphorbia marginata Pursh.

Fl. Amer. Sept. 2: 607. 1814.

一年生草本。根纤细，多分枝。茎单一，自基部向上多分枝，高达60~80 cm，直径3~5 mm，光滑，有时被柔毛。叶互生，椭圆形，长5~7 cm，宽约3 cm，先端钝，具小尖头，基部平截状圆形，绿色，全缘；无柄或近无柄；总苞叶2~3枚，椭圆形，长3~4 cm，宽1~2 cm，先端圆，基部渐狭。全缘，绿色具白色边；伞幅2~3，长1~4 cm，被柔毛或近无毛；苞叶椭圆形，长1~2 cm，宽5~7（9）mm，先端圆，基部渐狭，近无柄花序单生于苞叶内或数个聚伞状着生，基部具柄，柄长3~5 mm，密被柔毛；总苞钟状，高5~6 mm，直径约4 mm，外部被柔毛，边缘5裂，裂片三角形至圆形，尖至微凹，边缘与内侧均被柔毛；腺体4，半圆形，边缘具宽大的白色附属物，长与宽均超过腺体。雄花多数，伸出总苞外；苞片丝状；雌花1枚，子房柄较长，长达3~5 mm，伸出总苞之外，被柔毛；子房密被柔毛；花柱3，分离；柱头2浅裂。蒴果近球状，直径约

图521　银边翠
1. 植株上部；2. 杯状聚伞花序

5.5 mm，具长柄，长达3~7 mm，被柔毛；花柱宿存；果成熟时分裂为3个分果爿。种子圆柱状，淡黄色至灰褐色，长3.5~4 mm，直径2.8~3 mm，被瘤或短刺或不明显突起；无种阜。花、果期6~9月。

徂徕山有零星栽培，主要见于庭院。原产北美洲，广泛栽培于旧大陆。中国大部分省份均有栽培。

常栽培观赏。

4. 泽漆（图522）
Euphorbia helioscopia Linn.

Sp. Pl. 459. 1753.

一年生草本。根纤细，长7~10 cm，直径3~5 mm，下部分枝。茎直立，单一或自基部多分枝，分枝斜展向上，高10~30（50）cm，直径3~5（7）mm，光滑无毛。叶互生，倒卵形或匙形，长1~3.5 cm，宽5~15 mm，先端具牙齿，中部以下渐狭或呈楔形；总苞叶5枚，倒卵状长圆形，长3~4 cm，宽8~14 mm，先端具牙齿，基部略渐狭，无柄；总伞幅5枚，长2~4 cm；苞叶2枚，卵圆形，

先端具牙齿，基部呈圆形。花序单生，有柄或近无柄；总苞钟状，高约 2.5 mm，直径约 2 mm，光滑无毛，边缘 5 裂，裂片半圆形，边缘和内侧具柔毛；腺体 4，盘状，中部内凹，基部具短柄，淡褐色。雄花数枚，明显伸出总苞外；雌花 1 枚，子房柄略伸出总苞边缘。蒴果三棱状阔圆形，光滑无毛；具明显 3 纵沟，长 2.5~3 mm，直径 3~4.5 mm；成熟时分裂为 3 个分果爿。种子卵状，长约 2 mm，直径约 1.5 mm，暗褐色，具明显的脊网；种阜扁平状，无柄。花、果期 4~10 月。

徂徕山各林区均产。生于田野、路旁、杂草丛、河边。广布于全国大部分省份。亦分布于欧亚大陆和北非。

全草入药，有清热、祛痰、利尿消肿及杀虫之效。

5. 大戟（图 523，彩图 54）

Euphorbia pekinensis Rupr.

Prim. Fl. Amur. 239. 1859.

多年生草本。根圆柱状，长 20~30 cm，直径 6~14 mm，分枝或不分枝。茎单生或自基部多分枝，每分枝上部又 4~5 分枝，高 40~80（90）cm，直径 3~6（7）cm，被柔毛或无毛。叶互生，椭圆形，稀披针形或披针状椭圆形，先端尖或渐尖，基部渐狭、楔形、圆形或近平截，全缘；主脉明显，侧脉羽状，不明显，叶两面无毛或有时叶背具柔毛；总苞叶 4~7 枚，长椭圆形，先端尖，基部近平截；伞幅 4~7，长 2~5 cm；苞叶 2 枚，近圆形，先端具短尖头，基部平截或近平截。花序单生于二歧分枝顶端，无柄；总苞杯状，高约 3.5 mm，直径 3.5~4 mm，边缘 4 裂，裂片半圆形，边缘具不明显的缘毛；腺体 4，半圆形或肾状圆形，淡褐色。雄花多数，伸出总苞之外；雌花 1 枚，具较长的子房柄，柄长 3~5（6）mm；子房幼时被较密的瘤状突起；花柱 3，分离；柱头 2 裂。蒴果球状，长约 4.5 mm，直径 4~4.5 mm，被稀疏的瘤状突起，成熟时分裂为 3 个分果爿；花柱宿存且易脱落。种子长球状，长约 2.5 mm，直径 1.5~2 mm，暗褐色或微光亮，腹面具浅色条纹；种阜近盾状，无柄。花期 5~8 月；果期 6~9 月。

产于上池、马场、卧尧。广布于全国（除台湾、云南、西藏和新疆），北方尤为普遍。也分布于朝鲜、日本。

根入药，逐水通便，消肿散结，主治水肿，并

图 522 泽漆
1. 植株上部；2. 植株下部；3. 杯状聚伞花序；
4. 展开的聚伞花序；5. 蒴果

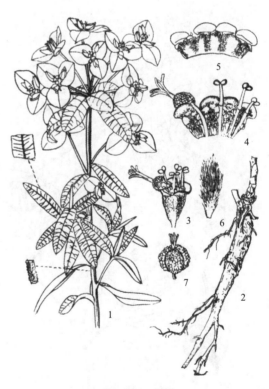

图 523 大戟
1. 植株上部；2. 根；3. 杯状聚伞花序；
4. 展开的聚伞花序；5. 总苞展开；
6. 杯状总苞内的附属鳞片；7. 蒴果

有通经之效；亦可作兽药用；有毒，宜慎用。

6. 乳浆大戟（图524）

Euphorbia esula Linn.

Sp. Pl. 461. 1753.

多年生草本。根圆柱状，长20 cm以上，直径3~5（6）mm，不分枝或分枝，常曲折，褐色或黑褐色。茎单生或丛生，单生时自基部多分枝，高30~60 cm，直径3~5 mm；不育枝常发自基部或叶腋，较矮。叶线形至卵形，长2~7 cm，宽4~7 mm，先端尖或钝，基部楔形至平截；无叶柄；不育枝叶常为松针状，长2~3 cm，直径约1 mm；无柄；总苞叶3~5枚，与茎生叶同形；伞幅3~5，长2~4（5）cm；苞叶2枚，常为肾形，少为卵形或三角状卵形，长4~12 mm，宽4~10 mm，先端渐尖或近圆，基部近平截。花序单生于二歧分枝的顶端，基部无柄；总苞钟状，高约3 mm，直径2.5~3 mm，边缘5裂，裂片半圆形至三角形，边缘及内侧被毛；腺体4，新月形，两端具角，角长而尖或短而钝，变异幅度大，褐色。雄花多枚，苞片宽线形，无毛；雌花1枚，子房柄明显伸出总苞之外；子房光滑无毛；花柱3，分离；柱头2裂。蒴果三棱状球形，长与直径均5~6 mm，具3纵沟；花柱宿存；成熟时分裂为3个分果爿。种子卵球状，长2.5~3 mm，直径2~2.5 mm，成熟时黄褐色；种阜盾状，无柄。花、果期4~10月。

徂徕山各山地林区均产。国内分布于全国各地，也见于欧亚大陆，且归化于北美洲。

种子含油量达30%，工业用；全草入药，具拔毒止痒之效。

7. 猩猩草（图525）

Euphorbia cyathophora Murr.

Comment. Soc. Regiae Sci. Gott. 7: 81. 1786.

一年生或多年生草本。根圆柱状，长30~50 cm，直径2~7 mm，基部有时木质化。茎直立，上部多分枝，高达1 m，直径3~8 mm，光滑无毛。叶互生，卵形、椭圆形或卵状椭圆形，先端尖或圆，基部渐狭，长3~10 cm，宽1~5 cm，边缘波状分裂或具波状齿或全缘，无毛；叶柄长1~3 cm；总苞叶与茎生叶同形，较小，长2~

图524 乳浆大戟
1. 植株；2. 杯状聚伞花序；
3. 展开的杯状聚伞花序

图525 猩猩草
1. 植株上部；2. 杯状聚伞花序；3. 杯状聚伞花序内的附属鳞片；4. 雄蕊；5. 杯状聚伞花序及果实

5 cm，宽 1~2 cm，淡红色或仅基部红色。花序单生，数枚聚伞状排列于分枝顶端，总苞钟状，绿色，高 5~6 mm，直径 3~5 mm，边缘 5 裂，裂片三角形，常呈齿状分裂；腺体常 1 枚，偶 2 枚，扁杯状，近两唇形，黄色。雄花多枚，常伸出总苞之外；雌花 1 枚，子房柄明显伸出总苞处；子房三棱状球形，光滑无毛；花柱 3，分离；柱头 2 浅裂。蒴果，三棱状球形，长 4.5~5 mm，直径 3.5~4 mm，无毛；成熟时分裂为 3 个分果爿。种子卵状椭圆形，长 2.5~3 mm，直径 2~2.5 mm，褐色至黑色，具不规则的小突起；无种阜。花、果期 5~11 月。

徂徕山各林区均有栽培和逸生。原产中南美洲，归化于旧大陆。广泛栽培于中国大部分省份，常见于公园、植物园，用于观赏。

2. 铁苋菜属 Acalypha Linn.

一年生或多年生草本，或灌木、小乔木。叶互生，叶缘具齿或近全缘，具基出脉 3~5 或为羽状脉；叶柄长或短；托叶披针形或钻状，凋落。雌雄同株，稀异株，花序腋生或顶生，雌雄花同序或异序；雄花序穗状，雄花多朵簇生于苞腋或在苞腋排成团伞花序；雌花序总状或穗状花序，通常每苞腋具雌花 1~3 朵，雌花的苞片具齿或裂片，花后通常增大；雌花和雄花同序，花的排列形式多样，通常雄花生于花序上部，呈穗状，雌花 1~3 朵，位于花序下部；花无花瓣，无花盘；雄花花萼花蕾时闭合，花萼裂片 4 枚，镊合状排列；雄蕊 8 枚，花丝离生，花药 2 室，药室叉开或悬垂；不育雌蕊缺。雌花萼片 3~5 枚，覆瓦状排列，近基部合生；子房 3 或 2 室，每室具胚珠 1 枚，花柱离生或基部合生，撕裂为多条线状的花柱枝。蒴果小，通常具 3 个分果爿，果皮具毛或软刺；种子近球形或卵圆形，种皮壳质，有时具明显种脐或种阜，胚乳肉质，子叶阔、扁平。

约 450 种，广布于世界热带、亚热带地区。中国 18 种，除西北部外，各省份均有分布。徂徕山 1 种。

1. 铁苋菜（图 526）

Acalypha australis Linn.

Sp. Pl. 2: 1004. 1753.

一年生草本，高 20~50 cm。小枝细长，被贴毛柔毛，后逐渐稀疏。叶膜质，长卵形、近菱状卵形或阔披针形，长 3~9 cm，宽 1~5 cm，顶端短渐尖，基部楔形，稀圆钝，边缘具圆锯齿，上面无毛，下面沿中脉具柔毛；基出脉 3 条，侧脉 3 对；叶柄长 2~6 cm，具短柔毛；托叶披针形，长 1.5~2 mm，具短柔毛。雌雄花同序，花序腋生，稀顶生，长 1.5~5 cm，花序梗长 0.5~3 cm，花序轴具短毛，雌花苞片 1~2（4）枚，卵状心形，花后增大，长 1.4~2.5 cm，宽 1~2 cm，边缘具三角形齿，外面沿脉具疏柔毛，苞腋具雌花 1~3 朵；无花梗；雄花生于花序上部，排列呈穗状或头状，雄花苞片卵形，长约 0.5 mm，苞腋具雄花 5~7 朵，簇生；花梗长 0.5 mm；雄花花蕾时近球形，无毛，花萼裂片 4 枚，卵形，长约 0.5 mm；

图 526 铁苋菜
1. 植株上部；2. 花序；3. 雄花；
4. 雌花；5. 果实

雄蕊 7~8 枚；雌花萼片 3 枚，长卵形，长 0.5~1 mm，具疏毛；子房具疏毛，花柱 3 枚，长约 2 mm，撕裂为 5~7 条线状花柱枝。蒴果直径 4 mm，具 3 个分果爿，果皮具疏生毛和毛基变厚的小瘤体；种子近卵状，长 1.5~2 mm，种皮平滑，假种阜细长。花、果期 4~12 月。

徂徕山各林区普遍分布。中国除西部高原或干燥地区外，大部分省份均产。俄罗斯远东地区、朝鲜、日本、菲律宾、越南、老挝等也有分布。

为常见杂草。全草入药，有止泻、治痢疾和疟疾的功效。

3. 地构叶属 Speranskia Baill.

草本，茎直立，基部常木质，分枝较少。叶互生，边缘具粗齿；具叶柄或无柄。花雌雄同株；总状花序，顶生，雄花常生于花序上部，雌花生于花序下部，有时雌雄花同聚生于苞腋内；通常雄花生于雌花两侧；雄花花蕾球形；花萼裂片 5，膜质，镊合状排列；花瓣 5 枚，有爪，有时无花瓣；花盘 5 裂或为 5 枚离生的腺体；雄蕊 8~10（15）枚，2~3 轮排列于花托上，花丝离生，花药 2 室。纵裂，无不育雌蕊；雌花花萼裂片 5；花瓣 5 或缺，小；花盘盘状；子房 3 室，平滑或有突起，每室有胚珠 1 枚，花柱 3，2 裂几达基部，裂片呈羽状撕裂。蒴果具 3 个分果爿；种子球形，胚乳肉质，子叶宽扁。

2 种，中国特有属。除东部和西部外，各省份均产。徂徕山 1 种。

1. 地构叶（图 527）

Speranskia tuberculata（Bung.）Baill.

Étude Euphorb. 389. 1858.

图 527 地构叶
1.植株上部；2.根；3.雄花；
4.雌花；5.果实

多年生草本。茎直立，高 25~50 cm，分枝较多，被伏贴短柔毛。叶纸质，披针形或卵状披针形，长 1.8~5.5 cm，宽 0.5~2.5 cm，顶端渐尖，稀急尖，尖头钝，基部阔楔形或圆形，边缘具疏离圆齿或有时深裂，齿端具腺体，上面疏被短柔毛，下面被柔毛或仅叶脉被毛；叶柄长不及 5 mm 或近无柄；托叶卵状披针形，长约 1.5 mm。总状花序长 6~15 cm，上部有雄花 20~30 朵，下部有雌花 6~10 朵，位于花序中部的雌花的两侧有时具雄花 1~2 朵；苞片卵状披针形或卵形，长 1~2 mm；雄花 2~4 生于苞腋，花梗长约 1 mm；花萼裂片卵形，长约 1.5 mm，外面疏被柔毛；花瓣倒心形，具爪，长约 0.5 mm，被毛；雄蕊 8~12（15）枚，花丝被毛；雌花 1~2 朵生于苞腋，花梗长约 1 mm，在果期长达 5 mm，且常下弯；花萼裂片卵状披针形，长约 1.5 mm，顶端渐尖，疏被长柔毛，花瓣与雄花相似，但较短，疏被柔毛和缘毛，具脉纹；花柱 3，各 2 深裂，裂片呈羽状撕裂。蒴果扁球形，长约 4 mm，直径约 6 mm，被柔毛和具瘤状突起；种子卵形，长约 2 mm，顶端急尖，灰褐色。花、果期 5~9 月。

徂徕山各山地林区均产。分布于辽宁、吉

林、内蒙古、河北、河南、山西、陕西、甘肃、山东、江苏、安徽、四川。

药用植物。

4. 蓖麻属 Ricinus Linn.

一年生草本或灌木状。茎常被白霜。叶互生，纸质，掌状分裂，盾状着生，叶缘具锯齿；叶柄的基部和顶端均具腺体；托叶合生，凋落。花雌雄同株，无花瓣，花盘缺；圆锥花序，顶生，后变为与叶对生，雄花生于花序下部，雌花生于花序上部，均多朵簇生于苞腋；花梗细长；雄花花萼花蕾时近球形，萼裂片 3~5 枚，镊合状排列；雄蕊极多，可达 1000 枚，花丝合生成数目众多的雄蕊束，花药 2 室，药室近球形，彼此分离，纵裂；无不育雌蕊；雌花萼片 5 枚，镊合状排列，花后凋落，子房具软刺或无刺，3 室，每室 1 枚胚珠，花柱 3，基部稍合生，顶部各 2 裂，密生乳头状突起。蒴果，具 3 个分果爿，具软刺或平滑；种子椭圆状，微扁平，种皮硬壳质，平滑，具斑纹，胚乳肉质，子叶阔、扁平；种阜大。

单种属。广泛栽培于世界热带地区。中国大部分省份均有栽培。徂徕山也有栽培。

1. 蓖麻（图 528）

Ricinus communis Linn.

Sp. Pl. 2: 1007. 1753.

一年生粗壮草本或灌木状，高达 5 m。小枝、叶和花序被白霜，茎多液汁。叶轮廓近圆形，长和宽达 40 cm，掌状 7~11 裂，裂缺几达中部，裂片卵状长圆形或披针形，顶端急尖或渐尖，边缘具锯齿；掌状脉 7~11 条，网脉明显；叶柄粗壮，中空，长达 40 cm，顶端具 2 枚盘状腺体，基部具盘状腺体；托叶长三角形，长 2~3 cm，早落。总状花序或圆锥花序，长 15~30 cm；苞片阔三角形，膜质，早落；雄花花萼裂片卵状三角形，长 7~10 mm；雄蕊束众多；雌花萼片卵状披针形，长 5~8 mm，凋落；子房卵状，直径约 5 mm，密生软刺或无刺，花柱红色，长约 4 mm，顶部 2 裂，密生乳头状突起。蒴果卵球形或近球形，长 1.5~2.5 cm，果皮具软刺或平滑；种子椭圆形，微扁平，长 8~18 mm，平滑，斑纹淡褐色或灰白色；种阜大。花、果期 6~9 月。

徂徕山各地有零星栽培。原产非洲，现广布于全世界热带地区或栽培于热带至温暖带各国。中国各地栽培。

油料植物。蓖麻油在工业上用途广，在医药上作缓泻剂；种子含蓖麻毒蛋白及蓖麻碱，若误食种子过量将导致中毒死亡。

图 528 蓖麻
1. 植株一部分；2. 果枝；3. 雄花；
4. 雌花；5. 种子

5. 乌桕属 Triadica Lour.

乔木或灌木。全体无毛，具白色乳汁。叶互生或近对生，叶柄顶端有1或2枚腺体。叶片全缘或有锯齿，羽状脉，最低一对侧脉自叶片基部生出，形成基底边缘。雌雄同株或有时异株，聚伞花序穗状或总状，顶生或腋生，有时有分枝，苞片基部外方有2枚大腺体，苞腋内或簇生多数雄花，或单生1朵雌花。花无花瓣和花盘。雄花小，黄色，花萼膜质，杯状，3浅裂或有2~3小齿，雄蕊2~3，花丝分离，花药2室，药室纵裂，无退化雌蕊。雌花比雄花大，花萼杯状，3深裂，或管状而有3齿，子房2~3室，每室1枚胚珠，花柱常3枚，离生或基部合生，柱头外卷，全缘。蒴果球形、梨形或3个分果爿，室背开裂或不整齐开裂，稀浆果状。种子近球形，外被蜡质假种皮，外种皮坚硬，胚乳肉质，子叶宽而平。

3种，分布于东亚和南亚。中国3种。徂徕山1种。

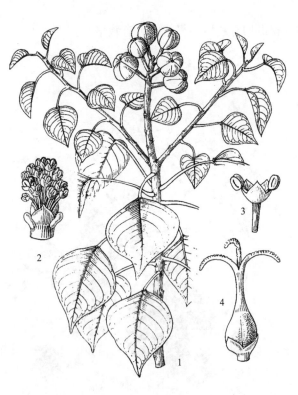

图 529 乌桕
1.果枝；2.雄花；3.花萼；4.雌花

1. 乌桕（图529）

Triadica sebifera（Linn.）Small Florida Trees 59. 1913.

—— *Sapium sebiferum*（Linn.）Roxb.

落叶乔木，高达15 m。有乳汁。各部均无毛。叶互生，纸质，叶片菱形、菱状卵形，稀菱状倒卵形，长3~8 cm，宽3~9 cm，顶端骤然紧缩具长短不等的尖头，基部阔楔形或钝，全缘；中脉两面微凸起，侧脉6~10对，纤细，斜上升，离缘2~5 mm弯拱网结，网状脉明显；叶柄纤细，长2.5~6 cm，顶端具2腺体；托叶顶端钝，长约1 mm。花单性，雌雄同株，总状花序顶生，长6~12 cm，雌花通常生于花序轴最下部，雄花生于花序轴上部或有时整个花序全为雄花。雄花花梗纤细，长1~3 mm，向上渐粗；苞片阔卵形，长和宽近相等约2 mm，顶端略尖，基部两侧各具1近肾形的腺体，每苞片内具10~15花；小苞片3，不等大，边缘撕裂状；花萼杯状，3浅裂，裂片钝，具不规则的细齿；雄蕊2枚，稀3枚，伸出于花萼之外，花丝分离，与球状花药近等长。雌花花梗粗壮，长3~3.5 mm；苞片深3裂，裂片渐尖，基部两侧的腺体与雄花的相同，每苞片内仅1朵雌花，间有1朵雌花和数雄花同聚生于苞腋内；花萼3深裂，裂片卵形至卵头披针形，顶端短尖至渐尖；子房卵球形，平滑，3室，花柱3，基部合生，柱头外卷。蒴果梨状球形，成熟时黑色，直径1~1.5 cm。种子扁球形，黑色，长约8 mm，宽6~7 mm，外被白色、蜡质的假种皮。花期5~8月；果期9~11月。

大寺、张栏等地有栽培。中国主要分布于黄河以南各省份，北达陕西、甘肃。日本、越南、印度也有分布；欧洲、美洲和非洲亦有栽培。

秋季叶红，是良好的绿化观赏树种。也为重要经济树种，种子的蜡层是制肥皂、蜡纸、金属涂擦剂等的原料。种子油可制油漆、机器润滑油等。叶可作黑色颜料，并可提栲胶。根皮及叶药用，有消肿解毒、利尿泻下、杀虫的功效。木材坚韧致密，不翘不裂，可供制家具、农具、雕刻等用。

6. 叶下珠属 Phyllanthus Linn.

灌木或草本，少数为乔木。无乳汁。单叶，互生，通常在侧枝上排成2列，呈羽状复叶状，全缘；羽状脉；具短柄；托叶2，小，着生于叶柄基部两侧，常早落。花小，单性，雌雄同株或异株，单生、簇生或组成聚伞、团伞、总状或圆锥花序；花梗纤细；无花瓣；雄花萼片（2）3~6，离生，1~2轮，覆瓦状排列；花盘通常分裂为离生，且与萼片互生的腺体3~6枚；雄蕊2~6，花丝离生或合生成柱状，花药2室，外向，药室平行、基部叉开或完全分离，纵裂、斜裂或横裂，药隔不明显；无退化雌蕊；雌花萼片与雄花的同数或较多；花盘腺体小，离生或合生呈环状或坛状，围绕子房；子房3室，稀4~12室，每室2胚珠，花柱与子房室同数，分离或合生，顶端全缘或2裂，直立、伸展或下弯。蒴果，通常基顶压扁呈扁球形，成熟后常开裂3个2裂的分果爿，中轴通常宿存；种子三棱形，种皮平滑或有网纹，无假种皮和种阜。

750~800种，主要分布于世界热带及亚热带地区，少数产北温带地区。中国32种，主要分布于长江以南各省份。徂徕山2种。

分种检索表

1. 蒴果圆球状，表面具小凸刺 ·· 1. 叶下珠 Phyllanthus urinaria
1. 蒴果扁球状，平滑 ··· 2. 蜜甘草 Phyllanthus ussuriensis

1. 叶下珠（图530）

Phyllanthus urinaria Linn.

Sp. Pl. 982. 1753.

一年生草本，高10~60 cm。茎基部多分枝，枝倾卧而后上升，具翅状纵棱，上部被1纵列疏短柔毛。叶片纸质，因叶柄扭转而呈羽状排列，长圆形或倒卵形，长4~10 mm，宽2~5 mm，顶端钝圆或急尖而有小尖头，下面灰绿色，近边缘有1~3列短粗毛；侧脉每边4~5条，明显；叶柄极短；托叶卵状披针形，长约1.5 mm。花雌雄同株，直径约4 mm；雄花2~4朵簇生于叶腋，通常仅上面1朵开花，下面的很小；花梗长约0.5 mm，基部有苞片1~2枚；萼片6，倒卵形，长约0.6 mm，顶端钝；雄蕊3，花丝全部合生成柱状；花盘腺体6，分离，与萼片互生；雌花单生于小枝中下部的叶腋内；花梗长约0.5 mm；萼片6，近相等，卵状披针形，长约1 mm，边缘膜质，黄白色；花盘圆盘状，边全缘；子房卵状，有鳞片状突起，花柱分离，顶端2裂，裂片弯卷。蒴果圆球状，直径1~2 mm，红色，表面具1小凸刺，有宿存的花柱和萼片，开裂后轴柱宿存；种

图530 叶下珠
1. 植株下部；2. 植株上部；3. 果枝；4. 果实

子长 1.2 mm，橙黄色。花期 4~6 月；果期 7~11 月。

产于西旺、王家院、徂徕。国内分布于河北、山西、陕西、华东、华中、华南、西南等省份。印度、斯里兰卡、中南半岛、日本、马来西亚、印度尼西亚至南美洲亦有分布。

药用，全草有解毒、消炎、清热止泻、利尿之效，可治赤目肿痛、肠炎腹泻、痢疾、肝炎、小儿疳积、肾炎水肿、尿路感染等。

2. 蜜甘草（图 531）

Phyllanthus ussuriensis Rupr. & Maxim. Bull. Cl. Phys.-Math. Acad. Imp. Sci. Saint-Pétersbourg 15: 222. 1857.

一年生草本，高达 60 cm；茎直立，常基部分枝，枝条细长；小枝具棱；全株无毛。叶片纸质，椭圆形至长圆形，长 5~15 mm，宽 3~6 mm，顶端急尖至钝，基部近圆，下面白绿色；侧脉每边 5~6 条；叶柄极短或无；托叶卵状披针形。花雌雄同株，单生或数朵簇生于叶腋；花梗长约 2 mm，丝状，基部有数枚苞片；雄花萼片 4，宽卵形；花盘腺体 4，分离，与萼片互生；雄蕊 2，花丝分离，药室纵裂；雌花萼片 6，长椭圆形，在果期反折；花盘腺体 6，长圆形；子房卵圆形，3 室，花柱 3，顶端 2 裂。蒴果扁球状，直径约 2.5 mm，平滑；果梗短；种子长约 1.2 mm，黄褐色，具有褐色疣点。花期 4~7 月；果期 7~10 月。

图 531 蜜甘草
1. 植株；2. 叶；3. 花序；4. 雄花；
5. 雌花；6. 果实；7. 种子

产于西旺林区。生于路旁草地。国内分布于黑龙江、吉林、辽宁、山东、江苏、安徽、浙江、江西、福建、台湾、湖北、湖南、广东、广西等省份。亦分布于俄罗斯东南部、蒙古、朝鲜和日本。全草药用，有消食止泻作用。

7. 雀舌木属 Leptopus Decne

灌木，稀多年生草本。单叶互生，全缘，羽状脉；叶柄常较短；托叶 2，通常膜质，着生于叶柄基部两侧。花雌雄同株，稀异株，单生或簇生于叶腋；花梗纤细，稍长；花瓣通常比萼片短，并与之互生，多数膜质；萼片、花瓣、雄蕊和花盘腺体均为 5，稀 6；雄花萼片覆瓦状排列，离生或基部合生；花盘腺体扁平，离生或与花瓣贴生，顶端全缘或 2 裂；花丝离生，花药内向，纵裂；退化雌蕊小或无；雌花萼片较雄花的大，花瓣小，有时不明显；花盘腺体与雄花的相同；子房 3 室，每室 2 枚胚珠，花柱 3，2 裂，顶端常呈头状。蒴果，成熟时开裂为 3 个 2 裂的分果爿；种子无种阜，表面光滑或有斑点，胚乳肉质，胚弯曲，子叶扁而宽。

约 9 种，分布自喜马拉雅山北部至亚洲东南部，经马来西亚至澳大利亚。中国 6 种，除新疆、内蒙古、福建和台湾外，全国各省份均有分布。徂徕山 1 种。

1. 雀儿舌头（图 532）

Leptopus chinensis (Bunge) Pojark.

Not. Syst. Herb. Inst. Bot. Acad. Sci. URSS. 20: 274. 1960.

直立灌木，高达 3 m；茎上部和小枝具棱；除枝条、叶片、叶柄和萼片均在幼时被疏短柔毛外，其余无毛。叶片膜质至薄纸质，卵形、椭圆形、近圆形或披针形，长 1~5 cm，宽 0.4~2.5 cm，顶端钝或急尖，基部圆或宽楔形，叶面深绿色，叶背浅绿色；侧脉每边 4~6 条，在叶面扁平，在叶背微凸起；叶柄长 2~8 mm；托叶小，卵状三角形，边缘被睫毛。花小，雌雄同株，单生或 2~4 朵簇生于叶腋；萼片、花瓣和雄蕊均为 5；雄花花梗丝状，长 6~10 mm；萼片卵形或宽卵形，长 2~4 mm，宽 1~3 mm，浅绿色，膜质，具有脉纹；花瓣白色，匙形，长 1~1.5 mm，膜质；花盘腺体 5，分离，顶端 2 深裂；雄蕊离生，花丝丝状，花药卵圆形；雌花花梗长 1.5~2.5 cm；花瓣倒卵形，长 1.5 mm，宽 0.7 mm；萼片与雄花的相同；花盘环状，10 裂至中部，裂片长圆形；子房近球形，3 室，每室有胚珠 2 枚，花柱 3，2 深裂。

图 532 雀儿舌头
1. 花枝；2. 花；3. 果实

蒴果圆球形或扁球形，直径 6~8 mm，基部有宿存萼片；果梗长 2~3 cm。花期 2~8 月；果期 6~10 月。

徂徕山各山地林区均产。生于山地灌丛、林缘、路旁、岩崖或石缝中。除黑龙江、新疆、福建、海南和广东外，全国各省份均有分布。

为水土保持林优良的林下植物，也可做庭园绿化灌木。叶可供杀虫农药，嫩枝叶有毒。

76. 鼠李科 Rhamnaceae

灌木、藤状灌木或乔木，稀草本。通常具刺。单叶互生或近对生，全缘或具齿，具羽状脉，或基出 3~5 脉；托叶小，早落或宿存，或有时变为刺。花小，辐射对称，两性或单性，稀杂性，常排成聚伞花序、圆锥花序，或有时单生或簇生，常 4 基数，稀 5 基数；萼钟状或筒状，萼片镊合状排列，与花瓣互生；花瓣通常较萼片小，着生于花盘边缘下的萼筒上，极凹，匙形或兜状，有时无花瓣；雄蕊与花瓣对生，为花瓣抱持，花药 2 室，纵裂；花盘明显，薄或厚，贴生于萼筒上，或填塞于萼筒内面，全缘、具圆齿或浅裂；子房上位、半下位至下位，通常 3 或 2 室，稀 4 室，每室 1 枚倒生胚珠，花柱不分裂或上部 3 裂。核果、浆果状核果、蒴果状核果或蒴果，沿腹缝线开裂或不开裂，有时具翅，具 2~4 个开裂或不开裂的分核，每分核 1 粒种子。

约 50 属 900 种，广布于温带及热带地区。中国 13 属 137 种，分布全国各地。徂徕山 3 属 7 种 3 变种。

分属检索表

1. 浆果状核果或蒴果状核果，外果皮软或革质，无翅，内果皮薄革质、纸质或膜质，2~4分核。
    2. 花序轴在结果期增大为肉质；叶具三出脉···1. 枳椇属 Hovenia
    2. 花序轴在结果期不增大为肉质；叶具羽状脉··2. 鼠李属 Rhamnus
1. 核果肉质，内果皮木质，1~3室，无分核；叶具基生三出脉，通常具托叶刺·················3. 枣属 Ziziphus

1. 枳椇属 Hovenia Thunb.

落叶乔木，稀灌木。幼枝常被短柔毛或茸毛。单叶互生，基部有时偏斜，有锯齿，基生三出脉，具长柄。花小，白色或黄绿色，两性，5基数；密集成顶生或兼腋生聚伞圆锥花序。萼片三角形，中肋内面凸起；花瓣生于花盘下，两侧内卷，具爪；雄蕊为花瓣抱持，花丝披针状线形，基部与爪部离生，背着药；花盘肉质，盘状，有毛，边缘与萼筒离生；子房上位，1/2~2/3藏于花盘内，3室，每室1枚胚珠，花柱3裂。浆果状核果，顶端有残存花柱，基部具宿存萼筒，外果皮革质，常与纸质或膜质的内果皮分离；花序轴在果期膨大，扭曲，肉质。种子3粒，扁球形，褐色或紫黑色，有光泽，背面凸起，腹面平而微凹，或中部具棱，基部内凹，常具灰白色的乳头状突起。

3种，分布于亚洲。中国3种，除东北地区及内蒙古、新疆、宁夏、青海和台湾外，各省份均有分布。徂徕山1种。

1. 北枳椇　拐枣（图533）

Hovenia dulcis Thunb.

Fl. Jap. 101. 1784.

落叶乔木，高达20 m。小枝无毛，有不明显皮孔。叶纸质或厚膜质，卵圆形、宽矩圆形或椭圆状卵形，长7~17 cm，宽4~11 cm，顶端短渐尖或渐尖，基部截形，少心形或近圆形，边缘有不整齐粗锯齿，无毛或仅下面沿脉被疏短柔毛；叶柄长2~4.5 cm，无毛。花黄绿色，直径6~8 mm，排成不对称的顶生、稀兼腋生的聚伞圆锥花序；花序轴和花梗均无毛；萼片卵状三角形，具纵条纹或网状脉，无毛，长2.2~2.5 mm，宽1.6~2 mm；花瓣倒卵状匙形，长2.4~2.6 mm，宽1.8~2.1 mm，向下渐狭成爪，长0.7~1 mm；花盘边缘被柔毛或上面被疏短柔毛；子房球形，花柱3浅裂，长2~2.2 mm，无毛。浆果状核果近球形，直径6.5~7.5 mm，无毛，成熟时黑色；花序轴果期稍膨大；种子深栗色或黑紫色，直径5~5.5 mm。花期5~7月；果期8~10月。

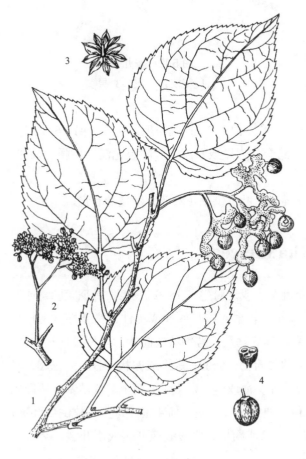

图533　北枳椇
1. 果枝；2. 花序；3. 花；4. 果实

马场、上池有栽培。国内分布于河北、山东、山西、河南、陕西、甘肃、四川、湖北、安徽、江苏、江西。日本、朝鲜也有分布。

为优良的用材树种和园林绿化树种，且其肥大的果序轴含丰富的糖，可生食、酿酒、制醋和熬糖。木材细致坚硬，可供建筑和制精细用具。

2. 鼠李属 Rhamnus Linn.

灌木或乔木，无刺或小枝顶端常变成针刺；芽裸露或有鳞片。叶互生或对生，具羽状脉，边缘有锯齿或稀全缘；托叶小，早落，稀宿存。花小，两性，或单性、雌雄异株，稀杂性，单生或数个簇生，或排成腋生聚伞花序、聚伞总状或聚伞圆锥花序，黄绿色；花萼钟状或漏斗状钟状，4~5裂，萼片卵状三角形，内面有凸起的中肋；花瓣4~5，短于萼片，兜状，基部具短爪，顶端常2浅裂，稀无花瓣；雄蕊4~5枚，背着药，为花瓣抱持，与花瓣等长或短于花瓣；花盘薄，杯状；子房上位，球形，着生于花盘上，不为花盘包围，2~4室，每室1枚胚珠，花柱2~4裂。浆果状核果倒卵状球形或圆球形，基部为宿存萼筒所包围，具2~4分核，分核骨质或软骨质，开裂或不开裂，各有1粒种子；种子倒卵形或长圆状倒卵形，背面或背侧具纵沟，或稀无沟。

约150种，分布于温带至热带，主要集中于亚洲东部和北美洲的西南部，少数也分布于欧洲和非洲。中国57种，分布于全国各省份，其中以西南和华南地区种类最多。徂徕山5种1变种。

分种检索表

1. 种子背面或侧面有长种沟，长达种子长度的1/2以上；叶柄一般长不及1 cm。
  2. 叶卵圆形、倒卵圆形、菱状倒卵形、菱状椭圆形或近圆形。
    3. 叶倒卵状圆形、卵圆形或近圆形；一年生枝、叶两面或沿脉、叶柄均被短柔毛……1. 圆叶鼠李 Rhamnus globosa
    3. 叶菱状倒卵形或菱状椭圆形；一年生枝、叶两面无毛，或叶下面脉腋窝孔有稀少柔毛………………………………………………………………………………………………………2. 小叶鼠李 Rhamnus parvifolia
  2. 叶卵形或卵状披针形，下面沿脉或脉腋有白色短柔毛………………………………3. 卵叶鼠李 Rhamnus bungeana
1. 种子具有短沟，长在种子长度的1/3以下；叶柄一般长达1~1.5 cm以上。
  4. 小枝有毛或无毛，叶下面有金黄色短柔毛，干时更明显；叶柄长5~15 mm……………………4. 冻绿 Rhamnus utilis
  4. 小枝光滑无毛，叶下面干时绿色，无毛或沿中脉有白色疏毛；叶柄长1.5~4 cm…………5. 鼠李 Rhamnus davurica

1. 圆叶鼠李（图534）

Rhamnus globosa Bunge

Mem. Sav. Etr. Acad. Sci. St. Petersb. 2: 88. 1833.

灌木，稀小乔木，高2~4 m；小枝对生或近对生，灰褐色，顶端具针刺，幼枝和当年生枝被短柔毛。叶纸质或薄纸质，对生或近对生，稀兼互生，或在短枝上簇生，近圆形、倒卵状圆形或卵圆形，稀圆状椭圆形，长2~6 cm，宽1.2~4 cm，顶端突尖或短渐尖，稀圆钝，基部宽楔形或近圆形，边缘具圆齿状锯齿，上面绿色，初时被密柔毛，后渐脱落或仅沿脉及边缘被疏柔毛，下面淡绿色，全部或沿脉被柔毛，侧脉每边3~4条，上面下陷，下面凸起，网脉在下面明显，叶柄长6~10 mm，被密柔毛；托叶线状披针形，宿存，有微毛。花单性，雌雄异株，通常数朵至20朵簇生于短枝端或长枝下部叶腋，稀2~3朵生于当年生枝下部叶腋，4基数，有花瓣，花萼和花梗均有疏微毛，

图534 圆叶鼠李
1. 果枝；2. 种子

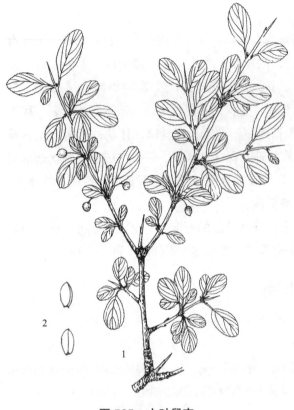

图 535 小叶鼠李
1. 果枝；2. 种子

图 536 卵叶鼠李
1. 果枝；2. 叶下面脉腋；3. 幼枝的一段；
4. 果实；5. 种子

花柱 2~3 浅裂或半裂；花梗长 4~8 mm。核果球形或倒卵状球形，长 4~6 mm，直径 4~5 mm，基部有宿存的萼筒，具 2，稀 3 分核，成熟时黑色；果梗长 5~8 mm，有疏柔毛；种子黑褐色，有光泽，背面或背侧有长为种子 3/5 的纵沟。花期 4~5 月；果期 6~10 月。

徂徕山各林区普遍分布。生于山坡林下或灌丛中。国内分布于辽宁、河北、北京、山西、河南、陕西、山东、安徽、江苏、浙江、江西、湖南及甘肃。

种子榨油供润滑油用；茎皮、果实及根可作绿色染料；果实烘干，捣碎和红糖水煎水服，可治肿毒。

2. 小叶鼠李（图 535）

Rhamnus parvifolia Bunge

Enum. Pl. China Bor. 14. 1831.

灌木，高 1.5~2 m；小枝对生或近对生，紫褐色，初时被短柔毛，后变无毛，平滑，稍有光泽，枝端及分叉处有针刺；芽卵形，长达 2 mm，鳞片数个，黄褐色。叶纸质，对生或近对生，稀兼互生，或在短枝上簇生，菱状倒卵形或菱状椭圆形，稀倒卵状圆形或近圆形，长 1.2~4 cm，宽 0.8~2（3）cm，顶端钝尖或近圆形，稀突尖，基部楔形或近圆形，边缘具圆齿状细锯齿，上面深绿色，无毛或被疏短柔毛，下面浅绿色，干时灰白色，无毛或脉腋窝孔内有疏微毛，侧脉每边 2~4 条，两面凸起，网脉不明显；叶柄长 4~15 mm，上面沟内有细柔毛；托叶钻状，有微毛。花单性，雌雄异株，黄绿色，4 基数，有花瓣，通常数个簇生于短枝上；花梗长 4~6 mm，无毛；雌花花柱 2 半裂。核果倒卵状球形，直径 4~5 mm，成熟时黑色，具 2 分核，基部有宿存的萼筒；种子矩圆状倒卵圆形，褐色，背侧有长为种子 4/5 的纵沟。花期 4~5 月；果期 6~9 月。

徂徕山各山地林区均产。生于向阳山坡、草丛或灌丛中。国内分布于东北地区及内蒙古、河北、山西、山东、河南、陕西。蒙古、朝鲜、俄罗斯西伯利亚也有分布。

3. 卵叶鼠李（图 536）

Rhamnus bungeana J. Vass.

Not. Syst. Inst. Bot. Acad. Sci. URSS 8: 123. 1940.

小灌木，高达 2 m；小枝对生或近对生，稀兼互生，灰褐色，无光泽，被微柔毛，枝端具紫红色针刺。叶对生或近对生，稀兼互生，或在短枝上簇生，纸质，卵形、卵状披针形或卵状椭圆形，长 1~4 cm，宽 0.5~2 cm，顶端钝或短尖，基部圆形或楔形，边缘具细圆齿，上面绿色，无毛，下面干时常变黄色，沿脉或脉腋被白色短柔毛，侧脉每边 2~3 条，有不明显的网脉，两面凸起，叶柄长 5~12 mm，具微柔毛，托叶钻形，宿存。花黄绿色，单性，雌雄异株，通常 2~3 朵在短枝上簇生或单生于叶腋，4 基数；萼片宽三角形，顶端尖，外面有短微毛，花瓣小；花梗长约 2~3 mm，有微柔毛；雌花有退化的雄蕊，子房球形，2 室，每室有 1 枚胚珠，花柱 2 浅裂或半裂。核果倒卵状球形或圆球形，直径 5~6 mm，具 2 分核，基部有宿存的萼筒，成熟时紫色或黑紫色；果梗长 2~4 mm，有微毛；种子卵圆形，长约 5 mm，无光泽，背面有长为种子 4/5 的纵沟。花期 4~5 月；果期 6~9 月。

产于马场。生于山坡阳处或灌丛中。国内分布于吉林、河北、山西、山东、河南及湖北西部。

4. 冻绿（图 537）

Rhamnus utilis Decne

Compt. Rend. Acad. Sci. Paris 44: 1141. 1857.

灌木或小乔木，高达 4 m；幼枝无毛，小枝褐色或紫红色，稍平滑，对生或近对生，枝端常具针刺；腋芽小，长 2~3 mm，有数个鳞片，鳞片边缘有白色缘毛。叶纸质，对生或近对生，或在短枝上簇生，椭圆形、矩圆形或倒卵状椭圆形，长 4~15 cm，宽 2~6.5 cm，顶端突尖或锐尖，基部楔形或稀圆形，边缘具细锯齿或圆齿状锯齿，上面无毛或仅中脉具疏柔毛，下面干后常变黄色，沿脉或脉腋有金黄色柔毛，侧脉每边通常 5~6 条，两面均凸起，具明显的网脉，叶柄长 0.5~1.5 cm，上面具小沟，有疏微毛或无毛；托叶披针形，常具疏毛，宿存。花单性，雌雄异株，4 基数，具花瓣；花梗长 5~7 mm，无毛；雄花数个簇生于叶腋，或 10~30 余朵聚生于小枝下部，有退化的雌蕊；雌花 2~6 朵簇生于叶腋或小枝下部；退化雄蕊小，花柱较长，2 浅裂或半裂。核果圆球形或近球形，成熟时黑色，具 2 分核，基部有宿存的萼筒；梗长 5~12 mm，无毛；种子背侧基部有短沟。花期 4~6 月；果期 5~8 月

图 537　冻绿
1. 果枝；2. 雄花；3. 雌花

产于庙子、中军帐、卧尧。生于山坡草丛、灌丛或疏林下。国内分布于甘肃、陕西、河南、河北、山西、安徽、江苏、浙江、江西、福建、广东、广西、湖北、湖南、四川、贵州。朝鲜、日本也有分布。

种子油作润滑油；果实、树皮及叶合黄色染料。

毛冻绿（变种）

var. **hypochrysa**（Schneid.）Rehd.

J. Arnold Arbor. 14（4）：348-349. 1933.

当年生枝、叶柄和花梗均被白色短柔毛，叶较小，两面特别下面有金黄色柔毛。

产于卧尧。国内分布于山西、河北、河南、陕西、甘肃、湖北、四川、贵州和广西。

5. 鼠李（图 538）

Rhamnus davurica Pall

Reise Russ. Reich. 3, append. 721. 1776.

灌木或小乔木，高达10 m；幼枝无毛，小枝对生或近对生，褐色或红褐色，稍平滑，枝顶端常有大的芽而不形成刺，或有时仅分叉处具短针刺；顶芽及腋芽较大，卵圆形，长5~8 mm，鳞片淡褐色，有明显的白色缘毛。叶纸质，对生或近对生，或在短枝上簇生，宽椭圆形或卵圆形，稀倒披针状椭圆形，长4~13 cm，宽2~6 cm，顶端突尖或短渐尖至渐尖，稀钝或圆形，基部楔形或近圆形，有时稀偏斜，边缘具圆齿状细锯齿，齿端常有红色腺体，上面无毛或沿脉有疏柔毛，下面沿脉被白色疏柔毛，侧脉每边4~5（6）条，两面凸起，网脉明显；叶柄长1.5~4 cm，无毛或上面有疏柔毛。花单性，雌雄异株，4基数，有花瓣，雌花1~3朵生于叶腋或数朵至20余朵簇生于短枝端，有退化雄蕊，花柱2~3浅裂或半裂；花梗长7~8 mm。核果球形，黑色，直径5~6 mm，具2分核，基部有宿存的萼筒；果梗长1~1.2 cm；种子卵圆形，黄褐色，背侧有与种子等长的狭纵沟。花期5~6月；果期7~10月。

图 538　鼠李
1. 果枝；2. 花枝；3. 雄花；4. 雌花

产于卧尧、中军帐。生于山坡林下。国内分布于东北地区及河北、山西。俄罗斯西伯利亚及远东地区、蒙古和朝鲜也有分布。

种子榨油作润滑油；果肉药用，解热、泻下及治瘰疬等；树皮和叶可提取栲胶；树皮和果实可提制黄色染料；木材坚实，可供制家具及雕刻之用。

3. 枣属 Ziziphus Mill.

落叶或常绿，乔木或藤状灌木。叶互生，具柄，具齿，或稀全缘，基脉三出脉，稀五脉；托叶常刺状。花小，黄绿色，两性，5基数；腋生具花序梗的聚伞花序，或聚伞总状或聚伞圆锥花序。萼片卵状三角形或三角形，内面有凸起的中肋；花瓣具爪，有时无花瓣，与雄蕊等长；花盘厚，肉质，5或10裂；子房球形，下半部或大部藏于花盘内，2（3~4）室，每室1枚胚珠，花柱2（3~4）裂。核果顶端有小尖头，萼筒宿存，中果皮肉质或软木栓质，内果皮硬骨质或木质。种子无或有稀少胚乳；子叶肥厚。

约100种，主要分布于亚洲、美洲热带和亚热带地区，少数种产在非洲和温带。中国12种。徂徕山1种2变种。

1. 枣树（图 539）

Ziziphus jujuba Mill.

Gard. Dict. ed. 8. no. 1. 1768.

落叶小乔木，高达 10 m。树皮灰褐色，纵裂；小枝红褐色，光滑，有托叶刺，长刺粗直，短刺下弯，长 4~6 mm；短枝短粗，矩状；当年生枝绿色，单生或 2~7 簇生于短枝上。叶卵形、卵状椭圆形，长 3~7 cm，宽 1.5~4 cm，先端钝尖，有小尖头，基部近圆形，边缘有圆齿状锯齿，上面无毛，下面无毛或仅沿脉有疏微毛，基出 3 主脉；叶柄长 1~6 mm。花黄绿色，两性，5 基数，单生或 2~8 花排成腋生聚伞花序；花梗长 2~3 mm；萼片卵状三角形；花瓣倒卵圆形，基部有爪，与雄蕊等长；花盘厚，肉质，圆形，5 裂；子房下部埋于花盘内，与花盘合生，2 室，每室有 1 枚胚珠，花柱 2 半裂。核果长圆形，长 2~4 cm，直径 1.5~2 cm，熟时红色，中果皮肉质，味甜，核顶端锐尖，2 室，有 1 或 2 粒种子，果梗长 3~6 mm。花期 5~7 月；果期 8~9 月。

图 539 枣树
1. 花枝；2. 花；3. 果实；4~5. 果核

徂徕山各山地林区普遍栽培。分布于吉林、辽宁、河北、山东、山西、陕西、河南、甘肃、新疆、安徽、江苏、浙江、江西、福建、广东、广西、湖南、湖北、四川、云南、贵州。广为栽培。

枣为著名干果，味甜，供食用，亦药用，有补气健脾的功效。核仁、树皮、根、叶均可入药。木材坚实，为器具、雕刻良材。花为重要蜜源植物。

无刺枣（变种）

var. **inemmis**（Bunge）Rehd.

Journ. Arn. Arb. 3: 220. 1922

长枝无刺；幼枝无托叶刺。花期 5~7 月；果期 8~10 月。广泛栽培。

酸枣（变种）

var. **spinosa**（Bunge）Hu ex H. F. Chow.

Fam. Trees Hopei 307. f. 118. 1934.

灌木，叶较小，核果小，近球形或短矩圆形，直径 0.7~1.2 cm，具薄的中果皮，味酸，核两端钝。花期 6~7 月；果期 8~9 月。

徂徕山各山地林区广泛分布。国内分布于辽宁、内蒙古、河北、山东、山西、河南、陕西、甘肃、宁夏、新疆、江苏、安徽等省份。朝鲜及俄罗斯也有分布。

种子酸枣仁入药，有镇定安神之功效，主治神经衰弱、失眠等症；果实肉薄，但含有丰富的维生素 C，生食或制作果酱；花芳香多蜜腺，为华北地区的重要蜜源植物之一；枝具锐刺，常用作绿篱。

77. 葡萄科 Vitaceae

攀缘性木质或草质藤本。具卷须。单叶、羽状或掌状复叶，互生；有托叶。花两性或单性；聚伞花序或圆锥状，稀总状或穗状花序，腋生或顶生，与叶对生或着生于茎膨大的节上；花萼碟形或浅杯状，4~5裂，萼片细小；花瓣4~5，稀3~7，镊合状排列，离生或基部合生，花后脱落或顶端黏合成帽状脱落；雄蕊4~5，稀3~7，着生于花盘基部与花瓣对生；花盘环状或分裂，稀极不明显；雌蕊心皮2~8，子房上位，2~8室，每室1~2枚倒生胚珠，花柱单一。浆果，有种子1至数粒；胚小，胚乳形状各异，软骨质。

14属约900种，主要分布热带和亚热带，少数分布于温带。中国8属146种，南北各省份均有分布。徂徕山4属9种1亚种3变种。

分属检索表

1. 花瓣离生，聚伞花序。
　2. 茎有卷须，无吸盘；花盘明显。
　　3. 花通常4数 ·· 1. 乌蔹莓属 Cayratia
　　3. 花通常5数 ·· 2. 蛇葡萄属 Ampelopsis
　2. 卷须顶端扩大成吸盘；花盘无或不明显 ·· 3. 爬山虎属 Parthenocissus
1. 花冠连合成帽状，圆锥花序；髓心褐色，茎无皮孔 ·· 4. 葡萄属 Vitis

1. 乌蔹莓属 Cayratia Juss.

藤本。卷须通常2~3叉分枝，稀总状多分枝。叶为3小叶或鸟足状5小叶，互生。花4数，两性或杂性同株，伞房状多歧聚伞花序或复二歧聚伞花序；花瓣展开，各自分离脱落；雄蕊5；花盘发达，边缘4浅裂或波状浅裂；花柱短，柱头微扩大或不明显扩大；子房2室，每室有2枚胚珠。浆果球形或近球形，有种子1~4粒。种子半球形、倒卵圆形；胚乳横切面呈半月形或T形。

60余种，分布于亚洲、大洋洲和非洲。中国17种，南北各省份均有分布。徂徕山1种。

1. 乌蔹莓（图540，彩图55）

Cayratia japonica（Thunb.）Gagnep. Lecomte Notul. Syst.（Paris）1: 349. 1911.

草质藤本。小枝圆柱形，有纵棱纹，无毛或微被疏柔毛。卷须2~3叉分枝，相隔2节间断与叶对生。叶为鸟足状5小叶，中央小叶长椭圆形或椭圆披针形，长2.5~4.5 cm，宽1.5~4.5 cm，顶端急尖或渐尖，基部楔形，侧生小叶椭圆形或长椭圆形，长1~7 cm，宽0.5~3.5 cm，顶端急尖或圆形，基部楔形或近圆形，边缘有锯齿，上面绿色，无毛，下面浅绿色，无毛或微被毛；侧脉5~9对，网脉不明显；叶柄长1.5~10 cm，中央小

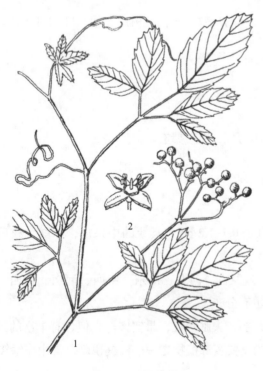

图540　乌蔹莓
1. 果枝；2. 花

叶柄长 0.5~2.5 cm，侧生小叶无柄或有短柄，侧生小叶总柄长 0.5~1.5 cm，无毛或微被毛；托叶早落。花序腋生，复二歧聚伞花序；花序梗长 1~13 cm，无毛或微被毛；花梗长 1~2 mm，几无毛；花蕾卵圆形，高 1~2 mm，顶端圆形；萼碟形，全缘或波状浅裂，外面被乳突状毛或几无毛；花瓣 4，三角状卵圆形，高 1~1.5 mm，外面被乳突状毛；雄蕊 4，花药卵圆形，长宽近相等；花盘发达，4 浅裂；子房下部与花盘合生，花柱短，柱头微扩大。果实近球形，直径约 1 cm，有种子 2~4 粒；种子三角状倒卵形，顶端微凹，基部有短喙。花期 3~8 月；果期 8~11 月。

徂徕山广泛分布。生于荒地、村落、林内等处。国内分布于陕西、河南、山东、安徽、江苏、浙江、湖北、湖南、福建、台湾、广东、广西、海南、四川、贵州、云南。日本、菲律宾、越南、缅甸、印度、印度尼西亚、澳大利亚也有分布。

全草入药，有凉血解毒、利尿消肿之功效。

2. 蛇葡萄属 Ampelopsis Michx.

木质藤本。卷须 2~3 分枝。叶为单叶、羽状复叶或掌状复叶，互生。花 5 数，两性或杂性同株，伞房状多歧聚伞花序或复二歧聚伞花序；花瓣 5，展开，各自分离脱落，雄蕊 5，花盘发达，边缘波状浅裂；花柱明显，柱头不明显扩大；子房 2 室，每室有 2 枚胚珠。浆果球形，有种子 1~4 粒。种子倒卵圆形，种脐在种子背面中部呈椭圆形或带形，两侧洼穴呈倒卵形或狭窄，从基部向上达种子近中部；胚乳横切面呈 W 形。

约 30 种，分布亚洲、北美洲和中美洲。中国 17 种，南北均产。徂徕山 2 种 2 变种。

分种检索表

1. 单叶，不分裂或 3~5 裂。
　　2. 叶 3~5 中裂，偶混生有不分裂者，叶下面常苍白色··············1. 葎叶蛇葡萄 Ampelopsis humilifolia
　　2. 叶通常 3~5 浅裂，混生有不分裂的叶，叶下面常无苍白色··············2. 蛇葡萄 Ampelopsis glandulosa
1. 掌状复叶，小叶 3~5，羽状分裂，叶轴和小叶柄有狭翅，全株无毛··············3. 白蔹 Ampelopsis japonica

1. 葎叶蛇葡萄（图 541）

Ampelopsis humulifolia Bunge

Enum. Pl. China Bor. 12. 1833.

木质藤本。小枝圆柱形，有纵棱纹，无毛。卷须二叉分枝，相隔 2 节间断与叶对生。单叶，3~5 中裂或浅裂，稀混生不裂者，长 6~12 cm，宽 5~10 cm，心状五角形或肾状五角形，顶端渐尖，基部心形，基缺顶端凹成圆形，边缘有粗锯齿，上面绿色，无毛，下面粉绿色，无毛或沿脉被疏柔毛；叶柄长 3~5 cm，无毛或有时被疏柔毛；托叶早落。多歧聚伞花序与叶对生；花序梗长 3~6 cm，无毛或被稀疏无毛；花梗长 2~3 mm，伏生短柔毛；花蕾卵圆形，高 1.5~2 mm，顶端圆形；萼碟形，边缘呈波状，外面无毛；花瓣 5，卵椭圆形，高 1.3~1.8 mm，外面无毛；雄蕊 5，花药卵圆形，长宽近相等，花盘明显，波状浅裂；子房下

图 541 葎叶蛇葡萄
1. 花枝；2. 果实

部与花盘合生，花柱明显，柱头不扩大。果实近球形，长 0.6~1 cm，有种子 2~4 粒；种子倒卵圆形，顶端近圆形，基部有短喙，种脐在背种子面中部向上渐狭，呈带状长卵形，顶部种脊突出，腹部中棱脊突出，两侧洼穴呈椭圆形，从下部向上斜展达种子上部 1/3 处。花期 5~7 月；果期 5~9 月。

徂徕山各山地林区均产。生于山沟地边或灌丛林缘或林中。国内分布于内蒙古、辽宁、青海、河北、山西、陕西、河南、山东。

2. 蛇葡萄

Ampelopsis glandulosa（Wall.）Momiy.

Bull. Univ. Mus. Univ. Tokyo 2: 78. 1971.

木质藤本。小枝圆柱形，有纵棱纹。卷须 2~3 叉分枝。单叶，3~5 浅裂，通常混生有不分裂的叶。叶片长 3.5~14 cm，宽 3~11 cm，基出脉 5，侧脉 4~5 对，细脉不明显突起，基部心形，基缺钝，稀圆形，边缘有尖锯齿，顶端尖；叶柄长 1~7 cm。聚伞花序与叶对生；花序梗长 1~2.5 cm；花梗长 1~3 mm；花蕾卵圆形，长 1~2 mm，顶端圆形；花瓣卵状椭圆形，常 0.8~1.8 mm；雄蕊 5，花药狭椭圆形；子房下部与花盘合生，花柱基部稍加粗。果实近球形，长 0.5~0.8 cm，有种子 2~4 粒；种子狭椭圆形。花期 4~8 月；果期 6~10 月。

原变种徂徕山不产。

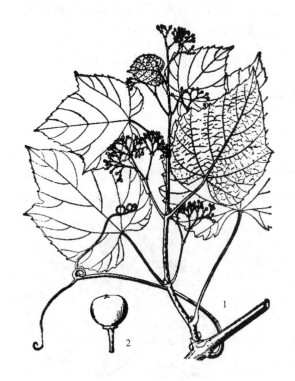

图 542 光叶蛇葡萄
1. 花枝；2. 果实

光叶蛇葡萄（变种）（图 542）

var. **hancei**（Planch.）Momiy.

J. Jap. Bot. 52: 30. 1977.

小枝、叶柄和叶片通常光滑无毛；花枝上的叶不分裂。花期 4~6 月；果期 8~10 月。

产于大寺张栏。国内分布于福建、广东、广西、贵州、河南、湖南、江苏、江西、山东、四川、台湾、云南。

异叶蛇葡萄（变种）

var. **heterophylla**（Thunb.）Momiy.

J. Jap. Bot. 52: 30. 1977.

—— *Ampelopsis brevipedunculata* var. *heterophylla*（Thunb.）H. Hara

—— *Ampelopsis humulifolia* var. *heterophylla*（Thunb.）K. Koch

小枝、叶柄和花梗疏生柔毛；叶常 3~5 中裂，心形或卵形，背面脉上疏生柔毛，上面无毛。花梗和花萼疏生短柔毛。花瓣近无毛。花期 4~6 月；果期 7~10 月。

产于大寺、龙湾等地。国内分布于安徽、福建、广东、广西、贵州、河北、黑龙江、河南、湖北、湖南、江苏、江西、吉林、辽宁、山东、四川、云南、浙江。

3. 白蔹（图 543）

Ampelopsis japonica（Thunb.）Makino

Bot. Mag.（Tokyo）17: 113. 1903.

木质藤本。小枝圆柱形，无毛。卷须不分叉或顶端有短的分叉，相隔 3 节以上间断与叶对生。

叶为掌状3~5小叶，小叶片羽状深裂或小叶边缘有深锯齿而不分裂，羽状分裂者裂片宽0.5~3.5 cm，顶端渐尖或急尖，掌状5小叶者中央小叶深裂至基部并有1~3个关节，关节间有翅，翅宽2~6 mm，侧小叶无关节或有1个关节，3小叶者中央小叶有1个关节或无关节，基部狭窄呈翅状，翅宽2~3 mm，上面绿色，无毛，下面浅绿色，无毛或有时在脉上被稀疏短柔毛；叶柄长1~4 cm，无毛；托叶早落。聚伞花序通常集生于花序梗顶端，直径1~2 cm，通常与叶对生；花序梗长1.5~5 cm，常呈卷须状卷曲，无毛；花梗极短或几无梗，无毛；花蕾卵球形，高1.5~2 mm，顶端圆形；萼碟形，边缘呈波状浅裂，无毛；花瓣5，卵圆形，高1.2~2.2 mm，无毛；雄蕊5，花药卵圆形，长宽近相等；花盘发达，边缘波状浅裂；子房下部与花盘合生，花柱短棒状，柱头不明显扩大。果实球形，直径0.8~1 cm，成熟后带白色，种子1~3粒；种子倒卵形，顶端圆形，基部喙短钝。花期5~6月；果期7~9月。

图543 白蔹
1. 植株下部；2. 花枝；3. 花；4. 去掉花冠的花

徂徕山各山地林区有零星分布。生于低海拔山坡灌丛或草地。国内分布于辽宁、吉林、河北、山西、陕西、江苏、浙江、江西、河南、湖北、湖南、广东、广西、四川。日本也有分布。

块状膨大的根及全草供药用，有清热解毒和消肿止痛之效。

3. 爬山虎属 Parthenocissus Planch.

木质藤本，落叶，稀常绿。枝有皮孔；髓白色；冬芽圆形，芽鳞2~4；卷须常分叉，顶端有吸盘。单叶或掌状复叶，有长柄。聚伞花序与叶对生，或较密集于枝端而呈圆锥状；花两性，稀两性与单性共存；花萼不分裂，浅碟状；花瓣5，稀4，雄蕊5，与花瓣同数对生；花盘不明显，与子房贴生；子房2室，每室有2枚胚珠。浆果蓝色或蓝黑色，内含种子1~4粒；种子球形，腹部有2小槽。

约13种，分布于北美洲、亚洲东部及喜马拉雅山地区。中国9种，南北各省份均有分布。徂徕山2种。

分种检索表

1. 单叶，常3浅裂，有时分裂成3小叶；聚伞花基部分枝，主轴不明显·················1. 爬山虎 Parthenocissus tricuspidata
1. 掌状复叶，小叶5枚；花序主轴明显，聚伞花序圆锥状·····················2. 五叶地锦 Parthenocissus quinquefolia

1. 爬山虎 地锦、爬墙虎（图544）

Parthenocissus tricuspidata（Sieb. & Zucc.）Planch.

DC. Monogr. Phan. 5: 452. 1887.

木质藤本。小枝圆柱形，几无毛或微被疏柔毛。卷须5~9分枝，相隔2节间断与叶对生。卷须

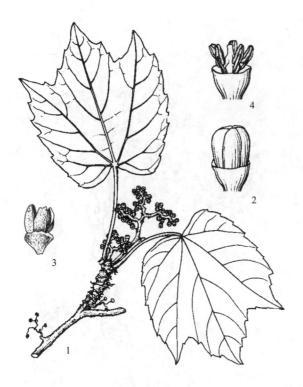

图 544 爬山虎
1. 花枝; 2~3. 花;
4. 去掉花瓣的花（示雄蕊和雌蕊）

顶端嫩时膨大呈圆珠形，后遇附着物扩大成吸盘。单叶，通常着生在短枝上为 3 浅裂，时有着生在长枝上者小型不裂，叶片通常倒卵圆形，长 4.5~17 cm，宽 4~16 cm，顶端裂片急尖，基部心形，边缘有粗锯齿，上面绿色，无毛，下面浅绿色，无毛或中脉上疏生短柔毛，基出脉 5，中央脉有侧脉 3~5 对，网脉上面不明显，下面微突出；叶柄长 4~12 cm，无毛或疏生短柔毛。花序着生在短枝上，基部分枝，形成多歧聚伞花序，长 2.5~12.5 cm，主轴不明显；花序梗长 1~3.5 cm，几无毛；花梗长 2~3 mm，无毛；花蕾倒卵状椭圆形，高 2~3 mm，顶端圆形；萼碟形，全缘或呈波状，无毛；花瓣 5，长椭圆形，高 1.8~2.7 mm，无毛；雄蕊 5，花丝长 1.5~2.4 mm，花药长卵状椭圆形，长 0.7~1.4 mm，花盘不明显；子房椭球形，花柱明显，基部粗，柱头不扩大。果实球形，直径 1~1.5 cm，有种子 1~3 粒；种子倒卵圆形，顶端圆形，基部急尖成短喙，种脐在背面中部呈圆形，腹部中棱脊突出，两侧洼穴呈沟状，从种子基部向上达种子顶端。花期 5~8 月；果期 9~10 月。

徂徕山各山地林区均产。国内分布于吉林、辽宁、河北、河南、山东、安徽、江苏、浙江、福建、台湾等省份。朝鲜、日本也有分布。

著名的垂直绿化植物。全草入药，有清热解毒、利尿、通乳、止血及杀虫作用。

2. 五叶地锦（图 545）

Parthenocissus quinquefolia (Linn.) Planch. DC. Monogr. Phan. 5: 448. 1887.

木质藤本。小枝圆柱形，无毛。卷须总状 5~9 分枝，相隔 2 节间断与叶对生，卷须顶端嫩时尖细卷曲，后遇附着物扩大成吸盘。掌状 5 小叶，小叶倒卵圆形、倒卵椭圆形或外侧小叶椭圆形，长 5.5~15 cm，宽 3~9 cm，最宽处在上部或外侧小叶最宽处在近中部，顶端短尾尖，基部楔形或阔楔形，边缘有粗锯齿，上面绿色，下面浅绿色，两面均无毛或下面脉上微被疏柔毛；侧脉 5~7 对，网脉两面均不明显突出；叶柄长 5~14.5 cm，无毛，小叶有短柄或几无柄。花序假顶生形成主轴明显的圆锥状多歧聚伞花序，长 8~20 cm；花

图 545 五叶地锦

序梗长 3~5 cm，无毛；花梗长 1.5~2.5 mm，无毛；花蕾椭圆形，高 2~3 mm，顶端圆形；萼碟形，边缘全缘，无毛；花瓣 5，长椭圆形，高 1.7~2.7 mm，无毛；雄蕊 5，花丝长 0.6~0.8 mm，花药长椭圆形，长 1.2~1.8 mm；花盘不明显；子房卵锥形，渐狭至花柱，或后期花柱基部略微缩小，柱头不扩大。果实球形，直径 1~1.2 cm，有种子 1~4 粒；种子倒卵形，顶端圆形，基部急尖成短喙，种脐在种子背面中部呈近圆形，腹部中棱脊突出，两侧洼穴呈沟状，从种子基部斜向上达种子顶端。花期 6~7 月；果期 8~10 月。

庙子、大寺等地栽培。原产北美洲。中国各地常见栽培，是优良的城市垂直绿化树种。

4. 葡萄属 Vitis Linn.

木质藤本。髓褐色；有卷须，与叶对生。单叶掌状分裂，稀为掌状或羽状复叶；有托叶，早落。花小，绿色，两性或单性，由聚伞花序再排成圆锥花序，与叶对生；花 5 数；萼小或不明显；花瓣顶部黏合，花后呈帽状脱落；花盘明显，下位，5 裂；雄蕊与花瓣对生，在雌花中不发达，败育；子房 2 室，每室 2 枚胚珠；花柱纤细，柱头微扩大。浆果，含种子 2~4 粒。种子倒卵圆形或倒卵椭圆形，基部有短喙；胚乳呈 M 形。

约 60 种，分布于世界温带或亚热带。中国 37 种。徂徕山 4 种 1 亚种 1 变种。

分种检索表

1. 叶片下面无毛或具疏柔毛，绝非绒毛，上面近无毛。
   2. 叶基部深心形，基部狭窄，两侧靠近或部分重叠，叶缘有粗牙齿，较深；栽培种··················1. 葡萄 Vitis vinifera
   2. 叶基部心形，基缺凹成钝角或圆形，叶缘锯齿较浅；野生种··················2. 山葡萄 Vitis amurensis
1. 叶片下面被绒毛，至少幼时如此，上面多少有绒毛或逐渐脱落无毛。
   3. 叶片 3 深裂，裂片常再行分裂；绒毛常为锈色，有时逐渐脱落而变稀疏··················3. 蘡薁 Vitis bryoniaefolia
   3. 叶片不分裂或有时 3 浅裂；叶下面被白色或浅褐色绒毛··················4. 毛葡萄 Vitis heyneana

1. 葡萄（图 546）

Vitis vinifera Linn.

Fl. Sp. 293. 1753.

木质藤本。小枝圆柱形，有纵棱纹，无毛或被稀疏柔毛。卷须二叉分枝，每隔 2 节间断与叶对生。叶卵圆形，显著 3~5 浅裂或中裂，长 7~18 cm，宽 6~16 cm，中裂片顶端急尖，裂片常靠合，基部常缢缩，裂缺狭窄，间或宽阔，基部深心形，基缺凹成圆形，两侧常靠合，边缘有锯齿，齿深而粗大，不整齐，齿端急尖，上面绿色，下面浅绿色，无毛或被疏柔毛；基生脉 5 出，中脉有侧脉 4~5 对，网脉不明显突出；叶柄长 4~9 cm，几无毛；托叶早落。圆锥花序密集或疏散，多花，与叶对生，基部分枝发达，长 10~20 cm，花序梗长 2~4 cm，几无毛或疏生蛛丝状绒毛；花梗长 1.5~2.5 mm，无毛；花蕾倒卵圆形，高 2~3 mm，顶端近圆形；萼浅碟形，

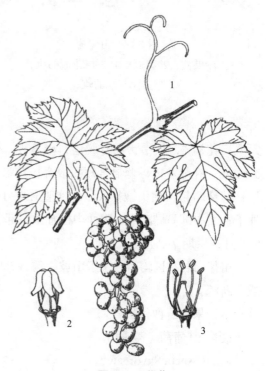

图 546　葡萄
1.果枝；2.花；
3.去掉花瓣的花（示雄蕊和雌蕊）

边缘波状,外面无毛;花瓣5,呈帽状黏合脱落;雄蕊5,花丝丝状,长0.6~1 mm,花药黄色,卵圆形,长0.4~0.8 mm,在雌花内显著短而败育或完全退化;花盘发达,5浅裂;雌蕊1,在雄花中完全退化,子房卵圆形,花柱短,柱头扩大。果实球形或椭圆形,直径1.5~2 cm;种子倒卵椭圆形。花期4~5月;果期8~9月。

徂徕山各林区均有栽培。原产欧洲、西亚及北非,现世界各地栽培。中国各地均有栽培。

著名水果,生食或制葡萄干,并酿酒。根和藤药用能止呕、安胎。

2. 山葡萄(图547)

Vitis amurensis Rupr.

Bull. Cl. Phys.-Math. Acad. Imp. Sci. Saint-Pétersbourg 15: 266. 1857.

木质藤本。小枝圆柱形,无毛,嫩枝疏被蛛丝状绒毛。卷须2~3分枝,每隔2节间断与叶对生。叶阔卵圆形,长6~24 cm,宽5~21 cm,3浅裂或中裂,稀5裂或不分裂,叶片或中裂片顶端急尖或渐尖,裂片基部常缢缩或间有宽阔,裂缺凹成圆形,稀呈锐角或钝角,叶基部心形,基缺凹成圆形或钝角,边缘有粗锯齿,齿端急尖,微不整齐,上面绿色,初时疏被蛛丝状绒毛,以后脱落;基生脉5出,中脉有侧脉5~6对,上面明显或微下陷,下面突出,网脉在下面明显,常被短柔毛或脱落几无毛;叶柄长4~14 cm,初时被蛛丝状绒毛,以后脱落无毛;托叶膜质,褐色,长4~8 mm,宽3~5 mm,顶端钝,边缘全缘。圆锥花序疏散,与叶对生,基部分枝发达,长5~13 cm,初时常被蛛丝状绒毛,以后脱落几无毛;花梗长2~6 mm,无毛;花蕾倒卵圆形,高1.5~30 mm,顶端圆形;萼碟形,高0.2~0.3 mm,几全缘,

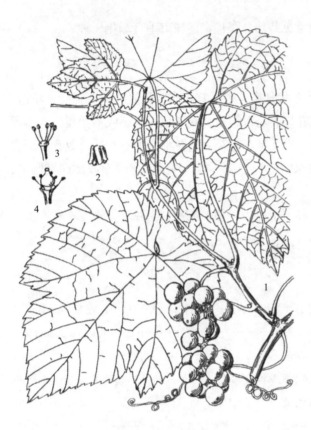

图547 山葡萄
1. 果枝;2. 花冠;3. 去掉花冠的雄花;
4. 去掉花冠的雌花

无毛;花瓣5,呈帽状黏合脱落;雄蕊5,花丝丝状,长0.9~2 mm,花药黄色,卵椭圆形,长0.4~0.6 mm,在雌花内雄蕊显著短而败育;花盘发达,5裂,高0.3~0.5 mm;雌蕊1,子房锥形,花柱明显,基部略粗,柱头微扩大。果实直径1~1.5 cm;种子倒卵圆形,顶端微凹,基部有短喙,种脐在种子背面中部呈椭圆形,腹面中棱脊微突起,两侧洼穴狭窄呈条形,向上达种子中部或近顶端。花期5~6月;果期7~9月。

徂徕山各林区均产。生于山坡、沟谷林中或灌丛。国内分布于东北地区及河北、山西、山东、安徽、浙江。

本种果可鲜食和酿酒。

裂叶山葡萄(变种)

var. dissecta Skvortsov

Chin. J. Sci. Arts. 15: 200. 1931.

叶深3~5裂,果实较小,直径0.8~1 cm。花期5~6月;果期7~9月。

产于马场。分布于东北地区及河北、北京。

3. 蘡薁 华北葡萄（图 548）

Vitis bryoniifolia Bunge

Enum. Pl. China Bor. 11. 1833.

—— *Vitis adstricta* Hance

木质藤本。小枝圆柱形，有棱纹，嫩枝密被蛛丝状绒毛或柔毛，后脱落变稀疏。卷须二叉分枝，每隔 2 节间断与叶对生。叶长卵圆形，长 2.5~8 cm，宽 2~5 cm，叶片 3~5（7）深裂或浅裂，稀混生有不裂叶，中裂片顶端急尖至渐尖，基部常缢缩凹成圆形，边缘有缺刻粗齿或成羽状分裂，基部心形或深心形，基缺凹成圆形，下面密被蛛丝状绒毛和柔毛，以后脱落变稀疏；基生脉 5 出，侧脉 4~6 对，上面网脉不明显或微突出；叶柄长 0.5~4.5 cm，初时密被蛛丝状绒毛或绒毛和柔毛，以后脱落变稀疏。花杂性异株，圆锥花序与叶对生，基部分枝发达或有时退化成 1 卷须；花序梗长 0.5~2.5 cm，被蛛状丝绒毛；花梗长 1.5~3 mm，无毛；花蕾倒卵椭圆形或近球形，高 1.5~2.2 mm，顶端圆形；萼碟形，高约 0.2 mm，近全缘，无毛；花瓣 5，呈帽状黏合脱落；雄蕊 5，花丝丝状，长 1.5~1.8 mm，花药黄色，椭圆形，长 0.4~0.5 mm，在雌花内雄蕊短而不发达，败育；花盘发达，5 裂；雌蕊 1，子房卵状椭圆形，花柱细短，柱头扩大。果实球形，成熟时紫红色，直径 0.5~0.8 cm；种子倒卵形。花期 4~8 月；果期 6~10 月。

产于光华寺、大寺、王庄、庙子。生于山谷林中、灌丛、沟边或田埂。分布于河北、陕西、山西、山东、江苏、安徽、浙江、湖北、湖南、江西、福建、广东、广西、四川、云南。

图 548　蘡薁
1. 花枝；2. 花；3. 去掉花瓣的花；4. 果实

4. 毛葡萄（图 549）

Vitis heyneana Roem.

Syst. Veg. 5: 318. 1819.

木质藤本。小枝圆柱形，有纵棱纹，被灰色或褐色蛛丝状绒毛。卷须二叉分枝，密被绒毛，每隔 2 节间断与叶对生。叶卵圆形、长卵椭圆形或卵状五角形，长 4~12 cm，宽 3~8 cm，顶端急尖或渐尖，基部心形或微心形，基缺顶端凹成钝角，稀成锐角，边缘有锐锯齿，上面绿色，初时

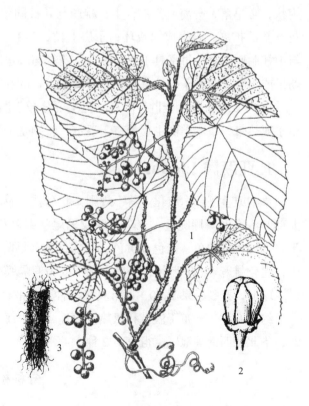

图 549　毛葡萄
1. 果枝；2. 花；3. 茎的一段

疏被蛛丝状绒毛，以后脱落无毛，下面密被灰色或褐色绒毛，稀脱落变稀疏，基生脉 3~5 出，中脉有侧脉 4~6 对，上面脉上无毛或有时疏被短柔毛，下面脉上密被绒毛；叶柄长 2.5~6 cm，密被蛛丝状绒毛；托叶膜质，褐色，卵披针形，长 3~5 mm，宽 2~3 mm，全缘，无毛。花杂性异株；圆锥花序疏散，与叶对生，分枝发达，长 4~14 cm；花序梗长 1~2 cm，被灰褐色蛛丝状绒毛；花梗长 1~3 mm，无毛；花蕾倒卵圆形或椭圆形，高 1.5~2 mm，顶端圆形；萼碟形，近全缘，高约 1 mm；花瓣 5，呈帽状黏合脱落；雄蕊 5，花丝丝状，长 1~1.2 mm，花药黄色，椭圆形或阔椭圆形，长约 0.5 mm，在雌花内雄蕊显著短，败育；花盘发达，5 裂；雌蕊 1，子房卵圆形，花柱短，柱头微扩大。果实圆球形，成熟时紫黑色，直径 1~1.3 cm；种子倒卵形。花期 4~6 月；果期 6~10 月。

产于光华寺、大寺、王庄、龙湾林区。生于山坡、沟谷灌丛、林缘或林中。国内分布于山西、陕西、甘肃、山东、河南、安徽、江西、浙江、福建、广东、广西、湖北、湖南、四川、贵州、云南、西藏。尼泊尔、不丹和印度也有分布。

桑叶葡萄（亚种）

subsp. **ficifolia**（Bunge）C. L. Li

Chin. J. Appl. Environ. Biol. 2（3）: 250. 1996.

叶片常有 3 浅裂至中裂并混生有不分裂叶者。花期 5~7 月；果期 7~9 月。

产于龙湾。生于山坡、沟谷灌丛或疏林中。国内分布于河北、山西、陕西、山东、河南、江苏。

78. 亚麻科 Linaceae

草本，稀灌木。单叶，全缘，互生或对生，无托叶或具不明显托叶。花序为聚伞花序、二歧聚伞花序或蝎尾状聚伞花序；花整齐，两性，4~5 数；萼片覆瓦状排列，宿存，分离；花瓣辐射对称或螺旋状，常早落，分离或基部合生；雄蕊与花被同数或为其 2~4 倍，排成 1 轮或有时具 1 轮退化雄蕊，花丝基部扩展，合生成筒或环；子房上位，2~3（5）室。心皮常由中脉处延伸成假隔膜，但隔膜不与中柱胎座联合，每室具 1~2 枚胚珠；花柱与心皮同数，分离或合生，柱头各式。果实为室背开裂的蒴果或为含 1 粒种子的核果。种子具微弱发育的胚乳，胚直立。

14 属 250 余种，全世界广布，但主要分布于温带。中国 4 属 14 种，全国广布，木本类群主要分布于亚热带，草本类群主要分布于温带，特别是干旱和高寒地区。徂徕山 1 属 2 种。

1. 亚麻属 Linum Linn.

草本或茎基部木质化。茎不规则叉状分枝。单叶，全缘，无柄，对生、互生或散生，1 或 3~5 脉，上部叶缘有时具腺睫毛。聚伞花序或蝎尾状聚伞花序；花 5 数；萼片全缘或边缘具腺睫毛；花瓣长于萼，红色、白色、蓝色或黄色，基部具爪，早落；雄蕊 5，与花瓣互生，花丝下部具睫毛，基部合生；退化雄蕊 5，呈齿状；子房 5 室（或为假隔膜分为 10 室），每室具 2 枚胚珠；花柱 5。蒴果卵球形或球形，开裂，果瓣 10，通常具喙。种子扁平，具光泽。

约 180 种，分布于温带和亚热带山地，地中海区分布较为集中。中国 9 种，主要分布于西北、东北、华北和西南等地区。徂徕山 2 种。

分种检索表

1. 多年生植物，萼片边缘无腺毛 ··· 1. 宿根亚麻 Linum perenne
1. 一、二年生植物，萼片边缘具腺毛 ··· 2. 野亚麻 Linum stelleroides

1. 宿根亚麻（图 550）

Linum perenne Linn.

Sp. Pl. 277. 1753.

多年生草本，高 20~90 cm。直根粗壮，根颈头木质化。茎多数，直立或仰卧，中部以上多分枝，基部木质化。叶互生；叶片狭条形或条状披针形，长 2~4 cm，宽 1~5 mm，全缘，先端锐尖，基部渐狭，1~3 脉。花多数，组成聚伞花序，蓝色、蓝紫色、淡蓝色，直径约 2 cm；花梗细长，长 1~2.5 cm，直立或稍向一侧弯曲。萼片 5，卵形，长 3.5~5 mm，外面 3 片先端急尖，内面 2 片先端钝，全缘，5~7 脉，稍凸起；花瓣 5，倒卵形，长 1~1.8 cm，顶端圆形，基部楔形；雄蕊 5，长于或短于雌蕊，或与雌蕊近等长，花丝中部以下稍宽，基部合生；退化雄蕊 5，与雄蕊互生；子房 5 室，花柱 5，分离，柱头头状。蒴果近球形，直径 3.5~7（8）mm，草黄色，开裂。种子椭圆形，褐色，长 4 mm，宽约 2 mm。花期 6~7 月；果期 8~9 月。

大寺、中军帐、上池路边栽培，供观赏。国内分布于河北、山西、内蒙古及西北、西南等地区。俄罗斯西伯利亚至欧洲和西亚皆有广布。

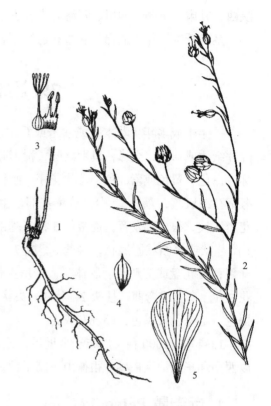

图 550 宿根亚麻
1. 植株下部；2. 植株上部；3. 花展开；
4. 花萼；5. 花瓣

2. 野亚麻（图 551）

Linum stelleroides Planch.

London J. Bot. 7: 178. 1848.

一、二年生草本，高 20~90 cm。茎直立，圆柱形，基部木质化，有凋落的叶痕点，不分枝或自中部以上多分枝，无毛。叶互生，线形、线状披针形或狭倒披针形，长 1~4 cm，宽 1~4 mm，顶部钝、锐尖或渐尖，基部渐狭，无柄，全缘，两面无毛，6 脉 3 基出。单花或多花组成聚伞花序；花梗长 3~15 mm，花直径约 1 cm；萼片 5，绿色，长椭圆形或阔卵形，长 3~4 mm，顶部锐尖，基部有不明显的 3 脉，边缘稍为膜质并有易脱落的黑色头状带柄的腺点，宿存；花瓣 5，倒卵形，长达 9 mm，顶端啮蚀状，基部渐狭，淡红色、淡紫色或蓝紫色；雄蕊 5 枚，与花柱等长，基部合生，通常有退化雄蕊 5 枚；子房 5 室，有五棱；花柱 5 枚，中下部结合或分离，柱头头状，干后黑褐色。蒴果球形或扁球形，直径 3~5 mm，有纵沟 5 条，室间开裂。种子长圆形，长 2~2.5 mm。花期 6~9 月；果期 8~10 月。

产于光华寺仙人洞沟、茶叶顶、马场、黄石崖、柳叶沟。生于山坡、路旁和荒山地。国内分布于江苏、广东、湖北、河南、河北、山东、吉林、辽宁、黑龙江、山西、

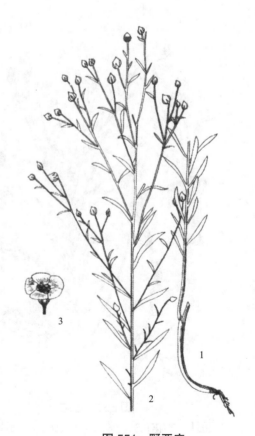

图 551 野亚麻
1. 植株下部；2. 植株上部；3. 花

陕西、甘肃、贵州、四川、青海和内蒙古。俄罗斯西伯利亚、日本和朝鲜也有分布。

茎皮纤维可作人造棉、麻布和造纸原料。

79. 远志科 Polygalaceae

一年生或多年生草本，或灌木或乔木，罕为寄生小草本。单叶互生、对生或轮生，具柄或无柄，叶片纸质或革质，全缘，具羽状脉，稀退化为鳞片状；无托叶或为棘刺状、鳞片状。花两性，两侧对称，白色、黄色或紫红色，总状花序、圆锥花序或穗状花序，腋生或顶生，基部具苞片或小苞片；花萼宿存或脱落，萼片5，分离或稀基部合生，外面3片小，里面2片大，常呈花瓣状，或5片几相等；花瓣5枚，很少部发育，通常仅3枚，基部通常合生，中间1枚常内凹，呈龙骨瓣状，顶端背面常具1流苏状或蝶结状附属物；雄蕊8，或7、5、4，花丝通常合生成鞘，或分离，花药基底着生，顶孔开裂；无花盘或为环状、腺体状；子房上位，通常2室，每室具1枚倒生胚珠，稀1室具多数胚珠，花柱1，直立或弯曲，柱头2，稀1，头状。蒴果，或为翅果、坚果。种子卵形、球形或椭圆形，黄褐色、暗棕色或黑色，胚乳有或无。

13~17属1000种，广布于全世界，尤以热带和亚热带地区最多。中国5属53种，南北均产，而以西南和华南地区最盛。徂徕山1属1种。

1. 远志属 Polygala Linn.

一年生或多年生草本、灌木或小乔木。单叶互生，稀对生或轮生，叶片纸质或近革质，全缘，无毛或被柔毛。总状花序顶生、腋生或腋外生；花两性，左右对称，具苞片1~3枚，宿存或脱落；萼片5，不等大，宿存或脱落，2轮，外面3片小，里面2片大，常花瓣状；花瓣3，白色、黄色或紫红色，侧瓣与龙骨瓣常于中部以下合生，龙骨瓣舟状、兜状或盔状，顶端背部具鸡冠状附属物；雄蕊8，花丝连合成一开放的鞘，并与花瓣贴生，花药基部着生，有柄或无柄，1~2室，顶孔开裂；有或无花盘；子房2室，两侧扁，每室具1枚下垂倒生胚珠；花柱直立或弯曲，柱头1或2。蒴果，两侧压扁，具翅或无，有种子2粒；种子卵形、圆形、圆柱形或短楔形，常黑色，种脐端具1帽状、盔状全缘或具各式分裂的种阜，另端具附属体或无。

约500种，广布于全世界，中国44种，广布于全国各地，而以西南和华南地区最盛。徂徕山1种。

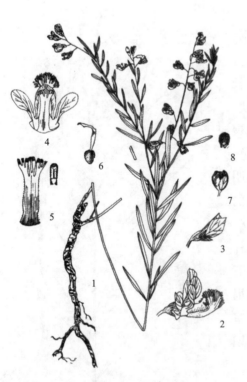

图552 远志
1.植株；2.花；3.花萼；4.花冠展开（示雄蕊）；
5.雄蕊；6.雌蕊；7.蒴果及宿存花萼；8.种子

1. 远志（图552）

Polygala tenuifolia Willd.

Sp. Pl. 3（2）：879. 1802.

多年生草本，高15~50 cm；主根粗壮，长达10 cm。茎多数丛生，直立或倾斜，具纵棱槽，被短柔毛。单叶互生，叶片纸质，线形至线状披针形，长 1~3 cm，宽 0.5~1（3）mm，先端渐尖，基部楔形，全缘，反卷，无毛或极疏被微柔毛，主脉上面凹陷，背面隆起，侧脉不明显，近无柄。总状花序呈扁侧状生于小枝顶端，细弱，长 5~7 cm，通常略俯垂，少花；苞片 3，披针形，长约 1 mm，先端渐尖，早落；萼片 5，宿存，无毛，外面 3 片线状披针形，长约 2.5 mm，急尖，里面 2 片花瓣状，倒卵形或长圆形，长约 5 mm，宽约 2.5 mm，先端圆形，具短尖头，沿中脉绿色，周围膜质，带紫堇色，基部具爪；花瓣 3，紫色，侧瓣斜长圆形，长约 4 mm，基部与龙骨瓣合生，基部内侧具柔毛，龙骨瓣较侧瓣长，具流苏状附属物；雄蕊 8，花丝 3/4 以下合生成鞘，具缘毛，3/4 以上两侧各 3 枚合生，花药无柄，中间 2 枚分离，花丝丝状，具狭翅，花药长卵形；子房扁圆形，顶端微缺，花柱弯曲，顶端呈喇叭形，柱头内藏。蒴果圆形，径约 4 mm，顶端微凹，具狭翅，无缘毛；种子卵形，径约 2 mm，黑色，密被白色柔毛，具发达、2 裂下延的种阜。花、果期 5~9 月。

徂徕山各山地林区均产。生于山坡草地、灌丛中以及杂木林下。国内分布于东北、华北、西北、华中地区及四川。也分布于朝鲜、蒙古和俄罗斯。

根皮入药，有益智安神、散郁化痰的功能。

80. 无患子科 Sapindaceae

乔木或灌木，稀草质或木质藤本。羽状复叶或掌状复叶，很少单叶，互生，稀对生；通常无托叶。聚伞状圆锥花序，顶生或腋生；花单性，很少杂性或两性，辐射对称或两侧对称；萼片 4~5（6），覆瓦状或镊合状排列，离生或基部合生；花瓣 4~5（6），离生，有时缺或只有 1~4 枚发育不全的花瓣，基部内侧有毛或鳞片；花盘肉质，全缘或分裂；雄蕊 8，稀 5~10，着生在花盘内或花盘上，花丝分离，极少基部至中部连生，花药背着，纵裂，退化雌蕊小，常密被毛；子房上位，通常 3 室，花柱顶生或生于子房裂缝处，柱头单一或 2~4 裂；每室 1~2 枚胚珠；中轴胎座，少为侧膜胎座。果为室背开裂的蒴果，或浆果、核果，种子有或无假种皮，胚通常弯拱，无胚乳或有很薄的胚乳，子叶肥厚。

约 135 属 1500 种，主要分布于热带和亚热带，少数产北温带。中国 21 属 52 种，主要分布于长江流域以南各省份。徂徕山 2 属 3 种。

分属检索表

1. 果皮膜质而膨胀；1~2 回羽状复叶··1. 栾树属 Koelreuteria
1. 果皮木质；1 回羽状复叶··2. 文冠果属 Xanthoceras

1. 栾树属 Koelreuteria Laxm.

落叶灌木或乔木。冬芽外有 2 鳞片。1~2 回羽状复叶，互生。圆锥花序顶生；花两性或杂性，黄色；萼 5 裂；花瓣 5，稀 3~4，多少不等长，瓣片基部心形，并有 2 片翻转的附属物，向下延伸成爪；花盘偏斜，3~4 裂；雄蕊 5~8，离生，花丝常被长柔毛；子房 3 室，每室 2 枚胚珠，柱头 3 浅裂。蒴果，果皮膜质，膨胀如膀胱，3 瓣裂，室背开裂；种子近球形，黑色，有光泽。

3 种，分布于中国、日本和斐济。中国 3 种，分布于热带及温带地区。徂徕山 2 种。

分种检索表

1. 1 回或不完全 2 回羽状复叶，小叶卵形、阔卵形至卵状披针形，有不规则粗齿，近基部常有深裂片；蒴果圆锥形，果瓣卵形··1. 栾树 Koelreuteria paniculata

1. 2回羽状复叶，小叶斜卵形，全缘或有锯齿；蒴果椭圆形或近球形，果瓣椭圆形至近圆形·············
···2. 复羽叶栾树 Koelreuteria bipinnata

图553 栾树
1. 花枝；2. 果实；3. 花；4. 雌蕊；5. 雄蕊

图554 复羽叶栾树
1. 花枝；2. 果实；3. 花

1. 栾树（图553）

Koelreuteria paniculata Laxm.

Novi Comment. Acad. Sci. Imp. Petrop. 16: 563. 1772.

落叶乔木，高达10 m。树皮灰褐色，纵裂；小枝有柔毛。奇数羽状复叶或不完全的2回羽状复叶，连叶柄长20~40 cm；小叶7~15，卵形或卵状披针形，长3~8 cm，宽2~6 cm，先端急尖或渐尖，基部斜楔形或截形，边缘有不规则的锯齿或羽状分裂，基部常为缺刻状深裂，下面沿脉有短柔毛；无柄或有短柄。顶生圆锥花序，长30~40 cm，有柔毛；花黄色，中心紫色；有短梗；萼片5，长约2.5 mm，有缘毛；花瓣4，条状长圆形，长5~9 mm，宽2.5 mm，瓣柄以上疏生长柔毛，鳞片2裂，有瘤状皱纹，橙红色，雄蕊8，花丝下半部密生白色长柔毛，花药有疏毛。蒴果椭圆形，长4~6 cm，径约3 cm，顶端尖，果皮膜质，膨胀，3裂，有网状脉；种子近球形，黑色，有光泽。花期6~8月；果期8~9月。

产于大寺窑场、羊栏沟、上池、隐仙观等地，也有栽培。分布于中国大部分省份，东北自辽宁起经中部至西南部的云南。世界各地有栽培。

常栽培作庭园观赏树。木材坚实，可供家具、农具等用；叶提制栲胶；花作黄色染料；种子油可制肥皂及润滑油。

2. 复羽叶栾树 黄山栾、全缘叶栾树（图554）

Koelreuteria bipinnata Franch.

Bull. Soc. Bot. France 33: 463. 1886.

—— *Koelreuteria bipinnata* Franch. var. *integrifoliola* (Merr.) T. Chen

—— *Koelreuteria integrifoliola* Merrill.

乔木，高达20 m。小枝棕红色。2回羽状复叶，长45~70 cm；叶轴和叶柄向轴面常有一纵行皱曲的短柔毛；小叶9~17，互生，很少对生，纸质或近革质，斜卵形，长3.5~7 cm，宽2~3.5 cm，顶端渐尖或短渐尖，基部阔楔形或圆形，略偏斜，全缘或有锯齿，两面无毛或上面中脉上被微柔毛，下面密被短柔毛，有时杂以皱曲的毛；小叶柄长约 3 mm 或近无柄。圆锥花序大型，长 35~70 cm，分枝广展，与花梗同被短柔毛；萼 5 裂达中部，裂片阔卵状三角形或长圆形，有短而硬的缘毛及流苏状腺体，边缘呈啮蚀状；花瓣 4，长圆状披针形，瓣片长 6~9 mm，宽 1.5~3 mm，顶端钝或短尖，瓣爪长 1.5~3 mm，被长柔毛，鳞片深 2 裂；雄蕊 8，长 4~7 mm，花丝被白色、开展的长柔毛，下半部毛较多，花药有短疏毛；子房三棱状长圆形，被柔毛。蒴果椭圆形或近球形，具三棱，淡紫红色，熟时褐色，长 4~7 cm，宽 3.5~5 cm，顶端钝圆；果瓣椭圆形至近圆形，外面具网状脉纹；种子近球形，直径 5~6 mm。花期 5~9 月；果期 8~10 月。

大寺等地有栽培。分布于云南、贵州、四川、湖北、湖南、广西、广东、江西、江苏、浙江、安徽等省份。

常栽培于庭园供观赏。木材可制家具、农具等用；种子油工业用。

2. 文冠果属 Xanthoceras Bunge

灌木或乔木。奇数羽状复叶，小叶有锯齿。总状花序自上一年形成的顶芽和侧芽内抽出；苞片卵形；花杂性，雄花和两性花同株，花辐射对称；萼片 5，长圆形，覆瓦状排列；花瓣 5，阔倒卵形，具短爪；花盘 5 裂，裂片与花瓣互生，背面顶端具一角状体；雄蕊 8，花药椭圆形，药隔的顶端和药室的基部均有 1 球状腺体；子房椭圆形，3 室，花柱顶生，柱头乳头状；每室 7~8 枚胚珠。蒴果近球形或阔椭圆形，有三棱角，室背开裂为 3 果瓣，果皮厚而硬；种子扁球状，种皮厚革质，种脐大，半月形；胚弯拱，子叶一大一小。

1 种，产中国北部和朝鲜。徂徕山有栽培。

1. 文冠果（图 555）

Xanthoceras sorbifolium Bunge

Enum. Pl. China Bor. Coll. 11. 1831.

落叶灌木或小乔木，高 2~5 m。小枝粗壮，褐红色，无毛，顶芽和侧芽有覆瓦状排列的芽鳞。叶连柄长 15~30 cm；小叶 4~8 对，膜质或纸质，披针形或近卵形，两侧稍不对称，长 2.5~6 cm，宽 1.2~2 cm，顶端渐尖，基部楔形，边缘有锐锯齿，顶生小叶常 3 裂，腹面深绿色，无毛或中脉上有疏毛，背面鲜绿色，嫩时被绒毛和成束的星状毛；侧脉纤细，两面略凸起。花序先叶抽出或与叶同时抽出，两性花的花序顶生，雄花序腋生，长 12~20 cm，直立，总花梗短，基部常有残存芽鳞；花梗长 1.2~2 cm；苞片长 0.5~1 cm；萼片长 6~7 mm，两面被灰色绒毛；花瓣白色，基部紫红色或黄色，有清晰的脉纹，长约 2 cm，宽 7~10 mm，爪之两侧有须毛；花盘的角状附属体橙黄色，长 4~5 mm；雄蕊长约 1.5 cm，花丝无毛；子房被灰色绒毛。蒴果长达 6 cm；种子长达 1.8 cm，黑色而有光泽。花期 4~5 月；果期 7~8 月。

图 555 文冠果
1. 花枝；2. 花；3. 果

马场、上池有引种栽培。国内分布于中国北部和东北部，西至宁夏、甘肃，东北至辽宁，北至内蒙古，南至河南。朝鲜也有分布。

种子可食，种仁油可作食用油。木材坚硬致密，可作器具及家具等用。花供观赏。

81. 七叶树科 Hippocastanaceae

落叶乔木，稀灌木。冬芽大形，有树脂或否。叶对生，系 3~9 枚小叶组成的掌状复叶，无托叶，叶柄通常长于小叶，小叶无柄或有柄。聚伞状圆锥花序，侧生小花序系蝎尾状聚伞花序或二歧式聚伞花序。花两性或杂性，雄常与两性花同株；两侧对称或近整齐；萼片 4~5，基部联合成钟形或管状，或完全离生，整齐或否，排列成镊合状或覆瓦状；花瓣 4~5，与萼片互生，大小不等，基部爪状；雄蕊 5~9，着生于花盘内部，花丝长短不等；花盘全部发育成环状或仅一部分发育；子房上位，卵形或长圆形，3 室，每室 2 枚胚珠，花柱 1，柱头小而常扁平。蒴果，平滑或有刺，常 3 裂；种子球形，常仅 1 粒稀 2 粒发育，种脐大型，淡白色，无胚乳。

3 属 15 种，分布于北半球温带。中国 2 属 5 种。徂徕山 1 属 1 种。

1. 七叶树属 Aesculus Linn.

落叶乔木，稀灌木。冬芽大，有鳞片，掌状复叶，小叶通常 5~7，边缘有细锯齿；有长叶柄。聚伞圆锥花序，顶生，侧生小花序多呈蝎尾状排列；花萼钟状，有 4~5 裂；花瓣 4~5，与萼裂互生，有白、黄、红等色；雄蕊 5~8，通常 7；花盘环状或不完全发育。蒴果 1~3 室，瓣裂，外皮有刺、疣状突起或平滑，种子 1~2 粒，种脐宽大。

约 12 种，分布于欧洲、亚洲及美洲。中国 4 种，主要分布于西南部的亚热带地区。徂徕山 1 种。

1. 七叶树（图 556）

Aesculus chinensis Bunge

Mém. Acad. Imp. Sci. St.-Pétersbourg Divers Savans 2: 84. 1832.

落叶乔木。高达 20 m，胸径 1.5 m。树皮灰褐色。枝棕黄色或赤褐色，光滑无毛。掌状复叶对生，有小叶 5~7；小叶长椭圆状披针形至卵状长椭圆形，长 8~16 cm，宽 3~5 cm，先端渐尖，基部圆形至宽楔形，边缘有细锯齿，羽状脉，侧脉 13~17 对，上面光绿色，下面沿中脉处有短柔毛；小叶柄长 0.3~1.5 cm，有毛；叶柄长 10~12 cm。圆锥花序圆柱形，连总梗长 21~25 cm；花张开，径约 1 cm；萼钟状，红褐色；花瓣 4，白色，略带红晕；雄蕊 6，花丝伸出于花冠外；花柱合生，柱头略膨大。蒴果近球形，径 3~4 cm，棕黄色，表面有浅色疣点，无刺，果皮坚硬，熟后 3 瓣裂；种子 1~2 粒，栗褐色，有光泽。花期 5~6 月；果

图 556　七叶树
1. 花枝；2~3. 花；4. 果

期 9~10 月。

上池有栽培。分布于重庆、甘肃、广东、贵州、河南、湖北、湖南、江西、陕西、四川、云南等省份，黄河流域及其以南地区普遍栽培。

优良的庭园观赏树种。木材细密可制造各种器具，种子可作药用，榨油可制造肥皂。

82. 槭树科 Aceraceae

落叶乔木或灌木，稀常绿。冬芽具多数覆瓦状排列的鳞片，稀仅具 2 或 4 枚对生的鳞片或裸露。叶对生，具叶柄，无托叶，单叶，稀羽状或掌状复叶，不裂或掌状分裂。花序伞房状、穗状或聚伞状，由着叶的枝的几顶芽或侧芽生出；花序的下部常有叶，稀无叶。花小，绿色或黄绿色，稀紫色或红色，整齐，两性、杂性或单性，雄花与两性花同株或异株；萼片 4~5，覆瓦状排列；花瓣 4~5，稀不发育；花盘环状、盘状或有凹缺，稀不发育；生于雄蕊的内侧或外侧；雄蕊 4~12，通常 8；子房上位，2 室，花柱 2 裂，仅基部联合，稀大部分联合，柱头常反卷；子房每室具 2 枚胚珠，每室仅 1 枚发育，直立或倒生。果实系小坚果常有翅；种子无胚乳，外种皮很薄，膜质，胚倒生，子叶扁平，折叠或卷折。

2 属 131 种；主要分布于北半球的温带地区。中国 2 属 101 种，分布几遍全国，东部及西南部各省份较多。徂徕山 1 属 8 种 1 亚种。

1. 槭树属 Acer Linn.

乔木或灌木，落叶或常绿，植株常有乳液。冬芽具多数覆瓦状排列的鳞片，或仅具 2 或 4 枚对生的鳞片。叶对生，单叶或复叶（小叶最多达 11 枚），分裂或不分裂。花序由着叶小枝的顶芽生出，下部具叶，或由小枝旁边的侧芽生出，下部无叶；花小，整齐，雄花与两性花同株或异株，稀单性，雌雄异株；萼片与花瓣 4~5，稀缺花瓣；花盘环状或微裂，稀不发育；雄蕊 4~12，通常 8，生于花盘内侧、外侧，稀生于花盘上；子房 2 室，花柱 2 裂，稀不裂，柱头通常反卷。果实系 2 个相连的小坚果，凸起或扁平，侧面有长翅，张开成各种大小不同的角度。

约 129 种，分布于亚洲、欧洲及北美洲。中国 99 种，几遍布于南北各省份。徂徕山 8 种 1 亚种。

分种检索表

1. 花单性，雌雄异株，通常 4 数；花缺花瓣和花盘，或微发育；羽状复叶。
   2. 雌花成下垂的总状花序，雄花成下垂的聚伞花序，花梗长 1.5~3 cm；花缺花瓣和花盘；羽状复叶有小叶 3~5 枚，稀 7~9 枚··1. 复叶槭 Acer negundo
   2. 雌花和雄花均成下垂的长总状花序或穗状花序，花梗很短至无花梗，花盘和花瓣微发育；羽状复叶有小叶 3 枚···2. 建始槭 Acer heryi
1. 花常 5 数，稀 4 数，各部分发育良好，有花瓣和花盘，花两性或杂性，稀单性。
   3. 羽状三出复叶；嫩枝、花序和小叶下面通常有毛，翅果有黄色绒毛·················3. 血皮槭 Acer griseum
   3. 单叶。
      4. 花两性或杂性，雄花与两性花同株或异株，生于有叶的小枝顶端。
         5. 冬芽通常无柄，鳞片较多，通常覆瓦状排列；花序伞房状或圆锥状。
            6. 叶纸质，通常 3~5 裂，稀 7~11 裂；小坚果扁平或凸起。
               7. 翅果凸起；叶 7 裂，裂片边缘有锯齿···4. 鸡爪槭 Acer palmatum

7. 翅果扁平或压扁状；叶5裂，裂片全缘或浅波状 ··5. 元宝槭 Acer truncatum
 6. 叶近革质，不分裂或3裂；小坚果凸起 ··6. 三角槭 Acer buergerianum
 5. 冬芽有柄，鳞片2对，镊合状排列；总状花序 ···7. 葛萝槭 Acer davidii subsp. grosseri
4. 花单性，稀杂性，常生于小枝旁边。
 8. 子房无毛，叶3~5中裂，下面灰白色 ···8. 北美红槭 Acer rubrum
 8. 子房具短柔毛，叶常5深裂，有尖锯齿，下面银白色 ··9. 银槭 Acer saccharinum

1. 复叶槭（图557）

Acer negundo Linn.

Sp. Pl. 1056. 1753.

图 557　复叶槭

落叶乔木，高达20 m。树皮黄褐色或灰褐色。小枝圆柱形，无毛，当年生枝绿色，多年生枝黄褐色。冬芽小，鳞片2，镊合状排列。羽状复叶，长10~25 cm，有3~7（稀9）枚小叶；小叶纸质，卵形或椭圆状披针形，长8~10 cm，宽2~4 cm，先端渐尖，基部阔楔形，边缘常有3~5个粗锯齿，稀全缘，中小叶的小叶柄长3~4 cm，侧生小叶的小叶柄长3~5 mm，上面深绿色，无毛，下面淡绿色，除脉腋有丛毛外其余部分无毛，侧脉5~7对；叶柄长5~7 cm，嫩时有稀疏的短柔毛，后无毛。雌雄异株，雄花序聚伞状，雌花序总状，均由无叶的小枝旁边生出，常下垂，花梗长1.5~3 cm。花小，黄绿色，开于叶前，无花瓣及花盘，雄蕊4~6，花丝很长，子房无毛。小坚果凸起，近长圆形或长卵圆形，无毛；翅宽8~10 mm，稍向内弯，连同小坚果长3~3.5 cm，张开成锐角或近于直角。花期4~5月；果期9月。

中军帐、上池等地有栽培。原产北美洲。中国北部、西北部和东部地区常有引种栽培，在东北和华北地区生长较好。

生长迅速，树冠广阔，可作行道树或庭园树。早春开花，花蜜丰富，是很好的蜜源植物。

此外，徂徕山见于栽培的品种尚有：花叶复叶槭 **'Variegatum'**，叶绿色而叶缘乳白色。供观赏。金叶复叶槭 **'Aurea'**，叶金黄色，尤以新叶为甚。供观赏。

2. 建始槭　三叶槭（图558）

Acer henryi Pax

Hooker's Icon. Pl. 19: t. 1896. 1889.

落叶乔木，高约10 m。树皮浅褐色。小枝圆柱形，当年生嫩枝紫绿色，有短柔毛，多年生老枝浅褐色，无毛。冬芽细小，鳞片2，卵形，褐色，镊合状排列。叶纸质，3小叶组成的复叶；小叶椭圆形或长圆椭圆形，长6~12 cm，宽3~5 cm，先端渐尖，基部楔形、阔楔形或近圆形，全缘或近先端部分有稀疏的3~5个钝锯齿，顶生小叶的小叶柄长约1 cm，侧生小叶的小叶柄长3~5 mm，有短柔毛；嫩时两面无毛或有短柔毛，在下面沿叶脉被毛更密，渐老时无毛，主脉和侧脉均在下面较在上面显著；叶柄长 4~8 cm，有短柔毛。雌雄异株。穗状花序下垂，长 7~9 cm，有短柔毛，常由 2~3 年无叶的小枝旁边生出，稀由小枝顶端生出，近于无花梗，花序下无叶，稀有叶，花淡绿色，单性；萼片 5，卵形，长 1.5 mm，宽 1 mm；花瓣 5，短小或不发育；雄花有雄蕊 4~6，通常 5，长约 2 mm；花盘微发育；雌花的子房无毛，花柱短，柱头反卷。翅果嫩时淡紫色，成熟后黄褐色，小坚果凸起，长圆形，长 1 cm，宽 5 mm，脊纹显著，翅宽 5 mm，连同小坚果长 2~2.5 cm，张开成锐角或近于直立。果梗长约 2 mm。花期 4 月；果期 9 月。

上池有栽培。产于山西、河南、陕西、甘肃、江苏、浙江、安徽、湖北、湖南、四川、贵州等省份。

3. 血皮槭（图 559）

Acer griseum（Franch.）Pax.

Engl. Pflanzenr. IV. 163: 30. 1902.

落叶乔木，高 10~20 m。树皮赭褐色，常成纸状薄片脱落。小枝圆柱形，当年生枝淡紫色，密被淡黄色长柔毛，多年生枝深紫色或深褐色，2~3 年枝尚有柔毛宿存。冬芽小，鳞片被疏柔毛。复叶有 3 小叶；小叶纸质，卵形、椭圆形或长圆形，长 5~8 cm，宽 3~5 cm，先端钝尖，边缘有 2~3 个钝形大锯齿，顶生的小叶片基部楔形或阔楔形，小叶柄长 5~8 mm，侧生小叶基部斜形，小叶柄长 2~3 mm，上面绿色，嫩时有短柔毛，老则近无毛；下面淡绿色，略有白粉，有淡黄色疏柔毛，叶脉上更密，主脉在上面略凹下，在下面凸起，侧脉 9~11 对，在上面微凹下，在下面显著；叶柄长 2~4 cm，有疏柔毛，嫩时更密。聚伞花序有长柔毛，常仅有 3 花；总花梗长 6~8 mm；花淡黄色，杂性，雄花与两性花异株；萼片 5，长卵圆形，长 6 mm，宽 2~3 mm；花瓣 5，长圆倒卵形，长 7~8 mm，宽 5 mm；雄蕊 10，长 1~1.2 cm，花丝无毛，花药黄色；花盘位于雄蕊的外侧；子房有绒毛；花梗长 10 mm。小坚果黄褐色，凸起，近于卵圆形或球形，长 8~10 mm，宽 6~8 mm，密被黄色绒毛；翅宽 1.4 cm，连同小坚果长 3.2~3.8 cm，张开近于锐角或直角。花期 4

图 558　建始槭

1. 果枝；2. 花

图 559　血皮槭

月；果期9月。

上池有栽培。分布于河南、陕西、甘肃、湖北和四川。

为优良的绿化树种，木材坚硬，可制各种贵重器具，树皮的纤维良好可以制绳和造纸。

4. 鸡爪槭（图560）

Acer palmatum Thunb.

Syst. Veg. ed. 14. 911. 1784.

落叶小乔木，高达10 m。树皮灰色，浅裂；枝常细弱，紫色、紫红色或略带灰色，幼时略被白粉。单叶，近圆形，径7~10 cm，7裂，稀5或9裂，裂深常达叶片直径的1/2或1/3，裂片长卵形至披针形，先端渐尖或尾尖，叶缘有细锐重锯齿，叶基心形，上面绿色，下面浅绿色，初密生柔毛，后脱落仅在脉腋间残留簇毛；叶柄较细软，长4~6 cm，无毛。花杂性，顶生伞房花序；花形小，萼片5，卵状披针形，暗红色；花瓣5，椭圆形或倒卵形，较萼片略短，紫色；雄蕊8，生于花盘内侧；子房平滑或少有毛。翅果连翅长1~2.5 cm，果体两面突起，近球形，上有明显的脉纹，两果翅开展成钝角，翅的先端微向内弯。花期5月；果期9~10月。

图560 鸡爪槭
1. 花枝；2. 果枝；3. 雄花；4. 两性花

大寺、上池等地常见栽培。国内分布于河南、江苏、浙江、安徽、江西、湖北、湖南、贵州等省份。朝鲜和日本也有分布。

著名的庭园观赏树。此外，徂徕山见于栽培的品种尚有：红枫 '**Atropurpureum**'，自初春至夏、秋叶始终为深红色或鲜红色，裂片狭长，裂缘有缺刻状细锯齿。羽毛枫 '**Dissectum**'，叶片掌状深裂几达基部，裂片狭长，又羽状细裂，树体较小。红羽毛枫 '**Dissectum Ornatum**'，与羽毛枫相似，但叶常年红色。

5. 元宝枫　华北五角枫（图561）

Acer truncatum Bunge

Enum. Pl. Chin. Bor. 10. 1833.

落叶乔木，高8~12 m，胸径可达60 cm。树冠近球形；树皮黄褐色或深灰色，纵裂；一年生嫩枝绿色，后渐变为红褐色或灰棕色，无毛；冬芽卵形。单叶，宽长圆形，长5~10 cm，宽6~15 cm，掌状5裂，裂片三角形，先端渐尖，有时裂片上半部

图561 元宝枫
1. 果枝；2. 雄花；3. 两性花

又侧生2小裂片，叶基部截形或近心形，掌状脉5出，两面光滑或仅在脉腋间有簇毛；叶柄长2.5~7 cm。花杂性同株，常6~10花组成顶生的伞房花序；萼片黄绿色，长圆形；花瓣黄色或白色，长圆状卵形；雄蕊4~8，生于花盘内缘有缺凹。翅果连翅长约2.5 cm，果体扁平，有不明显的脉纹，翅宽约1 cm，长与果体相等或略短；果柄长约2 cm；两果翅开张成直角或钝角。花期4~5月；果期8~10月。

产于马场、大寺、龙湾、隐仙观、庙子等林区。分布于吉林、辽宁、内蒙古、河北、山西、山东、江苏、河南、陕西及甘肃等省份。

木材坚韧细致，可作车辆、器具等。种子可榨油，供食用及工业用。树冠庇荫性能好，适宜做行道树及庭院树。

6. 三角枫（图562）

Acer buergerianum Miq.

Ann. Mus. Lugd. Bat. 2: 88（Prol. Fl. Jap. 20）1865.

落叶乔木，高达20 m。树皮灰色，老年树多呈块状剥落，内皮黄褐色。单叶，近革质，卵形至倒卵形，长6~10 cm，叶基圆形或宽楔形，上面暗绿色，光滑，下面淡绿色，初有白粉或短柔毛，后脱落，通常顶部3裂，裂片前伸，中央裂片三角卵形，侧裂片短钝尖或甚小，以至于不发育，全缘或仅在近端处有细疏锯齿；叶柄长2.5~5 cm。花杂性，组成顶生伞房状圆锥花序，直径约3 cm，花序轴及花梗上微有毛；萼片5，卵形，黄绿色；花瓣5，淡黄色，狭窄披针形或匙状披针形，较萼片稍窄；雄蕊8，生于花盘内缘，花盘无毛；子房密被长绒毛，花柱短，柱头2裂。翅果黄褐色，长2~2.5 cm，小坚果极凸起，两果翅开张呈锐角或近于直立。花期5月；果期9月。

上池有栽培。国内分布于河南、江苏、浙江、安徽、江西、湖北、湖南、贵州和广东等省份。日本也有分布。

庭园观赏树。木材坚硬致密，适做各种器具。种子可榨油。

7. 葛萝槭（亚种）（图563，彩图56）

Acer davidii Franch. subsp. **grosseri**（Pax）P. C. de Jong

Maples of The World 151. 1994.

—— *Acer grosseri* Pax

图562　三角枫
1. 花枝；2. 果枝；3. 花；4. 果

图563　葛萝槭

—— *Acer grosseri* var. *hersii* (Rehd.) Rehd.
—— *Acer hersii* Rehd.

落叶乔木，高达 15 m。树皮光滑，绿褐色并常有白色条纹。小枝无毛，当年生枝绿色或紫绿色。叶纸质，卵形，长 7~9 cm，宽 5~6 cm，边缘具密而尖锐的重锯齿，基部近心形，3~5 裂；中裂片三角形或三角状卵形；上面深绿色，无毛，下面淡绿色，嫩时在叶脉基部被有淡黄色丛毛，渐老则脱落；叶柄长 2~3 cm，细瘦，无毛。花淡黄绿色，雌雄异株，常成细瘦下垂的总状花序；萼片 5，长卵圆形，先端钝尖，长 3 mm，宽 1.5 mm；花瓣 5，倒卵形，长 3 mm，宽 2 mm；雄蕊 8，长 2 mm，无毛，在雌花中不发育；花盘无毛，位于雄蕊的内侧；子房紫色，无毛，在雄花中不发育；花梗长 3~4 mm。翅果嫩时淡紫色，成熟后黄褐色；小坚果长 7 mm，宽 4 mm，略微扁平；翅连同小坚果长约 2.5 cm，宽 5 mm，张开成钝角或近于水平。花期 4~5 月；果期 9~10 月。

产于马场、太平顶。生于山坡疏林中及溪边湿润的疏松土壤中。中国特有植物，分布于安徽、甘肃、河北、河南、湖北、湖南、江苏、陕西、山西、四川、浙江等省份。

树皮奇特，观赏价值高，是优良的园林绿化树种；树皮纤维较长，又含丹宁，可作工业原料。

8. 北美红槭　美国红枫（图 564）
Acer rubrum Linn.
Sp. Pl. 1055. 1753.

落叶乔木，高达 12~18 m，树冠呈椭圆形或近球形。单叶对生，掌状 3~5 裂，长 5~10 cm，边缘有锯齿，上面浅绿色，下面灰白色，具白粉或白毛。叶柄常红色，长达 10 cm。新叶微红色，后变绿色。花单性，稀杂性，雌雄异株或同株。花簇生，红色或淡黄色，小而繁密，先于叶开放；花萼 5 裂，花瓣 5，雄蕊 4~12，通常 8，子房上位，无毛，花柱 2，长于花被。翅果红色，熟时变为棕色，长 15~25 mm，两翅夹角 50°~60°。花期 3~4 月；果期 9~10 月。

上池有栽培。原产北美洲。中国北部有引种栽培。

供观赏。耐寒性强，不耐湿热，较耐寒，不耐水湿，生长较快。

图 564　北美红花槭
1. 茎的一段枝；2. 果

9. 银槭
Acer saccharinum Linn.
Sp. Pl. 1055. 1753.

落叶乔木，高达 30 m。树冠宽而扩展。树皮灰褐色；幼枝暗紫褐色，散布长圆形皮孔。单叶对生，叶柄长 4~9 cm，叶片掌状 5 深裂，中裂片有时再 3 裂，各裂片先端渐尖，边缘具缺刻状重锯齿，锯齿先端具突尖；表面暗绿色，光滑，背面灰白色，初具稀疏细短柔毛，后渐脱落。花单性，花梗短；萼片绿色，无花瓣；雄花雄蕊 8 枚，花丝细长，超出萼片 2~3 倍；雌花花柱 2 裂，细长而伸出花萼外。翅果初具短柔毛，小坚果椭圆形或长椭圆形，翅长约 3 cm，镰刀状；翅展开成锐角。果梗长 2.5~4.5 cm，下垂。

上池有栽培。原产北美洲，中国北方各省份引种栽培。

83. 漆树科 Anacardiaceae

乔木或灌木，稀木质藤本或亚灌木状草本。韧皮部有裂生性树脂道。叶互生，稀对生；单叶、掌状3小叶或羽状复叶；托叶无或不显著。顶生或腋生的圆锥花序；花小，辐射对称，花两性、单性或杂性，通常为双被花，稀为单被或无被花；萼多少合生，3~5裂，极稀分离；花瓣3~5，离生或基部合生，覆瓦状或镊合状排列；雄蕊着生于花盘外面基部或有时着生在花盘边缘，与花瓣同数或为其2倍，稀仅少数发育，极稀更多，花药卵形或长圆形或箭形，2室；花盘环状或坛状、杯状，全缘或5~10浅裂或呈柄状突起；雌蕊1~5心皮合生，稀较多，分离，子房上位，1室，稀2~5室，每室有1枚倒生胚珠，珠柄自子房室基部直立或伸长至室顶而下垂或沿子房壁上升。核果，外果皮薄，中果皮通常厚，具树脂，内果皮坚硬，骨质或硬壳质或革质，稀坚果；种子无或有少量胚乳；胚肉质，弯曲，子叶膜质扁平或稍肥厚。

77属600余种，多分布热带、亚热带，少数分布于温带。中国17属55种，主要分布于长江流域以南各省份。徂徕山4属4种2变种。

分属检索表

1. 单叶，全缘；果期不孕花的花梗伸长，被长柔毛··1. 黄栌属 Cotinus
1. 羽状复叶。
　2. 无花瓣；常为偶数羽状复叶··2. 黄连木属 Pistacia
　2. 有花瓣；奇数羽状复叶。
　　3. 圆锥花序顶生；果被腺毛和具节柔毛或单毛，成熟后红色，外果皮与中果皮连合，内果皮分离···3. 盐肤木属 Rhus
　　3. 圆锥花序腋生；果无毛或疏被微柔毛但无腺毛，成熟后黄绿色，外果皮薄，与中果皮分离，中果皮厚，与内果皮连合···4. 漆属 Toxicodendron

1. 黄栌属 Cotinus Mill.

落叶灌木或乔木；木材黄色，树汁液有强烈气味。鳞芽。单叶，互生，全缘；无托叶。花杂性或雌、雄异株；圆锥花序顶生；花小，黄色，5数，有花盘，子房偏斜而扁，1室，1枚胚珠，花柱3，侧生。果序上有多数不育花，不育花梗延长成羽毛状。核果小，肾形，压扁，侧面中部残存花柱，外果皮有脉纹，无毛或被毛，内果皮厚角质；种子肾形，皮薄，无胚乳。

5种，分布于南欧、亚洲东部和北美洲温带地区。中国3种，除东北地区以外其余省份都有。徂徕山2变种。

分种检索表

1. 叶卵圆形或倒卵形，两面有灰色短柔毛，下面尤明显；花序被柔毛············1. 红叶黄栌 Cotinus coggygria var. cinerea
1. 叶多为阔椭圆形，稀圆形，叶背、尤其沿脉上和叶柄密被柔毛；花序无毛或近无毛···2. 毛黄栌 Cotinus coggygria var. pubescens

1. 红叶黄栌（变种）（图565）

Cotinus coggygria Scop. var. **cinerea** Engl.

Bot. Jahrb. 1: 403. 1881.

图 565　红叶黄栌
1. 果枝；2. 花；3. 果

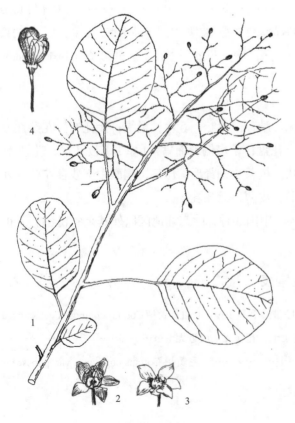

图 566　毛黄栌
1. 果枝；2~3. 花；4. 果实

落叶灌木或小乔木。叶倒卵形或卵圆形，长 3~8 cm，宽 2.5~6 cm，先端圆形或微凹，基部圆形或阔楔形，全缘，两面有毛，下面毛更密，侧脉 6~11 对，先端常叉开；叶柄短。圆锥花序，顶生，被柔毛；花杂性，径约 3 mm，黄色；花梗长 7~10 mm；萼片卵状三角形，无毛，长约 1.2 mm，花瓣卵形或卵状披针形，长 2~2.5 mm，无毛；雄蕊 5，长 1.5 mm；花盘 5 裂，紫色；子房扁球形，偏斜，花柱 3，离生。果序上有许多不育性紫红色羽毛状花梗；核果肾形，压扁，长约 4 mm，宽约 2.5 mm，无毛。花期 4~5 月；果期 9~10 月。

产于龙湾、庙子等地。国内分布于河北、河南、湖北、四川等省份。间断分布于东南亚。

木材黄色，可制器具及细木工用。树皮、叶可提取栲胶。根皮药用，治妇女产后劳损。叶秋天变红，可作观赏树种。

2. 毛黄栌（变种）（图 566）

Cotinus coggygria Scop. var. **pubescens** Engl. Bot. Jahrb. 1: 403. 1881.

落叶灌木或小乔木。小枝、叶下面，尤其沿脉和叶柄密被柔毛。叶多为阔椭圆形，稀近圆形，长 3~8 cm，宽 2.5~6 cm，先端圆形或微凹，基部圆形或阔楔形，全缘，两面有毛，下面毛更密，侧脉 6~11 对，先端常叉开；叶柄短。圆锥花序，顶生，被柔毛；花杂性，径约 3 mm，黄色；花梗长 7~10 mm；萼片卵状开角形，无毛，长约 1.2 mm；花瓣卵形或卵状披针形，长 2~2.5 mm，无毛；雄蕊 5，长 1.5 mm；花盘 5 裂，紫色；子房扁球形，偏斜，花柱 3，离生。果序上有许多不育性紫红色羽毛状花梗，花序无毛或近无毛；核果肾形，压扁，长约 4 mm，宽约 2.5 mm，无毛。花期 4~5 月；果期 9~10 月。

产于隐仙观、大寺等地。国内分布于贵州、四川、甘肃、陕西、山西、山东、河南、湖北、江苏、浙江等省份。间断分布于欧洲东南部，经叙利亚至高加索。

木材黄色，可制器具及细木工用。树皮、叶可提取栲胶。根皮药用，治妇女产后劳损。叶秋天变红，可作观赏树种。

此外，徂徕山见于栽培的品种尚有：紫叶黄栌 'Purpureus'，叶在生长季内呈紫红色。大寺有栽培，供观赏。

2. 黄连木属 Pistacia Linn.

落叶或常绿，乔木或灌木。芽有芽鳞数片。叶互生，偶数或奇数羽状复叶，稀单叶或3小叶，全缘。总状花序或圆锥花序；花单性，异株；雄花苞片1，花被片3~9，雄蕊3~5，稀7，花丝极短，与花盘连合或无花盘，药隔伸出，基着药，侧向纵裂，有不育雌蕊或无；雌花苞片1，花被片4~10，膜质，无不育雄蕊，花盘小或无，心皮3，合生，子房1室，1枚胚珠，柱头3裂。核果，无毛，外果皮纸质，内果皮骨质；种子1粒，压扁，种皮膜质，无胚乳。

约10种，分布于地中海沿岸、阿富汗以及亚洲、美洲。中国3种，分布于除东北地区及内蒙古以外的其余省份。徂徕山1种。

1. 黄连木（图567）

Pistacia chinensis Bunge

Mém. Sav. Étr. Acad. St. Pétersbourg 2: 89. 1835.

落叶乔木，高10~20 m。树皮暗褐色，呈鳞片状剥落；枝、叶有特殊气味。偶数羽状复叶，互生，有小叶10~12；小叶片卵状披针形至披针形，长5~8 cm，宽1~2 cm，先端渐尖，基部斜楔形，全缘，幼时有毛，后光滑；小叶柄长1~2 mm。花单性异株，雄花排列成密圆锥花序，长5~8 cm；雌花序疏松，长15~20 cm；花梗长约1 mm；花先于叶开放；雄花花被片2~4，披针形，大小不等，长1~1.5 mm，雄蕊3~5，花丝极短；雌花花被片7~9，大小不等，无不育雄蕊，子房球形，花柱极短，柱头3，红色。核果球形，略扁，径约5 mm，熟时变紫红色、紫蓝色，有白粉，内果皮骨质。花期4~5月；果期9~10月。

产于大寺、道士庄、石榴峪、二圣宫、光华寺、隐仙观等地。国内分布于长江以南各省份及华北、西北地区。菲律宾亦有分布。

优良的秋色叶树种，常栽培观赏。木材鲜黄色，可提黄色染料，材质坚硬致密，可供家具和细工用。种子榨油可作润滑油或制皂。幼叶可充蔬菜，并可代茶。

图567 黄连木
1. 花枝；2. 雄花序；3. 雌花序；4. 雄花；
5. 雌花；6. 子房；7. 果实

3. 盐麸木属 Rhus Linn.

落叶灌木或乔木。树皮有白色汁液，不含漆。冬芽裸露。通常为奇数羽状复叶，互生，叶轴有翅或无；无托叶。花杂性，或单性异株，顶生圆锥花序或复穗状花序；有苞片；花萼5裂，裂片覆瓦状排列，宿存；花瓣5，覆瓦状排列；雄蕊5，着生于花盘基部，背着药，内向纵裂；花盘杯状；子房1室，1枚胚珠，花柱3，基部多少合生。核果球形，略扁，有腺毛和有节毛或单毛，熟时红色，外果皮与中果皮合生，中果皮非蜡质；种子1粒。

约250种，分布于亚热带和暖温带。中国6种，除东北地区及内蒙古、青海和新疆外均有分布。徂徕山2种。

分种检索表

1. 叶轴有狭翅，小叶 7~13，卵状椭圆形，有粗钝锯齿 ································· 1. 盐肤木 Rhus chinensis
1. 叶轴无翅，小叶 19~23，长椭圆状披针形，有锐锯齿 ······························· 2. 火炬树 Rhus typhina

1. 盐肤木（图568）

Rhus chinensis Mill.

Gard. Dict. ed. 8. 7. 1768.

落叶小乔木或灌木，高 2~8 m。小枝棕褐色，被锈色柔毛；有圆形小皮孔。奇数羽状复叶。有小叶 7~13，叶轴有宽叶状翅，叶轴及叶柄密被锈色柔毛；小叶卵形、椭圆形或长圆形。长 5~12 cm，宽 3~7 cm，先端急尖，基部圆形，顶生小叶基部楔形，边缘有粗齿或圆钝齿，下面粉绿色，有白粉，有锈色柔毛，侧脉突起；小叶无柄。圆锥花序顶生，宽大，多分枝；雄花序长 30~40 cm；雌花序较短，密生柔毛；苞片披针形，长约 1 mm，有微柔毛；小苞片极小；花白色，花梗长约 1 mm，有微柔毛；雄花花萼裂片长卵形，长约 1 mm，外生微柔毛，花瓣倒卵状长圆形，长约 2 mm，雄蕊长约 2 mm；雌花花萼较短，长约 0.6 mm，外生微柔毛，花瓣椭圆状卵形，长约 1.6 mm，里面下部有柔毛，雌蕊极短，花盘无毛，子房卵形，密生柔毛，花柱3，柱头头状。核果球形，压扁，径 4~5 mm，被有节柔

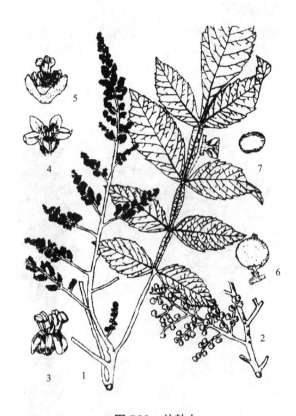

图568 盐肤木
1.花枝；2.果枝；3~5.花；6.果实；7.种子

毛和腺毛，熟时红色。花期 7~9 月；果期 10 月。

产于马场，上池有栽培。国内分布于除东北地区及内蒙古和新疆以外的其余省份。印度、中南半岛、马来西亚、印度尼西亚、日本和朝鲜也有分布。

为五倍子蚜虫寄主植物，在幼枝和叶上形成虫瘿，即五倍子，可供鞣革、医药、塑料和墨水等工业用。种子可榨油。根、叶、花及果均可供药用。

2. 火炬树（图569）

Rhus typhina Linn.

Cent. Pl. II 14. 1756.

落叶灌木或小乔木，高达 8 m。树皮灰褐色，不规则纵裂；枝红褐色，密生柔毛。奇数羽状复叶，互生，有小叶 19~25；小叶片长椭圆形至披针形，长 5~12 cm，先端长渐尖，基部圆形至阔楔形，边缘有锐锯齿，上面绿色，下面苍白色，均密生柔毛，老后脱落。雌雄异株；顶生直立圆锥花序，长 10~20 cm，密生柔毛；花白色；雌花花柱有红色刺毛。核果扁球形，密生红色短刺毛，聚生为紧密

的火炬形果序；种子扁圆形，黑褐色，种皮坚硬。花期6~7月；果期9~10月。

隐仙观、马场、光华寺等地栽培。原产北美洲。抗旱性能强，也耐盐碱，是重要的水土保持树种。果穗鲜红，秋天叶红艳，亦为园林观赏树种。

4. 漆属 Toxicodendron Miller

落叶乔木或灌木，稀为木质藤本，具白色乳汁。叶互生，奇数羽状复叶或掌状3小叶；小叶对生，叶轴通常无翅。花序腋生，聚伞圆锥状或聚伞总状；果期通常下垂或花序轴粗壮而直立；花小，单性异株；苞片披针形，早落，花萼5裂，裂片覆瓦状排列，宿存；花瓣5，覆瓦状排列，通常具褐色羽状脉纹，开花时先端常外卷，雌花花瓣较小，雄蕊5，着生于花盘外面基部，花丝钻形或线形，在雌花中较短，花药长圆形或卵形，背着药，内向纵裂；花盘环状、盘状或杯状浅裂，子房基部埋入下凹花盘中，1室，1枚胚珠，胚珠悬垂于伸长的珠柄上，花柱3，基部多少合生。核果近球形或侧向压扁，无毛或被微柔毛或刺毛，但不被腺毛，外果皮常具光泽，成熟时与中果皮分离，中果皮厚，白色蜡质，具褐色纵向树脂道条纹，与内果皮连合，果核坚硬，骨质；种子具胚乳，胚横生，子叶叶状，扁平，胚轴多少伸长，上部向胚轴方向内弯。

约20种，分布亚洲东部和北美洲至中美洲。中国16种，主要分布于长江以南各省份。岨崃山1种。

1. 漆树（图570）

Toxicodendron verniciflumm（Stokes）F. A. Barkley

Ann. Midl. Nat. 24: 680. 1940.

落叶乔木，高达20 m。树皮灰白色，呈不规则纵裂。小枝粗壮，被棕黄色柔毛，后变无毛，具圆形或心形的大叶痕和突起的皮孔；顶芽大而显著，被棕黄色绒毛。奇数羽状复叶互生，常螺旋状排列，有小叶4~6对，叶轴被微柔毛；叶柄长7~14 cm，被微柔毛，近基部膨大，半圆形；小叶卵形或卵状椭圆形或长圆形，长6~13 cm，宽3~6 cm，先端急尖或渐尖，基部偏斜，圆形或阔楔形，全缘，叶面无毛或仅沿中脉疏被微柔毛，叶背沿脉上被平展黄色

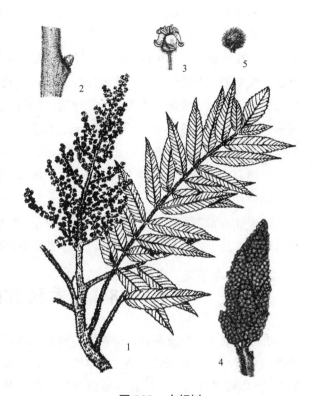

图569 火炬树
1. 花枝；2. 小枝一部分；3. 花；4. 果序；5. 果实

图570 漆树
1. 花枝；2. 果枝；3. 雄花；4. 花萼；
5. 两性花；6. 雌蕊

柔毛，稀近无毛，侧脉10~15对；小叶柄长4~7 mm，被柔毛。圆锥花序长15~30 cm，与叶近等长，被灰黄色微柔毛，序轴及分枝纤细，疏花；花黄绿色，雄花花梗纤细，长1~3 mm，雌花花梗短粗；花萼无毛，裂片卵形，长约0.8 mm，先端钝；花瓣长圆形，长约2.5 mm，宽约1.2 mm，具细密的褐色羽状脉纹，先端钝，开花时外卷；雄蕊长约2.5 mm，花丝线形，与花药等长或近等长，在雌花中较短，花药长圆形，花盘5浅裂，无毛；子房球形，径约1.5 mm，花柱3。果序下垂，核果肾形或椭圆形，不偏斜，略压扁，长5~6 mm，宽7~8 mm，外果皮黄色，无毛，具光泽，中果皮蜡质，具树脂道条纹，果核棕色，与果同形，长约3 mm，宽约5 mm，坚硬；花期5~6月；果期7~10月。

上池有引种栽培。除黑龙江、吉林、内蒙古和新疆外，其余省份均产，也有栽培。也分布于印度、朝鲜和日本。

树干韧皮部割取生漆。种子油可制油墨、肥皂。果皮可取蜡，作蜡烛、蜡纸。叶可提栲胶。叶、根可作土农药。木材供建筑用。干漆在中药上有通经、驱虫、镇咳的功效。

84. 苦木科 Simaroubaceae

乔木或灌木。树皮常含苦味物质；鳞芽或裸芽。奇数羽状复叶，稀单叶，互生，稀对生；通常无托叶或托叶早落。花两性、杂性或单性异株，组成总状、穗状、聚伞或圆锥花序；花辐射对称；萼片3~5，离生或基部合生，覆瓦状或镊合状排列；花瓣3~5或缺；花盘环形，雄蕊与花瓣同数或2倍，花丝离生，基部常有鳞片；子房上位，心皮2~6，离生或部分合生，1~6室，每室胚珠1至数枚，中轴胎座。聚合翅果、聚合浆果或核果，成熟时各果分离或连生；种子有胚乳或缺，胚形小，子叶肥厚。

20属约95种，主要分布于热带、亚热带，少数分布到温带。中国3属10种，主要分布在长江以南的各省份。徂徕山1属1种。

1. 臭椿属 Ailanthus Desf.

落叶乔木。枝粗壮；鳞芽。奇数羽状复叶，互生，小叶在基部的两侧有2~3对腺齿。花杂性或单性异株，组成顶生大形的圆锥花序；萼片5~6，基部合生，覆瓦状排列；花瓣5或6，离生，镊合状排列；花盘10裂，内生；雄蕊10。着生于花冠基部；雌蕊有5~6心皮，基部合生或离生，每室有胚珠1枚。翅果，1~6聚生，翅扁平，在果核的两端延长；种子位于翅果的中央。

约10种，主要分布于亚洲及大洋洲。中国6种，分布于西南部、南部、东南部、中部和北部各省份。徂徕山1种。

1. 臭椿（图571）

Ailanthus altissima（Mill.）Swingle
Journ. Wash. Acad. Sci. 6: 459. 1916.

落叶乔木，高可达20 m，树皮平滑而有

图 571 臭椿
1.叶；2.果序；3.小叶下部；4.雄花；
5.雌花；6.雄蕊

直纹；嫩枝有髓，幼时被黄色或黄褐色柔毛，后脱落。叶为奇数羽状复叶，长 40~60 cm，叶柄长 7~13 cm，有小叶 13~27；小叶对生或近对生，纸质，卵状披针形，长 7~13 cm，宽 2.5~4 cm，先端长渐尖，基部偏斜，截形或稍圆，两侧各具 1 或 2 个粗锯齿，齿背有腺体 1 枚，叶面深绿色，背面灰绿色，柔碎后具臭味。圆锥花序长 10~30 cm；花淡绿色，花梗长 1~2.5 mm；萼片 5，覆瓦状排列，裂片长 0.5~1 mm；花瓣 5，长 2~2.5 mm，基部两侧被硬粗毛；雄蕊 10，花丝基部密被硬粗毛，雄花中的花丝长于花瓣，雌花中的花丝短于花瓣；花药长圆形，长约 1 mm；心皮 5，花柱黏合，柱头 5 裂。翅果长椭圆形，长 3~4.5 cm，宽 1~1.2 cm；种子位于翅的中间，扁圆形。花期 4~5 月；果期 8~10 月。

徂徕山各林区均有分布，也有栽培。中国除黑龙江、吉林、新疆、青海、宁夏、甘肃和海南外，各地均有分布。世界各地广为栽培。

适应性强，抗污染，是城镇工矿区较好的绿荫树及行道树。木材黄白色，可制作农具车辆等；叶可饲椿蚕；树皮、根皮、果实均可入药。

此外，徂徕山见于栽培的品种尚有红叶椿 'Hongyechun'，春季叶片紫红色。

85. 楝科 Meliaceae

乔木或灌木，稀半灌木或草本。羽状复叶，稀 3 小叶或单叶，互生，稀对生，无托叶。圆锥状、总状或穗状花序，腋生或顶生；花两性或杂性异株，辐射对称；花萼杯状或短管状，4~5 裂，稀离生，覆瓦状排列；花瓣 4~5，稀 3~7，离生或部分合生，芽时镊合状、覆瓦状或旋转状排列；雄蕊 4~10，花丝离生或合生成雄蕊管，花药无柄，直立，内向，着生于雄蕊管内面或顶部；花盘管状、环状或柄状，生于雄蕊管内面，稀无花盘；子房上位，2~5 室，稀 1 室，每室胚珠 1~2 枚，稀更多；花柱单生或缺，柱头盘状或头状，顶部有槽纹或有小齿 2~4 个。蒴果、浆果或核果；种子有翅或无翅，有胚乳或无，常有假种皮。

约 50 属 650 种，主要分布于热带及亚热带，少数产温带地区。中国 17 属 40 种，主要分布于长江流域以南各省份。徂徕山 2 属 2 种。

分属检索表

1. 核果；2~3 回羽状复叶；花丝连合成筒状 ·· 1. 楝属 Melia
1. 蒴果，种子有翅；花丝全部分离，花盘短柱状，肉质 ······························ 2. 香椿属 Toona

1. 楝属 Melia Linn.

落叶乔木或灌木。幼嫩部分常被粉状毛。小枝有明显的叶痕和皮孔。叶互生，1~3 回羽状复叶；小叶具柄，有锯齿或全缘。圆锥花序腋生，多分枝，由多个二歧聚伞花序组成；花两性；花萼 5~6 深裂，覆瓦状排列；花瓣白色或紫色，5~6 片，分离，线状匙形，开展，旋转排列；雄蕊管圆筒形，管顶有 10~12 齿裂，花药 10~12 枚，着生于雄蕊管上部的裂齿间，内藏或部分突出；花盘环状；子房近球形，3~6 室，每室有叠生胚珠 2 枚，花柱细长，柱头头状，3~6 裂。核果肉质，核骨质，每室有种子 1 粒；外种皮硬壳质，胚乳肉质，薄或无胚乳，子叶叶状，薄，胚根圆柱形。

3 种，分布于东半球热带及亚热带。中国 1 种，分布于西南及东南部。徂徕山 1 种。

1. 苦楝（图 572）

Melia azedarach Linn.

Sp. Pl. 384. 1753.

—— *Melia toosendan* Siebold & Zuccarini.

落叶乔木，高达 10 m。树皮暗褐色，纵裂。幼枝被星状毛，老时紫褐色，皮孔多而明显。2~3 回奇数羽状复叶，长 20~45 cm；小叶卵形、椭圆形或披针形，长 3~5 cm，宽 2~3 cm，先端短渐尖或渐尖，基部阔楔形或近圆形，稍偏斜，边缘有钝锯齿，下面幼时被星状毛，后两面无毛；叶柄长达 12 cm，基部膨大。圆锥花序腋生；花芳香，长约 1 cm，有花梗；苞片条形，早落；花萼 5 深裂，裂片长卵形，长约 3 mm，外面被短柔毛，花瓣 5，淡紫色，倒卵状匙形，长约 1 cm，两面均被短柔毛；雄蕊 10~12，长 7~10 mm，紫色，花丝合成管状，花药黄色，着生于雄蕊管上端内侧；子房球形，3~6 室，无毛，每室 2 枚胚珠，柱头顶端有 5 齿。核果，椭圆形或近球形，长 1~2 cm，径约 1 cm，4~5 室，每室有 1 粒种子。花期 5 月；果期 9~10 月。

产于光华寺、大寺、王庄林区等，也有栽培。国内分布于黄河以南各省份。广布于亚洲热带和亚热带地区，温带地区也有栽培。

木材供建筑、家具、农具等用。皮、叶、果药用，有祛湿、止痛及驱蛔虫的作用。根、茎、皮可提取栲胶。种子油可制肥皂、润滑油。

图 572 苦楝
1. 花枝；2. 果序；3. 花；4. 花展开；5. 果实横切面

2. 香椿属 Toona Roem.

落叶乔木，偶数羽状复叶，稀奇数羽状复叶，互生。聚伞花序再排列成大型圆锥花序，腋生或顶生；花小，白色，两性；花萼筒状，5 裂；花瓣 5，离生，蕾期覆瓦状排列；雄蕊 5，与花瓣互生，着生于肉质五棱花盘上，花丝离生，花药丁字着生，退化雄蕊 5 或无，与花瓣对生；子房 5 室，每室有 2 列 8~12 枚胚珠。蒴果，5 裂；种子多数，一端或两端有翅，胚乳少。

5 种，分布于亚洲及大洋洲。中国 4 种，分布于全国南北各省份。徂徕山 1 种。

1. 香椿（图 573）

Toona sinensis（A. Juss.）M.Roem.

Fam. Nat. Syn. Monogr. 1: 139. 1846.

图 573 香椿
1. 花枝；2. 果序；3. 花；4. 去掉花瓣的花；5. 种子

落叶乔木，高达 25 m。树皮灰褐色，纵裂而片状剥落；冬芽密生暗褐色毛；幼枝粗壮，暗褐色，被柔毛。偶数羽状复叶，长 30~50 cm，有特殊香味，有小叶 10~22 对；小叶对生或互生，长椭圆状披针形或狭卵状披针形，长 6~15 cm，宽 3~4 cm，先端渐尖或尾尖，基部圆形，不对称，全缘或有疏浅锯齿，嫩时下面有柔毛，后渐脱落；小叶柄短；总叶柄有浅沟，基部膨大。顶生圆锥花序，下垂，被细柔毛，长达 35 cm；花白色，有香气，有短梗；花萼筒小，5 浅裂；花瓣 5，长椭圆形；雄蕊 10，其中 5 枚退化；花盘近念珠状，无毛；子房圆锥形，有 5 条细沟纹，无毛，每室有胚珠 8 枚。蒴果狭椭圆形，深褐色，长 2~3 cm，熟时 5 瓣裂；种子上端有膜质长翅。花期 5~6 月；果期 9~10 月。

徂徕山各林区均有栽培。国内分布于华北、华东地区及中部、南部和西南部各省份，也广泛栽培。亦分布于朝鲜。

幼芽嫩叶供蔬食；木材细致美观，为上等家具、室内装修和船舶用材。根皮、果药用，有收敛止血、祛湿止痛的功效。

86. 芸香科 Rutaceae

乔木或灌木，稀藤本及草本。植物体内含挥发性的芳香油点；枝有刺或无刺。羽状复叶或单叶、单身复叶，互生或对生；无托叶。花两性、单性或杂性，单生、簇生或组成总状、穗状、聚伞或圆锥花序，花辐射对称，稀两侧对称；萼片 4~5，稀 3 或多数，覆瓦状排列；花瓣与萼片同数或缺；雄蕊 4~5，或为花瓣的倍数，稀更多，花丝离生，或在中部以下连合成束；花盘环形或杯状，复雌蕊或离生雌蕊；子房上位，心皮 1~5 或多数，每心皮有胚珠 1~2 枚，稀多数。蓇葖果、蒴果、核果、浆果、柑果或翅果；种子有胚乳或缺，胚直伸或弯曲。

约 155 属 1600 种，多分布于热带及亚热带。中国 22 属约 126 变种，主要分布于华南及西南地区。徂徕山 4 属 4 种。

分属检索表

1. 心皮合生；果为核果、翅果或浆果。
  2. 奇数羽状复叶，对生，枝无刺；两性花，核果·································1. 黄檗属 Phellodendron
  2. 三出复叶或单身复叶，互生，有枝刺；花两性，柑果·································2. 柑橘属 Citrus
1. 心皮离生或彼此靠合，成熟时彼此分离；果为开裂的蓇葖，内外果皮通常分离，种子贴生于果期增大的珠柄上。
  3. 叶对生；茎枝无刺·································3. 四数花属 Tetradium
  3. 叶互生；茎枝有皮刺·································4. 花椒属 Zanthoxylum

1. 黄檗属 Phellodendron Rupr.

落叶乔木。树皮厚，纵裂，有发达的木栓层，内皮黄色，味苦，木材淡黄色。枝散生皮孔，无顶芽，侧芽为叶柄基部包盖，位于马蹄形的叶痕之内。叶对生，奇数羽状复叶，叶缘常有锯齿，仅齿缝处有较明显的油点。花单性，雌雄异株，圆锥状聚伞花序，顶生；萼片、花瓣、雄蕊及心皮均为 5 数；萼片基部合生，背面常被柔毛；花瓣覆瓦状排列，腹面脉上常被长柔毛；雄蕊插生于细小的花盘基部四周，花药纵裂，背着，药隔顶端突尖，花丝基部两侧或腹面常被长柔毛，退化雌蕊短小，5 叉裂，裂瓣基部密被毛；雌花的退化雄蕊鳞片状，子房 5 室，每室有胚珠 2 枚，花柱短，柱头头状。有黏胶质液的核果，蓝黑色，近圆球形，有小核 4~10 个；种子卵状椭圆形，种皮黑色，骨质，胚乳薄，肉质，子叶扁平，胚直立。

2~4种，主产亚洲东部。中国2种，由东北至西南、东南、华南地区均有分布，海南不产。徂徕山1种。

1. 黄檗（图574）

Phellodendron amurense Rupr.

Bull. Phys. Math. Acad. Sci. St.-Petersb. 15: 353. 1857.

树高10~20 m，大树高达30 m，胸径1 m。成年树的树皮有厚木栓层，深沟状或不规则网状开裂，内皮薄，鲜黄色，味苦；小枝暗紫红色，无毛。叶轴及叶柄均纤细，有小叶5~13片，小叶薄纸质或纸质，卵状披针形或卵形，长6~12 cm，宽2.5~4.5 cm，顶部长渐尖，基部阔楔形，一侧斜尖，或为圆形，叶缘有细钝齿和缘毛，叶面无毛或中脉有疏短毛，叶背仅基部中脉两侧密被长柔毛。花序顶生；萼片细小，阔卵形，长约1 mm；花瓣紫绿色，长3~4 mm；雄花的雄蕊比花瓣长，退化雌蕊短小。果圆球形，径约1 cm，蓝黑色，通常有5~8（10）浅纵沟，干后较明显；种子通常5粒。花期5~6月；果期9~10月。

图574 黄檗
1. 果枝；2. 枝条一段（示柄下芽）；3. 小叶先端放大；4. 雄花；5. 雌花；6. 雌蕊；7. 雄蕊

光华寺、西草场、隐仙观、上池等地栽培。国内分布于东北和华北地区，河南、安徽、宁夏也有，内蒙古有少量栽种。朝鲜、日本、俄罗斯远东地区也有，也见于中亚和欧洲东部。

树皮内层经炮制后入药，木栓层是制造软木塞的材料。木材坚硬，边材淡黄色，心材黄褐色，是枪托、家具、装饰的优良材，亦为胶合板材。果实可作驱虫剂及染料。种子油可制肥皂和润滑油。

2. 柑橘属 Citrus Linn.

灌木或小乔木，常绿，稀落叶。枝有刺，新枝扁而具棱。单身复叶，稀三出复叶或单叶。叶缘有细钝裂齿，很少全缘，密生有芳香气味的透明油点。花两性，或因发育不全而趋于单性，单花腋生或数花簇生，或为少花的总状花序；花萼杯状，3~5浅裂；花瓣（3）4~5（8）枚，覆瓦状排列，白色或背面紫红色，芳香；雄蕊通常为花瓣的4（10）倍，花丝分离或基部合生，花盘环状或短，有蜜腺。子房（3）5~14（18）室，每室有胚珠2~8枚或更多。柑果。种子萌发时子叶不出土。

20~25种，分布于亚洲东部、南部、东南部，以及大洋洲和太平洋岛屿。现热带及亚热带地区常有栽培。中国11种，其中多数为栽培种，主产于秦岭至淮河以南各地。徂徕山1种。

1. 枸橘 枳（图575）

Citrus trifoliata Linn.

Sp. Pl. ed. 2. 2: 1101. 1763.

——*Poncirus trifoliata*（Linn.）Raf.

落叶小乔木，高可达5 m。主干低矮，树皮浅灰绿色，浅纵裂；分枝密，刺扁长而粗壮。三出复叶，叶柄长1~3 cm，两侧有明显的翼翅；顶生小叶椭圆形或倒卵形，长1.5~5 cm，宽1~3 cm，先端钝圆或微凹，基部楔形，两侧小叶比顶生小叶略小，以椭圆形、卵形为主，基部略偏斜，全缘或有波状钝锯齿；叶片革质或纸质，上面光滑，下面中脉嫩时有毛。花白色，有短梗，有香气；萼片卵形，长5~6 mm，淡绿色；花瓣匙形，长1.8~3 cm，先端钝圆，基部有爪。柑果球形，熟时黄绿色，径3~5 cm，有粗短柄，外被灰白色密柔毛，有时在树上经冬不落。花期4~5月；果期9~10月。

王庄、礴石峪有栽培。分布于山东、河南、山西、陕西、甘肃、安徽、江苏、浙江、湖北、湖南、江西、广东、广西、贵州、云南等省份。

供作绿篱。果药用，小果制干或切半称"枳实"，成熟的果实为"枳壳"，均有理气、破积、消炎、止痛的作用。种子可榨油。叶、花、果可提制香精油。

3. 四数花属 Tetradium Lour.

乔木或灌木，常绿或落叶。奇数羽状复叶，对生；侧生小叶片基部通常不等。花单性，雌雄异株，很少杂性异株。聚伞圆锥花序，顶生或兼腋生。萼片4~5，基部合生。花瓣4~5，芽中覆瓦状排列。雄蕊4~5，离生；雄花雄蕊长约花瓣的1.5倍，花盘圆锥形到圆筒状，退化雌蕊短棒状，不分裂或4~5裂。雌花中的退化雄蕊舌状，远比花瓣短或有时无，雌蕊群由4~5枚离生心皮组成，基部合生，每心皮1~2枚胚珠；花柱顶生，彼此贴合，柱头盾形。蓇葖果1~5枚，基部合生，成熟时沿腹、背二缝线开裂，内果皮软骨质。种子贴生于增大的珠柄上，胚乳肉质，胚直立，子叶宽椭圆形。

约9种，产亚洲东部、南部及东南部。中国7种；徂徕山1种。

1. 臭檀（图576）

Tetradium daniellii（Bennett）T. G. Hartley
Gard. Bull. Singapore 34: 105. 1981.

——*Euodia daniellii*（Benn.）Hemsl.

落叶乔木，高达20 m，胸径1 m。小叶5~11片，纸质，阔卵形、卵状椭圆形，长6~15 cm，宽3~7 cm，顶部长渐尖或短尖，基部圆或阔楔形，有时一侧略偏斜，散生少数油点或油点不

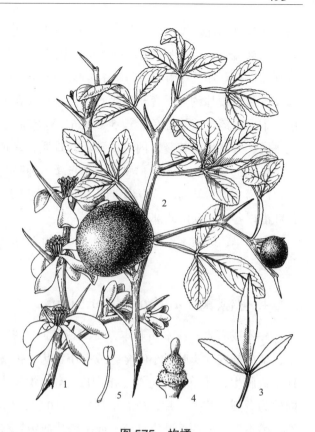

图575 枸橘
1. 花枝；2. 果枝；3. 叶；4. 雌蕊；5. 雄蕊

图576 臭檀
1. 果枝；2. 聚合蓇葖果；3. 蓇葖果；4. 种子

显，叶缘有细钝裂齿，有缘毛，叶面中脉被疏短毛，叶背中脉两侧被长柔毛或仅脉腋有丛毛，嫩叶有时两面被疏柔毛；小叶柄长 2~6 mm。伞房状聚伞花序，花序轴及分枝被灰白色或棕黄色柔毛，花蕾近圆球形；萼片及花瓣均 5；萼片卵形，长不及 1 mm；花瓣长约 3 mm；雄花的退化雌蕊圆锥状，顶部 4~5 裂，裂片约与不育子房等长，被毛；雌花的退化雄蕊约为子房长的 1/4，鳞片状。分果瓣紫红色，干后变淡黄或淡棕色，长 5~6 mm，背部无毛，两侧面被疏短毛，顶端有长 1~2.5（3）mm 的芒尖，内、外果皮均较薄，内果皮干后软骨质，蜡黄色，每分果瓣有 2 粒种子；种子卵形，一端稍尖，长 3~4 mm，宽约 3 mm，褐黑色，有光泽，种脐线状纵贯种子的腹面。花期 6~8 月；果期 9~11 月。

产于上池、马场、黄石崖、阴天剑、龙湾等地。生于向阳山坡及疏林中。国内分布于辽宁以南至长江沿岸各地。朝鲜北部也有。

耐干旱，砂质壤土中生长迅速。木材的心边材略分明，心材灰棕色，有光泽，纹理美观，适作家具及细工材。

4. 花椒属 Zanthoxylum Linn.

乔木或灌木，或木质藤本，常绿或落叶。茎枝有皮刺。叶互生，奇数羽叶复叶，小叶互生或对生，稀单叶或 3 小叶；小叶全缘或有小锯齿，齿缝处常有较大的油点。圆锥花序或伞房状聚伞花序，顶生或腋生；花单性，花被片排列成 1 轮，4~8 片，无萼片与花瓣之分，或排成 2 轮，外轮为萼片，内轮为花瓣，均 4~5 片；雄花的雄蕊 4~10 枚，药隔顶部常有 1 油点，退化雌蕊垫状突起，花柱 2~4 裂，稀不裂；雌花无退化雄蕊，或呈鳞片或短柱状，极少有个别雄蕊具花药；花盘细小；雌蕊由 2~5 离生心皮组成，每心皮有并列的胚珠 2 枚，花柱靠合或彼此分离而略向背弯，柱头头状。蓇葖果，外果皮红色，有油点，内果皮干后软骨质，成熟时内外果皮彼此分离，每分果瓣有种子 1 粒，极少 2 粒，贴着于增大的珠柄上；种脐短线状，平坦，外种皮脆壳质，褐黑色，有光泽，外种皮脱离后有细点状网纹，胚乳肉质，含油丰富，胚直立或弯生，罕有多胚，子叶扁平，胚根短。

约 200 余种，分布于亚洲、非洲、大洋洲、美洲。中国 41 种，主要分布于西南及南部各省份。徂徕山 1 种。

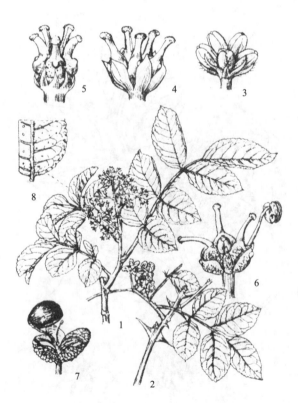

图 577　花椒
1. 花枝；2. 果枝；3. 雄花；4~5. 雌花；
6. 两性花；7. 蓇葖果；8. 小叶放大

1. 花椒（图 577）

Zanthoxylum bungeanum Maxim.

Bull. Acad. Imp. Sci. Saint-Pétersbourg 16: 212. 1871.

落叶小乔木或灌木，高可达 7 m，通常 2~3 m。树皮深灰色，有扁刺及木栓质的瘤状突起；小枝灰褐色，被疏毛或无毛，有白色的点状皮孔；托叶刺常基部扁宽，对生。奇数羽状复叶，有小叶 5~11；小叶片纸质或厚纸质，卵圆形或卵状长圆形，长 1.5~7 cm，宽 1~3 cm，先端尖或微凹，基部圆形，边缘有细锯齿，齿缝间常有较明显的半透明油点，上面平滑，下面脉上常有疏生细刺及褐色簇毛；总叶柄及叶轴上有不明显的狭翅，聚伞状圆锥花序，顶生；花单性、单被，花被片4~8，黄绿色；雄花通常有5~7雄蕊，花丝条形，药隔中间近顶处常有1色泽较深的油点；雌花有3~4心皮，稀至7，脊部各有1隆起膨大的油点，子房无柄，花柱侧生，外弯。蓇葖果圆球形，2~3聚生，基部无柄，熟时外果皮红色或紫红色，密生疣状油点；种子卵圆形，径3.5 mm。花期4~5月；果期7~10月。

徂徕山各林区普遍栽培。产地北起东北南部，南至五岭北坡，东南至江苏、浙江沿海地带，西南至西藏东南部，台湾、海南及广东不产。

果皮为调料，并可提取芳香油，又可药用，有散寒燥湿、杀虫的功效。种子可榨油。

87. 蒺藜科 Zygophyllaceae

多年生草本、半灌木或灌木，稀为一年生草本。托叶分裂或不分裂，常宿存；单叶或羽状复叶，小叶常对生，有时互生，肉质。花单生或2并生于叶腋，有时为总状花序，或为聚伞花序；花两性，辐射对称或两侧对称；萼片4~5，覆瓦状或镊合状排列；花瓣4~5，覆瓦状或镊合状排列；雄蕊与花瓣同数，或比花瓣多1~3倍，通常长短相间，外轮与花瓣对生，花丝下部常具鳞片，花药"丁"字形着生，纵裂；子房上位，3~5室，稀2~12室，极少各室有横隔膜。果革质或脆壳质，或为2~10分离或连合果瓣的分果，或为室间开裂的蒴果，或为浆果状核果，种子有胚乳或无胚乳。

约27属295种，分布于热带、亚热带和温带，主要在亚洲、非洲、欧洲、美洲和澳大利亚。中国有4属27种，主要分布于西北干旱区的沙漠、戈壁和低山。徂徕山2属2种。

分属检索表

1. 花1~2朵生于叶腋，分果5瓣；雄蕊基部有腺体······1. 蒺藜属 Tribulus
1. 聚伞花序，浆果状核果，雄蕊无附属物······2. 白刺属 Nitraria

1. 蒺藜属 Tribulus Linn.

草本，平卧。偶数羽状复叶。花单生叶腋；萼片5；花瓣5，覆瓦状排列，开展；花盘环状，10裂；雄蕊10，外轮5枚较长，与花瓣对生，内轮5枚较短，基部有腺体；子房由5心皮组成，每室3~5粒种子。果由不开裂的果瓣组成，具锐刺。种子斜悬，无胚乳，种皮薄膜质。

15种，主要分布于热带和亚热带地区，部分种类作为杂草广布于南北两半球热带和温带地区。中国2种。徂徕山1种。

1. 蒺藜（图578）

Tribulus terrestris Linn.

Sp. Pl. 387. 1753.

一年生草本。茎平卧，无毛、被长柔毛或长硬毛，枝长20~60 cm。偶数羽状复叶，长1.5~5 cm；小叶对生，3~8对，矩圆形或斜短圆形，长5~10 mm，宽2~5 mm，先端锐尖或钝，基部稍偏科，被柔毛，全缘。花腋生，

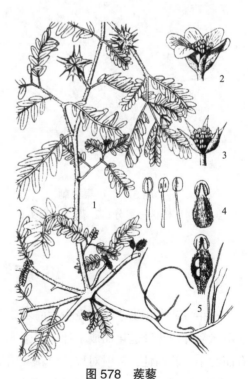

图578 蒺藜
1. 植株；2. 花；3. 去花瓣的花；
4. 雄蕊和雌蕊；5. 雌蕊纵切面

花梗短于叶，花黄色；萼片5，宿存；花瓣5；雄蕊10，生于花盘基部，基部有鳞片状腺体，子房五棱，柱头5裂，每室3~4枚胚珠。果有分果瓣5，硬，长4~6 mm，无毛或被毛，中部边缘有锐刺2枚，下部常有小锐刺2枚，其余部位常有小瘤体。花期5~8月；果期6~9月。

徂徕山各林区广泛分布。生于沙地、荒地、山坡、居民点附近。全国各地有分布。全球温带都有分布。

为常见杂草。果入药能平肝明目，散风行血。

2. 白刺属 Nitraria Linn.

灌木。枝先端常成硬针刺。单叶，肉质，全缘或顶端齿裂；托叶小。顶生或腋生聚伞花序，蝎尾状；花小，白色或黄绿色；萼片5，花瓣5；雄蕊10~15；子房上位，3室，柱头卵形。浆果状核果，外果皮薄，中果皮肉质多浆，内果皮骨质。

11种，分布于亚洲、欧洲、非洲和澳大利亚。中国5种，主要分布于西北地区。徂徕山1种。

1. 小果白刺 西伯利亚白刺（图579）
Nitraria sibirica Pall.

Fl. Ross. 1: 80. 1784.

落叶灌木，高0.5~1.5 m。多分枝，枝铺散，少直立。小枝灰白色，不孕枝先端刺针状。叶近无柄，在嫩枝上4~6片簇生，倒披针形，长6~15 mm，宽2~5 mm，先端锐尖或钝，基部渐窄成楔形，无毛或幼时被柔毛。聚伞花序长1~3 cm，被疏柔毛；萼片5，绿色，花瓣黄绿色或近白色，矩圆形，长2~3 mm。果椭圆形或近球形，两端钝圆，长6~8 mm，熟时暗红色，果汁暗蓝色并带紫色，味甜而微咸；果核卵形，先端尖，长4~5 mm。花期5~6月；果期7~8月。

上池有栽培。国内分布于西北部至北部各省份。蒙古、中亚、俄罗斯西伯利亚也有分布。

果实药用；果味酸甜可食，能酿酒、制作饮料，鲜果可制糖；果核可榨油食用及代粮；枝、叶、果可做饲料。

图579　小果白刺
1.植株一部分；2.花；3.果实

88. 酢浆草科 Oxalidaceae

一年生或多年生草本，极少为灌木或乔木。具根茎或鳞茎状块茎，通常肉质，或有地上茎。指状或羽状复叶或小叶退化而成单叶，基生或茎生；小叶在芽时或晚间背折而下垂，通常全缘；无托叶或有而细小。花两性，辐射对称，单花或组成近伞形花序或伞房花序，少有总状花序或聚伞花序；萼片5，离生或基部合生，覆瓦状排列，稀镊合状；花瓣5，有时基部合生，旋转排列；雄蕊10枚，2轮，5长5短，外轮与花瓣对生，花丝基部通常连合，有时5枚无药，花药2室，纵裂；雌蕊由5枚合生心皮组成，子房上位，5室，每室有1至数枚胚珠，中轴胎座，花柱5枚，离生，宿存，柱头通常头状，有时浅裂。果为开裂的蒴果或为肉质浆果。种子胚乳肉质。

6~8属780种，主产于南美洲，次为非洲，亚洲极少。中国3属13种，分布于南北各省份。岨徕山1属2种。

1. 酢浆草属 Oxalis Linn.

一年生或多年生草本。根具肉质鳞茎状或块茎状地下根茎。茎匍匐或披散。叶互生或基生，指状复叶，通常有3小叶，小叶在闭光时闭合下垂；无托叶或托叶极小。花基生或为聚伞花序式，总花梗腋生或基生；花黄色、红色、淡紫色或白色；萼片5，覆瓦状排列；花瓣5，覆瓦状排列，有时基部微合生；雄蕊10，长短互间，全部具花药，花丝基部合生或分离；子房5室，每室具1至多数胚珠，花柱5，常2型或3型，分离。果为室背开裂的蒴果，果瓣宿存于中轴上。种子具2瓣状的假种皮，种皮光滑。有横或纵肋纹；胚乳肉质，胚直立。

约700种，全世界广布，但主要分布于南美洲和南非。中国8种，另外尚有多个外来种，均属庭园栽培。岨徕山2种。

分种检索表

1. 花黄色；地下无粗壮的结节状根状茎··1. 酢浆草 Oxalis corniculata
1. 花紫红色；地下有肥厚的结节状根状茎··2. 关节酢浆草 Oxalis articulata

1. 酢浆草（图580）

Oxalis corniculata Linn.

Sp. Pl. 435. 1753.

多年生草本，高10~35 cm。全株被柔毛。根茎稍肥厚。茎细弱，多分枝，直立或匍匐，匍匐茎节上生根。叶基生或茎上互生；托叶小，长圆形或卵形，边缘被密长柔毛，基部与叶柄合生；叶柄长1~13 cm，基部具关节；小叶3，无柄，倒心形，长4~16 mm，宽4~22 mm，先端凹入，基部宽楔形，两面被柔毛或表面无毛，沿脉被毛较密，边缘具贴伏缘毛。花单生或数朵集为伞形花序状，腋生，总花梗淡红色，与叶近等长；花梗长4~15 mm，果后延伸；小苞片2，披针形，长2.5~4 mm，膜质；萼片5，披针形或长圆状披针形，长3~5 mm，背面和边缘被柔毛，宿存；花瓣5，黄色，长圆状倒卵形，长6~8 mm，宽4~5 mm；雄蕊10，花丝白色半透明，有时被疏短柔毛，基部合生，长、短互间，长者花药较大且早熟；子房长圆形，5室，被短伏毛，花柱5，柱头头状。蒴果长圆柱形，长1~2.5 cm，五棱。种子长卵形，长1~1.5 mm，褐色或红棕色，具横向肋状网纹。花、果期3~9月。

岨徕山各林区均产。生于路边、田边、荒地或林下

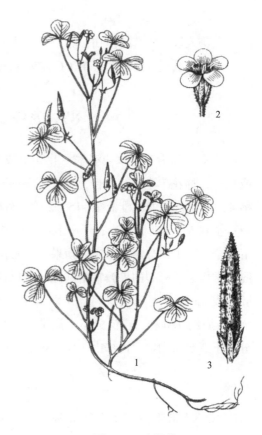

图580 酢浆草
1. 植株；2. 花；3. 果实

等。全国广布。亚洲温带和亚热带、欧洲、地中海和北美洲皆有分布。

全草入药，能解热利尿，消肿散淤；茎叶含草酸，可用以磨镜或擦铜器。

2. 关节酢浆草（图 581）

Oxalis articulata Savigny

Encycl. 4: 686. 1798.

多年生草本。无地上茎。根状茎粗壮，木质，不规则结节状，通常被宿存的叶柄基部。无匍匐茎，无鳞茎。叶基生；叶柄长 11~30 cm；小叶 3，扁圆状倒心形，长 1.8~2 cm，顶端凹入，两侧角圆形，基部宽楔形，表面绿色，被毛或近无毛；背面浅绿色。总花梗基生，聚伞花序排列成伞形花序式，有花 3~12 朵；总花梗、花梗、苞片、萼片均被毛。萼片 5，披针形，先端有暗红色长圆形小腺体 2 枚；花瓣 5，倒心形，紫红至红色，稀白色，基部颜色较深；雄蕊 10；子房 5 室，花柱 5，柱头浅 2 裂。蒴果卵球形，长 4~8 mm。花、果期 3~12 月。

大寺有栽培。原产美洲。中国各地作为观赏植物引入，南方各地已逸为野生。

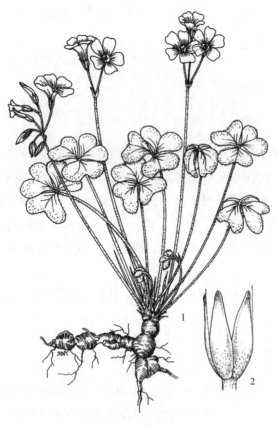

图 581　关节酢浆草

1. 植株；2. 萼片

全草入药，治跌打损伤、赤白痢，止血。

本种常被误为红花酢浆草（*Oxalis corymbosa* DC.）。

89. 牻牛儿苗科 Geraniaceae

草本，稀为亚灌木或灌木。叶互生或对生，叶片通常掌状或羽状分裂，具托叶。聚伞花序腋生或顶生，稀花单生；花两性，整齐，辐射对称或稀为两侧对称；萼片 5，稀 4，覆瓦状排列；花瓣 5，稀 4，覆瓦状排列；雄蕊 10~15，2 轮，外轮与花瓣对生，花丝基部合生或分离，花药丁字着生，纵裂；蜜腺 5，与花瓣互生；子房上位，通常 3~5 室，每室具 1~2 枚倒生胚珠，花柱与心皮同数，通常下部合生，上部分离。果实为蒴果，通常由中轴延伸成喙，室间开裂，每果瓣具 1 粒种子，成熟时果瓣通常爆裂，开裂的果瓣常由基部向上反卷或成螺旋状卷曲，顶部通常附着于中轴顶端。种子具微小胚乳或无胚乳，子叶折叠。

6 属约 780 种，广泛分布于温带、亚热带和热带山地。中国 2 属 54 种，主要分布于温带，少数分布于亚热带山地。徂徕山 2 属 5 种。

分属检索表

1. 外轮雄蕊无花药；果成熟时果瓣由基部向上呈螺旋状卷曲，内面具长糙毛……………………1. 牻牛儿苗属 Erodium
1. 雄蕊全部具药；果成熟时果瓣由基部向上反卷，内面无毛或具微柔毛………………………………2. 老鹳草属 Geranium

1. 牻牛儿苗属 Erodium L'Her.

草本，稀为亚灌木状。茎分枝或无茎，常具膨大的节。叶对生或互生，羽状分裂；托叶淡棕色，干膜质。总花梗腋生，通常伞形花序，稀仅具 2 花；花对称或稍不对称；萼片 5，覆瓦状排列，边缘常膜质；花瓣 5，覆瓦状排列；蜜腺 5，与花瓣互生；雄蕊 10，2 轮，外轮无药，与花瓣对生，内轮具药，与花瓣互生，花丝中部以下扩展，基部稍合生；子房 5 裂，5 室，每室具 2 枚胚珠，花柱 5。蒴果 5 室，具 5 果瓣，每果瓣具 1 粒种子，蒴果成熟时由基部向顶端螺旋状卷曲或扭曲，果瓣内面具长糙毛；种子无胚乳。

约 75 种，主要分布于欧亚温带、地中海地区、非洲、澳大利亚和南美洲。中国 4 种。徂徕山 1 种。

1. 牻牛儿苗（图 582，彩图 57）

Erodium stephanianum Willd.

Sp. Pl. 3: 625. 1800.

多年生草本，高通常 15~50 cm，根为直根，较粗壮，少分枝。茎多数，仰卧或蔓生，被柔毛。叶对生；托叶三角状披针形，分离，被疏柔毛，边缘具缘毛；基生叶和茎下部叶具长柄，柄长为叶片的 1.5~2 倍，被开展的长柔毛和倒向短柔毛；叶片轮廓卵形或三角状卵形，基部心形，长 5~10 cm，宽 3~5 cm，2 回羽状深裂，小裂片卵状条形，全缘或具疏齿，表面被疏伏毛，背面被疏柔毛，沿脉被毛较密。伞形花序腋生，明显长于叶，总花梗被开展长柔毛和倒向短柔毛，每梗具 2~5 花；苞片狭披针形，分离；花梗与总花梗相似，等于或稍长于花，花期直立；果期开展，上部向上弯曲；萼片矩圆状卵形，长 6~8 mm，宽 2~3 mm，先端具长芒，被长糙毛，花瓣紫红色，倒卵形，等于或稍长于萼片，先端圆形或微凹；雄蕊稍长于萼片，花丝紫色，中部以下扩展，被柔毛；雌蕊被糙毛，花柱紫红色。蒴果长约 4 cm，密被短糙毛。种子褐色，具斑点。花期 6~8 月；果期 8~9 月。

图 582　牻牛儿苗
1. 植株下部；2. 植株上部；3. 雄蕊；
4. 雌蕊；5. 果瓣

徂徕山各山地林区均产。生于向阳山坡、河岸、农田边、草地等处。国内分布于长江中下游以北的华北、东北、西北地区及四川西北部和西藏。俄罗斯西伯利亚及远东地区、日本、蒙古、哈萨克斯坦、中亚各国、阿富汗、克什米尔地区、尼泊尔亦广泛分布。

全草含鞣质，又供药用，有祛风除湿和清热解毒之功效。茎叶可作饲料。

2. 老鹳草属 Geranium Linn.

草本，稀为亚灌木或灌木。通常被倒向毛。茎具明显的节。叶对生或互生，具托叶，通常具长叶柄；叶片掌状分裂，稀 2 回羽状分裂或仅边缘具齿。花序聚伞状或单生，每总花梗通常具 2 花，稀为单花或多花；花整齐，花萼和花瓣5，覆瓦状排列，腺体5，每室具2枚胚珠。蒴果具长喙，5果瓣，每果瓣具1粒种子，果瓣在喙顶部合生，成熟时沿主轴从基部向上端反卷开裂，弹出种子或种子与果瓣同时脱落，附着于主轴的顶部，果瓣内无毛。种子具胚乳或无。

约380种，世界广布，但主要分布于温带及热带山区。中国约50种，全国广布，但主要分布于西南地区、内陆山地和温带落叶阔叶林区。徂徕山4种。

分种检索表

1. 花小，直径3~6 mm或稀近10 mm。
　　2. 一年生草本。总花梗常数个集生茎端呈伞形，花淡紫红色··········1. 野老鹳草 Geranium carolinianum
　　2. 多年生草本。花白色或淡紫红色。
　　　　3. 茎生叶片3裂；植株有时具腺毛··········2. 老鹳草 Geranium wilfordii
　　　　3. 叶片5裂或仅茎上部叶3裂；植株无腺毛··········3. 鼠掌老鹳草 Geranium sibiricum
1. 花大，花梗双生，叶5裂达叶片2/3处，边缘具缺刻状牙齿，全株被灰白色短柔毛；叶片背面灰白色··········
··········4. 灰背老鹳草 Geranium wlassowianum

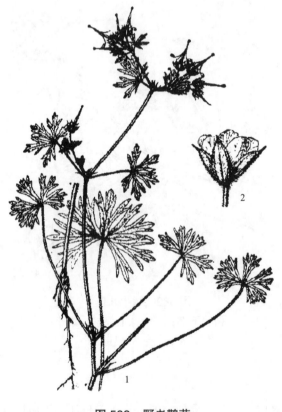

图583　野老鹳草
1. 植株；2. 花

1. 野老鹳草（图583）

Geranium carolinianum Linn.

Sp. Pl. 682. 1753.

一年生草本，高20~60 cm，根纤细，单一或分枝。茎直立或仰卧，单一或多数，具棱角，密被倒向短柔毛。基生叶早枯，茎生叶互生或最上部对生；托叶披针形或三角状披针形，长5~7 mm，宽1.5~2.5 mm，外被短柔毛；茎下部叶具长柄，柄长为叶片的2~3倍，被倒向短柔毛，上部叶柄渐短；叶片圆肾形，长2~3 cm，宽4~6 cm，基部心形，掌状5~7裂近基部，裂片楔状倒卵形或菱形，下部楔形、全缘，上部羽状深裂，小裂片条状矩圆形，先端急尖，表面被短伏毛，背面主要沿脉被短伏毛。花序腋生和顶生，长于叶，被倒生短柔毛和开展的长腺毛，每总花梗具2花，顶生总花梗常数个集生，花序呈伞形状；花梗与总花梗相似，等于或稍短于花；苞片钻状，长3~4 mm，被短柔毛；萼片长卵形或近椭圆形，长5~7 mm，宽3~4 mm，先端急尖，具长约1 mm尖头，外被短柔毛或沿脉被开展的糙柔毛和腺毛；花瓣淡紫红色，倒卵形，稍长于萼，先端圆形，基部宽楔形，雄蕊稍短于萼片，中部以下被长糙柔毛；雌蕊稍长于雄蕊，密被糙柔毛。蒴果长约2 cm，被短糙毛，果瓣由喙上部先裂向下卷曲。花期4~7月；果期5~9月。

产于大寺、光华寺等地。生于平原和低山荒坡杂草丛中。原产美洲。中国为逸生，分布于山东、安徽、江苏、浙江、江西、湖南、湖北、四川和云南。

全草入药，有祛风收敛和止泻之效。

2. 老鹳草（图584）

Geranium wilfordii Maxim.

Bull. Acad. Sci. St. Petersb. 26: 453. 1880.

多年生草本，高30~50 cm。根茎直生，粗壮，具簇生纤维状细长须根，上部围以残存基生托叶。茎直立，单生，具棱槽，假二叉状分枝，被倒向短柔毛，有时上部混生开展腺毛。叶基生和茎生叶对生；托叶卵状三角形或上部为狭披针形，长5~8 mm，宽1~3 mm，基生叶和茎下部叶具长柄，柄长为叶片的2~3倍，被倒向短柔毛，茎上部叶柄渐短或近无柄；基生叶圆肾形，长3~5 cm，宽4~9 cm，5深裂达2/3处，裂片倒卵状楔形，下部全缘，上部不规则状齿裂，茎生叶3裂至3/5处，裂片长卵形或宽楔形，上部齿状浅裂，先端长渐尖，表面被短伏毛，背面沿脉被短糙毛。花序腋生和顶生，稍长于叶，总花梗被倒向短柔毛，有时混生腺毛，每梗具2花；苞片钻形，长3~4 mm；花梗与总花梗相似，长为花的2~4倍；萼片长卵形或卵状椭圆形，长5~6 mm，宽2~3 mm，先端具细尖头，背面沿脉和边缘被短柔毛，有时混生开展的腺毛；花瓣白色或淡红色，倒卵形，与萼片近等长，内面基部被疏柔毛；雄蕊稍短于萼片，花丝淡棕色，下部扩展，被缘毛；雌蕊被短糙状毛，花柱分枝紫红色。蒴果长约2 cm，被短柔毛和长糙毛。花期6~8月；果期8~9月。

产于磴石峪、光华寺、马场、上池等地。国内分布于东北、华北、华东、华中地区及陕西、甘肃、四川等省份。俄罗斯远东地区、朝鲜和日本有分布。

全草供药用，祛风通络。

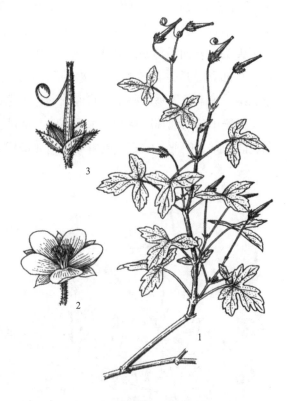

图584 老鹳草
1. 植株一部分；2. 花；3. 果实

3. 鼠掌老鹳草（图585）

Geranium sibiricum Linn.

Sp. Pl. 683. 1753.

一年生或多年生草本，高30~70 cm，根为直根，有时具不多的分枝。茎纤细，仰卧或近直立，多分枝，具棱槽，被倒向疏柔毛。叶对生；托叶披针形，棕褐色，长8~12 cm，先端渐尖，基部抱茎，外被倒向长柔毛；基生叶和茎下部叶具长柄，柄长为叶片的2~3倍；下部叶片肾状五角形，基部宽心形，长3~6 cm，宽4~8 cm，掌状5深裂，裂片倒卵形、菱形或长椭圆形，中部以上齿状羽裂或齿状深缺刻，下部楔形，两面被疏伏毛，背面沿脉被毛较密；上部叶片具短柄，

图585 鼠掌老鹳草
1. 植株下部；2. 植株上部

3~5裂。总花梗丝状，单生于叶腋，长于叶，被倒向柔毛或伏毛，具1花或偶具2花；苞片对生，棕褐色、钻状、膜质。生于花梗中部或基部；萼片卵状椭圆形或卵状披针形，长约5 mm，先端急尖，具短尖头，背面沿脉被疏柔毛；花瓣倒卵形，淡紫色或白色，等于或稍长于萼片，先端微凹或缺刻状，基部具短爪；花丝扩大成披针形，具缘毛；花柱不明显，分枝长约1 mm。蒴果长15~18 mm，被疏柔毛，果梗下垂。种子肾状椭圆形，黑色，长约2 mm，宽约1 mm。花期6~7月；果期8~9月。

徂徕山各山地林区均产。生于林缘、灌丛。国内分布于东北、华北、西北、西南地区及湖北。欧洲、高加索、中亚、蒙古、朝鲜和日本北部皆有分布。

4. 灰背老鹳草（图586，彩图58）

Geranium wlassowianum Fischer ex Link. Enum. Hort. Berol. 2, 197. 1822.

多年生草本，高30~70 cm。根茎短粗，木质化，斜生或直生，具簇生纺锤形块根。上部围以残存基生托叶和叶柄，茎2~3，直立或基部仰卧，具棱角，假二叉状分枝，被倒向短柔毛。叶基生和茎上对生；托叶三角状披针形或卵状披针形，长7~8 mm，宽3~4 mm，先端具芒状长尖头；基生叶具长柄，柄长为叶片的4~5倍，被短柔毛，近叶片处被毛密集，茎下部叶柄稍长于叶片，上部叶柄明显短于叶片；叶片五角状肾圆形，基部浅心形，长4~6 cm，宽6~9 cm，5深裂达中部或稍过之，裂片倒卵状楔形，下部全缘，上部3深裂，中间小裂片狭长，3裂，侧小裂片具1~3牙齿，表面被短伏毛，背面灰白色，沿脉被短糙毛。花序腋生和顶生，稍长于叶，总花梗被倒向短柔毛，具2花；苞片狭披针形，长6~8 mm，宽1~1.5 mm；花梗与总花梗相似，通常长为花的1.5~2倍，花期直立或弯曲；果期水平状叉开；萼片长卵形或矩圆形状椭圆形，长8~10 mm，宽

图586 灰背老鹳草
1. 植株下部；2. 植株上部；3. 果实

3~4 mm，先端具长尖头，密被短柔毛和开展的疏散长柔毛；花瓣淡紫红色，具深紫色脉纹，宽倒卵形，长约为萼片的2倍，先端圆形，基部楔形，被长柔毛；雄蕊稍长于萼片，花丝棕褐色，下部扩展，边缘和基部被长糙毛，花药棕褐色；雌蕊被短糙毛，花柱分枝棕褐色，与花柱近等长。蒴果长约3 cm，被短糙毛。花期7~8月；果期8~9月。

产于上池等地。生于山地草甸、林缘。国内分布于东北地区及山西、河北、山东和内蒙古等省份。俄罗斯东西伯利亚、贝加尔、远东地区，蒙古、朝鲜皆有分布。

90. 凤仙花科 Balsaminaceae

一年生或多年生草本，稀附生或亚灌木。茎通常肉质，直立或平卧，下部节上常生根。单叶，螺旋状互生、对生或轮生，具柄或无柄，无托叶或有时叶柄基具1对托叶状腺体，羽状脉，边缘具圆齿或锯齿，齿端具小尖头，齿基部常具腺状小尖。花两性，雄蕊先熟，两侧对称，常呈180°倒置，排成腋生或

近顶生总状或假伞形花序,或无总花梗,束生或单生,萼片3枚,稀5,侧生萼片离生或合生,全缘或具齿,下面倒置的1枚萼片(亦称唇瓣)大,花瓣状,通常呈舟状、漏斗状或囊状,基部渐狭或急收缩成具蜜腺的距;距短或细长,直、内弯或拳卷,顶端肿胀,急尖或稀2裂,稀无距;花瓣5枚,分离,位于背面的1枚花瓣(即旗瓣)离生,扁平或兜状,背面常有鸡冠状突起,下面的侧生花瓣成对合生成2裂的翼瓣,基部裂片小于上部的裂片,雄蕊5枚,与花瓣互生,花丝短,扁平,内侧具鳞片状附属物,在雌蕊上部连合或贴生,环绕子房和柱头,在柱头成熟前脱落;花药2室,缝裂或孔裂;雌蕊由4~5心皮组成;子房上位,4~5室,每室具2至多数倒生胚珠;花柱1,极短,或无花柱,柱头1~5。果实为假浆果或多少肉质的弹裂蒴果。种子从开裂的裂爿中弹出,无胚乳,种皮光滑或具小瘤状突起。

2属约900种,主要分布于亚洲热带和亚热带及非洲,少数种在欧洲,亚洲温带地区及北美洲也有分布。中国2属228种。徂徕山1属2种。

1. 凤仙花属 Impatiens Linn.

本属的形态特征与科描述基本相同,但下面4枚侧生的花瓣成对合生成翼瓣;果实为多少肉质弹裂的蒴果。果实成熟时种子从裂爿中弹出。

约900种,分布于旧大陆热带、亚热带山区和非洲,少数种类也产于亚洲和欧洲温带及北美洲。中国约227种,主要分布于西南部和西北部山区,尤以云南、四川、贵州和西藏的种类最多。徂徕山2种。

分种检索表

1. 花单生或簇生叶腋;蒴果宽纺锤形;叶片披针形、狭椭圆形或倒披针形 ························1. 凤仙花 Impatiens balsamina
1. 花生于花序轴上,蒴果线状圆柱形;叶片卵形或卵状椭圆形 ·······························2. 水金凤 Impatiens noli-tangere

1. 凤仙花(图587)

Impatiens balsamina Linn.

Sp. Pl. 938. 1753.

一年生草本,高60~100 cm。茎粗壮,肉质,直立,无毛或幼时被疏柔毛,基部直径可达8 mm,具多数纤维状根,下部节常膨大。叶互生,最下部叶有时对生;叶片披针形、狭椭圆形或倒披针形,长4~12 cm,宽1.5~3 cm,先端尖或渐尖,基部楔形,边缘有锐锯齿,向基部常有数对无柄的黑色腺体,两面无毛或被疏柔毛,侧脉4~7对;叶柄长1~3 cm,两侧具数对具柄的腺体。花单生或2~3朵簇生于叶腋,无总花梗,白色、粉红色或紫色,单瓣或重瓣;花梗长2~2.5 cm,密被柔毛;苞片线形,位于花梗基部;侧生萼片2,卵形或卵状披针形,长2~3 mm,唇瓣深舟状,长13~19 mm,宽4~8 mm,被柔毛,基部急尖成长1~2.5 cm内弯的距;旗瓣圆形,兜状,先端微凹,背面中肋具狭龙骨状突起,顶端具小尖,翼瓣具短柄,长23~35 mm,2裂,下部裂片小,倒

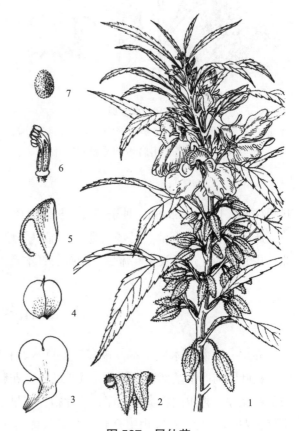

图587 凤仙花
1.植株上部;2.果瓣;3~5.花瓣;6.雄蕊;7.种子

卵状长圆形，上部裂片近圆形，先端2浅裂，外缘近基部具小耳；雄蕊5，花丝线形，花药卵球形，顶端钝；子房纺锤形，密被柔毛。蒴果宽纺锤形，长10~20 mm，两端尖，密被柔毛。种子多数，圆球形，直径1.5~3 mm，黑褐色。花、果期7~10月。

光华寺、大寺等地栽培。原产东南亚地区，中国各地庭园广泛栽培。

为习见的观赏花卉。民间常用其花及叶染指甲。茎及种子入药。茎称"凤仙透骨草"，有祛风湿、活血、止痛之效，用于治风湿性关节痛、屈伸不利；种子称"急性子"，有软坚、消积之效，用于治噎膈、骨鲠咽喉、腹部肿块、闭经。

2. 水金凤（图588，彩图59）
Impatiens noli-tangere Linn.
Sp. Pl. 1: 983. 1753.

一年生草本，高40~70 cm。茎肉质，直立，上部多分枝，无毛，下部节常膨大，有多数纤维状根。叶互生；叶片卵形或卵状椭圆形，长3~8 cm，宽1.5~4 cm，先端钝，稀急尖，基部圆钝或宽楔形，边缘有粗圆齿状齿，齿端具小尖，两面无毛，上面深绿色，下面灰绿色；叶柄纤细，长2~5 cm。最上部的叶柄短或近无柄。总花梗长1~1.5 cm，具2~4花，排列成总状花序；花梗长1.5~2 mm，中上部有1枚苞片；苞片草质，披针形，长3~5 mm，宿存；花黄色；侧生2萼片卵形或宽卵形，长5~6 mm，先端急尖；旗瓣圆形或近圆形，直径约10 mm，先端微凹，背面中肋具绿色鸡冠状突起，顶端具短喙尖；翼瓣无柄，长20~25 mm，2裂，下部裂片小，长圆形，上部裂片宽斧形，近基部散生橙红色斑点，外缘近基部具钝角状的小耳；唇瓣宽漏斗状，喉部散生橙红色斑点，基部渐狭成长10~15 mm内弯的距。雄蕊5，花丝线形，上部稍膨大，花药卵球形，顶端尖；子房纺锤形，直立，具短喙尖。蒴果线

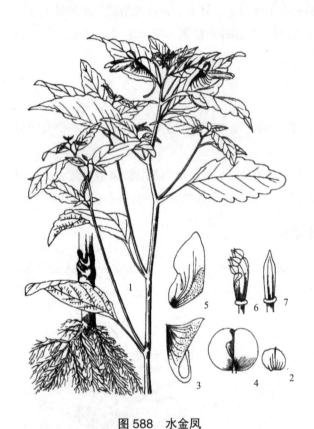

图588 水金凤
1. 植株；2. 侧萼片；3. 花瓣状的中央萼片；4. 旗瓣；
5. 翼瓣；6. 围绕子房合生的雄蕊；7. 雌蕊

状圆柱形，长1.5~2.5 cm。种子多数，长圆球形，长3~4 mm，褐色，光滑。花期7~9月。

产于礤石峪、上池、马场、卧尧、锦罗等地。生于山坡林下、林缘草地或沟边。国内分布于东北、华北、西北地区及长江流域。朝鲜、日本及俄罗斯远东地区也有分布。

91. 五加科 Araliaceae

乔木、灌木或木质藤本，稀多年生草本。有刺或无刺。叶互生，稀轮生。单叶、掌状或羽状复叶；托叶常与叶柄基部连成鞘状，稀无托叶。花整齐，两性或杂性，稀单性异株；伞形、头状、总状或穗状花序，再组成各类复花序；苞片宿存或早落。花梗具关节或无；萼筒与子房连合，具萼齿或近全缘；花瓣5~10，在芽内镊合状或覆瓦状排列，稀帽盖状；雄蕊与花瓣同数，或为其倍数，着生花盘边缘，丁字药；子房下位，2~15室，稀多数，花柱与子室同数，离生、部分连合或连成柱状；胚

珠倒生，单枚悬垂子室顶端。核果或浆果状。种子常侧扁，胚乳均匀或嚼烂状。

50余属约1350种，分布于热带至温带。中国23属约180种。除新疆外，全国各地均有分布。岨徕山4属3种1变种。

分属检索表

1. 单叶或掌状复叶、三出复叶。
　2. 单叶。
　　3. 落叶乔木，树干和枝具宽扁皮刺；叶掌状分裂···1. 刺楸属 Kalopanax
　　3. 常绿攀缘性，植株无刺，有气生根···2. 常春藤属 Hedera
　2. 掌状或三出复叶，植物体常有皮刺···3. 五加属 Eleutherococcus
1. 羽状复叶，植物体通常有刺···4. 楤木属 Aralia

1. 刺楸属 Kalopanax Miq.

落叶乔木，枝干有皮刺。叶为单叶，在长枝上疏散互生，在短枝上簇生；叶柄长，无托叶。花两性，聚生为伞形花序，再组成顶生圆锥花序；花梗无关节；萼筒边缘有5小齿；花瓣5，在花芽中镊合状排列；子房2室；花柱2，合生成柱状，柱头离生。果实近球形。种子扁平；胚乳匀一。

1种，分布于亚洲东部。岨徕山1种。

1. 刺楸（图589）

Kalopanax septemlobus（Thunb.）Koidz. Bot. Mag. Tokyo 39: 306. 1925.

—— *Kalopanax pictus*（Thunb.）Nakai

落叶乔木，高达30 m。小枝散生粗刺；刺基部宽阔扁平，在萌生枝上的长达1 cm以上。叶纸质，在长枝上互生，在短枝上簇生，圆形或近圆形，直径9~25 cm，掌状5~7浅裂，裂片阔三角状卵形至长圆状卵形，长不及全叶片的1/2，萌生枝上的叶片分裂较深，先端渐尖，基部心形，上面无毛或几无毛，下面幼时疏生短柔毛，边缘有细锯齿，掌状脉5~7条；叶柄长8~50 cm，无毛。圆锥花序大，长15~25 cm，直径20~30 cm；伞形花序直径1~2.5 cm，有花多数；总花梗细长，长2~3.5 cm，无毛；花梗无关节，长5~12 mm；花白色或淡绿黄色；萼无毛，长约1 mm，边缘有5小齿；花瓣5，三角状卵形，长约1.5 mm；雄蕊5；花丝长3~4 mm；子房2室，花盘隆起，花柱合生成柱状，柱头离生。果实球形，直径约5 mm，蓝黑色；宿存花柱长2 mm。花期7~10月；果期9~12月。

图589　刺楸
1.花枝；2.幼枝（示皮刺）；3.花；4.果

产于庙子、卧尧、太平顶、龙湾、磴石峪等地。分布广，北自东北起，南至广东、广西、云南，西自四川西部，东至海滨的广大区域内均有分布。朝鲜、俄罗斯和日本也有分布。

木材纹理美观,供建筑、家具、雕刻等用。根皮为民间草药,有清热祛痰、收敛镇痛之效。嫩叶可食。树皮及叶含鞣酸,可提制栲胶,种子可榨油,供工业用。

2. 常春藤属 Hedera Linn.

常绿攀缘灌木,有气生根。叶为单叶,叶片在不育枝上的通常有裂片或裂齿,在花枝上的常不分裂;叶柄细长,无托叶。伞形花序单个顶生,或几个组成顶生短圆锥花序;苞片小;花梗无关节;花两性;萼筒近全缘或有5小齿;花瓣5,在花芽中镊合状排列;雄蕊5;子房5室,花柱合生成短柱状。果实球形。种子卵圆形;胚乳嚼烂状。

15种,产亚洲、欧洲及非洲北部。中国2种。徂徕山1种。

1. 洋常春藤(图590)

Hedera helix Linn.

Sp. Pl. 202. 1753.

常绿藤本,茎借气生根攀缘;长可达20~30 m。幼枝上有星状毛。营养枝上的叶3~5浅裂;花果枝上叶片不裂而为卵状菱形、狭卵形,基部楔形至截形。伞形花序,具细长总梗;花白色,各部有灰白色星状毛。核果球形,径约6 mm,熟时黑色。

徂徕山有少量栽培,见于居住区庭院内。原产欧洲至高加索。国内黄河流域以南普遍栽培。性耐阴,可植于林下。

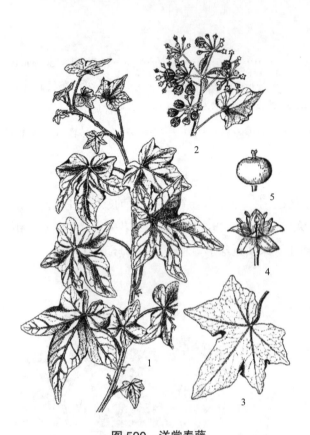

图590 洋常春藤
1. 植株一部分; 2. 花果枝; 3. 叶; 4. 花; 5. 果

3. 五加属 Eleutherococcus Maxim.

灌木,直立或蔓生,稀为乔木;枝有刺,稀无刺。掌状复叶,有小叶3~5,托叶不存在或不明显。花两性,稀单性异株;伞形花序或头状花序通常组成复伞形花序或圆锥花序;花梗无关节或有不明显关节;萼筒边缘有4~5小齿,稀全缘;花瓣5,稀4,在花芽中镊合状排列;雄蕊5,花丝细长;子房2~5室;花柱2~5,离生、基部至中部合生,或全部合生成柱状,宿存。果实球形或扁球形,有二至五棱;种子的胚乳匀一。

约40种,分布于亚洲。中国18种,分布几遍及全国。徂徕山1种。

1. 无梗五加(图591,彩图60)

Eleutherococcus sessiliflorus(Rupr. & Maxim.)S. Y. Hu

J. Arnold Arbor. 61: 109. 1980.

—— *Acanthopanax sessiliflorus*(Rupr. & Maxim.)Seem.

落叶灌木或小乔木,高2~5 m。树皮暗灰色,有纵裂纹;枝无刺或疏生刺。掌状复叶,叶柄长3~12 cm;小叶3~5,倒卵形或长圆状倒卵形至长圆状披针形;长8~18 cm,宽3~7 cm,先端渐尖,基部楔形,边缘有不整齐锯齿,侧脉5~7对,两面无毛;小叶柄长2~10 mm。头状花序紧密,球形,直径2~5 cm，花多数；5~6（10）个头状花序组成顶生圆锥花序或复伞形花序；总花梗长0.5~3 cm，密生短柔毛；花无梗；萼密生白绒毛，边缘有5小齿；花瓣5，卵形，浓紫色，长1.5~2 mm，外面有短柔毛，后脱落；子房2室，花柱合生成柱状，柱头离生。浆果倒卵形，黑色，稍有棱，宿存花柱长达3 mm。花期8~9月；果期9~10月。

产于马场。生于山谷灌丛中。国内分布于东北地区及河北、山西、山东等省份。朝鲜也有分布。

山东为无梗五加在中国自然分布的南界，数量稀少。

4. 楤木属 Aralia Linn.

小乔木、灌木或多年生草本，通常有刺，稀无刺。叶大，1至数回羽状复叶；托叶和叶柄基部合生，先端离生，稀不明显或无托叶。花杂性，聚生为伞形花序，稀为头状花序，再组成圆锥花序；苞片和小苞片宿存或早落；花梗有关节；萼筒边缘有5小齿；花瓣5，在花芽中覆瓦状排列；雄蕊5，花丝细长；子房5室，稀2~4室；花柱5，稀2~4，离生或基部合生；花盘小，边缘略隆起。果实球形，有五棱，稀二至四棱。种子白色，侧扁，胚乳匀一。

约40种，大多数分布于亚洲，少数分布于北美洲。中国29种。徂徕山1变种。

1. 辽东楤木（变种）（图592）

Aralia elata（Miq.）Seemann var. **glabrescens**（Franch. & Sav.）Pojark.

Fl. URSS 16: 27. 1950.

灌木或小乔木，高1.5~6 m，树皮灰色；小枝灰棕色，疏生多数细刺；刺长1~3 mm，基部膨大；嫩枝上常有长达1.5 cm的细长直刺。2~3回羽状复叶，长40~80 cm；叶柄长20~40 cm，无毛；托叶和叶柄基部合生，先端离生部分线形，长约3 mm，边缘有纤毛；叶轴和羽片轴基部通常有短刺；羽片有小叶7~11，基部有小叶1对；小叶片薄纸质或膜质，阔卵形、卵形至椭圆状卵形，长5~15 cm，宽2.5~8 cm，先端渐尖，基部圆形至心形，稀阔楔形，上面绿色，下面灰

图591 无梗五加
1.果枝；2.花；3.果

图592 辽东楤木
1.叶；2.花序；3.茎枝一段；
4.花；5.去掉花冠的花

绿色，无毛或脉上有短柔毛和细刺毛，边缘疏生锯齿，侧脉 6~8 对，两面明显，网脉不明显；小叶柄长 3~5 mm，稀长达 1.2 cm，顶生小叶柄长达 3 cm。圆锥花序长 30~45 cm，伞房状；主轴短，长 2~5 cm，分枝在主轴顶端指状排列，密生灰色短柔毛；伞形花序直径 1~1.5 cm，有花多数或少数；总花梗长 0.8~4 cm，花梗长 5~10 mm，均密生短柔毛；苞片和小苞片披针形，膜质，边缘有纤毛，前者长 5 mm，后者长 2 mm；花黄白色；萼无毛，长 1.5 mm，边缘有 5 卵状三角形小齿；花瓣 5，长 1.5 mm，卵状三角形，开花时反曲；子房 5 室；花柱 5，离生或基部合生。果实球形，黑色，直径 4 mm，有五棱。花期 6~8 月；果期 9~10 月。

光华寺有栽培。国内分布于河北、山东及东北地区。日本、朝鲜、俄罗斯远东地区也有分布。

常用中药，有镇痛消炎、祛风行气、祛湿活血之效。嫩叶可食。

92. 伞形科 Apiaceae

一年生至多年生草本，稀灌木。根通常肉质而粗。茎直立或匍匐上升，通常圆形，稍有棱和槽，空心或有髓。叶互生，叶片通常分裂，1 回掌状分裂或 1~4 回羽状分裂的复叶，或 1~2 回三出式羽状分裂的复叶，很少为单叶；有叶鞘，通常无托叶，稀为膜质。花小，两性或杂性，顶生或腋生的复伞形花序或单伞形花序，很少为头状花序；伞形花序的基部有总苞片，全缘、齿裂、稀状分裂；小伞形花序的基部有小总苞片，全缘或很少羽状分裂；花萼与子房贴生，萼齿 5 或无；花瓣 5，在花蕾时呈覆瓦状或镊合状排列，基部窄狭，有时成爪或内卷成小囊，顶端钝圆或有内折的小舌片或顶端延长如细线；雄蕊 5，与花瓣互生。子房下位，2 室，每室有 1 枚倒悬的胚珠，顶部有盘状或短圆锥状的花柱基；花柱 2，直立或外曲，柱头头状。果实成熟时 2 心皮从合生面分离，每心皮有 1 纤细的心皮柄和果柄相连而倒悬其上，又称双悬果，有 5 条主棱（1 条背棱，2 条中棱，2 条侧棱），外果皮表面平滑或有毛、皮刺、瘤状突起，棱和棱之间有沟槽，有时槽处发展为次棱，而主棱不发育，很少全部主棱和次棱（共 9 条）同样发育；中果皮层内的棱槽内和合生面通常有纵向的油管 1 至多数。胚乳软骨质，胚乳的腹面有平直、凸出或凹入的，胚小。

约 250 余属（或 440~455 属）3300~3700 种，广布于全球温带，主产欧亚大陆尤其是亚洲中部地区。中国约 100 属 614 种。徂徕山 15 属 16 种 1 变种。

分属检索表

1. 子房和果实有刺毛、刺、小瘤、刚毛。
  2. 叶通常 2~3 回羽状分裂，或三出式羽状分裂。
    3. 子房和果实密被钩刺或刚毛。
      4. 总苞片及小总苞片羽状分裂；果实主棱不显著，有刚毛，次棱成窄翅且有刺……………1. 胡萝卜属 Daucus
      4. 总苞片及小总苞片条形，不分裂；果实主棱条形，次棱及棱槽有钩刺，刺的基部有小瘤……2. 窃衣属 Torilis
    3. 子房和果实有海绵质小瘤；茎二歧式分枝………………………………………………3. 防风属 Saposhnikovia
  2. 叶通常掌状分裂，裂片边缘有锯齿或缺刻……………………………………………………………4. 变豆菜属 Sanicula
1. 子房和果实无刺毛、刺、刚毛，有时有柔毛。
  5. 子房和果实无毛。
    6. 叶为 1~4 回羽状全裂或三出式全裂；叶脉网状。
      7. 叶为 2~4 回羽状全裂或三出式全裂。
        8. 花白色、绿白色至紫红、粉红色，但决不为黄色。

9. 花序中的花瓣等大，无辐射瓣。
　　10. 萼齿明显。
　　　　11. 果棱肥厚、钝圆、木栓质，棱槽显著比果棱狭窄；茎下部伏卧·············5. 水芹属 Oenanthe
　　　　11. 果棱细，翅状，不为木栓质，棱槽显著比果棱宽·············6. 山芹属 Ostericum
　　10. 萼齿不明显。
　　　　12. 果实各棱近相等。
　　　　　　13. 果实各棱均成翅状，果棱翅木栓质；果实背腹扁；根无香气·············7. 蛇床属 Cnidium
　　　　　　13. 果实各棱稍隆起，但不成翅状；果实球形；根有香气·············8. 芹属 Apium
　　　　12. 果实侧棱翅状，宽于背棱、中棱，叶边缘有白色软骨质·············9. 当归属 Angelica
9. 花序外缘花的外侧花瓣增大成辐射瓣；果实球形·············10. 芫荽属 Coriandrum
8. 花黄色；叶的末回裂片丝状，一年生栽培植物·············11. 茴香属 Foeniculum
7. 叶为 1 回羽状全裂·············12. 泽芹属 Sium
6. 单叶全缘，叶脉近平行呈弧形，花黄色·············13. 柴胡属 Bupleurum
5. 子房和果实有柔毛，果实背腹压扁，
14. 果实背棱、中棱稍隆起，侧棱呈翅状·············14. 前胡属 Peucedanum
14. 果实各棱近相等或侧棱稍宽·············15. 岩风属 Libanotis

1. 胡萝卜属 Daucus Linn.

一、二年生草本，根肉质。茎直立，有分枝。叶有柄，叶柄具鞘；叶片羽状分裂，末回裂片窄小。花序为疏松的复伞形花序，顶生或腋生；总苞具多数羽状分裂或不分裂的苞片；小总苞片多数，3 裂、不裂或缺乏；伞辐少数至多数，开展；花白色或黄色，小伞形花序中心的花呈紫色，通常不孕；花梗开展，不等长；萼齿小或不明显；花瓣倒卵形，先端凹陷，有 1 内折的小舌片，靠外缘的花瓣为辐射瓣；花柱基短圆锥形，花柱短。果实长圆形至卵圆形，棱上有刚毛或刺毛，每棱槽内有油管 1，合生面油管 2；胚乳腹面略凹陷或近平直；心皮柄不分裂或顶端 2 裂。

约 20 种，分布于欧洲、非洲、美洲和亚洲。中国 1 种。徂徕山 1 变种。

1. 胡萝卜（变种）（图 593）

Daucus carota Linn. var. *sativa* Hoffm. Deutschl. Fl. ed. 1. 91. 1791.

—— *Daucus carota* subsp. *sativus*（Hoffm.）Arcang.

二年生草本，高 15~120 cm。根肉质，长圆锥形，粗肥，呈红色或黄色。茎单生，全体有白色粗硬毛。基生叶长圆形，2~3 回羽状全裂，末回裂片线形或披针形，长 2~15 mm，宽 0.5~4 mm，顶端尖锐，有小尖头，光滑或有糙硬毛；叶柄

图 593　胡萝卜
1. 植株下部；2. 植株上部；3. 花；
4. 果实；5. 果实横切面

长 3~12 cm；茎生叶近无柄，有叶鞘，末回裂片小或细长。复伞形花序，花序梗长 10~55 cm，有糙硬毛；总苞有多数苞片，呈叶状，羽状分裂，少有不裂的，裂片线形，长 3~30 mm；伞辐多数，长 2~7.5 cm，果期外缘的伞辐向内弯曲；小总苞片 5~7，线形，不分裂或 2~3 裂，边缘膜质，具纤毛；花通常白色，有时带淡红色；花梗不等长，长 3~10 mm。果实卵圆形，长 3~4 mm，宽 2 mm，棱上有白色刺毛。花期 5~7 月；果期 9~10 月。

徂徕山各林区均有栽培。全国各地广泛栽培。世界各地均有栽培。

根作蔬菜食用。果实入药，有驱虫作用，又可提取芳香油。

2. 窃衣属 Torilis Adans.

一年生或多年生草本，全体被刺毛、粗毛或柔毛。根细长，圆锥形。茎直立，单生，有分枝。叶有柄，柄有鞘；叶片近膜质，1~2 回羽状分裂或多裂，1 回羽片卵状披针形，边缘羽状深裂或全缘，有短柄，末回裂片狭窄。复伞形花序顶生，腋生或与叶对生，疏松，总苞片数枚或无；小总苞片 2~8 线形或钻形；伞辐 2~12，直立，开展；花白色或紫红色，萼齿三角形，尖锐；花瓣倒卵圆形，有狭窄内凹的顶端，背部中间至基部有粗伏毛；花柱基圆锥形，花柱短、直立或向外反曲，心皮柄顶端 2 浅裂。果实卵圆形或长圆形，主棱线状，棱间有直立或呈钩状的皮刺，皮刺基部阔展、粗糙；胚乳腹面凹陷，次棱下方有油管 1，合生面油管 2。

约 20 种，分布欧洲、亚洲、南北美洲及非洲的热带和新西兰。中国 2 种。徂徕山 1 种。

1. 小窃衣（图 594）
Torilis japonica（Houtt.）DC.
Prodr. 4: 219. 1830.

一年生或多年生草本，高 20~120 cm。主根细长，圆锥形，棕黄色，支根多数。茎有纵条纹及刺毛。叶柄长 2~7 cm，下部有窄膜质的叶鞘；叶片长卵形，1~2 回羽状分裂，两面疏生紧贴的粗毛，第 1 回羽片卵状披针形，长 2~6 cm，宽 1~2.5 cm，先端渐窄，边缘羽状深裂至全缘，有 0.5~2 cm 长的柄，末回裂片披针形以至长圆形，边缘有条裂状的粗齿至缺刻或分裂。复伞形花序顶生或腋生，花序梗长 3~25 cm，有倒生刺毛；总苞片 3~6，长 0.5~2 cm，线形，极少叶状；伞辐 4~12，长 1~3 cm，开展，有向上的刺毛；小总苞片 5~8，线形或钻形，长 1.5~7 mm，宽 0.5~1.5 mm；小伞形花序有花 4~12，花梗长 1~4 mm，短于小总苞片；萼齿细小，三角形或三角状披针形；花瓣白色、紫红或蓝紫色，倒卵圆形，顶端内折，长与宽均 0.8~1.2 mm，外面中间至基部有紧贴的粗毛；花丝长约 1 mm，花药卵圆形，长约 0.2 mm；花柱基部平压状或圆锥形，

图 594 小窃衣
1.苗期植株；2.叶；3.花序；4.花；5.果实；
6.果实横切面

花柱幼时直立，果熟时向外反曲。果实卵圆形，长 1.5~4 mm，宽 1.5~2.5 mm，通常有内弯或呈钩状的皮刺；皮刺基部阔展，粗糙；胚乳腹面凹陷，每棱槽有油管 1。花、果期 4~10 月。

产于上池、马场、光华寺。除黑龙江、内蒙古及新疆省份外，全国各地均产。分布于欧洲、北非及亚洲的温带地区。

果和根供药用，果含精油、能驱蛔虫，外用为消炎药。

3. 防风属 Saposhnikovia Schischkin

多年生草本。根粗壮。茎自下部有多数分枝。叶片2~3回羽状全裂。复伞形花序顶生，疏松，无总苞片；小总苞片披针形；萼齿三角状卵形；花瓣白色，全缘，无毛，顶端有内折的小舌片；花柱基圆锥形，花柱与其等长；果期伸长而下弯；子房密被横向排列的小突起，果期逐渐消失，留有突起的痕迹。双悬果狭椭圆形或椭圆形，背部扁压，分生果有明显隆起的尖背棱，侧棱成狭翅状，在主棱下及在棱槽内各有油管1，合生面有油管2。胚乳腹面平坦。

1种，分布西伯利亚东部及亚洲北部。中国1种，分布于东北、华北地区。徂徕山1种。

1. 防风（图595）

Saposhnikovia divaricata（Trucz.）Schischk. Fl. URSS. 17: 54. 1951.

多年生草本，高30~80 cm。根粗壮，细长圆柱形，淡黄棕色。根头处被有纤维状叶残基及明显的环纹。茎单生，自基部分枝较多，斜上升，与主茎近于等长，有细棱，基生叶有扁长的叶柄，基部有宽叶鞘。叶片卵形或长圆形，长14~35 cm，宽6~8（18）cm，2回或近于3回羽状分裂，第1回裂片卵形或长圆形，有柄，长5~8 cm，第2回裂片下部具短柄，末回裂片狭楔形，长2.5~5 cm，宽1~2.5 cm。茎生叶与基生叶相似，但较小，顶生叶简化，有宽叶鞘。复伞形花序多数。生于茎和分枝，顶端花序梗长2~5 cm；伞辐5~7，长3~5 cm，无毛；小伞形花序有花4~10；无总苞片；小总苞片4~6，线形或披针形，先端长，长约3 mm，萼齿短三角形；花瓣倒卵形，白色，长约1.5 mm，无毛，先端微凹，具内折小舌片。双悬果狭圆形或椭圆形，长4~5 mm，宽2~3 mm，幼时有疣状突起，成熟时渐平滑；每棱槽内通常有油管1，合生面油管2；胚乳腹面平坦。花期8~9月；果期9~10月。

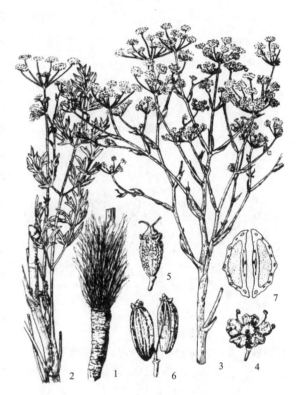

图595 防风
1. 根；2. 植株一部分；3. 花序；4. 花；
5~6. 果实；7. 果实横切面

徂徕山部分药圃和居住区庭院有栽培。分布于黑龙江、吉宁、辽宁、内蒙古、河北、宁夏、甘肃、陕西、山西、山东等省份。

根供药用，为东北地区著名药材之一。有发汗、祛痰、祛风、发表、镇痛的功效。

4. 变豆菜属 Sanicula Linn.

二年生或多年生草本，有根状茎、块根或成簇的纤维根。茎直立或倾卧，分枝或呈花葶状。叶柄基部有宽的膜质叶鞘；叶片圆形至心状五角形，掌状或三出式3裂，裂片边缘有锯齿。单伞形花序或为不规则伸长的复伞形花序，很少近总状；总苞片叶状，有锯齿或缺刻；小总苞片细小，分裂或否；伞梗不等长，向外开展至分叉式伸长；小伞形花序中有两性花和雄花；花白色、绿白色、淡黄色、紫色或淡蓝色，雄花有柄，两性花无柄或有短柄；萼齿卵形，线状披针形或呈刺芒状；花瓣匙形或倒卵形，顶端内凹而有狭窄内折的小舌片；花柱基无或扁平。果实长椭圆状卵形或近球形，有或无柄，表面密生皮刺或瘤状突起；果棱不显著或稍隆起；果实合生面平直或内凹；油管大或小至不明显，规则或不规则排列，通常在合生面有两个较大油管。种子表面扁平，胚乳腹面内凹或有沟槽。

约40种，主要分布于热带和亚热带地区。中国17种。徂徕山1种。

1. 变豆菜（图596，彩图61）

Sanicula chinensis Bunge

Mem. Acad. Sav. Etrang. St. Petersb. 2: 106. 1835.

多年生草本，高达1 m。根茎粗而短，斜生或近直立，有许多细长的支根。茎直立，无毛，有纵沟纹，上部分枝。基生叶少数，近圆形、圆肾形至圆心形，常3裂，少5裂，中裂片倒卵形，基部近楔形，长3~10 cm，宽4~13 cm，主脉1，无柄或有长1~2 mm的短柄，侧裂片通常各有1深裂，裂口深达基部1/3~3/4，内裂片的形状、大小同中间裂片，外裂片披针形，大小约为内裂片的1/2，边缘有大小不等的重锯齿；叶柄长7~30 cm，基部有透明的膜质鞘；茎生叶逐渐变小，有柄或近无柄，通常3裂，裂片边缘有大小不等的重锯齿。花序2~3回叉式分枝，侧枝向两边开展而伸长，中间的分枝较短，长1~2.5 cm，总苞片叶状，常3深裂；伞形花序2~3出；小总苞片8~10，卵状披针形或线形，长1.5~2 mm，宽约1 mm，顶端尖；小伞形花序有花6~10，雄花3~7，稍短于两性花，花梗长1~1.5 mm；萼齿窄线形，长约1.2 mm，宽0.5 mm，顶端渐尖；花瓣白色或绿白色，倒卵形至长倒卵形，长1 mm，宽0.5 mm，顶端内折；花丝与萼齿等长或稍长；两

图596 变豆菜
1.植株上部；2.基生叶；3.雄花；4.两性花；
5.果实；6.分生果横切面

性花3~4，无柄；萼齿和花瓣的形状、大小同雄花；花柱与萼齿同长，很少超过。果实卵圆形，长4~5 mm，宽3~4 mm，顶端萼齿成喙状突出，皮刺直立，顶端钩状，基部膨大；果实的横切面近圆形，胚乳的腹面略凹陷。油管5，中型，合生面通常2，大而显著。花、果期4~10月。

产于马场。生于阴湿山坡路旁、杂木林下、溪边等草丛中。国内分布于东北、华东、中南、西北和西南地区。日本、朝鲜、俄罗斯西伯利亚东部也有分布。

5. 水芹属 Oenanthe Linn.

二年生至多年生草本，很少为一年生，有成簇的须根。茎细弱或粗大，匍匐性上升或直立，下部节上常生根。叶有柄，基部有叶鞘；叶片羽状分裂至多回羽状分裂，羽片或末回裂片卵形至线形，边缘有锯齿或呈羽状半裂，或叶片有时简化成线形管状的叶柄。复伞形花序疏展，顶生与侧生；总苞缺或有少数窄狭的苞片；小总苞片多数，狭窄，比花梗短；伞辐多数，开展；花白色；萼齿披针形，宿

存；小伞形花序外缘花的花瓣通常增大为辐射瓣；花柱基平压或圆锥形，花柱伸长，花后挺直，很少脱落。果实卵圆形至长圆形，光滑，侧面略扁平，果棱钝圆，木栓质，2个心皮的侧棱通常略相连，较背棱和中棱宽而大。分生果背部扁压；每棱槽中有油管1，合生面油管2；胚乳腹面平直；无心皮柄。

25~30种，分布于北半球温带和南非洲。中国5种，主产于西南及中部地区。徂徕山1种。

1. 水芹（图597）

Oenanthe javanica（Blume）DC.

Prodr. 4: 138. 1830.

多年生草本，高 15~80 cm，茎直立或基部匍匐。基生叶有柄，柄长达 10 cm，基部有叶鞘；叶片轮廓三角形，1~2回羽状分裂，末回裂片卵形至菱状披针形，长 2~5 cm，宽 1~2 cm，边缘有牙齿或圆齿状锯齿；茎上部叶无柄，裂片和基生叶的裂片相似，较小。复伞形花序顶生，花序梗长 2~16 cm；无总苞；伞辐 6~16，不等长，长 1~3 cm，直立和展开；小总苞片 2~8，线形，长 2~4 mm；小伞形花序有花 20 余朵，花梗长 2~4 mm；萼齿线状披针形，长与花柱基相等；花瓣白色，倒卵形，长 1 mm，宽 0.7 mm，有一长而内折的小舌片；花柱基圆锥形，花柱直立或两侧分开，长 2 mm。果实近四角状椭圆形或筒状长圆形，长 2.5~3 mm，宽 2 mm，侧棱较背棱和中棱隆起，木栓质，分生果横切面近于五边状的半圆形；每棱槽内油管1，合生面油管2。花期6~7月；果期8~9月。

徂徕山各山地林区均产。生于浅水低洼、水沟旁。分布于中国各地。也分布于印度、缅甸、越南、马来西亚、印度尼西亚及菲律宾等地。

图 597 水芹
1. 植株；2. 花；3. 果实；4. 果实横切面

茎叶可作蔬菜食用；全草民间也作药用，有降低血压的功效。

6. 山芹属 Ostericum Hoffm.

二年生或多年生草本。茎直立，中空，具细棱槽或棱角。叶 2~3 回羽状分裂，末回裂片宽或狭，叶下面淡绿色，细脉不明显。复伞形花序；总苞片少数，披针形或线状披针形；小总苞片数个，线形至线状披针形；花白色、绿色或黄白色；萼齿明显，三角状或卵形，宿存。果实卵状长圆形，扁平；分生果背棱稍隆起，侧棱薄，宽翅状，果皮薄膜质，透明，有光泽，外果皮细胞向外凸出，于扩大镜下明显可见呈颗粒状或点泡状突起，棱槽内有油管 1~3，合生面有油管 2~8；果实成熟后，中果皮处出现空隙，内果皮和中果皮紧密结合而与中果皮分离。种子扁平，胚乳腹面平直，心皮柄 2 裂。

约10种，主产于中国东北地区、朝鲜、日本和俄罗斯远东地区。中国7种。徂徕山1种。

1. 山芹（图598）

Ostericum sieboldii（Miq.）Nakai

Journ. Jap. Bot. 18: 219. 1942.

多年生草本，高 0.5~1.5 m。主根粗短，有 2~3 分枝，黄褐色至棕褐色。茎直立，中空，有较深的沟纹，光滑或基部稍有短柔毛，上部分枝，开展。基生叶及上部叶均为 2~3 回三出式羽状分裂；叶片轮廓为三角形，长 20~45 cm，叶柄长 5~20 cm，基部膨大成扁而抱茎的叶鞘；末回裂片菱状卵形至卵状披针形，长 5~10 cm，宽 3~6 cm，急尖至渐尖，边缘有内曲的圆钝齿或缺刻状齿 5~8 对，通常齿端有锐尖头，基部截形，有时中部深裂，表面深绿色，背面灰白色，两面均无毛，最上部的叶常简化成无叶的叶鞘。复伞形花序，伞辐 5~14；花序梗、伞辐和花梗均有短糙毛；花序梗长 3~7 cm；总苞片 1~3，长 3~9.5 mm，线状披针形，顶端近钻形，边缘膜质；小伞形花序有花 8~20，小总苞片 5~10，线形至钻形；萼齿卵状三角形；花瓣白色，长圆形，基部渐狭，成短爪，顶端内曲，花柱 2 倍长于扁平的花柱基。果实长圆形至卵形，长 4~5.5 mm，宽 3~4 mm，成熟时金黄色，透明，有光泽，基部凹入，背棱细狭，侧棱宽翅状，与果体近相等，棱槽内有油管 1~3，合生面有油管 4~6，少为 8。花期 8~9 月；果期 9~10 月。

产于黄石崖、上池、马场、光华寺、礤石峪。生于山坡、山谷、林缘和林下。国内分布于东北地区及内蒙古、山东、江苏、安徽、浙江、江西、福建等省份。

根可入药。幼苗可作春季野菜。

图 598　山芹
1. 植株下部；2. 花序；3. 花；4. 幼果

7. 蛇床属 Cnidium Cuss.

一年生至多年生草本。叶通常为 2~3 回羽状复叶，稀 1 回羽状复叶，末回裂片线形、披针形至倒卵形。复伞形花序顶生或侧生；总苞片线形至披针形；小总苞片线形、长卵形至倒卵形，常具膜质边缘；花白色，稀带粉红色；萼齿不明显；花柱 2，向下反曲。果实卵形至长圆形，果棱翅状，常木栓化；分生果横切面近五角形；每棱槽内油管 1，合生面油管 2；胚乳腹面近于平直。

6~8 种，主产欧洲和亚洲。中国 5 种，分布几遍全国。徂徕山 1 种。

1. 蛇床（图 599，彩图 62）

Cnidium monnieri（Linn.）Cuss.

Mem. Soc. Med. Par. 280. 1782.

一年生草本，高 10~60 cm。根圆锥状，较细

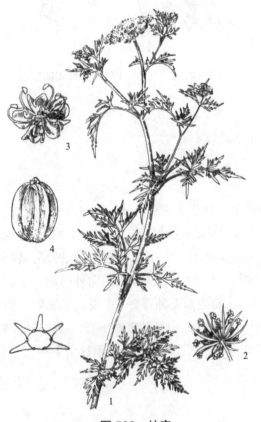

图 599　蛇床
1. 植株上部；2. 花序；3. 花；4. 果实

长。茎直立或斜上，多分枝，中空，表面具深条棱，粗糙。下部叶具短柄，叶鞘短宽，边缘膜质，上部叶柄全部鞘状；叶片轮廓卵形至三角状卵形，长3~8 cm，宽2~5 cm，2~3回三出式羽状全裂，羽片轮廓卵形至卵状披针形，长1~3 cm，宽0.5~1 cm，先端常略呈尾状，末回裂片线形至线状披针形，长3~10 mm，宽1~1.5 mm，具小尖头，边缘及脉上粗糙。复伞形花序直径2~3 cm；总苞片6~10，线形至线状披针形，长约5 mm，边缘膜质，具细睫毛；伞辐8~20，不等长，长0.5~2 cm，棱上粗糙；小总苞片多数，线形，长3~5 mm，边缘具细睫毛；小伞形花序具花15~20，萼齿无；花瓣白色，先端具内折小舌片；花柱基略隆起，花柱长1~1.5 mm，向下反曲。分生果长圆状，长1.5~3 mm，宽1~2 mm，横切面近五角形，主棱5，均扩大成翅；每棱槽内油管1，合生面油管2；胚乳腹面平直。花期4~7月；果期6~10月。

产于西旺等林区。生于田边、路旁、草地及河边湿地。国内分布于华东、中南、西南、西北、华北、东北地区。朝鲜、越南、北美洲及欧洲国家也有分布。

果实"蛇床子"入药，有燥湿、杀虫止痒、壮阳之效，治皮肤湿疹、阴道滴虫、肾虚阳痿等症。

8. 芹属 Apium Linn.

一年生至多年生草本。根圆锥形。茎直立或匍匐，有分枝，无毛。叶1回羽状分裂至三出式羽状多裂，裂片近圆形，卵形至线形；叶柄基部有膜质叶鞘。花序为疏松或紧密的单伞形花序或复伞形花序，花序梗顶生或侧生，有些伞形花序无梗；总苞片和小总苞片缺乏或显著；伞辐上升开展；花梗不等长；花白色或稍带黄绿色；萼齿细小或退化；花瓣近圆形至卵形，顶端有内折的小舌片；花柱基幼时通常扁压，花柱短或向外反曲。果实近圆形、卵形或椭圆形，侧面扁压，合生面有时收缩；果棱尖锐或圆钝，每棱槽内有油管1，合生面油管2；分生果横切面近圆形，胚乳腹面平直，心皮柄不分裂或顶端2浅裂至2深裂。

约20种，分布于全世界温带地区。中国引入栽培1种。徂徕山1种。

1. 旱芹 芹菜（图600）

Apium graveolens Linn.

Sp. Pl. 204. 1753.

二年生或多年生草本，高15~150 cm。有强烈香气。根圆锥形，支根多数，褐色。茎直立，光滑，有少数分枝，并有棱角和直槽。根生叶有柄，柄长2~26 cm，基部略扩大成膜质叶鞘；叶片轮廓为长圆形至倒卵形，长7~18 cm，宽3.5~8 cm，通常3中裂或3全裂，裂片近菱形，边缘有圆锯齿或锯齿，叶脉两面隆起；较上部的茎生叶有短柄，叶片轮廓为阔三角形，通常分裂为3小叶，小叶倒卵形，中部以上边缘疏生钝锯齿以至缺刻。复伞形花序顶生或与叶对生，花序梗长短不一，有时无梗，通常无总苞片和小总苞片；伞辐细弱，3~16个，长0.5~2.5 cm；小伞形花序，有花7~29朵，花梗长1~1.5 mm；萼齿小或不明显；花瓣白色或黄绿色，卵圆形，长约1 mm，宽

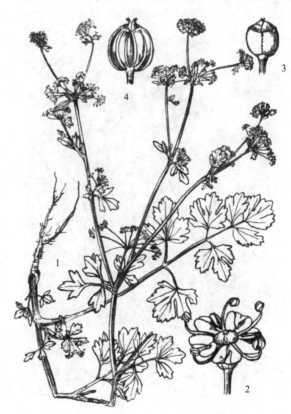

图600 旱芹

1.植株；2.花；3.雌蕊；4.果实

0.8 mm，顶端有内折的小舌片；花丝与花瓣等长或稍长于花瓣，花药卵圆形，长约 0.4 mm；花柱基扁压，花柱幼时极短，成熟时长约 0.2 mm，向外反曲。分生果圆形或长椭圆形，长约 1.5 mm，宽 1.5~2 mm，果棱尖锐，合生面略收缩；每棱槽内有油管 1，合生面油管 2，胚乳腹面平直。花期 4~7 月。

徂徕山各林区均有栽培。分布于欧洲、亚洲、非洲及美洲。中国南北各省份均有栽培。

常见栽培供作蔬菜。果实可提取芳香油，作调和香精。

9. 当归属 Angelica Linn.

二年生或多年生草本，通常有粗大的圆锥状直根。茎直立，圆筒形，常中空，无毛或有毛。叶三出式羽状分裂或羽状多裂，裂片宽或狭，有锯齿、牙齿或浅齿，少为全缘；叶柄膨大成管状或囊状的叶鞘。复伞形花序，顶生和侧生；总苞片和小总苞片多数至少数，全缘，稀无；伞辐多数至少数；花白色带绿色，稀淡红色或深紫色；萼齿通常不明显；花瓣卵形至倒卵形，顶端渐狭，内凹成小舌片，背面无毛，少有毛；花柱基扁圆锥状至垫状，花柱短至细长，开展或弯曲。果实卵形至长圆形，光滑或有柔毛，背棱及中棱线形、肋状，稍隆起，侧棱宽阔或狭翅状，成熟时 2 个分生果互相分开；分生果横切面半月形，每棱槽中有油管 1 至数个，合生面有油管 2 至数个。胚乳腹面平直或稍凹入；心皮柄 2 裂至基部。

约 90 种，大部分产于北温带。中国 45 种，分布于南北各省份，主分布于东北、西北和西南地区。徂徕山 2 种。

分种检索表

1. 茎顶部叶鞘非囊状或阔兜状，花有萼齿；分生果合生面油管 2 ··············· 1. 拐芹当归 Angelica polymorpha
1. 茎顶部叶鞘为囊状或阔兜状，花无萼齿；分生果合生面油管 4 ················ 2. 白芷 Angelica dahurica

图 601 拐芹当归
1. 叶；2. 果序；3. 花；4. 果实；5. 分生果横切面

1. 拐芹当归（图 601）

Angelica polymorpha Maxim.

Bull. Acad. St.-Petersb. 19: 185. 1874.

多年生草本，高 0.5~1.5 m。根圆锥形，径达 0.8 cm，外皮灰棕色，有少数须根。茎单一，细长，中空，有浅沟纹，光滑无毛或有稀疏短糙毛，节处常为紫色。叶 2~3 回三出式羽状分裂，叶片轮廓为卵形至三角状卵形，长 15~30 cm，宽 15~25 cm；茎上部叶简化为无叶或带有小叶、略膨大的叶鞘，叶鞘薄膜质，常带紫色。第 1 回和第 2 回裂片有长叶柄，小叶柄通常膝曲或弧形弯曲；末回裂片有短柄或近无柄、卵形或菱状长圆形、纸质，长 3~5 cm，宽 2.5~3.5 cm，3 裂，两侧裂片又多为不等的 2 深裂，基部截形至心形，顶端具长尖，边缘有粗锯齿、大小不等的重锯齿或缺刻状深裂，齿端有锐尖头，两面脉上疏被短糙毛或下表面无毛。复伞形花序直径 4~10 cm，花序梗、伞辐和花梗密生短糙毛；伞辐 11~20，长 1.5~3 cm，开展，上举；总苞片 1~3 或无，狭披针形，有缘毛；小苞片 7~10，狭线形，紫色，有缘毛；萼齿退化，少为细小的三角状锥形；花瓣匙形至倒卵形，白色，无毛，渐尖，顶端内曲；花柱短，常反卷。果实长圆形至近长方形，基部凹入，长 6~7 mm，宽 3~5 mm，背棱短翅状，侧棱膨大成膜质的翅，与果体等宽或略宽，棱槽内有油管 1，合生面油管 2，油管狭细。花期 8~9 月；果期 9~10 月。

徂徕山各山地林区均产。生于山沟溪流旁、杂木林下、灌丛间及阴湿草丛中。国内分布于东北地地及河北、山东、江苏等省份。也分布于朝鲜和日本。

幼苗作春季山菜，供食用。

2. 白芷（图 602）

Angelica dahurica（Fisch. ex Hoffm.）Benth. & Hook. f. ex Franch. & Sav.

Enum. Pl. Jap. 1: 187. 1873.

多年生高大草本，高 1~2.5 m。根圆柱形，有分枝，径 3~5 cm，外表皮黄褐色至褐色，有浓烈气味。茎基部径 2~5 cm，通常带紫色，中空，有纵长沟纹。基生叶 1 回羽状分裂，有长柄，叶柄下部有管状抱茎边缘膜质的叶鞘；茎上部叶 2~3 回羽状分裂，叶片轮廓为卵形至三角形，长 15~30 cm，宽 10~25 cm，叶柄长 15 cm，下部为囊状膨大的膜质叶鞘，无毛，常带紫色；末回裂片长圆形，卵形或线状披针形，多无柄，长 2.5~7 cm，宽 1~2.5 cm，急尖，边缘有不规则的白色软骨质粗锯齿，具短尖头，基部两侧常不等大，沿叶轴下延成翅状；花序下方的叶简化成显著膨大的囊状叶鞘，外面无毛。复伞形花序顶生或侧生，直径 10~30 cm，花序梗长 5~20 cm，花序梗、伞辐和花梗均有短糙毛；伞辐 18~40，

图 602 白芷
1. 植株上部；2. 叶；3. 果实；
4. 果实横切面；5. 叶缘

中央主伞有时伞辐多至 70；总苞片通常缺或 1~2，为长卵形膨大的鞘；小总苞片 5~10，线状披针形，膜质，花白色；无萼齿；花瓣倒卵形，顶端内曲成凹头状；子房无毛或有短毛；花柱比花柱基长 2 倍。果实长圆形至卵圆形，黄棕色，有时带紫色，长 4~7 mm，宽 4~6 mm，无毛，背棱扁，厚而钝圆，近海绵质，远较棱槽为宽，侧棱翅状，较果体狭；棱槽中有油管 1，合生面油管 2。花期 7~8 月；果期 8~9 月。

徂徕山居住区庭院有少量栽培。分布于东北及华北地区，北方各省份多栽培供药用。

为著名常用中药。根入药，能发表、祛风除湿。嫩茎剥皮后可供食用。

10. 芫荽属 Coriandrum Linn.

直立草本，光滑，有强烈气味。根纺锤形。叶柄有鞘；叶片膜质，1 或多回羽状分裂。复伞形花序顶生或与叶对生；通常无总苞片，有时有一线形而全缘或有分裂的苞片；小总苞片数枚，线形；伞辐少数，开展；花白色、玫瑰色或淡紫红色；萼齿小，短尖，大小不相等；花瓣倒卵形，顶端内凹，在伞形花序外缘的花瓣通常有辐射瓣；花柱基圆锥形；花柱细长而开展。果实圆球形，外果皮坚硬，光滑，背面主棱及相邻的次棱明显；胚乳腹面凹陷；油管不明显，或有 1 个位于次棱的下方。

图 603 芫荽
1. 植株上部；2. 叶；3. 伞形花序中的边花；
4. 伞形花序中的中心花；5. 果实；6. 果实横切面

1 种，分布于地中海地区。中国引入栽培 1 种。徂徕山 1 种。

1. 芫荽（图 603）

Coriandrum satium Linn.

Sp. Pl. 1: 256. 1753.

一、二年生草本，有强烈气味。高 20~100 cm。根纺锤形，细长，有多数纤细的支根。茎圆柱形，直立，多分枝，有条纹，通常光滑。根生叶有柄，柄长 2~8 cm；叶片 1~2 回羽状全裂，羽片广卵形或扇形半裂，长 1~2 cm，宽 1~1.5 cm，边缘有钝锯齿、缺刻或深裂，上部的茎生叶 3 至多回羽状分裂，末回裂片狭线形，长 5~10 mm，宽 0.5~1 mm，顶端钝，全缘。伞形花序顶生或与叶对生，花序梗长 2~8 cm；伞辐 3~7，长 1~2.5 cm；小总苞片 2~5，线形，全缘；小伞形花序有孕花 3~9，花白色或带淡紫色；萼齿大小不等，小的卵状三角形，大的长卵形；花瓣倒卵形，长 1~1.2 mm，宽约 1 mm，顶端有内凹的小舌片，辐射瓣长 2~3.5 mm，宽 1~2 mm，通常全缘，有 3~5 脉；花丝长 1~2 mm，花药卵形，长约 0.7 mm；花柱幼时直立，果熟时向外反曲。果实圆球形，背面主棱及相邻的次棱明显。胚乳腹面内凹。油管不明显，或有 1 个位于次棱的下方。花、果期 4~11 月。

徂徕山各林区均有栽培。原产欧洲地中海地区。中国西汉时张骞从西域带回，现东北地区及河北、山东、安徽、江苏、浙江、江西、湖南、广东、广西、陕西、四川、贵州、云南、西藏等省份均有栽培。茎叶作蔬菜和调香料，并有健胃消食作用；果实可提芳香油；种子含油约 20%；果入药。

11. 茴香属 Foeniculum Mill.

一年生或多年生草本，有强烈香味。茎光滑，灰绿色或苍白色。叶有柄，叶鞘边缘膜质；叶片多回羽状分裂，末回裂片呈线形。复伞形花序顶生和侧生；无总苞片和小总苞片；伞辐多数，直立，开展，不等长；小伞形花序有多数花；花梗纤细；萼齿退化或不明显；花瓣黄色，倒卵圆形，顶端有内折的小舌片；花柱基圆锥形，花柱甚短，向外反折。果实长圆形，光滑，主棱 5 条，尖锐或圆钝；每棱槽内有油管 1，合生面油管 2；胚乳腹面平直或微凹；心皮柄 2 裂至基部。

1 种，分布于地中海地区。中国各地引种栽培。徂徕山 1 种。

1. 茴香（图 604）

Foeniculum vulgare Mill.

Gard. Dict. ed. 8. 1: 1768.

一年生草本，高 0.4~2 m。茎直立，光滑，灰绿色或苍白色，多分枝。较下部的茎生叶柄长 5~15 cm，中部或上部的叶柄部分或全部成鞘状，叶鞘边缘膜质；叶片轮廓为阔三角形，长 4~30 cm，宽 5~40 cm，4~5 回羽状全裂，末回裂片线形，长 1~6 cm，宽约 1 mm。复伞形花序顶生与侧生，花序梗长 2~25 cm；伞辐 6~29 cm，不等长，长 1.5~10 cm；小伞形花序有花 14~39 朵；花梗纤细，不等长；无萼齿；花瓣黄色，倒卵形或近倒卵圆形，长约1 mm，先端有内折的小舌片，中脉1条；花丝略长于花瓣，花药卵圆形，淡黄色；花柱基圆锥形，花柱极短，向外叉开或贴伏在花柱基上。果实长圆形，长4~6 mm，宽1.5~2.2 mm，主棱5条，尖锐；每棱槽内有油管1，合生面油管2；胚乳腹面近平直或微凹。花期5~6月；果期7~9月。

零星栽培。原产地中海地区。中国各省份都有栽培。

嫩叶可作蔬菜食用或作调味用。果实入药，有祛风祛痰、散寒、健胃和止痛之效。

12. 泽芹属 Sium Linn.

多年生草本，水生或陆生。全株无毛。根为成束的须根或为块根。茎直立，分枝，稀矮小不分枝。叶有柄，叶柄具叶鞘；叶片1回羽状分裂至全裂，裂片边缘有锯齿、圆齿或缺刻。复伞形花序顶生或侧生；总苞片绿色，全缘或有缺刻；小总苞片窄狭；伞辐少数；花白色、黄色或绿色，花梗开展；萼齿显著或细小，通常不等大；花瓣倒卵形或倒心形，顶端窄狭内折，外缘花瓣有时为辐射瓣；花柱反折，花柱基平陷或很少呈短圆锥形。果实卵球形或卵状长圆形，两侧略扁平，合生面稍收缩，光滑，果棱显著；每棱槽中有油管1~3，合生面油管2~6；分生果横切面略呈五边形或近圆形，胚乳腹面平直；心皮柄2裂达于基部，心皮柄的分枝与分生果分离或贴着于分生果的合生面。

约10种，产西伯利亚、东亚、北美洲、欧洲与非洲。中国5种，分布于东北、西北及华东等地区。徂徕山1种。

1. 泽芹（图605）

Sium suave Walt.

Fl. Carol. 115. 1788.

多年生草本，高60~120 cm。有成束的纺锤状根和须根。茎直立，粗大，有少数分枝，通常在近基部的节上生根。叶片轮廓呈长圆形至卵形，长6~25 cm，宽7~10 cm，1回羽状分裂；羽片3~9对，无柄，疏离，披针形至线形，长1~4 cm，宽3~15 mm，基部圆楔形，先端尖，边缘有细锯齿或粗锯齿；上部的茎生叶较小，有3~5对羽片，形

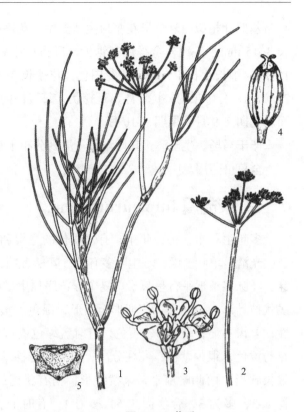

图604 茴香
1. 花枝；2. 花序；3. 花；4. 果实；5. 果实横切面

图605 泽芹
1. 叶；2. 花序；3. 花；4. 果实；5. 分生果横切面

状与基部叶相似。复伞形花序顶生和侧生，花序梗粗壮，长 3~10 cm，总苞片 6~10，披针形或线形，长 3~15 mm，尖锐，全缘或有锯齿，反折；小总苞片线状披针形，长 1~3 mm，尖锐，全缘；伞辐 10~20，细长，长 1.5~3 cm；花白色，花梗长 3~5 mm；萼齿细小；花柱基短圆锥形。果实卵形，长 2~3 mm，分生果的果棱肥厚，近翅状；每棱槽内油管 1~3，合生面油管 2~6；心皮柄的分枝贴近合生面。花期 8~9 月；果期 9~10 月。

产于马场。生于溪边较潮湿处。国内分布于东北、华北、华东地区。

全草可药用。

13. 柴胡属 Bupleurum Linn.

多年生草本，稀一年生，有木质化的主根和须状支根。茎直立或倾斜，枝互生或上部呈叉状分枝，光滑。单叶全缘，基生叶多有柄，叶柄有鞘；茎生叶通常无柄，基部较狭，抱茎，心形或被茎贯穿，叶脉多条近平行呈弧形。复伞形花序顶生或腋生；总苞片 1~5，叶状，不等大；小总苞片 3~10，线状披针形、倒卵形、广卵形至圆形，绿色、黄色或带紫色；复伞形花序有少数至多数伞辐；花两性；萼齿不显；花瓣 5，黄色，有时蓝绿色或带紫色，长圆形至圆形，顶端有内折小舌片；雄蕊 5，花药黄色，很少紫色；花柱分离，很短，花柱基扁盘形，直径超过子房或相等。分生果椭圆形或卵状长圆形，两侧略扁平，果棱线形，稍有狭翅或不明显，横切面圆形或近五边形；每棱槽内有油管 1~3，多为 3，合生面 2~6，多为 4，有时油管不明显；心皮柄 2 裂至基部，胚乳腹面平直或稍弯曲。

约 180 种，主要分布在北半球的亚热带地区。中国 42 种，多产于西北与西南高原地区，其他地区也有，但种类较少。徂徕山 2 种。

分种检索表

1. 主根表面红棕色，叶线形，长 6~16 cm，宽 2~7 mm ·················· 1. 红柴胡 Bupleurum scorzonerifolium
1. 主根表面棕褐色，茎中部叶长 4~12 cm，宽 6~18 mm ·················· 2. 北柴胡 Bupleurum chinense

1. 红柴胡（图 606）

Bupleurum scorzonerifolium Willd.

Enum. Pl. Suppl.: 30. 1814.

多年生草本，高 30~60 cm。主根发达，圆锥形，支根稀少，深红棕色，表面略皱缩，上端有横环纹，下部有纵纹。茎单一或 2~3，基部密覆叶柄残余纤维，细圆，有细纵槽纹，茎上部有多回分枝，略呈"之"字形弯曲。叶细线形，基生叶下部略收缩成叶柄，其他均无柄，叶长 6~16 cm，宽 2~7 mm，顶端长渐尖，基部稍变窄抱茎，质厚，稍硬挺，常对折或内卷，3~5 脉，向叶背凸出，两脉间有隐约平行的细脉，叶缘白色，骨质，上部叶小，同形。伞形花序自叶腋间抽出，花序多，直径 1.2~4 cm，形成较疏松的圆锥花序；伞辐（3）4~6（8），长 1~2 cm，很细，弧形弯曲；总苞片 1~3，极细小，针形，长 1~5 mm，宽 0.5~1 mm，1~3

图 606 红柴胡
1. 植株下部；2. 植株上部；3. 小伞形花序；4. 花；5. 果实；6. 分生果横切面

脉，有时紧贴伞辐，常早落；小伞形花序直径 4~6 mm，小总苞片 5，紧贴小伞，线状披针形，长 2.5~4 mm，宽 0.5~1 mm，细而尖锐，等于或略超过花时小伞形花序；小伞形花序有花（6）9~11（15），花梗长 1~1.5 mm；花瓣黄色，舌片几与花瓣的对半等长，顶端 2 浅裂；花柱基厚垫状，宽于子房，深黄色，柱头向两侧弯曲；子房主棱明显，表面常有白霜。果广椭圆形，长 2.5 mm，宽 2 mm，深褐色，棱浅褐色，粗钝凸出，油管每棱槽中 5~6，合生面 4~6。花期 7~8 月；果期 8~9 月。

产于大寺。生于干燥的向阳山坡。国内分布于东北、华北、西北地区及长江流域。也分布于俄罗斯西伯利亚东部及西部、蒙古、朝鲜至日本。

2. 北柴胡（图 607）

Bupleurum chinense DC.

Prodr. 4: 128. 1930.

多年生草本，高 50~85 cm。主根较粗大，棕褐色，质坚硬。茎单一或数茎，表面有细纵槽纹，实心，上部多回分枝，微作"之"字形曲折。基生叶倒披针形或狭椭圆形，长 4~7 cm，宽 6~8 mm，顶端渐尖，基部收缩成柄，早枯落；茎中部叶倒披针形或广线状披针形，长 4~12 cm，宽 6~18 mm，有时达 3 cm，顶端渐尖或急尖，有短芒尖头，基部

图 607　北柴胡
1. 植株下部；2. 植株中部；3. 植株上部；
4. 小伞形花序；5. 小总苞片；6. 花；7. 果实

收缩成叶鞘抱茎，脉 7~9，叶表面鲜绿色，背面淡绿色，常有白霜；茎顶部叶同形，但更小。复伞形花序很多，花序梗细，常水平伸出，形成疏松的圆锥状；总苞片 2~3 或无，甚小，狭披针形，长 1~5 mm，宽 0.5~1 mm，3 脉，很少 1 或 5 脉；伞辐 3~8，纤细，不等长，长 1~3 cm；小总苞片 5，披针形，长 3~3.5 mm，宽 0.6~1 mm，顶端尖锐，3 脉，向叶背凸出；小伞直径 4~6 mm，花 5~10；花梗长 1 mm；花直径 1.2~1.8 mm；花瓣鲜黄色，上部向内折，中脉隆起，小舌片矩圆形，顶端 2 浅裂；花柱基深黄色，宽于子房。果广椭圆形，棕色，两侧略扁，长约 3 mm，宽约 2 mm，棱狭翼状，淡棕色，每棱槽油管 3，很少 4，合生面 4 条。花期 9 月；果期 10 月。

徂徕山各山地林区均产。生于向阳山坡路边、岸旁或草丛中。分布于东北、华北、西北、华东和华中地区。

为中药材，医药上广泛应用。

14. 前胡属 Peucedanum Linn.

多年生草本。根细长或稍粗，圆柱形或圆锥形，根颈部短粗，常存留有枯萎叶鞘纤维和环状叶痕。茎圆柱形，有细纵条纹，上部有叉状分枝。叶有柄，基部有叶鞘，茎生叶鞘稍膨大。复伞形花序顶生或侧生，伞辐多数或少数，圆柱形或有时呈四棱形；总苞片多数或缺，小总苞片多数，稀少数或缺；花瓣圆形至倒卵形，顶端微凹，有内折的小舌片，通常白色，少为粉红色和深紫色；萼齿短或不明显；花柱基短圆锥形，花柱短或长。果实椭圆形、长圆形或近圆形，背部扁压，光滑或有毛，中棱

和背棱丝线形稍突起，侧棱扩展成较厚的窄翅，合生面紧紧契合，不易分离；棱槽内油管1至数个，合生面油管2至多数；胚乳腹面平直或稍凹入。

约200种，分布于非洲、亚洲和欧洲。中国40余种，各地均产。徂徕山1种。

1. 泰山前胡（图608）

Peucedanum wawrae (Wolff) Su

Fl. Jiangsu 2: 583. 1982.

多年生草本，高30~100 cm。根颈粗壮，径0.5~1.2 cm，棕色，存留有枯鞘纤维；根圆锥形，常有分枝，浅灰棕色。茎圆柱形，径0.3~1 cm，有细纵条纹，无毛，上部分枝呈叉式展开。基生叶具柄，叶柄长2~8 cm，基部有叶鞘，边缘白色膜质抱茎；叶片轮廓三角状扁圆形，长4~22 cm，宽5~23 cm，2~3回三出分裂，最下部的第1回羽片具长柄，上部者近无柄或无柄，末回裂片楔状倒卵形，基部楔形或近圆形，长1.2~3.5 cm，宽0.8~2.5 cm，3深裂、浅裂或不裂，边缘具尖锐锯齿，锯齿顶端有小尖头，下表面粉绿色，网状脉清晰，两面光滑无毛，有时叶脉基部有少

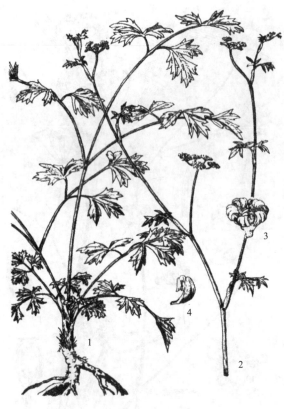

图608 泰山前胡
1. 植株下部；2. 植株上部；3. 花；4. 花瓣

许短毛；茎上部叶近于无柄，但有叶鞘，分裂次数减少；序托叶无柄，具宽阔的叶鞘，叶片细小，3裂，有短绒毛。复伞形花序顶生和侧生，分枝多，花序梗及伞辐均有极短绒毛，伞形花序直径1~4 cm，伞辐6~8，不等长，长0.5~2 cm；总苞片1~3，有时无，长3~4 mm，宽0.5~1 mm；小伞形花序有花10余，小总苞片4~6，线形，比花梗长；萼齿钻形显著；花柱细长外曲，花柱基圆锥形；花瓣白色。分生果卵圆形至长圆形，背部扁压，长约3 mm，宽约1.2 mm，有绒毛；每棱槽内有油管2~3，合生面油管2~4。花期8~10月；果期9~11月。

产于光华寺。生于山坡草丛中和林缘路旁。分布于山东地区及安徽、江苏等省份。

根供药用，有镇咳祛痰的功效。

15. 岩风属 Libanotis Hill

多年生草本。茎直立，圆柱形，具分枝，极少数种类无茎，植株贴近地面生长。基生叶有柄，叶柄基部有叶鞘；叶片1至多回羽状分裂或全裂，末回裂片线形、卵形或披针形等，全缘至羽状浅裂。复伞形花序顶生和侧生；总苞片少数或多数，有时近无；伞辐多数或少数，小总苞片多数，线形或披针形，全缘，常离生；花瓣卵形、倒心形或长圆形，小舌片内折，白色，稀带红色，有时中脉为黄棕色或边缘带紫红色，无毛或背部有毛；萼齿显著，披针状锥形、线形、三角形以至椭圆形，脱落性；花瓣有毛或无毛；子房有毛或粗糙；花柱长，直立或外曲，花柱基短圆锥形，底部边缘常呈波状。分生果卵形至长圆形，横切面近五角形，有时背腹略扁压，有毛或无毛，果棱线形突起或尖锐突起，有时侧棱稍宽；每棱槽中油管1，少数2~3，合生面油管2~4，稀6~8；胚乳腹面平直。

约30种，分布欧洲和亚洲。中国18种，分布于西北、东北、华东和华中地区，以新疆、甘肃、

陕西等省份种类较多。徂徕山1种。

1. 香芹（图609）

Libanotis seseloides（Fisch. & C.A. Mey. ex Turcz.）Turcz.

Bull. Soc. Imp. Naturalistes Moscou 17（4）: 725.1844.

多年生草本，高30~120 cm。根颈粗短，有环纹，上端存留有枯鞘纤维；根圆柱状，主根径0.5~1.5 cm，灰色或灰褐色，木质化，坚实。茎直立或稍曲折，粗壮，径0.3~1.2 cm，基部近圆柱形，有显著棱角状突起，下部光滑无毛或于茎节处有短柔毛，髓部充实。基生叶叶柄长4~18 cm，基部有叶鞘；叶片轮廓椭圆形或宽椭圆形，长5~18 cm，宽4~10 cm，3回羽状全裂，1回羽片无柄，最下面的1对2回羽片紧靠叶轴着生，末回裂片线形或线状披针形，顶端有小尖头，边缘反卷，中肋突出，长3~15 mm，宽1~4 mm，无毛或沿叶脉及边缘有短硬毛；茎生叶柄较短，至顶部叶无柄，仅有叶鞘；叶片与基生叶相似，2回羽状全裂，逐渐变短小。伞形花序多分枝，伞梗上端有短硬毛，复伞形花序直径2~7 cm；通常无总苞片，偶有1~5，线形或锥形，长2~4 mm，

图609 香芹
1.叶；2.花序；3.果实；4.分生果横切面

宽0.5~1 mm；伞辐8~20，稍不等长，内侧和基部有粗硬毛；小伞形花序有花15~30，花梗短；小总苞片8~14，线形或线状披针形，顶端渐尖，边缘有毛；萼齿明显，三角形或披针状锥形；花瓣白色，宽椭圆形，顶端凹陷处小舌片内曲，背面中央有短毛；花柱基扁圆锥形，花柱长，开展，卷曲，子房密生短毛。分生果卵形，背腹略扁压，长2.5~3.5 mm，宽约1.5 mm，五棱显著，侧棱比背棱稍宽，有短毛；每棱槽内有油管3~4，合生面油管6。花期7~9月；果期8~10月。

徂徕山各山地林区均产。生于开阔的山坡草地。分布于黑龙江、吉林、辽宁、内蒙古、河南、山东、江苏等省份。欧洲中部至亚洲东部、俄罗斯（西伯利亚东部及远东地区）、朝鲜也有分布。

93. 马钱科 Loganiaceae

乔木、灌木、木质藤本或草本；根、茎、枝和叶柄均有内生韧皮部；无腺毛；无乳汁。单叶对生，全缘，羽状脉或基出3~7脉；托叶着生于叶腋内而成1鞘或2叶柄间成一连接线。花通常两性，组成聚伞花序或伞房状圆锥花序，稀单花；花萼4~5裂，稀2裂，裂片镊合状或覆瓦状排列；花冠裂片4~5，稀8~16，镊合状或覆瓦状排列；雄蕊4~5，稀8~16，着生于花冠管内壁上，花药2室，纵裂；子房上位，稀半下位，通常2室，稀1或3~4室，每室有胚珠1至多枚，花柱单1或2裂，柱头通常头状。浆果或蒴果；种子无翅或有翅。

约29属500种，分布于热带至温带地区。中国8属45种，分布于西南部至东部，少数西北部，分布中心在云南。徂徕山1属1种。

1. 尖帽花属 Mitrasacme Labill.

一年生或多年生纤细草本。叶在茎上对生或在茎基部莲座状着生，近无柄；无托叶。花单生或多朵组成腋生或顶生的不规则伞形花序；花萼钟状，4裂，稀2裂，裂片镊合状排列；花冠钟状或坛状，通常白色，喉部常带黄色且被毛，花冠管短或长圆筒状，花冠裂片4，镊合状排列；雄蕊4，着生于花冠管内壁上，花丝长，花药内藏或略伸出花冠管之外，内向，2室；子房上位或半下位，2室，每室有胚珠多枚，花柱2，初时合生，后基部分离而上部仍合生，柱头头状或浅2裂。蒴果圆球状，顶端2裂，裂片顶端常有宿存的花柱；种子多粒，卵形、圆球形或椭圆形，种皮通常有网纹或小瘤状突起；胚乳肉质。

约40多种，分布于亚洲南部、东南部及东部和大洋洲，主产澳大利亚。中国2种，分布于华东、华南地区及云南。徂徕山1种。

1. 尖帽花　姬苗（图610）
Mitrasacme indica Wight

Icon. Pl. Ind. Orient. 4: 15.1850.

一年生草本，高达15 cm，茎直立，纤细，通常分枝，具明显的4棱或4狭翅，无毛或近无毛。叶片草质，卵形至卵状披针形，长3~7 mm，宽1.5~2.5 mm，顶端急尖，无毛或近无毛；中脉在叶下面明显，侧脉两面不明显。花小，单生于茎上部的叶腋内；花梗长3~8 mm，丝状，光滑无毛或粗糙；花萼长达2 mm，4裂至中部，裂片披针形；花冠钟状，长3~4 mm，花冠管喉部被髯毛，花冠裂片4，近圆形，长约1.5 mm；雄蕊4，内藏，花丝长约1 mm，花药卵形或近箭头状，长0.7 mm，顶端有小尖头；雌蕊长1.5 mm，子房圆球形，直径约0.5 mm，花柱长约1 mm，基部分离，中部以上合生，柱头倒圆锥状，顶端2裂。蒴果小，近圆球状，直径达2 mm，顶端有宿存的花柱，宿存的花柱顶端合生；果梗长5~25 mm；种子小，卵形，有网纹。花期2~6月；果期5~8月。

产于磕石峪。生于草地上。国内分布于山东、江苏、福建、台湾、广东、海南等省份。也分布于印度、斯里兰卡、缅甸、泰国、越南、马来西亚、印度尼西亚、菲律宾、日本、朝鲜和澳大利亚等。

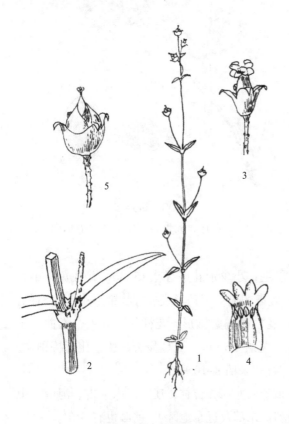

图610　尖帽花
1.植株；2.茎的节部；3.花；4.花冠展开；
5.蒴果及宿存花萼

94. 龙胆科 Gentianaceae

一年生或多年生草本。茎直立或斜升，有时缠绕。单叶，稀复叶，对生，稀互生或轮生，全缘，基部合生，筒状抱茎或为一横线所联结；无托叶。聚伞花序或复聚伞花序，有时减退至顶生的单花；花两性，极稀为单性，辐射对称，稀两侧对称，4~5数，稀6~10数；花萼筒状、钟状或辐状；花冠筒状、漏斗状或辐状，基部全缘，稀有距，裂片在蕾中右向旋转排列，稀镊合状排列；雄蕊着生于冠筒上与裂片互生，花药背着或基着，2室，雌蕊由2个心皮组成，子房上位，1室，侧膜胎座，稀心皮结合处深入而形成中轴胎座，致使子房变成2室；柱头全缘或2裂；胚珠多数；腺体或腺窝着生于子房基部或花冠上。蒴果2瓣裂，稀不开裂。种子小，常多数，具丰富的胚乳。

约80属700种，广布世界各洲，但主要分布在北半球温带和寒温带。中国20属419种，绝大多数属种集中于西南山地地区。徂徕山1属1种。

1. 獐牙菜属 Swertia Linn.

一年生或多年生草本。根草质、木质或肉质，常有明显的主根。无茎或有茎，茎粗壮或纤细，稀为花葶。叶对生，稀互生或轮生，在多年生的种类中，营养枝的叶常呈莲座状。复聚伞花序、聚伞花序或为单花；花4或5数，或在少数种类中两者兼有，辐状；花萼深裂近基部，萼筒甚短，通常长1 mm；花冠深裂近基部，冠筒甚短，长至3 mm，裂片基部或中部具腺窝或腺斑；雄蕊着生于冠筒基部与裂片互生，花丝多为线形，少有下部极度扩大，连合成短筒或否；子房1室，花柱短，柱头2裂。蒴果常包被于宿存的花被中，由顶端向基部2瓣裂，果瓣近革质。种子多而小，稀少而大，表面平滑、有折皱状突起或有翅。

约150种，主要分布于亚洲、非洲和北美洲，少数种分布于欧洲。中国75种，以西南山岳地区最为集中。徂徕山1种。

1. 北方獐牙菜（图611）

Swertia diluta (Turcz.) Benth. & Hook.
Gen. Pl. 2: 817. 1876.

一年生草本，高20~70 cm。根黄色。茎直立，四棱形，棱上具窄翅，基部直径2~4 mm，多分枝，枝细瘦，斜升。叶无柄，线状披针形至线形，长10~45 mm，宽1.5~9 mm，两端渐狭，下面中脉明显突起。圆锥状复聚伞花序具多数花；花梗直立，四棱形，长至1.5 cm；花5数，直径1~1.5 cm；花萼绿色，长于或等于花冠，裂片线形，长6~12 mm，先端锐尖，背面中脉明显；花冠浅蓝色，裂片椭圆状披针形，长6~11 mm，先端急尖，基部有2个腺窝，腺窝窄矩圆形，沟状，周缘具长柔毛状流苏；花丝线形，长达6 mm，花药狭矩圆形，长约1.6 mm；子房无柄，椭圆状卵形至卵状披针形，花柱粗短，柱头2裂，裂片半圆形。蒴果卵形，长至1.2 cm；种子深褐色，矩圆形，长0.6~0.8 mm，表面具小瘤状突起。花、果期8~10月。

产于王庄林区。生于阴湿山坡林下。国内分布于东北地区及四川、青海、甘肃、陕西、内蒙古、山西、河北、河南、山东。俄罗斯、蒙古、朝鲜、日本也有分布。

图611 北方獐牙菜
1.植株；2.花冠展开

95. 夹竹桃科 Apocynaceae

乔木，灌木或木质藤本，或草本；有乳汁或水液，无刺，稀有刺。单叶对生、轮生，稀互生，全缘，稀具细齿，羽状脉；通常无托叶或退化成腺体，稀有假托叶。花两性，辐射对称；单生或多集生成聚伞花序，顶生或腋生；花萼裂片5，稀4，基部合生成筒状或钟状，裂片通常在芽内旋转状排列，内面基部通常有腺体；花冠合瓣，高脚碟状、漏斗状、坛状、钟状等，稀辐状，裂片5，稀4，覆瓦状排列，覆瓦状排列，稀镊合状，花冠喉部通常有副花冠或鳞片或膜质或毛状附属体；雄蕊5，着生在花冠筒上或花冠喉部，内藏或伸出，花丝分离，花药长圆形或箭头状，2室，分离或互相黏合并贴在柱头上，花粉颗粒状，花盘环状、杯状或成舌状，稀无花盘；子房上位，稀半下位，1~2室，为2枚离生或合生心皮所组成，花柱1枚，基部合生或裂开，柱头环状、头状或棍棒状，顶端2裂，胚珠1至多数，着生于腹面的侧膜胎座上。浆果、核果、蒴果或蓇葖果；种子通常一端有毛，稀两端有毛或仅有膜翅，或毛、翅均缺。

约155属2000余种，分布于热带、亚热带地区，少数在温带地区。中国44属145种，主要分布于长江以南各省份及台湾省等沿海岛屿，少数分布于北部及西北部。徂徕山2属2种。

分属检索表

1. 攀缘灌木，叶对生 ·· 1. 络石属 Trachelospermum
1. 直立灌木，叶轮生 ·· 2. 夹竹桃属 Nerium

1. 络石属 Trachelospermum Lem.

攀缘灌木。全株具白色乳汁，无毛或被柔毛。叶对生，具羽状脉。花序聚伞状，有时呈聚伞圆锥状，顶生、腋生或近腋生，花白色或紫色；花萼5裂，裂片双盖覆瓦状排列，花萼内面基部具5~10枚腺体，腺体顶端细齿状；花冠高脚碟状，花冠筒圆筒形，五棱，在雄蕊着生处膨大，喉部缢缩，顶端5裂，裂片长圆状镰刀形或斜倒卵状长圆形，向右覆盖；雄蕊5枚，着生在花冠筒膨大之处，通常隐藏，稀花药顶端露出花喉外，花丝短，花药箭头状，基部具耳，顶部短渐尖，腹部黏生在柱头的基部；花盘环状，5裂；子房由2枚离生心皮组成，花柱丝状、柱头圆锥状或卵圆形或倒圆锥形；多胚珠。蓇葖双生，长圆状披针形；种子线状长圆形，顶端具种毛；种毛白色绢质。

约15种，分布于亚洲热带和亚热带地区、稀温带地区。中国6种，分布几乎全国各省份。徂徕山1种。

图612 络石
1. 花枝；2. 花；3. 花蕾；4. 花萼展开和雌蕊；
5. 花冠筒展开（示雄蕊）；6. 蓇葖果；7. 种子

1. 络石（图612）

Trachelospermum jasminoides（Lindl.）Lem.

常绿木质藤本，长达10 m。具乳汁。茎圆柱形，有皮孔。小枝、叶背面、叶柄、花序梗被短柔毛，老时渐无毛。叶革质或近革质，椭圆形至卵状椭圆形或宽倒卵形，长 2~10 cm，宽 1~4.5 cm，顶端锐尖至渐尖或钝，有时微凹或有小凸尖，基部渐狭至钝，叶面无毛；侧脉 6~12 对；叶柄内和叶腋外腺体钻形，长约 1 mm。二歧聚伞花序腋生或顶生，花多朵组成圆锥状，与叶等长或较长；花白色，芳香；总花梗长 2~5 cm；苞片及小苞片狭披针形，长 1~2 mm；花萼 5 深裂，裂片线状披针形，顶部反卷，长 2~5 mm，外面被有长柔毛及缘毛，内面无毛，基部具 10 枚鳞片状腺体；花蕾顶端钝，花冠筒圆筒形，中部膨大，外面无毛，内面在喉部及雄蕊着生处被短柔毛，长 5~10 mm，花冠裂片长 5~10 mm，无毛；雄蕊着生在花冠筒中部，腹部黏生在柱头上，花药箭头状，基部具耳，隐藏在花喉内；花盘环状 5 裂与子房等长；子房由 2 枚离生心皮组成，无毛，花柱圆柱状，柱头卵圆形，顶端全缘；胚珠多枚，着生于 2 个并生的侧膜胎座上。蓇葖双生，叉开，无毛，线状披针形，向先端渐尖，长 10~20 cm，宽 3~10 mm；种子褐色，线形，长 1.5~2 cm，直径约 2 mm，顶端具白色绢质种毛；种毛长 1.5~3 cm。花期 3~7 月；果期 7~12 月。

产于西娄子沟。国内分布于山东、安徽、江苏、浙江、福建、台湾、江西、河北、河南、湖北、湖南、广东、广西、云南、贵州、四川、陕西等省份。日本、朝鲜和越南也有分布。

根、茎、叶、果实供药用，有祛风活络、利关节、止血、止痛消肿、清热解毒之效能。茎皮纤维拉力强，可制绳索、造纸及人造棉。花芳香，可提取"络石浸膏"。

2. 夹竹桃属 Nerium Linn.

常绿灌木。枝条灰绿色，含水液。叶轮生，稀对生；羽状脉，侧脉密生而平行。伞房状聚伞花序顶生，有总花梗；花萼 5 裂，裂片披针形，双覆瓦状排列，内面基部有腺体；花冠漏斗状，花冠筒圆筒形，上部扩大成钟状，喉部有 5 片先端撕裂的阔鳞片状副花冠，花冠裂片 5，或重瓣，斜倒卵形，花蕾时向右覆盖；雄蕊 5，着重在花冠筒中部以上，花丝短，花药箭头状，附生在柱头周围，基部有耳，顶端渐尖，药隔延长成丝状，有长柔毛；无花盘；子房由 2 离生心皮组成，花柱丝状或中部以上加厚，柱头近球状，基部膜质环状，顶端有尖头，胚珠多数。蓇葖果 2，离生，长圆形；种子长圆形，种皮有短柔毛，顶端有黄褐色种毛。

1 种，分布于地中海沿岸及亚洲热带、亚热带地区。中国引入栽培。徂徕山有栽培。

1. 夹竹桃（图 613）

Nerium oleander Linn.

Sp. Pl. 209. 1753.

—— *Nerium indicum* Mill.

常绿灌木，高达 5 m。枝条灰绿色，含水液，嫩枝条有棱。叶通常 3 片轮生，枝下部为对生；叶片窄披针形，先端急尖，基部楔形，叶缘反卷，长 11~15 cm，宽 2~2.5 cm，叶上面深绿色，无毛，叶下面浅绿，有洼点，幼时疏微毛，侧脉密生而平行，直达叶缘；叶柄长 5~8 mm，幼时被微毛。聚伞花序顶生，着生数朵，花芳香；总花梗长约 3 cm，花梗长 7~10 mm；苞片披针形，

图 613 夹竹桃
1. 花枝；2. 花冠展开；3. 果实

长7mm，宽1.5mm；花萼5深裂，红色，披针形，长3~4mm，宽1.5~2mm，外面无毛，内面基部有腺体；花冠深红色或粉红色，栽培演变有白色或黄色，单瓣或重瓣；花冠为单瓣呈5裂时，其花冠为漏斗状，长和直径约3cm，其花冠筒圆筒形，上部扩大呈钟形，长1.6~2cm，花冠筒内面被长柔毛，花冠喉部有宽鳞片状副花冠，每片其先端撕裂，并伸出花冠喉部之外，花冠裂片倒卵形，先端圆形，长1.5cm，宽1cm；雄蕊着生在花冠筒中部以上，花丝短，有长柔毛；无花盘；心皮2，离生，被柔毛，花柱丝状，长7~8mm，柱头近圆球形，顶端凸尖。蓇葖果2，离生，长圆形，长10~23cm，径6~10mm，无毛；种子长圆形，褐色，顶端具黄褐色绢质种毛，种毛长约1cm。花期几乎全年，夏、秋为最盛；果期一般在冬春季，栽培很少结果。

大寺有栽培。全国各省份有栽培。野生于伊朗、印度、尼泊尔等地。

花大、艳丽，花期长，供观赏，茎皮纤维为优良混纺原料。种子可榨油。叶、树皮、根、花、种子均有毒；叶、树皮药用，有强心利尿，发汗祛痰，催吐的功效。

96. 萝藦科 Asclepiadaceae

多年生草本、藤本或灌木，直立或攀缘。有乳汁，根部木质或肉质成块状。单叶，对生或轮生，全缘，羽状脉，叶柄顶端通常有丛生腺体；无托叶。聚伞花序通常伞状、伞房状或总状，腋生或顶生。花两性，整齐，5数；花萼筒短，裂片5，内面基部常有腺体；花冠合瓣，辐状、坛状，稀高脚碟状，顶端5裂；副花冠常存在，为5枚离生或基部合生的裂片或鳞片所组成，有时双轮，生在花冠筒上或雄蕊背部或合蕊冠上，稀退化成2纵列毛或瘤状突起；雄蕊5，与雌蕊黏生成合蕊柱；花药连生成一圈而腹部贴生于柱头基部的膨大处；花丝合生成为1个有蜜腺的筒，称合蕊冠，或花丝离生；花粉粒联合成花粉块，每花药有花粉块2或4个；或花粉器为匙形，直立，其上部为载粉器，内藏有四合花粉，载粉器下面有1载粉器柄，基部有1黏盘，黏于柱头上，与花药互生，稀有4个载粉器黏生成短柱状，基部有1共同的载粉器柄和黏盘；无花盘；雌蕊1，子房上位，由2个离生心皮所组成，花柱2，合生；胚珠多数，侧膜胎座。蓇葖果双生，或因1个不发育而成单生；种子多数，其顶端具有丛生的白（黄）色绢质的种毛；胚直立，子叶扁平。

约250属2000种，分布于热带、亚热带。中国44属270种，以西南及东南部为多。徂徕山3属10种1变种。

分属检索表

1. 草本，直立或藤本状，花丝合生成短筒状。
  2. 花径1cm以上；副花冠环状，5短裂，裂片兜状 ··· 1. 萝藦属 Metaplexis
  2. 花径1cm以下；副花冠杯状，顶端有浅细齿或流苏状舌状片 ······················· 2. 鹅绒藤属 Cynanchum
1. 落叶藤本状灌木，花丝离生，背面与副花冠合生 ·· 3. 杠柳属 Periploca

1. 萝藦属 Metaplexis R. Brown

多年生草质藤本或藤状半灌木。具乳汁。叶对生，卵状心形，具柄。聚伞花序总状式，腋生，总梗长；花萼5深裂，裂片双盖覆瓦状排列，花萼内面基部具有5个小腺体；花冠近辐状，花冠筒短，裂片5，向左覆盖；副花冠环状，着生于合蕊冠上，5短裂，裂片兜状；雄蕊5，着生于花冠基部，腹部与雌蕊黏生，花丝合生成短筒状，花药顶端具内弯的膜片；花粉块每室1个，下垂；子房由2枚离生心皮组成，每心皮有胚珠多数，花柱短，柱头延伸成1长喙，顶端2裂。蓇葖叉生，纺锤形或长圆形，外果皮粗糙或平滑；种子顶端具白色绢质种毛。

约6种，分布于亚洲东部。中国2种，分布于西南、西北、东北和东南部。徂徕山1种。

1. 萝藦（图614）

Metaplexis japonica（Thunb.）Makino

Bot. Mag. Tokyo 17: 87. 1903.

多年生草质藤本，长达8 m。具乳汁。茎圆柱状，下部木质化，上部较柔韧，幼时密被短柔毛，老时被毛渐脱落。叶卵状心形，长5~12 cm，宽4~7 cm，顶端短渐尖，基部心形，叶耳圆，长1~2 cm，两叶耳展开或紧接，叶面绿色，叶背粉绿色，两面无毛，或幼时被微毛，老时被毛脱落；侧脉10~12对；叶柄长3~6 cm，顶端具丛生腺体。总状式聚伞花序腋生或腋外生，具长总花梗；总花梗长6~12 cm，被短柔毛；花梗长8 mm，被短柔毛，通常着花13~15朵；小苞片膜质，披针形，长3 mm，顶端渐尖；花蕾圆锥状，顶端尖；花萼裂片披针形，长5~7 mm，宽2 mm，外面被微毛；花冠白色，有淡紫红色斑纹，近辐状，花冠筒短，花冠裂片披针形，张开，顶端反折，基部向左覆盖，内面被柔毛；副花冠环

图614 萝藦
1. 植株一部分；2. 合蕊柱；3. 花粉器；
4. 果实；5. 种子

状，着生于合蕊冠上，短5裂，裂片兜状；雄蕊连生成圆锥状，并包围雌蕊，花药顶端具白色膜片；花粉块卵圆形，下垂；子房无毛，柱头延伸成1长喙，顶端2裂。蓇葖叉生，纺锤形，平滑无毛，长8~9 cm，直径2 cm，顶端急尖，基部膨大；种子卵圆形，长5 mm，宽3 mm，有膜质边缘，顶端具白色绢质种毛；种毛长1.5 cm。花期7~8月；果期9~12月。

徂徕山各山地林区均产。生于林边荒地、河边、路旁灌木丛中。国内分布于东北、华北、华东地区及甘肃、陕西、贵州、河南、湖北等省份。日本、朝鲜和俄罗斯也有分布。

全株可药用。茎皮纤维坚韧，可造人造棉。

2. 鹅绒藤属 Cynanchum Linn.

多年生草本或灌木，直立或攀缘。叶对生，稀轮生。聚伞花序多数呈伞形状，多花，花各色；花萼5深裂，基部内面有小腺5~10个或更多或无，裂片通常双盖覆瓦状排列；副花冠膜质或肉质，5裂或杯状或筒状，其顶端具各式浅裂片或锯齿，在各裂片的内面有时具有小舌状片；花药无柄，有时具柄，顶端的膜片内向；花粉块每室1个，下垂，多数长圆形；柱头基部膨大，五角，顶端全缘或2裂。蓇葖双生或1个不发育，长圆形或披针形，外果皮平滑，稀具软刺，或具翅；种子顶端具种毛。

约200种，分布于非洲东部、地中海地区及欧、亚大陆的热带、亚热带及温带地区。中国57种，主要分布于西南地区，也有分布在西北及东北地区。徂徕山8种1变种。

分种检索表

1. 着生于雄蕊上的副花冠成双轮，即副花冠筒部或副花冠裂片内面均有舌状或各式裂片附属物。

2. 叶戟形，长3~8 cm，基部宽1~5 cm，基部以上狭窄 ··1. 白首乌 Cynanchum bungei

2. 叶宽三角状心形，长 4~9 cm，宽 4~7 cm··2. 鹅绒藤 Cynanchum chinense
1. 着生于雄蕊上的副花冠仅单轮，即副花冠筒或副花冠裂片内面均无舌状或裂片附属物。
  3. 副花冠裂片披针形，比合蕊柱长；药隔顶端的膜片狭三角形，比花药长···············3. 地梢瓜 Cynanchum thesioides
  3. 副花冠裂片半圆形或卵形，通常与合蕊柱等长；药隔顶端的膜片卵形，比花药短。
    4. 植株直立。
      5. 叶卵形或卵状长圆形或宽椭圆形，宽 3.7~5 cm。
        6. 花紫红色；叶基部宽楔形。
          7. 植物全株被绒毛，茎空心；叶卵形或卵状长圆形；除花萼和花冠内面无毛外，余皆被绒毛，花直径约
            10 mm···4. 白薇 Cynanchum atratum
          7. 茎被单列短柔毛，幼嫩部分被微毛，茎实心；叶卵状披针形；花无毛，直径约 7 mm·······················
            ···5. 华北白前 Cynanchum mongolicum
        6. 花黄色或黄绿色；叶卵形，基部近心形··································6. 竹灵消 Cynanchum inamoenum
      5. 叶披针形至线形，长达 13 cm，宽 1.5 cm；花黄绿色或黄白色··············7. 徐长卿 Cynanchum paniculatum
    4. 植株下部直立，上部缠绕；叶宽卵形或椭圆形，长 7~10 cm，宽 3~6 cm；花冠裂片内面被柔毛·················
      ···8. 变色白前 Cynanchum versicolor

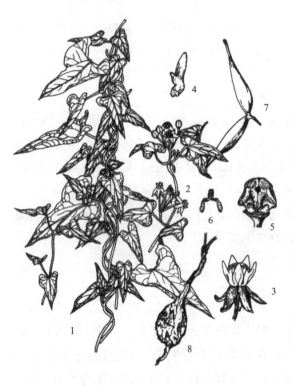

图 615 白首乌
1. 植株一部分；2. 花枝；3. 花；
4. 副花冠裂片侧面观；5. 合蕊柱；
6. 花粉器；7. 蓇葖果；8. 块根

1. 白首乌（图 615）

Cynanchum bungei Decne.

Prodr. 8: 549. 1844.

多年生草本或半灌木，攀缘性；块根粗壮。茎纤细而韧性强，被微毛。叶对生，戟形，长 3~8 cm，基部宽 1~5 cm，顶端渐尖，基部心形，两面被粗硬毛，叶面较密，侧脉约 6 对。伞形聚伞花序腋生，比叶短；花萼裂片披针形，基部内面腺体无或少数；花冠白色，裂片长圆形；副花冠 5 深裂，裂片披针形，内面中间有舌状片；花粉块每室 1 个，下垂；柱头基部 5 角状，顶端全缘。蓇葖单生或双生，披针形，无毛，向端部渐尖，长 9 cm，直径 1 cm；种子卵形，长 1 cm，直径 5 mm；种毛白色绢质，长 4 cm。花期 6~7 月；果期 7~10 月。

徂徕山各山地林区均产。生于岩石隙缝中、路边灌木丛或疏林中。国内分布于辽宁、内蒙古、河北、河南、山西、甘肃等省份。也分布于朝鲜。

块根肉质多浆，栓皮层层剥落，质坚色白，味苦甘涩，为山东泰山一带四大名药之一，是滋补珍品。

2. 鹅绒藤（图 616）

Cynanchum chinense R. Brown

Mem. Wern. Nat. Hist. Soc. 1: 44. 1809.

缠绕草本；主根圆柱状，长约 20 cm，直径约 5 mm，干后灰黄色；全株被短柔毛。叶对生，薄

纸质，宽三角状心形，长 4~9 cm，宽 4~7 cm，顶端锐尖，基部心形，叶面深绿色，叶背苍白色，两面均被短柔毛，脉上较密；侧脉约 10 对，在叶背略为隆起。伞形聚伞花序腋生，两歧，着花约 20 朵；花萼外面被柔毛；花冠白色，裂片长圆状披针形；副花冠 2 型，杯状，上端裂成 10 个丝状体，分为 2 轮，外轮约与花冠裂片等长，内轮略短；花粉块每室 1 个，下垂；花柱头略为突起，顶端 2 裂。蓇葖双生或仅有 1 个发育，细圆柱状，向端部渐尖，长 11 cm，直径 5 mm；种子长圆形；种毛白色绢质。花期 6~8 月；果期 8~10 月。

王家院、西旺等林区分布。生于路旁、河畔、田埂边。分布于辽宁、河北、河南、山东、山西、陕西、宁夏、甘肃、江苏、浙江等省份。

全株可作祛风剂。

3. 地梢瓜（图 617）

Cynanchum thesioides（Freyn）K. Schum.

Nat. Pflanzenfam. 4（2）: 252. 1895.

半灌木草本；地下茎单轴横生；茎自基部多分枝。叶对生或近对生，线形，长 3~5 cm，宽 2~5 mm，叶背中脉隆起。伞形聚伞花序腋生；花萼外面被柔毛；花冠绿白色；副花冠杯状，裂片三角状披针形，渐尖，高过药隔的膜片。蓇葖纺锤形，先端渐尖，中部膨大，长 5~6 cm，直径 2 cm；种子扁平，暗褐色，长 8 mm；种毛白色绢质，长 2 cm。花期 5~8 月；果期 8~10 月。

徂徕山各林区均产。生于荒地、田边等处。国内分布于黑龙江、吉林、辽宁、内蒙古、河北、河南、山东、山西、陕西、甘肃、新疆和江苏等省份。亦分布于朝鲜、蒙古和俄罗斯。

全株含橡胶 1.5%，树脂 3.6%，可作工业原料；幼果可食；种毛可作填充料。

雀瓢（变种）

var. **australe**（Maxim.）Tsiang & P. T. Li

Acta Phytotax. Sinica 12: 101. 1974.

—— *Cynanchum sibiricum* R. Brown var. *australe* Maxim. ex Komar

茎柔弱，分枝较少，茎端通常伸长而缠绕。叶线形或线状长圆形；花较小、较多。花期

图 616 鹅绒藤
1. 花枝；2. 花；3. 花冠展开；4. 花萼展开；5. 副花冠；
6. 雌蕊；7. 花粉器；8. 蓇葖果；9. 种子

图 617 地梢瓜
1. 植株；2. 花；3. 花萼展开；4. 花冠展开；
5. 合蕊柱和副花冠；6. 副花冠展开；7. 雄蕊腹面观；
8. 雌蕊；9. 花粉器；10. 蓇葖果；11. 种子

3~8月。

徂徕山各林区均产。分布于辽宁、内蒙古、河北、河南、山东、陕西、江苏等省份。

4. 白薇（图618）

Cynanchum atratum Bunge

Mem. Acad. Sci. St. Petersb. Sav. Etrang. 2: 1-9（Enum. Pl. China Bor.）. 1832.

多年生直立草本，高达50 cm；根须状，有香气。叶卵形或卵状长圆形，长5~8 cm，宽3~4 cm，顶端渐尖或急尖，基部圆形，两面均被有白色绒毛，以叶背及脉上为密；侧脉6~7对。伞形状聚伞花序，无总花梗，着花8~10朵；花深紫色，直径约10 mm；花萼外面有绒毛，内面基部有小腺体5个；花冠辐状，外面有短柔毛，并具缘毛；副花冠5裂，裂片盾状，圆形，与合蕊柱等长，花药顶端具1圆形的膜片；花粉块每室1个，下垂，长圆状膨胀；柱头扁平。蓇葖单生，向端部渐尖，基部钝形，中间膨大，长9 cm，直径5~10 mm；种子扁平；种毛白色，长约3 cm。花期4~8月；果期6~8月。

产于上池、马场等地。生于河边草丛、山沟、林下草地。国内分布于东北、华北、西北地区及长江流域。朝鲜和日本也有分布。

根及部分根茎供药用，有除虚烦、清热散肿、生肌止痛之效。

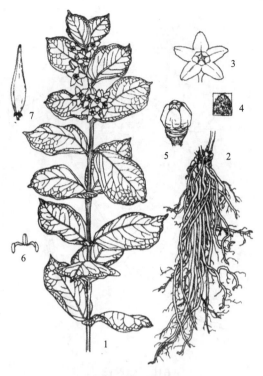

图618 白薇
1. 花枝；2. 根；3. 花；4. 花冠裂片放大（示外面被柔毛）；5. 合蕊柱和副花冠；
6. 花粉器；7. 蓇葖果

5. 华北白前（图619）

Cynanchum mongolicum（Maxim.）Hemsl.

Trudy Glavn. Bot. Sada, n.s. 34: 54. 1920.

——*Cynanchum hancockianum*（Maxim.）Iljinski

多年生直立草本，高达50 cm；根须状；茎被有单列柔毛及幼嫩部分有微毛外，余皆无毛，单茎或略有分枝。叶对生，薄纸质，卵状披针形，长3~10 cm，宽1~3 cm，顶端渐尖，基部宽楔形；侧脉约4对，在边缘网结，有时有边毛；叶柄长约5 mm，顶端腺体成群。伞形聚伞花序腋生，长约2 cm，比叶为短，着花不到10朵；花萼5深裂，内面基部有小腺体5个；花冠紫红色，裂片卵状长圆形；花粉块每室1个，下垂；副花冠肉质、裂片龙骨状，在花药基部贴生；柱头圆形，略为突起。蓇葖双生，狭披针形，向端部长渐尖，基部紧窄，外果皮有细直纹，长约7 cm，直径5 mm；种子黄褐色，扁平，长圆形，长

图619 华北白前
1. 花枝；2. 花；3. 花萼展开（示腺体）；4. 合蕊柱和副花冠；5. 雌蕊；6. 花粉器；7. 蓇葖果

约 5 mm，宽 3 mm；种毛白色绢质，长 2 cm。花期 5~7 月；果期 6~8 月。

产于上池、马场等地。生于疏林下及草地。分布于四川、甘肃、陕西、河北、山西、内蒙古等省份。

6. 竹灵消（图 620）

Cynanchum inamoenum（Maxim.）Loes. Engl. Bot. Jahrb. 34: Beibl. 75: 60. 1904.

多年生直立草本，基部分枝甚多；根须状；茎干后中空，被单列柔毛。叶膜质，广卵形，长 4~5 cm，宽 1.5~4 cm，顶端急尖，基部近心形，在脉上近无毛或仅被微毛，有边毛；侧脉约 5 对。伞形聚伞花序，近顶部互生，着花 8~10 朵；花黄色，长和直径约 3 mm；花萼裂片披针形，急尖，近无毛；花冠辐状，无毛，裂片卵状长圆形，钝头；副花冠较厚，裂片三角形，短急尖；花药在顶端具 1 圆形膜片；花粉块每室 1 个，下垂，花粉块柄短，近平行，着粉腺近椭圆形；柱头扁平。蓇葖双生，稀单生，狭披针形，向端部长渐尖，长 6 cm，直径 5 mm。花期 5~7 月；果期 7~10 月。

产于马场、太平顶、上池。生于山地疏林、灌木丛中或草地上。国内分布于辽宁、河北、河南、山东、山西、安徽、浙江、湖北、湖南、陕西、甘肃、贵州、四川、西藏。朝鲜和日本也有分布。

根药用，能除烦清热、散毒、通疝气。

7. 徐长卿（图 621）

Cynanchum paniculatum（Bunge）Kitagawa Journ. Jap. Bot. 16: 20. 1940.

多年生直立草本，高约 1 m；根须状，多至 50 余条；茎不分枝，无毛或被微生。叶对生，纸质，披针形至线形，长 5~13 cm，宽 5~15 mm，两端锐尖，两面无毛或叶面具疏柔毛，叶缘有边毛；侧脉不明显；叶柄长约 3 mm，圆锥状聚伞花序生于顶端的叶腋内，长达 7 cm，着花 10 余朵；花萼内的腺体或有或无；花冠黄绿色，近辐状，裂片长达 4 mm，宽 3 mm；副花冠裂片 5，基部增厚，顶端钝；花粉块每室 1 个，下垂；子房椭圆形；柱头 5 角形，顶端略为突起。蓇葖单生，披针形，长 6 cm，直径 6 mm，向端部长渐尖；种子长圆形，长 3 mm；种毛白色绢质，长

图 620　竹灵消

1. 花枝；2. 根；3. 花；4. 除去花冠的花（示花萼及合蕊柱）；5. 花粉器；6. 蓇葖果

图 621　徐长卿

1. 植株；2. 除去花冠的花（示花萼、副花冠及合蕊柱）；3. 合蕊柱；4. 花粉器；5. 蓇葖果

1 cm。花期 5~7 月；果期 9~12 月。

徂徕山各山地林区均产。生于向阳山坡及草丛中。国内分布于辽宁、内蒙古、山西、河北、河南、陕西、甘肃、四川、贵州、云南、山东、安徽、江苏、浙江、江西、湖北、湖南、广东和广西等省份。朝鲜和日本也有分布。

全草可药用，祛风止痛、解毒消肿，治胃气痛、肠胃炎、毒蛇咬伤、腹水等。

8. 变色白前（图 622，彩图 63）

Cynanchum versicolor Bunge

Mem. Acad. Sci. St. Petersb. Sav. Etrang. 2: 118, (Enum. Pl. China Bor.). 1832.

半灌木；茎上部缠绕，下部直立，全株被绒毛。叶对生，纸质，宽卵形或椭圆形，长 7~10 cm，宽 3~6 cm，顶端锐尖，基部圆形或近心形，两面被黄色绒毛，具缘毛；侧脉 6~8 对。伞形状聚伞花序腋生，近无总花梗，着花 10 余朵；花序梗被绒毛，长仅 1 mm，稀达 10 mm；花萼外面被柔毛，内面基部 5 腺体极小，裂片狭披针形，渐尖；花冠初呈黄白色，渐变为黑紫色，枯干时呈暗褐色，钟状辐形；副花冠极低，比合蕊冠为短，裂片三角形；花药近菱状四方形；花粉块每室 1 个，长圆形，下垂；柱头略为凸起，顶端不明显 2 裂。蓇葖单生，宽披针形，长 5 cm，直径 1 cm，向端部渐尖；种子宽卵形，暗褐色，长 5 mm，宽 3 mm；种毛白色绢质，长 2 cm。花期 5~8 月；果期 7~9 月。

图 622　变色白前
1. 植株；2. 花；3. 合蕊柱；
4. 花粉器；5. 蓇葖果

徂徕山各山地林区均产。分布于吉林、辽宁、河北、河南、四川、山东、江苏和浙江等省份。

根和根茎可药用，能解热利尿。茎皮纤维可作造纸原料；根含淀粉，并可提制芳香油。

3. 杠柳属 Periploca Linn.

落叶藤本状灌木，有乳汁。单叶对生，全缘，有柄。聚伞花序顶生或腋生，花萼 5 深裂，内面基部有 5 腺体；花冠辐状，花冠筒短，裂片 5，反卷，通常被柔毛，向右覆盖，副花冠异形，环状，5~10 裂，着生于花冠基部，其中 5 裂片延伸成丝状；雄蕊 5，生于副花冠的内侧，花丝短，离生，背面与副花冠合生，花药相联围绕柱头，并与柱头黏连，四合花粉载于匙形的花粉器内；子房上位，由 2 枚离生心皮组成，花柱短，柱头盘状，2 裂，胚珠多数。蓇葖果 2，叉生，长圆柱形；种子多数，顶端具有白色绢质种毛。

约 10 种，分布于亚洲温带、欧洲南部和非洲热带地区。中国 5 种，分布于东北、华北、西北、西南地区及广西、湖南、湖北、河南、江西等省份。徂徕山 1 种。

1. 杠柳（图 623）

Periploca sepium Bunge

Mem. Sav. Etr. Acad. Sci. St. Petersb. 2: 117. 1835.

落叶蔓性灌木。有白色乳汁。除花外，全株无毛。茎皮灰褐色，小枝通常对生，有多数圆形皮孔。叶对生，卵状长圆形，长 5~9 cm，宽 1.5~2.5 cm，顶端渐尖，基部楔形，叶面深绿色，叶背淡绿色；中脉在叶面扁平，在叶背微凸起，侧脉纤细，20~25 对；叶柄长约 3 mm。聚伞花序腋生，着花数朵；花序梗和花梗柔弱；花萼裂片卵圆形，长 3 mm，宽 2 mm，顶端钝，花萼内面基部有 10 个小腺体；花冠紫红色，辐状，直径 1.5 cm，花冠筒短，约长 3 mm，裂片长圆状披针形，长 8 mm，宽 4 mm，中间加厚呈纺锤形，反折，内面被长柔毛，外面无毛；副花冠环状，10 裂，其中 5 裂延伸丝状被短柔毛，顶端向内弯；雄蕊着生在副花冠内面，并与其合生，花药彼此黏连并包围着柱头，背面被长柔毛；心皮离生，无毛，柱头盘状突起；花粉器匙形，四合花粉藏在载粉器内，黏盘黏连在柱头上。蓇葖 2，圆柱状，长 7~12 cm，直径约 5 mm，无毛，有纵条纹；种子长圆形，长约 7 mm，宽约 1 mm，黑褐色，顶端具白色绢质种毛；种毛长 3 cm。花期 5~6 月；果期 7~9 月。

图 623 杠柳
1. 花枝；2. 蓇葖果；3. 除去花冠的花；
4. 花萼；5. 花瓣；6. 种子

徂徕山各山地林区均产。分布于东北、华北、西南、西北地区以及河北、河南等省份。

根皮供药用，称"北五加皮"，有祛风湿、健筋骨、强腰膝、消水肿的功效。韧皮纤维可造纸或代麻。杠柳深根性，萌蘖力强，为良好的水土保持植物。

97. 茄科 Solanaceae

草本、亚灌木、灌木或小乔木。直立、匍匐或攀缘。单叶或羽状复叶，通常互生，全缘、分裂或不分裂，有时在花枝上有大小不等的 2 叶双生；无托叶。花单生、簇生或为蝎尾式花序、聚伞花序，顶生、腋生或腋外生；花两性，辐射对称，通常 5 基数，稀 4 基数；花萼 5 裂，稀不裂，截形，花后宿存，不增大或极度增大；花冠辐状、漏斗状、高脚碟状、钟状，檐部 5 裂，裂片大小相等或不相等；雄蕊与花冠裂片同数，互生，伸出或不伸出花冠，同型或异型，插生于花冠筒上，花药 2 室，纵裂或顶孔开裂；子房 2 室，有时 1 室或有不完全的假隔膜分隔成 4 室，2 心皮不位于正中线上而偏斜，花柱细瘦，柱头头状或 2 浅裂，胚珠多数。果实为浆果或蒴果。

约 95 属 2300 种，分布于温带及热带地区。中国 20 属 101 种，分布于南北各省份。徂徕山 9 属 16 种。

分属检索表

1. 多棘刺灌木，花单生或簇生，花冠漏斗状 ··· 1. 枸杞属 Lycium
1. 一年生或多年生草本。
　2. 花集生于各式聚伞花序上，花序顶生、腋生或腋外生。
　　3. 花冠筒状漏斗形、高脚碟状或筒状钟形；花药不围绕花柱而靠合；花萼在花后增大；蒴果2瓣裂 ··· 2. 烟草属 Nicotiana
　　3. 花冠辐状；花药围绕花柱而靠合；花萼在花后不增大或稍增大，在果期不包围果实而仅宿存于果实的基部；浆果。
　　　4. 羽状复叶；花萼及花冠5~7裂；花药向顶端渐狭而成一长尖头 ··············· 3. 番茄属 Lycopersicon
　　　4. 单叶（唯阳芋为羽状复叶）；花萼及花冠5裂；花药不向顶端渐狭 ························· 4. 茄属 Solanum
　2. 花单生或2至数朵簇生于枝腋或叶腋。
　　5. 花萼在花后显著增大，卵状、近球状，完全包围果实
　　　6. 果萼贴近于浆果而不成膀胱状，纵肋不显著凸起 ····························· 5. 散血丹属 Physaliastrum
　　　6. 果萼不贴近于浆果而成膀胱状，有显著10纵肋 ·································· 6. 酸浆属 Physalis
　　5. 花萼在花后不显著增大，不包围果实而仅宿存于果实的基部。
　　　7. 花冠长漏斗状或高脚碟状；蒴果，瓣裂。
　　　　8. 花萼5浅裂；雄蕊5枚全部能育；果有针刺或乳头状突起 ·································· 7. 曼陀罗属 Datura
　　　　8. 花萼5深裂；雄蕊两两成对而第5枚较短或退化；果实无刺 ··············· 8. 碧冬茄属 Petunia
　　　7. 花冠辐状；浆果，少汁液 ··· 9. 辣椒属 Capsicum

1. 枸杞属 Lycium Linn.

小灌木，常有刺。单叶互生，或因侧枝极度缩短而数枚簇生，全缘，有柄或近无柄。花有梗，单生于叶腋或簇生于极度缩短的侧枝上；花萼钟状，具不等大的2~5萼齿或裂片，在花蕾中镊合状排列，花后不甚增大，宿存；花冠漏斗状，稀筒状或近钟状，檐部5裂或稀4裂，裂片在花蕾中覆瓦状排列，基部有显著的耳片或耳片不明显，筒常在喉部扩大；雄蕊5，着生于花冠筒的中部或中部之下，伸出或不伸出于花冠，花丝基部稍上处有一圈绒毛到无毛，花药长椭圆形，药室平行，纵缝裂开；子房2室，花柱丝状，柱头2浅裂，胚珠多数或少数。浆果，具肉质的果皮。种子扁平，种皮骨质，密布网纹状凹穴；胚弯曲成大于半圆的环，位于周边，子叶半圆棒状。

约80种，分布于非洲南部、南美洲，欧洲和亚洲温带也有少数种类。中国7种，主要分布于北部和西北部。徂徕山2种。

分种检索表

1. 蔓性灌木；叶卵形至卵状披针形，宽1~2.5 cm；花萼3（4~5）裂 ························· 1. 枸杞 Lycium chinense
1. 直立灌木；叶椭圆状披针形，宽0.2~1.2 cm；花萼常2裂 ························· 2. 宁夏枸杞 Lycium barbarum

1. 枸杞（图624）

Lycium chinense Mill.

Card. Dict. ed. 8. no 5. 1768.

落叶灌木，高0.5~1 m，多分枝。枝条弓状弯曲或俯垂，有纵条纹，棘刺长0.5~2 cm，生叶和花

的棘刺较长。叶互生或 2~4 枚簇生，卵形、卵状菱形、长椭圆形、卵状披针形，顶端急尖，基部楔形，长 1.5~5 cm，宽 0.5~2.5 cm，栽培者较大；叶柄长 0.4~1 cm。花在长枝上单生或双生于叶腋，在短枝上则同叶簇生；花梗长 1~2 cm，向顶端渐增粗。花萼长 3~4 mm，通常 3 中裂或 4~5 齿裂，裂片多少有缘毛；花冠漏斗状，长 9~12 mm，淡紫色，筒部向上骤然扩大，稍短于或近等于檐部裂片，5 深裂，裂片卵形，顶端圆钝，平展或稍向外反曲，边缘有缘毛，基部耳显著；雄蕊较花冠稍短，或因花冠裂片外展而伸出花冠，花丝在近基部处密生一圈绒毛并交织成椭圆状的毛丛，与毛丛等高处的花冠筒内壁亦密生一圈绒毛；花柱稍伸出雄蕊，上端弓弯，柱头绿色。浆果红色，卵状、长椭圆状，顶端尖或钝，长 7~15 mm，直径 5~8 mm。种子扁肾形，长 2.5~3 mm，黄色。花、果期 6~11 月。

徂徕山各林区均产。生于田边、路旁、庭院前后及墙边，也有栽培。国内分布于河北、山西、陕西、甘肃南部以及东北、西南、华中、华南和华东地区。朝鲜、日本、欧洲有栽培或逸为野生。

2. 宁夏枸杞（图 625）

Lycium barbarum Linn.

Sp. Pl. 192. 1753.

落叶灌木，高 0.8~2 m。分枝细密，小枝有纵棱纹，灰白色或灰黄色，有不生叶的短棘刺和生叶、花的长棘刺。叶互生或簇生，披针形或长椭圆状披针形，顶端短渐尖或急尖，基部楔形，长 2~3 cm，宽 4~6 mm，栽培时叶片更大，略带肉质，叶脉不明显。花在长枝上 1~2 朵生于叶腋，在短枝上 2~6 朵同叶簇生；花梗长 1~2 cm，向顶端渐增粗。花萼钟状，长 4~5 mm，通常 2 中裂，裂片有小尖头或顶端又 2~3 齿裂；花冠漏斗状，紫堇色，筒部长 8~10 mm，自下部向上渐扩大，明显长于檐部裂片，裂片长 5~6 mm，卵形，顶端圆钝，基部有耳，边缘无缘毛，花开放时平展；花丝基部稍上处及花冠筒内壁生一圈密绒毛。浆果红色，果皮肉质，多汁液，广椭圆状、矩圆状、卵状或近球状，顶端有短尖头或平

图 624 枸杞
1. 花枝；2. 果枝；3. 花冠展开；4. 果实

图 625 宁夏枸杞
1. 花枝；2. 果枝；3. 花冠展开

截、稍凹陷，长 8~20 mm，直径 5~10 mm。种子常 20 余粒，略肾形，扁压，棕黄色，长约 2 mm。花、果期 5~10 月。

磙石峪、大寺等地栽培。分布于中国北部，河北、内蒙古、山西、陕西、甘肃、宁夏、青海、新疆等地有野生。

2. 烟草属 Nicotiana Linn.

一年生草本、亚灌木或灌木。常有腺毛。叶互生，全缘或稀波状。花序顶生，圆锥式或总状式聚伞花序，或单生。花萼整齐或不整齐，卵状或筒状钟形，5 裂，在果期常宿存并稍增大，不完全或完全包围果实；花冠整齐或稍不整齐，筒状、漏斗状或高脚碟状，筒部伸长或稍宽，檐 5 裂至几乎全缘，在花蕾中卷折状或稀覆瓦状，开花时直立、开展或外弯；雄蕊 5，插生在花冠筒中部以下，不伸出或伸出花冠，不等长或近等长，花丝丝状，花药纵缝裂开；花盘环状；子房 2 室，花柱具 2 裂柱头。蒴果 2 裂至中部或近基部。种子多数，扁压状，胚几乎通直或多少弓曲，子叶半棒状。

约 95 种，分布于南美洲、北美洲、非洲和大洋洲。中国栽培 4 种。徂徕山 1 种。

1. 烟草（图 626）

Nicotiana tabacum Linn.

Sp. Pl. 180. 1753.

一年生或多年生草本。全体被腺毛。根粗壮。茎高 0.7~2 m，基部稍木质化。叶矩圆状披针形、披针形、矩圆形或卵形，顶端渐尖，基部渐狭至茎成耳状而半抱茎，长 10~30（70）cm，宽 8~15（30）cm，柄不明显或成翅状柄。圆锥状聚伞花序顶生，多花；花梗长 5~20 mm。花萼筒状或筒状钟形，长 20~25 mm，裂片三角状披针形，长短不等；花冠漏斗状，淡红色，筒部色淡，稍弓曲，长 3.5~5 cm，檐部宽 1~1.5 cm，裂片急尖；雄蕊中 1 枚显著较其余 4 枚短，不伸出花冠喉部，花丝基部有毛。蒴果卵状或矩圆状，长约等于宿存萼。种子圆形或宽矩圆形，径约 0.5 mm，褐色。花、果期 5~10 月。

图 626 烟草
1. 叶枝；2. 花序；3. 花冠展开；
4. 雄蕊；5. 花萼和雌蕊

徂徕山各林区均有栽培。原产南美洲。中国南北各省份广为栽培。

作烟草工业的原料；全株也可作农药杀虫剂；亦可药用，作麻醉、发汗、镇静和催吐剂。

3. 番茄属 Lycopersicon Mill.

一年生或多年生草本、或为亚灌木。茎直立或平卧。羽状复叶，小叶极不等大，有锯齿或分裂。圆锥式聚伞花序，腋外生。花萼辐状，有 5~6 裂片，在果期不增大或稍增大，开展；花冠辐状，筒部短，檐部有折襞，5~6 裂；雄蕊 5~6 枚，插生于花冠喉部，花丝极短，花药伸长，向顶端渐尖，靠合成圆锥状，药室平行，自顶端之下向基部纵缝裂开；花盘不显著；子房 2~3 室，花柱具稍头状的柱头，胚珠多数。浆果多汁，扁球状或近球状，种子扁圆形，胚极弯曲。

9种，分布于南美洲和北美洲，世界各地广泛栽培。中国栽培1种。徂徕山1种。

1. 番茄 西红柿（图627）

Lycopersicon esculentum Mill.

Gard. Dict. ed. 8. no 2. 1768.

多年生草本，高0.6~2 m。全株有黏质腺毛，有强烈气味。茎易倒伏。叶羽状复叶或羽状深裂，长10~40 cm，小叶极不规则，大小不等，常5~9，卵形或矩圆形，长5~7 cm，边缘有不规则锯齿或裂片。花序总梗长2~5 cm，常3~7朵花；花梗长1~1.5 cm；花萼辐状，裂片披针形，在果期宿存；花冠辐状，直径约2 cm，黄色。浆果扁球状或近球状，肉质而多汁液，橘黄色或鲜红色，光滑；种子黄色。花、果期4~9月。

徂徕山各林区均有栽培。原产南美洲。中国南北各省份广泛栽培。

果实为盛夏的蔬菜和水果。

图 627 番茄
1. 花枝；2. 雌蕊；3. 花

4. 茄属 Solanum Linn.

草本、亚灌木、灌木至小乔木，有时为藤本。无刺或有刺，无毛或被单毛、腺毛、树枝状毛、星状毛及具柄星状毛。叶互生，稀双生，全缘、波状或分裂，稀复叶。聚伞花序顶生、侧生、腋生、腋外生或对叶生，蝎尾状、伞状、圆锥状等。花两性，全部能孕或仅花序下部的为能孕花，上部的雌蕊退化而趋于雄性；萼4~5裂，稀在果期增大，但不包被果实；花冠星状辐形或漏斗状辐形，多白色，有时青紫色，开放前常折叠，（4）5浅裂、半裂、深裂或几不裂；花冠筒短；雄蕊（4）5，生于花冠筒喉部，花丝短，间或其中1枚较长，无毛或在内侧具尖的多细胞的长毛，花药内向，顶端延长或不延长成尖头，通常贴合成1圆筒，顶孔开裂；子房2室，胚珠多数，花柱单一，柱头钝圆。浆果；种子近卵形至肾形，通常两侧压扁，外面具网纹状凹穴。

约1200余种，分布于全世界热带及亚热带，少数达到温带地区，主要产南美洲的热带。中国41种。徂徕山5种。

分种检索表

1. 植株有刺，具星状绒毛；果圆形、长形、梨形或其他形状，大型··················1. 茄 Solanum melongena
1. 植物体无刺。
　2. 无地下块茎；单叶，不分裂或羽状深裂，裂片近相等。
　　3. 蔓生草本或亚灌木；聚伞花序顶生或腋外生，少为聚伞式圆锥花序。
　　　4. 茎叶均被多节的长柔毛；叶多基部为戟形至琴形3~5裂，稀全缘··················2. 白英 Solanum lyratum
　　　4. 植株无毛或被稀疏短柔毛；叶三角状披针形或卵状披针形，稀自基部3浅裂······3. 野海茄 Solanum japonense
　　3. 一年生直立草本；叶卵形，不分裂···4. 龙葵 Solanum nigrum
　2. 地下枝形成块茎；叶为奇数羽状复叶，小叶片具柄，大小相间；伞房花序初时近顶生，而后侧生···············
　　··5. 阳芋 Solanum tuberosum

1. 茄（图 628）

Solanum melongena Linn.

Sp. Pl. 1: 186. 1753.

直立草本至亚灌木，高达 1 m。小枝、叶柄及花梗均被 6~8（10）分枝，平贴或具短柄的星状绒毛，小枝多为紫色。叶卵形至长圆状卵形，长 8~18 cm，宽 5~11 cm，先端钝，基部不相等，边缘波状裂，上面被 3~7（8）分枝短而平贴的星状绒毛，下面密被 7~8 分枝较长而平贴的星状绒毛，侧脉 4~5 对，叶柄长 2~4.5 cm。能孕花单生，花梗长 1~1.8 cm，毛被较密，花后常下垂，不孕花蝎尾状与能孕花并出；萼近钟形，直径约 2.5 cm，外面密被与花梗相似的星状绒毛及小皮刺，皮刺长约 3 mm，萼裂片披针形，先端锐尖，内面疏被星状绒毛，花冠辐状，外面星状毛被较密，内面仅裂片先端疏被星状绒毛，花冠筒长约 2 mm，冠檐长约 2.1 cm，裂片三角形，长约 1 cm；花丝长约 2.5 mm，花药长约 7.5 mm；子房圆形，顶端密被星状毛，花柱长 4~7 mm，中部以下被星状绒毛，柱头浅裂。果的形状大小变异极大。花、果期 6~9 月。

徂徕山各林区均有栽培。原产亚洲热带。中国各省均有栽培。

果供蔬食。根、茎、叶入药，为收敛剂，有利尿之效，叶也可以作麻醉剂。果生食可解食菌中毒。

图 628 茄
1. 花枝；2. 花冠展开；3. 星状毛；4. 雌蕊；5. 果实

2. 白英（图 629）

Solanum lyratum Thunb.

Syst. Veg. (ed. 14) 224. 1784.

—— *Solanum cathayanum* C. Y. Wu & S. C. Huang

草质藤本，长 0.5~1 m。茎及小枝均密被具节长柔毛。叶互生，多数为琴形，长 3.5~5.5 cm，宽 2.5~4.8 cm，基部常 3~5 深裂，裂片全缘，侧裂片愈近基部的愈小，端钝，中裂片较大，通常卵形，先端渐尖，两面均被白色发亮的长柔毛，中脉明显，侧脉在下面较清晰，5~7 对；少数在小枝上部的为心形，长 1~2 cm；叶柄长 1~3 cm，被有与茎枝相同的毛被。聚伞花序顶生或腋外生，疏花，总花梗长 2~2.5 cm，被具节的长柔毛，花梗长 0.8~1.5 cm，无毛，顶端稍膨大，

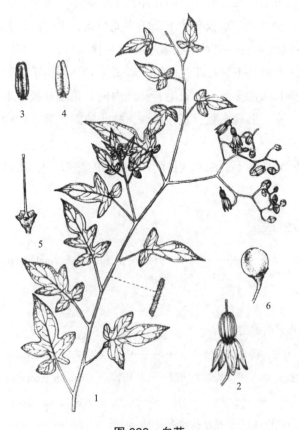

图 629 白英
1. 花枝；2. 花；3~4. 雄蕊；5. 雌蕊和花萼；6. 果实

基部具关节；萼环状，直径约 3 mm，无毛，萼齿 5，圆形，顶端具短尖头；花冠蓝紫色或白色，直径约 1.1 cm，花冠筒隐于萼内，长约 1 mm，冠檐长约 6.5 mm，5 深裂，裂片椭圆状披针形，长约 4.5 mm，先端被微柔毛；花丝长约 1 mm，花药长圆形，长约 3 mm，顶孔略向上；子房卵形，直径不及 1 mm，花柱丝状，长约 6 mm，柱头小，头状。浆果球状，成熟时红黑色，直径约 8 mm；种子近盘状，扁平，直径约 1.5 mm。花期 7~8 月；果期 9~10 月。

徂徕山各林区均产。生于路旁、田边、村落附近。国内分布于甘肃、陕西、山西、河南、山东、江苏、浙江、安徽、江西、福建、台湾、广东、广西、湖南、湖北、四川、云南。日本、朝鲜、中南半岛也有分布。

全草入药，可治小儿惊风。果实能治风火牙痛。

3. 野海茄（图 630，彩图 64）

Solanum japonense Nakai

Fl. Sylv. Kor. 14: 58. 1923.

——*Solanum dulcamara* Linn. var. *heterophyllum* Makino

——*Solanum nipponense* Makino

草质藤本，长 0.5~1.2 m，无毛或小枝被疏柔毛。叶三角状宽披针形或卵状披针形，长 3~8.5 cm，宽 2~5 cm，先端长渐尖，基部圆或楔形，边缘波状，有时 3（5）裂，侧裂片短而钝，中裂片卵状披针形，先端长渐尖，无毛或在两面均被具节疏柔毛或仅脉上被疏柔毛，中脉明显，侧脉纤细，通常 5 对；在小枝上部的叶较小，卵状披针形，长 2~3 cm；叶柄长 0.5~2.5 cm，无毛或具疏柔毛。聚伞花序顶生或腋外生，疏毛，总花梗长 1~1.5 cm，近无毛，花梗长 6~8 mm，无毛，顶膨大；萼浅杯状，直径约 2.5 mm，5 裂，萼齿三角形，长约 0.5 mm；花冠紫色，直径约 1 cm，花冠筒隐于萼内，长不及 1 mm，冠檐长约 5 mm，基部具 5 个绿色斑点，先端 5 深裂，裂片披针形，长 4 mm；花丝长约 0.5 mm，花药长圆形，长 2.5~3 mm，顶孔略向前；子房卵形，直径不及

图 630　野海茄
1. 果枝；2. 叶（示浅裂）；3. 花冠展开（示雄蕊）

1 mm，花柱纤细，长约 5 mm，柱头头状。浆果圆形，直径约 1 cm，成熟后红色；种子肾形，直径约 2 mm。花、果期 7~10 月。

产龙湾、光华寺等地。生于山谷、路旁及疏林下。分布于东北地区及青海、新疆、陕西、河南、河北、江苏、浙江、安徽、湖南、四川、云南、广西、广东。

4. 龙葵（图 631）

Solanum nigrum Linn.

Sp. Pl. 186. 1753.

一年生直立草本，高 0.25~1 m。茎无棱或棱不明显，绿色或紫色，近无毛或被微柔毛。叶卵形，长 2.5~10 cm，宽 1.5~5.5 cm，先端短尖，基部楔形至阔楔形而下延至叶柄，全缘或具不规则的波状

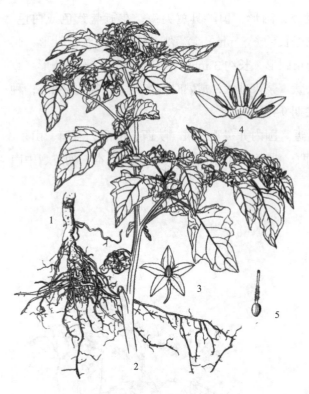

图 631 龙葵
1. 植株下部；2. 植株上部；3. 花；
4. 花冠展开；5. 雌蕊

图 632 阳芋
1. 叶；2. 花；3. 花序；4. 块茎

粗齿，光滑或两面均被稀疏短柔毛，侧脉 5~6 对，叶柄长 1~2 cm。蝎尾状花序腋外生，由 3~6（10）朵花组成，总花梗长 1~2.5 cm，花梗长约 5 mm，近无毛或具短柔毛；萼小，浅杯状，直径 1.5~2 mm，齿卵圆形，先端圆，基部两齿间连接处成角度；花冠白色，筒部隐于萼内，长不及 1 mm，冠檐长约 2.5 mm，5 深裂，裂片卵圆形，长约 2 mm；花丝短，花药黄色，长约 1.2 mm，约为花丝长度的 4 倍，顶孔向内；子房卵形，直径约 0.5 mm，花柱长约 1.5 mm，中部以下被白色绒毛，柱头小，头状。浆果球形，直径约 8 mm，熟时黑色。种子多数，近卵形，直径 1.5~2 mm，两侧压扁。

徂徕山各林区均产。生于田边、荒地、路旁、河畔。中国均有分布。也广泛分布于欧洲、亚洲、美洲的温带至热带地区。

全株入药，可散瘀消肿，清热解毒。

5. 阳芋 土豆、马铃薯（图 632）
Solanum tuberosum Linn.
Sp. Pl. 185. 1753.

草本，高 30~80 cm。无毛或被疏柔毛。地下茎块状，扁圆形或长圆形，直径 3~10 cm，外皮白色、淡红色或紫色。叶为奇数不相等的羽状复叶，小叶常大小相间，长 10~20 cm；叶柄长 2.5~5 cm；小叶 6~8 对，卵形至长圆形，最大者长可达 6 cm，宽达 3.2 cm，最小者长宽均不及 1 cm，先端尖，基部稍不相等，全缘，两面均被白色疏柔毛，侧脉 6~7 对，先端略弯，小叶柄长 1~8 mm。伞房花序顶生，后侧生，花白色或蓝紫色；萼钟形，直径约 1 cm，外面被疏柔毛，5 裂，裂片披针形，先端长渐尖；花冠辐状，直径 2.5~3 cm，花冠筒隐于萼内，长约 2 mm，冠檐长约 1.5 cm，裂片 5，三角形，长约 5 mm；雄蕊长约 6 mm，花药长为花丝长度的 5 倍；子房卵圆形，无毛，花柱长约 8 mm，柱头头状。浆果圆球状，光滑，直径约 1.5 cm。花、果期夏秋季。

徂徕山各林区均有栽培。原产热带美洲的山地，现广泛种植于全球温带地区。中国各地栽培。

块茎富含淀粉，供食用，并为淀粉工业的主要原料。

5. 散血丹属 Physaliastrum Makino

多年生草本。茎直立，常稀疏二歧分枝。叶互生。生于茎下部者由于返茎现象而总常着生于下1个茎节处并面对枝腋；生于茎、枝上部者由于另一小枝未发育而成二出，并大小不相等，具叶柄。花略带黄色或白色，单生或双生、稀三出而各花发育程度相异，生于双生叶的基部或枝杈内，具长花梗，俯垂。花萼短钟状或倒锥状钟形，5萼齿或5中裂，在果期增大而贴近于浆果，球状、卵状或椭圆状；花冠阔钟状，檐部有5角或成短而阔的5裂片，内面近基部有5簇与雄蕊互生的髯毛，裂片在蕾中成内向镊合状；雄蕊5，着生于花冠筒近基部，花丝有毛或无毛，花药直立，药室近平行，纵缝裂开；花盘不存在；花柱丝状，柱头不明显2浅裂。浆果球状或椭圆状，多肉质，包闭在增大的草质而带肉质的宿存萼内。种子多数，圆盘状肾脏形，两侧压扁，皱而具网纹状凹穴；胚极弯曲，位于近周边，子叶半棒形。

共9种，分布于亚洲东部。中国7种，分布于东北、华北、华东、中南及西南地区。岨徕山1种。

1. 日本散血丹（图633）

Physaliastrum echinatum（Yatabe）Makino

Bot. Mag.（Tokyo）28: 21. 1914.

多年生草本。高50~70 cm；茎有稀疏柔毛。叶草质，卵形或阔卵形，顶端急尖，基部偏斜楔形并下延到叶柄，全缘而稍波状，有缘毛，两面亦有疏短柔毛，长4~8 cm，宽3~5 cm，叶柄成狭翼状。花常2~3朵生于叶腋或枝腋，俯垂，花梗长2~4 cm；花萼短钟状，疏生长柔毛和不规则分散三角形小鳞片，直径3~3.5 mm，萼齿极短，扁三角形，大小相等；花冠钟状，直径约1 cm，5浅裂，裂片有缘毛，筒部内面中部有5对同雄蕊互生的蜜腺，下面有5簇髯毛；雄蕊稍短于花冠筒而不伸到花冠裂片的弯缺处。浆果球状，直径约1 cm，被果萼包围，果萼近球状，长近等于浆果，因此浆果顶端裸露。种子近圆盘形。

产于上池、马场、大寺等地。常生于山坡草丛中。国内分布于东北地区及河北、山东。朝鲜、日本及俄罗斯亦有分布。

图633 日本散血丹
1. 花果枝；2. 花萼；3. 花冠展开；4. 雄蕊

6. 酸浆属 Physalis Linn.

一年生或多年生草本、基部略木质，无毛或被柔毛，稀有星芒状柔毛。叶不分裂或有不规则的深波状牙齿，稀为羽状深裂，互生或在枝上端大小不等2叶双生。花单独生于叶腋或枝腋。花萼钟状，5浅裂或中裂，裂片在花蕾中镊合状排列，在果期增大成膀胱状，远较浆果为大，完全包围浆果，有10纵肋，五棱或十棱形，膜质或革质，顶端闭合，基部常凹陷；花冠白色或黄色，辐状或辐状钟形，有褶襞，5浅裂或仅五角形，裂片在花蕾中内向镊合状，后来折合而旋转；雄蕊5，较花冠短，插生于花冠近基部，花丝丝状，基部扩大，花药椭圆形，纵缝裂开；花盘不显著或不存在；子房2室，花柱丝状，柱头不显著2浅裂；胚珠多数。浆果球状，多汁。种子多数，扁平，盘形或肾脏形，有网纹状凹穴；胚极弯曲，位于近周边处；子叶半圆棒形。

约 75 种，大多数分布于美洲热带及温带地区，少数分布于欧亚大陆及东南亚。中国 6 种。徂徕山 2 种。

分种检索表

1. 叶基部歪斜楔形；花较小，花冠长 4~6 mm，花冠及花药黄色··1. 小酸浆 Physalis minima
1. 叶基部歪斜心形；花较大，花冠长 8~15 mm，花冠淡黄色，喉部具紫色斑纹，花药淡紫色··2. 毛酸浆 Physalis philadelphica

图 634　小酸浆

1. 小酸浆（图 634，彩图 65）

Physalis minima Linn.

Sp. Pl. 183. 1753.

一年生草本，根细瘦；主轴短缩，顶端多二歧分枝，分枝披散而卧于地上或斜升，生短柔毛。叶柄细弱，长 1~1.5 cm；叶片卵形或卵状披针形，长 2~3 cm，宽 1~1.5 cm，顶端渐尖，基部歪斜楔形，全缘而波状或有少数粗齿，两面脉上有柔毛。花具细弱的花梗，花梗长约 5 mm，生短柔毛；花萼钟状，长 2.5~3 mm，外面生短柔毛，裂片三角形，顶端短渐尖，缘毛密；花冠黄色，长约 5 mm；花药黄白色，长约 1 mm。果梗细瘦，长不及 1 cm，俯垂；果萼近球状或卵球状，直径 1~1.5 cm；果实球状，直径约 6 mm。

产于磙石峪。分布于云南、广东、广西及四川等省份。

2. 毛酸浆

Physalis philadelphica Lam.

Encycl. 2: 101. 1786.

—— *Physalis cavaleriei* H. Léveillé.

一年生草本；茎生柔毛，常多分枝，分枝毛较密。叶阔卵形，长 3~8 cm，宽 2~6 cm，顶端急尖，基部歪斜心形，边缘通常有不等大的尖牙齿，两面疏生毛但脉上毛较密；叶柄长 3~8 cm，密生短柔毛。花单独腋生，花梗长 5~10 mm，密生短柔毛。花萼钟状，密生柔毛，5 中裂，裂片披针形，急尖，边缘有缘毛；花冠淡黄色，喉部具紫色斑纹，直径 6~10 mm；雄蕊短于花冠，花药淡紫色，长 1~2 mm。果萼卵状，长 2~3 cm，直径 2~2.5 cm，具 5 棱角和 10 纵肋，顶端萼齿闭合，基部稍凹陷；浆果球状，直径约 1.2 cm，黄色或有时带紫色。种子近圆盘状，直径约 2 mm。花、果期 5~11 月。

产于西旺等地。生于草地或田边路旁。原产美洲。中国吉林、黑龙江、山东等地逸为野生。

果可食。

7. 曼陀罗属 Datura Linn.

一年生、多年生草本或灌木。单叶，互生，有叶柄。花大型，辐射对称，常单生于枝分叉间或叶腋，俯垂，无苞片和小苞片，花梗粗壮。花萼长管状，5浅裂，花后自基部稍上处环状断裂；果期部分宿存；花冠长漏斗状，檐部5裂，裂片顶端尖；雄蕊5，花丝下部贴于花冠筒内而上部分离，花药纵裂；子房2~4室，花柱丝状，柱头膨大，2浅裂。蒴果，4瓣裂或不规则开裂，表面生硬针刺或光滑。种子多数，侧向压扁状；胚极弯曲。

约11种，分布于南美洲和北美洲，世界各地归化。中国3种，南北各省份分布，野生或栽培。徂徕山2种。

分种检索表

1. 果实俯垂生，密生细针刺和灰白色柔毛；花萼筒部圆筒状·················1. 毛曼陀罗 Datura innoxia
1. 果实直立生，有针刺或有时无刺；花萼筒部呈5棱角·················2. 曼陀罗 Datura stramonium

1. 毛曼陀罗（图635）
Datura innoxia Mill.

Gard. Dict. ed. 8. n. 5. 1768.

一年生草本或半灌木状，高1~2 m。全体密被细腺毛和短柔毛。茎粗壮。叶片广卵形，长10~18 cm，宽4~15 cm，顶端急尖，基部不对称近圆形，全缘而微波状或有不规则的疏齿，侧脉7~10对。花单生于枝杈间或叶腋，直立或斜升；花梗长1~2 cm，初直立，花萎谢后渐转向下弓曲。花萼圆筒状而不具棱角，长8~10 cm，直径2~3 cm，向下渐稍膨大，5裂，裂片狭三角形，有时不等大，长1~2 cm，花后宿存部分随果实增大而渐大呈五角形，在果期向外反折；花冠长漏斗状，长15~20 cm，檐部直径7~10 cm，下半部带淡绿色，上部白色，花开放后呈喇叭状，边缘有10尖头；花丝长约5.5 cm，花药长1~1.5 cm；子房密生白色柔针毛，花柱长13~17 cm。蒴果俯垂，近球状或卵球状，直径3~4 cm，密生细针刺，针刺有韧曲性，全果亦密生白色柔毛，成熟后淡褐色，由近顶端不规则开裂。种子扁肾形，褐色，长约5 mm，宽3 mm。花、果期6~9月。

图635　毛曼陀罗
1. 果枝；2. 种子

徂徕山各林区均有零星分布，常生于村边、路旁。中国大连、北京、上海、南京等城市有栽培，新疆、河北、山东、河南、湖北、江苏等省份有野生。广布欧亚大陆及南北美洲。

全株有毒，含莨菪碱，药用，有镇痉、镇静、镇痛、麻醉的功能。种子油可制肥皂和掺合油漆用。

2. 曼陀罗（图636）
Datura stramonium Linn.

Sp. Pl. 179. 1753.

一年生草本或半灌木状，高0.5~1.5 m。全体近平滑或在幼嫩部分被短柔毛。茎粗壮，下部木质

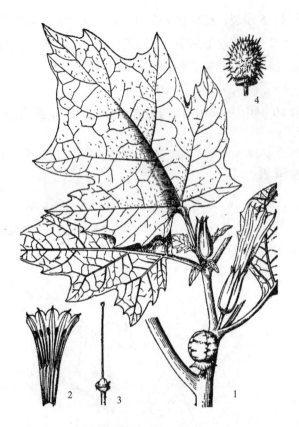

图 636 曼陀罗
1. 花枝；2. 花冠展开；3. 雌蕊；4. 果实

化。叶广卵形，顶端渐尖，基部不对称楔形，边缘有不规则波状浅裂，裂片顶端急尖，有时有波状牙齿，侧脉3~5对，直达裂片顶端，长8~17 cm，宽4~12 cm；叶柄长3~5 cm。花单生于枝杈间或叶腋，直立，有短梗；花萼筒状，长4~5 cm，筒部有5棱角，两棱间稍向内陷，基部稍膨大，顶端紧围花冠筒，5浅裂，裂片三角形，花后自近基部断裂，宿存部分随果实而增大并向外反折；花冠漏斗状，下半部带绿色，上部白色或淡紫色，檐部5浅裂，裂片有短尖头，长6~10 cm，檐部直径3~5 cm；雄蕊不伸出花冠，花丝长约3 cm，花药长约4 mm；子房密生柔针毛，花柱长约6 cm。蒴果直立生，卵状，长3~4.5 cm，直径2~4 cm，表面生有坚硬针刺或有时无刺而近平滑，成熟后淡黄色，规则4瓣裂。种子卵圆形，稍扁，长约4 mm，黑色。花期6~10月；果期7~11月。

徂徕山各林区均产。生于住宅旁、路边或草地上。中国各省份都有分布。广布于世界各大洲。

全株有毒，含莨菪碱，药用有镇痉、镇静、镇痛、麻醉功能。

8. 碧冬茄属 Petunia Juss.

草本，常有腺毛。叶互生，全缘。花单生。花萼5深裂或全裂，裂片矩圆形或条形；花冠漏斗状或高脚碟状，筒部圆柱状或向上渐扩大，檐部对称或偏斜而稍二唇形，裂片短而阔，覆瓦状排列；雄蕊5，插生于花冠筒中部或下部，不伸出花冠，其中4枚较长，第5枚短或退化，花丝丝状，花药纵缝裂开；花盘腺质，全缘或缺刻状2裂；子房2室，柱头不明显2裂，胚珠多数。蒴果2瓣裂。种子近球形或卵球形，表面布网纹状凹穴；胚稍弓曲或近通直。

约3种，分布于南美洲。中国普遍栽培1种。徂徕山1种。

1. 碧冬茄 矮牵牛（图637）

Petunia hybrida Vilm.

Fl. Pleine Terre 1: 616. 1863.

一年生草本，高30~60 cm。全体生腺毛。叶

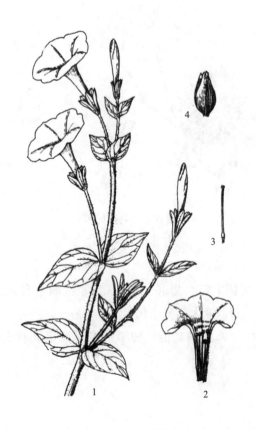

图 637 碧冬茄
1. 花枝；2. 花；3. 雌蕊；4. 果实

有短柄或近无柄，卵形，顶端急尖，基部阔楔形或楔形，全缘，长 3~8 cm，宽 1.5~4.5 cm，侧脉不显著，5~7 对。花单生于叶腋，花梗长 3~5 cm。花萼 5 深裂，裂片条形，长 1~1.5 cm，宽约 3.5 mm，顶端钝，在果期宿存；花冠白色或紫堇色，有各式条纹，漏斗状，长 5~7 cm，筒部向上渐扩大，檐部开展，有折襞，5 浅裂；雄蕊 4 长 1 短；花柱稍超过雄蕊。蒴果圆锥状，长约 1 cm，2 瓣裂，各裂瓣顶端又 2 浅裂。种子极小，近球形，直径约 0.5 mm，褐色。花期 7~8 月。

徂徕山有栽培。本种是杂交种，世界各国普遍栽培。中国南北城市公园中普遍栽培观赏。

9. 辣椒属 Capsicum Linn.

灌木、半灌木或一年生草本；多分枝。单叶互生，全缘或浅波状。花单生、双生或有时数朵簇生于枝腋，或者有时因节间缩短而生于近叶腋；花梗直立或俯垂。花萼阔钟状至杯状，有 5（7）小齿，在果期稍增大宿存；花冠辐状，5 中裂，裂片镊合状排列；雄蕊 5，贴生于花冠筒基部，花丝丝状，花药并行，纵缝裂开；子房 2（稀 3）室，花柱细长，冠以近头状的不明显 2（3）裂的柱头，胚珠多数；花盘不显著。果实俯垂或直立，浆果无汁，果皮肉质或近革质。种子扁圆盘形，胚极弯曲。

约 25 种，分布南美洲。中国栽培 1~2 种。徂徕山 1 种。

1. 辣椒（图 638）

Capsicum annuum Linn.

Sp. Pl. 188. 1753.

一年生或有限多年生草本；高 40~80 cm。茎近无毛或微生柔毛，分枝稍"之"字形折曲。叶互生，枝顶端节不伸长而成双生或簇生状，矩圆状卵形、卵形或卵状披针形，长 4~13 cm，宽 1.5~4 cm，全缘，顶端短渐尖或急尖，基部狭楔形；叶柄长 4~7 cm。花单生，俯垂；花萼杯状，不显著 5 齿；花冠白色，裂片卵形；花药灰紫色。果梗较粗壮，俯垂；果实长指状，顶端渐尖且常弯曲，未成熟时绿色，成熟后成红色、橙色或紫红色，味辣。种子扁肾形，长 3~5 mm，淡黄色。花、果期 5~11 月。

徂徕山各林区均有栽培。原产中南美洲，现在世界各国普遍栽培。为重要的蔬菜和调味品，种子油可食用，果亦有驱虫和发汗之药效。

徂徕山常见栽培的类型还有：菜椒（var. *grossum*），又名灯笼椒。植物体粗壮而高大。叶矩圆形或卵形，长 10~13 cm。果梗直立或俯垂，

图 638 辣椒
1. 植株上部；2. 花冠展开；3. 雌蕊；4. 种子

果实大型，近球状、圆柱状或扁球状，多纵沟，顶端截形或稍内陷，基部截形且常稍向内凹入，味不辣而略带甜或稍带椒味。朝天椒（var. *conoides*），植物体多二歧分枝。叶长 4~7 cm，卵形。花常单生于二分叉间，花梗直立，花稍俯垂，花冠白色或带紫色。果梗及果实均直立，果实较小，圆锥状，长约 1.5（3）cm，成熟后红色或紫色，味极辣。

98. 旋花科 Convolvulaceae

草本、亚灌木或灌木，偶乔木。植物体常有乳汁；具双韧维管束；有些种类地下具肉质的块根。茎缠绕或攀缘，有时匍匐，偶直立。单叶，互生，螺旋排列，全缘，或掌状或羽状分裂，叶基常心形或戟形；无托叶。花单生于叶腋，或组成腋生聚伞花序，有时总状、圆锥状、伞形或头状。苞片成对，通常小，有时叶状。花整齐，两性，5数；花萼分离或仅基部连合，外萼片常比内萼片大，宿存，有些种类在果期增大。花冠合瓣，漏斗状、钟状、高脚碟状或坛状；冠檐近全缘或5裂；花冠外常有5条明显的被毛或无毛的瓣中带。雄蕊与花冠裂片同数、互生，着生于花冠管基部或中部稍下；花药2室。花盘环状或杯状。子房上位，由2（稀3~5）心皮组成，1~2室，或因有发育的假隔膜而为4室；中轴胎座，每室有2枚倒生胚珠；花柱1~2，不裂或上部2尖裂，或几无花柱；柱头各式。蒴果，开裂，或为肉质浆果，或果皮干燥坚硬呈坚果状。种子和通常呈三棱形，胚乳小，胚大，子叶宽。

约57属1500种，广泛分布于热带、亚热带和温带，主产美洲和亚洲的热带、亚热带。中国19属118种，南北各省份均有，大部分属种则产西南和华南地区。徂徕山3属8种。

分属检索表

1. 花萼不为苞片所包，若有总苞片则柱头1，头状。
　　2. 柱头1，头状或2裂 ·· 1. 番薯属 Ipomoea
　　2. 柱头2，线形或棒状 ·· 2. 旋花属 Convolvulus
1. 花萼包藏在2片大苞片内；柱头2，长圆形或椭圆形，扁平 ·· 3. 打碗花属 Calystegia

1. 番薯属 Ipomoea Linn.

草本或灌木。通常缠绕，有时平卧或直立，很少漂浮于水上。叶通常具柄，全缘，或有各式分裂。花单生或组成腋生聚伞花序或伞形至头状花序；苞片各式；萼片5，相等或偶不等，钝至尖而有长芒，等长或内面3片（少有外面的）稍长，无毛或被毛，宿存，常于果期多少增大；花冠整齐，漏斗状、钟状、高脚碟状，具五角形或5裂的冠檐，瓣中带明显；雄蕊内藏或伸出，不等长，插生于花冠基部，花丝丝状，基部常扩大而稍被毛，花药卵形至线形，有时扭转；子房2~4室，胚珠4~6枚，花柱1，线形，不伸出，柱头头状，或瘤状突起或裂成球状；花盘环状。蒴果球形或卵形，果皮膜质或革质，2~4瓣裂。

约500种，广泛分布于热带、亚热带和温带地区。中国约29种，南北各省份均产，但大部分产于华南和西南地区。徂徕山4种。

本属有些种类供食用，如蕹菜、番薯，有些种类用以观赏，有些种类可药用。

分种检索表

1. 雄蕊和花柱内藏；花冠漏斗状或钟状。
　　2. 萼片顶端长而狭的渐尖，被硬毛或贴生柔毛；子房3室，6枚胚珠。
　　　　3. 叶片通常3裂；外萼片披针状线形，长2~2.5 cm ·· 1. 牵牛 Ipomoea nil
　　　　3. 叶片通常全缘；外萼片长椭圆形，渐尖，长1.1~1.6 cm ····················· 2. 圆叶牵牛 Ipomoea purpurea
　　2. 萼片钝至锐尖；子房2或4室，4枚胚珠；叶片掌状3~7裂 ·································· 3. 番薯 Ipomoea batatas
1. 雄蕊和花柱伸出；花冠高脚碟状；叶羽状深裂，裂片线形 ··································· 4. 茑萝松 Ipomoea quamoclit

1. 牵牛（图639）

Ipomoea nil（Linn.）Roth.

Catal. Bot. 1: 36. 1797.

—— *Pharbitis nil*（Linn.）Choisy

一年生缠绕草本。茎上被倒向的短柔毛及杂有倒向或开展的长硬毛。叶宽卵形或近圆形，3深裂或浅裂，偶5裂，长4~15 cm，宽4.5~14 cm，基部圆，心形，中裂片长圆形或卵圆形，渐尖或骤尖，侧裂片较短，三角形，裂口锐或圆，叶面被微硬的柔毛；叶柄长2~15 cm，毛被同茎。花腋生，单一或2朵着生于花序梗顶，花序梗长短不一，毛被同茎；苞片线形或叶状，被开展的微硬毛；花梗长2~7 mm；小苞片线形；萼片近等长，长2~2.5 cm，披针状线形，内面2片稍狭，外面被开展的刚毛，基部更密，有时杂有短柔毛；花冠漏斗状，长5~8（10）cm，蓝紫色或紫红色，花冠管色淡；雄蕊及花柱内藏；雄蕊不等长；花丝基部被柔毛；子房无毛，柱头头状。蒴果近球形，直径0.8~1.3 cm，3瓣裂。种子卵状三棱形，长约6 mm，黑褐色或米黄色，被褐色短绒毛。花期7~9月；果期9~10月。

徂徕山各林区均产。生于路边、宅旁或为栽培。原产热带美洲，现已广植于热带和亚热带地区。中国除西北和东北地区的一些省份外，大部分地区都有分布。

除栽培供观赏外，种子为常用中药，有泻水利尿、逐痰、杀虫的功效。

图639 牵牛
1. 花枝；2. 叶；3. 果实

2. 圆叶牵牛（图640）

Ipomoea purpurea（Linn.）Roth

Bot. Abh. Beobacht. 27. 1787.

—— *Pharbitis purpurea*（Linn.）Voigt

一年生缠绕草本。茎上被倒向的短柔毛杂有倒向或开展的长硬毛。叶圆心形或宽卵状心形，长4~18 cm，宽3.5~16.5 cm，基部圆，心形，顶端锐尖、骤尖或渐尖，通常全缘，偶有3裂，两面疏或密被刚伏毛；叶柄长2~12 cm，毛被与茎同。花腋生，单一或2~5朵着生于花序梗顶端成伞形聚伞花序，花序梗比叶柄短或近等长，长4~12 cm，毛被与茎相同；苞片线形，长6~7 mm，被开展的长硬毛；花梗长1.2~1.5 cm，被倒向短柔毛及

图640 圆叶牵牛

长硬毛；萼片近等长，长 1.1~1.6 cm，外面 3 片长椭圆形，渐尖，内面 2 片线状披针形，外面均被开展的硬毛，基部更密；花冠漏斗状，长 4~6 cm，紫红色、红色或白色，花冠管通常白色，瓣中带于内面色深，外面色淡；雄蕊与花柱内藏；雄蕊不等长，花丝基部被柔毛；子房无毛，3 室，每室 2 枚胚珠，柱头头状；花盘环状。蒴果近球形，直径 9~10 mm，3 瓣裂。种子卵状三棱形，长约 5 mm，黑褐色或米黄色，被极短的糠秕状毛。花期 7~9 月；果期 9~10 月。

徂徕山各林区均产。原产热带美洲，广泛引植于世界各地。中国大部分地区有分布。

3. 番薯（图 641）

Ipomoea batatas（Linn.）Lam.

Tabl. Encycl. 1: 465. 1793.

一年生草本。地下部分具圆形、椭圆形或纺锤形的块根。茎平卧或上升，偶缠绕，多分枝，圆柱形或具棱，绿色或紫色，被疏柔毛或无毛，茎节易生不定根。叶通常为宽卵形，长 4~13 cm，宽 3~13 cm，全缘或 3~5（7）裂，裂片宽卵形、三角状卵形或线状披针形，叶片基部心形或近于平截，顶端渐尖，两面被疏柔毛或近于无毛；叶柄长短不一，长 2.5~20 cm，被疏柔毛或无毛。聚伞花序腋生，有 1~7 朵花聚集成伞形，花序梗长 2~10.5 cm，稍粗壮，无毛或有时被疏柔毛；苞片小，披针形，长 2~4 mm，顶端芒尖或骤尖，早落；花梗长 2~10 mm；萼片长圆形或椭圆形，不等长，外萼片长 7~10 mm，内萼片长 8~11 mm，顶端骤然成芒尖状，无毛或疏生缘毛；花冠粉红色、白色、淡紫色或紫色，钟状或漏斗状，长 3~4 cm，外面无毛；雄蕊及花柱内藏，花丝基部被毛；子房 2~4 室，被毛或有时无毛。蒴果卵形或扁圆形，有假隔膜分为 4 室。种子 1~4 粒，通常 2 粒，无毛。

徂徕山各林区均有栽培。原产南美洲及大、小安的列斯群岛，现已广泛栽培在全世界的热带、亚热带地区。中国大多数地区都普遍栽培。

图 641 番薯
1. 花枝；2. 花展开；3. 雄蕊；4. 雌蕊

块根除做主粮外，也是食品加工、淀粉和酒精制造工业的重要原料，根、茎、叶又是优良的饲料。

4. 茑萝松（图 642）

Ipomoea quamoclit Linn.

Sp. Pl. 159-160. 1753.

—— Quamoclit pennata（Desr.）Boj.

一年生缠绕草本，柔弱，无毛。叶卵形或长圆形，长 2~10 cm，宽 1~6 cm，羽状深裂至中脉，具 10~18 对线形至丝状的平展的细裂片，裂片先端锐尖；叶柄长 8~40 mm，基部常具假托叶。花序腋生，由少数花组成聚伞花序；总花梗大多超过叶，长 1.5~10 cm，花直立，花梗较花萼长，长 9~20 mm，在果期增厚成棒状；萼片绿色，稍不等长，椭圆形至长圆状匙形，外面 1 片稍短，长约 5 mm，先端钝而具小凸尖；花冠高脚碟状，长约 2.5 cm 以上，深红色，无毛，管柔弱，上部稍膨大，冠檐开展，直径 1.7~2 cm，5 浅裂；雄蕊及花柱伸出；花丝基部具毛；子房无毛。蒴果卵形，长 7~8 mm，4 室，4 瓣裂，隔膜宿存，透明。种子4粒，卵状长圆形，长5~6 mm，黑褐色。花期7~9月；果期9~10月。

各林区庭院有零星栽培。原产热带美洲，现广布于全球温带及热带。中国各地广泛栽培。

为美丽的庭园观赏植物。

2. 旋花属 Convolvulus Linn.

一年生或多年生草本，平卧、直立或缠绕，或为亚灌木、灌木。叶心形、箭形或戟形，或长圆形、狭披针形至线形，全缘，稀具波状圆齿或浅裂。花腋生，具总梗，由1至少数花组成聚伞花序，或成密集具总苞的头状花序，或为聚伞圆锥花序；萼片5，等长或近等长，钝或锐尖；花冠整齐，钟状或漏斗状，白色、粉红色、蓝色或黄色，具5条通常不太明显的瓣中带；冠檐浅裂或近全缘；雄蕊及花柱内藏；雄蕊5，着生于花冠基部，花丝丝状，等长或不等长，通常基部稍扩大；花药长圆形；花盘环状或杯状；子房2室，胚珠4枚；花柱1，丝状，柱头2，线形或近棒状。蒴果球形，2室，4瓣裂或不规则开裂；种子1~4粒，通常具小瘤突，无毛，黑色或褐色。

约250种，广布于温带及亚热带，极少数在热带。中国8种。徂徕山1种。

1. 田旋花（图643）

Convolvulus arvensis Linn.

Sp. Pl. 153. 1753.

多年生草本。根状茎横走，茎平卧或缠绕，有条纹及棱角，无毛或上部被疏柔毛。叶卵状长圆形至披针形，长1.5~5 cm，宽1~3 cm，先端钝或具小短尖头，基部大多戟形，或箭形及心形，全缘或3裂，侧裂片展开，微尖，中裂片卵状椭圆形，狭三角形或披针状长圆形，微尖或近圆；叶柄较叶片短，长1~2 cm；叶脉羽状，基部掌状。花序腋生，总梗长3~8 cm，1或有时2~3至多花，花梗比花萼长得多；苞片2，线形，长约3 mm；萼片有毛，长3.5~5 mm，稍不等，2个外萼片稍短，长圆状椭圆形，钝，具短缘毛，内萼片近圆形，钝或稍凹，或具小短尖头，边缘膜质；花冠宽漏斗形，长15~26 mm，白色或粉红色，瓣中带粉红、红或白色，5浅裂；雄蕊5，稍不等长，较花冠短一半，花丝基部扩大；

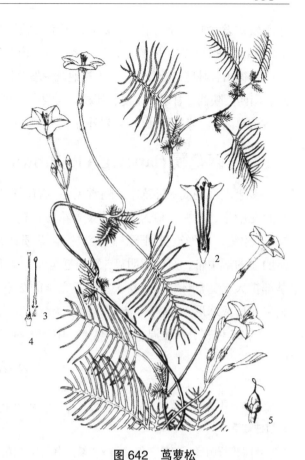

图642 茑萝松
1. 花枝；2. 花冠展开；3. 雄蕊；4. 雌蕊；5. 果实

图643 田旋花
1. 植株；2. 花冠展开；3. 萼片；
4. 果实及花萼；5. 叶形变化

雌蕊较雄蕊稍长，子房有毛，2室，每室2枚胚珠，柱头2，线形。蒴果卵球形或圆锥形，无毛，长5~8 mm。种子4粒，卵圆形，长3~4 mm，暗褐色或黑色。花、果期6~9月。

徂徕山各林区广泛分布。生于耕地及荒坡草地上。国内分布于吉林、黑龙江、辽宁、河北、河南、山东、山西、陕西、甘肃、宁夏、新疆、内蒙古、江苏、四川、青海、西藏等省份。广布南北两半球温带。

全草入药，调经活血，滋阴补虚。

3. 打碗花属 Calystegia R. Brown

多年生缠绕或平卧草本。通常无毛，有时被短柔毛。叶箭形或戟形，具圆形，有角或分裂的基裂片。花腋生，单一，稀为少花的聚伞花序；苞片2，叶状，卵形或椭圆形，包藏着花萼，宿存；萼片5，近相等，卵形至长圆形，锐尖或钝，草质，宿存；花冠钟状或漏斗状，白色或粉红色，外面具5条明显的瓣中带，冠檐不明显5裂或近全缘；雄蕊及花柱内藏；雄蕊5，贴生于花冠管，花丝近等长，基部扩大；花盘环状；子房1室或不完全的2室，4胚珠；花柱1，柱头2，长圆形或椭圆形，扁平。蒴果卵形或球形，1室，4瓣裂。种子4粒，光滑或具小疣。

约25种，分布于温带和亚热带。中国6种，南北各省份均产。徂徕山3种。

分种检索表

1. 植株通常不被毛，矮小，常自基部分枝···1. 打碗花 Calystegia hederacea
1. 植株被毛。
 2. 叶卵状长圆形、卵状三角形，或3裂，中裂片长圆形；叶柄长1~4（5）cm；植株被淡黄色短柔毛············
 ··2. 毛打碗花 Calystegia dahurica
 2. 叶长圆形或线状长圆形，基部圆形、截形或微呈戟形；叶柄短，长0~2~1.5（2）cm；植株被灰白色或黄褐色柔毛··3. 藤长苗 Calystegia pellita

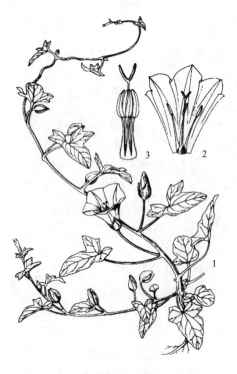

图 644 打碗花
1. 植株；2. 花冠展开；3. 雄蕊和雌蕊

1. 打碗花（图644，彩图66）

Calystegia hederacea Wall. ex. Roxb.

一年生草本。全体不被毛，植株通常矮小，高8~30（40）cm，常自基部分枝，具细长白色的根。茎细，平卧，有细棱。基部叶片长圆形，长2~3（5.5）cm，宽1~2.5 cm，顶端圆，基部戟形，上部叶片3裂，中裂片长圆形或长圆状披针形，侧裂片近三角形，全缘或2~3裂，叶片基部心形或戟形；叶柄长1~5 cm。花腋生，1朵，花梗长于叶柄，有细棱；苞片宽卵形，长0.8~1.6 cm，顶端钝或锐尖至渐尖；萼片长圆形，长0.6~1 cm，顶端钝，具小短尖头，内萼片稍短；花冠淡紫色或淡红色，钟状，长2~4 cm，冠檐近截形或微裂；雄蕊近等长，花丝基部扩大，贴生花冠管基部，被鳞毛；子房无毛，柱头2裂，裂片长圆形，扁平。蒴果卵球形，长约1 cm，宿存萼片与之近等长或稍短。种子黑褐色，长4~5 mm，表面有小疣。花期3~9月；果期6~9月。

徂徕山各林区均产，为农田、荒地、路旁常见杂草。全国各地均有分布。亦分布于东非的埃塞俄比亚，亚洲南部、东部至马来西亚。

根药用，治妇女月经不调，红、白带下。嫩叶可作野菜。

2. 毛打碗花（图645）

Calystegia dahurica (Herb.) Choisy

DC. Prodr. 9: 433. 1845.

多年生草本。除萼片和花冠外植物体各部分均被柔毛。叶通常为卵状长圆形，长4~6 cm，基部戟形，基裂片不明显伸展，圆钝或2裂；叶柄较短，长1~4（5）cm。花腋生，1朵；苞片宽卵形，顶端稍钝；花冠淡红色，漏斗状。子房无毛，柱头2裂，裂片卵形。花、果期5~9月。

产于西旺。国内分布于东北地区及内蒙古、河北、山东、江苏、河南、山西、陕西、甘肃、四川。

图645　毛打碗花

3. 藤长苗（图646）

Calystegia pellita (Ledeb.) G. Don

Gen. Hist. 4: 296. 1837.

多年生草本。根细长。茎缠绕或下部直立，圆柱形，有细棱，密被灰白色或黄褐色长柔毛，有时毛较少。叶长圆形或长圆状线形，长4~10 cm，宽0.5~2.5 cm，顶端钝圆或锐尖，具小短尖头，基部圆形、截形或微呈戟形，全缘，两面被柔毛，通常背面沿中脉密被长柔毛，有时两面毛较少，叶脉在背面稍突起；叶柄长0.2~1.5（2）cm，毛被同茎。花腋生，单一，花梗短于叶，密被柔毛；苞片卵形，长1.5~2.2 cm，顶端钝，具小短尖头，外面被褐黄色短柔毛，具有如叶脉的中脉和侧脉；萼片近相等，长0.9~1.2 cm，长圆状卵形，上部具黄褐色缘毛；花冠淡红色，漏斗状，长4~5 cm，冠檐于瓣中带顶端被黄褐色短柔毛；雄蕊花丝基部扩大，被小鳞毛；子房无毛，2室，每室2枚胚珠，柱头2裂，裂片长圆形，扁平。蒴果近球形，径约6 mm。种子卵圆形，无毛。花、果期6~9月。

图646　藤长苗
1. 花枝；2. 叶；3. 雄蕊；4. 雌蕊

徂徕山各林区均产。国内分布于黑龙江、辽宁、河北、山西、陕西、甘肃、新疆、山东、河南、湖北、安徽、江苏、四川。亦分布于俄罗斯西伯利亚和远东地区、蒙古、朝鲜、日本。

99. 菟丝子科 Cuscutaceae

寄生草本，无根，全体不被毛。茎缠绕，细长，线形，黄色或红色，不为绿色，借助吸器固着寄主。无叶，或退化成小的鳞片。花小，白色或淡红色，无梗或有短梗，成穗状、总状或簇生成头状的花序；苞片小或无；花4~5出数；萼片近于等大，基部或多或少连合；花冠管状、壶状、球形或钟状，在花冠管内面基部雄蕊之下具有边缘分裂或流苏状的鳞片；雄蕊着生于花冠喉部或花冠裂片相邻处，通常稍微伸出，具短的花丝及内向的花药；花粉粒椭圆形，无刺；子房2室，每室2枚胚珠，花柱2，完全分离或多少连合，柱头球形或伸长。蒴果球形或卵形，有时稍肉质，周裂或不规则破裂。种子1~4粒，无毛；胚在肉质的胚乳之中，线状，成圆盘形弯曲或螺旋状，无子叶或稀具细小的鳞片状的遗痕。

1属约170种，广泛分布于全世界暖温带，主产美洲。中国11种，南北均产。徂徕山3种。

1. 菟丝子属 Cuscuta Linn.

形态特征、种类、分布与科相同。

分种检索表

1. 花柱2，柱头球状；花通常簇生成小伞形或小团伞花序；茎纤细，毛发状。
   2. 雄蕊着生于花冠裂片弯缺微下处；蒴果全为宿存的花冠所包围，成熟时整齐周裂⋯⋯⋯⋯1. 菟丝子 Cuscuta chinensis
   2. 雄蕊着生于花冠裂片弯缺处；蒴果仅下半部被宿存花冠包围，成熟时不规则开裂⋯⋯⋯2. 南方菟丝子 Cuscuta australis
1. 花柱1，柱头2裂；穗状花序；茎较粗壮，黄色并常带紫红色瘤状斑点⋯⋯⋯⋯⋯⋯⋯3. 金灯藤 Cuscuta japonica

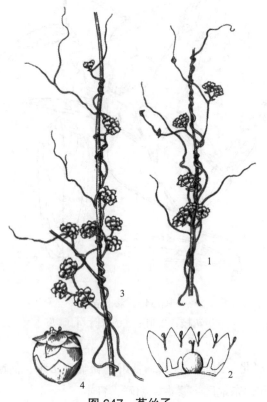

图647 菟丝子
1. 植株一部分（示花序）；2. 花冠展开；
3. 植株一部分（示果序）；4. 果实

1. 菟丝子（图647）

Cuscuta chinensis Lam.

Encycl. 2（1）：229. 1786.

一年生缠绕草本。茎黄色，纤细，直径约1 mm。无叶。花序侧生，少花或多花簇生成小伞形或小团伞花序，近无总梗；苞片及小苞片小，鳞片状；花梗稍粗壮，长仅1 mm；花萼杯状，中部以下连合，裂片三角状，长约1.5 mm，顶端钝；花冠白色，壶形，长约3 mm，裂片三角状卵形，顶端锐尖或钝，向外反折，宿存；雄蕊着生于花冠裂片弯缺微下处；鳞片长圆形，边缘长流苏状；子房近球形，花柱2，等长或不等长，柱头球形。蒴果球形，直径约3 mm，几乎全为宿存的花冠所包围，成熟时整齐周裂。种子淡褐色，卵形，长约1 mm，表面粗糙。花、果期7~10月。

徂徕山各山区均广泛分布。生于草地、田边、路边灌丛，通常寄生于豆科、菊科、藜科、杨柳科等多种植物上。国内分布于黑龙江、吉林、辽宁、河北、山西、陕西、宁夏、甘肃、内蒙古、新疆、山东、江苏、安徽、河南、浙江、福建、四川、云南等省份。亦分布于伊朗、阿富汗向东至日本、朝鲜，南至斯里兰卡、马达加斯加、澳大利亚。

种子药用，有补肝肾、益精壮阳，止泻的功能。

2. 南方菟丝子（图648）

Cuscuta australis R. Brown

Prodr. Fl. Nov. Holl. 1: 491. 1810.

一年生缠绕草本。茎金黄色，纤细，直径约1 mm，无叶。花序侧生，少花或多花簇生成小伞形或小团伞花序，近无总梗；苞片及小苞片均小，鳞片状；花梗稍粗壮，长1~2.5 mm；花萼杯状，基部连合，裂片3~5，长圆形或近圆形，通常不等大，长0.8~1.8 mm，顶端圆；花冠乳白色或淡黄色，杯状，长约2 mm，裂片卵形或长圆形，顶端圆，约与花冠管近等长，直立，宿存；雄蕊着生于花冠裂片弯缺处，比花冠裂片稍短；鳞片小，边缘短流苏状；子房扁球形，花柱2，等长或稍不等长，柱头球形。蒴果扁球形，直径3~4 mm，下半部为宿存花冠所包，成熟时不规则开裂，不为周裂。通常有4粒种子，淡褐色，卵形，长约1.5 mm，表面粗糙。花、果期8~9月。

徂徕山各山区均产。国内分布于吉林、辽宁、河北、山东、甘肃、宁夏、新疆、陕西、安徽、江苏、浙江、福建、江西、湖南、湖北、四川、云南、广东、台湾等省份。亦分布自亚洲的中、南、东部，向南经马来西亚，印度尼西亚至大洋洲。

种子可药用，功效同菟丝子。

3. 金灯藤（图649）

Cuscuta japonica Choisy

Syst. Verz. 2: 134. 1854.

一年生寄生缠绕草本，茎较粗壮，肉质，直径1~2 mm，黄色，常带紫红色瘤状斑点，无毛，多分枝，无叶。花无柄或几无柄，形成穗状花序，长达3 cm，基部常多分枝；苞片及小苞片鳞片状，卵圆形，长约2 mm，顶端尖，全缘，沿背部增厚；花萼碗状，肉质，长约2 mm，5裂几

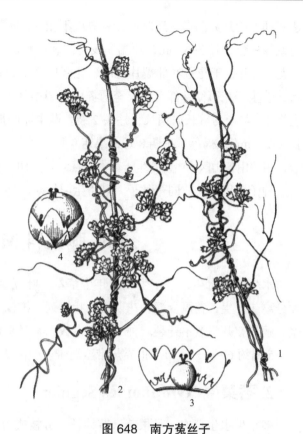

图648 南方菟丝子
1. 植株一部分（示花序）；2. 植株一部分（示果序）；
3. 花冠展开；4. 果实

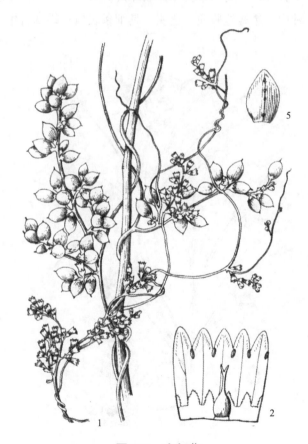

图649 金灯藤
1. 植株一部分；2. 花冠展开；3. 花萼

达基部，裂片卵圆形或近圆形，相等或不相等，顶端尖，背面常有紫红色瘤状突起；花冠钟状，淡红色或绿白色，长 3~5 mm，顶端 5 浅裂，裂片卵状三角形，钝，直立或稍反折，短于花冠筒 2~2.5 倍；雄蕊 5，着生于花冠喉部裂片之间，花药卵圆形，黄色，花丝无或几无；鳞片 5，长圆形，边缘流苏状，着生于花冠筒基部，伸长至冠筒中部或中部以上；子房球状，平滑，无毛，2 室，花柱细长，合生为 1，与子房等长或稍长，柱头 2 裂。蒴果卵圆形，长约 5 mm，近基部周裂。种子 1~2 粒，光滑，长 2~2.5 mm，褐色。花期 8 月；果期 9 月。

徂徕山各山区均产，寄生于草本或灌木上。国内分布于南北各省份。越南、朝鲜、日本也有分布。

种子药用，功效同菟丝子。其寄生习性对一些木本植物造成危害。

100. 睡菜科 Menyanthaceae

水生或近水生，一年生或多年生草本。叶互生，单叶或三出复叶；无托叶。花 4~5 基数，花萼片分离或合生；花冠合瓣，花期镊合状排列。雄蕊 5，分离，与花冠裂片互生；子房上位，1 心皮，1 室。蒴果，开裂或不开裂。种子少至多数，有时具翅，胚乳丰富。

5 属约 60 种，广布于世界热带至温带。中国 2 属 7 种。徂徕山 1 属 1 种。

2. 荇菜属 Nymphoides Seguier

多年生水生草本。具根茎。茎伸长，分枝或否，节上有时生根。叶基生或茎生，互生，稀对生，叶片浮于水面。花簇生节上，5 数；花萼深裂至近基部，萼筒短；花冠常深裂近基部呈辐状，稀浅裂呈钟形，冠筒通常甚短，喉部具 5 束长柔毛，裂片在蕾中呈镊合状排列，边缘全缘或具睫毛或在一些种中，边缘宽膜质、透明，具细条裂齿；雄蕊着生于冠筒上，与裂片互生，花药卵形或箭形；子房 1 室，胚珠少至多数，花柱短于或长于子房，柱头 2 裂，裂片半圆形或三角形，边缘齿裂或全缘；腺体 5，着生于子房基部。蒴果成熟时不开裂；种子少至多数，表面平滑、粗糙或具短毛。

约 40 种，广布于全世界的热带和温带。中国 6 种，大部分省份均产。徂徕山 1 种。

1. 荇菜 莕菜（图 650，彩图 67）

Nymphoides peltatum（Gmel.）O. Kuntze Rev. Gen. Pl. 2: 429. 1891.

多年生水生草本。茎圆柱形，多分枝，密生褐色斑点，节下生根。上部叶对生，下部叶互生，叶片飘浮，近革质，圆形或卵圆形，直径 1.5~8 cm，基部心形，全缘，有不明显的掌状叶脉，下面紫褐色，密生腺体，粗糙，上面光滑，叶柄圆柱形，长 5~10 cm，基部变宽，呈鞘状，半抱茎。花常多数簇生节上，5 数；花梗圆柱形，不等长，稍短于叶柄，长 3~7 cm；花萼长 9~11 mm，分裂近基部，裂片椭圆形或椭圆状披针形，先端钝，全缘；花冠金黄色，长 2~3 cm，

图 650 荇菜
1. 植株一部分；2. 花冠展开；3. 果实；4. 种子

直径 2.5~3 cm，分裂至近基部，冠筒短，喉部具 5 束长柔毛，裂片宽倒卵形，先端圆形或凹陷，中部质厚的部分卵状长圆形，边缘宽膜质，近透明，具不整齐的细条裂齿；雄蕊着生于冠筒上，整齐，花丝基部疏被长毛；在短花柱的花中，雌蕊长 5~7 mm，花柱长 1~2 mm，柱头小，花丝长 3~4 mm，花药常弯曲，箭形，长 4~6 mm；在长花柱的花中，雌蕊长 7~17 mm，花柱长达 10 mm，柱头大，2 裂，裂片近圆形，花丝长 1~2 mm，花药长 2~3.5 mm；腺体 5 个，黄色，环绕子房基部。蒴果无柄，椭圆形，长 1.7~2.5 cm，宽 0.8~1.1 cm，宿存花柱长 1~3 mm，成熟时不开裂；种子大，褐色，椭圆形，长 4~5 mm，边缘密生睫毛。花、果期 4~10 月。

产于西旺等地。生于河流中。国内分布于全国绝大多数省份。中欧、俄罗斯、蒙古、朝鲜、日本、伊朗、印度、克什米尔等地区也有分布。

花朵繁密，花期长，花色金黄，是美丽的水生观赏植物。

101. 花荵科 Polemoniaceae

一、二年生或多年生草本或灌木，有时以其叶卷须攀缘。叶通常互生，或下方或全部对生，全缘或分裂或羽状复叶；无托叶。花小或大，通常颜色鲜艳，组成二歧聚伞花序，圆锥花序，有时穗状或头状花序，很少单生叶腋；花两性，整齐或微两侧对称；花萼钟状或管状，5 裂，宿存，裂片覆瓦状或镊合状形成 5 翅；花冠合瓣，高脚碟状、钟状至漏斗状，裂片在芽时扭曲，花开后开展，有时不等大；雄蕊 5，常以不同的高度着生花冠管上，花丝丝状，基部常扩大并被毛，花药 2 室，纵裂；花粉粒球形，表面具网纹；花盘在雄蕊内，通常显著；子房上位，由 3（少有 2 或 5）心皮组成，3（5）室，花柱 1，线形，顶端分裂成为 3 条上表面具乳头状突起的柱头；中轴胎座，每室有胚珠 1 至多数，倒生，无柄。蒴果室背开裂，仅在电灯花属（Cobaea）为室间开裂，1 室，通常果瓣间有一半的假隔膜。种子与胚珠同数，有各种形态，通常为不规则的棱柱状的具锐尖棱或有翅，外种皮具一层黏液细胞；胚乳肉质或软骨质；胚直，具平坦、稍粗壮而宽的子叶，通常与胚乳等大。

19 属约 350 种，主产北美洲西部，很少的种类产欧洲、亚洲，不产非洲和大洋洲。中国 3 属 6 种，其中 4 种系栽培。徂徕山 1 属 1 种。

1. 天蓝绣球属 Phlox Linn.

多年生草本，稀一年生。茎直立或铺散，有时基部木质化。叶对生或最上部的互生，通常较狭，有时针状，全缘。花通常美丽，红色、紫色或白色，单花或多花聚集在分枝顶端，或排成顶生的聚伞圆锥花序或圆锥花序；萼管状或钟状，有 5 肋，5 裂，裂片锐尖、渐尖或钻状，边缘常为干膜质；花冠高脚碟状，花冠管喉部收缩，冠檐裂片等大，倒卵形、圆形或倒心形；雄蕊以不同高度着生花冠管内，花丝短，内藏；子房长圆形或卵形，3 室，每室胚珠 1~2 枚，很少 3~5 枚。蒴果卵球形，3 瓣裂。种子卵形，无翅，也无黏液层。

约 66 种，产北美洲，1 种产俄罗斯西伯利亚。中国引入栽培的有 3 种。徂徕山 1 种。

1. 针叶天蓝绣球 芝樱（彩图 68）

Phlox subulata Linn.

Sp. Pl. 152. 1753.

多年生矮小草本。茎丛生，铺散，多分枝，被柔毛。叶对生或簇生于节上，钻状线形或线状披针形，长 1~1.5 cm，锐尖，被开展的短缘毛；无叶柄。花数朵生枝顶，成简单的聚伞花序，花梗纤细，长 0.7~1 cm，密被短柔毛；花萼长 6~7 mm，外面密被短柔毛，萼齿线状披针形，与萼筒近等长；花冠高脚碟状，淡红、紫色或白色，长约 2 cm，裂片倒卵形，凹头，短于花冠管，长约 6 mm。蒴果长圆形，高约 4 mm。花期 4~5 月。

上池有栽培。原产北美洲东部。中国华东地区有引种栽培。

102. 紫草科 Boraginaceae

草本、灌木或乔木。常被有糙毛或刚毛。单叶，互生，稀对生或轮生，全缘或有锯齿，无托叶。聚伞花序常顶生，极少花单生。花两性，辐射对称，稀两侧对称；花萼筒状或钟状，5 裂，裂片覆瓦状排列，稀镊合状排列，大多宿存；花冠辐状、筒状、钟状或漏斗状，一般可分筒部、喉部、檐部三部分，檐部具 5 裂片，裂片在蕾中覆瓦状排列，很少旋转状，喉部有 5 鳞片状附属物或有皱褶、毛，或平滑；雄蕊 5，着生花冠筒部，内藏，稀伸出花冠外，与花冠裂片互生，花药 2 室，内向，纵裂；蜜腺在花冠筒内面基部环状排列，或在子房下的花盘上；雌蕊由 2 心皮组成，子房上位，2 室，每室 2 枚胚珠，或 4 裂、4 室，每室 1 枚胚珠，花柱顶生或生在子房裂瓣之间的雌蕊基上，柱头头状或 2 裂；雌蕊基果期平或不同程度升高呈金字塔形至锥形。果实为含 1~4 粒种子的核果，或 2~4 个分离的小坚果，果皮常具各种附属物。种子常无胚乳，稀有胚乳；胚伸直，少弯曲，子叶平，肉质，胚根在上方。

约 156 属 2500 种，分布于温带和热带地区。中国 47 属 294 种，全国各地均有分布。徂徕山 5 属 8 种 1 变种。

分属检索表

1. 花药先端无小尖头；小坚果非桃形。
  2. 小坚果无锚状刺。
    3. 小坚果非四面体形，背面或腹面有碗状、盘状或环状突起。
      4. 小坚果的突起 1 层，或为 2 层而外层全缘··················1. 斑种草属 Bothriospermum
      4. 小坚果的碗状突起 2 层，外层突起的边缘有齿··················2. 盾果草属 Thyrocarpus
    3. 小坚果四面体形，无膜质的杯状突起；花冠裂片覆瓦状排列··················3. 附地菜属 Trigonotis
  2. 小坚果有锚状刺··················4. 鹤虱属 Lappula
1. 花药先端有小尖头；小坚果桃形，平滑而带乳白色··················5. 紫草属 Lithospermum

1. 斑种草属 Bothriospermum Bunge

一、二年生草本。被伏毛及硬毛，硬毛基部具基盘。茎直立或伏卧。叶互生，多样，卵形、椭圆形、披针形或倒披针形。花小，蓝色或白色，具柄，排列为具苞片的镰状聚伞花序；花萼 5 裂，裂片披针形，果期不增大或有时稍增大；花冠辐状，筒短，喉部有 5 个鳞片状附属物，附属物近闭锁，裂片 5，圆钝，在芽中覆瓦状排列，开放时呈辐射状展开；雄蕊 5，着生花冠筒部，内藏，花药卵形，圆钝，花丝极短；子房 4 裂，裂片分离，各具 1 枚倒生胚珠，花柱短，柱头头状，雌蕊基平。小坚果 4，或稀有不发育者，背面圆，具瘤状突起，腹面有长圆形、椭圆形或圆形的环状凹陷，边缘增厚而突起，全缘或有时小齿，着生面位于基部，近胚根一端，种子通常不弯曲，子叶平展。

约 5 种，广布亚洲热带及温带。中国 5 种均产，广布南北各省份。徂徕山 3 种。

分种检索表

1. 小坚果有网状皱折及粒状突起，腹面具横的环状凹陷··················1. 斑种草 Bothriospermum chinense

1. 小坚果密生疣状突起，腹面具纵的环状凹陷。
   2. 茎被开展的硬毛及伏毛···2. 多苞斑种草 Bothriospermum secundum
   2. 茎被向上贴伏的伏毛···3. 柔弱斑种草 Bothriospermum zeylanicum

1. 斑种草（图 651）

Bothriospermum chinense Bunge

Enum. Pl. China Bor. 47. 1833.

一年生草本，稀二年生，高 20~30 cm。密生开展或向上的硬毛。根为直根，细长，不分枝。茎数条丛生，直立或斜升，中部以上分枝或不分枝。基生叶及茎下部叶具长柄，匙形或倒披针形，长 3~6 cm，稀达 12 cm，宽 1~1.5 cm，先端圆钝，基部渐狭为叶柄，边缘皱波状或近全缘，两面被基部具基盘的长硬毛及伏毛，茎中部及上部叶无柄，长圆形或狭长圆形，长 1.5~2.5 cm，宽 0.5~1 cm，先端尖，基部楔形或宽楔形，上面被向上贴伏的硬毛，下面被硬毛及伏毛。花序长 5~15 cm，具苞片；苞片卵形或狭卵形；花梗短，花期长 2~3 mm，果期伸长；花萼长 2.5~4 mm，外面密生向上开展的硬毛及短伏毛，裂片披针形，裂至近基部；花冠淡蓝色，长 3.5~4 mm，檐部直径 4~5 mm，裂片圆形，长宽约 1 mm，喉部有 5 个先端深 2 裂的梯形附属物；花药卵圆形或长圆形，长约 0.7 mm，花丝极短，着生花冠筒基部以上 1 mm 处；花柱短，长约为花萼 1/2。小坚果肾形，长约 2.5 mm，有网状皱折及稠密的粒状突起，腹面有椭圆形的横凹陷。花期 4~5 月；果期 6~9 月。

徂徕山各林区均产。生于路边、荒地。国内分布于甘肃、陕西、河南、山东、陕西、河北及辽宁。

图 651 斑种草
1. 植株一部分；2. 花纵切面；3. 子房纵切面；
4~5. 小坚果

2. 多苞斑种草（图 652）

Bothriospermum secundum Maxim.

Prim. Fl. Amur. 202. 1859.

一、二年生草本，高 25~40 cm。茎单一或数条丛生，由基部分枝，分枝常细弱，开展或向上直伸，被向上开展的硬毛及伏毛。基生叶具柄，倒卵状长圆形，长 2~5 cm，先端钝，基部渐狭为叶柄；茎生叶长圆形或卵状披针形，长 2~4 cm，宽 0.5~1 cm，无柄，两面均被基部具基盘的硬毛及短硬毛。花序生茎顶及腋生枝条顶端，长 10~20 cm，花与苞片依次排列，而各偏于一侧；苞片长圆形或卵状披针形，长 0.5~1.5 cm，宽 0.3~0.5 mm，被硬毛及短伏毛；花梗

图 652 多苞斑种草
1. 植株；2. 花；3. 花萼；4. 花冠展开；
5. 果实；6. 小坚果

长 2~3 mm；果期不增长或稍增长，下垂；花萼长 2.5~3 mm，外面密生硬毛，裂片披针形，裂至基部；花冠蓝色至淡蓝色，长 3~4 mm，檐部直径约 5 mm，裂片圆形，喉部附属物梯形，高约 0.8 mm，先端微凹；花药长圆形，长与附属物略等，花丝极短，着生花冠筒基部以上 1 mm 处；花柱圆柱形，极短，约为花萼 1/3，柱头头状。小坚果卵状椭圆形，长约 2 mm，密生疣状突起，腹面有纵椭圆形的环状凹陷。花期 4~5 月；果期 7~9 月。

徂徕山各林区均产。生于农田路边及灌木林下、溪边阴湿处等。国内分布于东北地区及河北、山东、山西、陕西、甘肃、江苏及云南。

3. 柔弱斑种草（图 653）

Bothriospermum zeylanicum（J. Jacq.）Druce Rep. Bot. Soc. Exch. Club Brit. Isles 4: 610. 1917.
—— *Bothriospermum tenellum*（Hornem.）Fisch. & Mey.

一年生草本，高 15~30 cm。茎细弱，丛生，直立或平卧，多分枝，被向上贴伏的糙伏毛。叶椭圆形或狭椭圆形，长 1~2.5 cm，宽 0.5~1 cm，先端钝，具小尖，基部宽楔形，上下两面被向上贴伏的糙伏毛或短硬毛。花序柔弱，细长，长 10~20 cm；苞片椭圆形或狭卵形，长 0.5~1 cm，宽 3~8 mm，被伏毛或硬毛；花梗短，长 1~2 mm，果期不增长或稍增长；花萼长 1~1.5 mm；果期增大，长约 3 mm，外面密生向上的伏毛，内面无毛或中部以上散生伏毛，裂片披针形或卵状披针形，裂至近基部；花冠蓝色或淡蓝色，长 1.5~1.8 mm，基部直径 1 mm，檐部直径 2.5~3 mm，裂片圆形，长宽约 1 mm，喉部有 5 个梯形的附属物，附属物高约 0.2 mm；花柱圆柱形，极短，长约 0.5 mm，约为花萼 1/3。小坚果肾形，长 1~1.2 mm，腹面具纵椭圆形的环状凹陷。花、果期 3~10 月。

图 653　柔弱斑种草
1. 植株；2. 花；3. 花萼；4. 花冠展开；
5. 果实；6. 小坚果

产于大寺等地。国内分布于东北、华东、华南、西南地区及陕西、河南、台湾。朝鲜、日本、越南、印度、巴基斯坦、俄罗斯及中亚地区亦有分布。

2. 盾果草属 Thyrocarpus Hance

一年生草本。叶互生，无柄或有短柄。镰状聚伞花序具苞片；花萼 5 裂至基部；果期稍增大；花冠钟状，檐部 5 裂，裂片宽卵形，喉部具 5 个宽线形或锥形附属物；雄蕊着生花冠筒中部，内藏，具短花丝，花药卵形或长圆形；子房 4 裂，花柱短，不伸出花冠外，柱头柱状；雌蕊基圆锥状。小坚果卵形，背腹稍扁，密生疣状突起，背面有 2 层突起，内层突起碗状，膜质，全缘，外层角质，有篦状牙齿，着生面在腹面顶部。种子卵形，背腹扁。

约 3 种，分布于中国和越南。中国 2 种。徂徕山 1 种。

1. 弯齿盾果草（图654，彩图69）

Thyrocarpus glochidiatus Maxim.

Bull. Acad. Sci. St. Petersb. 26: 499. 1880.

一年生草本。茎细弱，斜升或外倾，高10~30 cm，常自下部分枝，有伸展的长硬毛和短糙毛。基生叶有短柄，匙形或狭倒披针形，长1.5~6.5 cm，宽3~14 mm，两面有具基盘的硬毛；茎生叶较小，无柄，卵形至狭椭圆形。花序长可达15 cm；苞片卵形至披针形，长0.5~3 cm，花生苞腋或腋外；花梗长1.5~4 mm；花萼长约3 mm，裂片狭椭圆形至卵状披针形，先端钝，两面有毛；花冠淡蓝色或白色，与萼几等长，筒部比檐部短1.5倍，檐部直径约2 mm，裂片倒卵形至近圆形，稍开展，喉部附属物线形，长约1 mm，先端截形或微凹；雄蕊5，着生花冠筒中部，内藏，花丝短，花药宽卵形，长约0.4 mm。小坚果4，长约2.5 mm，黑褐色，外层突起色较淡，齿长约与碗高相等，齿的先端明显膨大并向内弯曲，内层碗状突起显著向里收缩。花、果期4~6月。

产于大寺、庙子。生于山坡草地、田埂、路旁等处。为中国特有种，分布于甘肃、四川、陕西、河南、江西、安徽、江苏及广东。

图654 弯齿盾果草
1. 植株；2. 花；3. 花萼；
4. 花冠展开；5. 果实

3. 附地菜属 Trigonotis Stev.

二年生或多年生草本，稀一年生。茎单一或丛生，直立或铺散，常被糙毛或柔毛。单叶互生。镰状聚伞花序单一或二歧式分枝，无苞片或下部的花梗具苞片，稀全具苞片；花萼5裂，结实后不增大或稍增大；花冠蓝色或白色，花筒通常较萼短，裂片5，覆瓦状排列，圆钝，开展，喉部附属物5，半月形或梯形；雄蕊5，内藏，花药长圆形或椭圆形，先端钝或尖；子房深4裂，花柱线形，通常短于花冠筒，柱头头状；雌蕊基平坦。小坚果4，半球状四面体形、倒三棱锥状四面体形或斜三棱锥状四面体形，胚直生，子叶卵形。

约58种，分布于亚洲中部、东部至南部。中国34种，分布中心为云南及四川。徂徕山1种1变种。

1. 附地菜（图655）

Trigonotis peduncularis (Trevisan) Benth. ex Baker & S. Moore

J. Linn. Soc. Bot. 17 (102): 384. 1879.

一、二年生草本。茎通常丛生，稀单一，密集，铺散，高5~30 cm，基部多分枝，被短糙伏毛。基生叶呈莲座状，有叶柄，叶片匙形，长2~5 cm，先端圆钝，基部楔形或渐狭，两面被糙伏毛，茎上部叶长圆形或椭圆形，无叶柄或具短柄。花序生茎顶，幼时卷曲，后渐次伸长，长5~20 cm，通常占全茎的1/2~4/5，只在基部具2~3叶状苞片，其余部分无苞片；花梗短，花后伸长，长3~5 mm，顶端与花萼连接部分变粗呈棒状；花萼裂片卵形，长1~3 mm，先端急尖；花冠淡蓝色

图 655　附地菜
1. 植株；2. 花；3. 花冠展开；
4. 除去花冠后的花纵切面；5~7. 小坚果

或粉色，筒部甚短，檐部直径 1.5~2.5 mm，裂片平展，倒卵形，先端圆钝，喉部附属物 5，白色或带黄色；花药卵形，长 0.3 mm，先端具短尖。小坚果 4，斜三棱锥状四面体形，长 0.8~1 mm，有短毛或平滑无毛，背面三角状卵形，具 3 锐棱，腹面的 2 个侧面近等大而基底面略小，凸起，具短柄，柄长约 1 mm，向一侧弯曲。花期 3~5 月；果期 6~8 月。

徂徕山各林区均产。生于草地、田间及荒地。国内分布于东北地区及西藏、云南、广西、江西、福建、新疆、甘肃、内蒙古等省份。欧洲东部、亚洲温带也有分布。

全草入药，能温中健胃，消肿止痛，止血。嫩叶可供食用。

钝萼附地菜（变种）

var. **amblyosepala**（Nakai & Kitag.）W. T. Wang

Bull. Bot. Res. Harbin 6（3）：90. 1986.

—— *Trigonotis amblyosepala* Nakai & Kitag.

花较大，花冠蓝色，檐部直径 3.5~4 mm，裂片宽倒卵形，长约 2 mm，平展；花萼裂片倒卵状长圆形或狭匙形，先端圆钝，花期直立，长约 1.3 mm；果期开展，长达 3.5 mm。

徂徕山各林区均产。生于疏林下、草地、灌丛或田间、荒野。国内分布于华北、东北、西北等地区。

4. 鹤虱属 Lappula V. Wolf

一、二年生草本，稀多年生。全体被柔毛、糙伏毛，稀被绢毛，毛基部通常具疣状突起的圆形基盘。叶互生。镰状聚伞花序，花后伸长，有苞片；花萼 5 深裂几达基部，裂片果期常增大；花冠淡蓝色稀白色，钟状或高脚碟状，筒部短，檐部 5 裂，喉部具 5 个梯形的附属物，雄蕊 5，内藏；子房球形，4 裂，花柱短不超出喉部，柱头头状；雌蕊基棱锥状，长于小坚果或与小坚果等长，稀较短，与小坚果腹面整个棱脊相结合或仅与其棱脊基部相结合。小坚果 4，直立，同形或异形，背面边缘通常具 1~2（3）行锚状刺，刺基部相互离生或邻接亦或联合成翅，稀退化成疣状突起。

约 61 种，分布于亚洲、欧洲、非洲及北美洲。中国 36 种，主产西北、华北、东北地区及新疆、内蒙古。徂徕山 1 种。

1. 鹤虱（图 656）

Lappula squarrosa（Retz.）Dumort.

Fl. Belg. 40. 1827.

—— *Lappula myosotis* Moench

一、二年生草本。茎直立，高 30~60 cm，中部以上多分枝，密被白色短糙毛。基生叶长圆状匙形，全缘，先端钝，基部渐狭成长柄，长达 7 cm（包括叶柄），宽 3~9 mm，两面密被有白色基盘的长糙毛；茎生叶较短而狭，披针形或线形，扁平或沿中肋纵折，先端尖，基部渐狭，无叶柄。花序在花期短，果期伸长，长 10~17 cm；苞片线形，较果实稍长；花梗果期伸长，长约 3 mm，直立而被毛；花萼 5 深裂，几达基部，裂片线形，急尖，有毛，花期长 2~3 mm；果期增大呈狭披针形，长约 5 mm，星状开展或反折；花冠淡蓝色，漏斗状至钟状，长约 4 mm，檐部直径 3~4 mm，裂片长圆状卵形，喉部附属物梯形。小坚果卵状，长 3~4 mm，背面狭卵形或长圆状披针形，通常有颗粒状疣突，边缘有 2 行近等长的锚状刺，内行刺长 1.5~2 mm，基部不连合，外行刺较内行刺稍短或近等长，通常直立，小坚果腹面通常具棘状突起或有小疣状突起；花柱伸出小坚果但不超过小坚果上方之刺。花、果期 6~9 月。

产于王家院、西旺。生于草地、路边。国内分布于华北、西北地区及内蒙古西部等地。欧洲中部和东部、北美洲、阿富汗、巴基斯坦也有分布。

果实入药，有消炎杀虫之功效。

图 656　鹤虱
1. 植株；2. 花；3. 果实切面（示雌蕊基）；4~5. 小坚果

5. 紫草属 Lithospermum Linn.

一年生或多年生草本。有短糙伏毛。叶互生。花单生叶腋或构成有苞片的顶生镰状聚伞花序；花萼 5 裂至基部，裂片果期稍增大；花冠漏斗状或高脚碟状，喉部具附属物，或有 5 条向筒部延伸的毛带或纵褶，檐部 5 浅裂，裂片开展或稍开展；雄蕊 5，内藏，花丝短，花药长圆状线形，先端钝，有小尖头；子房 4 裂，花柱丝形，不伸出花冠筒，柱头头状；雌蕊基平。小坚果卵形，平滑或有疣状突起，着生面在腹面基部。

约 50 种，分布美洲、非洲、欧洲及亚洲。中国 5 种，除青海、西藏外，各省份均有分布。徂徕山 2 种。

分种检索表

1. 一年生；小坚果三角状卵形，灰褐色，有疣状突起，无光泽⋯⋯⋯⋯⋯⋯⋯⋯⋯⋯⋯⋯⋯⋯1. 田紫草 Lithospermum arvense
1. 多年生；小坚果卵形，乳白或稍带淡黄褐色，平滑，有光泽⋯⋯⋯⋯⋯⋯⋯⋯⋯⋯⋯⋯⋯⋯2. 紫草 Lithospermum erythrorhizon

1. 田紫草（图 657）

Lithospermum arvense Linn.

Sp. Pl. 132. 1753.

一年生草本。根稍含紫色物质。茎通常单一，高 15~35 cm，自基部或仅上部分枝有短糙伏毛。叶无柄，倒披针形至线形，长 2~4 cm，宽 3~7 mm，先端急尖，两面均有短糙伏毛。聚伞花序生枝上部，长可达 10 cm，苞片与叶同形而较小；花序排列稀疏，有短花梗；花萼裂片线形，长 4~5.5 mm，通常直立，两面均有短伏毛；果期长可达 11 mm，且基部稍硬化；花冠高脚碟状，白色，有时蓝色或淡蓝色，筒部长约 4 mm，外面稍有毛，檐部长约为筒部的 1/2，裂片卵形或长圆形，直立或稍开展，

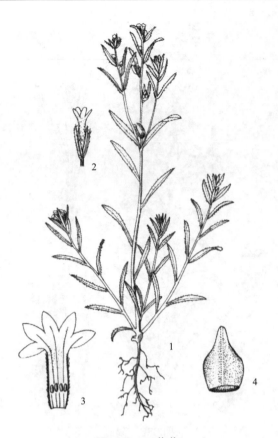

图 657 田紫草
1. 植株；2. 花；3. 花冠展开；4. 小坚果

长约 1.5 mm，稍不等大，喉部无附属物，但有 5 条延伸到筒部的毛带；雄蕊着生花冠筒下部，花药长约 1 mm；花柱长 1.5~2 mm，柱头头状。小坚果三角状卵球形，长约 3 mm，灰褐色，有疣状突起。花、果期 4~8 月。

产于大寺、庙子，生草坡或田边。国内分布于黑龙江、吉林、辽宁、河北、山东、山西、江苏、浙江、安徽、湖北、陕西、甘肃、新疆等省份。朝鲜、日本、欧洲也有分布。

2. 紫草（图 658）

Lithospermum erythrorhizon Sieb. & Zucc. Abh. Bayer. Akad. Wiss. 4（3）：149. 1846.

多年生草本，高 50~90 cm。根直立，粗大肥厚，圆柱状，暗紫红色，具丰富的紫色色素。茎通常 1~3 条，直立，单一或上部分歧，密被白色贴伏和开展的短糙伏毛。单叶无柄，互生；叶片卵状披针形至阔披针形，长 3~8 cm，宽 0.7~1.7 cm，先端渐尖，基部楔形，全缘，两面被糙伏毛；叶脉背面突出。聚伞花序总状，长 2~6 cm，顶生；果期延长；花两性；苞片叶状，两面具粗毛；花萼短筒状，5 深裂，裂片线形，外被短糙伏毛；花冠白色，长 7~9 mm，外面疏生柔毛，筒部长约 4 mm，先端 5 裂，裂片开展，阔卵形，边缘全缘或浅波状，有时先端微凹；喉部附属物半球形、球形。雄蕊 5，生于花冠管中稍上，花丝短或无，花药长 1~1.2 mm；子房上位，4 深裂，花柱线形，柱头球状，2 浅裂。坚果白色或淡黄棕色，卵球形，长约 3.5 mm，平滑，有光泽，腹面中线凹陷成纵沟。种子 4 粒，卵圆形。花期 6~7 月；果期 8~9 月。

马场、上池、中军帐、光华寺栽培。国内分布于辽宁、河北、山西、河南、江西、湖南、湖北、广西、贵州、四川、陕西、甘肃。朝鲜、日本、俄罗斯也有分布。

紫草是中国著名的传统中药材。根还可做染料，也可作酸碱指示剂。

图 658 紫草
1. 根；2. 植株上部；3. 花；4. 花冠展开；
5. 雌蕊；6. 小坚果

103. 马鞭草科 Verbenaceae

灌木或乔木，有时为藤本，稀草本。叶对生，稀轮生或互生，单叶或掌状复叶，稀羽状复叶；无托叶。花序顶生或腋生，多数为聚伞、总状、穗状或圆锥花序；花两性，两侧对称，稀辐射对称；花萼宿存，杯状、钟状或管状，稀漏斗状，4~5裂，稀2~3或6~8齿；花冠合瓣，二唇形或略不相等的4~5裂，稀多裂，裂片全缘或下唇中间1裂片的边缘呈流苏状；雄蕊4，稀5~6或2，着生于花冠筒的上部或基部，花丝分离，花药2室；花盘不显著；子房上位，通常由2（稀4或5）心皮组成，全缘或微凹或4浅裂，极稀深裂，通常2~4室，有时为假隔膜分为4~10室，每室1~2枚胚珠；花柱顶生，柱头2裂或不裂。核果、蒴果或浆果状核果，外果皮薄，中果皮干或肉质，内果皮多少质硬成核，核单一或分为2或4个分核，稀8~10个。种子无胚乳，胚直立，有扁平、多少厚或折皱的子叶，胚根短。

约91属2000余种，主要分布在热带和亚热带地区。中国20属182种。徂徕山3属5种1变种。

分属检索表

1. 花萼在果期不增大或增大不显著，绿色。
  2. 掌状复叶，稀单叶；小枝四方形；花冠5裂，二唇形 ·· 1. 牡荆属 Vitex
  2. 单叶；小枝不为四方形；花萼、花冠4裂 ·· 2. 紫珠属 Callicarpa
1. 花萼在果期增大，常美丽，雄蕊4 ·· 3. 赪桐属 Clerodendrum

1. 牡荆属 Vitex Linn.

乔木或灌木。小枝常四棱形。叶对生，有柄，掌状复叶，小叶3~8，稀单叶，小叶片全缘或有锯齿、浅裂以至深裂。花序顶生或腋生，聚伞花序有梗或无梗，或由聚伞花序组成圆锥状、伞房状以至近穗状花序；苞片小；花萼钟状，稀管状或漏斗状，顶端近截平或有5小齿，有时略为二唇形，外面常有微柔毛和黄色腺点，宿存，果期稍增大；花冠白色、浅蓝色、淡蓝紫色或淡黄色，略长于萼，二唇形，上唇2裂，下唇3裂，中裂片较大；雄蕊4，2长2短或近等长，内藏或伸出花冠外；子房近圆形或微卵形，2~4室，每室有胚珠1~2枚；花柱丝状，柱头2裂。果实球形、卵形至倒卵形，中果皮肉质，内果皮骨质；种子倒卵形、长圆形或近圆形，无胚乳。子叶通常肉质。

约250种，主要分布于热带和温带地区。中国14种。徂徕山1种1变种。

1. 黄荆（图659）

Vitex negundo Linn.

Sp. Pl. 638. 1753.

落叶灌木。小枝四棱形，密生灰白色绒毛。掌

图659 黄荆
1. 花枝；2. 叶；3. 小枝；4. 叶背面；5. 花；
6. 雄蕊；7. 果实

状复叶，小叶 5，稀 3，长圆状披针形至披针形，顶端渐尖，基部楔形，全缘或有少数粗锯齿，表面绿色，背面密生灰白色绒毛；中间小叶长 4~13 cm，宽 1~4 cm，两侧小叶依次递小，若具 5 小叶时，中间 3 片小叶有柄，最外侧的 2 片小叶无柄或近于无柄。聚伞花序排成圆锥花序式，顶生，长 10~27 cm，花序梗密生灰白色绒毛；花萼钟状，被灰白色绒毛，顶端 5 齿裂；花冠淡紫色，外有微柔毛，顶端 5 裂，二唇形；雄蕊伸出花冠管外；子房近无毛。核果近球形，径约 2 mm；宿萼接近果实的长度。花期 5~9 月；果期 10~11 月。

徂徕山各山地林区均产。主要产长江以南各省份，北达秦岭淮河。非洲东部经马达加斯加、亚洲东南部及南美洲的玻利维亚也有分布。

良好的水土保持灌木。茎叶、果实及根均可药用。花和枝叶可提取芳香油。花为重要的蜜源。

荆条（变种）（图 660）

var. heterophylla（Franch.）Rehd.

Journ. Arn. Arb. 28: 258. 1947.

小叶边缘有缺刻状锯齿、深锯齿以至深裂，下面密被灰白色绒毛。

徂徕山各山地林区均产。国内分布于辽宁、河北、山西、山东、河南、陕西、甘肃、江苏、安徽、江西、湖南、贵州、四川。日本也有分布。

茎叶、果实及根均可药用。花和枝叶可提取芳香油。花为重要的蜜源。

图 660 荆条
1. 花枝；2. 叶；3. 小枝一段；4. 花序一段；
5. 花；6. 花萼和雌蕊

2. 紫珠属 Callicarpa Linn.

直立灌木，稀为乔木、藤本或攀缘灌木。小枝圆柱形或四棱形，有分枝毛、星状毛、单毛或钩毛，稀无毛。叶对生，稀 3 叶轮生；有柄或近无柄；边缘具齿，稀全缘，通常被毛和腺点；无托叶。聚伞花序腋生；苞片细小，稀为叶状；花小，辐射对称；花萼杯状或钟状，稀为筒状，先端 4 深裂至截头状，宿存。花冠紫色、红色或白色，先端 4 裂；雄蕊 4，着生于花冠筒基部，花丝伸出花冠外或与花冠筒近等长，花药卵形至长圆形，药室纵裂或顶孔开裂；子房上位，由 2 心皮组成，4 室，每室 1 枚胚珠，花柱多长于雄蕊，柱头膨大，不裂或不明显 2 裂。果实为核果或浆果状，紫色、红色或白色，外果皮薄，中果皮肉质，内果皮骨质，熟后形成 4 个分核，分核背部隆起，两侧扁平，内有 1 粒种子，长圆形，种皮膜质，无胚乳。

约 140 种，主要分布于亚洲热带和亚热带地区，热带美洲和非洲也少，极少数种类分布于北美洲和亚洲温带。中国 48 种，主要分布于长江以南。徂徕山 2 种。

分种检索表

1. 花序梗长约 1 cm；花冠紫色，花丝长达花冠的 2 倍·················1. 白棠子树 Callicarpa dichotoma
1. 花序梗长 6~10 mm；花冠白色或淡紫色，花丝与花冠近等长·················2. 日本紫珠 Callicarpa japonica

1. 白棠子树（图 661）

Callicarpa dichotoma（Lour.）K. Koch.

Dendrologie 2（1）：336. 1872.

落叶灌木，多分枝，高 1~3 m。小枝纤细，幼嫩部分有星状毛。叶倒卵形或披针形，长 2~6 cm，宽 1~3 cm，顶端急尖或尾状尖，基部楔形，边缘仅上半部具数个粗锯齿，表面稍粗糙，背面无毛，密生细小黄色腺点；侧脉 5~6 对；叶柄长不超过 5 mm。聚伞花序在叶腋的上方着生，细弱，宽 1~2.5 cm，2~3 次分歧，花序梗长 1 cm 以上，略有星状毛，至果期无毛；苞片线形；花萼杯状，无毛，顶端有不明显 4 齿或近截头状；花冠紫色，长 1.5~2 mm，无毛；花丝长约为花冠的 2 倍，花药卵形，细小，药室纵裂；子房无毛，具黄色腺点。果实球形，紫色，径约 2 mm。花期 5~6 月；果期 7~11 月。

徂徕山各山地林区均产。国内分布于山东、河北、河南、江苏、安徽、浙江、江西、湖北、湖南、福建、台湾、广东、广西、贵州等省份。日本、越南也有分布。

全株供药用，叶可提取芳香油。可做观赏树种。

图 661　白棠子树
1. 花枝；2. 花；3. 果实；4. 茎一段；5. 叶缘

2. 日本紫珠（图 662）

Callicarpa japonica Thunb.

Syst. Veg. ed. 14，153. 1784.

落叶灌木，高约 2 m；小枝圆柱形，无毛。叶片倒卵形、卵形或椭圆形，长 7~12 cm，宽 4~6 cm，顶端急尖或长尾尖，基部楔形，两面无毛，边缘上半部有锯齿；叶柄长约 6 mm。聚伞花序细弱而短小，宽约 2 cm，2~3 次分歧，花序梗长 6~10 mm；花萼杯状，无毛，萼齿钝三角形；花冠白色或淡紫色，长约 3 mm，无毛；花丝与花冠等长或稍长，花药长约 1.8 mm，突出花冠外，药室孔裂。果实球形，径约 2.5 mm。花期 6~7 月；果期 8~10 月。

产于卧尧、马场等地。生于山坡和谷地溪旁的丛林中。国内分布于辽宁、河北、山东、江苏、安徽、浙江、台湾、江西、湖南、湖北西部、四川东部、贵州。日本、朝鲜也有分布。

图 662　日本紫珠
1. 花枝；2. 花；3. 花冠展开（示雄蕊）；4. 雌蕊

3. 赪桐属（大青属）Clerodendrum Linn.

落叶或半常绿灌木，或小乔木，少为攀缘状藤本或草本。冬芽圆锥状；幼枝四棱形至近圆柱形；植物体有柔毛、糙毛、腺毛、绒毛或光滑无毛，通常多少具腺点、盘状腺体、鳞片状腺体。单叶对生，少 3~5 叶轮生，全缘、波状或有锯齿，稀浅裂至掌状分裂。聚伞花序或由聚伞花序组成伞房状或圆锥状花序，或短缩近头状，顶生或腋生；苞片宿存或早落；花萼有色泽，钟状、杯状或管状，顶端近平截或有 5 钝齿至 5 深裂，偶 6 齿或 6 裂，花后多少增大，宿存，全部或部分包被果实；花冠高脚杯状或漏斗状，花冠管通常长于花萼，顶端 5 裂，裂片近等长或 2 片较短，多少偏斜，稀 6 裂；雄蕊 4，花丝等长或 2 长 2 短，稀 5~6 雄蕊，着生花冠管上部，开花后通常伸出花冠外，花药卵形或长卵形，纵裂；子房 4 室，每室 1 枚胚珠；花柱线形，柱头 2 浅裂。浆果状核果，外面常有 4 浅槽或成熟后分裂为 4 分核，或因发育不全而为 1~3 分核；种子长圆形，无胚乳。

约 400 种，分布热带和亚热带，少数分布温带，主产东半球。中国 34 种，主产西南、华南地区。徂徕山 2 种。

分种检索表

1. 枝髓片状分隔，叶全缘或有波状齿；花序疏散·················1. 海州常山 Clerodendrum trichotomum
1. 枝髓白色坚实，叶缘有锯齿；花序密集·····················2. 臭牡丹 Clerodendrum bungei

1. 海州常山（图 663）

Clerodendrum trichotomum Thunb.

Fl. Jap. 256. 1784.

落叶灌木或小乔木，高 1.5~10 m。幼枝、叶柄、花序轴等多少被黄褐色柔毛或近无毛，老枝灰白色，具皮孔，髓白色，有淡黄色薄片状横隔。叶卵形、卵状椭圆形或三角状卵形，长 5~16 cm，宽 2~13 cm，顶端渐尖，基部宽楔形至截形，偶心形，两面幼时被白色短柔毛，老时仅背面被短柔毛或无毛，或沿脉毛较密，侧脉 3~5 对，全缘或具波状齿；叶柄长 2~8 cm。伞房状聚伞花序顶生或腋生，通常二歧分枝，疏散，末次分枝着 3 花，花序长 8~18 cm，花序梗长 3~6 cm，被黄褐色柔毛或无毛；苞片叶状，早落；花萼蕾时绿白色，后紫红色，基部合生，中部略膨大，有 5 棱脊，顶端 5 深裂，裂片三角状披针形或卵形，顶端尖；花香，花冠白色或带粉红色，花冠管细，长约 2 cm，顶端 5 裂，裂片长椭圆形，长 5~10 mm，宽 3~5 mm；雄蕊 4，花丝与花柱同伸出花冠外；花柱较雄蕊短，柱头 2 裂。核果

图 663 海州常山
1. 花枝；2. 花萼；3. 花冠展开

近球形，径 6~8 mm，包藏于增大的宿萼内，成熟时外果皮蓝紫色。花、果期 6~11 月。

产于光华寺等地。国内分布于辽宁、甘肃、陕西及华北、中南、西南地区。朝鲜、日本、菲律宾

北部也有分布。

2. 臭牡丹（图 664）

Clerodendrum bungei Steud.

Nomencl. Bot. ed. 2. 1: 382. 1840.

落叶灌木，高 1~2 m，植株有臭味。花序轴、叶柄密被褐色、黄褐色或紫色脱落性的柔毛；小枝近圆形，皮孔显著。叶片纸质，宽卵形或卵形，长 8~20 cm，宽 5~15 cm，顶端尖或渐尖，基部宽楔形、截形或心形，边缘具粗或细锯齿，侧脉 4~6 对，表面散生短柔毛，背面疏生短柔毛或无毛、散生腺点，基部脉腋有数个盘状腺体；叶柄长 4~17 cm。伞房状聚伞花序顶生，密集；苞片叶状，披针形或卵状披针形，长约 3 cm，早落或花时不落，小苞片披针形，长约 1.8 cm；花萼钟状，长 2~6 mm，被短柔毛及少数盘状腺体，萼齿三角形或狭三角形，长 1~3 mm；花冠淡红色、红色或紫红色，花冠管长 2~3 cm，裂片倒卵形，长 5~8 mm；雄蕊及花柱均突出花冠外；花柱短于、等于或稍长于雄蕊；柱头 2 裂，子房 4 室。核果近球形，径 0.6~1.2 cm，成熟时蓝黑色。花、果期 5~11 月。

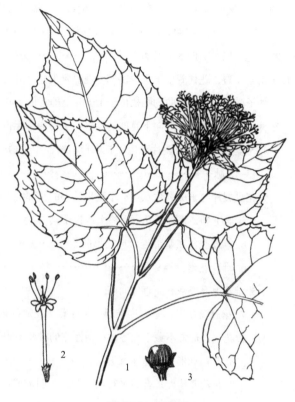

图 664　臭牡丹
1. 花枝；2. 花；3. 果

磙石峪隐仙观有栽培。生于沟谷林下。国内分布于华北、西北、西南地区以及江苏、安徽、浙江、江西、湖南、湖北、广西等省份。印度北部、越南、马来西亚也有分布。

常栽培观赏。根、茎、叶入药，有祛风解毒、消肿止痛之效，近来还用于治疗子宫脱垂。

104. 唇形科 Lamiaceae

一年生或多年生草本、亚灌木或灌木，极稀乔木或藤本。常具含芳香油。茎多呈四棱形。单叶，稀复叶，对生，稀 3~8 枚轮生，极稀互生；无托叶。花序聚伞式，通常由 2 个小的 3 至多花的二歧聚伞花序在节上形成明显轮状的轮伞花序，由轮伞花序组成顶生或腋生的总状、穗状、圆锥状、头状的复合花序。花两性，两侧对称，稀辐射对称；花萼 5 齿，有时二唇形，在果期宿存并常不同程度增大；花冠合瓣，二唇形，稀单唇形、假单唇形、辐射对称；雄蕊着生于花冠上，通常 4，二强，有时退化为 2 枚，花丝离生，稀合生，花药 2 室。花盘存在，常肉质，全缘至 2~4 浅裂。雌蕊由 2 心皮组成，早期即因收缩而分裂为 4 具胚珠的裂片，极稀浅裂或不裂；子房上位，胚珠着生于中轴胎座上；花柱一般着生于子房基部，顶端 2 裂。果实通常裂成 4 枚果皮干燥的小坚果，稀核果状。

约 220 属 3500 种，分布于世界各地，多数分布于地中海和亚洲西南部地区。中国 96 属 807 种，分布于全国各省份。徂徕山 22 属 32 种 1 变种 1 变型。

分属检索表

1. 子房不裂以至深 4 裂，花柱着生点常高于子房基部；小坚果侧腹面相接，有大而显著的果脐，脐之高度常超过果轴的 1/2；花冠单唇或假单唇，稀二唇，少数近于辐射对称。

  2. 花冠假单唇，上唇极短，2 深裂或浅裂，下唇大，中裂片极发达，平展 ……………………… 1. 筋骨草属 Ajuga

  2. 花冠二唇，有时 5 裂片近相等 …………………………………………………………………… 2. 水棘针属 Amethystea

1. 子房全 4 裂，花柱着生于子房基部；花盘常发达，并常呈指状膨大；小坚果果脐通常小；花冠绝不单唇。

  3. 种子横生；胚有弯曲的胚根位于 1 子叶上即背依子叶；子房有柄 ………………………………… 3. 黄芩属 Scutellaria

  3. 种子直生；胚有短而向下直伸的胚根；子房通常无柄。

    4. 花盘裂片与子房裂片对生，长圆形，覆盖于子房裂片基部；具披针状线形而边缘内卷的叶；花萼 1/4 式二唇，

      13~15 脉 ……………………………………………………………………………………… 4. 薰衣草属 Lavandula

    4. 花盘裂片与子房裂片互生；小坚果具小的基部的合生面。

      5. 雄蕊下倾，平卧于花冠下唇上或包于其内。

        6. 雄蕊花丝在基部连合成筒形的鞘 …………………………………………………………… 5. 鞘蕊花属 Coleus

        6. 雄蕊花丝分离 …………………………………………………………………………………… 6. 香茶菜属 Rabdosia

      5. 雄蕊上升或平展而直伸向前。

        7. 花冠筒藏于花萼内；雄蕊、花柱藏于花冠筒内 ……………………………………………… 7. 夏至草属 Lagopsis

        7. 花冠筒通常不藏于花萼内；两性花的雄蕊不藏于花冠筒内。

          8. 花药球形；药室平叉开 ……………………………………………………………………… 8. 香薷属 Elsholtzia

          8. 花药非球形；药室平行或叉开，长圆形或卵圆形至线形，顶部不或稀近于贯通，但当花粉散出后，药室

            决不扁平展开。

            9. 花冠明显二唇，具不相似的唇片，上唇外凸，弧状、镰状或盔状。

              10. 花药卵形；雄蕊 4。

                11. 后对雄蕊长于前对雄蕊。

                  12. 植物有地上匍匐走茎；花序腋生；花萼 3/2 式二唇 ……………………… 9. 活血丹属 Glechoma

                  12. 植物体无地上匍匐茎。

                    13. 2 对雄蕊不互相平行，后对雄蕊下倾，前对雄蕊上升；花冠下唇中裂片无爪状狭柄；叶不分

                      裂 ……………………………………………………………………… 10. 藿香属 Agastache

                    13. 2 对雄蕊互相平行，皆向花冠上唇下面弧状上升；或不平行但叶片分裂、花冠下唇中裂片从

                      基部具爪状狭柄 ……………………………………………………………… 11. 荆芥属 Nepeta

                11. 后对雄蕊短于前对雄蕊。

                  14. 花柱裂片近于等长或等长。

                    15. 小坚果多少尖三棱形，顶不平截。

                      16. 花冠具腹状膨大的喉部及多半伸长的筒部；萼齿非针刺状 ………… 12. 野芝麻属 Lamium

                      16. 花冠喉部不甚膨大；花冠筒稍伸出或藏于萼内；萼齿多少针状或刺状 ………………

                        …………………………………………………………………………… 13. 益母草属 Leonurus

                    15. 小坚果卵形，顶端钝圆 ……………………………………………………… 14. 水苏属 Stachys

                  14. 花柱裂片极不等长或有时等长 …………………………………………………… 15. 糙苏属 Phlomis

              10. 花药线形而有细长的药室；雄蕊 2 ………………………………………………………… 16. 鼠尾草属 Salvia

            9. 花冠近于辐射对称，有近于相似或略为分化的裂片，上唇已如分化则扁平或外凸；花药卵形。

              17. 雄蕊上升于花冠上唇之下，花冠二唇；花萼 13 脉；4 枚雄蕊全部能育 ……… 17. 风轮菜属 Clinopodium

              17. 雄蕊从基部上升，如展开则直伸；花萼 10~13 脉。

                18. 雄蕊 4（地笋属 Lycopus 除外）枚，近等长，自基部展开直伸。

19. 花冠近辐射对称，冠檐4裂；花萼10~13脉。

   20. 能育雄蕊4枚相等，具平行药室；小坚果顶端圆；草本习性不一；花序腋生或顶生············
···18. 薄荷属 Mentha

   20. 能育雄蕊系前对，具略叉开的药室，后对变为小而棒状的假雄蕊或无之；小坚果顶端平截；
沼泽或河岸草本；花序腋生··19. 地笋属 Lycopus

19. 花冠2/3式；叶多全缘；花萼3/2式二唇，10~13脉；苞片微小；叶通常狭小；药室平行········
···20. 百里香属 Thymus

18. 雄蕊2或4枚而2长2短，展开直伸。

  21. 能育雄蕊4枚，花丝直伸；花冠短5裂，前裂片较长；花较大·······················21. 紫苏属 Perilla

  21. 能育雄蕊2枚，为后对；前对退化为线形假雄蕊；花冠近二唇，上唇微有四顶，下唇3裂；花较
小或密集···22. 石荠苎属 Mosla

1. 筋骨草属 Ajuga Linn.

一、二年生或多年生草本，有时灌木状。直立或具匍匐茎。茎四棱形。单叶对生，纸质，边缘具齿或缺刻，稀近全缘；苞叶与茎叶同形，或上部者变小呈苞片状，较少与茎叶异形。轮伞花序2至多花，组成间断或密集的穗状花序。花两性，近无梗。花萼卵状或球状，钟状或漏斗状，通常具10脉，其中5副脉有时不明显，萼齿5，近整齐。花冠紫色至蓝色，稀黄色或白色，脱落或在果期宿存，冠筒挺直或微弯，内藏或伸出，基部略呈曲膝状或微膨大，喉部稍膨大，内面有毛环，稀无，冠檐二唇形，上唇直立，全缘或先端微凹或2裂，下唇宽大，伸长，3裂，中裂片倒心形或近扇形，侧裂片长圆形。雄蕊4，二强，前对较长，常自上唇间伸出，花芽时内卷，花丝挺直或微弯曲，花药2室，其后横裂并贯通为1室。花柱细长，着生于子房底部，先端近相等2浅裂，裂片钻形，细尖。花盘环状，裂片不明显，等大或常在前面呈指状膨大。子房4裂，无毛或被毛。小坚果倒卵状三棱形，背部具网纹，侧腹面具宽大果脐，占腹面1/2或2/3，有1油质体。

约40~50种，广布于欧、亚大陆温带地区，极少数种出现于热带山区。中国18种，大多数分布于秦岭以南各地的高山和低丘森林区、山谷林下或山坡阴处。俎徕山2种。

分种检索表

1. 苞叶与茎叶异形，叶卵状椭圆形至狭椭圆形，长4~7.5 cm，宽3.2~4 cm··················1. 筋骨草 Ajuga ciliata
1. 苞叶与茎叶同形，同色，茎叶线形或线状披针形，长4~9 cm，宽0.5~1.5 cm··········2. 线叶筋骨草 Ajuga linearifolia

1. 筋骨草（图665，彩图70）

Ajuga ciliata Bunge

Mém. Acad. Imp. Sci. St.-Pétersbourg Divers Savans 2: 125. 1833.

多年生草本，无匍匐茎。茎高25~40 cm，四棱形，基部略木质化，紫红色或绿紫色，通常无毛，幼嫩部分被灰白色长柔毛。叶柄长1 cm以上或几无柄，基部抱茎，被灰白色疏柔毛或仅边缘具缘毛；叶片卵状椭圆形至狭椭圆形，长4~7.5 cm，宽3.2~4 cm，基部楔形，下延，先端钝或急尖，边缘具不整齐重牙齿，具缘毛，上面被疏糙伏毛，下面被糙伏毛或疏柔毛，侧脉约4对，与中脉在上面下陷，下面隆起。穗状聚伞花序顶生，长5~10 cm，由多数轮伞花序密聚排列组成；苞叶大，叶状，有时呈紫红色，卵形，长1~1.5 cm，先端急尖，基部楔形，全缘或略具缺刻，两面无毛或仅下面脉上被疏柔毛，具缘毛；花梗短，无毛。花萼漏斗状钟形，长7~8 mm，仅在齿上外面被长柔毛和具缘毛，

具10脉，萼齿5，长三角形或狭三角形，先端锐尖，长为花萼之半或略长，整齐。花冠紫色，具蓝色条纹，冠筒长为花萼的1倍以上，外面被疏柔毛，内面被微柔毛，近基部具毛环，冠檐二唇形，上唇短，直立，先端圆形，微缺，下唇增大，伸长，3裂，中裂片倒心形，侧裂片线状长圆形。雄蕊4，二强，稍超出花冠，着生于冠筒喉部，花丝粗壮，挺直，无毛。花柱细弱，超出雄蕊，无毛，先端2浅裂，裂片细尖。花盘环状，裂片不明显，前面呈指状膨大。子房无毛。小坚果长圆状或卵状三棱形，背部具网状皱纹，腹部中间隆起，果脐大，几占整个腹面。花期4~8月；果期7~9月。

徂徕山各山地林区均产。生于山谷溪旁草地及路旁草丛中。国内分布于河北、山东、河南、山西、陕西、甘肃、四川及浙江。

全草入药，治肺热咯血、跌打损伤、扁桃腺炎、咽喉炎等症。

2. 线叶筋骨草（图666）

Ajuga linearifolia Pampanini

Nouv. Giorn. Bot. Ital. n. s. 17: 703. 1910.

多年生草本，直立，具分枝，全株被白色具腺长柔毛或绵毛，高25~40 cm，根部膨大。茎四棱形，淡紫红色，基部木质化，嫩枝绿色，多毛。叶柄极短，具狭翅及槽；叶片线状披针形或线形，长4~9 cm，宽0.5~1.5 cm，先端极钝或圆形，基部渐狭，下延，抱茎，边缘多少有缺刻或具波状齿，具长柔毛状缘毛，上面被疏糙伏毛，下面叶脉上被毛，中脉在上面平或微凹，下面显著。轮伞花序在茎中部以上着生，向上渐密，排列成穗状花序；苞叶与茎叶同形，无柄。花萼漏斗状，长6~7 mm，外面在齿上毛最多，内面无毛，萼齿5，狭三角形或线状狭披针形，长为花萼的3/5，整齐，先端渐尖，密具长柔毛状缘毛。花冠白色或淡蓝色，具紫蓝色斑点，筒状，挺直，藏于萼内，两面被疏微柔毛，内面近基部有毛环，冠檐二唇形，上唇极短，直立，圆形，先端微缺，下唇宽大，伸长，长6~8 mm，3裂，中裂片扇形，先端圆形或微凹，侧裂片线状长圆形。雄蕊4，二强，弯曲，伸出，花丝几无毛。

图665　筋骨草
1.植株上部；2.花；3.花萼展开；
4.花冠展开；5.雌蕊

图666　线叶筋骨草
1.植株下部；2.植株上部；3.花萼展开；
4.花冠展开；5.雄蕊

花柱粗壮，无毛，与雄蕊等长或略短，先端2浅裂，裂片细尖。花盘环状，裂片不明显，前面呈指状膨大。子房4裂，无毛。小坚果倒卵状或长倒卵状三棱形，背部具网状皱纹，腹部几为果脐所占。花期4~5（9）月；果期5~11月。

产于光华寺等地。生于山地干草坡及沟边。国内分布于辽宁、河北、山西、陕西及湖北。

2. 水棘针属 Amethystea Linn.

一年生草本。茎四棱形。叶3深裂，稀不裂或5裂，具齿。花序为由松散具长梗的聚伞花序组成的圆锥花序；苞叶与茎叶同形，变小；小苞片微小，线形。花两性，蓝色至紫蓝色。花萼钟形，具10脉，其中5脉明显，萼齿5，近整齐。花冠筒内藏或略长于萼，内面无毛环，冠檐二唇形，上唇2裂，裂片与下唇侧裂片同形，下唇稍大，中裂片近圆形。雄蕊4，前对能育，自上唇裂片间伸出，花丝细弱，伸出，花药2室，室叉开，纵裂，成熟后贯通为1室，后对为退化雄蕊，微小或几无。花柱细弱，先端不等2浅裂，后裂片短或不明显。花盘环状，具相等的浅裂片。子房4裂。小坚果倒卵状三棱形，背面具网状皱纹，腹面具棱，两侧平滑，合生面大，高达果长1/2以上。

1种，分布于亚洲。徂徕山有分布。

1. 水棘针（图667）

Amethystea caerulea Linn.

Sp. Pl. 1: 21. 1753.

一年生草本，高0.3~1 m，呈金字塔形分枝。茎四棱形，紫色、灰紫黑色或紫绿色，被疏柔毛或微柔毛。叶柄长0.7~2 cm，紫色或紫绿色，具狭翅，被疏长硬毛；叶片纸质或近膜质，三角形或近卵形，3深裂，稀不裂或5裂，裂片披针形，具粗锯齿或重锯齿，中裂片长2.5~4.7 cm，宽0.8~1.5 cm，无柄，侧裂片长2~3.5 cm，宽0.7~1.2 cm，无柄或几无柄，基部不对称，下延，叶片上面被疏微柔毛或几无毛，下面无毛。由松散具长梗的聚伞花序组成圆锥花序；苞叶与茎叶同形；小苞片线形，长约1 mm，具缘毛；花梗长1~2.5 mm，与总梗被疏腺毛。花萼钟形，长约2 mm，外面被乳头状突起及腺毛，内而无毛，具10脉，其中5脉明显隆起，萼齿5，近整齐，三角形，渐尖，长约1 mm，具缘毛；在果期花萼增大。花冠蓝色或紫蓝色，冠筒内藏或略长于花萼，外面无毛，冠檐二唇形，外面被腺毛，上唇2裂，长圆状卵形或卵形，下唇略大，3裂，中裂片近圆形，侧裂片与上唇裂片近同形。雄蕊4，前对能育，着生于下唇基部，花芽时内卷，花时

图667 水棘针
1.根；2.植株下部；3.花；4.花萼及雌蕊；
5.花冠展开；6.小坚果

向后伸长，自上唇裂片间伸出，花丝细弱，无毛，伸出雄蕊约1/2，花药2室，叉开，纵裂，成熟后贯通为1室，后对为退化雄蕊，着生于上唇基部，线形或几无。花柱细弱，略超出雄蕊，先端不等2浅裂，前裂片细尖，后裂片短或不明显。花盘环状，具相等浅裂片。小坚果倒卵状三棱形，背面具网

状皱纹，腹面具棱，两侧平滑，合生面大。花期 8~9 月；果期 9~10 月。

产于上池、马场、黄石崖、磻石峪等地。生于路边及溪旁。国内分布于吉林、辽宁、内蒙古、河北、河南、山东、山西、陕西、甘肃、新疆、安徽、湖北、四川及云南。伊朗、俄罗斯、蒙古、朝鲜、日本也有分布。

3. 黄芩属 Scutellaria Linn.

一年生或多年生草本、半灌木，稀灌木。匍地上升或披散至直立，无香味。茎叶常具齿，或羽状分裂或极全缘，苞叶与茎叶同形或向上成苞片。花腋生、对生或上部者有时互生，组成顶生或侧生总状或穗状花序，有时远离而不明显成花序。花萼钟形，背腹压扁，分二唇，唇片短、宽、全缘、在果期闭合最终沿缝合线开裂达萼基部成为不等大 2 裂片，上裂片脱落而下裂片宿存，有时两裂片均不脱落或一同脱落，上裂片在背上有一圆形、内凹、鳞片状的盾片或无盾片而明显呈囊状突起。冠筒伸出于萼筒，背面成弓曲或近直立，上方趋于喉部扩大，前方基部膝曲呈囊状增大或成囊状距，内无明显毛环，冠檐二唇形，上唇直伸，盔状，全缘或微凹，下唇中裂片宽而扁平，全缘或先端微凹，稀浅 4 裂，比上唇长或短，2 侧裂片有时开展，与上唇分离或靠合，稀与下唇靠合。雄蕊 4，二强，前对较长，均成对靠近延伸至上唇片之下，花丝无齿突，花药成对靠近，后对花药具 2 室，室分明且多少锐尖，前对花药由于败育而退化为 1 室，室明显或不明显，药室裂口均具髯毛。花盘前方常呈指状，后方延伸成直伸或弯曲柱状子房柄。花柱先端锥尖，不相等 2 浅裂，后裂片甚短。小坚果扁球形或卵圆形，背腹面不明显分化，具瘤，被毛或无毛，有时背腹面明显分化，背面具瘤而腹面具刺状突起或无，赤道面上有膜质的翅或无。

约 350 种，世界广布，但热带非洲少见。中国 98 种，大多数种类可以入药。徂徕山 3 种。

分种检索表

1. 花小，白色或蓝紫色，长 5~13 mm，花序花全腋生、对出，单向。
    2. 花冠紫蓝色，长 9~13 mm···1. 半枝莲 Scutellaria barbata
    2. 花冠白色或下唇带淡紫色，长 5~6.5 mm···2. 纤弱黄芩 Scutellaria dependens
1. 花大，紫、紫红至蓝色，长 2.3~3 cm，总状花序···3. 黄芩 Scutellaria baicalensis

1. 半枝莲（图 668）

Scutellaria barbata D. Don

Prodr. Fl. Nepal. 109. 1825.

根茎短粗，须状根簇生。茎直立，高 12~35（55）cm，四棱形，无毛或在序轴上部疏被紧贴的小毛，不分枝或具分枝。叶柄长 1~3 mm 或近无柄，疏被毛；叶片三角状卵圆形或卵圆状披针形，有时卵圆形，长 1.3~3.2 cm，宽 0.5~1（1.4）cm，先端急尖，基部宽楔形或近截形，边缘有疏浅牙齿，上面橄榄绿色，下面淡绿有时带紫色，两面沿脉上疏被紧贴的毛或几无毛，侧脉 2~3 对，与中脉在上面凹陷下面凸起。花单生于茎或分枝上部叶腋内，具花的茎部长 4~11 cm；苞叶下部者似叶，但较小，长达 8 mm，上部者变小，长 2~4.5 mm，椭圆形至长椭圆形，全缘，上面散布下面沿脉疏被小毛；花梗长 1~2 mm，被微柔毛，中部有 1 对长约 0.5 mm 具纤毛的针状小苞片。花萼开花时长约 2 mm，外面沿脉被微柔毛，边缘具短缘毛，盾片高约 1 mm，在果期花萼长 4.5 mm，盾片高 2 mm。花冠紫蓝色，长 9~13 mm，外被短柔毛，内在喉部疏被疏柔毛；冠筒基部囊大，宽 1.5 mm，向上渐宽，至喉部宽达 3.5 mm；冠檐二唇形，上唇盔状，半圆形，长 1.5 mm，先端圆，下唇中裂片梯形，全缘，长 2.5 mm，宽 4 mm，两侧裂片三角状卵圆形，宽 1.5 mm，先端急尖。雄蕊 4，前对较长，微露出，具能育半药，退化半药不明显，后对较短，内藏，具全药，药室裂口具髯毛；花丝扁平，前对内侧后对两侧下部被小疏柔毛。花柱细长，先端锐尖，微裂。花盘盘状，前方隆起，后方延伸成短子房柄。子房 4 裂，裂片等大。小坚果褐色，扁球形，径约 1 mm，具小疣状突起。花、果期 4~7 月。

产于大寺。生于水边湿润草地上。国内分布于河北、山东、陕西、河南、江苏、浙江、台湾、福建、江西、湖北、湖南、广东、广西、四川、贵州、云南等省份。印度东北部、尼泊尔、缅甸、老挝、泰国、越南、日本及朝鲜也有分布。

民间用全草煎水服，治妇女病，以代益母草。

2. 纤弱黄芩（图 669）

Scutellaria dependens Maxim.

Mern. Acad. Sci. St. Petersb. Sav. Etrang 9: 219. 1859.

一年生草本；根茎细，在节上生纤维状须根。茎直立，或顶端稍弯，高 15~35 cm，粗 0.8~1.5 mm，四棱形，具浅槽，无毛，或在棱上有极稀疏毛，不分枝或从基部具少数分枝，分枝斜展，中部的节间长 1.8~4 cm。叶柄长 0.8~4 mm，被微柔毛或近无毛；叶片膜质，卵圆状三角形或三角形，长 0.5~2.4 cm，宽 2.5~12 mm，先端钝圆，基部浅心形或截状心形，在边缘两侧下部有 1~3 个不规则钝齿或几全缘，上面被极稀疏微柔毛，下面仅脉上被微柔毛，边缘被极短的缘毛。花单生于茎中下部叶腋，初向上斜展，其后下垂；花梗长度超过叶柄，长 2~3 mm，被紧贴的微柔毛，基部有成对长 0.75 mm 的针状小苞片。花萼开花时长 1.8~2 mm，脉纹稍凸出，边缘及脉上被毛，盾片高约 1 mm，在果期花萼长 4 mm，盾片高 2 mm。花冠白色或下唇带淡紫色，长 5~6.5 mm，外面被微柔毛，内面仅下唇中部具疏柔毛余无毛；冠筒基部前方不膨大，微弯；冠檐二唇形，上唇短，直伸，2 裂，下唇中裂片向上伸展，梯形，长约 1.5 mm，宽 2~2.5 mm，顶端及两侧微凹，两侧裂片三角状卵圆形，稍长过上唇片。雄蕊 4，前对较长，微露出，具能育半药，退化半药不明显，后对较短，内藏，具全药，药室裂口具髯毛；花丝扁平，无毛或被极细的微柔毛。

图 668 半枝莲
1. 植株；2. 花；3. 花冠展开

图 669 纤弱黄芩
1. 植株；2. 叶；3. 花

花柱细长，先端明显 2 裂。花盘厚，扁圆形，前方微微平伸，子房柄短，与子房之间具泡状毛。子房 4 裂，等大。小坚果黄褐色，卵球形，长约 0.7 mm，径约 0.5 mm，具瘤状突起，腹面略隆起，近基部具果脐。花、果期 6~9 月。

产于马场等地。生于溪畔湿地上。国内分布于黑龙江、吉林、内蒙古及山东。俄罗斯、朝鲜、日本也有分布。

3. 黄芩（图 670）

Scutellaria baicalensis Georgi Bemerk. Reise Russ. Reichs 1: 223. 1775.

多年生草本；根茎肥厚，肉质，伸长而分枝。茎基部伏地，上升，高 30~120 cm，钝四棱形，具细条纹，近无毛或被上曲至开展的微柔毛，绿色或带紫色，自基部多分枝。叶坚纸质，披针形至线状披针形，长 1.5~4.5 cm，宽（0.3）0.5~1.2 cm，顶端钝，基部圆形，全缘，上面暗绿色，无毛或疏被贴生至开展的微柔毛，下面无毛或沿中脉疏被微柔毛，密被下陷的腺点，侧脉 4 对；叶柄长 2 mm，被微柔毛。花序在茎及枝上顶生，总状，长 7~15 cm，常再于茎顶聚成圆锥花序；花梗长 3 mm，与序轴均被微柔毛；苞片下部者似叶，上部者远较小，卵圆状披针形至披针形，长 4~11 mm，近无毛。花萼开花时长 4 mm，盾片高 1.5 mm，外面密被微柔毛，萼缘被疏柔毛，内面无毛，在果期花萼长 5 mm，有高 4 mm 的盾片。花冠紫、紫红至蓝色，长 2.3~3 cm，外面密被具腺短柔毛，内面在囊状膨大处被短柔毛；冠筒近基部明显膝曲，中部径 1.5 mm，至喉部宽达 6 mm；冠檐二唇形，上唇盔状，先端微缺，下唇中裂片三角状卵圆形，宽 7.5 mm，两侧裂片向上唇靠

图 670　黄芩
1. 植株下部；2. 花枝；3. 花冠展开；4. 雌蕊；5. 雄蕊；6. 花萼在果期闭合性状；7. 果萼下唇；8. 果萼上唇；9. 小坚果

合。雄蕊 4，稍露出，前对较长，具半药，退化半药不明显，后对较短，具全药，药室裂口具白色髯毛，背部具泡状毛；花丝扁平，中部以下前对在内侧后对在两侧被小疏柔毛。花柱细长，先端锐尖，微裂。花盘环状，高 0.75 mm，前方稍增大，后方延伸成极短子房柄。子房褐色，无毛。小坚果卵球形，高 1.5 mm，径 1 mm，黑褐色，具瘤，腹面近基部具果脐。花期 7~8 月；果期 8~9 月。

徂徕山各山地林区均产。生于向阳坡地上。国内分布于黑龙江、辽宁、内蒙古、河北、河南、甘肃、陕西、山西、山东、四川等省份。俄罗斯东西伯利亚、蒙古、朝鲜、日本均有分布。

根茎为清凉性解热消炎药。

4. 薰衣草属 Lavandula Linn.

半灌木或小灌木，稀草本。叶线形至披针形，或羽状分裂。轮伞花序具 2~10 花，通常在枝顶聚集成顶生间断或近连续的穗状花序。苞片形状多样，比萼短或超过萼，具脉纹或无；小苞片小或无。花蓝色或紫色，具短梗或近无梗。花萼卵状管形或管形，直立，具 13~15 脉，5 齿，二唇形，上唇 1 齿，有时较宽大或稍伸长成附属物，下唇 4 齿，短而相等，有时上唇 2 齿，较下唇 3 齿狭；果期稍增

大。花冠筒外伸，在喉部近扩大，冠檐二唇形，上唇2裂，下唇3裂。雄蕊4，内藏，前对较长，花药汇合成1室。子房4裂。花柱着生在子房基部，顶端2裂，裂片压扁，卵圆形，常黏合。花盘相等4裂，裂片与子房裂片对生。小坚果光滑，有光泽，具有1基部着生面。

约28种，分布于大西洋群岛及地中海地区至索马里、巴基斯坦及印度。中国栽培2种。徂徕山1种。

1. 薰衣草（图671）

Lavandula angustifolia Miller

Gard Dict ed. 8: no. 2. 1768.

半灌木或矮灌木，分枝，被星状绒毛，幼嫩部分较密；老枝灰褐色或暗褐色，皮层条状剥落，具有长的花枝及短的更新枝。叶线形或披针状线形，花枝上的叶较大，疏离，长3~5 cm，宽0.3~0.5 cm，被灰色星状绒毛，在更新枝上的叶小，簇生，长不超过1.7 cm，宽约0.2 cm，密被灰白色星状绒毛，叶均先端钝，基部渐狭成极短柄，全缘，边缘外卷，中脉在下面隆起，侧脉及网脉不明显。轮伞花序具6~10花，在枝顶聚集成间断或近连续的穗状花序，穗状花序长约3（5）cm，花序梗长约为花序的3倍，密被星状绒毛；苞片菱状卵圆形，先端渐尖成钻状，具5~7脉，干时常带锈色，被星状绒毛，小苞片不明显；花具短梗，蓝色，密被灰色、分枝或不分枝的绒毛。花萼卵状管形或近管形，长4~5 mm，13脉，内面近无毛，二唇形，上唇1齿较宽而长，下唇具4短齿，齿相等而明显。花冠长约为花萼的2倍，具13条脉纹，外面被星状绒毛，但基部近无毛，内面在喉部及冠檐部分被腺状毛，中部具毛环，冠檐

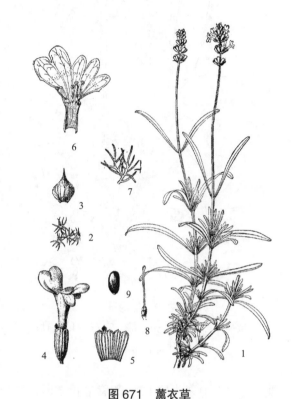

图671 薰衣草
1. 植株上部；2. 叶上的星状毛；3. 苞片；
4. 花；5. 花萼展开；6. 花冠展开；7. 花冠上的毛；
8. 雄蕊；9. 小坚果

二唇形，上唇直伸，2裂，裂片圆形，且彼此稍重叠，下唇开展，3裂，裂片较小。雄蕊4，着生在毛环上方，不外伸，前对较长，花丝扁平，无毛，花药被毛。花柱被毛，在先端压扁，卵圆形。花盘4浅裂，裂片与子房裂片对生。小坚果4，光滑。花期6月。

上池有栽培。原产地中海地区。中国各地栽培。

为观赏及芳香油植物。花中含芳香油，是调制化妆品、皂用香精的重要原料。

5. 鞘蕊花属 Coleus Lour.

草本或灌木，直立或基部匍匐。叶对生，具柄，边缘具齿。轮伞花序6至多花，疏松或密集，排列成总状花序或圆锥花序，花梗明显，苞片早落或不存在。花萼卵状钟形或钟形，具5齿或明显呈二唇形，后齿通常增大，果期花萼增大，下倾或下弯，喉部内面无毛或被长柔毛。花冠远伸出花萼，直伸或下弯，喉部扩大或不扩大，冠檐二唇形，上唇（3）4裂，十分外反，下唇全缘，伸长，凹陷成舟状，基部狭。雄蕊4，下倾，内藏于下唇片，花丝在基部或至中部合生成鞘包围花柱基部，但常与花冠筒离生，稀有近合生的，药室通常汇合。花柱先端相等2浅裂。花盘前方膨大。小坚果卵圆形至圆形，光滑，具瘤或点。

90~150 种，产东半球热带及澳大利亚。中国 6 种，产于云南、贵州、广西、广东、福建、台湾等省份，1 种广为园圃栽培。徂徕山 1 种。

1. 五彩苏 彩叶草（图 672）

Coleus scutellarioides（Linn.）Benth.

Pl. Asiat. Rar. 2: 16. 1830.

—— *Plectranthus scutellarioides*（Linn.）R. Brown.

多年生草本，直立或上升。茎常紫色，四棱形，被微柔毛，具分枝。叶大小、形状及色泽变异很大，通常卵圆形，长 4~12.5 cm，宽 2.5~9 cm，先端钝至短渐尖，基部宽楔形至圆形，边缘具圆齿状锯齿或圆齿，黄、暗红、紫色及绿色等，两面被微柔毛，下面常散布红褐色腺点，侧脉 4~5 对；叶柄伸长，长 1~5 cm，扁平，被微柔毛。轮伞花序多花，花时径约 1.5 cm，多数密集排列成长 5~10（25）cm、宽 3~5（8）cm 的圆锥花序；花梗长约 2 mm，与序轴被微柔毛；苞片宽卵圆形，长 2~3 mm，先端尾尖，被微柔毛及腺点，脱落。花萼钟形，10 脉，开花时长 2~3 mm，外被短硬毛及腺点，在果期花萼增大，长达 7 mm，萼檐二唇形，上唇 3 裂，中裂片宽卵圆形，十分增大，在果期外反，侧裂片短小，卵

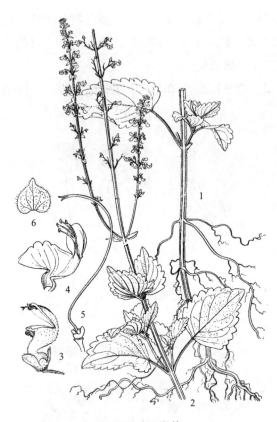

图 672 五彩苏
1. 植株下部；2. 植株上部；3. 花；4. 花冠；
5. 雌蕊；6. 花萼

圆形，约为中裂片的 1/2，下唇呈长方形，较长，2 裂片高度靠合，先端具 2 齿，齿披针形。花冠浅紫至紫或蓝色，长 8~13 mm，外被微柔毛，冠筒骤然下弯，至喉部增大至 2.5 mm，冠檐二唇形，上唇短，直立，4 裂，下唇延长，内凹，舟形。雄蕊 4，内藏，花丝在中部以下合生成鞘状。花柱超出雄蕊，伸出，先端相等 2 浅裂。花盘前方膨大。小坚果宽卵圆形或圆形，压扁，褐色，具光泽，长 1~1.2 mm。花期 7 月。

徂徕山有栽培。全国各地园圃普遍栽培作观赏用。国外分布于印度经马来西亚、印度尼西亚、菲律宾至波利尼西亚。

6. 香茶菜属 Isodon（Schrad. ex Benth.）Spach

多年生草本或灌木、半灌木。叶多具柄、具齿。聚伞花序 3 至多花，排列成多少疏离的总状、狭圆锥状或开展圆锥状花序，稀密集成穗状花序；下部苞叶与茎叶同形，上部渐变小呈苞片状，也有苞叶全部与茎叶同形，因而聚伞花序腋生的，苞片及小苞片均细小。花具梗。花萼开花时钟形，在果期多少增大，有时呈管状或管状钟形，直立或下倾，直伸或略弯曲，萼齿 5，近等大或呈 3/2 式二唇形。花冠筒伸出，下倾或下曲，斜向，基部上方浅囊状或呈短距，至喉部等宽或略收缩，冠檐二唇形，上唇外反，先端具 4 圆裂，下唇全缘，通常较上唇长，内凹，常呈舟状。雄蕊 4，二强，下倾，花丝无齿，分离，无毛或被毛，花药贯通，1 室，花后平展，稀药室多少明显叉开。花盘环状，近全缘或具齿，前方有时呈指状膨大。花柱丝状，先端相等 2 浅裂。小坚果近圆球形、卵球形或长圆状三棱形，无毛或顶端略具毛，光滑或具小点。

约 100 种，产非洲至亚洲。中国 77 种，以西南地区种数最多。徂徕山 1 种 1 变种。

分种检索表

1. 叶上面散布具节短柔毛，下面沿脉上被具节白色疏柔毛；花萼被斜上细毛，在果期花萼变无毛………1. 内折香茶菜 Isodon inflexus
1. 叶两面疏被短柔毛及腺点；果萼密被微柔毛及腺点……………2. 蓝萼香茶菜 Isodon japonicus var. glaucocalyx

1. 内折香茶菜（图673）

Isodon inflexus（Thunb.）Kudô

Mem. Fac. Sci. Taihoku Imp. Univ. 2: 127. 1929.

——*Rabdosia inflexa*（Thunb.）Hara

——*Plectranthus inflexus*（Thunb.）Vahl ex Benth.

多年生草本；根茎木质，疙瘩状，粗达3 cm以上，向下密生纤维状须根。茎曲折，高0.4~1（1.5）m，自下部多分枝，钝四棱形，具细条纹，沿棱密被下曲具节白色疏柔毛。茎叶三角状阔卵形或阔卵形，长3~5.5 cm，宽2.5~5 cm，先端锐尖或钝，基部阔楔形，骤然渐狭下延，边缘在基部以上具粗大圆齿状锯齿，齿尖具硬尖，坚纸质，上面橄榄绿色，散布具节短柔毛，下面淡绿色，沿脉上被具节白色疏柔毛，侧脉约4对，与中脉在上面微凹陷下面隆起，平行细脉在下面明显；叶柄长0.5~3.5 cm，上部具宽翅，腹凹背凸，密被具节白色疏柔毛。狭圆锥花序长6~10 cm，花茎及分枝顶端及上部茎叶腋内着生，由于上部茎叶变小呈苞叶状，因而整体常呈复合圆锥花序，花序由具3~5花的聚伞花序组成，聚伞花序具梗，总梗长达5 mm，与较短的花梗及序轴密被短柔毛；苞叶卵圆形，变小，近无柄，边缘具疏齿至近全缘；小苞片线形或线状披针

图673　内折香茶菜
1. 植株下部；2. 花序

形，微小，长1~1.5 mm，具缘毛。花萼钟形，长约2 mm，外被斜上细毛，内面无毛，萼齿5，近相等或微呈3/2式，在果期花萼稍增大，长达5 mm，脉纹显著。花冠淡红至青紫色，长约8 mm，外被短柔毛及腺点，内面无毛，冠筒长约3.5 mm，基部上方浅囊状，至喉部直径约1.5 mm，冠檐二唇形，上唇外反，长约3 mm，宽达4 mm，先端具相等4圆裂，下唇阔卵圆形，长4.5 mm，宽3.5 mm，内凹，舟形。雄蕊4，内藏，花丝扁平，中部以下具髯毛。花柱丝状，内藏，先端相等2浅裂。花盘环状。花期8~10月。

产于上池、马场、大寺等地。生于山谷溪旁疏林中。国内分布于吉林、辽宁、河北、山东、浙江、江苏、江西、湖南、湖北。朝鲜、日本也有分布。

2. 蓝萼香茶菜（变种）（图674）

Isodon japonicus（N. Burman）H. Hara var. **glaucocalyx**（Maxim.）H. W. Li

J. Arnold Arbor. 69: 307. 1988.

——*Plectranthus glaucocalyx* Maxim.

——*Isodon glaucocalyx*（Maxim.）Kudo

——*Plectranthus japonicus*（N. Burman）Koidzumi var. *glaucocalyx*（Maxim.）Koidz.

——*Rabdosia japonica*（N. Burman）H. Hara var. *glaucocalyx*（Maxim.）H. Hara

多年生草本；根状茎木质，粗大。茎直立，高 0.4~1.5 m，钝四棱形，下部有短柔毛，上部近无毛。叶卵形或阔卵形，长 6.5~13 cm，宽 3~7 cm，先端渐尖，基部阔楔形，下延于叶柄，边缘有粗大钝锯齿，两面被疏柔毛及腺点；叶柄长 1~3.5 cm，上部有狭而斜向上宽展的翅。圆锥花序顶生，疏松而开展，由具 5~7 花的聚伞花序组成，聚伞花序总梗长 6~15 mm，向上渐短，花梗长约 3 mm，与总梗及序轴均被微柔毛及腺点；下部 1 对苞叶卵形，叶状，向上变小，呈苞片状；小苞片条形，长约 1 mm。花萼开花时钟形，长 1.5~2 mm，常带蓝色，外面密被贴生微柔毛，萼齿 5，三角形，长约为花萼长 1/3，上唇 3 齿，中齿略小，下唇 2 齿，较长，在果期花萼管状钟形，长达 4 mm。花冠白色、淡紫色，长约 5 mm，冠筒长约 2.5 mm，基部上方浅囊状，冠檐二唇形，上唇反折，先端

图 674　蓝萼香茶菜
1. 植株中；2. 花序；3. 花

具 4 圆裂，下唇阔卵圆形，内凹。雄蕊 4，伸出，花丝扁平，中部以下具毛。花柱伸出，先端相等 2 浅裂。成熟小坚果卵状三棱形，长 1.5 mm，黄褐色。花期 7~8 月；果期 9~10 月。

徂徕山各山地林区均产。生于林缘、林下及草丛中。国内分布于东北地区及山东、河北、山西。俄罗斯远东地区、朝鲜、日本也有分布。

7. 夏至草属 Lagopsis Bunge ex Benth.

矮小多年生草本，披散或上升。叶阔卵形、圆形、肾状圆形至心形，掌状浅裂或深裂。轮伞花序腋生；小苞片针刺状。花小，白色、黄色至褐紫色。花萼管形或管状钟形，具 10 脉，齿 5，不等大，其中 2 齿稍大，在果期尤为明显且展开。花冠筒内面无毛环，冠檐二唇形，上唇直伸，全缘或间有微缺，下唇 3 裂，展开，中裂片宽大，心形。雄蕊 4，细小，前对较长，均内藏于花冠筒内，花丝短小，花药 2 室，叉开。花盘平顶。花柱内藏，先端 2 浅裂。小坚果卵圆状三棱形，光滑，或具鳞粃，或具细网纹。

4 种，主要分布于亚洲北部，自俄罗斯西伯利亚西部经中国至日本。中国 3 种。徂徕山 1 种。

1. 夏至草（图 675）

Lagopsis supina（Steph. ex Willd.）Ikonn.-Gal. ex Knorring

Gerb. Bot. Inst. Komarova Akad. Nauk S. S. S. R. 7: 45. 1937.

多年生草本，披散于地面或上升。具圆锥形主根。茎高 15~35 cm，四棱形，具沟槽，带紫红色，密被微柔毛，常在基部分枝。叶轮廓为圆形，长宽 1.5~2 cm，先端圆形，基部心形，3 深裂，裂片有圆齿或长圆形齿，有时叶片为卵圆形，3 浅裂或深裂，裂片无齿或有稀疏圆齿，通常基部越冬叶较宽大，叶上面疏生微柔毛，下面沿脉上被长柔毛，掌状 3~5 出脉；叶柄长，基生叶的长 2~3 cm，上

部叶的较短，通常在 1 cm 左右。轮伞花序疏花，径约 1 cm，在枝条上部者较密集，下部者较疏松；小苞片长约 4 mm，稍短于萼筒，弯曲，刺状，密被微柔毛。花萼管状钟形，长约 4 mm，外密被微柔毛，内面无毛，脉 5，凸出，齿 5，不等大，长 1~1.5 mm，三角形，先端刺尖，边缘有细纤毛，果期明显展开，且 2 齿稍大。花冠白色，稀粉红色，稍伸出于萼筒，长约 7 mm，外面被绵状长柔毛，内面被微柔毛，在花丝基部有短柔毛；冠筒长约 5 mm，径约 1.5 mm；冠檐二唇形，上唇直伸，比下唇长，长圆形，全缘，下唇斜展，3 浅裂，中裂片扁圆形，两侧裂片椭圆形。雄蕊 4，着生于冠筒中部稍下，不伸出，后对较短；花药卵圆形，2 室。花柱先端 2 浅裂。花盘平顶。小坚果长卵形，长约 1.5 mm，褐色，有鳞粃。花期 3~4 月；果期 5~6 月。

徂徕山各林区均产。生于路旁、旷地上。国内分布于黑龙江、吉林、辽宁、内蒙古、河北、河南、山西、山东、浙江、江苏、安徽、湖北、陕西、甘肃、新疆、青海、四川、贵州、云南等省份。俄罗斯西伯利亚、朝鲜也有分布。

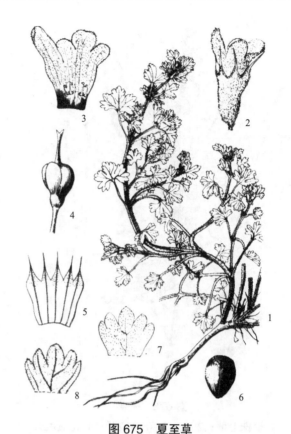

图 675 夏至草
1. 植株；2. 花；3. 花冠展开；4. 雌蕊；5. 花萼展开；
6. 小坚果；7. 叶片上面；8. 叶片下面

8. 香薷属 Elsholtzia Willd.

草本、半灌木或灌木。叶对生，边缘具圆钝锯齿。轮伞花序组成穗状或球状花序，密接或有时在下部间断，穗状花序有时疏散纤细，圆柱形或偏向一侧，有时成紧密的覆瓦状，有时组成圆锥花序；最下部苞叶常与茎叶同形，上部苞叶呈苞片状，披针形、卵形或扇形，有时连合，覆瓦状排列，有时极细小；花梗较短。花萼钟形、管形或圆柱形，萼齿 5，近等长或前 2 齿较长，喉部无毛，在果期花萼直立，或延长，或稍膨大。花冠白、黄、紫、玫瑰红色，外面常被毛及腺点，内面具毛环或无毛，冠筒等长或稍长于花萼，自基部向上渐扩展，冠檐二唇形，上唇直立，先端微缺或全缘，下唇开展，3 裂，中裂片常较大，全缘或啮蚀状或微缺，侧裂片小，全缘。雄蕊 4，前对较长，极少前对不发育，通常伸出，上升，分离，花丝无毛，花药 2 室，室略叉开或极叉开，其后汇合。花盘前方呈指状膨大，通常超过子房。花柱纤细，通常超出雄蕊，先端 2 裂，裂片钻形或近线形，近等长，极少 1 裂片甚长。子房无毛。小坚果卵形或长圆形，褐色，无毛或略被不明显细毛，具瘤状突起或光滑。

约 40 种，主产亚洲东部。中国 33 种。徂徕山 2 种。

分种检索表

1. 萼前 2 齿较其余 3 齿为长；叶卵形或椭圆状披针形·· 1. 香薷 Elsholtzia ciliata
1. 萼齿近等长；叶卵状三角形、卵状长圆形至长圆状披针形或披针形················· 2. 海州香薷 Elsholtzia splendens

图 676 香薷
1. 植株上部；2. 花；3. 花萼展开；4. 花冠展开；5. 雌蕊；6. 小坚果腹面观

图 677 海州香薷
1. 植株上部；2. 花；3. 苞片；4. 花萼

1. 香薷（图 676）

Elsholtzia ciliata（Thunb.）Hylander

Bot. Notiser. 1941: 129. 1941.

直立草本，高 0.3~0.5 m，具密集的须根。茎常自中部以上分枝，钝四棱形，具槽，无毛或被疏柔毛。叶卵形或椭圆状披针形，长 3~9 cm，宽 1~4 cm，先端渐尖，基部楔状下延成狭翅，边缘具锯齿，上面疏被小硬毛，下面沿脉疏被小硬毛，散布松脂状腺点，侧脉 6~7 对；叶柄长 0.5~3.5 cm，具狭翅，疏被小硬毛。穗状花序长 2~7 cm，宽达 1.3 cm，偏向一侧，由多花的轮伞花序组成；苞片宽卵圆形或扁圆形，长宽约 4 mm，先端具芒状突尖，尖头长达 2 mm，外面近无毛，疏布松脂状腺点，内面无毛，边缘具缘毛；花梗纤细，长 1.2 mm，近无毛，序轴密被白色短柔毛。花萼钟形，长约 1.5 mm，外面被疏柔毛，疏生腺点，内面无毛，萼齿 5，三角形，前 2 齿较长，先端具针状尖头，边缘具缘毛。花冠淡紫色，约为花萼长之 3 倍，外面被柔毛，上部夹生有稀疏腺点，喉部被疏柔毛，冠筒自基部向上渐宽，至喉部宽约 1.2 mm，冠檐二唇形，上唇直立，先端微缺，下唇开展，3 裂，中裂片半圆形，侧裂片弧形，较中裂片短。雄蕊 4，前对较长，外伸，花丝无毛，花药紫黑色。花柱内藏，先端 2 浅裂。小坚果长圆形，长约 1 mm，棕黄色，光滑。花期 7~10 月；果期 10 月至翌年 1 月。

徂徕山各山地林区均产。生于路旁、山坡、荒地、河岸。除新疆、青海外，全国各地均有分布。俄罗斯西伯利亚、蒙古、朝鲜、日本、印度、中南半岛也有分布，欧洲其他地区及北美洲也有引入。

全草可入药。

2. 海州香薷（图 677）

Elsholtzia splendens Nakai ex F. Maekawa

Bot. Mag. Tokyo 48: 50. f. 20. 1934.

直立草本，高 30~50 cm。茎被近 2 列疏柔毛，基部以上多分枝，先端具花序。叶卵状三角形、卵状长圆形至长圆状披针形或披针形，长 3~6 cm，宽 0.8~2.5 cm，先端渐尖，基部楔形，下延至叶柄，边缘疏生整齐锯齿，上面疏被小纤毛，脉上较密，下面沿脉上被小纤毛，密布凹陷腺点；叶柄在茎中部叶上较长，向上变短，长 0.5~1.5 cm。穗状花序顶生，偏向一侧，长 3.5~4.5 cm，由多数轮伞花序所组成；苞片近圆形或宽卵圆形，长约 5 mm，宽 6~7 mm，先端具尾状骤尖，尖头长 1~1.5 mm，边缘被小缘毛，极疏生腺点，染紫色；花梗长不及 1 mm，近无毛，序轴被短柔毛。花萼钟形，长 2~2.5 mm，外面被白色短硬毛，具腺点，萼齿 5，三角形，近相等，先端刺芒尖头，边缘具缘毛。花冠玫瑰红紫色，长 6~7 mm，微内弯，近漏斗形，外面密被柔毛，内面有毛环，冠筒基部宽约 0.5 mm，向上渐宽，至喉部宽不及 2 mm，冠檐二唇形，上唇直立，先端微缺，下唇开展，3 裂，中裂片圆形，全缘，侧裂片截形或近圆形。雄蕊 4，前对较长，均伸出，花丝无毛。花柱超出雄蕊，先端近相等 2 浅裂，裂片钻形。小坚果长圆形，长 1.5 mm，黑棕色，具小疣。花、果期 9~11 月。

徂徕山各山地林区均产。生于山坡路旁或草丛中。国内分布于辽宁、河北、山东、河南、江苏、江西、浙江、广东。朝鲜也有分布。

全草入药，性辛，微温，功能发表解暑，散湿行水。

9. 活血丹属 Glechoma Linn.

多年生草本。通常具匍匐茎，逐节生根及分枝。茎上升或匍匐状，全部具叶。叶具长柄，对生，叶片通常为圆形、心形或肾形，先端钝或急尖，基部心形，边缘具圆齿或粗齿。轮伞花序 2~6 花，稀具 6 花以上；苞叶与茎叶同形，苞片、小苞片常为钻形。雌花与两性花异株或同株。花萼管状或钟状，近喉部微弯，具 15 脉，齿 5，三角形至卵形，不明显二唇，上唇 3 齿，略长，下唇 2 齿。花冠管状，上部膨大，冠檐二唇形，上唇直立，不成盔状，顶端微凹或 2 裂，下唇平展，3 裂，中裂片最大，卵形或心形，顶端微凹，2 侧裂片长圆形或卵形，较小。雄蕊 4，前对着生于下唇侧裂片下，后对着生于上唇下近喉部，花丝纤细，无毛，在雌花中不发达，药室长圆形，平行或略叉开。花柱纤细，先端近相等 2 裂。花盘杯状，全缘或稀具微齿，前方呈指状膨大。小坚果长圆状卵形，深褐色，光滑或有小凹点。

约 8 种，广布于欧、亚大陆温带地区，南北美洲有栽培。中国 5 种。徂徕山 1 种。

1. 活血丹（图 678）

Glechoma longituba（Nakai）Kuprian

Bot. Zhurn. S. S. S. R. 33: 236. 1948.

多年生草本，具匍匐茎，上升，逐节生根。茎高 10~20（30）cm，四棱形，基部通常呈淡紫红色，几无毛，幼嫩部分被疏长柔毛。叶草质，下部者较小，叶片心形或近肾形，叶柄长为叶片的 1~2 倍；上部者较大，叶片心形，长 1.8~2.6 cm，宽 2~3 cm，先端急尖或钝三角形，基部心形，边缘具圆齿或粗锯齿，上面被疏粗伏毛或微柔毛，叶脉不明显，下面常带紫色，被疏柔毛或长硬毛，叶柄长为叶片的 1.5 倍，被长柔毛。轮伞花序通常 2 花，稀具 4~6 花；苞片及小苞片线形，长达 4 mm，被缘毛。花萼管状，长 9~11 mm，外面被长柔毛，尤沿肋上为多，内面多少被微柔毛，齿 5，上唇 3 齿，较长，下唇 2 齿，略短，齿卵状三角形，长为萼长 1/2，先端芒状，边缘具缘毛。花冠淡蓝

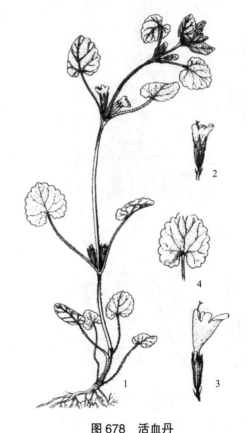

图 678 活血丹
1. 植株；2. 短冠筒的花；3. 长冠筒的花；4. 叶

至紫色，下唇具深色斑点，冠筒直立，上部渐膨大成钟形，有长筒与短筒2型，长筒者长1.7~2.2 cm，短筒者通常藏于花萼内，长1~1.4 cm，外面多少被长柔毛及微柔毛，内面仅下唇喉部被疏柔毛或几无毛，冠檐二唇形。上唇直立，2裂，裂片近肾形，下唇伸长，斜展，3裂，中裂片最大，肾形，较上唇片大1~2倍，先端凹入，两侧裂片长圆形，宽为中裂片的1/2。雄蕊4，内藏，无毛，后对着生于上唇下，较长，前对着生于两侧裂片下方花冠筒中部，较短；花药2室，略叉开。子房4裂，无毛。花盘杯状，微斜，前方呈指状膨大。花柱细长，无毛，略伸出，先端近相等2裂。成熟小坚果深褐色，长圆状卵形，长约1.5 mm，宽约1 mm，顶端圆，基部略成三棱形，无毛，果脐不明显。花期4~5月；果期5~6月。

徂徕山各山地林区均产。生于林缘、疏林下、草地、溪边等阴湿处。除青海、甘肃、新疆及西藏外，全国各地均产。俄罗斯远东地区、朝鲜也有分布。

10. 藿香属 Agastache Clayton ex Gronovius

多年生草本。叶具柄，边缘具齿。花两性。轮伞花序多花，聚集成顶生穗状花序。花萼管状倒圆锥形，直立，具斜向喉部，具15脉，内面无毛环。花冠筒直，逐渐而不急骤扩展为喉部，微超出花萼或与之相等，内面无毛环，冠檐二唇形，上唇直伸，2裂，下唇开展，3裂，中裂片宽大，平展，基部无爪，边缘波状，侧裂片直伸。雄蕊4，均能育，比花冠长，后对较长，向前倾，前对直立上升，药室初彼此几平行，后来多少叉开。花柱先端短2裂，裂片几相等。花盘平顶，具不太明显的裂片。小坚果光滑，顶部被毛。

9种，1种产亚洲东部，8种产北美洲。中国产1种。徂徕山1种。

1. 藿香（图679）

Agastache rugosa（Fisch. & C.A.Mey.）Kuntze Rev. Gen. Pl. 2: 511. 1891.

多年生草本。茎直立，高0.5~1.5 m，四棱形，粗达7~8 mm，上部被极短的细毛，下部无毛，上部具能育的分枝。叶心状卵形至长圆状披针形，长4.5~11 cm，宽3~6.5 cm，向上渐小，先端尾状长渐尖，基部心形，稀截形，边缘具粗齿，上面橄榄绿色，近无毛，下面略淡，被微柔毛及点状腺体；叶柄长1.5~3.5 cm。轮伞花序多花，在主茎或侧枝上组成顶生密集的圆筒形穗状花序，穗状花序长2.5~12 cm，直径1.8~2.5 cm；花序基部的苞叶长不超过5 mm，宽1~2 mm，披针状线形，长渐尖，苞片形状与之相似，较小，长2~3 mm；轮伞花序具总梗长约3 mm，被腺微柔毛。花萼管状倒圆锥形，长约6 mm，宽约2 mm，被腺微柔毛及黄色小腺体，多少染浅紫色或紫红色，喉部微斜，萼齿三角状披针形，后3齿长约2.2 mm，前2齿稍短。花冠淡紫蓝色，长约8 mm，外被微柔毛，冠筒基部宽约1.2 mm，微超出于萼，向上渐宽，至喉部宽约3 mm，冠檐二唇形，上唇直伸，先端微缺，下唇3裂，中裂片较宽大，长约2 mm，宽约3.5 mm，平展，边缘波状，基部宽，侧裂片半圆

图 679 藿香
1.花枝；2.花；3.花萼；4.花冠展开；
5.雌蕊；6.小坚果

形。雄蕊伸出花冠，花丝细，扁平，无毛。花柱与雄蕊近等长，丝状，先端等 2 裂。花盘厚环状。子房裂片顶部具绒毛。成熟小坚果卵状长圆形，长约 1.8 mm，宽约 1.1 mm，腹面具棱，先端具短硬毛，褐色。花期 6~9 月；果期 9~11 月。

徂徕山各山地林区均有分布，也有栽培。中国各地广泛分布。俄罗斯、朝鲜、日本及北美洲有分布。

全草入药，有止呕吐，治霍乱腹痛，驱逐肠胃充气，清暑等效；果可作香料；叶及茎均富含挥发性芳香油，有浓郁的香味，为芳香油原料。

11. 荆芥属 Nepeta Linn.

多年生草本，稀一年生。叶具齿，上部叶有时变全缘，偶 3 裂或羽状深裂。轮伞花序或聚伞花序，前者分离或聚集成穗状或头状，后者成对着生，组成总状或圆锥状花序。花两性，花萼具（13）15（17）脉，齿 5，等大或不等大。花冠筒内无毛环，但有时在喉部有短柔毛，下部狭窄，通常向上骤然扩展成喉，冠檐二唇形，上唇直或稍向前倾，2 裂，下唇大于上唇很多，3 裂，中裂片最宽大，侧裂片细小。雄蕊 4，沿花冠上唇上升，后对较长，前对较短，均能育，药室 2，椭圆状，通常呈水平叉开。花盘杯状，等大 4 裂，或前 1 裂片较大。小坚果长圆状卵形、椭圆柱形、卵形或倒卵形，腹面微具棱，光滑或具突起。

约 250 种，主要分布于欧亚温带地区，在非洲自北非延至热带山区。中国 42 种，主要分布于云南、四川、西藏及新疆等省份的山区。徂徕山 2 种。

分种检索表

1. 叶卵形至三角状心形，基部心形至截形，边缘具粗圆齿或牙齿·················1. 荆芥 Nepeta cataria
1. 叶指状三裂，基部楔状并下延至叶柄，裂片披针形·················2. 裂叶荆芥 Nepeta tenuifolia

1. 荆芥（图 680）

Nepeta cataria Linn.

Sp. Pl. ed. 1. 570. 1753.

多年生植物。茎坚强，基部木质化，多分枝，高 40~150 cm，基部近四棱形，上部钝四棱形，具浅槽，被白色短柔毛。叶卵形至三角状心形，长 2.5~7 cm，宽 2.1~4.7 cm，先端钝至锐尖，基部心形至截形，边缘具粗圆齿或牙齿，上面被极短硬毛，下面略白，被短柔毛但在脉上较密，侧脉 3~4 对，斜上升；叶柄长 0.7~3 cm，细弱。花序为聚伞状，下部的腋生，上部的组成连续或间断的、较疏松或极密集的顶生分枝圆锥花序，聚伞花序呈二歧状分枝；苞叶叶状，或上部的变小而呈披针状，苞片、小苞片钻形，细小。花萼花时管状，长约 6 mm，径 1.2 mm，外被白色短柔毛，内面仅萼齿被疏硬毛，齿锥形，长 1.5~2 mm，后齿较长，花后花萼增大成瓮状，纵肋清晰。花冠白色，下唇有紫点，外被白色柔毛，内面在喉部被短柔毛，长约 7.5 mm，冠筒极细，自萼筒内骤然扩展成宽喉，冠檐二唇形，上唇短，长约 2 mm，

图 680 荆芥
1. 植株中部和上部；2. 花；3. 花萼；
4. 花冠展开；5. 雌蕊；6. 小坚果

宽约 3 mm，先端具浅凹，下唇 3 裂，中裂片近圆形，长约 3 mm，宽约 4 mm，基部心形，边缘具粗牙齿，侧裂片圆裂片状。雄蕊内藏，花丝扁平，无毛。花柱线形，先端等 2 裂。花盘杯状，裂片明显。子房无毛。小坚果卵形，几三棱状，长约 1.7 mm，径约 1 mm。花期 7~9 月；果期 9~10 月。

徂徕山有零星生长，也有栽培。多生于宅旁或灌丛中。国内分布于新疆、甘肃、陕西、河南、山西、山东、湖北、贵州、四川及云南等省份。自中南欧经阿富汗向东一直到日本均有分布。

常作芳香油及蜜源植物栽培。也供药用，全草用于防治感冒。

2. 裂叶荆芥（图 681）

Nepeta tenuifolia Benth.

Labiat. Gen. Spec. 468. 1834.

—— *Schizonepeta tenuifolia*（Benth.）Briq.

一年生草本。茎高 0.3~1 m，四棱形，多分枝，被灰白色疏短柔毛，茎下部的节及小枝基部通常微红色。叶通常为指状三裂，大小不等，长 1~3.5 cm，宽 1.5~2.5 cm，先端锐尖，基部楔状渐狭并下延至叶柄，裂片披针形，宽 1.5~4 mm，中间裂片较大，两侧的较小，全缘，上面暗橄榄绿色，被微柔毛，下面带灰绿色，被短柔毛，脉上及边缘较密，有腺点；叶柄长 2~10 mm。花序为多数轮伞花序组成的顶生穗状花序，长 2~13 cm，通常生于主茎上的较长而多花，生于侧枝上的较小而疏花，但均为间断的；苞片叶状，下部的较大，与叶同形，上部的渐变小，小苞片线形，极小。花萼管状钟形，长约 3 mm，径 1.2 mm，被灰色疏柔毛，具 15 脉，齿 5，三角状披针形或披针形，先端渐尖，长约 0.7 mm，后面的较前面的为长。花冠青紫色，长约 4.5 mm，外被疏柔毛，内面无毛，冠筒向上扩展，冠檐二唇形，上唇先端 2 浅裂，下唇 3 裂，中裂片最大。雄蕊 4，

图 681　裂叶荆芥
1. 植株上部；2. 苞片；3. 小苞片；4. 花萼展开；5. 花冠展开；6. 雌蕊

后对较长，均内藏，花药蓝色。花柱先端近相等 2 裂。小坚果长圆状三棱形，长约 1.5 mm，径约 0.7 mm，褐色，有小点。花期 7~9 月；果期 9~11 月。

产于卧尧、照州庵等地。国内分布于黑龙江、辽宁、河北、河南、山西、陕西、甘肃、青海、四川、重庆、贵州。朝鲜有分布。

全草及花穗为常用中药。富含芳香油，可提制芳香油。

12. 野芝麻属 **Lamium** Linn.

一年生或多年生草本。叶圆形或肾形至卵圆形或卵圆状披针形，边缘具极深的圆齿或为牙齿状锯齿；苞叶与茎叶同形，比花序长许多。轮伞花序 4~14 花；苞片小，披针状钻形或线形，早落。花萼管状钟形至钟形，具 5 肋及其间不明显的副脉或 10 脉，外面多少被毛，喉部微倾斜或等齐，萼齿 5，近相等，锥尖，与萼筒等长或比萼筒长。花冠紫红、粉红、浅黄至污白色，通常较花萼长 1 倍，稀 2 倍，外面被毛，内面在冠筒近基部有或无毛环，如有毛环，则为近水平向或斜向，冠筒直伸或弯曲，等大或在毛环上渐扩展，几臌胀，冠檐二唇形，上唇直伸，长圆形，先端圆形或微凹，多少盔状内

弯，下唇向下伸展，3裂，中裂片较大，倒心形，先端微缺或深2裂，侧裂片不明显的浅半圆形或浅圆裂片状，边缘常有1至多个锐尖小齿。雄蕊4，前对较长，均上升至上唇片之下，花丝丝状，被毛，插生在花冠喉部，花药被毛，2室，室水平叉开。花柱丝状，先端近相等2浅裂。花盘平顶，具圆齿。子房裂片先端截形，无毛或具疣，少数有膜质边缘。

约40种，产欧洲、北非及亚洲，输入北美洲。中国4种。徂徕山1种。

1. 宝盖草（图682）

Lamium amplexicaule Linn.

Sp. Pl. 579. 1753.

一、二年生草本，茎高10~30 cm。基部多分枝，上升，四棱形，具浅槽，几无毛，中空。茎下部叶具长柄，柄与叶片等长或超过之，上部叶无柄，叶片均圆形或肾形，长1~2 cm，宽0.7~1.5 cm，先端圆，基部截形或截状阔楔形，半抱茎，边缘具深圆齿，顶部的齿较大，上面暗橄榄绿色，下面稍淡，两面均疏生小糙伏毛。轮伞花序6~10花，其中常有闭花受精的花；苞片披针状钻形，长约4 mm，宽约0.3 mm，具缘毛。花萼管状钟形，长4~5 mm，宽1.7~2 mm，外面密被白色直伸的长柔毛，内面除萼上被白色直伸长柔毛外，余部无毛，萼齿5，披针状锥形，长1.5~2 mm，边缘具缘毛。花冠紫红或粉红色，长1.7 cm，外面除上唇被有较密带紫红色的短柔毛外，余部均被微柔毛，内面无毛环，冠筒细长，长约1.3 cm，直径约1 mm，筒口宽约3 mm，冠檐二唇形，上唇直伸，长圆形，长约4 mm，先端微弯，下唇稍长，3裂，中裂片倒心形，先端深凹，基部收缩，侧裂片浅圆裂片状。雄蕊花丝无毛，花药被长硬毛。花柱丝状，先端不相等2浅裂。花盘杯状，具圆齿。子房无毛。

图682 宝盖草
1. 植株；2. 花序；3. 花；4. 花萼展开；
5. 花冠展开；6. 雌蕊；7. 雄蕊

小坚果倒卵圆形，具三棱，先端近截状，基部收缩，长约2 mm，宽约1 mm，淡灰黄色，表面有白色大疣状突起。花期3~5月；果期7~8月。

徂徕山各林区均有零星分布。生于路旁、草地及宅旁，或为田间杂草。国内分布江苏、安徽、浙江、福建、湖南、湖北、河南、陕西、甘肃、青海、新疆、四川、贵州、云南及西藏。欧洲、亚洲广泛分布。

13. 益母草属 Leonurus Linn.

一、二年生或多年生草本，直立。叶3~5裂，下部叶宽大，近掌状分裂，上部茎叶及花序上的苞叶渐狭，全缘，具缺刻或3裂。轮伞花序多花密集，腋生，多数排成长穗状花序；小苞片钻形或刺状，坚硬或柔软。花萼倒圆锥形或管状钟形，5脉，齿5，近等大，不明显二唇形，下唇2齿较长，靠合，开展或不甚开展，上唇3齿直立。花冠白、粉红至淡紫色，冠筒比萼筒长，内面无毛环或具斜向或近水平向的毛环，在毛环上膨大或不膨大，冠檐二唇形，上唇长圆形、倒卵形或卵状圆形，全缘，直伸，外面被柔毛或无毛，下唇直伸或开张，有斑纹，3裂，中裂片与侧裂片等大，长圆状卵圆形，或中裂片大于侧裂片，微心形，边缘膜质，而侧裂片短小，卵形。雄蕊4，前对较长，开花时卷曲或向下弯，后对平行排列于上唇片之下，花药2室，室平行。花柱先端相等2裂，裂片钻形。花盘平顶。小坚果锐三棱形，顶端截平，基部楔形。

约20种，分布于欧洲、亚洲温带，少数种在美洲、非洲各地逸生。中国12种。岨徕山2种。

分种检索表

1. 叶深裂达基部而成3个窄裂片，其上再羽状分裂成小裂片；花冠长1~1.2 cm，粉红至淡紫红色···1. 益母草 Leonurus japonicus
1. 叶裂片宽大，其上有缺刻或粗锯齿状牙齿，不呈小裂片状；花冠长1.5~2.1 cm，白色，略具紫纹···2. 錾菜 Leonurus pseudomacranthus

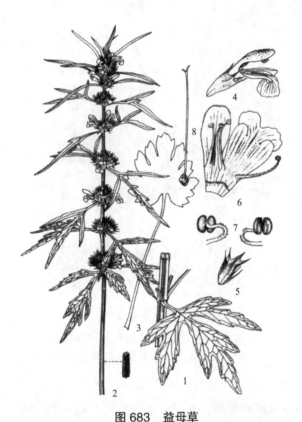

图683　益母草
1. 茎中部一段；2. 植株上部；3. 基部叶；4. 花；
5. 花萼；6. 花冠展开；7. 雄蕊；8. 雌蕊

1. 益母草（图683）
Leonurus japonicus Houtt.
Nat. Hist. 9: 366. 1778.
—— *Leonurus artemisia*（Lour.）S.Y. Hu

一、二年生草本，主根明显。茎直立，高30~120 cm，钝四棱形，微具槽，有倒向糙伏毛，节及棱上尤密，多分枝或仅于茎中部以上有能育的小枝条。茎下部叶轮廓为卵形，基部宽楔形，掌状3裂，裂片长圆状菱形至卵圆形，长2.5~6 cm，宽1.5~4 cm，裂片上再分裂，上面有糙伏毛，叶脉稍下陷，下面被疏柔毛及腺点，叶脉突出，叶柄纤细，长2~3 cm，由于叶基下延而在上部略具翅，被糙伏毛；茎中部叶轮廓为菱形，较小，通常分裂成3个或偶有多个长圆状线形的裂片，基部狭楔形，叶柄长0.5~2 cm；花序最上部的苞叶近无柄，线形或线状披针形，长3~12 cm，宽2~8 mm，全缘或具稀少牙齿。轮伞花序腋生，具8~15花，圆球形，径2~2.5 cm，多数远离而组成长穗状花序；小苞片刺状，比萼筒短，长约5 mm，有贴生微柔毛；花无梗。花萼管状钟形，长6~8 mm，外面有贴生微柔毛，5脉显著，齿5，前2齿靠合，长约3 mm，后3齿较短，等长，长约2 mm，齿宽三角形，先端刺尖。花冠粉红至淡紫红色，长1~1.2 cm，伸出萼筒部分的外面被柔毛，冠筒长约6 mm，等大，内面在离基部1/3处有近水平向的不明显鳞毛毛环，毛环在背面间断，其上部有鳞状毛，冠檐二唇形，上唇直伸，内凹，长圆形，长约7 mm，宽4 mm，全缘，内面无毛，边缘具纤毛，下唇略短于上唇，内面在基部疏被鳞状毛，3裂，中裂片倒心形，先端微缺，边缘薄膜质，基部收缩，侧裂片卵圆形，细小。雄蕊4，均延伸至上唇片之下，平行，前对较长，花丝丝状，扁平，疏被鳞状毛，花药卵圆形，2室。花柱丝状，略超出于雄蕊而与上唇片等长，无毛，先端相等2浅裂，裂片钻形。花盘平顶。子房褐色，无毛。小坚果长圆状三棱形，长2.5 mm，顶端截平而略宽大，基部楔形，淡褐色，光滑。花期通常6~9月；果期9~10月。

徂徕山各山地林区均产。分布于全国各地。俄罗斯、朝鲜、日本、亚洲热带、非洲、美洲等地有分布。

全草可入药。

2. 錾菜（图684，彩图71）

Leonurus pseudomacranthus Kitag.

Bot. Mag. Tokyo 48: 109. 1934.

多年生草本，主根圆锥形。茎直立，高60~100 cm，上部成对分枝，分枝短或长，钝四棱形，明显具槽，密被贴生倒向的微柔毛，上部具花序。叶片变异大，最下部的叶通常脱落，近茎基部叶轮廓为卵圆形，长6~7 cm，宽4~5 cm，3裂，分裂达中部，裂片几相等，边缘疏生粗锯齿状牙齿，先端锐尖，基部宽楔形，近革质，上面暗绿色，稍密被糙伏小硬毛，粗糙，叶脉下陷，具皱纹，下面淡绿色，沿脉上有贴生小硬毛，其间散布淡黄色腺点，叶脉明显凸起，叶柄长1~2 cm，多少具狭翅，密被小硬毛；茎中部的

图 684　錾菜
1. 植株中部；2. 植株上部；3. 下部叶；4. 花；
5. 花萼展开；6. 花冠展开；7. 雄蕊；8. 雌蕊

叶通常不裂，轮廓为长圆形，边缘疏生4~5对齿，最下方的1对齿多少呈半裂片状，其余均为锯齿状牙齿，叶柄较短，长1 cm以下；花序上的苞叶最小，线状长圆形，长3 cm，宽1 cm，全缘或先端疏生1~2齿，无柄。轮伞花序腋生，多花，远离而向顶密集组成长穗状；小苞片少数，刺状，直伸，长5~6 mm，基部相连接，具糙硬毛，绿色；花无梗。花萼管状，长7~8 mm，外面被微硬毛，沿脉上被长硬毛，其间混有淡黄色腺点，内面无毛，5脉，除近基部外明显突出，齿5，前2齿靠合，较大，长5 mm，直伸，钻状，先端刺尖，后3齿较小，均等大，长3 mm，直伸，三角状钻形，先端刺尖。花冠白色，常带紫纹，长约1.8 cm，冠筒长约8 mm，外面在中部以下无毛，中部以上被疏柔毛，内面在上部被短柔毛，中部具近水平向的鳞状毛毛环，其下方无毛，冠檐二唇形，上唇长圆状卵形，先端近圆形，基部略收缩，长达1 cm，直伸，稍内凹，全缘，白色，外被疏柔毛，内面无毛，下唇卵形，长约8 mm，宽约5 mm，白色，具紫纹，3裂，外被疏柔毛，内面无毛，中裂片较大，倒心形，先端微凹，侧裂片卵圆形。雄蕊4，均延伸至上唇片之下，前对较长，花丝丝状，扁平，具紫斑，中部以下或近基部有微柔毛，花药卵圆形，2室。花柱丝状，先端相等2浅裂。花盘平顶。子房褐色，无毛。小坚果长圆状三棱形，黑褐色。花期8~9月；果期9~10月。

徂徕山各山地林区均产。生于山坡或丘陵地上。国内分布于辽宁、山东、河北、河南、山西、陕西、甘肃、安徽及江苏。

14. 水苏属 **Stachys** Linn.

一年生或多年生草本，稀为亚灌木或灌木。偶有横走根茎而在节上具鳞叶及须根，顶端有念珠状肥大块茎。茎叶全缘或具齿，苞叶与茎叶同形或退化成苞片。轮伞花序2至多花，常多数组成着生于茎及分枝顶端的穗状花序；小苞片明显或不显著；花近于无柄或具短柄。花红、紫、淡红、灰白、黄或白色，常较小。花萼管状钟形、倒圆锥形或管形，5或10脉，口等大或偏斜，5齿等大或后3齿较大，先端锐尖，刚毛状，微刺尖，或无芒而钝且具胼胝体，直立或反折。花冠筒圆柱形，近等大，内

藏或伸出，内面近基部有水平向或斜向的柔毛环，筒上部内弯，喉部不增大，冠檐二唇形，上唇直立或近开张，常微盔状，全缘或微缺，稀伸长而近扁平及浅2裂，下唇开张，常比上唇长，3裂，中裂片大，全缘或微缺，侧裂片较短。雄蕊4，均上升至上唇片之下，多少伸出于冠筒，前对较长，常在喉部向两侧方弯曲，花药2室。花盘平顶，或稀在前方呈指状膨大。花柱先端2裂，裂片钻形，近等大。小坚果卵球形或长圆形，先端钝圆，光滑或具瘤。

约300种，广布于南北半球的温带及热带山区。中国18种。徂徕山1种。

1. 甘露子（图685）

Stachys sieboldii Miq.

Ann. Mus. Bot. Lugd.-Bat. 2: 112. 1865.

多年生草本，高30~120 cm，在茎基部数节上生有密集的须根及多数横走的根茎；根茎白色，在节上有鳞状叶及须根，顶端有念珠状或螺狮形的肥大块茎。茎直立或基部倾斜，单一，或多分枝，四棱形，具槽，在棱及节上有平展的或疏或密的硬毛。茎生叶卵圆形或长椭圆状卵圆形，长3~12 cm，宽1.5~6 cm，先端微锐尖或渐尖，基部平截至浅心形，有时宽楔形或近圆形，边缘有规则的圆齿状锯齿，内面被或疏或密的贴生硬毛，但沿脉上仅疏生硬毛，侧脉4~5对，上面不明显，下面显著，叶柄长1~3 cm，腹凹背平，被硬毛；苞叶向上渐变小，呈苞片状，通常反折（尤其栽培型），下部者无柄，卵圆状披针形，长约3 cm，比轮伞花序长，先端渐尖，基部近圆形，上部者短小，无柄，披针形，比花萼短，近全缘。轮伞花序通常6花，多数远离组成长5~15 cm顶生穗状花序；小苞片线形，长约1 mm，被微柔毛；花梗短，长约1 mm，被微柔毛。花萼狭钟形，连齿长9 mm，外被具腺柔

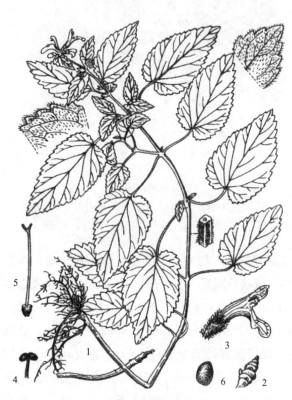

图685 甘露子
1. 植株；2. 地下块茎；3. 花；4. 雄蕊；
5. 雌蕊；6. 小坚果

毛，内面无毛，10脉，多少明显，齿5，正三角形至长三角形，长约4 mm，先端具刺尖头，微反折。花冠粉红至紫红色，下唇有紫斑，长约1.3 cm，冠筒筒状，长约9 mm，近等粗，前面在毛环上方略呈囊状膨大，外面在伸出萼筒部分被微柔毛，内面在下部1/3被微柔毛毛环，冠檐二唇形，上唇长圆形，长4 mm，宽2 mm，直伸而略反折，外面被柔毛，内面无毛，下唇长宽约7 mm，外面在中部疏被柔毛，内面无毛，3裂，中裂片较大，近圆形，径约3.5 mm，侧裂片卵圆形，较短小。雄蕊4，前对较长，均上升至上唇片之下，花丝丝状，扁平，先端略膨大，被微柔毛，花药卵圆形，2室，室纵裂，极叉开。花柱丝状，略超出雄蕊，先端近相等2浅裂。小坚果卵球形，径约1.5 cm，黑褐色，具小瘤。花期7~8月；果期9月。

产于太平顶。生于山坡湿润地处。国内分布于辽宁、河北、山东、山西、河南、陕西、甘肃、青海、四川、云南、广西、广东、湖南、江西及江苏等省份。欧洲及日本、北美洲等地广为栽培。

地下肥大块茎供食用，最宜作酱菜或泡菜。全草入药，治肺炎、风热感冒。

15. 糙苏属 Phlomis Linn.

多年生草本。叶常具皱纹，苞叶与茎叶同形，上部的渐变小。轮伞花序腋生，常多花密集；苞片通常多数，卵形、披针形至钻形。花无梗，稀具梗，黄色、紫色至白色。花萼管状或管状钟形，5 或 10 脉，脉常凸起，喉部不倾斜，具相等的 5 齿。花冠筒内藏或略伸出，内面通常具毛环，冠檐二唇形，上唇直伸或盔状，宽而内凹，或自两侧狭窄而呈压扁的龙骨状，稀狭镰状，全缘或具流苏状缺刻的小齿，被绒毛或长柔毛，下唇平展，3 圆裂，中裂片极宽或较侧裂片稍宽。雄蕊 4，二强，前对较长，均上升至上唇下，后对花丝基部常突出成附属器，花药成对靠近，2 室，室极叉开，后汇合。花柱先端 2 裂，裂片钻形，后裂片极短或稀达前裂片的 1/2，极少两者近等长。花盘近全缘。小坚果卵状三棱形，先端钝，稀截形，无毛或顶部被毛。

约 100 种，产地中海地区、亚洲中部至东部。中国有 43 种，分布于全国各地，西南地区种类最多。徂徕山 1 种。

1. 糙苏（图 686，彩图 72）
Phlomis umbrosa Turcz.

Bull. Soc. Nat. Moscou 8: 76. 1840.

多年生草本；根粗厚，长 30 cm，粗 1 cm，须根肉质。茎高 50~150 cm，多分枝，四棱形，具浅槽，疏被向下短硬毛，有时上部被星状短柔毛。叶近圆形、卵圆形至卵状长圆形，长 5.2~12 cm，宽 2.5~12 cm，先端急尖，基部浅心形或圆形，边缘为具胼胝尖的锯齿状牙齿，或为不整齐圆齿，上面橄榄绿色，疏被疏柔毛及星状疏柔毛，下面毛被同叶上面，叶柄长 1~12 cm，腹凹背凸，密被短硬毛；苞叶卵形，长 1~3.5 cm，宽 0.6~2 cm，边缘为粗锯齿状牙齿，毛被同茎叶，叶柄长 2~3 mm。轮伞花序 4~8 花，多数生于主茎及分枝上；苞片线状钻形，较坚硬，长 8~14 mm，宽 1~2 mm，常呈紫红色。花萼管状，长约 10 mm，宽约 3.5 mm，外面被星状微柔毛，有时脉上疏被具节刚毛，齿先端具长约 1.5 mm 的小刺尖，齿间形成 2 小齿，边缘被丛毛。花冠粉红色，下唇常具红色斑点，长约 1.7 cm，冠筒长约 1 cm，外面除背部上方被短柔毛外余部无毛，内面近基部 1/3 具斜向间断的小疏柔

图 686 糙苏
1. 根；2. 植株上部；3. 苞片；
4. 花萼展开；5. 花冠展开

毛毛环，冠檐二唇形，上唇长约 7 mm，外面被绢状柔毛，边缘具不整齐的小齿，自内面被髯毛，下唇长约 5 mm，宽约 6 mm，外面除边缘无毛外密被绢状柔毛，内面无毛，3 圆裂，裂片卵形或近圆形，中裂片较大。雄蕊内藏，花丝无毛，无附属器。小坚果无毛。花期 6~9 月；果期 9~10 月。

产于上池、马场等地。生于疏林下或草坡上。国内分布于辽宁、内蒙古、河北、山东、山西、陕西、甘肃、四川、湖北、贵州及广东。

民间用根入药，性苦辛、微温，有消肿、生肌、续筋、接骨之功，兼补肝、肾，强腰膝，又有安胎之效。

16. 鼠尾草属 Salvia Linn.

草本或半灌木、灌木。单叶或羽状复叶。轮伞花序 2 至多花，组成总状、总状圆锥或穗状花序，稀全部花腋生。苞片小或大，小苞片常细小。花萼卵形或筒形或钟形，二唇形，上唇全缘或具 3 齿，下唇 2 齿。花冠筒内藏或外伸，平伸或向上弯或腹部增大，有时内面基部有斜生或横生、完全或不完全的毛环，或具簇生毛，或无毛，冠檐二唇形，上唇平伸或竖立，两侧折合，稀平展，直或弯镰形，全缘或顶端微缺，下唇平展，3 裂，中裂片常最宽大，全缘或微缺，或流苏状，或分成 2 小裂片，侧裂片长圆形或圆形，展开或反折。能育雄蕊 2，生于冠筒喉部的前方，花丝短，水平生出或竖立，药隔延长，线形；退化雄蕊 2，生于冠筒喉部的后边，呈棍棒状或不存在。花柱直伸，先端 2 浅裂，裂片钻形或线形、圆形，等大或前裂片较大或后裂片极不明显。花盘前面略膨大或近等大。子房 4 全裂。小坚果卵状三棱形或长圆状三棱形，无毛，光滑。

700~1100 种，分布于热带或温带。中国 84 种，分布于全国各地，尤以西南地区为最多。徂徕山 4 种 1 变型。

分种检索表

1. 奇数羽状复叶，小叶卵圆形或椭圆状卵圆形或宽披针形，两面被疏柔毛；根肥厚肉质，外面朱红色………………………………………………………………………………………………………1. 丹参 Salvia miltiorrhiza
1. 单叶。
  2. 多年生草本；花较大。
    3. 叶面较平；花冠红色或白色…………………………………………………2. 一串红 Salvia splendens
    3. 叶面皱，网脉显著下陷；花冠蓝紫色、粉红色……………………………3. 林地鼠尾草 Salvia nemorosa
  2. 一、二年生草本；花冠较小，长 4~6 mm……………………………………………4. 荔枝草 Salvia plebeia

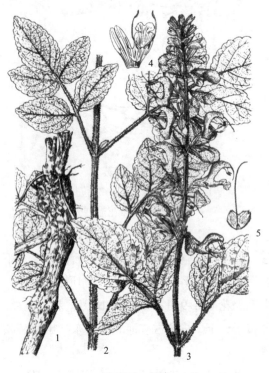

图 687　丹参
1. 根；2. 植株中部；3. 植株上部；4. 花冠展开；5. 花萼及雌蕊

1. 丹参（图 687）

Salvia miltiorrhiza Bunge

Mem. Acad. Sci. St. Petersb. Sav. Etrang. 2: 124. 1833.

多年生直立草本。根肥厚，肉质，外面朱红色，内面白色，长 5~15 cm，直径 4~14 mm，疏生支根。茎直立，高 40~80 cm，四棱形，具槽，密被长柔毛，多分枝。奇数羽状复叶，叶柄长 1.3~7.5 cm，密被向下长柔毛，小叶 3~5（7），长 1.5~8 cm，宽 1~4 cm，卵圆形或椭圆状卵圆形或宽披针形，先端锐尖或渐尖，基部圆形或偏斜，边缘具圆齿，两面被疏柔毛，下面较密，小叶柄长 2~14 mm，与叶轴密被长柔毛。轮伞花序 6 或多花，下部者疏离，上部者密集，组成长 4.5~17 cm 具长梗的顶生或腋生总状花序；苞片披针形，全缘，上面无毛，下面略被疏柔毛；花梗长 3~4 mm，花序轴密被长柔毛或具腺长柔毛。花萼钟形，带紫色，长约 1.1 cm，花后稍增大，外面被疏长柔毛及具腺长柔毛，具缘毛，内面中部密被白色长硬毛，具11脉，二唇形，上唇全缘，三角形，长约4 mm，宽约8 mm，先端具3个小尖头，下唇与上唇近等长，深裂成2齿，齿三角形，先端渐尖。花冠紫蓝色，长2~2.7 cm，外被具腺短柔毛，尤以上唇为密，内面离冠筒基部2~3 mm处有斜生不完全小疏柔毛毛环，冠筒外伸，比冠檐短，基部宽2 mm，向上渐宽，至喉部宽达8 mm，冠檐二唇形，上唇长12~15 mm，镰刀状，向上竖立，先端微缺，下唇短于上唇，3裂，中裂片长5 mm，宽达10 mm，先端2裂，裂片顶端具不整齐尖齿，侧裂片短，顶端圆形，宽约3 mm。能育雄蕊2，伸至上唇片，花丝长3.5~4 mm，药隔长17~20 mm，中部关节处略被小疏柔毛，上臂长14~17 mm，下臂短而增粗，药室不育，顶端联合。退化雄蕊线形，长约4 mm。花柱外伸，长达40 mm，先端不相等2裂，后裂片极短，前裂片线形。花盘前方稍膨大。小坚果黑色，椭圆形，长约3.2 mm，直径1.5 mm。花期4~8月；果期9~10月。

徂徕山各山地林区均产。国内分布于河北、山西、陕西、山东、河南、江苏、浙江、安徽、江西及湖南。日本也有分布。

根入药，含丹参酮，为强壮性通经剂、妇科要药，对治疗冠心病有良好效果。

白花丹参

f. **alba** C. Y. Wu & H. W. Li

Fl. Reipubl. Popul. Sin. 66: 582. 1977.

花白色。

马场有栽培。国内分布于山东。

2. 一串红（图688）

Salvia splendens Sellow ex Schultes

Mant. 1: 185. 1822.

亚灌木状草本，常作一年生栽培。高达90 cm。茎钝四棱形，具浅槽，无毛。叶卵圆形或三角状卵圆形，长2.5~7 cm，宽2~4.5 cm，先端渐尖，基部截形或圆形，稀钝，边缘具锯齿，上面绿色，下面较淡，两面无毛，下面具腺点；茎生叶叶柄长3~4.5 cm，无毛。轮伞花序2~6花，组成顶生总状花序，花序长达20 cm；苞片卵圆形，红色，大，在花开前包裹着花蕾，先端尾状渐尖；花梗长4~7 mm，密被染红的具腺柔毛，花序轴被微柔毛。花萼钟形，红色，开花时长约1.6 cm，花后增大达2 cm，外面沿脉上被染红的具腺柔毛，内面在上半部被微硬伏毛，二唇形，唇裂达花萼长1/3，上唇三角状卵圆形，长5~6 mm，宽10 mm，先端具小尖头，下唇比上唇略长，深2裂，裂片三角形，先端渐尖。花冠红色，长4~4.2 cm，外被微柔毛，内面无毛，冠筒筒状，直伸，在喉部略增

图688 一串红
1. 植株中部；2. 花序；3. 花萼；4. 花冠；
5. 雌蕊；6. 小坚果

大，冠檐二唇形，上唇直伸，略内弯，长圆形，长8~9 mm，宽约4 mm，先端微缺，下唇比上唇短，3裂，中裂片半圆形，侧裂片长卵圆形，比中裂片长。能育雄蕊2，近外伸，花丝长约5 mm，药隔长约1.3 cm，近伸直。退化雄蕊短小。花柱与花冠近相等，先端不相等2裂，前裂片较长。花盘等大。小坚果椭圆形，长约3.5 mm，暗褐色，顶端具不规则突起，边缘或棱具狭翅，光滑。花期3~10月。

徂徕山各山地林区均有栽培。原产巴西。中国各地庭园中广泛栽培，作观赏用。

为美丽的露地和盆栽花卉,花有各种颜色,由大红至紫,甚至有白色的。

3. 林地鼠尾草　宿根鼠尾草
Salvia nemorosa Linn.

Sp. Pl. ed. 2. 35. 1762.

多年生草本,株高 50~90 cm。叶对生,长椭圆状或近披针形,叶面皱,先端尖,具柄。轮伞花序再组成穗状花序,长达 30~50 cm,花冠二唇形,略等长,下唇反折,蓝紫色、粉红色。花期夏至秋。

中军帐、上池有栽培。原产于欧洲。常栽培供观赏。

4. 荔枝草（图 689）
Salvia plebeia R. Brown

Prodr. Fl. Nov. Holl. 501. 1810.

一、二年生草本。主根肥厚,向下直伸,有多数须根。茎直立,高 15~90 cm,多分枝,被向下的灰白色疏柔毛。叶椭圆状卵圆形或椭圆状披针形,长 2~6 cm,宽 0.8~2.5 cm,先端钝或急尖,基部圆形或楔形,边缘具圆齿、牙齿或尖锯齿,草质,上面被稀疏的微硬毛,下面被短疏柔毛,余部散布黄褐色腺点;叶柄长 4~15 mm,密被疏柔毛。轮伞花序 6 花,多数在茎、枝顶端密集组成总状或总状圆锥花序,花序长 10~25 cm,果期延长;苞片披针形,先端渐尖,全缘,两面被疏柔毛,边缘具缘毛;花梗长约 1 mm,与花序轴密被疏柔毛。花萼钟形,长约 2.7 mm,外面被疏柔毛,散布黄褐色腺点,内面喉部有微柔毛,二唇形,唇裂约至花萼长 1/3,上唇全缘,先端具 3 小尖头,下唇深裂成 2 齿,齿三角形,锐尖。花冠淡红、淡紫、蓝紫至蓝色,稀白色,长 4.5 mm,冠筒外面无毛,内面中部有毛环,冠檐二唇形,上唇长圆形,长约 1.8 mm,宽 1 mm,先端微凹,外面密被微柔毛,两侧折合,下唇长约 1.7 mm,宽 3 mm,外面被微柔毛,3 裂,中裂片最大,阔倒心形,顶端微凹或呈浅波状,侧裂片近半圆形。能育雄蕊 2,着生于下唇基部,略伸出花冠外,花丝长 1.5 mm,药隔长

图 689　荔枝草
1. 植株下部; 2. 植株上部; 3. 苞片;
4. 展开的花萼; 5. 展开的花冠

约 1.5 mm,弯成弧形,上臂和下臂等长,上臂具药室,二下臂不育,膨大,互相联合。花柱和花冠等长,先端不等 2 裂,前裂片较长。花盘前方微隆起。小坚果倒卵圆形,直径 0.4 mm,成熟时干燥,光滑。花期 4~5 月;果期 6~7 月。

徂徕山各山地林区均产。生于路旁、沟边、田野潮湿的土壤上。除新疆、甘肃、青海及西藏外,几产全国各地。朝鲜、日本、阿富汗、印度、缅甸、泰国、越南、马来西亚、澳大利亚也有分布。

全草入药,民间广泛用于跌打损伤、无名肿毒等症。

17. 风轮菜属 Clinopodium Linn.

多年生草本。叶具柄或无柄，具齿。轮伞花序少花或多花，稀疏或密集，偏向于一侧或否，多少呈圆球状，具梗或无梗，生于主茎及分枝的上部叶腋中，聚集成紧缩圆锥花序或多头圆锥花序，或彼此远隔而分离；苞叶叶状，向上渐小至苞片状；苞片线形或针状，具肋或不明显具肋，与花萼等长或较短。花萼管状，具13脉，等宽或中部横缢，基部常一边膨胀，直伸或微弯，喉部内面疏生毛茸，但不明显成毛环，二唇形，上唇3齿，较短，下唇2齿，较长，平伸，齿尖均为芒尖，齿缘均被睫毛。花冠紫红、淡红或白色，冠筒超出花萼，外面常被微柔毛，内面在下唇片下方的喉部具2列毛茸，均向上渐宽大，至喉部最宽大，冠檐二唇形，上唇直伸，先端微缺，下唇3裂，中裂片较大，先端微缺或全缘，侧裂片全缘。雄蕊4，有时后对退化仅具前对，前对较长，延伸至上唇片下，通常内藏，或前对微露出，花药2室，室水平叉开，多少偏斜的着生于扩展的药隔上。花柱不伸出或微露出，先端极不相等2裂，前裂片扁平，披针形，后裂片常不显著。花盘平顶。子房4裂，无毛。小坚果卵球形或近球形，宽不及1 mm，褐色，无毛，具1基生小果脐。

约20种，分布于欧洲、中亚及亚洲东部。中国11种。徂徕山1种。

1. 风轮菜（图690）

Clinopodium chinense（Benth.）Kuntze

Revis. Gen. Pl. 2: 515. 1891.

多年生草本。茎基部匍匐生根，上部上升，多分枝，高达1 m，四棱形，具细条纹，密被短柔毛及腺微柔毛。叶卵圆形，不偏斜，长2~4 cm，宽1.3~2.6 cm，先端急尖或钝，基部圆形呈阔楔形，边缘具大小均匀的圆齿状锯齿，坚纸质，上面榄绿色，密被平伏短硬毛，下面灰白色，被疏柔毛，脉上尤密，侧脉5~7对，与中肋在上面微凹陷下面隆起，网脉在下面清晰可见；叶柄长3~8 mm，密被疏柔毛。轮伞花序多花密集，半球状，直径1.5~3 cm，彼此远隔；苞叶叶状，向上渐小至苞片状，苞片针状，无明显中肋，长3~6 mm，多数，被柔毛状缘毛及微柔毛；总梗长约1~2 mm，分枝多数；花梗长约2.5 mm，与总梗及序轴被柔毛状缘毛及微柔毛。花萼狭管状，常染紫红色，长约6 mm，13脉，外面沿脉上被疏柔毛及腺微柔毛，内面在齿上被疏柔毛，在果期基部稍一边膨胀，上唇3齿，齿近外反，长三角形，先端具硬尖，下唇2齿，齿稍长，直伸，先端芒尖。花冠紫红色，长约9 mm，外面被微柔毛，内面在下唇下

图690 风轮菜
1.植株下部；2.植株上部；3.花及小苞片；
4.展开的花萼；5.展开的花冠；6.雌蕊

方喉部具2列毛茸，冠筒伸出，向上渐扩大，至喉部宽近2 mm，冠檐二唇形，上唇直伸，先端微缺，下唇3裂，中裂片稍大。雄蕊4，前对稍长，均内藏或前对微露出，花药2，室近水平叉开。花柱微露出，先端不等2浅裂，裂片扁平。花盘平顶。子房无毛。小坚果倒卵形，长约1.2 mm，宽约0.9 mm，黄褐色。花期5~8月；果期8~10月。

徂徕山各山地林区均产。生于山坡草丛、灌丛林下。国内分布于山东、浙江、江苏、安徽、江

西、福建、台湾、湖南、湖北、广东、广西及云南。日本也有分布。

18. 薄荷属 Mentha Linn.

多年生草本，稀一年生，直立或上升。芳香。叶具柄或无柄，叶缘具牙齿、锯齿或圆齿；苞叶与叶相似，变小。轮伞花序通常多花密集，稀2~6花，具梗或无梗；苞片披针形或线状钻形及线形，通常不显著；花梗明显。花两性或单性，雄性花有退化子房，雌性花有退化雄蕊，雌雄同株或异株。花萼钟形、漏斗形或管状钟形，10~13脉，萼齿5，相等或近3/2式二唇形，内面喉部无毛或具毛。花冠漏斗形，近整齐或稍不整齐，冠筒常不超出花萼，喉部稍膨大或前方呈囊状膨大，具毛或否，冠檐具4裂片，上裂片稍宽，全缘或先端微凹或2浅裂，其余3裂片等大，全缘。雄蕊4，近等大，叉开，常伸出花冠，后对着生稍高于前对，花丝无毛，花药2室，室平行。花柱伸出，先端相等2浅裂。花盘平顶。小坚果卵形，顶端钝。

约30种，广泛分布于北半球的温带地区，少数种见于南半球。中国连栽培种有12种，其中有6种为野生种。徂徕山1种。

图691 薄荷
1. 植株；2. 花；3. 花冠展开

1. 薄荷（图691）

Mentha canadensis Linn.

Sp. Pl. 577. 1753.

—— *Mentha haplocalyx* Briq.

多年生草本。高30~60 cm，下部数节具纤细的须根及水平匍匐根状茎。茎锐四棱形，具四槽，上部被倒向微柔毛，下部仅沿棱上被微柔毛，多分枝。叶片长圆状披针形、披针形、椭圆形或卵状披针形，稀长圆形，长3~5（7）cm，宽0.8~3 cm，先端锐尖，基部楔形至近圆形，边缘在基部以上疏生粗大牙齿状锯齿，侧脉5~6对，与中脉在上面微凹陷，下面显著；沿脉密生微柔毛，余部疏生微柔毛或近无毛；叶柄长2~10 mm，被微柔毛。轮伞花序腋生，球形，花时径约18 mm，具梗（可长达3 mm）或无梗，被微柔毛；花梗纤细，长2.5 mm，被微柔毛或近无毛。花萼管状钟形，长约2.5 mm，外被微柔毛及腺点，内面无毛，不明显10脉，萼齿5，狭三角状钻形，先端长锐尖，长1 mm。花冠淡紫，长4 mm，外面略被微柔毛，内面在喉部以下被微柔毛，冠檐4裂，上裂片先端2裂，较大，其余3裂片近等大，长圆形，先端钝。雄蕊4，前对较长，长约5 mm，均伸出于花冠之外，花丝无毛，花药卵圆形，2室。花柱略超出雄蕊，先端近相等2浅裂，裂片钻形。花盘平顶。小坚果卵球形，黄褐色，具小腺窝。花期7~9月；果期10月。

徂徕山各林区均产。生于水边湿地，也常见栽培。分布于中国南北各省份。热带亚洲、俄罗斯远东地区、朝鲜、日本及北美洲也有分布。

幼嫩茎尖可做菜食，全草又可入药。

19. 地笋属 Lycopus Linn.

多年生草本，常生于沼泽或湿地。通常具肥大的根茎。叶具齿或羽状分裂，苞叶与叶同形，渐小。轮伞花序无梗，多花密集；小苞片小，外方者长于或等于花萼。花小，无梗。花萼钟形，近整齐，萼齿4~5，等大或有1枚特大，先端钝、锐尖或刺尖，内面无毛。花冠等于或稍超出花萼，钟形，内面在喉部有交错的柔毛，冠檐二唇形，上唇全缘或微凹，下唇3裂，中裂片稍大。前对雄蕊能育，稍超出花冠，直伸，花丝无毛，花药2室，室平行，其后略叉开，后对雄蕊退化消失，或呈丝状，先端棍棒形，或呈头状。花柱丝状，伸出于花冠，先端2裂，裂片扁平，锐尖，等大，或后裂片较小。花盘平顶。小坚果背腹扁平，腹面多少具棱，先端截平，基部楔形，边缘加厚，褐色，无毛或腹面具腺点。

约10种，广布于东半球温带及北美洲。中国4种。徂徕山1种。

1. 地笋（图692）

Lycopus lucidus Turcz. ex Benth.

Prodr. 12: 179. 1848.

多年生草本，高0.6~1.7 m。根茎横走，具节，节上密生须根，先端肥大呈圆柱形，此时于节上具鳞叶及少数须根，或侧生有肥大的具鳞叶的地下枝。茎直立，四棱形，具槽，绿色，常于节上多少带紫红色，无毛，或在节上疏生小硬毛。叶具短柄或近无柄，长圆状披针形，多少弧弯，通常长4~8 cm，宽1.2~2.5 cm，先端渐尖，基部渐狭，边缘具锐尖粗牙齿状锯齿，两面或上面具光泽，亮绿色，两面均无毛，下面具凹陷腺点，侧脉6~7对，与中脉在上面不显著，下面突出。轮伞花序无梗，圆球形，花时径1.2~1.5 cm，多花密集，其下承以小苞片；小苞片卵圆形至披针形，先端刺尖，位于外方者超过花萼，长达5 mm，具3脉，位于内方者长2~3 mm，短于或等于花萼，具1脉，边缘均具小纤毛。花萼钟形，长3 mm，两面无毛，外面具腺点，萼齿5，披针状三角形，长2 mm，具刺尖头，边缘具小缘毛。花冠白色，长5 mm，外面在冠檐上具腺点，内面在喉部具白

图692 地笋
1. 植株上部；2. 花萼；3. 花冠展开；4. 雌蕊

色短柔毛，冠筒长约3 mm，冠檐不明显二唇形，上唇近圆形，下唇3裂，中裂片较大。雄蕊仅前对能育，超出于花冠，先端略下弯，花丝丝状，无毛，花药卵圆形，2室，室略叉开，后对雄蕊退化，丝状，先端棍棒状。花柱伸出花冠，先端相等2浅裂，裂片线形。花盘平顶。小坚果倒卵圆状四边形，基部略狭，长1.6 mm，宽1.2 mm，褐色，边缘加厚，背面平，腹面具棱，有腺点。花期6~9月；果期8~11月。

产于上池等地。生于沼泽地、水边、沟边等潮湿处。国内分布于黑龙江、吉林、辽宁、河北、陕西、四川、贵州、云南等省份。俄罗斯、日本也有分布。

全草入药，为妇科要药。根可食。

20. 百里香属 Thymus Linn.

矮小半灌木。叶小，全缘或每侧具 1~3 小齿；苞叶与叶同形，至顶端变成小苞片。轮伞花序紧密排成头状花序或疏松排成穗状花序；花具梗。花萼管伏钟形或狭钟形，具 10~13 脉，二唇形，上唇开展或直立，3 裂，裂片三角形或披针形，下唇 2 裂，裂片钻形，被硬缘毛，喉部被白色毛环。花冠筒内藏或外伸，冠檐二唇形，上唇直伸，微凹，下唇开裂，3 裂，裂片近相等或中裂片较长。雄蕊 4，分离，外伸或内藏，前对较长，花药 2 室，药室平行或叉开。花盘平顶。花柱先端 2 裂，裂片钻形，相等或近相等。小坚果卵球形或长圆形，光滑。

约 300~400 种，分布在非洲北部、欧洲及亚洲温带。中国 11 种，多分布于黄河以北地区。徂徕山 1 种。

1. 地椒（图 693，彩图 73）
Thymus quinquecostatus Celak.
Osterr. Bot. Zeitschr 39: 263. 1889.

半灌木。茎斜上升或近水平伸展；不育枝从茎基部或直接从根茎长出，通常比花枝少，疏被向下弯曲的疏柔毛；花枝多数，彼此靠近，高 3~15 cm，从茎上或茎的基部长出，直立或上升，具有多数节间，节间通常比叶短，花序以下密被向下弯曲的疏柔毛，毛在花枝下部较短而变疏。叶长圆状椭圆形或长圆状披针形，稀卵圆形或卵状披针形，长 7~13 mm，宽 1.5~3（4.5）mm，稀长达 2 cm，宽 8 mm，先端钝或锐尖，基部渐狭成短柄，全缘，边外卷，沿边缘下 1/2 处或仅在基部具长缘毛，近革质，两面无毛，侧脉 2（3）对，在下面突起上面明显，腺点小且多而密，明显；苞叶同形，边缘在下部 1/2 被长缘毛。头状花序或稍伸长成长圆状；花梗长达 4 mm，密被向下弯曲的短柔毛。花萼管状钟形，长 5~6 mm，上面无毛，下面被平展的疏柔毛，上唇稍长或近相等于下唇，上唇的齿披针形，近等于全唇 1/2 长或稍短，被缘毛或近无缘毛。花冠长 6.5~7 mm，冠筒比花萼短。花期 8 月。

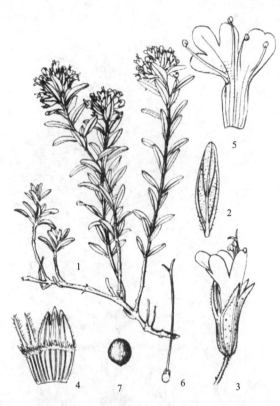

图 693 地椒
1. 植株；2. 叶；3. 花；4. 花萼；5. 花冠展开；6. 雌蕊；7. 小坚果

徂徕山各山地林区均产。生于干旱的荒坡路旁。国内分布于山东、辽宁、河北、河南、山西等省份。朝鲜、日本也有分布。

21. 紫苏属 Perilla Linn.

一年生草本。有香味。茎四棱形，具槽。叶绿色或带紫色、紫黑色，具齿。轮伞花序 2 花，组成顶生和腋生、偏向于一侧的总状花序，每花有苞片 1 枚；苞片大，宽卵圆形或近圆形。花小，具梗。花萼钟状，10 脉，具 5 齿，直立，果期增大，平伸或下垂，基部一边肿胀，二唇形，上唇宽大，3 齿，中齿较小，下唇 2 齿，齿披针形，内面喉部有疏柔毛环。花冠白色至紫红色，冠筒短，喉部斜钟形，冠檐近二唇形，上唇微缺，下唇3裂，侧裂片与上唇相近似，中裂片较大，常具圆齿。雄蕊4，近相等或前对稍长，直伸而分离，药室2，由小药隔所隔开，平行，其后略叉开或极叉开。花盘环状，前面呈指状膨大。花柱不伸出，先端2浅裂，裂片钻形，近相等。小坚果近球形，有网纹。

1种3变种，产亚洲东部。徂徕山1种。

1. 紫苏（图694）

Perilla frutescens（Linn.）Britt.

Mem. Torr. Bot. Club. 5: 277. 1894.

一年生、直立草本。茎高0.3~2 m，绿色或紫色，钝四棱形，具四槽，密被长柔毛。叶阔卵形或圆形，长7~13 cm，宽4.5~10 cm，先端短尖或突尖，基部圆形或阔楔形，边缘在基部以上有粗锯齿，膜质或草质，两面绿色或紫色，或仅下面紫色，上面被疏柔毛，下面被贴生柔毛，侧脉7~8对，位于下部者稍靠近，斜上升，与中脉在上面微突起下面明显突起，色稍淡；叶柄长3~5 cm，背腹扁平，密被长柔毛。轮伞花序2花，组成长1.5~15 cm、密被长柔毛、偏向一侧的顶生及腋生总状花序；苞片宽卵圆形或近圆形，长宽约4 mm，先端具短尖，外被红褐色腺点，无毛，边缘膜质；花梗长1.5 mm，密被柔毛。花萼钟形，10脉，长约3 mm，直伸，下部被长柔毛，夹有黄色腺点，内面喉部有疏柔毛环，在果期增大，长至1.1 cm，平伸或下垂，基部一边肿胀，萼檐二唇形，上唇宽大，3齿，中齿较小，下唇比上唇稍长，2齿，齿披针形。花冠白色至紫红色，长3~4 mm，外面略被微柔毛，内面在下唇片基部略被微柔毛，冠筒短，长2~2.5 mm，喉

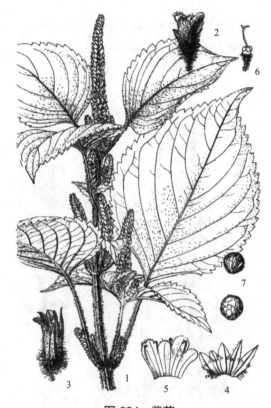

图694 紫苏
1. 植株上部；2. 花；3. 果萼；4. 花萼展开；
5. 花冠展开；6. 雌蕊；7. 小坚果

部斜钟形，冠檐近二唇形，上唇微缺，下唇3裂，中裂片较大，侧裂片与上唇相近似。雄蕊4，几不伸出，前对稍长，离生，插生喉部，花丝扁平，花药2室，室平行，其后略叉开或极叉开。花柱先端相等2浅裂。花盘前方呈指状膨大。小坚果近球形，灰褐色，直径约1.5 mm，具网纹。花期8~11月；果期8~12月。

产于磴石峪、大寺等地，各地村落附近也有逸生。全国各地广泛栽培。不丹、印度、中南半岛，南至印度尼西亚，东至日本、朝鲜都有分布。

茎叶及果实可入药。叶可食用。种子榨油，名"苏子油"，可食用，因有防腐作用，亦可工业用。

22. 石荠苧属 Mosla （Benth.）Buch.-Ham. ex Maxim.

一年生植物，揉之有强烈香味。叶具柄，具齿，下面有明显凹陷腺点。轮伞花序2花，在主茎及分枝上组成顶生的总状花序；苞片小，或下部的叶状；花梗明显。花萼钟形，10脉，在果期增大，基部一边膨胀，萼齿5，近相等或二唇形，如为二唇形，则上唇3齿锐尖或钝，下唇2齿较长，披针形，内面喉部被毛。花冠白色、粉红至紫红色，冠筒常超出萼或内藏，内面无毛或具毛环，冠檐近二唇形，上唇微缺，下唇3裂，侧裂片与上唇近相似，中裂片较大，常具圆齿。雄蕊4，后对能育，花药具2室，室叉开，前对退化，药室不显著。花柱先端近相等2浅裂。花盘前方呈指伏膨大。小坚果

近球形，具疏网纹或深穴状雕纹，果脐基生，点状。

约22种，分布于印度、中南半岛、马来西亚，南至印度尼西亚及菲律宾，北至中国、朝鲜及日本。中国12种。徂徕山2种。

分种检索表

1. 花萼上唇具钝齿；茎近无毛 ·· 1. 小鱼仙草 Mosla dianthera
1. 花萼上唇具锐齿；茎密被短柔毛 ··· 2. 石荠苎 Mosla scabra

1. 小鱼仙草（图695）

Mosla dianthera（Buch.-Ham. ex Roxb.）Maxim. Bull. Acad. Sci. St. Petersb. 20: 457. 1875.

一年生草本。茎高1 m，四棱形，具浅槽，近无毛，多分枝。叶卵状披针形或菱状披针形，有时卵形，长1.2~3.5 cm，宽0.5~1.8 cm，先端渐尖或急尖，基部渐狭，边缘具锐尖的疏齿，近基部全缘，两面近无毛，上面榄绿色，下面灰白色，散布凹陷腺点；叶柄长3~18 mm。总状花序生于主茎及分枝顶部，常多数，长3~15 cm，密花或疏花；苞片针状或线状披针形，先端渐尖，基部阔楔形，近无毛，与花梗等长或略超过，至果期则较之为短；花梗长1 mm，在果期伸长至4 mm，被极细的微柔毛，序轴近无毛。花萼钟形，长约2 mm，宽2~2.6 mm，外面脉上被短硬毛，二唇形，上唇3齿，卵状三角形，中齿较短，下唇2齿，披针形，与上唇近等长或微超过之，在果期花萼增大，长约3.5 mm，宽约4 mm，上唇反向上，下唇直伸。花冠淡紫色，长4~5 mm，外面被微柔毛，内面具不明显的毛环或无毛环，冠檐二唇形，上唇微缺，下唇3裂，中裂片较大。雄蕊4，后对能育，药室2，叉开，前对退

图695 小鱼仙草
1. 花枝；2. 植株上部；3. 花；4. 花萼展开；
5. 花冠展开；6. 雌蕊；7. 小坚果

化，药室极不明显。花柱先端相等2浅裂。小坚果灰褐色，近球形，直径1~1.6 mm，具疏网纹。花、果期5~11月。

产于上池、马场、礤石峪、大寺、庙子等地。生于山坡、路旁或水边。国内分布于江苏、浙江、江西、福建、台湾、湖南、湖北、广东、广西、云南、贵州、四川及陕西。印度、巴基斯坦、尼泊尔、不丹、缅甸、越南、马来西亚、日本也有分布。

全草可入药。

2. 石荠苎（图696）

Mosla scabra（Thunb.）C. Y. Wu & H. W. Li

Act. Phytotax Sin. 12（2）: 212. 1974.

一年生草本。茎高20~100 cm，多分枝，分枝纤细，茎、枝均四棱形，具细条纹，密被短柔毛。叶卵形或卵状披针形，长1.5~3.5 cm，宽0.9~1.7 cm，先端急尖或钝，基部圆形或宽楔形，自基部

以上为锯齿状，上面榄绿色，被灰色微柔毛，下面灰白色，密布凹陷腺点，近无毛或被极疏短柔毛；叶柄长 3~16（20）mm，被短柔毛。总状花序生于主茎及侧枝上，长 2.5~15 cm；苞片卵形，长 2.7~3.5 mm，先端尾状渐尖，花时及在果期均超过花梗；花梗花时长约 1 mm，在果期长至 3 mm，与序轴密被灰白色小疏柔毛。花萼钟形，长约 2.5 mm，宽约 2 mm，外面被疏柔毛，二唇形，上唇 3 齿呈卵状披针形，先端渐尖，中齿略小，下唇 2 齿，线形，先端锐尖，在果期花萼长至 4 mm，宽至 3 mm，脉纹显著。花冠粉红色，长 4~5 mm，外面被微柔毛，内面基部具毛环，冠筒向上渐扩大，冠檐二唇形，上唇直立，扁平，先端微凹，下唇 3 裂，中裂片较大，边缘具齿。雄蕊 4，后对能育，药室 2，叉开，前对退化，药室不明显。花柱先端相等 2 浅裂。花盘前方呈指状膨大。小坚果黄褐色，球形，直径约 1 mm，具深雕纹。花期 5~11 月；果期 9~11 月。

产于光华寺、太平顶、马场等地。生于山坡、路旁或灌丛下。国内分布于辽宁、陕西、甘肃、河南、江苏、安徽、浙江、江西、湖南、湖北、四川、福建、台湾、广东、广西。越南北部、日本也有分布。

民间用全草入药，治感冒、中暑发高烧、痱子、皮肤瘙痒、疟疾、便秘、跌打损伤。全草又能杀虫，根可治疮毒。

图 696 石荠苎
1. 花枝；2. 花；3. 花萼展开；
4. 花冠展开；5. 小坚果

105. 透骨草科 Phrymaceae

多年生草本。茎四棱形。单叶，对生，具齿，无托叶。穗状花序生茎顶及上部叶腋，纤细，具苞片及小苞片，有长梗。花两性，左右对称，虫媒。花萼合生成筒状，五棱，檐部二唇形，上唇 3 个萼齿钻形，先端呈钩状反曲，下唇 2 个萼齿较短，三角形。花冠蓝紫色、淡紫色至白色，合瓣，漏斗状筒形，檐部二唇形，上唇直立，近全缘，微凹至 2 浅裂，下唇较大，开展，3 浅裂，裂片在蕾中呈覆瓦状排列。雄蕊 4，着生于冠筒内面，内藏，下方 2 枚较长；花丝狭线形；花药分生，肾状圆形，背着，2 室，药室平行，纵裂，顶端不汇合。雌蕊由 2 枚心皮合生而成；子房上位，1 室，基底胎座，有 1 枚直生胚珠，单珠被，薄珠心；花柱 1，顶生，细长，内藏；柱头二唇形。瘦果，狭椭圆形，包藏于宿存萼筒内，含 1 粒基生种子。胚长圆形，子叶宽而旋卷；胚乳薄。

1 属 1 种 2 亚种，间断分布于北美洲东部及亚洲东部。中国 1 亚种。徂徕山 1 属 1 亚种。

1. 透骨草属 Phryma Linn.

1. 透骨草（亚种）（图 697）

Phryma leptostachya Linn. subsp. **asiatica** (H. Hara) Kitamura

Acta Phytotax. Geobot. 17: 7. 1957.

多年生直立草本，高 30~100 cm。茎直立，四棱形，被短柔毛。叶对生；叶片卵状长圆形、卵状

图 697 透骨草
1. 植株；2. 花；3. 花萼展开；
4. 花冠展开；5. 雌蕊

披针形、卵状椭圆形至卵状三角形或宽卵形，长 3~11 cm，宽 2~8 cm，先端渐尖、尾尖，基部楔形、圆形或截形，中下部叶基部常下延，有锯齿，两面散生短柔毛，沿脉较密；侧脉 4~6 对；叶柄长 0.5~4 cm，被短柔毛，上部叶柄短或无柄。穗状花序生茎顶及侧枝顶端，被微柔毛或短柔毛；花序轴纤细，长 10~30 cm；苞片钻形至线形，长 1~2.5 mm；小苞片 2，生于花梗基部，与苞片同形但较小。花多数，疏离，出自苞腋。花萼筒状，外面常有微柔毛，内面无毛，萼齿直立；花期萼筒长 2.5~3.2 mm；上方萼齿 3，钻形，长 1.2~2.3 mm，先端多少钩状，下方萼齿 2，三角形。花冠漏斗状筒形，长 6.5~7.5 mm，蓝紫色、淡红色至白色，外面无毛，内面于筒部远轴面被短柔毛；筒部长 4~4.5 mm，口部直径约 1.5 mm；二唇形，上唇直立，长 1.3~2 mm，先端 2 浅裂，下唇平伸，长 2.5~3 mm，3 浅裂，中央裂片较大。雄蕊 4，生于冠筒内面基部上方 2.5~3 mm 处，无毛；花丝狭线形，长 1.5~1.8 mm，远轴 2 枚较长；花药肾状圆形，长 0.3~0.4 mm，宽约 0.5 mm。雌蕊无毛；子房斜长圆状披针形，长 1.9~2.2 mm；花柱细长，长 3~3.5 mm；柱头二唇形，下唇较长，长圆形。瘦果狭椭圆形，包藏于棒状宿存花萼内，反折并贴近花序轴，萼筒长 4.5~6 mm，上方 3 萼齿长 1.2~2.3 mm。种子 1 粒，基生，种皮薄膜质，与果皮合生。花期 6~10 月；果期 8~12 月。

祖徕山各林区均产。生于阴湿山谷或林下。全国各地均有分布。

民间用全草入药。

106. 车前科 Plantaginaceae

一、二年生或多年生草本，稀为小灌木，陆生、沼生，稀为水生。茎通常变态成紧缩的根茎，根茎直立，稀斜升，少数具直立和节间明显的地上茎。叶螺旋状互生，通常排成莲座状，或于地上茎上互生、对生或轮生；单叶，全缘或具齿，稀羽状或掌状分裂，弧形脉 3~11 条，少数仅有 1 中脉；叶柄基部常扩大成鞘状；无托叶。穗状花序狭圆柱状、圆柱状至头状，偶尔简化为单花，稀为总状花序；花序梗通常细长，出自叶腋；每花具 1 苞片。花小，两性，稀杂性或单性，雌雄同株或异株。花萼 4 裂，前对萼片与后对萼片常不相等，萼片分生或后对合生，宿存。花冠干膜质，白色、淡黄色或淡褐色，高脚碟状或筒状，筒部合生，（3）4 裂，辐射对称，裂片覆瓦状排列，开展或直立，多数于花后反折，宿存。雄蕊 4，稀 1 或 2，近相等，无毛；花丝贴生于冠筒内面，与裂片互生，丝状，外伸或内藏；花药背着，丁字药，先端骤缩成 1 个三角形至钻形的小突起，纵裂。花盘不存在。雌蕊由 2 心皮合生而成；子房上位，2 室，中轴胎座，稀为 1 室基底胎座；胚珠 1~40 余枚，横生至倒生；花柱 1，丝状，被毛。果通常为周裂的蒴果，果皮膜质，无毛，内含 1~40 余粒种子，稀为含 1 种子的骨质坚果。种子盾状着生，胚直伸，稀弯曲，肉质胚乳位于中央。

2属约210种，广布于全世界。中国1属22种，分布于南北各省份。徂徕山1属3种1亚种。

1. 车前属 Plantago Linn.

一、二年生或多年生草本，陆生或沼生。根为直根系或须根系。叶螺旋状互生，紧缩成莲座状，或在茎上互生、对生或轮生；叶片宽卵形至钻形，全缘或具齿，稀羽状或掌状分裂；叶柄基部常扩大成鞘状。花序出自莲座丛或茎生叶的腋部；花序梗细圆柱状；穗状花序细圆柱状、圆柱状至头状，有时简化至单花。苞片及萼片中脉常具龙骨状突起，有时翅状，两侧片通常干膜质，白色或无色透明。花两性，稀杂性或单性。花冠高脚碟状或筒状，果期宿存；冠筒初为筒状，后随果的增大而变形，包裹蒴果；檐部4裂，直立、开展或反折；雄蕊4，着生于冠筒内面，外伸，少数内藏，花药先端骤缩成三角形小突起。子房2~4室，中轴胎座，具2~40余枚胚珠。蒴果椭圆形、圆锥状卵形至近球形，果皮膜质，周裂。种子1~40余粒；种皮具网状或疣状突起，胚直伸，2子叶背腹向（与种脐一侧相平行）或左右向（与种脐一侧相垂直）排列。

约200余种，广布世界温带及热带地区。中国22种。徂徕山3种1亚种。

分种检索表

1. 须根系；叶宽卵形至宽椭圆形，长不及宽的2倍。
  2. 花具短梗；新鲜花药白色；蒴果于基部上方周裂；种子5~15粒······1. 车前 Plantago asiatica
  2. 花无梗；新鲜花药淡紫色，稀白色；蒴果于中部或低处周裂；种子12~24粒······2. 大车前 Plantago major
1. 直根系；叶椭圆形、卵状披针形、披针形至线形，长为宽的2倍以上······3. 平车前 Plantago depressa

1. 车前（图698）

Plantago asiatica Linn.

Sp. Pl. 113. 1753.

二年生或多年生草本。须根多数。根茎短，稍粗。叶基生呈莲座状，平卧、斜展或直立；叶片宽卵形至宽椭圆形，长4~12 cm，宽2.5~6.5 cm，先端钝圆至急尖，边缘波状、全缘或中部以下有锯齿、牙齿或裂齿，基部宽楔形或近圆形，多少下延，两面疏生短柔毛；脉5~7条；叶柄长2~15（27）cm，基部扩大成鞘，疏生短柔毛。花序3~10个，直立或弓曲上升；花序梗长5~30 cm，有纵条纹，疏生白色短柔毛；穗状花序细圆柱状，长3~40 cm，紧密或稀疏，下部常间断；苞片狭卵状三角形或三角状披针形，长2~3 mm，龙骨突宽厚，无毛或先端疏生短毛。花具短梗；花萼长2~3 mm，萼片先端钝圆或钝尖，龙骨突不延至顶端，前对萼片椭圆形，龙骨突较宽，两侧片稍不对称，后对萼片宽倒卵状椭圆形或宽倒卵形。花冠白色，无毛，冠筒与萼片约等长，裂片狭三角

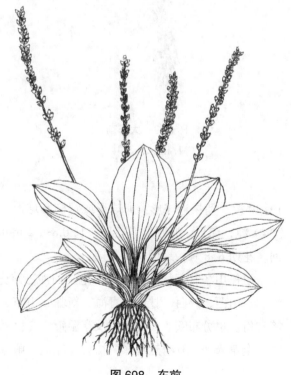

图698 车前

形，长约 1.5 mm，先端渐尖或急尖，具明显中脉，花后反折。雄蕊着生于冠筒内面近基部，与花柱明显外伸，花药卵状椭圆形，长 1~1.2 mm，顶端具宽三角形突起，白色，干后变淡褐色。胚珠 7~15（18）枚。蒴果纺锤状卵形、卵球形或圆锥状卵形，长 3~4.5 mm，于基部上方周裂。种子 5~6（12）粒，卵状椭圆形或椭圆形，长（1.2）1.5~2 mm，具角，黑褐色至黑色，背腹面微隆起；子叶背腹向排列。花期 4~8 月；果期 6~9 月。

祖徕山各林区均产。生于草地、沟边、路旁。中国分布于黑龙江、吉林、辽宁、内蒙古、河北、山西、陕西、甘肃、新疆、山东、江苏、安徽、浙江、江西、福建、台湾、河南、湖北、湖南、广东、广西、海南、四川、贵州、云南、西藏等省份。朝鲜、俄罗斯、日本、尼泊尔、马来西亚、印度尼西亚等也有分布。

为传统中药，有清热利尿、祛痰、凉血、解毒等作用。嫩叶、幼苗在民间作野菜食用。

2. 大车前（图 699）

Plantago major Linn.

Sp. Pl. 112. 1753.

二年生或多年生草本。须根多数。根茎粗短。叶基生呈莲座状，平卧、斜展或直立；叶片草质、薄纸质或纸质，宽卵形至宽椭圆形，长 3~18（30）cm，宽 2~11（21）cm，先端钝尖或急尖，边缘波状、疏生不规则牙齿或近全缘，两面疏生短柔毛或近无毛，少数被较密柔毛，脉（3）5~7 条；叶柄长（1）3~10（26）cm，基部鞘状，常被毛。花序 1 至数个；花序梗直立或弓曲上升，长（2）5~18（45）cm，有纵条纹，被短柔毛或柔毛；穗状花序细圆柱状，长 3~20（40）cm，基部常间断；苞片宽卵状三角形，长 1.2~2 mm，宽与长约相等，无毛或先端疏生短毛，龙骨突宽厚。花无梗；花萼长 1.5~2.5 mm，萼片先端圆形，无毛或疏生短缘毛，边缘膜质，龙骨突不达顶端，前对萼片椭圆形至宽椭圆形，后对萼片宽椭圆形至近圆形。花冠白色，无毛，冠筒等长或略长于萼片，裂片披针形至狭卵形，长 1~1.5 mm，花后反折。雄蕊着生于冠筒内面近基部，与花柱均明显外伸，花药椭圆形，长 1~1.2 mm，淡紫色，稀白色，干后变淡褐色。胚珠 12~40 枚。蒴果近球形、卵球形或宽椭圆球形，长 2~3 mm，于中部或稍低处周裂。种子（8）12~24（34）粒，卵形、椭圆形或菱形，长 0.8~1.2 mm，具角，腹面隆起或近平坦，黄褐色；子叶背腹向排列。花期 6~8 月；果期 7~9 月。

图 699　大车前
1. 植株；2. 叶

祖徕山各林区均产。生于草地、河滩、路旁或荒地。中国分布于黑龙江、吉林、辽宁、内蒙古、河北、山西、陕西、甘肃、青海、新疆、山东、江苏、福建、台湾、广西、海南、四川、云南、西藏等省份。也分布欧亚大陆温带及寒温带，在世界各地归化。

全草入药，有清热利尿、祛痰、凉血、解毒等作用。嫩叶作野菜食用。

3. 平车前（图700）

Plantago depressa Willd.

Enum. Pl. Suppl. 8. 1814.

一、二年生草本。直根长，具多数侧根，多少肉质。根茎短。叶基生呈莲座状，平卧、斜展或直立；叶片纸质，椭圆形、椭圆状披针形或卵状披针形，长3~12 cm，宽1~3.5 cm，先端急尖或微钝，边缘具浅波状钝齿、不规则锯齿或牙齿，基部宽楔形至狭楔形，下延至叶柄，脉5~7条，上面略凹陷，背面明显隆起，两面疏生白色短柔毛；叶柄长2~6 cm，基部扩大成鞘状。花序3~10个；花序梗长5~18 cm，有纵条纹，疏生白色短柔毛；穗状花序细圆柱状，上部密集，基部常间断，长6~12 cm；苞片三角状卵形，长2~3.5 mm，内凹，无毛，龙骨突宽厚，宽于两侧片，不延至或延至顶端。花萼长2~2.5 mm，无毛，龙骨突宽厚，不延至顶端，前对萼片狭倒卵状椭圆形至宽椭圆形，后对萼片倒卵状椭圆形至宽椭圆形。花冠白色，无毛，冠筒等长或略长于萼片，裂片极

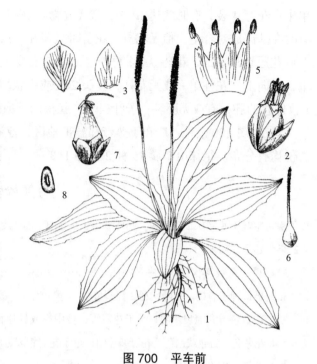

图700 平车前
1. 植株；2. 花；3. 苞片；4. 萼片；5. 花冠展开；
6. 雌蕊；7. 蒴果及宿存的苞片、萼片；8. 种子

小，椭圆形或卵形，长0.5~1 mm，花后反折。雄蕊着生于冠筒内面近顶端，同花柱均明显外伸，花药卵状椭圆形或宽椭圆形，长0.6~1.1 mm，先端具宽三角状小突起，新鲜时白色或绿白色，干后变淡褐色。胚珠5枚。蒴果卵状椭圆形至圆锥状卵形，长4~5 mm，于基部上方周裂。种子4~5粒，椭圆形，腹面平坦，长1.2~1.8 mm，黄褐色至黑色；子叶背腹向排列。花期5~7月；果期7~9月。

徂徕山各林区均产。生于草地、沟边及路旁。中国产于黑龙江、吉林、辽宁、内蒙古、河北、山西、陕西、宁夏、甘肃、青海、新疆、山东、江苏、河南、安徽、江西、湖北、四川、云南、西藏等省份。朝鲜、俄罗斯、哈萨克斯坦、阿富汗、蒙古、巴基斯坦、克什米尔、印度等也有分布。

全草入药，有清热利尿、祛痰、凉血、解毒等作用。嫩叶作野菜食用。

毛平车前

subsp. **turczaninowii** (Ganjeschin) N. N. Tsvelev

Arktich. Fl. SSSR 8（2）: 19. 1983.

多年生草本，老株根茎及直根木质化；叶和花序梗密被或疏生白色柔毛，叶片椭圆形、狭椭圆形或倒卵状椭圆形，长9~15 cm，宽2.5~5.5 cm，边缘全缘，稀具少数波状浅钝齿，叶柄长2.5~7 cm；花药长0.7~1.5 mm。

产于庙子林区。国内分布于东北地区及内蒙古、河北。

107. 木犀科 Oleaceae

乔木、直立或藤状灌木。叶对生，稀互生或轮生，单叶、三出复叶或羽状复叶，稀羽状分裂，全缘或具齿；具叶柄，无托叶。花辐射对称，两性，稀单性或杂性，雌雄同株、异株或杂性异株，通常聚伞花序排列成圆锥花序，或为总状、伞状、头状花序，顶生或腋生，或聚伞花序簇生于叶腋，稀花

单生；花萼4裂，有时多达12裂，稀无花萼；花冠4裂，有时多达12裂，浅裂、深裂至近离生，或有时在基部成对合生，稀无花冠，花蕾时呈覆瓦状或镊合状排列；雄蕊2枚，稀4枚，着生于花冠管上或花冠裂片基部，花药纵裂；子房上位，2心皮组成2室，每室2枚胚珠，有时1或多枚，胚珠下垂，稀向上，花柱单一或无花柱，柱头2裂或头状。翅果、蒴果、核果、浆果或浆果状核果；种子具1枚伸直的胚，有或无胚乳；子叶扁平；胚根向下或向上。

约28属400余种，广布于热带和温带地区，亚洲地区种类尤为丰富。中国10属160种，南北各省份均有分布。徂徕山7属15种2亚种1变种。

分属检索表

1. 子房每室具下垂胚珠2或多枚，胚珠着生子房上部；果为翅果、核果、蒴果。
   2. 果为翅果或蒴果。
      3. 翅果；奇数羽状复叶 ·· 1. 白蜡树属 Fraxinus
      3. 蒴果；种子有翅。单叶，稀3深裂或呈3小叶状。
         4. 花黄色，花冠裂片明显长于花冠管；枝中空或具片状髓 ············· 2. 连翘属 Forsythia
         4. 花紫色、红色或白色，花冠裂片明显短于花冠管或近等长；枝实心 ······· 3. 丁香属 Syringa
   2. 果为核果或浆果状核果。
      5. 核果；花序多腋生，少数顶生。
         6. 花冠裂片在花蕾时镊合状排列；圆锥花序，花冠深裂至近基部 ············ 4. 流苏树属 Chionanthus
         6. 花冠裂片在花蕾时呈覆瓦状排列；花簇生或为短小圆锥花序 ················ 5. 木犀属 Osmanthus
      5. 浆果状核果或核果状而开裂；花序顶生，稀腋生 ······································ 6. 女贞属 Ligustrum
1. 子房每室具向上胚珠1~2枚，胚珠着生子房基部或近基部；果为浆果，浆果双生或其中1枚不孕而成单生 ·· 7. 素馨属 Jasminum

1. 白蜡树属 Fraxinus Linn.

落叶乔木，稀灌木。奇数羽状复叶，稀单叶，对生，叶缘常有锯齿；无托叶。花两性、杂性或单性，雌雄同株或异株；圆锥花序、总状花序或有时近簇生；苞片常脱落；花萼小，4裂或缺；花冠常4裂，有时2~6裂，或无花冠；雄蕊2，生于花冠基部，无花冠时着生于子房下部，花丝外露或内藏，花药2室，纵裂；子房2室，柱头2裂，每室2枚胚珠。翅果，翅在顶端伸长，不开裂；种子1粒，扁平，有胚乳，子叶扁平。

约60种，主要分布于热带及亚热带地区。中国22种，广布于南北各省份，另引入栽培多种。徂徕山5种1亚种。

分种检索表

1. 花序顶生枝端或出自当年生枝的叶腋，叶后开花或花与叶同时开放 ················ 1. 白蜡树 Fraxinus chinensis
1. 花序侧生于去年生枝上，花序下无叶，先花后叶或同时开放。
   2. 小叶较大，花序长或短，花稍疏离；小枝不呈棘刺状。
      3. 具花萼。
         4. 果实长3~4 cm；小枝及叶近无毛 ··· 2. 美国红梣 Fraxinus pennsylvanica
         4. 果实长1~2.5 cm；小枝、叶轴、叶两面均有短柔毛 ······················· 3. 绒毛白蜡 Fraxinus velutina
      3. 无花萼；翅果扭曲，叶轴的小叶着生处常簇生黄褐色曲柔毛 ················ 4. 水曲柳 Fraxinus mandshurica

2. 小叶长 1.7~5 cm，宽 0.6~1.8 cm，具锐锯齿，叶轴具狭翅；花序短，花密集；营养枝呈棘刺状 ································· 5. 对节白蜡 Fraxinus hupehensis

1. 白蜡树（图 701）

Fraxinus chinensis Roxb.

Fl. Ind. 1: 150. 1820.

落叶乔木，高可达 12 m。冬芽卵球形，黑褐色，被棕色柔毛或腺毛；小枝黄褐色，无毛。奇数羽状复叶，对生，长 13~20 cm，小叶 5~9，常 7，总叶轴中间有沟槽；小叶卵形、倒卵状长圆形至披针形，长 3~10 cm，宽 1.7~5 cm，先端渐尖或钝，基部钝圆或楔形，边缘有整齐锯齿，上面无毛，下面无毛或沿脉有短柔毛，中脉在上面平坦，下面凸起，侧脉 8~10 对。圆锥花序顶生或侧生于当年生枝上，长 8~10 cm，疏松；总花梗长 2~4 cm，无毛或被细柔毛；花梗纤细，长约 5 mm；雌雄异株；雄花花萼钟状，不整齐 4 裂，无花瓣，雄蕊 2，花药卵形或长椭圆形，与花丝近等长；雌花花萼筒状，4 裂，花柱细长，柱头 2 裂。翅果倒披针形，长 3~4.5 cm，宽 4~6 mm，先端锐尖、钝或微凹，基部渐狭；种子 1 粒。花期 4~5 月；果期 7~9 月。

王家院、大寺栽培有栽培。国内分布于南北各省份，普遍栽培。越南、朝鲜也有分布。

木材坚硬有弹性，可制造车辆、农具。可作行道树及护堤树种。树条为优良的编织用材。枝、叶可放养白蜡虫。

大叶白蜡　花曲柳（亚种）（图 702）

Fraxinus chinensis Roxb. subsp. **rhynchophylla**（Hance）A. E. Murray

Kalmia 13: 6. 1983.

—— *Fraxinus chinensis* Roxb. var. *rhynchophylla*（Hance）Hemsl.

—— *Fraxinus rhynchophylla* Hance

又名花曲柳。奇数羽状有复叶小叶 3~7，通常 5，长 3~15 cm，宽 2~6 cm，顶生中央小叶特宽大，先端尾渐尖或突尖，基部钝形、宽楔形至心形，边缘有浅而粗的钝锯齿。

徂徕山各林区均产。国内分布于东北地区和黄河流域各省份。日本、俄罗斯、朝鲜等也有

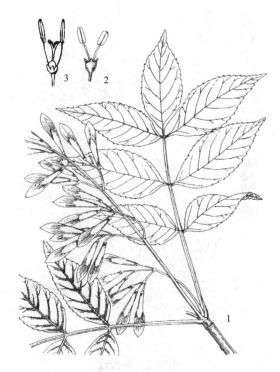

图 701　白蜡树
1. 果枝；2. 雄花；3. 两性花

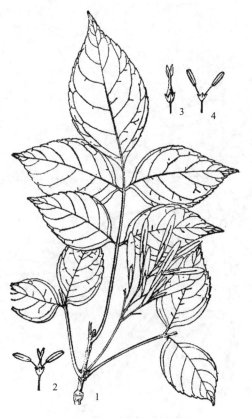

图 702　大叶白蜡
1. 果枝；2. 两性花；3. 雌花；4. 雄花

分布。

2. 美国红梣 洋白蜡（图703）
Fraxinus pennsylvanica Marsh.
Arbust. Amer. 51. 1785.

落叶乔木，高 10~20 m；树皮灰色，粗糙，皱裂。顶芽圆锥形，尖头，被褐色糠秕状毛。小枝红棕色，圆柱形，被黄色柔毛或秃净，老枝红褐色，光滑无毛。羽状复叶长 18~44 cm；叶柄长 2~5 cm，基部几不膨大；叶轴圆柱形，上面具较宽的浅沟，密被灰黄色柔毛或近无毛；小叶 7~9 枚，薄革质，长圆状披针形、狭卵形或椭圆形，长 4~13 cm，宽 2~8 cm，顶生小叶与侧生小叶几等大，先端渐尖或急尖，基部阔楔形，叶缘具不明显钝锯齿或近全缘，上面黄绿色，无毛，下面淡绿色，疏被绢毛，脉上较密，中脉在上面凹入，侧脉 7~9 对；小叶无柄或下方 1 对具短柄。圆锥花序生于去年生枝上，长 5~20 cm；花密集，雄花与两性花异株，与叶同时开放；花序梗短；花梗纤细，被短柔毛；雄花花萼小，萼齿不规则深裂，花药大，长圆形，花丝短；两性花花萼较宽，萼齿浅裂，花柱细，柱头 2 裂。翅果狭倒披针形，长 3~5（7）cm，宽 0.4~0.7（1.2）cm，上中部最宽，先端钝圆或具短尖头，翅下延近坚果中部，坚果圆柱形，长 1.5~2 cm，宽约 2 mm，脉棱明显。花期 4 月；果期 8~10 月。

徂徕山各地有零星栽培，见于道路绿化。原产美国东海岸至落基山脉一带。中国引种栽培已久，分布遍及全国各地，多见于庭园与行道树。

优良的用材树种和园林绿化树种。

图 703　美国红梣
1. 枝条；2. 叶；3. 雄花序；4. 雌花序；5. 雄花；6. 雌花；7. 翅果

3. 绒毛白蜡（图704）
Fraxinus velutina Torr.
Not. Milit. Reconn. 149. 1848.

落叶乔木，高可达 20 m。树皮灰色，纵裂；芽及小枝密被短柔毛。羽状复叶对生，长 10~20 cm；小叶 3~9，常 5，椭圆形至椭圆状披针形，长 3~7 cm，宽 2~4 cm，先端急尖，基部阔楔形，全缘，两面均有短柔毛，下面尤密，网脉明显。圆锥花序侧生于去年生枝上；花萼 4~5 齿裂；无花冠；雄花有雄蕊 2~3，花丝极短，花药长圆形，有细尖黄色；雌花 2 心皮合生，柱头 2 裂，红色。果实长

图 704　绒毛白蜡

1~2.5 cm，果翅长椭圆形，稀下延至中部，果翅等于或短于果体。花期4月；果期9月。

徂徕山各地有零星栽培，见于道路绿化。原产美国西南部。

优良的用材树种和园林绿化树种。能耐盐碱及低湿，适于内陆及滨海盐碱地区应用。

4. 水曲柳（图 705）

Fraxinus mandshurica Rupr.

Bull. Cl. Phys.-Math. Acad. Imp. Sci. Saint-Pétersbourg 15: 371. 1857.

落叶大乔木，高达30 m，胸径达2 m；树皮厚，灰褐色，纵裂。冬芽大，圆锥形，黑褐色，芽鳞外侧平滑无毛，边缘和内侧被褐色曲柔毛。小枝粗壮，黄褐色至灰褐色，四棱形，节膨大，光滑无毛，散生圆形明显凸起的小皮孔；叶痕节状隆起，半圆形。羽状复叶长25~35（40）cm；叶柄长6~8 cm，近基部膨大，干后变黑褐色；叶轴上面具平坦的阔沟，沟棱有时呈窄翅状，小叶着生处具关节，节上簇生黄褐色曲柔毛或秃净；小叶7~11（13）枚，纸质，长圆形至卵状长圆形，长5~20 cm，宽2~5 cm，先端渐尖或尾尖，基部楔形至钝圆，稍歪斜，叶缘具细锯齿，上面暗绿色，无毛或疏被白色硬毛，下面黄绿色，沿脉被黄色曲柔毛，至少在中脉基部簇生密集的曲柔毛，中脉在上面凹入，下面凸起，侧脉10~15对，细脉在下面明显网结；小叶近无柄。圆锥花序生于去年生枝上，先于叶开放，长15~20 cm；花序梗与分枝具窄翅状锐棱；雄花与两性花异株，均无花冠和花萼；雄花序紧密，花梗细而短，长3~5 mm，雄蕊2枚，花药椭圆形，花丝甚短，开花时迅速伸长；两性花序稍松散，花梗细长，两侧常着生2枚甚小的雄蕊，子房扁宽，花柱短，柱头2裂。翅果长圆形至倒卵状披针形，长3~3.5（4）cm，宽6~9 mm，中部最宽，先端钝圆、截形或微凹，翅下延至坚果基部，明显扭曲，脉棱凸起。花期4月；果期8~9月。

上池有栽培。国内分布于东北、华北地区及陕西、甘肃、湖北等省份。朝鲜、俄罗斯、日本等也有分布。

木材优良，可供建筑、火车厢、造船、家具、枕木、胶合板等用。

5. 对节白蜡　湖北梣（图 706）

Fraxinus hupehensis S. Z. Qu, C. B. Shang & P. L. Su

Acta Phytotax. Sin. 18 (3): 366. f. 1. 1980.

图 705　水曲柳
1. 果枝；2. 叶

图 706　对节白蜡
1. 果枝；2. 叶；3. 小叶基部；4. 花

落叶大乔木，高达19 m，胸径达1.5 m；树皮深灰色，老时纵裂；营养枝常呈棘刺状。小枝挺直，被细绒毛或无毛。羽状复叶长7~15 cm；叶柄长3 cm，基部不增厚；叶轴具狭翅，小叶着生处有关节，至少在节上被短柔毛；小叶7~9 (11) 枚，革质，披针形至卵状披针形，长1.7~5 cm，宽0.6~1.8 cm，先端渐尖，基部楔形，叶缘具锐锯齿，上面无毛，下面沿中脉基部被短柔毛，侧脉6~7对；小叶柄长3~4 mm，被细柔毛。花杂性，密集簇生于去年生枝上，呈甚短的聚伞圆锥花序，长约1.5 cm；两性花花萼钟状，雄蕊2，花药长1.5~2 mm，花丝较长，长5.5~6 mm，雌蕊具长花柱，柱头2裂。翅果匙形，长4~5 cm，宽5~8 mm，中上部最宽，先端急尖。花期2~3月；果期9月。

大寺有栽培。中国特有种，产于湖北，各地常栽培供观赏。

树干挺直，材质优良，为优良材用树种。

2. 连翘属 Forsythia Vahl.

直立或蔓性落叶灌木。小枝圆柱形或近四棱形，枝髓部中空或呈薄片状；叶对生，单叶，稀3深裂或呈3小叶状。花两性，簇生叶腋，先叶开花，黄色，有短梗，萼4深裂，宿存；花冠钟状，深4裂，裂片较花冠筒长；雄蕊2，着生于花冠管基部；子房2室，胚珠每室4~10枚，柱头2裂；蒴果2室，有开裂；种子有翅，无胚乳。

约11种，除1种产欧洲东南部外，其余均产亚洲东。中国6种，南北各省份均有分布。徂徕山2种。

分种检索表

1. 小枝的节间中空；叶卵形至椭圆形，有锯齿，有时三出复叶·················1. 连翘 Forsythia suspensa
1. 小枝的节间具片状髓；叶长椭圆形至披针形，中部以上有锯齿·················2. 金钟花 Forsythia viridissima

图707 连翘
1. 花枝；2. 果枝；3. 花冠展开；4. 叶

1. 连翘（图707）

Forsythia suspensa (Thunb.) Vahl

Enum. Pl. Obs. 1: 39. 1804.

落叶灌木。枝开展或下垂，棕色、棕褐色或淡黄褐色，小枝灰黄色或灰褐色，略呈四棱形，疏生皮孔，节间中空。叶通常为单叶，或3裂至三出复叶，叶片卵形、宽卵形或椭圆状卵形至椭圆形，长2~10 cm，宽1.5~5 cm，先端锐尖，基部圆形、宽楔形至楔形，叶缘除基部外具锐锯齿或粗锯齿，两面无毛；叶柄长0.8~1.5 cm，无毛。花单生或2至数朵着生于叶腋，先于叶开放；花梗长5~6 mm；花萼绿色，裂片长圆形或长圆状椭圆形，长（5）6~7 mm，先端钝或锐尖，边缘具睫毛，与花冠管近等长；花冠黄色，裂片倒卵状长圆形或长圆形，长1.2~2 cm，宽6~10 mm；雌雄蕊异长，或雌蕊长5~7 mm而雄蕊长3~5 mm，或雄蕊长6~7 mm而雌蕊长约3 mm。果卵球形、卵状椭圆形或长椭圆形，长1.2~2.5 cm，宽0.6~1.2 cm，先端喙状渐尖，表面疏生皮孔；果梗长0.7~1.5 cm。花期3~4月；

果期7~9月。

徂徕山各山地林区均产。生于灌丛、林缘。国内分布于河北、山西、陕西、山东、安徽西部、河南、湖北、四川，各地有栽培。

果实入药，具清热解毒、消结排脓之效。叶药用，对治高血压、痢疾、咽喉痛等效果较好。

2. 金钟花（图708）

Forsythia viridissima Lindl.

Journ. Hort. Soc. London 1:226. 1846.

落叶灌木，高可达3 m。全株除花萼裂片边缘具睫毛外，其余均无毛。枝棕褐色或红棕色，直立，小枝绿色或黄绿色，四棱形，皮孔明显，具片状髓。叶片长椭圆形至披针形，或倒卵状长椭圆形，长3.5~15 cm，宽1~4 cm，先端锐尖，基部楔形，通常上半部具不规则锐锯齿或粗锯齿，稀近全缘，上面深绿色，下面淡绿色，中脉和侧脉在上面凹入，下面凸起；叶柄长6~12 mm。花1~3（4）朵着生于叶腋，先于叶开放；花梗长3~7 mm；花萼长3.5~5 mm，裂片绿色、卵形、宽卵形或宽长圆形，长2~4 mm，具睫毛；花冠深黄色，长1.1~2.5 cm，花冠管长5~6 mm，裂片

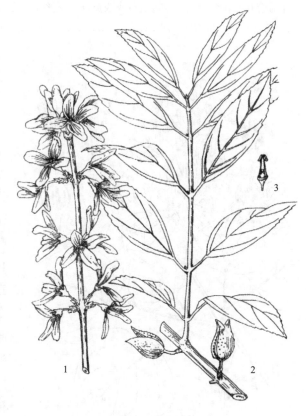

图708　金钟花
1. 花枝；2. 果枝；3. 雌蕊

狭长圆形至长圆形，长0.6~1.8 cm，宽3~8 mm，内面基部具橘黄色条纹，反卷；雌雄蕊异长，雄蕊长3.5~5 mm而雌蕊长5.5~7 mm，或雄蕊长6~7 mm而雌蕊长约3 mm。果卵形或宽卵形，长1~1.5 cm，宽0.6~1 cm，基部稍圆，先端喙状渐尖，具皮孔；果梗长3~7 mm。花期3~4月；果期8~11月。

徂徕山各林区场部绿地有零星栽培。国内分布于江苏、安徽、浙江、江西、福建、湖北、湖南、云南，各地有栽培。

优良观赏花木。

3. 丁香属 Syringa Linn.

落叶灌木或小乔木。冬芽具芽鳞，常无顶芽。单叶，稀复叶，对生，全缘，稀分裂；具叶柄。聚伞花序组成圆锥花序，顶生或腋生。花萼钟状，具4齿或为不规则齿裂，或近平截，宿存；花冠漏斗状、高脚碟状或近辐状，裂片4，紫、红、粉红或白色，开展或近直立；雄蕊2，着生花冠筒喉部或花冠筒中部，内藏或伸出；子房2室，每室具2枚下垂胚珠，花柱丝状，短于雄蕊，柱头2裂。蒴果2室，室间开裂。种子扁平，有翅。

约20种，分布于亚洲和欧洲东南部。中国16种，主要分布于西南地区及黄河流域以北各省份。徂徕山1种1亚种1变种。

分种检索表

1. 花冠管远比花萼长，花冠紫色或白色；花药藏于花冠管内；叶卵圆形至肾形，通常宽大于长·· 1. 紫丁香 Syringa oblata

1. 花冠管几与花萼等长，花冠白色或淡黄色；花丝伸出花冠管外；叶卵形至卵状披针形······
··2. 北京丁香 Syringa reticulata subsp. pekinensis

图 709 紫丁香
1. 花枝；2. 果实；3. 冬芽；
4. 花冠展开；5. 雌蕊纵切面

1. 紫丁香（图 709）

Syringa oblata Lindl.

ard. Chron. 1859: 868. 1859.

灌木或小乔木。树皮灰褐色，平滑；小枝、花序轴、花梗、苞片、花萼、幼叶两面及叶柄均密被腺毛。叶对生，革质或厚纸质，卵圆形或肾形，通常宽大于长，先端急尖，基部心形、平截或宽楔形，全缘；叶柄长 1~3 cm。圆锥花序顶生，长 4~16 cm；花萼小，钟形，长约 3 mm，4 裂，裂片三角形；花冠漏斗状，紫色，冠筒长 0.8~1.7 cm，檐部 4 裂，裂片卵形；雄蕊 2，内藏，生于冠筒中部或稍上，花药黄色，花丝极短；花柱棍棒状，柱头 2 裂，子房 2 室。蒴果，卵圆形或长椭圆形，长 1~2 cm，顶端尖，光滑；种子扁平，长圆形，周围有翅。花期 4~5 月；果期 6~10 月。

光华寺、大寺、隐仙观、王庄等各林区有栽培。中国产于东北、华北、西北（除新疆外）至西南地区达四川西北部。

春季开花较早，花芳香，为优良观赏花木。嫩叶可代茶。木材可制农具。吸收二氧化硫的能力较强，对二氧化硫污染具有一定净化作用。

白丁香（变种）

var. alba Hort. ex Rehd.

Bailey. Cycl. Amer. Hort. 4: 1763. 1902.

花白色；叶片较小，幼叶下面有微柔毛，基部通常为截形、圆楔形至近圆形或近心形。

大寺等地零星栽培。中国长江流域以北普遍栽培。供观赏。

2. 北京丁香（亚种）（图 710）

Syringa reticulata（Blume）H. Hara subsp. **pekinensis**（Rupr.）P. S. Green & M. C. Chang

Novon 5: 330. 1995.

—— *Syringa pekinensis* Rupr.

大灌木或小乔木，高 2~5 m，可达 10 m；树皮褐色或灰棕色，纵裂。小枝带红褐色，细长，向外开展，具显著皮孔，萌枝被柔毛。叶片纸质，卵形、宽卵形至近圆形，或为椭圆状卵形至卵状披针

图 710 北京丁香
1. 花枝；2. 花；3. 果

形，长 2.5~10 cm，宽 2~6 cm，先端长渐尖、骤尖、短渐尖至锐尖，基部圆形、截形至近心形，或为楔形，上面深绿色，干时略呈褐色，无毛，侧脉平，下面灰绿色，无毛，稀被短柔毛，侧脉平或略凸起；叶柄长 1.5~3 cm，细弱，无毛，稀有被短柔毛。花序由 1 或 2 至多对侧芽抽生，长 5~20 cm，宽 3~18 cm，栽培的更长而宽；花序轴、花梗、花萼无毛；花序轴散生皮孔；花梗长 1 mm；花萼长 1~1.5 mm，截形或具浅齿；花冠白色，呈辐状，长 3~4 mm，花冠管与花萼近等长或略长，裂片卵形或长椭圆形，长 1.5~2.5 mm，先端锐尖或钝，或略呈兜状；花丝略短于或稍长于裂片，花药黄色，长圆形，长约 1.5 mm。果长椭圆形至披针形，长 1.5~2.5 cm，先端锐尖至长渐尖，光滑，稀疏生皮孔。花期 5~8 月；果期 8~10 月。

王家院有栽培。国内分布于内蒙古、河北、山西、河南、陕西、宁夏、甘肃、四川。

4. 流苏树属 Chionanthus Linn.

落叶灌木或乔木。叶对生，单叶，全缘或具小锯齿；具叶柄。圆锥花序，疏松，由去年生枝梢的侧芽抽生；花较大，两性，或单性雌雄异株；花萼深 4 裂；花冠白色，花冠管短，裂片 4 枚，深裂至近基部，裂片狭长，花蕾时呈内向镊合状排列；雄蕊 2 枚，稀 4 枚，着生于花冠管上，内藏或稍伸出，花丝短，药室近外向开裂；子房 2 室，每室具下垂胚珠 2 枚，花柱短，柱头 2 裂。果为核果，内果皮厚，近硬骨质，具种子 1 粒；种皮薄；胚乳肉质；子叶扁平；胚根短，向上。

2 种，分布于亚洲东部及北美洲。中国 1 种，广布于南北各省份。徂徕山 1 种。

1. 流苏树（图 711）

Chionanthus retusus Lindl. & Paxt.

Paxton's Flow. Gard. 3: 85. f. 273. 1852.

落叶乔木，高可达 20 m。树皮灰褐色，纵裂；小枝灰褐色，嫩时有短柔毛，枝皮常卷裂。单叶，对生，近革质，椭圆形、长圆形或椭圆状倒卵形，长 4~12 cm，宽 2~6.5 cm，先端钝圆、急尖或微凹，基部宽楔形或圆形，全缘或幼树及萌枝的叶有细锐锯齿，上面无毛，下面沿脉及叶柄处密生黄褐色短柔毛，或后近无毛；叶柄长 1~2 cm，有短柔毛。圆锥花序顶生，长 6~12 cm，有花梗，花白色，雌雄异株；花萼 4 深裂，裂片披针形，长约 1 mm；花冠 4 深裂近基部，裂片条状倒披针形，长 1~2 cm，宽 1.5~2.5 mm，冠筒长 2~3 mm；雄蕊 2，花丝极短；雌花花柱短，柱头 2 裂，子房 2 室，每室有胚珠 2 枚。核果椭圆形，长 1~1.5 cm，熟时蓝黑色。花期 4~5 月；果期 9~10 月。

图 711　流苏
1. 花枝；2. 果枝；3. 花

中军帐有栽培。国内分布于甘肃、陕西、山西、河北、河南以南至云南、四川、广东、福建、台湾等省份。朝鲜、日本也有分布。

初夏白花满枝，味芳香，为优良观赏树种。嫩叶可代茶。种子油可食用及制肥皂。木材坚硬。在北方常作为嫁接桂花的砧木。

5. 木犀属 Osmanthus Lour.

常绿灌木或小乔木。单叶对生，叶革质，全缘或具齿，常具腺点。花两性或单性，雌雄异株或雄花、两性花异株；聚伞状花序簇生叶腋或再组成腋生或顶生圆锥花序；苞片 2，基部合生。花萼钟状，4 裂；花冠白或黄白色，钟状、坛状或圆柱形，浅裂、深裂或深裂至基部，裂片 4，花蕾时覆瓦状排列；雄蕊 2，稀 4，着生花冠筒上部，药隔呈小尖头；子房 2 室，每室具 2 枚下垂胚珠，柱头头状或 2 浅裂。核果椭圆形或斜椭圆形，常具 1 粒种子。

约 30 种，分布亚洲和美洲。中国 23 种，多分布于长江以南各地。徂徕山 1 种。

1. 桂花（图 712）

Osmanthus fragrans（Thunb.）Lour.

Fl. Cochinch. 1: 29. 1790.

常绿灌木或小乔木，高 2~8 m。树皮灰褐色，冬芽有芽鳞，小枝无毛，黄褐色。叶革质，椭圆形、长圆形或椭圆状披针形，长 4~10 cm，宽 2~4 cm，先端渐尖，基部楔形，全缘或上部具细齿，两面无毛，腺点在两面连成小水泡状突起，侧脉 6~8 对，叶脉在上面凹下，下面凸起；叶柄长 1~2 cm，无毛；3~5 花簇生叶腋，聚伞状；花梗细弱，无毛，长 0.3~1.2 cm；花白色、淡黄色或橘黄色，极芳香；花萼杯状，长约 1 mm，裂片 4，稍不整齐；花冠长 3~4 mm，4 深裂，几达基部，裂片长圆形；雄蕊 2，花丝极短，着生花冠筒近顶部；子房卵圆形，花柱短，柱头头状。核果椭圆形，长 1~1.5 cm，熟时紫黑色。花期 9~10 月；果期翌年 4~5 月。

大寺等地场部有少量栽培。分布于长江流域及其以南地区，中国秦岭淮河以南地区普遍栽培。

珍贵观赏花木。花提取芳香油，配制高级香料，用于各种香脂及食品，可熏茶和制桂花糖、桂花酒等，可药用，有散寒破结、化痰生津、名目的功效。果榨油可食用。

图 712 桂花
1. 花枝；2. 果枝；3. 花序；4. 花冠展开；5. 雌蕊

6. 女贞属 Ligustrum Linn.

落叶或常绿，灌木或小乔木。冬芽有 2 鳞片。单叶，对生，全缘；有短柄。顶生圆锥花序；花两性，白色；花萼钟状，4 裂；花冠漏斗状，冠筒与萼等长或长于萼，檐部 4 裂，蕾时镊合状排列；雄蕊 2，着生于冠筒上；子房 2 室，柱头 2 裂，每室 2 枚胚珠，下垂，倒生。浆果状核果；种子 1~4 粒，胚乳肉质。

约 45 种，分布于亚洲及欧洲。中国约 27 种，多分布于长江流域以南。徂徕山 3 种。

分种检索表

1. 花冠管与裂片近等长或稍短。叶绿色。
   2. 常绿性，叶片革质或厚革质；全株无毛；果肾形·················1. 女贞 Ligustrum lucidum
   2. 落叶或半常绿，叶片纸质或薄革质；叶两面被柔毛；果近球形·················2. 小蜡 Ligustrum sinense
1. 花冠管约为裂片长的 2 倍。新叶鲜黄色，倒卵形、卵形·················3. 金叶女贞 Ligustrum × vicaryi

1. 女贞（图 713）

Ligustrum lucidum W. T. Aiton

Hortus Kew. 1: 19. 1810.

常绿乔木，高达 25 m；树皮灰褐色，光滑。小枝无毛。叶片卵形、长卵形或椭圆形至宽椭圆形，长 6~17 cm，宽 3~8 cm，先端锐尖至渐尖或钝，基部圆形或近圆形，有时宽楔形或渐狭，叶缘平坦，上面光亮，两面无毛，中脉在上面凹入，下面凸起，侧脉 4~9 对，两面稍凸起或有时不明显；叶柄长 1~3 cm。圆锥花序顶生，长 10~20 cm，宽 8~25 cm；花序轴及分枝轴无毛，紫色或黄棕色，在果期具棱；花序基部苞片常与叶同型，小苞片披针形或线形，长 0.5~6 cm，宽 0.2~1.5 cm，凋落；花无梗或近无梗，长不超过 1 mm；花萼无毛，长 1.5~2 mm，齿不明显或近截形；花冠长 4~5 mm，花冠管长 1.5~3 mm，裂片长 2~2.5 mm，反折，花丝长 1.5~3 mm，花药长圆形，长 1~1.5 mm；花柱长 1.5~2 mm，柱头棒状。果肾形或近肾形，长 7~10 mm，成熟时蓝黑色，被白粉；果梗长不及 5 mm。花期 5~7 月；果期 7~11 月。

徂徕山各林区均有栽培。国内分布于长江以南至华南、西南地区，向西北分布至陕西、甘肃。朝鲜也有分布，印度、尼泊尔有栽培。

观赏绿化树种。木材质细，供细木工用。果药用，名"女贞子"。

2. 小蜡（图 714）

Ligustrum sinense Lour.

Fl. Cochinch. 1: 19. 1790.

落叶灌木，高 2~5 m。小枝开展，密生短柔毛。叶薄革质或纸质，椭圆形、卵形、卵状椭圆形至披针形，长 2~7 cm，宽 1~3 cm，先端急尖或钝，基部圆形或阔楔形，下面脉上有短柔毛，侧脉近叶缘处联结；叶柄长 2~8 mm，有短柔毛。圆锥花序顶生或腋生，长 6~10 cm，花序轴有短柔毛，花白色；花梗长 1~3 mm；花萼钟形，无毛，长 1~1.5 mm，先端截形或呈浅波齿状；花冠长 3.5~5.5 mm，檐部 4 裂，裂片长圆形，等于或略长于花冠筒；雄蕊 2，着生于冠筒上，外露。核果近球形，径 5~8 mm，熟时黑色。花期 3~6 月；果期 9~12 月。

图 713　女贞
1. 果枝；2. 花；3. 果实

图 714　小蜡
1. 花枝；2. 果枝；3. 花；4. 叶

徂徕山各林区均有栽培。国内分布于江苏、浙江、安徽、江西、福建、台湾、湖北、湖南、广东、广西、贵州、四川、云南。越南也有分布。

园林绿化树种，各地普遍栽培作绿篱。嫩叶代茶。茎皮可制人造棉。果可酿酒。树皮和叶药用。

3. 金叶女贞

Ligustrum × vicaryi Rehd.

J. Arnold Arbor. 28: 256. 1947.

常绿或半常绿灌木，高 2~3 m，幼枝有短柔毛。叶椭圆形或卵状椭圆形，长 2~5 cm，叶色鲜黄，尤以新梢叶色为甚。圆锥花序顶生，花白色。果阔椭圆形，紫黑色。

徂徕山各林区均有栽培。由金边女贞与欧洲女贞杂交育成的，20 世纪 80 年代引入中国，现各地广为栽培。供观赏。

7. 素馨属 Jasminum Linn.

小乔木，直立或攀缘状灌木，常绿或落叶。小枝圆柱形或具棱角。叶对生或互生，稀轮生，单叶、三出复叶或奇数羽状复叶，全缘或深裂；叶柄有时具关节，无托叶。花两性，排成聚伞花序，聚伞花序再排列成圆锥状、总状、伞房状、伞状或头状；苞片常锥形或线形，有时花序基部的苞片呈小叶状；花常芳香；花萼钟状、杯状或漏斗状，具 4~12 齿；花冠白色或黄色，稀红色或紫色，高脚碟状或漏斗状，裂片 4~12，花蕾时覆瓦状排列，栽培时或为重瓣；雄蕊 2，内藏，着生于花冠管近中部，花丝短，花药背着，药室内向侧裂；子房 2 室，每室具向上胚珠 1~2 枚，花柱常异长，丝状，柱头头状或 2 裂。浆果双生或其中 1 个不育而单生，球形或椭圆形，成熟时呈黑色或蓝黑色，果皮肥厚或膜质；种子无胚乳。

有 200 余种，分布于非洲、亚洲、澳大利亚及太平洋南部诸岛屿。中国 43 种，分布于秦岭山脉以南各省份。徂徕山 2 种。

分种检索表

1. 复叶互生，小叶 3~7，先叶后花 ··· 1. 探春 Jasminum floridum
1. 复叶对生，三出复叶，先花后叶 ·· 2. 迎春 Jasminum nudiflorum

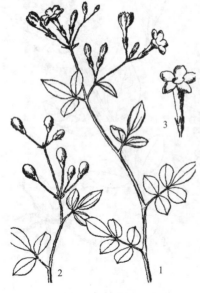

图 715 探春

1. 花枝；2. 果枝；3. 花

1. 探春　迎夏（图 715）

Jasminum floridum Bunge

Mem. Acad. Sci. St. Petersb. Sav. Etrang. 2-116. 1833.

直立或攀缘灌木，高 0.4~3 m。小枝褐色或黄绿色，当年生枝扭曲，具四棱。叶互生，复叶，小叶 3 或 5 枚，稀 7 枚，小枝基部常有单叶；叶柄长 2~10 mm；叶片和小叶片上面光亮，干时常具横皱纹，两面无毛，稀沿中脉被微柔毛；小叶片卵形、卵状椭圆形至椭圆形，长 0.7~3.5 cm，宽 0.5~2 cm，先端急尖，具小尖头，稀钝或圆形，基部楔形或圆形，中脉在上面凹入，下面凸起，侧脉不明显；顶生小叶常稍大，具小叶柄，长 0.2~1.2 cm，侧生小叶近无柄；单叶通常为宽卵形、椭圆形或近圆形，长 1~2.5 cm，宽 0.5~2 cm。聚伞花序或伞状聚伞花序顶生，有花 3~25 朵；苞片锥形，长 3~7 mm；花梗缺或长达 2 cm；花萼具 5 条突起的肋，无毛，萼管长 1~2 mm，裂片锥状线形，长

1~3 mm；花冠黄色，近漏斗状，花冠管长 0.9~1.5 cm，裂片卵形或长圆形，长 4~8 mm，宽 3~5 mm，先端锐尖，稀圆钝，边缘具纤毛。果长圆形或球形，长 5~10 mm，径 5~10 mm，成熟时呈黑色。花期 5~9 月；果期 9~10 月。

大寺有栽培。国内分布于河北、陕西、山东、河南、湖北、四川、贵州。普遍栽培。

2. 迎春（图 716）

Jasminum nudiflorum Lindl.

Journ. Hort. Soc. London 1: 153. 1846.

落叶灌木，直立或匍匐，高 1~5 m。小枝细长，弯垂，绿色，有四棱，棱上多少具狭翼，无毛。三出复叶，对生，小叶卵形至长椭圆状卵形，幼时两面稍被毛，老时仅叶缘具睫毛，顶生小叶长 1~3 cm，宽 0.3~1.1 cm，侧生小叶长 0.6~2.3 cm，宽 0.2~1.1 cm，先端锐尖或钝，基部楔形，有缘毛，下面无毛，顶生小叶有柄，侧生小叶近无柄；叶柄长 3~10 mm。花单生于去年生小枝的叶腋，黄色，先于叶开放；苞片小，叶状；花萼 5~6 裂，窄披针形；花冠黄色，径

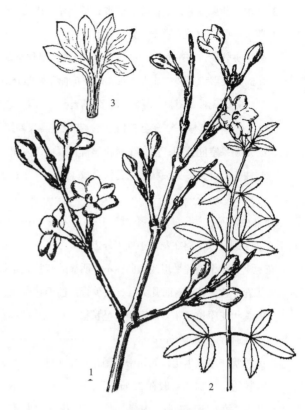

图 716 迎春
1. 花枝；2. 叶枝；3. 花冠

2~2.5 cm，花冠管长 0.8~2 cm，5~6 裂，裂片倒卵形或椭圆形；雄蕊 2，内藏；子房 2 室，花柱丝状。浆果椭圆形。花期 2~3 月。

大寺、光华寺等地栽培。国内分布于甘肃、陕西、四川、云南、西藏。世界各地普遍栽培。

为早春庭园观赏树种。

108. 玄参科 Scrophulariaceae

草本、灌木或少有乔木。叶互生、下部对生而上部互生、或全对生、或轮生，无托叶。花序总状、穗状或聚伞状，常合成圆锥花序，向心或更多离心。花常不整齐；萼下位，常宿存，5 少有 4 基数；花冠 4~5 裂，裂片多少不等或作二唇形；雄蕊常 4 枚，而有 1 枚退化，少有 2~5 枚或更多，药室 1~2，药室分离或多少汇合；花盘常存在，环状、杯状或小而似腺；子房 2 室，极少仅有 1 室；花柱简单，柱头头状或 2 裂或二片状；胚珠多数，少有各室 2 枚，倒生或横生。果为蒴果，少有浆果状，具生于 1 游离的中轴上或着生于果爿边缘的胎座上；种子细小，有时具翅或有网状种皮，脐点侧生或在腹面，胚乳肉质或缺少；胚伸直或弯曲。

约 200 属 4500 种，分布于世界各地。中国 61 属 681 种，分布于全国各地，主产西南地区。徂徕山 12 属 16 种 1 亚种。

分属检索表

1. 上方 2 个裂片或上唇在花蕾中处于外方，包裹下方 3 个裂片或下唇。

  2. 蒴果在室背或室间以一直线开裂；花冠不成囊状。

3. 乔木；蒴果室背开裂；萼齿革质而厚，有星状毛·································1. 泡桐属 Paulownia
3. 草本；萼齿草质或膜质，无星状毛。
　4. 柱头分离，扁平而片状；药室 2，分离；退化雄蕊不生于上方 2 个裂片之间；花冠上唇常短于下唇。
　　5. 蒴果室背开裂；前方 1 对花丝在花管深处即分离。
　　　6. 萼无棱，有脉 10 条，最多结合至 1/2；花冠上唇甚短于下唇；苞片针形·············2. 通泉草属 Mazus
　　　6. 萼有五棱，结合至 3/4 以上；花冠上唇仅略短于下唇；苞片叶状···············3. 沟酸浆属 Mimulus
　　5. 蒴果室间开裂；前方 1 对花丝自花冠喉部发出，下部与花管结合·····················4. 母草属 Lindernia
　4. 柱头结合，多少头状；花药汇合成 1 室，横生；退化雄蕊着生于上方 2 个花冠裂片之间；花冠上唇常长于下唇···5. 玄参属 Scrophularia
2. 蒴果在果顶下方孔裂；花冠囊状···6. 金鱼草属 Antirrhinum
1. 下方 3 个裂片或下唇在花蕾中处于外方。
　7. 花冠上方 2 个裂片平坦或微曲，不作明显的盔状或兜状。
　　8. 雄蕊 2 枚；花冠有时几无管，很少管长过于其裂片。
　　　9. 总状花序长且花多而密集，呈长穗状；苞片狭小；蒴果近于圆形；花冠有明显的筒部，檐部稍二唇形；植株高通常超过 30 cm···7. 穗花属 Pseudolysimachion
　　　9. 总状花序疏生花，如花密集则花序短而近于头状；花序下部的苞片几乎与叶同形；蒴果侧扁；花冠筒部一般较短，植株高一般在 25 cm 以下···8. 婆婆纳属 Veronica
　　8. 雄蕊 2 枚，明显二强，内藏，决不超出花冠；花冠筒发达·······························9. 地黄属 Rehmannia
　7. 花冠上方裂片顶部明显弓曲，成 1 盔瓣，包裹其花药。
　　10. 萼下无小苞片。
　　　11. 花冠的盔瓣具内卷之缘，种子有网纹；叶羽状分裂·····························10. 松蒿属 Phtheirospermum
　　　11. 花冠的盔瓣边缘不折叠或仅下半部稍稍折叠，全缘或有齿·······················11. 马先蒿属 Pedicularis
　　10. 萼下有小苞片 1 对；萼细长，管状，10 脉；叶羽状分裂·······················12. 阴行草属 Siphonostegia

1. 泡桐属 Paulownia Sieb. & Zucc.

落叶乔木。小枝粗壮，髓腔大。冬芽（叶芽）小，腋芽常 2 枚叠生。单叶对生，全缘、波状或浅裂；有长柄。花大，两性，顶生圆锥花序由多数聚伞花序组成，有毛；有苞片及叶状总苞；花萼钟状，肥厚，常有黄色绒毛，5 裂；花冠近白色或紫色，漏斗状，5 裂，二唇形，外面常有毛，内部常有紫色斑点及黄色条纹；雄蕊 4，二强，着生于花冠筒基部；子房 2 室，稀 3 室，花柱细长，柱头 2 裂。蒴果，2 瓣裂或不完全 4 裂；种子多数，小而扁平，两侧有半透明膜质翅。

7 种，主产于亚洲。中国 6 种，除东北北部、内蒙古、西藏外，分布及栽培几遍布全国。徂徕山 3 种。

分种检索表

1. 果实卵形或椭圆形，稀卵状椭圆形，幼时有绒毛；萼浅裂至 1/3 或 2/5，萼齿较萼管短，部分脱毛；叶片下面被星状毛或树枝状毛。
　2. 果实卵形，稀卵状椭圆形；花冠紫色至粉白，较宽，漏斗状钟形，顶端直径 4~5 cm；叶片卵状心形，长宽几相等或长稍过于宽···2. 兰考泡桐 Paulownia elongata
　2. 果实椭圆形；花冠淡紫色，较细，管状漏斗状，顶端直径不超过 3.5 cm；叶片长卵状心形，长约为宽的 2 倍···1. 楸叶泡桐 Paulownia catalpifolia

1. 果实卵圆形，幼时被黏质腺毛；萼深裂过 1/2，萼齿较萼管长或等长，毛不脱落；花冠漏斗状钟形；叶长宽近相等，下面常具树枝状毛或黏质腺毛·················3. 毛泡桐 Paulownia tomentosa

1. 楸叶泡桐（图 717）

Paulownia catalpifolia T. Gong ex D. Y. Hong Novon 7（4）：366. 1997.

乔木，高达 20 m。树干直，主干明显。树冠长卵形，分枝密，侧枝斜升，顶端两侧枝一弱一强，近于合轴分枝。叶长卵形至狭长卵形，叶片下垂，长 12~28 cm，长为宽的 2 倍，全缘或 3 浅裂，先端长渐尖，基部心形，上面无毛，下面密生白色无柄分枝毛；叶柄长 10~18 cm。花序狭圆锥形，长 10~30 cm，聚伞式小花序总梗与花梗近等长；花蕾倒卵形，长 1.4~1.8 cm，密生黄色毛；花萼倒圆锥状钟形，长 1.4~2.3 cm，浅裂达 1/3~2/5，外部毛易脱落；花冠筒细长，全长 7~9 cm，筒状漏斗形，微弯，腹部皱折明显，顶端直径不超过 3.5 cm，淡紫色，被短柔毛，里面白色，密生紫色条纹及小紫斑，腹部有黄色条带；子房近圆柱形。果椭圆形，长 4~6 cm，径 2~2.5 cm，顶端歪嘴，果皮厚 1.5~3 mm；种子翅长 5~7 mm。花期 4 月；果期 7~8 月。

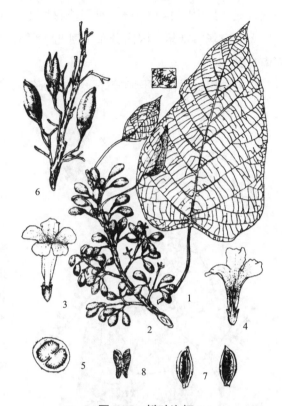

图 717　楸叶泡桐
1. 叶；2. 花序及花蕾；3. 花；4. 花纵切面；5. 子房横切面；6. 果序；7. 果瓣；8. 种子

产于大寺窑场、上场、磙石峪隐仙观等地。国内分布于山东、河北、山西、陕西、河南等省份，通常栽培。

材质较好，干性强，枝叶茂密，为绿化的优良树种。

2. 兰考泡桐（图 718）

Paulownia elongata S. Y. Hu Quart. J. Taiwan Mus. 12（1-2）：41. pl. 3. 1959.

落叶乔木，高 10 m 以上。树冠宽圆锥形，全体具星状绒毛。小枝褐色，有凸起皮孔。叶卵状心形，有时具不规则的裂片，长达 34 cm，先端渐窄长而锐尖，基部心形或近圆形，上面毛不久脱落，下面密被无柄的树枝状毛。花序枝的侧枝不发达，花序金字塔形或狭圆锥形，长约 30 cm，小聚伞花序的总花梗长 8~20 mm，几与花梗等长，有花 3~5 朵，稀单花；萼倒圆锥形，基部渐狭，分裂至 1/3 左右，管部的毛易脱落，萼片 5 枚，卵状三角形；花冠漏斗状钟形，紫色至粉白色，长 7~9.5 cm，管

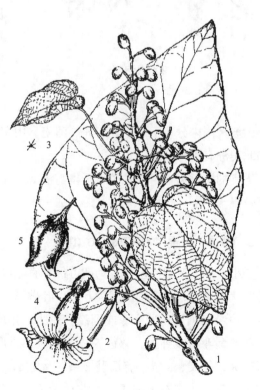

图 718　兰考泡桐
1. 花枝；2. 叶；3. 星状毛；4. 花；5. 果实

在基部以上稍弓曲，外有腺毛和星状毛，内无毛而有紫色细小斑点，檐部略二唇形，径 4~5 cm；雄蕊长达 2.5 cm；子房和花柱有腺。蒴果卵形，稀卵状椭圆形，长 3.5~5 cm，有星状绒毛，宿萼碟状，顶端具喙，果皮厚 1~2.5 mm；种子连翅长 4~5 mm。花期 4~5 月；果期秋季。

大寺窑场有栽培。国内分布于河北、河南、山西、陕西、山东、湖北、安徽、江苏，多数栽培，河南有野生。

优良的用材树种。干形较好，树冠稀疏，发叶晚，生长快，适于农桐间作。

3. 毛泡桐（图 719）

Paulownia tomentosa（Thunb.）Steud. Nomencl. Bot. 2: 278. 1841.

乔木，高 15 m，径达 1 m。树皮灰褐色，幼时平滑，老时开裂。幼枝绿褐色，有黏质腺毛及分枝毛。叶阔卵形或卵形，长 20~30 cm，宽 15~28 cm，先端渐尖或锐尖，基部心形，全缘或 3~5 浅裂，上面有长柔毛、腺毛及分枝毛，无光泽，下面密生灰白色树枝状毛或腺毛；叶柄长 10~25 cm，密被腺毛及分枝毛。大型圆锥花序，长 40~80 cm，侧生分枝较细长，聚伞式小花序有长总梗，且与花梗近等长；花蕾近球形，密生黄色毛，在秋季形成，径 7~10 mm；萼阔钟形，长 10~15 mm，5 深裂，裂深达 1/2 以上，外面密被黄褐色毛；花冠钟形，5 裂，二唇形，长 5~7 cm，冠幅 3~4 cm，鲜紫色至蓝紫色，外面有腺毛，内面几无毛，有紫色斑点、条纹及黄色条带；子房卵圆形，花柱细长，与雄蕊花药略等高。果卵球形，长 3~4.5 cm，顶端急尖，尖长 3~4 mm，基部圆形，表面有黏质腺毛，果皮薄而脆，厚约 1 mm；种子连翅长约 3.5 mm。花期 4~5 月；果期 8~9 月。

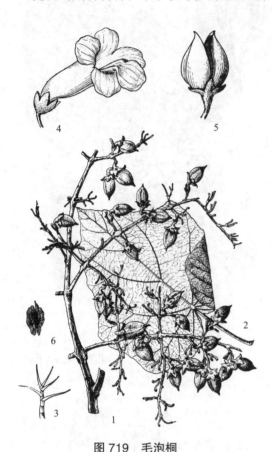

图 719 毛泡桐
1. 果序；2. 叶；3. 毛；4. 花；5. 果实；6. 种子

徂徕山各林区均有分布和栽培。多见于村庄内外、山坡。国内分布于辽宁、河北、河南、山东、江苏、安徽、湖北、江西等省份。日本、朝鲜、欧洲和北美洲有引种栽培。

优良的用材树种。该种较耐干旱与瘠薄，在北方较寒冷和干旱地区尤为适宜，但主干低矮，生长速度较慢。

2. 通泉草属 Mazus Lour.

矮小草本。茎圆柱形，少为四方形，直立或倾卧，着地部分节上常生不定根。叶以基生为主，多为莲座状或对生，茎上部的多为互生，叶匙形、倒卵状匙形或圆形，少为披针形，基部渐狭成有翅的叶柄，边缘有锯齿，少全缘或羽裂。花小，排成顶生稍偏向一边的总状花序；苞片小，小苞片有或无；花萼漏斗状或钟形，萼齿 5 枚；花冠二唇形，紫白色，筒部短，上部稍扩大，上唇直立，2 裂，下唇较大，扩展，3 裂，有褶襞 2 条，从喉部通至上下唇裂口；雄蕊 4 枚，二强，着生在花冠筒上，药室极叉开；子房有毛或无毛，花柱无毛，柱头二片状。蒴果被包于宿存的花萼内，球形或多少压扁，室背开裂；种子小，极多数。

约35种，分布于亚洲和大洋洲。中国25种，全国各地除新疆、青海外均有。徂徕山2种。

分种检索表

1. 子房无毛；茎直立或倾卧而节上生根，常有长蔓的匍匐茎；萼脉不明显，萼齿多为卵形，钝头至短尖··1. 通泉草 Mazus pumilus
1. 子房被毛；茎直立或有时倾卧，但无长蔓的匍匐茎；萼脉10条明显，萼齿多为披针形，锐尖···2. 弹刀子菜 Mazus stachydifolius

1. 通泉草（图720）

Mazus pumilus（N. L. Burman）Steenis

Nova Guinea n. s. 9（1）: 31. 1958.

—— *Mazus japonicus*（Thunb.）O. Kuntze

一年生草本，高3~30 cm。无毛或疏生短柔毛。主根伸长，须根纤细，多数，散生或簇生。茎1~5枝或有时更多，直立、上升或倾卧状上升，着地部分节上常有不定根，分枝多而披散，少不分枝。基生叶少到多数，有时成莲座状或早落，倒卵状匙形至卵状倒披针形，膜质至薄纸质，长2~6 cm，顶端全缘或有不明显疏齿，基部楔形，下延成带翅的叶柄，边缘具不规则粗齿或基部有1~2片浅羽裂；茎生叶对生或互生，少数，与基生叶相似。总状花序生于茎、枝顶端，常在近基部即生花，伸长或上部成束状，通常3~20朵，花疏稀；花梗在果期长达10 mm，上部的较短；花萼钟状，花期长约6 mm；果期多少增大，萼片与萼筒近等长，卵形，端急尖，脉不明显；花冠白色、紫色或蓝色，长约10 mm，上唇裂片卵状三角形，下唇中裂片较小，稍突出，倒卵圆形；子房无毛。蒴果球形；种子小而多数，黄色，种皮上有不规则网纹。花、果期4~10月。

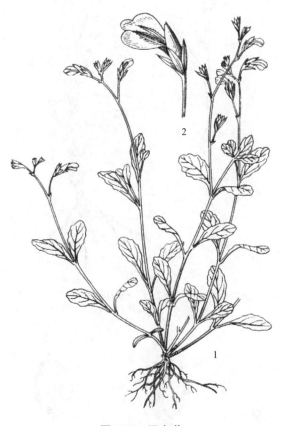

图720　通泉草
1. 植株；2. 花

徂徕山各林区均产。生于湿润的沟边、路旁。遍布全国。越南、俄罗斯、朝鲜、日本、菲律宾也有分布。

2. 弹刀子菜（图721，彩图74）

Mazus stachydifolius（Turcz.）Maxim.

Bull. Acad. Imp. Sci. Saint-Pétersbourg 20: 438. 1875.

多年生草本，高10~50 cm，粗壮，全体被多细胞白色长柔毛。根状茎短。茎直立，稀上升，圆柱形，不分枝或基部分2~5枝，老时基部木质化。基生叶匙形，有短柄，常早萎；茎生叶对生，上部的常互生，无柄，长椭圆形至倒卵状披针形，纸质，长2~4（7）cm，以茎中部的较大，边缘具不规则锯齿。总状花序顶生，长2~20 cm，有时稍短于茎，花稀疏；苞片三角状卵形，长约1 mm；花萼漏斗状，长5~10 mm，在果期增长达16 mm，直径超过1 cm，比花梗长或近等长，萼齿略长于筒部，披针状三角形，顶端长锐尖，10条脉纹明显；花冠蓝紫色，长15~20 mm，花冠筒与唇部近等

图 721 弹刀子菜
1. 植株；2. 花

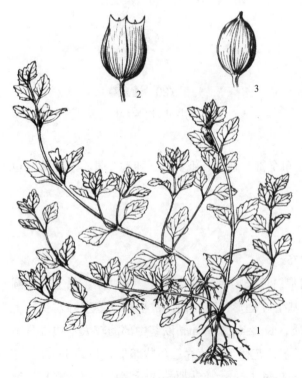

图 722 沟酸浆
1. 植株；2. 花萼；3. 果实

长，上部稍扩大，上唇短，顶端 2 裂，裂片狭长三角状，端锐尖，下唇宽大，开展，3 裂，中裂较侧裂约小一倍，近圆形，稍突出，褶襞两条从喉部直通至上下唇裂口，被黄色斑点同稠密的乳头状腺毛；雄蕊 4 枚，二强，着生在花冠筒的近基部；子房上部被长硬毛。蒴果扁卵球形，长 2~3.5 mm。花期 4~6 月；果期 7~9 月。

产于上池、马场、卧尧、庙子等地。生于较湿润的路旁、草坡及林缘。国内分布于东北、华北地区，南至广东、台湾，西至四川、陕西。俄罗斯、蒙古、朝鲜也有分布。

3. 沟酸浆属 Mimulus Linn.

一年生或多年生草本，直立、铺散状平卧或匍匐，罕为灌木，无毛或有腺毛。茎简单或有分枝，圆柱形或四方形而具窄翅。叶对生，全缘或具齿。花单生叶腋或为顶生总状花序，有或无小苞片；花萼筒状或钟状；果期有时膨大成囊泡状，具 5 肋，肋有时翅状，萼齿 5，齿短而齐或长短不等；花冠二唇形，花冠筒筒状，上部稍膨大或偏肿，常超出于花萼，喉部通常具 1 条隆起成 2 瓣状褶襞，多少被毛，上唇 2 裂，直立或反曲，下唇 3 裂，常开展；雄蕊 4，二强，着生于花冠筒内，内藏；花丝无毛或被柔毛；子房 2 室，具中轴胎座，胚珠多数，花柱通常内藏，无毛、被柔毛或腺毛，柱头扁平，分离成相等或不等的二片状。蒴果被包于宿存的花萼内或伸出，革质、软骨质、膜质或纸质，2 裂；种子多数，通常为卵圆形或长圆形，种皮光滑或具网纹。

约 150 种，广布于全球，以美洲西北部最多。中国 5 种，主要产于西南地区。岨徕山 1 种。

1. 沟酸浆（图 722）

Mimulus tenellus Bunge

Enum. Pl. China Bor. 49. 1833.

多年生草本，柔弱，常铺散状，无毛。茎长可达 40 cm，多分枝，下部匍匐生根，四方形，角处具窄翅。叶卵形、卵状三角形至卵状矩圆形，长 1~3 cm，宽 4~15 mm，顶端急尖，基部截形，边缘具明显的疏锯齿，羽状脉，叶柄细长，与叶片等长或较短，偶被柔毛。花单生叶腋，花梗与叶柄近等长，明显的较叶短；花萼圆筒形，长约 5 mm；果期肿胀成囊泡状，增大近 1 倍，沿肋偶被绒毛，或有时稍具窄翅，萼口平截，萼齿 5，细小，刺状；花冠较萼长 1.5 倍，漏斗状，黄色，喉部有红色斑点；唇短，端圆形，竖直，沿喉部被密的髯毛。雄蕊同花柱无毛，内藏。蒴果椭圆形，较萼稍短；种子卵圆形，具细微的乳头状突起。花、果期 6~9 月。

产于下池、马场、锦罗等地。生于水边、林下湿地。国内分布于秦岭、淮河以北，陕西以东各省份。日本亦有分布。

可食，作酸菜用。

4. 母草属 Lindernia All.

草本，直立、倾卧或匍匐。叶对生，有柄或无，常有齿，稀全缘，羽状或掌状脉。花常对生、稀单生，生于叶腋或在茎枝之顶形成疏总状花序，有时短缩成假伞形花序，偶有大型圆锥花序；常具花梗，无小苞片；萼具 5 齿，齿相等或微不等，深裂、半裂或萼有管而单面开裂；花冠紫色、蓝色或白色，二唇形，上唇直立，微 2 裂，下唇较大而伸展，3 裂；雄蕊 4 枚，能育，或前方 1 对退化而无药；花柱顶端常膨大，多为二片状。蒴果球形、椭圆形、卵圆形或条形；种子小，多数。

约 70 种。主要分布于亚洲的热带和亚热带，美洲和欧洲也有少数种类。中国 29 种。徂徕山 1 种。

1. 陌上菜（图 723）

Lindernia procumbens (Krocker) Borbás

Békés Vámegye 80. 1881.

直立草本，根细密成丛；茎高 5~20 cm，基部多分枝，无毛。叶无柄；叶片椭圆形至矩圆形，多少带菱状，长 1~2.5 cm，宽 6~12 mm，顶端钝圆，全缘或有不明显钝齿，两面无毛，基出 3~5 脉。花单生于叶腋，花梗纤细，长 1.2~2 cm，比叶长，无毛；萼仅基部联合，萼齿 5，条状披针形，长约 4 mm，顶端钝头，外面微被短毛；花冠粉红色或紫色，长 5~7 mm，花冠管长约 3.5 mm，向上渐扩大，上唇短，长约 1 mm，2 浅裂，下唇甚大于上唇，长约 3 mm，3 裂，侧裂椭圆形较小，中裂圆形，向前突出；雄蕊 4，全育，前方 2 枚雄蕊的附属物腺体状而短小；花药基部微凹；柱头 2 裂。蒴果球形或卵球形，与萼近等长或略过之，室间 2 裂；种子多数，有格纹。花期 7~10 月；果期 9~11 月。

产于光华寺、王家院、西旺等地。生于水边及潮湿处。国内分布于四川、云南、贵州、广西、广东、湖南、湖北、江西、浙江、江苏、安徽、河南、河北、吉林及黑龙江等省份。

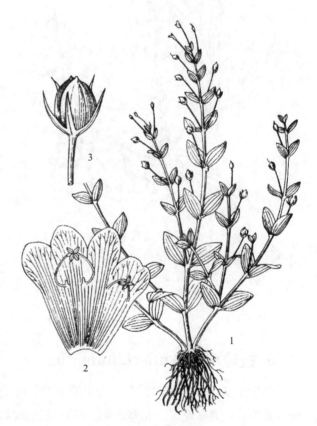

图 723　陌上菜
1.植株；2.花冠展开；3.果实

5. 玄参属 Scrophularia Linn.

多年生草本或半灌木状，稀一年生。叶对生或很少上部叶互生。聚伞花序，单生叶腋或可再组成顶生聚伞圆锥花序、穗状花序或近头状花序。花萼 5 裂，花冠通常二唇形，上唇常较长而 2 裂片，下唇 3 裂片，除中裂片向外反展外，其余 4 裂片均近直立；发育雄蕊 4，多少呈二强，内藏或伸出于花冠之外，花丝基部贴生于花冠筒，花药汇合成 1 室，横生于花丝顶端，退化雄蕊微小，位于上唇一方；子房周围有花盘，花柱与子房等长或过之，柱头小，子房具 2 室，中轴胎座，胚珠多数。蒴果室间开裂，种子多数。

200 种，主要分布于欧、亚大陆温带，地中海地区较多，美洲也有少数种类。中国 36 种。徂徕山 1 种。

1. 北玄参（图 724）

Scrophularia buergeriana Miq.

Ann. Mus. Bot. Lugduno-Batavum 2: 116. 1865.

多年生高大草本。根状茎直立。根头肉质结节，支根纺锤形膨大。茎四棱，略有自叶柄下延之狭翅。叶片卵形至椭圆状卵形。花序穗状，长达 50 cm，宽不超过 2 cm，除顶生花序外，常由上部叶腋发出侧生花序，聚伞花序全部互生或下部的极接近而似对生，总花梗和花梗均不超过 5 mm，多少有腺毛；花萼长约 2 mm，裂片卵状椭圆形至宽卵形；花冠黄绿色，上唇长于下唇，两唇的裂片均圆钝，上唇 2 裂片边缘互相重叠，下唇中裂片略小；雄蕊几与下唇等长，退化雄蕊倒卵状圆形；花柱长约为子房的 2 倍。蒴果卵圆形，长 4~6 mm。花期 7 月；果期 8~9 月。

产于大寺张栏等地。多生于低山荒坡或湿草地。国内分布于河北、河南、吉林、辽宁。朝鲜、日本也有分布。

北玄参是重要中药材，其根入药。

图 724　北玄参
1. 根；2. 植株中部；3. 花序；4. 花冠展开；5. 果实

6. 金鱼草属 Antirrhinum Linn.

一年生或多年生草本，有时为半灌木状。叶对生，或茎上部互生；叶片全缘或分裂。花单生叶腋，或为顶生总状花序。花萼 5 裂，花冠成假面状，基部囊状或一侧肿胀，上唇直立，2 裂，下唇开展，3 裂，喉部几位假面部所封闭；雄蕊 4，二强，内藏，药室分离，平行；花柱线形，柱头 2 裂。蒴果卵球形或球形，2 室，在果顶下方孔裂。种子无翅。

约 50 种，分布于北半球。中国引种 1 种。徂徕山 1 种。

1. 金鱼草（图725）

Antirrhinum majus Linn.

Sp. Pl. 617. 1753.

多年生草本，常作一、二年生花卉栽培。茎直立，高 30~80 cm。茎下部的叶对生，上部的互生；叶片披针形至长圆状披针形，长 3~7 cm，先端渐尖，基部楔形，全缘；总状花序顶生；花萼 5 裂，裂片卵形；花冠红色、紫色、黄色、白色，基部前面膨大成囊状，二唇形，上唇直立，2 裂，下唇 3 裂。蒴果卵形。花、果期 6~10 月。

徂徕山居住区有栽培。原产地中海沿岸，现各地栽培。

常见观赏花卉。

7. 穗花属 Pseudolysimachion (W. D. J. Koch) Opiz

多年生草本。有根状茎。茎单一或簇生，有时基部木质化。叶对生或轮生，稀互生。密集总状或穗状花序，顶生。花萼 4 裂，裂片近相等；花冠 4 裂，筒部明显，长至占总长的 1/3 以上，里面有柔毛，稍两侧对称，上裂片最宽；雄蕊 2 枚，花丝下部贴生于花冠筒后方，药室顶端汇合；花柱宿存，柱头头状。蒴果近球形，稍侧扁，顶端微凹，室背 2 裂。种子多数，扁平。

约 20 种，分布于欧亚大陆。中国 10 种。徂徕山 1 种。

1. 水蔓菁（亚种）（图726）

Pseudolysimachion linariifolium (Pall. ex Link) Holub subsp. **dilatata** (Nakai & Kitag.) D. Y. Hong

Novon 6: 23. 1996.

多年生草本。根状茎短。茎直立，单生，少为丛生，常不分枝，高 30~80 cm，通常有白色而多卷曲的柔毛。叶几乎完全对生，至少茎下部的对生，叶片宽条形至卵圆形，长 2~6 cm，宽 0.5~2 cm，下端全缘而中上端边缘有三角状锯齿，极少整片叶全缘的，两面无毛或被白色柔毛。总状花序单生或数枚复出，长穗状；花梗长 2~4 mm，被柔毛；花冠蓝色、紫色，少白色，长 5~6 mm，筒部长约 2 mm，后方裂片卵圆形，其余 3 枚卵形；花丝无毛，伸出花冠。蒴果长 2~3.5 mm，宽 2~3.5 mm。花期 6~9 月。

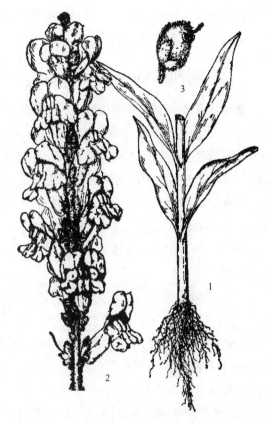

图 725　金鱼草
1. 植株下部；2. 花序；3. 果实

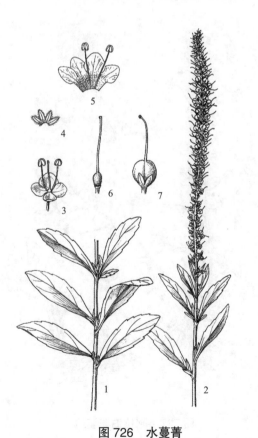

图 726　水蔓菁
1. 植株中下部；2. 植株上部；3. 花；4. 花萼；
5. 花冠展开；6. 雌蕊；7. 果实

产于上池、马场等地。广布于甘肃至云南以东，陕西、山西和河北以南各省份。

叶味甜，采苗炸熟，油盐调食。亦可药用。

8. 婆婆纳属 Veronica Linn.

多年生草本，有根状茎，或一、二年生草本，无根状茎。叶对生，少轮生和互生。总状花序顶生或侧生叶腋。花萼深裂，裂片4或5枚，如5枚则后方（近轴面）1枚很小；花冠筒短，近于辐状，或花冠筒部明显，裂片4枚，常开展，不等宽，后方1枚最宽，前方1枚最窄，有时稍二唇形；雄蕊2枚，花丝下部贴生于花冠筒后方，药室叉开或并行，顶端汇合；花柱宿存，柱头头状。蒴果形状各式，稍侧扁至明显侧扁如片状，两面各有1条沟槽，顶端微凹或明显凹缺，室背2裂。种子每室1至多粒，扁平而两面稍膨，或为舟状。

约250种，广布于全球，主产欧亚大陆。中国53种，各省份均有，但多数种类产西南山地。徂徕山3种。

分种检索表

1. 总状花序顶生，有时苞片叶状，好像花单朵生于叶腋；不具根状茎。
  2. 花梗明显长于苞片，有的超过1倍···1. 阿拉伯婆婆纳 Veronica persica
  2. 花梗比苞片略短···2. 婆婆纳 Veronica polita
1. 总状花序侧生于叶腋；根状茎斜走；叶椭圆形或长卵形···················3. 北水苦荬 Veronica anagallis-aquatica

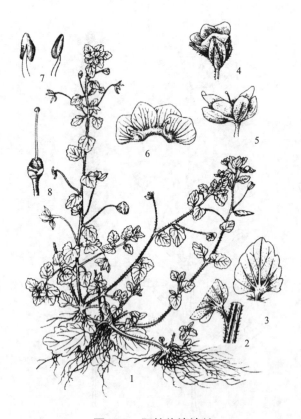

图 727　阿拉伯婆婆纳
1. 植株；2. 茎一段；3. 叶；4. 花；5. 蒴果及花萼；
6. 花展开；7. 雄蕊；8. 雌蕊

1. 阿拉伯婆婆纳（图727）

Veronica persica Poiret

Dict. Encycl. Meth. Bot. 8: 542. 1808.

一年生铺散草本，多分枝，高10~50 cm。茎密生两列多细胞柔毛。叶2~4对（腋间有花的为苞片），具短柄，卵形或圆形，长6~20 mm，宽5~18 mm，基部浅心形，平截或浑圆，边缘具钝齿，两面疏生柔毛。总状花序很长；苞片互生，与叶同形且几乎等大；花梗明显长于苞片，有的超过1倍；花萼花期长仅3~5 mm；果期增大达8 mm，裂片卵状披针形，有睫毛，三出脉；花冠蓝色、紫色或蓝紫色，长4~6 mm，裂片卵形至圆形，喉部疏被毛；雄蕊短于花冠。蒴果肾形，长约5 mm，宽约7 mm，被腺毛，成熟后几乎无毛，网脉明显，凹口角度超过90°，裂片顶端钝而不浑圆，宿存的花柱长约2.5 mm，超出凹口。种子背面具深的横纹，长约1.6 mm。花期3~5月；果期6~8月。

徂徕山各林区均产。生于草地、水边等处。原产于亚洲西部及欧洲。国内分布于华东、华中地区及贵州、云南、西藏及新疆，为归化的路边及荒野杂草。

2. 婆婆纳（图728）

Veronica polita Fries

Nov. Fl. Suec. 4: 63. 1819.

—— *Veronica didyma* Tenore

一年生铺散草本，多分枝，高10~25 cm。多少被长柔毛。叶仅2~4对（腋间有花的为苞片），具3~6 mm长的短柄，叶片心形至卵形，长5~10 mm，宽6~7 mm，每边有2~4深刻的钝齿，两面被白色长柔毛。总状花序很长；苞片叶状，下部的对生或全部互生；花梗比苞片略短；花萼裂片卵形，顶端急尖；果期稍增大，三出脉，疏被短硬毛；花冠淡紫色、蓝色、粉色或白色，直径4~5 mm，裂片圆形至卵形；雄蕊比花冠短。蒴果近于肾形，密被腺毛，略短于花萼，宽4~5 mm，凹口约为90°角，裂片顶端圆，脉不明显，宿存的花柱与凹口齐或略过之。种子背面具横纹，长约1.5 mm。花期3~6月；果期6~9月。

徂徕山各林区均产。生于路旁、草地。国内分布于华东、华中、西南、西北地区及北京等地。广布于欧亚大陆北部。

茎叶味甜，可食。

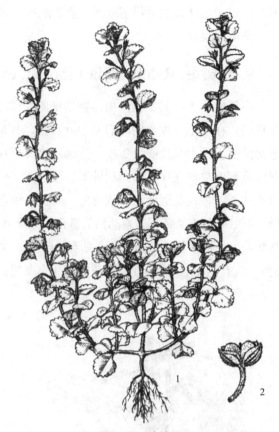

图728 婆婆纳
1. 植株；2. 果实

3. 北水苦荬（图729，彩图75）

Veronica anagallis-aquatica Linn.

Sp. Pl. 1: 12.1753.

多年生草本，稀一年生。通常全体无毛，极少在花序轴、花梗、花萼和蒴果上有少量腺毛。根茎斜走。茎直立或基部倾斜，不分枝或分枝，高10~100 cm。叶无柄，上部的半抱茎，多为椭圆形或长卵形，少为卵状矩圆形，稀为披针形，长2~10 cm，宽1~3.5 cm，全缘或有疏而小的锯齿。花序比叶长，多花；花梗与苞片近等长，上升，与花序轴成锐角；果期弯曲向上，使蒴果靠近花序轴，花序通常不宽于1 cm；花萼裂片卵状披针形，急尖，长约3 mm；果期直立或叉开，不紧贴蒴果；花冠浅蓝色、浅紫色或白色，直径4~5 mm，裂片宽卵形；雄蕊短于花冠。蒴果近圆形，长宽近相等，几乎与萼等长，顶端圆钝而微凹，花柱长约2 mm。花期5~9月；果期9~11月。

徂徕山各山地林区均产。常见于水边及沼地。

图729 北水苦荬
1. 植株下部；2. 植株上部；3. 果实

国内广布于长江以北及西南地区。亚洲温带地区及欧洲广布。

嫩苗可蔬食。

9. 地黄属 Rehmannia Libosch. ex Fisch. & Mey.

多年生草本。具根茎，植体被多细胞长柔毛和腺毛。茎直立，简单或自基部分枝，具花葶或否。叶具柄，在茎上互生或同时有基生叶存在，顶端的叶常缩小成苞片，叶形变化大，边缘具齿或浅裂，通常被毛。无小苞片或为2枚，钻状或叶状而着生于花梗的下部或基部。花具梗，单生叶腋或有时在顶部排列成总状花序；萼卵状钟形，萼齿5，不等长，通常后方1枚最长，全缘或有时开裂而使萼齿总数达6~7枚；花冠紫红色或黄色，筒状，稍弯或伸直，端扩大，多少背腹扁，裂片5枚，略成二唇形，下唇基部有2条褶襞直达筒的基部；雄蕊4枚，二强，内藏，稀为5枚，但1枚较小；花丝弓曲，基部着生处通常被毛，花药两两黏着，药室2枚均成熟；子房长卵形，基部托有1环状或浅杯状花盘，2室，或有的在老时则为1室；花柱顶部浅二裂；胚珠多数。蒴果具宿萼，室背开裂。种子小，具网眼。

6种，中国特产。徂徕山1种。

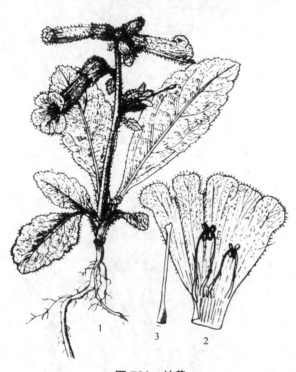

图 730 地黄
1. 植株；2. 花冠展开；3. 雌蕊

1. 地黄（图730）

Rehmannia glutinosa（Gaertner）Liboschitz ex Fisch. & C. A. Meyer

Index Sem. Hort. Petrop. 1: 36. 1835.

多年生草本，高10~30 cm。密被灰白色多细胞长柔毛和腺毛。根茎肉质，鲜时黄色，栽培条件下直径可达5.5 cm。茎紫红色。叶通常在茎基部集成莲座状，向上则强烈缩小成苞片，或逐渐缩小而在茎上互生；叶片卵形至长椭圆形，上面绿色，下面带紫红色，长2~13 cm，宽1~6 cm，边缘具不规则圆齿以至牙齿；基部渐狭成柄，叶脉在上面凹陷，下面隆起。花梗长0.5~3 cm，弯曲而后上升，在茎顶部略排列成总状花序，或几全部单生叶腋而分散在茎上；萼长1~1.5 cm，密被多细胞长柔毛和白色长毛，具10条隆起的脉；萼齿5枚，矩圆状披针形或卵状披针形，长0.5~0.6 cm，宽0.2~0.3 cm，稀前方2枚各又开裂而使萼齿总数达7枚；花冠长3~4.5 cm；花冠筒多少弓曲，外面紫红色，被多细胞长柔毛；花冠裂片5枚，先端钝或微凹，内面黄紫色，外面紫红色，两面均被多细胞长柔毛，长5~7 mm，宽4~10 mm；雄蕊4；药室基部叉开而排成一直线，子房幼时2室，老时因隔膜撕裂而成1室，无毛；花柱顶部扩大成2枚片状柱头。蒴果卵形至长卵形，长1~1.5 cm。花、果期4~7月。

徂徕山各林区均产。生于荒坡、墙边、路旁等处，也有栽培。国内分布于辽宁、河北、河南、山东、山西、陕西、甘肃、内蒙古、江苏、湖北等省份。

根茎可药用。

10. 松蒿属 Phtheirospermum Bunge

一年生或多年生草本，全体密被黏质腺毛。茎单出或成丛。叶对生，有柄或无柄，如有柄则叶片基部常下延成狭翅；叶片1~3回羽状分裂；小叶片卵形、矩圆形或条形。花具短梗。生于上部叶腋，成疏总状花序，无小苞片；萼钟状，5裂；萼齿全缘至羽状深裂；花冠黄色至红色，花冠筒状，具2褶襞，上部扩大，5裂，裂片成二唇形；上唇较短，直立，2裂，裂片外卷；下唇较长而平展，3裂；雄蕊4枚，二强，前方1对较长，内藏或多少露于筒口；花药无毛或疏被绵毛；药室2枚，相等，分离，并行，而有1短尖头；子房长卵形，花柱顶部匙状扩大，浅2裂。蒴果压扁，具喙，室背开裂；裂片全缘。种子具网纹。

3种。分布于亚洲东部。中国2种。徂徕山1种。

1. 松蒿（图731）

Phtheirospermum japonicum（Thunb.）Kanitz
Exp. Asiae Orient. 12. 1878.

一年生草本，高达100 cm，但有时高仅5 cm即开花，植体被多细胞腺毛。茎直立或弯曲上升，常多分枝。叶柄长5~12 mm，有狭翅，叶片长三角状卵形，长15~55 mm，宽8~30 mm，近基部的羽状全裂，向上则为羽状深裂；小裂片长卵形或卵圆形，多少歪斜，边缘具重锯齿或深裂，长4~10 mm，宽2~5 mm。花梗长2~7 mm，萼长4~10 mm，萼齿5，叶状，披针形，长2~6 mm，宽1~3 mm，羽状浅裂至深裂，裂齿先端锐尖；花冠紫红色至淡紫红色，长8~25 mm，外面被柔毛；上唇裂片三角状卵形，下唇裂片先端圆钝；花丝基部疏被长柔毛。蒴果卵形，长6~10 mm。种子卵圆形，扁平，长约1.2 mm。花、果期6~10月。

徂徕山各山地林区均产。生于山坡灌丛阴处。国内分布于除新疆、青海以外各省份。朝鲜、日本及俄罗斯远东地区也有。

图731 松蒿
1. 根；2. 植株上部；3. 花；4. 花冠展开；
5. 雌蕊；6. 果实

11. 马先蒿属 Pedicularis Linn.

一年生或多年生草本，常为半寄生或半腐生。茎常中空，叶互生、对生与轮生；花序总状或穗状、头状。萼管状或坛状，不裂或在远轴一面开裂，齿5，或退化为2；花冠二唇状，瓣片5，远轴3枚结合为下唇，近轴2枚瓣片结合为上唇或盔瓣；雄蕊4枚，二强，药室分离；花柱细长，胚珠4至多数，横生。蒴果卵圆形，两室相等或不等而歪斜，常具喙，室背开裂；种子卵形或长圆形，直或肾形弓曲，少为球形，有网状或蜂窝状孔纹或条纹。

约600种，产北半球，多数种类生于寒带及高山上。中国352种，主要分布于西南部。徂徕山1种。

1. 返顾马先蒿（图 732，彩图 76）

Pedicularis resupinata Linn.

Sp. Pl. 2: 608. 1753.

多年生草本，高 30~70 cm，直立。根多数，细长而纤维状。茎常单出，上部多分枝，中空，有棱，有疏毛或几无毛。叶密生，均茎出，互生或中下部者对生，叶柄长 2~12 mm，上部之叶近无柄；叶片膜质至纸质，卵形至长圆状披针形，基部广楔形或圆形，边缘有钝圆重锯齿，齿上有浅色的胼胝或刺状尖头，且常反卷，长 25~55 mm，宽 10~20 mm，向上渐小而变为苞片，两面无毛或有疏毛。花单生于茎枝顶端的叶腋，无梗或有短梗；萼长 6~9 mm，长卵圆形，多少膜质，脉有网结，几无毛，前方深裂，齿仅 2 枚，宽三角形，全缘或略有齿，光滑或有微缘毛。花冠长 20~25 mm，淡紫红色，管长 12~15 mm，伸直，近端处略扩大，自基部起即向右扭旋，使下唇及盔部成为回顾之状，盔的直立部分与花管同一指向，在此部分以上作两次多少膝盖状弓曲，下唇稍长于盔，以锐角开展，3 裂，中裂较小，略向前凸出，广卵形；雄蕊花丝前面 1 对有毛；柱头伸出于喙端。蒴果斜长圆状披针形，长 11~16 mm，稍长于萼。花期 6~8 月；果期 7~9 月。

图 732 返顾马先蒿
1. 植株下部；2. 植株上部；3. 花

产于上池、马场等地。生于湿润草地及林缘。中国分布极广，东北地区及内蒙古、山东、河北、山西、陕西、安徽、甘肃、四川、贵州等省份均有。也分布于欧洲、蒙古、朝鲜、日本等地。

12. 阴行草属 Siphonostegia Benth.

一年生直立草本，密被短毛或腺毛。茎中空，基部多少木质化，上部常多分枝，分枝对生。叶对生。总状花序生于茎枝顶端；花对生、疏稀。苞片不裂或叶状而具深裂；花梗顶端具 1 对线状披针形小苞片；萼管筒状钟形而长，具 10 脉，主脉间的间部膜质，开花时多少在脉间褶迭，无网纹，齿 5 枚，近相等，披针形；花冠二唇形，花管细直，上部稍膨大，与萼管等长或稍超出，盔（上唇）略作镰状弓曲，额部圆，顶端向前下方成针截形，截头上角或下角有短齿 1 对，下唇约与上唇等长，3 裂，裂片近于相等，卵形或宽三角形，有急尖头，褶襞显著或隆起成瓣状，多少被毛；雄蕊二强，前方的 1 对花丝较短。着生部位较高，花丝全被毛或仅基部被毛，花药 2 室，背着，药室狭长圆形，纵裂，开裂后常成新月状弯曲；子房 2 室，具中轴胎座，胚珠多数，柱头头状，顶端不凹或微凹，花柱同雄蕊稍外伸。蒴果黑色，卵状长椭圆形，被包于宿存的萼管内；种子多数，长卵圆形，种皮沿一侧具 1 条龙骨状而肉质透明的厚翅。

4 种，1 种产小亚细亚，3 种分布于中亚与东亚。中国 2 种。徂徕山 1 种。

1. 阴行草（图733）

Siphonostegia chinensis Benth.

Beechey Voy. 203. 1837.

一年生草本，高30~60 cm，全株被短毛。茎中空，基部常有宿存膜质鳞片，上部多分枝；枝对生。叶对生，无柄或有短柄；叶片厚纸质，广卵形，长8~55 mm，宽4~60 mm，2回羽状全裂，裂片约3对，下方2枚羽状分裂，小裂片1~3枚，外侧者较长，内侧裂片较短或无，线形或线状披针形，宽1~2 mm，锐尖，全缘。花对生于茎枝上部或假对生，构成疏稀总状花序；苞片叶状，羽状深裂或全裂；花梗长1~2 mm，纤细，有1对线形小苞片；花萼管长10~15 mm，10条主脉凸出；齿5枚，长为萼管的1/4~1/3，线状披针形或卵状长圆形，近相等，全缘或偶有1~2锯齿。花冠上唇红紫色，下唇黄色，长22~25 mm，花管伸直，长12~14 mm；雄蕊二强，着生于花管中上部，前方1对花丝较短，花药2室，长椭圆形，背着，纵裂；子房长卵形，柱头头状，常伸出于盔外。蒴果被包于宿存的萼内，约与萼管等长，披针状长圆形；种子多数，黑色，长卵圆形。花期6~8月。

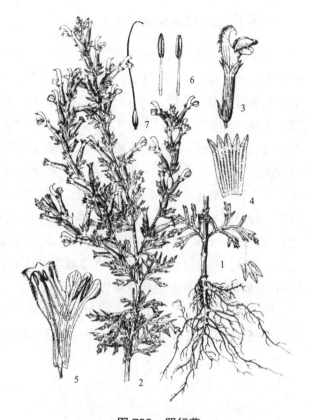

图733 阴行草
1.植株下部；2.植株上部；3.花；4.花萼展开；
5.花冠展开；6.雄蕊；7.雌蕊

徂徕山各山地林区均产。中国分布甚广，东北、华北、华中、华南、西南地区及内蒙古等省份都有分布。日本、朝鲜、俄罗斯也有分布。

109. 列当科 Orobanchaceae

寄生草本，不含或几乎不含叶绿素。茎常不分枝或少数种有分枝。叶鳞片状，螺旋状排列，或在茎的基部排列密集成近覆瓦状。花多数，沿茎上部排列成总状或穗状花序，或簇生于茎端成近头状花序，极少花单生茎端；苞片1枚，常与叶同形，苞片上方有2枚小苞片或无小苞片。花两性，雌蕊先熟。花萼筒状、杯状或钟状，顶端4~5裂，偶6裂，或花萼2深裂至基部而萼裂片全缘或顶端又2齿裂，或花萼佛焰苞状而一侧裂至近基部，或萼片离生，3枚，或花萼不存在。花冠左右对称，常弯曲，二唇形，上唇龙骨状、全缘或拱形，顶端微凹或2浅裂，下唇顶端3裂，或花冠筒状钟形或漏斗状，顶端5裂而裂片近等大。雄蕊4，二强，着生于花冠筒中部或中部以下，与花冠裂片互生，花丝纤细，花药2室，平行，纵向开裂，或花药1室发育而另1室不存在或退化成距状物。雌蕊由2或3合生心皮组成，子房上位，侧膜胎座常2、3、4或6，极稀为10，偶中轴胎座，子房不完全2室，胚珠2~4枚或多数，倒生，花柱细长，柱头膨大，盾状、圆盘状或2~4浅裂。蒴果室背开裂，常2瓣裂，稀3瓣裂。种子细小，种皮具凹点或网状纹饰，胚乳肉质。

15属约150多种，主要分布于北温带，少数种分布到非洲、大洋洲、亚洲和美洲。中国9属42种，主要分布于西部。徂徕山1属1种。

1. 列当属 Orobanche Linn.

多年生、二年生或一年生肉质寄生草本。植株常被蛛丝状长绵毛、长柔毛或腺毛，极少近无毛。茎常不分枝或有分枝，圆柱状，常在基部稍增粗。叶鳞片状，螺旋状排列，或生于茎基部的叶通常紧密排列成覆瓦状，卵形、卵状披针形或披针形。花多数，排列成穗状或总状花序，极少单生于茎端；苞片1枚，常与叶同形，苞片上方有2枚小苞片或无，小苞片常贴生于花萼基部，极少生于花梗上，无梗或具极短的梗。花萼杯状或钟状，顶端4浅裂或近4~5深裂，或花萼2深裂至基部或近基部。花冠弯曲，二唇形，上唇龙骨状、全缘，或成穹形而顶端微凹或2浅裂，下唇顶端3裂，短于、近等于或长于上唇。雄蕊4枚，二强，内藏，花丝纤细，着生于花冠筒的中部以下，基部常增粗并被柔毛或腺毛，稀近无毛，花药2室，平行，能育，卵形或长卵形，无毛或被短柔毛或被长柔毛。雌蕊由2合生心皮组成，子房上位，1室，侧膜胎座4，具多数倒生胚珠，花柱伸长，常宿存，柱头膨大，盾状或2~4浅裂。蒴果卵球形或椭圆形，2瓣裂。种子小，多数，长圆形或近球形，种皮表面具网状纹饰，网眼底部具细网状纹饰或具蜂巢状小穴。

约100多种，主要分布于北温带，少数种分布到中美洲南部和非洲东部及北部。中国25种，大多数分布于西北部，少数分布到北部、中部及西南部等地。徂徕山1种。

1. 列当（图734）

Orobanche coerulescens Steph.

Willd. Sp. Pl. 3: 349. 1800.

二年生或多年生寄生草本，株高15~40 cm。全株密被蛛丝状长绵毛。茎直立，不分枝，具明显条纹，基部常稍膨大。叶干后黄褐色，生于茎下部的较密集，上部的渐变稀疏，卵状披针形，长1.5~2 cm，宽5~7 mm，连同苞片和花萼外面及边缘密被蛛丝状长绵毛。花多数，排列成穗状花序，长10~20 cm，顶端钝圆或呈锥状；苞片与叶同形并近等大，先端尾状渐尖。花萼长1.2~1.5 cm，2深裂达近基部，每裂片中部以上再2浅裂，小裂片狭披针形，长3~5 mm，先端长尾状渐尖。花冠深蓝色、蓝紫色或淡紫色，长2~2.5 cm，筒部在花丝着生处稍上方缢缩，口部稍扩大；上唇2浅裂，极少顶端微凹，下唇3裂，裂片近圆形或长圆形，中间的较大，顶端钝圆，边缘具不规则小圆齿。雄蕊4枚，花丝着生于筒中部，长1~1.2 cm，基部略增粗，常被长柔毛，花药卵形，长约2 mm，无毛。雌蕊长1.5~1.7 cm，子房椭圆体状或圆柱状，花柱与花丝近等长，常无毛，柱头常2浅裂。蒴果卵状长圆形或圆柱形，干后深褐色，长约1 cm，直径0.4 cm。种子多数，干后黑褐色，不规则椭圆形

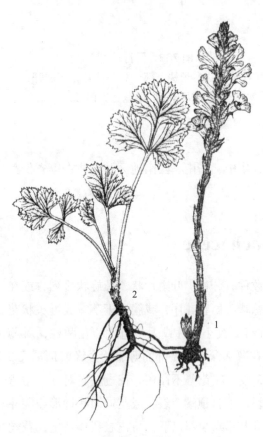

图734 列当
1. 植株；2. 寄主

或长卵形，表面具网状纹饰，网眼底部具蜂巢状凹点。花期4~7月；果期7~9月。

产于中军帐等林区。生于沟边草地，通常寄生于蒿属 Artemisia Linn. 植物的根上。中国广泛分布于东北、华北、西北地区及山东、湖北、四川、云南、西藏等省份。朝鲜、日本，俄罗斯的高加索、

西伯利亚、远东及中亚地区也有分布。

全草药用，有补肾壮阳、强筋骨、润肠之效，主治阳痿、腰酸腿软、神经官能症及小儿腹泻等。外用可消肿。

110. 苦苣苔科 Gesneriaceae

多年生草本或灌木，稀乔木、一年生草本或藤本。单叶，不分裂，稀羽状分裂或为羽状复叶，对生或轮生，或基生成簇，稀互生，无托叶。花序通常为双花聚伞花序，或为单歧聚伞花序，稀总状花序。花两性，左右对称，少辐射对称。花萼（4）5全裂或深裂，裂片镊合状排列，稀覆瓦状排列。花冠辐状或钟状，檐部（4）5裂，檐部多少二唇形。雄蕊4~5，与花冠筒多少愈合，通常有1或3枚退化；花药2室，药室平行、略叉开或极叉开。花盘位于花冠及雌蕊之间，环状或杯状，或由1~5个腺体组成。雌蕊由2枚心皮构成，子房上位、半下位或下位，1室，侧膜胎座，胚珠多数，倒生；花柱1条，柱头2或1。果实线形、长圆形、椭圆球形或近球形，通常为蒴果，室背开裂或室间开裂。种子多数，椭圆形或纺锤形，有或无胚乳，胚直。

约133属3000余种，分布于亚洲东部和南部、非洲、欧洲南部、大洋洲、南美洲及墨西哥的热带至温带地区。中国56属约442种，自西藏、云南、华南地区至河北及辽宁广布。徂徕山1属1种。

1. 旋蒴苣苔属 Boea Comm. ex Lam.

无茎或有茎草本。根状茎木质化。叶对生，有时螺旋状，被单细胞长柔毛。聚伞花序伞状，腋生，少至多花；苞片小，不明显。花萼钟状，5裂至基部。花冠白色、蓝色、紫色，狭钟形，5裂近相等或明显二唇形，上唇2裂，短于下唇，下唇3裂。雄蕊2，着生于花冠基部之上，位于下（前）方一侧，花丝不膨大，花药大，椭圆形，顶端连着，药室2，汇合，极叉开；退化雄蕊2~3枚。花盘不明显。子房长圆形，花柱细，与子房等长或短于子房，柱头1，头状。蒴果螺旋状卷曲。

约20种，分布于中国及印度东部、缅甸、中南半岛、马来西亚、澳大利亚至波利尼西亚。中国3种，分布于中南、华东地区及河北、辽宁、山西、陕西、四川和贵州。徂徕山1种。

1. 旋蒴苣苔（图735）

Boea hygrometrica (Bunge) R. Brown

Benn. Pl. Jav. Rar. 120. 1840.

多年生草本。叶基生，莲座状，无柄，近圆形、卵圆形，长1.8~7 cm，宽1.2~5.5 cm，两面被贴伏长柔毛，顶端圆，边缘具牙齿或波状浅齿，叶脉不明显。聚伞花序伞状，2~5条，每花序具2~5花；花序梗长10~18 cm，被淡褐色短柔毛和腺状柔毛；苞片2，不明显；花梗长1~3 cm，被短柔毛。花萼钟状，5裂至近基部，裂片稍不等，上唇2枚略小，线状披

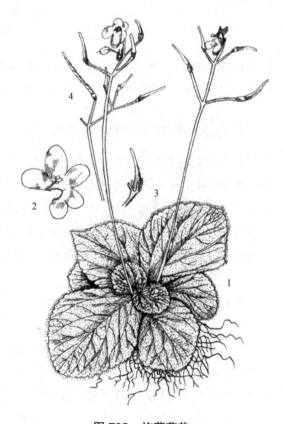

图735 旋蒴苣苔
1.植株；2.花冠展开；3.花萼及雌蕊；4.蒴果

针形，长 2~3 mm，宽约 0.8 mm，外面被短柔毛，顶端钝，全缘。花冠淡蓝紫色，长 8~13 mm，直径 6~10 mm，外面近无毛；筒长约 5 mm；檐部稍二唇形，上唇 2 裂，裂片相等，长圆形，长约 4 mm，比下唇裂片短而窄，下唇 3 裂，裂片宽卵形或卵形，长 5~6 mm，宽 6~7 mm。雄蕊 2，花丝扁平，长约 1 mm，无毛，着生于距花冠基部 3 mm 处，花药卵圆形，长约 2.5 mm，顶端连着，药室 2，顶端汇合；退化雄蕊 3。无花盘。雌蕊长约 8 mm，不伸出花冠外，子房卵状长圆形，长约 4.5 mm，直径约 1.2 mm，被短柔毛，花柱长约 3.5 mm，无毛，柱头 1，头状。蒴果长圆形；长 3~3.5 cm，直径 1.5~2 mm，外面被短柔毛，螺旋状卷曲。种子卵圆形。花期 7~8 月；果期 9 月。

徂徕山各山地林区均产。生于山坡路旁岩石上。分布于浙江、福建、江西、广东、广西、湖南、湖北、河南、山东、河北、辽宁、山西、陕西、四川及云南。

全草药用，味甘，性温，治中耳炎、跌打损伤等。

111. 胡麻科 Pedaliaceae

一年生或多年生草本，稀灌木。叶对生或生于上部的互生，全缘、有齿缺或分裂。花左右对称，单生叶腋或组成顶生的总状花序，稀簇生；花梗短，苞片缺或极小。花萼 4~5 深裂。花冠筒状，一边肿胀，呈不明显二唇形，檐部裂片 5，蕾时覆瓦状排列。雄蕊 4 枚，二强，常有 1 退化雄蕊。花药 2 室，内向，纵裂。花盘肉质。子房上位或很少下位，2~4 室，很少为假 1 室，中轴胎座，花柱丝形，柱头 2 浅裂，胚珠多数，倒生。蒴果不开裂，常覆以硬钩刺或翅。种子多数，具薄肉质胚乳及小型劲直的胚。

13~14 属约 62~85 种，分布于旧大陆热带与亚热带的沿海地区及沙漠地带。中国 2 属 2 种。徂徕山 2 属 2 种。

分属检索表

1. 具 4 枚能育雄蕊；子房上位；蒴果 2~4 瓣开裂；陆生植物 ··· 1. 胡麻属 Sesamum
1. 具 2 枚能育雄蕊；子房下位；果实不开裂；水生植物 ·· 2. 茶菱属 Trapella

1. 胡麻属 Sesamum Linn.

直立或匍匐草本。叶生于下部的对生，其他的互生或近对生，全缘、有齿缺或分裂。花腋生，单生或数朵丛生，具短柄，白色或淡紫色。花萼小，5 深裂。花冠筒状，基部稍肿胀，檐部裂片 5，圆形，近轴的 2 枚较短。雄蕊 4，二强，着生于花冠筒近基部，花药箭头形，药室 2。花盘微凸。子房 2 室，每室再由 1 假隔膜分为 2 室，每室具有多数叠生的胚珠。蒴果矩圆形，室背开裂为 2 果瓣。种子多数。

约 21 种，分布于热带非洲和亚洲。中国南北各省份栽培 1 种。徂徕山 1 种。

1. 芝麻（图 736）

Sesamum indicum Linn.

Sp. Pl. 634. 1753.

一年生直立草本。高 60~150 cm，分枝或不分枝，中空或具有白色髓部，微有毛。叶矩圆形或卵形，长 3~10 cm，宽 2.5~4 cm，下部叶常掌状 3 裂，中部叶有齿缺，上部叶近全缘；叶柄长 1~5 cm。花单生或 2~3 朵同生于叶腋内。花萼裂片披针形，长 5~8 mm，宽 1.6~3.5 mm，被柔毛。花冠长 2.5~3 cm，筒状，直径 1~1.5 cm，长 2~3.5 cm，白色而常有紫红色或黄色的彩晕。雄蕊 4，内藏。子房上位，4 室，被柔毛。蒴果矩圆形，长 2~3 cm，直径 6~12 mm，有纵棱，直立，被毛，分裂至中部或至基部。种子有黑白之分。花期夏末秋初。

徂徕山各林区均有栽培。原产印度。中国汉时引入，栽培极广、历史悠久。

种子含油分55%，除供食用外，又可榨油，油供食用，亦供药用，作为软膏基础剂、黏滑剂、解毒剂。

2. 茶菱属 Trapella Oliv.

浮水草本。叶对生，浮水叶三角状圆形至心形，沉水叶披针形。花单生于叶腋；果期花梗下弯。萼齿5，萼筒与子房合生。花冠漏斗状，檐部广展，二唇形。雄蕊2，内藏。子房下位，2室，上室退化，下室有胚珠2枚。果实狭长，不开裂，有种子1粒；果顶端具锐尖的3长2短的钩状附属物。

1~2种，分布于亚洲东部。中国1种，分布于东北地区及河北、安徽、江苏、浙江、福建、湖南、湖北、广西。徂徕山1种。

1. 茶菱（图737）

Trapella sinensis Oliv.

Hook. Icon. Pl. 14: pl. 1595. 1887.

多年生水生草本。根状茎横走。茎绿色，长达60 cm。叶对生，表面无毛，背面淡紫红色；沉水叶三角状圆形至心形，长1.5~3 cm，宽2.2~3.5 cm，顶端钝尖，基部呈浅心形；叶柄长1.5 cm。花单生于叶腋内，在茎上部叶腋多为闭锁花；花梗长1~3 cm，花后增长。萼齿5，长约2 mm，宿存。花冠漏斗状，淡红色，长2~3 cm，直径2~3.5 cm，裂片5，圆形，薄膜质，具细脉纹。雄蕊2，内藏，花丝长约1 cm，药室2，极叉开，纵裂。子房下位，2室，上室退化，下室有胚珠2枚。蒴果狭长，不开裂，有种子1粒，顶端有锐尖、3长2短的钩状附属物，其中3枚长的附属物可达7 cm，顶端卷曲成钩状，2枚短的长0.5~2 cm。花期6月。

产于西旺林区。生于河边浅水。国内分布于东北地区及河北、安徽、江苏、浙江、福建、湖南、湖北、江西、广西。朝鲜、日本、俄罗斯远东地区也有分布。

图736 芝麻
1. 植株上部；2. 花；3. 花冠展开；4. 雄蕊；5. 雌蕊；6. 果实

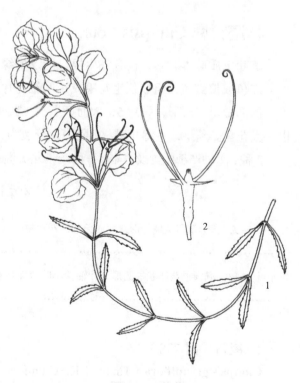

图737 茶菱
1. 植株；2. 果实

112. 紫葳科 Bignoniaceae

乔木、灌木或木质藤本，稀草本；常具有各式卷须及气生根。叶对生、互生或轮生，单叶或羽叶复叶，稀掌状复叶；顶生小叶或叶轴有时呈卷须状，卷须顶端有时变为钩状或为吸盘而攀缘它物；无托叶或具叶状假托叶；叶柄基部或脉腋处常有腺体。花两性，左右对称，通常大而美丽，组成顶生、腋生的聚伞花序、圆锥花序或总状花序或总状式簇生，稀老茎生花；苞片及小苞片存在或早落。花萼钟状、筒状、平截或具 2~5 齿，或具钻状腺齿。花冠合瓣，钟状或漏斗状，常二唇形，5 裂，裂片覆瓦状或镊合状排列。能育雄蕊通常 4 枚，具 1 枚后方退化雄蕊，有时能育雄蕊 2 枚，具或不具 3 枚退化雄蕊，稀 5 枚雄蕊均能育，着生于花冠筒上。花盘存在，环状，肉质。子房上位，2 室稀 1 室，或因隔膜发达而成 4 室；中轴胎座或侧膜胎座；胚珠多数，叠生；花柱丝状，柱头二唇形。蒴果，室间或室背开裂，形状各异，光滑或具刺，常下垂，稀为肉质不开裂；隔膜各式，圆柱状、板状增厚，稀为"十"字形，与果瓣平行或垂直。种子通常具翅或两端有束毛，薄膜质，极多数，无胚乳。

116~120 属 650~750 种，广布于热带、亚热带地区，少数产于温带。中国 12 属 35 种，主要分布于南部各省份，另引入栽培多个属种。徂徕山 3 属 6 种。

分属检索表

1. 乔木或木质藤本。
  2. 藤本；羽状复叶对生；雄蕊 4，二强···1. 凌霄属 Campsis
  2. 乔木；单叶对生，稀 3 叶轮生；可育雄蕊 2···2. 梓树属 Catalpa
1. 草本，单叶或 1~3 回羽状分裂···3. 角蒿属 Incarvillea

1. 凌霄属 Campsis Lour.

落叶木质藤本。茎、枝有气生根，借以攀缘他物上。奇数羽状复叶，对生，小叶有粗锯齿。花大，红色或橙红色，组成顶生花束或短圆锥花序。花萼钟状，近革质，不等的 5 裂。花冠钟状漏斗形，檐部微呈二唇形，裂片 5，大而开展，半圆形。雄蕊 4，二强，弯曲，内藏。子房 2 室，基部围以一大花盘。蒴果，室背开裂，由隔膜上分裂为 2 果瓣。种子多数，扁平，有半透明的膜质翅。

2 种，1 种产于中国及日本，1 种产于北美洲，另有 1 杂交种。徂徕山 2 种。

分种检索表

1. 小叶 7~9，卵形至卵状披针形，两面无毛；花萼有纵棱 5 条，裂片披针形或卵状披针形，与萼筒近等长··1. 凌霄 Campsis grandiflora
1. 小叶 9~13，椭圆形至卵状椭圆形，叶轴及小叶背面均有柔毛；花萼无纵棱，裂片卵状三角形，长约为萼筒的 1/3··2. 美国凌霄 Campsis radicans

1. 凌霄（图 738）

Campsis grandiflora (Thunb.) K.Schum.

Nat. Pflanzenfam. 4 (3b): 230. 1894.

落叶木质藤本，借气根攀缘。奇数羽状复叶，对生，小叶 7~9；小叶卵形至卵状披针形，长 3~7 cm，宽 1.5~3 cm，先端尾状渐尖，基部阔楔形或近圆形，两面无毛，边缘有疏锯齿。顶生圆锥花序；花萼钟状，长约 3 cm，5 裂至萼筒中部，裂片披针形；花冠漏斗状钟形，外面橙黄色，里面橙红色，长 6~7 cm，径约 7 cm，5 裂，裂片卵形；雄蕊 4，二强，退化雄蕊 1，花丝着生于冠筒基部；雌蕊生于花盘中央，花柱 1，柱头 2 裂。蒴果，长 10~20 cm，径约 1.5 cm，基部狭缩成柄状，顶端钝，沿缝线有龙骨状突起；种子扁平，略为心形，棕色，翅膜质。花期 6~9 月；果期 10 月。

光华寺、王庄等地有少量栽培。国内分布于长江流域各地，以及河北、山东、河南、福建、广东、广西、陕西。日本也有分布，越南、印度、巴基斯坦均有栽培。

花大而色艳，花期长，为优良园林绿化树种。花、根、茎药用，有活血通经、利尿祛风作用。

2. 美国凌霄（图 739）

Campsis radicans（Linn.）Seem.

Journ. Bot. 5: 372. 1867.

落叶木质藤本，借气生根攀缘，长达 10 m。小叶 9~11 枚，卵状长圆形或椭圆状披针形，长 3.5~6.5 cm，宽 2~4 cm，顶端尾状渐尖，基部楔形至圆形，边缘有不整齐的疏锯齿，上面深绿色，下面淡绿色，下面沿脉密生白毛。顶生圆锥花序；花萼钟状，长约 2 cm，口部直径约 1 cm，5 浅裂至萼筒的 1/3 处，裂片齿卵状三角形，外向微卷，无凸起的纵肋。花冠筒细长，漏斗状，橙红色至鲜红色，筒部为花萼长的 3 倍，6~9 cm，直径约 4 cm。蒴果长圆柱形，长 8~12 cm，顶端具喙尖，沿缝线具龙骨状突起，粗约 2 mm，具柄，硬壳质。花期 7~9 月；果期 10 月。

普遍栽培。原产北美洲。中国各地栽培作庭园观赏植物。

2. 梓树属 Catalpa Scop.

落叶乔木。单叶对生或 3 叶轮生，全缘或有裂片，基部 3~5 脉，叶下面脉腋通常有紫黑色腺点。顶生聚伞状圆锥花序或伞房花序；花两性；花萼 2 裂；花冠钟形，5 裂，二唇形，开展，上唇 2 裂，下唇 3 裂，裂片边缘波状；雄蕊 5，其中退化雄蕊 3，短小，花盘明显或缺；子房上位，2 室，胚珠多数。蒴果长圆柱形，果瓣革质 2 裂；

图 738 凌霄

1. 花枝；2. 去掉花冠的花；3. 花冠展开

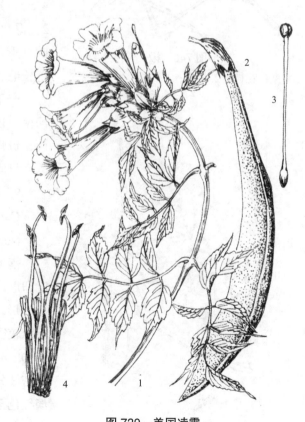

图 739 美国凌霄

1. 花枝；2. 果实；3. 雌蕊；4. 花冠展开（示雄蕊）

种子2~4列，扁平；种子两端有束毛。

约13种，分布于美洲及亚洲。中国4种，除南方外各省份都有分布。徂徕山3种。

分种检索表

1. 伞房花序或总状花序；花淡红色至淡紫色。
   2. 叶三角状卵心形；花序少花，第2次分枝简单；叶片及花序无毛 ················· 1. 楸 Catalpa bungei
   2. 叶卵形；花序有较多的花，第2次分枝复杂；叶片及花序有毛 ··············· 2. 灰楸 Catalpa fargesii
1. 聚伞圆锥花序或圆锥花序；花淡黄色 ··· 3. 梓 Catalpa ovata

1. 楸（图740）

Catalpa bungei C. A. Mey.

Bull. Acad. Sci. St. Petersb. 2: 49. 1837.

乔木，高达30 m。树皮灰褐色，纵裂；小枝紫褐色，光滑。叶对生或3叶轮生，叶三角状卵形或长卵形，长6~13 cm，宽5~11 cm，先端长渐尖，基部截形或宽楔形，全缘或下部边缘有1~2对尖齿或裂片，上面深绿色，下面淡绿色，基部脉腋有2紫色腺斑，两面无毛；叶柄长2~8 cm。总状花序呈伞房状，顶生，有3~12花；花两性；萼2裂，裂片卵圆形，先端尖，紫绿色；花冠二唇形，白色，上唇2裂，下唇3裂，密生紫色斑点及条纹，呈淡红色，长约4 cm，冠幅3~4 cm；雄蕊5，与花冠裂片互生，发育雄蕊2，退化雄蕊3；子房圆柱形，花柱1，柱头2裂。蒴果细圆柱形，长20~50 cm，径5~6 mm；种子多数，两端有白色长毛。花期5~6月；果期6~10月。

图740 楸
1. 花枝；2. 果实；3. 花冠；4. 种子

产于大寺、徂徕、磅石峪等林区。国内分布于河北、河南、山东、山西、陕西、甘肃、江苏、浙江、湖南、广西、贵州、云南栽培。

材质优良，纹理美观，为高级家具用材。

2. 灰楸（图741）

Catalpa fargesii Bureau

Nouv. Arch. Mus. Hist. Nat. Paris ser. 3. 6: 195. 1894.

落叶乔木，高达25 m。幼枝、花序、叶等有分枝毛。叶卵形，长10~20 cm，宽8~13 cm，先端渐尖，基部截形至微心形，侧脉4~5对，基部三出脉，幼叶上面微有分枝毛，下面较密，后渐脱落，全缘，基部脉腋有紫色腺斑；叶柄长3~10 cm。顶生圆锥花序，有7~15花、花萼、花梗、花序轴均密被分枝毛；萼2裂，先端突尖，长约1 cm，绿色；花冠淡红色至淡紫色，长3~3.5 cm，冠幅略相等地，内有紫色斑点及条纹，下唇腹部有黄斑；雄蕊5，其中退化雄蕊3；子房上位，柱头2裂。蒴果长55~80 cm，径约5.5 mm；种子

图741 灰楸
1. 花枝；2. 果实；3. 种子

两端有白色长毛。花期5月；果期6~10月。

产于磻石峪、光华寺。国内分布于陕西、甘肃、河北、山东、河南、湖北、湖南、广东、广西、四川、贵州、云南等省份。

材质较楸树稍差，适于制作家具、船舶等。

3. 梓（图742）

Catalpa ovata G. Don

Gen. Syst. Gard. Bot. 4: 230. 1837.

落叶乔木，高达15 m。叶阔卵圆形，长宽近相等，长达20 cm，先端常3裂，基部微心形，叶两面有疏毛或近无毛，全缘，基部掌状脉5~7，侧脉4~6对，基部脉腋有紫色腺斑；叶柄长6~18 cm。顶生圆锥花序，花淡黄白色，有条纹及紫色斑点，长约2.5 cm，径约2 cm；雄蕊5，能育雄蕊2，蒴果圆柱形，细长，下垂，长约30 cm；种子长椭圆形，长6~8 mm，两端有平展的长毛。花期5~6月；果期7~8月。

产于大寺、马场、光华寺等林区。国内分布于长江流域及以北地区。日本也有分布。

木材白色稍软，适于作家具、乐器用。叶、根内白皮药用，有利尿作用。速生树种，可作行道树。

3. 角蒿属 Incarvillea Juss.

一年生或多年生草本，直立或匍匐，植株具茎或无茎。叶基生或互生，单叶或1~3回羽状分裂。总状花序顶生。花萼钟状，萼齿5，三角形渐尖或圆形突尖，稀基部膨大成腺体。花冠红色或黄色，漏斗状，多少二唇形，裂片5，圆形，开展。雄蕊4，二强，内藏，花药无毛，"丁"字形着生，基部具矩。花盘环状。子房无柄，2室，胚珠多数，在每胎座上1~2列，花柱线形，柱头扁平，扇状，2裂。蒴果长圆柱形，直或弯曲，渐尖，有时有四至六棱。种子较多，细小，扁平，两端或四周有白色透明膜质翅或丝状毛。

约16种，分布自中亚，经喜马拉雅山区至东亚。中国12种。徂徕山1种。

1. 角蒿（图743，彩图77）

Incarvillea sinensis Lam.

Encycl. 3: 243. 1789.

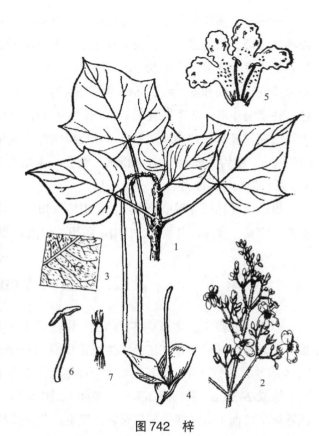

图742 梓

1. 果枝；2. 花序；3. 叶背面；4. 花萼和雌蕊；
5. 花冠展开；6. 雄蕊；7. 种子

图743 角蒿

1. 植株上部；2. 根；3. 叶子；4. 花萼；5. 花萼展开；
6. 花冠展开；7. 雄蕊的两面观；8. 雌蕊；9. 果实

一年生至多年生草本，具分枝的茎，高达 80 cm；根近木质。叶互生，不聚生于茎的基部，2~3回羽状细裂，形态多变异，长 4~6 cm，小叶不规则细裂，末回裂片线状披针形，具细齿或全缘。顶生总状花序，疏散，长达 20 cm；花梗长 1~5 mm；小苞片绿色，线形，长 3~5 mm。花萼钟状，绿色并带紫红色，长和宽均约 5 mm，萼齿钻状，萼齿间皱褶 2 浅裂。花冠淡玫瑰色或粉红色，有时带紫色，钟状漏斗形，基部收缩成细筒，长约 4 cm，直径粗 2.5 cm，花冠裂片圆形。雄蕊 4，二强，着生于花冠筒近基部，花药成对靠合。花柱淡黄色。蒴果淡绿色，细圆柱形，顶端尾状渐尖，长 3.5~5.5（10）cm，粗约 5 mm。种子扁圆形，细小，直径约 2 mm，四周具透明的膜质翅，顶端具缺刻。花期 5~9 月；果期 10~11 月。

祖徕山各林区有零星分布。生于山坡、田野。国内分布于东北地区及河北、河南、山东、山西、陕西、宁夏、青海、内蒙古、甘肃、四川、云南、西藏。

113. 狸藻科 Lentibulariaceae

一年生或多年生食虫草本，陆生、附生或水生。茎及分枝常变态成根状茎、匍匐枝、叶器和假根。无真叶，托叶不存在。花单生或排成总状花序；花序梗直立。花两性，虫媒或闭花受精。花萼 2、4 或 5 裂，宿存并常于花后增大。花冠合生，左右对称，檐部二唇形，上唇全缘或 2（3）裂，下唇全缘或 2~3（6）裂，筒部粗短，基部下延成囊状、圆柱状、狭圆锥状或钻形的距。雄蕊 2，着生于花冠筒下（前）方基部，与花冠裂片互生；花丝线形，常弯曲；花药背着。雌蕊 2 心皮；子房上位，1 室，特立中央胎座或基底胎座；胚珠 2 至多数，倒生；柱头 2 裂。蒴果，室背开裂或兼室间开裂。种子细小，种皮具网状突起、疣突、棘刺或倒刺毛，稀平滑。

3 属约 290 种，分布于全球大部分地区。中国 2 属 27 种，广布南北各省份。祖徕山 1 属 1 种。

1. 狸藻属 Utricularia Linn.

一年生或多年生草本。水生、沼生或附生。无真正的根和叶。茎枝变态成匍匐枝、假根和叶器。叶器基生呈莲座状或互生于匍匐枝上，全缘或 1 至多回深裂，末回裂片线形至毛发状。捕虫囊生于叶器、匍匐枝及假根上，卵球形或球形，多少侧扁。花序总状，有时简化为单花，具苞片，小苞片存在时成对着生于苞片内侧；花序梗直立或缠绕，具或不具鳞片。花萼 2 深裂，宿存并多少增大。花冠二唇形，黄色、紫色或白色，稀蓝色或红色；上唇全缘或 2~3 浅裂，下唇全缘或 2~6 浅裂；距囊状、圆锥状、圆柱状或钻形。雄蕊 2，生于花冠下方内面的基部；花丝短，线形或狭线形，常内弯，基部多少合生，上部常膨大；花药极叉开，2 药室多少汇合。子房球形或卵球形，胚珠多数；花柱通常极短；柱头二唇形，下唇通常较大。蒴果球形、长球形或卵球形，仅前方室背开裂（1 侧裂）或前方和后方室背开裂（2 瓣裂）、室背连同室间开裂（4 瓣裂）、周裂或不规则开裂。种子多数，稀少数或单生，球形、卵球形、圆柱形、盘状或双凸镜状等，具网状、棘状或疣状突起，有时具翅，稀具倒钩毛或扁平糙毛。

约 220 种，主产于中美洲、南美洲、非洲、亚洲和大洋洲热带，少数种分布于北温带地区。中国 25 种，主产于长江以南各省份。祖徕山 1 种。

1. 短梗挖耳草（图 744）

Utricularia caerulea Linn.

Sp. Pl. 18. 1753.

陆生小草本。假根少数至多数，丝状，不分枝或分枝。匍匐枝丝状，具稀疏分枝。叶器于开花前凋萎或于花期宿存，基生呈莲座状和散生于匍匐枝上，狭倒卵状匙形，长 5~10 mm，宽 1~1.5 mm，顶端圆，具 1 脉，无毛。捕虫囊少数散生于匍匐枝及侧生于叶器上，卵球形，长 0.7~1.5 mm，侧扁，具柄；口顶生，边缘密生腺毛，上唇具 1 条龙骨状的喙，喙长 0.3~1.5 mm，喙上面疏生而下面密生腺毛，下唇无附属物。花序直立，长 5~44 cm，不分枝或具少数分枝，中部以上具 1~15 朵疏离或密集的花，无毛；花序梗丝状，粗 0.3~1.2 mm，具 1~12 鳞片；苞片与鳞片同形，中部着生，狭长圆状披针形或倒披针形，顶端渐尖，基部渐尖，急尖或钝形，长 2~3 mm；小苞片狭长圆状披针形或线状披针形，长 1~2 mm；花梗于花期直立，果期开展或反折，丝状，长 0.2~1 mm。花萼 2 裂达基部，裂片不相等，密生细小乳突，无毛；上唇卵状长圆形，长 2~3 mm，顶端圆，下唇较短，横椭圆形或圆形。花冠紫色、蓝色、粉红色或白色，喉部常有黄斑，长 4~10 mm；上唇狭卵状长圆形，长于上方萼片，顶端圆或截形，下唇较大，近圆形，顶端微凹，喉凸隆起；距狭圆锥状或近筒状，基部宽圆锥状，伸直或弯曲，通常长于下唇并与其平行或成钝角叉开。雄蕊无毛；花丝线状，近伸直，长约

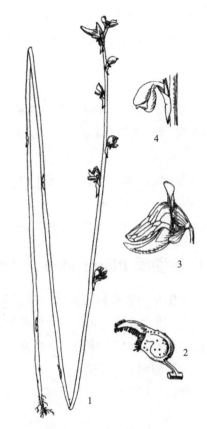

图 744 短梗挖耳草
1. 植株；2. 捕虫囊；3. 花；4. 蒴果

1 mm；药室汇合，具细小的乳突。雌蕊无毛；子房球形；花柱短；柱头下唇圆形，上唇极小，正三角形。蒴果球形或长球形，长 2~3 mm，果皮坚硬且不透明，室背开裂。种子多数，长球形或长圆状椭圆球形，长 0.25~0.3 mm，无毛，散生明显的乳头状突起和稍突起的网纹，网格纵向延长。花期 6 月至翌年春；果期 7 月至翌年春。

产于上池、马场。生于水湿草地。国内分布于山东、江苏、安徽、浙江、江西、福建、台湾、湖南、广东、海南、广西、贵州和云南。也分布于印度、孟加拉国、斯里兰卡、中南半岛、马来西亚、印度尼西亚、菲律宾、日本、朝鲜和澳大利亚。

114. 桔梗科 Campanulaceae

一年生或多年生草本。具根状茎或具茎基，有时具地下块根。稀为灌木、小乔木或草质藤本。大多数种类具乳汁管，分泌乳汁。单叶互生，少对生或轮生。聚伞花序或圆锥花序，或缩成头状花序，有时花单生。花两性，稀单性，多 5 数，辐射对称或两侧对称。花萼 5 裂，筒部与子房贴生，有的贴生至子房顶端，有的仅贴生于子房下部，也有花萼无筒，5 全裂，完全不与子房贴生，花萼裂片常宿存，镊合状排列。花冠合瓣，浅裂或深裂至基部，辐射对称，稀两侧对称，裂片镊合状排列，极少覆瓦状排列，雄蕊 5 枚，与花冠分离，或贴生于花冠筒下部，或花丝下部黏合成筒，或花药联合而花丝分离，或完全联合；花丝基部常扩大成片状，无毛或密生绒毛；花药内向，极少侧向。有上位花盘或无花盘。子房下位或半上位，少上位，2~5（6）室；花柱单一，柱头 2~5（6）裂，胚珠多数，中轴胎座。蒴果，顶端瓣裂或在侧面孔裂，或盖裂，或为不规则撕裂的干果，少为浆果。种子多数，有或

无棱，胚直，具胚乳。

86属约2300种，世界广布，主产温带和亚热带。中国16属约159种。徂徕山3属4种1亚种。

分属检索表

1. 蒴果在顶端（花冠着生处以上部分）瓣裂；柱头裂片较短而不卷曲。
　2. 柱头裂片窄，条形；花萼裂片与花冠着生在同一位置上；聚伞花序或疏散圆锥花序；茎直立………………………………………………………………………………………………………1. 桔梗属 Platycodon
　2. 柱头裂片宽，卵形或矩圆形；花萼裂片与花冠有时不着生在同一位置上；花多单生；茎直立、蔓生或缠绕………………………………………………………………………………………………2. 党参属 Codonopsis
1. 蒴果在基部孔裂；柱头裂片狭长而反卷…………………………………………………………3. 沙参属 Adenophora

1. 桔梗属 Platycodon A. DC.

多年生草本。有白色乳汁。根胡萝卜状。茎直立。叶轮生至互生。花萼5裂；花冠宽漏斗状钟形，5裂；雄蕊5枚，离生，花丝基部扩大成片状，且在扩大部分生有毛；无花盘；子房半下位，5室，柱头5裂。蒴果在顶端（花萼裂片和花冠着生位置之上）室背5裂。种子多数，黑色，一端斜截，一端急尖，侧面有一条棱。

单种属，产亚洲东部。徂徕山1种。

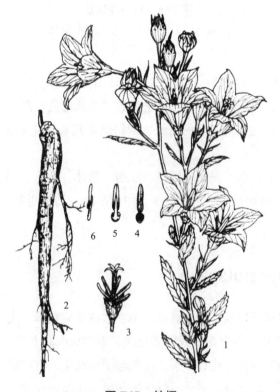

图745 桔梗
1. 植株上部；2. 根；3. 除去花瓣的花；
4~6. 雄蕊正面、背面、侧面观

1. 桔梗（图745）

Platycodon grandiflorus（Jacq.）A. DC.

Monogr. Campan. 125. 1830.

多年生草本，茎高20~120 cm。通常无毛，偶密被短毛。不分枝，极少上部分枝。叶全部轮生、部分轮生至全部互生，无柄或有极短的柄，叶片卵形、卵状椭圆形至披针形，长2~7 cm，宽0.5~3.5 cm，基部宽楔形至圆钝，顶端急尖，上面无毛而绿色，下面常无毛而有白粉，有时脉上有短毛或瘤突状毛，边缘具细锯齿。花单朵顶生，或数朵集成假总状花序，或有花序分枝而集成圆锥花序；花萼筒部半圆球状或圆球状倒锥形，被白粉，裂片三角形或狭三角形，有时齿状；花冠大，长1.5~4 cm，蓝色或紫色。蒴果球状，或球状倒圆锥形、倒卵状，长1~2.5 cm，直径约1 cm。花期7~9月；果期9~11月。

徂徕山各山地林区均产。生于阳处草丛、灌丛中。国内分布于东北、华北、华东、华中地区以及广东、广西、贵州、云南、四川、陕西。朝鲜、日本、俄罗斯远东地区也有分布。

根药用，含桔梗皂甙，有止咳、祛痰、消炎（治肋膜炎）等效。

2. 党参属 Codonopsis Wall.

多年生草本，有乳汁。茎基短，有多数瘤状茎痕，根肥大，圆柱状、圆锥状、纺锤状、块状、球状或念珠状。茎直立或缠绕、攀缘、上升或平卧。叶互生、对生、簇生或假轮生。花单生于主茎与侧枝顶端，与叶柄相对，而较少生于叶腋，有时呈花葶状。花萼5裂，筒部与子房贴生，贴生至子房下部、中部或至顶端，筒部常有10条明显辐射脉；花冠上位，阔钟状、钟状、漏斗状、管状钟形或管状，5浅裂或全裂，裂片在花蕾中镊合状排列，红紫色、蓝紫色、蓝白色、黄绿色或绿色，常有明显的脉或晕斑，雄蕊5，花丝基部常扩大，无毛或不同程度被毛，花药底着，直立，长圆形，药隔无毛或有刺毛；子房下位，至少对花冠而言是下位，通常3室，中轴胎座肉质，每室胚珠多数，花柱无毛或有毛，柱头3裂，较宽阔。蒴果，带有宿存的花萼裂片，下部半球状而上部常有尖喙，或下部长倒锥状而上部较短钝，成熟后先端室背3瓣裂。种子多数，椭圆状、长圆状或卵状，无翼或有翼，光滑或略显网纹，常棕黄色，胚直而富于胚乳。

全属42种，分布于亚洲东部和中部。中国约有40种，全国均产。徂徕山1种。

1. 羊乳（图746）

Codonopsis lanceolata（Sieb. & Zucc.）Trautvetter

Trudy Imp. S.-Peterburgsk. Bot. Sada. 6: 46. 1879.

多年生缠绕草本，长达1~3 m，全株含有乳白色液汁。根粗壮，圆锥形或纺锤形，有少数须根。茎细长缠绕，无毛，略带紫色，有多数短分枝；主茎生小叶，呈菱状狭卵形，互生，无毛；分枝上叶4枚轮生，有柄，狭卵形或菱状卵形，长3~7 cm，宽1.5~3 cm，无毛，先端尖，基部楔形，全缘。花单生于侧枝顶端，有短梗；花萼5裂，裂片三角状披针形，宿存；花冠5裂，宽钟状，黄绿色或紫色，先端反卷；雄蕊5，子房半下位，花柱短，柱头3裂。蒴果扁圆锥形，熟时于顶部3裂。种子多数，淡褐色，具膜质翅。花期7~8月；果期8~9月。

马场有栽培。国内分布于东北、华北、华东和中南地区。俄罗斯远东地区、朝鲜、日本也有分布。

羊乳是中国传统的著名药用植物，具有清热解毒、补虚通乳、舒筋活血、健身补气等功效。

图746 羊乳
1.花、果枝；2.根；3.除去花冠的花
（示花萼、雄蕊、雌蕊和花盘）；
4.蒴果；5.种子

3. 沙参属 Adenophora Fisch.

多年生草本，有白色乳汁。根胡萝卜状，分叉或否。植株具短茎基，直立而不分枝，有时具短的分枝或具长而横走的分枝。茎直立或上升。叶互生或轮生。花序基本单位为聚伞花序或有时退化为单花，再由聚伞花序集成圆锥花序。子房下位。花萼筒圆球状、倒卵状、倒圆锥状，花萼裂片5枚，全缘或具齿；花冠钟状、漏斗状或筒状，紫色或蓝色，5裂；雄蕊5枚，花丝下部扩大成片状，边缘密生长绒毛，包着花盘，花药细长；花盘筒状，有时环状，环绕花柱下部；花柱比花冠短或长；柱头 3 裂，裂片狭长而卷曲，子房下位，3 室，胚珠多数。蒴果在基部 3 孔裂。种子椭圆状，有 1 狭棱或带翅的棱。

约 62，主产亚洲东部。中国 38 种，四川至东北地区一带最多。徂徕山 2 种 1 亚种。

分种检索表

1. 花冠近筒状或筒状钟形，口部收缢；花柱伸出花冠，几乎为花冠的两倍长；雄蕊与花冠等长···1. 细叶沙参 Adenophora capillaris subsp. paniculata
1. 花冠钟状，口部不收缢；花柱短于花冠或稍伸出；雄蕊远短于花冠。
    2. 茎生叶叶柄长 2~6 cm；圆锥花序分枝长而几乎平展·················2. 荠苨 Adenophora trachelioides
    2. 茎生叶无柄；花序常不分枝或有短分枝·················3. 石沙参 Adenophora polyantha

图 747　细叶沙参
1. 植株；2~3. 苞片；4. 雌蕊

1. 细叶沙参（亚种）（图 747）

Adenophora capillaris Hemsley subsp. **paniculata** (Nannfeldt) D. Y. Hong & S. Ge Novon 20: 426. 2010.

—— *Adenophora paniculata* Nannfeldt

茎无毛或被长硬毛，绿色或紫色，不分枝，基生叶心形，边缘有不规则锯齿；茎生叶无柄或有长至 3 cm 的柄，条形至卵状椭圆形，全缘或有锯齿，通常无毛，有时上面疏生短硬毛，下面疏生长毛，长 5~17 cm，宽 0.2~7.5 cm。花序常为圆锥花序，由多个花序分枝组成，有时花序无分枝，仅数朵花集成假总状花序。花梗粗壮；花萼无毛，筒部球状，少为卵状矩圆形，裂片细长如发，长（2）3~5（7）mm，全缘；花冠细小，近于筒状，浅蓝色、淡紫色或白色，长 10~14 mm，5 浅裂，裂片反卷；花柱长约 2 cm；花盘细筒状，长 3~3.5（4）mm，无毛或上端有疏毛。蒴果卵状至卵状矩圆形，长 7~9 mm，直径 3~5 mm。种子椭圆状，棕黄色，长约 1 mm。花期 6~9 月；果期 8~10 月。

产于上池、龙湾马场。生于山谷草地上。国内分布于内蒙古、山西、河北、山东、河南、陕西等省份。

2. 荠苨（图 748）

Adenophora trachelioides Maxim.

Mém. Acad. Imp. Sci. St.-Pétersbourg Divers Savans. 9: 186. 1859.

茎单生，高 40~120 cm，直径可达 1 cm，无毛，常多少"之"字形曲折，有时具分枝。基生叶心状肾形，宽超过长；茎生叶具 2~6 cm 长的叶柄，叶片心形或在茎上部的叶基部近于平截形，通常叶基部不向叶柄下延成翅,顶端钝至短渐尖,边缘为单锯齿或重锯齿,长 3~13 cm,宽 2~8 cm,无毛或仅沿叶脉疏生短硬毛。花序分枝大多长而几乎平展,组成大圆锥花序,或分枝短而组成狭、圆锥花序。花萼筒部倒三角状圆锥形,裂片长椭圆形或披针形,长 6~13 mm,宽 2.5~4 mm;花冠钟状,蓝色、蓝紫色或白色,长 2~2.5 cm,裂片宽三角状半圆形,顶端急尖,长 5~7 mm;花盘筒状,长 2~3 mm,上下等粗或向上渐细;花柱与花冠近等长。蒴果卵状圆锥形,长 7 mm,直径 5 mm。种子黄棕色,两端黑色,长矩圆状,稍扁,有一棱,棱外缘黄白色,长 0.8~1.5 mm。花期 7~9 月;果期 8~10 月。

徂徕山各山地林区均产。生于山坡草地或林缘。国内分布于辽宁、河北、山东、江苏、浙江、安徽、山西。

3. 石沙参（图 749）

Adenophora polyantha Nakai

Bot. Mag.（Tokyo）. 23: 188. 1909.

茎常不分枝,高 20~100 cm,无毛或有各种疏密程度的短毛。基生叶叶片心状肾形,边缘具不规则粗锯齿,基部沿叶柄下延;茎生叶完全无柄,卵形至披针形,极少为披针状条形,边缘具疏离而三角形的尖锯齿或几乎为刺状的齿,无毛或疏生短毛,长 2~10 cm,宽 0.5~2.5 cm。花序常不分枝而成假总状花序,或有短的分枝而组成狭圆锥花序。花梗短,长一般不超过 1 cm;花萼通常各式被毛,有的整个花萼被毛,有的仅筒部被毛,毛有密有疏,有的为短毛,有的为乳头状突起,极少完全无毛,筒部倒圆锥状,裂片狭三角状披针形,长 3.5~6 mm,宽 1.5~2 mm;花冠紫色或深蓝色,钟状,喉部常稍稍收缩,长 14~22 mm,裂片短,不超过全长 1/4,常先直而后反折;花盘筒状,长（2）2.5~4 mm,常疏被细柔毛;花柱常稍稍伸出花冠,有时与花冠近等长。蒴果卵状椭圆形,长约 8 mm,直径约 5 mm。种子黄棕色,卵状椭圆形,稍扁,有一带翅的棱,长 1.2 mm。花期 8~10 月。

徂徕山各山地林区均产。生于阳坡开旷草地。国内分布于辽宁、河北、山东、江苏、安徽、河南、山西、陕西、甘肃、宁夏、内蒙古。朝鲜也有分布。

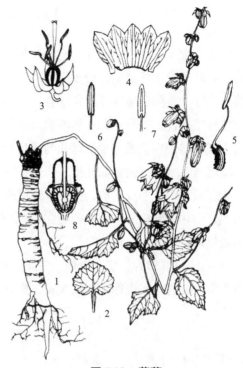

图 748　荠苊
1.植株；2.叶片；
3.除去花冠的花（示花萼、雄蕊、雌蕊）；
4.花冠展开；5.雄蕊；6.花药正面观；
7.花药背面观；8.子房纵切面

图 749　石沙参
1.根及基生叶；2.花枝；3.花冠展开；
4.除去花萼、花冠的花（示雄蕊、雌蕊）；
5.雌蕊及花盘

115. 茜草科 Rubiaceae

乔木、灌木或草本，直立，有时为藤本、匍匐或攀缘状。单叶，对生或轮生，通常全缘，极少有齿缺；托叶通常生叶柄间，较少生叶柄内，分离或程度不等地合生，宿存或脱落，极少退化至仅存一联接对生叶叶柄间的横线纹。花序各式，均由聚伞花序复合而成，很少单花或少花的聚伞花序；花两性、单性或杂性，辐射对称，稀两侧对称；萼4~5裂，裂片小或几乎消失，有时其中1或几个裂片明显增大成叶状，白色或艳丽，萼筒与子房合生；花冠合瓣，筒状、漏斗状、高脚碟状或辐状，常4~5裂；雄蕊与花冠裂片同数而互生，偶有2枚，着生在花冠管的内壁上，花药2室，纵裂或少有顶孔开裂；雌蕊通常由2心皮组成，极少3或更多心皮，子房下位，子房室数与心皮数相同，有时隔膜消失而为1室，中轴胎座或有时为侧膜胎座，花柱顶生，具头状或分裂的柱头，每室胚珠1至多数。浆果、蒴果或核果。

约660属11150种，广布全球，主要分布于热带和亚热带，少数产温带地区。中国98属约701种，分布于南北各省份。徂徕山5属8种3变种。

分属检索表

1. 子房每室有1枚胚珠。
  2. 托叶叶状。
    3. 花4数；果干燥，常被毛··1. 拉拉藤属 Galium
    3. 花5数；果肉质，不被毛··2. 茜草属 Rubia
  2. 托叶不为叶状，刺毛状或三角形。
    4. 藤本，揉后有臭味；雄蕊生在花冠喉部；托叶在叶柄内侧，三角形·············3. 鸡屎藤属 Paederia
    4. 直立灌木；雄蕊生于冠管上部；托叶与叶柄合生成鞘，有3~8条刺毛·············4. 白马骨属 Serissa
1. 子房每室有胚株多数；果肉质，花大，常单生、簇生··································5. 栀子属 Gardenia

1. 拉拉藤属 Galium Linn.

一年生或多年生草本，稀基部木质而成灌木状，直立、攀缘或匍匐；茎常柔弱，分枝或不分枝，常具四棱，无毛、具毛或具小皮刺。叶3至多片轮生，稀2片对生，无柄或具柄；托叶叶状。花小，两性，稀单性同株，4数，稀3或5数，组成腋生或顶生的聚伞花序，常再排成圆锥花序式，稀单生，无总苞；萼管卵形或球形，萼檐不明显；花冠辐状，稀钟状或短漏斗状，通常深4裂，裂片镊合状排列，冠管短；雄蕊与花冠裂片互生，花丝短，花药双生，伸出；花盘环状；子房下位，2室，每室1枚胚珠，胚珠横生，着生在隔膜上，花柱2，短，柱头头状。果为小坚果，革质或近肉质，有时膨大，干燥，不开裂，常为双生、稀单生，平滑或有小瘤状突起，无毛或有毛，毛常为钩状硬毛；种子附着在外果皮上，背面凸，腹面具沟纹，外种皮膜质，胚乳角质；胚弯，子叶叶状，胚根伸长，圆柱形，下位。

约600种，广布于全世界，主产温带。中国63种，全国均有分布。徂徕山3种3变种。

分种检索表

1. 叶不为线形，边缘不反卷，长不及5 cm；花较稀疏。
  2. 叶每轮6~8片，叶顶端有小凸尖··1. 猪殃殃 Galium spurium
  2. 叶每轮4片，叶顶端钝圆或尖，但不具小凸尖··2. 四叶葎 Galium bungei
1. 叶线形，边缘常极反卷，每轮6~10片，长达5 cm以上；花稠密·····························3. 蓬子菜 Galium verum

1. 猪殃殃（图 750）

Galium spurium Linn.

Sp. Pl. 1: 106. 1753.

——*Galium aparine* Linn. var. *echinospermum* (Wallr.) Cuf.

——*Galium aparine* Linn. var. *tenerum* (Gren. & Godr.) Rchb.

——*Galium aparine* Linn. var. *spurium* (Linn.) W. D. J. Koch

一年生蔓生或攀缘状草本，高 30~50 cm；茎四棱，径 0.5~2.5 mm；棱上、叶缘、叶脉上均有倒生的小刺毛。叶纸质，6~8 片轮生，带状倒披针形或长圆状倒披针形，长 0.5~4 cm，宽 1~5（8）mm，顶端有针状凸尖头，基部渐狭，两面常有紧贴的刺状毛，常萎软状，干时常卷缩，1 脉，近无柄。聚伞花序腋生或顶生，少至多花，花序梗长 1~4 cm，苞片叶状，或无苞片；花梗长 0.5~15 mm，花小，4 数；花萼被钩毛；花冠黄绿色或白色，辐状，直径 1~1.5 mm，裂片三角形或卵形，裂至 2/3 或更深，镊合状排列；子房近球形，被毛或近光滑，花柱 2 裂至中部，柱头头状。果干燥，有 1 或 2 个近球形或宽肾形的分果爿，直径 1~3 mm，密被钩毛或光滑。花期 3~7 月；果期 4~11 月。

徂徕山各林区均产。中国除海南及南海诸岛外，各地均有分布。也产于非洲、欧亚大陆和地中海地区，逸生于世界各地。

全草可药用。

图 750　猪殃殃
1. 植株；2. 叶；3. 花；4. 果实

2. 四叶葎（图 751）

Galium bungei Steud.

Nom. Bot. ed. 2. 1: 657. 1840.

多年生直立草本，高 5~50 cm。有红色丝状根。茎四棱，不分枝或稍分枝，常无毛或节上有微毛。叶纸质，4 片轮生，叶形变化较大，卵状长圆形、卵状披针形、披针状长圆形或线状披针形，长 0.6~3.4 cm，宽 2~6 mm，顶端尖或稍钝，基部楔形，中脉和边缘常有刺状硬毛，有时两面亦有糙伏毛，1 脉，近无柄或有短柄。聚伞花序顶生和腋生，稠密或稍疏散，总花梗纤细，常三歧分枝，再形成圆锥状花序；花小；花梗纤细，长 1~7 mm；花冠黄绿色或白色，辐状，直径 1.4~2 mm，无毛，花冠裂片卵形或长圆形，长 0.6~1 mm。果爿近球状，直径 1~2 mm，通常双生，有小疣点、小鳞片或短

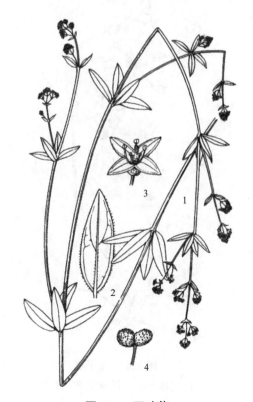

图 751　四叶葎
1. 植株上部；2. 叶；3. 花；4. 果实

钩毛，稀无毛；果柄纤细，常比果长，长可达 9 mm。花期 4~9 月；果期 5~12 月。

产于大寺、上池、马场。生于旷野、田间、沟边或草地。国内分布于黑龙江、辽宁、内蒙古、河北、山西、陕西、宁夏、甘肃、山东、江苏、安徽、浙江、江西、福建、台湾、河南、湖北、湖南、广东、广西、四川、贵州、云南等省份。亦分布于日本、朝鲜。

狭叶四叶葎（变种）

var. angustifolium（Loesener）Cufodontis

Oesterr. Bot. Z. 89: 221. 1940.

叶均为狭披针形或线状披针形，长 1~3 cm，宽 1~6 mm。花期 6~7 月；果期 8~10 月。

产于磙石峪。生于灌丛或草地。分布于河北、山西、陕西、甘肃、山东、江苏、安徽、浙江、江西、福建、河南、湖北、湖南、广西、四川、贵州。

阔叶四叶葎（变种）

var. trachyspermum（A. Gray）Cufodontis

Oesterr. Bot. Z. 89: 221. 1940.

叶均为阔椭圆形、倒卵形或阔披针形，长 1~1.8 cm，宽 5~12 mm；花常密集成头状。花期 4~5 月；果期 6~9 月。

产于卧尧、光华寺。生于山地林中或草地。国内分布于河北、陕西、山东、江苏、安徽、浙江、江西、福建、湖北、湖南、广东、广西、四川、贵州。

3. 蓬子菜（图 752，彩图 78）

Galium verum Linn.

Sp. Pl. 107. 1753.

多年生近直立草本，基部稍木质，高 25~45 cm；茎四棱，被短柔毛或秕糠状毛。叶纸质，6~10 片轮生，线形，长 1.5~3 cm，宽 1~1.5 mm，顶端短尖，边缘极反卷，常卷成管状，上面无毛，稍有光泽，下面有短柔毛，稍苍白，干时常变黑色，1 脉，无柄。聚伞花序顶生和腋生，多花，通常在枝顶结成带叶的长达 15 cm、宽达 12 cm 的圆锥花序状；总花梗密被短柔毛；花稠密；花梗有疏短柔毛或无毛，长 1~2.5 mm；萼管无毛；花冠黄色，辐状，无毛，直径约 3 mm，花冠裂片卵形或长圆形，顶端稍钝，长约 1.5 mm；花药黄色，花丝长约 0.6 mm；花柱长约 0.7 mm，顶部 2 裂。果小，果爿双生，近球状，直径约 2 mm，无毛。花期 4~8 月；果期 5~10 月。

徂徕山各山地林区均产。生于林缘、沟边、草地。国内分布于东北、西北、华东、西南地区。也分布于日本、朝鲜、印度、巴基斯坦、亚洲西部、欧洲、美洲北部。

图 752 蓬子菜
1. 植株下；2. 植株上部；3. 花

粗糙蓬子菜（变种）

var. trachyphyllum Wallroth

Sched. Crit. 56. 1822.

叶上面被毛，粗糙。花期5~8月；果期8~9月。

产于太平顶。国内分布于东北、西北、华东地区及四川、西藏。

2. 茜草属 Rubia Linn.

直立或攀缘草本，基部有时带木质，通常有糙毛或小皮刺，茎延长，有直棱或翅。叶无柄或有柄，通常4~6个有时多个轮生，极罕对生而有托叶，具掌状脉或羽状脉。花小，通常两性，有花梗，聚伞花序腋生或顶生；萼管卵圆形或球形，萼檐不明显；花冠辐状或近钟状，冠檐部5（4）裂，裂片镊合状排列；雄蕊5（4），生冠管上，花丝短，花药2室，内藏或稍伸出；花盘小，肿胀；子房2室或有时退化为1室，花柱2裂，短，柱头头状；胚珠每室1枚，直立，生在中隔壁上，横生胚珠。果2裂，肉质浆果状，2或1室；种子近直立，腹面平坦或无网纹，和果皮贴连，种皮膜质，胚乳角质；胚近内弯，子叶叶状，胚根延长，向下。

约80种，分布于西欧、北欧、地中海沿岸、非洲、亚洲温带、喜马拉雅地区、墨西哥至美洲热带。中国有38种，产全国各地，以云南、四川、西藏和新疆种类最多。徂徕山2种。

分种检索表

1. 叶通常4轮生，披针形或长圆状披针形，基部心形····································1. 茜草 Rubia cordifolia
1. 叶6或8轮生，稀4，披针形、狭卵状披针形至线状披针形，基部楔形或短尖············2. 山东茜草 Rubia truppeliana

1. 茜草（图753）

Rubia cordifolia Linn.

Syst. Nat. ed. 12. 3: 229. 1768.

草质藤本，长1.5~3.5 m。根状茎和其节上的须根均红色；茎从根状茎的节上发出，细长，方柱形，有四棱，棱上生倒生皮刺，中部以上多分枝。叶通常4片轮生，纸质，披针形或长圆状披针形，长0.7~3.5 cm，顶端渐尖，有时钝尖，基部心形，边缘有齿状皮刺，两面粗糙，脉上有微小皮刺；基出脉3条。叶柄长1~2.5 cm，有倒生皮刺。聚伞花序腋生和顶生，多回分枝，有花数十朵，花序和分枝均细瘦，有微小皮刺；花冠淡黄色，干时淡褐色，盛开时花冠檐部直径3~3.5 mm，花冠裂片近卵形，微伸展，长约1.5 mm，外面无毛。果球形，直径4~5 mm，成熟时橘黄色。花期8~9月；果期10~11月。

徂徕山各林区均产。生于林缘、灌丛或草地上。国内分布于东北、华北、西北地区和四川、西藏等省份。也分布于朝鲜、日本和俄罗斯远东地区。

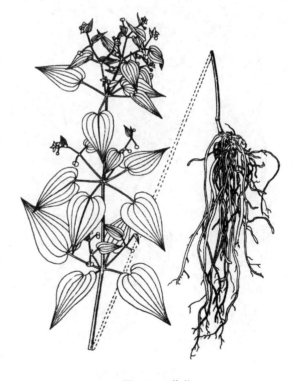

图753 茜草

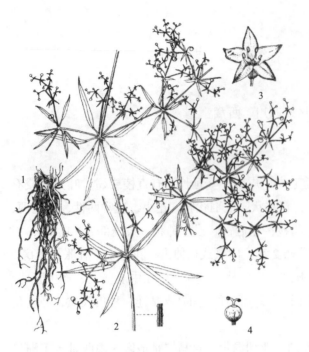

图 754 山东茜草
1. 根；2. 植株一部分；3. 花；4. 雌蕊

2. 山东茜草（图 754）

Rubia truppeliana Loesener

Beih. Bot. Centralbl. 37（2）：183. 1919.

草质攀缘藤本，长达 2 m，匍匐或缠绕。茎分枝，四棱形，干时有纵沟纹，被倒生皮刺，径达 2.5 mm，节间长达 11 cm。叶 6 或 8 片轮生，很少 4 片轮生，叶片膜质或近纸质，披针形、狭卵状披针形至线状披针形，长 2~3.5 cm，宽 0.4~0.6 cm，顶端短尖或短渐尖，基部楔形或短尖，边缘有皮刺，下面主脉上有皮刺；基出脉 3 条，侧生的 1 对不很明显；叶柄长 10~35 mm，或在小枝上部的短，有小皮刺。花序圆锥状，顶生，有明显总梗，总梗和花序轴均有倒生皮刺；苞片披针形或线状披针形，长达 3 mm，开花时花梗长达 4 mm；萼管球形；花冠辐状，冠管长约 0.4 mm，裂片卵状三角形，长约 2 mm，顶端渐尖，有 3 脉；雄蕊长约为花瓣的 1/2，花药与分离花丝的部分近等长；花柱 2，极短，柱头头状。果红色，偶黑色。花期 7~8 月；果期 9~10 月。

徂徕山各山地林区均产。生于路旁、田边、灌木丛中。特产于山东，全省各地普遍分布。

3. 鸡屎藤属 Paederia Linn.

藤本，揉后有臭味。叶对生，稀 3 片轮生，具柄；托叶在叶柄内侧，三角形，早落。花成顶生或腋生的聚伞花序或圆锥花序，有小苞片或无；花萼卵形或倒圆锥形，4~5 齿裂，有柔毛；花冠筒状或漏斗状，有柔毛，顶部 4~5 裂，雄蕊 4~5，生于花冠喉部，内藏；子房 2 室，柱头 2，纤毛状；每室 1 枚胚珠。果球形或扁球形，外果皮质薄而脆，有光泽，分裂为 2 个圆形或长圆形小坚果。种子与小坚果合生，种皮薄。

约 30 种，分布于亚洲、美洲热带及亚热带地区。中国 9 种，分布于华东、中南、西南地区及陕西、甘肃等省份。徂徕山 1 种。

1. 鸡屎藤（图 755）

Paederia foetida Linn.

Mant. Pl. 1: 52. 1767.

—— *Paederia scandens*（Lour.）Merr.

藤本，茎长 3~5 m，无毛或有毛。叶对生，

图 755 鸡屎藤
1. 花枝和果枝；2. 花；3. 花冠展开；
4. 花萼和雌蕊；5. 果实

纸质或近革质，形状变化很大，卵形、卵状长圆形至披针形，长 5~9（15）cm，宽 1~4（6）cm，顶端急尖或渐尖，基部楔形或近圆或截平，有时浅心形，两面无毛或有毛；侧脉 4~6 对，纤细；叶柄长 1.5~7 cm；托叶长 3~5 mm，无毛。圆锥花序式的聚伞花序腋生和顶生，扩展，分枝对生，末次分枝上着生的花常呈蝎尾状排列；小苞片披针形，长约 2 mm；花具短梗或无；萼管陀螺形，长 1~1.2 mm，萼檐裂片 5，裂片三角形，长 0.8~1 mm；花冠浅紫色，管长 7~10 mm，外面被粉末状柔毛，里面被绒毛，顶部 5 裂，裂片长 1~2 mm，顶端急尖而直，花药背着，花丝长短不齐。果球形，成熟时近黄色，有光泽，平滑，直径 5~7 mm，顶冠以宿存的萼檐裂片和花盘；小坚果无翅，浅黑色。花期 5~7 月；果期 7~11 月。

徂徕山各林区均产。生于荒地、田边、绿地中。国内分布于陕西、甘肃以及华东、华南、西南地区。也分布于朝鲜、日本、印度、缅甸、泰国、越南、老挝、柬埔寨、马来西亚及印度尼西亚。

根可药用，有行血舒筋活络的功效。

4. 白马骨属 Serissa Comm. ex A. L. Jussieu

多分枝的灌木。无毛或小枝被微柔毛，揉之发出臭气。叶对生，近无柄，通常聚生于短小枝上，卵形，近革质；托叶与叶柄合生成 1 短鞘，有 3~8 条刺毛，不脱落。花腋生或顶生，单生或多朵丛生，无梗；萼管倒圆锥形，萼檐 4~6 裂，裂片锥形，宿存；花冠漏斗形，顶部 4~6 裂，裂片短，镊合状排列；雄蕊 4~6 枚，生于冠管上部，花丝线形，略与冠管连生，花药近基部背着，线状长圆形，内藏；花盘大；子房 2 室，花柱线形，2 分枝，分枝线形或锥形，稍短，全部被粗毛，突出；每室胚珠 1 枚，由基部直立，倒生。核果。

1~2 种，分布于中国和日本。徂徕山 1 种。

1. 六月雪（图 756）

Serissa japonica（Thunb.）Thunb.
Nov. Gen. Pl. 9: 132. 1798.
—— *Serissa foetida*（Linn. f.）Lam.

小灌木，高 60~90 cm。有臭气。叶革质，卵形至倒披针形，长 6~22 mm，宽 3~6 mm，顶端短尖至长尖，全缘，无毛；叶柄短。花单生或数朵丛生于小枝顶部或腋生，有被毛、边缘浅波状的苞片；萼檐裂片细小，锥形，被毛；花冠白色或淡红色，长 6~12 mm，裂片扩展，顶端 3 裂；雄蕊突出冠管喉部外；花柱长突出，柱头 2，直，略分开。花期 5~7 月。

徂徕山有栽培，见于各林区庭院。国内分布于江苏、安徽、江西、浙江、福建、广东、香港、广西、四川、云南。也分布于日本、越南。

常栽培供观赏。

图 756 六月雪
1. 花枝；2. 节部（示托叶）；3. 去掉花冠的花；
4. 花冠展开；5. 子房纵切面

5. 栀子属 Gardenia Ellis.

常绿灌木或乔木。叶对生，稀 3 片轮生；托叶生于叶柄内，三角形，基部常合生。花大，腋生或顶生，单生、簇生或组成伞房状聚伞花序；萼管常为卵形或倒圆锥形，萼檐管状或佛焰苞状，顶部常5~8裂，裂片宿存，稀脱落；花冠高脚碟状、漏斗状或钟状，裂片5~12，扩展或外弯，旋转排列；雄蕊与花冠裂片同数，着生于花冠喉部，花丝极短或缺，花药背着，内藏或伸出；花盘环状或圆锥形；子房下位，1室，或因胎座沿轴黏连而为假2室，花柱粗厚，柱头棒形或纺锤形，全缘或2裂，胚珠多数，2列，侧膜胎座。浆果平滑或具纵棱，革质或肉质；种子多数，常与肉质的胎座胶结而成一球状体，扁平或肿胀，种皮革质或膜质，胚乳常角质；子叶阔，叶状。

约250种，分布于东半球的热带和亚热带地区。中国5种，产于中部以南各省份。徂徕山1种。

1. 栀子（图757）

Gardenia jasminoides Ellis.

Philos. Trans. 51: 935. 1761.

常绿灌木，高0.3~3 m；嫩枝常被短毛，枝圆柱形。叶对生，革质，稀为3片轮生，长圆状披针形、倒卵状长圆形、倒卵形或椭圆形，长3~25 cm，宽1.5~8 cm，顶端渐尖或短尖、钝，基部楔形，常两面无毛，上面亮绿色；侧脉8~15对；叶柄长0.2~1 cm；托叶膜质。花芳香，常单生枝顶，花梗长3~5 mm；萼管倒圆锥形或卵形，长8~25 mm，有纵棱，萼檐管形，膨大，顶部6（5~8）裂，裂片披针形或线状披针形，长10~30 mm，宽1~4 mm，果期增长，宿存；花冠白色或乳黄色，高脚碟状，冠管狭圆筒形，长3~5 cm，宽4~6 mm，顶部6（5~8）裂，裂片广展，倒卵形或倒卵状长圆形，长1.5~4 cm，宽0.6~2.8 cm；花丝极短，花药线形，长1.5~2.2 cm，伸出；花柱粗厚，长约4.5 cm，柱头纺锤形，伸出，长1~1.5 cm，宽3~7 mm，子房直径约3 mm，黄色，平滑。果卵形、近球形、椭圆形或长圆形，黄色或橙红色，长1.5~7 cm，直径1.2~2 cm，有翅状纵棱5~9条，顶部的宿存萼片长达4 cm，宽达6 mm；种子多数，

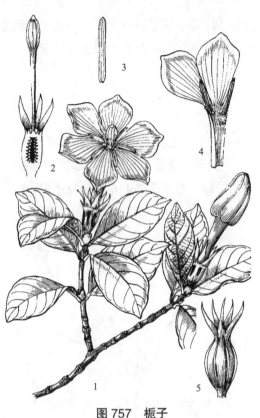

图757 栀子
1.花枝；2.子房纵切面；3.雄蕊；
4.部分花冠展开（示雄蕊着生）；5.果实

扁，近圆形而稍有棱角，长约3.5 mm，宽约3 mm。花期3~7月；果期5月至翌年2月。

徂徕山有栽培，见于各林区庭院。国内分布于山东、江苏、安徽、浙江、江西、福建、台湾、湖北、湖南、广东、香港、广西、海南、四川、贵州和云南。

116. 忍冬科 Caprifoliaceae

落叶或常绿灌木或小乔木，稀藤本和草本。叶对生，稀互生；单叶，稀羽状复叶，无托叶或稀有托叶。聚伞或轮伞花序，或由聚伞花序集合成伞房式或圆锥式复花序，有时因聚伞花序中央的花退化而仅具2朵花，极少花单生。花两性，极少杂性，辐射对称至两侧对称。苞片和小苞片存在或否，极少小苞片大成膜质的翅；萼筒贴生于子房，4~5裂齿；花冠合瓣，辐状、钟状、筒状、高脚碟状或漏斗状，4~5裂，有时二唇形，覆瓦状排列，稀镊合状排列；雄蕊4~5，着生于冠筒，与花冠裂片互生，无花盘，或为1环状或1侧生腺体；子房下位，2~5室，中轴胎座，每室1至多数胚珠，花柱1。果

实为浆果、核果或蒴果，具 1 至多数种子。种子具骨质外种皮，平滑或有槽纹，内含 1 枚直立的胚和丰富、肉质的胚乳。

14 属约 500 种，主要分布于北半球温带。中国 13 属 200 余种，分布于南北各省份。徂徕山 4 属 4 种 1 亚种 3 变种。

分属检索表

1. 核果；花序由聚伞合成伞形式、伞房式或圆锥式；花冠整齐，不具蜜腺；茎干有皮孔。
 2. 奇数羽状复叶；花药外向；核果具 3~5 核··1 接骨木属 Sambucus
 2. 单叶；花药内向；核果具 1 核··2. 荚蒾属 Viburnum
1. 蒴果或浆果；花序非上述情况；花冠不整齐或近整齐，有蜜腺；茎干不具皮孔，常纵裂。
 3. 浆果，红色、蓝黑色或黑色··3. 忍冬属 Lonicera
 3. 蒴果 2 瓣裂，圆柱形··4. 锦带花属 Weigela

1. 接骨木属 Sambucus Linn.

落叶灌木或小乔木，稀多年生草本。冬芽有数对鳞片。叶对生；有托叶或无；奇数羽状复叶。花两性，小形，白色，聚伞花序排列成伞房状或圆锥花序，花萼 3~5 裂；花冠辐状，3~5 裂，覆瓦状排列，稀镊合状；雄蕊 5，着生于花冠筒基部；子房 3~5 室，每室 1 枚胚珠，花柱短，3~5 裂。浆果状核果，内有 3~5 分核，分核软骨质，内有 1 粒种子。

约 10 种，分布于世界温带及亚热带地区。中国约 4 种，南北均有分布。徂徕山 1 种。

1. 接骨木（图 758）

Sambucus williamsii Hance

Ann. Sci. Nat. IV. 5: 217. 1866.

落叶灌木或小乔木，高 4~6 m。髓心淡黄褐色。奇数羽状复叶，对生，小叶 5~7，有短柄；小叶椭圆形或长圆状披针形，长 5~12 cm，宽 2~5 cm，先端渐尖或尾尖，基部楔形，常不对称，缘有细锯齿，揉碎有臭味，上面绿色，初被疏短毛，后渐无毛，下面浅绿色，无毛。聚伞圆锥花序，顶生，无毛，花小，白色；花萼裂齿三角状披针形，稍短于筒部；花冠辐射，5 裂，径约 3 mm，筒部短；雄蕊 5，约与花冠等长，面互生，开展；子房下位，有室，花柱短，3 裂。浆果状核果，近球形，直径 3~5 mm，红色，稀紫黑色；分核 2~3，每核 1 粒种子。花期 4~5 月；果期 6~9 月。

张栏有栽培，徂徕山附近农家也有少量栽培。分布于东北、华北、华东、西南、华中地区及陕西、甘肃、广东、广西等省份。

茎、根皮及叶供药用，有舒筋活血、镇痛止血、清热解毒的功效，主治骨折、跌打损伤、烫

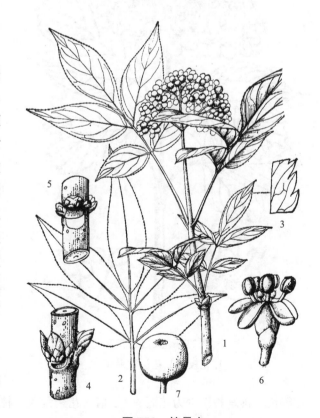

图 758 接骨木
1.果枝；2.叶；3.叶缘局部放大；
4~5.小枝一段（示芽着生）；6.花；7.果实

火伤等。亦为观赏植物。

2. 荚蒾属 Viburnum Linn.

落叶灌木或小乔木，稀常绿。裸芽或鳞芽。单叶对生，稀轮生；有托叶或无。花小。组成伞形或复聚伞花序，少数种类有大型不孕花；苞片及小苞片早落；花萼5齿裂；花冠白色，5裂；雄蕊5，着生于花冠筒上，子房下位，1~3室，每室1枚胚珠；下垂，花柱头状或3浅裂。浆果状核果，分核常扁，骨质，背腹有沟或无沟，内有1粒种子；胚乳肉质。

约200种，分布于世界温带及亚热带，主产于亚洲及南美洲地区。中国约73种，分布于南北各省份。徂徕山1亚种1变种。

分种检索表

1. 落叶性，叶3裂，聚伞花序伞有大型不孕花 ··················· 1. 天目琼花 Viburnum opulus subsp. calvescens
1. 常绿性，叶长椭圆形，全缘或有浅波状齿，圆锥花序无具不孕花 ··· 2. 法国冬青 Viburnum odoratissimum var. awabuki

图 759　天目琼花
1. 花枝；2. 花；3. 果实

1. 天目琼花（亚种）（图759）

Viburnum opulus Linn. subsp. **calvescens**（Rehd.）Sugim.

New Key Jap. Tr. 478. 1961.

—— *Viburnum opulus* Linn. var. *calvescens*（Rehd.）Hara

—— *Viburnum sargentii* Koehne

落叶灌木，高1.5~4 m；树皮质厚而多少成木质栓。当年小枝有棱，无毛，有明显凸起皮孔。冬芽卵圆形，有柄，有1对合生的外鳞片，内鳞片膜质，基部合生成筒状。叶卵圆形或倒卵形，长6~12 cm，3裂，具掌状三出脉，裂片顶端渐尖，边缘具不整齐粗牙齿；下面仅脉腋有簇状毛或有时脉上有少数长伏毛；小枝上部的叶较狭长，不分裂或浅3裂而裂片近全缘；叶柄粗壮，长1~2 cm，有2~4至多枚明显的长盘形腺体，基部有2钻形托叶。复伞形式聚伞花序直径5~10 cm，周围有大型不孕花，总梗粗壮，长2~5 cm，第1级辐射枝6~8条，花生于第2~3级辐射枝上，花梗极短；萼筒倒圆锥形，萼齿三角形；花冠白色，辐状，裂片近圆形，筒与裂片几等长；雄蕊长至少为花冠的1.5倍，花药紫色；柱头2裂；不孕花白色，直径1.3~2.5 cm，有长梗，裂片宽倒卵形，顶圆形，不等形。果实红色，近圆形，直径8~10（12）mm；核扁，近圆形，直径7~9 mm，灰白色，稍粗糙，无纵沟。花期5~6月；果期9~10月。

产于马场。生于林下和灌丛中。国内分布于东北、华北地区及内蒙古、陕西、甘肃、四川、湖北、安徽、浙江等省份。日本、朝鲜和俄罗斯西伯利亚也有分布。

庭园绿化优良树种。嫩枝、叶和果实供药用。种子油可制肥皂和润滑油。皮纤维可制绳索。

2. 法国冬青（变种）（图 760）

Viburnum odoratissimum Ker-Gawl. var. **awabuki**（K. Koch）Zabel ex Rumpl.

Ill. Gartenbau-Lex. ed. 3. 877. 1902.

—— *Viburnum awabuki* K. Koch

常绿灌木或小乔木，高 5~10 m。枝灰褐色，有瘤状皮孔，无毛。叶革质，对生；叶片椭圆形或长椭圆形，长 7~15 cm，宽 3~6 cm，先端急尖、渐尖或钝圆，基部阔楔形，稀圆形，全缘或有不规则浅波状齿，上面深绿色，有光泽，下面浅绿色，无毛，脉腋常有凹穴，侧脉 5~6 对，弧形，在下面凸起。聚伞圆锥花序，顶生，长 5~15 cm，宽 4~13 cm，无毛；总花梗长达 10 cm，花通常生于 2~3 级分枝上，无花梗或有短梗；苞片披针形，长约 1 cm；萼筒钟形，长 2~2.5 mm，萼有 5 浅齿，齿宽三角形；花冠白色，辐状，5 裂，裂

图 760　法国冬青
1. 枝条；2. 叶局部放大；3. 花；4. 花冠展开；
5. 花萼和雌蕊；6. 果实

片卵圆形，长于筒部 2~3 倍；雄蕊 5，生于花冠筒喉部，长约 2 mm；柱头头状，子房下位，1 室，1 枚胚珠。核果椭圆形，径 5~6 mm，红色，后变黑色；核有 1 条深腹沟。花期 5~6 月；果期 7~9 月。

大寺有栽培。国内分布于浙江和台湾，长江下游各地常见栽培。日本和朝鲜南部也有分布。

木材坚硬、细致，供细木工用。根、叶药用。亦为优良绿化观赏树种。

3. 忍冬属 Lonicera Linn.

落叶攀缘或直立灌木，稀半常绿或常绿灌木。树皮呈纵条剥落；冬芽有 2 至数对鳞片。单叶，对生；通常无托叶。花两性，5 数，呈两侧对称，成对着生；每对花的下方有 2 苞片和 4 小苞片，萼裂齿状，不等大；花冠白色或淡红色，筒状漏斗形或钟状，基部常一侧膨大呈囊状，檐部偏斜或二唇形，稀辐射对称，5 裂，在芽中覆瓦状排列；雄蕊 5，着生于冠筒内；有花盘；子房 2~3 室，稀 5 室，每室有多数胚珠；花柱通常伸出，比雄蕊长，柱头头状。浆果，内种子 3~8 粒；种子卵圆形，光滑或粗糙，种皮脆骨质，胚乳肉质。

约 180 种，分布于北美洲、欧洲、亚洲和非洲北部温带和亚热带地区。中国 57 种，分布于南北各省份。徂徕山 2 种 2 变种。

分种检索表

1. 缠绕灌木，花序苞片大，叶状，卵形至椭圆形，远长于萼筒 ·················· 1. 金银花 Lonicera japonica
1. 直立灌木。
  2. 小枝具黑褐色髓，后中空；相邻两萼筒分离；冬芽鳞片 5 对以上 ············ 2. 金银木 Lonicera maackii
  2. 小枝具白色密实的髓；相邻两萼筒合生；冬芽具 1 对外芽鳞 ············ 3. 苦糖果 Lonicera fragrantissima var. lancifolia

1. 金银花（图 761）

Lonicera japonica Thunb.

Murray Syst. Veg. ed. 14. 216. 1784.

半常绿攀缘藤本。幼枝密生黄褐色柔毛和腺毛。单叶对生；叶卵形、长圆状卵形或卵状披针形，长 3~8 cm，宽 2~4 cm，先端急尖或渐尖，基部圆形或近心形，全缘，边缘有缘毛，上面深绿色，下面淡绿色，小枝上部的叶两面密生短糙毛，下部叶近无毛；侧脉 6~7 对；叶柄长 4~8 mm，密生短柔毛。两花并生于一总梗，生于小枝上部叶腋，与叶柄等长或稍短，下部梗较长，长 2~4 cm，密被短柔毛及腺毛；苞片大，叶状，卵形或椭圆形，两面均被短柔毛或有时近无毛；小苞片先端圆形或平截，有短糙毛和腺毛；萼筒长约 2 mm，无毛，萼齿三角形，外面各边缘有密毛；花冠先白后黄，长 2~5 cm，二唇形，下唇裂片条状而反曲，筒部稍长于裂片或近等长，外面被疏毛和腺毛；雄蕊和花柱均伸出花冠外。浆果离生，球形，径 5~7 mm，熟时蓝黑色；种子褐色，中部有 1 凸起的脊，两面有浅横沟纹。花期 5~6 月；果期 9~10 月。

徂徕山各山地林区均产，也普遍栽培。除黑龙江、内蒙古、宁夏、青海、新疆、海南和西藏外，全国各地均有分布。日本和朝鲜也有分布。

为良好的园林植物及水土保持树种。花药用，称"金银花"或"双花"，有清热解毒的功效。

红白忍冬（变种）

var. chinensis（P. Watson）Baker

Refug. Bot. 4: pl. 224. 1871.

又名红金银花。当年生枝、叶下面、叶柄、叶脉均为红色；花红色而微有紫晕。

上池有栽培。

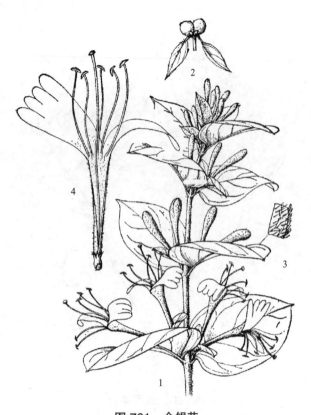

图 761 金银花
1. 花枝；2. 果实；3. 叶缘放大；4. 花冠展开

2. 金银木 金银忍冬（图 762）

Lonicera maackii（Rupr.）Maxim.

Mém. Acad. Imp. Sci. St.-Pétersbourg Divers Savans 136. 1859.

落叶灌木。树皮灰白色或暗灰色，细纵裂，幼枝有短柔毛；小枝中空，冬芽有 5~6 对或更多鳞片，芽鳞有疏柔毛。叶对生；叶通常卵状椭圆形或卵状披针形，长 5~8 cm，宽 2~6 cm，先端

图 762 金银木
1. 花枝；2. 叶局部放大；3. 花序；4. 花；5. 果实

渐尖或长渐尖，基部阔楔形或近圆形，全缘，两面脉上有短柔毛或近无毛；叶柄长 3~5 mm，有短柔毛；无托叶。花成对腋生，总花梗短于叶柄，长 1~2 mm，有短柔毛，苞片条形，长 3~6 mm，小苞片多少连合成对，长为萼筒的 1/2 或几相等，先端平截；相邻两花萼筒分离，长约 2 mm，无毛或疏生腺毛，萼齿 5，不等大，长 2~3 mm，有长缘毛；花冠白色，后变黄色，外面疏生柔毛，二唇形，裂片长于花冠筒 2~3 倍；雄蕊 5，与花柱均长，约为花冠的 2/3，花丝中部以下和花柱均有柔毛。浆果球形，径 5~6 mm，熟时红色或暗红色；种子有小浅凹点。花期 5~6 月；果期 8~10 月。

大寺、马场等地有栽培。国内分布于黑龙江、吉林、辽宁、山西、陕西、甘肃、山东、江苏、安徽、浙江、河南、湖北、湖南、四川、贵州、云南、西藏等省份。朝鲜、日本和俄罗斯远东地区也有分布。

花色黄白、果实红艳，为优良观赏植物。茎皮为制人造棉。种子油制肥皂。

3. 苦糖果（图 763）

Lonicera fragrantissima Lindley & Paxton var. **lancifolia**（Rehder）Q. E. Yang Landrein, Borosova & J. Osborne

Fl. China. 19: 628. 2011.

—— *Lonicera standishii* f. *lancifolia* Rehder.

落叶灌木。小枝和叶柄具短糙毛，老枝灰褐色或黄褐色。冬芽有 1 对顶端尖的外鳞片。叶厚纸质，长 3~7 cm，卵形、椭圆形或卵状披针形，有时为披针形，两面被刚伏毛及短腺毛或至少下面中脉被刚伏毛，有时中脉下部或基部两侧夹杂短糙毛，先端短尖至渐尖；叶柄长 2~5 mm，有刚毛。花生于幼枝基部苞腋，先叶或与叶同放，芳香；总花梗长（2）5~10 mm；苞片披针形或近条形，长为萼筒 2~3 倍；相邻两萼筒连合至中部，长 1.5~3 mm；花冠白色或淡红色，长 1~1.5 cm，基部有浅囊；雄蕊内藏；花柱下部疏生糙毛。浆果鲜红色，长圆形，长约 1 cm，部分连合。花期 3~4 月；果期 5~6 月。

产于王庄、徂徕等林区。生于向阳山坡灌丛中。国内分布于山东、安徽、湖北、湖南、四川等省份，上海、杭州、武汉、大连等地有栽培。

图 763　苦糖果
1. 花枝；2. 果枝；3. 花及苞片；4. 叶

4. 锦带花属 Weigela Thunb.

落叶灌木或小乔木；幼枝稍呈四棱形。冬芽具数枚鳞片。叶对生，边缘有锯齿，具柄或几无柄，无托叶。花单生或由 2~6 花组成聚伞花序生于侧生短枝上部叶腋或枝顶；萼筒长圆柱形，萼檐 5 裂，裂片深达中部或基底；花冠白色、粉红色至深红色，钟状漏斗形，5 裂，不整齐或近整齐，筒长于裂片；雄蕊 5 枚，着生于花冠筒中部，内藏，花药内向；子房上部一侧生 1 球形腺体，子房 2 室，含多数胚珠，花柱细长，柱头头状，常伸出花冠筒外。蒴果圆柱形，革质或木质，2 瓣裂，中轴与花柱基部残留；种子小而多，无翅或有狭翅。

约10种，主要分布于东亚及美洲东北部。中国2种，分布于东北、华北、华东及西南等地区。岨徕山1种。

1. 锦带花（图764）

Weigela florida (Bunge) A. DC.

Ann. Sci. Nat. Bot. sér. 2. 11: 241. 1839.

落叶灌木，高达1~3 m。幼枝有2列短柔毛；芽先端尖，有3~4对鳞片，无毛。叶椭圆形至倒卵状椭圆形，长5~10 cm，宽3~7 cm，先端渐尖，基部阔楔形或近圆形，边缘有锯齿，上面疏被短柔毛，脉上较密，下面密生短柔毛。花单生或呈聚伞花序状，生于侧生短枝叶腋或顶端；花萼筒长圆柱形，长12~15 mm，疏生柔毛，5裂至中部或以下，裂片披针形，长约1 cm，不等长；花冠漏斗状钟形，外面疏生短柔毛，檐部5裂，不整齐，开展，玫瑰色或粉红色，内面浅红色；雄蕊与花冠裂片互生，着生冠筒中部以上，花药黄色；柱头2裂。蒴果长1.5~2.5 cm；种子小而多，无翅。花期4~6月；果期7~10月。

图764 锦带花
1.花枝；2.果枝；3.花萼；4.花冠展开；5.雌蕊

产于大寺、马场。上池有栽培。国内分布于黑龙江、吉林、辽宁、内蒙古、山西、陕西、河南、山东、江苏北部等地。俄罗斯、朝鲜和日本也有分布。

花美丽，供观赏。对氯化氢有毒气体抵抗性强，可做工矿区绿化树种。

此外，岨徕山见于栽培的品种尚有：红王子锦带 'Red Prince'，花鲜红色，繁密而下垂。

117. 败酱科 Valerianaceae

二年生或多年生草本，极少为亚灌木，有时根茎或茎基部木质化；根茎或根常有陈腐气味、浓烈香气或松脂气味。茎直立，常中空，极少蔓生。叶对生或基生，通常1回奇数羽状分裂，具1~3或4~5对侧生裂片，有时2回奇数羽状分裂或不分裂，边缘常具锯齿；基生叶与茎生叶、茎上部叶与下部叶常不同形，无托叶。花序为聚伞花序组成的顶生密集或开展的伞房花序、复伞房花序或圆锥花序，稀头状花序，具总苞片。花小，两性或极少单性，常稍左右对称；具小苞片；花萼小，萼筒贴生于子房，萼齿小，宿存，在果期常稍增大或成羽毛状冠毛；花冠钟状或狭漏斗形，黄色、白色、粉红色或淡紫色，冠筒基部一侧囊肿，有时具距，裂片3~5，稍不等形，花蕾时覆瓦状排列；雄蕊3~4，有时退化为1~2枚，花丝着生于花冠筒基部，花药背着，2室，内向，纵裂；子房下位，3室，仅1室发育，花柱单一，柱头头状或盾状，有时2~3浅裂；胚珠单生，倒垂。瘦果，顶端具宿存萼齿，并贴生于果期增大的膜质苞片上呈翅果状，种子1粒；种子无胚乳，胚直立。

12属约300种，大多数分布于北温带，有些种类分布于亚热带或寒带。中国3属约33种，分布于全国各地。岨徕山1属4种。

1. 败酱属 Patrinia Juss.

多年生直立草本，稀二年生；地下根茎有强烈腐臭；茎基部有时木质化。基生叶丛生，花、果期常枯萎或脱落，茎生叶对生，常1回或2回奇数羽状分裂或全裂，或不分裂，边缘常具粗锯齿或牙齿，稀全缘。花序为二歧聚伞花序组成的伞房花序或圆锥花序，具叶状总苞片；花梗下具小苞片；花小，萼齿5，浅波状、钝齿状、卵形或卵状三角形，宿存，稀果期增大；花冠钟形或漏斗状，黄色或淡黄色，稀白色，冠筒较裂片稍长，有时近等长或略短，内面具长柔毛，基部一侧常膨大呈囊肿，其内密生蜜腺，裂片5，稍不等形，蜜囊上端一裂片较大；雄蕊4，稀1~2（3），着生于花冠筒基部，常伸出花冠，花药长圆形，丁字着生，花丝不等长，近蜜囊2枚较长，下部被长柔毛，另2枚略短，无毛；子房下位，3室，胚珠1枚，悬垂，花柱单一，有时上部稍弯曲，柱头头状或盾状。瘦果，仅1室发育，呈扁椭圆形，内有种子1粒，另2室不育，肥厚，呈卵形或倒卵状长圆形；果苞翅状，常具2~3条主脉，网脉明显；种子扁椭圆形，胚直立，无胚乳。

约20种，产亚洲东部至中部和北美洲西北部。中国11种，全国各地均产。徂徕山4种。

分种检索表

1. 果有增大的翅状苞片；花序梗四周被毛或仅两侧具毛；花冠黄色、淡黄色或白色。
　2. 花序梗被短糙毛或微糙毛；茎生叶通常羽状分裂，极少全缘；雄蕊4。
　　3. 叶纸质，裂片先端渐尖或渐尖；花冠直径3~4.5 mm；果苞长5.5~6.2 mm，宽4.5~5.5 mm··1. 墓头回 Patrinia heterophylla
　　3. 叶革质，裂片先端钝或尖；花冠直径5~7 mm；果苞长7~9 mm，宽5~7 mm············2. 糙叶败酱 Patrinia scabra
　2. 花序梗密被长糙毛；茎生叶长圆形，通常不分裂或有时下部有1~2（3）对侧生裂片；雄蕊1或2~3枚，常1枚最长，伸出花冠外，极少4枚··3. 少蕊败酱 Patrinia monandra
1. 果无翅状苞片；花序梗仅上方一侧被开展的白色粗糙毛；花冠黄色··················4. 败酱 Patrinia scabiosifolia

1. 墓头回　异叶败酱（图765）

Patrinia heterophylla Bunge

Enum. Pl. Chin. Bor. 35. 1833.

—— *Patrinia heterophylla* Bunge subsp. *angustifolia* (Hemsl.) H. J. Wang

多年生草本，高30~80 cm；根状茎较长，横走；茎直立，被倒生微糙伏毛。基生叶丛生，长3~8 cm，具长柄，边缘圆齿状或具糙齿状缺刻，不分裂或羽状分裂至全裂，具1~4（5）对侧裂片，裂片卵形至线状披针形，顶生裂片较大，卵形至卵状披针形；茎生叶对生，茎下部叶常2~3（6）对羽状全裂，顶生裂片较侧裂片稍大或近等大，卵形或宽卵形，罕线状披针形，长7~9 cm，宽5~6 cm，先端渐尖或长渐尖，中部叶常具1~2对侧裂片，顶生裂片最大、卵形、卵状披针形或近菱形，具圆齿，疏被短糙毛，叶柄长1 cm，上部叶较窄，近无柄。花黄色，组成顶生伞房状聚伞花序，被短糙毛或微糙毛；总

图765 墓回头
1. 植株；2. 花；3. 花冠展开（示雄蕊）；
4. 果实；5. 不同的叶形

花梗下苞叶常具1或2对（较少3~4对）线形裂片，分枝下者不裂，线形，常与花序近等长或稍长；萼齿5，明显或不明显；花冠钟形，冠筒长1.8~2.4 mm，上部宽1.5~2 mm，基部一侧具浅囊肿，裂片5，卵形或卵状椭圆形；雄蕊4伸出，花丝2长2短，花药长圆形；子房倒卵形或长圆形，花柱稍弯曲，柱头盾状或截头状。瘦果长圆形或倒卵形，顶端平截，不育子室上面疏被微糙毛，能育子室下面及上缘被微糙毛或几无毛；翅状果苞干膜质，倒卵形、倒卵状长圆形或倒卵状椭圆形，稀椭圆形，顶端钝圆，有时极浅3裂，或仅一侧有1浅裂，长5.5~6.2 mm，宽4.5~5.5 mm，网状脉常具2主脉，较少3主脉。花期7~9月；果期8~10月。

徂徕山各山地林区均产。生于草丛、路边。国内分布于辽宁、内蒙古、河北、山西、山东、河南、陕西、宁夏、甘肃、青海、安徽和浙江。

根含挥发油，根茎和根供药用，药名"墓头回"，能燥湿、止血。

2. 糙叶败酱

Patrinia scabra Bunge

Pl. Mongholico-Chin. Dec. 1: 20.1835.

—— *Patrinia rupestris*（Pall.）Juss. subsp. *scabra*（Bunge）H. J. Wang

多年生草本，高30~60 cm；根圆柱形，直径0.5~2 cm，稍木质。茎单一或数枚丛生，被细密短糙毛。叶较坚挺，革质。基生叶倒披针形，羽状浅裂，侧裂片2~4对，花果期枯萎；茎生叶对生，卵状披针形，长4~10 cm，宽1~2 cm，羽状深裂至全裂，侧裂片1~5对，中央裂片较大，倒披针形，侧裂片镰状条形，全缘，先端钝或尖，两面被毛，上面常粗糙，叶柄长1~2 cm。圆锥状聚伞花序在枝顶端集生成大型伞房状花序；花序梗被短糙毛；苞片对生，条形，不裂，少2~3裂；花萼不明显；花冠黄色，筒状，长6.5~9 mm，5裂，直径5~7 mm；雄蕊4，长雄蕊长4 mm，短雄蕊长约3 mm。子房下位，被糙毛，花柱长约4 mm。瘦果长圆柱形，与圆形膜质苞片贴生；果苞阔圆形或椭圆形，长7~9 mm，宽5~7 mm，网脉具2主脉，极少3主脉。花期7~8月；果期8~9月。

产于马场、光华寺。生于较干燥的阳坡草丛。国内分布于吉林、辽宁、内蒙古、河北、山西、河南、陕西等省份。

3. 少蕊败酱（图766，彩图79）

Patrinia monandra C. B. Clarke

J. D. Hooker, Fl. Brit. India 3: 210. 1881.

二年生或多年生草本，高达150 cm；常无地下根茎，主根横生、斜生或直立；茎基部近木质，粗壮，被灰白色粗毛，后渐脱落，茎上部被倒生稍弯糙伏毛或微糙伏毛，或为2纵列倒生短糙伏毛。单叶对生，长圆形，长4~10 cm，宽2~4 cm，不分裂或大头羽状深裂，下部有1~2（3）对侧生裂片，边缘具粗圆齿或钝齿，两面疏被糙毛，有时夹生短腺毛；叶柄长1 cm，向上部渐短至近无柄；基生叶和茎下部叶开花时常枯萎凋落。聚伞圆锥花序顶生

图766 少蕊败酱

1. 花枝；2. 茎生叶；3. 基生叶；4. 花；5. 花冠展开（示雄蕊）；6. 果实正面观；7. 果实背面观

及腋生，常聚生于枝端成宽大的伞房状，宽达 20 cm，花序梗密被长糙毛；总苞叶线状披针形或披针形，长 8.5 cm，不分裂，顶端尾状渐尖，或有时羽状 3~5 裂，长达 15 cm，顶生裂片卵状披针形，先端短渐尖；花小，花梗基部贴生 1 小苞片；花萼小，5 齿状；花冠漏斗形，淡黄色或白色，基部一侧囊肿不明显，花冠裂片稍不等形，卵形、宽卵形或卵状长圆形；雄蕊 1，或 2~3 枚，常 1 枚最长，伸出花冠外，极少 4 枚，花药长圆形或椭圆形；子房倒卵形，柱头头状或盾状。瘦果卵圆形，不育子室肥厚，倒卵状长圆形，无毛或疏被微糙毛，能育子室扁平状椭圆形，上面两侧和下面被开展短糙毛；果苞薄膜质，近圆形至阔卵形，长 5~7.2 mm，宽 5~7（8）mm，先端常呈极浅 3 裂，基部圆形微凹或截形，具主脉 2 条，极少 3 条，网脉细而明显。花期 8~9 月；果期 9~10 月。

产于大寺。生于山坡草丛、灌丛中、林下及林缘、田野溪旁、路边。国内分布于辽宁、河北、山东、河南、陕西、甘肃、江苏、江西、台湾、湖北、湖南、广西、云南、贵州和四川。

本种供药用，性能与攀倒甑相似。

4. 败酱（图 767）

Patrinia scabiosifolia Link

Enum. Hort. Berol. Alt. 1: 131.1821.

多年生草本，高 30~100（200）cm；根状茎横卧或斜生，节处生多数细根；茎直立，黄绿色至黄棕色，有时带淡紫色，下部常被脱落性倒生白色粗毛或几无毛，上部常近无毛或被倒生稍弯糙毛，或疏被 2 列纵向短糙毛。基生叶丛生，花时枯落，卵形、椭圆形或椭圆状披针形，长 3~10.5 cm，宽 1.2~3 cm，不分裂或羽状分裂或全裂，顶端钝或尖，基部楔形，边缘具粗锯齿，两面被糙伏毛或几无毛，具缘毛；叶柄长 3~12 cm；茎生叶对生，宽卵形至披针形，长 5~15 cm，常羽状深裂或全裂，具 2~3（5）对侧裂片，顶生裂片卵形、椭圆形或椭圆状披针形，先端渐尖，具粗锯齿，两面密被或疏被白色糙毛，或几无毛，上部叶渐变窄小，无柄。花序为聚伞花序组成的大型伞房花序，顶生，具 5~6 级分枝；花序梗上方一侧被开展白色粗糙毛；总苞线形，甚小；苞片小；花小，萼齿不明显；花冠钟形，黄色，冠筒长 1.5 mm，上部宽 1.5 mm，基部

图 767　败酱
1. 横走茎和基生叶；2. 茎生叶和花序；3. 花；
4. 花冠展开（示雄蕊）；5. 果实

一侧囊肿不明显，内具白色长柔毛，花冠裂片卵形，长 1.5 mm，宽 1~1.3 mm；雄蕊 4，稍超出或几不超出花冠，花丝不等长，近蜜囊的 2 枚长 3.5 mm，下部被柔毛，另 2 枚长 2.7 mm，无毛，花药长圆形，长约 1 mm；子房椭圆状长圆形。瘦果长圆形，长 3~4 mm，具三棱，2 不育子室中央稍隆起成上粗下细的棒槌状，能育子室略扁平，向两侧延展成窄边状，内含 1 粒椭圆形、扁平种子。花期 7~9 月。

产于上池、马场。常生于山坡林下、林缘和灌丛、草丛中。国内除宁夏、青海、新疆、西藏和广东的海南外，全国各地均有分布。也分布于俄罗斯、蒙古、朝鲜和日本。

全草和根茎及根入药，能清热解毒、消肿排脓、活血祛瘀。山东、江西等省份民间采摘幼苗嫩叶食用。

118. 菊科 Asteraceae

草本、亚灌木或灌木，稀为乔木。有时有乳汁管。叶常互生，稀对生或轮生，全缘或有齿或分裂；无托叶，或有时叶柄基部扩大成托叶状。花两性或单性，极少单性异株，辐射对称或两侧对称，5基数，少数或多数密集成头状花序或短穗状花序，为1或多层苞片组成的总苞所围绕；头状花序单生或少数至多数排成总状、聚伞状、伞房状或圆锥状；花序托平或凸起，有窝孔或无窝孔，有托片或无；萼片不发育，通常形成鳞片状、刚毛状或毛状的冠毛；花冠常辐射对称，管状，或两侧对称，二唇形，或舌状，头状花序盘状或辐射状，有同型的小花，全部为管状花或舌状花，或有异型的小花，即外围为雌花，舌状，中央为两性的管状花；雄蕊4~5，着生于花冠上，花丝离生，花药内向，合生成筒状，基部钝、锐尖、戟形或有尾；花柱上端2裂，花柱分枝上端有附器或无，子房下位，合生心皮2，1室，有1枚直立的胚珠。果为不开裂的瘦果；种子无胚乳，子叶2枚，稀1枚。

1600~1700属24000种，广布于全世界。中国约248属2336种，产全国各地。徂徕山54属91种2亚种5变种。

分亚科检索表

1. 头状花序全部为同形两性的管状花，或有异形的小花，中央花非舌状，植物无乳汁……………I. 管状花亚科 Carduoideae
1. 头状花序全部为舌状花，舌片顶端5齿裂；植物有乳汁………………………………………II. 舌状花亚科 Cichorioideae

I. 管状花亚科 Carduoideae

头状花序全部为同形两性的管状花，或有异形的小花，中央花非舌状，植物无乳汁。

分属检索表

1. 花药的基部钝或微尖。
  2. 头状花序全为两性管状花；花柱分枝圆柱形，上端有棒槌状或稍扁而钝的附器。
    3. 冠毛呈膜片状或棒状……………………………………………………………………1. 藿香蓟属 Ageratum
    3. 冠毛毛状或羽状………………………………………………………………………2. 泽兰属 Eupatorium
  2. 头状花序具舌状边花和管状盘花。
    4. 花柱分枝通常一面平一面凸形，上端有尖或三角形附器，有时上端钝；叶互生。
      5. 冠毛有长或短毛，或膜片，或瘦果顶端狭环状而无冠毛。
        6. 总苞片外层非叶状；冠毛1或多层，有时兼有外层膜片。
          7. 总苞片多层，偶2层；花柱分枝顶端披针形。
            8. 瘦果边缘及两面有肋……………………………………………………………3. 紫菀属 Aster
            8. 瘦果边缘有细肋，两面无肋，被长密毛…………………………………4. 女菀属 Turczaninowia
          7. 总苞片2~3层；花柱分枝短三角形…………………………………………………5. 飞蓬属 Erigeron
        6. 总苞片外层叶状，大，内层膜质或干膜质。
          9. 冠毛4层，多数，为近相等的短刚毛………………………………………6. 联毛紫菀属 Symphyotrichum
          9. 冠毛2层，内层长刺毛状，外层而膜质片状…………………………………………7. 翠菊属 Callistephus
      5. 冠毛不存在；总苞片大，近等长……………………………………………………………8. 雏菊属 Bellis
    4. 花柱分枝通常截形，无或有尖或三角形附器，有时分枝钻形。
      10. 冠毛糙毛状。

11. 叶脉掌状……………………………………………………………………………………9. 蜂斗菜属 Petasites
　　11. 叶脉羽状……………………………………………………………………………………10. 狗舌草属 Tephroseris
10. 冠毛不存在，或鳞片状、芒状，或冠状。
　12. 总苞片全部或边缘干膜质；头状花序盘状或辐射状。
　　13. 花托有托片；头状花序相当小，总苞直径 2~7 mm，在茎枝顶端排列成疏松或紧密的伞房花序…………
　　　…………………………………………………………………………………………………11. 蓍属 Achillea
　　13. 花托无托毛或有托毛，但绝无托片。
　　　14. 头状花序较大，边缘雌花舌状。
　　　　15. 瘦果有翅肋 1~3；舌状花黄色………………………………………………12. 茼蒿属 Glebionis
　　　　15. 瘦果无翅肋。
　　　　　16. 瘦果果肋在瘦果顶端伸延成钝形冠齿……………………………………13. 滨菊属 Leucanthemum
　　　　　16. 瘦果果肋在瘦果顶端不形成冠齿伸延………………………………………14. 菊属 Chrysanthemum
　　　14. 头状花序小，边缘花雌性或无性，管状。
　　　　17. 边缘雌花 1 层；头状花序排成穗状、狭圆锥状或总状……………………………15. 蒿属 Artemisia
　　　　17. 边缘雌花多层；头状花序单生叶腋……………………………………………16. 石胡荽属 Centipeda
　12. 总苞片叶质。
　　18. 花序托无托片；头状花序辐射状；叶互生。
　　　19. 总苞片 1 层，常结合；叶对生；冠毛有 5~6 芒……………………………………17. 万寿菊属 Tagetes
　　　19. 总苞片 1~2 层；叶常互生；冠毛有 5~6 具芒的鳞片………………………………18. 天人菊属 Gaillardia
　　18. 花序托通常有托片；头状花序通常辐射状，极少盘状；叶通常对生。
　　　20. 头状花序单性，具同形花；雌花无花冠，雌头状花序的总苞具多数钩刺…………19. 苍耳属 Xanthium
　　　20. 头状花序具异性花，雌雄同株；雌花花冠舌状或管状；或有时雌花不存在而头状花序具同形两性花。
　　　　21. 舌状花不宿存于果实上，或在赛菊芋属中舌状花宿存但叶片有锯齿。
　　　　　22. 冠毛的鳞片全缘或繸形，全部或一部有短芒；叶对生；有舌状花，总苞片 1~2 层，4~5 个………
　　　　　　…………………………………………………………………………………20. 牛膝菊属 Galinsoga
　　　　　22. 冠毛不存在，或芒状，或短冠状，或具倒刺的芒状，或小鳞片状。
　　　　　　23. 瘦果全部肥厚，或舌状花瘦果有三棱，管状花瘦果侧面扁压。
　　　　　　　24. 瘦果为内层总苞片（或外层托片）所包裹；无冠毛或有微鳞片；外层总苞片有腺体…………
　　　　　　　　…………………………………………………………………………………21. 豨莶属 Sigesbeckia
　　　　　　　24. 内层总苞片平，不包裹瘦果。
　　　　　　　　25. 托片平，狭长；舌片小，近 2 层；无冠毛或有 2 短芒；叶对生…………22. 鳢肠属 Eclipta
　　　　　　　　25. 托片内凹或对折，多少包裹小花。
　　　　　　　　　26. 花序托球形、半球形或柱状。
　　　　　　　　　　27. 舌状花紫红色，叶常有柄……………………………………23. 松果菊属 Echinacea
　　　　　　　　　　27. 舌状花黄色，叶无柄…………………………………………24. 金光菊属 Rudbeckia
　　　　　　　　　26. 花序托平或微隆起。
　　　　　　　　　　28. 瘦果稍扁或具 4 厚棱，冠毛膜片状……………………………25. 向日葵属 Helianthus
　　　　　　　　　　28. 瘦果无冠毛或有具齿的边缘………………………………26. 赛菊芋属 Heliopsis
　　　　　　23. 瘦果多少背面扁压。
　　　　　　　29. 冠毛鳞片状，或芒状而无倒刺，或无冠毛；叶对生。

　　　　30. 花柱分枝顶端笔状或截形，有或无短附器；瘦果边缘有翅或有缘毛或无毛，有 2 短芒或上端有毛或无冠毛；舌状花黄褐色或黄色；根非块状··················27. 金鸡菊属 Coreopsis
　　　　30. 花柱分枝顶端有具毛的长附器；瘦果无翅，无冠毛；舌状花白色、红色或紫色；根块状··28. 大丽花属 Dahlia
　　　29. 冠毛为宿存尖锐而具倒刺的芒；叶对生或上部互生。花柱分枝有短附器，瘦果有 2~4 芒。
　　　　31. 果上端有喙；舌状花红、紫色·····························29. 秋英属 Cosmos
　　　　31. 果上端狭窄，无喙；舌状花黄、白色或不存在················30. 鬼针草属 Bidens
　　21. 舌状花宿存于果实上而随果实脱落；叶对生，全缘，稀上部互生··········31. 百日菊属 Zinnia
1. 花药基部锐尖，戟形或尾形；叶互生。
　　32. 花柱先端有稍膨大而被毛的节，节以上分枝或不分枝。
　　　33. 瘦果基底着生面，着生面平或稍见偏斜。
　　　　34. 瘦果无毛，顶端多少有齿状果缘。
　　　　　35. 花丝有毛或有稠密的乳突或乳突状毛。
　　　　　　36. 全部冠毛刚毛呈刚毛状·······························32. 飞廉属 Carduus
　　　　　　36. 全部冠毛刚毛呈长羽毛状······························33. 蓟属 Cirsium
　　　　　35. 花丝无毛或有乳突但几不可察，极少有腺点。
　　　　　　37. 花托有稠密或稀疏的托毛。
　　　　　　　38. 冠毛刚毛糙毛状，基部不连合成环，极易分散脱落··········34. 牛蒡属 Arctium
　　　　　　　38. 冠毛刚毛长羽毛状或至少外层冠毛刚毛长羽毛状。
　　　　　　　　39. 冠毛 2 层，异型，外层冠毛刚毛长羽毛状，内层 3~9 个膜片状；总苞片顶端有紫红色鸡冠状突起······································35. 泥胡菜属 Hemisteptia
　　　　　　　　39. 冠毛多层，同型，全部冠毛刚毛羽毛状；总苞片顶端无鸡冠状附属物······33. 蓟属 Cirsium
　　　　　　37. 花托有稠密的托片；冠毛两层，异型，外层冠毛刚毛极短，糙毛状，分散脱落，内层冠毛刚毛长，长羽毛状，基部连合成环，整体脱落························36. 风毛菊属 Saussurea
　　　　34. 瘦果被顺向贴伏的稠密的长直毛，顶端无果缘；所有小花两性··········37. 苍术属 Atractylodes
　　　33. 瘦果侧生着生面。
　　　　40. 头状花序同型，全部小花两性·····························38. 漏芦属 Rhaponticum
　　　　40. 头状花序异型，边花雌性或无性，中央盘花两性················39. 蓝花矢车菊属 Cyanus
　　32. 花柱先端无被毛的节；分枝先端截形，无附器，或有三角形附器。
　　　41. 植株有春秋 2 型，春型植株矮小，秋型植株高大；两性花冠管状二唇形········40. 大丁草属 Leibnitzia
　　　41. 植株无上述特征；头状花序的管状花浅裂，不作二唇状。
　　　　42. 冠毛通常毛状，有时无冠毛；头状花序盘状，或辐射状而边缘有舌状花。
　　　　　43. 雌花花冠舌状或管状；头状花花序辐射状或盘状；雌花花柱较花冠短。
　　　　　　44. 无冠毛；雌花花冠管状·······························41. 天名精属 Carpesium
　　　　　　44. 有冠毛；雌花花冠舌状·······························42. 旋覆花属 Inula
　　　　　43. 雌花花冠细管状或丝状；头状花序盘状；雌花花柱较花冠长。
　　　　　　45. 两性花全部或大部结果实；两性花花柱有分枝············43. 拟鼠麴草属 Pseudognaphalium
　　　　　　45. 两性花不结果实；两性花花柱不分枝或浅裂。
　　　　　　　46. 冠毛基部分离，分散脱落···························44. 香青属 Anaphalis
　　　　　　　46. 冠毛基部结合成环状·····························45. 火绒草属 Leontopodium

42. 冠毛不存在；头状花序辐射状···46. 金盏花属 Calendula

1. 藿香蓟属 Ageratum Linn.

一年生或多年生草本，或为灌木。叶对生或上部叶互生。头状花序小，同型，有多数小花，在茎枝顶端排成紧密伞房状花序，少有排成疏散圆锥花序。总苞钟状；总苞片 2~3 层，线形，草质，不等长。花托平或稍突起，无托片或有尾状托片。花全部管状，檐部顶端有 5 齿裂。花药基部钝，顶端有附片。花柱分枝伸长，顶端钝。瘦果有 5 纵棱。冠毛膜片状或鳞片状，5 个，急尖或长芒状渐尖，分离或联合成短冠状，或冠毛鳞片 10~20 个，狭窄，不等长。

约 40 余种，主要产于中美洲。中国引入 2 种。徂徕山 1 种。

1. 熊耳草（图 768）

Ageratum houstonianum Miller

Gard. Dict. ed. 8. Ageratum no. 2. 1768.

一年生草本，高 30~70 cm。无明显主根。茎直立，不分枝，或自中下部分枝，或下部茎枝平卧而节生不定根。全部茎枝淡红色或绿色或麦秆黄色，被白色绒毛或薄绵毛，茎枝上部及腋生小枝上的毛常稠密，开展。叶对生，有时上部叶近互生，卵形或三角状卵形，中部茎叶长 2~6 cm，宽 1.5~3.5 cm，或长宽相等。自中部向上及向下和腋生的叶渐小。全部叶有叶柄，柄长 0.7~3 cm，边缘有规则圆锯齿，顶端圆形或急尖，基部心形或平截，三出基脉或不明显五出脉，两面被稀疏或稠密的白色柔毛。头状花序 5~15 或更多在茎枝顶端排成直径 2~4 cm 的伞房或复伞房花序；花序梗被密柔毛。总苞钟状，径 6~7 mm；总苞片 2~3 层，狭披针形，长 4~5 mm，全缘，顶端长渐尖，外面被较多的腺质柔毛。花冠长 2.5~3.5 mm，檐部淡紫色，5 裂，裂片外面被柔毛。瘦果黑色，有

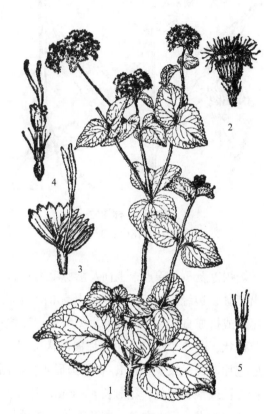

图 768　熊耳草
1. 植株上部；2. 花序；3. 舌状花；4. 管状花；
5. 瘦果及冠毛

5 纵棱，长 1.5~1.7 mm。冠毛膜片状，5 个，分离，膜片长圆形或披针形，全长 2~3 mm，顶端芒状长渐尖，有时冠毛膜片顶端截形，而无芒状渐尖，长仅 0.1~0.15 mm。花、果期全年。

徂徕山有零星栽培，供观赏。原产热带美洲。目前非洲、亚洲、欧洲都有分布。全系栽培或栽培逸生种。中国广东、广西、云南、四川、江苏、山东、黑龙江都有栽培或栽培逸生的。

全草药用，性味微苦、凉，有清热解毒之效。

本种常被误为藿香蓟（*Ageratum conyzoides* Linn.），但后者叶基部钝或宽楔形，绝非心形或截形，总苞片宽，外面无毛无腺点，顶端急尖，边缘栉齿状，非全缘。

2. 泽兰属 Eupatorium Linn.

多年生草本、半灌木或灌木。叶对生，稀互生，全缘、有锯齿或 3 裂。头状花序小或中等大小，在茎枝顶端排成复伞房花序或单生于长花序梗上，花两性，管状，结实，花多数，少有 1~4。总苞长

圆形、卵形、钟形或半球形；总苞片多层或 1~2 层，覆瓦状排列，外层渐小或全部苞片近等长。花托平、突起或圆锥状，无托片。花紫色、红色或白色。花冠等长，辐射对称，檐部扩大，钟状，顶端 5 裂或 5 齿。花药基部钝，顶端有附片。花柱分枝伸长，线状半圆柱形，顶端钝或微钝。瘦果五棱，顶端截形。冠毛多数，刚毛状，1 层。

约 45 种，主要分布于亚洲、欧洲和北美洲。中国 14 种。徂徕山 1 种。

1. 林泽兰（图 769）

Eupatorium lindleyanum DC.

Prodr. 5: 180. 1836.

多年生草本，高 30~150 cm。根茎短，有多数细根。茎直立，下部及中部红色或淡紫红色，基部径达 2 cm，常自基部分枝或仅上部有伞房状花序分枝；全部茎枝被稠密的白色长或短柔毛。下部茎叶花期脱落；中部茎叶长椭圆状披针形或线状披针形，长 3~12 cm，宽 0.5~3 cm，不分裂或 3 全裂，质厚，基部楔形，顶端急尖，基出三脉，两面粗糙，被白色长

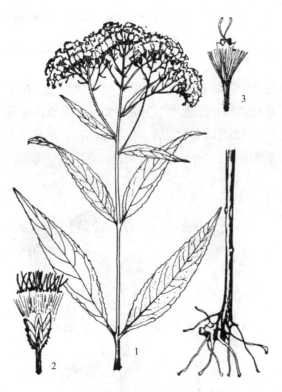

图 769　林泽兰
1. 植株；2. 花序；3. 管状花

或短粗毛及黄色腺点，上面及沿脉毛密；自中部向上与向下的叶渐小，与中部茎叶同形；全部茎叶基出三脉，边缘有锯齿，无柄或几无柄。头状花序多数在茎顶或枝端排成直径 2.5~6 cm 的紧密伞房花序，或排成直径达 20 cm 的大型复伞房花序；花序枝及花梗紫红色或绿色，被白色密集的短柔毛。总苞钟状，含 5 个小花；总苞片覆瓦状排列，约 3 层，外层长 1~2 mm，披针形或宽披针形，中层及内层苞片渐长，长 5~6 mm，长椭圆形或长椭圆状披针形；全部苞片绿色或紫红色，顶端急尖。花白色、粉红色或淡紫红色，花冠长 4.5 mm，外面散生黄色腺点。瘦果黑褐色，长 3 mm，椭圆状，五棱，散生黄色腺点；冠毛白色，与花冠等长或稍长。花、果期 5~12 月。

徂徕山各山地林区均产。生于山谷阴处水湿地、林下湿地。除新疆外，遍布全国各地。俄罗斯西伯利亚、朝鲜、日本都有分布。

枝叶入药，有发表祛湿、和中化湿之效。

3. 紫菀属 Aster Linn.

多年生草本、亚灌木或灌木。茎直立。叶互生，有齿或全缘。头状花序作伞房状或圆锥伞房状排列，或单生，各有多数异形花，放射状，外围有 1~2 层雌花，中央有多数两性花，均结实，少有无雌花而呈盘状。总苞半球状、钟状或倒锥状；总苞片 2 至多层，外层渐短，覆瓦状排列或近等长，草质或革质，边缘常膜质。花托蜂窝状，平或稍凸起。雌花花冠舌状，舌片狭长，白色、浅红色、紫色或蓝色，顶端有 2~3 个不明显的齿；两性花花冠管状，黄色或顶端紫褐色，通常有 5 等形的裂片，稀不等。花药基部钝，通常全缘。花柱分枝附片披针形或三角形。冠毛宿存，白色或红褐色，有多数近等长的细糙毛，或另有 1 外层极短的毛或膜片。瘦果长圆形或倒卵圆形，扁或两面稍凸，有 2 边肋，通常被毛或有腺。

约 152 种，分布于亚洲、欧洲、北美洲。中国 123 种。徂徕山 5 种 1 亚种。

分种检索表

1. 冠毛长，毛状，有或无外层膜片。
   2. 管状花花冠左右对称，1 裂片较长。
      3. 多年生草本；全部小花有同形冠毛，冠毛污白色或红褐色，长 4~6 mm，有不等长的微糙毛；头状花序直径 2~3.5 cm，舌状花约 20 个，浅蓝紫色···················1. 阿尔泰狗娃花 Aster altaicus
      3. 一、二年生草本；冠毛在舌状花极短，白色膜片状，或部分带红色、糙毛状，在管状花糙毛状，与花冠近等长；头状花序径 3~5 cm，舌状花约 30 个，浅红或白色···················2. 狗娃花 Aster hispidus
   2. 管状花花冠辐射对称，5 裂片等长；舌状花及管状花的冠毛均为糙毛状···················3. 三脉紫菀 Aster trinervius subsp. ageratoides
1. 冠毛极短，糙毛状或膜片状，长 1.5 mm 以下。
   4. 叶条状披针形或矩圆形，有时倒披针形，全缘，两面被粉状密短毛；冠毛长 0.3~0.5 mm···················4. 全叶马兰 Aster pekinensis
   4. 中部及下部叶有锯齿或羽状分裂，但上部叶常全缘。
      5. 冠毛长 0.1~0.3 mm；叶倒卵状矩圆形或倒披针形，有齿或羽状裂片···················5. 马兰 Aster indicus
      5. 冠毛长 1~1.5 mm；中部及下部叶羽状中裂，裂片全缘···················6. 蒙古马兰 Aster mongolicus

1. 阿尔泰狗娃花（图 770）

Aster altaicus Willd.

Enum. Pl. Hort. Berol. 2: 880. 1809.

—— *Heteropappus altaicus*（Willd.）Novopokr.

多年生草本。植株绿色。有横走或垂直的根。茎直立，高 20~60 cm，被上曲的短贴毛，从基部分枝，上部有少数分枝。基部叶在花期枯萎；下部叶条状披针形或匙形，长 3~7（10）cm，宽 0.2~0.7 cm，开展，全缘或有疏浅齿；上部叶渐狭小，条形；全部叶两面或下面被粗毛或细毛，常有腺点，中脉在下面稍凸起。头状花序单生枝端，直径 2~3.5 cm。总苞半球形，径 0.5~1.5 cm；总苞片 2~3 层，外层草质或边缘狭膜质，内层边缘宽膜质，被腺点及毛，矩圆状披针形或条形，长 4~8 mm，宽 0.6~1.8 mm，顶端渐尖。舌状花约 20 个，管部长 1.5~2.8 mm，有微毛；舌片浅蓝紫色，矩圆状条形，长 10~15 mm，宽 1.5~2.5 mm；管状花长 5~6 mm，管部长 1.5~2.2 mm，裂片不等大，长 0.6~1 或 1~1.4 mm，有疏毛。瘦果扁，倒卵状矩圆形，长 2~2.8 mm，宽 0.7~1.4 mm，灰绿色或浅褐色，被绢毛，上部有腺。冠毛污白色或红褐色，长 4~6 mm，有不等长的微糙毛。花、果期 5~9 月。

图 770 阿尔泰狗娃花
1. 植株上部；2. 植株下部；3. 叶；
4~5. 雌花及花柱；6~7. 两性花及花柱

徂徕山各林区均产。生于草甸、滩地、河岸路旁。国内分布于西北、华北、东北地区及四川、云南、浙江、台湾。也分布于亚洲中部、东部及西南部。

图771 狗娃花
1. 植株上部；2. 植株下部；3. 舌状花；
4. 管状花；5. 叶

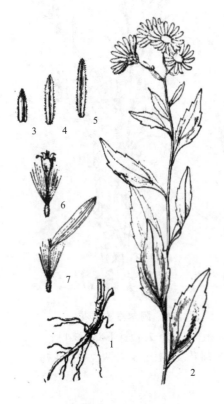

图772 三脉紫菀
1. 植株下部；2. 植株上部；3~5. 总苞片；
6. 管状花；7. 舌状花

2. 狗娃花（图771）

Aster hispidus Thunb.

Nova Acta Regiae Soc. Sci. Upsal. 4: 39. 1783.

—— *Heteropappus hispidus*（Thunb.）Less.

一、二年生草本。有垂直的纺锤状根。茎高30~50 cm，有时达150 cm，单生，有时丛生，被上曲或开展的粗毛，下部常脱毛，有分枝。基部及下部叶在花期枯萎，倒卵形，长4~13 cm，宽0.5~1.5 cm，渐狭成长柄，顶端钝或圆形，全缘或有疏齿；中部叶矩圆状披针形或条形，长3~7 cm，宽0.3~1.5 cm，常全缘，上部叶小，条形；全部叶质薄，两面被疏毛或无毛，边缘有疏毛，中脉及侧脉明显。头状花序径3~5 cm，单生于枝端而排列成伞房状。总苞半球形，长7~10 mm，径10~20 mm；总苞片2层，近等长，条状披针形，宽1 mm，草质，或内层菱状披针形而下部及边缘膜质，背面及边缘有多少上曲的粗毛，常有腺点。舌状花约30余个，管部长2 mm；舌片浅红色或白色，条状矩圆形，长12~20 mm，宽2.5~4 mm；管状花花冠长5~7 mm，管部长1.5~2 mm，裂片长1~1.5 mm。瘦果倒卵形，扁，长2.5~3 mm，宽1.5 mm，有细边肋，被密毛。冠毛在舌状花极短，白色，膜片状，或部分带红色，长，糙毛状；在管状花糙毛状，初白色，后带红色，与花冠近等长。花期7~9月；果期8~9月。

徂徕山各林区均产。广泛分布于中国北部、西北部及东北部各省份，也见于四川、湖北、安徽、江西、浙江及台湾。也分布于蒙古、俄罗斯、朝鲜及日本。

3. 三脉紫菀（亚种）（图772）

Aster trinervius Roxb. ex D. Don subsp. **ageratoides**（Turcz.）Grierson

Notes Roy. Bot. Gard. Edinburgh. 26: 102. 1964.

—— *Aster ageratoides* Turcz.

多年生草本，根状茎粗壮。茎直立，高40~100 cm，有棱及沟，被柔毛或粗毛，上部有时屈折，有分枝。下部叶在花期枯落，叶片宽卵圆形，急狭成长柄；中部叶椭圆形或长圆状披针形，长5~15 cm，宽1~5 cm，中部以上急狭成楔形具宽翅的柄，顶端渐尖，边缘有3~7对浅或深锯齿；上部叶渐小，有浅齿或全缘，全部叶纸质，上面被短糙毛，下面浅色被短柔毛常有腺点，或两面被短茸毛而下面沿脉有粗毛，有离基（有时长达7 cm）三出脉，侧脉3~4对，网脉明显。头状花序径1.5~2 cm，排列成伞房或圆锥伞房状，花序梗长0.5~3 cm。总苞倒锥状或半球状，径4~10 mm，长3~7 mm；总苞片3层，覆瓦状排列，线状长圆形，下部近革质或干膜质，上部绿色或紫褐色，外层长达 2 mm，内层长约 4 mm，有短缘毛。舌状花约 10 余个，管部长 2 mm，舌片线状长圆形，长达 11 mm，宽 2 mm，紫色、浅红色或白色，管状花黄色，长 4.5~5.5 mm，管部长 1.5 mm，裂片长 1~2 mm；花柱附片长达 1 mm。冠毛浅红褐色或污白色，长 3~4 mm。瘦果倒卵状长圆形，灰褐色，长 2~2.5 mm，有边肋，一面常有肋，被短粗毛。花、果期 7~12 月。

产于上池、马场等林区。国内分布于东北、华北、西北地区至四川、云南。也分布于朝鲜及俄罗斯西伯利亚。

4. 全叶马兰（图 773）

Aster pekinensis（Hance）F. H. Chen

Bull. Fan Mem. Inst. Biol. Bot. 5: 41. 1934.

—— *Kalimeris integrifolia* Turcz. ex DC.

多年生草本。茎直立，高 30~70 cm，单生或数个丛生，被细硬毛，中部以上有近直立的帚状分枝。下部叶在花期枯萎；中部叶多而密，条状披针形、倒披针形或矩圆形，长 2.5~4 cm，宽 0.4~0.6 cm，顶端钝或渐尖，常有小尖头，基部渐狭无柄，全缘，边缘稍反卷；上部叶较小，条形；全部叶下面灰绿色，两面密被粉状短绒毛。头状花序单生枝端且排成疏伞房状。总苞半球形，径 7~8 mm，长 4 mm；总苞片 3 层，覆瓦状排列，外层近条形，长 1.5 mm，内层矩圆状披针形，长达 4 mm，顶端尖，有短粗毛及腺点。舌状花 1 层，20 余个，管部长 1 mm，有毛；舌片淡紫色，长 11 mm，宽 2.5 mm。管状花花冠长 3 mm，管部长 1 mm，有毛。瘦果倒卵形，长 1.8~2 mm，宽 1.5 mm，浅褐色，扁，有浅色边肋，或一面有肋而果呈三棱形，上部有短毛及腺。冠毛带褐色，长 0.3~0.5 mm，不等长，弱而易脱落。花期 6~10 月；果期 7~11 月。

图 773　全叶马兰
1. 植株；2. 舌状花；3. 管状花

产于大寺、王家院等林区。生于湿润的田边、路旁、荒坡。中国广泛分布于四川、陕西、湖北、湖南、安徽、浙江、江苏、山东、河南、山西、河北、辽宁、吉林、黑龙江及内蒙古。也分布于朝鲜、俄罗斯。

5. 马兰（图 774）

Aster indicus Linn.

Sp. Pl. 2: 876. 1753.

—— *Kalimeris indica*（Linn.）Sch.-Bip.

多年生草本。根状茎有匍枝，有时具直根。茎直

图 774　马兰
1. 植株；2. 舌状花；3. 管状花

立,高30~70 cm,上部有短毛,上部或从下部起有分枝。基部叶在花期枯萎;茎部叶披针形至或倒卵状矩圆形,长3~6 cm,宽0.8~2 cm,顶端钝或尖,基部渐狭成具翅的长柄,下部及中部叶有2~4对浅齿或深齿,上部叶小,全缘,基部急狭无柄,上面被疏或密的毛,边缘及下面沿脉有短粗毛。头状花序单生于枝端并排列成疏伞房状。总苞半球形,径6~9 mm,长4~5 mm;总苞片2~3层,覆瓦状排列,倒卵状矩圆形,上部草质,边缘膜质,有缘毛。花托圆锥形。舌状花1层,15~20个,管部长1.5~1.7 mm;舌片浅紫色,长达10 mm,宽1.5~2 mm;管状花长3.5 mm,管部长1.5 mm,被短密毛。瘦果倒卵状矩圆形,极扁,长1.5~2 mm,宽1 mm,褐色,边缘浅色而有厚肋,上部被腺及短柔毛。冠毛长0.1~0.8 mm,弱而易脱落,不等长。花期5~9月;果期8~10月。

祖徕山各林区均产。生于草丛、溪岸、路旁。国内分布于中国西部、中部、南部、东部各地区。也分布于朝鲜、日本、中南半岛至印度。

6. 蒙古马兰(图775)

Aster mongolicus Franch.

Nouv. Arch. Mus. Hist. Nat.,sér. 2. 6: 41. 1883.

—— *Kalimeris mongolica*(Franch.)Kitamura

多年生草本。茎直立,高60~100 cm,有沟纹,被向上的糙伏毛,上部分枝。叶纸质或近膜质,最下部叶花期枯萎,中部及下部叶倒披针形或狭矩圆形,长5~9 cm,宽2~4 cm,羽状中裂,两面疏生短硬毛或近无毛,边缘具较密的短硬毛;裂片条状矩圆形,顶端钝,全缘;上部分枝上的叶条状披针形,长1~2 cm。头状花序单生于长短不等的分枝顶端,直径2.5~3.5 cm。总苞半球形,径1~1.5 cm;总苞片3层,覆瓦状排列,无毛,椭圆形至倒卵形,长5~7 mm,宽3~4 mm,顶端钝,有白色或带紫红色的膜质缘,背面上部绿色。舌状花淡蓝紫色、淡蓝色或白色,管部长2 mm;舌片长2.2 cm,宽3.5 mm。管状花黄色,长约5 mm,管部长1.5 mm。瘦果倒卵形,长约3.5 mm,宽约2.5 mm,黄褐色,有黄绿色边肋,扁,或有时有3肋而果呈三棱形,边缘及表面疏生细短毛。冠毛淡红色,不等长,

图775 蒙古马兰
1.植株上部;2.舌状花;3.管状花;4.总苞片;
5.瘦果

舌状花瘦果冠毛长约0.5 mm,管状花瘦果的冠毛长1~1.5 mm。花、果期7~9月。

产于大寺、光华寺、庙子。生于山坡灌丛、田边。分布于吉林、辽宁、内蒙古、河北、山东、河南、山西、陕西、宁夏、甘肃及四川。

4. 女菀属 **Turczaninowia** DC.

多年生草本,叶互生。头状花序小,多数密集成复伞房花序,有异形花,辐射状,外围有1层雌花,中央有数个两性花,部分不结实。总苞筒状至钟状;总苞片3~4层,覆瓦状排列,草质,边缘膜质,顶端钝。花托稍凸起,蜂窝状,窝孔撕裂。雌花舌状,舌片椭圆形顶端有2~3个微齿或近全缘;两性花管状黄色,檐部钟状,有5裂片;花药基部钝,全缘;花柱分枝附片三角形或花柱不发育。冠

毛1层，污白色或稍红色，有多数微糙毛。瘦果稍扁，边缘有细肋，两面无肋，被密短毛。

1种，分布于中国北部至东部以及朝鲜、日本和俄罗斯西伯利亚东部。徂徕山1种。

1. 女菀（图776）

Turczaninowia fastigiata（Fisch.）DC.

Prodr. 5: 258. 1836.

——*Aster fastigiatus* Fisch.

多年生草本。茎直立，高30~100 cm，被短柔毛，下部常脱毛，上部有伞房状细枝。下部叶在花期枯萎，条状披针形，长3~12 cm，宽0.3~1.5 cm，基部渐狭成短柄，顶端渐尖，全缘，中部以上叶渐小，披针形或条形，下面灰绿色，被密短毛及腺点，上面无毛，边缘有糙毛，稍反卷；中脉及三出脉在下面凸起。头状花序径5~7 mm，多数在枝端密集；花序梗纤细，有长1~2 mm的苞叶。总苞长3~4 mm；总苞片被密短毛，顶端钝，外层矩圆形，长约1.5 mm；内层倒披针状矩圆形，上端及中脉绿色。花10余个；舌状花白色，管部长2~3 mm；管状花长3~4 mm。冠毛约与管状花花冠等长。瘦果矩圆形，基部尖，长约1 mm，被密柔毛或后时稍脱毛。花、果期8~10月。

产于磻石峪、光华寺。生于山坡、路旁。国内分布于东北、华北地区及长江流域。也分布于朝鲜、日本及俄罗斯西伯利亚东部。

图776 女菀
1.植株下部；2.植株上部及花序；3.舌状花；4.管状花

5. 飞蓬属 Erigeron Linn.

多年生草本，稀一、二年生，或半灌木。叶互生，全缘、具锯齿或羽状分裂。头状花序单生或排列成总状、伞房状或圆锥状花序；总苞半球形或钟形至圆柱形，总苞片数层，通常草质，具膜质边缘，具1红褐色中脉，狭长，近等长，有时外层较短而稍呈覆瓦状，超出或短于花盘；花托平或稍凸起，具窝孔；雌雄同株；花多数，异色；雌花多层，舌状，或内层无舌片，舌片狭小，少有稍宽大，多数（通常100个以上），有时较少；两性花管状，檐部狭，管状至漏斗状（径不超过1 mm），顶端5齿裂，花药线状长圆形，基部钝，顶端具卵状披针形附片；花柱分枝附片短，宽三角形、短披针形，通常钝或稍尖。花全部结实；瘦果长圆状披针形，扁压，常有边脉，少有多脉，被疏或密短毛；冠毛通常2层，内层及外层同形或异形，常有极细而易脆折的刚毛，离生或基部稍连合，外层极短，或等长，或仅1层；有时雌花冠毛退化而成少数鳞片状膜片的小冠。

约400种，主要分布于欧洲、亚洲大陆及北美洲，少数分布于非洲和大洋洲。中国有39种，主要集中于新疆和西南部山区。徂徕山3种。

分种检索表

1.头状花序小，径3~4 mm；植株绿色，被疏长硬毛；叶两面或仅上面被疏短毛，边缘常被上弯的硬缘毛……………………………………………………………………………………………………1.小蓬草 Erigeron canadensis

1. 头状花序较大，径 8 mm 以上。
   2. 植株灰绿色；头状花序径 8~10 mm，总苞片线形，背面密被灰白色短糙毛；外围雌花多层；冠毛1层，淡红褐色···2. 野塘蒿 Erigeron bonariensis
   2. 植株绿色；头状花序径 10~15 mm，总苞片披针形，背面密被腺毛和疏长节毛；外围雌花2层；冠毛异形，雌花的冠毛极短，两性花的冠毛2层···3. 一年蓬 Erigeron annuus

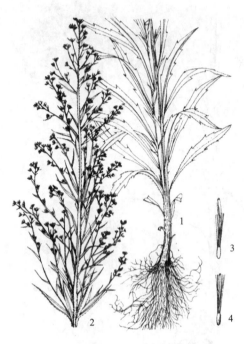

图 777　小蓬草
1. 植株下部；2. 植株上部；
3. 舌状花；4. 管状花

1. 小蓬草　小白酒草（图 777）
Erigeron canadensis Linn.

Sp. Pl. 2: 863. 1753.

—— *Conyza canadensis*（Linn.）Cronq. in Bull. Torrey Bot. Club. 70: 632. 1943.

一年生草本。根纺锤状，具纤维状根。茎直立，高 50~100 cm，圆柱状，多少具棱，有条纹，被疏长硬毛，上部多分枝。叶密集，基部叶花期常枯萎，下部叶倒披针形，长 6~10 cm，宽 1~1.5 cm，顶端尖或渐尖，基部渐狭成柄，边缘具疏锯齿或全缘，中部和上部叶较小，线状披针形或线形，近无柄或无柄，全缘或少有具 1~2 个齿，两面或仅上面被疏短毛边缘常被上弯的硬缘毛。头状花序小，径 3~4 mm，多数，排列成顶生多分枝的大圆锥花序；花序梗细，长 5~10 mm，总苞近圆柱状，长 2.5~4 mm；总苞片 2~3 层，淡绿色，线状披针形或线形，顶端渐尖，外层约短于内层的 1/2，背面被疏毛，内层长 3~3.5 mm，宽约 0.3 mm，边缘干膜质，无毛；花托平，径 2~2.5 mm，具不明显突起；雌花多数，舌状，白色，长 2.5~3.5 mm，舌片小，稍超出花盘，线形，顶端具 2 个钝小齿；两性花淡黄色，花冠管状，长 2.5~3 mm，上端具 4 或 5 个齿裂，管部上部被疏微毛；瘦果线状披针形，长 1.2~1.5 mm，稍扁压，被贴微毛；冠毛污白色，1 层，糙毛状，长 2.5~3 mm。花期 5~9 月。

徂徕山各林区广泛分布。生于旷野、荒地、田边和路旁，为一种常见的杂草。原产北美洲，现在各地广泛分布。中国南北各省份均有分布。

茎、叶可提取芳香油。

2. 野塘蒿　香丝草（图 778）
Erigeron bonariensis Linn.

Sp. Pl. 2: 863. 1753.

—— *Conyza bonariensis*（Linn.）Cronq.

一、二年生草本。根纺锤状，常斜升，具纤维状根。茎直立或斜升，高 20~50 cm，中部以上常分枝，常有斜上不育的侧枝，密被贴短毛，杂有开展的疏长毛。叶密

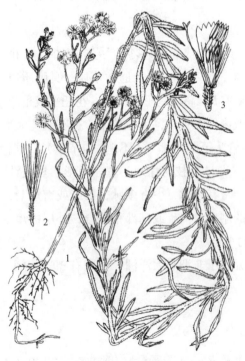

图 778　野塘蒿
1. 植株；2. 管状花；3. 舌状花

集，基部叶花期常枯萎，下部叶倒披针形或长圆状披针形，长 3~5 cm，宽 0.3~1 cm，顶端尖或稍钝，基部渐狭成长柄，通常具粗齿或羽状浅裂，中部和上部叶具短柄或无柄，狭披针形或线形，长 3~7 cm，宽 0.3~0.5 cm，中部叶具齿，上部叶全缘，两面均密被贴糙毛。头状花序径 8~10 mm，多数，在茎端排列成总状或总状圆锥花序，花序梗长 10~15 mm；总苞椭圆状卵形，长约 5 mm，宽约 8 mm，总苞片 2~3 层，线形，顶端尖，背面密被灰白色短糙毛，外层稍短或短于内层的 1/2，内层长约 4 mm，宽 0.7 mm，具干膜质边缘。花托稍平，有明显的蜂窝孔，径 3~4 mm；雌花多层，白色，花冠细管状，长 3~3.5 mm，无舌片或顶端仅有 3~4 个细齿；两性花淡黄色，花冠管状，长约 3 mm，管部上部被疏微毛，上端具 5 齿裂；瘦果线状披针形，长 1.5 mm，扁压，被疏短毛；冠毛 1 层，淡红褐色，长约 4 mm。花期 5~10 月。

徂徕山各林区广泛分布。生于荒地，田边、路旁，为一种常见的杂草。原产南美洲，现广泛分布于热带及亚热带地区。中国分布于中部、东部、南部至西南部各省份。

3. 一年蓬（图 779）

Erigeron annuus（Linn.）Pers.

Syn. Pl. 2: 431. 1807.

一、二年生草本。茎粗壮，高 30~100 cm，基部径 6 mm，上部有分枝，下部被开展的长硬毛，上部被较密的上弯的短硬毛。基部叶花期枯萎，长圆形或宽卵形，少近圆形，长 4~17 cm，宽 1.5~4 cm，或更宽，顶端尖或钝，基部狭成具翅的长柄，边缘具粗齿，下部叶与基部叶同形，但叶柄较短，中部和上部叶较小，长圆状披针形或披针形，长 1~9 cm，宽 0.5~2 cm，顶端尖，具短柄或无柄，边缘有不规则的齿或近全缘，最上部叶线形，全部叶边缘被短硬毛，两面被疏短硬毛或有时近无毛。头状花序数个或多数，排列成疏圆锥花序，长 6~8 mm，宽 10~15 mm，总苞半球形，总苞片 3 层，草质，披针形，长 3~5 mm，宽 0.5~1 mm，近等长或外层稍短，淡绿色或多少褐色，背面密被腺毛和疏长节毛；外围的雌花舌状，2 层，长 6~8 mm，管部长 1~1.5 mm，上部被疏微毛，舌片平展，白色，或有时淡天蓝色，线形，宽 0.6 mm，顶端具 2 小齿，花柱分枝线

图 779　一年蓬
1. 植株；2. 舌状花；3. 管状花

形；中央的两性花管状，黄色，管部长约 0.5 mm，檐部近倒锥形，裂片无毛；瘦果披针形，长约 1.2 mm，扁压，被疏贴柔毛；冠毛异形，雌花的冠毛极短，膜片状连成小冠，两性花的冠毛 2 层，外层鳞片状，内层为 10~15 条长约 2 mm 的刚毛。花期 6~9 月。

徂徕山各林区均广泛分布，常生于路边旷野或山坡荒地。原产北美洲。在中国已归化，广泛分布于吉林、河北、河南、山东、江苏、安徽、江西、福建、湖南、湖北、四川和西藏等省份。

全草可入药，有治疟的良效。

6. 联毛紫菀属 Symphyotrichum Nees

一年生或多年生草本，稀藤本。茎单一或丛生，常强异形叶性，植株各部常被非腺毛或具柄腺毛。茎常单一，有时上部分枝。叶基生及茎生；基生叶及茎下部叶常有柄，或有时无柄；叶片被毛常带紫色，具1或3脉，心形至椭圆形、倒披针形或匙形、卵形、线形；茎生叶常向上变小，边缘具圆钝齿或全缘，粗糙或具缘毛。头状花序放射状或盘状，排成圆锥状，有时总状或近伞房状，或单生。总苞圆柱状或钟状至半球形，总苞片20~84枚，常4~6层，长圆状披针形或倒披针形，或外层和中层匙形，最内层线形，不等长或近等长，外层有时叶状；花序托扁平至微突起，具小窝，无托苞。舌状花12~35朵，常1层，稀多层；盘花15~50朵，两性，可育；花冠黄色至白色，成熟时带紫色、红色或粉色，花冠管常短于漏斗状檐部，裂片5，直立、开展或反折，三角形或披针形；花药基部钝，先端附属物披针形；花柱分枝附属物披针形。瘦果倒卵状或倒圆锥状，有时纺锤形，略压扁，具3~5条脉，表面无毛或被糙伏毛；冠毛20~55枚，白色至棕色，先端尖，近等长，1~4层，宿存。

约90种，分布亚洲、欧洲和南北美洲。中国3种，其中2种为外来种。徂徕山2种。

分种检索表

1. 一年生草本，茎光滑而富肉质；叶线状披针形；头状花序直径约1 cm，舌状花浅红或淡紫色 ·· 1. 钻叶紫菀 Symphyotrichum subulatum
1. 多年生草本，茎被稀疏短柔毛；叶长圆形至条状披针形；头状花序2 cm以上，舌状花蓝紫色、紫红色等 ·· 2. 荷兰菊 Symphyotrichum novi-belgii

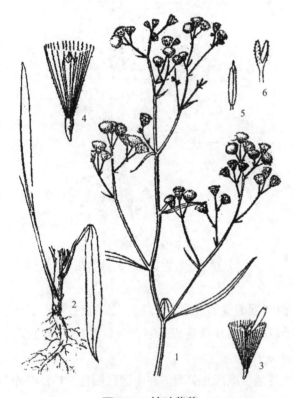

图780 钻叶紫菀
1. 植株上部；2. 植株下部；3. 舌状花；4. 管状花；
5. 雄蕊；6. 管状花的花柱分枝

1. 钻叶紫菀（图780）

Symphyotrichum subulatum（Michaux）G. L. Nesom

Phytologia 77（3）: 293. 1995.

—— *Aster subulatus* Michx.

一年生草本，高25~80 cm。茎光滑而富肉质，上部稍有分枝，基部略带红色。基生叶倒披针形，花后凋落；茎中部叶线状披针形，长6~10 cm，宽0.5~1 cm，先端尖或钝，基部渐狭，全缘，无柄，光滑；上部叶渐次狭窄，线形。头状花序排成圆锥状，直径约1 cm。总苞钟状，苞片3~4层，外层较短，内层较长，线状钻形，无毛，背部绿色，或先端略带红色，边缘膜质；舌状花多数，细狭，红色或紫色，长与冠毛相等或超过之；管状花短于冠毛或近等长。瘦果略有毛；冠毛1层，软而纤细。花、果期10~11月。

徂徕山各林区均产。生于路旁、荒坡、水边等各处。原产北美洲。中国各地逸生，为常见杂草。

2. 荷兰菊（图 781）

Symphyotrichum novi-belgii (Linn.) G. L. Nesom

Phytologia 77（3）: 287. 1995.

—— *Aster novi-belgii* Linn.

多年生草本，高 30~80 cm，有地下走茎。茎直立，多分枝，被稀疏短柔毛。叶长圆形至条状披针形，长 1.5~1.2 cm，宽 0.6~3 cm，先端渐尖，基部渐狭，全缘或有浅锯齿；上部叶无柄，基部微抱茎；花序下部叶较小。头状花序顶生，总苞钟形，舌状花蓝紫色、紫红色等，管状花黄色。瘦果长圆形。花、果期 8~10 月。

徂徕山有栽培。原产北美洲。

常栽培供观赏。

7. 翠菊属 Callistephus Cass.

一年生草本。叶互生，有粗齿或浅裂。头状花序大，有异形花，单生于分枝顶端。总苞半球形；苞片 3 层，覆瓦状排列，外层草质或叶质，叶状，内层膜质或干膜质。花托平，蜂窝状或有短托片。外围有 1~2 层雌花，中央有多数两性花，全结实。雌花花冠舌状，通常红紫色，舌片全缘或顶端有 2 齿；两性花管状，辐射对称，檐部稍扩大，顶端有 5 个裂齿。花药基部钝，全缘。两性花花柱分枝压扁，顶端有三角状披针形的附片。瘦果稍扁，长椭圆状披针形，有多数纵棱，中部以上被柔毛。冠毛 2 层，外层短，冠状，内层长，糙毛状，易脱落。

1 种，原产中国。徂徕山有栽培。

1. 翠菊（图 782）

Callistephus chinensis (Linn.) Nees

Gen. Sp. Aster. 222. 1832.

一、二年生草本，高（15）30~100 cm。茎直立，单生，有纵棱，被白色糙毛，基部直径 6~7 mm。下部茎叶花期脱落或生存；中部茎叶卵形、菱状卵形或匙形或近圆形，长 2.5~6 cm，宽 2~4 cm，顶端渐尖，基部截形、楔形或圆形，边缘有不规则粗锯齿，两面被稀疏短硬毛，叶柄长 2~4 cm，被白色短硬毛，有狭翼；上部的茎叶渐小，菱状披针形、长椭圆形或倒披针形，边缘有

图 781　荷兰菊
1. 植株上部；2. 舌状花；3. 管状花

图 782　翠菊
1. 植株上部；2. 叶；3. 舌状花；4. 管状花

1~2个锯齿，或线形而全缘。头状花序单生于茎枝顶端，直径6~8 cm，有长梗。总苞半球形，宽2~5 cm；总苞片3层，近等长，外层长椭圆状披针形或匙形，叶质，长1~2.4 cm，宽2~4 mm，顶端钝，边缘有白色长睫毛，中层匙形，较短，质地较薄，染紫色，内层苞片长椭圆形，膜质，半透明，顶端钝。雌花1层，栽培品种可为多层，红色、蓝色、黄色或蓝紫色等，舌状长2.5~3.5 cm，宽2~7 mm，有长2~3 mm的短管部；两性花黄色，檐部长4~7 mm，管部长1~1.5 mm。瘦果长椭圆状倒披针形，稍扁，长3~3.5 mm，中部以上被柔毛。外层冠毛宿存，内层冠毛雪白色，不等长，长3~4.5 mm，顶端渐尖，易脱落。花、果期5~10月。

徂徕山各林区均有栽培。国内分布于东北地区及内蒙古、山东、河北、河南、山西、甘肃、新疆、江苏、四川、云南等省份，常栽培。日本、朝鲜有栽培和野生。

8. 雏菊属 Bellis Linn.

多年生或一、二年生草本。莲状丛生，或茎分枝而疏生。叶基生或互生，全缘或有波状齿。头状花序常单生，有异型花，放射状，外围有1层雌花，中央有多数两性花，均结实。总苞半球形或宽钟形；总苞片近2层，稍不等长，草质。花托凸起或圆锥形，无托片。雌花舌状，舌片白色或浅红色，开展，全缘；花柱分枝短扁，三角形。瘦果扁，有边脉，两面无脉或有1脉。冠毛不存在或有连合成环且与花冠管部或瘦果合生的微毛。

约8种，分布于北半球许多地区。中国引入栽培1种。徂徕山1种。

1. 雏菊（图783）

Bellis perennis Linn.

S Sp. Pl. 886. 1753.

多年生或一、二年生莲状草本，高约10 cm。叶基生，匙形，顶端圆钝，基部渐狭成柄，上半部边缘有疏钝齿或波状齿。头状花序单生，直径2.5~3.5 cm，花莲被毛；总苞半球形或宽钟形；总苞片近2层，稍不等长，长椭圆形，顶端钝，外面被柔毛。舌状花1层，雌性，舌片白色或粉红色，开展，全缘或有2~3齿，管状花多数，两性，均能结实。瘦果倒卵形，扁平，有边脉，被细毛，无冠毛。

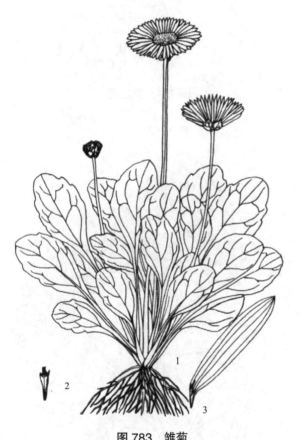

图783 雏菊
1. 植株；2. 管状花；3. 舌状花

徂徕山各林区庭院偶有栽培。原产欧洲。中国各地庭园栽培为花坛观赏植物。

9. 蜂斗菜属 Petasites Miller

多年生草本；根状茎与茎同粗或较粗。基生叶具长柄，叶片宽心形或肾状心形；茎生叶苞片状，无柄，半抱茎。头状花序近雌雄异株，辐射状或盘状，有异形小花。总苞钟状；基部有小苞片；总苞片1~5层，等长；花序托平，无毛，锯盾状；雌性头状花序的小花结实；雌花花冠丝状，顶端截形，或多少形成短舌或较长的舌片；两性花不结实，花冠管状，顶端5裂，花药基部全缘或钝，或稀短箭状；花柱顶端棒状、锥状，2浅裂；雌花的花柱丝状，顶端短3裂；瘦果圆柱状，无毛具肋。冠毛白色糙毛状。

19种，分布于欧洲、亚洲和北美洲。中国有6种，产于东北、华东地区和西南部。徂徕山1种。

1. 蜂斗菜（图784）

Petasites japonicus (Sieb. & Zucc.) Maxim. Award 34th Demidovian Prize. 212. 1866.

多年生草本，根状茎平卧，有地下匍枝，具膜质、卵形的鳞片，颈部有多数纤维状根，雌雄异株。雄株花茎在花后高10~30 cm，不分枝，被密或疏褐色短柔，基部径达7~10 mm。基生叶具长柄，叶片圆形或肾状圆形，长宽15~30 cm，不分裂，边缘有细齿，基部深心形，上面绿色，幼时被卷柔毛，下面被蛛丝状毛，后脱毛，纸质。苞叶长圆形或卵状长圆形，长3~8 cm，钝而具平行脉，薄质，紧贴花莛。

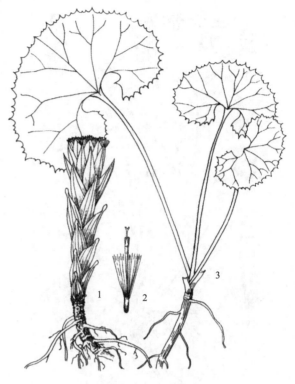

图784 蜂斗菜
1.花茎；2.雌花；3.根生叶

头状花序多数，25~30枚在上端密集成密伞房状，有同形小花；总苞筒状，长6 mm，宽7~8 (10) mm，基部有披针形苞片；总苞片2层近等长，狭长圆形，顶端圆钝，无毛；全部小花管状，两性，不结实；花冠白色，长7~7.5 mm，管部长4.5 mm，花药基部钝，有宽长圆形的附片；花柱棒状增粗近上端具小环，顶端锥状2浅裂。雌性花莛高15~20 cm，有密苞片，在花后常伸长，高近70 cm；密伞房状花序，花后排成总状，稀下部有分枝；头状花序具异形小花；雌花多数，花冠丝状，长6.5 mm，顶端斜截形；花柱明显伸出花冠，顶端头状，2浅裂，被乳头状毛。瘦果圆柱形，长3.5 mm，无毛；冠毛白色，长约12 mm，细糙毛状。花期4~5月；果期6月。

产于隐仙观、光华寺。常生于溪流边、草地或灌丛中，常有栽培。国内分布于江西、安徽、江苏、山东、福建、湖北、四川和陕西等省份。朝鲜、日本及俄罗斯远东地区也有分布。

根状茎供药用，能解毒祛瘀，外敷治跌打损伤、骨折及蛇伤。

10. 狗舌草属 Tephroseris (Reichenb.) Reichenb.

多年生草本，稀一、二年生。具茎生叶，稀莛状，至少在幼时被蛛丝状绒毛。叶不分裂，互生，具柄或无柄，基生及茎生，稀全部基生；基生叶莲座状，在花期生存或凋萎；叶片宽卵形至线状匙形，羽状脉，边缘具粗深波状锯齿至全缘，基部心形至楔状狭；叶柄无翅或具翅，基部扩大但无耳。头状花序通常少数至较多，排列成顶生近伞形或复伞房状聚伞花序，稀单生。小花异形，结实，辐射状，或有时同形，盘状。总苞无外层苞片，半球形，钟状或圆柱状钟形，花托平；总苞片草质，(13) 18~25，1层，线状披针形或披针形，通常具狭干膜质或膜质边缘。舌状花雌性，11~15（稀18或20~25），通常13；舌片黄色、橘黄色或紫红色，长圆形，稀线形或椭圆状长圆形，具4脉，顶端通常具3小齿；管状花多数，两性，花冠黄色、橘黄色或橘黄色，有时染紫色；檐部漏斗状或稀钟状；裂片5；花药线状长圆形或稀长圆形，基部通常具短耳，或钝至圆形，花药颈部狭圆柱形至圆

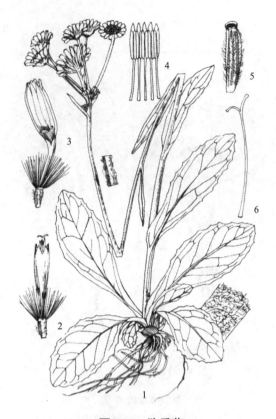

图 785 狗舌草
1. 植株；2. 管状花；3. 舌状花；4. 雄蕊展开；
5. 果实；6. 花柱柱头

柱形，略宽于花丝。花柱分枝顶端凸或极少常截形，被少数乳头状微毛。瘦果圆柱形，具肋，无毛或被柔毛。冠毛细毛状，同形，白色或变红色，宿存。

约 50 种，分布于温带及极地欧亚地区，1 种扩伸至北美洲。中国 14 种，北部、东北部至西南部均有分布。徂徕山 1 种。

1. 狗舌草（图 785）

Tephroseris kirilowii（Turcz. ex DC.）Holub Folia Geobot. Phytotax. 12: 429. 1977.
—— Senecio

多年生草本，根状茎斜升，常覆盖以褐色宿存叶柄，具多数纤维状根。茎单生，稀 2~3，近莛状，直立，高 20~60 cm，不分枝，被密白色蛛丝状毛，有时或多或少脱毛。基生叶数个，莲座状，具短柄，在花期生存，长圆形或卵状长圆形，长 5~10 cm，宽 1.5~2.5 cm，顶端钝，具小尖，基部楔状至渐狭成具狭至宽翅叶柄，两面被密或疏白色蛛丝状绒毛；茎叶少数，向茎上部渐小，下部叶倒披针形，或倒披针状长圆形，长 4~8 cm，宽 0.5~1.5 cm，钝至尖，无柄，基部半抱茎，上部叶小，披针形，苞片状，顶端尖。头状花序径 1.5~2 cm，3~11 个排列多少伞形状顶生伞房花序；花序梗长 1.5~5 cm，被密蛛丝状绒毛，多少被黄褐色腺毛，基部具苞片，上部无小苞片。总苞近圆柱状钟形，长 6~8 mm，宽 6~9 mm，无外层苞片；总苞片 18~20 个，披针形或线状披针形，宽 1~1.5 mm，顶端渐尖或急尖，绿色或紫色，草质，具狭膜质边缘，外面被密或有时疏蛛丝状毛，或多少脱毛。舌状花 13~15，管部长 3~3.5 mm；舌片黄色，长圆形，长 6.5~7 mm，宽 2.5~3 mm，顶端钝，具 3 细齿，4 脉。管状花多数，花冠黄色，长约 8 mm，管部长 4 mm，檐部漏斗状；裂片卵状披针形，长 1.2 mm，急尖，顶端具乳头状毛。花药长 2.2 mm，基部钝，附片卵状披针形；花柱分枝长约 1 mm。瘦果圆柱形，长 2.5 mm，被密硬毛。冠毛白色，长约 6 mm。花期 2~8 月。

产于上池、马场等林区。生于山坡草地。国内分布于东北地区及内蒙古、河北、山西、山东、河南、陕西、甘肃、湖北、湖南、四川、贵州、江苏、浙江、安徽、江西、福建、广东及台湾。俄罗斯远东地区、朝鲜、日本也有分布。

11. 蓍属 Achillea Linn.

多年生草本。叶互生，羽状浅裂至全裂或不分裂而仅有锯齿，有腺点或无腺点。头状花序小，异型，排成伞房状花序，很少单生；总苞矩圆形、卵形或半球形；总苞片 2~3 层，覆瓦状排列，边缘膜质，棕色或黄白色；花托凸起或圆锥状，有膜质托片；边花雌性，通常 1 层，舌状；舌片白色、粉红色、红色或淡黄白色，偶有变形或缺如；盘花两性，多数，花冠管状 5 裂，管部收狭，常翅状压扁，基部多少扩大而包围子房顶部。花柱分枝顶端截形，画笔状；花药基部钝，顶端附片披针形。瘦果小，腹背压扁，矩圆形、矩圆状楔形、矩圆状倒卵形或倒披针形，顶端截形，光滑，无冠状冠毛。

本属约 200 种，广泛分布于北温带。中国 11 种。徂徕山 1 种。

1. 蓍（图 786）

Achillea millefolium Linn.

Sp. Pl. 899. 1753.

多年生草本。具细匍匐根茎；茎直立，高 40~100 cm，有细条纹，通常被白色长柔毛，上部分枝或否，中部以上叶腋常有缩短的不育枝。叶无柄，披针形、矩圆状披针形或近条形，长 5~7 cm，宽 1~1.5 cm，2~3 回羽状全裂，叶轴宽 1.5~2 mm，1 回裂片多数，间隔 1.5~7 mm，有时基部裂片之间的上部有 1 中间齿，末回裂片披针形至条形，长 0.5~1.5 mm，宽 0.3~0.5 mm，顶端具软骨质短尖，上面密生凹入的腺体，多少被毛，下面被较密的贴伏长柔毛。下部叶和营养枝的叶长 10~20 cm，宽 1~2.5 cm。头状花序多数，密集成直径 2~6 cm 的复伞房状；总苞矩圆形或近卵形，长约 4 mm，宽约 3 mm，疏生柔毛；总苞片 3 层，覆瓦状排列，椭圆形至矩圆形，长 1.5~3 mm，宽 1~1.3 mm，背面中间绿色，中脉凸起，边缘膜质，棕色或淡黄色；托片矩圆状椭圆形，膜质，背面散生黄色闪亮的腺点，上部被短柔毛。边花 5 朵；舌片近圆形，白色、粉红色或淡紫红色，长 1.5~3 mm，宽 2~2.5 mm，顶端 2~3 齿；盘花两性，管状，黄色，长 2.2~3 mm，5 齿裂，外面具腺点。瘦果矩圆形，长约 2 mm，淡绿色，有狭的淡白色边肋，无冠状冠毛。花、果期 7~9 月。

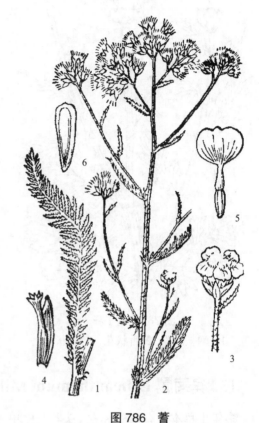

图 786 蓍
1. 叶；2. 植株上部；3. 花序；4. 管状花及托片；5. 舌状花；6. 瘦果

大寺、中军帐、上池有栽培。中国各地庭园常栽培，新疆、内蒙古及东北地区少见野生。广泛分布于欧洲、非洲北部、伊朗、蒙古。

叶、花含芳香油，全草又可入药，有发汗、祛风之效。

12. 茼蒿属 Glebionis Cassini

一年生草本。直根系。叶互生，叶羽状分裂或边缘有锯齿。头状花序异型，单生茎顶，或少数生茎枝顶端，但不形成明显伞房花序。边缘舌状花 1 层，雌性；中央盘花两性，管状。总苞宽杯状；总苞片 4 层，硬草质。花托突起，半球形，无托毛。舌状花黄色，舌片长椭圆形或线形。两性花黄色，下半部狭筒状，上半部扩大成宽钟状，顶端 5 齿。花药基部钝，顶端附片卵状椭圆形。花柱分枝线形，顶端截形。边缘舌状花瘦果有 2~3 条突起的硬翅肋及明显或不明显的 2~6 条间肋；两性花瘦果有 6~12 条等距排列的肋，其中 1 条强烈突起成硬翅状，或腹面及背面各有 1 条强烈突起的肋，而其余诸肋不明显。无冠状冠毛。

约 3 种，原产于地中海地区。徂徕山 1 种。

1. 蒿子秆（图 787）

Glebionis carinata（Schousboe）Tzvelev

Bot. Zhurn. 84（7）:117. 1999.

—— *Chrysanthemum carinatum* Scbousb.

一年生草本。光滑无毛或几光滑无毛，高 20~70 cm。茎直立，通常自中上部分枝。基生叶花期枯萎。中下部茎叶倒卵形至长椭圆形，长 8~10 cm。2 回羽状分裂，1 回深裂或几全裂，侧裂片 3~8 对。2 回为深裂或浅裂，裂片披针形、斜三角形或线形，宽 1~4 mm。头状花序通常 2~8 个生茎枝顶端，有长花梗，并不形成明显伞房花序，或头状花序单生茎顶。总苞径 1.5~2.5 cm。总苞片 4 层，内层长约 1 cm。舌片长 15~25 mm。舌状花瘦果有 3 条宽翅肋，特别是腹面的 1 条翅肋伸延于瘦果顶端并超出于花冠基部，伸长成喙状或芒尖状，间肋不明显，或背面的间肋稍明显。管状花瘦果两侧压扁，有 2 条突起的肋，余肋稍明显。

徂徕山有零星栽培，为春夏常见蔬菜。中国各地栽培。

图 787 蒿子秆

1. 植株上部；2. 舌状花；3. 管状花

13. 滨菊属 Leucanthemum Mill.

多年生草本。有长根状茎。头状花序单生，很少茎生 2~5 个头状花序。异型，边缘雌花 1 层，舌状，中央盘状花多数，两性，管状。总苞碟状。总苞片 3~4 层，边缘膜质。花托稍突起，无托毛。舌状花白色；管状花黄色，顶端 5 齿裂。花柱分枝线形，顶端截形。花药基部钝，顶端附片卵状披针形。瘦果有 10（8~12）条强烈突起的等距排列的椭圆形纵肋，纵肋光亮。舌状花瘦果显著压扁，弯曲，腹面的纵肋彼此贴近，顶端无冠齿或有长 0.8 mm 的侧缘冠齿；管状花瘦果顶端无冠齿或有长 0.3 mm 的由果肋伸延形成的钝形冠齿。

约 33 种，主要分布于中欧和南欧山区。中国引种栽培 2 种。徂徕山 1 种。

1. 大滨菊

Leucanthemum maximum（Ramood）DC.

Prodr. 6: 46. 1837.

多年生宿根草本，植株高大，有长根状茎。基生叶簇生，匙形，具长柄，茎生叶较小，披针形，先端尖，基部楔形，边缘具细尖锯齿。头状花序单生，直径 7~10 cm，边缘雌花 1 层，舌状，白色，中央盘状花多数，两性，管状，黄色。总苞碟状，总苞片 3~4 层。花期春末至夏季。

中军帐、上池栽培。中国北方公园常栽培观赏。原产于欧洲。

14. 菊属 Chrysanthemum Linn.

多年生草本。叶不分裂或 1~2 回掌状或羽状分裂。头状花序异型，单生茎顶，或少数或较多在茎枝顶端排成伞房或复伞房花序。边缘花雌性，舌状，1 层（在栽培品种中多层），中央盘花两性管状。总苞浅碟状，极少为钟状。总苞片 4~5 层，边缘白色、褐色或黑褐或棕黑色膜质或中外层苞片叶质化而边缘羽状浅裂或半裂。花托突起，半球形，或圆锥状，无托毛。舌状花黄色、白色或红色，舌片长或短。管状花全部黄色，顶端5齿裂。花柱分枝线形，顶端截形。花药基部钝，顶端附片披针状卵形或长椭圆形。全部瘦果同形，近圆柱状而向下部收窄，有5~8条纵脉纹，无冠状冠毛。

约37种，主要分布于温带亚洲。中国22种。徂徕山3种。

分种检索表

1. 野生植物，叶2回羽状分裂。

  2. 叶两面明显异色，上面绿色，下面灰白色，被密厚的短柔毛··················1. 委陵菊 Chrysanthemum potentilloides

  2. 叶两面同色或几同色，绿色或淡绿色，两面被稀疏的或下面有稍多或较多但膨松的柔毛··2. 甘菊 Chrysanthemum lavandulifolium

1. 栽培植物，叶3~7掌式羽状裂·····································3. 菊花 Chrysanthemum morifolium

1. 委陵菊（图788，彩图80）

Chrysanthemum potentilloides Handel-Mazzetti Acta Horti Gothob. 12: 261. 1938.

—— *Dendranthema potentilloides*（Handel-Mazzetti）C. Shih.

多年生草本，高30~70 cm。有地下匍匐茎。茎直立或基部弯曲，有分枝。全部茎枝灰白色，被稠密厚实的贴伏短柔毛。基生叶及下部茎叶花期脱落。中部茎叶宽卵形，卵形、宽三角状卵形，长1.5~3 cm，宽2~3.5 cm，2回羽状分裂，1回为全裂，侧裂片2对，2回为半裂、深裂、浅裂。2回裂片椭圆形，宽2.5~3 mm，边缘有锯齿。上部叶渐小，与中部茎叶同形且等样分裂。全部叶两面异色，上面绿色或灰绿色，被稀疏短柔毛，下面灰白色，被稠密厚实的贴伏短柔毛，柄基有抱茎分裂的叶耳。头状花序直径1.5~2 cm，8~10个在茎枝顶端排成伞房花序或更多个而排成复伞房花序。总苞碟状，直径1~1.5 cm。总苞片4层，外层线形或线状倒披针形，长5 mm，顶端圆形膜质扩大；中层椭圆形，长6~7 mm；内层短，长约5 mm。全部苞片外面被稠密短柔毛，边缘白色或褐色，膜质。舌状花黄色，舌片长8~10 mm，顶端2~3微齿。花、果期9~11月。

徂徕山各山地林区均产。生于低山丘陵地。分布于山西、陕西、山东。

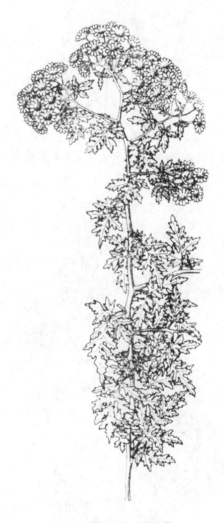

图788 委陵菊

2. 甘菊（图789）

Chrysanthemum lavandulifolium（Fisch. ex Trautv.）Makino Bot. Mag.（Tokyo）23: 20. 1909.

—— *Dendranthema lavandulifolium*（Fisch. ex Trautv.）Ling & Shih

多年生草本，高0.3~1.5 m，有地下匍匐茎。茎直立，自中部以上多分枝或仅上部伞房状花序分枝。茎枝有稀疏柔毛，但上部及花序梗上毛稍多。基部和下部叶花期脱落。中部茎叶卵形、宽卵形或椭圆状卵形，长 2~5 cm，宽 1.5~4.5 cm，2 回羽状分裂，1 回全裂或几全裂，侧裂片 2~3（4）对；2 回为半裂或浅裂。最上部的叶或接花序下部的叶羽裂、3 裂或不裂。全部叶两面同色或几同色，被稀疏或稍多柔毛，或上面几无毛。中部茎叶叶柄长 0.5~1 cm，柄基有分裂的叶耳或无耳。头状花序直径 10~15（20）mm，通常多数在茎枝顶端排成疏松或稍紧密的复伞房花序。总苞碟形，直径 5~7 mm。总苞片约 5 层，外层线形或线状长圆形，长 2.5 mm，无毛或有稀柔毛；中、内层卵形、长椭圆形至倒披针形。全部苞片顶端圆形，边缘白色或浅褐色膜质。舌状花黄色，舌片椭圆形，长 5~7.5 mm，先端全缘或有 2~3 个不明显齿裂。瘦果长 1.2~1.5 mm。花、果期 6~11 月。

徂徕山各山地林区均产。生于山坡、荒地。分布于吉林、辽宁、河北、山东、山西、陕西、甘肃、青海、新疆、江西、江苏、浙江、四川、湖北及云南。

图 789　甘菊
1. 植株上部；2. 总苞片；3. 舌状花；4. 管状花

3. 菊花（图 790）

Chrysanthemum morifolium Ramat. Journ. Hist. Nat. 2: 240. 1792.

—— *Dendranthema morifolium*（Ramat.）Tzvel.

—— *Chrysanthemum grandiflorum*（Desf.）Dumont de Courset

多年生草本，高 60~150 cm。茎直立，基部常木质化，上部多分枝。单叶互生，卵形至宽卵形，长 4~8 cm，宽 2.5~4 cm，羽状浅裂或深裂，先端圆钝或尖圆，边缘有大小不等的圆齿或锯齿，基部楔形。头状花序，单生或数个聚生于枝顶，花径因品种不同而异，2~40 cm；总苞半球形，总苞片 3~4 层；舌状花着生于花序边缘，雌性，多层，白色、雪青、黄色、浅红色或紫红及复色等；管状花两性，多数、黄色。瘦果。花期 9~12 月，也有夏季、冬季及四季开花的类型；果期 12 月至翌年 2 月。

徂徕山有栽培。原产中国，各地普遍栽培。根及全草可入药。

图 790　菊花
1. 植株上部；2. 苞片；3. 舌状花；4. 管状花；5. 花展开

15. 蒿属 Artemisia Linn.

一、二年生或多年生草本，少数为半灌木或灌木。通常有强烈气味。叶互生，叶片有缺刻或 1~3 回羽状分裂，裂片有裂齿或锯齿，稀掌状分裂；叶柄长或短，常有假托叶。头状花序小，半球形、球形、卵球形、椭圆形、长圆形，在茎或分枝上排成疏松或密集的穗状、总状或圆锥状花序或复头状花序；总苞片（2）3~4 层，覆瓦状排列，背面常有绿色中肋，最外层小，边缘膜质，或总苞片全为膜质、且无绿色中肋；花序托半球形或圆锥形，具托毛或无托毛；通常头状花序开花时下垂，花后向上。花异型，边缘花雌性，1（2）层，10 余朵至数朵，花冠细管状，先端 2~3（4）齿裂，子房下位，2 心皮，1 室，1 枚胚珠，花柱条形，伸出花冠外，先端二叉；中央的花（盘花）两性，孕育或不育，花冠管状，檐部稍 5 齿裂；雄蕊 5 枚，花药椭圆形或线形，侧边聚合，2 室，纵裂，顶端附属物长三角形，基部圆钝或具短尖头，孕育的两性花开花时花柱伸出花冠外，上端二叉，斜向上或略向外弯曲，叉端截形，稀圆钝或为短尖头，柱头具睫毛及小瘤点，子房同雌花的子房；不孕育两性花的雌蕊退化，花柱极短，先端不叉开，退化子房小或不存在。瘦果小，卵形、倒卵形或长圆状倒卵形，无冠毛，果壁外具明显或不明显的纵纹。种子 1 粒。

约 380 种，主产亚洲、欧洲及北美洲的温带、寒温带及亚热带地区，少数种分布到亚洲南部热带地区及非洲北部、东部、南部及中美洲和大洋洲地区。中国有 186 种，遍布全国，西北、华北、东北及西南地区最多。徂徕山 11 种 2 变种。

分种检索表

1. 花序托无托毛。
  2. 雌花及两性花均结实。
    3. 一年生草本；植物体有浓烈的挥发性香气。
      4. 茎中部叶 2~3 回羽状深裂，终裂片倒卵形，叶轴有狭翅，全缘；头状花序直径 1.5~2.5 mm，花深黄色···1. 黄花蒿 Artemisia annua
      4. 茎中部叶 2 回羽状深裂，终裂片条形，叶轴有不规则的小羽片，分裂或不分裂，呈栉齿状；头状花序直径 3~4 mm，花淡黄色···2. 青蒿 Artemisia carvifolia
    3. 多年生草本或半灌木状。
      5. 多年生草本；叶羽轴无栉齿状裂片。
        6. 叶上面无白色腺点，或微有稀疏白色腺点但无明显小凹点。
          7. 总苞片背面密被蛛丝状绒毛、绵毛或柔毛；中部叶羽状分裂·····················3. 蒙古蒿 Artemisia mongolica
          7. 总苞片背面无毛或被稀疏绒毛后脱落近无毛；中部叶掌状深裂·····················4 蒌蒿 Artemisia selengensis
        6. 叶上面具密而明显的白色腺点及小凹点。
          8. 中部叶卵形或近菱形，1 回羽状浅裂或深裂，侧裂片 2 对，中裂片复 3 浅裂·····················5. 艾 Artemisia argyi
          8. 中部叶卵圆形或长圆形，1~2 回羽状深裂至全裂，终裂片边缘有 1~2 小齿或全缘··6. 野艾蒿 Artemisia lavandulaefolia
      5. 半灌木状草本；叶 2 回羽状深裂，羽轴有栉齿状裂片；茎中部的叶长 4~7 cm，宽 3~5 cm；总苞长、宽均 2.5~3 mm ···7. 密毛白莲蒿 Artemisia gmelinii var. messerschmidiana
  2. 雌花结实，两性花不育。
    9. 茎生叶小裂片狭线形、细线形、毛发状。
      10. 多年生草本，多呈半灌木状；茎生叶小裂片狭线形；头状花序卵球形，直径 1.5~2 mm；基生叶两面被棕黄色或灰黄色绢质柔毛 ··8. 茵陈蒿 Artemisia capillaris
10. 一、二年生草本；茎生叶小裂片细线形或毛发状；头状花序近球形，直径 1~1.5 mm；基生叶两面被灰白色绢质柔毛 ···9. 猪毛蒿 Artemisia scoparia
9. 茎生叶裂片椭圆形或近匙形。
11. 叶匙状楔形，上半部边缘有齿裂 ··10. 牡蒿 Artemisia japonica
11. 叶阔卵形，常羽状深裂，裂片阔倒卵形 ···································11. 南牡蒿 Artemisia eriopoda
1. 花序托有托毛；雌花及两性花均结实；茎中部的叶有长柄，长 2~4 cm；叶片 2~3 回羽状深裂，基部延伸成狭翅；头状花序半球形，直径 4~6 mm ··12. 大籽蒿 Artemisia sieversiana

1. 大籽蒿（图 791）

Artemisia sieversiana Ehrhart ex Willd. Sp. Pl. 3: 1845.1803.

一、二年生草本。主根单一，垂直，狭纺锤形。茎单生，直立，高 50~150 cm，基部直径可达 2 cm，纵棱明显，分枝多；茎、枝被灰白色微柔毛。下部与茎中部叶宽卵形或宽卵圆形，两面被微柔毛，长 4~8（13）cm，宽 3~6（15）cm，2~3 回羽状全裂，稀为深裂，每侧有裂片 2~3 枚，裂片常再成不规则羽状全裂或深裂，基部侧裂片常有第 3 次分裂，小裂片线形或线状披针形，长 2~10 mm，宽 1~1.5（2）mm，有时小裂片边缘有缺齿，先端钝或渐尖，叶柄长（1）2~4 cm，基部有小型羽状分裂的假托叶；上部叶及苞片叶羽状全裂或不分裂，椭圆状披针形或披针形，无柄。头状花序大，半球形或近球形，直径（3）4~6 mm，具短梗或近无梗，基部常有线形小苞叶，在分枝上排成总状花序或复总状花序，而在茎上组成开展或略狭窄的圆锥花序；总苞片 3~4 层，近等长，外、中层长卵形或椭圆形，背面被灰白色微柔毛或近无毛，中肋绿色，边缘狭膜质，内层长椭圆形，膜质；花序托凸起，半

图 791 大籽蒿
1. 茎中部叶；2. 花序一部分；
3. 头状花序；4. 花序托

球形，有白色托毛；雌花 2（3）层，20~30 朵，花冠狭圆锥状，檐部（2）3~4 裂齿，花柱线形，略伸出花冠外，先端二叉，叉端钝尖；两性花多层，80~120 朵，花冠管状，花药披针形或线状披针形，上端附属物尖，长三角形，基部有短尖头，花柱与花冠等长，先端叉开，叉端截形，有睫毛。瘦果长圆形。花、果期 6~10 月。

产于卧尧、磻石峪、庙子羊栏沟。生于林缘、沟谷。中国分布于黑龙江、吉林、辽宁、内蒙古、河北、山西、陕西、宁夏、甘肃、青海、新疆、四川、贵州、云南及西藏等省份。广布于温带或亚热带高山地区。

含挥发油，民间入药，有消炎、清热、止血之效。

2. 黄花蒿（图792）

Artemisia annua Linn.

Sp. Pl. 2: 847. 1753.

一年生草本。植株有浓烈的挥发性香气。根单生，垂直，狭纺锤形；茎单生，高100~200 cm，基部直径可达1 cm，有纵棱，幼时绿色，后变褐色或红褐色，多分枝；茎、枝、叶两面及总苞片背面无毛或初时背面有极稀疏短柔毛，后脱落无毛。叶纸质，绿色；茎下部叶宽卵形或三角状卵形，长3~7 cm，宽2~6 cm，绿色，两面具细小脱落性的白色腺点及细小凹点，3（4）回栉齿状羽状深裂，每侧有裂片5~8（10）枚，裂片长椭圆状卵形，再次分裂，小裂片边缘具多枚栉齿状三角形或长三角形深裂齿，裂齿长1~2 mm，宽0.5~1 mm，中肋明显，在叶面上稍隆起，中轴两侧有狭翅而无小栉齿，稀上部有数枚小栉齿，叶柄长1~2 cm，基部有半抱茎的假托叶；中部叶2（3）回栉齿状的羽状深裂，小裂片栉齿状三角形，稀为细短狭线形，具短柄；上部叶与苞片叶1（2）回栉齿状羽状深裂，近无柄。头状花序球形，直径1.5~2.5 mm，有短梗，下垂或倾斜，基部有线形小苞叶，在分枝上排成总状或复总状花序，并在茎上组成开展、尖塔形的圆锥花序；总苞片3~4层，内、外层近等长，外层长卵形或狭长椭圆形，中肋绿色，边膜质，中、内层宽卵形或卵形，花序托凸起，半球形；花深黄色，雌花10~18朵，花冠狭管状，檐部具2（3）裂齿，外面有腺点，花柱线形，伸出花冠外，先端二叉，叉端钝尖；两性花10~30朵，结实或中央少数花不结实，花冠管状，花药线形，上端附属物尖，长三角形，基部具短尖头，花柱近与花冠等长，先端二叉，叉端截形，有短睫毛。瘦果小，椭圆状卵形，略扁。花、果期8~11月。

徂徕山各山地林区均产。生于路旁、荒地。分布遍及全国。广布于欧洲、亚洲的温带、寒温带及亚热带地区。

含挥发油，并含青蒿素。青蒿素为抗疟的主要有效成分，治各种类型疟疾，具速效、低毒的优点，对恶性疟及脑疟尤佳。中药习称"青蒿"，而植物学通称"黄花蒿"。

3. 青蒿（图793）

Artemisia caruifolia Buch.-Ham. ex Roxb.

Fl. Ind. 3: 422. 1832.

图792 黄花蒿
1. 植株上部；2. 叶；3. 头状花序；4. 雌花；
5. 两性花；6. 两性花展开；7. 两性花的雌蕊

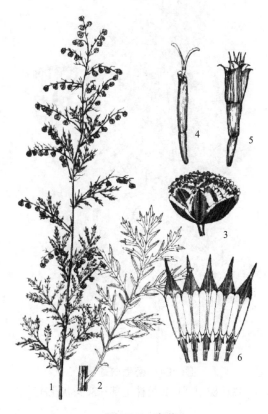

图793 青蒿
1. 植株上部；2. 茎中部叶；3. 头状花序；4. 雌花；
5. 两性花；6. 两性花展开

一年生草本。植株有香气。主根单一，垂直，侧根少。茎单生，高30~150 cm，上部多分枝，幼时绿色，有纵纹，下部稍木质化，纤细，无毛。叶两面青绿色或淡绿色，无毛；基生叶与茎下部叶3回栉齿状羽状分裂，有长叶柄，花期叶凋谢；中部叶长圆形、长圆状卵形或椭圆形，长5~15 cm，宽2~5.5 cm，2回栉齿状羽状分裂，第1回全裂，每侧有裂片4~6枚，裂片长圆形，基部楔形，每裂片具多枚长三角形的栉齿或为细小、略呈线状披针形的小裂片，先端锐尖，两侧常有1~3枚小裂齿或无裂齿，中轴与裂片羽轴常有小锯齿，叶柄长0.5~1 cm，基部有小形半抱茎的假托叶；上部叶与苞片叶1（2）回栉齿状羽状分裂，无柄。头状花序半球形或近半球形，直径3.5~4 mm，具短梗，下垂，基部有线形小苞叶，在分枝上排成穗状花序式的总状花序，并在茎上组成中等开展的圆锥花序；总苞片3~4层，外层狭小，长卵形或卵状披针形，背面绿色，无毛，有细小白点，边缘宽膜质，中层稍大，宽卵形或长卵形，边宽膜质，内层半膜质或膜质，顶端圆；花序托球形；花淡黄色；雌花10~20，花冠狭管状，檐部具2裂齿，花柱伸出花冠管外，先端二叉，叉端尖；两性花30~40朵，孕育或中间若干朵不孕育，花冠管状，花药线形，上端附属物尖，长三角形，基部圆钝，花柱与花冠等长或略长于花冠，顶端二叉，叉端截形，有睫毛。瘦果长圆形至椭圆形。花、果期6~9月。

产于西旺等林区。生于湿润的河边、路旁。国内分布于吉林、辽宁、河北、陕西、山东、江苏、安徽、浙江、江西、福建、河南、湖北、湖南、广东、广西、四川、贵州、云南等省份。朝鲜、日本、越南、缅甸、印度、尼泊尔等也有分布。

茎叶可提取芳香油，用于化妆品、香精中。入药为优良的解热剂。

4. 密毛白莲蒿（变种）（图794）

Artemisia gmelinii Web ex Stechm. var. **messerschmidiana**（Besser）Poljakov

Schischkin & Bobrov, Fl. URSS 26: 464. 1961.

多年生草本，半灌木状。有多数多年生木质营养枝。茎多数，丛生，高10~40（80）cm，下部木质，上部半木质，自下部分枝；茎、枝初时被灰白色绒毛，后渐稀疏或无毛。叶上面初时被灰白色短柔毛，后渐稀疏，暗绿色，常有凹穴与白色腺点或凹皱纹，背面密被灰色或淡灰黄色蛛丝状柔毛；茎下部、中部与营养枝叶卵形或三角状卵形，长2~4 cm，宽1~2 cm，2~3回栉齿状的羽状分裂，第1~2回为羽状全裂，每侧裂片4~5枚，裂片间排列紧密，小裂片栉齿状的短线形或短线状披针形，边缘通常具数枚小栉齿，栉齿长1~2 mm，宽0.2~0.5 mm，稀无小栉齿，叶柄长0.8~1.3 cm，基部有小型栉齿状分裂的假托叶；上部叶1~2回栉齿状羽状分裂；苞片叶呈栉齿状羽状分裂或不分裂，而为披针形或披针状线形。头状花序近球形，直径3~4（6）mm，有短梗或无梗，斜生或下垂，密集着生在茎端或在分枝端排成穗状或总状花序，并在茎上组成狭窄的总状花

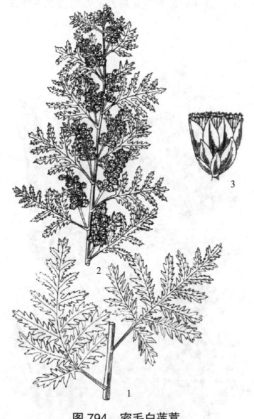

图794　密毛白莲蒿
1. 植株中部；2. 植株上部；3. 头状花序

序式的圆锥花序；总苞片3~4层，外层椭圆形或椭圆状披针形，背面有灰白色短柔毛，边缘狭膜质，中层总苞片卵形，边缘宽膜质，内层膜质。花序托凸起，半球形；雌花10~12朵，花冠狭圆锥状，背

面有腺点，花柱线形，略伸出花冠外，先端二叉；两性花 40~60 朵，花冠管状，背面微有腺点，花药线形，上端附属物尖，长三角形，基部钝，花柱与花冠近等长，先端二叉，叉端截形，有睫毛。瘦果长圆形，果壁上有细纵纹。花、果期 8~10 月。

徂徕山各山地林区均产。生于干旱的山坡、草丛。分布于全国各地。

灰莲蒿（变种）

var. incana（Besser）H. C. Fu

Fl. Intramongol. 6: 152. 1982.

叶面初时被灰白色短柔毛，后毛脱落，背面密被灰白色短柔毛。

徂徕山各山地林区均产。除高寒地区外，几遍布全国。朝鲜、日本、蒙古也有分布。

5. 蒙古蒿（图 795）

Artemisia mongolica（Fisch. ex Besser）Nakai

Bot. Mag.（Tokyo）31: 112. 1917.

多年生草本。根细，侧根多；根状茎短，半木质化，直径 4~7 mm，有少数营养枝。茎少数或单生，高 40~120 cm，具明显纵棱；分枝多，长（6）10~20 cm，斜向上或略开展；茎、枝初时密被灰白色蛛丝状柔毛，后稍稀疏。叶纸质或薄纸质，上面绿色，初时被蛛丝状柔毛，后渐稀疏或近无毛，背面密被灰白色蛛丝状绒毛；下部叶卵形或宽卵形，2 回羽状全裂或深裂，第 1 回全裂，每侧有裂片 2~3 枚，裂片椭圆形或长圆形，再次羽状深裂或为浅裂齿，叶柄长，两侧常有小裂齿，花期叶萎谢；中部叶卵形、近圆形或椭圆状卵形，长（3）5~9 cm，宽 4~6 cm，（1）2 回羽状分裂，第 1 回全裂，每侧有裂片 2~3 枚，裂片椭圆形、椭圆状披针形或披针形，再次羽状全裂，稀深裂或 3 裂，小裂片披针形、线形或线状披针形，先端锐尖，边缘不反卷，基部渐狭成短柄，叶柄长 0.5~2 cm，两侧偶有 1~2 枚小裂齿，基部常有小型的假托叶；上部叶与苞片叶卵形或长卵形，羽状全裂或 5 或 3 全裂，裂片披针形或线形，无裂齿或偶有 1~3 枚浅裂齿，无柄。头状花序多数，椭圆形，直径 1.5~2 mm，无梗，直立或倾斜，有线形小苞叶，在分枝上排成密集的

图 795　蒙古蒿
1. 植株下部；2. 植株上部

穗状花序，稀为略疏松的穗状花序，并在茎上组成狭窄或中等开展的圆锥花序；总苞片 3~4 层，覆瓦状排列，外层较小，卵形或狭卵形，背面密被灰白色蛛丝状毛，边缘狭膜质，中层长卵形或椭圆形，背面密被灰白色蛛丝状柔毛，边宽膜质，内层椭圆形，半膜质，背面近无毛；雌花 5~10 朵，花冠狭管状，檐部具 2 裂齿，紫色，花柱伸出花冠外，先端二叉，反卷，叉端尖；两性花 8~15 朵，花冠管状，背面具黄色小腺点，檐部紫红色，花药线形，先端附属物尖，长三角形，基部圆钝，花柱与花冠近等长，先端二叉，叉端截形并有睫毛。瘦果小，长圆状倒卵形。花、果期 8~10 月。

徂徕山各林区均产。生于河岸边及路旁。分布于全国各地。

6. 蒌蒿（图 796）

Artemisia selengensis Turcz. ex Bess.

Nouv. Mem. Soc. Nat. Mosc. 3: 50. 1834.

多年生草本；植株具清香气味。主根不明显或稍明显，具多数侧根与纤维状须根；根状茎直立或斜向上，直径 4~10 mm，有匍匐地下茎。茎少数或单生，高 60~150 cm，初时绿褐色，后为紫红色，无毛，有明显纵棱，下部通常半木质化，上部有着生头状花序的分枝，枝长 6~10（12）cm。叶纸质，上面绿色，无毛或近无毛，背面密被灰白色蛛丝状平贴的绵毛；茎下部叶宽卵形或卵形，长 8~12 cm，宽 6~10 cm，近成掌状或指状，5 或 3 全裂或深裂，稀间有 7 裂或不分裂的叶，分裂叶的裂片线形或线状披针形，长 5~7（8）cm，宽 3~5 mm，不分裂的叶片为长椭圆形、椭圆状披针形或线状披针形，长 6~12 cm，宽 5~20 mm，先端锐尖，边缘通常具锯齿，叶基部渐狭成柄，叶柄长 0.5~2（5）cm，无假托叶，花期下部叶通常凋谢；中部叶近掌状，5 深裂或

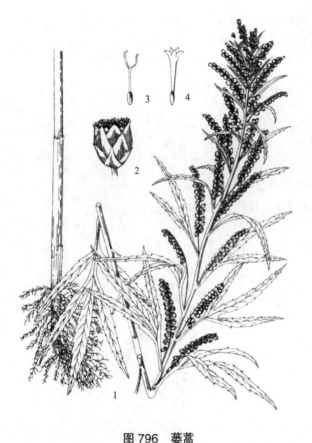

图 796 蒌蒿

1. 植株；2. 头状花序；3. 雌花的雌蕊；4. 两性花

为指状 3 深裂，稀间有不分裂之叶，分裂叶之裂片长椭圆形、椭圆状披针形或线状披针形，长 3~5 cm，宽 2.5~4 mm，不分裂之叶为椭圆形、长椭圆形或椭圆状披针形，宽可达 1.5 cm，先端通常锐尖，叶缘或裂片边缘有锯齿，基部楔形，渐狭成柄状；上部叶与苞片叶指状 3 深裂，2 裂或不分裂，裂片或不分裂的苞片叶为线状披针形，边缘具疏锯齿。头状花序多数，长圆形或宽卵形，直径 2~2.5 mm，近无梗，直立或稍倾斜，在分枝上排成密穗状花序，并在茎上组成狭而伸长的圆锥花序；总苞片 3~4 层，外层略短，卵形或近圆形，背面初时疏被灰白色蛛丝状短绵毛，后渐脱落，边狭膜质，中、内层略长，长卵形或卵状匙形，黄褐色，背面初时微被蛛丝状绵毛，后脱落无毛，边宽膜质或全为半膜质；花序托小，凸起；雌花 8~12 朵，花冠狭管状，檐部具 1 浅裂，花柱细长，伸出花冠外甚长，先端长，二叉，叉端尖；两性花 10~15 朵，花冠管状，花药线形，先端附属物尖，长三角形，基部圆钝或微尖，花柱与花冠近等长，先端微叉开，叉端截形，有睫毛。瘦果卵形，略扁，上端偶有不对称的花冠着生面。花、果期 7~10 月。

产于西旺、王家院等林区。生于河边沙滩。分布于全国各地。蒙古、朝鲜、俄罗斯西伯利亚及远东地区也有分布。

全草入药，有止血、消炎、镇咳、化痰之效。嫩茎及叶作菜蔬或腌制酱菜。

7. 野艾蒿（图 797）

Artemisia lavandulifolia DC.

Prodr. 6: 110. 1838.

多年生草本，有时半灌木状。植株有香气。主根稍明显，侧根多；根状茎稍粗，直径 4~6 mm，常匍地，有细短的营养枝。茎少数，成小丛，稀单生，高 50~120 cm，具纵棱，分枝多，长 5~10 cm，斜

向上伸展；茎、枝被灰白色蛛丝状短柔毛。叶纸质，上面绿色，具密集白色腺点及小凹点，初时疏被灰白色蛛丝状柔毛，后毛稀疏或近无毛，背面除中脉外密被灰白色密绵毛；基生叶与茎下部叶宽卵形或近圆形，长 8~13 cm，宽 7~8 cm，2 回羽状全裂或第 1 回全裂，第 2 回深裂，具长柄，花期叶萎谢；中部叶卵形、长圆形或近圆形，长 6~8 cm，宽 5~7 cm，1~2 回羽状全裂或第 2 回为深裂，每侧裂片 2~3 枚，椭圆形或长卵形，长 3~5（7）cm，宽 5~7（9）mm，每裂片具 2~3 枚线状披针形或披针形的小裂片或深裂齿，长 3~7 mm，宽 2~3（5）mm，先端尖，边缘反卷，叶柄长 1~2（3）cm，基部有小型羽状分裂的假托叶；上部叶羽状全裂，具短柄或近无柄；苞片叶 3 全裂或不分裂，裂片或不分裂的苞片叶为线状披针形或披针形，先端尖，边反卷。头状花序椭圆形或长圆形，直径 2~2.5 mm，有短梗或近无梗，具小苞叶，在分枝的上半部排成密穗状或复穗状花序，并在茎上组成狭长或中等开展的圆锥花序，花后头状花序多下倾；总苞片 3~4 层，外层略小，卵形或狭卵形，背面密被灰白色或灰黄色蛛丝状柔毛，边缘狭膜质，中层长卵形，背面疏被蛛丝状柔毛，边缘宽膜质，内层长圆形或椭圆形，半膜质，背面近无毛，花序托小，凸起；雌花 4~9 朵，花冠狭管状，檐部具 2 裂齿，紫红色，花柱线形，伸出花冠外，先端二叉，叉端尖；两性花 10~20 朵，花冠管状，檐部紫红色；花药线形，先端附属物尖，长三角形，基部具短尖头，花柱与花冠等长或略长于花冠，先端二叉，叉端扁，扇形。瘦果长卵形或倒卵形。花、果期 8~10 月。

徂徕山各林区均产，多生于路旁、草地及河边湖滨。中国分布于黑龙江、吉林、辽宁、内蒙古、河北、山西、陕西、甘肃、山东、江苏、安徽、江西、河南、湖北、湖南、广东、广西、四川、贵州、云南等省份。日本、朝鲜、蒙古及俄罗斯也有分布。

8. 艾（图 798）

Artemisia argyi H. Léveillé & Vaniot

Repert. Spec. Nov. Regni Veg. 8: 138. 1910.

图 797　野艾蒿
1. 部分花枝；2. 花期植株茎中部叶

图 798　艾
1. 植株上部；2. 茎下部叶；3. 头状花序

—— *Artemisia argyi* H. Léveillé & Vaniot var. *gracilis* Pamp.

多年生草本或半灌木状。植株有浓烈香气。主根明显，直径达 1.5 cm，侧根多；常有横卧地下根状茎及营养枝。茎单生或少数，高 80~150（250）cm，有明显纵棱，基部稍木质化，上部草质，并有少数短分枝，枝长 3~5 cm；茎、枝均被灰色蛛丝状柔毛。叶厚纸质，上面被灰白色短柔毛，并有白色腺点与小凹点，背面密被灰白色蛛丝状密绒毛；基生叶具长柄，花期萎谢；茎下部叶近圆形或宽卵形，羽状深裂，每侧具裂片 2~3 枚，裂片椭圆形或倒卵状长椭圆形，每裂片有 2~3 枚小裂齿，干后背面主、侧脉多为深褐色或锈色，叶柄长 0.5~0.8 cm；中部叶卵形、三角状卵形或近菱形，长 5~8 cm，宽 4~7 cm，1（2）回羽状深裂至半裂，每侧裂片 2~3 枚，裂片卵形、卵状披针形或披针形，长 2.5~5 cm，宽 1.5~2 cm，不再分裂或每侧有 1~2 枚缺齿，叶基部宽楔形，渐狭成短柄，叶脉明显，在背面凸起，干时锈色，叶柄长 0.2~0.5 cm，基部通常无或有极小的假托叶；上部叶与苞片叶羽状半裂、浅裂，或 3 深裂或浅裂，或不分裂，而为椭圆形、长椭圆状披针形、披针形或线状披针形。头状花序椭圆形，直径 2.5~3（3.5）mm，无梗或近无梗，每数枚在分枝上排成小型穗状花序或复穗状花序，并在茎上通常再组成尖塔形的圆锥花序，花后头状花序下倾；总苞片 3~4 层，覆瓦状排列，外层草质，卵形或狭卵形，背面密被灰白色蛛丝状绵毛，边缘膜质，中层较外层长，长卵形，背面被蛛丝状绵毛，内层质薄，背面近无毛；花序托小；雌花 6~10 朵，花冠狭管状，檐部具 2 裂齿，紫色，花柱细长，伸出花冠外甚长，先端二叉；两性花 8~12 朵，花冠管状或高脚杯状，外面有腺点，檐部紫色，花药狭线形，先端附属物尖，长三角形，基部有不明显的小尖头，花柱与花冠近等长或略长于花冠，先端二叉，花后向外弯曲，叉端截形，并有睫毛。瘦果长卵形或长圆形。花、果期 7~10 月。

徂徕山各林区均有分布或栽培。生于村镇、路旁、草地。分布广，除极干旱与高寒地区外，几遍及全国。蒙古、朝鲜、俄罗斯远东地区也有分布。

叶入药，能散寒止痛、温经、止血。茎叶含芳香油，可用作调香原料。

9. 茵陈蒿（图 799）

Artemisia capillaris Thunb.

Nova Acta Regiae Soc. Sci. Upsal. 3: 209. 1780.

多年生草本，半灌木状。植株有浓烈的香气。主根明显木质，垂直或斜向下伸长；根茎直径 5~8 mm，直立，常有细的营养枝。茎单生或少数，高 40~120 cm，红褐色或褐色，有不明显纵棱，基部木质，上部分枝多，向上斜伸展；茎、枝初时密生灰白色或灰黄色绢质柔毛，后渐稀疏或无毛。营养枝端有密集叶丛，基生叶密集着生，常成莲座状；基生叶、茎下部叶与营养枝叶两面均被棕黄色或灰黄色绢质柔毛，后期茎下部叶被毛脱落，叶卵圆形或卵状椭圆形，长 2~4（5）cm，宽 1.5~3.5 cm，2（3）回羽状全裂，每侧裂片 2~3（4）枚，每裂片再 3~5 全裂，小裂片狭线形或狭线状披针形，通常细直，不弧曲，长 5~10 mm，宽 0.5~1.5（2）mm，叶柄长 3~7 mm，花期上述叶均萎谢；中部叶宽卵形、近圆形或卵圆形，长 2~3 cm，宽 1.5~2.5 cm，（1）2回羽状全裂，小裂片狭线形或丝线形，通常不弧曲，

图 799 茵陈蒿
1. 无花枝的叶；2. 花枝；
3. 头状花序；4. 花序托

长 8~12 mm，宽 0.3~1 mm，近无毛，顶端微尖，基部裂片常半抱茎，近无叶柄；上部叶与苞片叶羽状 5 或 3 全裂，基部裂片半抱茎。头状花序卵球形，稀球形，直径 1.5~2 mm，有短梗及线形的小苞叶，在分枝的上端或小枝端偏向外侧生长，常排成复总状花序，并在茎上端组成大型、开展的圆锥花序；总苞片 3~4 层，外层草质，卵形或椭圆形，背面淡黄色，有绿色中肋，无毛，边膜质，中、内层椭圆形，近膜质；花序托小，凸起；雌花 6~10 朵，花冠狭管状或狭圆锥状，檐部具 2（3）裂齿，花柱细长，伸出花冠外，先端二叉，叉端尖锐；两性花 3~7 朵，不孕育，花冠管状，花药线形，先端附属物尖，长三角形，基部圆钝，花柱短，上端棒状，2 裂，不叉开，退化子房极小。瘦果长圆形或长卵形。花、果期 7~10 月。

徂徕山各林区均产。生于河岸、路旁。国内分布于辽宁、河北、陕西、山东、江苏、安徽、浙江、江西、福建、台湾、河南、湖北、湖南、广东、广西、四川等省份。朝鲜、日本、菲律宾、越南、柬埔寨、马来西亚、印度尼西亚及俄罗斯也有分布。

全草入药，有发汗、解热、利尿的作用。嫩苗可供食用。茎叶含芳香油，供配制各种清凉剂、喷雾香水、香精用。

10. 猪毛蒿（图 800）

Artemisia scoparia Waldstein & Kitaibel

Descr. Icon. Pl. Hung. 1: 66. 1802.

一、二年生草本。植株有浓烈的香气。主根单一，狭纺锤形、垂直，半木质或木质化；根状茎粗短，直立，半木质或木质，常有细的营养枝，枝上密生叶。茎通常单生，稀 2~3 枚，高 40~90（130）cm，红褐色或褐色，有纵纹；常自下部开始分枝，下部分枝开展，上部枝多斜上展；茎、枝幼时被灰白色或灰黄色绢质柔毛，以后脱落。基生叶与营养枝叶两面被灰白色绢质柔毛。叶近圆形、长卵形，2~3 回羽状全裂，具长柄，花期叶凋谢；茎下部叶初时两面密被灰白色或灰黄色略带绢质的短柔毛，后脱落，叶长卵形或椭圆形，长 1.5~3.5 cm，宽 1~3 cm，2~3 回羽状全裂，每侧裂片 3~4 枚，再次羽状全裂，每侧小裂片 1~2 枚，小裂片狭线形，长 3~5 mm，宽 0.2~1 mm，不再分裂或具 1~2 枚小裂齿，叶柄长 2~4 cm；中部叶长圆形或长卵形，长 1~2 cm，宽 0.5~1.5 cm，1~2 回羽状全裂，每侧裂片 2~3 枚，不分裂或再 3 全裂，小裂片丝线形或为毛发状，长 4~8 mm，宽 0.2~0.3

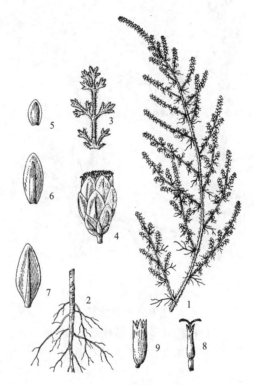

图 800　猪毛蒿
1. 部分花枝；2. 根部；3. 下部叶；4. 头状花序；5~7. 苞片；8. 雌花；9. 两性花

（0.5）mm，多少弯曲；茎上部叶与分枝上叶及苞片叶 3~5 全裂或不分裂。头状花序近球形，稀卵球形，极多数，直径 1~1.5（2）mm，具极短梗或无梗，基部有线形小苞叶，在分枝上偏向外侧生长，并排成复总状或复穗状花序，而在茎上再组成大型、开展的圆锥花序；总苞片 3~4 层，外层草质、卵形，背面绿色、无毛，边缘膜质，中、内长卵形或椭圆形，半膜质；花序托小，凸起；雌花 5~7 朵，花冠狭圆锥状或狭管状，冠檐具 2 裂齿，花柱线形，伸出花冠外，先端二叉，叉端尖；两性花 4~10 朵，不孕育，花冠管状，花药线形，先端附属物尖，长三角形，花柱短，先端膨大，2 裂，不叉开，退化子房不明显。瘦果倒卵形或长圆形，褐色。花、果期 7~10 月。

徂徕山各林区均产。生于路旁、草地。中国各地均有分布。欧亚大陆温带与亚热带广布种。朝鲜、日本、伊朗、土耳其、阿富汗、巴基斯坦、印度、俄罗斯、欧洲东部和中部各国都有分布。

全株可提取芳香油。幼苗作茵陈入药。

11. 南牡蒿（图 801）

Artemisia eriopoda Bunge

Enum. Pl. China Bor. 37. 1833.

多年生草本。主根粗短；根状茎稍粗短，肥厚，常成短圆柱状，直径 5~8 mm，直立或斜向上，常有短的营养枝，枝上密生叶。茎通常单生，稀少 2 至少数，高（30）40~80 cm，具细纵棱，基部密生短柔毛，其余无毛，分枝多，枝长 10~20 cm，绿色或稍带紫褐色，疏被毛，后渐脱落。叶纸质，上面无毛，背面微有短柔毛或无毛；基生叶与茎下部叶近圆形、宽卵形或倒卵形，长 4~6（8）cm，宽 2.5~6 cm，1~2 回大头羽状深裂或全裂，或不分裂，仅边缘具数枚疏锯齿，分裂叶每侧有裂片 2~3（4）枚，裂片倒卵形、近匙形或宽楔形，裂片先端至边缘具规则或不规则的深裂片或浅裂片，并有锯齿，叶基部渐狭，宽楔形，叶柄长 1.5~3 cm；中部叶近圆形或宽卵形，长、宽 2~4 cm，1~2 回羽状深裂或全裂，每侧有裂片 2~3 枚，裂片椭圆形或近匙形，先端 3 深裂或浅裂齿或全缘，叶基部宽楔形，近无柄，基部有线形分裂的假托叶；上部叶渐小，卵形或长卵形，羽状全裂，每侧裂片 2~3 枚，裂片椭圆形，先端常有 3 枚浅裂齿；苞片叶 3 深裂或不分裂；裂片或不分裂之苞片叶线状披针形、椭圆状披针形或披针形。头状花序多数，宽卵形或近球形，直径 1.5~2.5 mm，无梗或具短梗，基部具线形的小苞叶，在茎端、分枝上半部及小枝上排成穗状花序或穗状花序式

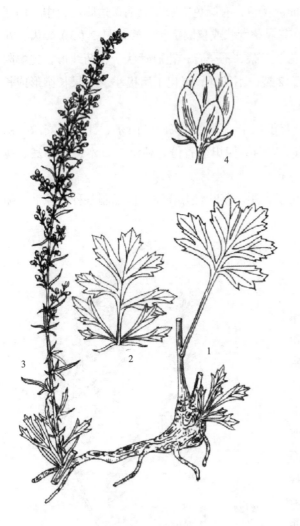

图 801　南牡蒿
1. 植株下部；2. 植株基部的叶；
3. 花枝；4. 头状花序

的总状花序，并在茎上组成开展、稍大型的圆锥花序；总苞片 3~4 层，外层略短小，外、中层卵形或长卵形，背面绿色或稍带紫褐色，无毛，边膜质，内层长卵形，半膜质；雌花 4~8 朵，花冠狭圆锥状，檐部具 2~3 裂齿，花柱伸出花冠外，先端二叉，叉端尖；两性花 6~10 朵，不孕，花冠管状，花药线形，先端附属物尖，长三角形，基部圆钝，花柱短，先端稍膨大，不叉开。瘦果长圆形。花、果期 6~11 月。

徂徕山各山地林区均产。国内分布于吉林、辽宁、内蒙古、河北、山西、陕西、山东、江苏、安徽、河南、湖北、湖南、四川、云南等省份。朝鲜、日本、蒙古等也有分布。

入药，有祛风、去湿、解毒之效。另亦作青蒿（即黄花蒿）的代用品。

12. 牡蒿（图 802）

Artemisia japonica Thunb.

Nova Acta Regiae Soc. Sci. Upsal. 3: 209. 1780.

多年生草本；植株有香气。主根稍明显，侧根多，常有块根；根状茎稍粗短，直立或斜向上，直径 3~8 mm，常有若干条营养枝。茎单生或少数，高 50~130 cm，有纵棱，紫褐色或褐色，上半部分枝，枝长 5~15（20）cm，通常贴向茎或斜向上长；茎、枝初时被微柔毛，后渐稀疏或无毛。叶纸质，两面无毛或初时微有短柔毛，后无毛；基生叶与茎下部叶倒卵形或宽匙形，长 4~6（7）cm，宽 2~2.5（3）cm，自叶上端斜向基部羽状深裂或半裂，裂片上端常有缺齿或无缺齿，具短柄，花期凋谢；中部叶匙形，长 2.5~3.5（4.5）cm，宽 0.5~1（2）cm，上端有 3~5 枚斜向基部的浅裂片或为深裂片，每裂片的上端有 2~3 枚小锯齿或无锯齿，叶基部楔形，渐狭窄，常有小型、线形的假托叶；上部叶小，上端具 3 浅裂或不分裂；苞片叶长椭圆形、椭圆形、披针形或线状披针形，先端不分裂或偶有浅裂。头状花序多数，卵球形或近球形，直径 1.5~2.5 mm，无梗或有短梗，基部具线形的小苞叶，在分枝上通常排成穗状花序或穗状花序状的总状花序，并在茎

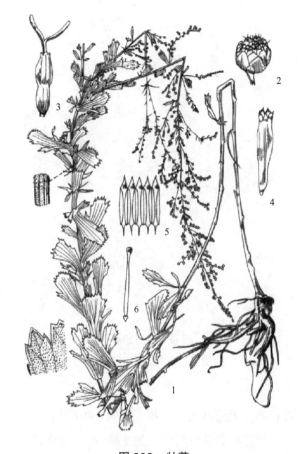

图 802 牡蒿
1. 植株；2. 头状花序；3. 雌花；4. 两性花；
5. 两性花展开的雄蕊；6. 两性花的雌蕊

上组成狭窄或中等开展的圆锥花序；总苞片 3~4 层，外层略小，外、中层卵形或长卵形，背面无毛，中肋绿色，边膜质，内层长卵形或宽卵形，半膜质；雌花 3~8 朵，花冠狭圆锥状，檐部具 2~3 裂齿，花柱伸出花冠外，先端二叉，叉端尖；两性花 5~10 朵，不孕育，花冠管状，花药线形，先端附属物尖，长三角形，基部钝，花柱短，先端稍膨大，2 裂，不叉开，退化子房不明显。瘦果小，倒卵形。花、果期 7~10 月。

徂徕山各山地林区均产。国内分布于辽宁、河北、山西、陕西、甘肃、山东、江苏、安徽、浙江、江西、福建、台湾、河南、湖北、湖南、广东、广西、四川、贵州、云南及西藏等省份。日本、朝鲜、阿富汗、印度、不丹、尼泊尔、克什米尔地区、越南、老挝、泰国、缅甸、菲律宾及俄罗斯远东地区也有分布。

含挥发油。全草入药，有清热、解毒、消暑、去湿、止血、消炎、散瘀之效；又代"青蒿"（即黄花蒿）用，或作农药等。嫩叶作菜蔬，又作家畜饲料。

16. 石胡荽属 Centipeda Lour.

一年生匍匐状小草本，微被蛛丝状毛或无毛。叶互生，楔状倒卵形，有锯齿。头状花序小，单生叶腋，无梗或有短梗，异型，盘状；总苞半球形；总苞片 2 层，平展，矩圆形，近等长，具狭的透明边缘；边缘花雌性，能育，多层，花冠细管状，顶端 2~3 齿裂；盘花两性，能育，数朵，花冠宽管状，冠檐 4 浅裂；花药短，基部钝，顶端无附片；花柱分枝短，顶端钝或截形；花托半球形，蜂窝

图 803 石胡荽
1. 植株；2. 瘦果；3. 管状花

状。瘦果四棱形，棱上有毛，无冠状冠毛。

10 种，产亚洲、大洋洲及南美洲。中国 1 种。徂徕山 1 种。

1. 石胡荽（图 803）

Centipeda minima（Linn.）A. Braun & Ascherson Index Sem. Hort. Berol. App. 6. 1867.

一年生小草本。茎多分枝，高 5~20 cm，匍匐状，微被蛛丝状毛或无毛。叶互生，楔状倒披针形，长 7~18 mm，顶端钝，基部楔形，边缘有少数锯齿，无毛或背面微被蛛丝状毛。头状花序扁球形，直径约 3 mm，单生于叶腋，无花序梗或极短；总苞半球形；总苞片 2 层，椭圆状披针形，绿色，边缘透明膜质，外层较大；边缘花雌性，多层，花冠细管状，长约 0.2 mm，淡绿黄色，顶端 2~3 微裂；盘花两性，花冠管状，长约 0.5 mm，顶端 4 深裂，淡紫红色，下部有明显的狭管。瘦果椭圆形，长约 1 mm，具四棱，棱上有长毛，无冠状冠毛。花、果期 6~10 月。

徂徕山各林区均产。生于路旁、荒野阴湿地。国内分布于东北、华北、华中、华东、华南、西南地区。朝鲜、日本、印度、马来西亚及大洋洲也有分布。

本种即中草药"鹅不食草"，能通窍散寒、祛风利湿、散瘀消肿，主治鼻炎、跌打损伤等症。

17. 万寿菊属 Tagetes Linn.

一年生草本。茎直立，有分枝，无毛。叶通常对生，少有互生，羽状分裂，具腺点。头状花序通常单生，少有排列成花序，圆柱形或杯形，总苞片 1 层，几全部连合成管状或杯状，有半透明的油点；花托平，无毛；舌状花 1 层，雌性，金黄色、橙黄色或褐色；管状花两性，金黄色、橙黄色或褐色；全部结实；瘦果线形或线状长圆形，基部缩小，具棱；冠毛有具 3~10 个不等长的鳞片或刚毛，其中一部分连合，另一部分多少离生。

约 40 种，产美洲中部及南部，其中有许多是观赏植物。中国常见栽培的 2 种。徂徕山 2 种。

分种检索表

1. 头状花序梗顶端棍棒状膨大；总苞长 1.8~2 cm，宽 1~1.5 cm；叶的裂片长椭圆形或披针形··1. 万寿菊 Tagetes erecta
1. 头状花序梗顶端稍增粗；总苞长 1.5 cm，宽 0.7 cm；叶的裂片线状披针形···················2. 孔雀草 Tagetes patula

1. 万寿菊（图 804）

Tagetes erecta Linn.

Sp. Pl. 887. 1753.

一年生草本，高 50~150 cm。茎直立，粗壮，具纵细条棱，分枝向上平展。叶羽状分裂，长 5~10 cm，宽 4~8 cm，裂片长椭圆形或披针形，边缘具锐锯齿，上部叶裂片的齿端有长细芒；沿叶缘有少数腺体。头状花序单生，径 5~8 cm，花序梗顶端棍棒状膨大；总苞长 1.8~2 cm，宽 1~1.5 cm，杯状，顶端具齿尖；舌状花黄色或暗橙色，长 2.9 cm，舌片倒卵形，长 1.4 cm，宽 1.2 cm，基部收缩成长爪，顶端微弯缺；管状花花冠黄色，长约 9 mm，顶端具 5 齿裂。瘦果线形，基部缩小，黑色或褐色，长 8~11 mm，被短微毛；冠毛有 1~2 个长芒和 2~3 个短而钝的鳞片。花期 7~9 月。

大寺、光华寺栽培。原产墨西哥。中国各地均有栽培。

2. 孔雀草（图 805）

Tagetes patula Linn.

Sp. Pl. 887. 1753.

一年生草本，高 30~100 cm。茎直立，通常近基部分枝。叶羽状分裂，长 2~9 cm，宽 1.5~3 cm，裂片线状披针形，边缘有锯齿，齿端常有长细芒，齿的基部常有腺体。头状花序单生，径 3.5~4 cm，花序梗长 5~6.5 cm，顶端稍增粗；总苞长 1.5 cm，宽 0.7 cm，长椭圆形，上端具锐齿，有腺点；舌状花金黄色或橙色，带红色斑；舌片近圆形长 8~10 mm，宽 6~7 mm，顶端微凹；管状花花冠黄色，长 10~14 mm，与冠毛等长，具 5 齿裂。瘦果线形，基部缩小，长 8~12 mm，黑色，被短柔毛，冠毛鳞片状，其中 1~2 个长芒状，2~3 个短而钝。花期 7~9 月。

大寺、光华寺、上池栽培。原产墨西哥。中国各地庭园常有栽培。

18. 天人菊属 Gaillardia Foug.

一年生或多年生草本。茎直立。叶互生或全部基生。头状花序大，边花辐射状，中性或雌性，结实，中央有多数结实的两性花，或头状花序仅有同型的两性花。总苞宽大；总苞片 2~3 层，覆瓦状，基部革质。花托突起或半球形，托片长刚毛状。边花舌状，顶端，3 浅裂或 3 齿，稀全缘；中央管状花两性，顶端浅 5 裂，裂片顶端被节状毛。花药基部短耳形，两性花花柱分枝顶端画笔状，附片有丝状毛。瘦果长椭圆形或倒塔形，有五棱。冠毛 6~10 个，鳞片状，有长芒。

约 20 种，原产南北美洲热带地区。中国引入栽培 2 种。徂徕山 2 种。

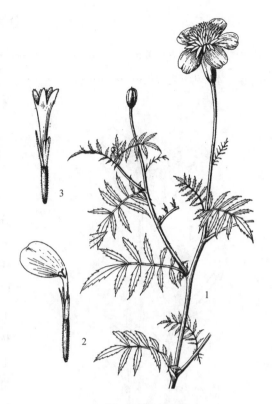

图 804　万寿菊
1. 花枝；2. 舌状花；3. 管状花

图 805　孔雀草
1. 花枝；2. 舌状花；3. 管状花

分种检索表

1. 一年生草本；舌状花红紫色 ··· 1. 天人菊 Gaillardia pulchella
1. 多年生草本；舌状花黄色 ··· 2. 宿根天人菊 Gaillardia aristata

图 806 天人菊
1. 花枝；2. 舌状花；3. 管状花

1. 天人菊（图 806）

Gaillardia pulchella Foug.

Mem. Acad. Sci. Paris 1786: 5. t. 1. 1788.

一年生草本，高 20~60 cm。茎中部以上多分枝，分枝斜升，被短柔毛或锈色毛。下部叶匙形或倒披针形，长 5~10 cm，宽 1~2 cm，边缘波状钝齿、浅裂至琴状分裂，先端急尖，近无柄，上部叶长椭圆形，倒披针形或匙形，长 3~9 cm，全缘或上部有疏锯齿或中部以上 3 浅裂，基部无柄或心形半抱茎，叶两面被伏毛。头状花序径 5 cm。总苞片披针形，长 1.5 cm，边缘有长缘毛，背面有腺点，基部密被长柔毛。舌状花黄色，基部带紫色，舌片宽楔形，长 1 cm，顶端 2~3 裂；管状花裂片三角形，顶端渐尖成芒状，被节毛。瘦果长 2 mm，基部被长柔毛。冠毛长 5 mm。花、果期 6~8 月。

中军帐至上池栽培。供观赏。原产于北美洲。

2. 宿根天人菊（图 807）

Gaillardia aristata Pursh.

Fl. Am. Sept. 2: 573. 1814.

多年生草本，高 60~100 cm。全株被粗节毛。茎不分枝或稍有分枝。基生叶和下部茎叶长椭圆形或匙形，长 3~6 cm，宽 1~2 cm，全缘或羽状缺裂，两面被毛，叶有长叶柄；中部茎叶披针形、长椭圆形或匙形，长 4~8 cm，基部无柄或心形抱茎。头状花序径 5~7 cm；总苞片披针形，长约 1 cm，外面有腺点及密柔毛。舌状花黄色；管状花外面有腺点，裂片长三角形，顶端芒状渐尖，被节毛。瘦果长 2 mm，被毛。冠毛长 2 mm。花、果期 7~8 月。

中军帐、上池有栽培。供观赏。原产于北美洲。

19. 苍耳属 Xanthium Linn.

一年生草本。根纺锤状或分枝。茎直立，具糙伏毛、柔毛或近无毛，有时具刺，多分枝。叶互生，全缘或分裂，有柄。头状花序单性，雌雄同株，无或近无花序梗，在叶腋单生或密集成穗状，或成束聚生于茎枝顶端。雄头状花序着生于茎枝上端，球形，具多数不结果

图 807 宿根天人菊
1. 花枝；2. 叶；3. 舌状花；4. 管状花

实的两性花；总苞宽半球形，总苞片1~2层，分离，椭圆状披针形，革质；花托柱状，托片披针形，无色，包围管状花；花冠管部上端有5宽裂片；花药分离，上端内弯，花丝结合成管状，包围花柱；花柱细小，不分裂，上端稍膨大。雌头状花序单生或密集于茎枝的下部，卵圆形，各有2结实的小花；总苞片2层，外层小，椭圆状披针形，分离；内层总苞片结合成囊状，卵形，在果实成熟变硬，上端具1~2个坚硬的喙，外面具钩状的刺；2室，各具1小花；雌花无花冠；柱头2深裂，裂片线形，伸出总苞的喙外。瘦果2，倒卵形，藏于总苞内，无冠毛。

2~3种，分布于美洲，世界各地引入或归化。中国2种。徂徕山1种。

1. 苍耳（图808）

Xanthium strumarium Linn.

Sp. Pl. 987. 1753.

—— *Xanthium sibiricum* Patrin ex Widder

一年生草本，高20~90 cm。茎直立，下部圆柱形，径4~10 mm，上部有纵沟，被灰白色糙伏毛。叶三角状卵形或心形，长4~9 cm，宽5~10 cm，近全缘，或3~5浅裂，顶端尖或钝，基部稍心形或截形，与叶柄连接处成相等的楔形，边缘有不规则粗锯齿，三出脉，侧脉弧形，直达叶缘，脉上密被糙伏毛，上面绿色，下面苍白色，被糙伏毛；叶柄长3~11 cm。雄性的头状花序球形，径4~6 mm，有或无花序梗，总苞片长圆状披针形，长1~1.5 mm，被短柔毛，花托柱状，托片倒披针形，长约2 mm，顶端尖，有多数的雄花，花冠钟形，管部上端有5宽裂片；花药长圆状线形；雌性的头状花序椭圆形，外层总苞片小，披针形，长约3 mm，被短柔毛，内层总苞片结合成囊状，宽卵形或椭圆形，绿色、淡黄绿色或有时带红褐色，在瘦果成熟时变坚硬，连同喙部长12~15 mm，宽4~7 mm，外面有疏生的具钩状的刺，刺细而直，基部微增粗或几不增粗，长1~1.5 mm，基部被柔毛，常有腺点；喙坚硬，锥形，

图808 苍耳

1. 植株上部；2. 叶；3. 苞片；4. 雌头状花序；
5. 雌花（背面）；6. 雌花（侧面）；7. 瘦果；
8. 托片；9. 雄花；10. 雄蕊

上端略呈镰刀状，长1.5~2.5 mm，常不等长，少有结合而成1个喙。瘦果2，倒卵形。花期7~8月；果期9~10月。

徂徕山各林区均产。生于平原、荒野路边、田边，为一种常见的田间杂草。广泛分布于东北、华北、华东、华南、西北及西南地区。俄罗斯、伊朗、印度、朝鲜和日本也有分布。

果入药，为发汗利尿药。

20. 牛膝菊属 Galinsoga Ruiz & Pav.

一年生草本。叶对生，全缘或有锯齿。头状花序小，异型，放射状，顶生或腋生，多数头状花序在茎枝顶端排疏松的伞房花序，有长花梗；雌花1层，4~5个，舌状，白色，盘花两性，黄色，全部结实。总苞宽钟状或半球形，苞片1~2层，约5枚，卵形或卵圆形，膜质，或外层较短而薄草质。花托圆锥状或伸长，托片质薄，顶端分裂或不裂。舌片开展，全缘或2~3齿裂；两性花管状，檐部稍扩

图 809 牛膝菊
1. 花枝；2. 头状花序；3. 舌状花和瘦果；
4. 管状花和瘦果

大或狭钟状，顶端短或极短的 5 齿。花药基部箭形，有小耳。两性花花柱分枝微尖或顶端短急尖。瘦果有棱，倒卵圆状三角形，通常背腹压扁，被微毛。冠毛膜片状，少数或多数，膜质，长圆形，流苏状，顶端芒尖或钝；雌花无冠毛或冠毛短毛状。

15~33 种，主要分布于美洲。中国归化 2 种，各地均有。徂徕山 1 种。

1. 牛膝菊（图 809）

Galinsoga parviflora Cav.

Ic. & Descr. Pl. 3: 41. 1795.

一年生草本，高 10~80 cm。茎不分枝或自基部分枝，全部茎枝被疏散或上部稠密的贴伏短柔毛和少量腺毛。叶对生，卵形或长椭圆状卵形，长（1.5）2.5~5.5 cm，宽（0.6）1.2~3.5 cm，基部圆形或楔形，顶端渐尖或钝，基出三脉或不明显五脉，在叶下面稍突起，在上面平，叶柄长 1~2 cm；向上及花序下部的叶渐小，通常披针形；全部茎叶两面粗涩，被白色稀疏贴伏的短柔毛，沿脉和叶柄上的毛较密，边缘有浅钝锯齿，在花序下部的叶有时近全缘。头状花序半球形，有长梗，多数在茎枝顶端排成疏松的伞房花序。总苞半球形或宽钟状，宽 3~6 mm；总苞片 1~2 层，约 5 个，外层短，内层卵形或卵圆形，长 3 mm，顶端圆钝，白色，膜质。舌状花 4~5 个，舌片白色，顶端 3 齿裂，筒部细管状，外面被稠密白色短柔毛；管状花花冠长约 1 mm，黄色，下部被稠密的白色短柔毛。托片倒披针形或长倒披针形，纸质，顶端 3 裂或不裂或侧裂。瘦果长 1~1.5 mm，三棱形或中央的瘦果四至五棱，黑色或黑褐色，常压扁，被白色微毛。舌状花冠毛毛状，脱落；管状花冠毛膜片状，白色，披针形，边缘流苏状，固结于冠毛环上，整体脱落。花、果期 7~10 月。

徂徕山各林区均产。生于荒野、路边、田间或公园绿地。原产南美洲，在中国归化。

21. 豨莶属 Sigesbeckia Linn.

一年生草本。茎直立，二叉分枝，多少有腺毛。叶对生，边缘有锯齿。头状花序小，排列成疏散的圆锥花序，有多数异型小花，外围有 1~2 层雌性舌状花，中央有多数两性管状花，全结实或有时中心的两性花不育。总苞钟状或半球形。总苞片 2 层，背面被头状具柄的腺毛；外层总苞片草质，通常 5 个，匙形或线状匙形，开展，内层苞片与花托外层托片相对，半包瘦果。花托小，有膜质半包瘦果的托片。雌花花冠舌状，顶端 3 浅裂；两性花花冠管状，顶端 5 裂。花柱分枝短，稍扁，顶端尖或稍钝；花药基部全缘。瘦果倒卵状四棱形或长圆状四棱形，顶端截形，黑褐色，无冠毛，外层瘦果通常内弯。

约 4 种，分布于南北两半球热带、亚热带及温带地区。中国 3 种。徂徕山 1 种。

1. 腺梗豨莶（图 810）

Sigesbeckia pubescens（Makino）Makino

Journ. Jap. Bot. 1, 7: 21. 1917.

一年生草本。茎直立，高 30~110 cm，上部分枝，被开展的灰白色长柔毛和糙毛。基部叶卵状披针形,花期枯萎;中部叶卵圆形或卵形,长3.5~12 cm,宽1.8~6 cm,基部宽楔形,下延成具翼而长1~3 cm的柄,先端渐尖,边缘有粗齿;上部叶渐小,披针形或卵状披针形;叶基出三脉,网脉明显,两面被平伏短柔毛,沿脉有长柔毛。头状花序径18~22 mm,多数排列成顶生的松散圆锥花序;花梗较长,密生紫褐色头状具柄腺毛和长柔毛;总苞宽钟状;总苞片2层,叶质,背面密生紫褐色头状具柄腺毛,外层线状匙形或宽线形,长7~14 mm,内层卵状长圆形,长3.5 mm。舌状花花冠管部长1~1.2 mm,舌片先端2~3齿裂,有时5齿裂;两性管状花长约2.5 mm,冠檐钟状,先端4~5裂。瘦果倒卵圆形,四棱,顶端有灰褐色环状突起。花期5~8月;果期6~10月。

产于大寺、上池、马场、庙子等林区。生于山坡、林缘、溪边。分布于吉林、辽宁、河北、山西、河南、甘肃、陕西、江苏、浙江、安徽、江西、湖北、四川、贵州、云南、西藏等省份。

22. 鳢肠属 Eclipta Linn.

一年生草本。有分枝,被糙毛。叶对生,全缘或具齿。头状花序小,生于枝端或叶腋,具花序梗,异型,放射状;总苞钟状,总苞片2层,草质,内层稍短;花托凸起,托片膜质,披针形或线形。外围的雌花2层,结实,花冠舌状,白色,开展,舌片短而狭,全缘或2齿裂;中央的两性花多数,花冠管状,白色,结实,顶端4齿裂,花药基部具极短2浅裂;花柱分枝扁,顶端钝,有乳头状突起;瘦果三角形或扁四角形,顶端截形,有1~3个刚毛状细齿,两面有粗糙的瘤状突起。

5种,主要分布于南美洲和大洋洲。中国1种。徂徕山1种。

1. 鳢肠(图811)

Eclipta prostrata(Linn.)Linn.

Mant. Pl. 2: 286. 1771.

一年生草本。茎直立,斜升或平卧,高达60 cm,通常自基部分枝,被贴生糙毛。叶长圆状披针形或披针形,无柄或有极短的柄,长3~10 cm,宽0.5~2.5 cm,顶端尖或渐尖,边缘有细锯齿或有时

图810 腺梗豨莶
1.花枝;2.花序

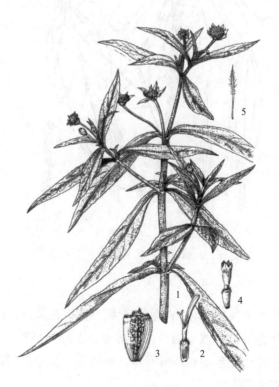

图811 鳢肠
1.植株上部;2.舌状花;3.管状花;
4.瘦果;5.托片

仅波状，两面被密硬糙毛。头状花序直径 6~8 mm，花序梗长 2~4 cm；总苞球状钟形，总苞片绿色，草质，5~6 个排成 2 层，长圆形或长圆状披针形，外层较内层稍短，背面及边缘被白色短伏毛；外围的雌花 2 层，舌状，长 2~3 mm，舌片短，顶端 2 浅裂或全缘，中央两性花多数，花冠管状，白色，长约 1.5 mm，顶端 4 齿裂；花柱分枝钝，有乳头状突起；花托凸，有披针形或线形的托片。托片中部以上有微毛；瘦果暗褐色，长 2.8 mm，雌花的瘦果三棱形，两性花的瘦果扁四棱形，顶端截形，具 1~3 个细齿，基部稍缩小，边缘具白色的肋，表面有小瘤状突起，无毛。花期 6~9 月。

徂徕山各林区均产。生于河边、田边或路旁。分布于全国各省份。世界热带及亚热带广泛分布。全草入药，有凉血、止血、消肿、强壮之功效。

23. 松果菊属 Echinacea Moench.

多年生草本。根粗壮，黑色，有辛辣味；茎直立。叶互生，单叶，下部叶有长柄。头状花序大，单生于花序梗顶端，具少数分枝。总苞片披针形，草质，2 至多轮覆瓦状排列，向外反卷；花序托突出成卵形或圆锥形；托片狭长具硬尖头，长于管状花，宿存，边花紫红色或玫瑰红色，能育，宿存。瘦果四棱形，冠毛为短的齿状冠。

约 5 种，分布于北美洲。中国引入栽培 1 种。徂徕山有栽培。

1. 松果菊（图 812）

Echinacea purpurea（Linn.）Moench

Methodus（Moench）591. 1794.

多年生草本，株高 30~100 cm。叶互生，卵形至卵状披针形，长 7~20 cm，边缘有锯齿或牙齿，有具翅的短柄或下部具窄边的长柄。头状花序单生于花序梗顶端。花序托凸形，具长于管状花的细长具硬尖的托片；舌状花 1 轮，紫红色，中性，先端具 2 浅齿；管状花两性，紫色。瘦果，具四棱，冠毛为短的齿状冠。花、果期 7~10 月。

栽培。原产北美洲。

图 812 松果菊
1. 花枝；2. 管状花；3. 舌状花；4. 瘦果

24. 金光菊属 Rudbeckia Linn.

二年生或多年生草本，稀一年生。叶互生，稀对生，全缘或羽状分裂。头状花序有多数异形小花，周围有 1 层不结实的舌状花，中央有多数结实的两性花。总苞碟形或半球形；总苞片 2 层，叶质，覆瓦状排列。花托凸起，圆柱形或圆锥形，果期增长；托片干膜质，对折或呈龙骨状。舌状花黄色，橙色或红色；舌片开展，全缘或顶端具 2~3 短齿；管状花黄棕色或紫褐色，管部短，上部圆柱形，顶端有 5 裂片。花药基部截形，全缘或具 2 小尖头。花柱分枝顶端具钻形附器，被锈毛。瘦果具四棱或近圆柱形，稍压扁，上端钝或截形。冠毛短冠状或无冠毛。

约 17 种，产北美及墨西哥，其中有许多是观赏植物。中国常见栽培 2 种。徂徕山 1 种 1 变种。

1. 黑心金光菊（图813）
Rudbeckia hirta Linn.

Sp. Pl. 907. 1753.

一年生或二年生草本，高 30~100 cm。茎不分枝或上部分枝，全株被粗刺毛。下部叶长卵圆形、长圆形或匙形，顶端尖或渐尖，基部楔状下延，有三出脉，边缘有细锯齿，有具翅的柄，长 8~12 cm；上部叶长圆披针形，顶端渐尖，边缘有细至粗疏锯齿或全缘，无柄或具短柄，长 3~5 cm，宽 1~1.5 cm，两面被白色密刺毛。头状花序径 5~7 cm，有长花序梗。总苞片外层长圆形，长 12~17 mm；内层较短，披针状线形，顶端钝，全部被白色刺毛。花托圆锥形；托片线形，对折呈龙骨瓣状，长约 5 mm，边缘有纤毛。舌状花鲜黄色；舌片长圆形，通常 10~14 个，长 20~40 mm，顶端有 2~3 个不整齐短齿。管状花暗褐色或暗紫色。瘦果四棱形，黑褐色，长 2 mm，无冠毛。花、果期 7~9 月。

徂徕山有栽培。原产北美洲。中国各地庭园栽培供观赏。

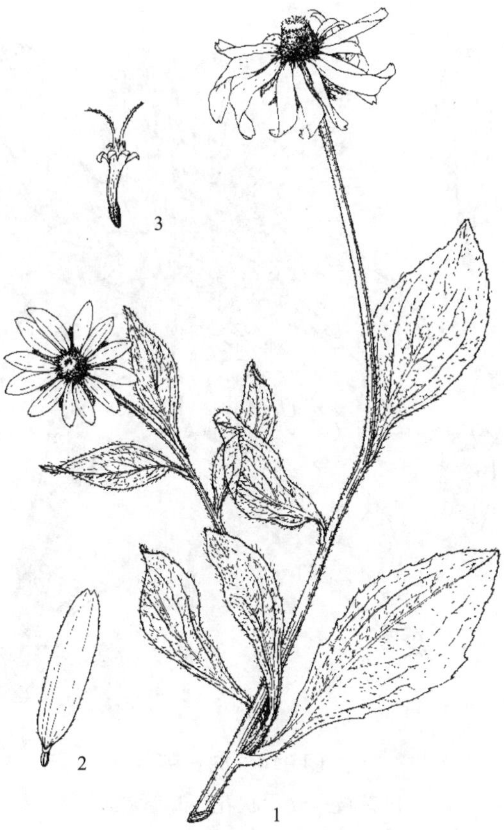

二色金光菊（变种）
var. **pulcherrima** Farwell

Rep. (Annual) Michigan Acad. Sci. 6: 209. 1904.

——*Rudbeckia bicolor* Nuttall

一年生草本，株高 30~60 cm。茎直立，单一或有分枝，有刺毛。叶披针形至长圆形或倒卵形，近全缘，多无柄，长 2.5~5 cm。舌状花长 12~25 mm，全为金黄色或下半部颜色较深；管状花黑色，长约 18 mm；花柱钻形，无冠毛。

大寺、大汶河沿岸等地有栽培。原产北美洲。

图 813　黑心金光菊
1. 花枝；2. 舌状花；3. 管状花

25. 向日葵属 Helianthus Linn.

一年生或多年生草本。通常高大，被短糙毛或白色硬毛。叶对生，或上部或全部互生，有柄，常有离基三出脉。头状花序大，单生或排列成伞房状，各有多数异形的小花，外围有 1 层无性的舌状花，中央有极多数结实的两性花。总苞盘形或半球形；总苞片 2 至多层，膜质或叶质。花托平或稍凸起；托片折叠，包围两性花。舌状花的舌片开展，黄色；管状花的管部短，上部钟状，上端黄色、紫色或褐色，有 5 裂片。瘦果长圆形或倒卵圆形，稍扁或具 4 厚棱。冠毛膜片状，具 2 芒，有时附有 2~4 较短的芒刺，脱落。

约 52 种，主要分布于美洲北部，少数分布于南美洲。中国栽培多种。徂徕山 2 种。

分种检索表

1. 一年生草本，无块状地下茎；叶柄无翅；头状花序径 10~30 cm ······ 1. 向日葵 Helianthus annuus
1. 多年生草本，有块状地下茎；叶柄具翅；头状花序径 2~5 cm ······ 2. 菊芋 Helianthus tuberosus

1. 向日葵（图814）

Helianthus annuus Linn.

Sp. Pl. 904. 1753.

一年生高大草本。茎直立，高 1~3 m，粗壮，被白色粗硬毛，不分枝或有时上部分枝。叶互生，心状卵圆形或卵圆形，顶端急尖或渐尖，三出脉，边缘有粗锯齿，两面被短糙毛，有长柄。头状花序极大，径 10~30 cm，单生于茎端或枝端，常下倾。总苞片多层，叶质，覆瓦状排列，卵形至卵状披针形，顶端尾状渐尖，被长硬毛或纤毛。花托平或稍凸、有半膜质托片。舌状花多数，黄色，舌片开展，长圆状卵形或长圆形，不结实。管状花极多数，棕色或紫色，有披针形裂片，结实。瘦果倒卵形或卵状长圆形，稍扁压，长 10~15 mm，有细肋，常被白色短柔毛，上端有 2 个膜片状早落的冠毛。花期 7~9 月；果期 8~9 月。

徂徕山各林区均有栽培。原产北美洲，世界各国均有栽培。

种子含油量很高，为半干性油，味香可口，供食用。

图814 向日葵
1. 花枝；2. 舌状花；3. 管状花；4. 花柱和柱头；5. 瘦果

2. 菊芋（图815）

Helianthus tuberosus Linn.

Sp. Pl. 905. 1753.

多年生草本，高 1~3 m。有块状的地下茎及纤维状根。茎直立，有分枝，被白色短糙毛或刚毛。叶通常对生，有叶柄，但上部叶互生。下部叶卵圆形或卵状椭圆形，有长柄，长 10~16 cm，宽 3~6 cm，基部宽楔形或圆形，有时微心形，顶端渐尖，边缘有粗锯齿，离基三出脉，上面被白色短粗毛，下面被柔毛，叶脉上有短硬毛；上部叶长椭圆形至阔披针形，基部渐狭，下延成短翅状，顶端短尾状渐尖。头状花序较大，单生于枝端，有 1~2 个线状披针形的苞叶，直立，径 2~5 cm，总苞片多层，披针形，长 14~17 mm，宽 2~3 mm，顶端长渐尖，背面被短伏毛，边缘被开展的缘毛；托片长圆形，长 8 mm，背面有肋，上端不等 3 浅裂。舌状花 12~20 个，舌片黄色，开展，长椭圆形，长 1.7~3 cm；管状花黄色，长约 6 mm。瘦果小，楔形，上端有 2~4

图815 菊芋
1. 花枝；2. 叶；3. 地下块茎；4. 苞片；5. 舌状花；6. 托片；7. 管状花

个有毛的锥状扁芒。花期 8~9 月。

徂徕山各林区均有栽培。原产北美洲。在中国各地广泛栽培。

块茎可供食用，俗称"洋姜"。

26. 赛菊芋属 Heliopsis Pers.

多年生草本；茎分枝；叶对生，具柄，有主脉 3 条，叶缘有粗锯齿。头状花序，具柄，花异形；总苞片 2~3 轮；舌状花黄色，雌性，1 列，结实或不孕，宿存于果上；盘花两性，结实，一部分为花序的托片多包藏。瘦果，无冠毛或有具齿的边缘。

12 种。分布于北美洲。中国引入栽培 1 种。徂徕山 1 种。

1. 赛菊芋

Heliopsis helianthoides（Linn.）Sweet

Hort. Brit. 487. 1826.

多年生草本；株高 80~150 cm。叶对生，长卵圆形或卵状披针形，长 6~12 cm，宽 2~6 cm，边缘有锯齿或浅裂，上面无毛或疏被短柔毛，粗糙，先端尖或渐尖，有主脉 3 条。头状花序集生成伞房状，偶单生，花序梗长 9~25 cm；总苞直径 12~25 mm，总苞片光滑或边缘及先端密生柔毛。边花 10~18，舌片阔线形，金黄色，长 2~4 cm，宽 6~13 mm。盘花 10~75，黄色至棕黄色，直径 4~5 mm，无毛。

马场有栽培。原产北美洲。

27. 金鸡菊属 Coreopsis Linn.

一年生或多年生草本。茎直立。叶对生或上部叶互生，全缘或羽状分裂。头状花序较大，单生或排成伞房状圆锥花序，有长花序梗，各有多数异形的小花，外层有 1 层无性或雌性结实的舌状花，中央有多数结实的两性管状花。总苞半球形；总苞片 2 层，每层约 8 个，基部多少连合；外层总苞片窄小，革质；内层总苞片宽大，膜质。花托平或稍凸起，托片膜质，线状钻形至线形，有条纹。舌状花的舌片开展，全缘或有齿，两性花的花冠管状，上部圆柱状或钟状，上端有 5 裂片。花药基部全缘；花柱分枝顶端截形或钻形。瘦果扁，长圆形或倒卵形、纺锤形，有翅或无翅，顶端截形，或有 2 尖齿或小鳞片或芒。

约 35 种，主要分布于美洲、非洲南部及夏威夷群岛等地。中国栽培或归化 7 种。徂徕山 2 种。

分种检索表

1. 瘦果广椭圆或近圆形，边缘有较厚的翅，内凹成耳状，内面有多数小瘤状突起；下部叶羽状全裂，裂片线形或线状长圆形···1. 大花金鸡菊 Coreopsis grandiflora
1. 瘦果圆形，边缘有薄膜质的翅，稍内凹，内面常有胼胝体；下部叶全缘，匙形或线状倒披针形···2. 剑叶金鸡菊 Coreopsis lanceolata

1. 大花金鸡菊（图 816）

Coreopsis grandiflora Hogg. ex Sweet

Brit. Fl. Gard. 2: 175. 1826.

多年生草本，高 20~100 cm。茎直立，下部常有稀疏的糙毛，上部有分枝。叶对生；基部叶有长柄，披针形或匙形；下部叶羽状全裂，裂片长圆形；中部及上部叶 3~5 深裂，裂片线形或披针形，中裂片较大，两面及边缘有细毛。头状花序单生于枝端，径 4~5 cm，具长花序梗。总苞片外层较短，披针形，长 6~8 mm，顶端尖，有缘毛；内层卵形或卵状披针形，长 10~13 mm；托片线状钻形。舌状花 6~10 个，舌片宽大，黄色，长 1.5~2.5 cm；管状花长 5 mm，两性。瘦果广椭圆形或近圆形，长 2.5~3 mm，边缘具膜质宽翅，顶端具 2 短鳞片。花期 5~9 月。

大寺等地有栽培。原产美洲的观赏植物，在中国各地常栽培，有时归化逸为野生。

2. 剑叶金鸡菊（图 817）
Coreopsis lanceolata Linn. Sp. Pl. 908. 1753.

多年生草本，高 30~70 cm。有纺锤状根。茎直立，无毛或基部被软毛，上部有分枝。叶少数，在茎基部成对簇生，有长柄，叶片匙形或线状倒披针形，基部楔形，顶端钝或圆形，长 3.5~7 cm，宽 1.3~1.7 cm；茎上部叶少数，全缘或 3 深裂，裂片长圆形或线状披针形，顶裂片较大，长 6~8 cm，宽 1.5~2 cm，基部窄，顶端钝，叶柄长 6~7 cm，基部膨大，有缘毛；上部叶无柄，线形或线状披针形。头状花序在茎端单生，径 4~5 cm。总苞片内外层近等长；披针形，长 6~10 mm，顶端尖。舌状花黄色，舌片倒卵形或楔形；管状花狭钟形，瘦果圆形或椭圆形，长 2.5~3 mm，边缘有宽翅，顶端有 2 短鳞片。花期 5~9 月。

中军帐、上池路边有栽培。原产北美洲。中国各地庭园常有栽培。

28. 大丽花属 Dahlia Cav.

多年生草本。茎直立，粗壮。叶互生，1~3 回羽状分裂，或同时有单叶。头状花序大，有长梗，有异形花，外围有无性或雌性小花，中央有多数两性花。总苞半球形；总苞片 2 层，外层几叶质，开展，内层椭圆形，基部稍合生，几膜质，近等长。花托平，托片宽大，膜质，稍平，半抱雌花。无性花或雌花舌状，舌片全缘或先端有 3 齿；两性花管状，上部狭钟状，上端有 5 齿；花药基部钝；花柱分枝顶端有线形或长披针形而

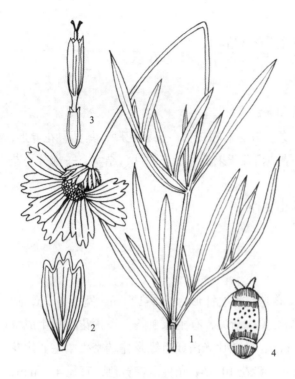

图 816 大花金鸡菊
1. 花枝；2. 舌状花花冠；3. 管状花；4. 果实

图 817 剑叶金鸡菊
1. 植株上部；2. 管状花及托片；
3. 舌状花；4. 总苞片

具硬毛的长附器。瘦果长圆形或披针形，背面扁压，顶端圆形，有不明显的2齿。

约15种，原产南美洲、墨西哥和中美洲。有1种在中国广泛栽培。徂徕山1种。

1. 大丽花（图818）

Dahlia pinnata Cav.

Ic. & Descr. Pl. 1: 57. 1791.

多年生草本。有棒状块根。茎直立，多分枝，高1.5~2 m，粗壮。叶1~3回羽状全裂，上部叶有时不分裂，裂片卵形或长圆状卵形，下面灰绿色，两面无毛。头状花序大，有长花序梗，常下垂，宽6~12 cm。总苞片外层约5个，卵状椭圆形，叶质，内层膜质，椭圆状披针形。舌状花1层，白色、红色，或紫色，常卵形，顶端有不明显的3齿，或全缘；管状花黄色，有时在栽培种全部为舌状花。瘦果长圆形，长9~12 mm，宽3~4 mm，黑色，扁平，有2个不明显的齿。花期6~12月；果期9~10月。

徂徕山各林区均有栽培。原产墨西哥，广泛栽培。中国各地均有栽培。

图818　大丽花
1. 花枝；2. 叶；3. 块根

29. 秋英属 Cosmos Cavanilles

一年生或多年生草本。茎直立。叶对生，全缘，2~3回羽状分裂。头状花序较大，单生或排成疏伞房状，各有多数异形的小花，外围有1层无性的舌状花，中央有多数结果的两性花。总苞近半球形；总苞片2层，基部联合，顶端尖，膜质或近草质。花托平或稍凸；托片膜质，上端伸长成线形。舌状花舌片大，全缘或近顶端齿裂；两性花花冠管状，顶端有5裂片。花药全缘或基部有2细齿。花柱分枝细，顶端膨大，具短毛或伸出短尖的附器。瘦果狭长，四至五棱，背面稍平，有长喙。顶端有2~4个具倒刺毛的芒刺。

约26种，分布于美洲热带。中国常见栽培2种。徂徕山2种。

分种检索表

1. 叶裂片线形或丝状线形；舌状花紫红、粉红或白色；瘦果无毛··········1. 秋英 Cosmos bipinnata
1. 叶裂片较宽，披针形至椭圆形；舌状花金黄或橘黄色；瘦果有粗毛··········2. 黄秋英 Cosmos sulphureus

1. 秋英（图819）

Cosmos bipinnata Cavanilles

Icon. 1: 10. 1791.

一年生或多年生草本，高1~2 m。茎无毛或稍被柔毛。叶2回羽状深裂，裂片线形或丝状线形。头状花序单生，径3~6 cm；花序梗长6~18 cm。总苞片外层披针形或线状披针形，近革质，淡绿色，具深紫色条纹，上端长狭尖，与内层等长，长10~15 mm，内层椭圆状卵形，膜质。托片平展，上端

图819 秋英
1. 花枝；2. 管状花；3. 瘦果

成丝状，与瘦果近等长。舌状花紫红色，粉红色或白色；舌片椭圆状倒卵形，长 2~3 cm，宽 1.2~1.8 cm，有 3~5 钝齿；管状花黄色，长 6~8 mm，管部短，上部圆柱形，有披针状裂片；花柱具短突尖的附器。瘦果黑紫色，长 8~12 mm，无毛，上端具长喙，有 2~3 尖刺。花期 6~8 月；果期 9~10 月。

大寺至上池路边有栽培。原产美洲墨西哥，在中国栽培甚广。

2. 黄秋英（图820）
Cosmos sulphureus Cavanilles
Icon. 1: 56. 1791.

一年生草本，株高 1~2 m。茎直立，光滑无毛或被柔毛至粗毛，多分枝。叶对生，2~3 回羽状分裂，裂片披针形或椭圆形；叶柄长 1~7 cm。头状花序，径 4~6 cm。外总苞片 8，狭椭圆形，内总苞片 8，长椭圆状披针形。舌状花 8 朵，金黄色或橘黄色；瘦果有粗毛，连同喙长达 18~25 mm，喙纤弱。花期 7~8 月。

大寺、光华寺栽培。原产墨西哥至巴西。

30. 鬼针草属 Bidens Linn.

一年生或多年生草本。茎直立或匍匐，通常有纵条纹。叶对生或有时在茎上部互生，很少 3 枚轮生，全缘或具齿牙、缺刻，或 1~3 回三出或羽状分裂。头状花序单生茎、枝端或多数排成不规则的伞房状圆锥花序丛。总苞钟状或近半球形；苞片通常 1~2 层，基部常合生，外层草质，短或伸长为叶状，内层通常膜质，具透明或黄色的边缘；托片狭，近扁平，干膜质。花杂性，外围 1 层为舌状花，或无舌状花而全为筒状花，舌状花中性，稀为雌性，通常白色或黄色，稀为红色，舌片全缘或有齿；盘花筒状，两性，可育，冠檐壶状，整齐，4~5 裂。花药基部钝或近箭形；花柱分枝扁，顶端有三角形锐尖或渐尖的附器，被细硬毛。瘦果扁平或具四棱，倒卵状椭圆形、楔形或条形，顶端截形或渐狭，无明显的喙，有芒刺 2~4 枚，其上有倒刺状刚毛。果体褐色或黑色，光滑或有刚毛。

约 150~250 种，广布于全球热带及温带地区，尤以美洲种类最为丰富。中国 10 种，分布几遍全国，多为荒野杂草。徂徕山 4 种。

图820 黄秋英

分种检索表

1. 瘦果条形，先端渐狭。
   2. 瘦果顶端芒刺 3~4 枚；盘花花冠 5 裂。
      3. 顶生裂片狭窄，先端渐尖，边缘具稀疏不规整的粗齿·················· 1. 婆婆针 Bidens bipinnata
      3. 顶生裂片卵形，先端短渐尖，边缘具稍密且近均匀的锯齿·················· 2. 金盏银盘 Bidens biternata
   2. 瘦果顶端芒刺 2 枚；盘花花冠 4 裂·················· 3. 小花鬼针草 Bidens parviflora
1. 瘦果较宽，楔形或倒卵状楔形，顶端截形，芒刺通常 2 枚。茎中部叶羽状深裂，盘花花冠 4 裂·················· 4. 狼杷草 Bidens tripartita

1. 婆婆针（图 821）

Bidens bipinnata Linn.

Sp. Pl. 2: 832. 1753.

一年生草本。茎直立，高 30~120 cm，下部略具四棱，无毛或上部被稀疏柔毛，基部直径 2~7 cm。叶对生，具柄，柄长 2~6 cm，背面微凸或扁平，腹面沟槽，槽内及边缘具疏柔毛，叶片长 5~14 cm，2 回羽状分裂，第 1 次分裂深达中肋，裂片再次羽状分裂，小裂片三角状或菱状披针形，具 1~2 对缺刻或深裂，顶生裂片狭，先端渐尖，边缘有稀疏不规整的粗齿，两面均被疏柔毛。头状花序直径 6~10 mm；花序梗长 1~5 cm（果期长达 10 cm）。总苞杯形，基部有柔毛，外层苞片 5~7 枚，条形，开花时长 2.5 mm，在果期长达 5 mm，草质，先端钝，被稍密的短柔毛，内层苞片膜质，椭圆形，长 3.5~4 mm，花后伸长为狭披针形，在果期长 6~8 mm，背面褐色，被短柔毛，具黄色边缘；托片狭披针形，长约 5 mm，在果期长达 12 mm。舌状花 1~3 朵，不育，舌片黄色，椭圆形或倒卵状披针形，长 4~5 mm，宽 2.5~3.2 mm，先端全缘或具 2~3 齿，盘花筒状，黄色，长约 4.5 mm，冠檐 5 齿裂。瘦果条形，略扁，具三至四棱，长 12~18 mm，宽约 1 mm，具瘤状突起及小刚毛，顶端芒刺 3~4 枚，很少 2 枚，长 3~4 mm，具倒刺毛。花期 8~10 月。

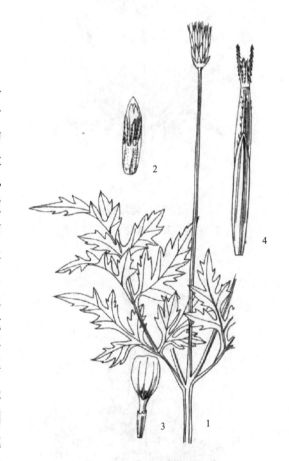

图 821 婆婆针
1. 花枝；2. 管状花；3. 舌状花；
4. 瘦果和托片

徂徕山各林区均产。生于路边荒地及田间。国内分布于东北、华北、华中、华东、华南、西南地区及陕西、甘肃等省份。广布于美洲、亚洲、欧洲及非洲东部。

全草可入药。

2. 金盏银盘（图 822）

Bidens biternata（Lour.）Merrill & Sherff

Bot. Gaz. 88: 293. 1929.

一年生草本。茎直立，高 30~150 cm，略具四棱，无毛或被稀疏卷曲短柔毛。叶为 1 回羽状复叶，

图 822 金盏银盘
1. 花枝；2. 舌状花；3. 管状花

图 823 小花鬼针草
1. 花枝；2. 管状花；3. 瘦果

顶生小叶卵形至长圆状卵形或卵状披针形，长 2~7 cm，宽 1~2.5 cm，先端渐尖，基部楔形，边缘具稍密且近于均匀的锯齿，有时一侧深裂为 1 小裂片，两面均被柔毛，侧生小叶 1~2 对，卵形或卵状长圆形，近顶部的 1 对稍小，通常不分裂，基部下延，无柄或具短柄，下部的 1 对约与顶生小叶相等，具明显的柄，三出状分裂或仅一侧具 1 裂片，裂片椭圆形，边缘有锯齿；总叶柄长 1.5~5 cm，无毛或被疏柔毛。头状花序直径 7~10 mm，花序梗长 1.5~5.5 cm，在果期长 4.5~11 cm。总苞基部有短柔毛，外层苞片 8~10 枚，草质，条形，长 3~6.5 mm，先端锐尖，背面密被短柔毛，内层苞片长椭圆形或长圆状披针形，长 5~6 mm，背面褐色，有深色纵条纹，被短柔毛。舌状花通常 3~5 朵，不育，舌片淡黄色，长椭圆形，长约 4 mm，宽 2.5~3 mm，先端 3 齿裂，或有时无舌状花；盘花筒状，长 4~5.5 mm，冠檐 5 齿裂。瘦果条形，黑色，长 9~19 mm，宽 1 mm，具四棱，两端稍狭，多少被小刚毛，顶端芒刺 3~4 枚，长 3~4 mm，具倒刺毛。花期 9~11 月。

产于马场、光华寺等林区。生于路边、村旁及荒地中。国内分布于华南、华东、华中、西南地区及河北、山西、辽宁等省份。朝鲜、日本、东南亚各国以及非洲、大洋洲均有分布。

全草可入药。

3. 小花鬼针草（图 823）

Bidens parviflora Willd.

Enum. Pl. Hort. Berol. 848. 1809.

一年生草本。茎高 20~90 cm，下部圆柱形，有纵条纹，中上部常为钝四方形，无毛或被稀疏短柔毛。叶对生，叶柄长 2~3 cm，叶片长 6~10 cm，2~3 回羽状分裂，第 1 次分裂深达中肋，裂片再次羽状分裂，小裂片具 1~2 个粗齿或再作第 3 回羽裂，末回裂片条形或条状披针形，宽约 2 mm，先端锐尖，边缘稍向上反卷，上面被短柔毛，下面无毛或沿叶脉被稀疏柔毛，上部叶互生，2 回或 1 回羽状分裂。头状花序单生茎端及枝端，具长梗，开花时直径 1.5~2.5 mm，高 7~10 mm。总苞筒状，基部被柔毛，外层苞片 4~5 枚，草质，条状披针形，长约 5 mm，边缘被疏柔毛，在果期长可达 8~15 mm，内层苞片稀疏，常仅 1 枚，托片状。托片长椭圆状披针形，开花时长 6~7 mm，膜质，具狭而透明的边缘，在果期长达 10~13 mm。无舌状花，盘花两性，6~12 朵，花冠筒状，长 4 mm，冠檐 4 齿裂。瘦果条形，略具四棱，长 13~16 mm，宽 1 mm，两端渐狭，有小刚毛，顶端芒刺 2 枚，长 2~3.5 mm，有倒刺毛。花期 7~9 月。

徂徕山各林区均产。生于路边荒地、林下及水沟边。国内分布于东北、华北、西南地区及山东、河南、陕西、甘肃等省份。日本、朝鲜及俄罗斯西伯利亚均有分布。

全草可入药。

4. 狼杷草（图 824）

Bidens tripartita Linn.

Sp. Pl. 2: 831. 1753.

一年生草本。茎高 20~150 cm，圆柱状或具钝棱而稍呈四方形，基部直径 2~7 mm，无毛，绿色或带紫色，上部分枝或有时自基部分枝。叶对生，下部的较小，不分裂，边缘具锯齿，通常于花期枯萎，中部叶具柄，柄长 0.8~2.5 cm，有狭翅；叶片无毛或下面有极稀疏的小硬毛，长 4~13 cm，长椭圆状披针形，通常 3~5 深裂几达中肋，两侧裂片披针形至狭披针形，长 3~7 cm，宽 8~12 mm，顶生裂片较大，披针形或长椭圆状披针形，长 5~11 cm，宽 1.5~3 cm，两端渐狭，与侧生裂片边缘均具疏锯齿，稀不分裂；上部叶较小，披针形，3 裂或不分裂。头状花序单生茎端及枝端，直径 1~3 cm，高 1~1.5 cm，具较长的花序梗。总苞盘状，外层苞片 5~9 枚，条形或匙状倒披针形，长 1~3.5 cm，先端钝，具缘毛，叶状，内层苞片长椭圆形或卵状披针形，长 6~9 mm，膜质，褐色，有纵条纹，具透明或淡黄色的边缘；托片条状披针形，约与瘦果等长，背面有褐色条纹，边缘透明。无舌状花，全为筒状两性花，花冠长 4~5 mm，冠檐 4 裂。花药基部钝，顶端有椭圆形附器，花丝上部增宽。瘦果扁，楔形或倒卵状楔形，长 6~11 mm，宽 2~3 mm，边缘有倒刺毛，顶端芒刺通常 2 枚，极少 3~4 枚，长 2~4 mm，两侧有倒刺毛。花期 7~10 月。

图 824 狼把草
1. 花枝；2. 管状花

产于大寺、西旺、王家院等林区。生于路边荒野及水边湿地。国内分布于东北、华北、华东、华中、西南地区及陕西、甘肃、新疆等省份。广布于亚洲、欧洲和非洲北部，大洋洲东南部亦有少量分布。

全草可入药。

31. 百日菊属 Zinnia Linn.

一年生或多年生草本，或半灌木。叶对生，全缘，无柄。头状花序单生于茎顶或二歧式分枝枝端。头状花序辐射状，有异型花；外围有 1 层雌花，中央有多数两性花，全结实。总苞钟状或狭钟状；总苞片 3 至多层，覆瓦状排列，宽大，干质或顶端膜质。花托圆锥状或柱状；托片对折，包围两性花。雌花舌状，舌片开展，有短管部；两性花管状，顶端 5 浅裂。花柱分枝顶端尖或近截形；花药

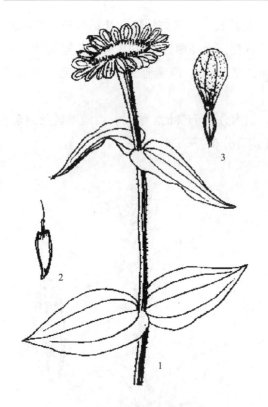

图 825 百日菊
1. 花枝；2. 管状花；3. 舌状花

基部全缘。雌花瘦果扁三棱形；雄花瘦果扁平或外层的三棱形，上部截形或有短齿。冠毛有 1~3 个芒或无冠毛。

约 25 种，主要分布墨西哥。中国栽培有 3 种，其中 1 种已归化逸为野生。徂徕山 1 种。

1. 百日菊（图 825）

Zinnia elegans Jacq.

Coll. Bot. 3: 152. 1789.

一年生草本。茎直立，高 30~100 cm，被糙毛或长硬毛。叶宽卵圆形或长圆状椭圆形，长 5~10 cm，宽 2.5~5 cm，基部稍心形抱茎，两面粗糙，下面被密的短糙毛，基出三脉。头状花序径 5~6.5 cm，单生枝端，无中空肥厚的花序梗。总苞宽钟状；总苞片多层，宽卵形或卵状椭圆形，外层长约 5 mm，内层长约 10 mm，边缘黑色。托片上端有延伸的附片；附片紫红色，流苏状三角形。舌状花红色、紫堇色或白色，舌片倒卵圆形，先端 2~3 齿裂或全缘，上面被短毛，下面被长柔毛。管状花黄色或橙色，长 7~8 mm，先端裂片卵状披针形，上面被黄褐色密茸毛。雌花瘦果倒卵圆形，长 6~7 mm，宽 4~5 mm，扁平，腹面正中和两侧边缘各有一棱，顶端截形，基部狭窄，被密毛；管状花瘦果倒卵状楔形，长 7~8 mm，宽 3.5~4 mm，极扁，被疏毛，顶端有短齿。花期 6~9 月；果期 7~10 月。

大寺、光华寺有栽培。原产墨西哥，著名观赏植物。在中国各地栽培很广，有时成为野生。

32. 飞廉属 Carduus Linn.

一、二年生草本，稀多年生，茎有翼。叶互生，不分裂或羽状浅裂、深裂以至全裂，边缘及顶端有针刺。头状花序同型同色，有少数小花（10~12 个）或多数小花（达 100 个），全部小花两性，结实。总苞卵状、圆柱状或钟状，或倒圆锥状、球形。总苞片 8~10 层，覆瓦状排列，直立，紧贴，向内层渐长，最内层苞片膜质；全部苞片扁平或弯曲，中脉明显或不明显，无毛或有毛，顶端有刺尖。花托平或稍突起，被稠密的长托毛。小花红色、紫色或白色，花冠管状或钟状，檐部 5 深裂，花冠裂片线形或披针形，其中 1 裂片较其他 4 裂片为长。花丝中部有卷毛，花药基部附属物撕裂状。花柱分枝短，通常贴合。瘦果长椭圆形、卵形、楔形或圆柱形，压扁，灰褐色或暗肉红色，无肋，具多数纵细线纹及横皱纹，或无纵线纹，基底着生面平或稍偏斜，顶端截形或斜截形。有果缘，果缘边缘全缘。冠毛多层，冠毛刚毛不等长，向内层渐长，糙毛状或锯齿状，基部连合成环，整体脱落。

约 95 种，分布欧亚及北非及非洲热带地区。中国 3 种。徂徕山 1 种。

1. 丝毛飞廉（图 826）

Carduus crispus Linn.

Sp. Pl. 821. 1753.

二年生或多年生草本，高 40~150 cm。茎直立，有条棱，不分枝或上部有分枝，被稀疏的多细胞长节毛，上部或接头状花序下部有蛛丝状毛。下部茎叶全形椭圆形、长椭圆形或倒披针形，长 5~

18 cm，宽 1~7 cm，羽状深裂或半裂，侧裂片 7~12 对，偏斜半椭圆形、半长椭圆形、三角形或卵状三角形，边缘有大小不等的三角形或偏斜三角形刺齿，齿顶及齿缘或浅褐色或淡黄色的针刺，齿顶针刺较长，长达 3 mm，齿缘针刺较短，或下部茎叶不为羽状分裂，边缘大锯齿或重锯齿；中部茎叶与下部茎叶同形并等样分裂，但渐小，最上部茎叶线状倒披针形或宽线形；全部茎叶两面明显异色，上面绿色，有稀疏的多细胞长节毛，沿中脉毛较多，下面灰绿色或浅灰白色，被蛛丝状薄绵毛，沿脉有较多的多细胞长节毛，基部渐狭，两侧沿茎下延成茎翼。茎翼边缘齿裂，齿顶及齿缘有黄白色或浅褐色针刺，针刺长 2~3 mm，极少长达 5 mm，上部或接头状花序下部的茎翼常为针刺状。头状花序花序梗极短，通常 3~5 个集生于分枝顶端或茎端，或单生分枝顶端，形成不明显的伞房花序。总苞卵圆形，直径 1.5~2（2.5）cm。总苞片多层，覆瓦状排列，向内层渐长；最外层长三角形，长约 3 mm，宽约 0.7 mm；中内层苞片钻状长三角形或钻状披针形或披针形，长 4~13 mm，宽 0.9~2 mm；最

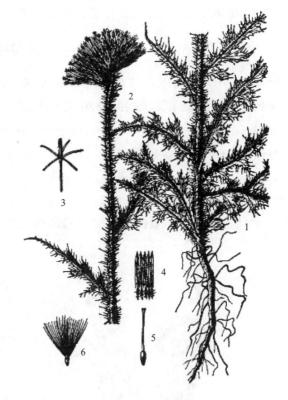

图 826　丝毛飞廉
1. 植株下部；2. 花枝；3. 管状花；
4. 聚药雄蕊；5. 雌蕊；6. 瘦果

内层苞片线状披针形，长 15 mm，宽不及 1 mm；中外层顶端针刺状短渐尖或尖头，最内层及近最内层顶端长渐尖，无针刺。全部苞片无毛或被稀疏的蛛丝毛。小花红色或紫色，长 1.5 cm，檐部长 8 mm，5 深裂，裂片线形，长达 6 mm，细管部长 7 mm。瘦果稍压扁，楔状椭圆形，长约 4 mm，有明显横皱纹，基底着生面平，顶端斜截形，有果缘，果缘软骨质，全缘，无锯齿。冠毛多层，白色或污白色，不等长，向内层渐长，冠毛刚毛锯齿状，长达 1.3 cm，顶端扁平扩大，基部连合成环，整体脱落。花、果期 4~10 月。

徂徕山各山地林区均有零星分布。生于草地、田间、荒地河旁及林下。几遍全国各地。欧洲、北美洲、蒙古、朝鲜都有分布。

是一种田间杂草，也是一种优良的蜜源植物。

33. 蓟属 Cirsium Mill. emend. Scop.

一、二年生或多年生草本。雌雄同株，极少异株。茎分枝或不分枝，叶缘有针刺。头状花序同型，直立、下垂或下倾，在茎枝顶端排成伞房花序、伞房圆锥花序、总状花序或集成复头状花序，少有单生茎端。总苞卵状、卵圆状、钟状或球形，无毛或蛛丝毛，或被多细胞长节毛。总苞片多层，覆瓦状排列或镊合状排列，全缘或有缘毛状针刺。花托被稠密的长托毛。小花红色、红紫色，极少为黄色或白色，檐部与细管部几等长或细管部短，5 裂，有时深裂几达檐部的基部。花丝分离，有毛或乳突，极少无毛；花药基部附属物撕裂。花柱分枝基部有毛环。瘦果光滑，压扁，通常有纵条纹，顶端截形或斜截形，有果缘，基底着生面平。冠毛多层，向内层渐长，全部冠毛刚毛长羽毛状，基部连合成环，整体脱落。

250~300 种，分布于北非、欧亚大陆和中北美洲。中国 46 种。徂徕山 2 种 1 变种。

分种检索表

1. 雌雄同株，全部小花两性，有发育的雌蕊和雄蕊；果期冠毛与小花花冠等长或短于小花花冠。
    2. 叶侧裂片 6~12 对，有锯齿或羽状分裂；总苞钟状，直径 3 cm；外层总苞片长 0.8~1.3 cm，宽 3~3.5 mm，顶端长渐尖 ·· 1. 蓟 Cirsium japonicum
    2. 叶侧裂片 3~4 对，有少数刺齿，或全部叶不裂；总苞卵球形，直径 2 cm；外层总苞片长 5~8 mm，宽 1.2~2 mm，顶端急尖或短渐尖 ·· 2. 绿蓟 Cirsium chinense
1. 雌雄异株，雌株全部小花雌性，雄蕊发育退化，两性植株全部小花为两性但自花不育；果期冠毛通常长于小花花冠。叶狭椭圆形至椭圆状披针形，不分裂或偶分裂，总苞光滑 ············ 3. 刺儿菜 Cirsium arvense var. integrifolium

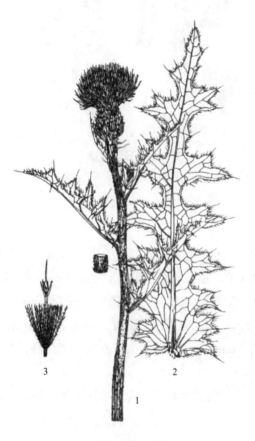

图 827 蓟
1. 花枝；2. 叶；3. 管状花

1. 蓟（图 827）

Cirsium japonicum Fisch. ex DC. Prodr. 6: 640. 1837.

多年生草本。块根纺锤状，直径达 7 mm。茎直立，30~80（150）cm，分枝或不分枝，全部茎枝有条棱，被稠密或稀疏的多细胞长节毛，接头状花序下部灰白色，被稠密绒毛及多细胞节毛。基生叶较大，全形卵形、长倒卵形、椭圆形或长椭圆形，长 8~20 cm，宽 2.5~8 cm，羽状深裂或几全裂，基部渐狭成短或长翼柄，柄翼边缘有针刺及刺齿；侧裂片 6~12 对，中部侧裂片较大，向下及向下的侧裂片渐小，全部侧裂片排列稀疏或紧密，卵状披针形、半椭圆形、斜三角形、长三角形或三角状披针形，宽度变化极大，宽 0.5~3 cm，边缘有大小不等的稀疏小齿，或锯齿较大而使整个叶片呈现较为明显的 2 回状分裂状态，齿顶针刺长达 2~6 mm，齿缘针刺小而密或几无针刺；顶裂片披针形或长三角形。自基部向上的叶渐小，与基生叶同形并等样分裂，但无柄，基部扩大半抱茎。全部茎叶两面同色，绿色，沿脉有稀疏多细胞长或短节毛或几无毛。头状花序直立，少下垂，少数生茎端而花序极短，不呈明显的花序式排列，少有头状花序单生茎端的。总苞钟状，直径 3 cm。总苞片约 6 层，覆瓦状排列，向内层渐长，外层与中层卵状三角形至长三角形，长 0.8~1.3 cm，宽 3~3.5 mm，顶端长渐尖，有长 1~2 mm 的针刺；内层披针形或线状披针形，长 1.5~2 cm，宽 2~3 mm，顶端渐尖呈软针刺状。全部苞片外面有微糙毛并沿中肋有黏腺。瘦果压扁，偏斜楔状倒披针状，长 4 mm，宽 2.5 mm，顶端斜截形。小花红色或紫色，长 2.1 cm，檐部长 1.2 cm，不等 5 浅裂，细管部长 9 mm。冠毛浅褐色，多层，基部联合成环，整体脱落；冠毛刚毛长羽毛状，长达 2 cm，内层向顶端纺锤状扩大或渐细。花、果期 4~11 月。

徂徕山各林区均产。生于草地、荒地、田间、路旁或溪旁。国内分布于河北、山东、陕西、江苏、浙江、江西、湖南、湖北、四川、贵州、云南、广西、广东、福建和台湾。日本、朝鲜亦有分布。

2. 绿蓟（图 828）

Cirsium chinense Gardner & Champio

Hooker's J. Bot. Kew Gard. Misc. 1: 323. 1849.

多年生，根直伸，直径达 5 mm。茎直立，高 40~100 cm，上部或中部以上分枝，全部茎枝被多细胞长节毛，接头状花序下部常混杂以蛛丝毛。中部茎叶长椭圆形或长披针形或宽线形，长 5~7 cm，宽 1~4 cm，羽状浅裂、半裂或深裂；侧裂片 3~4 对，中部侧裂片较大，全部侧裂片边缘有 2~3 个不等大的刺齿，齿顶及齿缘有针刺，齿顶针刺较长，长达 4 mm，自中部向上的叶常不裂，边缘有针刺或有具针刺的齿痕，针刺长达 3.5 mm；或全部叶不裂，长椭圆形或线形，边缘有针刺或具针刺的齿痕。全部叶两面同色，绿色，无毛或沿脉有多细胞长节毛，质地较坚硬，基部叶及下部茎叶基部渐狭成长或短柄，中上部茎叶无柄或基部扩大。头状花序少数在茎枝顶端排成不规则的伞房花序，少单生。总苞卵球形，直径 2 cm。总苞片约 7 层，覆瓦状排列，向内层渐长，最外层及外层长三角形至披针形，长 5~8 mm，宽 1.2~2 mm，顶端急尖或短渐尖成针刺，针刺长达 0.5 mm；内层及最内层长披针形至线状披针形，长 1~1.4 cm，顶端膜质扩大，红色。全部苞无毛或几无毛，外面沿中脉有黑色黏腺。小花紫红色，花冠长 2.4 cm，檐部长 1.2 cm，不等 5 浅裂，细管部长 1.2 cm。瘦果楔状倒卵形，压扁，长 4 mm，宽 1.8 mm，顶端截形。冠毛污白色，多层，基部连合成环，整体脱落；冠毛刚毛长羽毛状，长达 1.5 cm，向顶端渐细。花、果期 6~10 月。

产于上池、马场、光华寺等林区。生于山坡草丛中。国内分布于辽宁、内蒙古、河北、山东、江苏、浙江、广东、江西及四川。

图 828 绿蓟
1. 植株；2. 管状花

3. 刺儿菜（变种）（图 829）

Cirsium arvense（Linn.）Scopoli var. **integrifolium** Wimmer & Grabowski

Fl. Siles. 2（2）: 92. 1829.

—— *Cirsium setosum* Bunge

多年生草本。茎直立，高 30~80（120）cm，上部有分枝，花序分枝无毛或有薄绒毛。基生叶和中

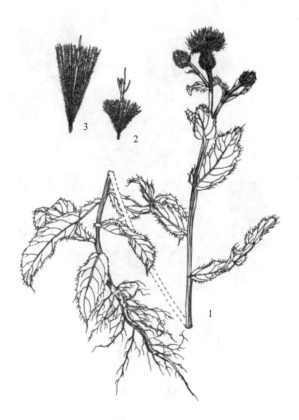

图 829 刺儿菜
1. 植株；2. 雄花；3. 雌花

部茎叶椭圆形、长椭圆形或椭圆状倒披针形，顶端钝或圆形，基部楔形，通常无叶柄，长 7~15 cm，宽 1.5~10 cm，上部茎叶渐小，椭圆形或披针形或线状披针形，或全部茎叶不分裂，叶缘有细密的针刺，针刺紧贴叶缘；或叶缘有刺齿，齿顶针刺大小不等，针刺长达 3.5 mm。全部茎叶两面同色，绿色或下面色淡，两面无毛，极少两面异色，上面绿色，无毛，下面被稀疏或稠密的绒毛而呈现灰色的，亦极少两面同色，灰绿色，两面被薄绒毛。头状花序单生茎端，或少数或多数头状花序在茎枝顶端排成伞房花序。总苞卵形、长卵形或卵圆形，直径 1.5~2 cm。总苞片约 6 层，覆瓦状排列，向内层渐长，外层与中层宽 1.5~2 mm，包括顶端针刺长 5~8 mm；内层及最内层长椭圆形至线形，长 1.1~2 cm，宽 1~1.8 mm；中外层苞片顶端有长不足 0.5 mm 的短针刺，内层及最内层渐尖，膜质，短针刺。小花紫红色或白色，雌花花冠长 2.4 cm，檐部长 6 mm，细管部细丝状，长 18 mm，两性花花冠长 1.8 cm，檐部长 6 mm，细管部细丝状，长 1.2 mm。瘦果淡黄色，椭圆形或偏斜椭圆形，压扁，长 3 mm，宽 1.5 mm，顶端斜截形。冠毛污白色，多层，整体脱落；冠毛刚毛长羽毛状，长 3.5 cm，顶端渐细。花、果期 5~9 月。

徂徕山各林区均产。生于河旁或荒地、田间。除西藏、云南、广东、广西外，分布几遍全国。欧洲及蒙古、朝鲜、日本等广有分布。

34. 牛蒡属 Arctium Linn.

二年生草本。叶互生，通常大型，不分裂，基部通常心形，有叶柄。头状花序中等大小或较大，少数或多数，在茎枝顶端排成伞房状或圆锥状花序，同型，含有多数两性管状花。总苞卵形或卵球形，无毛或有蛛丝毛。总苞片多层，多数，线钻形、披针形，顶端有钩刺。花托平，被稠密的托毛，托毛初时平展，后变扭曲。全部小花结实，花冠 5 浅裂。花药基部附属物箭形。花丝分离，无毛。花柱分枝线形，外弯，基部有毛环。瘦果压扁，倒卵形或长椭圆形，顶端截形，有多数细脉纹或肋棱，基底着生面，平。冠毛多层，短；冠毛刚毛不等长，糙毛状，基部不连合成环，极易分散脱落。

约 11 种，分布欧亚温带地区。中国 2 种。徂徕山 1 种。

1. 牛蒡（图 830，彩图 81）

Arctium lappa Linn.

Sp. Pl. 2: 816. 1753.

二年生草本，具粗大的肉质直根，长达 15 cm，径可达 2 cm，有分枝支根。茎直立，高达 2 m，粗壮，基部直径达 2 cm，通常带紫红或淡紫红色，有多数高起的条棱，分枝斜升，多数，全部茎枝被稀疏的乳突状短毛及长蛛丝毛并混杂以棕黄色的小腺点。基生叶宽卵形，长达 30 cm，宽达 21 cm，边缘有稀疏的浅波状齿，基部心形，叶柄长达 32 cm，两面异色，上面绿色，有稀疏的短糙毛及黄色小腺点，下面灰白色或淡绿色，被绒毛，有黄色小腺点，叶柄被稠密的蛛丝状绒

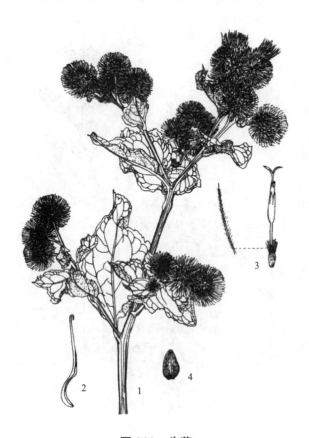

图 830 牛蒡
1.果枝；2.苞片；3.管状花；4.瘦果

毛及黄色小腺点，但中下部常脱毛。茎生叶与基生叶同形或近同形，具等样及等量的毛被，接花序下部的叶小，基部平截或浅心形。头状花序多数或少数在茎枝顶端排成疏松的伞房花序或圆锥状伞房花序，花序梗粗壮。总苞卵形或卵球形，直径 1.5~2 cm。总苞片多层，多数，外层三角状或披针状钻形，宽约 1 mm，中、内层披针状或线状钻形，宽 1.5~3 mm；全部苞近等长，长约 1.5 cm，顶端有软骨质钩刺。小花紫红色，花冠长 1.4 cm，细管部长 8 mm，檐部长 6 mm，外面无腺点，花冠裂片长约 2 mm。瘦果倒长卵形或偏斜倒长卵形，长 5~7 mm，宽 2~3 mm，两侧压扁，浅褐色，有多数细脉纹，有或无深褐色的色斑。冠毛多层，浅褐色；冠毛刚毛糙毛状，不等长，长达 3.8 mm，基部不连合成环，分散脱落。花、果期 6~9 月。

产于马场、中军帐等林区。生于山坡、山谷、林缘。全国各地普遍分布，亦普遍栽培。广布于欧亚大陆。

果实入药，性味辛、苦寒，疏散风热，宜肺透疹、散结解毒；根入药，有清热解毒、疏风利咽之效。

35. 泥胡菜属 Hemisteptia Bunge

一年生草本。茎单生，上部有长花序分枝。叶大头羽状分裂，两面异色，上面绿色，无毛，下面灰白色，被密厚绒毛。头状花序同型，在茎枝顶端排列成疏松伞房花序或单生茎端。总苞宽钟状或半球形。总苞片多层，覆瓦状排列，外层与中层外面上方近顶端直立鸡冠状突起的附属物。花托平，被稠密的托毛。全部小花两性，管状，结实，花冠红色或紫色，檐部短，5 深裂，细管部长 1.1 cm。花药基部附属物尾状，稍撕裂，花丝分离，无毛。花柱分枝短，顶端截形。瘦果小，楔形或偏斜楔形，压扁，有 13~16 个粗细不等的尖细纵肋，顶端斜截形，有膜质果缘，基底着生面平或稍见偏斜。冠毛 2 层，异型；外层冠毛刚毛羽毛状，基部连合成环，整体脱落，内层冠毛刚毛鳞片状，3~9 个，极短，着生一侧，宿存。

1 种，分布东亚、南亚及澳大利亚。徂徕山 1 种。

1. 泥胡菜（图 831）

Hemisteptia lyrata（Bunge）Fisch. & C. A. Meyer

Index Sem. Hort. Petrop. 2: 38. 1836.

一年生草本，高 30~100 cm。茎单生，被稀疏蛛丝毛，上部有分枝。基生叶长椭圆形或倒披针形，花期通常枯萎；中下部茎叶与基生叶同形，长 4~15 cm，宽 1.5~5 cm，全部叶大头羽状深裂或几全裂，侧裂片 4~6 对，极少为 1 对，倒卵形、长椭圆形、匙形、倒披针形或披针形，向基部的侧裂片渐小，顶裂片大，长菱形、三角形或卵形，全部裂片边缘三角形锯齿或重锯齿，侧裂片边缘通常稀锯齿，最下部侧裂片通常无锯齿；有时全部茎叶不裂或下部茎叶不裂，边缘有

图 831 泥胡菜
1. 植株下部；2. 花枝；3. 外层苞片；4. 内侧苞片；
5. 管状花；6. 雄蕊；7. 花柱；8. 瘦果和冠毛

锯齿或无锯齿。全部茎叶质地薄，两面异色，上面绿色，无毛，下面灰白色，被厚或薄绒毛，基生叶及下部茎叶有长叶柄，叶柄长达 8 cm，柄基扩大抱茎，上部茎叶的叶柄渐短，最上部茎叶无柄。头状花序在茎枝顶端排成疏松伞房花序，稀单生茎顶。总苞宽钟状或半球形，直径 1.5~3 cm。总苞片多层，覆瓦状排列，最外层长三角形，长 2 mm，宽 1.3 mm；外层及中层椭圆形或卵状椭圆形，长 2~4 mm，宽 1.4~1.5 mm；最内层线状长椭圆形或长椭圆形，长 7~10 mm，宽 1.8 mm。全部苞片质地薄，草质，中外层苞片外面上方近顶端有直立的鸡冠状突起的附片，附片紫红色，内层苞片顶端长渐尖，上方染红色，但无鸡冠状突起的附片。小花紫色或红色，花冠长 1.4 cm，檐部长 3 mm，深 5 裂，花冠裂片线形，长 2.5 mm，细管部为细丝状，长 1.1 cm。瘦果小，楔形，长 2.2 mm，深褐色，压扁，有 13~16 条粗细不等的突起的尖细肋，顶端斜截形，有膜质果缘，基底着生面平或稍偏斜。冠毛异型，白色，两层，外层冠毛刚毛羽毛状，长 1.3 cm，基部连合成环，整体脱落；内层冠毛刚毛极短，鳞片状，3~9 个，着生一侧，宿存。花、果期 3~8 月。

徂徕山各林区均产。生于林缘、草地、荒地、河边、路旁等处。除新疆、西藏外，遍布全国。朝鲜、日本、中南半岛、南亚及澳大利亚普遍分布。

36. 风毛菊属 Saussurea DC.

一、二年生或多年生草本，有时为半灌木。茎高至矮，有时退化至无茎，无毛或被白色绵毛或柔毛。叶互生，柔软或坚硬，全缘或有锯齿至羽状分裂。头状花序具多数同型小花，多数或少数在茎枝端排成伞房花序、圆锥花序或总状花序，或集生于茎端，极少单生。总苞球形、钟形、卵形或圆柱状；总苞片多层，覆瓦状排列，紧贴，顶端急尖、渐尖或钝或圆形，有时有干膜质的红色附属物，或有时附属物绿色、草质。花托平或突起，密生刚毛状托片，极少无托片。全部小花两性，管状，结实。花冠紫红色或淡紫色，极少白色，管部细丝状或细，檐部 5 裂至中部；花药基部箭头形，尾部撕裂；花丝分离，无毛；花柱长，顶端 2 分枝，花柱分枝长，线形，顶端钝或稍钝。瘦果圆柱状或椭圆状，基底着生面平，禾秆色，有时有黑色斑点，极少黑色，具钝 4 或多肋，平滑或有横皱纹，顶端截形，有具齿的小冠或无小冠。冠毛（1）2 层，外层短，糙毛状或短羽毛状，易脱落，内层长，羽毛状，基部连合成环，整体脱落。

约 415 种，分布亚洲与欧洲。中国 289 种，遍布全国。徂徕山 2 种。

分种检索表

1. 基生叶及下部茎叶边缘有锯齿或羽状浅裂；中部与上部茎叶上面及边缘有微糙毛并密布黑色腺点，下面被疏毛或无毛···1. 乌苏里风毛菊 Saussurea ussuriensis
1. 基生叶及下部茎叶羽状深裂或下半部分裂较浅；中部与上部茎叶两面被稀疏的短糙毛···2. 蒙古风毛菊 Saussurea mongolica

1. 乌苏里风毛菊（图 832）

Saussurea ussuriensis Maxim.

Mem. Acad. Sci. St. Petersb. 9: 167. 1859.

多年生草本，高 30~100 cm。根状茎横走，具多数褐色不定根。茎直立，有纵棱，被稀疏的短柔毛或几无毛。基生叶及下部茎叶有长叶柄，柄长 3.5~6 cm，叶片长 6~10 cm，宽 2.5~6 cm，卵形、宽卵形、长圆状卵形、三角形或椭圆形，顶端长或短渐尖，基部心形、戟形或截形，边缘有粗锯齿、细锯齿或羽状浅裂，两面绿色，上面及边缘有微糙毛并密布黑色腺点，下面被稀疏短柔毛或无毛；中部与上部茎叶渐变小，长圆状卵形或披针形以至线形，顶端渐尖，基部截形或戟形，边缘有细锯齿，有短叶柄或无叶柄。头状花序在茎枝顶端排列成伞房状花序，具短花梗，有线形苞叶。总苞狭钟状，直径 5~8 mm；总苞片 5~7 层，顶端及边缘常带紫红色，被白色蛛丝毛，外层卵形，长 2.2 mm，宽 0.7 mm，顶端短渐尖，有短尖头，中层长圆形，长 8 mm，宽 2 mm，顶端短渐尖或钝，内层线形，长 1.4 cm，宽 1 mm，顶端急尖。小花紫红色，长 10~12 mm，细管部与檐部各长 5~6 mm。瘦果浅褐色，无毛，长 4~5 mm。冠毛 2 层，白色，外层糙毛状，长 3 mm，内层羽毛状，长 1 cm。花、果期 7~9 月。

徂徕山各山地林区均产。生于山坡草地、林下及河岸边。国内分布于东北地区及北京、河北、山西、陕西、宁夏、青海、内蒙古。朝鲜、日本及俄罗斯远东地区有分布。

2. 蒙古风毛菊（图 833）

Saussurea mongolica（Franch.）Franch.

Bull. Herb. Boiss. 5（7）：539-540. 1897.

多年生草本，高 30~90 cm。根状茎斜升，颈部被褐色残存的叶柄。茎直立，有棱，无毛或被稀疏的糙毛，上部伞房状或伞房圆锥花序状分枝。下部茎叶有长柄，柄长达 16 cm，叶片全形卵状三角形或卵形，长 5~20 cm，宽 3~6 cm，顶端急尖，基部心形或微心形，羽状深裂或下半部羽状深裂或浅裂，而上半部边缘有粗齿，侧裂片 1~3 对，长椭圆形或椭圆形，顶端急尖或钝，边缘有稀疏锯齿或全缘，中部与上部茎叶同形或长圆状披针形或披针形，并等样分裂或边缘有粗齿，全部叶两面绿色，两面被稀疏的短糙毛。头状花序多数，在茎枝顶端伞房花序或伞房圆锥花序。总苞长圆状，直径 5~7 mm。总苞片 5 层，被稀疏的蛛丝毛或短柔毛，外层卵形，长 3.2 mm，宽 1 mm，中层长卵形，长 7~8 mm，宽 2 mm，内层线形或长椭圆形，长 1 cm，宽 2 mm，全部总苞片顶端有马刀形的附属物，附属物长渐尖，反折。小花紫红色，长 9 mm，细管部长 5 mm，檐部长 4 mm。瘦果圆柱状，褐色，长 4 mm，无毛。冠毛 2 层，上部白色，下部淡褐色，外层糙毛状，长 3 mm，内层羽毛状，

图 832　乌苏里风毛菊
1. 植株；2~4. 各层总苞片

图 833　蒙古风毛菊
1. 植株上部；2. 植株下部；3. 管状花；4. 各层总苞片

长 1 cm。花、果期 7~10 月。

产于马场。生于山坡、林下。国内分布于东北地区及北京、河北、山西、内蒙古、陕西、甘肃、山东、青海。朝鲜也有分布。

37. 苍术属 Atractylodes DC.

多年生草本，雌雄异株，有地下根状茎，结节状。叶互生，分裂或不分裂，边缘有刺状缘毛或三角形刺齿。头状花序具同型的小花，单生茎枝顶端，不形成明显的花序式排列，植株的全部头状花序或全部为两性花，有发育的雌蕊和雄蕊，或全部为雌花，雄蕊退化，不发育。小花管状，黄色或紫红色，檐部 5 深裂。总苞钟状、宽钟状或圆柱状。苞叶近 2 层，羽状全裂、深裂或半裂。总苞片多层，覆瓦状排列，全缘，但通常有缘毛，顶端钝或圆形。花托平，有稠密的托片。花丝无毛，分离，花药基部附属物箭形；花柱分枝短，三角形，外面被短柔毛。瘦果倒卵圆形或卵圆形，压扁，顶端截形，无果缘，被稠密的顺向贴伏的长直毛，基底着生面，平。冠毛刚毛 1 层，羽毛状，基部连合成环。

约 6 种，分布亚洲东部地区。中国 4 种。徂徕山 1 种。

1. 苍术（图 834）
Atractylodes lancea（Thunb.）DC.
Prodr. 7: 48. 1838.

多年生草本。根状茎平卧或斜升，粗长或呈疙瘩状。茎直立，高 30~100 cm，单生或少数茎成簇生，下部或中部以下常紫红色，不分枝或上部分枝，全部茎枝被稀疏的蛛丝状毛或无毛。基部叶花期脱落；中下部茎叶长 8~12 cm，宽 5~8 cm，3~5（7~9）羽状深裂或半裂，基部楔形或宽楔形，几无柄，扩大半抱茎，或基部渐狭成长达 3.5 cm 的叶柄；顶裂片与侧裂片不等形或近等形，圆形、倒卵形、偏斜卵形、卵形或椭圆形，宽 1.5~4.5 cm；侧裂片 1~2（3~4）对，椭圆形、长椭圆形或倒卵状长椭圆形，宽 0.5~2 cm；有时中下部茎叶不分裂；中部以上或仅上部茎叶不分裂，倒长卵形、倒卵状长椭圆形或长椭圆形，有时基部或近基部有 1~2 对三角形刺齿或刺齿状浅裂。或全部茎叶不裂，中部茎叶倒卵形、长倒卵形、倒披针形或长倒披针形，长 2.2~9.5 cm，宽 1.5~6 cm，基部楔状，渐狭成长 0.5~2.5 cm 的叶柄，上部的叶基部有时有 1~2 对三角形刺齿裂。

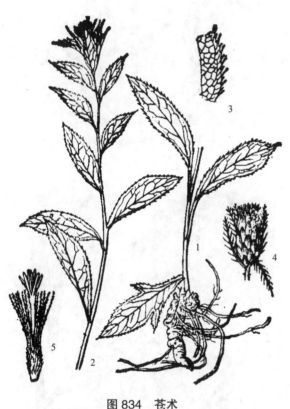

图 834 苍术
1. 植株下部；2. 植株上部；3. 叶缘局部放大；
4. 头状花序；5. 雌花

全部叶硬纸质，两面同色，绿色，无毛，边缘或裂片边缘有针刺状缘毛或三角形刺齿或重刺齿。头状花序单生茎枝顶端，但不形成明显的花序式排列，植株有多数或少数（2~5）头状花序。总苞钟状，直径 1~1.5 cm。苞叶针刺状羽状全裂或深裂。总苞片 5~7 层，覆瓦状排列，最外层及外层卵形至卵状披针形，长 3~6 mm；中层长卵形至长椭圆形或卵状长椭圆形，长 6~10 mm；内层线状长椭圆形或线形，长 11~12 mm。全部苞片顶端钝或圆形，边缘有稀疏蛛丝毛，中内层或内层苞片上部有时变红紫色。小花白色，长 9 mm。瘦果倒卵圆状，被稠密的顺向贴伏的白色长直毛，有时变稀毛。冠毛刚毛褐色或污白色，长7~8 mm，羽毛状，基部连合成环。花、果期6~10月。

产于马场顶后沟、磙石峪娄子沟。生于山坡灌丛、草地、林下。国内分布于东北地区及内蒙古、河北、山西、甘肃、陕西、河南、江苏、浙江、江西、安徽、四川、湖南、湖北等省份。朝鲜及俄罗斯远东地区亦有分布。

根状茎入药，有燥湿、化浊、止痛之效。

38. 漏芦属 Rhaponticum Vaillant

多年生草本。茎直立，单生，不分枝或分枝，或无茎。头状花序同型，单生茎枝顶端。总苞半球形。总苞片多数，多层，向内层渐长，覆瓦状排列，顶端有膜质附属物。花托稍突起，被稠密的托毛。全部小花两性，管状，花冠紫红色，很少黄色，细管部几等长或细管部较长，花冠5裂，裂片线形。花药基部附属物箭形，彼此结合包围花丝。花丝粗厚，被稠密的乳突。花柱超出花冠，上部增粗，中部有毛环。瘦果长椭圆形，压扁，四棱，棱间有细脉纹，顶端有果缘，侧生着生面。冠毛2至多层，外层较短，向内层渐长，褐色，基部连合成环，整体脱落；冠毛刚毛糙毛状或短羽毛状。

约26种，分布欧洲、非洲、亚洲及大洋洲。中国4种。徂徕山1种。

1. 漏芦（图835，彩图82）

Rhaponticum uniflorum（Linn.）DC.

Ann. Mus. Paris 16: 189. 1810 & Prodr. 6: 664. 1837.

—— *Stemmacantha uniflora*（Linn.）Dittrich

多年生草本，高30~100 cm。根状茎粗厚。根直伸，直径1~3 cm。茎直立，不分枝，簇生或单生，灰白色，被绵毛，被褐色残存的叶柄。基生叶及下部茎叶全形椭圆形、长椭圆形、倒披针形，长10~24 cm，宽4~9 cm，羽状深裂或几全裂，叶柄长6~20 cm。侧裂片5~12对，椭圆形或倒披针形，边缘有锯齿或呈2回羽状分裂状，有时少锯齿或无锯齿，中部侧裂片稍大，向上或向下的侧裂片渐小，最下部的侧裂片小耳状，顶裂片长椭圆形或几匙形。中上部茎叶渐小，与基生叶及下部茎叶同形并等样分裂，无柄或有短柄。全部叶质地柔软，两面灰白色，被稠密的或稀疏的蛛丝毛及多细胞糙毛和黄色小腺点。叶柄灰白色，被稠密的蛛丝状绵毛。头状花序单生茎顶，花序梗粗壮，裸露或有少数钻形小叶。总苞半球形，直径3.5~6 cm。总苞片约9层，覆瓦状排

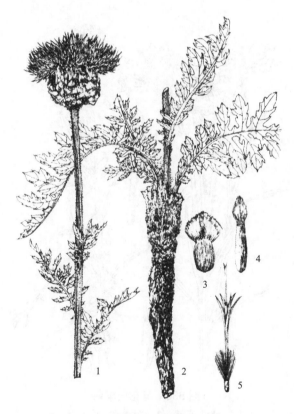

图835 漏芦
1. 植株上部；2. 植株下部及根；3. 外层总苞片；
4. 内侧总苞片；5. 管状花

列，全部苞片顶端有膜质附属物，宽卵形或几圆形，长达1 cm，宽达1.5 cm，浅褐色；不包括顶端膜质附属，外层长三角形，长4 mm，宽2 mm，中层椭圆形至披针形，内层及最内层披针形，长约2.5 cm，宽约5 mm。全部小花两性，管状，花冠紫红色，长3.1 cm，细管部长1.5 cm，花冠裂片长8 mm。瘦果三至四棱，楔状，长4 mm，宽2.5 mm，顶端有果缘，果缘边缘细尖齿，侧生着生面。冠毛褐色，多层，不等长，向内层渐长，长达1.8 cm，基部连合成环，整体脱落；冠毛刚毛糙毛

状。花、果期4~9月。

徂徕山各山地林区均产。生于山坡林缘、草地。国内分布于东北地区及河北、内蒙古、陕西、甘肃、青海、山西、河南、四川、山东等省份。俄罗斯远东地区及东西伯利亚、蒙古、朝鲜和日本有分布。

根及根状茎入药，性寒、味苦咸。清热、解毒、排脓、消肿和通乳。

39. 蓝花矢车菊属 Cyanus Miller

一年生或多年生草本。茎直立，中部以上分枝，常被柔毛或蛛丝状毛。叶基生及茎生，茎生叶互生，叶片卵形、椭圆形、披针形、倒披针形，全缘或具齿、羽状裂，表面密被蛛丝状毛，基部常下延。头状花序多数或少数，在茎枝顶端排成伞房状或圆锥状，总苞椭圆状、卵形，多层；总苞片顶盘带有浅褐色或白色附属物，常下延，边缘具纤毛或具齿。小花常蓝色，稀白、淡黄、粉或紫色；舌状花常无性，花冠管状、蓝色、白色、红色或紫色，檐部5~10裂；盘花浅蓝色、蓝色、红色、紫色，稀白色，两性，可育。瘦果椭圆状，被毛，附属鳞片基部具短毛；冠毛2型，内层冠毛与外层相似但分离，较外层冠毛的最内轮短。

图 836 蓝花矢车菊
1.植株下部；2.花枝；3.总苞片；
4.漏斗状花；5.管状花

25~30种，分布于亚洲西南部至欧洲。中国引入1种。徂徕山有栽培。

1. 蓝花矢车菊（图 836）

Cyanus segetum Hill.

Veg. Syst. 4: 29. 1762.

—— *Centaurea cyanus* Linn.

一、二年生草本，高30~70 cm。直立，自中部分枝。全部茎枝灰白色，被薄蛛丝状卷毛。基生叶及下部茎叶长椭圆状倒披针形或披针形，不分裂，全缘或疏生锯齿至大头羽状分裂，侧裂片1~3对，长椭圆状披针形、线状披针形或线形，顶裂片较大，长椭圆状倒披针形或披针形。中部茎叶线形、宽线形或线状披针形，长4~9 cm，宽4~8 mm，顶端渐尖，基部楔形，无叶柄，全缘，上部茎叶与中部茎叶同形，但渐小。全部茎叶两面异色或近异色，上面绿色，下面灰白色。头状花序多数或少数在茎枝顶端排成伞房花序或圆锥花序。总苞椭圆状，直径1~1.5 cm，有稀疏蛛丝毛。总苞片约7层，由外向内椭圆形、长椭圆形，顶端有浅褐色或白色的附属物，外层与中层包括顶端附属物长3~6 mm，宽2~4 mm，内层包括顶端附属物长约1 cm，宽3~4 mm。边花增大，超长于中央盘花，蓝色、白色、红色或紫色，檐部5~8裂，盘花浅蓝色或红色。瘦果椭圆形，长3 mm，宽1.5 mm，有细条纹，被稀疏白色柔毛。冠毛白色或浅土红色，2列，外列多层，向内层渐长，长达3 mm，内列1层，极短；全部冠毛刚毛状。花、果期2~8月。

上池、中军帐路边有栽培。中国新疆、青海、甘肃、陕西、河北、山东、江苏、湖北、湖北、广东及西藏等各地公园、花园及校园普遍栽培，供观赏。

40. 大丁草属 Leibnitzia Cassini

多年生草本，多少被绵毛。植株有春秋2型：春型植株短小，秋型植株高大。叶常簇生基部，提琴状羽状分裂或不裂。头状花序常单生花茎顶端，同形或异形；春型植株有雌性舌状花和两性管状花；秋型植株仅有同形管状花。总状片3~4层，覆瓦状排列，外层较短，线形，内层线状披针形；花药基部箭头状或有长尾尖；花柱分枝短而钝。瘦果纺锤形，有棱，被毛；冠毛多，纤细，平滑或粗糙。

6种，分布亚洲东北、东南部及中北美洲。中国4种。徂徕山1种。

1. 大丁草（图837）

Leibnitzia anandria（Linn.）Turcz. Schtscheglow Ukaz. Otkryt. 8（1）：404. 1831.

——*Gerbera anandria*（Linn.）S. Bipontinus

多年生草本，植株具春秋2型。春型者根状茎短，根颈多少为枯残的叶柄所围裹；根簇生，粗而略带肉质。叶基生，莲座状，于花期全部发育，叶片形状多变异，通常为倒披针形或倒卵状长圆形，长2~6 cm，宽1~3 cm，顶端钝圆，常具短尖头，基部渐狭、钝、截平或有时为浅心形，边缘具齿、深波状或琴状羽裂，裂片疏离，凹缺圆，顶裂大，卵形，具齿，上面被蛛丝状毛或脱落近无毛，下面密被蛛丝状绵毛；侧脉4~6对，纤细，顶裂基部常有1对下部分枝的侧脉；叶柄长2~4 cm，被白色绵毛；花葶单生或数个丛生，直立或弯垂，纤细，棒状，长5~20 cm，被蛛丝状毛，向顶端愈密；苞叶疏生，线形或线状钻形，长6~7 mm，通常被毛。头状花序单生于花葶之顶，倒锥形，直径10~15 mm；总苞略短于冠毛；总苞片约3层，外层线形，长约4 mm，内层长，线状披针形，长达8 mm，二者顶端均钝，且带紫红色，背部被绵毛；花托平，无毛，

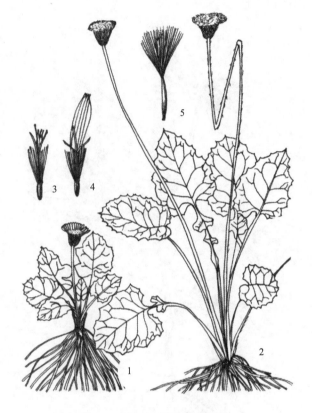

图837 大丁草
1. 春型植株；2. 秋型植株；3. 筒状花；
4. 舌状花；5. 瘦果

直径3~4 mm；雌花花冠舌状，长10~12 mm，舌片长圆形，长6~8 mm，顶端具不整齐的3齿或有时钝圆，带紫红色，内2裂丝状，长1.5~2 mm，花冠管纤细，长3~4 mm，无退化雄蕊。两性花花冠管状二唇形，长6~8 cm，外唇阔，长约3 mm，顶端具3齿，内唇2裂丝状，长2.5~3 mm；花药顶端圆，基部具尖的尾部；花柱分枝长约1 mm，内侧扁，顶端钝圆。瘦果纺锤形，具纵棱，被白色粗毛，长5~6 mm；冠毛粗糙，污白色，长5~7 mm。秋型者植株较高，花葶长可达30 cm，叶片大，长8~15 cm，宽4~6.5 cm，头状花序外层雌花管状二唇形，无舌片。花期春、秋二季。

徂徕山各山地林区均产。中国东起台湾，北达黑龙江经内蒙古至宁夏，南抵广东、广西，西南至云南、贵州等省份广布。俄罗斯（亚洲部分）、日本、朝鲜也有分布。

41. 天名精属 Carpesium Linn.

多年生草本。茎直立，多有分枝；叶互生，全缘或具不规整的牙齿。头状花序顶生或腋生，有梗或无梗，通常下垂；总苞盘状、钟状或半球形，苞片3~4层，干膜质或外层的草质，呈叶状；花托扁平，秃裸而有细点。花黄色，异型，外围的雌性，1至多列，结实，花冠筒状，顶端3~5齿裂，盘花两性，花冠筒状或上部扩大呈漏斗状，通常较大，5齿裂；花药基部箭形，尾细长；柱头2深裂，裂片线形，扁平，先端钝。瘦果细长，有纵条纹，先端收缩成喙状，顶端具软骨质环状物，无冠毛。

约20种，大部分分布于亚洲中部，特别是中国西南山区，少数种类广布欧亚大陆。中国16种。徂徕山1种。

1. 烟管头草（图838，彩图83）
Carpesium cernuum Linn.
Sp. Pl. 859. 1753.

图838 烟管头草
1.植株基部；2.花枝

多年生草本。茎高50~100 cm，下部密被白色长柔毛及卷曲的短柔毛，基部及叶腋尤密，常成绵毛状，上部被疏柔毛，后渐脱落，有明显的纵条纹，多分枝。基叶于开花前凋萎，稀宿存，茎下部叶较大，具长柄，下部具狭翅，向叶基渐宽，叶片长椭圆形或匙状长椭圆形，长6~12 cm，宽4~6 cm，先端锐尖或钝，基部长渐狭下延，上面绿色，被稍密的倒伏柔毛，下面淡绿色，被白色长柔毛，沿叶脉较密，在中肋及叶柄上常密集成绒毛状，两面均有腺点，边缘具稍不规整具胼胝尖的锯齿，中部叶椭圆形至长椭圆形，长8~11 cm，宽3~4 cm，先端渐尖或锐尖，基部楔形，具短柄，上部叶渐小，椭圆形至椭圆状披针形，近全缘。头状花序单生茎端及枝端，开花时下垂；苞叶多枚，大小不等，其中2~3枚较大，椭圆状披针形，长2~5 cm，两端渐狭，具短柄，密被柔毛及腺点，其余较小，条状披针形或条状匙形，稍长于总苞。总苞壳斗状，直径1~2 cm，长7~8 mm；苞片4层，外层苞片叶状，披针形，与内层苞片等长或稍长，草质或基部干膜质，密被长柔毛，先端钝，通常反折，中层及内层干膜质，狭矩圆形至条形，先端钝，有不规整的微齿。雌花狭筒状，长约1.5 mm，中部较宽，两端稍收缩，两性花筒状，向上增宽，冠檐5齿裂。瘦果长4~4.5 mm。花期6~8月；果期9~10月。

产于磻石峪、上池、上场。生于路边荒地及林下。国内分布于东北、华北、华中、华东、华南、西南地区及陕西、甘肃等省份。欧洲至朝鲜和日本也有分布。

全草可入药。

42. 旋覆花属 Inula Linn.

多年生草本，稀一、二年生，有直立的茎或无茎，或亚灌木，常有腺，被糙毛、柔毛或茸毛。叶互生或仅生于茎基部，全缘或有齿。头状花序多数，伞房状或圆锥伞房状排列，或单生，或密集于根颈上，各有多数异形稀同形的小花，雌雄同株，外缘有1至数层雌花，稀无雌花；中央有多数两性花。总苞半球状、倒卵圆状或宽钟状；总苞片多层，覆瓦状排列，内层常狭窄，干膜质；外层叶质、革质或干膜质，狭窄或宽阔，渐短或与内层同长；最外层有时较长大，叶质。花托平或稍凸起，有蜂窝状孔或浅窝孔，无托片。雌花花冠舌状，黄色，稀白色；舌片长，开展，顶端有3齿，或短小直立而有2~3齿；两性花花冠管状，黄色，上部狭漏斗状，5裂。花药上端圆形或稍尖，基部戟形，有细长渐尖的尾部。花柱分枝稍扁，雌花花柱顶端近圆形，两性花花柱顶端较宽，钝或截形。冠毛1~2层，稀多层，有多数或较少的稍不等长而微糙的细毛。瘦果近圆柱形，有四至五棱或更多的纵肋或细沟，无毛或有短毛或绢毛。

约100种，分布于欧洲、非洲及亚洲，以地中海地区为主。中国14种，其中一部分是广布种。中国的特有种集中于西部和西南部。徂徕山2种。

分种检索表

1. 叶长圆形、长圆状披针形或披针形，边缘不反卷；头状花序直径3~4 cm ······················· 1. 旋覆花 Inula japonica
1. 叶线状披针形，边缘反卷，基部渐狭；头状花序直径1.5~2.5 cm ······················· 2. 线叶旋覆花 Inula linariifolia

1. 旋覆花（图839）

Inula japonica Thunb.

Nova Acta Regiae Soc. Sci. Upsal. 4: 39. 1783.

多年生草本。根状茎短，横走或斜升，有多少粗壮的须根。茎单生，有时2~3簇生，直立，高30~70 cm，有时基部具不定根，基部径3~10 mm，有细沟，被长伏毛，或下部有时脱毛，上部有上升或开展的分枝，全部有叶。基部叶较小，在花期枯萎；中部叶长圆形、长圆状披针形或披针形，长4~13 cm，宽1.5~3.5 cm，基部多少狭窄，常有圆形半抱茎的小耳，无柄，顶端稍尖或渐尖，边缘有小尖头状疏齿或全缘，上面有疏毛或近无毛，下面有疏伏毛和腺点；中脉和侧脉有较密的长毛；上部叶渐狭小，线状披针形。头状花序径3~4 cm，多数或少数排列成疏散的伞房花序；花序梗细长。总苞半球形，径13~17 mm，长7~8 mm；总苞片约6层，线状披针形，近等长，但最外层常叶质而较长；外层基部革质，上部叶质，背面有伏毛或近无毛，有缘毛；内层除绿色中脉外干膜质，渐尖，有腺点和缘毛。舌状花黄色，较总苞长2~2.5倍；舌片线形，长10~13 mm；管状花花冠长约5 mm，有三

图839 旋覆花
1. 植株上部；2~4. 外层、中层、内层苞片；
5. 舌状花；6. 管状花

角状披针形裂片；冠毛1层，白色，有20余个微糙毛，与管状花近等长。瘦果长1~1.2 mm，圆柱形，有10条沟，顶端截形，被疏短毛。花期6~10月；果期9~11月。

徂徕山各林区均产。生于路旁、湿润草地、河岸。中国分布于北部、东北部、中部、东部各省份，极常见。蒙古、朝鲜、俄罗斯西伯利亚、日本都有分布。

2. 线叶旋覆花（图 840）

Inula linariifolia Turcz.

Bull. Soc. Imp. Naturalistes Moscou. 10（7）：154. 1837.

多年生草本，基部常有不定根。茎直立，单生或2~3个簇生，高30~80 cm，有细沟，被柔毛，杂有腺体，中上部有多数细长常稍直立的分枝，全部有叶。基部叶和下部叶在花期常生存，线状披针形，长5~15 cm，宽0.7~1.5 cm，下部渐狭成长柄，边缘常反卷，有不明显小锯齿，顶端渐尖，质较厚，上面无毛，下面有腺点，被蛛丝状短柔毛或长伏毛；中脉在上面稍下陷，网脉有时明显；中部叶渐无柄，上部叶渐狭小，线状披针形至线形。头状花序径1.5~2.5 cm，在枝端单生或3~5个排列成伞房状；花序梗短或细长。总苞半球形，长5~6 mm；总苞片约4层，多少等长或外层较短，线状披针形，上部叶质，被腺和短柔毛，下部革质，但有时最外层叶

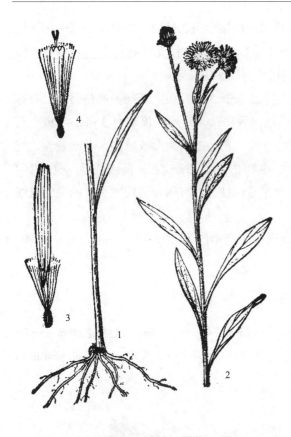

图 840　线叶旋覆花
1. 植株下部；2. 植株上部；3. 舌状花；4. 管状花

状，较总苞稍长；内层较狭，顶端尖，除中脉外干膜质，有缘毛。舌状花较总苞长2倍；舌片黄色，长圆状线形，长达10 mm。管状花长3.5~4 mm，有尖三角形裂片。冠毛1层，白色，与管状花花冠等长，有多数微糙毛。子房和瘦果圆柱形，有细沟，被短粗毛。花期7~9月；果期8~10月。

徂徕山各林区均产。生于山坡、荒地、路旁、河岸，极常见。广布于中国东北部、北部、中部和东部。也分布于蒙古、朝鲜、俄罗斯远东地区和日本。

43. 拟鼠麴草属 Pseudognaphalium Kirpicznikov

一、二年生或多年生草本。茎直立或斜升，被白色绵毛或绒毛。叶互生，全缘，两面有绒毛。头状花序小，多数排列伞房状花序。总苞纸质，白色、黄色、红色或带褐色，透明或不透明，有或无光泽。花序托扁平。外轮小花黄色，丝状；中央小花两性，黄色，花冠管状，檐部稍扩大。花药基部箭头形，有尾部。两性花花柱分枝近圆柱形，顶端平截，有乳头状突起。瘦果矩圆形，有毛。冠毛1层，糙毛状，分离。

约90种，世界广布，主产美洲。中国6种。徂徕山1种。

1. 拟鼠麴草（图841，彩图84）

Pseudognaphalium affine（D. Don）Anderberg

Opera Bot. 104: 146. 1991.

—— *Gnaphalium affine* D. Don

一年生草本。茎直立或基部发出的枝下部斜升，高10~40 cm，上部不分枝，被白色厚绵毛，节间长8~20 mm，上部节间罕有达5 cm。叶无柄，匙状倒披针形或倒卵状匙形，长5~7 cm，宽11~14 mm，

上部叶长 15~20 mm，宽 2~5 mm，基部渐狭，稍下延，顶端圆，具刺尖头，两面被白色绵毛，叶脉 1，在下面不明显。头状花序径 2~3 mm，近无柄，在枝顶密集成伞房花序，花黄色至淡黄色；总苞钟形，径 2~3 mm；总苞片 2~3 层，金黄色或柠檬黄色，膜质，有光泽，外层倒卵形或匙状倒卵形，背面基部被绵毛，顶端圆，基部渐狭，长约 2 mm，内层长匙形，背面通常无毛，顶端钝，长 2.5~3 mm；花托中央稍凹入，无毛。雌花多数，花冠细管状，长约 2 mm，花冠顶端扩大，3 齿裂，裂片无毛。两性花较少，管状，长约 3 mm，向上渐扩大，檐部 5 浅裂，裂片三角状渐尖，无毛。瘦果倒卵形或倒卵状圆柱形，长约 0.5 mm，有乳头状突起。冠毛粗糙，污白色，易脱落，长约 1.5 mm，基部联合成 2 束。花期 1~4 月；果期 8~11 月。

产于大寺、光华寺、庙子等林区。国内分布于台湾及华东、华南、华中、华北、西北及西南地区。也分布于日本、朝鲜、菲律宾、印度尼西亚、中南半岛及印度。

茎叶入药，为镇咳、祛痰、治气喘和支气管炎以及非传染性溃疡、创伤之寻常用药，内服还有降血压疗效。

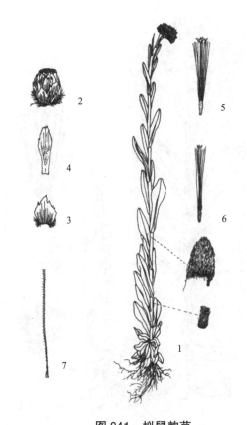

图 841　拟鼠麴草
1. 植株；2. 头状花序；3. 外层总苞片；
4. 内层总苞片；5. 两性花；6. 雌花；7. 冠毛

44. 香青属 Anaphalis DC.

多年生草本，稀一、二年生，或亚灌木，被白色或灰白色绵毛或腺毛。叶互生，全缘，线形、长圆形或披针形。头状花序常多数排列成伞房或复伞房花序，稀少数或单生，近雌雄异株或同株，各有多数同型或异型的花，即外围有多层雌花而中央有少数或 1 个雄花即两性不育花，或中央有多层雄花而外围有少数雌花或无雌花，仅雌花结果实。总苞钟状、半球状或球状；总苞片多层，覆瓦状排列，直立或开展，下部常褐色，有 1 脉，上部常干膜质，白色、黄白色，稀红色。花托蜂窝状，无托片。雄花花冠管状，上部钟状，有 5 裂片；花药基部箭头形，有细长尾部；花柱 2 浅裂，顶端截形。雌花花冠细丝状，基部稍膨大，上端有 2~4 个细齿；花柱分枝长，顶端近圆形。冠毛 1 层，白色，约与花冠等长，有多数分离而易散落的毛，在雄花向上部渐粗厚或宽扁，有锯齿，在雌花细丝状，有微齿。瘦果长圆形或近圆柱形，有腺或乳头状突起，或近无毛。

110 种，主要分布于亚洲热带和亚热带，少数分布于温带及北美洲和欧洲。中国 54 种，主要分布于西部及西南部。徂徕山 1 种 1 变种。

1. 香青（图 842）

Anaphalis sinica Hance

J. Bot. 12: 261. 1874.

根状茎木质，细或粗壮，有长达 8 cm 的细匍枝。茎直立，疏散或密集丛生，高 20~50 cm，通常不分枝或在花后及断茎上分枝，被白色或灰白色绵毛，全部有密生的叶。下部叶在下花期枯萎。中部

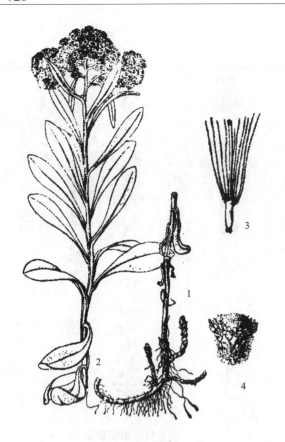

图842 香青
1. 植株下部；2. 植株上部；3. 瘦果；4. 头状花序

叶长圆形，倒披针长圆形或线形，长 2.5~9 cm，宽 0.2~1.5 cm，基部渐狭，沿茎下延成狭或稍宽的翅，边缘平，顶端渐尖或急尖，有短小尖头，上部叶较小，披针状线形或线形，全部叶上面被蛛丝状绵毛，或下面或两面被白色或黄白色厚绵毛，在绵毛下常杂有腺毛，有单脉或具侧脉向上渐消失的离基三出脉。莲座状叶被密绵毛，顶端钝圆。头状花序多数或极多数，密集成复伞房状或多次复伞房状；花序梗细；总苞钟状或近倒圆锥状，长 4~5（6）mm，宽 4~6 mm；总苞片 6~7 层，外层卵圆形，浅褐色，被蛛丝状毛，长 2 mm，内层舌状长圆形，长约 3.5 mm，宽 1~1.2 mm，乳白色或污白色，顶端钝圆；最内层较狭，长椭圆形，有长达全长 2/3 的爪部；雄株的总苞片常较钝。雌株头状花序有多层雌花，中央有 1~4 个雄花；雄株头状花托有繸状短毛。花序全部有雄花。花冠长 2.8~3 mm。冠毛常较花冠稍长；雄花冠毛上部渐宽扁，有锯齿。瘦果长 0.7~1 mm，被小腺点。花期 6~9 月；果期 8~10 月。

徂徕山各山地林区均产。生于低山或亚高山灌丛、草地、山坡和溪岸。分布于中国北部、中部、东部及南部。朝鲜、日本也有分布。

密生香青（变种）
var. densata Ling

Acta Phytotax. Sin. 11: 103. 1966.

茎密集丛生，高约 20 cm；叶密集，披针状或线状长圆形或线形，长 2.5~4 cm，宽 0.2~0.5 cm，上面被疏绵毛，下面被白色或黄白色密绵毛，节间短。总苞片白色或稍红色。

徂徕山各山地林区均产。

45. 火绒草属 Leontopodium R. Brown

多年生草本或亚灌木，簇生或丛生，有时垫状。被白色、灰色或黄褐色绵毛。叶互生，全缘，匙形、长圆形、披针形或线形，有或无鞘部。苞叶数个，围绕花序，开展，形成星状苞叶群，或少数直立，稀无苞叶。头状花序多数，排列成密集或较疏散的伞房花序，各有多数同形或异形的小花；或雌雄同株，即中央的小花雄性，外围的小花雌性；或雌雄异株，即全部头状花序仅有雄性或雌性小花。总苞半球状或钟状；总苞片数层，覆瓦状排列或近等长，中部草质，顶端及边缘褐色或黑色，膜质，外层总苞片被绵毛或柔毛。花托无毛，无托片。雄花（即不育的两性花）花冠管状，上部漏斗状，有 5 个裂片；花药基部有尾状小耳。花柱 2 浅裂，顶端截形；子房不育。雌花花冠丝状或细管状，顶端有 3~4 细齿；花柱有细长分枝。瘦果长圆形或椭圆形，稍扁。冠毛有多数分离或基部合生，近等长的毛，下部细，常有细齿，雄花冠毛上部较粗厚，有齿或锯齿。

约 58 种，主要分布于亚洲和欧洲的寒带、温带和亚热带地区的山地。中国 37 种，主要集中于西部和西南部。徂徕山 1 种。

1. 火绒草（图 843）

Leontopodium leontopodioides（Willd.）Beauverd

Bull. Soc. Bot. Gen. ser. 2, 1: 371, 374. f. III.1909.

多年生草本。地下茎粗壮，分枝短，为枯萎的短叶鞘所包裹，有多数簇生的花茎和根出条，无莲座状叶丛。花茎直立，高 5~45 cm，较细，挺直或有时稍弯曲，被灰白色长柔毛或白色近绢状毛，不分枝或有时上部有伞房状或近总状花序枝，下部有较密、上部有较疏的叶，节间长 5~20 mm，上部有时达 10 cm，下部叶在花期枯萎宿存。叶直立，在花后有时开展，线形或线状披针形，长 2~4.5 cm，宽 0.2~0.5 cm，顶端尖或稍尖，有长尖头，基部稍宽，无鞘，无柄，边缘平或有时反卷或波状，上面灰绿色，被柔毛，下面被白色或灰白色密绵毛或有时被绢毛。苞叶少数，较上部叶稍短，常较宽，长圆形或线形，顶端稍尖，基部渐狭，两面或下面被白色或灰白色厚茸毛，与花序等长或长 1.5~2 倍，在雄株多少开展成苞叶群，在雌株多少直立，不排列成明显的苞叶群。头状花序大，在雌株径 7~10 mm，3~7 个密集，稀 1 个或较多，在雌株

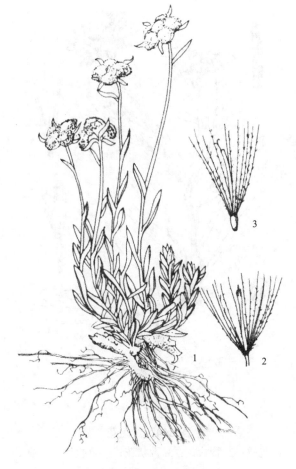

图 843 火绒草
1. 植株；2. 两性花；3. 雌花

常有较长的花序梗而排列成伞房状。总苞半球形，长 4~6 mm，被白色绵毛；总苞片约 4 层，无色或褐色，常狭尖，稍露出毛茸之上。小花雌雄异株，稀同株；雄花花冠长 3.5 mm，狭漏斗状，有小裂片；雌花花冠丝状，花后生长，长 4.5~5 mm。冠毛白色；雄花冠毛不或稀稍粗厚，有锯齿或毛状齿；雌花冠毛细丝状，有微齿。不育的子房无毛或有乳头状突起；瘦果有乳头状突起或密粗毛。花、果期 7~10 月。

产于大寺杏峪。国内分布于东北地区及新疆、青海、甘肃、陕西、山西、内蒙古、河北、山东半岛。也分布于蒙古、朝鲜、日本和俄罗斯西伯利亚。

通常雌雄异株。雄株常较低小，有明显的苞叶群；雌株常较高大，且常有较大的头状花序和较长的冠毛，常有散生的苞叶。在雌雄同株的头状花序中常有多数雌花和极少雄花。

全草药用，治疗蛋白尿及血尿有效。

46. 金盏花属 Calendula Linn.

一、二年生或多年生草本。被腺状柔毛。叶互生，全缘或具波状齿。头状花序顶生，总苞钟状或半球形；总苞片 1~2 层，披针形至线状披针形，顶端渐尖，边缘干膜质；花序托平或凸起，无毛，具异形小花，外围的花雌性，舌状，2~3 层，结实，舌片顶端具 3 齿裂；花柱线形 2 裂，中央的小花两性，不育，花冠管状，檐部 5 浅裂；花药基部箭形，柱头不分裂，球形。瘦果 2~3 层，异形向

内卷曲，外层的瘦果形状和结构与中央和内层的不同。

约15~20余种，产于地中海、西欧和西亚。中国常见栽培1种。徂徕山有栽培。

1. 金盏花（图844）

Calendula officinalis Linn.

Sp. Pl. 921. 1753.

一年生草本，高20~75 cm，通常自茎基部分枝，多少被腺状柔毛。基生叶长圆状倒卵形或匙形，长15~20 cm，全缘或具疏细齿，具柄，茎生叶长圆状披针形或长圆状倒卵形，无柄，长5~15 cm，宽1~3 cm，顶端钝，稀急尖，边缘波状具不明显的细齿，基部多少抱茎。头状花序单生茎枝端，直径4~5 cm，总苞片1~2层，披针形或长圆状披针形，外层稍长于内层，顶端渐尖，小花黄或橙黄色，长于总苞的2倍，舌片宽达4~5 mm；管状花檐部具三角状披针形裂片，瘦果全部弯曲，淡黄色或淡褐色，外层的瘦果大半内弯，外面常具小针刺，顶端具喙，两侧具翅脊部具规则的横折皱。花期4~9月；果期6~10月。

徂徕山各林区庭院有零星栽培。原产欧洲。

图844 金盏花
1. 花枝；2. 管状花；3. 舌状花；4. 总苞片；5. 瘦果

中国各地广泛栽培，供观赏。

花美丽鲜艳，是庭院、公园装饰花圃花坛的理想花卉。

II. 舌状花亚科 Cichorioideae

植物有乳汁，叶互生。头状花序全部为舌状花，舌片顶端5齿裂；花柱分枝细长线形，无附器；花粉粒外壁有刺脊。

分属检索表

1. 冠毛刚毛羽毛状。
  2. 冠毛刚毛羽枝不相互交错；瘦果有横皱纹；植株有锚状刺毛··················1. 毛连菜属 Picris
  2. 冠毛刚毛彼此交错在一起；瘦果无横皱纹；植株无锚状刺毛··················2. 鸦葱属 Scorzonera
1. 冠毛刚毛单毛状或糙毛状。
  3. 瘦果无瘤状或鳞片状突起。
    4. 冠毛刚毛细而坚挺，不相互纠缠，头状花序含少数小花，极少含50枚小花。
      5. 瘦果顶端无喙··················3. 黄鹌菜属 Youngia
      5. 瘦果顶端有喙。
        6. 瘦果顶端急尖成粗喙··················4. 假还阳参属 Crepidiastrum
        6. 瘦果顶端急尖成细丝状喙。
          7. 喙长于或等于瘦果本体··················5. 莴苣属 Lactuca

7. 喙短于瘦果本体···6. 苦荬菜属 Ixeris
 4. 冠毛刚毛柔软、纤细，相互纠缠，头状花序通常含舌状小花在 80 枚以上·············7. 苦苣菜属 Sonchus
3. 瘦果至少在上部有瘤状或鳞片状突起；莛状草本，头状花序单生于花莛之上·············8. 蒲公英属 Taraxacum

1. 毛连菜属 Picris Linn.

一、二年生或多年生分枝草本。全部茎枝被钩状硬毛或硬刺毛。叶互生或基生，全缘或边缘有锯齿，极少羽状分裂。头状花序同型，舌状，在茎枝顶端成伞房花序或圆锥花序式排列或不呈明显的花序式排，花梗长，有时增粗。总苞钟状或坛状。总苞片约 3 层，覆瓦状排列或不明显覆瓦状排列。花托平，无托毛。全部小花舌状，多数，黄色，舌片顶端截形，5 齿裂，花药基部箭头形，花柱分枝纤细。瘦果椭圆形或纺锤形，有 5~14 条高起的纵肋，肋上有横皱纹，基部收窄，顶端短收窄，但无喙或喙极短。冠毛 2 层，外层短或极短，糙毛状，内层长，羽毛状，基部连合成环。

约 50 种，分布欧洲、亚洲与北非地区。中国 7 种。徂徕山 1 种。

1. 毛连菜（图 845）

Picris hieracioides Linn.

Sp. Pl. 2: 792. 1753.

二年生草本，高 16~120 cm。根垂直直伸，粗壮。茎直立，上部伞房状或伞房圆锥状分枝，有纵沟纹，被稠密或稀疏的亮色分叉的钩状硬毛。基生叶花期枯萎；下部茎叶长椭圆形或宽披针形，长 8~34 cm，宽 0.5~6 cm，先端渐尖或急尖或钝，全缘或有尖或钝的锯齿，基部渐狭成长或短翼柄；中部和上部茎叶披针形或线形，较下部茎叶小，无柄，基部半抱茎；最上部茎叶小，全缘；全部茎叶两面特别是沿脉被亮色的钩状分叉的硬毛。头状花序较多数，在茎枝顶端排成伞房花序或伞房圆锥花序，花序梗细长。总苞圆柱状钟形，长达 1.2 cm；总苞片 3 层，外层线形，长 2~4 mm，宽不足 1 mm，顶端急尖，内层线状披针形，长 10~12 mm，宽约 2 mm，边缘白色膜质，先端渐尖；全部总苞片外面被硬毛和短柔毛。舌状小花黄色，冠筒被白色短柔毛。瘦果纺锤形，长约 3 mm，棕褐色，有纵肋，肋上有横皱纹。冠毛白色，外层极短，糙毛状，内层长，羽毛状，长约 6 mm。花、果期 6~9 月。

图 845　毛连菜

1. 植株基部；2. 花枝；3. 舌状花；4. 瘦果及冠毛

徂徕山各山地林区均产。生于山坡草地或沙滩地。国内分布于吉林、河北、山西、陕西、甘肃、青海、山东、河南、湖北、湖南、四川、云南、贵州、西藏。日本、俄罗斯东西伯利亚及远东地区也有分布。

2. 鸦葱属 Scorzonera Linn.

多年生草本，稀半灌木或一年生。叶不分裂，全缘，叶脉平行，或羽状半裂或全裂。头状花序大或较大，同型，舌状，单生茎顶或少数头状花序在茎枝顶端排成伞房花序，或聚伞花序，或沿茎排成总状花序，含多数舌状小花。总苞圆柱状或长椭圆状或楔状。花托蜂窝状，无托毛，但在某些种中有托毛。总苞片多层，覆瓦状排列，顶端无角状附属物或有些种中有角状附属物。舌状小花黄色，极少红色亦极少两面异色，顶端截形，5齿裂。花药基部箭头形。花柱分枝细，顶端急尖或微钝。瘦果圆柱状或长椭圆状，无毛或被微柔毛或长柔毛，有多数钝纵肋，沿肋有多数脊瘤状突起或无脊瘤状突起，顶端微收窄，截形，无喙或几无喙状。冠毛中下部或大部羽毛状，上部锯齿状，通常有超长冠毛3~10个，基部连合成环，整体脱落或不脱落。

约180种，分布欧洲、西南亚及中亚，北非有少数种。中国24种，主分布西北地区。徂徕山3种。

分种检索表

1. 莲状或近莲状草本，无茎或几无茎；头状花序单生茎顶。
  2. 基生叶较窄，线形、线状披针形、线状长椭圆形或长椭圆形，边缘平或稍皱波状·········1. 鸦葱 Scorzonera austriaca
  2. 基生叶较宽，宽卵形、宽披针形、倒披针形或长椭圆形，边缘明显皱波状·········2. 桃叶鸦葱 Scorzonera sinensis
1. 非莲状草本，有明显的茎及分枝；头状花序在茎枝顶端排成伞房花序，稀单生茎顶···3. 华北鸦葱 Scorzonera albicaulis

图846 鸦葱
1. 植株下部；2. 头状花序；3. 瘦果及冠毛

1. 鸦葱（图846）

Scorzonera austriaca Willd.

Sp. Pl. 3: 1498. 1803.

多年生草本，高10~42 cm。根垂直直伸，黑褐色。茎多数，簇生，不分枝，直立，光滑无毛，茎基被稠密的棕褐色纤维状撕裂的鞘状残遗物。基生叶线形、狭线形、线状披针形、线状长椭圆形、线状披针形或长椭圆形，长3~35 cm，宽0.2~2.5 cm，顶端渐尖或钝而有小尖头或急尖，向下部渐狭成具翼的长柄，柄基鞘状扩大或向基部直接形成扩大的叶鞘，三至七出脉，侧脉不明显，边缘平或稍见皱波状，两面无毛或仅沿基部边缘有蛛丝状柔毛；茎生叶2~3枚，鳞片状，披针形或钻状披针形，基部心形，半抱茎。头状花序单生茎端。总苞圆柱状，直径1~2 cm。总苞片约5层，外层三角形或卵状三角形，长6~8 mm，宽约6.5 mm，中层偏斜披针形或长椭圆形，长1.6~2.1 cm，宽5~7 mm，内层线状长椭圆形，长2~2.5 cm，宽3~4 mm；全部总苞片外面光滑无毛，顶端急尖、钝或圆形。舌状小花黄色。瘦果圆柱状，长1.3 cm，有多数纵肋，无毛，无脊瘤。冠毛淡黄色，长1.7 cm，与瘦果连接处有蛛丝状毛环，大部为羽毛状，羽枝蛛丝毛状，上部为细锯齿状。花、果期4~7月。

产于马场、上池。生于山坡、草地。国内分布于东北、华北、西北及华东地区北部。哈萨克斯坦及蒙古亦有分布。

2. 桃叶鸦葱（图 847，彩图 85）

Scorzonera sinensis Lipsch. & Krasch. ex Lipsch. Fragm. Monog. Gen. Scorzonera 120. 1935.

多年生草本，高 5~53 cm。根垂直直伸，粗壮，粗达 1.5 cm，褐色或黑褐色，通常不分枝，极少分枝。茎直立，簇生或单生，不分枝，光滑无毛；茎基被稠密的纤维状撕裂的鞘状残遗物。基生叶宽卵形、宽披针形、宽椭圆形、倒披针形、椭圆状披针形、线状长椭圆形或线形，包括叶柄长可达 33 cm，短可至 4 cm，宽 0.3~5 cm，顶端急尖、渐尖或钝或圆形，向基部渐狭成长或短柄，柄基鞘状扩大，两面光滑无毛，离基三至五出脉，侧脉纤细，边缘皱波状；茎生叶少数，鳞片状，披针形或钻状披针形，基部心形，半抱茎或贴茎。头状花序单生茎顶。总苞圆柱状，直径约 1.5 cm。总苞片约 5 层，外层三角形或偏斜三角形，长 0.8~1.2 cm，宽 5~6 mm，中层长披针形，长约 1.8 cm，宽约 0.6 mm，内层长椭圆状披针形，长 1.9 cm，宽 2.5 mm；全部总苞片外面光滑无毛，顶端钝或急尖。舌状小花黄色。瘦果圆柱状，有多数高起纵肋，长 1.4 cm，肉红色，无毛，无脊瘤。冠毛污黄色，长 2 cm，大部羽毛状，羽枝纤细，蛛丝毛状，上端为细锯齿状；冠毛与瘦果连接处有蛛丝状毛环。花、果期 4~9 月。

徂徕山各山地林区均产。生于山坡、丘陵地、沙丘、荒地或灌木林下。国内分布北京、辽宁、内蒙古、河北、山西、陕西、宁夏、甘肃、山东、江苏、安徽、河南。

3. 华北鸦葱（图 848）

Scorzonera albicaulis Bunge

Mem. Acad. Sci. St. Sav. Etrang. 2: 114. 1833.

多年生草本，高达 120 cm。根圆柱状或倒圆锥状，直径达 1.8 cm。茎单生或少数茎成簇生，上部伞房状或聚伞花序状分枝，全部茎枝被白色绒毛，但在花序脱毛，茎基被棕色的残鞘。基生叶与茎生叶同形，线形、宽线形或线状长椭圆形，宽 0.3~2 cm，边缘全缘，极少有浅波状微齿，两面光滑无毛，三至五出脉，两面明显，基生叶基部鞘状扩大，抱茎。头状花序在茎枝顶端

图 847　桃叶鸦葱
1. 植株；2. 舌状花

图 848　华北鸦葱
1. 植株下部；2. 植株上部；3. 舌状花；4. 瘦果及冠毛

排成伞房花序，花序分枝长或排成聚伞花序而花序分枝短或长短不一。总苞圆柱状，花期直径 1 cm，果期直径增大；总苞片约 5 层，外层三角状卵形或卵状披针形，长 5~8 mm，宽约 4 mm，中内层椭圆状披针形、长椭圆形至宽线形。全部总苞片被薄柔毛，但果期稀毛或无毛，顶端急尖或钝。舌状小花黄色。瘦果圆柱状，长 2.1 cm，有多数高起的纵肋，无毛，无脊瘤，向顶端渐细成喙状。冠毛污黄色，其中 3~5 根超长，超长冠毛长达 2.4 cm，非超长冠毛刚毛长达 1.8 cm，全部冠毛大部羽毛状，羽枝蛛丝毛状，上部为细锯齿状，基部连合成环，整体脱落。花、果期 5~9 月。

产于大寺、马场、光华寺等林区。生于荒地或田间。国内分布于黑龙江、吉林、辽宁、内蒙古、河北、山西、陕西、山东、江苏、安徽、浙江、河南、湖北、贵州等地。俄罗斯西伯利亚、远东地区及朝鲜有分布。

根入药，能清热解毒、消炎、通乳。

3. 黄鹌菜属 Youngia Cass.

一年生或多年生草本。叶羽状分裂或不分裂。头状花序小，同型，具少数（5）或多数（25）舌状小花，多数或少数在茎枝顶端或沿茎排成总状花序、伞房花序或圆锥状伞房花序。总苞圆柱状、圆柱状钟形、钟状或宽圆柱状。总苞 3~4 层，外层及最外层短，顶端急尖，内层及最内层长，外面顶端无或有鸡冠状附属物。花托平，蜂窝状，无托毛。舌状小花两性，黄色，1 层，舌片顶端截形，5 齿裂；花柱分枝细，花药基部附属物箭头形。瘦果纺锤形，向上收窄，近顶端有收缢，顶端无喙，也有收窄成粗短的喙状物，有 10~15 条粗细不等的椭圆形纵肋。冠毛白色，少灰色，1~2 层，单毛状或糙毛状，易脱落或不脱落，有时基部连合成环，整体脱落。

约 30 种，分布于东亚。中国 28 种。徂徕山 1 种。

1. 黄鹌菜（图 849）

Youngia japonica（Linn.）DC.

Prodr. 7: 194. 1838.

一年生草本，高 10~100 cm。茎直立，单生或少数簇生，顶端伞房花序状分枝或下部有长分枝，下部被稀疏的皱波状长或短毛。基生叶全形倒披针形、椭圆形、长椭圆形或宽线形，长 2.5~13 cm，宽 1~4.5 cm，大头羽状深裂或全裂，极少不裂，叶柄长 1~7 cm，有翼或无翼，顶裂片卵形、倒卵形或卵状披针形，顶端圆形或急尖，边缘有锯齿或几全缘，侧裂片 3~7 对，椭圆形，向下渐小，最下方的侧裂片耳状，全部侧裂片边缘有锯齿或边缘有小尖头，极少全缘；无茎叶或极少有 1~2 枚茎生叶，且与基生叶同形并等样分裂；全部叶及叶柄被皱波状长或短柔毛。头花序含 10~20 枚舌状小花，在茎枝顶端排成伞房花序，花序梗细。总苞圆柱状，长 3.5~5 mm；总苞片 4 层，外面无毛，顶端急尖，外层短，宽卵形，内层及最内层长，长 4~5 mm，宽 1~1.3 mm，披针形，边缘白色宽膜质，内面有贴伏的短糙毛。舌

图 849 黄鹌菜
1. 植株下部；2. 花枝；3. 舌状花

状小花黄色，花冠管外面有短柔毛。瘦果纺锤形，压扁，褐色或红褐色，长 1.5~2 mm，向顶端有收缩，无喙，有 11~13 条纵肋，肋上有小刺毛。冠毛长 2.5~3.5 mm，糙毛状。花、果期 4~10 月。

产于大寺、光华寺。生于草坪、河边、田间与荒地上。国内分布于北京、陕西、甘肃、山东、江苏、安徽、浙江、江西、福建、河南、湖北、湖南、广东、广西、四川、云南、西藏等省份。日本、中南半岛、印度、菲律宾、马来半岛、朝鲜等有分布。

4. 假还阳参属 Crepidiastrum Nakai

一、二年生草本或多年生草本。叶互生，或茎生叶集中于枝端，基生叶莲座状，不分裂或羽状分裂。头状花序同型、舌状，含多数舌状小花，多数头状花序排成伞房花序或伞房状圆锥花序。总苞圆柱状；总苞片 2~3 层，外层最短，3~5 枚，内层最长，长 5~8 mm。花托平，无托毛。舌状小花黄色或白色，舌片顶端截形，5 齿裂；花柱分枝细长，花药基部附属箭头形。瘦果圆柱形、椭圆形或纺锤形，微扁，有 10~12 高起纵肋，顶端截形、无喙，或渐尖成粗喙。冠毛 1 层，白色，糙毛状。

约 15 种，分布中国、日本、朝鲜。徂徕山 2 种。

分种检索表

1. 中部及上部茎生叶基部最宽，总苞长 4.5~6.5 mm，雄蕊管和花柱干后黄色···1. 尖裂假还阳参 Crepidiastrum sonchifolium
1. 中部及上部茎生叶中部最宽，总苞长 6~9 mm，雄蕊管和花柱干后绿黑色···2. 黄瓜假还阳参 Crepidiastrum denticulatum

1. 尖裂假还阳参　抱茎苦荬菜（图 850）

Crepidiastrum sonchifolium（Maxim.）Pak & Kawano Mem. Fac. Sci. Kyoto Univ. Ser. Biol. 15: 58. 1992.

—— *Ixeridium sonchifolium*（Maxim.）Shih

—— *Paraixeris serotina*（Maxim.）Tzvel.

多年生草本，高 15~60 cm。根垂直直伸，不分枝或分枝。根状茎极短。茎单生，直立，基部直径 1~4 mm，上部伞房花序状或伞房圆锥花序状分枝，全部茎枝无毛。基生叶莲座状，匙形、长倒披针形或长椭圆形，包括基部渐狭的宽翼柄长 3~15 cm，宽 1~3 cm，或不分裂，边缘有锯齿，顶端圆形或急尖，或大头羽状深裂，顶裂片大，近圆形、椭圆形或卵状椭圆形，顶端圆形或急尖，边缘有锯齿，侧裂片 3~7 对，半椭圆形、三角形或线形，边缘有小锯齿；中下部茎叶长椭圆形、匙状椭圆形、倒披针形或披针形，与基生叶等大或较小，羽状浅裂或半裂，极少大头羽状分裂，向基部扩大，心形或耳状抱茎；上部茎叶及接花序分枝处的叶心状披针形，边缘全缘，极少有锯齿或尖锯齿，顶端渐尖，向基部心形或圆耳状扩大抱茎；全部叶两面无毛。头状花序多数或少

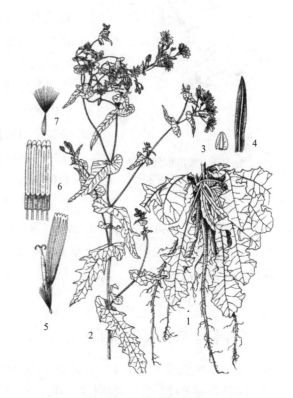

图 850　尖裂假还阳参
1. 植株下部；2. 花枝；3. 外层苞片；4. 内侧苞片；
5. 舌状花；6. 雄蕊展开；7. 瘦果及冠毛

数,在茎枝顶端排成伞房花序或伞房圆锥花序,含舌状小花约 17 枚。总苞圆柱形,长 4.5~6 mm;总苞片 3 层,外层及最外层短,卵形或长卵形,长 1~3 mm,宽 0.3~0.5 mm,顶端急尖,内层长披针形,长 5~6 mm,宽 1 mm,顶端急尖,全部总苞片外面无毛。舌状小花黄色。瘦果黑色,纺锤形,长 2 mm,宽 0.5 mm,有 10 条高起的钝肋,上部沿肋有上指的小刺毛,向上渐尖成细喙,喙细丝状,长 0.8 mm。冠毛白色,微糙毛状,长 3 mm。花、果期 3~5 月。

徂徕山各林区均产。生于路旁、林下、河滩地或庭院中。国内分布于辽宁、河北、山西、内蒙古、陕西、甘肃、山东、江苏、浙江、河南、湖北、四川、贵州等省份。朝鲜、日本有分布。

全草入药,清热解毒,有凉血、活血之功效。

2. 黄瓜假还阳参(图 851)

Crepidiastrum denticulatum (Houttuyn) Pak & Kawano Mem. Fac. Sci. Kyoto Univ. Ser. Biol. 15: 56. 1992.

—— *Paraixeris denticulata* (Houtt.) Nakai

—— *Prenanthes denticulata* Houtt.

—— *Paraixeris pinnatipartita* (Makino) Tzvel.

一、二年生草本,高 30~120 cm。根垂直直伸,生多数须根。茎单生,直立,基部直径达 8 mm,上部或中部伞房花序状分枝,全部茎枝无毛。基生叶及下部茎叶花期枯萎脱落;中下部茎叶卵形、琴状卵形、椭圆形、长椭圆形或披针形,不分裂,长 3~10 cm,宽 1~5 cm,顶端急尖或钝,有宽翼柄,基部圆形,耳部圆耳状扩大抱茎,或无柄,向基部稍收窄而基部突然扩大圆耳状抱茎,或向基部渐窄成长或短的不明显叶柄,基部稍扩大,耳状抱茎,边缘大锯齿或重锯齿或全缘;上部及最上部茎叶与中下部茎叶同形,但渐小,边缘大锯齿或重锯齿或全缘,无柄,向基部渐宽,基部耳状扩大抱茎,全部叶两面无毛。头状花序多数,在茎枝顶端排成伞房花序或伞房圆锥状花序,含 15 枚舌状小花。总苞圆柱状,长 7~9 mm;总苞片 2 层,外层极小,卵形,长宽不足 0.5 mm,顶端急尖,内层长,披针形或长椭圆形,长 7~9 mm,宽 1~1.4 mm,顶端钝,有时在外面顶端之下有角状突起,背面沿中脉海绵状加厚,全部总苞片外面无毛。舌状小花黄色。瘦果长椭圆形,压扁,黑色或黑褐色,长 2.1 mm,有 10~11 条高起的钝肋,上部沿脉有小刺毛,向上渐尖成粗喙,喙长 0.4 mm。冠毛白色,糙毛状,长 3.5 mm。花、果期 5~11 月。

图 851 黄瓜假还阳参
1. 花枝;2. 瘦果

徂徕山各林区均产。中国分布于黑龙江、吉林、辽宁、河北、山西、甘肃、山东、江苏、安徽、浙江、福建、江西、河南、湖北、广东、四川、重庆、贵州、云南等省份。俄罗斯、蒙古、朝鲜、日本、越南有分布。

5. 莴苣属 Lactuca Linn.

一、二年或多年生草本。叶分裂或不分裂。头状花序同型,舌状,小,在茎枝顶端排成伞房花序、圆锥花序分枝。总苞果期长卵球形;总苞片 3~5 层,质地薄,覆瓦状排列。花托平,无托毛。舌状小花黄色或蓝紫色,7~25 枚,舌片顶端截形,5 齿裂。花药基部附属物箭头形,有急尖的小耳。花柱分枝细。瘦果褐色,倒卵形、倒披针形或长椭圆形,压扁,每面有 3~10 条细脉纹或细肋,极少每面有 1 条细脉纹，顶端急尖成细喙，喙细丝状，通常 2~4 倍长于瘦果，或与瘦果等长或短于瘦果。冠毛白色，纤细 2 层，微锯齿状或几成单毛状。

50~70 种，主要分布北美洲、欧洲、中亚、西亚及地中海地区。中国 12 种。徂徕山 2 种。

分种检索表

1. 总苞片质地薄；瘦果边缘不加宽成厚翅 ··· 1. 莴苣 Lactuca sativa
1. 总苞片质地厚；瘦果边缘加宽成厚翅 ··· 2. 翅果菊 Lactuca indica

1. 莴苣（图 852）

Lactuca sativa Linn.

Sp. Pl. 2: 795. 1753.

一、二年草本，高 25~100 cm。根垂直直伸。茎直立，单生，上部圆锥状花序分枝，全部茎枝白色。基生叶及下部茎叶大，不分裂，倒披针形、椭圆形或椭圆状倒披针形，长 6~15 cm，宽 1.5~6.5 cm，顶端急尖、短渐尖或圆形，无柄，基部心形或箭头状半抱茎，边缘波状或有细锯齿，向上的渐小，与基生叶及下部茎叶同形或披针形，圆锥花序分枝下部的叶及圆锥花序分枝上的叶极小，卵状心形，无柄，基部心形或箭头状抱茎，全缘，全部叶两面无毛。头状花序多数或极多数，在茎枝顶端排成圆锥花序。总苞果期卵球形，长 1.1 cm，宽 6 mm；总苞片 5 层，最外层宽三角形，长约 1 mm，宽约 2 mm，外层三角形或披针形，长 5~7 mm，宽约 2 mm，中层披针形至卵状披针形，长约 9 mm，宽 2~3 mm，内层线状长椭圆形，长 1 cm，宽约 2 mm，全部总苞片顶端急尖，外面无毛。舌状小花约 15 枚。瘦果倒披针形，长 4 mm，宽 1.3 mm，压扁，浅褐色，每面有 6~7 条细脉纹，顶端急尖成细喙，喙细丝状，长约 4 mm，与瘦果几等长。冠毛 2 层，纤细，微糙毛状。花、果期 2~9 月。

图 852　莴苣
1. 植株；2. 头状花序；3. 舌状花；4. 瘦果及冠毛

徂徕山各林区均有栽培。全国各地栽培，亦有野生。

2. 翅果菊（图 853）

Lactuca indica Linn.

Mant. Pl. 2: 278. 1771.

—— *Lactuca laciniata*（Houtt.）Makino

—— *Pterocypsela indica*（Linn.）Shih

—— *Pterocypsela laciniata*（Houtt.）Shih

一年生或多年生草本，根粗厚，生多数须根。茎直立，单生，高 0.4~2 m，上部圆锥状或总状分枝，全部茎枝无毛。全部茎叶线形，中部茎叶长达 21 cm，宽 0.5~1 cm，全缘或中部以下两侧边缘

图 853 翅果菊
1. 植株；2. 叶；3. 茎部一段；4. 茎上部叶；
5. 舌状花；6. 瘦果及冠毛

有小尖头或稀疏细锯齿；或全部茎叶线状长椭圆形、长椭圆形或倒披针状长椭圆形，中下部茎叶长 13~37 cm，宽 0.5~20 cm，边缘有稀疏尖齿或几全缘；或全部茎叶椭圆形，中下部茎叶长 15~20 cm，宽 6~8 cm，边缘有三角形锯齿或偏斜卵状大齿。全部茎叶顶端长渐急尖或渐尖，基部楔形渐狭，无柄，两面无毛。头状花序果期卵球形，多数，沿茎枝顶端排成圆锥花序或总状圆锥花序。总苞长 1.5 cm，宽 9 mm，总苞片 4 层，外层卵形或长卵形，长 3~3.5 mm，宽 1.5~2 mm，顶端急尖或钝，中内层长披针或线状披针形，长 1 cm，宽 1~2 mm，顶端钝或圆形，全部苞片边缘染紫红色。舌状小花 25 枚，黄色。瘦果椭圆形，长 3~5 mm，宽 1.5~2 mm，黑色，压扁，边缘有宽翅，顶端急尖或渐尖成 0.5~1.5 mm 的喙，每面有 1 条细纵脉纹。冠毛 2 层，白色，单毛状，长 8 mm。花、果期 4~11 月。

徂徕山各山地林区均产。生于水沟边、草地或田间。全国各地均有分布。俄罗斯东西伯利亚及远东地区、朝鲜、日本、菲律宾、印度尼西亚、泰国、印度西北部等有分布。

嫩苗、嫩茎叶可作蔬菜或作家畜饲料。

6. 苦荬菜属 Ixeris

一年生或多年生草本。茎常直立，有时为具直立花枝的长匍匐枝。头状花序同型，舌状，具 (12) 15~25 (40) 小花。总苞圆筒状到狭钟状。总苞片数层，无毛，外层最长约为内层的 1/4~1/2，内层总苞片通常 8，线状披针形到披针形，等长，无毛，边粗糙。花托无托毛。舌状小花黄色，很少带白色或略带紫色。瘦果褐色，近纺锤形，不压扁，有 10 条尖翅肋，顶端收缩成细喙。冠毛白色。

约 8 种，分布东亚和南亚。中国 6 种。徂徕山 2 种 1 亚种。

分种检索表

1. 茎生叶基部箭头状半抱茎···1. 苦荬菜 Ixeris polycephala
1. 茎生叶基部耳状抱茎，不为箭头状，或无茎生叶··2. 中华苦荬菜 Ixeris chinensis

1. 苦荬菜（图 854）

Ixeris polycephala Cassini ex DC.

Prodr. 7: 151. 1838.

一年生草本。根垂直直伸，生多数须根。茎直立，高 10~80 cm，基部直径 2~4 mm，上部伞房花序状分枝，或自基部多分枝或少分枝，分枝弯曲斜升，全部茎枝无毛。基生叶花期生存，线形或线状披针形，包括叶柄长 7~12 cm，宽 5~8 mm，顶端急尖，基部渐狭成长或短柄；中下部茎叶披针形或线形，长 5~15 cm，宽 1.5~2 cm，顶端急尖，基部箭头状半抱茎，向上或最上部的叶渐小，与中下部茎叶同形，基部箭头状半抱茎或长椭圆形，基部收窄，但不成箭头状半抱茎；全部叶两面无毛，边缘全缘，极少下部边缘有稀疏的小尖头。头状花序多数，在茎枝顶端排成伞房状花序，花序梗细。总苞圆柱状，长 5~7 mm；果期扩大成卵球形；总苞片 3 层，外层及最外层极小，卵形，长 0.5 mm，宽 0.2 mm，顶端急尖，内层卵状披针形，长 7 mm，宽 2~3 mm，顶端急尖或钝，外面近顶端有或无鸡冠状突起。舌状小花黄色，极少白色，10~25 枚。瘦果压扁，褐色，长椭圆形，长 2.5 mm，宽 0.8 mm，无毛，有 10 条高起的尖翅肋，顶端急尖成长 1.5 mm 喙，喙细丝状。冠毛白色，纤细，微糙，不等长，长达 4 mm。花、果期 3~6 月。

产于光华寺。国内分布于陕西、江苏、浙江、福建、安徽、台湾、江西、山东、湖南、广东、广西、贵州、四川、云南等省份。

全草入药，具清热解毒、去腐化脓、止血生肌功效。

2. 中华苦荬菜（图 855）

Ixeris chinensis（Thunb.）Kitag.

Bot. Mag.（Tokyo）48: 113. 1934.

—— *Ixeridium chinense*（Thunb.）Tzvel.

多年生草本，高 5~47 cm。根垂直直伸，通常不分枝。根状茎极短缩。茎直立单生或少数茎成簇生，基部直径 1~3 mm，上部伞房花序状分枝。基生叶长椭圆形、倒披针形、线形或舌形，包括叶柄长 2.5~15 cm，宽 2~5.5 cm，顶端钝或急尖或向上渐窄，基部渐狭成有翼的短或长柄，全缘或边缘有尖齿或凹齿，或羽状浅裂、半裂或深裂，侧裂片 2~7 对，长三角形、线状三角形或线形，自中部向上或向下的侧裂片渐小，向基部的侧裂片常为锯齿状，有时为半圆形。茎生叶 2~4 枚，极少 1 枚或无茎叶，长披针形或长椭圆状披针形，不裂，边缘全缘，顶端渐狭，基部扩大，耳状抱茎或至少基部茎生叶的基部有明显的耳状抱茎；全部叶两面无毛。头状花序通常在茎枝顶端排成伞房花序，含舌状小花 21~25 枚。

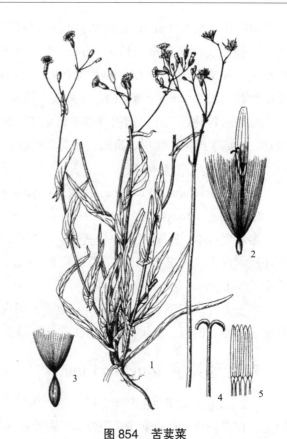

图 854 苦荬菜
1. 植株；2. 舌状花；3. 瘦果及冠毛；4. 花柱和柱头；
5. 聚药雄蕊展开

图 855 中华苦荬菜
1. 植株；2. 外层苞片；3. 内侧苞片；4. 舌状花；
5. 聚药雄蕊展开；6. 瘦果及冠毛

总苞圆柱状，长 8~9 mm；总苞片 3~4 层，外层及最外层宽卵形，长 1.5 mm，宽 0.8 mm，顶端急尖，内层长椭圆状倒披针形，长 8~9 mm，宽 1~1.5 mm，顶端急尖。舌状小花黄色，干时带红色。瘦果褐色，长椭圆形，长 2.2 mm，宽 0.3 mm，有 10 条高起的钝肋，肋上有小刺毛，顶端急尖成喙，喙细丝状，长 2.8 mm。冠毛白色，微糙，长 5 mm。花、果期 1~10 月。

徂徕山各林区均产。国内分布于黑龙江、河北、山西、陕西、山东、江苏、安徽、浙江、江西、福建、台湾、河南、四川、贵州、云南、西藏。

多色苦荬菜（亚种）
subsp. versicolor（Fischer ex Link）Kitamura

Bot. Mag.（Tokyo）49: 283. 1935.

多年生草本，高 10~20 cm。茎簇生，上升。基生叶长达 17 cm；茎生叶 1~2 枚或无茎生叶。头状花序通常含舌状小花 15~25 枚。总苞长 8~9 mm；小花颜色不一，白色、紫色或浅黄色，极稀亮黄色。瘦果长 4~6 mm。花、果期 3~9 月。

产于大寺。生于草地、林下及荒地上。国内分布于黑龙江、吉林、内蒙古、河北、河南、青海、甘肃、陕西、山西、湖北、湖南、江苏、贵州、西藏、云南等省份。

7. 苦苣菜属 Sonchus Linn.

一、二年生或多年生草本。叶互生。头状花序稍大，同型，舌状，含多数舌状小花，通常 80 朵以上，在茎枝顶端排成伞房花序或伞房圆锥花序。总苞卵状、钟状、圆柱状或碟状，花后常下垂。总苞片 3~5 层，覆瓦状排列，草质，内层总苞片披针形、长椭圆形或长三角形，边缘常膜质。花托平，无托毛。舌状小花黄色，两性，结实，舌片顶端截形，5 齿裂，花药基部短箭头状，花柱分枝纤细。瘦果卵形或椭圆形，极少倒圆锥形，极压扁或粗厚，有多数（达 20）或少数高起的纵肋，常有横皱纹，顶端较狭窄，无喙。冠毛多层，细密、柔软且彼此纠缠，白色，单毛状，基部整体连合成环或连合成组，脱落。

约 90 种，分布欧洲、亚洲与非洲。中国 5 种。徂徕山 2 种。

分种检索表

1. 瘦果无横皱纹；总苞片外面光滑无毛 ··· 1. 花叶滇苦菜 Sonchus asper
1. 瘦果有横皱纹；总苞片外面无毛或有少数头状具柄的腺毛 ···································· 2. 苦苣菜 Sonchus oleraceus

1. 花叶滇苦菜（图 856）
Sonchus asper（Linn.）Hill

Herbar. Britan 1: 47. 1769.

一年生草本。根倒圆锥状，褐色，垂直直伸。茎单生或少数簇生。茎直立，高 20~50 cm，有纵纹或纵棱，上部花序分枝长或短，全部茎枝光滑无毛或上部及花梗被头状具柄的腺毛。基生叶与茎生叶同型，但较小；中下部茎叶长椭圆形、倒卵形、匙状或匙状椭圆形，包括渐狭的翼柄长 7~13 cm，宽 2~5 cm，顶端渐尖、急尖或钝，基部渐狭成短或较长的翼柄，柄基耳状抱茎或基部无柄，耳状抱茎；上部茎叶披针形，不裂，基部扩大，圆耳状抱茎。或下部叶或全部茎叶羽状浅裂、半裂或深裂，侧裂片 4~5 对椭圆形、三角形、宽镰刀形或半圆形。全部叶及裂片与抱茎的圆耳边缘有尖齿刺，两面光滑无毛，质地薄。头状花序少数（5）或较多（10）在茎枝顶端排稠密的伞房花序。总苞宽钟状，长约 1.5 cm，宽 1 cm；总苞片 3~4 层，向内层渐长，覆瓦状排列，绿色，草质，外层长披针形或长三角形，长 3 mm，宽不足 1 mm，中内层长椭圆状披针形至宽线形，长达 1.5 cm，宽 1.5~2 mm；全部苞片顶端急尖，外面光滑无毛。舌状小花黄色。瘦果倒披针状，褐色，长 3 mm，宽 1.1 mm，压扁，两面各有 3 条细纵肋，肋间无横皱纹。冠毛白色，长达 7 mm，柔软，彼此纠缠，基部连合成环。花、果期 5~10 月。

徂徕山各林区均产。生于林缘及水边。国内分布于新疆、山东、江苏、安徽、浙江、江西、湖北、四川、云南、西藏等省份。欧洲、西亚、哈萨克斯坦、乌兹别克斯坦、日本、喜马拉雅山等地也有分布。

2. 苦苣菜（图 857）

Sonchus oleraceus Linn.

Sp. Pl. 794. 1753.

一、二年生草本。根圆锥状，垂直直伸，有多数纤维状须根。茎直立，单生，高 40~150 cm，有纵条棱或条纹，不分枝或上部有短分枝，光滑无毛，或花序被头状具柄的腺毛。基生叶羽状深裂，全形长椭圆形或倒披针形，或大头羽状深裂，全形倒披针形，或叶不裂，椭圆形、椭圆状戟形、三角形、三角状戟形或圆形，全部基生叶基部渐狭成长或短翼柄；中下部茎叶羽状深裂或大头状羽状深裂，全形椭圆形或倒披针形，长 3~12 cm，宽 2~7 cm，基部急狭成翼柄，翼窄或宽，向柄基且逐渐加宽，柄基圆耳状抱茎，顶裂片与侧裂片等大或较大，宽三角形、戟状宽三角形、卵状心形，侧生裂片 1~5 对，椭圆形，全部裂片顶端急尖或渐尖，下部茎叶或接花序分枝下方的叶与中下部茎叶同型并等样分裂，或不分裂而披针形或线状披针形，且顶端长渐尖，下部宽大，基部半抱茎；全部叶或裂片边缘及抱茎小耳边缘有大小不等的急尖锯齿或大锯齿，或上部及接花序分枝处的叶全缘或上半部全缘，急尖或渐尖，两面光滑毛，质地薄。头状花序少数，在茎枝顶端排成伞房或总状花序，或单生茎顶。总苞宽钟状，长 1.5 cm，宽 1 cm；总苞片 3~4 层，覆瓦状排列，向内层渐长；外层长披针形或长三角形，长 3~7 mm，宽 1~3 mm，中内层长披针形至线状披针形，长 8~11 mm，宽 1~2 mm；全部总

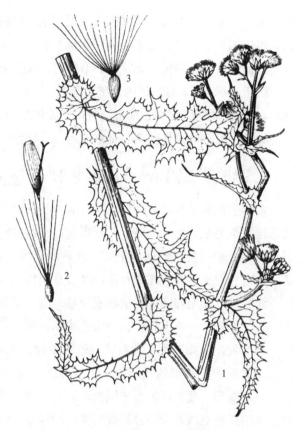

图 856　花叶滇苦菜
1. 植株；2. 舌状花；3. 瘦果及冠毛

图 857　苦苣菜
1. 植株；2. 舌状花；3. 瘦果及冠毛

苞片顶端长急尖，外面无毛或外层或中内层上部沿中脉有少数头状具柄的腺毛。舌状小花多数，黄色。瘦果褐色，长椭圆形或长椭圆状倒披针形，长 3 mm，宽不足 1 mm，压扁，每面各有 3 条细脉，肋间有横皱纹，顶端狭，无喙，冠毛白色，长 7 mm，单毛状，彼此纠缠。花、果期 5~12 月。

产于光华寺等林区。国内分布于辽宁、河北、山西、陕西、甘肃、青海、新疆、山东、江苏、安徽、浙江、江西、福建、台湾、河南、湖北、湖南、广西、四川、云南、贵州、西藏等省份。分布几遍全球。

嫩苗、嫩茎叶可作蔬菜。全草入药，有祛湿、清热解毒功效。

8. 蒲公英属 Taraxacum F. H. Wiggers

多年生葶状草本。具白色乳状汁液。茎花葶状。花葶 1 至数个，直立、中空，无叶状苞片，上部被蛛丝状柔毛或无毛。叶基生，密集成莲座状，具柄或无柄，叶片匙形、倒披针形或披针形，羽状深裂、浅裂，裂片多为倒向或平展，或具波状齿，稀全缘。头状花序单生花葶顶端；总苞钟状或狭钟状，总苞片数层，有时先端背部增厚或有小角，外层总苞片短于内层总苞片，通常稍宽，常有浅色边缘，线状披针形至卵圆形，伏贴或反卷，内层总苞片较长，多少呈线形，直立；花序托多少平坦，有小窝孔，无托片，稀有托片；全为舌状花，两性、结实，舌片黄色，稀白色、红色或紫红色，先端截平，具 5 齿，边缘花舌片背面常具暗色条纹；雄蕊 5，花药聚合呈筒状，包于花柱周围，基部具尾，戟形，先端有三角形的附属物，花丝离生，着生于花冠筒上；花柱细长，伸出聚药雄蕊外，柱头 2 裂，裂瓣线形。瘦果纺锤形或倒锥形，有纵沟，果体上部或几全部有刺状或瘤状突起，稀光滑，上端突然缢缩或逐渐收缩为圆柱形或圆锥形的喙基，喙细长，少粗短；冠毛多层，白色，毛状，易脱落。

约 2500 余种，主产北半球温带至亚热带地区，少数产热带南美洲。中国 116 种，广布于东北、华北、西北、华中、华东及西南地区，西南和西北地区最多。徂徕山 2 种。

分种检索表

1. 外层总苞片披针形或卵状披针形，先端增厚，具明显的角状突起·················1. 蒲公英 Taraxacum mongolicum
1. 外层总苞片宽卵形，无或有不明显的增厚···2. 东北蒲公英 Taraxacum ohwianum

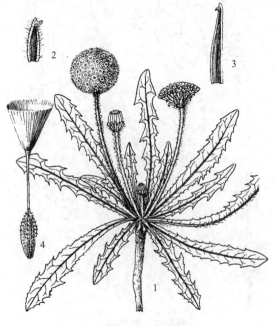

图 858 蒲公英
1. 植株；2~3. 苞片；4. 瘦果及冠毛

1. 蒲公英（图 858）

Taraxacum mongolicum Hand.-Mazz.

Monogr. Tarax. 67. t. 2. f. 13. 1907.

多年生草本。根圆柱状，黑褐色，粗壮。叶倒卵状披针形、倒披针形或长圆状披针形，长 4~20 cm，宽 1~5 cm，先端钝或急尖，边缘有时具波状齿或羽状深裂，有时倒向羽状深裂或大头羽状深裂，顶端裂片较大，三角形或三角状戟形，全缘或具齿，每侧裂片 3~5 片，三角形或三角状披针形，通常具齿，平展或倒向，裂片间常夹生小齿，基部渐狭成叶柄，叶柄及主脉常带红紫色，疏被蛛丝状白色柔毛或几无毛。花葶 1 至数个，与叶等长或稍长，高 10~25 cm，上部紫红色，密被蛛丝状白色长柔毛；头状花序直径 30~40 mm；总苞钟状，长 12~14 mm，淡绿色；总苞片 2~3 层，外层总苞片卵状披针形或披针形，长 8~10 mm，宽 1~2 mm，边缘宽膜质，基部淡绿色，上部紫红色，先端增厚或具角状突起；内层总苞片线状披针形，长 10~16 mm，宽 2~3 mm，先端紫红色，具小角状突起；舌状花黄色，舌片长约 8 mm，宽约 1.5 mm，边缘花舌片背面具紫红色条纹，花药和柱头暗绿色。瘦果倒卵状披针形，暗褐色，长 4~5 mm，宽 1~1.5 mm，上部具小刺，下部具成行排列的小瘤，顶端逐渐收缩为长约 1 mm 的圆锥至圆柱形喙基，喙长 6~10 mm，纤细；冠毛白色，长约 6 mm。花期 4~9 月；果期 5~10 月。

徂徕山各山地林区均产。生于草地、路边、田野、河滩。中国分布于黑龙江、吉林、辽宁、内蒙古、河北、山西、陕西、甘肃、青海、山东、江苏、安徽、浙江、福建、台湾、河南、湖北、湖南、广东、四川、贵州、云南等省份。朝鲜、蒙古、俄罗斯等也有分布。

嫩时可作野菜。全草供药用，有清热解毒、消肿散结的功效。

2. 东北蒲公英（图 859）

Taraxacum ohwianum Kitamura

Acta Phytotax. Geobot. 1933. ii. 124. 1933.

多年生草本。叶倒披针形，长 10~30 cm，先端尖或钝，不规则羽状浅裂至深裂，顶端裂片菱状三角形或三角形，每侧裂片 4~5 片，三角形或长三角形，全缘或边缘疏生齿，两面疏生短柔毛或无毛。花葶多数，高 10~20 cm，花期超出叶或与叶近等长，微被疏柔毛，近顶端处密被白色蛛丝状毛；头状花序直径 25~35 mm；总苞长 13~15 mm；外层总苞片花期伏贴，宽卵形，长 6~7 mm，宽 4.5~5 mm，先端锐尖或稍钝，无或有不明显增厚，暗紫色，具狭窄的白色膜质边缘，边缘疏生缘毛；内层总苞片线状披针形，长于外层总苞片 2~2.5 倍，先端钝，无角状突起；舌状花黄色，边缘花舌片背面有紫色条纹。瘦果长椭圆形，麦秆黄色，长 3~3.5 mm，上部有刺状突起，向下近平滑，顶端略突然缢缩成圆锥至圆柱形喙基，长 0.5~1 mm；喙纤细，长 8~11 mm；冠毛污白色，长 8 mm。花、果期 4~6 月。

产于马场。生于山坡路旁。国内分布于黑龙江、吉林、辽宁、山东。朝鲜、俄罗斯远东地区也有分布。

图 859 东北蒲公英
1. 植株；2. 舌状花；3~4. 总苞片；5. 瘦果

119. 泽泻科 Alismataceae

多年生草本，稀一年生；沼生或水生。具根状茎、匍匐茎、球茎、珠芽。叶基生，直立，挺水、浮水或沉水；叶片条形、披针形、卵形、椭圆形、箭形等，全缘；叶脉平行；叶柄长短随水位深浅有明显变化，基部具鞘，边缘膜质或否。花序总状、圆锥状或呈圆锥状聚伞花序，稀 1~3 花单生或散生。花两性、单性或杂性，辐射对称；花被片 6 枚，排成 2 轮，覆瓦状，外轮花被片宿存，内轮花被片易枯萎、凋落；雄蕊 6 或多数，花药 2 室，外向，纵裂，花丝分离，向下逐渐增宽，或上下等宽；

心皮多数，轮生，或螺旋状排列，分离，花柱宿存，胚珠通常1枚，着生于子房基部。瘦果两侧压扁，或为小坚果，多少胀圆。种子褐色、深紫色或紫色；胚马蹄形，无胚乳。

13属约100种，主要产于北半球温带至热带地区，大洋洲、非洲亦有分布。中国6属18种，南北各省份均有分布。徂徕山1属1种。

1. 慈姑属 Sagittaria Linn.

草本。具根状茎、匍匐茎、球茎、珠芽。叶沉水、浮水、挺水；叶片条形、披针形、深心形、箭形，箭形叶有顶裂片与侧裂片之分。花序总状、圆锥状；花和分枝轮生，每轮（1）3数，2至多轮，基部具3苞片，分离或基部合生；花两性或单性；雄花生于上部，花梗细长；雌花位于下部，花梗短粗或无；雌雄花被片相近似，通常花被片6枚，外轮3枚绿色，反折或包果；内轮花被片花瓣状，白色，稀粉红色，或基部具紫色斑点，花后脱落，稀枯萎宿存；雄蕊9至多数，花丝不等长，花药黄色，稀紫色；心皮离生，多数，螺旋状排列。瘦果两侧压扁，通常具翅。种子马蹄形，褐色。

约30种，广布于世界各地，多数种类集中于北温带。中国7种，除西藏等少数地区外，其他各省份均有分布。徂徕山1种。

1. 野慈姑（图860）

Sagittaria trifolia Linn.

Sp. Pl. 993. 1753.

多年生水生或沼生草本。根状茎横走，较粗壮，末端膨大或否。挺水叶箭形，叶片长短、宽窄变异很大，通常顶裂片短于侧裂片，比值1:1.2~1:1.5，顶裂片与侧裂片之间缢缩或否；叶柄基部渐宽，鞘状，边缘膜质，具横脉或不明显。花莛直立，挺水，高（15）20~70 cm，通常粗壮。花序总状或圆锥状，长5~20 cm，具分枝1~2枚，花多轮，每轮2~3花；苞片3枚，基部多少合生，先端尖。花单性；花被片反折，外轮花被片椭圆形或广卵形，长3~5 mm，宽2.5~3.5 mm；内轮花被片白色或淡黄色，长6~10 mm，宽5~7 mm，基部收缩，雌花通常1~3轮，花梗短粗，心皮多数，两侧压扁，花柱自腹侧斜上；雄花多轮，花梗斜举，长0.5~1.5 cm，雄蕊多数，花药黄色，长1~1.5（2）mm，花丝长0.5~3 mm，通常外轮短，向里渐长。瘦果两侧压扁，长约4 mm，宽约3 mm，倒卵形，具翅，背翅多少不整齐；果喙短，自腹侧斜上。种子褐色。花、果期5~10月。

图860 野慈姑
1.植株下部；2.花序；3.雄花；4.雌花；5.果

产于西旺等林区。生于池塘、沟渠等水域。国内分布于东北、华北、西北、华东、华南地区及四川、贵州、云南等省份。广布于亚洲东部、东南部、南部和欧洲。

120. 水鳖科 Hydrocharitaceae

一年生或多年生淡水和海水草本，沉水或漂浮水面。根扎于泥里或浮于水中。茎短缩，直立，少有匍匐。叶基生或茎生，基生叶多密集，茎生叶对生、互生或轮生；叶形、大小多变；叶柄有或无；托叶有或无。佛焰苞合生，稀离生，无梗或有梗，常具肋或翅，先端多为2裂，其内含1至数朵花。花辐射对称，稀为左右对称；单性，稀两性，常具退化雌蕊或雄蕊。花被片离生，3或6枚，有花萼花瓣之分，或无花萼花瓣之分；雄蕊1至多枚，花药底部着生，2~4室，纵裂；子房下位，由2~15枚心皮合生，1室，侧膜胎座，有时向子房中央突出，但从不相连；花柱2~5枚，常分裂为2；胚珠多数，倒生或直生，珠被2层。果实肉果状，果皮腐烂开裂。种子多数，形状多样；种皮光滑或有毛，有时具细刺瘤状突起；胚直立，胚芽极不明显，海生种类有发达的胚芽，无胚乳。

18属约120种，广泛分布于全世界热带、亚热带，少数分布于温带。中国11属34种，主要分布于长江以南各省份，东北、华北、西北地区亦有少数种类。生于江湖、溪沟、池塘和稻田，少数种类见于海边盐水中。徂徕山3属3种。

分属检索表

1. 浮水草本。叶基生，卵形、圆形或肾形，叶背具垫状贮气组织 ······················· 1. 水鳖属 Hydrocharis
1. 沉水草本。
  2. 叶茎上轮生 ··· 2. 黑藻属 Hydrilla
  2. 叶基生 ··· 3. 苦草属 Vallisneria

1. 水鳖属 Hydrocharis Linn.

浮水草本。匍匐茎横走，先端有芽。叶漂浮或沉水，稀挺水；叶片卵形、圆形或肾形，先端圆或急尖，基部心形或肾形，全缘，有的种在远轴面中部具有广卵形的垫状贮气组织；叶脉弧形，5或5条以上；具叶柄和托叶。花单性，雌雄同株；雄花序具梗，佛焰苞2枚，内含雄花数朵；萼片3，花瓣3，白色；雄蕊6~12枚，花药2室，纵裂；雌佛焰苞内生花1朵；萼片3，花瓣3，白色，较大；子房椭圆形，不完全6室，花柱6，柱头扁平，2裂。果实椭圆形至圆形，有6肋，在顶端呈不规则开裂。种子多数，椭圆形。

3种，一种产西欧、小亚细亚、北美洲；一种产非洲中部；一种产亚洲、大洋洲。中国1种。徂徕山1种。

1. 水鳖（图861，彩图86）

Hydrocharis dubia（Blume）Backer

Handb. Fl. Java. 1: 64. 1925.

浮水草本。须根长可达30 cm。匍匐茎发达，节间长3~15 cm，直径约4 mm，顶端生芽，并可

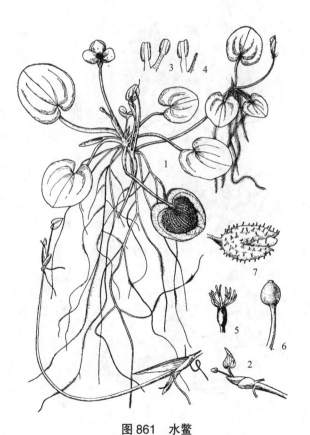

图 861 水鳖
1. 植株；2. 越冬芽萌发；3~4. 雄蕊及退化雄蕊；
5. 雌花去花萼；6. 果实；7. 种子萌发

产生越冬芽。叶簇生，多漂浮，有时伸出水面；叶片心形或圆形，长 4.5~5 cm，宽 5~5.5 cm，先端圆，基部心形，全缘，远轴面有蜂窝状贮气组织，并具气孔；叶脉 5 条，稀 7 条，中脉明显，与第 1 对侧生主脉所成夹角呈锐角。雄花序腋生；花序梗长 0.5~3.5 cm；佛焰苞 2 枚，膜质，透明，具红紫色条纹，苞内雄花 5~6 朵，每次仅 1 朵开放；花梗长 5~6.5 cm；萼片 3，离生，长椭圆形，长约 6 mm，宽约 3 mm，常具红色斑点，顶端急尖；花瓣 3，与萼片互生，广倒卵形或圆形，长约 1.3 cm，宽约 1.7 cm，先端微凹，基部渐狭，近轴面有乳头状突起；雄蕊 12 枚，成 4 轮排列，最内轮 3 枚退化，最外轮 3 枚与花瓣生互，基部与第 3 轮雄蕊联合，第 2 轮雄蕊与最内轮退化雄蕊基部联合，最外轮与第 2 轮雄蕊长约 3 mm，花药长约 1.5 mm，第 3 轮雄蕊长约 3.5 mm，花药较小，花丝近轴面具乳突，退化雄蕊顶端具乳突，基部有毛；雌佛焰苞小，苞内雌花 1；花梗长 4~8.5 cm；花大，直径约 3 cm；萼片 3，先端圆，长约 11 mm，宽约 4 mm，常具红色斑点；花瓣 3，白色，基部黄色，广倒卵形至圆形，较雄花花瓣大，长约 1.5 cm，宽约 1.8 cm，近轴面具乳头状突起；退化雄蕊 6 枚，成对与萼片对生；腺体 3 枚，黄色，肾形，与萼片互生；花柱 6，2 深裂，长约 4 mm，密被腺毛；子房下位，不完全 6 室。果实浆果状，球形至倒卵形，长 0.8~1 cm，直径约 7 mm，具数条沟纹。种子多数，椭圆形，顶端渐尖；种皮上有许多毛状突起。花、果期 8~10 月。

产于西旺。生于池塘湖泊和河沟。国内分布于东北地区及河北、陕西、山东、江苏、安徽、浙江、江西、福建、台湾、河南、湖北、湖南、广东、海南、广西、四川、云南等省份。大洋洲和亚洲等地区也有分布。

可作饲料及用于沤绿肥；幼叶柄作蔬菜。

2. 黑藻属 Hydrilla Rich.

沉水草本。具须根。茎纤细，圆柱形，多分枝。叶 3~8 片轮生，近基部偶有对生；叶片线形、披针形或长椭圆形，无柄。花单性，腋生，雌雄异株或同株；雄佛焰苞膜质，近球形，顶端平截，具数个短凸刺，无苞梗；苞内雄花 1 朵，具短梗；萼片 3，白色或绿色，卵形或倒卵形；花瓣 3，与萼片互生，白色或淡紫色，匙形，通常较萼片狭而长；雄蕊 3，与花瓣互生，无退化雄蕊；雌佛焰苞管状，先端 2 裂；苞内雌花 1 朵，无梗；萼片、花瓣均与雄花花被相似，但较狭，开放时花伸出水面；花柱 3，稀为 2，圆柱形，表面有流苏状乳突；子房下位，1 室，圆柱形或狭圆锥形；侧膜胎座，胚珠少数，倒生。果实圆柱形或线形，平滑或具凸起。种子 2~6 粒，矩圆形。

1 种，广布于温带、亚热带和热带。中国产，分布于华北、华东、华南、西南地区。徂徕山 1 种。

1. 黑藻（图 862）

Hydrilla verticillata（Linn. f.）Royle
Ill. Bot. Himal. Mts. 376. 1839.

多年生沉水草本。茎圆柱形，表面具纵向细

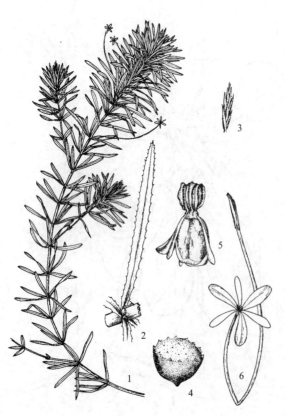

图 862 黑藻
1. 植株一部分；2. 叶着生；3. 萌动的冬芽；
4. 雄佛焰苞，未开裂；5. 雄花；6. 雌花棱纹，质较脆。休眠芽长卵圆形；苞叶多数，螺旋状紧密排列，白色或淡黄绿色，狭披针形至披针形。叶 3~8 枚轮生，线形或长条形，长 7~17 mm，宽 1~1.8 mm，常具紫红色或黑色小斑点，先端锐尖，边缘锯齿明显，无柄，具腋生小鳞片；主脉 1 条，明显。花单性，雌雄同株或异株；雄佛焰苞近球形，绿色，表面具明显的纵棱纹，顶端具刺凸；雄花萼片 3，白色，稍反卷，长约 2.3 mm，宽约 0.7 mm；花瓣 3，反折开展，白色或粉红色，长约 2 mm，宽约 0.5 mm；雄蕊 3，花丝纤细，花药线形，2~4 室；雄花成熟后自佛焰苞内放出，漂浮于水面开花；雌佛焰苞管状，绿色；苞内雌花 1 朵。果实圆柱形，表面常有 2~9 个刺状突起。种子 2~6 粒，茶褐色，两端尖。以休眠芽繁殖为主。花、果期 5~10 月。

产于大寺、西旺、王家院等林区。国内分布于黑龙江、河北、陕西、山东、江苏、安徽、浙江、江西、福建、台湾、河南、湖北、湖南、广东、海南、广西、四川、贵州、云南等省份。广布于欧亚大陆热带至温带地区。

3. 苦草属 Vallisneria Linn.

沉水草本。无直立茎，匍匐茎光滑或粗糙。叶基生，线形或带形，先端钝，基部稍呈鞘状，边缘有细锯齿或全缘，气道纵列多行；基出叶脉 3~9 条，平行，可直达叶端，脉间有横脉连接。雄佛焰苞卵形或广披针形，扁平，具短梗，含极多具短柄的雄花，成熟后先端开裂，雄花浮出水面开放；雄花小，萼片 3 枚，卵形或长卵形，大小不等；花瓣 3，极小；雄蕊 1~3 枚；雌佛焰苞管状，先端 2 裂，裂片圆钝或三角形，花梗甚长，直至将花托出水面，受精后螺旋状收缩；内含雌花 1 朵，萼片 3，质较厚；花瓣 3，极小，膜质；子房下位，圆柱形或长三角柱形，胚珠多数；花柱 3，2 裂。果实圆柱形或三棱长柱形，光滑或有翅。种子多数，长圆形或纺锤形，光滑或有翅。

约 8 种，分布于热带、亚热带、暖温带。中国 3 种，南北各省份均产。徂徕山 1 种。

1. 苦草（图 863）

Vallisneria natans（Lour.）Hara

Journ. Jap. Bot. 49: 136. 1974.

沉水草本。具匍匐茎，径约 2 mm，白色，光滑或稍粗糙，先端芽浅黄色。叶基生，线形或带形，长 20~200 cm，宽 0.5~2 cm，绿色或略带紫红色，常具棕色条纹和斑点，先端圆钝，边缘全缘或具不明显的细锯齿；无叶柄；叶脉 5~9 条。花单性；雌雄异株；雄佛焰苞卵状圆锥形，长 1.5~2 cm，宽 0.5~1 cm，内含雄花 200 余朵或更多，成熟的雄花浮在水面开放；萼片 3，2 片较大，长 0.4~0.6 mm，宽约 0.3 mm，成舟形浮于水上，中间 1 片较小，长约 0.3 mm，宽约 0.2 mm，中肋部龙骨状，向上伸展似帆；雄蕊 1 枚，花丝先端不分裂或部分 2 裂，基部具毛状突起和 1~2 枚膜状体；花粉粒白色，长圆形，无萌发孔，表面具有不规则的颗粒状突起；雌佛焰苞筒状，先端 2 裂，绿色或暗紫红色，长 1.5~2 cm，梗纤细，绿色或淡红色，长 30~50 cm，受精后螺旋状卷曲；雌花单生于佛焰苞内，萼片 3，先端钝，绿紫色，质较硬，长

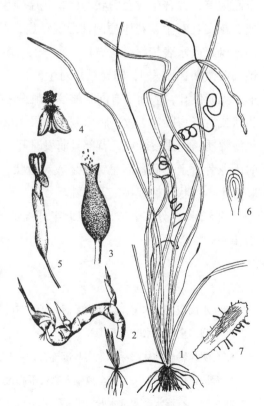

图 863 苦草
1. 植株；2. 块茎；3. 雄花及佛焰苞；4. 雄花；
5. 雌花及佛焰苞；6. 胚珠；7. 种子

2~4 mm，宽约 3 mm；花瓣 3，极小，白色，与萼片互生；花柱 3，先端 2 裂；退化雄蕊 3 枚；子房下位，圆柱形，光滑；胚珠多数，直立，厚珠心型，外珠被长于内珠被。果实圆柱形，长 5~30 cm，直径约 5 mm。种子倒长卵形，有腺毛状突起。花、果期 8~9 月。

产于西旺、王家院等林区。生于溪沟、池塘之中。国内分布于吉林、河北、陕西、山东、江苏、安徽、浙江、江西、福建、台湾、湖北、湖南、广东、广西、四川、贵州、云南等省份。也分布于伊拉克、印度、中南半岛、日本、马来西亚和澳大利亚。

121. 眼子菜科 Potamogetonaceae

淡水生至咸水生一年生或多年生草本。具根茎匍匐茎或无根茎。叶沉水或浮水，或兼具沉水叶与浮水叶，互生或基生，稀对生；托叶鞘状抱茎或分离。花序顶生或腋生，穗状花序；花小，两性；花被分离，或无；雄蕊 4（1），通常无花丝，花药纵裂，药隔伸长；雌蕊（1）4 心皮，离生；每室 1 枚胚珠。果实多为小核果状。种子无胚乳，胚通常弯曲。

2 属约 85 种，全球广布。中国 1 属 24 种。徂徕山 1 属 4 种。

1. 眼子菜属 Potamogeton Linn.

一年生或多年生水生草本。具横走根茎，稀根茎极短或无根茎。茎圆柱形、椭圆柱形或极扁。叶互生，有时在花序下面近对生，单型或 2 型，漂浮水面或沉没水中，具柄或无柄；叶片卵形、披针形、椭圆形、矩圆形、条形或线形；叶脉因叶型和叶形的不同而为 3 至多数，平行，并于叶片顶端相汇合；托叶鞘多为膜质，稀草质，无色或淡绿色，与叶片离生或贴生于叶片基部而形成叶鞘，边缘叠压而抱茎，稀合生成套管状。穗状花序顶生或腋生，花期伸出水面或否，具花 2 至多轮，每轮 3 花，或 2 花交互对生；花序梗圆柱形或稍扁，与茎等粗或向上逐渐膨大而呈棒状；花两性，无梗或近无梗，风媒或水表传粉；花被片 4，1 轮，淡绿至绿色，或有时外面稍带红褐色，通常基部具爪，先端钝圆或微凹；雄蕊 4，与花被片对生，几无花丝；花药长圆形，药室背面纵裂；花粉粒球形或长圆球形，无萌发孔，表面饰有网状雕纹；雌蕊 1~4，离生，稀基部合生；子房 1 室，花柱缩短，柱头膨大，头状或盾形；胚珠 1 枚，腹面侧生。果实核果状，具直生或斜伸的短喙；外果皮近革质，或松软而略呈海绵质；内果皮骨质，背部具萌发时开裂的盖状物，盖状物中肋常凸起而形成钝或锐的龙骨脊，有时因龙骨脊上具附器而呈钝齿牙或鸡冠状，盖状物与内果皮侧壁相接处常形成显著或不显著的侧棱；胚弯生，钩状或螺旋状，无胚乳。

约 82 种，分布全球，尤以北半球温带地区分布较多。中国约 24 种，南北各省份均有分布。徂徕山 4 种。

分种检索表

1. 叶漂浮水面或沉没水中，具柄或无柄，托叶与叶片离生，稀基部稍合生，但不形成叶鞘。
  2. 叶单型，全为沉水叶。
    3. 有明显特化的休眠芽；果实基部连合，喙长达 1~2 mm，背脊约 1/2 以下具齿牙……1. 菹草 Potamogeton crispus
    3. 无特化休眠芽；果实完全离生，喙长不超过 0.5 mm，背脊平滑无齿…………2. 竹叶眼子菜 Potamogeton wrightii
  2. 叶 2 型，有浮水叶和沉水叶之分；沉水叶线形；浮水叶椭圆形或矩圆状卵形，通常只在开花时出现；果实背脊呈明显的鸡冠状………………3. 鸡冠眼子菜 Potamogeton cristatus
1. 叶全部为沉水叶，无柄，托叶与叶片基部贴生，形成明显叶鞘……………4. 篦齿眼子菜 Potamogeton pectinatus

1. 菹草（图 864，彩图 87）
Potamogeton crispus Linn.

Sp. Pl. 126. 1753.

多年生沉水草本。具近圆柱形的根茎。茎稍扁，多分枝，近基部常匍匐地面，于节处生出疏或稍密的须根。叶条形，无柄，长 3~8 cm，宽 3~10 mm，先端钝圆，基部约 1 mm 与托叶合生，但不形成叶鞘，叶缘多少呈浅波状，具疏或稍密的细锯齿；叶脉 3~5 条，平行，顶端连接，中脉近基部两侧伴有通气组织形成的细纹，次级叶脉疏而明显可见；托叶薄膜质，长 5~10 mm，早落；休眠芽腋生，略似松果，长 1~3 cm，革质叶左右 2 列密生，基部扩张，肥厚，坚硬，边缘具有细锯齿。穗状花序顶生，具花 2~4 轮，初时每轮 2 朵对生，穗轴伸长后常稍不对称；花序梗棒状，较茎细；花小，被片 4，淡绿色，雌蕊 4 枚，基部合生。果实卵形，长约 3.5 mm，果喙长可达 2 mm，向后稍弯曲，背脊约 1/2 以下具齿牙。花、果期 4~7 月。

产于大寺、西旺、王家院等林区。生于浅水池塘及缓流河水中。分布于中国南北各省份。世界广布种。

本种为草食性鱼类的良好天然饵料。

图 864　菹草
1. 植株；2. 花序；3. 花；4. 雌蕊；5. 果实

2. 竹叶眼子菜（图 865，彩图 88）
Potamogeton wrightii Morong

Bull. Torrey Bot. Club 13: 158. 1886.

多年生沉水草本。根茎发达，白色，节处生有须根。茎圆柱形，直径约 2 mm，不分枝或具少数分枝，节间长可达 10 cm。叶条形或条状披针形，具长柄；叶片长 5~19 cm，宽 1~2.5 cm，先端钝圆而具小凸尖，基部钝圆或楔形，边缘浅波状，有细微的锯齿；中脉显著，自基部至中部发出 6 至多条与之平行、并在顶端连接的次级叶脉，三级叶脉清晰可见；托叶大而明显，近膜质，无色或淡绿色，与叶片离生，鞘状抱茎，长 2.5~5 cm。穗状花序顶生，具花多轮，密集或稍密集；花序梗膨大，稍粗于茎，长 4~7 cm；花小，被片 4，绿色；雌蕊 4 枚，离生。果实倒卵形，长约 3 mm，两侧稍扁，背部明显 3 脊，中脊狭翅状，侧脊锐。花、果期 6~10 月。

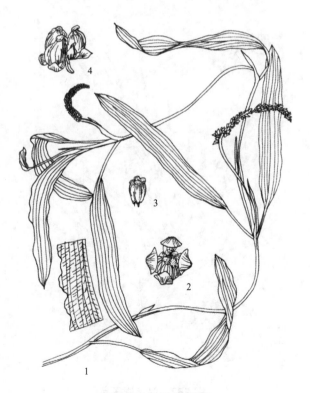

图 865　竹叶眼子菜
1. 植株；2. 花；3. 雌蕊；4. 果实

产于大寺、西旺、王家院等林区。生于池塘、河流等水体。分布于中国南北各省份。俄罗斯、朝鲜、日本、东南亚各国及印度也有分布。

3. 鸡冠眼子菜 小叶眼子菜（图866）

Potamogeton cristatus Regel & Maack

Mém. Acad. Imp. Sci. Saint Pétersbourg, Sér. 7, 4（4）[Tent. Fl. Ussur.]: 139. 1861.

多年生水生草本，通常在开花前全部沉没水中。无明显的根状茎。茎纤细，圆柱形或近圆柱形，直径约0.5 mm，近基部常匍匐地面，于节处生出多数纤长的须根，具分枝。叶2型；花期前全部为沉水型叶，线形，互生，无柄，长2.5~7 cm，宽约1 mm，先端渐尖，全缘；近花期或开花时出现浮水叶，互生，在花序梗下近对生，叶片椭圆形、矩圆形或矩圆状卵形，稀披针形，革质，长1.5~2.5 cm，宽0.5~1 cm，先端钝或尖，基部近圆形或楔形，全缘，具长1~1.5 cm的柄；托叶膜质，与叶离生。休眠芽腋生，明显特化，呈细小的纺锤状，长1.5~3 cm，下面具3~5枚直伸的针状小苞叶。穗状花序顶生，或呈假腋生状，具花3~5轮，密集；花序梗稍膨大，略粗于茎，长0.8~1.5 cm；花小，被片4；雌蕊4枚，离生。果实斜倒卵形，长约2 mm，基部具长约1 mm的柄；背部中脊明显成鸡冠状，喙长约1 mm，斜伸。花、果期5~9月。

产于西旺。生于汶河静水中。国内分布于东北地区及河北、江苏、浙江、江西、福建、台湾、河南、湖北、湖南、四川等省份。俄罗斯、朝鲜、日本也有分布。

4. 篦齿眼子菜（图867）

Potamogeton pectinatus Linn.

Sp. Pl. 127. 1753.

—— *Stuckenia pectinata*（Linn.）Börner

沉水草本。根茎发达，白色，直径1~2 mm，具分枝，常于春末夏初至秋季之间在根茎及其分枝的顶端形成长0.7~1 cm的小块茎状的卵形休眠芽体。茎长50~200 cm，近圆柱形，纤细，直径0.5~1 mm，下部分枝稀疏，上部分枝稍密集。叶线形，长2~10 cm，宽0.3~1 mm，先端渐尖或急尖，基部与托叶贴生成鞘；鞘长1~4 cm，绿色，

图866 鸡冠眼子菜
1. 花枝；2. 果枝；3. 浮水叶；4. 花；5~6. 瘦果

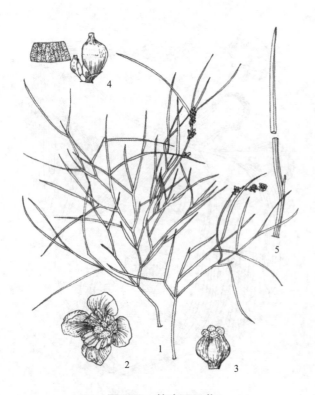

图867 篦齿眼子菜
1. 植株；2. 花；3. 雌蕊；4. 果实；5. 叶子

边缘叠压而抱茎，顶端具长 4~8 mm 的无色膜质小舌片；叶脉 3 条，平行，顶端连接，中脉显著，有与之近于垂直的次级叶脉，边缘脉细弱而不明显。穗状花序顶生，具花 4~7 轮，间断排列；花序梗细长，与茎近等粗；花被片 4，圆形或宽卵形，径约 1 mm；雌蕊 4 枚，通常仅 1~2 枚可发育为成熟果实。果实倒卵形，长 3.5~5 mm，宽 2.2~3 mm，顶端斜生长约 0.3 mm 的喙，背部钝圆。花、果期 5~10 月。

产于西旺。生于汶河河沟、水渠、池塘中。中国南北各省份均产。全球分布，尤以南北两半球温带水域较为习见。

全草可入药，性凉味微苦，有清热解毒之功效；治肺炎、疮疖。

122. 茨藻科 Najadaceae

一年生沉水草本。生于内陆淡水、半咸水、咸水或浅海海水中。植株纤长，柔软，二叉状分枝或单轴分枝；下部匍匐或具根状茎。茎光滑或具刺，茎节上多生有不定根。叶线形，无柄，无气孔；叶脉 1 或多条；叶全缘或具锯齿；叶基扩展成鞘；叶耳、叶舌缺或有。花单性，单生、簇生或为花序，腋生或顶生，雌雄同株或异株；雄花无或有花被，或具苞片；花丝无，花药 1、2 或 4 室，纵裂或不规则开裂，花粉粒圆球形、长圆形或丝状；雌花无花被片或具苞片，具 1、2 或 4 枚离生心皮，柱头 2 裂或为斜盾形。果为瘦果。

5 属。中国 3 属 12 种 4 变种。徂徕山 1 属 2 种。

1. 茨藻属 Najas Linn.

一年生沉水草本。下部茎节生须根，扎根于水底基质。茎细长，柔软，分枝多，光滑或具刺；维管组织高度退化，所有器官中均无导管。叶近对生或假轮生，无柄；叶片细线形、线形至线状披针形，无气孔，具 1 中脉，叶缘具锯齿或全缘，叶基扩展成鞘，鞘内常具 1 对细小的鳞片，无叶舌，常具叶耳。花单性，雌雄同株或异株；单生或簇生于叶腋，或自分枝基部长出，无柄；雄花具 1 长颈瓶状佛焰苞，花被膜质，呈短颈瓶状，先端 2 裂，雄蕊 1 枚，花药 1 或 4 室，纵裂或不规则开裂；花粉粒圆球形或椭圆形；雌花裸露，无花被和佛焰苞，少数种具 1 枚多少与子房黏连的佛焰苞，雌蕊 1 枚，花柱短，柱头 2~4 枚，子房 1 室，具 1 枚倒生、底着、直立的胚珠。果为瘦果，具 1 层膜质果皮，常为膜质的叶鞘所包围。种子长圆形或卵形，种皮的表皮细胞形状各异；胚直立而具 1 斜出的顶生子叶和侧生胚芽。

40 种，分布于温带、亚热带和热带地区。中国 11 种，生于淡水或咸水的稻田、静水池沼或湖泊中。徂徕山 2 种。

分种检索表

1. 雌雄同株；外种皮细胞纺锤形，呈梯状排列；叶片长 1~3 cm，宽 0.5~1 mm ·················· 1. 小茨藻 Najas minor
1. 雌雄异株；外种皮细胞排列不规则；叶片长 1.5~3 cm，宽约 2 mm ·················· 2. 大茨藻 Najas marina

1. 小茨藻（图 868）

Najas minor All.

Auct. Syn. Meth. Stirp. Horti Regii Taur. 3. 1773.

一年生沉水草本。植株纤细，易折断，下部匍匐，上部直立，呈黄绿色或深绿色，基部节上生有不定根；株高 4~25 cm。茎圆柱形，光滑无齿，茎粗 0.5~1 mm 或更粗，节间长 1~10 cm，或有更长者；分枝多，呈二叉状；上部叶呈 3 叶假轮生，下部叶近对生，于枝端较密集，无柄；叶片线形，渐尖，柔软或质硬，长 1~3 cm，宽 0.5~1 mm，上部狭而向背面稍弯至强烈弯曲，边缘每侧有 6~12 枚锯齿，齿长约为叶片宽的 1/5~1/2，先端有 1 褐色刺细胞；叶鞘上部呈倒心形，长约 2 mm，叶耳截圆形至圆形，内侧无齿，上部及外侧具数枚细齿，齿端均有 1 褐色刺细胞。花小，单性，单生于叶腋，罕有 2 花同生；雄花浅黄绿色，椭圆形，长 0.5~1.5 mm，具 1 瓶状佛焰苞；花被 1，囊状；雄蕊 1 枚，花药 1 室；花粉粒椭圆形；雌花无佛焰苞和花被，雌蕊 1 枚；花柱细长，柱头 2 枚。瘦果黄褐色，狭长椭圆形，上部渐狭而稍弯曲，长 2~3 mm，直径约 0.5 mm。种皮坚硬，易碎；表皮细胞多少呈纺锤形，排列整齐呈梯状。花、果期 6~10 月。

产于西旺、王家院等地。生于汶河中。国内分布于黑龙江、吉林、辽宁、内蒙古、河北、新疆、山东、江苏、浙江、江西、福建、台湾、河南、湖北、湖南、广东、海南、广西、云南等省份。也分布于亚洲、欧洲、非洲、美洲等地。

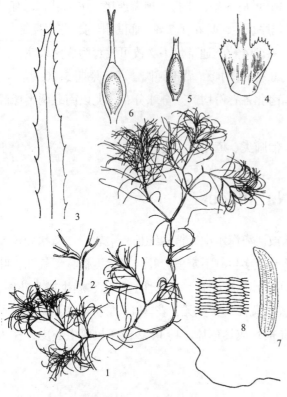

图 868 小茨藻
1. 植株；2. 节部（示叶的排列方式）；3. 叶片；4. 叶鞘；5. 雄花；6. 雌花；7. 种子；8. 外种皮细胞

2. 大茨藻（图 869，彩图 89）

Najas marina Linn.

Sp. Pl. 2: 1015. 1753.

一年生沉水草本。植株多汁，较粗壮，黄绿色至墨绿色，有时节部褐红色，质脆，极易从节部折断；株高 30~100 cm，茎粗 1~4.5 mm，节间长 1~10 cm，通常越近基部则越长，基部节上生有不定根；分枝多，呈二叉状，常具稀疏锐尖的粗刺，刺长 1~2 mm，先端具黄褐色刺细胞；表皮与皮层分界明显。叶近对生和 3 叶假轮生，于枝端较密集，无柄；叶片线状披针形，稍向上弯曲，长 1.5~3 cm，宽约 2 mm 或更宽，先端具 1 黄褐色刺细胞，边缘每侧具 4~10 枚粗锯齿，齿长 1~2 mm，背面沿中脉疏生长约 2 mm 的刺状齿；叶鞘宽圆形，长约 3 mm，抱茎，全缘或上部具稀疏的细锯齿，齿端具 1 黄褐色刺细胞。花黄绿色，单生于叶腋；雄花长约 5 mm，直径约 2 mm，具 1 瓶状佛焰苞；花被片 1，2 裂；雄蕊 1 枚，花药 4 室；花粉粒椭圆形；雌花无被，裸露；雌蕊 1，椭圆形；花柱圆柱形，长约 1 mm，柱头 2~3 裂；子房 1 室。瘦果黄褐色，椭圆形或

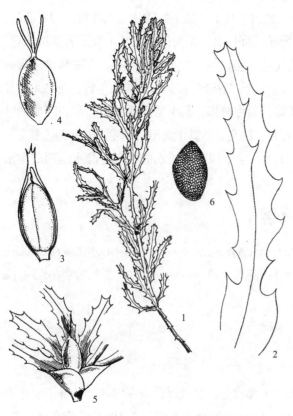

图 869 大茨藻
1. 植株；2. 叶；3. 雌花；4. 果实；5. 雌花枝；6. 种子

倒卵状椭圆形，长 4~6 mm，直径 3~4 mm，不偏斜，柱头宿存。种皮质硬，易碎；外种皮细胞多边形，凹陷，排列不规则。花、果期 9~11 月。

产于西旺、王家院等地。生于汶河缓流河水中，常群聚成丛。国内分布于辽宁、内蒙古、河北、山西、新疆、江苏、浙江、江西、河南、湖北、湖南、台湾、云南等省份。也分布于朝鲜、日本、马来西亚、印度及欧洲、非洲、北美洲等地。

全草可作绿肥和饲料。

123. 棕榈科 Arecaceae

灌木、藤本或乔木，茎通常不分枝，单生或丛生，表面平滑或粗糙，或有刺，或被残存老叶柄的基部或叶痕。叶互生，在芽时折叠，羽状或掌状分裂，稀全缘；叶柄基部通常扩大成具纤维的鞘。花小，单性或两性，雌雄同株或异株，有时杂性，组成分枝或不分枝的佛焰花序（或肉穗花序），花序通常大型，多分枝，被 1 或多个鞘状或管状的佛焰苞所包围；花萼和花瓣各 3 片，离生或合生，覆瓦状或镊合状排列；雄蕊 6 枚，2 轮排列，稀多数或更少，花药 2 室，纵裂，基着或背着；退化雄蕊通常存在，稀缺；子房 1~3 室，或 3 心皮离生或于基部合生，柱头 3 枚，通常无柄；每心皮内有 1~2 枚胚珠。果实为核果或硬浆果，1~3 室或具 1~3 个心皮；果皮光滑或有毛、有刺、粗糙或被以覆瓦状鳞片。种子 1 粒，有时 2~3 粒，多者 10 粒，与外果皮分离或黏合，被薄的或有时肉质的外种皮，胚乳均匀或嚼烂状，胚顶生、侧生或基生。

约 183 属 2450 种，分布于热带、亚热带地区，主产亚洲热带及美洲，少数产于非洲。中国原产 16 属 73 种，产西南至东南部各省份，引入栽培多个属种。徂徕山 1 属 1 种。

2. 棕榈属 Trachycarpus H. Wendl.

乔木状或灌木状，树干被覆永久性的下悬的枯叶或部分裸露；叶鞘解体成网状的粗纤维，环抱树干并在顶端延伸成 1 个细长的干膜质的褐色舌状附属物。叶片半圆或近圆形，掌状分裂成许多具单折的裂片，内向折叠，叶柄两侧具微粗糙的瘤突或细圆齿状的齿，顶端有明显的戟突。雌雄异株，偶雌雄同株或杂性；花序粗壮，生于叶间，雌雄花序相似，多次或 2 次分枝；佛焰苞数个，包着花序梗和分枝；花 2~4 朵成簇着生，罕为单生于小花枝上；雄花花萼 3 深裂或几分离，花冠大于花萼；雄蕊 6，花丝分离，花药背着；雌花的花萼与花冠如雄花，退化雄蕊 6 枚，花药不育，箭头形，心皮 3，分离，有毛，卵形，顶端变狭成短圆锥状的花柱，胚珠基生。果实阔肾形或长圆状椭圆形，有脐或在种脊面稍具沟槽，外果皮膜质，中果皮稍肉质，内果皮壳质贴生于种子上。种子形如果实，胚乳均匀，角质，在种脊面有 1 个稍大的珠被侵入，胚侧生或背生。

约 8 种，分布于印度、中南半岛至中国和日本。中国 3 种，其中 1 种普遍栽培。徂徕山 1 种。

1. 棕榈（图 870）

Trachycarpus fortunei（Hook.）H. Wendl.

Bull. Soc. Bot. France 8: 429. 1861.

乔木状，高 3~10 m，树干圆柱形，被不易脱落的老叶柄基部和密集的网状纤维。叶片呈 3/4 圆形或近圆形，深裂成 30~50 片具皱折的线状剑形裂片，裂片宽 2.5~4 cm，长 60~70 cm，先端短 2 裂；叶柄长 75~80 cm，两侧具细圆齿，顶端有明显戟突。花序粗壮，多次分枝，从叶腋抽出。雌雄异株。雄花序长约 40 cm，具有 2~3 个分枝，下部分枝长 15~17 cm，2 回分枝；雄花无梗，每 2~3 朵密集着生于小穗轴上，或单生；黄绿色，卵球形，钝三棱；花萼 3，卵状急尖，几分离，花冠约 2 倍长于花萼, 花瓣阔卵形, 雄蕊6枚, 花药卵状箭头形。雌花序长80~90 cm, 花序梗长约40 cm, 其上有3个佛焰苞, 具4~5个圆锥状分枝, 下部分枝长约35 cm, 2~3回分枝; 雌花淡绿色, 常2~3朵聚生; 花无梗, 球形, 着生于短瘤突上, 萼片阔卵形, 3裂, 基部合生, 花瓣卵状近圆形, 长于萼片1/3, 退化雄蕊6枚, 心皮被银色毛。果实阔肾形, 有脐, 宽11~12 mm, 高7~9 mm, 成熟时由黄色变为淡蓝色, 有白粉, 柱头残留在侧面附近。种子胚乳均匀, 角质, 胚侧生。花期4月; 果期12月。

大寺有栽培。国内分布于长江以南各省份, 通常栽培。

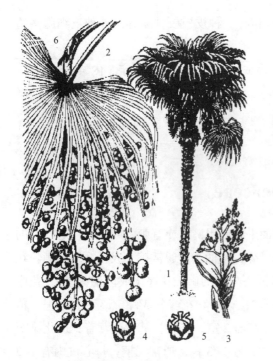

图870 棕榈
1. 植株; 2. 叶; 3. 花序; 4. 雄花;
5. 雌花; 6. 果序

124. 菖蒲科 Acoraceae

多年生常绿草本。根茎匍匐, 肉质, 分枝, 细胞含芳香油。叶2列, 基生而嵌列状, 无柄, 箭形, 具叶鞘。佛焰苞长, 部分与花序柄合生, 在肉穗花序着生点之上分离, 叶状, 箭形, 直立, 宿存。花序生于当年生叶腋, 柄长, 全部贴生于佛焰苞鞘上, 常为三棱形。肉穗花序指状圆锥形或纤细几成鼠尾状; 花密, 自下而上开放。花两性, 花被片6, 拱形, 靠合, 近截平, 外轮3片; 雄蕊6, 花丝长线形, 与花被片等长, 先端渐狭为药隔, 花药短; 药室长圆状椭圆形, 近对生, 超出药隔, 室缝纵长, 全裂, 药室内壁前方的瓣片向前卷, 后方的边缘反折; 子房倒圆锥状长圆形, 与花被片等长, 先端近截平, 2~3室; 每室胚珠多数, 直立, 珠柄短, 海绵质, 着生于子房室的顶部, 略呈纺锤形, 临近珠孔的外珠被多少流苏状, 珠孔内陷; 花柱极短; 柱头小, 无柄。浆果长圆形, 顶端渐狭为近圆锥状的尖头, 红色, 藏于宿存花被之下, 2~3室。种子长圆形, 从室顶下垂, 有短珠柄; 外种皮肉质, 远长于内种皮, 到达珠孔附近, 流苏状, 内种皮薄, 具小尖头。胚乳肉质。

1属2种, 分布于北温带至亚洲热带。中国均有。徂徕山1属1种。

1. 菖蒲属 Acorus Linn.

形态特征、种类、分布与科相同。

1. 菖蒲（图871）

Acorus calamus Linn.

Sp. Pl. ed. 1: 324. 1753.

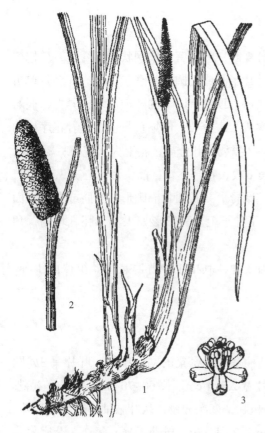

图871 菖蒲
1. 植株; 2. 花序; 3. 雄花

多年生草本。根茎横走，稍扁，分枝，直径 5~10 mm，外皮黄褐色，芳香，肉质根多数，长 5~6 cm，具毛发状须根。叶基生，基部两侧膜质叶鞘宽 4~5 mm，向上渐狭，至叶长 1/3 处渐行消失、脱落。叶片剑状线形，长 90~100（150）cm，中部宽 1~2（3）cm，基部宽，中部以上渐狭，草质，绿色，光亮；中肋在两面均明显隆起，侧脉 3~5 对，平行，纤弱，大都伸延至叶尖。花序柄三棱形，长（15）40~50 cm；叶状佛焰苞剑状线形，长 30~40 cm；肉穗花序斜向上或近直立，狭锥状圆柱形，长 4.5~6.5（8）cm，直径 6~12 mm。花黄绿色，花被片长约 2.5 mm，宽约 1 mm；花丝长 2.5 mm，宽约 1 mm；子房长圆柱形，长 3 mm，粗 1.25 mm。浆果长圆形，红色。花期 6~9 月。

产于大寺、磉石峪、西旺等林区。生于水边、沼泽湿地，也有栽培。全国各省份均产。南北两半球的温带、亚热带都有分布。

125. 天南星科 Araceae

草本植物，具块茎或根茎，稀攀缘或附生，富含苦味水汁或乳汁。叶单一或少数，常基生，如茎生则为互生，叶柄鞘状，具网状脉，稀平行脉。肉穗花序，外有佛焰苞。花小，花两性或单性。花被如存在则为 2 轮，花被片 2~3 枚，覆瓦状排列，常倒卵形，先端拱形内弯；稀合生成坛状。雄蕊常与花被片同数且对生，分离；在无花被的花中，雄蕊 2~8 或多数，分离或合生为雄蕊柱；花药 2 室，药室对生或近对生，室孔纵长；花粉分离或集成条状；花粉粒头状椭圆形或长圆形，光滑。假雄蕊（不育雄蕊）常存在。子房上位或稀陷入肉穗花序轴内，1 至多室，基底胎座、顶生胎座、中轴胎座或侧膜胎座，胚珠直生、横生或倒生，1 至多数，内珠被之外常有外珠被，珠柄长或短；花柱不明显，或伸长成线形或圆锥形，宿存或脱落；柱头各式，全缘或分裂。浆果；种子 1 至多数，外种皮肉质，有的上部流苏状；内种皮光滑，有窝孔，具疣或肋状条纹，种脐扁平或隆起，短或长。胚乳贫乏或不存在。

110 属 3500 余种。分布于热带和亚热带。中国 25 属 179 种。徂徕山 3 属 4 种。

分属检索表

1. 雄蕊分离；子房 1 室。
　2. 佛焰苞管喉部张开，肉穗花序单性，胚珠 1~9 枚··1. 天南星属 Arisaema
　2. 佛焰苞管喉部闭合，肉穗花序两性，胚珠 1 枚···2. 半夏属 Pinellia
1. 雄蕊合生成一体；子房不完全 2 室，胚珠多数，侧膜胎座···3. 芋属 Colocasia

1. 天南星属 Arisaema Mart.

多年生草本，具块茎，稀具圆柱形根茎。叶片 3 裂，或鸟足状、放射状全裂，裂片 5~11 或更多，卵形、卵状披针形、披针形，全缘或啮齿状，无柄或具柄，一、二级侧脉隆起，集合脉 3 圈，沿边缘伸延。佛焰苞管部席卷，圆筒形或喉部开阔；檐部拱形、盔状，长渐尖。肉穗花序单性或两性，雌花序花密，雄花序花疏，在两性花序中雄花序接于雌花序之上，上部常有残遗中性花；附属器仅达佛焰苞喉部或多少伸出喉外。花单性。雄花有雄蕊 2~5，无柄或有柄；药隔纤细常不明显，药室短卵圆形。残遗中性花系不育雄花，钻形或线形。雌花密集，子房 1 室，卵圆形或长圆状卵形，渐狭为花柱；胚珠 1~9 枚，直生，珠柄短，基底胎座。浆果倒卵圆形、倒圆锥形，1 室。种子球状卵圆形，具锥尖。胚乳丰富。

约 180 种，分布于亚洲热带、亚热带和温带，少数产热带非洲、中北美洲。中国 78 种，南北各省份均有分布，以云南最为丰富。徂徕山 1 种。

1. 东北南星（图 872）

Arisaema amurense Maxim. Prim. Fl. Amur. 264. 1859.

多年生草本，块茎近球形，直径 1~2 cm。鳞叶 2，线状披针形，锐尖，膜质，内面的长 9~15 cm。叶 1，叶柄长 17~30 cm，下部 1/3 具鞘，紫色；叶片鸟足状分裂，裂片 5，倒卵形、倒卵状披针形或椭圆形，先端短渐尖或锐尖，基部楔形，中裂片长 0.2~2 cm 的柄，长 7~11 cm，宽 4~7 cm，侧裂片具长 0.5~1 cm 共同的柄，与中裂片近等大；侧脉脉距 0.8~1.2 cm，集合脉距边缘 3~6 mm，全缘或有不规则粗锯齿。花序柄短于叶柄，长 9~15 cm。佛焰苞长约 10 cm，管部漏斗状，白绿色，长 5 cm，上部粗 2 cm，喉部边缘斜截形；檐部直立，卵状披针形，渐尖，长 5~6 cm，宽 3~4 cm，绿色或紫色具白色条纹。肉穗花序单性，雄花序长约 2 cm，上部渐狭，花疏；雌花序短圆锥形，长 1 cm，基部粗 5 mm；各附属器具短柄，棒状，长 2.5~3.5 cm，基部截形，粗 4~5 mm，向上略细，先端钝圆，粗约 2 mm。

图 872 东北南星

1. 植株；2. 去掉佛焰苞的雄花序；
3. 去掉佛焰苞的雌花序；4. 雄花

雄花具柄，花药 2~3，药室近圆球形，顶孔圆形；雌花子房倒卵形，柱头大，盘状，具短柄。浆果红色，直径 5~9 mm；种子 4 粒，红色，卵形。肉穗花序轴常于果期增大，基部粗可达 2.8 cm，果落后紫红色。花期 5 月；果期 9 月。

产于马场。生于背阴山坡、林缘、林下、山沟石缝。国内分布于东北、华北、西北地区。

东北南星是传统中药，块茎入药，用作天南星。

2. 芋属 Colocasia Schott

多年生草本，具块茎、根茎或直立的茎。叶柄延长，下部鞘状；叶片盾状着生，卵状心形或箭状心形，后裂片浑圆，联合部分短或达 1/2，稀完全合生。花序柄通常多数，于叶腋抽出。佛焰苞管部短，为檐部长的 1/2~1/5，卵圆形或长圆形，席卷，宿存；果期增大，然后不规则地撕裂；檐部长圆形或狭披针形，脱落。肉穗花序短于佛焰苞，雌花序短，不育雄花序（中性）短而细，能育雄花序长圆柱形；不育附属器直立，长圆锥状或纺锤形、钻形，或极短缩而成小尖头。花单性、无花被。能育雄花为合生雄蕊，每花有雄蕊 3~6，倒金字塔形，顶部几截平；药室线形或线状长圆形，下部略狭，比雄蕊柱短。不育雄花的合生假雄蕊扁平、倒圆锥形，顶部截平，侧向压扁状。雌花心皮 3~4，花柱不存在，柱头扁头状，有 3~5 浅槽，子房 1 室；胚珠多数或少数，珠柄长，2 列着生于 2~4 个隆起的侧膜胎座上，珠孔朝向室腔中央或室顶。浆果绿色，倒圆锥形或长圆形，冠以残存柱头。种子多数，长圆形，外种皮薄，透明，内种皮厚，有明显槽纹，胚乳丰富。

20 种，分布于亚洲热带及亚热带地区。中国 6 种，多产于江南各省份。徂徕山 1 种。

1. 芋（图873）

Colocasia esculenta（Linn.）Schott.

Melet. Bot. 18. 1832.

湿生草本。块茎通常卵形，常生多数小块茎，均富含淀粉。叶2~3枚或更多。叶柄长于叶片，长20~90 cm，绿色；叶片卵状，长20~50 cm，先端短尖或短渐尖，侧脉4对，斜伸达叶缘，后裂片浑圆，合生长度达1/2~1/3，弯缺较钝，深3~5 cm，基脉相交成30°角，外侧脉2~3，内侧脉1~2，不显。花序柄常单生，短于叶柄。佛焰苞长20 cm，管部绿色，长约4 cm，粗2.2 cm，长卵形；檐部披针形或椭圆形，长约17 cm，展开成舟状，边缘内卷，淡黄色至绿白色。肉穗花序长约10 cm，短于佛焰苞；雌花序长圆锥状，长3~3.5 cm，下部粗1.2 cm；中性花序长约3~3.3 cm，细圆柱状；雄花序圆柱形，长4~4.5 cm，粗7 mm，顶端骤狭；附属器钻形，长约1 cm，粗不及1 mm。花期8~9月。

徂徕山各林区均有零星栽培。原产于中国和印度、马来半岛等地热带地区，普遍栽培。

块茎可食，作杂粮或供蔬食。很少开花，通常用子芋繁殖。

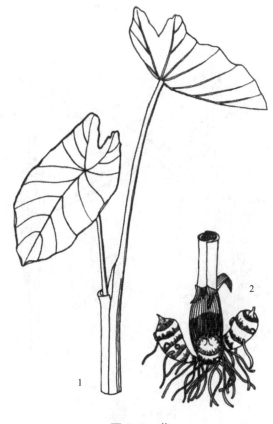

图873 芋
1. 块茎及根；2. 叶

3. 半夏属 Pinellia Tenore

多年生草本，具块茎。叶和花序同时抽出。叶柄下部或上部、叶片基部常有珠芽；叶片全缘、3裂或鸟足状分裂，裂片长圆椭圆形或卵状长圆形，侧脉纤细，近边缘有集合脉3条。花序柄单生，与叶柄等长或超过之。佛焰苞宿存，管部席卷，有增厚的横隔膜，喉部几乎闭合；檐部长圆形，长约为管部的2倍，舟形。肉穗花序下部雌花序与佛焰苞合生达隔膜（在喉部），单侧着花，内藏于佛焰苞管部；雄花序位于隔膜之上，圆柱形，短，附属器延长的线状圆锥形，超出佛焰苞很长。花单性，无花被，雄花有雄蕊2，雄蕊短，纵向压扁状，药隔细，药室顺肉穗花序方向伸长，顶孔纵向开裂，花粉无定形。雌花子房卵圆形，1室，1枚胚珠；胚珠直生或几为半倒生，珠柄短。浆果长圆状卵形，有不规则的疣皱；胚乳丰富。

9种，分布于亚洲东部。中国2种。徂徕山2种。

分种检索表

1. 叶片3全裂或幼苗叶片为全缘单叶··1. 半夏 Pinellia ternata
1. 叶片鸟足状分裂···2. 虎掌 Pinellia pedatisecta

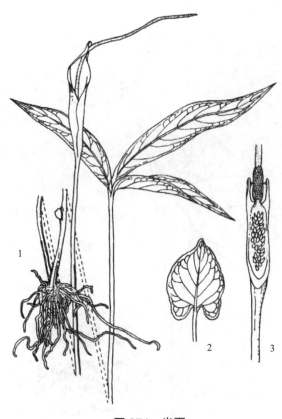

图 874 半夏
1. 植株；2. 叶；3. 花序纵切面

图 875 虎掌
1. 植株；2. 剖开的佛焰苞（示肉穗花序）

1. 半夏（图 874）
Pinellia ternata (Thunb.) Tenore ex Breitenbach. Bot. Zeitg. 687. fig. 1-4. 1879.

多年生草本。块茎圆球形，直径 1~2 cm，具须根。叶 2~5 枚，有时 1 枚。叶柄长 15~20 cm，基部具鞘，鞘内、鞘部以上或叶片基部有珠芽，珠芽直径 3~5 mm，在母株上萌发或落地后萌发；幼苗叶片卵状心形至戟形，为全缘单叶，长 2~3 cm，宽 2~2.5 cm；老株叶片 3 全裂，裂片长圆状椭圆形或披针形，两头锐尖，中裂片长 3~10 cm，宽 1~3 cm；侧裂片稍短；全缘或具不明显的浅波状圆齿，侧脉 8~10 对，细弱，细脉网状，密集，集合脉 2 圈。花序柄长 25~30（35）cm，长于叶柄。佛焰苞绿色或绿白色，管部狭圆柱形，长 1.5~2 cm；檐部长圆形，绿色，有时边缘青紫色，长 4~5 cm，宽 1.5 cm，钝或锐尖。肉穗花序，雌花序长 2 cm，雄花序长 5~7 mm，间隔 3 mm；附属器绿色变青紫色，长 6~10 cm，直立，有时 S 形弯曲。浆果卵圆形，黄绿色，先端渐狭为明显的花柱。花期 5~7 月；果期 8 月。

徂徕山各林区均产。生于草坡、荒地、田边或疏林下。除内蒙古、新疆、青海、西藏外，全国各地广布。朝鲜、日本也有分布。

块茎入药，有镇静、祛痰、降呕吐、中枢神经的兴奋剂，为治疗呕吐恶心之要药。

2. 虎掌（图 875，彩图 90）
Pinellia pedatisecta Schott. Oesterr. Bot. Wochenbl. 7: 341.1857.

多年生草本。块茎近圆球形，直径可达 4 cm，根密集，肉质，长 5~6 cm；块茎四旁常生若干小块茎。叶 1~3 或更多，叶柄淡绿色，长 20~70 cm，下部具鞘；叶片鸟足状分裂，裂片 6~11，披针形，渐尖，基部渐狭，楔形，中裂片长 15~18 cm，宽 3 cm，两侧裂片依次渐短小，最外的有时长仅 4~5 cm；侧脉 6~7 对，离边缘 3~4 mm 处弧曲，联结为集合脉，网脉不明显。花序柄长 20~50 cm，直立。佛焰苞淡绿色，管部长圆形，长 2~4 cm，直径约 1 cm，向下渐收缩；檐部长披针形，锐尖，长 8~15 cm，基部宽 1.5 cm。雌花序长 1.5~3 cm；雄花序长 5~7 mm；附属器黄绿色，细线形，长

10 cm，直立或略呈 S 形弯曲。浆果卵圆形，绿色至黄白色，藏于宿存的佛焰苞管部内。花期 6~7 月；果期 9~11 月。

徂徕山各山地林区均产。生于林下、山谷阴湿处。中国特有，分布于北京、河北、山西、陕西、山东、江苏、上海、安徽、浙江、福建、河南、湖北、湖南、广西、四川、贵州、云南。

块茎供药用，在中国医药学中有悠久的历史。

126. 浮萍科 Lemnaceae

飘浮或沉水小草本。茎不发育，以小叶状体形式存在；叶状体绿色，扁平，稀背面凸起。叶不存在或退化为细小的膜质鳞片而位于茎的基部。根丝状，有的无根。很少开花，主要为无性繁殖，即在叶状体边缘的小囊（侧囊）中形成小的叶状体，幼叶状体逐渐长大从小囊中浮出。新植物体或者与母体联在一起，或者后来分离。花单性，无花被，着生于茎基的侧囊中。雌花单一，雌蕊葫芦状，花柱短，柱头全缘，短漏斗状，1 室；胚珠 1~6 枚，直生或半倒生；外珠被不盖住珠孔。雄花有雄蕊 1，具花丝，花药 2 或 4 室，每花序常包括 1 个雌花和 1~2 个雄花，外有膜质佛焰苞。果不开裂，种子 1~6 粒，外种皮厚，肉质，内种皮薄，于珠孔上形成一层厚的种盖。胚具短的下胚轴，子叶大，几完全抱合胚芽。

5 属约 38 种，除北极区外全球广布。中国 4 属 8 种。徂徕山 3 属 3 种。

分属检索表

1. 植物体具根，基部具 2 囊。
 2. 根 1 条 ·· 1. 浮萍属 Lemna
 2. 根成束，多数 ··· 2. 紫萍属 Spirodela
1. 植物体无根，基部具 1 囊 ·· 3. 无根萍属 Wolffia

1. 浮萍属 Lemna Linn.

飘浮或悬浮水生草本。叶状体扁平，2 面绿色，具 1~5 脉；根 1 条，无维管束。叶状体基部两侧具囊，囊内生营养芽和花芽。营养芽萌发后，新的叶状体通常脱离母体，也有数代不脱离的。花单性，雌雄同株，佛焰苞膜质，每花序有雄花 2，雌花 1，雄蕊花丝细，花药 2 室，子房 1 室，胚珠 1~6 枚，直立或弯生。果实卵形，种子 1 粒，具肋突。

约 13 种，广布于南北半球温带地区。中国 5 种。徂徕山 1 种。

1. 浮萍　日本浮萍（图 876）

Lemna japonica Landolt

Veröff. Geobot. Inst. E. T. H. Stiftung Rübel Zürich 70: 23. 1980.

—— *Lemna leiboensis* M. G. Liu & C. H. You.

飘浮植物。叶状体对称，表面绿色，背面常为紫色，倒卵形或倒卵状椭圆形，全缘，长 2~7 mm，为宽度的 1.3~1.8 倍，基部圆形，脉 3（5），几达顶部，背面垂生丝状根 1 条，根白色，长 0.5~15 cm，根冠钝头，根鞘无翅。叶状体背面一侧具囊，新叶状体于囊内形成浮出，以极短的细柄与母体相连，随后脱落。雌花

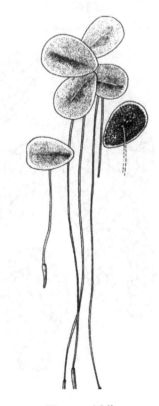

图 876　浮萍

具弯生胚珠1枚，果实无翅，近陀螺状。花期6~7月。

徂徕山各林区均产。生于水田、池沼或其他静水水域，常与紫萍混生，形成密布水面的飘浮群落。国内分布于南北各省份。日本、朝鲜也有分布。

为良好的猪饲料、鸭饲料；也是草鱼的饵料。入药能发汗、利水、消肿毒。

2. 紫萍属 Spirodela Schleid.

水生飘浮草本。叶状体盘状，具3~12脉，背面的根多数，束生，具薄的根冠和1维管束。花序藏于叶状体的侧囊内。佛焰苞袋状，含2个雄花和1个雌花。花药2室。子房1室，胚珠2枚，倒生。果实球形，边缘具翅。

2种。分布于温带和热带地区。中国1种。徂徕山1种。

1. 紫萍（图877）

Spirodela polyrrhiza（Linn.）Schleid.

Linnaea 13: 392. 1839.

叶状体扁平，阔倒卵形，长5~8 mm，宽4~6 mm，先端钝圆，表面绿色，背面紫色，具掌状脉5~11，背面中央生5~11条根，根长3~5 cm，白绿色，根冠尖，脱落；根基附近的一侧囊内形成圆形新芽，萌发后，幼小叶状体渐从囊内浮出，由1细弱的柄与母体相连。肉穗花序有2个雄花和1个雌花。花期6~7月。

产于光华寺、王庄、大寺、徂徕、西旺、王家院等林区。生于水塘、水沟、水田等静水水域，常与浮萍形成覆盖水面的飘浮植物群落。分布于南北各省份。全球各温带及热带地区广布。

全草入药。也可作猪饲料，鸭也喜食，为放养草鱼的良好饵料。

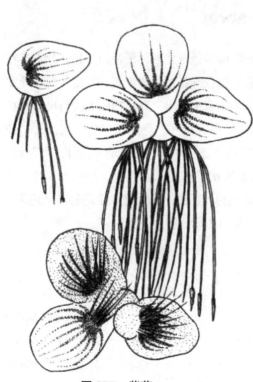

图877 紫萍

3. 无根萍属 Wolffia Hork. ex Schleid.

飘浮草本。植物体细小如沙。叶状体具1个侧囊，从中孕育新的叶状体，通常背面强裂凸起，单1或2个相连。花生长于叶状体上面的囊内，无佛焰苞；花序含1个雄花和1个雌花，花药无柄，1室；花柱短，子房具1枚直立胚珠。果实圆球形，光滑。

约11种，分布于热带和亚热带。中国1种。徂徕山1种。

1. 无根萍（图878）

Wolffia globosa（Roxb.）Hartog & Plas.

Blumea. 18: 367. 1970.

—— *Wolffia arrhiza*（Linn.）Wimmer

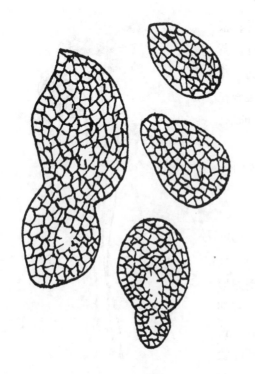

图878 无根萍

飘浮水面或悬浮，细小如沙，为世界上最小的种子植物。叶状体卵状半球形，单 1 或 2 个连在一起，直径 0.5~1.5 mm，上面绿色，扁平，具多数气孔，背面明显凸起，淡绿色，表皮细胞五至六边形；无叶脉及根。花期 6~9 月。

产于光华寺、王庄、大寺、徂徕、西旺、王家院等林区。生于静水池沼中。国内分布于南北各省份。全球各温带及热带地区广布。

本种富含淀粉、蛋白质等营养物质，在肥力较高的水域中能迅速繁殖。

127. 鸭跖草科 Commelinaceae

一年生或多年生草本。有的茎下部木质化。茎有明显的节和节间。叶互生，有明显的叶鞘；叶鞘开口或闭合。蝎尾状聚伞花序单生或集成圆锥花序，有的缩短成头状，有的无花序梗而花簇生，甚至有的退化为单花，顶生或腋生。花两性，极少单性；萼片 3 枚，分离或仅在基部连合，常为舟状或龙骨状，有的顶端盔状；花瓣 3 枚，分离；雄蕊 6 枚，全育或仅 2~3 枚能育而有 1~3 枚退化雄蕊；花丝有念珠状长毛或无毛；花药并行或稍叉开，纵缝开裂；退化雄蕊各式；子房 3 室，或退化为 2 室，每室有 1 至数枚直生胚珠。果实多为室背开裂的蒴果，稀浆果状。种子大而少数，富含胚乳，种脐条状或点状，胚盖位于种脐的背面或背侧面。

约 40 属 650 种，主产全球热带，少数种生于亚热带，仅个别种分布到温带。中国 15 属 59 种，主产云南、广东、广西和海南。徂徕山 2 属 4 种。

分属检索表

1. 蝎尾状聚伞花序藏于佛焰苞状总苞片内；退化雄蕊顶端 4 裂，裂片排成蝴蝶状…………………1. 鸭跖草属 Commelina
1. 蝎尾状聚伞花序单生或复出，有时退化为单花，无佛焰苞状总苞片；退化雄蕊不裂 2~3 裂……2. 水竹叶属 Murdannia

1. 鸭跖草属 Commelina Linn.

一年生或多年生草本。茎上升或匍匐生根，通常多分枝。蝎尾状聚伞花序藏于佛焰苞状总苞片内；总苞片基部开口或合缝而成漏斗状、僧帽状；苞片不呈镰刀状弯曲，通常极小或缺失。生于聚伞花序下部分枝的花较小，早落；生于上部分枝的花正常发育；萼片 3 枚，膜质，内方 2 枚基部常合生；花瓣 3 片，蓝色，其中内方（前方）2 片较大，明显具爪；能育雄蕊 3 枚，位于一侧，2 枚对萼，1 枚对瓣，退化雄蕊 2~3 枚，顶端 4 裂，裂片排成蝴蝶状，花丝均长而无毛。子房无柄，无毛，3 或 2 室，背面 1 室含 1 枚胚珠，有时这枚胚珠败育或完全缺失；腹面 2 室每室含 1~2 枚胚珠。蒴果藏于总苞片内，2~3 室（有时仅 1 室），通常 2~3 瓣裂至基部，背面 1 室常不裂，腹面 2 室每室有种子 1~2 粒，但有时也不含种子。种子椭圆状或金字塔状，黑色或褐色，具网纹或近于平滑，种脐条形，位于腹面，胚盖位于背侧面。

约 170 种，广布于全世界，主产热带、亚热带地区。中国 8 种。徂徕山 2 种。

分种检索表

1. 佛焰苞边缘分离，基部心形或浑圆；蒴果 2 室；叶片披针形至卵状披针形……………………1. 鸭跖草 Commelina communis
1. 佛焰苞因下缘连合而成漏斗状；蒴果 3 室；叶片卵形至宽卵形……………………………………2. 饭包草 Commelina benghalensis

1. 饭包草（图 879）

Commelina benghalensis Linn.

Sp. Pl. 41. 1753.

多年生披散草本。茎大部分匍匐，节上生根，上部及分枝上部上升，被疏柔毛。叶有明显的叶柄；叶片卵形，长 3~7 cm，宽 1.5~3.5 cm，顶端钝或急尖，近无毛；叶鞘口沿有疏而长的睫毛。总苞片漏斗状，与叶对生，常数个集于枝顶，下部边缘合生，长 8~12 mm，被疏毛，顶端短急尖或钝，柄极短；花序下面1枝具细长梗，具1~3朵不孕的花，伸出佛焰苞，上面1枝有花数朵，结实，不伸出佛焰苞；萼片膜质，披针形，长 2 mm，无毛；花瓣蓝色，圆形，长 3~5 mm；内面2枚具长爪。蒴果椭圆状，长 4~6 mm，3室，腹面2室每室具2粒种子，开裂，后面1室仅有1粒种子或无种子，不裂。种子长 2 mm，多皱并有不规则网纹，黑色。花、果期 6~10 月。

徂徕山各山地林区均产。生于水边等湿润处。国内分布于山东、河北、河南、陕西、四川、云南、广西、海南、广东、湖南、湖北、江西、安徽、江苏、浙江、福建和台湾。亚洲和非洲的热带、亚热带广布。

药用，有清热解毒，消肿利尿之效。

图 879 饭包草

2. 鸭跖草（图 880）

Commelina communis Linn.

Sp. Pl. 40. 1753.

一年生披散草本。茎匍匐生根，多分枝，下部无毛，上部被短毛。叶披针形至卵状披针形，长 3~9 cm，宽 1.5~2 cm。总苞片佛焰苞状，有 1.5~4 cm 的柄，与叶对生，折叠状，展开后为心形，顶端短急尖，基部心形，长 1.2~2.5 cm，边缘常有硬毛；聚伞花序，下面1枝仅有1花，具长 8 mm 的梗，不孕；上面1枝具 3~4 花，具短梗，几乎不伸出佛焰苞。花梗花期长仅 3 mm；果期弯曲，长不过 6 mm；萼片膜质，长约 5 mm，内面2枚常靠近或合生；花瓣深蓝色；内面2片具爪，长近 1 cm。蒴果椭圆形，长 5~7 mm，2室，2瓣裂，有种子4粒。种子长 2~3 mm，棕黄色，一端平截、腹面平，有不规则窝孔。花、果期 6~10 月。

图 880 鸭跖草

1. 花枝；2. 花；3. 前花萼；4. 后花萼；5. 前花瓣；6. 退化雄蕊；7. 发育雄蕊；8. 开裂的雄蕊两面观；9. 雌蕊；10. 果实

徂徕山各林区均产。生于水边、草地。国内分布于云南、四川、甘肃以东各省份。越南、朝鲜、日本、俄罗斯远东地区以及北美洲也有分布。

茎叶柔嫩多汁可作野菜食用；全草亦供药用，有强心利尿之效。

2. 水竹叶属 Murdannia Royle

多年生草本，稀一年生。叶通常狭长带状。茎花莛状或否。蝎尾状聚伞花序单生或复出而组成圆锥花序，有时缩短为头状，有时退化为单花；萼片3枚，浅舟状；花瓣3枚，分离，近于相等；能育雄蕊3枚，对萼，有时其中1（稀2）枚败育；退化雄蕊3（稀仅2、1或无）枚，对瓣，顶端钝而不裂，戟状2浅裂或3全裂，花丝有毛或无毛；子房3室，每室有胚珠1至数粒。蒴果3室，室背3瓣裂，每室有种子2至数粒，排成1或2列，极少1粒。种脐点状，胚盖位于背侧面，具各式纹饰。

约50种，广布于全球热带及亚热带地区。中国20种，大多数产南方。徂徕山2种。

分种检索表

1. 一年生草本；退化雄蕊顶端3全裂；蝎尾状聚伞花序数个排成顶生圆锥花序，或仅单个·· 1. 裸花水竹叶 Murdannia nudiflora
1. 多年生草本，具横走的根状茎；退化雄蕊顶端戟状而不分裂；花1~5朵簇生于叶腋·· 2. 水竹叶 Murdannia triquetra

1. 裸花水竹叶（图881）

Murdannia nudiflora（Linn.）Brenan

Kew Bull. 7: 189. 1952.

一年生草本。根须状，纤细，无毛或被长绒毛。茎多条自基部发出，披散，下部节上生根，长10~50 cm，分枝或否，无毛，主茎发育。叶几乎全部茎生，有时有1~2枚基生叶，条形，长达10 cm；茎生叶叶鞘长不及1 cm，通常全被长刚毛，或仅口部一侧密生长刚毛；叶片禾叶状或披针形，顶端钝或渐尖，两面无毛或疏生刚毛，长2.5~10 cm，宽5~10 mm。蝎尾状聚伞花序数个，排成顶生圆锥花序，或仅单个；总苞片下部的叶状，上部的很小，长不及1 cm。聚伞花序有数朵密集排列的花，总梗纤细，长达4 cm；苞片早落；花梗细直，长3~5 mm；萼片草质，卵状椭圆形，浅舟状，长约3 mm；花瓣紫色，长约3 mm；能育雄蕊2枚，不育雄蕊2~4枚，花丝下部有须毛。蒴果卵圆状三棱形，长3~4 mm。种子黄棕色，有深窝孔，或同时有浅窝孔和以胚盖为中心呈辐射状排列的白色瘤突。花、果期6~10月。

徂徕山各山地林区均产。国内分布于云南、广西、广东、湖南、四川、河南、山东、安徽、

图881 裸花水竹叶
1. 植株；2. 蒴果；3. 种子

江苏、浙江、江西、福建。老挝、印度、斯里兰卡、日本、印度尼西亚、巴布亚新几内亚、夏威夷等太平洋岛屿及印度洋岛屿也有分布。

2. 水竹叶（图 882）

Murdannia triquetra（Wallich ex C. B. Clarke）Brückner

Nat. Pflanzenfam., ed. 2. 15a: 173. 1930.

多年生草本，具长而横走的根状茎。根状茎具叶鞘，节间长约 6 cm，节上具细长须状根。茎肉质，下部匍匐，节上生根，上部上升，通常多分枝，长达 40 cm，节间长 8 cm，密生 1 列白色硬毛。叶无柄，叶片下部有睫毛，与和叶鞘合缝处有 1 列毛；叶片竹叶形，平展或稍折叠，长 2~6 cm，宽 5~8 mm，顶端渐尖而钝头。花序通常仅有单朵花，顶生并兼腋生，花序梗长 1~4 cm，顶生者梗长，腋生者短，花序梗中部有 1 条形苞片，有时苞片腋中生 1 花；萼片绿色，狭长圆形，浅舟状，长 4~6 mm，无毛；果期宿存；花瓣粉红色、紫红色或蓝紫色，倒卵圆形，稍长于萼片；花丝密生长须毛。蒴果卵圆状三棱形，长 5~7 mm，直径 3~4 mm，两端钝或短急尖，每室有种子 3 粒，有时仅 1~2 粒。种子短柱状，红灰色。花期 9~10 月；果期 10~11 月。

图 882 水竹叶
1. 植株；2. 花；3. 蒴果

《山东植物精要》记载，徂徕山有分布。生于湿地上。国内分布于云南、四川、贵州、广西、海南、广东、湖南、湖北、陕西、河南、山东、江苏、安徽、江西、浙江、福建、台湾。印度至越南、老挝、柬埔寨也有。

128. 谷精草科 Eriocaulaceae

一年生或多年生草本，沼泽生或水生。叶狭窄，螺旋状着生在茎上，常成 1 密丛，有时散生，基部扩展成鞘状，叶质薄，常半透明，具方格状"膜孔"（由许多绿色组织的薄片，横向排列于纵向的平行脉之间，隔成一个个横格）。头状花序，花白色、灰色或铅灰色；花葶直立而细长，很少分枝，通常高出于叶，基部具 1 鞘状苞片。总苞片位于花序下面，通常短于花序，覆瓦状排列；苞片通常每花 1 片，较总苞片狭，周边花常无苞片；花单性，辐射对称或两侧对称，通常雌花与雄花同序；3 或 2 基数，花被 2 轮，有花萼、花冠之分，稀仅有花萼；雄花花萼常合生成佛焰苞状，远轴面开裂，有时萼片离生；花冠常合生成柱状或漏斗状，顶端 3 或 2 裂，或花瓣离生；雄蕊 1~2 轮，每轮 3~2 枚，花丝丝状，花药 4 或 2 室，白色或带棕色；雌花萼片离生或合生；花瓣常离生，顶端内侧常有腺体；子房上位，有子房柄，3~1 室，每室 1 枚胚珠，花柱 1，花柱附属体与花柱分枝互生；直生胚珠着生于子房底部。蒴果，果皮薄，室背开裂。种子椭圆形，胚乳富含淀粉粒。

约 10 属 1150 种。广泛分布于全球的热带和亚热带地区，尤以美洲热带为多，仅有少数种分布达温带。中国 1 属约 35 种，除西北地区外，各地均产。徂徕山 1 属 1 种。

1. 谷精草属 Eriocaulon Linn.

沼泽生，稀水生草本；茎常短至极短，稀伸长。叶丛生狭窄，膜质，常有"膜孔"。头状花序。生于多少扭转的花葶顶端；总苞片覆瓦状排列；苞片与花被常有短白毛或细柔毛；花2或3基数，单性，雌雄花混生；花被通常2轮，有时花瓣退化；雄花花萼常合生成佛焰苞状，偶离生；花冠下部合生成柱状，顶端2~3裂，内面近顶处常有腺体；雄蕊常2轮，6枚，花药2室，常黑色，有时乳黄色至白色；雌花萼片2或3，离生或合生；花瓣离生，2或3枚内面顶端常有腺体，或花瓣缺；子房1~3室。蒴果，室背开裂，每室含1粒种子。种子常椭圆形，长0.5~1 mm，橙红色或黄色，表面常具横格及各种形状的突起1皮刺（aculeus），皮刺为外珠被内层细胞的胞壁不均匀增厚所致。

约400种，广布于热带、亚热带，以亚洲热带为分布中心。多生于山区浅池塘或沼泽地。中国约35种，主产西南部和南部。徂徕山1种。

1. 白药谷精草（图883）

Eriocaulon cinereum R. Brown

Prodr. 254. 1810.

一年生草本。叶丛生，狭线形，长2~5 cm，中部宽0.8~1 mm，基部宽达1.5~2.5 mm，无毛，半透明，具横格，3~5脉。花葶6~30，长6~9 cm，径0.3~0.5 mm，扭转，具五棱；鞘状苞片长1.5~2 cm，口部膜质斜裂；花序成熟时宽卵状至近球形，淡黄色至墨绿色，长4 mm，宽3~3.5 mm；总苞片倒卵形至长椭圆形，淡黄绿色至灰黑色，不反折，膜质，长0.9~1.9 mm，宽1~1.4 mm，无毛；总（花）托常有密毛，偶无毛；苞片长圆形至倒披针形，长1.5~2 mm，宽0.4~0.7 mm，无毛或背部偶有长毛，中肋处常带黑色；雄花花萼佛焰苞状结合，3裂，长1.3~1.9 mm，无毛或背面顶部有毛；花冠裂片3，卵形至长圆形，各有1黑色或棕色的腺体，顶端有短毛，远轴片稍大，其腹面有时亦具少数毛；雄蕊6枚，对瓣的花丝稍长，花药白色，乳白色至淡黄褐色；雌花萼片2偶3枚线形，带黑色，侧片长1~1.7 mm，中片缺或长0.1~1 mm，背面及边缘有少数长毛；花瓣缺；子房3室，花柱分枝3，短于花柱。种子卵圆形，长0.35~0.5 mm，表面有六边形的横格，无突起。花期6~8月；果期9~10月。

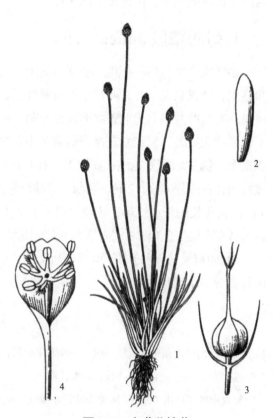

图883 白药谷精草
1.植株；2.苞片；3.雌花；4.雄花

产于西旺。生于水沟中。国内分布于陕西、甘肃、江苏、安徽、浙江、江西、福建、台湾、河南、湖北、湖南、广东、海南、广西、四川、贵州、云南。印度、斯里兰卡、泰国、越南、老挝、柬埔寨、菲律宾、日本、澳大利亚、非洲等有分布。

129. 灯心草科 Juncaceae

多年生草本，稀一年生。茎丛生，圆柱形或压扁，表面常具纵沟棱，内部具充满或间断的髓心或中空，常不分枝。叶全部基生成丛，或具茎生叶数片，常排成3列；叶片线形、圆筒形、披针形，有时退化呈芒刺状或仅存叶鞘；叶鞘开放或闭合。花序圆锥状、聚伞状或头状，顶生、腋生或有时假侧生；花小型，两性，稀单性异株，下常具2枚膜质小苞片；花被片6，排成2轮，稀内轮缺如，颖状，常透明；雄蕊6，分离，与花被片对生，有时内轮退化；花丝线形或圆柱形，常比花药长；花药基着，内向或侧向，药室纵裂；花粉粒为四面体形的四合花粉；雌蕊由3心皮结合而成；子房上位，1或3室；花柱1，柱头三分叉，线形，多扭曲；胚珠多数，侧膜胎座或中轴胎座。蒴果，种子卵球形、纺锤形或倒卵形。

约8属400余种，广布于温带和寒带地区，热带山地也有。中国2属92种，全国各地都产，以西南地区种类最多。徂徕山1属3种。

1. 灯心草属 Juncus Linn.

多年生草本，稀一年生。根状茎横走或直伸。茎直立或斜上，圆柱形或压扁，具纵沟棱。叶基生和茎生，或仅具基生叶；叶片扁平或圆柱形、披针形、线形或毛发状，有明显或不明显的横隔膜或无横隔，有时叶片退化为刺芒状而仅存叶鞘；叶鞘开放，偶有闭合，顶部常延伸成2个叶耳，有时叶耳不明显或无叶耳。复聚伞花序或由数朵小花集成头状花序；头状花序单生茎顶或由多个小头状花序组成聚伞、圆锥状等复花序；花序下常具叶状总苞片，有时总苞片圆柱状，似茎的延伸；花下具小苞片或缺如；花被片6枚，2轮，颖状，常淡绿色或褐色，边缘常膜质，外轮常有明显背脊；雄蕊6枚，稀3枚；花药长圆形或线形；花丝丝状；子房1或3室；花柱圆柱状或线形；柱头3；胚珠多数。蒴果，顶端常有小尖头，1或3室或具3不完全隔膜。种子多数，表面常具条纹，有些种类具尾状附属物。

约240种，广泛分布于世界各地。主产温带和寒带。中国76种，南北各省份均产，尤以西南地区种类较多。徂徕山3种。

分种检索表

1. 叶仅有低出叶，呈鞘状或鳞片状，叶片退化为刺芒状···1. 灯心草 Juncus effusus
1. 叶基生和茎生；茎生叶1~3枚，线形，扁平。
  2. 复聚伞状花序由（3）6~24个头状花序组成，花序分枝常2~3个，稀更多，头状花序呈星芒状球形，有5~14花···2. 星花灯心草 Juncus diastrophanthus
  2. 聚伞花序有3~26花，花单生···3. 洮南灯心草 Juncus taonanensis

1. 灯心草（图884）

Juncus effusus Linn.

Sp. Pl. 1: 326. 1753.

多年生草本，高27~91 cm，有时更高；根状茎粗壮横走，具黄褐色稍粗的须根。茎丛生，直立，圆柱形，淡绿色，具纵条纹，直径（1）1.5~3（4）mm，茎内充满白色的髓心。叶全部为低出叶，呈鞘状或鳞片状，包围在茎的基部，长1~22 cm，基部红褐至黑褐色；叶片退化为刺芒状。聚伞花序假侧生，含多花，排列紧密或疏散；总苞片圆柱形，生于顶端，似茎的延伸，直立，长5~28 cm，顶端尖锐；小苞片2枚，宽卵形，膜质，顶端尖；花淡绿色；花被片线状披针形，长2~12.7 mm，宽约

0.8 mm，顶端锐尖，背脊增厚突出，黄绿色，边缘膜质，外轮者稍长于内轮；雄蕊3（偶6）枚，长约为花被片的2/3；花药长圆形，黄色，长约0.7 mm，稍短于花丝；雌蕊具3室子房；花柱极短；柱头三分叉，长约1 mm。蒴果长圆形或卵形，长约2.8 mm，顶端钝或微凹，黄褐色。种子卵状长圆形，长0.5~0.6 mm，黄褐色。花期4~7月；果期6~9月。

产于西旺、大寺等地。生于河边、水沟湿处。国内分布于黑龙江、吉林、辽宁、河北、陕西、甘肃、山东、江苏、安徽、浙江、江西、福建、台湾、河南、湖北、湖南、广东、广西、四川、贵州、云南、西藏等省份。世界温暖地区均有分布。

茎内白色髓心除供点灯和烛心用外，入药有利尿、清凉、镇静作用；茎皮纤维可作编织和造纸原料。

2. 星花灯心草（图885）

Juncus diastrophanthus Buchenau

Bot. Jahrb. Syst. 12: 309. 1890.

多年生草本，高（5）15~25（35）cm；根状茎短，具淡黄或黄褐色须根。茎丛生，直立，微扁平，两侧略具狭翅，宽1~2.5 mm，绿色。叶基生和茎生；低出叶鞘状，长1.5~2.5 cm，基部紫褐色；基生叶松弛抱茎；叶片较短；叶鞘长1.5~3 cm，边缘膜质；茎生叶1~3枚；叶片扁平，线形，长4~10 cm，宽1~3.5 mm，顶端渐尖，具不明显的横隔；叶鞘较短；叶耳稍钝。花序由（3）6~24个头状花序组成，排列成顶生复聚伞状，花序分枝常2~3个，稀更多，花序梗长短不等；头状花序呈星芒状球形，直径6~10 mm，有5~14花；叶状总苞片线形，长3~7 cm，短于花序；苞片2~3枚，披针形，顶端锐尖；小苞片1，卵状披针形；花绿色，具长约1 mm的短梗；花被片狭披针形，长3~4 mm，宽0.7~0.9 mm，内轮者比外轮长，顶端具刺状芒尖，边缘膜质，中脉明显；雄蕊3枚，长约为花被片的1/2~2/3；花药长圆形；花丝淡黄色；子房1室；花柱短；柱头三分叉，长约0.9 mm，深褐色。蒴果三棱状长圆柱形，长4~5 mm，明显超过花被片，顶端锐尖，黄绿色至黄褐色，光亮。种子倒卵状椭圆形，长0.5~0.7 mm，两端有小尖头，黄褐色，具纵条纹。花期5~6月；果期6~7月。

产于大寺、上池、光华寺等林区。生于溪边、疏

图884 灯心草
1. 植株；2. 花被和蒴果；3. 种子

图885 星花灯心草
1. 植株；2. 蒴果及花被；3. 花被片及雄蕊；
4. 蒴果；5. 种子

林下水湿处。国内分布于陕西、甘肃、山东、江苏、安徽、浙江、河南、湖北、湖南、四川、贵州。日本、朝鲜、印度也有分布。

3. 洮南灯心草（图886）

Juncus taonanensis Satake & Kitag.

Bot. Mag.（Tokyo）48: 610. 1934.

多年生草本，高5~20 cm；根状茎横走，具黄褐色须根。茎丛生，直立，圆柱形，稍压扁。叶基生和茎生；基生叶3~4枚，茎生叶1~2枚，线形，扁平，长6~20 cm，宽约1 mm，顶端针状；叶鞘松弛抱茎，边缘膜质，向上渐狭；叶耳圆钝。聚伞花序顶生，有3~26花；花单生；叶状总苞片与花序近等长，有时较长，长2~7 cm；小苞片常2枚，卵形，长1.8~2.5 mm，宽1~1.5 mm，膜质，顶端钝圆，黄绿色；花被片近等长或外轮者稍长，披针状长圆形，长3.1~4 mm，宽约1~1.2 mm，颖状，顶端尖，边缘宽膜质；雄蕊3枚，花药长圆形，黄色，长0.5~0.9 mm；花丝长1.2~1.5 mm；子房长圆形，3室，具极短花柱；柱头三分叉，长0.5~1 mm，褐色。蒴果长圆状卵形，长约3 mm，比花被片短，顶端稍钝，淡褐色，有光泽。种子椭圆形，暗红色。花期6~8月；果期7~9月。

图886 洮南灯心草
1. 植株；2. 叶鞘及叶耳；3. 花被片及蒴果；
4. 花被片及雄蕊

产于光华寺。生于塘边湿地。国内分布于东北、华北、西北地区。

130. 莎草科 Cyperaceae

多年生草本，较少为一年生；多数具根状茎少有兼具块茎。大多数具有三棱形的秆。叶基生和秆生，一般具闭合的叶鞘和狭长的叶片，或有时仅有鞘而无叶片。花序多种，穗状花序、总状花序、圆锥花序、头状花序或长侧枝聚伞花序；小穗单生、簇生或排列成穗状或头状，具2至多数花，或退化至仅具1花；花两性或单性，雌雄同株，少有雌雄异株，着生于鳞片（颖片）腋间，鳞片覆瓦状螺旋排列或2列，无花被或花被退化成下位鳞片或下位刚毛，有时雌花为先出叶所形成的果囊所包裹；雄蕊3枚，稀1~2，花丝线形，花药底着；子房1室，1枚胚珠，花柱单一，柱头2~3个。果实为小坚果，三棱形、双凸状、平凸状或球形。

约106属5400余种。中国33属865种，广布于全国，多生长于潮湿处或沼泽中。徂徕山11属44种1亚种3变种。

分属检索表

1. 花两性或单性，无先出叶所形成的果囊。
　　2. 花两性。
　　　　3. 鳞片不为螺旋状而为两行排列；下位刚毛缺如。
　　　　　　4. 柱头3，小坚果三棱状，稀柱头2而小坚果双凸镜状，但凸面对向小穗轴；叶片背面常具龙骨；小穗轴常具翅 ··· 1. 莎草属 Cyperus

4. 柱头 2，小坚果双凸镜状，边缘对向小穗轴。
    5. 小穗轴连续，基部无关节，因而小穗不脱落，鳞片从基部向顶端逐渐脱落··················2. 扁莎属 Pycreus
    5. 小穗轴基部上面具关节，鳞片宿存于小穗轴上，常与小穗轴一起脱落··················3. 水蜈蚣属 Kyllinga
  3. 鳞片螺旋状排列；下位刚毛存在或因减退趋向缺如。
    6. 花柱基与子房之间自然过渡，其与子房和小坚果连接处界限不分明。
      7. 秆具节，叶鞘顶端常具叶；总苞片叶状。
        8. 小穗长 2~6 mm，鳞片无毛··4. 藨草属 Scirpus
        8. 小穗长 8~20 mm，鳞片被毛··5. 三棱草属 Bolboschoenus
      7. 秆无节，基部叶鞘常无叶片；总苞片直立，为秆的延长···················6. 水葱属 Schoenoplectus
    6. 花柱基部膨大，因而花柱基和小坚果连接处一般界限分明。
      9. 小穗多数，簇生或呈长侧枝聚伞花序，稀单一；常具叶，若叶片缺失则小坚果无宿存的花柱基；花被刚毛缺失。
        10. 叶鞘顶端有长丝状毛；花柱基盘状或小球形，宿存···················7. 球柱草属 Bulbostylis
        10. 叶鞘顶端无长丝状毛；花柱基扁平或近圆柱形，脱落···················8. 飘拂草属 Fimbristylis
      9. 小穗单一，叶片缺失；花被具刚毛 6（3~12）···························9. 荸荠属 Eleocharis
  2. 花单性，极少两性。小穗具 2 片小鳞片，仅有 1 片两性花···················10. 湖瓜草属 Lipocarpha
1. 花单性，雌花有先出叶，先出叶在边缘合生而成果囊···························11. 薹草属 Carex

1. 莎草属 Cyperus Linn.

一年生或多年生草本。秆直立，丛生或散生、粗壮或细弱，仅于基部生叶。叶具鞘。长侧枝聚伞花序简单或复出，或有时短缩成头状，基部具叶状苞片数枚；小穗几个至多数，成穗状、指状、头状排列于辐射枝上端，小穗轴宿存，通常具翅；鳞片 2 列，极少为螺旋状排列，最下面 1~2 枚鳞片为空的，其余均具 1 两性花，有时最上面 1~3 花不结实；无下位刚毛；雄蕊 3，少数 1~2；花柱基部不增大，柱头 3，极少 2 个，成熟时脱落。小坚果三棱形。

约 600 种，分布于全世界温带、亚热带和热带。中国 62 种，广泛分布。徂徕山 14 种。

分种检索表

1. 小穗轴连续，基部无关节，因而小穗不脱落；鳞片从基部向顶端逐渐脱落。
  2. 柱头 3，小坚果三棱形，稀柱头 2；雄蕊 2。
    3. 小穗排列在辐射枝所延长的花序轴上呈穗状花序。
      4. 小穗轴上无翅，或仅具很狭的白色半透明的边；花柱短。
        5. 穗状花序轴延长；小穗稀疏排列；鳞片较疏松排列；小坚果几与鳞片等长。
          6. 长侧枝聚伞花序复出；小穗直立或稍斜向展开。
            7. 小穗轴无翅；鳞片顶端微缺，短尖不突出鳞片顶端·············1. 碎米莎草 Cyperus iria
            7. 小穗轴上具白色透明的狭边；鳞片顶端圆，具较长的短尖·············2. 具芒碎米莎草 Cyperus microiria
          6. 长侧枝聚伞花序简单；小穗近于平展，鳞片红棕色，顶端有稍向外弯的短尖·············3. 阿穆尔莎草 Cyperus amuricus
        5. 穗状花序轴短缩；小穗排列紧密，近似头状；鳞片密覆瓦状排列；小坚果长约为鳞片的 1/2·············4. 扁穗莎草 Cyperus compressus
      4. 鳞片基部边缘延长成小穗轴的翅；花柱长或中等长，少数短。

　　　　8. 多年生，具长匍匐根状茎和块茎 ··· 5. 香附子 Cyperus rotundus
　　　　8. 一年生，无匍匐根状茎和块茎 ··· 6. 头状穗莎草 Cyperus glomeratus
　　3. 小穗指状排列或成簇地着生于极短缩的花序轴上。
　　　9. 长侧枝聚伞花序疏展，辐射枝发达。
　　　　10. 叶片平张；鳞片膜质，顶端钝；小坚果倒卵形或椭圆形。
　　　　　11. 小穗极多数组成密头状花序；鳞片扁圆形 ··· 7. 异型莎草 Cyperus difformis
　　　　　11. 小穗 5~10 个组成疏头状花序；鳞片宽卵形 ······································· 8. 褐穗莎草 Cyperus fuscus
　　　　10. 叶片很狭，两边内卷，中间具沟；小坚果长圆状倒卵形或长圆形；鳞片顶端截形··············
　　　　　　 ··· 9. 长尖莎草 Cyperus cuspidatus
　　　9. 长侧枝聚伞花序短缩成头状；辐射枝不发达，极少有少数发达的辐射枝。
　　　　12. 鳞片螺旋状排列 ··· 10. 旋鳞莎草 Cyperus michelianus
　　　　12. 鳞片二列状排列 ··· 11. 白鳞莎草 Cyperus nipponicus
　2. 柱头 2，小坚果椭圆或倒卵形，背腹压扁，面向小穗轴；雄蕊 3 ·························· 12. 水莎草 Cyperus serotinus
1. 小穗轴具关节；鳞片宿存于小穗轴上。
　13. 小穗轴上具多数关节；鳞片很少具龙骨状突起 ··· 13. 断节莎 Cyperus odoratus
　13. 小穗轴基部上面具关节；鳞片背面龙骨状突起 ··· 14. 辐射砖子苗 Cyperus radians

1. 碎米莎草（图 887）

Cyperus iria Linn.

Sp. Pl. 1: 45. 1753.

图 887　碎米莎草
1. 植株；2. 小穗；3. 鳞片；4. 雄蕊；5. 小坚果

一年生草本，无根状茎，具须根。秆丛生，细弱或稍粗壮，高 8~85 cm，扁三棱形，基部具少数叶，叶短于秆，宽 2~5 mm，平张或折合，叶鞘红棕色或棕紫色。叶状苞片 3~5 枚，下面的 2~3 枚常较花序长；长侧枝聚伞花序复出，很少为简单的，具 4~9 辐射枝，辐射枝最长达 12 cm，每辐射枝具 5~10 穗状花序，有时更多；穗状花序卵形或长圆状卵形，长 1~4 cm，具 5~22 个小穗；小穗排列松散，斜展开，长圆形、披针形或线状披针形，压扁，长 4~10 mm，宽约 2 mm，具 6~22 花；小穗轴上近于无翅；鳞片排列疏松，膜质，宽倒卵形，顶端微缺，具极短的短尖，不突出于鳞片的顶端，背面具龙骨状突起，绿色，有 3~5 条脉，两侧呈黄色或麦秆黄色，上端具白色透明的边；雄蕊 3，花丝着生在环形的胼胝体上，花药短，椭圆形，药隔不突出于花药顶端；花柱短，柱头 3。小坚果倒卵形或椭圆形，三棱形，与鳞片等长，褐色，具密的微突起细点。花、果期 6~10 月。

徂徕山各林区均产。生于田间、路旁阴湿处，为一种常见杂草。国内分布于东北地区及河北、河南、山东、陕西、甘肃、新疆、江苏、浙江、安徽、江西、湖南、湖北、云南、四川、贵州、福建、广东、广西、台湾。也分布于俄罗斯远东地区、朝鲜、日本、越南、印度、伊朗、大洋洲、非洲北部及美洲。

2. 具芒碎米莎草（图 888）

Cyperus microiria Steud.

Syn. Pl. Glumac. 2: 23. 1854.

一年生草本，具须根。秆丛生，高 20~50 cm，稍细，锐三棱形，平滑，基部具叶。叶短于秆，宽 2.5~5 mm，平张；叶鞘红棕色，表面稍带白色。叶状苞片 3~4 枚，长于花序；长侧枝聚伞花序复出或多次复出，稍密或疏展，具 5~7 个辐射枝，辐射枝长短不等，最长达 13 cm；穗状花序卵形或宽卵形或近于三角形，长 2~4 cm，宽 1~3 cm，具多数小穗；小穗排列稍稀，斜展，线形或线状披针形，长 6~15 mm，宽约 1.5 mm，具 8~24 花；小穗轴直，具白色透明的狭边；鳞片排列疏松，膜质，宽倒卵形，顶端圆，长约 1.5 mm，麦秆黄色或白色，背面具龙骨状突起，3~5 脉，绿色，中脉延伸出顶端呈短尖；雄蕊 3，花药长圆形；花柱极短，柱头 3。小坚果倒卵形，三棱形，几与鳞片等长，深褐色，具密的微突起细点。花、果期 8~10 月。

徂徕山各林区均产。生于河岸边、路旁或草原湿处。分布于全国各地。也分布于朝鲜、日本。

图 888　具芒碎米莎草
1. 植上部株；2. 小穗；3. 鳞片；4. 坚果

3. 阿穆尔莎草（图 889）

Cyperus amuricus Maxim.

Mem. Acad. Imp. Sci. St.-Petersbourg Divers Savans 9 [Prim. Fl. Amur.]: 296. 1859.

根为须根。秆丛生，纤细，高 5~50 cm，扁三棱形，平滑，基部叶较多。叶短于秆，宽 2~4 mm，平张，边缘平滑。叶状苞片 3~5 枚，下面两枚常长于花序；简单长侧枝聚伞花序具 2~10 个辐射枝，辐射枝最长达 12 cm；穗状花序扇形、宽卵形或长圆形，长 10~25 mm，宽 8~30 mm，具 5 至多数小穗；小穗排列疏松，斜展，后期平展，线形或线状披针形，长 5~15 mm，宽 1~2 mm，具 8~20 花；小穗轴具白色透明的翅，翅宿存；鳞片排列稍松，膜质，近于圆形或宽倒卵形，顶端具由龙骨状突起延伸出的稍长的短尖，长约 1 mm，中脉绿色，具 5 条脉，两侧紫红色或褐色，稍具光泽；雄蕊 3，花药短，椭圆形，药隔突出于花药顶端，红色；花柱极短，柱头 3，较

图 889　阿穆尔莎草
1. 植株；2. 小穗；3. 鳞片；4. 小坚果

短。小坚果倒卵形或长圆形，三棱形，几与鳞片等长，顶端具小短尖，黑褐色，具密的微突起细点。花、果期7~10月。

产于礦石峪、上场。国内分布于辽宁、吉林、河北、山西、陕西、浙江、安徽、云南、四川等省份。俄罗斯远东地区亦有分布。

4. 扁穗莎草（图890）

Cyperus compressus Linn.

Sp. Pl. 1: 46. 1753.

丛生草本；根为须根。秆稍纤细，高5~25 cm，锐三棱形，基部具较多叶。叶短于秆，或与秆几等长，宽1.5~3 mm，折合或平张，灰绿色；叶鞘紫褐色。苞片3~5枚，叶状，长于花序；长侧枝聚伞花序简单，具（1）2~7个辐射枝，辐射枝最长达5 cm；穗状花序近于头状；花序轴很短，具3~10个小穗；小穗排列紧密，斜展，线状披针形，长8~17 mm，宽约4 mm，近于四棱形，具8~20朵花；鳞片紧贴的覆瓦状排列，稍厚，卵形，顶端具稍长的芒，长约3 mm，背面具龙骨状突起，中间较宽部分为绿色，两侧苍白色或麦秆色，有时有锈色斑纹，9~13脉；雄蕊3，花药线形，药隔突出于花药顶端；花柱长，柱头3，较短。小坚果倒卵形，三棱形，侧面凹陷，长约为鳞片的1/3，深棕色，表面具密的细点。花、果期7~12月。

徂徕山各林区均产。多生于空旷的田野里。国内分布于江苏、浙江、安徽、江西、湖南、湖北、四川、贵州、福建、广东、海南、台湾等省份。

5. 香附子（图891）

Cyperus rotundus Linn.

Sp. Pl. 1: 45. 1753.

匍匐根状茎长，具椭圆形块茎。秆稍细弱，高15~95 cm，锐三棱形，平滑，基部呈块茎状。叶较多，短于秆，宽2~5 mm，平张；鞘棕色，常裂成纤维状。叶状苞片2~3（5）枚，常长于花序，或有时短于花序；长侧枝聚伞花序简单或复出，具（2）3~10个辐射枝；辐射枝最长达12 cm；穗状花序轮廓为陀螺形，稍疏松，具3~10个小穗；小穗斜展开，线形，长1~3 cm，宽约1.5 mm，具8~28花；小穗轴具较宽的、白色透明的翅；鳞片稍密地覆瓦状排列，膜质，卵形或长圆状卵形，长约3 mm，顶端急

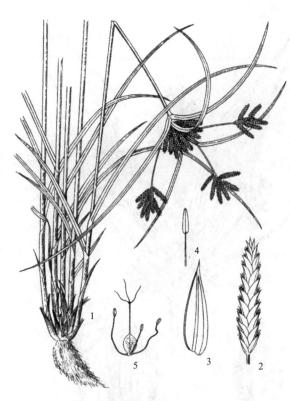

图890 扁穗莎草
1. 植株；2. 小穗；3. 鳞片；4. 雄蕊；
5. 小坚果和雄蕊

图891 香附子
1. 植株；2. 小穗；3. 鳞片；4. 小坚果；
5. 柱头和花柱

尖或钝，无短尖，中间绿色，两侧紫红色或红棕色，具 5~7 条脉；雄蕊 3，花药长，线形，暗血红色，药隔突出于花药顶端；花柱长，柱头 3，细长，伸出鳞片外。小坚果长圆状倒卵形，三棱形，长为鳞片的 1/3~2/5，具细点。花、果期 5~11 月。

产于西旺、王家院等林区。生于草地、田边及水边潮湿处。国内分布于陕西、甘肃、山西、河南、河北、山东、江苏、浙江、江西、安徽、云南、贵州、四川、福建、广东、广西、台湾等省份。广布于世界各地。

块茎名为香附子，可提取芳香油，也可供药用。

6. 头状穗莎草（图 892）

Cyperus glomeratus Linn.

Cent. Pl. 2: 5. 1756.

一年生草本，具须根。秆散生，粗壮，高 50~95 cm，钝三棱形，平滑，基部稍膨大，具少数叶。叶短于秆，宽 4~8 mm，边缘不粗糙；叶鞘长，红棕色。叶状苞片 3~4 枚，较花序长，边缘粗糙；复出长侧枝聚伞花序具 3~8 个辐射枝，辐射枝长短不等，最长达 12 cm；穗状花序无总花梗，近于圆形、椭圆形或长圆形，长 1~3 cm，宽 6~17 mm，具极多数小穗；小穗多列，排列极密，线状披针形或线形，稍扁平，长 5~10 mm，宽 1.5~2 mm，具 8~16 花；小穗轴具白色透明的翅；鳞片排列疏松，膜质，近长圆形，顶端钝，长约 2 mm，棕红色，背面无龙骨状突起，脉极不明显，边缘内卷；雄蕊 3，花药短，长圆形，暗血红色，药隔突出于花药顶端；花柱长，柱头 3，较短。小坚果长圆形，三棱形，长为鳞片的 1/2，灰色，具明显的网纹。花、果期 6~10 月。

徂徕山各林区均产。生于水边沙土上或路旁阴湿的草丛中。国内分布于黑龙江、吉林、辽宁、河北、河南、山西、陕西、甘肃等省份。分布于欧洲中部、地中海区域、亚洲中部、亚洲东部温带以及朝鲜和日本。

7. 异型莎草（图 893）

Cyperus difformis Linn.

Cent. Pl. II .6. 1756.

一年生草本；根为须根。秆丛生，稍粗或细弱，高 2~65 cm，扁三棱形，平滑。叶短于秆，宽 2~6 mm，平张或折合；叶鞘稍长，褐色。苞片 2 枚，少 3 枚，

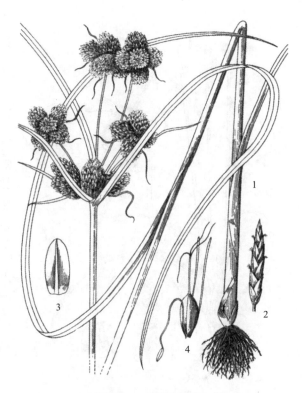

图 892 头状穗莎草
1. 植株；2. 小穗；3. 鳞片；4. 小坚果及雄蕊

图 893 异型莎草
1. 植株；2. 小穗；3. 鳞片；4. 雄蕊；
5. 小坚果；6. 花柱和柱头

图 894 褐穗莎草
1. 植株；2. 小穗；3. 鳞片；4. 小坚果；5. 花柱和柱头

图 895 长尖莎草
1. 植株；2. 小穗；3. 鳞片；4. 雄蕊；5. 小坚果

叶状，长于花序；长侧枝聚伞花序简单，少数为复出，具3~9个辐射枝，辐射枝长短不等，最长达2.5 cm，或有时近于无梗；头状花序球形，具极多数小穗，直径5~15 mm；小穗密聚，披针形或线形，长2~8 mm，宽约1 mm，具8~28花；小穗轴无翅；鳞片排列稍松，膜质，近于扁圆形，顶端圆，长不及1 mm，中间淡黄色，两侧深红紫色或栗色，边缘具白色透明的边，具3条不明显的脉；雄蕊2枚，有时1枚，花药椭圆形，药隔不突出于花药顶端；花柱极短，柱头3，短。小坚果倒卵状椭圆形，三棱形，几与鳞片等长，淡黄色。花、果期7~10月。

徂徕山各林区均产。生于稻田中或水边潮湿处。国内分布于东北地区及河北、山西、陕西、甘肃、云南、四川、湖南、湖北、浙江、江苏、安徽、福建、广东、广西、海南。也分布于俄罗斯、日本、朝鲜、印度、喜马拉雅山及非洲、中美洲等。

8. 褐穗莎草（图894）

Cyperus fuscus Linn.

Sp. Pl. 46. 1753.

一年生草本，具须根。秆丛生，细弱，高6~30 cm，扁锐三棱形，平滑，基部具少数叶。叶短于秆或有时几与秆等长，宽2~4 mm，平张或有时向内折合，边缘不粗糙。苞片2~3枚，叶状，长于花序；长侧枝聚伞花序复出或有时为简单，第1次辐射枝3~5个，最长达3 cm；小穗5~10个或更多密聚成近头状花序，线状披针形或线形，长3~6 mm，宽约1.5 mm，稍扁平，具8~24花；小穗轴无翅；鳞片覆瓦状排列，膜质，宽卵形，顶端钝，长约1 mm，背面中间较宽的1条为黄绿色，两侧深紫褐色或褐色，具3条不明显的脉；雄蕊2，花药短，椭圆形，药隔不突出于花药顶端；花柱短，柱头3。小坚果椭圆形，三棱形，长约为鳞片的2/3，淡黄色。花、果期7~10月。

产于西旺等林区。生长于沟边或水旁。国内分布于黑龙江、辽宁、河北、山西、陕西、甘肃、内蒙古、新疆。欧洲、印度、越南、喜马拉雅山西北部也有分布。

9. 长尖莎草（图895）

Cyperus cuspidatus Kunth

Nov. Gen. Sp. 1, ed. 4: 204. 1816.

一年生草本，具须根。秆丛生，细弱，高1.5~15 cm，三棱形，平滑。叶少，短于秆，宽1~2 mm，常向内折合。苞片2~3枚，线形，长于花序；简单长侧枝聚伞花序具2~5个辐射枝，辐射枝最长达2 cm；小穗5至多数排列呈折扇状，线形，长 4~12 mm，宽约 1.5 mm，具 8~26 花；鳞片较疏松的覆瓦状排列，长圆形，长 1~1.5 mm，顶端截形，背面具龙骨状突起，绿色，且延伸出顶端呈较长而向外弯的芒（芒约为鳞片长的 2/3），两侧紫红色或褐色，具 3 条明显的脉；雄蕊 3，花药短，椭圆形；花柱长，柱头 3。小坚果长圆状倒卵形或长圆形，三棱形，长约为鳞片的 1/2，深褐色，具许多疣状小突起。花、果期 6~9 月。

产于西旺等林区。生于河边沙地上。国内分布于安徽、浙江、福建、广东、云南、四川、海南、江苏、江西、山东、西藏等省份。也分布于热带亚洲、喜马拉雅山区以及大洋洲、非洲、北美洲。

10. 旋鳞莎草（图 896，彩图 91）

Cyperus michelianus (Linn.) Link

Hort. Berol. 1: 303. 1827.

一年生草本，具许多须根。秆密丛生，高 2~25 cm，扁三棱形，平滑。叶长于或短于秆，宽 1~2.5 mm，平张或有时对折；基部叶鞘紫红色。苞片 3~6 枚，叶状，基部宽，较花序长很多；长侧枝聚伞花序呈头状，卵形或球形，直径 5~15 mm，具极多数密集的小穗；小穗卵形或披针形，长 3~4 mm，宽约 1.5 mm，具 10~20 余朵花；鳞片螺旋状排列，膜质，长圆状披针形，长约 2 mm，淡黄白色，稍透明，有时上部中间具黄褐色或红褐色条纹，具 3~5 条脉，中脉呈龙骨状突起，绿色，延伸出顶端呈一短尖；雄蕊 2，少 1，花药长圆形；花柱长，柱头 2，少 3，通常具黄色乳头状突起。小坚果狭长圆形，三棱形，长为鳞片的 1/3~1/2，表面包有 1 层白色透明疏松的细胞。花、果期 6~9 月。

产于大寺等林区。多生于水边潮湿空旷的地方，路旁亦可见到。国内分布于黑龙江、河北、河南、江苏、浙江、安徽、广东等省份。也分布于日本、俄罗斯西伯利亚地区、欧洲中部以及非洲北部。

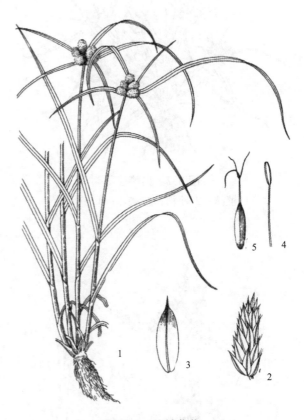

图 896　旋鳞莎草
1. 植株；2. 小穗；3. 鳞片；4. 雄蕊；5. 小坚果

11. 白鳞莎草（图 897）

Cyperus nipponicus Franch. & Savatier

Enum. Pl. Jap. 2: 537. 1878.

一年生草本，具许多细长的须根。秆密丛生，细弱，高 5~20 cm，扁三棱形，平滑，基部具少数叶。叶通常短于秆，或有时与秆等长，宽 1.5~2 mm，平张或有时折合；叶鞘膜质，淡红棕色或紫褐色。苞片 3~5 枚，叶状，较花序长数倍，基部一般较叶片宽些；长侧枝聚伞花序短缩成头状，圆球形，直径 1~2 cm，有时辐射枝稍延长，具多数密生的小穗；小穗无柄，披针形或卵状长圆形，压扁，长 3~8 mm，宽 1.5~2 mm，具 8~30 朵花；小穗轴具白色透明的翅；鳞片 2 列，稍疏的覆瓦状排列，宽卵形，顶端具小短尖，长约 2 mm，背面沿中脉处绿色，两侧白色透明，有时具疏的锈色短条纹，具多数脉；雄蕊 2，花药线状长圆形；花柱长，柱头 2。小坚果长圆形，平凸状或有时近于凹凸状，长约为鳞片的1/2，黄棕色。花、果期8~9月。

产于西旺、王家院等林区。生于空旷的路旁、荒地。国内分布于江苏、河北、山西等省份。也分布于朝鲜、日本。

12. 水莎草（图898）

Cyperus serotinus Rottboll

Descr. Icon. Rar. Pl. 31. 1773.

——*Juncellus serotinus*（Rottb.）C. B. Clarke

多年生草本，散生。根状茎长。秆高35~100 cm，粗壮，扁三棱形，平滑。叶片少，短于秆或有时长于秆，宽3~10 mm，平滑，基部折合，上面平张，背面中肋呈龙骨状突起。苞片常3枚，少4枚，叶状，较花序长一倍多，最宽至8 mm；复出长侧枝聚伞花序具4~7个第1次辐射枝；辐射枝向外展开，长短不等，最长达16 cm。每辐射枝上具1~3个穗状花序，每穗状花序具5~17个小穗；花序轴被疏的短硬毛；小穗排列稍松，近于平展，披针形或线状披针形，长8~20 mm，宽约3 mm，具10~34花；小穗轴具白色透明的翅；鳞片初期排列紧密，后期较松，纸质，宽卵形，顶端钝或圆，有时微缺，长2.5 mm，背面中肋绿色，两侧红褐色或暗红褐色，边缘黄白色透明，具5~7条脉；雄蕊3，花药线形，药隔暗红色；花柱很短，柱头2，细长，具暗红色斑纹。小坚果椭圆形或倒卵形，平凸状，长约为鳞片的4/5，棕色，稍有光泽，具突起的细点。花、果期7~10月。

产于马场、光华寺、西旺等林区。生于浅水及水边、路旁。国内分布于东北地区及内蒙古、甘肃、新疆、陕西、山西、山东、河北、河南、江苏、安徽、湖北、浙江、江西、福建、广东、台湾、贵州、云南。也分布于朝鲜、日本、喜马拉雅山西北部以及欧洲中部、地中海地区。

13. 断节莎（图899）

Cyperus odoratus Linn.

Sp. Pl. 1: 46. 1753.

——*Torulinium ferax*（L. C. Rich.）Urb.

根状茎短缩，具许多较硬的须根。秆粗壮，高30~120 cm，三棱形，多少具纵槽，平滑，下部具叶，基部膨大呈块茎。叶短于秆，宽4~10 mm，平张，稍硬，叶鞘长，棕紫色。苞片6~8，展

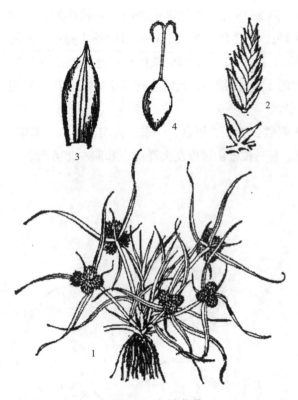

图897　白鳞莎草
1. 植株；2. 小穗；3. 鳞片；4. 小坚果

图898　水莎草
1. 植株；2. 小穗；3. 鳞片；4. 雄蕊和雌蕊；
5. 小坚果

开，下面的苞片长于花序；长侧枝聚伞花序大，疏展，复出或多次复出，具 7~12 个第 1 次辐射枝，辐射枝最长达 12 cm，稍硬，扁三棱形，每辐射枝具多个第 2 次辐射枝，第 2 次辐射枝短，长 0~2 cm，稍展开；穗状花序长圆状圆筒形，长 2~3 cm，宽 1.5 cm，具多数小穗；小穗稍稀疏排列，平展或向下反折，线形，顶端急尖，长 8~16 mm，宽约 1 mm，圆柱状，曲折，具 6~16 花；小穗轴多少具关节，坚硬，具宽翅，翅椭圆形，初时透明，后期增厚变成黄色，边缘内卷，有时包住小穗轴；鳞片稍松排列，基部的鳞片紧密地贴生，后期顶端稍展开，卵状椭圆形，顶端钝，很少具短尖，坚硬，凹形，很少具龙骨状突起，背面中间为绿色，其两侧为黄棕色或麦秆黄色，稍带红色，具光泽，脉 7~9 条；雄蕊 3，花药线形；花柱中等长，柱头 3。小坚果长圆形或倒卵状长圆形，三棱形，长约为鳞片的 2/3，红色，后变成黑色，为小穗轴上的翅所包被，顶端露出于翅外，稍弯。花、果期 8~10 月。

徂徕山各林区均产。国内分布于台湾、山东、浙江等省份。也分布于日本、朝鲜和全球热带地区。

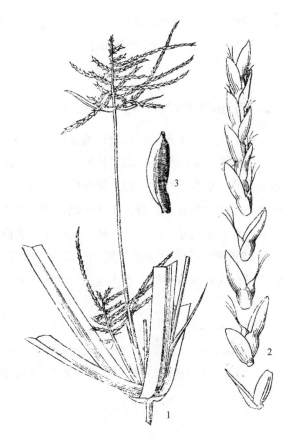

图 899　断节莎
1. 植株上部；2. 小穗；3. 鳞片

14. 辐射砖子苗（图 900）

Cyperus radians Nees & Meyen ex Kunth Enum. Pl. 2: 95.1837.

——*Mariscus radians*（Nees & Meyen）Tang & Wang

根状茎短缩。秆丛生，粗短，高 1.5~5 cm，常为丛生的狭叶所隐藏，钝三棱形，平滑。叶厚而稍硬，宽 2~3 mm，常向内折合；叶鞘紫褐色。苞片 3~7 枚，叶状，等长或短于最长辐射枝；长侧枝聚伞花序简单，具 2~7 个辐射枝，其最长达 10 cm，常较秆长；头状花序具 5 至多数小穗，球形，直径 8~25 mm；小穗卵形或披针形，长 5~12 mm，宽 2~5 mm，具 4~12 花；小穗轴具狭的边；鳞片密覆瓦状排列，厚纸质，宽卵形，长 3.5~4 mm，顶端具延伸出向外弯的硬尖，背面龙骨状突起，绿色，两侧苍白色，具紫红色条纹，或为紫红色，具 11~13 条明显的脉；雄蕊 3，花药线形；花柱长，柱头 3。小坚果长为鳞片的

图 900　辐射砖子苗
1. 植株；2. 小穗；3. 鳞片；4. 小坚果

1/2，宽椭圆形，三棱形，侧面凹陷，黑褐色，具稍突起的细点。花、果期8~9月。

产于西旺等林区。国内分布于山东、福建、海南、台湾、浙江、广东等省份。也分布于热带亚洲。

2. 扁莎属 Pycreus P. Beauvois

一年生或多年生草本，具根状茎或无。秆多丛生，基部具叶。苞片叶状；长侧枝聚伞花序简单或复出，疏展或密集成头状；辐射枝长短不等，有时极短缩；小穗排列成穗状或头状；小穗轴延续，基部亦无关节，宿存；鳞片2列，逐渐向顶端脱落，最下面1~2个鳞片内无花，其余均具1两性花；无下位刚毛或鳞片状花被；雄蕊1~3个药隔突出或不突出；花柱基部不膨大，脱落，柱头2。小坚果两侧压扁，棱向小穗轴，双凸状，稍扁或肿胀，表面具网纹、微突起细点、隆起横波纹或皱纹。

有70余种，分布于亚洲、欧洲、非洲、大洋洲以及美洲。中国11种，多分布于华南、西南以及华东地区，仅有少数种类广布于全国各省份。徂徕山2种。

分种检索表

1. 叶宽2~4 mm，平张；雄蕊3；小坚果成熟时黑色 ·· 1. 红鳞扁莎 Pycreus sanguinolentus
1. 叶宽1~2 mm，折合或平张；雄蕊2；小坚果褐色或暗褐色 ···························· 2. 球穗扁莎 Pycreus flavidus

1. 红鳞扁莎（图901）

Pycreus sanguinolentus（Vahl）Nees ex C. B. Clarke

J. D. Hooker Fl. Brit. India. 6: 590. 1893.

根为须根。秆密丛生，高7~40 cm，扁三棱形，平滑。叶稍多，常短于秆，少有长于秆，宽2~4 mm，平张，边缘具白色透明的细刺。苞片3~4枚，叶状，近于平向展开，长于花序；简单长侧枝聚伞花序具3~5个辐射枝；辐射枝有时极短，因而花序近似头状，有时可长达4.5 cm，由4~12个或更多的小穗密聚成短的穗状花序；小穗辐射展开，长圆形、线状长圆形或长圆状披针形，长5~12 mm，宽2.5~3 mm，具6~24花；小穗轴直，四棱形，无翅；鳞片稍疏松地覆瓦状排列，膜质，卵形，顶端钝，长约2 mm，背面中间部分黄绿色，具3~5条脉，两侧具较宽的槽，麦秆黄色或褐黄色，边缘暗血红色或暗褐红色；雄蕊3，少2，花药线形；花柱长，柱头2，细长，伸出于鳞片之外。小坚果圆倒卵形或长圆状倒卵形，双凸状，稍肿胀，长为鳞片的1/2~3/5，成熟时黑色。花、果期7~12月。

图901 红鳞扁莎
1. 植株；2. 小穗；3. 鳞片；4. 小坚果

徂徕山各山地林区均产。国内分布于东北地区及内蒙古、山西、陕西、甘肃、新疆、山东、河北、河南、江苏、湖南、江西、福建、广东、广西、贵州、云南、四川等省份。也分布于地中海区域、中亚细亚、非洲、越南、印度、菲律宾、印度尼西亚以至日本、俄罗斯。

2. 球穗扁莎（图 902）

Pycreus flavidus (Retzius) T. Koyama.

J. Jap. Bot. 51: 316. 1976.

根状茎短，具须根。秆丛生，细弱，高 7~50 cm，钝三棱形，一面具沟，平滑。叶少，短于秆，宽 1~2 mm，折合或平张；叶鞘长，下部红棕色。苞片 2~4 枚，细长，长于花序；简单长侧枝聚伞花序具 1~6 个辐射枝，辐射枝长短不等，最长达 6 cm，有时极短缩成头状；每辐射枝具 2~20 余个小穗；小穗密聚于辐射枝上端呈球形，辐射展开，线状长圆形或线形，极压扁，长 6~18 mm，宽 1.5~3 mm，具 12~34（66）花；小穗轴近四棱形，两侧有具横隔的槽；鳞片稍疏松排列，膜质，长圆状卵形，顶端钝，长 1.5~2 mm，背面龙骨状突起绿色；具 3 条脉，两侧黄褐色、红褐色或为暗紫红色，具白色透明的狭边；雄蕊 2，花药短，长圆形；花柱中等长，柱头 2，细长。小坚果倒卵形，顶端有短尖，双凸状，稍扁，长约为鳞片的 1/3，褐色或暗褐色，具白色透明有光泽的细胞层和微突起的细点。花、果期 6~11 月。

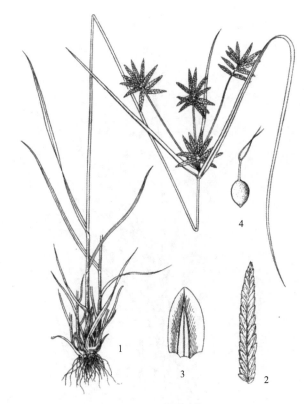

图 902　球穗扁莎
1. 植株；2. 小穗；3. 鳞片；4. 小坚果

产于大寺。国内分布于东北地区及陕西、山西、山东、河北、江苏、浙江、安徽、福建、广东、海南、贵州、云南、四川。亦分布于地中海或非洲南部、中亚细亚、印度、越南、日本、朝鲜以及大洋洲。

3. 水蜈蚣属 Kyllinga Rottb.

多年生草本，稀一年生草本，具匍匐根状茎或无。秆丛生或散生，通常稍细，基部具叶。苞片叶状，展开；穗状花序 1~3 个，头状，无总花梗，具多数密聚的小穗；小穗小，压扁，通常具 1~2 朵两性花，极少多至 5 朵花；小穗轴基部上面具关节，于最下面 2 枚空鳞片以上脱落；鳞片 2 列，宿存于小穗轴上，后期与小穗轴一齐脱落。最上面 1 枚鳞片内亦无花，极少具 1 雄花；无下位刚毛或鳞片状花被；雄蕊 1~3 枚；花柱基部不膨大，脱落，柱头 2。小坚果扁双凸状，棱向小穗轴。

约 75 种，分布于热带至温带。中国 7 种，多分布于华南、西南地区，只有 1 种广布于全国。徂徕山 1 变种。

1. 短叶水蜈蚣

Kyllinga brevifolia Rottboll

Descr. Icon. Rar. Pl. 13. 1773.

根状茎长而匍匐，外被膜质、褐色的鳞片，具多数节间，节间长约 1.5 cm，每节上长 1 秆。秆成列地散生，细弱，高 7~20 cm，扁三棱形，平滑，基部不膨大，具 4~5 个圆筒状叶鞘，最下面 2 个叶鞘常为干膜质，棕色，鞘口斜截形，顶端渐尖，上面 2~3 个叶鞘顶端具叶片。叶柔弱，短于或稍长于秆，宽 2~4 mm，平张，上部边缘和背面中肋上具细刺。叶状苞片 3 枚，极展开，后期常向下反折；穗状花序单个，极少 2~3 个，球形或卵球形，长 5~11 mm，宽 4.5~10 mm，具极多数密生的小穗。

小穗长圆状披针形或披针形，压扁，长约 3 mm，宽 0.8~1 mm，具 1 花；鳞片膜质，长 2.8~3 mm，下面鳞片短于上面的鳞片，白色，具锈斑，少为麦秆黄色，背面的龙骨状突起绿色，具刺，顶端延伸成外弯的短尖，脉 5~7 条；雄蕊 1~3 枚，花药线形；花柱细长，柱头 2，长不及花柱的 1/2。小坚果倒卵状长圆形，扁双凸状，长约为鳞片的 1/2，表面具密的细点。花、果期 5~9 月。

原变种徂徕山不产。

无刺鳞水蜈蚣（变种）（图 903）

var. **leiolepis**（Franch. & Sav.）H.Hara

J. Jap. Bot. 14: 339. 1938.

小穗较宽，稍肿胀；鳞片背面的龙骨状突起上无刺，顶端无短尖或具直的短尖。花、果期 5~10 月。

徂徕山各林区均产。生于路旁、溪边。国内分布于辽宁、吉林、河北、山西、陕西、甘肃、河南、江苏、山东。也分布于朝鲜、日本、俄罗斯远东地区。

图 903　无刺鳞水蜈蚣
1. 植株；2. 小穗；3. 小坚果

4. 藨草属 Scirpus Linn.

多年生草本，具匍匐根状茎或无。秆丛生，三棱形，稀圆柱状，有节。叶基生及秆生；叶片线形，有叶鞘。苞片叶状。长侧枝聚伞花序多次复出；小穗长 2~7（9）mm，宽 ~2.5~3 mm，每鳞片内 1 朵两性花，或基部 1~2 鳞片内无花，鳞片螺旋状排列，无毛；下位刚毛 3~6，较小坚果长或等长，具倒刺或顺刺，弯曲或直；雄蕊 1~3；花柱基部不膨大，与小坚果连接处不明显，柱头 3 或 2。小坚果三棱形，顶端细尖。

约 35 种，分布于北温带。中国 12 种，广布于全国。徂徕山 1 种。

1. 华东藨草（图 904）

Scirpus karuisawensis Makino

Bot. Mag.（Tokyo）18: 119.1904.

根状茎短，无匍匐根状茎。秆粗壮，坚硬，高 80~150 cm，不明显三棱形，有 5~7 个节，具基生叶和秆生叶，少数基生叶仅具叶鞘而无叶片，鞘常红棕色，叶坚硬，一般短于秆，宽 4~10 mm。叶状苞片 1~4 枚，较花序长；长侧枝聚

图 904　华东藨草
1. 植株；2. 鳞片；3. 小坚果和下位刚毛

伞花序 2~4 个或有时仅有 1 个，顶生和侧生，花序间相距较远，集合成圆锥状，顶生长侧枝聚伞花序有时复出，具多数辐射枝，侧生长侧枝聚伞花序简单，具 5 至少数辐射枝；辐射枝一般较短，少数长达 7 cm；小穗 5~10 个聚合成头状，着生于辐射枝顶端，长圆形或卵形，顶端钝，长 5~9 mm，宽 3~4 mm，密生许多花；鳞片披针形或长圆状卵形，顶端急尖，膜质，长 2.5~3 mm，红棕色，背面具 1 条脉；下位刚毛 6 条，下部卷曲，白色，较小坚果长得多，伸出鳞片之外，顶端疏生顺刺；花药线形；花柱中等长，柱头 3，具乳头状小突起。小坚果长圆形或倒卵形，扁三棱形，长约 1 mm（不包括喙），淡黄色，稍具光泽，具短喙。花、果期 8~9 月。

产于大寺等林区。生于河旁、溪边近水处。国内分布于东北地区及河南、安徽、江苏、贵州、湖南、陕西、山东、云南、浙江。也分布于日本、朝鲜。

5. 三棱草属 Bolboschoenus（Ascherson）Palla

多年生草本。根状茎常呈卵形块茎。秆直立，具多数节，锐三棱形，基部球形加厚。叶基生和茎生；鞘管状；无叶舌。叶片线形，扁平，背面明显龙骨状突起，上端三棱形。花序顶生，长侧枝聚伞花序近伞房状或头状；总苞片 1~5 枚，开展或下端直立，叶状，超过花序，开展。具 1 至多数小穗。小穗直径 4~10 mm，具 25 或更多螺旋状排列的、脱落的鳞片；鳞片背面被毛，常变无毛，顶端凹或具芒，每鳞片含 1 朵两性花；花被刚毛 3~6 枚，直或弯曲，短于或长于小坚果，具倒生的微刺毛，随小坚果脱落；雄蕊 3；花柱线形，2 或 3 裂，花柱基不明显，稍加厚或不加厚，宿存。小坚果平凹状、双凸状至三棱形，长 2.3~5.5 mm，光滑，先端具喙。

约 8 种，分布北美洲和东亚地区。中国 4 种。徂徕山 1 种。

1. 荆三棱（图 905）

Bolboschoenus yagara（Ohwi）Y. C. Yang & M. Zhan

Acta Biol. Plateau Sin. 7: 14. 1988.

—— *Scirpus yagara* Ohwi

根状茎粗而长，呈匍匐状，顶端生球状块茎，常从块茎又生匍匐根状茎。秆高大粗壮，高 70~150 cm，锐三棱形，平滑，基部膨大，具秆生叶。叶扁平，线形，宽 5~10 mm，稍坚挺，上部叶片边缘粗糙，叶鞘很长，最长可达 20 cm。叶状苞片 3~4 枚，通常长于花序；长侧枝聚伞花序简单，具 3~8 个辐射枝，辐射枝最长达 7 cm；每辐射枝具 1~3（4）小穗；小穗卵形或长圆形，绣褐色，长 1~2 cm，宽 5~8（10）mm，具多数花；鳞片密覆瓦状排列，膜质，长圆形，长约 7 mm，外面被短柔毛，面具 1 条中肋，顶端具芒，芒长 2~3 mm；下位刚毛 6 条，几与小坚果等长，上有倒刺；雄蕊 3，花药线形，长约 4 mm；花柱细长，柱头 3。小坚果倒卵形，三棱形，黄白色。花期 5~7 月。

产于西旺等林区。生于浅水中。国内分布于

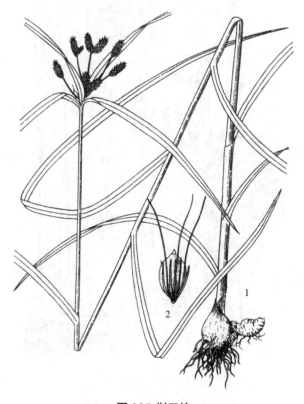

图 905 荆三棱
1. 植株；2. 小坚果和下位刚毛

东北地区及江苏、浙江、贵州、台湾。亦分布于朝鲜、日本。

6. 水葱属 Schoenoplectus (Reich.) Palla

一年生或多年生草本，有时具匍匐根状茎。秆丛生，圆柱形至粗壮三棱状，光滑无毛，基部以上无节，髓部中空，海绵状。叶基生，稀1或2枚茎生，常退化，仅存鞘，稀发育成舌状叶片。小穗卵球形至椭圆状球形；鳞片多数，螺旋状或稀假二歧状排列，先端全缘或2裂。中脉常伸长成短尖或芒，光滑或背面粗糙，具缘毛，早落，稀宿存；每鳞片常具1朵两性花，或有时上部无花。花两性；花被刚毛0~6，直或弯曲，针状，短于或长于坚果，光滑无毛或具乳头状、羽毛状毛，随坚果脱落；雄蕊1~3枚；花柱线形，2或3裂，花柱基不明显。小坚果卵球状，略呈三棱状或双凸状，光滑或具皱纹或横向波状突起，先端有或无喙。

约77种，世界广布。中国有22种。徂徕山3种。

分种检索表

1. 鳞片顶端微缺并有由中脉所伸长的芒；小坚果平滑；秆单生于匍匐根状茎的节上。
  2. 秆圆柱状；匍匐根状茎粗壮 ·· 1. 水葱 Schoenoplectus tabernaemontani
  2. 秆为锐三棱柱状，有时下部圆柱状；匍匐根状茎细 ······················ 2. 三棱水葱 Schoenoplectus triqueter
1. 鳞片顶端骤缩成短尖；小坚果稍皱缩；秆密丛生，圆柱状 ························ 3. 萤蔺 Schoenoplectus juncoides

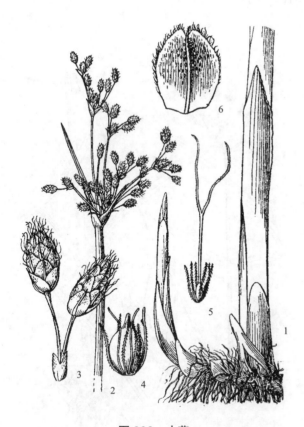

图906 水葱
1. 植株下部；2. 花序；3. 小穗；
4. 小坚果及下位刚毛；5. 雌蕊；6. 鳞片

1. 水葱（图906）

Schoenoplectus tabernaemontani（C. C. Gmelin）Palla

Verh. K. K. Zool.-Bot. Ges. Wien. 38: 49. 1888.

—— *Scirpus validus* Vahl

—— *Scirpus tabernaemontani* Maxim.

匍匐根状茎粗壮，具许多须根。秆高大，圆柱状，高1~2 m，平滑，基部具3~4个叶鞘，鞘长可达38 cm，管状，膜质，最上面1个叶鞘具叶片。叶片线形，长1.5~11 cm。苞片1枚，为秆的延长，直立，钻状，常短于花序，极少数稍长于花序；长侧枝聚伞花序简单或复出，假侧生，具4~13或更多辐射枝；辐射枝长可达5 cm，一面凸，一面凹，边缘有锯齿；小穗单生或2~3个簇生于辐射枝顶端，卵形或长圆形，顶端急尖或钝圆，长5~10 mm，宽2~3.5 mm，具多数花；鳞片椭圆形或宽卵形，顶端稍凹，具短尖，膜质，长约3 mm，棕色或紫褐色，有时基部色淡，背面有铁锈色突起小点，脉1条，边缘具缘毛；下位刚毛6条，等长于小坚果，红棕色，有倒刺；雄蕊3，花药线形，药隔突出；花柱中等长，柱头2，罕3，长于花柱。小坚果倒卵形或椭圆形，双凸状，少有三棱形，长约 2 mm。花、果期 6~9 月。

产于西旺、王家院、光华寺等地。生于浅水塘中，也有栽培。国内分布于东北地区及内蒙古、山西、陕西、甘肃、新疆、河北、江苏、贵州、四川、云南。也分布于朝鲜、日本、大洋洲和南北美洲。

2. 三棱水葱（图 907）

Schoenoplectus triqueter（Linn.）Palla

Verh. K. K. Zool.-Bot. Ges. Wien. 38: 49. 1888.

—— *Scirpus triqueter* Linn.

匍匐根状茎长，直径 1~5 mm，干时呈红棕色。秆散生，粗壮，高 20~90 cm，三棱形，基部具 2~3 个鞘，鞘膜质，横脉明显隆起，最上 1 个鞘顶端具叶片。叶片扁平，长 1.3~5.5（8）cm，宽 1.5~2 mm。苞片 1 枚，为秆的延长，三棱形，长 1.5~7 cm。简单长侧枝聚伞花序假侧生，有 1~8 辐射枝；辐射枝三棱形，棱上粗糙，长可达 5 cm，每辐射枝顶端有 1~8 个簇生的小穗；小穗卵形或长圆形，长 6~12（14）mm，宽 3~7 mm，密生许多花；鳞片长圆形、椭圆形或宽卵形，顶端微凹或圆形，长 3~4 mm，膜质，黄棕色，背面具 1 条中肋，稍延伸出顶端呈短尖，边缘疏生缘毛；下位刚毛 3~5 条，几等长或稍长于小坚果，全长都生有倒刺；雄蕊 3，花药线形，药隔暗褐色，稍突出；花柱短，柱头 2，细长。小坚果倒卵形，平凸状，长 2~3 mm，成熟时褐色，具光泽。花、果期 6~9 月。

产于西旺等林区。生长在水沟、水塘或沼泽地。中国除广东、海南外，各省份都广泛分布。日本、朝鲜、中亚细亚、欧洲、美洲也有分布。

3. 萤蔺（图 908）

Schoenoplectus juncoides（Roxb.）Palla.

Bot. Jahrb. Syst. 10: 299. 1888.

—— *Scirpus juncoides* Roxb.

丛生，根状茎短，具许多须根。秆稍坚挺，圆柱状，少数近于有棱角，平滑，基部具 2~3 个鞘；鞘的开口处为斜截形，顶端急尖或圆形，边缘为干膜质，无叶片。苞片 1 枚，为秆的

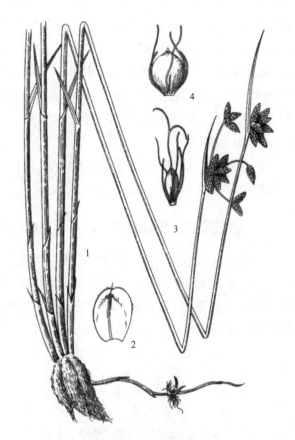

图 907　三棱水葱

1. 植株；2. 鳞片；3. 雌蕊；4. 小坚果及下位刚毛

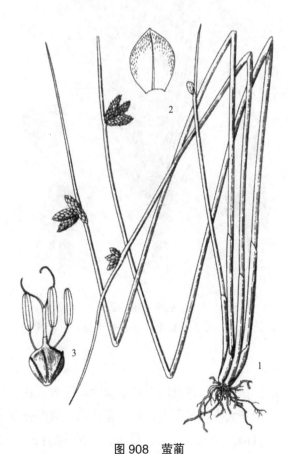

图 908　萤蔺

1. 植株；2. 鳞片；3. 小坚果、雄蕊及下位刚毛

延长，直立，长3~15 cm；小穗（2）3~5（7）个聚成头状，假侧生，卵形或长圆状卵形，长8~17 mm，宽3.5~4 mm，棕色或淡棕色，具多数花；鳞片宽卵形或卵形，顶端骤缩成短尖，近于纸质，长3.5~4 mm，背面绿色，具1条中肋，两侧棕色或具深棕色条纹；下位刚毛5~6条，长等于或短于小坚果，有倒刺；雄蕊3，花药长圆形，药隔突出；花柱中等长，柱头2，极少3个。小坚果宽倒卵形，或倒卵形，平凸状，长约2 mm或更长些，稍皱缩，但无明显的横皱纹，成熟时黑褐色，具光泽。花、果期8~11月。

产于大寺。生于荒地潮湿处或池塘边。除内蒙古、甘肃、西藏外，全国各地均有分布。也分布于亚洲热带和亚热带地区以及大洋洲、北美洲。

7. 球柱草属 Bulbostylis C. B. Clarke

一年生或多年生草本。秆丛生，细。叶基生，很细；叶鞘顶端有长柔毛或长丝状毛。长侧枝聚伞花序简单或复出或呈头状，有时仅具1个小穗；苞片极细，叶状；小穗具多数花；花两性；鳞片覆瓦状排列，最下部的1~2片鳞片内无花；无下位刚毛；雄蕊1~3枚；花柱细长，基部呈球茎状或盘状，常小型，不脱落，柱头3，细尖，有附属物。小坚果倒卵形、三棱形。

约有100种，分布于全世界热带至温带，主产非洲和热带美洲。中国3种，分布于沿海、华中及西南地区。徂徕山1种。

1. 球柱草（图909）

Bulbostylis barbata（Rottboll）C. B. Clarke Fl. Brit. India 6: 651. 1893.

一年生草本，无根状茎。秆丛生，细，无毛，高6~25 cm。叶纸质，极细，线形，长4~8 cm，宽0.4~0.8 mm，全缘，边缘微外卷，顶端渐尖，背面叶脉间疏被微柔毛；叶鞘薄膜质，边缘具白色长柔毛状缘毛，顶端部分毛较长。苞片2~3枚，极细，线形，边缘外卷，背面疏被微柔毛，长1~2.5 cm或较短；长侧枝聚伞花序头状，具密聚的无柄小穗3至数个；小穗披针形或卵状披针形，长3~6.5 mm，宽1~1.5 mm，基部钝或几圆形，顶端急尖，具7~13花；鳞片膜质，卵形或近宽卵形，长1.5~2 mm，宽1~1.5 mm，棕色或黄绿色，顶端有向外弯的短尖，仅被疏缘毛或有时背面被疏微柔毛，背面具龙骨状突起，具黄绿色脉1条，罕3条；雄蕊1枚，罕2枚，花药长圆形，顶端急尖。小坚果倒卵形，三棱形，长0.8 mm，宽0.5~0.6 mm，白色或淡黄色，表面细胞呈方形网纹，顶端截形或微凹，具盘状的花柱基。花、果期4~10月。

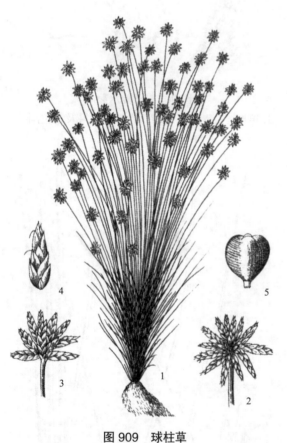

图909 球柱草
1.植株；2~3.头状聚伞花序；4.小穗；5.小坚果

产于大寺、光华寺、西旺等林区。国内分布于辽宁、河北、河南、山东、浙江、安徽、江西、福建、台湾、湖北、广东、海南、广西等省份。也分布于日本、朝鲜、菲律宾、老挝、越南、柬埔寨、泰国及印度。

8. 飘拂草属 Fimbristylis

一年生或多年生草本。具或不具根状茎，很少有匍匐根状茎。秆丛生或否，较细。叶通常基生，有时仅有叶鞘而无叶片。花序顶生，为简单、复出或多次复出的长侧枝聚伞花序，少有集合成头状或仅具1个小穗。小穗单生或簇生，具几朵至多数两性花；鳞片常为螺旋状排列或下部鳞片为2列或近于2列，最下面1~2（3）片鳞片内无花；无下位刚毛；雄蕊1~3个；花柱基部膨大，有时上部被缘毛，柱头2~3个，全部脱落。小坚果倒卵形、三棱形或双凸状，表面有网纹或疣状突起，或两者兼有，具子房柄或柄不显著。

约200多种。中国53种，广布于全国各地。徂徕山5种。

分种检索表

1. 柱头2，花柱扁，上部具缘毛。
  2. 小穗无棱角。
    3. 小穗多数，苞片3~4，叶状···1. 两歧飘拂草 Fimbristylis dichotoma
    3. 小穗1~2，稀3，无苞片或仅1线形苞片····································2. 双穗飘拂草 Fimbristylis subbispicata
  2. 小穗由于鳞片具龙骨状突起而具棱角。
    4. 花柱基有疏的长柔毛覆盖于小坚果顶部，小坚果近平滑··················3. 畦畔飘拂草 Fimbristylis squarrosa
    4. 花柱基具缘毛，无长柔毛覆盖于小坚果顶部，小坚果表面具明显横长圆形网纹···4. 复序飘拂草 Fimbristylis bisumbellata
1. 柱头3，花柱三棱形，无毛···5. 扁鞘飘拂草 Fimbristylis complanata

1. 两歧飘拂草（图910）

Fimbristylis dichotoma（Linn.）Vahl

Enum. Pl. II. 287. 1806.

秆丛生，高15~50 cm，无毛或被疏柔毛。叶线形，略短于秆或与秆等长，宽1~2.5 mm，被柔毛或无，顶端急尖或钝；鞘革质，上端近于截形，膜质部分较宽而呈浅棕色。苞片3~4枚，叶状，通常有1~2枚长于花序，无毛或被毛；长侧枝聚伞花序复出，少有简单，疏散或紧密；小穗单生于辐射枝顶端，卵形、椭圆形或长圆形，长4~12 mm，宽约2.5 mm，具多数花；鳞片卵形、长圆状卵形或长圆形，长2~2.5 mm，褐色，有光泽，脉3~5条，中脉顶端延伸成短尖；雄蕊1~2枚，花丝较短；花柱扁平，长于雄蕊，上部有缘毛，柱头2。小坚果宽倒卵形，双凸状，长约1 mm，具7~9显著纵肋，网纹近似横长圆形，无疣状突起，具褐色的柄。花、果期7~10月。

产于光华寺。生长于河边、稻田或空旷草地上。国内分布于云南、四川、广东、广西、福建、台湾、

图910 两歧飘拂草
1. 植株；2. 鳞片；3. 小坚果；4. 小坚果顶面观；5. 花柱及柱头；6. 花丝

贵州、江苏、江西、浙江、河北、山东、山西及东北地区。也分布于印度、中印半岛、大洋洲、非洲等地。

2. 双穗飘拂草（图911）

Fimbristylis subbispicata Nees & Meyen

Nov. Actorum Acad. Caes. Leop.-Carol. Nat. Cur. 19（Suppl. 1）: 75. 1843.

无根状茎。秆丛生，细弱，高7~60 cm，扁三棱形，灰绿色，平滑，具多条纵槽，基部具少数叶。叶短于秆，宽约1 mm，稍坚挺，平张，上端边缘具小刺，有时内卷。苞片无或只有1枚，直立，线形，长于花序，长0.7~10 cm；小穗通常1个顶生，罕2个、卵形、长圆状卵形或长圆状披针形，圆柱状，长8~30 mm，宽4~8 mm，具多数花；鳞片螺旋状排列，膜质、卵形、宽卵形或近于椭圆形，顶端钝，具硬短尖，长5~7 mm，棕色，具锈色短条纹，背面无龙骨状突起，具多条脉；雄蕊3，花药线形，长2~2.5 mm；花柱长而扁平，基部稍膨大，具缘毛，柱头2。小坚果圆倒卵形，扁双凸状，长1.5~1.7 mm，褐色，基部具柄，表面具六角形网纹，稍有光泽。花期6~8月；果期9~10月。

徂徕山各林区均产。生于山坡、山谷空地、沼泽地、溪边。国内分布于辽宁、河北、山东、山西、河南、江苏、浙江、福建、台湾、广东。也分布于朝鲜、日本、越南。

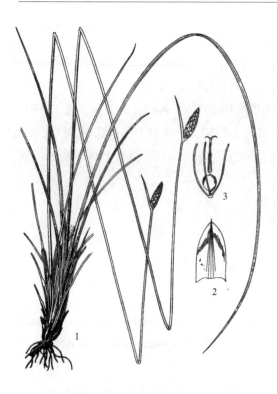

图911　双穗飘拂草
1. 植株；2. 鳞片；3. 小坚果（幼期）

3. 畦畔飘拂草（图912）

Fimbristylis squarrosa Vahl

Enum. Pl. 2: 289. 1805.

一年生草本，无根状茎。秆密丛生，纤细，矮小，高6~20 cm，扁，基部具少数叶。叶短于秆，宽不及1 mm，平张，两面均被疏柔毛，鞘淡棕色，密被长柔毛。苞片3~5枚，短于或稍长于花序，丝状；长侧枝聚伞花序简单或近于复出，具少数至多数辐射枝；辐射枝最长达3 cm；小穗单个着生于第1次或第2次辐射枝顶端，卵形或披针形，长3~6 mm（包括鳞片的芒在内），宽2~3 mm，具数花或有时更多；鳞片稍松，螺旋状排列，膜质，长圆形或长圆状卵形，顶端钝，长1.5~2 mm（包括芒长），背面具3条脉，绿色，呈龙骨状突起，中肋延伸出鳞片顶端呈较长的芒，芒外弯，长约为鳞片的1/2，两侧淡黄色，有时稍带黄棕色；雄蕊1，花药长圆形，顶端具短尖；花柱长而扁平，基部膨大，具下垂的丝状长柔毛，上部有疏缘毛，柱头2。小坚果倒卵形，

图912　畦畔飘拂草
1. 植株；2. 小穗；3. 鳞片；
4. 小坚果及雄蕊

双凸状，长约 1 mm，基部具短柄，淡黄色，表面几平滑。花、果期 7~10 月。

产于大寺。国内分布于山东、河北、台湾、广东、云南。也分布于印度、缅甸、日本、俄罗斯阿穆尔、朝鲜、南欧至南非。

4. 复序飘拂草（图 913）

Fimbristylis bisumbellata（Forsskal）Bubani

Dodecanthea 30. 1850.

一年生草本，无根状茎，具须根。秆密丛生，较细弱，高 4~20 cm，扁三棱形，平滑，基部具少数叶。叶短于秆，宽 0.7~1.5 mm，平展，顶端边缘具小刺，有时背面被疏硬毛；叶鞘短，黄绿色，具锈色斑纹，被白色长柔毛。叶状苞片 2~5 枚，近于直立，下面的 1~2 枚较长或等长于花序，其余的短于花序，线形，长侧枝聚伞花序复出或多次复出，松散，具 4~10 个辐射枝；辐射枝纤细，最长达 4 cm；小穗单生于第 1 次或第 2 次辐射枝顶端，长圆状卵形、卵形或长圆形，顶端急尖，长 2~7 mm，宽 1~1.8 mm，具 10~20 余朵花；鳞片稍紧密地螺旋状排列，膜质，宽卵形，棕色，长 1.2~2 mm，背面具绿色龙骨状突起，有 3 条脉；雄蕊 1~2 个，花药长圆状披针形，药隔稍突出；花柱长而扁，基部膨大，具缘毛，柱头 2。小坚果宽倒卵形，双凸状，长约 0.8 mm，黄白色，基部具极短的柄，表面具横的长圆形网纹。花、果期 7~9 月。

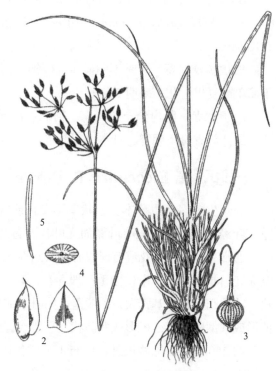

图 913　复序飘拂草
1. 植株；2. 鳞片；3. 小坚果；
4. 小坚果顶面观；5. 花丝

产于大寺林区。生于河边、溪边或沼地。国内分布于河北、山西、陕西、山东、河南、湖北、台湾、广东、四川、云南等省份。亦分布于非洲、亚洲、澳大利亚、欧洲和印度洋岛屿。

5. 扁鞘飘拂草

Fimbristylis complanata（Retzius）Link

Hort. Berol. 1: 292. 1827.

根状茎或长或短，直伸，有时近于横生。秆丛生，扁三棱形或四棱形，高 50~70 cm，具槽，粗壮，花序以下有时具翅，基部有多数叶，在幼苗时期有时具有无叶片的鞘。叶短于秆，宽 3~5 mm，平张，厚纸质，上部边缘具细齿，顶端急尖；鞘两侧扁，背部具龙骨状突起，前面锈色，膜质，鞘口斜裂，具缘毛，叶舌很短，具缘毛。苞片 2~4 枚，近于直立，较花序短得多；小苞片刚毛状，基部较宽；长侧枝聚伞花序大，多次复出，长 7.5~10.5 cm，宽 4~7 cm，具 3~4 个辐射枝，有许多小穗；辐射枝扁，粗糙，长 1~7 cm；小穗单生，长圆形或卵状披针形，顶端急尖，长 5~9 mm，宽 1.2~2 mm，有 5~13 花；鳞片卵形，顶端急尖，长 3 mm，褐色，背面具黄绿色龙骨状突起，有 1 条脉延伸成短尖；雄蕊 3，花药长圆形，顶端急尖，长约 1 mm，约为花丝长的 1/4；子房三棱状长圆形，花柱三棱形，无毛，基部膨大呈圆锥状，柱头 3，约与花柱等长。小坚果倒卵形或宽倒卵形，钝三棱形，长 1.5 mm，白色或黄白色，有横长圆形网纹。花、果期 7~10 月。

原变型徂徕山不产。

矮扁鞘飘拂草（变型）

f. exaltata T. Koyama

Bull. Arts Sci. Div. Ryukyu Univ. 3: 70. 1959.

—— *Fimbristylis complanata*（Retzius）Link var. *exaltata*（T. Koyama）Y. C. Tang ex S. R. Zhang & T. Koyama

根状茎较细短，有时不明显。秆较细，高（10）20~50 cm。叶宽 1~2.5 mm。长侧枝聚伞花序近于简单或复出。花、果期 7~9 月。

产于大寺。国内分布于山东、河北、江苏、浙江、安徽、湖南、江西、福建、台湾、广东、广西、浙江等省份。朝鲜、日本也有分布。

9. 荸荠属 Eleocharis R. Brown

一年生或多年生草本。根状茎不发育或很短，通常具匍匐根状茎。秆丛生或单生，除基部外裸露。叶经减退后一般只有叶鞘而无叶片。苞片缺如；小穗 1 个，顶生，直立，极少从小穗基部生嫩枝，通常有多数两性花或有时仅有少数两性花；鳞片螺旋状排列，极少近 2 列，最下的 1~2 片鳞片中空无花，很少有花。下位刚毛一般存在，4~8 条，其上有或多或少倒刺，很少无下位刚毛；雄蕊 1~3 枚；花柱细，花柱基膨大，不脱落，同时形成各种形状，很少不膨大；柱头 2~3 个，丝状。小坚果倒卵形或圆倒卵形，三棱形或双凸状，平滑或有网纹，很少有洼穴。

约 250 多种，除两极外，广布于全球各地，热带、亚热带地区特别多。中国 35 种。徂徕山 3 种 1 变种。

分种检索表

1. 柱头 2；花柱基宽卵形，海绵质；匍匐根状茎存在 ·················· 1. 具刚毛荸荠 Eleocharis valleculosa var. setosa
1. 柱头 3。
　2. 花少数，小穗下部的鳞片近 2 列，最下的鳞片内也有花；秆很短，细若毫发 ········ 2. 牛毛毡 Eleocharis yokoscensis
　2. 花多数，鳞片螺旋状排列。
　　3. 下位刚毛上的倒刺呈羽毛状 ·· 3. 羽毛荸荠 Eleocharis wichurae
　　3. 下位刚毛上的倒刺不为羽毛状 ·· 4. 龙师草 Eleocharis tetraquetra

1. 具刚毛荸荠（变种）（图 914）

Eleocharis valleculosa Ohwi var. **setosa** Ohwi

Acta Phytotax. Geobot. 2: 29. 1933.

—— *Eleocharis valleculosa* f. *setosa*（Ohwi）Kitagawa.

多年生草本。有匍匐根状茎。秆多数或少数，单生或丛生，圆柱状，干后略扁，高 6~50 cm，直径 1~3 mm，有少数锐肋条。叶缺如，在秆的基部有 1~2 个长叶鞘，鞘膜质，鞘的下部紫红色，鞘口平，高 3~10 cm。小穗长圆状卵形或线状披针形，少有椭圆形和长圆形，长 7~20 mm，宽 2.5~3.5 mm，后期为麦秆黄色，有多数或极多数密生的两性花；小穗基部 2 片鳞片无花，抱小穗基部的 1/2~2/3 周以上；其余鳞片全有花，卵形或长圆状卵形，顶端钝，长 3 mm，宽 1.7 mm，背部淡绿色或苍白色，有 1 条脉，两侧狭，淡血红色，边缘很宽，白色，干膜质；下位刚毛 4 条，其长明显超过小坚果，很淡锈色，略弯曲，不向外展开，具密的倒刺；柱头 2。小坚果圆倒卵形，双凸状，长、宽均约 1 mm，淡黄色；花柱基为宽卵形，长为小坚果的 1/3，宽约为小坚果的 1/2，海绵质。花、果期 6~8 月。

产于西旺、光华寺。生长在浅水中。分布几遍布全国。也分布于朝鲜和日本。

2. 牛毛毡（图915）

Eleocharis yokoscensis (Franch. & Savatier) Tang & F. T. Wang

Fl. Reipubl. Popularis Sin. 11: 54. 1961.

多年生草本。匍匐根状茎细。秆多数，细如毫发，密丛生，高 2~12 cm。叶鳞片状，具鞘，鞘微红色，膜质，管状，高 5~15 mm。小穗卵形，顶端钝，长 3 mm，宽 2 mm，淡紫色，所有鳞片全有花；鳞片膜质，在下部的少数鳞片近 2 列，在基部的 1 个长圆形，顶端钝，背部淡绿色，有 3 脉，两侧微紫色，边缘无色，抱小穗基部一周，长 2 mm，宽 1 mm；其余鳞片卵形，顶端急尖，长 3.5 mm，宽 2.5 mm，背部微绿色，有 1 条脉，两侧紫色，边缘无色，全部膜质；下位刚毛 1~4 条，长为小坚果 2 倍，有倒刺；柱头 3。小坚果狭长圆形，无棱，呈浑圆状，顶端缢缩，不包括花柱基在内长 1.8 mm，宽 0.8 mm，微黄玉白色；花柱基稍膨大呈短尖状，直径约为小坚果宽的 1/3。花、果期 4~11 月。

产于西旺等林区。生长在水田、池塘边或湿黏土中。几遍布于全国。亦分布于俄罗斯远东地区、朝鲜、日本、印度、缅甸和越南。

3. 羽毛荸荠（图916）

Eleocharis wichurae Boeckeler

Linnaea 36: 448. 1870.

—— *Heleocharis wichurai* Bocklr.

多年生草本。无匍匐根状茎，或有时具短的匍匐根状茎。秆少数，丛生，高 30~50 cm，锐四棱柱状，细弱，光滑，无毛，灰绿色，在秆的基部有 1~2 个叶鞘；鞘带红色或紫红色，顶端向一面深裂

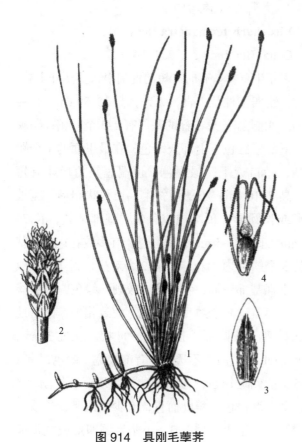

图914 具刚毛荸荠
1. 植株；2. 小穗；3. 鳞片；4. 小坚果及下位刚毛

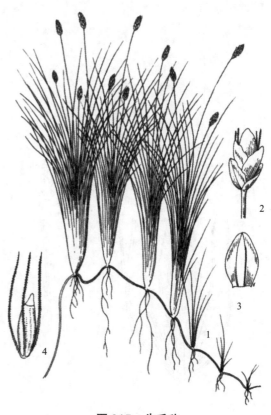

图915 牛毛毡
1. 植株；2. 小穗；3. 鳞片；4. 小坚果及下位刚毛

因而鞘口很斜。小穗卵形、长圆形或披针形，顶端急尖，稍斜生，长 8~12 mm，直径 3~5 mm，初近褐色，后期苍白色，有多数花。小穗基部的 2 片鳞片无花，对生，最下的 1 个抱小穗基部几一周，其余鳞片紧密地螺旋状排列，全有花，长圆形或椭圆形，顶端钝圆，长 3 mm，宽近 2 mm，膜质，舟状，背部淡绿色，中脉 1 条细而不明显，两侧有带锈色条纹，边缘为宽干膜质；下位刚毛 6 条，或多或少与小坚果（连花柱基在内）等长，锈褐色，密生疏柔毛，毛白色，倒向或平展，软弱，羽毛状或近似鸡毛掸；柱头 3。小坚果倒卵形或宽倒卵形，微扁，钝三棱形，腹面微凸，背面十分隆起，长 1.3~1.5 mm（不连花柱基），宽 1~1.1 mm，淡橄榄色，后期淡褐色；花柱基异常膨大，圆锥形至长圆形，顶端急尖或钝，有时截形，扁，白色，密布乳头状突起，长为小坚果的 3/5~2/3，宽为小坚果 1/2~2/3（4/5）。花、果期 7 月。

产于上池、马场、卧尧。生于水边草丛中。国内分布于东北地区及甘肃、河北、山东、浙江等省份。也分布于朝鲜、俄罗斯远东地区和日本。

4. 龙师草（图 917）

Eleocharis tetraquetra Nees

Contr. Bot. India，113. 1834.

多年生草本。有时有短的匍匐根状茎。秆多数，丛生，锐四棱柱状，直，无毛，高 25~90 cm，直径 1 mm。叶缺如，只在秆的基部有 2~3 个叶鞘；鞘膜质，下部紫红色，上部灰绿色，在最里面的 1 个鞘最高，鞘口近平，绿褐色，顶端短三角形兼有短尖，高 7~10 cm。小穗稍斜生，长圆状卵形、宽披针形或长圆形，顶端钝或急尖，基部渐狭，长 7~20 mm，直径 3~5 mm，褐绿色，有多数花；小穗基部的 3 个鳞片内无花，下面 2 个对生，最下面的 1 个抱小穗基部一周，背部宽，较硬，绿色，边缘淡褐色，膜质，其余鳞片全有花，大致相似，紧密地覆瓦排列，长圆形，顶端钝，舟状，长近 3 mm，宽近 1 mm，纸质，不透明，背部较宽，绿色，有 1 条脉，两侧近锈色，边缘为狭干膜质；下位刚毛 6 条，微红淡褐色，稍硬而直，有少数倒刺，长或多或少等于小坚果；柱头 3。小坚果倒卵形或宽倒卵形，微扁三棱形，腹面微凸，背面十分隆起，渐向

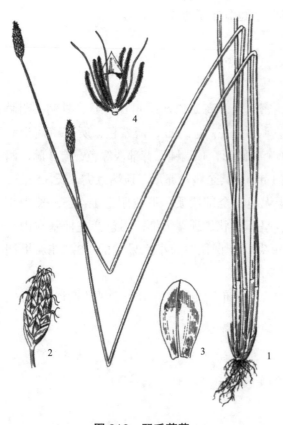

图 916　羽毛荸荠
1. 植株；2. 小穗；3. 鳞片；4. 小坚果及下位刚毛

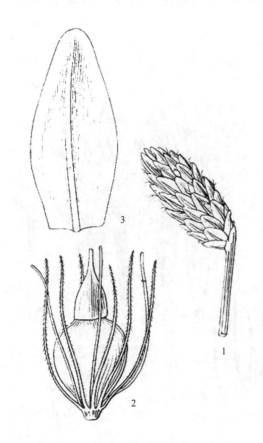

图 917　龙师草
1. 小穗；2. 小坚果及下位刚毛；3. 鳞片

基部渐狭，长 1.2 mm，宽约 9 mm，淡褐色，嫩时微绿，具粗而短的小柄；花柱基圆锥形，顶端渐尖，扁三棱形，有少数乳头状突起，长约为小坚果的 2/3，宽约为小坚果的 7/9。花、果期 9~11 月。

根据《山东植物精要》记载，徂徕山有分布。生于水塘边或沟旁水边。国内分布于江苏、浙江、安徽、湖南、江西、河南、福建、广西、台湾。也分布于热带亚洲、澳大利亚、日本。

10. 湖瓜草属 Lipocarpha R. Brown

一年生或多年生草本。叶基生，叶片平张。苞片叶状；穗状花序 2~5 个簇生呈头状，少有 1 个单生；穗状花序具多数鳞片和小穗；小穗具 2 片小鳞片和 1 朵两性花；小鳞片沿小穗轴的腹背位置（即不为两侧）排列，互生，膜质，透明，具几条隆起的脉，下面 1 片小鳞片内无花，上面 1 片小鳞片紧包着 1 朵两性花；雄蕊 2；柱头 3。小坚果三棱形、双凸状或平凸状，顶端无喙，为小鳞片所包。

35 种，分布于暖温带地区。中国 4 种。徂徕山 1 种。

1. 湖瓜草（图 918）

Lipocarpha microcephala（R. Brown）Kunth. Enum. Pl. 2: 268. 1837.

一年生矮小草本，无根状茎。秆纤细，丛生，高 5~40 cm，直径约 0.7 mm，扁，具槽，被微柔毛。叶基生，最下面的鞘无叶片，上面的鞘具叶片；叶片纸质，狭线形，长为秆的 1/4 或 1/2，宽 0.7~1.5 mm，上端呈尾状渐尖，两面无毛，中脉不明显，边缘内卷；鞘管状抱茎，膜质，长 1.5~2.5 cm，无毛，无叶舌。总苞片叶状，无鞘，上端呈尾状渐尖；小苞片鳞片状，倒披针形或匙形，长约 2 mm；穗状花序 2~4 个簇生，卵形，长 3~5 mm，宽 3 mm，具极多数鳞片和小穗，鳞片倒披针形，顶端骤缩呈尾状细尖；小穗具 2 枚小鳞片和 1 朵两性花；基部鳞片白色，椭圆形，膜质，透明，长约 1 mm，脉 5 条，先端钝，内无花，上面 1 个长圆形，长约 1 mm，膜质，具数条脉，内具 1 朵两性花；雄蕊 2，花药线状披针形，长约 0.3 mm；花柱细长，露出于小鳞片外，柱头 3，被微柔毛。小坚果长圆状倒卵形，三棱状，微弯，顶端具微小短尖，长约 1 mm，草黄色，具光泽，表面有细的皱纹。花、果期 6~10 月。

图 918 湖瓜草
1. 植株；2. 鳞片；3. 小坚果

产于大寺。中国广布于东北、华北、华东、华中及西南地区。日本、朝鲜、印度、中南半岛至东南亚、大洋洲也有分布。

全草入药，能清热止凉。

11. 薹草属 Carex Linn.

多年生草本，具地下根状茎。秆丛生或散生，中生或侧生，直立，三棱形，基部常具无叶片的鞘。叶基生或兼具秆生叶，平张，少数边缘卷曲，条形或线形，少数为披针形，基部通常具鞘。苞片叶状，少数鳞片状或刚毛状，具苞鞘或无苞鞘。花单性，由1朵雌花或1朵雄花组成1支小穗，雌性支小穗外面包以边缘完全合生的先出叶，即果囊，果囊内有的具退化小穗轴，基部具1枚鳞片；小穗由多数支小穗组成，单性或两性，两性小穗雄雌顺序或雌雄顺序，通常雌雄同株，少数雌雄异株，具柄或无柄，小穗柄基部具枝先出叶或无，鞘状或囊状，小穗1至多数，单一顶生或多数时排列成穗状、总状或圆锥花序；雄花具3枚雄蕊，少数2枚，花丝分离；雌花具1个雌蕊，花柱稍细长，有时基部增粗，柱头2~3；果囊三棱形、平凸状或双凸状，具或长或短的喙。小坚果较紧或较松地包于果囊内，三棱形或平凸状。

约2000多种，中国527种，分布于全国各省份。徂徕山13种1亚种1变种。

分种检索表

1. 小穗多数，全部为两性，无柄，常密集地排列成穗状花序；枝先出叶不发育；柱头2。
 2. 根状茎短，秆丛生。
  3. 果囊仅边缘加厚或上部边缘具极狭的翅 ······ 1. 尖嘴薹草 Carex leiorhyncha
  3. 果囊中部以上边缘具宽翅，花序呈尖塔状圆柱形 ······ 2. 翼果薹草 Carex neurocarpa
 2. 根状茎长而匍匐；果囊边缘无翅 ······ 3. 白颖薹草 Carex duriuscula subsp. rigescens
1. 小穗少数至多数，单性或单性与两性兼有，具柄，单个或多个生于苞片腋内，少数排列成复花序；枝先出叶发育，鞘状（多见于下部的小穗），内无花；柱头3，稀2。
 4. 果囊三棱形；柱头3。
  5. 果囊近于无喙或具短喙，喙口截形、微缺或微呈两齿。
   6. 果囊被毛，少数无毛。
    7. 苞片具短苞叶；小坚果顶端常膨大成环状 ······ 4. 青绿薹草 Carex breviculmis
    7. 苞片通常佛焰苞状，少数鞘状，无苞叶；小坚果顶端不膨大呈环状。
     8. 秆高仅2~6 cm，通常藏于叶丛下部；叶被短柔毛 ······ 5. 低矮薹草 Carex humilis
     8. 秆高10~40 cm，显露；叶无毛 ······ 6. 大披针薹草 Carex lanceolata
   6. 果囊平滑；叶片宽6~25 mm，小穗两性，雄雌顺序 ······ 7. 宽叶薹草 Carex siderosticta
  5. 果囊具长喙或中等长喙，喙口具或长或短的两齿，少数近截形或微具两齿。
   9. 叶片上具小横隔脉。
    10. 雌花鳞片卵状披针形或披针形，顶端渐尖，具芒 ······ 8. 锥囊薹草 Carex raddei
    10. 雌花鳞片卵形或宽卵形，具短尖，少数具芒。
     11. 雌小穗卵形或长圆形，长8~18 mm；果囊脉不明显 ······ 9. 异穗薹草 Carex heterostachya
     11. 雌小穗圆柱形；果囊具隆起的脉。
      12. 雌花鳞片顶端急尖，具短尖；果囊卵形，钝三棱形，喙口2齿稍向外叉开 ······ 10. 叉齿薹草 Carex gotoi
      12. 雌花鳞片顶端渐尖，无短尖；果囊宽卵形，鼓胀三棱形，喙口2齿直 ······ 11. 唐进薹草 Carex tangiana
   9. 叶片上无小横隔脉 ······ 12. 日本薹草 Carex japonica
 4. 果囊平凸状或双凸状；柱头2。
  13. 小穗具柄，下垂；雌花鳞片顶端平截或微凹，具粗糙的长芒 ······ 13. 二形鳞薹草 Carex dimorpholepis
  13. 小穗无柄或仅最下面的具短柄；雌花鳞片先端渐尖 ······ 14. 异鳞薹草 Carex heterolepis

1. 尖嘴薹草（图919）

Carex leiorhyncha C. A. Meyer

Mem. Acad. Imp. Sci. St.-Petersbourg Divers Savans 1: 217. 1831.

根状茎短，木质。全株密生锈色点线，秆丛生，高20~80 cm，宽1.5~3 mm，三棱形，上部粗糙，下部平滑，基部叶鞘锈褐色。叶短于秆，宽3~5 mm，平张，先端长渐尖，基部叶鞘疏松地包茎，腹面膜质部分具横皱纹，其顶端截形。苞片刚毛状，下部1~2枚叶状，长于小穗。小穗多数，卵形，长5~12 mm，宽4~6 mm，雄雌顺序。雄花鳞片长圆形，先端渐尖，长2.2~2.5 mm，淡黄色，具锈色点线；雌花鳞片卵形，先端渐尖成芒尖，长2.2~3 mm，锈黄色，边缘膜质，具紫红色点线。果囊长于鳞片，披针状卵形或长圆状卵形，平凸状，长3.5~4 mm，宽约1 mm，膜质，淡黄色或淡绿色，上部密生锈点，两面均具多条细脉，平滑，边缘无翅，基部近圆形，无海绵质，具短柄，先端渐狭成长喙，喙平滑，喙口2齿裂。小坚果疏松地包于果囊中，椭圆形或卵状椭圆形，平凸状或微双凸状，长1~1.2 mm，基部稍收缩，顶端圆形，具小尖头；花柱基部不膨大，柱头2个。花、果期6~7月。

产于上池、马场等林区。国内分布于黑龙江、河北、山西。也分布于俄罗斯东西伯利亚、远东地区及朝鲜。

图919 尖嘴薹草
1. 植株；2. 鳞片；3. 果囊；4. 小坚果

2. 翼果薹草（图920，彩图92）

Carex neurocarpa Maxim.

Mem. Acad. Imp. Sci. St.-Petersbourg Divers Savans 9 [Prim. Fl. Amur.]: 306. 1859.

根状茎短，木质。秆丛生，全株密生锈色点线，高15~100 cm，宽约2 mm，粗壮，扁钝三棱形，平滑，基部叶鞘无叶片，淡黄锈色。叶短于或长于秆，宽2~3 mm，平张，边缘粗糙，先端渐尖，基部具鞘，鞘腹面膜质，锈色。苞片下部的叶状，显著长于花序，无鞘，上部的刚毛状。小穗多数，雄雌顺序，卵形，长5~8 mm；穗状花序紧密，呈尖塔状圆柱形，长2.5~8 cm，宽1~1.8 cm。雄花鳞片长圆形，长2.8~3 mm，锈黄色，密生锈色点线；雌花鳞片卵形至长圆状椭圆形，顶端急尖，具

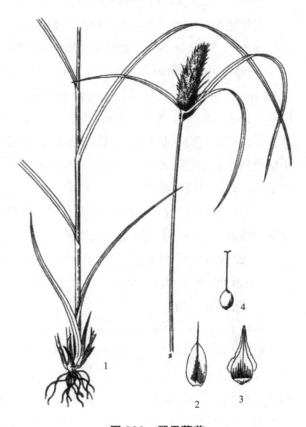

图920 翼果薹草
1. 植株；2. 鳞片；3. 果囊；4. 小坚果

芒尖，基部近圆形，长 2~4 mm，宽约 1.5 mm，锈黄色，密生锈色点线。果囊长于鳞片，卵形或宽卵形，长 2.5~4 mm，稍扁，膜质，密生锈色点线，两面具多条细脉，无毛，中部以上边缘具宽而微波状不整齐的翅，锈黄色，上部通常具锈色点线，基部近圆形，里面具海绵状组织，有短柄，顶端急缩成喙，喙口 2 齿裂。小坚果疏松地包于果囊中，卵形或椭圆形，平凸状，长约 1 mm，淡棕色，平滑，有光泽，具短柄，顶端具小尖头；花柱基部不膨大，柱头 2 个。花、果期 6~8 月。

徂徕山各林区均产。生于水边湿地或草丛中。国内分布于东北地区及内蒙古、河北、山西、陕西、甘肃、山东、江苏、安徽、河南。也分布于俄罗斯远东地区、朝鲜、日本。

3. 白颖薹草（亚种）（图 921）

Carex duriuscula C. A. Meyer subsp. **rigescens** (Franch.) S. Yun Liang and Y. C. Tang

Acta Phytotax. Sin. 28: 155. 1990.

—— *Carex stenophylla* var. *rigescens* Franch.

—— *Carex rigescens* (Franch.) V. I. Kreczetowicz

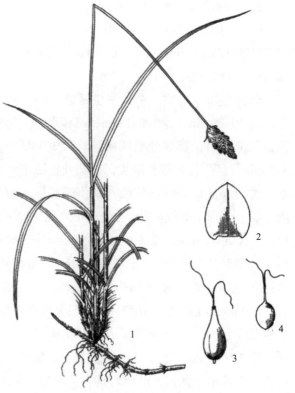

图 921　白颖薹草
1. 植株；2. 鳞片；3. 果囊；4. 小坚果

根状茎细长匍匐。秆高 5~20 cm，纤细，平滑，基部叶鞘灰褐色，细裂成纤维状。叶短于秆，宽 1~1.5 mm，平张，不内卷，边缘稍粗糙。苞片鳞片状。穗状花序卵形或球形，长 0.5~1.5 cm，宽 0.5~1 cm；小穗 3~6 个，卵形，密生，长 4~6 mm，雄雌顺序，具少数花。雌花鳞片宽卵形或椭圆形，长 3~3.2 mm，锈褐色，边缘及顶端为白色膜质，顶端锐尖，具短尖。果囊稍长于鳞片，宽椭圆形或宽卵形，长 3~3.5 mm，宽约 2 mm，平凸状，革质，锈色或黄褐色，成熟时稍有光泽，两面具多条脉，基部近圆形，有海绵状组织，具粗的短柄，顶端急缩成短喙，喙缘稍粗糙，喙口白色膜质，斜截形。小坚果稍疏松地包于果囊中，近圆形或宽椭圆形，长 1.5~2 mm，宽 1.5~1.7 mm；花柱基部膨大，柱头 2 个。花、果期 4~6 月。

徂徕山各林区均产。国内分布于辽宁、吉林、内蒙古、河北、山西、河南、山东、陕西、甘肃、宁夏、青海。也分布于俄罗斯远东地区。

4. 青绿薹草（图 922）

Carex breviculmis R. Brown

Prodr. 242. 1810.

—— *Carex leucochlora* Bunge

根状茎短。秆丛生，高 8~40 cm，纤细，三棱形，上部稍粗糙，基部叶鞘淡褐色，撕裂成纤维状。叶短于秆，宽 2~3（5）mm，平张，边缘粗糙，质硬。苞片最下部的叶状，长于花序，具短鞘，鞘长 1.5~2 mm，其余的刚毛状，近无鞘。小穗 2~5 个，上部的接近，下部的远离，顶生小穗雄性，长圆形，长 1~1.5 cm，宽 2~3 mm，近无柄，紧靠近其下面的雌小穗；侧生小穗雌性，长圆形或长圆状卵形，少有圆柱形，长 0.6~1.5（2）cm，宽 3~4 mm，具稍密生的花，无柄或最下部的具长 2~

3 mm 的短柄。雄花鳞片倒卵状长圆形，顶端渐尖，具短尖，膜质，黄白色，背面中间绿色；雌花鳞片长圆形，倒卵状长圆形，先端截形或圆形，长 2~2.5 mm（不包括芒），宽 1.2~2 mm，膜质，苍白色，背面中间绿色，具 3 条脉，向顶端延伸成长芒，芒长 2~3.5 mm。果囊近等长于鳞片，倒卵形，钝三棱形，长 2~2.5 mm，宽 1.2~2 mm，膜质，淡绿色，具多条脉，上部密被短柔毛，基部渐狭，具短柄，顶端急缩成圆锥状的短喙，喙口微凹。小坚果紧包于果囊中，卵形，长约 1.8 mm，栗色，顶端缢缩成环盘；花柱基部膨大成圆锥状，柱头 3 个。花、果期 3~6 月。

徂徕山各山地林区均产。生于草地、路边。中国分布于黑龙江、吉林、辽宁、河北、山西、陕西、甘肃、山东、江苏、安徽、浙江、江西、福建、台湾、河南、湖北、湖南、广东、四川、贵州、云南等省份。也分布于俄罗斯、朝鲜、日本、印度和缅甸。

5. 低矮薹草（图 923）

Carex humilis Leysser

Fl. Halens. 175. 1761.

多年生草本；根状茎短。秆密丛生，高 2~5 cm，近圆柱形，光滑，基部具褐色的宿存叶鞘。叶长于秆的 3~5 倍，平张，宽 1~1.5 mm，柔软，疏被短柔毛。苞片佛焰苞状，淡红褐色，鞘口为宽的白色膜质，顶端具刚毛状的苞叶。小穗 2~3 个，彼此疏远；顶生的 1 个雄性，线状圆柱形，长 1~1.4 cm，粗约 2 mm，有多数花；侧生的 1~2 为雌小穗，卵形或长圆形，长 5~7 mm，有 2~4 疏生的花；小穗柄短，包于叶鞘中或最下部的 1 个稍伸出，小穗轴曲折。雄花鳞片长圆状卵形，长约 5 mm，顶端钝或截形，背面紫褐色，两侧白色膜质；雌花鳞片卵形，长约 4 mm，顶端急尖，两侧红褐色，中间绿色，有 1 条中脉，有宽的白色膜质边缘，基部包围小穗轴。果囊稍短于鳞片，倒卵状长圆形，三棱形，长 3~3.2 mm，膜质，淡绿色，疏生锈色斑点，密被短柔毛，具两侧脉，无明显细脉，基部急缩成短柄，上部近圆形，骤缩成短喙，喙部紫红色，喙口全缘。小坚果椭圆形或倒卵状长圆形，三棱形，长 2.5~

图 922 青绿薹草
1. 植株；2. 雄花鳞片；3. 雌花鳞片；4. 果囊；5. 小坚果

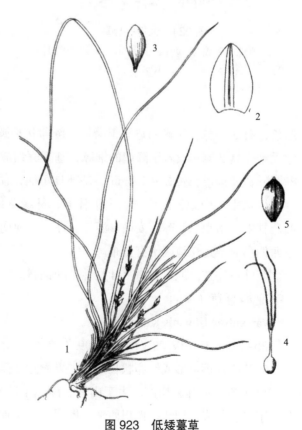

图 923 低矮薹草
1. 植株；2. 鳞片；3. 果囊；4. 雄蕊；5. 小坚果

3 mm，基部渐狭成短柄，上部具外弯的短喙，成熟时暗褐色；花柱基部稍增粗，柱头 3 个。花、果期 5~6 月。

徂徕山各山地林区均产。生于林下或山坡阳处。国内分布于河北、山东、辽宁、山西、安徽。日本、俄罗斯及欧洲其他国家也有分布。

6. 大披针薹草（图 924）

Carex lanceolata Boott

Narr. Exped. China Japan, 326. 1857.

根状茎粗壮，斜生。秆密丛生，高 10~35 cm，纤细，粗约 1.5 mm，扁三棱形，上部稍粗糙。叶初时短于秆，后渐延伸，与秆近等长或超出，平张，宽 1~2.5 mm，质软，边缘稍粗糙，基部具紫褐色分裂呈纤维状的宿存叶鞘。苞片佛焰苞状，苞鞘背部淡褐色，其余绿色具淡褐色线纹，腹面及鞘口边缘白色膜质，下部的在顶端具刚毛状的短苞叶，上部的呈突尖状。小穗 3~6 个，彼此疏远；顶生 1 个为雄性，线状圆柱形，长 5~15 mm，粗 1.5~2 mm，低于其下的雌小穗或与之等高；侧生的 2~5 小穗雌性，长圆形或长圆状圆柱形，长 1~1.7 cm，粗 2.5~3 mm，有 5~10 余朵疏生或稍密生的花；小穗柄通常不伸出苞鞘外，仅下部的 1 个稍外露；小穗轴微呈"之"字形曲折。雄花鳞片长圆状披针形，长 8~8.5 mm，顶端急尖，膜质，褐色或褐棕色，具宽的白色膜质边缘，有 1 条中脉；雌花鳞片披针形或倒卵状披针形，长 5~6 mm，顶端急尖或渐尖，具短尖，纸质，两侧紫褐色，有宽的白色膜质边缘，中间淡

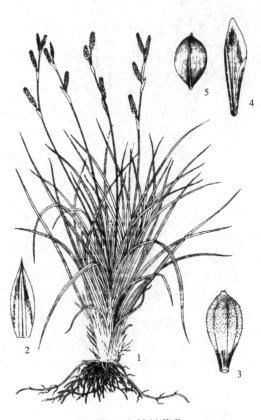

图 924　大披针薹草
1. 植株；2. 雌花鳞片；3. 果囊；4. 雄花鳞片；
5. 小坚果

绿色，有 3 条脉。果囊明显短于鳞片，倒卵状长圆形，钝三棱形，长约 3 mm，纸质，淡绿色，密被短柔毛，具 2 侧脉及若干隆起的细脉，基部骤缩成长柄，顶端圆，具短喙，喙口截形。小坚果倒卵状椭圆形，三棱形，长 2.5~2.8 mm，基部具短柄，顶端具外弯的短喙；花柱基部稍增粗，柱头 3 个。

徂徕山各山地林区均产。生于林下、林缘草地。国内分布于东北地区内蒙古、河北、山西、陕西、甘肃、山东、江苏、安徽、浙江、江西、河南、四川、贵州、云南。蒙古、朝鲜、日本、俄罗斯东西伯利亚及远东地区也有分布。

茎叶可作造纸原料，嫩茎叶是牲畜的饲料。

亚柄薹草（变种）

var. subpediformis Kukenthal

Pflanzenr. 38（IV. 20）：493. 1909.

雌花鳞片倒卵形或倒卵状长圆形；果囊除 2 侧脉外，无明显的细脉。

徂徕各山地林区均产。生于山坡、灌丛下、水边。国内分布于辽宁、内蒙古、河北、山西、陕西、宁夏、甘肃、湖北、四川西部。俄罗斯远东地区、日本也有分布。

7. 宽叶薹草（图 925）

Carex siderosticta Hance

J. Linn. Soc., Bot. 13: 89. 1873.

根状茎长。营养茎和花茎有间距，花茎近基部的叶鞘无叶片，淡棕褐色，营养茎的叶长圆状披针形，长 10~20 cm，宽 1~2.5（3）cm，有时具白色条纹，中脉及 2 条侧脉较明显，上面无毛，下面沿脉疏生柔毛。花茎高达 30 cm，苞鞘上部膨大似佛焰苞状，长 2~2.5 cm，苞片长 5~10 mm。小穗 3~6（10）个，单生或孪生于各节，雄雌顺序，线状圆柱形，长 1.5~3 cm，具疏生的花；小穗柄长 2~6 cm，多伸出鞘外。雄花鳞片披针状长圆形，先端尖，长 5~6 mm，两侧透明膜质，中间绿色，具 3 条脉；雌花鳞片椭圆状长圆形至披针状长圆形，先端钝，长 4~5 cm，两侧透明膜质，中间绿色，具 3 条脉，遍生稀疏锈点。果囊倒卵形或椭圆形，三棱形，长 3~4 mm，平滑，具多条明显凸起的细脉，基部渐狭，具很短的柄，先端骤狭成短喙或近无喙，喙口平截。小坚果紧包于果囊中，椭圆形，三棱形，长约 2 mm；花柱宿存，基部不膨大，顶端稍伸出果囊之外，柱头 3 个。花、果期 4~5 月。

产于马场教场顶后沟。生于阔叶林下或林缘。国内分布于东北地区及河北、山西、陕西、山东、安徽、浙江、江西。也分布于俄罗斯远东地区、朝鲜、日本。

图 925　宽叶薹草
1. 植株；2. 鳞片；3. 果囊；4. 小坚果

8. 锥囊薹草（图 926）

Carex raddei Kukenthal

Bot. Centralbl. 77: 97. 1899.

根状茎长而粗壮。秆疏丛生，高 35~100 cm，锐三棱形，较粗壮坚挺，平滑，基部具红褐色无叶片的鞘，老叶鞘常撕裂成纤维状和网状。叶短于秆，宽 3~4 mm，平张，边缘粗糙，稍外卷，具小横隔脉，具较长的叶鞘，下部的叶鞘被疏的短柔毛，上部的叶鞘无毛或有时被很少毛。苞片下部的叶状，稍短于或近等长于花序，具稍长的鞘，上部的呈刚毛状，具很短的鞘。小穗 4~6 个，上面的间距较短，下面的间距稍长，顶端 2~3 个为雄小穗，条形或狭披针形，长 2~4 cm，近于无柄；其余为雌小穗，长圆状圆柱形，长 3~5 cm，

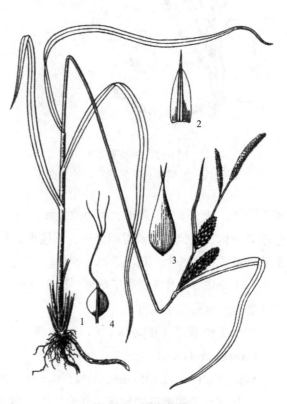

图 926　锥囊薹草
1. 植株；2. 鳞片；3. 果囊；4. 小坚果

具多数稍疏生的花，有时基部花较稀疏，具短柄。雄花鳞片披针形，顶端渐尖成芒，膜质，淡锈色，中间具 3 条脉；雌花鳞片卵状披针形或披针形，长约 6~8 mm（包括芒长），顶端渐尖成芒，膜质，两侧淡锈色，中间具 3 条脉，色浅。果囊斜展，长于鳞片，长圆状披针形，稍鼓胀三棱形，长 8~10 mm，革质，初时为淡绿色，成熟时麦秆黄色，具多条明显的脉，无毛，基部钝圆，具很短的柄，顶端渐狭成短喙，喙口深裂成 2 齿，背面裂口较腹面深且呈半圆形，齿长约 1 mm。小坚果疏松地包于果囊内，宽卵形，三棱形，长约 3 mm，基部具短柄，顶端具短尖；花柱基部不增粗，有时弯曲，柱头 3 个。花、果期 6~7 月。

产于光华寺等林区。生于河边沙地、田边湿地及山坡潮湿处。国内分布于东北地区及内蒙古、河北、江苏。也分布于俄罗斯远东地区、朝鲜。

9. 异穗薹草（图 927）

Carex heterostachya Bunge

Enum. Pl. China Bor. 69. 1833.

根状茎具长的地下匍匐茎。秆高 20~40 cm，三棱形，下部平滑，上部稍粗糙，基部具红褐色无叶片的鞘，老叶鞘常撕裂成纤维状。叶短于秆，宽 2~3 mm，平张，质稍硬，边缘粗糙，具稍长的叶鞘。苞片芒状，常短于小穗，或最下面的稍长于小穗，无苞鞘或最下面的具短鞘。小穗 3~4 个，常较集中生于秆的上端，间距较短，上端 1~2 个为雄小穗，长圆形或棍棒状，长 1~3 cm，无柄；其余为雌小穗，卵形或长圆形，长 8~18 mm，密生多数花，近于无柄，或最下面的小穗具很短的柄。雄花鳞片卵形，长约 5 mm，膜质，褐色，具白色透明的边缘，具 3 条脉；雌花鳞片卵圆形或卵形，长约 3.5 mm，顶端急尖，具短尖，上端边缘有时呈啮蚀状，膜质，中间淡黄褐色，两侧褐色，边缘白色透明，具 3 条脉，中脉绿色。果囊斜展，稍长于鳞片，宽卵形或卵圆形，钝三棱形，长 3~4 mm，革质，褐色，无毛，

图 927　异穗薹草
1. 植株；2. 鳞片；3. 果囊；4. 小坚果

稍有光泽，脉不明显，基部急缩为钝圆形，顶端急狭为稍宽而短的喙，喙口具两短齿。小坚果较紧地包于果囊内，宽倒卵形或宽椭圆形，三棱形，长约 2.8 mm，基部具很短的柄，顶端具短尖；花柱基部不增粗，柱头 3 个。花、果期 4~6 月。

产于光华寺等林区。生于草地、道旁荒地。国内分布于东北地区及河北、山西、陕西、山东、河南等省份。也分布于朝鲜。

10. 叉齿薹草（图 928）

Carex gotoi Ohwi

Mem. Coll. Sci. Kyoto Imp. Univ., Ser. B, Biol. 5: 248. 1930.

根状茎具长的地下匍匐茎。秆疏丛生，高 30~70 cm，三棱形，平滑或近平滑，基部包以红褐色无叶片的鞘，老叶鞘常细裂成网状。叶短于秆，宽 2~3 mm，平张或对折，质稍硬，边缘粗糙，具较长的叶鞘。苞片叶状，最下面的苞片近等长于花序，具短鞘，上面的苞片渐短，近于无鞘。小穗 3~5

个，常 4 个，上端 1~3 个为雄小穗，间距近，圆柱形或披针形，顶端 1 枚较长，长 2.5~3 cm，下面的 1~2 枚常较短，近于无柄；其余的小穗为雌小穗，间距较远，圆柱形或近长圆形，长 1.5~3.5 cm，宽 5~6 mm，密生多数花，具短柄。雌花鳞片卵形或狭卵形，长约 3.5 mm，顶端渐尖，具边缘粗糙的短尖或芒，膜质，栗褐色，具 3 条脉，脉间和边绿色浅。果囊斜展，长于鳞片，卵形，钝三棱形，长约 4 mm，革质，暗红褐色或带麦秆黄色，无毛，具多条凸起的细脉，基部急缩成楔形，顶端急缩为稍宽而短的喙，喙口具 2 齿，齿较长而稍叉开。小坚果较松地包于果囊内，宽倒卵形或倒卵形，三棱形，长约 1.5~2 mm，基部具短柄，顶端具短尖；花柱基部不增粗，稍弯曲，柱头 3 个。花、果期 5~6 月。

根据《山东植物精要》记载，徂徕山有分布。生于河边湿地或草甸。国内分布于东北地区及内蒙古、河北、陕西、甘肃。也分布于朝鲜、蒙古、俄罗斯东西伯利亚和远东地区。

11. 唐进薹草（图 929）

Carex tangiana Ohwi

J. Jap. Bot. 12: 656. 1936.

具较粗壮而坚硬的地下匍匐茎。秆高 30~40 cm，三棱形，平滑，上部稍粗糙，基部包以红褐色无叶片的鞘。叶稍长或等长于秆，宽 2~3 mm，质坚挺，平张，边缘粗糙，具较长的叶鞘。苞片叶状，最下面的苞片长于花序，上面的短于花序，近于无鞘，雄小穗苞片鳞片状。小穗 3~4 个，稍远离，上端 1~2 个为雄小穗，雄小穗间距短，狭圆柱形或披针形，长 1.2~2.5 cm，无柄；其余小穗为雌小穗，圆柱形，长 2.5~3.5 cm，宽 5~6 mm，密生多数花，下面的小穗具短柄，上面的近于无柄。雌花鳞片卵形，长约 3 mm，顶端渐尖，具粗糙的短芒，膜质，褐黄色，具 3 条脉，脉间色较淡。果囊斜展，较鳞片稍长，椭圆形或宽卵形，近平凸状，稍鼓胀，长 3.5~4 mm，革质，麦秆黄色，平滑无毛，稍具光泽，脉不明显，基部近圆形或宽楔形，顶端急狭成短喙，喙口具两直的短齿。小坚果较松地包于果囊内，近倒卵形，三棱形，长约 2 mm，基部具短

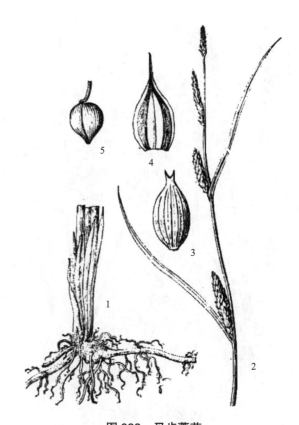

图 928 叉齿薹草
1. 植株下部；2. 植株上部；3. 果囊；4. 鳞片；5. 小坚果

图 929 唐进薹草
1. 植株；2. 鳞片；3. 果囊；4. 小坚果

柄；花柱较长，基部不增粗，稍弯曲，柱头3个，较短。花、果期5~7月。

根据《山东植物精要》记载，徂徕山有分布。生于沟边、路旁潮湿处。国内分布于东北地区及甘肃、河北、河南、陕西、山西。

12. 日本薹草（图930）

Carex japonica Thunb.

Syst. Veg. ed. 14. 845. 1784.

根状茎短，具细长地下匍匐茎。秆疏丛生，高20~40 cm，较细，扁锐三棱形，上部棱上稍粗糙，基部具少数淡褐色无叶片的鞘，鞘边缘常细裂成网状。叶上面的长于秆，基部的常短于秆，宽3~4 mm，稍坚挺，平张，具两条明显的侧脉，边缘粗糙；具鞘。苞片叶状，下面的长于小穗，上面的1~2个短于小穗，无鞘。小穗3~4个，间距较长，顶生小穗为雄小穗，雄小穗线形，长2~4 cm，具小穗柄；侧生小穗为雌小穗，长圆状圆柱形或长圆形，长1.5~2.5 cm，密生多数花，下面的具短柄，上面的无柄或近无柄。雄花鳞片披针形，长约5 mm，顶端渐尖，膜质，苍白色，具3条脉，脉间为淡绿色；雌花鳞片狭卵形，长2.5~3 mm，顶端渐尖，膜质，苍白色或稍带淡褐色，具3条脉，脉间常呈淡绿色。果囊斜展，长于鳞片，椭圆状卵形或卵形，稍鼓胀三棱形，长4~4.5 mm，纸质，黄绿色或麦秆黄色，无毛，稍具光泽，脉不明显，基部急狭成宽楔形，顶端急缩成中等长的喙，喙口白色膜质，具2短齿。小坚果稍疏松地包于果囊中，椭圆形或倒卵状椭圆形，三棱形，长约2 mm，淡棕色；花柱基部稍增粗；柱头3个。花、果期5~8月。

产于大寺、光华寺等林区。生于林下或林缘阴湿处。国内分布于辽宁、内蒙古、河北、山西、陕西、江苏、河南、湖北、四川、云南。也分布于朝鲜、日本。

13. 二形鳞薹草（图931）

Carex dimorpholepis Steudel

Syn. Pl. Glumac. 2: 214. 1855.

根状茎短。秆丛生，高35~80 cm，锐三棱形，上部粗糙，基部具红褐色至黑褐色无叶片的叶鞘。叶短于或等长于秆，宽4~7 mm，平张，

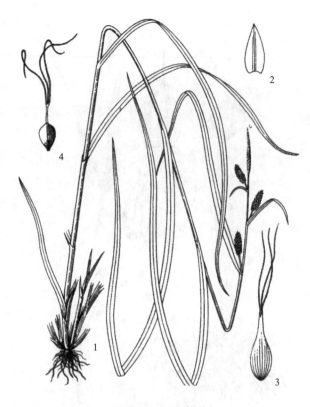

图930　日本薹草
1. 植株；2. 鳞片；3. 果囊；4. 小坚果

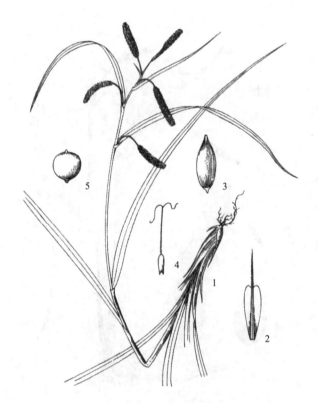

图931　二形鳞薹草
1. 植株；2. 鳞片；3. 果囊；4. 雄蕊；5. 小坚果

边缘稍反卷。苞片下部的 2 枚叶状，长于花序，上部的刚毛状。小穗 5~6 个，接近，顶端 1 个雌雄顺序，长 4~5 cm；侧生小穗雌性，上部 3 个其基部具雄花，圆柱形，长 4.5~5.5 cm，宽 5~6 mm；小穗柄纤细，长 1.5~6 cm，向上渐短，下垂。雌花鳞片倒卵状长圆形，顶端微凹或截平，具粗糙长芒（芒长约 2.2 mm），长 4~4.5 mm，中间 3 脉淡绿色，两侧白色膜质，疏生锈色点线。果囊长于鳞片，椭圆形或椭圆状披针形，长约 3 mm，略扁，红褐色，密生乳头状突起和锈点，基部楔形，顶端急缩成短喙，喙口全缘；柱头 2 个。花、果期 4~6 月。

产于大寺、中军帐、照州庵。生于沟边潮湿处及路边、草地。国内分布于辽宁、陕西、甘肃、山东、江苏、安徽、浙江、江西、河南、湖北、广东、四川。也分布于斯里兰卡、印度、缅甸、尼泊尔、越南、朝鲜、日本。

14. 异鳞薹草（图 932）

Carex heterolepis Bunge

Enum. Pl. China Bor. 69. 1833.

根状茎短，具长匍匐茎。秆高 40~70 cm，三棱形，上部粗糙，基部具黄褐色细裂成网状的老叶鞘。叶与秆近等长，宽 3~6 mm，平张，边缘粗糙。苞片叶状，最下部 1 枚长于花序，基部无鞘。小穗 3~6 个，顶生 1 个雄性，圆柱形，长 2~4 cm，宽 4 mm；具小穗柄，柄长 0.8~2 cm；侧生小穗雌性，圆柱形，直立，长 1~4.5 cm，宽约 6 mm；小穗无柄，仅最下部 1 枚具短柄。雌花鳞片狭披针形或狭长圆形，长 2~3 mm，淡褐色，中间淡绿色，具 1~3 脉，顶端渐尖。果囊稍长于鳞片，倒卵形或椭圆形，扁双凸状，长 2.5~3 mm，淡褐绿色，具密的乳头状突起和树脂状点线，基部楔形，上部急缩成稍短的喙，喙长约 0.5 mm，喙口具 2 齿。小坚果紧包于果囊中，宽倒卵形或倒卵形，长 2~2.2 mm，暗褐色；花柱基部不膨大，柱头 2 个。花、果期 4~7 月。

图 932　异鳞薹草
1. 植株；2. 鳞片；3. 果囊；4. 小坚果

产于马场等林区。生于水边。国内分布于东北地区及内蒙古、河北、山西、陕西、山东、江西、湖北。也分布于朝鲜、日本。

131. 禾本科 Poaceae

木本或草本，直立，亦有匍匐蔓延乃至如藤状，通常基部易生出分蘖条。茎明显具有节，节间中空，常为圆筒形，髓部贴生于空腔之内壁，或实心。单叶，互生，常交互排列为 2 行，叶分为叶鞘、叶舌、叶片 3 部分。叶鞘包裹着主秆和枝条各节间，通常不闭合；叶舌位于叶鞘顶端和叶片相连接处的近轴面，通常为低矮的膜质薄片，稀无叶舌，叶鞘顶端之两边还可各伸出 1 突出体即叶耳，其边缘常生纤毛或缝毛；叶片常为窄长的带形，亦有卵圆形、卵形或披针形等，无柄，有 1 条明显的中脉和若干条与之平行的次脉，小横脉有时存在。花在小穗轴上交互排列为 2 行形成小穗，由小穗再组合成为着生在秆端或枝条顶端的各式复合花序；小穗轴下方有颖，上方各节生有小花。小花单性或两性，由外稃、内稃、鳞被、雄蕊、雌蕊组成。外稃通常绿色，膜质、草质、革质、软骨质等，常具平行纵脉，脉可伸出乃至成芒；内稃常较短小，质地薄，背部具2脊，亦有平行纵脉，2脊可伸出成小尖头或短芒；鳞被（亦称浆片）为轮生的退化内轮花被片，2或3片，稀可较多或不存在，形小，膜质透明，下部具脉纹，上缘生小纤毛；雄蕊（1）3~6枚，稀多数，花丝纤细，花药2室；雌蕊无柄，子房1室，花柱2或3，柱头羽毛状或帚刷状的，仅含1枚倒生胚珠。果实通常为颖果，果皮质薄而与种皮愈合；种子含有丰富的淀粉质胚乳及1小形胚体。

约700属11000种，全球广布。中国各省份均有分布，除引种的外来种类不计外，中国约226属1795种。徂徕山62属73种4变种。

分亚科检索表

1. 植物体木质化；叶2型，有茎生叶（秆箨）与营养叶之分，形态明显不同；秆箨的箨片较小，无柄亦无显著中脉；营养叶的叶片为常绿性，叶柄与叶鞘相连接处形成关节，枯萎时叶片连同叶柄一齐自叶鞘上脱落·· Ⅰ. 竹亚科 Bambusoideae
1. 植物体为草质；叶单型；营养叶直接生在秆或枝条上，叶片有明显中脉，常无叶柄，纵然枯萎也不易自叶鞘上脱落。
  2. 小穗含多数至1朵小花，大都两侧扁，通常脱节于颖之上，并在各小花之间也逐节断落，小穗轴多能延伸至最上方小花的内稃之后以形成1条细柄或刚毛。
    3. 小穗两性或单性，仅1小花可结实；颖短小或极退化；颖果大都包裹在边缘彼此互相紧扣的2外稃之内·· Ⅱ. 稻亚科 Oryzoideae
    3. 小穗两性，结实小花1至多朵；颖常明显；成熟小花的稃片之边缘并不彼此紧扣，但亦有外稃紧裹其内稃和颖果者。
      4. 成熟小花的外稃具3~5脉，稀多至9脉；叶舌边缘常具纤毛或完全以毛茸来代替叶舌。
        5. 小穗含2至数朵小花，圆或稍两侧扁；小穗轴常生短柔毛·············· Ⅲ. 芦竹亚科 Arundinoideae
        5. 小穗含1至多朵小花，常两侧扁；小穗轴一般无毛··············· Ⅴ. 画眉草亚科 Eragrostoideae
      4. 成熟小花的外稃具5至多脉，稀可少至3脉；叶舌一般为膜质，不具或稀可具少量硬纤毛·· Ⅳ. 早熟禾亚科 Pooideae
  2. 小穗含2朵小花，小穗体圆或背腹扁，脱节于颖之下，小穗轴从不延伸至上部小花的内稃之后，小穗上方小花为真正的顶生花·· Ⅵ. 黍亚科 Panicoideae

Ⅰ. 竹亚科 Bambusoideae

植物体木质化，常呈乔木或灌木状。地下茎发达，或成为竹鞭在地中横走，或以众多秆基和秆柄堆聚而成为单丛，秆柄有节而无芽，通常亦不生根，若作较长延长时，称之为假鞭；新秆由地下茎（竹鞭或秆基）的芽向上出土而成。

分属检索表

1. 小穗具柄。秆中部每节分枝1（偶2秆），与秆近等粗·································· 1. 箬竹属 Indocalamus
1. 小穗无柄。秆中部每节分枝2秆，不等粗，明显比秆细·································· 2. 刚竹属 Phyllostachys

1. 箬竹属 Indocalamus Nakai

灌木状。地下茎复轴型；秆散生或丛生，矮小而密集。秆径小，壁厚而坚实；节间较长，呈圆筒形；秆箨宿存，包围节间。箨鞘长于或短于节间；箨耳存在或否；箨舌一般低矮，稀可高至3 mm；

秆节仅有箨环，隆起不显著；每节仅生1枝，秆与枝几乎同粗，有时秆的上部每节可多至2~3分枝。每枝有叶1~3片，大型，叶片宽通常大于2.5 cm，具多条次脉及小横脉。花序总状或圆锥状，生于叶枝下方各节的小枝顶端；小穗含数朵至多朵小花，疏松排列于小穗轴上，有短柄，颖2~3，卵形或披针形，顶端渐尖至尾尖，通常有细毛，先端尖头上有小刺毛；外稃几为革质，基盘密生绒毛，与内稃等长或稍长，内稃背部有2脊，顶端有2齿或形成凹头；浆片3片；雄蕊3枚，花丝分离，花药紫色；子房无毛，无柄，花柱2，分离或基部稍连合，柱头羽毛状。颖果椭圆形，顶端钝。笋期常为春夏，稀为秋季。

23种，主产中国，1种产日本。中国22种，主要分布于长江以南各省份。徂徕山1种。

1. 阔叶箬竹（图933）

Indocalamus latifolius (Keng) McClure

Sunyatsenia 6 (1): 37. 1941.

灌丛状；秆高可达2 m，地际直径5~15 mm，节间长5~20 cm。新秆灰绿色，有细毛，在节下部较密。秆箨宿存性，常包裹大部分节间；在秆基部的节上也常残留箨鞘，箨质坚而硬，背面生有棕紫色的密刺毛，边缘稍内卷；箨叶短披针形，在笋时张开不贴附笋体；箨舌平截，高0.5~2 mm；无箨耳，在箨顶两侧有时有长繸毛。小枝直立向上，每枝梢有叶1~3片，长圆状披针形，先端渐尖，长10~45 cm，宽2~9 cm，表面小横脉明显，近方格形，次脉6~13对，叶缘生小刺毛；上面翠绿，下面灰白色或灰白绿色，微有毛；无叶耳。圆锥花序长6~20 cm，其基部为箨鞘所包裹，有4~5小穗，紫色；每小穗有花5~9。笋期4~5月。

上池有栽培。国内分布于华东、华中地区及陕南汉江流域，北方常见的观赏竹种。

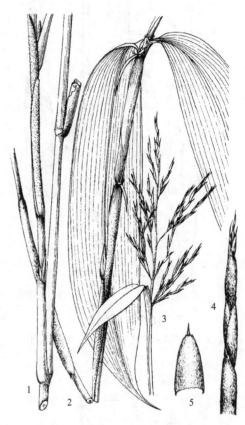

图933 阔叶箬竹
1.秆；2.枝叶；3.花序；4.笋；5.笋箨

2. 刚竹属 Phyllostachys Sieb. & Zucc.

乔木或灌木状；地下茎单轴型。秆散生，主秆的节间近圆筒形，在分枝的一侧扁平或有纵沟槽，中空，壁厚薄不等，稀实心；秆节隆起或略平；每节2分枝，1粗1细，在分枝的基部常有1近芽的鳞片（又称前叶），2裂、不裂或早落；秆箨早落，箨鞘纸质或革质；无或有箨耳。末级小枝具2~7叶，通常为2或3叶；狭披针形至带状披针形，中脉发达，侧脉数对，有小横脉。花枝甚短，呈穗状至头状，通常单独侧生于枝顶或小枝上部的叶丛间，为有叶或苞片的小穗丛构成；每小穗有花2~6朵，上部小花常不孕；颖片1~3或不发育；外稃纸质或革质，先端尖锐，披针形至狭披针形，7至多脉；内稃等长或稍短于外稃，背部有2脊，2裂，裂片先端具芒状小尖头；浆片3片，稀更少，形小；雄蕊3枚，偶较少，花丝细长，开花时伸出花外，花药黄色；子房无毛，具柄，花柱细长，柱头3裂，羽毛状。颖果长椭圆形，外皮坚硬。笋期3~6月。

约51种，分布于中国、日本、印度、缅甸。中国51种均产，主要分布于黄河以南、南岭以北。徂徕山2种。

分种检索表

1. 无缝毛和箨耳，箨鞘光滑，新秆被密的雾状白粉；秆环和箨环均稍隆起……………………1. 淡竹 Phyllostachys glauca
1. 箨耳微小而缝毛发达，箨鞘背面密生棕色刺毛；新秆密被细柔毛及厚白粉；秆环不明显……2. 毛竹 Phyllostachys edulis

1. 淡竹（图934）

Phyllostachys glauca McClure

Journ. Arn. Arb. 37: 185. f. 6. 1956.

常绿乔木；秆高 5~12 m，地际直径 2~5 cm，中部节间长可达 40 cm。新秆绿色至蓝绿色，密被白粉，无毛；老秆绿色或灰绿色，在箨环下方常留有粉圈或黑污垢；秆环和箨环均稍隆起，同高，节内不超过 3 mm。秆箨背面初有紫色的脉纹及稀疏的褐斑点，后脱落，多无色斑，无白粉及毛；箨舌暗紫褐色，高 2~3 mm，平截，边缘有波状缺齿及短纤毛；箨叶带状披针形，有少数紫色脉纹，有时有黄色窄边带，平直、外展或下垂；无箨耳和缝毛。末级小枝有 2~3 叶（萌枝可达 9 叶），带状披针形或披针形，长 7~16 cm，宽 1.2~2.5 cm；叶鞘初有叶耳及缝毛，后脱落；叶舌紫色或紫褐色。小穗长约 2.5 cm，狭披针形，含 1 或 2 朵小花，常以最上端 1 朵成熟；小穗轴最后延伸成芒状，节间密生短柔毛；颖 1 或不存在；外稃长约 2 cm，稍长于内稃，两者均被短柔毛。柱头 2，羽毛状。笋期 4 月中旬至 5 月底；花期 6 月。

大寺、磻石峪、王庄等林区普遍栽培，是最常见的栽培竹种之一。原产黄河流域至长江流域各地。

秆材质地柔韧、篾性好，适于编织用；整株可作农具柄、帐秆及支架材。笋味鲜美，供食用。在华北地区也是庭院绿化的主要竹种。

2. 毛竹（图935）

Phyllostachys edulis（Carr.）J. Houzeau

Bambou（Mons）1: 7. 1906.

秆高达 20 m，粗者可达 20 cm，幼秆密被细柔毛及厚白粉，箨环有毛，老秆无毛，并由绿色渐变为绿黄色；基部节间甚短而向上则逐节较长，中部节间长达 40 cm；秆环不明显，低于箨环或在细秆中隆起。箨鞘背面黄褐色或紫褐色，具黑褐色斑点及密生棕色刺毛；箨耳微小，缝毛发达；箨舌宽短，强隆起乃至为尖拱形，边缘具粗长纤毛；箨片较短，长三角形至披针形，有波状弯曲，绿色，初时直立，后外翻。末级小枝具 2~4 叶；叶耳不明显，鞘口缝毛存在而为脱落性；叶舌隆起；叶片较薄，披针形，长

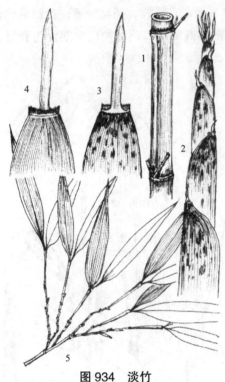

图 934 淡竹

1. 秆；2. 笋；3~4. 笋箨；5. 小枝及叶

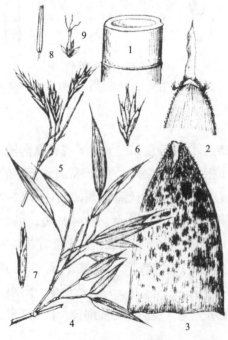

图 935 毛竹

1. 秆；2~3. 笋箨；4. 小枝及叶；5. 花枝；
6. 小穗；7. 小花及小穗轴延伸部分；
8. 雄蕊；9. 雌蕊

4~11 cm，宽 0.5~1.2 cm，下表面在沿中脉基部具柔毛，次脉 3~6 对，再次脉 9 条。花枝穗状，长 5~7 cm，基部托以 4~6 片鳞片状苞片，有时花枝下方尚有 1~3 片近于正常发达的叶，当此时则花枝呈顶生状；佛焰苞通常在 10 片以上，常偏于一侧，呈整齐的覆瓦状排列，下部数片不孕而早落，致使花枝下部露出而类似花枝之柄，上部的边缘生纤毛及微毛，无叶耳，具易落的鞘口繸毛，缩小叶小，披针形至锥状，每孕性佛焰苞内具 1~3 枚假小穗。小穗仅有 1 朵小花；小穗轴延伸于最上方小花的内稃之背部，呈针状，节间具短柔毛；颖 1 片，长 15~28 mm，顶端常具锥状缩小叶有如佛焰苞，下部、上部以及边缘常生毛茸；外稃长 22~24 mm，上部及边缘被毛；内稃稍短于其外稃，中部以上生有毛茸；鳞被披针形，长约 5 mm，宽约 1 mm；花丝长 4 cm，花药长约 12 mm；柱头 3，羽毛状。颖果长椭圆形，长 4.5~6 mm，直径 1.5~1.8 mm，顶端有宿存的花柱基部。笋期 4 月；花期 5~8 月。

磙石峪隐仙观有栽培。国内分布自秦岭、汉江流域至长江流域以南和台湾，黄河流域也有多处栽培。

毛竹是中国栽培悠久、面积最广、经济价值也最重要的竹种。其秆粗大，宜供建筑用，篾性优良，供编织各种粗细的用具及工艺品，枝梢作扫帚，嫩竹及秆箨作造纸原料，笋味美，鲜食或加工制成玉兰片、笋干、笋衣等。

II. 稻亚科 Oryzoideae

一年生或多年生禾草。多为水生或湿生。花序圆锥状。小穗两性或单性，其中仅 1 朵小花可结实；颖较短小或极退化；外稃草质或硬纸质，具 5 或更多脉。颖果大都包裹在边缘彼此互相紧扣的 2 外稃之内；鳞被 3 或 2；雄蕊 6 或 1~3。生长在潮湿处或池塘中。

分属检索表

1. 成熟花之下有 2 枚不孕花外稃，雄蕊 6 枚··1. 稻属 Oryza
1. 成熟花之下无不孕花外稃，雄蕊 6 枚或 1~3 枚··2. 假稻属 Leersia

1. 稻属 Oryza Linn.

一年生或多年生草本。秆直立，丛生；叶鞘无毛；叶舌长膜质或具叶耳；叶片线形扁平，宽大。顶生圆锥花序疏松开展，常下垂。小穗含 1 朵两性小花，其下附有 2 枚退化外稃，两侧甚压扁；颖退化，仅在小穗柄顶端呈二半月形之痕迹；孕性外稃硬纸质，具小疣点或细毛，有 5 脉，顶端有长芒或尖头；内稃与外稃同质，有 3 脉，侧脉接近边缘而为外稃的 2 边脉所紧握；鳞被 2；雄蕊 6 枚；柱头 2，帚刷状，自小穗两侧伸出。颖果长圆形，平滑，胚小，长为果体的 1/4。

约 24 种。分布于热带、亚热带、亚洲、非洲、大洋洲及美洲。中国 5 种。徂徕山 1 种。

1. 稻（图 936）

Oryza sativa Linn.

Sp. Pl. 333. 1753.

一年生水生草本。秆直立，高 0.5~1.5 m。叶鞘

图 936 稻
1. 植株；2~3. 小穗

松弛，无毛；叶舌披针形，长10~25 cm，两侧基部下延长成叶鞘边缘，具2枚镰形抱茎的叶耳；叶片线状披针形，长约40 cm，宽约1 cm，无毛，粗糙。圆锥花序大型疏展，长约30 cm，分枝多，棱粗糙，成熟期向下弯垂；小穗含1成熟花，两侧甚压扁，长圆状卵形至椭圆形，长约10 mm，宽2~4 mm；颖极小，仅在小穗柄先端留下半月形的痕迹，退化外稃2枚，锥刺状，长2~4 mm；两侧孕性花外稃质厚，具5脉，中脉成脊，表面有方格状小乳状突起，厚纸质，遍布细毛，有芒或无芒；内稃与外稃同质，具3脉，先端尖而无喙；雄蕊6枚，花药长2~3 mm。颖果长约5 mm，宽约2 mm，厚约1~1.5 mm；胚比小，约为颖果长的1/4。

祖徕山有栽培。稻是亚洲热带广泛种植的重要谷物，中国南方为主要产稻区，北方各省份均有栽种。

2. 假稻属 Leersia Soland. ex Swartz.

多年生草本，水生或湿生沼泽，具长匍匐茎或根状茎。秆具多数节，节常生微毛，下部伏卧地面或漂浮水面，上部直立或倾斜。叶鞘多短于其节间；叶舌纸质；叶片扁平，线状披针形。顶生圆锥花序较疏松，具粗糙分枝；小穗含1小花，两侧极压扁，无芒，自小穗柄的顶端脱落；两颖完全退化；外稃硬纸质，舟状，具5脉，脊上生硬纤毛，边脉接近边缘而紧扣内稃之边脉；内稃与外稃同质，具3脉，脊上具纤毛；鳞被2；雄蕊6枚或1~3枚，花药线形。颖果长圆形，压扁，胚长约为果体的1/3。种脐线形。

20种，分布于南北两半球的热带至温暖地带。中国4种。祖徕山1种。

1. 假稻（图937，彩图93）

Leersia japonica（Honda）Honda

J. Fac. Sci. Univ. Tokyo Sect. 3. Bot. 3: 7. 1930.

多年生草本。秆下部伏卧地面，节生多分枝的须根，上部向上斜升，高60~80 cm，节密生倒毛。叶鞘短于节间，微粗糙；叶舌长1~3 mm，基部两侧下延与叶鞘连合；叶片长6~15 cm，宽4~8 mm，粗糙或下面平滑。圆锥花序长9~12 cm，分枝平滑，直立或斜升，有角棱，稍压扁；小穗长5~6 mm，带紫色；外稃具5脉，脊具刺毛；内稃具3脉，中脉生刺毛；雄蕊6枚，花药长3 mm。花、果期夏秋季。

产于上池、马场、黄石崖、中军帐、西旺。生于池塘、水田、溪沟湖旁水湿地。国内分布于江苏、浙江、湖南、湖北、四川、贵州、广西、河南、河北。也分布于日本、韩国。可用作饲料。

图937 假稻
1. 植株；2. 小穗；3. 浆片、雄蕊和雌蕊

III. 芦竹亚科 Arundinoideae

多年生苇状草本。叶片宽大，基部圆形或心形，叶舌常为纤毛状。圆锥花序大型，具稠密小穗，小穗两性，稀为单性，含2~10小花，两侧压扁，脱节在颖之上与诸小花间，有时小穗轴具长柔毛；颖片膜质，渐尖，宿存；外稃具3~5脉，无毛或背部具柔毛；内稃膜质，具2脉；雄蕊3，花柱2，柱头羽状，鳞被2。胚约占果体1/3，种脐短基生。

分属检索表

1. 外稃背部无毛，基盘延长，密被丝状柔毛 ··· 1. 芦苇属 Phragmites
1. 外稃背面中部以下遍生丝状柔毛；基盘短小，两侧有毛 ·· 2. 芦竹属 Arundo

1. 芦苇属 Phragmites Adans.

多年生苇状沼生草本，具发达根状茎。茎直立，具多数节；叶鞘常无毛；叶舌厚膜质，边缘具毛；叶片宽大，披针形，大多无毛。圆锥花序大型密集，具多数粗糙分枝；小穗含 3~7 小花，小穗轴节间短而无毛，脱节于第 1 外稃与成熟花之间；颖不等长，具 3~5 脉，顶端尖或渐尖，均短于其小花；第 1 外稃通常不孕，含雄蕊或中性，小花外稃向上逐渐变小，狭披针形，具 3 脉，顶端渐尖或呈芒状，无毛，外稃基盘延长具丝状柔毛，内稃狭小，甚短于其外稃；鳞被 2，雄蕊 3，花药长 1~3 mm。颖果与其稃体相分离，胚小型。

4 种，分布于全球。中国 3 种。徂徕山 1 种。

1. 芦苇（图 938）

Phragmites australis（Cav.）Trin. ex Steud. Nom. Bot. ed. 2. 2: 324. 1841.

—— *Phragmites communis* Trin.

多年生草本，根状茎发达。秆直立，高 1~3（8）m，直径 1~4 cm，具 20 多节，基部和上部的节间较短，最长节间位于下部第 4~6 节，长 20~25（40）cm，节下被腊粉。叶鞘下部者短于而上部者，长于其节间；叶舌边缘密生一圈长约 1 mm 的短纤毛，两侧缘毛长 3~5 mm，易脱落；叶片披针状线形，长 30 cm，宽 2 cm，无毛，顶端长渐尖成丝形。圆锥花序大型，长 20~40 cm，宽约 10 cm，分枝多数，长 5~20 cm，着生稠密下垂的小穗；小穗柄长 2~4 mm，无毛；小穗长约 12 mm，含 4 花；颖具 3 脉，第 1 颖长 4 mm；第 2 颖长约 7 mm；第 1 不孕外稃雄性，长约 12 mm，第 2 外稃长 11 mm，具 3 脉，顶端长渐尖，基盘延长，两侧密生等长于外稃的丝状柔毛，与无毛的小穗轴相连接处具明显关节，成熟后易自关节上脱落；内稃长约 3 mm，两脊粗糙；雄蕊 3，花药长 1.5~2 mm，黄色。颖果长约 1.5 mm。

图 938　芦苇
1~3. 植株；4. 花序分枝；5. 小穗；6. 小花

徂徕山各林区均产。生于溪边、沟渠沿岸和低湿地。分布于全国各地。全球广泛分布。

秆为造纸原料或作编席织帘及建棚材料；茎、叶嫩时为饲料；根状茎可供药用；为固堤造陆先锋环保植物。

2. 芦竹属 Arundo Linn.

多年生草本，具长匍匐根状茎。秆直立，高大，粗壮，具多数节。叶鞘平滑无毛；叶舌纸质，背面及边缘具毛；叶片宽大，线状披针形。圆锥花序大型，分枝密生，具多数小穗。小穗含 2~7 花，两侧压扁；小穗轴脱节于孕性花之下；两颖近相等，约与小穗等长或稍短，披针形，具3~5脉；外稃宽披针形，厚纸质，背部近圆形，无脊，通常具3条主脉，中部以下密生白色长柔毛，基盘短小，顶端具尖头或短芒；内稃短，长为其外稃的1/2，2脊上部有纤毛；雄蕊3。颖果较小，纺锤形。

约3种，分布于全球热带、亚热带。中国2种。祖徕山1种。

1. 芦竹（图939）

Arundo donax Linn.

Sp. Pl. 81. 1753.

多年生草本，具发达根状茎。秆粗大直立，高3~6 m，直径（1）1.5~2.5（3.5）cm，坚韧，具多数节，常生分枝。叶鞘长于节间，无毛或颈部具长柔毛；叶舌截平，长约1.5 mm，先端具短纤毛；叶片扁平，长30~50 cm，宽3~5 cm，上面与边缘微粗糙，基部白色，抱茎。圆锥花序极大型，长30~60（90）cm，宽3~6 cm，分枝稠密，斜升；小穗长10~12 mm；含2~4小花，小穗轴节长约1 mm；外稃中脉延伸成1~2 mm的短芒，背面中部以下密生长柔毛，毛长5~7 mm，基盘长约0.5 mm，两侧上部具短柔毛，第1外稃长约1 cm；内稃长约为外稃的1/2；雄蕊3，花药长2~3 mm。颖果细小，黑色。花、果期9~12月。

大寺、庙子有引种栽培。国内分布于广东、海南、广西、贵州、云南、四川、湖南、江西、福建、台湾、浙江、江苏等省份。亚洲、非洲、大洋洲热带地区广布。

秆为制管乐器中的簧片。茎纤维长，长宽比值大，纤维素含量高，是制优质纸浆和人造丝的原料。幼嫩枝叶是牲畜的良好青饲料。

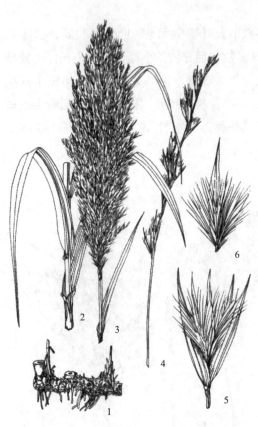

图939 芦竹
1~3. 植株；4. 花序分枝；5. 小穗；6. 小花

IV. 早熟禾亚科 Pooideae

一年生或多年生草本。秆草质，具节，节间中空。叶呈2行互生；叶鞘抱茎，一侧开放，少数闭合；叶舌常膜质，叶片线形，扁平或内卷，无叶柄，与叶鞘间无关节，而不自其上脱落。圆锥花序，稀为总状或穗状花序；小穗两侧压扁或圆筒形，含（1）2至多数小花，自下而上向顶成熟，脱节于颖之上与诸小花间，小穗轴延伸至上部小花之后成1细柄；颖片2，稀1或退化；外稃具有3或5（13）脉，有芒或无芒；内稃具2脉成脊，稀1或3脉；鳞片2（3）；雄蕊3枚，有些为6或1~2枚；子房1室，无毛或先端有毛，柱头2（3），羽毛状。颖果与稃体分离或黏着；种脐线形或短线形；胚小，为果体的1/6~1/4，淀粉粒复粒或单粒。

分属检索表

1. 花序穗状或总状。

  2. 小穗单生于穗轴的每节。

    3. 颖卵圆形或长圆形，脉在顶部不汇合；外稃的脉在顶部亦不汇合，无基盘。

4. 穗状花序成熟时常自基部整个脱落或穗轴逐节断落，小穗圆柱形；颖背部扁平无明显的脊………1. 山羊草属 Aegilops
　　4. 穗状花序成熟时不自基部整个脱落，穗轴坚韧，小穗两侧压扁；颖背部具 2 脊或退化为 1 脊………2. 小麦属 Triticum
　3. 颖披针形，脉于顶端汇合，或为长圆形而脉平行，但顶端不分裂为裂齿；外稃的脉于顶端汇合，有基盘……………………………………………………………………………………………3. 披碱草属 Elymus
 2. 小穗常以 2~5 枚生于穗轴的每节。
　　5. 小穗含 1 小花，穗轴每节常具 3 小穗，中间者无柄、可育……………………………………4. 大麦属 Hordeum
　　5. 小穗含 2 至数小花，以 1~2 枚生于穗轴每节………………………………………………3. 披碱草属 Elymus
1. 花序为疏松或紧密的圆锥花序。
　6. 小穗为 3 小花组成，具 1 两性花位于 2 不孕花之上；植株具芳香………………………5. 黄花茅属 Anthoxanthum
　6. 小穗不如上述。
　　7. 小穗常含 1 小花。
　　　8. 外稃质厚，较颖坚硬，纵卷为圆筒形，芒从顶端伸出；基盘尖锐或钝；内外稃同质。
　　　　9. 外稃顶端完整无裂齿，稀微裂，5 脉在外稃顶部结合延伸成芒………………………………6. 针茅属 Stipa
　　　　9. 外稃顶端具 2 浅裂齿，芒从齿间伸出………………………………………………7. 芨芨草属 Achnatherum
　　　8. 外稃较颖薄，常膜质，有或无芒，芒由背部或顶端伸出；基盘钝圆；内稃质地甚薄。
　　　　10. 圆锥花序极紧密，呈圆柱状；柱头细长……………………………………………8. 看麦娘属 Alopecurus
　　　　10. 圆锥花序开展或紧缩，但不呈圆柱状。
　　　　　11. 小穗无柄，圆形，覆瓦状排列于穗柄一侧而后形成圆锥花序……………………9. 茵草属 Beckmannia
　　　　　11. 小穗多少具柄，长形，排列为开展或紧缩的圆锥花序。
　　　　　　12. 小穗轴脱节于颖之上；外稃的基盘有较长的柔毛。
　　　　　　　13. 小穗轴延伸于内稃之后，常具丝状柔毛；外稃草质或膜质，近等于或短于颖……10. 野青茅属 Deyeuxia
　　　　　　　13. 小穗轴不延伸于内稃之后或有极短延伸，常无毛或具疏柔毛；外稃透明膜质，明显的短于颖………………………………………………………………………………………………11. 拂子茅属 Calamagrostis
　　　　　　12. 小穗轴脱节于颖之下；圆锥花序穗状或塔形；小穗轴不延伸……………12. 棒头草属 Polypogon
　　7. 小穗含 2 至多数小花。
　　　14. 外稃具 3 至多数脉。
　　　　15. 第 2 颖长于第 1 小花；外稃无芒或具 1 短芒；圆锥花序紧缩呈穗状………………………13. 落草属 Koeleria
　　　　15. 第 2 颖通常短于或几等长于第 1 小花；芒大都劲直。
　　　　　16. 外稃具 5~9 脉，稀可为 3 或多至 11 脉；叶鞘全部或下部闭合。
　　　　　　17. 内稃沿脊无毛或具短柔毛；子房先端常无毛。
　　　　　　　18. 小穗上部有 1~3 枚退化小花，且互相紧抱成球形或棒状……………………14. 臭草属 Melica
　　　　　　　18. 小穗小穗含数个至多数小花，无上述性状……………………………………15. 甜茅属 Glyceria
　　　　　　17. 内稃沿脊具长或短的硬纤毛；子房先端具糙毛……………………………………16. 雀麦属 Bromus
　　　　　16. 外稃仅具 3~5 脉；叶鞘边缘不闭合。小穗排列为开展或紧缩的圆锥花序。
　　　　　　19. 外稃具芒，芒自全缘或微齿的先端伸出；基盘无柔毛………………………………17. 羊茅属 Festuca
　　　　　　19. 外稃无芒，背部成脊；基盘具绵毛……………………………………………………18. 早熟禾属 Poa
　　　14. 外稃具 1~3 脉，颖果大型，先端具喙……………………………………………………19. 龙常草属 Diarrhena

1. 山羊草属 Aegilops Linn.

一年生草本。穗状花序圆柱形，顶生，小穗单生而紧贴于穗轴，含2~5小花，穗轴于成熟后逐节断落或从花序基部整个断落；颖革质或软骨质，扁平无脊，具多脉，顶端平截或具数齿，且其齿常向上延伸成芒，有些在芒下部收缩为颈状；外稃披针形，常具5脉，背部圆形无脊，基部无基盘，顶端常具3齿，并延伸成芒，有些种类齿不明显，只有中脉延伸为芒；内稃具2脊，脊绿色，具纤毛。

约有25种，多数分布于地中海沿岸或中亚。中国1种。徂徕山1种。

1. 节节麦 山羊草（图940）

Aegilops tauschii Coss.

Cosson, Notes Pl. Crit. 69. 1850.

秆高20~40 cm。叶鞘紧密包茎，平滑无毛而边缘具纤毛；叶舌薄膜质，长0.5~1 mm；叶片宽约3 mm，微粗糙，上面疏生柔毛。穗状花序圆柱形，含（5）7~10（13）个小穗；小穗圆柱形，长约9 mm，含3~4（5）小花；颖革质，长4~6 mm，通常具7~9脉，或可达10脉以上，顶端截平或有微齿；外稃披针形，顶具长约1 cm的芒，穗顶部者长达4 cm，具5脉，脉仅于顶端显著，第1外稃长约7 mm；内稃与外稃等长，脊上具纤毛。花、果期5~6月。

产于光华寺。生于麦田边、河岸旁荒芜草地。中国分布于陕西、河南、新疆、山东等省份。产于阿富汗、克什米尔、哈萨克斯坦、吉尔吉斯斯坦、巴基斯坦、俄罗斯、土库曼斯坦、乌兹别克斯坦以及亚洲西南部。

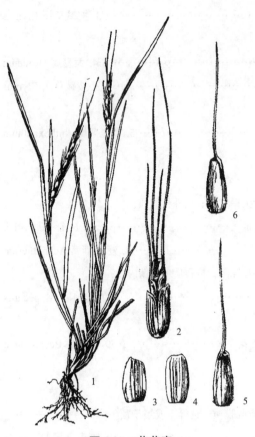

图940 节节麦
1. 植株；2. 小穗；3~4. 颖片；5~6. 小花

2. 小麦属 Triticum Linn.

一年生或越年生草本。秆直立或苗期匍匐或半直立。穗状花序直立，顶生小穗发育或退化；小穗通常单生于穗轴各节，含（2）3~9（11）小花；颖革质或草质，卵形至长圆形或披针形，具3~7（9）脉，多少具膜质边缘，背部具1~2条脊，或只有1脊且其下部渐变平坦，先端具1~2枚锐齿，或其1钝圆而至2齿均变钝圆，亦有延伸为芒状者；外稃背部扁圆或多少具脊，顶端有2裂齿或无裂齿，具芒或无芒，无基盘；内稃边缘内折。颖果卵圆形或长圆形，顶端具毛，腹面具纵沟，栽培种与稃体分离易于脱落，野生者紧密包裹于稃体不易脱落。

约25种，为重要粮食作物，欧、亚大陆和北美洲广为栽培。中国4种，均系引种栽培。徂徕山1种。

1. 小麦（图941）

Triticum aestvum Linn.

Sp. Pl. 85. 1753.

秆直立，丛生，具6~7节，高60~100 cm，径5~7 mm。叶鞘松弛包茎，下部者长于上部者短于节间；叶舌膜质，长约1 mm；叶片长披针形。穗状花序直立，长5~10 cm（芒除外），宽1~1.5 cm；

小穗含 3~9 小花，上部者不发育；颖卵圆形，长 6~8 mm，主脉于背面上部具脊，于顶端延伸为长约 1 mm 的齿，侧脉的背脊及顶齿均不明显；外稃长圆状披针形，长 8~10 mm，顶端具芒或无芒；内稃与外稃几等长。花、果期 4~8 月。

徂徕山各林区均有栽培。中国南北各省份广为栽培，品种很多。全世界普遍栽培。

3. 披碱草属 Elymus Linn.

多年生草本，通常丛生而无根茎。叶扁平或内卷。穗状花序顶生，直立或弯曲、下垂；小穗常 1~2（4）枚同生于穗轴的每节，小穗无柄，或具极短的柄，含 2~10 余朵小花；颖线状披针形至披针状卵形，硬膜质至革质，具 1~9（11）脉，背部无脊，先端钝或具短芒，脉多少隆起；外稃披针状长圆形，背部呈圆形，5 脉，脉在先端汇合，多少被毛，先端钝或尖后延伸成芒，芒多少反曲，芒直立或反曲；内稃短于或等长于外稃，先端浅凹、近圆形或尖。颖果通常附着于外稃和内稃。

约 170 种以上，分布于南北半球温带，主产东亚。中国 88 种。徂徕山 2 种 1 变种。

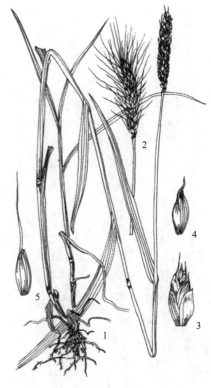

图 941　小麦
1. 植株（短芒类）；2. 花序（长芒类）；
3. 小穗；4. 短芒类小花；5. 长芒类小花

分种检索表

1. 内稃为倒卵状披针形，长为外稃 2/3；外稃上的芒向外反曲··················1. 纤毛披碱草 Elymus ciliaris
1. 内稃为长圆状披针形，与外稃近等长；外稃上的芒劲直或上部稍有曲折··················2. 柯孟披碱草 Elymus kamoji

1. 纤毛披碱草　纤毛鹅观草（图 942）
Elymus ciliaris (Trinius ex Bunge) Tzvelev
Novosti Sist. Vyssh. Rast. 9: 61. 1972.

—— *Roegneria ciliaris* (Trin.) Nevski

秆单生或成疏丛，直立，基部节常膝曲，高 40~80 cm，平滑无毛，常被白粉。叶鞘无毛，稀可基部叶鞘于接近边缘处具有柔毛；叶片扁平，长 10~20 cm，宽 3~10 mm，两面均无毛，边缘粗糙。穗状花序直立或多少下垂，长 10~20 cm；小穗通常绿色，长 15~22 mm（除芒外），含（6）7~12 小花；颖椭圆状披针形，先端常具短尖头，两侧或一侧常具齿，具 5~7 脉，边缘与边脉上具有纤毛，第 1 颖长 7~8 mm，第 2 颖长 8~9 mm；外稃长圆状披针形，背部被粗毛，边缘具长而硬的纤毛，上部具有明显的 5 脉，通常在顶端两侧或一侧具齿，第 1 外稃长 8~9 mm，顶端延伸成粗糙反曲的芒，长 10~30 mm；内稃长为外稃的 2/3，先端钝头，脊的上部具少许短小纤毛。

图 942　纤毛披碱草
1. 植株；2. 小穗；3. 第 1 颖；4. 第 2 颖；
5. 小花（背腹面）

徂徕山各林区均产。生于路旁或潮湿草地上。中国各地广为分布。俄罗斯远东地区及朝鲜、日本、蒙古也有分布。

日本纤毛草　竖立鹅观草（变种）（图943）
var. **hackelianus**（Honda）G. Zhu & S. L. Chen
Fl. China 22: 409. 2006.
—— *Roegneria japonensis*（Honda）Keng

颖片边缘无纤毛，第1颖长6~7 mm，第2颖长7~8 mm；外稃背部粗糙，边缘有短纤毛。

徂徕山各林区均产。生于山坡、路边。国内分布于黑龙江、山西、山东、陕西、安徽、江苏、浙江、江西、湖南、湖北、四川等省份。朝鲜、日本也有分布。

2. 柯孟披碱草　鹅观草（图944）
Elymus kamoji（Ohwi）S. L. Chen
Bull. Nanjing Bot. Gard. 1987: 9. 1988.
—— *Roegneria kamoji* Ohwi

秆直立或基部倾斜，高30~100 cm。叶鞘外侧边缘常具纤毛；叶片扁平，长5~40 cm，宽3~13 mm。穗状花序长7~20 cm，弯曲或下垂；小穗绿色或带紫色，长13~25 mm（芒除外），含3~10小花；颖卵状披针形至长圆状披针形，先端锐尖至具短芒（芒长2~7 mm），边缘为宽膜质，第1颖长4~6 mm，第2颖长5~9 mm；外稃披针形，具有较宽的膜质边缘，背部以及基盘近于无毛或仅基盘两侧具有极微小的短毛，上部具明显的5脉，脉上稍粗糙，第1外稃长8~11 mm，先端延伸成芒，芒粗糙，劲直或上部稍有曲折，长20~40 mm；内稃约与外稃等长，先端钝头，脊显著具翼，翼缘具有细小纤毛。

徂徕山各林区均产。除青海、西藏等地外，分布几遍及全国。俄罗斯远东地区及朝鲜、日本也有分布。

4. 大麦属 Hordeum Linn.

一年生或多年生。叶片扁平，常具叶耳。顶生穗状花序或因三联小穗的两侧生者具柄而形成穗状圆锥花序；小穗含1小花（稀含2小花）；穗轴扁平，多在成熟时逐节断落，栽培种则坚韧不断，顶生小穗退化；三联小穗同型者皆无柄，可育，异型者中间的无柄，可育，两侧生的有柄，可育或不育；中间小穗以其腹面对向穗轴的扁平面，两侧小穗则转变方向以其腹面对向穗轴的侧棱；颖为细长弯软的细线形或为直硬的刺芒状，有的基部扩展形成披针形；侧生小穗的两颖

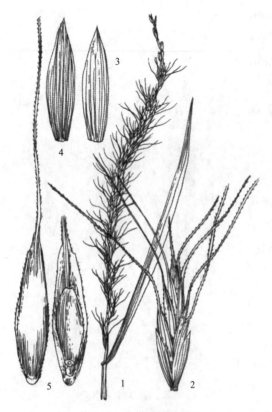

图943　日本纤毛草
1. 植株上部；2. 小穗；3. 第1颖；4. 第2颖；
5. 小花（背腹面）

图944　柯孟披碱草
1. 植株；2. 小穗；3. 第1颖；4. 第2颖；
5. 小花（背腹面）

同型或异型，位于外稃的两侧面，中间小穗的两颖皆同型，位于外稃的背面；外稃背部扁圆，具5条脉，先端延伸成芒或无芒；内稃与外稃近等长，脊平滑或上部粗糙。颖果腹面具纵沟，顶生茸毛，与稃体黏着或分离。

30~40种，分布于全球温带或亚热带的山地或高原地区。中国10种。除粮食作物外多为优良牧草。徂徕山1种。

1. 大麦（图945）

Hordeum vulgare Linn.

Sp. Pl. 84. 1753.

一年生草本。秆粗壮，光滑无毛，直立，高50~100 cm。叶鞘松弛抱茎，多无毛或基部具柔毛；两侧有2披针形叶耳；叶舌膜质，长1~2 mm；叶片长9~20 cm，宽6~20 mm，扁平。穗状花序长3~8 cm（芒除外），径约1.5 cm，小穗稠密，每节着生3枚发育的小穗；小穗均无柄，长1~1.5 cm（芒除外）；颖线状披针形，外被短柔毛，先端常延伸为8~14 mm的芒；外稃具5脉，先端延伸成芒，芒长8~15 cm，边棱具细刺；内稃与外稃几等长。颖果熟时黏着于稃内，不脱出。花、果期6~8月。

徂徕山附近农家有少量栽培。中国南北各省份栽培。

图945 大麦
1. 植株；2. 花序的一节；3. 中间小穗（腹面）

5. 黄花茅属 Anthoxanthum Linn.

多年生草本，具香气。圆锥花序紧缩或开展；小穗褐棕色或黄色、绿色或镶有紫色，略两侧压扁，含1顶生两性小花（具2雄蕊）和2侧生的雄性小花（具3雄蕊）或中性花，两侧扁压，小穗轴脱节于颖之上；颖不等长或几等长，披针形或卵形，边缘宽膜质，第1颖较短，具1（3）脉，第2颖具3（5）脉，先端尖；不育花（雄性或中性）外稃多少变硬，短于或等长于第2颖，先端凹至深2裂，无芒或有芒。两性花外稃具3~5脉或无明显的脉，硬纸质，无芒或稀具短尖头；内稃具1~3脉或脉不明显；鳞被有或缺；雄蕊2；雌蕊具长花柱。

约50种，分布于温带至热带山地。中国10种，产西南部至东北部。徂徕山1种。

1. 光稃香草（图946）

Anthoxanthum glabrum（Trinius）Veldkamp

Blumea 30: 347. 1985.

图946 光稃茅香
1. 植株；2. 小穗；3. 去颖的小穗；4. 可孕花

—— *Hierochloe glabra* Trinius

多年生。根茎细长。秆高 15~22 cm，具 2~3 节，上部长裸露。叶鞘密生微毛，长于节间；叶舌透明膜质，长 2~5 mm，先端啮蚀状；叶片披针形，质较厚，上面被微毛，秆生者较短，长 2~5 cm，宽约 2 mm，基生者较长而窄狭。圆锥花序长约 5 cm；小穗黄褐色，有光泽，长 2.5~3 mm；颖膜质，具 1~3 脉，等长或第 1 颖稍短；雄花外稃等长或长于颖片，背部向上渐被微毛或几乎无毛，边缘具纤毛；两性花外稃锐尖，长 2~2.5 mm，上部被短毛。花、果期 6~9 月。

产于光华寺。生于山坡或湿润草地。国内分布于辽宁、河北、青海等省份。

6. 针茅属 Stipa Linn.

多年生密丛草本。叶有基生叶与秆生叶之分，其叶舌同形或异形；叶片常纵卷如线，少数纵折、扁平。圆锥花序开展或窄狭，伸出鞘外或基部为叶鞘所包被；小穗含 1 小花，两性，脱节于颖之上；颖近等长或第 1 颖稍长，膜质或纸质，具 3~5 脉，通常窄披针形且具线状尾尖，或为较宽的披针形而具短尖头；外稃细长圆柱形，紧密包卷内稃，背部散生细毛或毛沿脉呈条状，常具 5 脉，并在外稃顶部结合向上延伸成芒，芒基与外稃顶端连接处具关节，芒 1 回或 2 回膝曲，芒柱扭转，两侧棱上无毛或具羽状毛，基盘尖锐，具髭毛；内稃等长或稍短于外稃，背部有毛或无毛，常被外稃包裹几不外露；鳞被披针形，3~2。颖果细长柱状，具纵长腹沟。

约 100 种，分布于全世界温带地区，在干旱草原区尤多。中国 23 种，主产西部。徂徕山 1 种。

1. 长芒草（图 947）

Stipa bungeana Trin.

Enum. Pl. China Bor. 70. 1833.

秆丛生，基部膝曲，高 20~60 cm，有 2~5 节。叶鞘光滑无毛或边缘具纤毛，基生者有隐藏小穗；基生叶舌钝圆形，长约 1 mm，先端具短柔毛，秆生者披针形，长 3~5 mm，两侧下延与叶鞘边缘结合，先端常两裂；叶片纵卷似针状，茎生者长 3~15 cm，基生者长可达 17 cm。圆锥花序为顶生叶鞘所包，成熟后渐抽出，长约 20 cm，每节有 2~4 细弱分枝小穗灰绿色或紫色；两颖近等长，有膜质边缘，长 9~15 mm，有 3~5 脉，先端延伸成细芒；外稃长 4.5~6 mm，有 5 脉，背部沿脉密生短毛，先端的关节有一圈短毛，其下有微刺毛，基盘尖锐，长约 1 mm，密生柔毛，芒 2 回膝曲扭转，有光泽，边缘微粗糙，第 1 芒柱长 1~1.5 cm，第 2 芒柱长 0.5~1 cm，芒针长 3~5 cm，稍弯曲；内稃与外稃等长，具 2 脉。颖果长圆柱形，但在隐藏小穗中者则为卵圆形，长约 3 mm，被无芒且无毛之稃体紧密包裹。花、果期 6~8 月。

图 947 长芒草
1. 植株；2~3. 小穗；4. 颖果

产于大寺。中国分布广泛，从东北、华北、西北、西南地区，向东南地区延伸到江苏、安徽。蒙古、哈萨克斯坦、吉尔吉斯斯坦也有分布。

7. 芨芨草属 Achnatherum P. Beauvois

多年生丛生草本。叶片通常内卷，稀扁平。圆锥花序顶生、狭窄或开展；小穗含1小花，两性，小穗轴脱节于颖之上；两颖近等长或略有上下，宿存，膜质或兼草质，先端尖或渐尖，稀钝圆；外稃短于颖，圆柱形，厚纸质，成熟后略变硬，顶端具2微齿，背部被柔毛，芒从齿间伸出，膝曲而宿存，稀近于劲直而脱落，基盘钝或较尖，具髯毛；内稃具2脉，无脊，脉间具毛，成熟后背部多少裸露；鳞被3；雄蕊3，花药顶端具毫毛或稀无毛。

约50种，分布于欧、亚温寒地带。中国18种。徂徕山1种。

1. 京芒草 远东芨芨草 （图948）

Achnatherum pekinense (Hance) Ohwi

Bull. Natl. Sci.Mus. 33: 66. 1953.

—— *Achnatherum extremiorientale* (Hara) Keng

多年生草本。秆直立，光滑，疏丛，高60~100 cm，具3~4节，基部常宿存枯萎的叶鞘，并具光滑的鳞芽。叶鞘光滑无毛，上部者短于节间；叶舌质地较硬，平截，具裂齿，长1~1.5 mm；叶片扁平或边缘稍内卷，长20~35 cm，宽4~10 mm，上面及边缘微粗糙，下面平滑。圆锥花序开展，长12~25 cm，分枝细弱，2~4枚簇生，中部以下裸露，上部疏生小穗；小穗长7~13 mm，草绿色或变紫色；颖膜质，几等长或第1颖稍长，披针形，先端渐尖，背部平滑，具3脉；外稃长6~7 mm，顶端具2微齿，背部被柔毛，具3脉，脉于顶端汇合，基盘较钝，长约1 mm，芒长2~3 cm，2回膝曲，芒柱扭转且具微毛；内稃近等长于外稃，背部圆形，具2脉，脉间被柔毛；花药黄色，长5~6 mm，顶端具毫毛。花、果期7~10月。

产于马场、磔石峪、庙子等林区。生于山坡草地、林下、河滩及路旁。国内分布于东北、华北地区及江苏、安徽、浙江。朝鲜、俄罗斯西伯利亚地区也有分布。

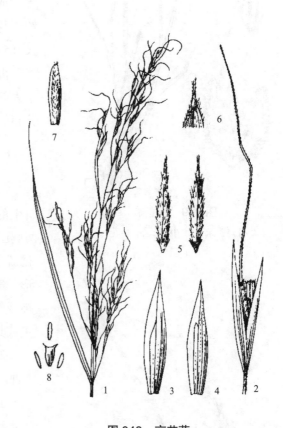

图948 京芒草
1. 植株；2. 小穗；3. 第1颖；4. 第2颖；5. 小花；6. 外稃先端；7. 内稃；8. 浆片和未成熟的颖果

8. 看麦娘属 Alopecurus Linn.

一年生或多年生草本。秆直立，丛生或单生。圆锥花序圆柱形；小穗含1小花，两侧压扁，脱节于颖之下；颖等长，具3脉，常于基部连合；外稃膜质，具不明显5脉，中部以下有芒，其边缘于下部连合；内稃缺；子房光滑。颖果与稃分离。

40~50种，分布于北半球之寒温带。中国8种，多数种类为优良牧草。徂徕山1种。

1. 看麦娘（图 949）

Alopecurus aequalis Sobol.

Fl. Petrop. 16. 1799.

一年生草本。秆少数丛生，细瘦，光滑，节处常膝曲，高 15~40 cm。叶鞘光滑，短于节间；叶舌膜质，长 2~5 mm；叶片扁平，长 3~10 cm，宽 2~6 mm。圆锥花序圆柱状，灰绿色，长 2~7 cm，宽 3~6 mm；小穗椭圆形或卵状长圆形，长 2~3 mm；颖膜质，基部互相连合，具 3 脉，脊上有细纤毛，侧脉下部有短毛；外稃膜质，先端钝，等大或稍长于颖，下部边缘互相连合，芒长 1.5~3.5 mm，约于稃体下部 1/4 处伸出，隐藏或稍外露；花药橙黄色，长 0.5~0.8 mm。颖果长约 1 mm。花、果期 4~8 月。

徂徕山各林区均产。生于田边及潮湿之地。中国分布于大部分省份。欧亚大陆之寒温和温暖地区与北美洲也有分布。

图 949　看麦娘
1. 植株；2. 小穗；3. 小花

9. 䅟草属 Beckmannia Host

一年生直立草本。圆锥花序狭窄，由多数简短贴生或斜生的穗状花序组成。小穗含 1 小花，稀 2，几为圆形，两侧压扁，近无柄，成两行覆瓦状排列于穗轴的一侧，小穗脱节于颖之下，小穗轴亦不延伸于内稃之后；颖半圆形，等长，草质，具较薄而色白的边缘，有 3 脉，先端钝或锐尖；外稃披针形，具 5 脉，稍露出于颖外，先端尖或具短尖头；内稃稍短于外稃，具脊；雄蕊 3。

2 种，广布于世界之温寒地带。中国 1 种。徂徕山 1 种。

1. 䅟草（图 950）

Beckmannia syzigachne（Steud.）Fern.

Rhodora 30: 27. 1928.

一年生小花。秆直立，高 15~90 cm，具 2~4 节。叶鞘无毛，多长于节间；叶舌透明膜质，长 3~8 mm；叶片扁平，长 5~20 cm，宽 3~10 mm，粗糙或下面平滑。圆锥花序长 10~30 cm，分枝稀疏，直立或斜升；小穗扁平，圆形，灰绿色，常含 1 小花，长约 3 mm；颖草质；边缘质薄，白色，背部灰绿色，具淡色的横纹；外稃披针形，具 5 脉，常具伸出颖外之短尖头；花药黄色，长约 1 mm。颖果黄褐色，长圆形，长约 1.5 mm，先端具丛生短毛。花、果期 4~10 月。

产于马场、西旺等地。生于水边、湿地。分布于全国各地。广布于世界。

图 950　䅟草
1. 植株；2. 小穗；3. 小花

10. 野青茅属 Deyeuxia Clarion

高大或细弱的多年生草本，具紧缩或开展的圆锥花序；小穗通常含 1 小花，稀含 2 小花，脱节于颖之上，小穗轴延伸于内稃之后而常被丝状柔毛；颖近等长或第 1 颖较长，先端尖或渐尖，具 1~3 脉，外稃稍短于颖，草质或膜质，具 3~5 脉，中脉自稃体之基部或中部以上延伸成 1 芒，稀无芒，基盘两侧的毛通常短于稀可长于外稃；内稃质薄，具 2 脉，近等长或短于外稃。

200 种，分布于温带。中国约有 34 种。徂徕山 1 种。

1. 野青茅（图 951）

Deyeuxia pyramidalis (Host) Veldkamp

Blumea 37: 230.1992.

多年生。秆直立，其节膝曲，丛生，基部具被鳞片的芽，高 50~60 cm，平滑。叶鞘疏松裹茎，长于或上部者短于节间，无毛或鞘颈具柔毛；叶舌膜质，长 2~5 mm，顶端常撕裂；叶片扁平或边缘内卷，长 5~25 cm，宽 2~7 mm，无毛，两面粗糙，带灰白色。圆锥花序紧缩似穗状，长 6~10 cm，宽 1~2 cm，分枝 3 或数枚簇生，长 1~2 cm，直立贴生，与小穗柄均粗糙；小穗长 5~6 mm，草黄色或带紫色；颖片披针形，先端尖，稍粗糙，两颖近等长或第 1 颖较第 2 颖长约 1 mm，具 1 脉，第 2 颖具 3 脉；外稃长 4~5 mm，稍粗糙，顶端具微齿裂，基盘两侧的柔毛长为稃体之 1/5~1/3，芒自外稃近基部或下部 1/5 处伸出，长 7~8 mm，近中部膝曲，芒柱扭转；内稃近等长或稍短于外稃；延伸小穗轴长 1.5~2 mm，与其所被柔毛共长 3~4 mm；花药长 2~3 mm。花、果期 6~9 月。

徂徕山各林区均产。国内分布于东北、华北、华中地区及陕西、甘肃、四川、云南、贵州。欧亚大陆的温带地区有分布。

图 951 野青茅
1. 植株；2. 小穗；3. 小花

11. 拂子茅属 Calamagrostis Adans.

多年生粗壮草本。叶片线形，先端长渐尖。圆锥花序紧缩或开展。小穗线形，常含 1 小花，小穗轴脱节于颖之上，通常不延伸于内稃之后，或稍有极短的延伸；两颖近于等长，有时第 1 颖稍长，锥状狭披针形，先端长渐尖，具 1 脉或第 2 颖具 3 脉；外稃透明膜质，短于颖片，先端有微齿或 2 裂，芒自顶端齿间或中部以上伸出，基盘密生长于稃体的丝状毛；内稃细小而短于外稃。

约 20 种，多分布于东半球的温带区域。中国 6 种。徂徕山 2 种。

分种检索表

1. 圆锥花序疏松开展；外稃的芒自顶端附近伸出··················1. 假苇拂子茅 Calamagrostis pseudophragmites
1. 圆锥花序紧密、具间断；外稃的芒自背中部或稍上伸出··················2. 拂子茅 Calamagrostis epigeios

图 952 假苇拂子茅
1. 植株；2. 小穗；3. 小花

1. 假苇拂子茅（图 952）

Calamagrostis pseudophragmites（A. Haller）Koeler

Descr. Gram. 106. 1802.

秆直立，高 40~100 cm，径 1.5~4 mm。叶鞘平滑无毛，或稍粗糙，短于节间，有时在下部者长于节间；叶舌膜质，长 4~9 mm，长圆形，顶端钝而易破碎；叶片长 10~30 cm，宽 1.5~5（7）mm，扁平或内卷，上面及边缘粗糙，下面平滑。圆锥花序长圆状披针形，疏松开展，长 10~20（35）cm，宽（2）3~5 cm，分枝簇生，直立，细弱，稍糙涩；小穗长 5~7 mm，草黄色或紫色；颖线状披针形，成熟后张开，顶端长渐尖，不等长，第 2 颖较第 1 颖短 1/4~1/3，具 1 脉或第 2 颖具 3 脉，主脉粗糙；外稃透明膜质，长 3~4 mm，具 3 脉，顶端全缘，稀微齿裂，芒自顶端或稍下伸出，细直，细弱，长 1~3 mm，基盘的柔毛等长或稍短于小穗；内稃长为外稃的 1/3~2/3；雄蕊 3，花药长 1~2 mm。花、果期 7~9 月。

产于马场。生于水边草地。广布于中国东北、华北、西北地区及四川、云南、贵州、湖北等省份。欧亚大陆温带区域均有分布。

可作饲料。生活力强，可为防沙固堤的材料。

2. 拂子茅（图 953）

Calamagrostis epigeios（Linn.）Roth

Tent. Fl. Germ. 1: 34. 1788.

—— *Calamagrostis epigeios*（Linn.）Roth var. *densiflora* Griseb.

多年生，具根状茎。秆直立，平滑无毛或花序下稍粗糙，高 45~100 cm，径 2~3 mm。叶鞘平滑或稍粗糙，短于或基部者长于节间；叶舌膜质，长 5~9 mm，长圆形，先端易破裂；叶片长 15~27 cm，宽 4~8（13）mm，扁平或边缘内卷，上面及边缘粗糙，下面较平滑。圆锥花序紧密，圆筒形，劲直、具间断，长 10~25（30）cm，中部径 1.5~4 cm，分枝粗糙，直立或斜向上升；小穗长 5~7 mm，淡绿色或带淡紫色；两颖近等长或第 2 颖微短，先端渐尖，具 1 脉，第 2 颖具 3 脉，主脉粗糙；外稃透明膜质，长约为颖的 1/2，顶端具 2 齿，基盘的柔毛几与颖等长，芒自稃体背中部附近伸出，细直，长

图 953 拂子茅
1. 植株；2. 小穗；3. 小花；4. 内稃、雄蕊和雌蕊

2~3 mm；内稃长约为外 2/3，顶端细齿裂；小穗轴不延伸于内稃之后，或有时仅于内稃之基部残留 1 微小的痕迹；雄蕊 3，花药黄色，长约 1.5 mm。花、果期 5~9 月。

产于上池、马场。生于潮湿地及河岸沟渠旁。分布遍及全国。欧亚大陆温带皆有分布。

为牲畜喜食的牧草；根茎顽强，抗盐碱，耐湿。

12. 棒头草属 Polypogon Desf.

一年生草本。秆直立或基部膝曲。叶片扁平。圆锥花序穗状或金字塔形；小穗含 1 小花，两侧压扁，小穗柄有关节，自节处脱落，而使小穗基部具柄状基盘；颖近于相等，具 1 脉，粗糙，先端 2 浅裂或深裂，芒细直，自裂片间伸出；外稃膜质，光滑，长约为小穗的 1/2，通常具 1 易落的短芒；内稃较小，透明膜质，具 2 脉；雄蕊 1~3，花药细小。颖果与外稃等长，连同稃体一齐脱落。

约 25 种，分布于热带和温带地区。中国 6 种。徂徕山 1 种。

1. 棒头草（图 954，彩图 94）

Polypogon fugax Nees ex Steudel

Syn. Pl. Glumac. 1: 184. 1854.

一年生草本。秆丛生，基部膝曲，大都光滑，高 10~75 cm。叶鞘光滑无毛，大都短于或下部者长于节间；叶舌膜质，长圆形，长 3~8 mm，常 2 裂或顶端具不整齐的裂齿；叶片扁平，微粗糙或下面光滑，长 2.5~15 cm，宽 3~4 mm。圆锥花序穗状，长圆形或卵形，较疏松，具缺刻或有间断，分枝长可达 4 cm；小穗长约 2.5 mm（包括基盘），灰绿色或部分带紫色；颖长圆形，疏被短纤毛，先端 2 浅裂，芒从裂口处伸出，细直，微粗糙，长 1~3 mm；外稃光滑，长约 1 mm，先端具微齿，中脉延伸成长约 2 mm 而易脱落的芒；雄蕊 3，花药长 0.7 mm。颖果椭圆形，一面扁平，长约 1 mm。花、果期 4~9 月。

产于西旺、王家院等地。生于水边。中国产南北各省份。朝鲜、日本、俄罗斯、印度、不丹及缅甸等也有分布。

图 954　棒头草
1. 植株；2. 小穗；3. 小花

13. 落草属 Koeleria Pers.

多年生密丛草本，亦有具短根茎者。叶鞘在基部分蘖者常闭合，秆上者常纵向裂开；叶片扁平或纵卷。顶生穗状圆锥花序紧密不开展，分枝常较短，被柔毛；小穗含 2~4 个两性小花，小穗轴被毛或无毛，脱节于颖以上，延伸于顶生内稃之后呈刺状；颖披针形或卵状披针形，稍不等，宿存，边缘膜质而有光泽，具 1~3（5）脉；外稃纸质，有光泽，边缘及先端宽膜质，具 3~5 脉，基盘钝圆，顶端尖或在近顶端处伸出 1 短芒；内稃与外稃几等长，膜质，具 2 脊；鳞被 2；雄蕊 3；子房无毛。

35 种，多分布于北温带。中国 4 种。徂徕山 1 种。

1. 落草 阿尔泰落草（图955）

Koeleria macrantha（Ledebour）Schultes

Mant. 2: 345. 1824.

—— *Koeleria cristata*（Linn.）Pers.

多年生，密丛。秆直立，具2~3节，高25~60 cm，在花序下密生绒毛。叶鞘灰白色或淡黄色，无毛或被短柔毛，枯萎叶鞘多撕裂残存于秆基；叶舌膜质，截平或边缘呈细齿状，长0.5~2 mm；叶片灰绿色，线形，常内卷或扁平，长1.5~7 cm，宽1~2 mm，下部分蘖叶长5~30 cm，宽约1 mm，被短柔毛或上面无毛，上部叶近于无毛，边缘粗糙。圆锥花序穗状，下部间断，长5~12 cm，宽7~18 mm，有光泽，草绿色或黄褐色，主轴及分枝均被柔毛；小穗长4~5 mm，含2~3小花，小穗轴被微毛或近于无毛，长约1 mm；颖倒卵状长圆形至长圆状披针形，先端尖，边缘宽膜质，脊上粗糙，第1颖具1脉，长2.5~3.5 mm，第2颖具3脉，长3~4.5 mm；外稃披针形，先端尖，具3脉，边缘膜质，背部无芒，稀顶端具长约0.3 mm的小尖头，基盘钝圆，具微毛，第1外稃长约4 mm；内稃膜质，稍短于外稃，先端2裂，脊上光滑或微粗糙；花药长1.5~2 mm。花、果期5~9月。

产于上池、马场等林区。生于山坡、草地或路旁。国内分布于东北、华北、西北、华中、华东和西南等地区。也分布于欧亚大陆及北美洲温带地区。

图955 落草
1. 植株；2. 小穗；3. 小花

14. 臭草属 Melica Linn.

多年生草本。叶鞘几乎全部闭合，粗糙或被短毛。叶片扁平或内卷，常粗糙或被短柔毛。顶生圆锥花序紧密呈穗状、总状或开展；小穗柄细长，上部弯曲且被短柔毛，自弯转处折断，与小穗一同脱落；小穗含孕性小花1至数枚，上部1~3小花退化，仅具外稃，2~3枚相互紧包成球形或棒状，脱节于颖之上，并在各小花之间断落；小穗轴光滑无毛，粗糙或被短毛；颖膜质或纸质，常有膜质的顶端和边缘，等长或第1颖较短，具1~5脉；外稃下部革质或纸质，顶端膜质，全缘，齿裂或2裂，具5~7（9）脉，背面圆形，光滑，粗糙或被毛，无芒，稀于顶端裂齿间着生1芒；内稃短于外稃，或上部者与外稃等长，沿脊有纤毛或近于平滑；雄蕊3。颖果倒卵形或椭圆形，具细长腹沟。

约90种，分布于温带区域或亚热带、热带山区。中国23种。徂徕山4种。

分种检索表

1. 圆锥花序分枝较短或稍长，常紧缩成穗状或总状，少数稍疏展；小穗椭圆形或椭圆状披针形。
  2. 圆锥花序长6~30 cm，具较多小穗；颖和外稃质地较薄，狭窄，外稃顶端渐尖或稍钝。
    3. 花序具较密集小穗；叶片扁平，宽2~7 mm ·· 1. 臭草 Melica scabrosa
    3. 花序具少数小穗；叶片较窄，常纵卷，宽1~3 mm ·································· 2. 细叶臭草 Melica radula
  2. 圆锥花序长3~12 cm，狭窄，常总状，仅具少数小穗；颖和外稃质地厚，宽圆，颖卵形至宽卵形 ··· 3. 大花臭草 Melica grandiflora
1. 圆锥花序分枝长，开展成金字塔形，长15~35 cm，基部主枝长达15 cm，直立或上升；小穗线状披针形，长5~7 mm；植株粗壮 ·· 4. 广序臭草 Melica onoei

1. 臭草（图 956）

Melica scabrosa Trinius

Enum. Pl. China Bor.72. 1833.

多年生草本。须根细弱，较稠密。秆丛生，直立或基部膝曲，高 20~90 cm，径 1~3 mm，基部密生分蘖。叶鞘闭合近鞘口，常撕裂，光滑或微粗糙，下部者长于而上部者短于节间；叶舌透明膜质，长 1~3 mm，顶端撕裂而两侧下延；叶片质较薄，扁平，干时常卷折，长 6~15 cm，宽 2~7 mm，两面粗糙或上面疏被柔毛。圆锥花序狭窄，长 8~22 cm，宽 1~2 cm；分枝直立或斜向上升，主枝长达 5 cm；小穗柄短，纤细，上部弯曲，被微毛；小穗淡绿色或乳白色，长 5~8 mm，含孕性小花 2~4（6）枚，顶端由数枚不育外稃集成小球形；小穗轴节间长约 1 mm，光滑；颖膜质，狭披针形，两颖几等长，长 4~8 mm，具 3~5 脉；背面中脉常生微小纤毛；外稃草质，顶端尖或钝且为膜质，具 7 条隆起的脉，背面颖粒状粗糙，第 1 外稃长 5~8 mm；内稃短于外稃或相等，倒卵形，顶端钝，具 2 脊，脊上被微小纤毛；雄蕊 3，花药长约 1.3 mm。颖果褐色，纺锤形，有光泽，长约 1.5 mm。花、果期 5~8 月。

徂徕山各山地林区均产。生于山坡草地、荒芜田野、渠边路旁。国内分布于东北、华北、西北地区及山东、江苏、安徽、河南、湖北、四川、云南、西藏。也分布于朝鲜。

图 956 臭草
1. 植株；2. 小穗；3. 外稃；4. 内稃

2. 细叶臭草（图 957）

Melica radula Franch.

Pl. David. 1: 336. 1884.

多年生草本。须根细弱，较稠密。秆直立，较细弱，高 30~40 cm，径 1~2 mm，基部密生分蘖。叶鞘闭合至鞘口，均长于节间，光滑无毛或微粗糙；叶舌短，膜质，长约 0.5 mm；叶片常纵卷成线形，长 5~12 cm（分蘖者长达 20 cm），宽 1~2 mm，两面粗糙或有时上面被短毛。圆锥花序极狭窄，长 6~15 cm；分枝少，直立，着生稀少的小穗或似总状；小穗柄短，顶端弯曲，被微毛；小穗淡绿色，长圆状卵形，长 5~8 mm，含孕性小花 2（稀 1 或 3）枚，顶生不育外稃聚集成棒状或小球形；小穗轴节间长 1~1.5 mm，光

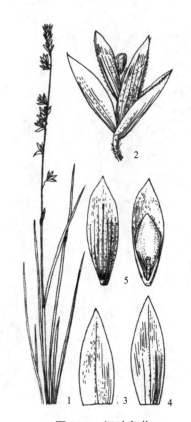

图 957 细叶臭草
1. 植株；2. 小穗；3. 第 1 颖；4. 第 2 颖；
5. 小花（背腹面）

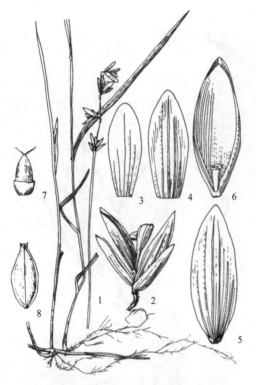

图958 大花臭草
1.植株；2.小穗；3.第1颖；4.第2颖；
5.小花的背面；6.小花的腹面；
7.未成熟的颖果及环形的浆片；8.颖果的腹面

图959 广序臭草
1.植株；2.小穗；3.第1颖；4.第2颖；
5.小花（背腹面）

滑无毛；颖膜质，长圆状披针形，两颖几等长，顶端尖，长4~7 mm，光滑无毛，第1颖具1明显的脉（侧脉不明显），第2颖具3~5脉；外稃草质，卵状披针形，顶端膜质，常稍钝或尖，背面颖粒状粗糙，第1外稃长4.5~7 mm，具7脉；内稃卵圆形，短于外稃，长3~4 mm，背面稍弯曲，脊上被纤毛；花药长1.5~2 mm。花、果期5~8月。

产于中军帐一带。生于沟边、山坡。国内分布于内蒙古、河北、山西、陕西、甘肃、山东、河南。

3. 大花臭草（图958）
Melica grandiflora（Hack.）Koidz.
Bot. Mag. Tokyo 39: 17. 1925.

多年生草本，具匍匐的细长根茎，须根细弱。秆通常少数丛生，直立，较细弱，高20~60 cm，径1~2 mm，具5~7节，粗糙或光滑。叶鞘闭合至鞘口，光滑或微粗糙，上部者短于而下部者长于节间；叶舌短小，长约0.5 mm；叶片质地较薄，扁平或干时卷折，长7~15 cm，宽2~5 mm，上面常被短柔毛，下面光滑无毛，具小横脉。圆锥花序狭窄，常为总状，花序轴粗糙或被微毛，具少数小穗，长3~10 cm；小穗柄细长，直立，顶端被微毛；小穗长7~10 mm，含孕性小花2枚，顶生不育外稃聚集成粗棒状；小穗轴节间长1.2~1.8 mm，光滑；颖膜质，宽卵形，顶端钝，淡绿色或有时带紫色，第1颖长4~6 mm，具3~5脉，第2颖5~7 mm，具5脉；外稃硬草质，卵形，顶端钝，具狭膜质，具7~9脉或基部具更多脉，长达外稃的1/2，背面粗糙或被微毛，脉上尤显，第1外稃长7~10 mm；内稃宽椭圆形，顶端钝，短于外稃，被微毛，脊上被细纤毛；花药长约1.5 mm；鳞被小，合生。花、果期4~7月。

产于中军帐。生于林下、灌丛、山坡潮湿处或路旁草地。国内分布于东北地区及山西、山东、江苏、安徽、江西、湖南、四川。也分布于俄罗斯远东地区南部、日本、朝鲜。

4. 广序臭草（图959）
Melica onoei Franch. & Savatier
Enum. Pl. Jap. 2: 603.1879.

多年生草本。须根细弱。秆少数丛生，直立或基部各节膝曲，高75~150 cm，具10余节。叶鞘闭合几达鞘口，紧密包茎，无毛或基部者被倒生柔毛，均长于节间；叶舌质硬，顶端截平，短小，长约0.5 mm；叶片质地较厚，扁平或干时卷折，常转向一侧，长10~25 cm，宽3~14 mm，上面常带白粉色，两面均粗糙。圆锥花序开展成金字塔形，长15~35 cm，每节具2~3分枝；基部主枝长达15 cm，粗糙或下部光滑，极开展；小穗柄细弱，侧生者长1~4 mm，顶生者长达14 mm，顶端弯曲被毛；小穗绿色，线状披针形，长5~7 mm，含孕性小花2~3枚，顶生不育外稃1枚；小穗轴节间粗糙，长约2 mm；颖薄膜质，顶端尖，第1颖长2~3 mm，具1脉，第2颖长3~4.5 mm，具3~5脉（侧脉不明显）；外稃硬纸质，边缘和顶端具膜质，细点状粗糙，第1外稃长4~4.5 mm，具隆起7脉；内稃长4~4.5 mm，顶端钝或有2微齿，具2脊，脊上光滑或粗糙；雄蕊3；花药长1~1.5 mm。颖果纺锤形，长约3 mm。花、果期7~10月。

产于大寺、光华寺。生于路旁、草地、山坡阴湿处及林下。国内分布于河北、山西、陕西、甘肃、山东、江苏、安徽、浙江、江西、台湾、河南、湖北、湖南、四川、贵州、云南、西藏。朝鲜和日本也有分布。

15. 甜茅属 Glyceria R. Brown

多年生水生或湿地草本，通常具匍匐根茎。秆直立，上升或平卧，具扁平的叶片和全部或部分闭合的叶鞘。圆锥花序开展或紧缩；小穗含数个至多数小花，两侧压扁或多少呈圆柱形，小穗轴无毛或粗糙，脱节于颖之上及各小花之间；颖膜质或纸质兼膜质，顶端尖或钝，常具1脉，稀第2颖具3脉，不等或几等长，均短于第1小花；外稃卵圆形至披针形，草质或兼革质，顶端及边缘常膜质，顶端钝圆或渐尖，背圆形，具平行且常隆起的脉5~9条，沿脉粗糙；基盘钝，无毛或粗糙；内稃稍短，等长或稍长于外稃，具2脊，脊粗糙，具狭翼或无翼；鳞被2，小；雄蕊2~3；子房光滑，花柱2，柱头羽毛状。颖果倒卵圆形或长圆形，具腹沟，与内外稃分离或黏合。

约40种，分布于温带，也产于亚热带、热带山地。中国10种。徂徕山1种。

1. 假鼠妇草（图960）

Glyceria leptolepis Ohwi

Bot. Mag.（Tokyo）45: 381. 1931.

多年生草本，有时具根茎。秆单生，直立或基部斜倚，坚硬，高80~110 cm，径5~8 mm，具13~16节。叶鞘光滑无毛，闭合几达鞘口，具横脉，长于或上部者稍短于节间；叶舌质厚，较硬，长0.3~1 mm，顶端圆形；叶片质较厚而硬，扁平或边缘内卷，长达30 cm，宽5~10 mm，具横脉，下面光滑，上面与边缘粗糙。圆锥花序大型，密集或疏松开展，长15~20 cm，每节具2~3分枝；主枝粗壮，长达12 cm，上部粗糙，基部光滑；小穗卵形或长圆形，绿色，成熟后变黄褐色，含4~7小花，长6~8 mm，宽2~3 mm；颖透明膜质，顶端钝圆或截平，具1脉，第1颖卵形，长1.5~2 mm，第2颖卵状长圆形，长2~2.5 mm；外稃草质，顶端狭膜质，尖或稍钝，具7脉；第1外稃长3~3.5 mm；内稃等于或稍长于外

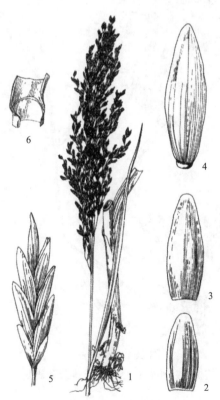

图960 假鼠妇草
1.植株；2.第1颖；3.第2颖；4.小花；
5.小穗；6.叶舌

稃，顶端微凹，脊上粗糙，不具狭翼；雄蕊 2，花药长 0.6~0.7 mm。颖果红棕色，倒卵形，长约 1.5 mm。花、果期 6~9 月。

产于马场等林区。生于林下、湿草地。国内分布于东北、华北地区及陕西、甘肃、安徽、浙江、江西、台湾、河南。也分布于俄罗斯远东地区、朝鲜及日本。

16. 雀麦属 Bromus Linn.

一年生或多年生草本。秆直立，丛生或具根状茎。叶鞘闭合；叶舌膜质；叶片线形，通常扁平。圆锥花序开展或紧缩，分枝粗糙或有短柔毛，伸长或弯曲；小穗较大，含 3 至多数小花，上部小花常不孕；小穗轴脱节于颖之上与诸花间，微粗糙或有短毛；颖不等长或近相等，短于小穗，披针形或近卵形，具（3）5~7 脉，顶端尖或长渐尖或芒状；外稃背部圆形或压扁成脊，具 5~9（11）脉，草质或近革质，边缘常膜质，基盘无毛或两侧被细毛，顶端全缘或具 2 齿，芒顶生或自外稃顶端稍下方裂齿间伸出，稀无芒和 3 芒；内稃狭窄，通常短于其外稃的 1/3，两脊生纤毛或粗糙；雄蕊 3 枚，花药大小差别很大；鳞被 2；子房顶端具唇状附属物，2 花柱自其前面下方伸出。颖果长圆形，先端簇生毛茸，腹面具沟槽，成熟后紧贴其内、外稃。

约 150 种，分布于欧洲、亚洲、美洲的温带地区和非洲、亚洲、南美洲热带山地。中国 55 种。徂徕山 1 种。

1. 雀麦（图 961）

Bromus japonicus Thunb.

Syst. Veg. ed. 14: 119. 1784.

一年生草本。秆直立，高 40~90 cm。叶鞘闭合，被柔毛；叶舌先端近圆形，长 1~2.5 mm；叶片长 12~30 cm，宽 4~8 mm，两面生柔毛。圆锥花序疏展，长 20~30 cm，宽 5~10 cm，具 2~8 分枝，向下弯垂；分枝细，长 5~10 cm，上部着生 1~4 枚小穗；小穗黄绿色，密生 7~11 小花，长 12~20 mm，宽约 5 mm；颖近等长，脊粗糙，边缘膜质，第 1 颖长 5~7 mm，具 3~5 脉，第 2 颖长 5~7.5 mm，具 7~9 脉；外稃椭圆形，草质，边缘膜质，长 8~10 mm，一侧宽约 2 mm，具 9 脉，微粗糙，顶端钝三角形，芒自先端下部伸出，长 5~10 mm，基部稍扁平，成熟后外弯；内稃长 7~8 mm，宽约 1 mm，两脊疏生细纤毛；小穗轴短棒状，长约 2 mm；花药长 1 mm。颖果长 7~8 mm。花、果期 5~7 月。

徂徕山各山地林区均产。生于荒野路旁、河漫滩湿地。国内分布于辽宁、内蒙古、河北、山西、山东、河南、陕西、甘肃、安徽、江苏、江西、湖南、湖北、新疆、西藏、四川、云南、台湾。欧亚温带广泛分布。

图 961 雀麦
1. 植株；2. 小花；3. 浆片、雌蕊和雄蕊

17. 羊茅属 Festuca Linn.

多年生草本，密丛或疏丛。叶片扁平、对折或纵卷，基部两侧具披针形叶耳或无；叶舌膜质或革质；叶鞘开裂或新生枝叶鞘闭合但不达顶部。圆锥花序开展或紧缩；小穗含 2 至多数小花，顶花常发育不全；小穗轴微粗糙或平滑，脱节于颖之上或诸小花之间；颖短于第 1 外稃，顶端钝或渐尖，第 1 颖较小，具 1 脉，第 2 颖具 3 脉；外稃背部圆形或略成圆形，光滑或微粗糙或被毛，草质兼硬纸质，具狭膜质的边缘，顶端或其裂齿间具芒或无芒，具 5 脉，脉常不明显；内稃等长或略短于外稃，脊粗糙或近于平滑；雄蕊 3；子房顶端平滑或被毛。颖果长圆形或线形，腹面具沟槽或凹陷，分离或多少附着于内稃。

约有 450 种，分布于全世界的温寒地带、温带及热带的高山地区。中国 55 种。徂徕山 1 种。

1. 苇状羊茅（图 962）

Festuca arundinacea Schreb.

Spicil. Fl. Lips. 57. 1771.

多年生草本。植株较粗壮，秆直立，平滑无毛，高 80~100 cm，径约 3 mm，基部可达 5 mm。叶鞘通常平滑无毛，稀基部粗糙；叶舌长 0.5~1 mm，平截，纸质；叶片扁平，边缘内卷，上面粗糙，下面平滑，长 10~30 cm，基生者长达 60 cm，宽 4~8 mm，基部具披针形且镰形弯曲而边缘无纤毛的叶耳，叶横切面具维管束 11~21，无泡状细胞。圆锥花序疏松开展，长 20~30 cm，分枝粗糙，每节具 2 稀 4~5 分枝，长 4~9（13）cm，下部 1/3 裸露，中、上部着生多数小穗；小穗轴微粗糙；小穗绿色带紫色，成熟后呈麦秆黄色，长 10~13 mm，含 4~5 小花；颖片披针形，顶端尖或渐尖，边缘宽膜质，第 1 颖具 1 脉，长 3.5~6 mm，第 2 颖具 3 脉，长 5~7 mm；外稃背部上部及边缘粗糙，顶端无芒或具短尖，第 1 外稃长 8~9 mm；内稃稍短于外稃，2 脊具纤毛；花药长约 4 mm；子房顶端无毛；颖果长约 3.5 mm。花、果期 6~9 月。

大寺等地有栽培，作草坪。中国产新疆，北部地区常见栽培。分布于欧亚大陆和北美洲温带。

图 962　苇状羊茅
1. 植株；2. 小穗；3. 小花

18. 早熟禾属 Poa Linn.

多年生草本，疏丛型或密丛型。有些具匍匐根状茎，少数为一年生草本。叶鞘开放，或下部闭合；叶舌膜质；叶片扁平，对折或内卷。圆锥花序开展或紧缩；小穗含 2~8 小花，上部小花不育或退化；小穗轴脱节于颖之上及诸花之间；两颖不等或近相等，第 1 颖较短窄，具 1 或 3 脉，第 2 颖具 3 脉，均短于其外稃；外稃纸质或较厚，先端尖或稍钝，无芒，边缘多少膜质，具 5 脉，中脉成脊，背部大多无毛，脊与边脉下部具柔毛，基盘短而钝，具有绵毛，稀无毛；内稃等长或稍短于其外稃，两脊微粗糙，稀具丝状纤毛；鳞被 2；雄蕊 3；花柱 2，柱头羽毛状；子房无毛。颖果长圆状纺锤形，与内外稃分离；种脐点状。

约 500 种，广布于全球温寒带以及热带、亚热带高海拔山地。中国 81 种。徂徕山 4 种。

分种检索表

1. 第 1 颖具 1 脉，颖与外稃质地较薄；外稃间脉明显。
   2. 花药卵形，长 0.6~0.8 mm，基盘无绵毛；一年生草本 ·· 1. 早熟禾 Poa annua
   2. 花药线形，长 1.5~2 mm，基盘具稠密长绵毛；多年生草本，具发达根状茎 ············ 2. 草地早熟禾 Poa pratensis
1. 第 1 颖具 3 脉，颖与外稃质地大多较厚；外稃间脉多不明显。
   3. 顶节位于秆之中上部；茎生叶片多数，扁平而较长；圆锥花序疏松开展，分枝伸长，下部裸露 ···································· 3. 华东早熟禾 Poa faberi
   3. 顶节位于秆基和下部，上部长裸露；茎生叶少数，短小狭窄；圆锥花序紧缩密集，分枝短，大多自基部着生小穗 ···································· 4. 硬质早熟禾 Poa sphondylodes

图 963　早熟禾
1. 植株；2. 叶舌；3. 叶片先端；4. 小穗；
5. 小花；6. 内稃

1. 早熟禾（图 963）

Poa annua Linn.

Sp. Pl. 68. 1753.

一年生或冬性草本。秆直立或倾斜，质软，高 6~30 cm，全体平滑无毛。叶鞘稍压扁，中部以下闭合；叶舌长 1~3（5）mm，圆头；叶片扁平或对折，长 2~12 cm，宽 1~4 mm，质地柔软，常有横脉纹，顶端急尖呈船形，边缘微粗糙。圆锥花序宽卵形，长 3~7 cm，开展；分枝 1~3 枚着生各节，平滑；小穗卵形，含 3~5 小花，长 3~6 mm，绿色；颖质薄，具宽膜质边缘，顶端钝，第 1 颖披针形，长 1.5~2（3）mm，具 1 脉，第 2 颖长 2~3（4）mm，具 3 脉；外稃卵圆形，顶端与边缘宽膜质，具明显的 5 脉，脊与边脉下部具柔毛，间脉近基部有柔毛，基盘无绵毛，第 1 外稃长 3~4 mm；内稃与外稃近等长，两脊密生丝状毛；花药黄色，长 0.6~0.8 mm。颖果纺锤形，长约 2 mm。花期 4~5 月；果期 6~7 月。

产大寺、徂徕等地。生于路旁草地、水沟或荒坡湿地。广布中国南北各省份。欧洲、亚洲及北美洲均有分布。

2. 草地早熟禾（图 964）

Poa pratensis Linn.

Sp. Pl. 67. 1753.

多年生草本，具发达的匍匐根状茎。秆疏丛生，直立，高 50~90 cm，具 2~4 节。叶鞘平滑或糙涩，长于其节间，并较其叶片为长；叶舌膜质，长 1~2 mm，蘖生者较短；叶片线形，扁平或内卷，长约 30 cm，宽 3~5 mm，顶端渐尖，平滑或边缘与上面微粗糙，蘖生叶片较狭长。圆锥花序金字塔形或卵圆形，长 10~20 cm，宽 3~5 cm；分枝开展，每节 3~5 枚，微粗糙或下部平滑，二次分枝，小枝上着生 3~6 枚小穗，基部主枝长 5~10 cm，中部以下裸露；小穗柄较短；小穗卵圆形，绿色至草黄色，含 3~4 小花，长 4~6 mm；颖卵圆状披针形，顶端尖，平滑，有时脊上部微粗糙，第 1 颖长 2.5~3 mm，具 1 脉，第 2 颖长 3~4 mm，具 3 脉；外稃膜质，顶端稍钝，具少许膜质，脊与边脉在中部以下密生柔毛，间脉明显，基盘具稠密长绵毛；第 1 外稃长 3~3.5 mm；内稃短于外稃，脊粗糙至具小纤毛；花药长 1.5~2 mm。颖果纺锤形，具三棱，长约 2 mm。花期 5~6 月；果期 7~9 月。

产于光华寺等林区。生于湿润的沟边路边。国内分布于东北地区及内蒙古、河北、山西、河南、山东、陕西、甘肃、青海、新疆、西藏、四川、云南、贵州、湖北、安徽、江苏、江西。广泛分布于欧亚大陆温带和北美洲，世界各地普遍引种栽植。

为重要的牧草和草坪水土保持资源。

3. 华东早熟禾　法氏早熟禾（图 965）

Poa faberi Rendle

J. Linn. Soc., Bot. 36: 423. 1904.

多年生草本，疏丛型。秆高 30~60 cm，基部稍倾斜，具 3~4 节，花序以下平滑或糙涩。叶鞘常具倒向粗糙毛，上部压扁成脊，顶生者长达 14 cm，稍长于其叶片；叶舌长 3~8 mm，先端尖；叶片长 7~12 cm，宽 1.5~2.5 mm，两面粗糙。圆锥花序较紧密，长 10~12 cm，宽约 2 cm；分枝每节 3~5 枚，长 2~6 cm，粗糙，下部 1/3 裸露；小穗绿色，长 4~5 mm，含 4 小花；颖片长 3~3.5（4）mm，具 3 脉，粗糙，先端锐尖；外稃长 3~3.5 mm，具 5 脉，间脉尚明显，脊下部 1/2 和边脉下部 1/3 具长柔毛，基盘具中量绵毛；内稃短于外稃 0.5 mm，两脊微粗糙；花药长约 1.5 mm。花、果期 5~8 月。

徂徕山各林区均产。生于山坡、灌丛、林缘、河沟路旁。国内分布于浙江、江苏、安徽、湖南、湖北、四川、西藏、云南、贵州。分布于东亚地区。

4. 硬质早熟禾（图 966）

Poa sphondylodes Trin.

Mem. Acad. Sci. Petersb. Sav. Etrang. 2: 145, 1835.

多年生，密丛型草本。秆高 30~60 cm，具 3~4 节，

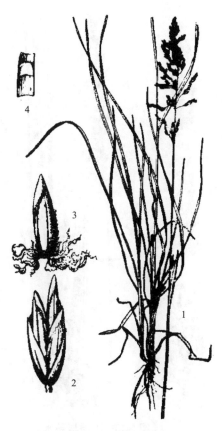

图 964　草地早熟禾
1. 植株；2. 小穗；3. 小花；4. 叶舌

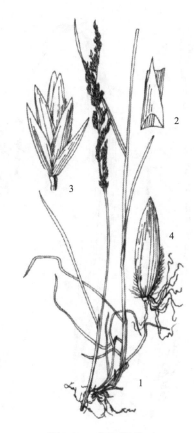

图 965　华东早熟禾
1. 植株；2. 叶舌；3. 小穗；4. 小花

顶节位于中部以下，上部长裸露，紧接花序以下和节下均多少糙涩。叶鞘基部带淡紫色，顶生者长4~8 cm，长于其叶片；叶舌长约4 mm，先端尖；叶片长3~7 cm，宽1 mm，稍粗糙。圆锥花序紧缩而稠密，长3~10 cm，宽约1 cm；分枝长1~2 cm，4~5枚着生于主轴各节，粗糙；小穗柄短于小穗，侧枝基部即着生小穗；小穗绿色，熟后草黄色，长5~7 mm，含4~6小花；颖具3脉，先端锐尖，硬纸质，稍粗糙，长2.5~3 mm，第1颖稍短于第2颖；外稃坚纸质，具5脉，间脉不明显，先端极窄膜质下带黄铜色，脊下部2/3和边脉下部1/2具长柔毛，基盘具中量绵毛，第1外稃长约3 mm；内稃等长或稍长于外稃，脊粗糙具微细纤毛，先端稍凹；花药长1~1.5 mm。颖果长约2 mm，腹面有凹槽。花、果期6~8月。

产于光华寺、大寺等林区。生于山坡草原干燥沙地。国内分布于东北地区及内蒙古、山西、陕西、河北、山东、江苏、安徽、四川、台湾、浙江。俄罗斯远东地区、日本、朝鲜也有分布。

图966 硬质早熟禾
1.植株；2.叶舌；3.小穗；4.小花

19. 龙常草属 Diarrhena P. Beauvois

多年生，具短根状茎。秆直立，节与花序下部常被微毛或粗糙。叶鞘被短毛；叶舌短膜质；叶片线状披针形，基部渐窄或成柄状，散生短毛或粗糙。顶生圆锥花序开展，分枝粗糙；小穗含2~4小花，上部小花退化，小穗轴脱节于颖之上与各小花间；颖微小，远短于小穗，具1（3）脉；外稃厚纸质，具3脉，脉平滑或微糙，无脊，顶端钝，无芒，基盘无毛；内稃等长或略短于外稃，脊具纤毛或粗糙；雄蕊2枚。颖果顶端具圆锥形之喙。

4种，1种产北美洲，3种产东亚。中国3种。徂徕山1种。

1. 龙常草（图967）

Diarrhena mandshurica Maxim.

Bull. Acad. Imp. Sci. Saint-Pétersbourg 32: 628. 1888.

多年生草本。具短根状茎，及被鳞状苞片的芽体，须根纤细。秆直立，高60~120 cm，具5~6节，节下被微毛，节间粗糙。叶鞘密生微毛，短于其节间；叶舌长约1 mm，顶端截平或有齿裂；叶片线

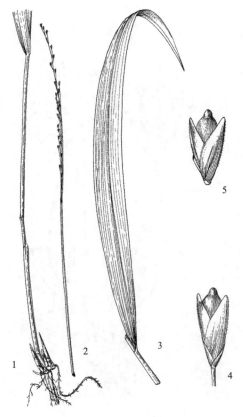

图967 龙常草
1.植株下部；2.花序；3.叶；4.小穗；5.小花

状披针形，长 15~30 cm，宽 5~20 mm，质地较薄，上面密生短毛，下面粗糙，基部渐狭。圆锥花序有角棱，基部主枝长 5~7 cm，贴向主轴，直伸，通常单纯而不分枝，各枝具 2~5 枚小穗；小穗轴节间约 2 mm，被微毛；小穗含 2~3 枚小花，长 5~7 mm；颖膜质，通常具 1（3）脉，第 1 颖长 1.5~2 mm，第 2 颖长 2.5~3 mm；外稃具 3~5 脉，脉糙涩，长 4.5~5 mm；内稃与其外稃几等长，脊上部 2/3 具纤毛；雄蕊 2 枚。颖果成熟时肿胀，长达 4 mm，黑褐色，顶端圆锥形之喙呈黄色。花、果期 7~9 月。

产于大寺、光华寺。生于低山带林缘或灌木丛中及草地上。国内分布于东北等地区。朝鲜、俄罗斯西伯利亚和远东地区有分布。

V. 画眉草亚科 Eragrostoideae

小穗常两侧压扁，含 1 至多数小花，顶生小花常不发育，脱节于颖之上；鳞被 2，质厚，顶端截平，有脉纹。幼苗的中胚轴常延伸，常生有不定根。

分属检索表

1. 小穗含 2 至数枚两性小花，虽某些种类仅有 1 枚两性小花但尚伴有退化小花，小穗不呈卵圆形。
    2. 小穗多少有柄，组成总状或圆锥花序。
        3. 外稃具 3 脉，常无毛；小穗有柄，脱节于颖上；圆锥花序·················1. 画眉草属 Eragrostis
        3. 外稃具 3~5 脉，多少被毛。
            4. 小穗背部圆形或稍两侧压扁，无柄或具短柄；秆之节数较少；叶片不易从叶鞘顶端着生处脱落，枯老后仍宿存其上。
                5. 穗状花序多数，呈总状排列于延长的花序主轴上················2. 千金子属 Leptochloa
                5. 穗状花序 1 枚，单生于秆顶················3. 草沙蚕属 Tripogon
            4. 小穗背部圆形，有柄；秆具多节；叶片枯老后易自叶鞘顶端着生处脱落；叶鞘内含有隐藏小穗··················4. 隐子草属 Cleistogenes
    2. 小穗无柄，排列于穗轴的一侧呈穗状花序，数个穗状花序在秆顶排成指状················5. 穇属 Eleusine
1. 小穗仅有 1 枚两性小花，若有两性小花 2 枚时，则小穗为卵圆形。
    6. 小穗的第 1 颖片微小或退化不存在，小穗通常 2~5 枚在花序轴上簇生。
        7. 小穗单生于穗轴之各节上；第 2 颖对折呈舟形，两侧边缘在基部连合················6. 结缕草属 Zoysia
        7. 小穗以 2~5 枚簇生于穗轴之各节上；第 2 颖背圆，5~6 肋，肋上生钩状刺················7. 锋芒草属 Tragus
    6. 小穗的两颖片均发育正常，小穗不在花序轴上簇生。
        8. 小穗通常具芒。
            9. 小穗常排列于穗轴的一侧而成穗状或穗形总状花序，再组成指状、总状或圆锥状花序。
                10. 外稃显著有芒················8. 虎尾草属 Chloris
                10. 外稃无芒················9. 狗牙根属 Cynodon
            9. 小穗排成圆锥花序；颖无芒；外稃具 3 脉，延伸成 3 芒················10. 三芒草属 Aristida
        8. 小穗无芒，通常组成紧缩或开展的圆锥花序。
            11. 外稃无毛且无芒；囊果················11. 鼠尾粟属 Sporobolus
            11. 外稃和基盘具毛，外稃通常具芒；颖果················12. 乱子草属 Muhlenbergia

1. 画眉草属 Eragrostis Wolf

一年生或多年生草本。秆通常丛生。叶片线形。圆锥花序开展或紧缩；小穗两侧压扁，有数个至多数小花，小花常疏松地或紧密地覆瓦状排列；小穗轴常作"之"字形曲折，逐渐断落或延续而不折断；颖不等长，通常短于第 1 小花，具 1 脉，宿存，或个别脱落；外稃无芒，具 3 条明显的脉，或侧脉不明显；内稃具 2 脊，常作弓形弯曲，宿存，或与外稃同落。颖果与稃体分离，球形或压扁。

约 350 种，多分布于全世界的热带与温带区域。中国约 32 种。徂徕山 5 种。

分种检索表

1. 一年生草本。
  2. 植物体不具腺体。
    3. 第 1 颖不具脉，长 1 mm 以下，第 2 颖长约 1.5 mm ·················· 1. 画眉草 Eragrostis pilosa
    3. 第 1 颖具 1 脉，长 1.5~2 mm，第 2 颖长约 2 mm ·················· 2. 秋画眉草 Eragrostis autumnalis
  2. 植物体（节下、叶脉、叶柄）具腺体。
    4. 小穗宽 2~3 mm，第 1 外稃长约 2.5 mm ·················· 3. 大画眉草 Eragrostis cilianensis
    4. 小穗宽 1.5~2 mm，第 1 外稃长约 2 mm ·················· 4. 小画眉草 Eragrostis minor
1. 多年生草本；花序小枝和小穗柄中部或中部以上具腺体 ·················· 5. 知风草 Eragrostis ferruginea

图 968 画眉草
1. 植株；2. 小穗

1. 画眉草（图 968）

Eragrostis pilosa（Linn.）P. Beauvois Ess. Agrostogr. 71. 1812.

—— *Eragrostis pilosa*（Linn.）P. Beauvois var. *imberbis* Franch.

一年生草本。秆丛生，直立或基部膝曲，高 15~60 cm，径 1.5~2.5 mm，通常具 4 节，光滑。叶鞘疏松裹茎，长于或短于节间，扁压，鞘缘近膜质，鞘口有长柔毛；叶舌为一圈纤毛，长约 0.5 mm；叶片线形扁平或卷缩，长 6~20 cm，宽 2~3 mm，无毛。圆锥花序开展或紧缩，长 10~25 cm，宽 2~10 cm，分枝单生、簇生或轮生，多直立向上，腋间有长柔毛，小穗具柄，长 3~10 mm，宽 1~1.5 mm，含 4~14 小花；颖为膜质，披针形，先端渐尖。第 1 颖长约 1 mm，无脉，第 2 颖长约 1.5 mm，具 1 脉；第 1 外稃长约 1.8 mm，广卵形，先端尖，具 3 脉；内稃长约 1.5 mm，稍作弓形弯曲，脊上有纤毛，迟落或宿存；雄蕊 3 枚，花药长约 0.3 mm。颖果长圆形，长约 0.8 mm。花、果期 8~11 月。

徂徕山各林区均产。生于田边、路旁、草坪上。分布于全国各地。世界温暖地区广泛分布。

2. 秋画眉草（图969）

Eragrostis autumnalis Keng.

Contr. Biol. Lab. Sci. Soc. China. Bot. Ser. 10: 178. 1936.

一年生。秆单生或丛生，基部膝曲，高 15~45 mm，径 1~2.5 mm，具 3~4 节，在基部 2、3 节处常有分枝。叶鞘压扁，无毛，鞘口有长柔毛，成熟后常脱落；叶舌为一圈纤毛，长约 0.5 mm；叶片多内卷或对折，长 6~12 cm，宽 2~3 mm，上部叶有时超出花序长度。圆锥花序开展或紧缩，长 6~15 cm，宽 3~5 cm，分枝常簇生、轮生或单生，分枝腋间通常无毛；小穗柄长 1~5 mm，紧贴小枝；小穗长 3~5 mm，宽约 2 mm，有 3~10 小花，灰绿色；颖披针形，具 1 脉，第 1 颖长约 1.5 mm，第 2 颖长约 2 mm；第 1 外稃长约 2 mm，具 3 脉，广卵圆形，先端尖；内稃长约 1.5 mm，具 2 脊，脊上有纤毛，迟落或缩存。雄蕊 3 枚，花药长约 0.5 mm。颖果红褐色，椭圆形，长约 1 mm。花、果期 7~11 月。

产于大寺林区。生于路旁草地。国内分布于河北、山东、江苏、安徽、浙江、江西、贵州、福建等省份。

图969 秋画眉草
1. 植株；2. 小穗

3. 大画眉草（图970）

Eragrostis cilianensis (Allioni) Vignolo-Lutati ex Janchen

Mitt. Naturwiss. Vereins Univ. Wien 5: 110. 1907.

一年生草本。秆粗壮，高 30~90 cm，径 3~5 mm，直立丛生，基部常膝曲，具 3~5 个节，节下有一圈明显的腺体。叶鞘疏松裹茎，脉上有腺体，鞘口具长柔毛；叶舌为一圈成束的短毛，长约 0.5 mm；叶片线形扁平，伸展，长 6~20 cm，宽 2~6 mm，无毛，叶脉上与叶缘均有腺体。圆锥花序长圆形或尖塔形，长 5~20 cm，分枝粗壮，单生，上举，腋间具柔毛，小枝和小穗柄上均有腺体；小穗长圆形或卵状长圆形，墨绿色带淡绿色或黄褐色，扁压并弯曲，长 5~20 mm，宽 2~3 mm，有 10~40 小花，小穗除单生外，常密集簇生；颖近等长，长约 2 mm，颖具 1 脉或第 2 颖具 3 脉，脊上均有腺体；外稃呈广卵形，先端

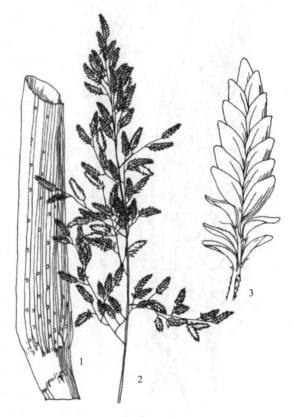

图970 大画眉草
1. 部分叶鞘；2. 花序；3. 小穗

钝，第 1 外稃长约 2.5 mm，宽约 1 mm，侧脉明显，主脉有腺体，暗绿色而有光泽；内稃宿存，稍短于外稃，脊上具短纤毛。雄蕊 3 枚，花药长 0.5 mm。颖果近圆形，径约 0.7 mm。花、果期 7~10 月。

徂徕山各林区均产。分布于全国各地。分布遍及世界热带和温带地区。

可作青饲料或晒制牧草。

4. 小画眉草（图 971）

Eragrostis minor Host

Fl. Austriaca 1: 135. 1827.

—— *Eragrostis poaeoides* P. Beauvois

一年生草本。秆纤细，丛生，膝曲上升，高 15~50 mm，径 1~2 mm，具 3~4 节，节下具有一圈腺体。叶鞘较节间短，松散裹茎，叶鞘脉上有腺体，鞘口有长毛；叶舌为一圈长柔毛，长 0.5~1 mm；叶片线形，平展或卷缩，长 3~15 cm，宽 2~4 mm，下面光滑，上面粗糙并疏生柔毛，主脉及边缘都有腺体。圆锥花序开展而疏松，长 6~15 cm，宽 4~6 cm，每节 1 分枝，分枝平展或上举，腋间无毛，花序轴、小枝以及柄上都有腺体；小穗长圆形，长 3~8 mm，宽 1.5~2 mm，含 3~16 小花，绿色或深绿色；小穗柄长 3~6 mm；颖锐尖，具 1 脉，脉上有腺点，第 1 颖长 1.6 mm，第 2 颖长约 1.8 mm；第 1 外稃长约 2 mm，广卵形，先端圆钝，具 3 脉，侧脉明显并靠近边缘，主脉上有腺体；内稃长约 1.6 mm，弯曲，脊上有纤毛，宿存；雄蕊 3 枚，花药长约 0.3 mm。颖果红褐色，近球形，径约 0.5 mm。花、果期 6~9 月。

徂徕山各林区均产。生于荒芜田野、草地和路旁。分布于全国各地。分布于世界温暖地带。

饲料植物，马、牛、羊均喜食。

5. 知风草（图 972）

Eragrostis ferruginea (Thunb.) P. Beauvois

Ess. Agrostogr. 71. 1812.

多年生草本。秆丛生或单生，直立或基部膝曲，高 30~110 cm，粗壮，径约 4 mm。叶鞘两侧极压扁，基部相互跨覆，均较节间为长，光滑无毛，鞘口与两侧密生柔毛，通常在叶鞘的主脉上生有腺点；叶舌退化为一圈短毛，长约 0.3 mm；叶片平展或折叠，长 20~40 mm，宽 3~6 mm，上部叶超出花序之上，光滑无毛或上面近基部偶疏生有毛。圆锥花序大而开展，分枝节密，每节生枝 1~3 个，向上，枝腋间无毛；小穗柄长 5~15 mm，

图 971 小画眉草
1. 花序；2. 小穗；3. 第 2 颖

图 972 知风草
1. 植株下部；2. 花序；3. 小枝和小穗

在其中部或中部偏上有一腺体，在小枝中部也常存在，腺体多为长圆形，稍凸起；小穗长圆形，长 5~10 mm，宽 2~2.5 mm，有 7~12 小花，多带黑紫色，有时黄绿色；颖开展，具 1 脉，第 1 颖披针形，长 1.4~2 mm，先端渐尖；第 2 颖长 2~3 mm，长披针形，先端渐尖；外稃卵状披针形，先端稍钝，第 1 外稃长约 3 mm；内稃短于外稃，脊上具有小纤毛，宿存；花药长约 1 mm。颖果棕红色，长约 1.5 mm。花、果期 8~12 月。

徂徕山各林区均产。生于路边、草地。中国分布于南北各省份。也分布于朝鲜、日本、东南亚等。为优良饲料，根系发达、固土力强，可作保土固堤之用。全草入药，可舒筋散瘀。

2. 千金子属 Leptochloa P. Beauvois

一年生或多年生草本。叶片线形。圆锥花序由多数总状花序组成；小穗含 2 至数小花，两侧压扁，无柄或具短柄，在穗轴的一侧成两行覆瓦状排列，小穗轴脱节于颖之上和各小花之间；颖不等长，具 1 脉，无芒，或有短尖头，通常短于第 1 小花，偶有第 2 颖可长于第 1 小花；外稃具 1~3 脉，先端尖、钝或 2~4 齿，通常无芒；内稃与外稃等长或较之稍短，具 2 脊。

32 种，分布于全球热带及温暖地区。中国 3 种。徂徕山 1 种。

1. 千金子（图 973）

Leptochloa chinensis（Linn.）Nees

Syll. Pl. Nov. 1: 4.1824.

一年生。秆直立，基部膝曲或倾斜，高 30~90 cm，平滑无毛。叶鞘无毛，大多短于节间；叶舌膜质，长 1~2 mm，常撕裂具小纤毛；叶片扁平或多少卷折，先端渐尖，两面微粗糙或下面平滑，长 5~25 cm，宽 2~6 mm。圆锥花序长 10~30 cm，分枝及主轴均微粗糙；小穗多带紫色，长 2~4 mm，含 3~7 小花；颖具 1 脉，脊上粗糙，第 1 颖较短而狭窄，长 1~1.5 mm，第 2 颖长 1.2~1.8 mm；外稃顶端钝，无毛或下部被微毛，第 1 外稃长约 1.5 mm；花药长约 0.5 mm。颖果长圆球形，长约 1 mm。花、果期 8~11 月。

产于大寺、徂徕、西旺等林区。国内分布于陕西、山东、江苏、安徽、浙江、台湾、福建、江西、湖北、湖南、四川、云南、广西、广东等省份。亚洲东南部也有分布。

本种可作牧草。

图 973 千金子
1. 植株；2. 花序一部分；3. 小穗；4. 小花；5. 浆片、雌蕊和雄蕊

3. 草沙蚕属 Tripogon Roemer & Schultes

多年生细弱草本，密丛。叶片细长，通常内卷。穗状花序单独顶生；小穗含少数至多数小花，几无柄，成两行排列于纤细穗轴的一侧，小穗轴脱节于颖之上及各小花之间；颖具 1 脉，不等长，第 1 颖较小，通常紧贴穗轴之槽穴，狭窄，膜质，先端尖或具小尖头；外稃卵形，背部拱形，先端 2~4 裂，3 脉，中脉自裂片间延伸成芒，侧脉自外侧裂片顶部延伸成短芒或否，基盘具柔毛；内稃宽或狭窄，褶叠，与外稃等长或较之为短；雄蕊 3；花柱很短。

约30种，多数分布于亚洲和非洲，美洲有1种。中国11种。徂徕山1种。

1. 中华草沙蚕（图974）

Tripogon chinensis (Franch.) Hackel

Bull. Herb. Boissier, sér. 2, 3: 503. 1903.

多年生密丛草本，须根纤细而稠密。秆直立，高10~30 cm，细弱，光滑无毛；叶鞘通常仅于鞘口处有白色长柔毛；叶舌膜质，长约0.5 mm，具纤毛；叶片狭线形，常内卷成刺毛状，上面微粗糙且向基部疏生柔毛，下面平滑无毛，长5~15 cm，宽约1 mm。穗状花序细弱，长8~15 cm，穗轴三棱形，微扭曲，多平滑无毛，宽约0.5 mm；小穗线状披针形，铅绿色，长5~10 mm，含3~5小花；颖具宽而透明的膜质边缘，第1颖长1.5~2 mm，第2颖长2.5~3.5 mm；外稃质薄似膜质，先端2裂，具3脉，主脉延伸成短且直的芒，芒长1~2 mm，侧脉可延伸成长约0.2~0.5 mm的芒状小尖头，第1外稃长3~4 mm，基盘被长约1 mm的柔毛；内稃膜质，等长或稍短于外稃，脊上粗糙，具微小纤毛；花药长1~1.5 mm。花、果期7~9月。

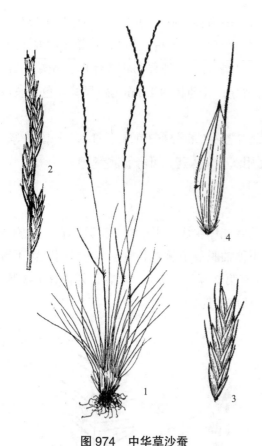

图974 中华草沙蚕
1. 植株；2. 花序的一段；3. 小穗；4. 小花

徂徕山各山地林区均产。生于干燥山坡或岩石和墙上。国内分布于黑龙江、辽宁、内蒙古、甘肃、新疆、陕西、山西、河北、河南、山东、江苏、安徽、台湾、江西、四川等省份。也分布于俄罗斯西伯利亚。

4. 隐子草属 Cleistogenes Keng

多年生草本，丛生。秆常具多节。叶片线形或线状披针形，扁平或内卷，质较硬，与鞘口相接处有1横痕，易自此处脱落；叶鞘内常有隐生小穗。圆锥花序狭窄或开展，常具少数分枝；小穗含1至数小花，两侧压扁，具短柄；两颖不等长，质薄，近膜质，第1颖常具1脉或稀无脉，第2颖具3~5脉，先端尖或钝；外稃常具3~5脉，灰绿色被深绿色的花纹，亦常带紫色，先端具细短芒或小尖头，两侧具2微齿，稀不裂而渐尖，无毛或边缘疏生柔毛；基盘短钝，具短毛；内稃稍长于或短于外稃，具2脊，雄蕊3枚，花药线形；柱头羽毛状，紫色。

约13种，分布于欧洲南部以及亚洲中部和北部。中国10种。本属多数种为优良牧草，家畜喜采食。徂徕山3种。

分种检索表

1. 秆基部具鳞芽；叶片长3~10 cm，宽2~6 mm。
  2. 外稃先端芒长0.5~2 mm；小穗长8~14 mm ·················· 1. 北京隐子草 Cleistogenes hancei
  2. 外稃先端芒长3~9 mm；小穗长5~7 mm ·················· 2. 朝阳隐子草 Cleistogenes hackelii
1. 秆基部具密集枯叶鞘，无鳞芽；叶片长4.5~7 cm，宽1.2~2.7 mm，外稃芒长1~2.5 mm ················· ·················· 3. 薄鞘隐子草 Cleistogenes festucacea

1. 北京隐子草（图 975）
Cleistogenes hancei Keng

Sinensia 11: 408. 1940.

多年生草本。具短的根状茎。秆直立，疏丛，较粗壮，高 50~70 cm，基部具向外斜伸的鳞芽，鳞片坚硬。叶鞘短于节间，无毛或疏生疣毛；叶舌短，先端裂成细毛；叶片线形，长 3~12 cm，宽 3~8 mm，扁平或稍内卷，两面均粗糙，质硬，斜伸或平展，常呈绿色，亦有时稍带紫色。圆锥花序开展，长 6~9 cm，具多数分枝，基部分枝长 3~5 cm，斜上；小穗灰绿色或带紫色，排列较密，长 8~14 mm，含 3~7 小花；颖具 3~5 脉，侧脉常不明显，第 1 颖长 2~3.5 mm，第 2 颖长 3.5~5 mm，外稃披针形，有紫黑色斑纹，具 5 脉，第 1 外稃长约 6 mm，先端具长 1~2 mm 的短芒；内稃等长或长于外稃，先端微凹，脊上粗糙。花、果期 7~11 月。

徂徕山各山地林区均产。生于山坡、路旁、林缘灌丛。国内分布于内蒙古、河北、山西、辽宁、陕西、山东、江苏、安徽、江西、福建等省份。

本种根系发达，具有防止水土流失作用，可作水土保持植物，亦可为优良牧草。

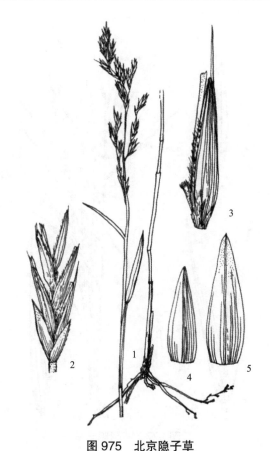

图 975　北京隐子草
1. 植株；2. 小穗；3. 第 1 颖；4. 第 2 颖；5. 小花

2. 朝阳隐子草（图 976）
Cleistogenes hackelii（Honda）Honda

Bot. Mag.（Tokyo）50: 437. 1936.

—— 中华隐子草 *Cleistogenes chinensis*（Maxim.）Keng

多年生草本。秆丛生，基部具鳞芽，高 30~85 cm，径 0.5~1 mm，具多节。叶鞘长于或短于节间，常疏生疣毛，鞘口具较长的柔毛；叶舌具长 0.2~0.5 mm 的纤毛，叶片长 3~10 cm，宽 2~6 mm，两面均无毛，边缘粗糙，扁平或内卷。圆锥花序开展，长 4~10 cm，基部分枝长 3~5 cm；小穗长 5~7（9）mm，含 2~4 小花；颖膜质，具 1 脉，第 1 颖长 1~2 mm，第 2 颖长 2~3 mm；外稃边缘及先端带紫色，背部具青色斑纹，具 5 脉，边缘及基盘具短纤毛，第 1 外稃长 4~5 mm，先端芒长 2~5 mm，内稃与外稃近等长。花、果期 7~11 月。

徂徕山各林区均产。多生于山坡林下或林缘灌丛。国内分布于甘肃、河北、山西、山东、河南、陕西、江苏、安徽、湖北、湖南、四川、福建、贵州等

图 976　朝阳隐子草
1. 植株；2. 小穗；3. 第 1 颖；4. 第 2 颖；5. 小花

省份。朝鲜、日本也有分布。

3. 薄鞘隐子草（图 977）

Cleistogenes festucacea Honda

——*Cleistogenes foliosa* Keng

——*Cleistogenes kitagawae* Honda var. *foliosa* (Keng) S. L. Chen & C. P. Wang

多年生草本。秆直立，密丛，高 30~45 cm，直径 0.5~0.8 mm，不分枝；基部具密集枯叶鞘，无鳞芽。叶鞘长于节间，光滑，鞘口具长柔毛；叶片扁平或干时内卷，长 4.5~7 cm，宽 1.2~2（2.7）mm，粗糙，尤其先端更明显；叶舌长约 0.5 mm。圆锥花序疏展，长 7~10 cm，稍弯曲；分枝狭而上升，基部分枝长 3~5 cm，小穗浅绿色或有紫纹，长 6~9 mm，含 2~5 小花；颖狭披针形，先端渐尖，1~3（5）脉，渐尖，第 1 颖长 1.4~4.3 mm，第 2 颖长（2.5）3.5~5.7 mm；外稃狭披针形，边缘具细柔毛，第 1 外稃长（4.5）5~6.5 mm，先端芒长（0.2）1~2（2.5）mm。内稃脊具纤毛。花药长约 2.2~2.5 mm。花、果期 8~10 月。

产于光华寺水峪。生于山坡、林缘、灌丛。国内分布于内蒙古、甘肃、宁夏、河北、山西、山东等省份。

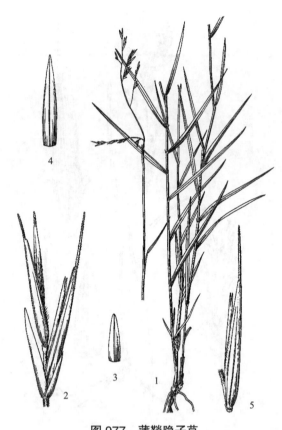

图 977　薄鞘隐子草
1. 植株；2. 小穗；3. 第 1 颖；4. 第 2 颖；5. 小花

5. 䅟属 Eleusine Gaertner

一年生或多年生草本。秆硬，簇生或具匍匐茎，通常 1 长节间与几个短节间交互排列，因而叶于秆上似对生；叶片平展或卷折。穗状花序较粗壮，常数个成指状或近指状排列于秆顶，偶有单一顶生；穗轴不延伸于顶生小穗之外；小穗无柄，两侧压扁，无芒，覆瓦状排列于穗轴的一侧；小穗轴脱节于颖上或小花之间；小花数朵紧密地覆瓦状排列于小穗轴上；颖不等长，颖和外稃背部都具强压扁的脊；外稃顶端尖，具 3~5 脉，2 侧脉若存在则极靠近中脉，形成宽而凸起的脊；内稃较外稃短，具 2 脊。鳞被 2，折叠，具 3~5 脉；雄蕊 3。囊果果皮膜质或透明膜质，宽椭圆形，胚基生，近圆形，种脐基生，点状。

9 种，全产热带和亚热带。中国 2 种。徂徕山 1 种。

1. 牛筋草（图 978）

Eleusine indica（Linn.）Gaertner

Fruct. Sem. Pl. 1: 8. 1788.

图 978　牛筋草
1. 植株；2. 小穗；3. 小花；4. 果；5. 种子

一年生草本。根系极发达。秆丛生，基部倾斜，高 10~90 cm。叶鞘两侧压扁而具脊，松弛，无毛或疏生疣毛；叶舌长约 1 mm；叶片平展，线形，长 10~15 cm，宽 3~5 mm，无毛或上面被疣基柔毛。穗状花序 2~7 个指状着生于秆顶，很少单生，长 3~10 cm，宽 3~5 mm；小穗长 4~7 mm，宽 2~3 mm，含 3~6 小花；颖披针形，具脊，脊粗糙；第 1 颖长 1.5~2 mm；第 2 颖长 2~3 mm；第 1 外稃长 3~4 mm，卵形，膜质，具脊，脊上有狭翼，内稃短于外稃，具 2 脊，脊上具狭翼。囊果卵形，长约 1.5 mm，基部下凹，具明显的波状皱纹。鳞被 2，折叠，具 5 脉。花、果期 6~10 月。

徂徕山各林区均产。生于路边、荒地。分布于中国南北各省份。也分布于世界温带和热带地区。为常见杂草。秆叶强韧，全株可作饲料，又为优良保土植物。

6. 结缕草属 Zoysia Willd.

多年生草本。具根状茎或匍匐枝。叶片质坚，常内卷而窄狭。总状花序穗形；小穗两侧压扁，以其一侧贴向穗轴，呈紧密的覆瓦状排列，或稍有距离，斜向脱节于小穗柄之上，小穗通常只含 1 两性花，极稀为单性者；第 1 颖完全退化或稍留痕迹，第 2 颖硬纸质，成熟后革质，无芒，或由中脉延伸成短芒，两侧边缘在基部连合，包裹膜质的外稃，内稃退化；无鳞被；雄蕊 3 枚，花柱二叉，分离或仅基部联合，柱头帚状，开花时伸出颖片外。颖果卵圆形，与稃体分离。

9 种，分布于非洲、亚洲和大洋洲的热带和亚热带地区。中国 5 种。徂徕山 1 种。

1. 结缕草（图 979，彩图 95）

Zoysia japonica Steud.

Syn. Pl. Glum. 1: 414. 1855.

多年生草本。具横走根茎，须根细弱。秆直立，高 15~20 cm，基部常有宿存枯萎的叶鞘。叶鞘无毛，下部者松弛而互相跨覆，上部者紧密裹茎；叶舌纤毛状，长约 1.5 mm；叶片扁平或稍内卷，长 2.5~5 cm，宽 2~4 mm，表面疏生柔毛，背面近无毛。总状花序呈穗状，长 2~4 cm，宽 3~5 mm；小穗柄通常弯曲，长可达 5 mm；小穗长 2.5~3.5 mm，宽 1~1.5 mm，卵形，淡黄绿色或带紫褐色，第 1 颖退化，第 2 颖质硬，略有光泽，具 1 脉，顶端钝头或渐尖，于近顶端处由背部中脉延伸成小刺芒；外稃膜质，长圆形，长 2.5~3 mm；雄蕊 3 枚，花丝短，花药长约 1.5 mm；花柱 2，柱头帚状，开花时伸出稃体外。颖果卵形，长 1.5~2 mm。花、果期 5~8 月。

徂徕山各林区均有分布。生于荒坡、路旁。国内分布于东北地区及河北、山东、江苏、安徽、浙江、福建、台湾。也分布于日本、朝鲜。北美洲有引种栽培。

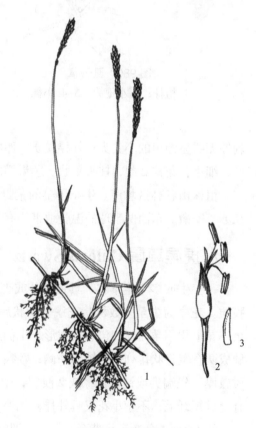

图 979 结缕草
1. 植株；2. 小穗；3. 外稃

7. 锋芒草属 Tragus Hall.

一年生或多年生草本。叶片扁平。花序顶生，通常 2~5 小穗聚集成簇，每小穗簇近无柄或有短柄着生于花轴上，形成穗形总状花序（形态上应作圆锥花序），成熟后全簇小穗一起脱落；每小穗簇中仅下方的 2 小穗为孕性，且互相结合为刺球体，其余 1~3 小穗退化而不孕；第 1 颖薄膜质，微小或完全退化，第 2 颖革质，背部圆形，具 5~6 肋，肋上生钩状刺，为二孕性小穗所形成的刺球体的 1/2；外稃膜质，扁平，具 3 脉；内稃较外稃稍短，质地亦较薄，背部凸起，具不明显 2 脉；雄蕊 3 枚，花丝细弱，花药卵圆形；花柱单一，柱头分叉，帚状。颖果细瘦而长，与稃体分离。

7 种，分布于非洲、欧洲、亚洲和美洲。中国 2 种。徂徕山 1 种。

1. 虱子草（图 980）

Tragus berteronianus Schultes

Mant. 2: 205. 1824.

一年生。须根细弱。秆倾斜，基部常伏卧地面，直立部分高 15~30 cm。叶鞘短于节间或近等长，松弛裹茎；叶舌膜质，顶端具长约 0.5 mm 的柔毛；叶片披针形，长 3~7 cm，宽 3~4 mm，边缘软骨质，疏生细刺毛。花序紧密，几呈穗状，长 4~11 cm，宽约 5 mm；小穗长 2~3 mm，通常 2 个簇生，均能发育，稀仅 1 枚发育；第 1 颖退化，第 2 颖革质，具 5 肋，肋上具钩刺，刺几生于顶端，

图 980　虱子草
1. 植株；2. 小穗簇；3~4. 小穗

刺外无明显伸出的小尖头；外稃膜质，卵状披针形，疏生柔毛，内稃稍狭而短；雄蕊 3 枚，花药椭圆形，细小；花柱 2 裂，柱头帚状。颖果椭圆形，稍扁，与稃体分离。

徂徕山各林区均产。生于干旱的荒野路旁。国内分布于东北、华北地区及内蒙古、甘肃、四川、江苏、安徽。东西两半球的温暖地带均有分布。

8. 虎尾草属 Chloris Swartz

一年生或多年生草本。具匍匐茎或否。叶片线形，扁平或对折；叶鞘常于背部具脊；叶舌短小，膜质。花序为少至多数穗状花序呈指状簇生于秆顶；小穗含 2~3（4）小花，第 1 小花两性，上部其余小花退化不孕而互相包卷成球形，小穗脱节于颖之上，不孕小花附着于孕性小花上不断离，许多小穗成两行覆瓦状排列于穗轴的一侧；颖狭披针形或具短芒，1 脉，不等长，宿存；第 1 外稃两侧压扁，质较厚，先端尖或钝，全缘或 2 浅裂，中脉延伸成直芒，基盘被柔毛；内稃约等长于外稃，具 2 脊，脊上具短纤毛；不孕小花仅具外稃，无毛，先端截平或略尖，常具直芒。颖果长圆柱形。

约 55 种，分布于热带至温带，美洲的种类最多。中国 5 种。徂徕山 1 种。

1. 虎尾草（图 981）

Chloris virgata Swartz

Fl. Ind. Occ. 1: 203. 1797.

一年生草本。秆直立或基部膝曲，高 12~75 cm，径 1~4 mm，光滑无毛。叶鞘背部具脊，包卷松弛，无毛；叶舌长约 1 mm，无毛或具纤毛；叶片线形，长 3~25 cm，宽 3~6 mm，两面无毛或边缘及上面粗糙。穗状花序 5~10 枚，长 1.5~5 cm，指状着生于秆顶，常直立而并拢成毛刷状，有时包藏于

顶叶的膨胀叶鞘中，成熟时常带紫色；小穗无柄，长约 3 mm；颖膜质，1 脉；第 1 颖长约 1.8 mm，第 2 颖等长或略短于小穗，中脉延伸成长 0.5~1 mm 的小尖头；第 1 小花两性，外稃纸质，两侧压扁，呈倒卵状披针形，长 2.8~3 mm，3 脉，沿脉及边缘被疏柔毛或无毛，两侧边缘上部 1/3 处有长 2~3 mm 的白色柔毛，顶端尖或有时具 2 微齿，芒自背部顶端稍下方伸出，长 5~15 mm；内稃膜质，略短于外稃，具 2 脊，脊上被微毛；基盘具长约 0.5 mm 的毛；第 2 小花不孕，长楔形，仅存外稃，长约 1.5 mm，顶端截平或略凹，芒长 4~8 mm，自背部边缘稍下方伸出。颖果纺锤形，淡黄色，光滑无毛而半透明，胚长约为颖果的 2/3。花、果期 6~10 月。

徂徕山各林区均产。生于路旁荒野、河岸沙地。遍布于全国各地。热带至温带均有分布。

9. 狗牙根属 Cynodon Rich.

多年生草本，常具根茎及匍匐枝。秆常纤细，一长节间与一极短节间交互生长，致使叶鞘近似对生；叶舌短或仅具一轮纤毛；叶片较短而平展。穗状花序 2 至数枚指状着生，覆瓦状排列于穗轴的一侧，无芒，含 1~2 小花；颖狭窄，先端渐尖，近等长，均为 1 脉或第 2 颖具 3 脉，全部或仅第 1 颖宿存；小穗轴脱节于颖之上并延伸至小花之后成芒针状或其上端具退化小花；第 1 小花外稃舟形，纸质兼膜质，具 3 脉，侧脉靠近边缘，内稃膜质，具 2 脉，与外稃等长；鳞被甚小；花药黄色或紫色；子房无毛，柱头红紫色。颖果长圆柱形或稍两侧压扁，外果皮潮湿后易剥离，种脐线形，胚微小。

约 10 种，分布于欧洲、亚洲亚热带及热带。中国产 2 种。徂徕山 1 种。

1. 狗牙根（图 982）

Cynodon dactylon（Linn.）Pers.

Syn. Pl. 1: 85. 1805.

低矮草本，具根茎。秆细而坚韧，下部匍匐地面蔓延甚长，节上常生不定根，直立部分高 10~30 cm，直径 1~1.5 mm，秆壁厚，光滑无毛，有时略两侧压扁。叶鞘微具脊，无毛或有疏柔毛，鞘口常具柔毛；叶舌仅为一轮纤毛；叶片线形，长达 12 cm，

图 981 虎尾草
1. 植株；2. 小穗及小花

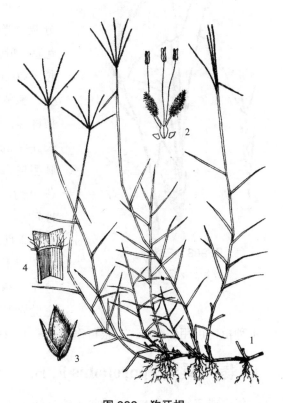

图 982 狗牙根
1. 植株；2. 浆片、雄蕊和雌蕊；3. 小穗；4. 叶鞘局部

宽约 3 mm，通常两面无毛。穗状花序（2）3~5（6）枚，长 2~5（6）cm；小穗灰绿色或带紫色，长 2~2.5 mm，仅含 1 小花；颖长 1.5~2 mm，第 2 颖稍长，均具 1 脉，背部成脊而边缘膜质；外稃舟形，具 3 脉，背部明显成脊，脊上被柔毛；内稃与外稃近等长，具 2 脉。鳞被上缘近截平；花药淡紫色；子房无毛，柱头紫红色。颖果长圆柱形。花、果期 5~10 月。

产于西旺、大寺、徂徕、王庄等地。生于村庄附近、道旁河岸、荒地荒坡。广布于中国黄河以南各省份。全世界温暖地区均有分布。

根茎蔓延力强，为良好的固堤保土植物。

10. 三芒草属 Aristida Linn.

一年生或多年生丛生草本。叶鞘平滑或被长柔毛。叶片通常纵卷，稀扁平。圆锥花序顶生，狭窄或开展；小穗含 1 小花，两性，线形，小穗轴倾斜，脱节于颖之上；颖片狭窄，膜质，长披针形，具 1~5 脉，近等长或不等长；外稃圆筒形，成熟后质较硬，具 3 脉，包着内稃，顶端有 3 芒，芒粗糙或被柔毛，芒柱直立或扭转，基盘尖锐或较钝圆，具短毛；内稃质薄而短小，或甚退化；鳞被 2，较大；雄蕊 3。颖果圆柱形或长圆形。

约 300 种，广布于温带和亚热带的干旱地区。中国 10 种。徂徕山 1 种。

1. 三芒草（图 983）

Aristida adscensionis Linn.

Sp. Pl. 82. 1753.

一年生草本。须根坚韧。秆丛生，直立或基部膝曲，具分枝，光滑，高 15~45 cm。叶鞘短于节间，光滑无毛，疏松包茎，叶舌短而平截，膜质，具长约 0.5 mm 的纤毛；叶片纵卷，长 3~20 cm。圆锥花序狭窄或疏松，长 4~20 cm；分枝细弱，单生，多贴生或斜向上升；小穗灰绿色或紫色；颖膜质，具 1 脉，披针形，脉上粗糙，两颖稍不等长，第 1 颖长 4~6 mm，第 2 颖长 5~7 mm；外稃明显长于第 2 颖，长 7~10 mm，具 3 脉，中脉粗糙，背部平滑或稀粗糙，基盘尖，被长约 1 mm 的柔毛，芒粗糙，主芒长 1~2 cm，两侧芒稍短；内稃长 1.5~2.5 mm，披针形；鳞被 2，薄膜质，长约 1.8 mm；花药长 1.8~2 mm。花、果期 6~10 月。

图 983 三芒草
1. 植株；2. 小穗

产于大寺、王家院等林地区。生于山坡河滩沙地。国内分布于东北、华北、西北地区及河南、山东及江苏。广布于全世界温带地区。

本种植物可用作饲料；须根可作刷、帚等用具。

11. 鼠尾粟属 Sporobolus R. Brown

一年生或多年生草本。叶舌常极短，纤毛状；叶片狭披针形或线形，常内卷。圆锥花序紧缩或开展。小穗含 1 小花，两性，近圆柱形或两侧压扁，脱节于颖之上；颖透明膜质，不等，具 1 脉或第 1 颖无脉，常比外稃短，稀等长，先端钝、急尖或渐尖；外稃膜质，1~3 脉，无芒，与小穗等长；内稃透明膜质，与外稃等长，较宽，具2脉，成熟后易自脉间纵裂；鳞被2，宽楔形；雄蕊2~3；花柱短，2分裂，柱头羽毛状。囊果成熟后裸露，易从稃体间脱落；果皮与种子分离，质薄，成熟后遇湿易破裂。

约160种，广布于全球之热带，美洲产最多。中国8种，引入1种。徂徕山1种。

1. 鼠尾粟（图984）

Sporobolus fertilis（Steudel）Clayton

Kew Bull. 19: 291.1965.

—— *Sporobolus indicus*（Linn.）R. Brown var. *Purpureo-suffusus*（Ohwi）Koyama

多年生草本。须根粗壮且较长。秆直立，丛生，高25~120 cm，基径2~4 mm，质较坚硬，平滑无毛。叶鞘疏松裹茎，基部者较宽，平滑无毛或其边缘稀具极短的纤毛，下部者长于而上部者短于节间；叶舌极短，长约0.2 mm，纤毛状；叶片质较硬，平滑无毛，或仅上面基部疏生柔毛，通常内卷，少数扁平，先端长渐尖，长15~50 cm，宽2~5 mm。圆锥花序较紧缩呈线形，常间断，或稠密近穗形，长7~45 cm，宽0.5~1.5 cm，分枝稍坚硬，直立，与主轴贴生或倾斜，通常长1~2.5 cm，基部者长可达6 cm，但小穗

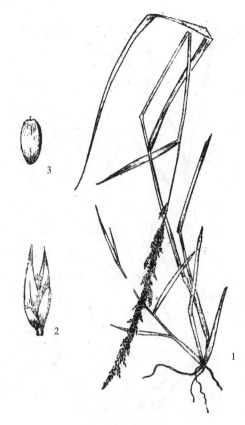

图984 鼠尾粟
1. 植株；2. 小穗；3. 种子

密集着生其上；小穗灰绿色且略带紫色，长1.7~2 mm；颖膜质，第1颖小，长约0.5 mm，先端尖或钝，具1脉；外稃等长于小穗，先端稍尖，具1中脉及2不明显侧脉；雄蕊3，花药黄色，长0.8~1 mm。囊果成熟后红褐色，明显短于外稃和内稃，长1~1.2 mm，长圆状倒卵形或倒卵状椭圆形，顶端截平。花、果期3~12月。

产于大寺、光华寺、礤石峪、黄石崖等林区。生于路边、山坡草地及山谷湿处和林下。国内分布于华东、华中、华南、西南地区及陕西、甘肃、山东等省份。也分布于印度、缅甸、斯里兰卡、泰国、越南、马来西亚、印度尼西亚、菲律宾、日本、俄罗斯等地。

12. 乱子草属 Muhlenbergia Schreb.

多年生草本。常具被鳞片的匍匐根茎。秆直立或基部倾斜、横卧。圆锥花序狭窄或开展；小穗细小，含1小花，脱节于颖之上；颖质薄，宿存，近于相等或第1颖较短，短于或近等于外稃，常具1脉或第1颖无脉；外稃膜质，具铅绿色蛇纹，下部疏生软毛，基部具微小而钝的基盘，先端尖或具2微齿，具3脉，主脉延伸成芒，其芒细弱，糙涩，劲直或稍弯曲；内稃膜质，与外稃等长，具2脉；鳞被2，小。颖果细长，圆柱形或稍扁压。

约155种，多数产于北美洲西南部和墨西哥、印度及亚洲东部也有分布。中国约6种。徂徕山1种。

1. 乱子草（图985）

Muhlenbergia huegelii Trinius

Mem. Acad. Sic. St. Petersb. Sav. Etrang. 6（2）: 293. 1841.

多年生草本。根茎被鳞片，长5~30 cm，径3~4.5 mm，鳞片硬纸质且有光泽。秆质较硬，稍

图 985　乱子草
1. 植株；2. 小穗；3. 去芒的小花

扁，直立，高 70~90 cm，基部径 1~2 mm，有时带紫色，节下常贴生白色微毛。叶鞘疏松，平滑无毛，除顶端 1~2 节外大都短于节间；叶舌膜质，长约 1 mm，无毛或具纤毛；叶片扁平，狭披针形，先端渐尖，两面及边缘糙涩，深绿色，长 4~14 cm，宽 4~10 mm。圆锥花序稍疏松开展，有时下垂，长 8~27 cm，每节簇生数分枝，分枝斜上升或稍开展，糙涩，细弱；小穗柄糙涩，大都短于小穗，与穗轴贴生；小穗灰绿色，有时带紫色，披针形，长 2~3 mm；颖薄膜质，白色透明，部分稍带紫色，变化较大，先端常钝，有时稍尖，无脉或第 2 颖先端尖且具 1 脉，长 0.5~1.2 mm，第 1 颖较短；外稃与小穗等长，具铅绿色斑纹，糙涩，先端尖或具 2 齿，下部 1/5 具柔毛，其毛露出颖外，具 3 脉，中脉延伸成芒，其芒纤细，灰绿色或紫色，微糙涩，长 8~16 mm；花药黄色，长约 0.8 mm。花、果期 7~10 月。

产于大寺、上池、马场、光华寺等林区。国内分布于东北、华北、西北、西南、华东等地区。俄罗斯、印度、日本、朝鲜、菲律宾等也有分布。

Ⅵ. 黍亚科 Panicoideae

小穗常背腹压扁或为圆筒形，常脱节于颖之下，小穗轴从不延伸至顶生小花之后；每小穗含 2 小花，通常均为两性或下部小花为雄性或中性，甚至退化仅剩 1 外稃（如小穗为单性时，则为雌雄同株或异株）。鳞被截平，有脉纹。幼苗的中胚轴延伸，中胚轴上有根，根毛成垂直方向着生于根上；第 1 真叶宽卵形，横向开展。

分属检索表

1. 小穗两性，若为单性，则成熟小穗与不孕小穗同时混生于穗轴上；若为雌雄异穗或异株，则雌小穗排列成星芒状的头状花序。
  2. 第 2 外稃多少呈软骨质而无芒，质较硬，厚于第 1 外稃及颖片。
    3. 小穗脱节于颖之下，通常有 2 小花，第 1 小花中性或雄性。
      4. 花序中具有刚毛状不育小枝，或其穗轴延伸出顶生小穗之上而成 1 尖头或 1 刚毛。
        5. 穗轴上端以及下方的某些小穗均托以 1 刚毛，或小穗着生于主轴上而各托以 1 至多数刚毛。
          6. 刚毛不随小穗脱落，常宿存···1. 狗尾草属 Setaria
          6. 刚毛与小穗同时脱落··2. 狼尾草属 Pennisetum
        5. 穗轴仅在顶生小穗之后延伸成 1 刚毛，成熟时穗轴整个脱落············3. 伪针茅属 Pseudoraphis
      4. 花序中无不育小枝，且穗轴亦不延伸出顶生小穗之上。
        7. 小穗排列于穗轴的一侧而为穗状或穗形总状花序，此花序可再作指状排列或排列在一延伸的主轴上。
          8. 第 2 外稃在果实成熟时为骨质或革质，多少有些坚硬，通常有狭窄而内卷的边缘，故其内稃露出较多。

9. 颖或第 1 外稃顶端有芒，仅稗属 Echinochloa 内有些种例外，但其第 2 小花顶端游离。

  10. 小穗自颖上生芒，而以第 1 颖的芒最长；叶片披针形；质较软并较薄·········4. 求米草属 Oplismenus

  10. 小穗常自第 1 外稃上生芒或芒状小尖头；叶片线形；质较硬；第 2 小花顶端游离···5. 稗属 Echinochloa

9. 颖及第 1 外稃均无芒；第 2 外稃紧包第 2 内稃，而第 2 小花顶端不游离。

  11. 小穗基部并无上述的基盘；第 2 外稃的背部为向轴性··6. 雀稗属 Paspalum

  11. 小穗第 1 颖与第 2 颖下肿胀的小穗轴节间互相愈合成珠状基盘，以至外形上不见第 1 颖；第 2 外稃的背部为离轴性··7. 野黍属 Eriochloa

8. 第 2 外稃软骨质，顶端尖或钝圆但无芒，亦无小尖头，边缘透明膜质··························8. 马唐属 Digitaria

7. 小穗排列为开展的圆锥花序··9. 黍属 Panicum

3. 小穗脱节于颖之上，颖迟落··10. 柳叶箬属 Isachne

2. 第 2 外稃透明膜质至坚纸质，有长短的芒至芒尖，若无芒，则第 2 外稃常为透明膜质。

12. 小穗轴脱节于颖之下，颖片均为长于稃片而较稃片质地为厚；第 2 外稃透明膜质，均较颖质地为薄，或退化成芒的基部。

13. 小穗大都背腹压扁，通常成对或很少 3 个着生于穗轴各节。

14. 穗轴节间细弱，线形或呈三棱形或因顶端膨大而成卵球形；小穗大都有芒。

15. 成对小穗均可成熟且大都同形且同性，如不同形或同性，则小穗常近两侧压扁。

16. 总状花序各节上的小穗均有柄，总状花序的轴延续不逐节断落。

17. 总状花序排呈大型开展的圆锥花序，高大粗壮的草本。

  18. 总状花序下部少裸露或不裸露，常自基部即着生小穗，每枝总状花序具多数小穗··················

  ···11. 芒属 Miscanthus

  18. 总状花序下部长裸露，仅上部具 1 至数小穗对······························12. 大油芒属 Spodiopogon

17. 总状花序排呈指状或狭窄紧缩的穗形圆锥花序，小穗基盘密生长丝状柔毛，毛长为小穗的 3~4 倍，植株常较低矮··13. 白茅属 Imperata

16. 总状花序各节上的小穗为 1 具柄，1 无柄，总状花序的轴常连同其上的无柄小穗逐节断落。

  19. 总状花序排列呈指状；秆常蔓生··14. 莠竹属 Microstegium

  19. 总状花序下部长裸露，排成圆锥状；秆不蔓生····································12. 大油芒属 Spodiopogon

15. 成对小穗异形且异性；小穗常背腹压扁。

20. 无柄小穗的基盘钝，第 1 颖背常压扁，且在两脊间常有沟，沿两脊常具翅。

  21. 总状花序通常孪生或近指状排列，总状花序轴节间常线形····················15. 香茅属 Cymbopogon

  21. 总状花序常单生于主秆或分枝顶端，总状花序轴节间于上部变粗··········16. 裂稃草属 Schizachyrium

20. 无柄小穗的第 1 颖背圆。

22. 无柄小穗的第 2 外稃薄膜质，线形或长圆形，通常 2 裂，由裂齿间伸出 1 芒，罕或无芒。

  23. 总状花序常排列呈指状，每总状花序常具无柄小穗在 8 枚以上··············17. 孔颖草属 Bothriochloa

  23. 总状花序排列呈圆锥状，有延伸的花序轴。

    24. 总状花序轴节间及小穗柄中央有半透明纵沟··································18. 细柄草属 Capillipedium

    24. 总状花序轴节间无纵沟··19. 高粱属 Sorghum

22. 无柄小穗的第 2 外稃退化呈棒状而质厚，由其上延伸成芒；总状花序基部有两对同性对小穗所形成的总苞状··20. 菅属 Themeda

14. 穗轴节间粗肥，通常圆筒形；小穗无芒；总状花序轴坚韧不易逐节断落············21. 牛鞭草属 Hemarthria

13. 小穗多少两侧压扁，通常双生于穗轴各节，叶片披针形··································22. 荩草属 Arthraxon

12. 小穗轴脱节于2小花之间，第1颖多少短于第1小花；第2外稃不为透明膜质而较颖质地为厚···23. 野古草属 Arundinella

1. 小穗为单性，雌雄小穗分别位于不同的花序上或在同一花序的相异部分，但雌小穗不排列成星芒状的头状花序。

   25. 雄小穗与雌小穗位于同一花序上，雄小穗位于总状花序之中上部，排列在由总苞中抽出的细弱而延续的总状花序轴上；雌小穗则位于下部，包藏于念珠状总苞内···24. 薏苡属 Coix

   25. 雄小穗与雌小穗分别形成不同花序，雄小穗组成顶生圆锥花序；雌小穗组成腋生的为鞘状苞片所包藏的雌花序···25. 玉蜀黍属 Zea

1. 狗尾草属 Setaria P. Beauvois

一年生或多年生草本。秆直立或基部膝曲。叶片线形、披针形或长披针形，基部钝圆或窄狭成柄状。圆锥花序通常呈穗状或总状圆柱形，少数疏散而开展至塔状；小穗含1~2小花，椭圆形或披针形，全部或部分小穗下托以1至数枚由不发育小枝而成的芒状刚毛，脱节于极短且呈杯状的小穗柄上，并与宿存的刚毛分离；颖不等长，第1颖宽卵形、卵形或三角形，3~5脉或无脉，第2颖与第1外稃等长或较短，5~7脉；第1小花雄性或中性，第1外稃与第2颖同质，通常包着纸质或膜质的内稃；第2小花两性，第2外稃软骨质或革质，成熟时背部隆起或否，平滑或具点状、横条状皱纹，等长或稍长或短于第1外稃，包着同质的内稃；鳞被2，楔形；雄蕊3，成熟时由谷粒顶端伸出；花柱2，基部联合或分离。颖果椭圆状球形或卵状球形，稍扁，种脐点状；胚长约为颖果的1/3~2/5。

约130种，广布于全世界热带和温带地区，多数产于非洲。中国14种。岨徕山3种。

分种检索表

1. 花序主轴上每小枝通常具3枚以上的成熟小穗，第2颖等长于第2外稃或短于第2外稃的1/4~1/3。
   2. 谷粒连同第1外稃一齐脱落，野生···1. 狗尾草 Setaria viridis
   2. 谷粒自颖与第1外稃分离而脱落，栽培植物，也有逸生···2. 谷子 Setaria italica
1. 花序主轴上每小枝具1成熟小穗，第2颖长为小穗的1/2···3. 金色狗尾草 Setaria pumila

图 986 狗尾草
1. 植株；2. 小穗（背面）；
3. 小穗（腹面）；4. 谷粒

1. 狗尾草（图986）

Setaria viridis（Linn.）P. Beauvois

Ess. Agrost. 51. 1812.

一年生草本。秆直立或基部膝曲，高10~100 cm，基部径达3~7 mm。叶鞘松弛，无毛或疏具柔毛或疣毛，边缘具较长的密绵毛状纤毛；叶舌极短，缘有长1~2 mm的纤毛；叶片扁平，长三角状狭披针形或线状披针形，先端长渐尖或渐尖，基部钝圆形，几呈截状或渐窄，长4~30 cm，宽2~18 mm，通常无毛或疏被疣毛，边缘粗糙。圆锥花序紧密呈圆柱状或基部稍疏离，直立或稍弯垂，主轴被较长柔毛，长2~15 cm，宽4~13 mm（除刚毛外），刚毛长4~12 mm，粗糙或微粗糙，直或稍扭曲，绿色、褐黄、紫红或紫色；小穗2~5个簇生于主轴上或更多的小穗着生在短小枝上，椭圆形，先端钝，长2~2.5 mm，铅绿色；第1颖卵形、宽卵形，长约为小穗的1/3，先端钝或稍尖，3脉；第2颖几与小穗等长，椭圆形，5~7脉；第1外稃与小穗第长，具5~7脉，先端钝，其内稃短小狭窄；第2外稃椭圆形，顶端钝，具细点状皱纹，边缘内卷，狭窄；鳞被楔形，顶端微凹；花柱基分离。颖果灰白色。花、果期5~10月。

徂徕山各林区均产。生于荒野、道旁，为旱地作物常见的一种杂草。分布于全国各地。也分布于世界温带和亚热带地区。

2. 谷子 粱、小米（图987）
Setaria italica（Linn.）P. Beauvois
Ess. Agrost. 51. 1812.

一年生草本。秆粗壮，直立，高达1~1.5 m。叶鞘松裹茎秆，密具疣毛或无毛，毛以近边缘及与叶片交接处的背面为密，边缘密具纤毛；叶舌为一圈纤毛；叶片长披针形或线状披针形，长10~45 cm，宽5~33 mm，先端尖，基部钝圆，上面粗糙，下面稍光滑。圆锥花序呈圆柱状或近纺锤状，通常下垂，基部多少有间断，长10~40 cm，宽1~5 cm，主轴密生柔毛，刚毛显著长于或稍长于小穗，黄色、褐色或紫色；小穗椭圆形或近圆球形，长2~3 mm，黄色、橘红色或紫色；第1颖长为小穗的1/3~1/2，具3脉；第2颖稍短于或长为小穗的3/4，先端钝，5~9脉；第1外稃与小穗等长，5~7脉，其内稃薄纸质，披针形，长为其2/3，第2外稃等长于第1外稃，卵圆形或圆球形，质坚硬，平滑或具细点状皱纹，成熟后自第1外稃基部和颖分离脱落；鳞被先端不平，呈微波状；花柱基部分离。

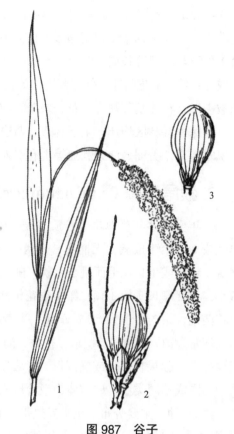

图987 谷子
1. 植株一部分；2. 小穗簇和刚毛；3. 小穗

徂徕山各林区均有栽培。广泛栽培于欧亚大陆的温带和热带，中国黄河中上游为主要栽培区，其他地区也有少量栽种。

3. 金色狗尾草（图988）
Setaria pumila（Poiret）Roemer & Schultes
Syst. Veg. 2: 891. 1817.

——*Setaria glauca*（Linn.）P. Beauvois

一年生草本。单生或丛生。秆直立或基部倾斜膝曲，近地面节可生根，高20~90 cm，光滑无毛，仅花序下面稍粗糙。叶鞘下部扁压具脊，上部圆形，光滑无毛，边缘薄膜质，无纤毛；叶舌具一圈长约1 mm的纤毛，叶片线状披针形或狭披针形，长5~40 cm，宽2~10 mm，先端长渐尖，基部钝圆，上面粗糙，下面光滑，近基部疏生长柔毛。圆锥花序紧密呈圆柱状或狭圆锥状，长3~17 cm，宽4~8 mm（刚毛除外），直立，主轴具短细柔毛，刚毛金黄色或稍带褐色，粗糙，

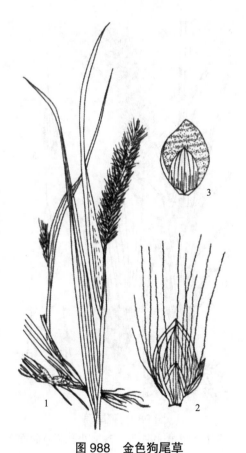

图988 金色狗尾草
1. 植株；2. 小穗簇；3. 小穗（腹面）

长 4~8 mm，先端尖，通常在一簇中仅具 1 发育的小穗，第 1 颖宽卵形或卵形，长为小穗的 1/3~1/2，先端尖，具 3 脉；第 2 颖宽卵形，长为小穗的 1/2~2/3，先端稍钝，具 5~7 脉，第 1 小花雄性或中性，第 1 外稃与小穗等长或微短，具 5 脉，其内稃膜质，等长且等宽于第 2 小花，具 2 脉，通常含 3 枚雄蕊或无；第 2 小花两性，外稃革质，等长于第 1 外稃，先端尖，成熟时背部极隆起，具明显的横皱纹；鳞被楔形；花柱基部联合。花、果期 6~10 月。

徂徕山各林区均产。生于林边、路边和荒芜的园地及荒野。分布于全国各地。也分布于欧亚大陆的温暖地带，美洲、澳大利亚等也有引入。

2. 狼尾草属 Pennisetum Rich.

一年生或多年生草本。秆质坚硬。叶片线形，扁平或内卷。圆锥花序紧缩呈穗状圆柱形；小穗单生或 2~3 聚生成簇，无柄或具短柄，有 1~2 小花，其下围以总苞状的刚毛；刚毛长于或短于小穗，光滑、粗糙或生长柔毛而呈羽毛状，随同小穗一起脱落，其下有或无总梗；颖不等长，第 1 颖质薄而微小，第 2 颖长于第 1 颖；第 1 小花雄性或中性，第 1 外稃与小穗等长或稍短，通常包 1 内稃；第 2 小花两性，第 2 外稃厚纸质或革质，平滑，等长或短于第 1 外稃，边缘质薄而平坦，包着同质的内稃，但顶端常游离；鳞被 2，楔形，折叠，通常 3 脉；雄蕊 3，花药顶端有毫毛或无；花柱基部多少联合，很少分离。颖果长圆形或椭圆形，背腹压扁；种脐点状，胚长为果实的 1/2 以上。叶表皮脉间细胞结构为相同或不同类型。硅质体为哑铃形或"十"字形；气孔辅卫细胞呈圆屋顶或三角形。

约 80 种，主要分布于全世界热带、亚热带地区，少数种类可达温寒地带，非洲为本属分布中心。中国 11 种（4 种为引进栽培）。徂徕山 1 种。

1. 狼尾草（图 989）

Pennisetum alopecuroides (Linn.) Spreng. Syst. 1: 303. 1825.

多年生草本。秆直立，丛生，高 30~120 cm，在花序下密生柔毛。叶鞘光滑，两侧压扁，主脉呈脊状，在基部者跨生状，秆上部者长于节间；叶舌具长约 2.5 mm 纤毛；叶片线形，长 10~80 cm，宽 3~8 mm，先端长渐尖，基部生疣毛。圆锥花序直立，长 5~25 cm，宽 1.5~3.5 cm；主轴密生柔毛；总梗长 2~3（5）mm；刚毛粗糙，淡绿色或紫色，长 1.5~3 cm；小穗通常单生，偶有双生，线状披针形，长 5~8 mm；第 1 颖微小或缺，长 1~3 mm，膜质，先端钝，脉不明显或具 1 脉；第 2 颖卵状披针形，先端短尖，具 3~5 脉，长约为小穗 1/3~2/3；第 1 小花中性，第 1 外稃与小穗等长，具 7~11 脉；第 2 外稃与小穗等长，披针形，具 5~7 脉，边缘包着同质的内稃；鳞被 2，楔形；雄蕊 3，花药顶端无毫毛；花柱基部联合。颖果长圆形，长约 3.5 mm。花、果期夏秋季。

徂徕山各林区均有分布。中国自东北、华北经华东、中南及西南地区均有分布。日本、印度、朝鲜、缅甸、巴基斯坦、越南、菲律宾、马来西亚、大洋洲

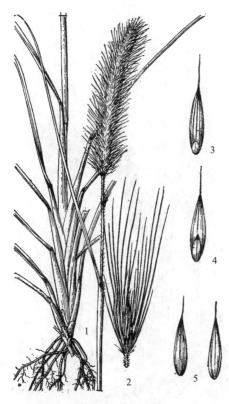

图 989 狼尾草

1. 植株；2. 小穗和刚毛；3~4. 小穗（背腹面）；5. 第 2 小花（背腹面）

及非洲也有分布。

可栽培观赏，或作固堤防沙植物。还可作饲料，也是编织或造纸的原料。

3. 伪针茅属 Pseudoraphis Griff.

多年生草本，水生或沼生。叶舌膜质，无毛；叶片线形或披针形。圆锥花序顶生，排列其上的穗轴纤细，延伸于顶生小穗之外成1纤细的刚毛；小穗披针形，有2小花，第1小花雄性，第2小花雌性，具极短的柄或近无柄，常1至多个着生于穗轴上，小穗成熟后整个穗轴自主轴上脱落；第1颖微小，薄膜质，无脉；第2颖长超出其他部分，先端渐尖或有短尖，具5至多脉，背部无毛或有短硬毛；第1外稃几等长或稍短于第2颖，内有一透明膜质无脉的内稃；第2外稃纸质或顶端膜质，与内稃均短于第2颖；雄蕊3；子房椭圆形，花柱2，柱头帚刷状。颖果倒卵状椭圆形，成熟后露出稃外。

约6种，分布于亚洲热带和温带，并伸入至大洋洲。中国3种。徂徕山1种。

1. 瘦脊伪针茅（图990）

Pseudoraphis sordida（Thwaites）S. M. Phillips & S. L. Chen

Novon 13: 469. 2003.

—— *Pseudoraphis spinescens*（R. Brown）Vickery var. *depauperata*（Nees）Bor

多年生草本，秆细弱，多分枝，高20~50 cm，节有毛，后近无毛，节间常带紫色。叶鞘松弛，叶耳常不明显；叶片线形，长2~6 cm，宽2~4 mm，基部收缩，先端尖；叶舌膜质，有缘毛。圆锥花序紧缩，近穗状，长圆形，长2~8 cm，基部包藏于叶鞘内，分枝直立，含1小穗，稀2小穗；小穗长4~6 mm，第1颖长0.6~0.8 mm，第2颖几与小穗等长，主脉7，下部和边缘有刚毛，先端渐尖。第1外稃与第2颖等长，具7脉；雄蕊2，长0.6~1.1 mm，内稃长1.3~1.4 mm。花、果期秋季。

产于大寺、西旺等林区。生于池塘、沟旁和溪边潮湿地。国内分布于山东、江苏、浙江、福建、湖北、湖南、云南。印度、斯里兰卡、日本、朝鲜有分布。

本种秆叶柔软，为优良牧草。

图990 瘦脊伪针茅
1. 植株；2. 小穗（腹面）；3. 小穗（背面）；
4. 第1花（腹面）；5. 第2花（腹面）；6. 雌蕊

4. 求米草属 Oplismenus P. Beauvois

一年生或多年生草本。秆基部通常平卧而分枝。叶片薄，扁平，卵形至披针形，稀线状披针形。圆锥花序狭窄，分枝或不分枝而使小穗数枚聚生于主轴的一侧；小穗卵圆形或卵状披针形，多少两侧压扁，近无柄，孪生、簇生、少单生，含2小花；颖近等长，第1颖具长芒，第2颖具短芒或无芒；第1小花中性，外稃等长于小穗，无芒或具小尖头，内稃存在或缺；第2小花两性，外稃纸质后变坚硬，平滑光亮，顶端具微尖头，边缘质薄，内卷，包着同质的内稃；鳞被2，薄膜质，折叠，3脉；花柱基分离；种脐椭圆形。

5~9种，广布于全世界温带地区。中国4种。徂徕山1种。

1. 求米草（图991）

Oplismenus undulatifolius (Arduino) Roemer & Schultes

Syst. Veg. 2: 482. 1817.

秆纤细，基部平卧地面，节处生根，上升部分高20~50 cm。叶鞘短于或上部者长于节间，密被疣基毛；叶舌膜质，短小，长约1 mm；叶片扁平，披针形至卵状披针形，长2~8 cm，宽5~18 mm，先端尖，基部略圆形而稍不对称，通常具细毛。圆锥花序长2~10 cm，主轴密被疣基长刺柔毛；分枝短缩，有时下部的分枝延伸长达2 cm；小穗卵圆形，被硬刺毛，长3~4 mm，簇生于主轴或部分孪生；颖草质，第1颖长约为小穗的1/2，顶端具长0.5~1.5 cm硬直芒，具3~5脉；第2颖长于第1颖，顶端芒长约2~5 mm，具5脉；第1外稃草质，与小穗等长，具7~9脉，顶端芒长1~2 mm，第1内稃通常缺；第2外稃革质，长约3 mm，平滑，果期变硬，边缘包着同质的内稃；鳞被2，膜质；雄蕊3；花柱基分离。花、果期7~11月。

图991　求米草
1. 植株；2. 小穗；3. 第1颖；4. 第2颖；
5. 第1花外稃；6. 第2花外稃和雌蕊、雄蕊

产于大寺、上池、马场、光华寺、庙子等林区。生于疏林下阴湿处。广布中国南北各省份。亦分布于世界温带和亚热带。

5. 稗属 Echinochloa P. Beauvois

一年生或多年生草本。叶片扁平，线形。圆锥花序由穗形总状花序组成；小穗含1~2小花，背腹压扁呈一面扁平、一面凸起，单生或2~3个不规则地聚集于穗轴的一侧，近无柄；颖草质；第1颖小，三角形，长约为小穗1/3~1/2或3/5；第2颖与小穗等长或稍短；第1小花中性或雄性，其外稃革质或近革质，内稃膜质，罕或缺；第2小花两性，其外稃成熟时变硬，顶端具极小尖头，平滑，光亮，边缘厚而内抱同质的内稃，但内稃顶端外露；鳞被2，折叠，具5~7脉；花柱基分离；种脐点状。

约35种，分布全世界热带和温带。中国8种。徂徕山2种2变种。

分种检索表

1. 圆锥花序直立，分枝较稀疏；小穗绿色，芒长0.5~1.5（3）cm ······················· 1. 稗 Echinochloa crusgalli
1. 圆锥花序稍下垂，分枝密集；小穗常带紫色，芒长1.5~5 cm ······················· 2. 长芒稗 Echinochloa caudata

1. 稗（图992）

Echinochloa crusgalli (Linn.) P. Beauvois

Ess. Agrostogr. 53. 1812.

一年生。秆高50~150 cm，光滑无毛，基部倾斜或膝曲。叶鞘疏松裹秆，平滑无毛，下部者长于

而上部者短于节间；叶舌缺；叶片扁平，线形，长 10~40 cm，宽 5~20 mm，无毛，边缘粗糙。圆锥花序直立，近尖塔形，长 6~20 cm；主轴具棱，粗糙或具疣基长刺毛；分枝斜上举或贴向主轴，有时再分枝；穗轴粗糙或生疣基长刺毛；小穗卵形，长 3~4 mm，脉上密被疣基刺毛，具短柄或近无柄，密集在穗轴的一侧；第 1 颖三角形，长为小穗的 1/3~1/2，具 3~5 脉，脉上具疣基毛，基部包卷小穗，先端尖；第 2 颖与小穗等长，先端渐尖或具小尖头，具 5 脉，脉上具疣基毛；第 1 小花通常中性，其外稃草质，上部具 7 脉，脉上具疣基刺毛，顶端延伸成 1 粗壮的芒，芒长 0.5~1.5（3）cm，内稃薄膜质，狭窄，具 2 脊；第 2 外稃椭圆形，平滑，光亮，成熟后变硬，顶端具小尖头，尖头上有一圈细毛，边缘内卷，包着同质的内稃，但内稃顶端露出。花、果期夏秋季。

徂徕山各林区广泛分布。多生于沼泽地、沟边及水稻田中。分布几遍全国。也分布于全世界温暖地区。

西来稗（变种）（图 993）

var. zelayensis（Kunth）Hitchcock

U. S. Dept. Agr. Bull. 772: 238. 1920.

秆高 50~75 cm；叶片长 5~20 mm，宽 4~12 mm；圆锥花序直立，长 11~19 cm，分枝上不再分枝；小穗卵状椭圆形，长 3~4 mm，顶端具小尖头而无芒，脉上无疣基毛，但疏生硬刺毛。

徂徕山各林区均产。多生于水边。分布于全国各地。美洲也有分布。

无芒稗（变种）

var. mitis（Pursh）Petermann

Fl. Lips. 82. 1838.

秆高 50~120 cm，直立，粗壮；叶片长 20~30 cm，宽 6~12 mm。圆锥花序直立，长 10~20 cm，分枝斜上举而开展，常再分枝；小穗卵状椭圆形，长约 3 mm，无芒或具极短芒，芒长常不超过 0.5 mm，脉上被疣基硬毛。

徂徕山各林区均产。分布于全国各地。也分布于日本、朝鲜、俄罗斯。

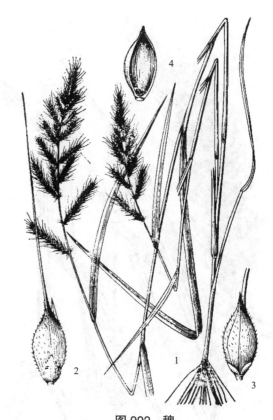

图 992 稗
1. 植株；2. 小穗（背面）；3. 小穗（腹面）；4. 谷粒（腹面）

图 993 西来稗
1. 植株；2. 小穗（背腹面）；3. 第 1 颖（背面）；4. 第 2 颖（背面）；5. 第 1 外稃（背面）；6. 第 1 内稃（背面）；7. 谷粒（腹面）；8. 谷粒（背面）

2. 长芒稗（图 994）

Echinochloa caudata Roshev.

Kom. Fl. URSS 2: 91. 1934.

一年生草本，秆高 1~2 m。叶鞘无毛或有疣基毛，或毛脱落仅留疣基，或仅有粗糙毛，或仅边缘有毛；叶舌缺；叶片线形，长 10~40 cm，宽 1~2 cm，两面无毛，边缘增厚而粗糙。圆锥花序稍下垂，长 10~25 cm，宽 1.5~4 cm；主轴粗糙，具棱，疏被疣基长毛；分枝密集，常再分小枝；小穗卵状椭圆形，常带紫色，长 3~4 mm，脉上具硬刺毛，有时疏生疣基毛；第 1 颖三角形，长为小穗的 1/3~2/5，先端尖，具 3 脉；第 2 颖与小穗等长，顶端具长 0.1~0.2 mm 的芒，具 5 脉；第 1 外稃草质，顶端具长 1.5~5 cm 的芒，具 5 脉，脉上疏生刺毛，内稃膜质，先端具细毛，边缘具细睫毛；第 2 外稃革质，光亮，边缘包着同质的内稃；鳞被 2，楔形，折叠，具 5 脉；雄蕊 3；花柱基分离。

产于西旺、光华寺。生于田边、路旁及河边湿润处。国内分布于黑龙江、吉林、内蒙古、河北、山西、新疆、安徽、江苏、浙江、江西、湖南、四川、贵州及云南等省份。

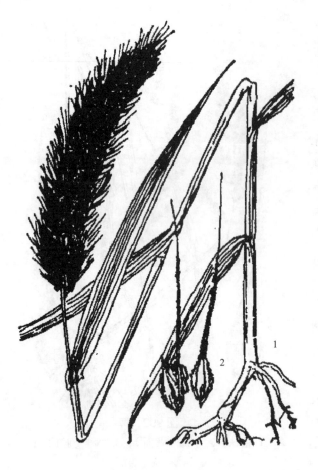

图 994　长芒稗
1. 植株；2. 小穗

6. 雀稗属 Paspalum Linn.

一年生或多年生草本。秆丛生，直立，或具匍匐茎和根状茎。叶舌短，膜质；叶片线形或狭披针形，扁平或卷折。穗形总状花序 2 至多枚呈指状或总状排列于茎顶或伸长的主轴上；穗轴扁平，具翼；小穗含 1 成熟小花在上，几无柄或具短柄，单生或孪生，2~4 行互生于穗轴的一侧，背腹压扁，椭圆形或近圆形；第 1 颖通常缺如，稀存在；第 2 颖与第 1 外稃相似，膜质或厚纸质，3~7 脉，等长于小穗，有时第 2 颖较短或不存在，第 1 小花中性，内稃缺；第 2 外稃背部隆起，对向穗轴，成熟后变硬，近革质，顶端钝圆，有光泽，边缘狭窄内卷，内稃背部外露甚多；鳞被 2；雄蕊 3；柱头帚刷状，自顶端伸出；胚大，长为颖果的 1/2；种脐点状。

约 330 种，分布于全世界的热带与亚热带，热带美洲最丰富。中国 16 种（连同引种栽培的 8 种）。徂徕山 2 种。

分种检索表

1. 小穗散生微柔毛，但不具丝状柔毛 ·· 1. 雀稗 Paspalum thunbergii
1. 小穗边缘或顶端具长 1~2 mm 的丝状柔毛 ································ 2. 双穗雀稗 Paspalum distichum

1. 雀稗（图 995）

Paspalum thunbergii Kunth ex Steud.

Nom. 2（2）: 273. 1841.

多年生。秆直立，丛生，高 50~100 cm，节被长柔毛。叶鞘具脊，长于节间，被柔毛；叶舌膜质，长 0.5~1.5 mm；叶片线形，长 10~25 cm，宽 5~8 mm，两面被柔毛。总状花序 3~6 枚，长 5~10 cm，互生于长 3~8 cm 的主轴上，形成总状圆锥花序，分枝腋间具长柔毛；穗轴宽约 1 mm；小穗柄长 0.5~1 mm；小穗椭圆状倒卵形，长 2.6~2.8 mm，宽约 2.2 mm，散生微柔毛，顶端圆或微凸；第 2 颖与第 1 外稃相等，膜质，具 3 脉，边缘有明显微柔毛。第 2 外稃等长于小穗，革质，具光泽。花、果期 5~10 月。

产于西旺。生于汶河边潮湿草地。国内分布于江苏、安徽、河南、山东、陕西、浙江、台湾、福建、江西、湖北、湖南、四川、贵州、云南、广西、广东等省份。日本、朝鲜、印度、缅甸均有分布。

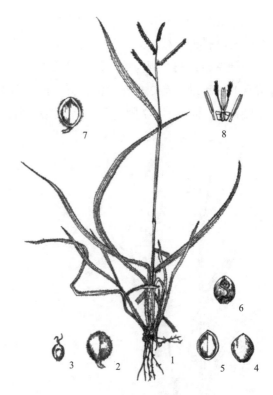

图 995 雀稗
1. 植株；2. 小穗（腹面）；3. 颖果；4. 谷粒（背面）；
5. 谷粒（腹面）；6. 第 2 花（内稃及腹面）；
7. 小穗（背面）；8. 浆片、雄蕊和雌蕊

2. 双穗雀稗（图 996）

Paspalum distichum Linn.

Syst. Nat. ed. 10. 2: 855. 1759.

—— *Paspalum paspaloides*（Michx.）Scribn.

多年生。匍匐茎横走、粗壮，长达 1 m，向上直立部分高 20~40 cm，节生柔毛。叶鞘短于节间，背部具脊，边缘或上部被柔毛；叶舌长 2~3 mm，无毛；叶片披针形，长 5~15 cm，宽 3~7 mm，无毛。总状花序 2 个对连，长 2~6 cm；穗轴宽 1.5~2 mm；小穗倒卵状长圆形，长约 3 mm，顶端尖，疏生微柔毛；第 1 颖退化或微小；第 2 颖贴生柔毛，具明显中脉；第 1 外稃具 3~5 脉，通常无毛，顶端尖；第 2 外稃草质，等长于小穗，黄绿色，顶端尖，被毛。花、果期 5~9 月。

产于西旺。生于汶河边潮湿草地。国内分布于安徽、江苏、浙江、福建、台湾、湖北、湖南、贵州、云南、四川、广西、海南等省份。世界热带、亚热带地区均有分布。

7. 野黍属 Eriochloa Kunth

一年生或多年生草本。秆分枝。叶片平展或

图 996 双穗雀稗
1. 植株；2~3. 小穗；4. 谷粒

卷合。圆锥花序顶生而狭窄，由数个总状花序组成；小穗背腹压扁，具短柄或近无柄，单生或孪生，成两行覆瓦状排列于穗轴的一侧，有2小花；第1颖极退化而与第2颖下之穗轴愈合膨大而成环状或珠状的小穗基盘；第2颖与第1外稃等长于小穗，均近膜质；第1小花中性或雄性，外稃包藏一膜质内稃或有时内稃缺；第2小花两性，背着穗轴而生，第2外稃革质，边缘稍内卷，包着同质而钝头的内稃，鳞被2，折叠，5~7脉；花柱基分离；种脐点状。

约30种，分布全世界热带与温带地区。中国2种。祖徕山1种。

1. 野黍（图997）

Eriochloa villosa（Thunb.）Kunth

Révis. Gramin. 1: 30. 1829.

一年生草本。秆直立，基部分枝，稍倾斜，高30~100 cm。叶鞘无毛或被毛或鞘缘一侧被毛，松弛裹茎，节具髭毛；叶舌具长约1 mm纤毛；叶片扁平，长5~25 cm，宽5~15 mm，表面具微毛，背面光滑，边缘粗糙。圆锥花序狭长，长7~15 cm，由4~8枚总状花序组成；总状花序长1.5~4 cm，密生柔毛，常排列于主轴的一侧；小穗卵状椭圆形，长4.5~5（6）mm；基盘长约0.6 mm；小穗柄极短，密生长柔毛；第1颖微小，短于或长于基盘；第2颖与第1外稃皆为膜质，等长于小穗，均被细毛，前者具5~7脉，后者具5脉；第2外稃革质，稍短于小穗，先端钝，具细点状皱纹；鳞被2，折叠，长约0.8 mm，具7脉；雄蕊3；花柱分离。颖果卵圆形，长约3 mm。花、果期7~10月。

产于大寺、上池、马场等林区。国内分布于东北、华北、华东、华中、西南、华南等地区。日本、朝鲜、俄罗斯远东地区、越南也有分布。

可作饲料、谷粒含淀粉，可食用。

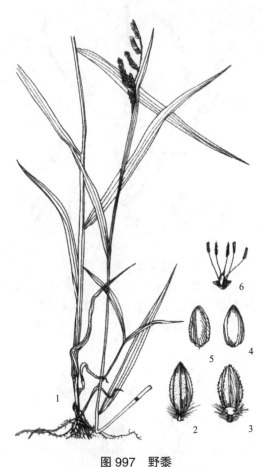

图997 野黍

1. 植株；2. 小穗（腹面）；3. 小穗（背面）；4. 谷粒（背面）；5. 谷粒（腹面）；6. 浆片

8. 马唐属 Digitaria Hall.

一年生或多年生草本。秆直立或基部横卧地面，节上生根。叶片线状披针形至线形，质地大多柔软扁平。总状花序较纤细，2至多个呈指状排列于茎顶或着生于短缩的主轴上。小穗含1朵两性花，背腹压扁，椭圆形至披针形，顶端尖，2或3~4枚小穗着生于穗轴之各节，互生或成4行排列于穗轴的一侧；穗轴扁平具翼或狭窄呈三棱状线形；小穗柄长短不等，下方1枚近无柄，第1颖短小或缺如；第2颖披针形，短于小穗，常生柔毛；第1外稃与小穗等长或稍短，有3~9脉，脉间距离近等或不等，通常生柔毛或具多种毛被；第2外稃厚纸质或软骨质，顶端尖，背部隆起，贴向穗轴，边缘膜质扁平，覆盖同质的内稃而不内卷，苍白色、紫色或黑褐色，有光泽，常具颗粒状微细突起；雄蕊3；柱头2；鳞被2；颖果长圆状椭圆形，约占果体的1/3，种脐点状。

约250余种，分布于全世界热带地区。中国有22种。本属大多具柔嫩繁茂的叶片，为富有营养的饲料植物。徂徕山 4 种 1 变种。

分种检索表

1. 小穗 3 枚簇生，卵圆形；第 2 小花成熟后多为黑紫色或棕褐色；小穗被柔毛，柔毛先端不膨大，毛壁常有疣状突起 ·· 1. 紫马唐 Digitaria violascens
1. 小穗孪生，披针形，长为宽的 3~4 倍；第 2 小花成熟后浅绿色或带铅色；小穗柄三棱形。
　2. 第 1 外稃之侧脉上部具锯齿状粗糙 ··· 2. 马唐 Digitaria sanguinalis
　2. 第 1 外稃之脉平滑，不具锯齿状粗糙 ··· 3. 升马唐 Digitaria ciliaris

1. 紫马唐（图 998）

Digitaria violascens Link

Hort. Berol. 1: 229. 1827.

一年生直立草本。秆疏丛生，高 20~60 cm，基部倾斜，具分枝，无毛。叶鞘短于节间，无毛或有柔毛；叶舌长 1~2 mm；叶片线状披针形，质地较软，扁平，长 5~15 cm，宽 2~6 mm，粗糙，基部圆形，无毛或上面基部及鞘口有柔毛。总状花序长 5~10 cm，4~10 个呈指状排列于茎顶或散生于长 2~4 cm 的主轴上；穗轴边缘微粗糙；小穗椭圆形，长 1.5~1.8 mm，宽 0.8~1 mm，2~3 枚生于各节；小穗柄稍粗糙；第 1 颖不存在；第 2 颖稍短于小穗，具 3 脉，脉间及边缘生柔毛；第 1 外稃与小穗等长，有 5~7 脉，脉间及边缘生柔毛，毛壁有小疣突，中脉两侧无毛或毛较少，第 2 外稃与小穗近等长，中部宽约 0.7 mm，顶端尖，有纵行颗粒状粗糙，紫褐色，革质，有光泽；花药长约 0.5 mm。花、果期 7~11 月。

产于大寺，龙湾水库附近有生长。国内分布于山西、河北、河南、山东、江苏、安徽、浙江、台湾、福建、江西、湖北、湖南、四川、贵州、云南、广西、广东、陕西、新疆等省份。美洲及亚洲的热带地区皆有分布。

图 998　紫马唐
1. 植株；2. 小穗（背面）；3. 小穗（腹面）

2. 马唐（图 999）

Digitaria sanguinalis（Linn.）Scop.

Fl. Carniol. ed. 2. 1: 52. 1771.

一年生。秆直立或下部倾斜，膝曲上升，高 10~80 cm，直径 2~3 mm，无毛或节生柔毛。叶鞘短于节间，无毛或散生疣基柔毛；叶舌长 1~3 mm；叶片线状披针形，长 5~15 cm，宽 4~12 mm，基部圆形，边缘较厚，微粗糙，具柔毛或无毛。总状花序长 5~18 cm，4~12 个成指状着生于长 1~2 cm 的主轴上；穗轴直伸或开展，两侧具宽翼，边缘粗糙；小穗椭圆状披针形，长 3~3.5 mm；第 1 颖小，短三角形，无脉；第 2 颖具 3 脉，披针形，长约为小穗的 1/2，脉间及边缘大多具柔毛；第 1 外稃等长于小穗，具7脉，中脉平滑，两侧的脉间距离较宽，无毛，边脉上具小刺状粗糙，脉间及边缘生柔毛；第2外稃近革质，灰绿色，顶端渐尖，等长于第1外稃；花药长约1 mm。花、果期6~9月。

徂徕山各林区均产。生于路旁、田野。国内分布于西藏、四川、新疆、陕西、甘肃、山西、河北、河南及安徽等省份。广布于温带和亚热带山地。

是一种优良牧草，但又是危害农田、果园的杂草。

3. 升马唐　纤毛马唐（图1000）

Digitaria ciliaris（Retzius）Koeler

Descr. Gram. 27. 1802.

—— *Digitaria adscendens*（Kunth）Henrard

一年生。秆基部横卧地面，节处生根和分枝，高30~90 cm。叶鞘常短于其节间，多少具柔毛；叶舌长约2 mm；叶片线形或披针形，长5~20 cm，宽3~10 mm，上面散生柔毛，边缘稍厚，微粗糙。总状花序5~8枚，长5~12 cm，呈指状排列于茎顶；穗轴宽约1 mm，边缘粗糙；小穗披针形，长3~3.5 mm，孪生于穗轴的一侧；小穗柄微粗糙，顶端截平；第1颖小，三角形；第2颖披针形，长约为小穗的2/3，具3脉，脉间及边缘生柔毛；第1外稃等长于小穗，具7脉，脉平滑，中脉两侧的脉间较宽而无毛，其他脉间贴生柔毛，边缘具长柔毛；第2外稃椭圆状披针形，革质，黄绿色或带铅色，顶端渐尖；等长于小穗。花药长0.5~1 mm。花、果期5~10月。

徂徕山各林区均产。生于路旁、荒野。中国分布于南北各省份。分布于世界热带、亚热带地区。

毛马唐（变种）

var. chrysoblephara（Figari & De Notaris）R. R. Stewart

Kew Bull. 29: 444. 1974.

—— *Digitaria chrysoblephara* Figari & De Notaris

第1外稃边缘与侧脉间具柔毛与疣基长刚毛，两种毛被于成熟后广开展；第2外稃淡绿色。

徂徕山各林区均产。生于路旁田野。国内分布于东北地区及河北、山西、河南、甘肃、陕西、四

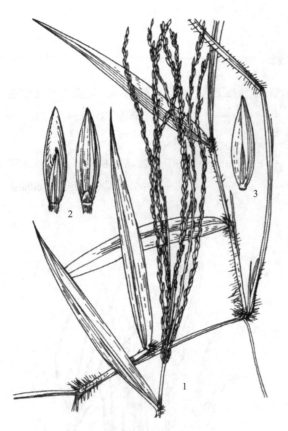

图999　马唐
1. 植株；2. 小穗；3. 谷粒

图1000　升马唐
1. 植株一部分；2. 花序；
3. 小穗（背面）；4. 小穗（腹面）

川、安徽及江苏等省份。分布于世界亚热带和温带地区。

9. 黍属 Panicum Linn.

一年生或多年生草本。秆直立或基部膝曲或匍匐。叶片线形至卵状披针形，通常扁平；叶舌膜质或顶端具毛，甚至全由1列毛组成。圆锥花序顶生，分枝常开展，小穗具柄，成熟时脱节于颖下或第1颖先落，背腹压扁，含2小花；第1小花雄性或中性；第2小花两性；颖草质或纸质；第1颖通常较小穗短而小，有的种基部包着小穗；第2颖等长，且常常同形；第1内稃存在或退化甚至缺；第2外稃硬纸质或革质，有光泽，边缘包着同质内稃；鳞被2，其肉质程度、折叠、脉数等因种而异；雄蕊3；花柱2，分离，柱头帚状。

约500种，分布于全世界热带和亚热带，少数达温带。中国21种（包括引种归化的4种）。徂徕山2种。

分种检索表

1. 第1颖长为小穗的1/2~2/3，小穗长4~5 mm ·· 1. 稷 Panicum miliaceum
1. 第1颖长为小穗的1/3，小穗长约3 mm ·· 2. 细柄黍 Panicum sumatrense

1. 稷（图1001）

Panicum miliaceum Linn.

Sp. Pl. ed. 1. 58. 1753.

一年生草本。秆粗壮，直立，高40~120 cm，单生或少数丛生，有时分枝，节密被髭毛，节下被疣基毛。叶鞘松弛，被疣基毛；叶舌膜质，长约1 mm，顶端具长约2 mm的睫毛；叶片线形或线状披针形，长10~30 cm，宽5~20 mm，两面具疣基的长柔毛或无毛，顶端渐尖，基部近圆形，边缘常粗糙。圆锥花序开展或较紧密，成熟时下垂，长10~30 cm，分枝粗或纤细，具棱槽，边缘具糙刺毛，下部裸露，上部密生小枝与小穗；小穗卵状椭圆形，长4~5 mm；颖纸质，无毛，第1颖正三角形，长约为小穗的1/2~2/3，顶端尖或锥尖，通常5~7脉；第2颖与小穗等长，通常具11脉，其脉顶端渐汇合呈喙状；第1外稃形似第2颖，11~13脉；内稃透明膜质，短小，长1.5~2 mm，顶端微凹或深2裂；第2小花长约3 mm，成熟后因品种不同而有黄、乳白、褐、红和黑等色；第2外稃背部圆形，平滑，7脉，内稃具2脉；鳞被较发育，长0.4~0.5 mm，宽约0.7 mm，多脉，并由1级脉分出次级脉。胚乳长为谷粒的1/2，种脐点状，黑色。花、果期7~10月。

徂徕山有少量栽培。中国西北、华北、西南、东北、华南以及华东等地山区都有栽培。亚洲、欧洲、美洲、非洲等温暖地区均有栽培。

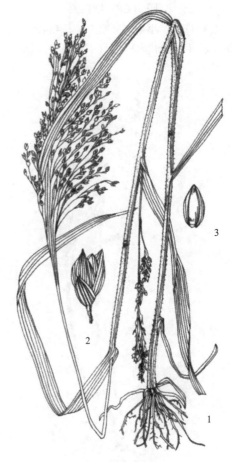

图1001 稷
1. 植株；2. 小穗；3. 颖果

2. 细柄黍（图 1002）

Panicum sumatrense Roth ex Roemer & Schultes Syst. Veg. 2: 434. 1817.

—— *Panicum psilopodium* Trin.

—— *Panicum flexuosum* Retzius

一年生草本。秆直立或基部稍膝曲，高 20~60 cm。叶鞘松弛，无毛，压扁，下部的常长于节间；叶舌膜质，截形，长约 1 mm，顶端被睫毛；叶片线形，长 8~15 cm，宽 4~6 mm，质较柔软，顶端渐尖，基部圆钝，两面无毛。圆锥花序开展，长 10~20 cm，宽达 15 cm，基部常为顶生叶鞘所包，花序分枝纤细，微粗糙，上举或开展；小穗卵状长圆形，长约 3 mm，顶端尖，无毛，有柄，顶端膨大，柄长于小穗；第 1 颖宽卵形，顶端尖，长约为小穗的 1/3，具 3~5 脉，或侧脉不明显；第 2 颖长卵形，与小穗等长，顶端喙尖，具 11~13 脉；第 1 外稃与第 2 颖同形，近等长，具 9~11 脉，内稃薄膜质，具 2 脊，几与外稃等长，但狭窄；第 2 外稃狭长圆形，革质，表面平滑，光亮，长约 2.2 mm。鳞被细小，多脉，长约 0.3 mm，宽约 0.38 mm，局部折叠，肉质。花、果期 7~10 月。

产于大寺、上池。生于荒野路旁。国内分布于贵州、台湾、西藏和云南等省份。印度、斯里兰卡、马来西亚、菲律宾等也有分布。

图 1002　细柄黍

1. 植株；2. 小穗；3. 第 1 颖；4. 第 2 颖；5. 第 1 花（外稃和内稃）；6. 谷粒；7. 雄蕊和雌蕊

10. 柳叶箬属 Isachne R. Brown

一年生或多年生草本。具扁平的叶片和疏散顶生的圆锥花序；小穗卵圆形或卵状球形，含 2 小花，均为两性或第 1 小花为雄性、第 2 小花为雌性，无芒，两小花的节间甚短，常连同 2 小花一起脱落；两颖近等长，草质，迟落；小花的背部拱凸，腹面扁平，2 小花的内外稃均为革质，或第 1 小花的内外稃为草质，第 2 小花为革质，无毛或被毛；鳞被 2，微小；雄蕊 3 枚，花柱二叉裂，柱头帚状。颖果椭圆形或近球形，与稃体分离。

约 90 种，分布于全世界的热带或亚热带地区。中国 18 种，主要分布于长江流域以南各省份。徂徕山 1 种。

1. 柳叶箬（图 1003）

Isachne globosa（Thunb.）Kuntze Revis. Gen. Pl. 2: 778. 1891.

多年生。秆丛生，直立或基部节上生根而倾斜，

图 1003　柳叶箬

1. 植株；2. 小穗；3. 第 2 小花（腹面）

高 30~60 cm，节上无毛。叶鞘短于节间，无毛，但一侧边缘的上部或全部具疣基毛；叶舌纤毛状，长 1~2 mm；叶片披针形，长 3~10 cm，宽 3~8 mm，顶端短渐尖，基部钝圆或微心形，两面均具微细毛而粗糙，边缘质地增厚，软骨质，全缘或微波状。圆锥花序卵圆形，长 3~11 cm，宽 1.5~4 cm，盛开时抽出鞘外，分枝斜升或开展，每分枝着生 1~3 小穗，分枝和小穗柄均具黄色腺斑；小穗椭圆状球形，长 2~2.5 mm，淡绿色，或成熟后带紫褐色；两颖近等长，坚纸质，6~8 脉，无毛，顶端钝或圆，边缘狭膜质；第 1 小花通常雄性，幼时较第 2 小花稍窄狭，稃体质地亦稍软；第 2 小花雌性，近球形，外稃边缘和背部常有微毛；鳞被楔形，顶端平截或微凹。颖果近球形。花、果期夏秋季。

徂徕山各山地林区均产。国内分布于辽宁、山东、河北、陕西、河南、江苏、安徽、浙江、江西、湖北、四川、贵州、湖南、福建、台湾、广东、广西、云南。日本、印度、马来西亚、菲律宾、太平洋诸岛以及大洋洲等均有分布。

11. 芒属 Miscanthus Anderss.

多年生高大草本植物。秆粗壮，中空。叶片扁平宽大。顶生圆锥花序大型，由多数总状花序沿一延伸的主轴排列而成。小穗含 1 两性花，具不等长的小穗柄，孪生于连续的总状花序轴的各节，基盘具长于其小穗的丝状柔毛；两颖近相等，厚纸质至膜质，第 1 颖背腹压扁，顶端尖，边缘内折成 2 脊，有 2~4 脉；第 2 颖舟形，具 1~3 脉；外稃透明膜质，第 1 外稃内空；第 2 外稃具 1 脉，顶端 2 裂，有芒或无芒；内稃微小；鳞被 2，楔形，雄蕊 3 枚，先雌蕊而成熟；花柱 2，甚短；柱头帚刷状，近小穗中部之两侧伸出。颖果长圆形，胚大型。

约 14 种，主要分布于东南亚，在非洲也有少数种类。中国 7 种。徂徕山 2 种。

分种检索表

1. 小穗具芒；叶片下面疏生柔毛及被白粉···1. 芒 Miscanthus sinensis
1. 小穗无芒；叶片除上面基部密生柔毛外两面无毛···2. 荻 Miscanthus sacchariflorus

1. 芒（图 1004）

Miscanthus sinensis Anderss.

Oefv. Svensk. Vet. Akad. Forh. 166. 1855.

多年生苇状草本。秆高 1~2 m，无毛或在花序以下疏生柔毛。叶鞘无毛，长于其节间；叶舌膜质，长 1~3 mm，顶端及其后面具纤毛；叶片线形，长 20~50 cm，宽 6~10 mm，下面疏生柔毛及被白粉，边缘粗糙。圆锥花序直立，长 15~40 cm，主轴无毛，延伸至花序的中部以下，节与分枝腋间具柔毛；分枝较粗硬，直立，不再分枝或基部分枝具第 2 次分枝，长 10~30 cm；小枝节间三棱形，边缘微粗糙，短柄长 2 mm，长柄长 4~6 mm；小穗披针形，长 4.5~5 mm，黄色有光泽，基盘具等长于小穗的白色或淡黄色的丝状毛；第 1 颖顶具 3~4 脉，边脉上部粗糙，顶端渐尖，背部无毛；第 2 颖常具 1 脉，粗糙，上部内折的边缘具纤毛；第 1 外稃长圆形，膜质，长约 4 mm，

图 1004 芒
1. 植株；2. 孪生小穗

边缘具纤毛；第2外稃明显短于第1外稃，先端2裂，裂片间具1芒，芒长9~10 mm，棕色，膝曲，芒柱稍扭曲，长约2 mm，第2内稃长约为其外稃的1/2；雄蕊3枚，花药长2~2.5 mm，稃褐色，先雌蕊而成熟；柱头羽状，长约2 mm，紫褐色，从小穗中部的两侧伸出。颖果长圆形，暗紫色。花、果期7~12月。

祖徕山各林区均产。生于荒坡原野。国内分布于江苏、浙江、江西、湖南、福建、台湾、广东、海南、广西、四川、贵州、云南等省份。也分布于朝鲜、日本。

秆纤维用途较广，作造纸原料等。

2. 荻（图1005）

Miscanthus sacchariflorus（Maxim.）Hackel Nat. Pflanzenfam. 2（2）：23. 1887.

—— *Triarrhena sacchariflora*（Maxim.）Nakai

多年生，具发达的长匍匐根状茎，节处生有粗根与幼芽。秆直立，高1~1.5 m，直径约5 mm，具10多节，节生柔毛。叶鞘无毛，长于或上部者稍短于其节间；叶舌短，长0.5~1 mm，具纤毛；叶片扁平，宽线形，长20~50 cm，宽5~18 mm，除上面基部密生柔毛外两面无毛，边缘锯齿状粗糙，基部常收缩成柄，顶端长渐尖，中脉白色，粗壮。圆锥花序疏展成伞房状，长10~20 cm，宽约10 cm；主轴无毛，具10~20枚较细弱的分枝，腋间生柔毛，直立而后开展；总状花序轴节间长4~8 mm，或具短柔毛；小穗柄顶端稍膨大，基部腋间常生有柔毛，短柄长1~2 mm，长柄长3~5 mm；小穗线状披针形，长5~5.5 mm，成熟后带褐色，基盘具长为小穗2倍的丝状柔毛；第1颖2脊间具1脉或无脉，顶端膜质长渐尖，边缘和背部具长柔毛；第2颖与第1颖近等长，顶端渐尖，与边缘皆为膜质，并具纤毛，有3脉，背部无毛或有少数长柔毛；第1外稃稍短于颖，

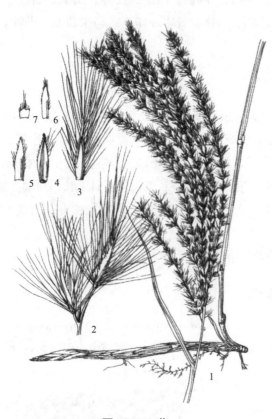

图1005 荻
1. 植株；2. 孪生小穗；3. 第1颖；4. 第2颖；
5. 第1外稃；6. 第2外稃；7. 第2内稃

先端尖，具纤毛；第2外稃狭窄披针形，短于颖片的1/4，顶端尖，具小纤毛，无脉或具1脉，稀有1芒状尖头；第2内稃长约为外稃的1/2，具纤毛；雄蕊3，花药长约2.5 mm；柱头紫黑色，自小穗中部以下的两侧伸出。颖果长圆形，长1.5 mm。花、果期8~10月。

祖徕山各林区均有零星生长。国内分布于东北地区及河北、山西、河南、山东、甘肃、陕西等省份。也分布于日本、朝鲜、俄罗斯西伯利亚及乌苏里。

可作饲料、纤维与建造材料，也是优良防沙护坡植物。

12. 大油芒属 Spodiopogon Trin.

多年生草本，具匍匐根状茎。叶片线形或狭窄披针形；叶舌膜质。顶生圆锥花序开展，由多数具1~3节有梗的总状花序所组成。小穗孪生，1具柄，1无柄，第2小花皆为两性；总状花序轴节间及小穗柄的顶端膨大而呈棒状，成熟后逐节断落；小穗卵形，不明显压扁；颖草质，具多数显著的脉

纹，背部具柔毛，基部生短髭毛；外稃透明膜质，大多无毛或边缘具细纤毛，有时具 1~3 脉，第 1 小花具 3 雄蕊或中性；第 1 外稃及其内稃均透明膜质；第 2 外稃深 2 裂，裂齿间伸出 1 扭转膝曲的芒。鳞被楔形，先端截平，无毛或具少数柔毛。雄蕊 3 枚；柱头较长，帚刷状。颖果圆筒形，胚大，长为果体的 1/2 或 2/3。

约 15 种，分布于亚洲，中国 9 种。徂徕山 2 种。

分种检索表

1. 总状花序各节上的小穗为 1 具柄，1 无柄，总状花序的轴常连同其上的无柄小穗逐节断落···1. 大油芒 Spodiopogon sibiricus
1. 总状花序各节上的小穗均有柄，总状花序的轴延续不逐节断落··············2. 油芒 Spodiopogon cotulifer

1. 大油芒（图 1006）

Spodiopogon sibiricus Trinius

Fund. Agrost. 192. 1820.

多年生草本，具质地坚硬密被鳞状苞片的根状茎。秆直立，通常单一，高 70~150 cm，具 5~9 节。叶鞘大多长于其节间，无毛或上部生柔毛，鞘口具长柔毛；叶舌干膜质，截平，长 1~2 mm，叶片线状披针形，长 15~30 cm（顶生者较短），宽 8~15 mm，顶端长渐尖，基部渐狭，中脉粗壮隆起，两面贴生柔毛或基部被疣基柔毛。圆锥花序长 10~20 cm，主轴无毛，腋间生柔毛；分枝近轮生，下部裸露，上部单纯或具 2 小枝；总状花序长 1~2 cm，具有 2~4 节，节具髯毛，节间及小穗柄短于小穗的 1/3~2/3，两侧具长纤毛，背部粗糙，顶端膨大成杯状；小穗长 5~5.5 mm，宽披针形，黄色或稍带紫色，基盘具长约 1 mm 的短毛；第 1 颖草质，顶端尖或具 2 微齿，7~9 脉，脉粗糙隆起，脉间被长柔毛，边缘内折膜质；第 2 颖与第 1 颖近等长，顶端尖或具 1 小尖头，无柄者具 3 脉，除脊与边缘具柔毛外余无毛，有柄者具 5~7 脉，脉间生柔毛；第 1 外稃透明膜质，卵状披针形，与小穗等长，顶端尖，1~3 脉，边缘具纤毛。雄蕊 3 枚，花药长约 2.5 mm，第 2 小花两性，外稃稍短于小穗，无毛，顶端深裂达稃体长度的 2/3，自 2 裂片间伸几出 1 芒；芒长 8~15 mm，中部膝曲，芒柱栗色，扭转，无毛，稍露出于小穗之外，芒针灰褐色，微粗糙，下部稍扭转；内稃顶端尖，下部宽大，短于其外稃，无毛；雄蕊 3 枚，花药长约 3 mm；柱头棕褐色，长 2~3 mm，帚刷状，近小穗顶部的两侧伸出。颖果长圆状披针形，棕栗色，长约 2 mm，胚长约为果体的 1/2。花、果期 7~10 月。

图 1006　大油芒
1. 植株；2. 孪生小穗；3. 第 1 颖；4. 第 2 颖；
5. 第 2 内稃；6. 雌蕊和雄蕊

徂徕山各山地林区均产。生于山坡、路旁林荫之下。国内分布于东北地区及内蒙古、河北、山西、河南、陕西、甘肃、山东、江苏、安徽、浙江、江西、湖北、湖南等省份。也分布于日本、俄罗斯西伯利亚，在亚洲北部的温带区域广布。

2. 油芒（图1007）

Spodiopogon cotulifer（Thunb.）Hackel Monogr. Phan. 6: 187. 1889.

——*Eccoilopus cotulifer*（Thunb.）A. Camus

一年生草本。秆直立，高60~80 cm，直径3~8 mm，具5~13节，秆节稍膨大，与鞘节相距约5 mm，节下被白粉，单纯而不具分枝，节间质地较硬，平滑无毛。叶鞘疏松裹茎，无毛，下部者压扁成脊并长于其节间，上部者圆筒形并短于其节间，鞘口具柔毛；叶舌膜质，褐色，长2~3 mm，顶端具小纤毛，紧贴其背部具柔毛；叶片披针状线形，长15~60 cm，宽8~20 mm，顶端渐尖，基部渐窄呈柄状，中脉粗壮，渐至上部变细，下面贴生疣基柔毛，上面粗糙，边缘微粗糙。圆锥花序开展，长15~30 cm，先端下垂；分枝细弱，轮生，长5~15 cm，下部裸露，上部具6~15节，节生短髭毛；不易折断，每节具1长柄1短柄小穗，节间无毛，等长或长于小穗；小穗柄上部膨大，边缘具细短毛，长柄约与小穗等

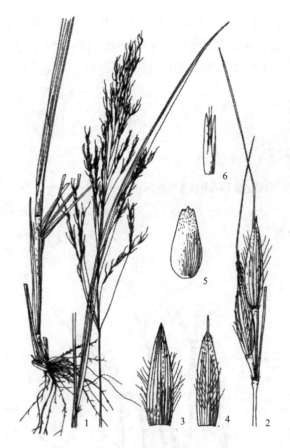

图1007 油芒
1. 植株；2. 孪生小穗；3. 第1颖；4. 第2颖；
5. 第1外稃；6. 第2外稃

长，短柄长约2 mm；小穗线状披针形，长5~6 mm，基部具长不过1 mm的柔毛；第1颖草质，背部粗糙，通常具9脉，脉间疏生及边缘密生柔毛，顶端渐尖，具2微齿或有小尖头；第2颖具7脉，脉上部微粗糙，中部脉间疏生柔毛，顶端具小尖头乃至短芒；第1外稃透明膜质，长圆形，顶端具齿裂或中间一齿突出，边缘具细纤毛；第1内稃较窄，长约3 mm，无毛；第2外稃窄披针形，长约4 mm，中部以上2裂，裂齿间伸出1芒，芒长12~15 mm，芒柱长约4 mm，芒针稍扭转；花药黄色，长2.5~3 mm，花丝长约0.5 mm；柱头紫褐色，长约4 mm，自小穗的顶端伸出；鳞被2枚，截形，长约0.8 mm，顶端有柔毛。花、果期9~11月。

产于光华寺林区。生于山坡、山谷和荒地路旁。国内分布于河南、陕西、甘肃、江苏、浙江、安徽、江西、湖北、湖南、台湾、贵州、四川、云南等省份。也分布于印度西北部至日本。

13. 白茅属 Imperata Cyrillo

多年生草本，具发达多节的长根状茎。秆直立，常不分枝。叶片多数基生，线形；叶舌膜质。圆锥花序顶生，狭窄，紧缩呈穗状。小穗含1两性小花，基部围以丝状柔毛，具长、短不一的小穗柄，孪生于细长延续的总状花序轴上，两颖近相等，披针形，膜质或下部草质，具数脉，背部被长柔毛；外稃透明膜质，无脉，具裂齿和纤毛，顶端无芒；第1内稃不存在；第2内稃较宽，透明膜质，包围着雌、雄蕊；鳞被不存在；雄蕊2或1枚；花柱细长，下部多少连合；柱头2枚，线形，自小穗的顶端伸出。颖果椭圆形，胚大型，种脐点状。

约10种，分布于全世界的热带和亚热带。中国3种。徂徕山1变种。

1. 白茅（变种）（图 1008）

Imperata cylindrica（Linn.）Raeusch. var. **major**（Nees）C. E. Hubb.

Grass. Maur. Rod. 96. 1940.

多年生，具根状茎。秆直立，高 30~80 cm，具 1~3 节，节通常有毛，偶光滑无毛。叶鞘聚集于秆基，甚长于其节间，质地较厚，老后破碎呈纤维状；叶舌膜质，长约 2 mm，紧贴其背部或鞘口具柔毛，分蘖叶片长约 20 cm，宽约 8 mm，扁平，质地较薄；秆生叶片长 1~3 cm，窄线形，通常内卷，顶端渐尖呈刺状，下部渐窄，或具柄，质硬，被有白粉，基部上面具柔毛。圆锥花序稠密，长 20 cm，宽达 3 cm，小穗长 2.5~4.5 mm，基盘具长 12~16 mm 的丝状柔毛；两颖草质及边缘膜质，近相等，具 5~9 脉，顶端渐尖或稍钝，常具纤毛，脉间疏生长丝状毛，第 1 外稃卵状披针形，长为颖片的 2/3，透明膜质，无脉，顶端尖或齿裂，第 2 外稃与其内稃近相等，长约为颖的 1/2，卵圆形，顶端具齿裂及纤毛；雄蕊 2 枚，花药长 2~3 mm；花柱细长，基部多少连合，柱头 2，紫黑色，羽状，长约 4 mm，自小穗顶端伸出。颖果椭圆形，长约 1 mm，胚长为颖果的 1/2。花、果期 4~7 月。

图 1008 白茅
1. 植株；2. 穗轴（部分）；3. 小穗

徂徕山各林区均产。生于河岸草地、草甸、荒滩与海滨。全国各地广布。也广泛分布于亚洲东南部、中部及澳大利亚。

14. 莠竹属 Microstegium Nees

一年生或多年生蔓性草本。秆多节，下部节着土后易生根，具分枝。叶片披针形，质地柔软，基部圆形，有时具柄。总状花序数个至多数呈指状排列，稀为单生。小穗两性，孪生，1 有柄，1 无柄，偶有 2 均具柄，无柄小穗连同穗轴节间及小穗柄一并脱落，有柄小穗自柄上掉落，基盘具毛；两颖等长于小穗，纸质，第 1 颖具 4~6 脉，边缘内折成两脊，脊上具纤毛或粗糙，背部扁平或有纵长凹沟；第 2 颖舟形，具 1~3 脉，中脉成脊，顶端尖或具短芒；第 1 小花雄性，第 1 外稃常不存在；第 1 内稃稍短于颖或不存在；第 2 外稃微小，顶端 2 裂或全缘，芒扭转膝曲或细直；鳞被 2，楔形；柱头帚刷状，自小穗上部的两侧伸出。颖果长圆形，胚长约为果体的 1/3，种脐点状。

含 20 种，分布于东半球热带与暖温带。中国 13 种。徂徕山 1 种。

1. 柔枝莠竹（图 1009）

Microstegium vimineum（Trinius）A. Camus

Ann. Soc. Linn. Lyon. 68: 201. 1921.

—— *Microstegium vimineum* var. *imberbe*（Nees）Honda

——莠竹 *Microstegium nodosum*（Komarov）Tzvel.

一年生草本。秆下部匍匐地面，节上生根，高达 1 m，多分枝，无毛。叶鞘短于其节间，鞘口具

图 1009 柔枝莠竹
1. 植株；2. 总状花序（部分）；3. 小穗；4. 颖果

柔毛；叶舌截形，长约 0.5 mm，背面生毛；叶片长 4~8 cm，宽 5~8 mm，边缘粗糙，顶端渐尖，基部狭窄，中脉白色。总状花序 2~6 枚，长约 5 cm，近指状排列于长 5~6 mm 的主轴上，总状花序轴节间稍短于其小穗，较粗而压扁，生微毛，边缘疏生纤毛；无柄小穗长 4~4.5 mm，基盘具短毛或无毛；第 1 颖披针形，纸质，背部有凹沟，贴生微毛，先端具网状横脉，沿脊有锯齿状粗糙，内折边缘具丝状毛，顶端尖或有时具 2 齿；第 2 颖沿中脉粗糙，顶端渐尖，无芒；雄蕊 3 枚，花药长约 1 mm 或较长。颖果长圆形，长约 2.5 mm。有柄小穗相似于无柄小穗或稍短，小穗柄短于穗轴节间。花、果期 8~11 月。

产于光华寺林区。生于林地、沟边的阴湿地草丛中。国内分布于吉林、河北、河南、江苏、陕西、山西、江西、湖南、福建、广东、广西、贵州、四川及云南。也分布于印度、缅甸至菲律宾，北至朝鲜、日本、俄罗斯。

可用作饲料。

15. 香茅属 Cymbopogon Spreng.

多年生草本。秆直立，高大至中型，多不分枝。叶舌干膜质；叶片中富含香精油，宽线形至线形，基部圆心形至狭窄。伪圆锥花序大型复合至狭窄单纯；总状花序成对着生于总梗上，其下托以舟形佛焰苞；下方无柄总状花序的基部常为一同性对（其无柄与有柄小穗对不孕而无芒）；总状花序具 3~6 节；总状花序轴节间与小穗柄边缘具长柔毛，有时背部亦被毛。无柄小穗两性，基盘钝圆，水平脱落；第 1 颖背部扁平或具凹槽，有时中央下部具纵沟，边缘内折成 2 脊，脊间具 2~5 脉或无脉；第 2 颖舟形，具中脊；第 1 外稃膜质，常中空；第 2 外稃狭小，先端 2 裂齿间伸出扭转膝曲的芒，或具短芒至无芒；鳞被 2，楔形，雄蕊 3 枚；花柱 2，柱头羽毛状。颖果长圆状披针形，胚大型，约为果体的 1/2。有柄小穗雄性、中性或退化，与其无柄小穗等长或较短，背部圆形而不压扁，无芒。

含 70 余种，分布于东半球热带与亚热带。中国约有 24 种。徂徕山 1 种。

1. 橘草（图 1010，彩图 96）

Cymbopogon goeringii（Steud.）A. Camus

Rev. Bot. Appl. Agric. Colon. 1: 286. 1921.

多年生。秆直立，丛生，高 60~100 cm，具 3~5 节，节下被白粉或微毛。叶鞘无毛，下部者聚集秆基，质地较厚，内面棕红色，老后向外反卷，上部者均短于其节间；叶舌长 0.5~3 mm，两侧有三角形耳状物并下延为叶鞘边缘的膜质部分，叶颈常被微毛；叶片线形，扁平，长 15~40 cm，宽 3~5 mm，顶端长渐尖成丝状，边缘微粗糙，除基部下面被微毛外通常无毛。伪圆锥花序长 15~30 cm，狭窄，有间隔，具 1~2 回分枝；佛焰苞长 1.5~2 cm，宽约 2 mm，带紫色；总梗长 5~10 mm，上部生微毛；总状花序长 1.5~2 cm，向后反折；总状花序轴节间与小穗柄长 2~3.5 mm，先端杯形，边缘被长 1~2 mm 的柔毛，毛向上渐长。无柄小穗长圆状披针形，长约 5.5 mm，中部宽约 1.5 mm，基盘具长约 0.5 mm

的短毛或近无毛；第1颖背部扁平，下部稍窄，略凹陷，上部具宽翼，翼缘密生锯齿状微粗糙，脊间常具2~4脉或有时不明显；第2外稃长约3 mm，芒从先端2裂齿间伸出，长约12 mm，中部膝曲；雄蕊3，花药长约2 mm；柱头帚刷状，棕褐色，从小穗中部两侧伸出。有柄小穗长4~5.5 mm，花序上部的较短，披针形，第1颖背部较圆，具7~9脉，上部侧脉与翼缘微粗糙，边缘具纤毛。花、果期7~10月。

徂徕山各山地林区均产。生于荒野和路旁。国内分布于河北、河南、山东、江苏、安徽、浙江、江西、福建、台湾、湖北、湖南。也分布于日本和朝鲜南部。

16. 裂稃草属 Schizachyrium Nees

一年生或多年生草本。秆纤细，直立或平卧。叶片扁平或折叠，通常线形或线状长圆形。总状花序单生，顶生或腋生，基部有鞘状总苞，总状花序轴节间和小穗柄具短硬毛或稀无毛，通常于顶端增粗而具齿状附属物；小穗成对生于各节，1无柄，1具柄。无柄小穗背腹压扁，基盘稍尖锐或钝圆，具短髯毛，具2小花，第1小花退化仅存1外稃，第2小花两性；第1颖长圆状披针形，厚纸质或近革质，边缘窄内折而具2脊，无芒；第2颖窄舟形，质较第1颖薄；第1外稃透明膜质，具纤毛；第2外稃透明膜质，深2裂，裂齿间具1膝曲的芒；内稃缺或细小；鳞被2，细小，无毛；雄蕊3；柱头自两侧伸出。颖果狭线形。有柄小穗退化，常仅存1颖，其颖常具芒。

约60种，分布热带和亚热带。中国4种。徂徕山1种。

1. 裂稃草（图1011）

Schizachyrium brevifolium（Swartz）Nees ex Buse Pl. Jungh. 359. 1854.

一年生草本，须根短而细弱。秆高10~70 cm，细弱，多分枝，基部常平卧或倾斜。叶鞘短于节间，松弛，无毛，压扁，具1脊；叶舌短，膜质，上缘撕裂并具睫毛；叶片线形或长圆形，平展或对折，长1.5~4 cm，宽1~7 mm，顶端通常钝而有短尖头，基部近圆形，无毛，主脉在背部明显突出，幼时黄绿色，后呈红褐色。总状花序纤细，长0.5~2 cm，下托以鞘状总苞，总状花序轴节间扁平，无毛，顶端膨大近杯状而倾斜，常具2齿。无柄小穗线状披针形，长约3 mm，基盘具短髯毛；

图1010 橘草
1.植株下部；2.花序；3.孪生小穗；4.第1颖；
5.第2颖；6.第1外稃；7.第2外稃

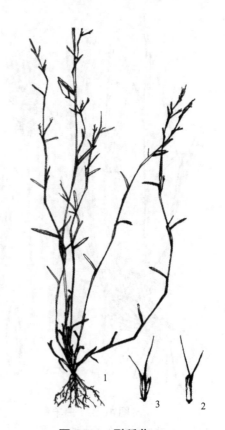

图1011 裂稃草
1.植株；2.孪生小穗（背面）；
3.孪生小穗和穗轴节间

第1颖近革质，背部扁平，顶端2齿裂，边缘稍内折，具4~5脉；第2颖舟形，厚膜质，有3脉，主脉呈脊状，沿脊稍粗糙，外稃透明膜质；第1外稃线状披针形，顶端急尖；第2外稃短于第1颖1/3，2深裂几达基部，裂片线形；芒自裂齿间伸出，长约1 cm，中部以下膝曲，芒柱扭转；雄蕊3，花药黄色，雄蕊具分离的花柱。颖果线形，扁平，长约2.5 mm。有柄小穗退化仅剩1~两颖，顶端具直芒。花、果期7~12月。

产于庙子羊栏沟。生于阴湿山坡、草地。分布于中国东北南部、华东、华中、华南、西南地区及陕西、西藏等省份。

可作饲料。

17. 孔颖草属 Bothriochloa Kuntze

多年生草本。秆实心，分枝或不分枝。叶鞘背部具脊或圆形，鞘口和节上通常具疣基毛；叶舌短，先端钝圆或截形，具纤毛或无毛；叶片线形或披针形，通常秆生，稀基生。总状花序呈圆锥状、伞房状或指状排列于秆顶，总状花序轴节间与小穗柄边缘质厚，中间具纵沟，尤以节间的上部最为明显；小穗孪生，1有柄，1无柄，均为披针形，背部压扁；无柄小穗水平脱落，基盘钝，通常具髯毛，两性；第1颖草质至硬纸质，先端渐尖或具小齿，边缘内折，两侧具脊，7~11脉，第2颖舟形，具3脉，先端尖；第1外稃透明膜质，无脉，内稃退化；第2外稃退化成膜质线形，先端延伸成1膝曲的芒；鳞被2枚；雄蕊3枚，子房光滑；花柱2，柱头帚状。有柄小穗形似无柄小穗，但无芒，为雄性或中性；第1外稃和内稃通常缺。

约30种，分布于世界温带和热带地区。中国3种，分布几遍全国，以长江流域以南各省份为多。徂徕山1种。

1. 白羊草（图1012）

Bothriochloa ischaemum（Linn.）Keng

Contr. Biol. Lab. Sci. Soc. China Bot. 10: 201. 1936.

多年生草本。秆丛生，直立或基部倾斜，高25~70 cm，径1~2 mm，具3至多节，节上无毛或具白色髯毛；叶鞘无毛，多密集于基部而相互跨覆，常短于节间；叶舌膜质，长约1 mm，具纤毛；叶片线形，长5~16 cm，宽2~3 mm，顶生者常缩短，先端渐尖，基部圆形，两面疏生疣基柔毛或下面无毛。总状花序4至多数着生于秆顶呈指状，长3~7 cm，纤细，灰绿色或带紫褐色，总状花序轴节间与小穗柄两侧具白色丝状毛；无柄小穗长圆状披针形，长4~5 mm，基盘具髯毛；第1颖草质，背部中央略下凹，具5~7脉，下部1/3具丝状柔毛，边缘内卷成2脊，脊上粗糙，先端钝或带膜质；第2颖舟形，中部以上具纤毛；脊上粗糙，边缘亦膜质；第1外稃长圆状披针形，长约3 mm，先端尖，边缘上部疏生纤毛；第2外稃退化成线形，先端延伸成1膝曲扭转的芒，芒长10~15 mm；第1内稃长圆状披针形，长约0.5 mm；第2内稃退

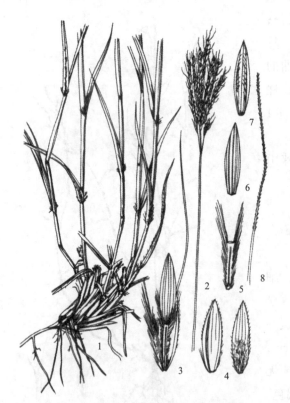

图1012 白羊草

1. 植株；2. 花序；3. 孪生小穗；4. 第1颖（背腹面）；
5. 穗轴节间；6. 第2颖（背面）；7. 第2颖（腹面）；
8. 第2外稃的芒

化；鳞被 2，楔形；雄蕊 3，长约 2 mm。有柄小穗雄性；第 1 颖背部无毛，具 9 脉；第 2 颖具 5 脉，背部扁平，两侧内折，边缘具纤毛。花、果期秋季。

徂徕山各山地林区均产。生于河堤、河岸、排水良好的荒地。本种适应性强，分布几遍全国。也分布世界亚热带和温带地区。

18. 细柄草属 Capillipedium Stapf

多年生草本。秆实心，常丛生。叶鞘光滑或有毛；叶舌膜质，具纤毛；叶片狭窄，线形，干时边缘常内卷。圆锥花序由具 1 至数节的总状花序组成；小穗孪生，1 无柄，1 有柄，或 3 枚同生于每总状花序的顶端，其 1 枚无柄，另 2 枚有柄；无柄者两性，有柄者雄性或中性；花序分枝与小穗柄纤细，中央具浅槽而边缘变厚。无柄小穗水平脱落，基盘钝而具髯毛，顶端常具 1 膝曲的芒，成熟时自总状花序轴的关节与有柄小穗一起脱落；第 1 颖约等长于小穗，草质兼坚纸质，边缘内卷成 2 脊；第 2 颖舟形，背具钝圆的脊，脊的两侧凹陷；第 1 外稃透明膜质，无脉；第 2 外稃退化成线形，先端延伸成 1 膝曲的芒；无内稃；鳞被 2 枚；雄蕊 3 枚或完全退化；花柱 2，柱头常自两侧裸出。有柄小穗无芒，长于或短于无柄小穗；内稃缺如或极小，雄蕊 3 枚。

约 14 种，分布于旧大陆的温带、亚热带和热带地区。中国 5 种。徂徕山 2 种。

分种检索表

1. 秆质较柔软，单一或具直立贴生的分枝；叶片线形，无白粉；有柄小穗等长或短于无柄小穗；无柄小穗的第 1 颖背部具沟槽···1. 细柄草 Capillipedium parviflorum
1. 秆质坚硬似小竹，多具开展的分枝；叶片线状披针形，常具白粉；有柄小穗长约无柄小穗的 1.5~2 倍；无柄小穗的第 1 颖背部扁平··2. 硬秆子草 Capillipedium assimile

1. 细柄草（图 1013）

Capillipedium parviflorum（R. Brown）Stapf

Fl. Trop. Africa 9: 169. 1917.

多年生草本。秆直立或基部稍倾斜，高 50~100 cm，不分枝或具数个直立、贴生的分枝。叶鞘无毛或有毛；叶舌干膜质，长 0.5~1 mm，边缘具短纤毛；叶片线形，长 15~30 cm，宽 3~8 mm，顶端长渐尖，基部收窄，近圆形，两面无毛或被糙毛。圆锥花序长圆形，长 7~10 cm，近基部宽 2~5 cm，分枝簇生，可具 1~2 回小枝，纤细光滑无毛，枝腋间具细柔毛，小枝为具 1~3 节的总状花序，总状花序轴节间与小穗柄长为无柄小穗的 1/2，边缘具纤毛。无柄小穗长 3~4 mm，基部具髯毛；第 1 颖背腹扁，先端钝，背面稍下凹，被短糙毛，具 4 脉，边缘狭窄，内折成脊，脊上部具糙毛；第 2 颖舟形，与第 1 颖等长，先端尖，具 3 脉，脊上稍粗糙，上部边缘具纤毛，第 1 外稃长为颖的 1/4~1/3，先端钝或呈钝齿状；第 2 外稃线形，先端具 1 膝曲的芒，芒长 12~15 mm。有柄小穗中性或雄性，等长或短于无柄小穗，无芒，两颖均背腹扁，第 1 颖具 7 脉，背部

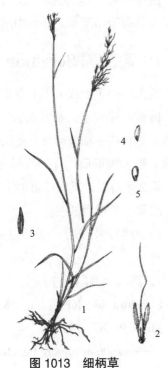

图 1013 细柄草
1. 植株；2. 总状花序顶端的 3 小穗；
3. 第 2 颖；4. 第 1 外稃；5. 颖果

稍粗糙；第2颖具3脉，较光滑。花、果期8~12月。

产于大寺、上池。生于山坡草地、河边、灌丛中。国内分布于华东、华中以及西南地区。广布于旧大陆热带与亚热带地区。

2. 硬秆子草（图1014）

Capillipedium assimile（Steudel）A. Camus

Fl. Indo-Chine 7: 314. 1922.

—— *Capillipedium glaucopsis*（Steud.）Stapf

多年生亚灌木状草本。秆高1.8~3.5 m，坚硬似小竹，多分枝，分枝常向外开展而将叶鞘撑破。叶片线状披针形，长6~15 cm，宽3~6 mm，顶端刺状渐尖，基部渐窄，无毛或被糙毛。圆锥花序长5~12 cm，宽约4 cm，分枝簇生，疏散而开展，枝腋内有柔毛，小枝顶端有2~5节总状花序，总状花序轴节间易断落，长1.5~2.5 mm，边缘变厚，被纤毛。无柄小穗长圆形，长2~3.5 mm，背腹压扁，具芒，淡绿色至淡紫色，有被毛的基盘；第1颖顶端窄而截平，背部粗糙乃至疏被小糙毛，具2脊，脊上被硬纤毛，脊间有不明显的2~4脉；第2颖与第1颖等长，顶端钝或尖，具3脉；第1外稃长圆形，顶端钝，长为颖的2/3；芒膝曲扭转，长6~12 mm。具柄小穗线状披针形，常较无柄小穗长。花、果期8~12月。

图1014　硬秆子草

1. 植株；2. 总状花序；3. 穗轴节间；
4. 第1颖（背面和腹面）；5. 第2颖；
6. 第2外稃；7. 芒

徂徕山各山地林区均产。生于河边、林中或湿地上。国内分布于华东、华中、华南、西南等地区。也分布于印度东北部、中南半岛、马来西亚、印度尼西亚及日本。

19. 高粱属 Sorghum Moench

高大的一年生或多年生草本；具或不具根状茎。秆多粗壮而直立。叶片宽线形、线形至线状披针形。圆锥花序直立，稀弯曲，开展或紧缩，由多数含1~5节的总状花序组成；小穗孪生，1无柄，1有柄，总状花序轴节间与小穗柄线形，其边缘常具纤毛；无柄小穗两性，有柄小穗雄性或中性，无柄小穗的第1颖革质，背部凸起或扁平，成熟时变硬而有光泽，具狭窄而内卷的边缘，向顶端则渐内折；第2颖舟形，具脊；第1外稃膜质，第2外稃长圆形或椭圆状披针形，全缘，无芒，或具2齿裂，裂齿间具1长或短的芒。

约30种，分布于全世界热带、亚热带和温带地区。中国5种，大多作为谷物和饲料栽培。徂徕山1种。

1. 高粱（图1015）

Sorghum bicolor（Linn.）Moench

Meth. Pl. 207. 1794.

—— *Sorghum vulgare* Pers Syn. Pl. 1: 101. 1805.

一年生草本。秆较粗壮，直立，高3~5 m，横径2~5 cm，基部节上具支撑根。叶鞘无毛或稍有白粉；叶舌硬膜质，先端圆，边缘有纤毛；叶片线形至线状披针形，长40~70 cm，宽3~8 cm，先端渐尖，基部圆或微呈耳形，表面暗绿色，背面淡绿色或有白粉，两面无毛，边缘软骨质，具微细小刺毛，中脉较宽，白色。圆锥花序疏松，主轴裸露，长15~45 cm，宽4~10 cm，总梗直立或微弯曲；主轴具纵棱，疏生细柔毛，分枝3~7枚，轮生，粗糙或有细毛，基部较密；每总状花序具3~6节，节间粗糙或稍扁；无柄小穗倒卵形或倒卵状椭圆形，长4.5~6 mm，宽3.5~4.5 mm，基盘钝，有髯毛；两颖均革质，上部及边缘通常具毛，初时黄绿色，成熟后为淡红色至暗棕色；第1颖背部圆凸，上部1/3质地较薄，边缘内折而具狭翼，向下变硬而有光泽，具12~16脉，仅达中部，有横脉，顶端尖或具3小齿；第2颖7~9脉，背部圆凸，近顶端具不明显的脊，略呈舟形，边缘有细毛；外稃透明膜质，第1外稃披针形，边缘有长纤毛；第2外稃披针形至长椭圆形，具2~4脉，顶端稍2裂，自裂齿间伸出1膝曲的芒，芒长约14 mm；雄蕊3枚，花药长约3 mm；子房倒卵形；花柱分离，柱头帚状。颖果两面平凸，长3.5~4 mm，淡红色至红棕色，熟时宽2.5~3 mm，顶端微外露。有柄小穗的柄长约2.5 mm，小穗线形至披针形，长3~5 mm，雄性或中性，宿存，褐色至暗红棕色；第1颖9~12脉，第2颖7~10脉。花、果期6~9月。

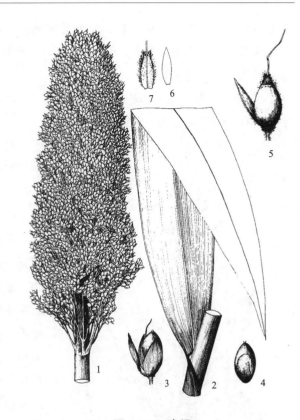

图1015　高粱
1. 花序；2. 叶；
3、5. 总状花序轴一节（示无柄小穗及有柄小穗）；
4. 颖果；6. 无柄小穗第1外稃；
7. 无柄小穗第2外稃

徂徕山各林区均有栽培。中国南北各省份均有栽培。

20. 菅属 Themeda Forssk.

一年生或多年生草本。秆实心，近圆形、左右压扁或具棱。叶鞘具脊，近缘及鞘口常散生瘤基刚毛，边缘膜质，疏松或紧抱秆，上部的常短于节间；叶舌短，膜质，顶端密生纤毛或撕裂状；叶片线形，长而狭，边缘常粗糙。总状花序具长短不一的梗至几无梗，托以舟形佛焰苞，单生或数枚镰状聚生成簇，再组成扇状花束；花簇或花束下都托有叶状佛焰苞，再形成硕大的伪圆锥花序；每总状花序由7~17小穗组成，最下2节各着生1对同为雄性或中性的小穗对，形似总苞状，常称总苞状小穗；最上1节具3小穗，中央1小穗无柄，两性或雌性，具芒，两侧小穗有柄；雄性或中性，无芒；中部各节1~5对异性对，每对中1枚无柄，两性或雌性，具芒，另1枚有柄，雄性或中性。总苞状小穗常同为披针形，背部多压扁，常无芒，有1~2小花或退化仅剩外稃；第1颖草质，边缘膜质，内卷，具2脊和多脉，被毛、无毛或近顶部及近缘散生瘤基刚毛；第2颖膜质，边缘内折，3~5脉；外稃披针形，透明膜质，1脉，偶尔顶端延伸成1短芒；内稃狭，透明膜质；鳞被2，细小，楔形；雄蕊3或无雄蕊；无柄小穗圆柱形，基盘密生髯毛，歪斜脱落，急尖、锐利；颖革质，在果期硬化，枣红色、深褐色或黄白色，第1颖边缘膜质，内卷紧包第2颖；第2颖背部具宽圆的龙骨突，两侧具深沟；第1外稃略短于颖，透明膜质，少脉，其内稃与外稃同质，长为外稃的3/4至不存在，通常中性；第2

外稃退化为芒的基部，中脉粗，延伸发育成各式芒；第2内稃细小至不存在；鳞被2，楔形；雄蕊3至无雄蕊；花柱自基部分离，开花时柱头自小穗中部或中部以上两侧伸出，柱头帚状。颖果线状倒卵形，具沟，胚乳约占其1/2。

27种，分布于亚洲和非洲的温暖地区，大洋洲亦有分布。中国13种，主产西南和华南地区，其中黄背草分布几遍全国。徂徕山1种。

1. 黄背草（图1016）

Themeda triandra Forsskål

Fl. Aegypt.-Arab. 178. 1775.

—— *Themeda japonica* (Willd.) Tanaka

多年生草本。秆高0.5~1.5 m，圆形，压扁或具棱，下部直径可达5 mm，光滑无毛，具光泽，黄白色或褐色，实心，髓白色，有时节处被白粉。叶鞘紧裹秆，背部具脊，通常生疣基硬毛；叶舌坚纸质，长1~2 mm，顶端钝圆，有睫毛；叶片线形，长10~50 cm，宽4~8 mm，基部通常近圆形，顶部渐尖，中脉显著，两面无毛或疏被柔毛，背面常粉白色，边缘略卷曲，粗糙。大型伪圆锥花序多回复出，由具佛焰苞的总状花序组成，长为全株的1/3~1/2；佛焰苞长2~3 cm；总状花序长15~17 mm，具长2~5 mm的花序梗，由7小穗组成。下部总苞状小穗对轮生于一平面，无柄，雄性，长圆状披针形，长7~10 mm；第1颖背面上部常生瘤基毛，具多数脉。无柄小穗两性，1枚，纺锤状圆柱形，长8~10 mm，基盘被褐色髯毛，锐利；第1颖草质，背部圆形，顶端钝，被短刚毛，第2颖与第1颖同质，等长，两边为第1颖所包卷。第1外稃短于颖；第2外稃退化为芒的基部，芒长3~6 cm，1~2回膝曲；颖果长圆形，胚线形，长为颖果的1/2。有柄小穗形似总苞状小穗，但较短，雄性或中性。花、果期6~12月。

图1016 黄背草
1. 植株；2. 无柄小穗

徂徕山各山地林区均产。中国除新疆、青海、内蒙古等省份以外均有分布。日本、朝鲜等地亦有分布。

秆叶可供造纸或盖屋。

21. 牛鞭草属 Hemarthria R. Brown

多年生草本。秆丛生，直立或铺散斜升，柔软或稍硬。叶片扁平，线形。总状花序圆柱形而稍扁，常单独顶生或数个成束腋生；小穗孪生，同形或有柄小穗较窄小。无柄小穗嵌生于总状花序轴凹穴中；第1颖背部扁平，先端钝或渐尖，第2颖多少与总状花序轴贴生，先端渐尖至具尾尖；仅含1两性小花，内、外稃均为膜质，无芒；雄蕊3，花药常红色。颖果卵圆形或长圆形，稍压扁，胚长约达颖果的2/3。

14种，分布于旧大陆热带至温带。中国6种，各地均产，但多数产南方地区。徂徕山1种。

1. 牛鞭草（图 1017）
Hemarthria sibirica（Gandoger）Ohwi

Bull. Tokyo Sci. Mus. 18: 1. 1947.

多年生草本，有长而横走的根状茎。秆直立部分高达 1 m，直径约 3 mm，一侧有槽。叶鞘边缘膜质，鞘口具纤毛；叶舌膜质，白色，长约 0.5 mm，上缘撕裂状；叶片线形，长 15~30 cm，宽 4~8 mm，两面无毛。总状花序单生或簇生，近圆柱形，长 6~10 cm，直径约 2 mm。无柄小穗卵状披针形，长 5~8 mm，第 1 颖革质，等长于小穗，背面扁平，具 7~9 脉，两侧具脊，先端尖或长渐尖；第 2 颖厚纸质，贴生于总状花序轴凹穴中，但其先端游离；第 1 小花仅存膜质外稃；第 2 小花两性，外稃膜质，长卵形，长约 4 mm；内稃薄膜质，长约为外稃的 2/3，先端圆钝，无脉。有柄小穗长约 8 mm，有时更长；第 2 颖完全游离于总状花序轴；第 1 小花中性，仅存膜质外稃；第 2 小花 2 稃均为膜质，长约 4 mm。花、果期夏秋季。

产于大寺莲花盆、上池、马场。生于草地、田地、水沟、河滩等湿润处。国内分布于东北南部、华中、华南地区。日本、朝鲜、巴基斯坦、俄罗斯东西伯利亚也有分布。

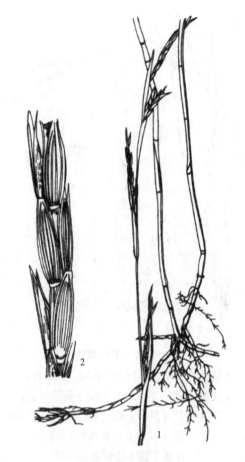

图 1017　牛鞭草
1. 植株；2. 总状花序（部分）

22. 荩草属 Arthraxon P. Beauvois

一年生或多年生草本。叶片披针形或卵状披针形，基部心形，抱茎。总状花序 1 至数个在秆顶成指状排列；小穗成对着生于总状花序轴的各节，1 无柄，1 有柄。有柄小穗雄性或中性，有时完全退化仅剩 1 针状柄或柄的痕迹而使小穗单生于各节；无柄小穗两侧压扁或第 1 颖背腹压扁，含 1 两性小花，有芒或无芒，随同节间脱落；第 1 颖厚纸质或近革质，具数至多脉或脉不显，脉上粗糙或具小刚毛，有时在边缘内折或具篦齿状疣基钩毛或不呈龙骨而边缘内折或稍内折；第 2 颖等长或稍长于第 1 颖，具 3 脉，对折而使主脉成 2 脊，先端尖或具小尖头；第 1 小花退化仅剩 1 透明膜质的外稃；第 2 小花两性，其外稃透明膜质，基部质稍厚而自该处伸出 1 芒，全缘或顶端具 2 微齿；内稃微小或不存在；雄蕊 2 或 3；柱头 2，花柱基部分离；鳞被 2，折叠，具多脉。颖果细长而近线形。

约 26 种，分布于东半球的热带与亚热带地区。中国 12 种。徂徕山 2 种。

分种检索表

1. 多年生；无柄小穗第 1 颖背腹压扁；雄蕊 3；有柄小穗发育为雄性·················· 1. 矛叶荩草 Arthraxon prionodes
1. 一年生；无柄小穗第 1 颖两侧压扁；雄蕊 2；有柄小穗退化到针状刺·················· 2. 荩草 Arthraxon hispidus

1. 矛叶荩草（图 1018）

Arthraxon prionodes（Steudel）Dandy

Fl. Pl. Sudan 3: 399. 1956.

多年生。秆较坚硬，直立或倾斜，高 40~60 cm，常分枝，具多节；节着地易生根，节上无毛或生短毛。叶鞘短于节间，无毛或疏生疣基毛；叶舌膜质，长 0.5~1 mm，被纤毛；叶片披针形至卵状披针形，长 2~7 cm，宽 5~15 mm，先端渐尖，基部心形，抱茎，无毛或两边生短毛，乃至具疣基短毛，边缘通常具疣基毛。总状花序长 2~7 cm，2 至数个呈指状排列于枝顶，稀单性；总状花序轴节间长为小穗的 1/3~2/3，密被白毛纤毛。无柄小穗长圆状披针形，长 6~7 mm，质较硬，背腹压扁；第 1 颖长约 6 mm，硬草质，先端尖，两侧呈龙骨状，具 2 行篦齿状疣基钩毛，具不明显 7~9 脉，脉上及脉间具小硬刺毛，尤以顶端为多；第 2 颖与第 1 颖等长，舟形，质地薄；第 1 外稃长圆形，长 2~2.5 mm，透明膜质；第 2 外稃长 3~4 mm，透明膜质，背面近基部处生 1 膝曲的芒；芒长 12~14 mm，基部扭转；雄蕊 3，花药黄色，长 2.5~3 mm。有柄小穗披针形，长 4.5~5.5 mm；第 1 颖草质，具 6~7 脉，先端尖，边缘包着第 2 颖；第 2 颖质较薄，与第 1 颖等长，具 3 脉，边缘近膜质而内折成脊；第 1 外稃与第 2 外稃均透明膜质，近等长，长约为小穗的 3/5，无芒；雄蕊 3，花药长 2~2.5 mm。花、果期 7~10 月。

徂徕山各山地林区均产。国内分布于华北、华东、华中、西南地区及陕西等省份。也分布于东非、印度、巴基斯坦至中国东部沿岸，从喜马拉雅及中国北部至亚洲东南部、马来西亚与苏丹。

2. 荩草（图 1019）

Arthraxon hispidus（Thunb.）Makino

Bot. Mag. Tokyo 26: 214. 1912.

一年生。秆细弱，无毛，基部倾斜，高 30~60 cm，具多节，常分枝，基部节着地易生根。叶鞘短于节间，生短硬疣毛；叶舌膜质，长 0.5~1 mm，边缘具纤毛；叶片卵状披针形，长 2~4 cm，宽 0.8~1.5 cm，基部心形，抱茎，除下部边缘生疣基毛外余均无毛。总状花序细弱，长 1.5~4 cm，2~10 个呈指状排列或簇生于秆顶；总状花序轴节间无毛，长为小穗的 2/3~3/4。无柄小穗卵状披针形，呈两侧压扁，长

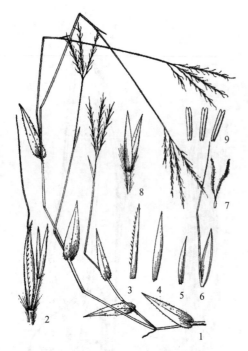

图 1018 矛叶荩草
1. 植株；2. 孪生小穗（1 有柄，1 无柄）；
3. 无柄小穗第 1 颖；4. 无柄小穗第 2 颖；
5. 无柄小穗第 1 外稃；6. 无柄小穗第 2 外稃；
7. 无柄小穗雌蕊；8. 有柄小穗；
9. 有柄小穗 3 枚雄蕊的花药

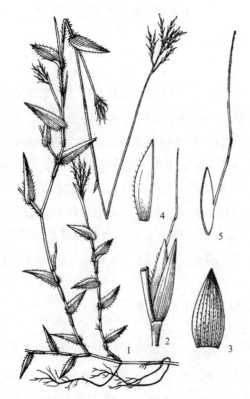

图 1019 荩草
1. 植株；2. 无柄小穗和退化有柄小穗的残留部分；
3. 第 1 颖；4. 第 1 颖侧面观；5. 第 2 外稃

3~5 mm，灰绿色或带紫色；第1颖草质，边缘膜质，包住第2颖2/3，具7~9脉，脉上粗糙至生疣基硬毛，尤以顶端及边缘为多，先端锐尖；第2颖近膜质，与第1颖等长，舟形，脊上粗糙，具3脉而2侧脉不明显，先端尖；第1外稃长圆形，透明膜质，先端尖，长为第1颖的2/3；第2外稃与第1外稃等长，透明膜质，近基部伸出1膝曲的芒；芒长6~9 mm，下部扭转；雄蕊2；花药黄色或带紫色，长0.7~1 mm。颖果长圆形，与稃体等长。有柄小穗退化到针状刺，柄长0.2~1 mm。花、果期9~11月。

徂徕山各山地林区均产。中国普遍分布。遍布旧大陆的温暖区域。

23. 野古草属 Arundinella Raddi

一年生或多年生草本。秆单生至丛生，直立或基部倾斜。叶舌短小至近缺如，膜质，具纤毛；叶片线形至披针形。圆锥花序开展或紧缩成穗状，小穗孪生稀单生，具柄，含2小花；颖草质，近等长或第1颖稍短，3~5（7）脉，宿存或迟落；第1小花常为雄性或中性（罕为雌性或两性），外稃膜质至坚纸质，3~7脉，等长或稍长于第1颖；第2小花两性，短于第1小花，外稃花时纸质，在果期坚纸质且带棕色至褐色，边缘内卷，背面常被极短疏柔毛或仅微粗糙，顶端有芒或无芒，有时芒的基部两侧各具1刺毛或齿；基盘半月形，上缘两侧及腹面具毛或无毛；内稃膜质，为外稃紧包，与外稃近等长；鳞被2枚，楔形；雄蕊通常3枚，花药紫色、褐色或黄色；子房无毛，柱头2枚，基部分离或连合，帚刷状，常紫红色。颖果长卵形至长椭圆形，背腹压扁，无明显腹沟，为内外稃紧包且一并脱落；胚长为颖果的1/4~2/3，种脐点状，褐色。

约60种，广布于热带、亚热带；主要产于亚洲，少数延伸至温带。中国20种，除西北外各地均有，主要产于西南及华南地区。徂徕山1种。

1. 毛秆野古草（图1020）

Arundinella hirta（Thunb.）Tanaka

Bull. Sci. Fak. Terk. Kjusu Imp. Univ. 1: 208. 1925.

—— *Arundinella anomala* Steud.

多年生草本。根茎较粗壮，被淡黄色鳞片。秆直立，高90~150 cm，径2~4 mm，质稍硬，被白色疣毛及疏长柔毛，后变无毛，节黄褐色，密被短柔毛。叶鞘被疣毛，边缘具纤毛；叶舌长约0.2 mm，上缘截平，具长纤毛；叶片长15~40 cm，宽约10 mm，先端长渐尖，两面被疣毛。圆锥花序长15~40 cm，花序柄、主轴及分枝均被疣毛；孪生小穗柄分别长约1.5 mm和4 mm，较粗糙，具疏长柔毛；小穗长3~4.2 mm，无毛；第1颖长2.4~3.4 mm，先端渐尖，具3~7脉，常5脉；第2颖长2.8~3.6 mm，具5脉；第1小花雄性，长3~3.5 mm，外稃具3~5脉，内稃略短；第2小花长卵形，外稃长2.4~3 mm，无芒，常具0.2~0.6 mm的小尖头，基盘毛长1~1.6 mm，约为稃体的1/2。花、果期8~10月。

徂徕山各山地林区均产。除新疆、西藏、青

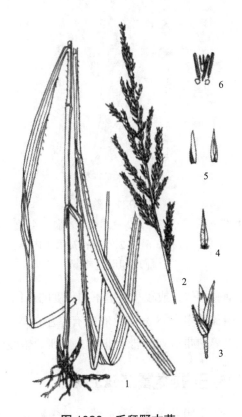

图1020 毛秆野古草
1.植株；2.花序；3.小穗；4.第2外稃；
5.第2内稃；6.第2小花的浆片、雄蕊和雌蕊海外，全国各地均有分布。俄罗斯远东地区、朝鲜、日本及中南半岛也有分布。

幼嫩时牲畜喜食，秆叶亦可作造纸原料。

24. 薏苡属 Coix Linn.

一年生或多年生草本。秆直立，常实心。叶片扁平宽大。总状花序腋生成束，通常具较长的总梗。小穗单性，雌雄小穗位于同一花序的不同部位；雄小穗含2小花，2~3枚生于1节，1无柄，1或2有柄，排列于1枚细弱而连续的总状花序的上部而伸出念珠状的总苞外；雌小穗常生于总状花序的基部而被包于1枚骨质或近骨质念珠状的总苞（系变形的叶鞘）内，雌小穗2~3枚生于1节，常仅1枚发育，孕性小穗之第1颖宽，下部膜质，上部质厚渐尖；第2颖与第1外稃较窄；第2外稃及内稃膜质；柱头细长，自总苞的顶端伸出。颖果，近圆球形。

约4种，分布于热带亚洲。中国2种。狙徕山1种。

1. 薏苡（图1021）

Coix lacryma-jobi Linn.

Sp. Pl. 972. 1753.

一年生粗壮草本。须根黄白色，海绵质，直径约3 mm。秆直立，丛生，高1~2 m，具10多节，节多分枝。叶鞘短于节间，无毛；叶舌干膜质，长约1 mm；叶片扁平宽大，开展，长10~40 cm，宽1.5~3 cm，基部圆形或近心形，中脉粗厚，在下面隆起，边缘粗糙，通常无毛。总状花序成束腋生，长4~10 cm，直立或下垂，具长梗。雌小穗位于花序的下部，外面包以骨质念珠状总苞，总苞卵圆形，长7~10 mm，直径6~8 mm，珐琅质，坚硬，有光泽；第1颖卵圆形，顶端渐尖呈喙状，具10余脉，包围着第2颖及第1外稃；第2外稃短于颖，具3脉，第2内稃较小；雄蕊常退化；雌蕊具细长的柱头，从总苞的顶端伸出。雄小穗2~3对，着生于总状花序上部，长1~2 cm；无柄雄小穗长6~7 mm，第1颖草质，边缘内折成脊，具有不等宽之翼，顶端钝，具多数脉，第2颖舟形；外稃与内稃膜质；第1及第2小花常具雄蕊3枚，花药橘黄色，长4~5 mm；有柄雄小穗

图1021 薏苡
1. 植株；2. 雌小穗；3. 2枚退化雄小穗；4. 第2颖；
5. 第1外稃；6. 第2外稃；7. 第1内稃；
8. 雌蕊和退化雄蕊

与无柄者相似，或较小而呈不同程度的退化。颖果含淀粉少，常不饱满。花、果期6~12月。

狙徕山各林区庭院及农家有零星栽培。分布于中国大部分省份。分布于亚洲东南部与太平洋岛屿，世界热带、亚热带、非洲、美洲的热湿地带均有种植或逸生。

25. 玉蜀黍属 Zea Linn.

一年生粗壮草本。秆高大，具多数节，实心，下部数节生有一圈支柱根。叶片阔线形，扁平。小穗单性，雌、雄异序；雄花序由多数总状花序组成大型的顶生圆锥花序；雄小穗含2小花，孪生于1连续的序轴上，1无柄，1具短柄或1长1短；颖膜质，先端尖，具多数脉；外稃及内稃皆透明膜质；

雄蕊3枚；雌花序生于叶腋内，为多数鞘状苞片所包藏；雌小穗含1小花，极多数排成10~30纵行，紧密着生于圆柱状海绵质的序轴上；颖宽大，先端圆形或微凹；外稃透明膜质；雌蕊具细长的花柱，常呈丝状伸出于苞鞘之外。

5种，原产美洲。中国引入栽培1种。徂徕山1种。

1. 玉蜀黍　玉米（图1022）

Zea mays Linn.

Sp. Pl. 971. 1753.

一年生高大草本。秆直立，通常不分枝，高1~4 m，基部各节具气生支柱根。叶鞘具横脉；叶舌膜质，长约2 mm；叶片扁平宽大，线状披针形，基部圆形呈耳状，无毛或具疣柔毛，中脉粗壮，边缘微粗糙。顶生雄性圆锥花序大型，主轴与总状花序轴及其腋间均被细柔毛；雄性小穗孪生，长达1 cm，小穗柄1长1短，分别长1~2 mm及2~4 mm，被细柔毛；两颖近等长，膜质，约具10脉，被纤毛；外稃及内稃透明膜质，稍短于颖；花药橙黄色；长约5 mm。雌花序被多数宽大的鞘状苞片所包藏；雌小穗孪生，成16~30纵行排列于粗壮的序轴上，两颖等长，宽大，无脉，具纤毛；外稃及内稃透明膜质，雌蕊具极长而细弱的线形花柱。颖果球形或扁球形，成熟后露出颖片和稃片之外，长5~10 mm，胚长为颖果的1/2~2/3。花、果期秋季。

徂徕山各林区普遍栽培。中国各地均有栽培。全世界热带和温带地区广泛种植，为重要谷物。

图1022　玉蜀黍
1. 植株；2. 雄花序的分枝；
3. 2枚雌小穗（有未成熟的颖果）；
4. 雌小穗；5. 雄小穗

132. 香蒲科 Typhaceae

多年生沼生、水生或湿生草本。根状茎横走，须根多。地上茎直立，粗壮或细弱。叶2列，互生；鞘状叶很短，基生，先端尖；条形叶直立或斜上，全缘，边缘微向上隆起，先端钝圆至渐尖，中部以下腹面渐凹，背面平突至龙骨状突起，横切面呈新月形、半圆形或三角形；叶脉平行；叶鞘长，边缘膜质，抱茎，或松散。花单性，雌雄同株，花序穗状；雄花序生于上部至顶端，花期时比雌花序粗壮，花序轴具柔毛或无毛；雌性花序位于下部，与雄花序紧密相接，或相互远离；苞片叶状，着生于雌雄花序基部，亦见于雄花序中；雄花无被，通常由1~3枚雄蕊组成，花药矩圆形或条形，2室，纵裂，花粉粒单体，或四合体，纹饰多样；雌花无被，具小苞片或无，子房柄基部至下部具白色丝状毛；孕性雌花柱头单侧，条形、披针形、匙形，子房上位，1室，胚珠1枚，倒生；不孕雌花柱头不发育，无花柱，子房柄不等长、果实纺锤形、椭圆形，果皮膜质，透明，或灰褐色，具条形或圆形斑点。种子椭圆形，褐色或黄褐色，光滑或具突起，含1枚肉质或粉状的内胚乳，胚轴直，胚根肥厚。

1属16种，分布于热带至温带。中国12种，南北各省份广泛分布，以温带地区种类较多。徂徕山1种。

1. 香蒲属 Typha Linn.

形态特征、种类、分布与科相同。

1. 水烛 狭叶香蒲（图1023）
Typha angustifolia Linn.
Sp. Pl. 971. 1753.

多年生水生或沼生草本。根状茎乳黄色、灰黄色，先端白色。地上茎直立，粗壮，高1.5~2.5（3）m。叶片长54~120 cm，宽0.4~0.9 cm，上部扁平，中部以下腹面微凹，背面向下逐渐隆起呈凸形，下部横切面呈半圆形，细胞间隙大，呈海绵状；叶鞘抱茎。雌雄花序相距2.5~6.9 cm；雄花序轴具褐色扁柔毛，单出，或分叉；叶状苞片1~3，花后脱落；雌花序长15~30 cm，基部具1枚叶状苞片，通常比叶片宽，花后脱落；雄花由3枚雄蕊合生，有时2或4枚组成，花药长约2 mm，长矩圆形，花粉粉单体，近球形、卵形或三角形，纹饰网状，花丝短，细弱，下部合生成柄，长（1.5）2~3 mm，向下渐宽；雌花具小苞片；孕性雌花柱头窄条形或披针形，长约1.3~1.8 mm，花柱长1~1.5 mm，子房纺锤形，长约1 mm，具褐色斑点，子房柄纤细，长约5 mm；不孕雌花子房倒圆锥形，长1~1.2 mm，具褐色斑点，先端黄褐色，不育柱头短尖；白色丝状毛着生于子房

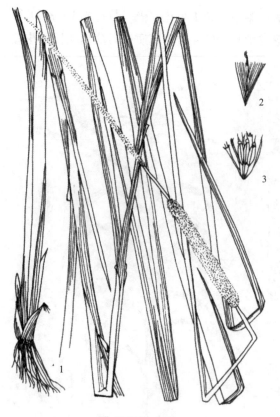

图 1023 水烛
1. 植株；2. 雌花；3. 雄花

柄基部，并向上延伸，与小苞片近等长，均短于柱头。小坚果长椭圆形，长约1.5 mm，具褐色斑点，纵裂。种子深褐色，长1~1.2 mm。花、果期6~9月。

产于西旺、王家院等林区。生于河流、池塘、沼泽、沟渠。国内分布于黑龙江、吉林、辽宁、内蒙古、河北、山东、河南、陕西、甘肃、新疆、江苏、湖北、云南、台湾等省份。尼泊尔、印度、巴基斯坦、日本、欧洲及美洲、大洋洲等亦有分布。

植株高大，叶片较长，雌花序粗大，经济价值较高。

133. 芭蕉科 Musaceae

多年生草本。具匍匐茎或无；茎或假茎高大，不分枝，有时木质，或无地上茎。叶较大，螺旋排列或两行排列，由叶片、叶柄及叶鞘组成；叶脉羽状。花两性或单性，两侧对称，常排成顶生聚伞花序，稀腋生，生于1大型而有鲜艳颜色的苞片（佛焰苞）中，或1~2至多数直接生于由根茎生出的花葶上；花被片3基数，花瓣状或有花萼、花瓣之分，分离或连合呈管状，而仅内轮中央的1枚花被片离生；雄蕊5，花药2室；子房下位，3室，胚珠多数，中轴胎座；花柱1，柱头3。浆果，或革质而干燥，不开裂；种子无假种皮，胚直，具粉质外胚乳及内胚乳。

3属40种，产热带、亚热带地区。中国3属14种。徂徕山1属1种。

1. 芭蕉属 Musa Linn.

多年生丛生草本，具根茎，多次结实。假茎全由叶鞘紧密层层重叠而组成，基部不膨大或稍膨大；真茎在开花前短小。叶大型，叶片长圆形，叶柄伸长，且在下部增大成1抱茎的叶鞘。花序直

立，下垂或半下垂；苞片扁平或具槽，芽时旋转或多少覆瓦状排列，绿、褐、红或暗紫色，通常脱落，每苞片内有花1或2列，下部苞片内的花在功能上为雌花，但偶有两性花，上部苞片内的花为雄花。有时在栽培类型中，各苞片上的花均为不孕。合生花被片管状，先端具5（3+2）齿，二侧齿先端具钩、角或其他附属物或无任何附属物；离生花被片与合生花被片对生；雄蕊5；子房下位，3室。浆果伸长，肉质；种子近球形、双凸镜形或形状不规则。

约30种，主产亚洲东南部。中国连栽培种在内有11种。徂徕山1种。

1. 芭蕉（图1024）

Musa basjoo Sieb. & Zucc. ex Iinuma Somoku-Dzusetsu ed. 2: 3. t. 1. 1874.

植株高2.5~4 m。叶片长圆形，长2~3 m，宽25~30 cm，先端钝，基部圆形或不对称，叶面鲜绿色，有光泽；叶柄粗壮，长达30 cm。花序顶生，下垂；苞片红褐色或紫色；雄花生于花序上部，雌花生于花序下部；雌花在每苞片内约10~16朵，排成2列；合生花被片长4~4.5 cm，具5（3+2）齿裂，离生花被片几与合生花被片等长，顶端具小尖头。浆果三棱状，长圆形，长5~7 cm，具三至五棱，近无柄，肉质，内具多数种子。种子黑色，具疣突及不规则棱角，宽6~8 mm。

大寺有栽培。原产于琉球群岛。秦岭淮河以南普遍栽培，多栽培于庭园及农舍附近。

图1024 芭蕉
1. 植株；2. 花序；3~4. 花；5. 雌蕊；6. 雄蕊

134. 姜科 Zingiberaceae

多年生草本。通常具有芳香、匍匐或块状的根状茎，或有时根的末端膨大呈块状。地上茎高大或很矮或无，基部通常具鞘。叶基生或茎生，通常2行排列，少数螺旋状排列，叶片通常为披针形或椭圆形，有多数致密、平行的羽状脉自中脉斜出，有叶柄或无，具有闭合或不闭合的叶鞘，叶鞘的顶端有明显的叶舌。花单生或组成穗状、总状或圆锥花序，生于具叶的茎上或单独由根状茎发出而生于花葶上；花两性，通常两侧对称，具苞片；花被片6枚，2轮，外轮萼状，通常合生成管，一侧开裂及顶端齿裂，内轮花冠状，美丽而柔嫩，基部合生成管状，上部具3裂片，通常位于后方的1花被裂片较两侧的为大；退化雄蕊2或4枚，其中外轮的2枚侧生退化雄蕊，呈花瓣状，齿状或不存在，内轮的2枚联合成1唇瓣，常十分显著而美丽，极稀无；发育雄蕊1枚，花丝具槽，花药2室，具药隔附属体或无；子房下位，3室、中轴胎座，或1室、侧膜胎座；胚珠多数，倒生或弯生；花柱1，丝状，通常经发育雄蕊花丝的槽中由花药室之间穿出，柱头漏斗状，具缘毛；子房顶部有2枚形状各式的蜜腺或无蜜腺而代之以陷入子房的隔膜腺。蒴果，室背开裂或不规则开裂，或浆果状，肉质不开裂；种子圆形或有棱角，有假种皮，胚直，胚乳丰富，白色，坚硬或粉状。

约50属1300种，分布于全世界热带、亚热带地区，主产地为热带亚洲。中国20属216种，产东南部至西南部各省份。徂徕山1属1种。

1. 姜属 Zingiber Boehm.

多年生草本；根茎块状，平生，分枝，芳香；地上茎直立。叶2列，叶片披针形至椭圆形。穗状花序球果状，通常生于由根茎发出的总花梗上，或无总花梗，花序贴近地面，罕花序顶生于具叶的茎上；总花梗被鳞片状鞘；苞片绿色或其他颜色，覆瓦状排列，宿存，每苞片内通常有1花（极稀多朵）；小苞片佛焰苞状；花萼管状，具3齿，通常一侧开裂；花冠管顶部常扩大，裂片中后方的一片常较大，内凹，直立，白色或淡黄色；侧生退化雄蕊常与唇瓣相连合，形成具有3裂片的唇瓣，罕无侧裂片，唇瓣外翻，全缘，微凹或短2裂，皱波状；花丝短，花药2室，药隔附属体延伸成长喙状，并包裹住花柱；子房3室；中轴胎座，胚珠多数，2列；花柱细弱，柱头近球形。蒴果3瓣裂或不整齐开裂，种皮薄；种子黑色，被假种皮。

100~150种，分布于亚洲的热带、亚热带地区。中国42种，产西南部至东南部。徂徕山1种。

1. 姜（图1025）

Zingiber officinale Roscoe

Trans. Linn. Soc. London 8: 348. 1807.

株高0.5~1 m；根茎肥厚，多分枝，有芳香及辛辣味。叶片披针形或线状披针形，长15~30 cm，宽2~2.5 cm，无毛，无柄；叶舌膜质，长2~4 mm。总花梗长达25 cm；穗状花序球果状，长4~5 cm；苞片卵形，长约2.5 cm，淡绿色或边缘淡黄色，顶端有小尖头；花萼管长约1 cm；花冠黄绿色，管长2~2.5 cm，裂片披针形，长不及2 cm；唇瓣中央裂片长圆状倒卵形，短于花冠裂片，有紫色条纹及淡黄色斑点，侧裂片卵形，长约6 mm；雄蕊暗紫色，花药长约9 mm；药隔附属体钻状，长约7 mm。花期秋季。

图1025 姜
1. 枝叶；2. 块茎；3. 花序；4. 花

徂徕山各林区均有少量栽培。中国中部、东南部至西南部各地广为栽培。亚洲热带地区亦常见栽培。

根茎供药用，又作烹调配料或制成酱菜、糖姜。

135. 美人蕉科 Cannaceae

多年生粗壮草本，有块状的地下茎。叶互生，有明显的羽状平行脉，具叶鞘。花两性，大而美丽，不对称，排成顶生的穗状花序、总状花序或狭圆锥花序，有苞片；萼片3枚，绿色，宿存；花瓣3枚，萼状，通常披针形，绿色或其他颜色，下部合生成1管并常和退化雄蕊群连合；退化雄蕊花瓣状，基部连合，为花中最美丽、最显著的部分，红色或黄色，3~4枚，外轮的3（有时2或无）枚较大，内轮的1枚较狭，外反，称为唇瓣；发育雄蕊的花丝亦增大呈花瓣状，多少旋卷，边缘有1枚1室的花药室，基部或一半和增大的花柱连合；子房下位，3室，每室有胚珠多枚；花柱扁平或棒状。蒴果，3瓣裂，多少具三棱，有小瘤体或柔刺；种子球形。

1属约10~20种，产美洲的热带和亚热带地区。中国常见引入栽培的约6种。徂徕山2种。

1. 美人蕉属 Canna Linn.

形态特征、种类、分布与科相同。

分种检索表

1. 退化雄蕊较小，长 3.5~5.5 cm，宽不过 1 cm，红色 ·· 1. 美人蕉 Canna indica
1. 退化雄蕊宽大，长 5~10 cm，宽 2~3.5 cm 以上，红、橘红、淡黄、白色等 ··············· 2. 大花美人蕉 Canna generalis

1. 美人蕉（图 1026）

Canna indica Linn.

Sp. Pl. 1. 1753.

—— *Canna edulis* Ker Gawler.

植株全部绿色，高可达 1.5 m。叶片卵状长圆形，长 10~30 cm，宽达 10 cm。总状花序疏花；略超出于叶片之上；花红色，单生；苞片卵形，绿色，长约 1.2 cm；萼片 3，披针形，长约 1 cm，绿色而有时染红；花冠管长不及 1 cm，花冠裂片披针形，长 3~3.5 cm，绿色或红色；外轮退化雄蕊 2~3 枚，鲜红色，其中 2 枚倒披针形，长 3.5~4 cm，宽 5~7 mm，另 1 枚如存在则特别小，长 1.5 cm，宽仅 1 mm；唇瓣披针形，长 3 cm，弯曲；发育雄蕊长 2.5 cm，花药室长 6 mm；花柱扁平，长 3 cm，一半和发育雄蕊的花丝连合。蒴果绿色，长卵形，有软刺，长 1.2~1.8 cm。花、果期 3~12 月。

大寺等地栽培。原产印度。中国南北各省份常有栽培。本种花较小，主要赏叶。

图 1026 美人蕉
1. 植株上部；2. 发育雄蕊和花柱；3. 雌蕊

2. 大花美人蕉（图 1027）

Canna generalis L. H. Bailey

Hortus 118. 1930.

多年生草本。株高约 1.5 m，茎、叶和花序均被白粉。叶片椭圆形，长达 40 cm，宽达 20 cm，叶缘、叶鞘紫色。总状花序顶生，连总梗长 15~30 cm；花大，较密集，每苞片内有花 1~2 朵；萼片披针形，长 1.5~3 cm；花冠管长 5~10 mm，花冠裂片披针形，长 4.5~6.5 cm；外轮退化雄蕊 3，倒卵状匙形，长 5~10 cm，宽 2~5 cm；红色、橘红色、淡黄色、白色等；唇瓣倒卵状匙形，长约 4.5 cm，宽 1.2~4 cm；发育雄蕊披针形，长约 4 cm，宽 2.5 cm；子房球形，直径 4~8 mm；花柱带形，离生部分长 3.5 cm。花期秋季。

大寺等地有栽培。中国各地常见栽培。为园艺杂交种，花大而美。供观赏。

图 1027 大花美人蕉
1. 植株上部；2. 花

136. 雨久花科 Pontederiaceae

一年生或多年生水生或沼泽生草本，直立或漂浮；具根状茎或匍匐茎，通常有分枝，富海绵质和通气组织。叶通常2列，大多数具有叶鞘和明显叶柄；叶片宽线形至披针形、卵形或宽心形，具平行脉，浮水、沉水或露出水面。有的种类叶柄充满通气组织，膨大呈葫芦状。花序为顶生总状、穗状或聚伞圆锥花序，生于佛焰苞状叶鞘的腋部；花两性，辐射对称或两侧对称；花被片6枚，排成2轮，花瓣状，蓝色、淡紫色、白色，很少黄色，分离或下部连合成筒，花后脱落或宿存；雄蕊6枚，2轮，稀3或1枚；花丝细长，分离，贴生于花被筒上，有时具腺毛；花药内向，底着或盾状，2室，纵裂，稀顶孔开裂；雌蕊由3心皮组成；子房上位，3室，中轴胎座，或1室具3个侧膜胎座；花柱1，细长；柱头头状或3裂；胚珠多数，倒生，稀仅有1枚下垂胚珠。蒴果，室背开裂，或小坚果。种子具纵肋，胚乳含丰富淀粉粒，胚为线形直胚。

6属约40种，广布于热带和亚热带地区。中国2属5种。徂徕山1属1种。

1. 凤眼蓝属 Eichhornia Kunth

一年生或多年生浮水草本，节上生根。叶基生，莲座状或互生；叶片宽卵状菱形或线状披针形，通常具长柄；叶柄常膨大，基部具鞘。花序顶生，由2至多朵花组成穗状；花两侧对称或近辐射对称；花被漏斗状，中、下部连合成或长或短的花被筒，裂片6个，淡紫蓝色，有的裂片常具1黄色斑点，花后凋存；雄蕊6枚，着生于花被筒上，常3长3短，长者伸出筒外，短的藏于筒内；花丝丝状或基部扩大，常有毛；花药长圆形；子房无柄，3室，胚珠多数；花柱线形，弯曲；柱头稍扩大或3~6浅裂。蒴果卵形、长圆形至线形，包藏于凋存的花被筒内，室背开裂；果皮膜质。种子多数，卵形，有棱。

约7种，分布于美洲和非洲的热带和暖温带地区。中国1种。徂徕山有引种。

1. 凤眼蓝 凤眼莲、水葫芦（图1028）
Eichhornia crassipes（Mart.）Solms Monogr. Phanerog. 4: 527. 1883.

多年生浮水草本，高30~60 cm。须根发达，棕黑色，长达30 cm。茎极短，具长匍匐枝，匍匐枝淡绿色或带紫色，与母株分离后长成新植物。叶在基部丛生，莲座状排列，一般5~10片；叶片圆形、宽卵形或宽菱形，长4.5~14.5 cm，宽5~14 cm，顶端钝圆或微尖，基部宽楔形或在幼时为浅心形，全缘，具弧形脉，表面深绿色，光亮，质地厚实，两边微向上卷，顶部略向下翻卷；叶柄长短不等，中部膨大成囊状或纺锤形，内有许多多边形柱状细胞组成的气室，维管束散布其间，光滑；叶柄基部有鞘状苞片，长8~11 cm，黄绿色，薄而半透明；花葶从叶柄基部的鞘状苞片腋内伸出，长34~46 cm，多棱；穗

图1028 凤眼莲
1. 植株；2. 花；3. 雄蕊

状花序长 17~20 cm，通常具 9~12 朵花；花被裂片 6 枚，花瓣状，卵形、长圆形或倒卵形，紫蓝色，花冠略两侧对称，直径 4~6 cm，上方 1 枚裂片较大，长约 3.5 cm，宽约 2.4 cm，四周淡紫红色，中间蓝色，在蓝色的中央有 1 黄色圆斑，其余各片长约 3 cm，宽 1.5~1.8 cm，下方 1 枚裂片较狭，宽 1.2~1.5 cm，花被片基部合生成筒，外面近基部有腺毛；雄蕊 6 枚，贴生于花被筒上，3 长 3 短，长的从花被筒喉部伸出，长 1.6~2 cm，短的生于近喉部，长 3~5 mm；花丝上有腺毛；花药箭形，基着，蓝灰色，2 室，纵裂；子房上位，长梨形，长 6 mm，3 室，中轴胎座，胚珠多数；花柱 1，长约 2 cm，伸出花被筒的部分有腺毛；柱头上密生腺毛。蒴果卵形。花期 7~10 月；果期 8~11 月。

原产巴西。现广布于中国长江、黄河流域及华南地区。

137. 百合科 Liliaceae

多年生草本，具根状茎、块茎或鳞茎，稀亚灌木、灌木或乔木状。叶基生或茎生，后者多为互生，较少对生或轮生，通常具弧形平行脉，稀具网状脉。花两性，稀单性异株或杂性，通常辐射对称，极少稍两侧对称；花被片 6，稀 4 或多数，离生或不同程度的合生成筒，一般为花冠状；雄蕊常与花被片同数，花丝离生或贴生于花被筒上；花药基着或丁字状着生；药室 2，纵裂，较少汇合成 1 室而为横缝开裂；心皮合生或不同程度的离生；子房上位，极少半下位，3 室，稀为 2、4、5 室，中轴胎座，稀 1 室而具侧膜胎座；每室具 1 至多数倒生胚珠。蒴果或浆果，稀坚果。胚乳丰富，胚小。

约 250 属 3500 种，广布于全世界，特别是温带和亚热带地区。中国 57 属约 726 种，分布遍及全国。徂徕山 9 属 27 种 1 变种。

分属检索表

1. 植株具鳞茎，鳞茎或膨大成球形至卵形，或近圆柱状如葱白。
    2. 伞形花序，未开放前为非绿色的膜质总苞所包；多有葱蒜味···1. 葱属 Allium
    2. 花序通常非伞形花序；植物一般无葱蒜味。
        3. 花单生，或较少，排成稀疏总状花序、伞形花序或其他花序；叶茎生，或兼具基生叶。
            4. 鳞茎外无鳞茎皮；叶多数，互生或轮生；花单生或总状花序，花平展或斜出，苞片叶状·········2. 百合属 Lilium
            4. 鳞茎外有薄革质或纸质鳞茎皮；叶 2~4 枚，稀 5~6 枚；花通常单朵顶生而仰立，少数花蕾俯垂，一般无苞片···3. 郁金香属 Tulipa
        3. 花多数排成密集的总状花序；叶基生，带状或狭条形··4. 绵枣儿属 Barnardia
1. 植株具长或短的根状茎，决不具鳞茎。
    5. 叶退化为鳞片状，叶状枝针状、扁圆柱状或近条形，每 2~10 枚簇生于茎和枝条上············5. 天门冬属 Asparagus
    5. 叶较大，基生、互生、对生或轮生。
        6. 浆果或蒴果，成熟前决不开裂，成熟种子也不为小核果状。
            7. 叶基生或近基生；茎极短，茎生叶不发达。
                8. 叶带状或条形，宽不到 3 cm，无明显叶柄··6. 萱草属 Hemerocallis
                8. 叶椭圆形、卵形至倒披针形，宽 3~5 cm 以上，叶柄长于叶片································7. 玉簪属 Hosta
            7. 叶在茎上互生、对生或轮生，花或花序腋生；根状茎深埋土中································8. 黄精属 Polygonatum
        6. 果实在未成熟前已作不整齐开裂，露出幼嫩种子，成熟种子为小核果状，貌似 2~3 个小核果簇生于同一花梗上，花近直立···9. 山麦冬属 Liriope

1. 葱属 Allium Linn.

多年生草本，绝大部分的种具特殊的葱蒜气味；具根状茎或根状茎不甚明显；地下部分的肥厚叶鞘形成鳞茎，鳞茎形态多样，从圆柱状到球状，最外面的为鳞茎外皮，质地多样，可为膜质，革质或纤维质；须根从鳞茎基部或根状茎上长出，通常细长，在有的种中则增粗，肉质化，甚至呈块根状。叶形多样，从扁平的狭条形到卵圆形，从实心到空心的圆柱状，基部直接与闭合的叶鞘相连，无叶柄或少数种类叶片基部收狭为叶柄，叶柄再与闭合的叶鞘相连。花葶从鳞茎基部长出，有的生于中央（由顶芽形成），有的侧生（由侧芽形成），露出地面的部分被叶鞘或裸露；伞形花序生于花葶顶端，开放前为一闭合的总苞所包，开放时总苞单侧开裂或2至数裂，早落或宿存；小花梗无关节，基部有或无小苞片；花两性；花被片6，2轮，分离或基部靠合成管状；雄蕊6枚，2轮，花丝全缘或基部扩大而每侧具齿，通常基部彼此合生并与花被片贴生，有时合生部位较高而成筒状；子房3室，每室1至数枚胚珠，沿腹缝线的部位具蜜腺，蜜腺的位置多在腹缝线基部，蜜腺的形状多样，平坦、凹陷、具帘、隆起等，花柱单一；柱头全缘或3裂。蒴果室背开裂。种子黑色，多棱形或近球状。

约660种，分布于北半球。中国138种，主要分布在东北、华北、西北、西南地区。徂徕山11种。

分种检索表

1. 鳞茎圆柱状、圆锥状或卵状圆柱形，常数枚聚生；根状茎明显。
    2. 鳞茎外皮破裂成纤维状，呈网状、近网状或松散的纤维状。
        3. 叶条形，扁平、实心；花白色，常具绿色中脉……………………………………1. 韭 Allium tuberosum
        3. 叶三棱状条形，背面具纵棱、中空；花白色，稀淡红色，常具淡红色中脉…………2. 野韭 Allium ramosum
    2. 鳞茎外皮不破裂，或仅顶端呈纤维状。
        4. 叶半圆柱状至近圆柱状，中空。
            5. 花丝比花被片短……………………………………………………………………3. 细叶韭 Allium tenuissimum
            5. 花丝长于花被片……………………………………………………………………4. 黄花葱 Allium condensatum
        4. 叶条形；花丝长于花被片。
            6. 叶条形，宽2~3 mm；花淡黄绿色……………………………………………5. 矮齿韭 Allium brevidentatum
            6. 叶宽条形，中部宽7~10 mm，两端收狭，背面具1纵棱；花淡红至白色…………6. 泰山韭 Allium taishanense
1. 鳞茎球状、卵球状，若为圆柱状至卵状圆柱形则叶为粗壮中空的圆柱状，常单生；根状茎不明显。
    7. 叶为中空、平滑的圆柱状，粗壮。
        8. 鳞茎圆柱状；花丝基部不具齿……………………………………………………………7. 葱 Allium fistulosum
        8. 鳞茎扁球状至球状；内轮花丝基部每侧各具1齿……………………………………8. 洋葱 Allium cepa
    7. 叶条形、三棱状条形、棱柱状或半圆柱状，稀为中空的圆柱状，但不粗壮。
        9. 内轮花丝全缘或基部每侧各具1齿或齿片，齿或齿片比中间的着药花丝短。
            10. 鳞茎狭卵状或卵状；叶三棱状条形，背面具1纵棱，中空或基部中空；花序无珠芽…………………………………………………………………………………………9. 球序韭 Allium thunbergii
            10. 鳞茎近球状、卵球状；叶半圆柱状，上面具沟槽，中空；伞形花序全为花或间具珠芽或全为珠芽……………………………………………………………………………………10. 薤白 Allium macrostemon
        9. 内轮花丝基部扩大，每侧各具1齿，齿端长丝状，超过中间的着药花丝；伞形花序密具珠芽，间有数花………………………………………………………………………………………………11. 蒜 Allium sativum

1. 韭（图1029）

Allium tuberosum Rottl. ex Spreng.

Syst. Veg. 2: 38. 1825.

具倾斜的横生根状茎。鳞茎簇生，近圆柱状；鳞茎外皮暗黄色至黄褐色，破裂成纤维状，呈网状或近网状。叶条形，扁平，实心，比花葶短，宽1.5~8 mm，边缘平滑。花葶圆柱状，常具2纵棱，高25~60 cm，下部被叶鞘；总苞单侧开裂或2~3裂，宿存；伞形花序半球状或近球状，具较多但较稀疏的花；小花梗近等长，比花被片长2~4倍，基部具小苞片，且数枚小花梗的基部又为1枚共同的苞片所包围；花白色；花被片常具绿色或黄绿色的中脉，内轮的矩圆状倒卵形，稀为矩圆状卵形，先端具短尖头或钝圆，长4~7（8）mm，宽2.1~3.5 mm，外轮的常较窄，矩圆状卵形至矩圆状披针形，先端具短尖头，长4~7（8）mm，宽1.8~3 mm；花丝等长，为花被片长度的2/3~4/5，基部合生并与花被片贴生，合生部分高0.5~1 mm，分离部分狭三角形，内轮的稍宽；子房倒圆锥状球形，具3圆棱，外壁具细的疣状突起。花、果期7~9月。

徂徕山各林区均有栽培。原产亚洲东南部。全国广泛栽培。

叶、花葶和花均作蔬菜食用；种子可入药。

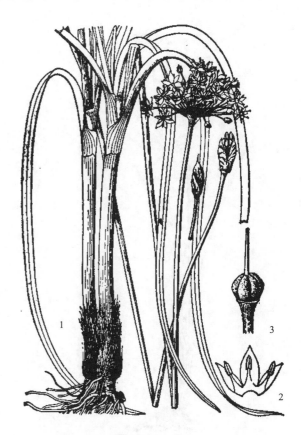

图1029 韭
1.植株；2.部分花被片和雄蕊；3.雌蕊

2. 野韭（图1030）

Allium ramosum Linn.

Sp. Pl. 296. 1753.

具横生的粗壮根状茎，略倾斜。鳞茎近圆柱状；鳞茎外皮暗黄色至黄褐色，破裂成纤维状，网状或近网状。叶三棱状条形，背面具呈龙骨状隆起的纵棱，中空，比花序短，宽1.5~8 mm，沿叶缘和纵棱具细糙齿或光滑。花葶圆柱状，具纵棱，有时棱不明显，高25~60 cm，下部被叶鞘；总苞单侧开裂至2裂，宿存；伞形花序半球状或近球状，多花；小花梗近等长，比花被片长2~4倍，基部除具小苞片外常在数枚小花梗的基部又为1枚共同的苞片所包围；花白色，稀淡红色；花被片具红色中脉，内轮的矩圆状倒卵形，先端具短尖头或钝圆，长（4.5）5.5~9（11）mm，宽1.8~3.1 mm，外轮的常与内轮的等长但较窄，矩

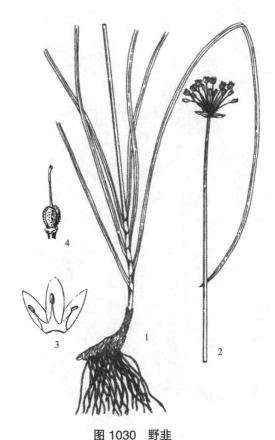

图1030 野韭
1.植株；2.花序；3.部分花被片和雄蕊；4.雌蕊

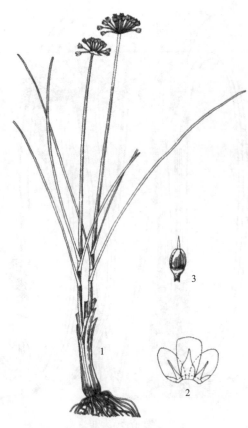

图 1031 细叶韭
1. 植株；2. 部分花被片和雄蕊；3. 雌蕊

图 1032 黄花葱
1. 植株；2. 部分花被片及花丝；3. 雌蕊

圆状卵形至矩圆状披针形，先端具短尖头；花丝等长，为花被片长度的 1/2~3/4，基部合生并与花被片贴生，合生部分高 0.5~1 mm，分离部分狭三角形，内轮的稍宽；子房倒圆锥状球形，具 3 圆棱，外壁具细的疣状突起。花、果期 6~9 月。

产于马场。生于草坡或草地上。国内分布于东北地区及河北、山东、山西、内蒙古、陕西、宁夏、甘肃、青海和新疆。俄罗斯西伯利亚及中亚、蒙古也有分布。

3. 细叶韭（图 1031）

Allium tenuissimum Linn.

Sp. Pl. 301. 1753.

鳞茎数枚聚生，近圆柱状；鳞茎外皮紫褐色、黑褐色至灰黑色，膜质，顶端常不规则破裂，内皮带紫红色，膜质。叶半圆柱状至近圆柱状，与花葶近等长，粗 0.3~1 mm，光滑，稀沿纵棱具细糙齿。花葶圆柱状，具细纵棱，光滑，高 10~35（50）cm，粗 0.5~1 mm，下部被叶鞘；总苞单侧开裂，宿存；伞形花序半球状或近扫帚状，松散；小花梗近等长，长 0.5~1.5 cm；果期略增长，具纵棱，光滑，罕沿纵棱具细糙齿，基部无小苞片；花白色或淡红色，稀紫红色；外轮花被片卵状矩圆形至阔卵状矩圆形，先端钝圆，长 2.8~4 mm，宽 1.5~2.5 mm，内轮的倒卵状矩圆形，先端平截或为钝圆状平截，常稍长，长 3~4.2 mm，宽 1.8~2.7 mm；花丝为花被片长度的 2/3，基部合生并与花被片贴生，外轮的锥形，有时基部略扩大，比内轮的稍短，内轮下部扩大成卵圆形，扩大部分约为花丝长度的 2/3；子房卵球状；花柱不伸出花被外。花、果期 7~9 月。

产于光华寺林区。国内分布于黑龙江、吉林、辽宁、山东、河北、山西、内蒙古、甘肃、四川、陕西、宁夏、河南、江苏、浙江等省份。俄罗斯西伯利亚以及蒙古也有分布。

4. 黄花葱（图 1032）

Allium condensatum Turcz.

Bull. Soc. Imp. Naturalistes Moscou 27（2）：121. 1854.

鳞茎狭卵状柱形至近圆柱状，粗 1~2（2.5）cm；鳞茎外皮红褐色，薄革质，有光泽，条裂。叶圆柱状或半圆柱状，上面具沟槽，中空，比花葶短，粗

1~2.5 mm。花莛圆柱状，实心，高 30~80 cm，下部被叶鞘；总苞2裂，宿存；伞形花序球状，具多而密集的花；小花梗近等长，长 7~20 mm，基部具小苞片；花淡黄色或白色；花被片卵状矩圆形，钝头，长 4~5 mm，宽 1.8~2.2 mm，外轮的略短；花丝等长，比花被片长 1/4~1/2，锥形，无齿，基部合生并与花被片贴生；子房倒卵球状，长约 2 mm，腹缝线基部具有短帘的凹陷蜜穴；花柱伸出花被外。花、果期 7~9 月。

产于上池、马场等林区。生于山坡或草地上。国内分布于东北地区及山东、河北、山西和内蒙古。俄罗斯西伯利亚东部以及蒙古、朝鲜也有分布。

5. 矮齿韭（图 1033，彩图 97）

Allium brevidentatum F. Z. Li

Bull. Bot. Res., Harbin 6（1）: 170. 1986.

多年生草本。鳞茎一般单生，圆柱形；鳞茎外皮褐色，顶端不规则开裂，内皮淡褐色。叶扁平条形，宽 2~3 mm。花莛比叶短，高 20~30 cm，圆柱形，上部有细棱；总苞2裂，宿存；伞形花序松散，花梗近等长，长约 1 cm，基部无小苞片；花被片淡黄绿色，外轮花被片长约 5 mm，内轮花被片长约 5.5 mm，雄蕊伸出花被外，长约 7 mm，花丝基部合生，并与花被片贴生，外轮花丝基部稍扩大成锥形，内轮花丝基部扩大成卵圆形，扩大部分高约 1 mm，两侧各有 1 矮齿，子房卵球形，基部有带帘的凹陷蜜穴，花柱长约 4 mm，伸出花被外。花、果期 9~10 月。

产于马场东沟。生于阳坡灌丛中。山东特有植物，分布于泰安、日照、威海等地。

图 1033 矮齿韭

6. 泰山韭（图 1034）

Allium taishanense J. M. Xu

Fl. Reipubl. Popularis Sin. 14: 285. 1980.

多年生草本，具斜生的根状茎。鳞茎单生或少数聚生，近圆柱状，粗约 5 mm；鳞茎外皮灰黑色，内皮白色，均为膜质，不破裂。叶宽条形，比花莛短或近与其相等，中部宽 7~10 mm，向两端收狭，背面具 1 纵棱，沿叶缘和纵棱具细糙齿。花莛圆柱状，具 2 纵棱，沿棱具细糙齿，高 22~37 cm，中部粗 1.5~3 mm，下部被光滑的叶鞘；总苞2裂，远比花序短，宿存；伞形花序近半球状，多花，松散；

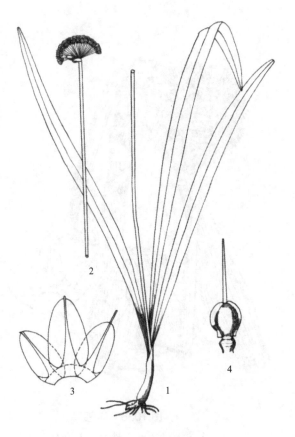

图 1034 泰山韭
1. 植株；2. 花序；3. 部分花被片及花丝；4. 雌蕊

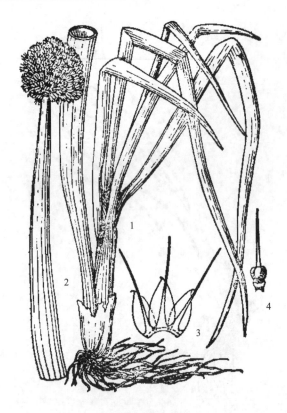

图 1035 葱
1.植株；2.花序；3.部分花被片和雄蕊；4.雌蕊

图 1036 洋葱
1.植株下部；2.鳞茎；3.花序；
4.部分花被片和雄蕊

小花梗近等长，比花被片长 2~3 倍，基部无小苞片；花淡红色至白色；花被片卵状矩圆形，内轮的长而宽，长 3.7~4.6 mm，宽 2.2~2.5 mm，先端极钝，外轮的长 3.2~3.8 mm，宽 1.7~1.9 mm，先端钝圆；花丝等长，略长于花被片，基部合生并与花被片贴生，合生部分高约 0.6 mm，内轮的基部扩大成三角形，约比外轮的基部宽 1 倍；子房倒卵状球形，腹缝线基部具有帘的凹陷蜜穴，每室 2 胚珠；花柱伸出花被外。花期 8~9 月。

徂徕山各山地林区均产。生于山坡草地、灌丛中。山东特有植物，分布于泰安、临沂、枣庄、青岛等地，主产鲁中山区。

7. 葱（图 1035）
Allium fistulosum Linn.
Sp. Pl. 301. 1753.

鳞茎单生，圆柱状，稀为基部膨大的卵状圆柱形，粗 1~2 cm，有时可达 4.5 cm；鳞茎外皮白色，稀淡红褐色，膜质至薄革质，不破裂。叶圆筒状，中空，向顶端渐狭，约与花葶等长，粗在 0.5 cm 以上。花葶圆柱状，中空，高 30~50（100）cm，中部以下膨大，向顶端渐狭，约在 1/3 以下被叶鞘；总苞膜质，2 裂；伞形花序球状，多花，较疏散；小花梗纤细，与花被片等长，或为其 2~3 倍长，基部无小苞片；花白色；花被片长 6~8.5 mm，近卵形，先端渐尖，具反折的尖头，外轮的稍短；花丝为花被片长度的 1.5~2 倍，锥形，在基部合生并与花被片贴生；子房倒卵状，腹缝线基部具不明显的蜜穴；花柱细长，伸出花被外。花、果期 4~7 月。

徂徕山各林区均有栽培。全国各地广泛栽培。

作蔬菜食用，鳞茎和种子亦可入药。

8. 洋葱（图 1036）
Allium cepa Linn.
Sp. Pl. 300. 1753.

鳞茎粗大，近球状至扁球状；鳞茎外皮紫红色、红褐色至黄色，纸质至薄革质，内皮肥厚，肉质，均不破裂。叶圆筒状，中空，中部以下最粗，向上渐狭，比花葶短，粗 0.5 cm 以上。花葶粗壮，高达 1 m，为中空的圆筒状，在中部以下膨大，向上渐狭，下部被叶鞘；总苞2~3裂；伞形花序球状，具多而密集的花；小花梗长约2.5 cm。花粉白色；花被片具绿色中脉，矩圆状卵形，长4~5 mm，宽约2 mm；花丝等长，稍长于花被片，约在基部1/5处合生，合生部分下部的1/2与花被片贴生，内轮花丝的基部极为扩大，扩大部分每侧各具1齿，外轮的锥形；子房近球状，腹缝线基部具有帘的凹陷蜜穴；花柱长约4 mm。花、果期5~7月。

徂徕山各林区均有栽培。原产亚洲西部，在国内外均广泛栽培。

鳞茎供食用。

9. 球序韭（图1037）

Allium thunbergii G. Don

Mem. Wern. Nat. Hist. Soc. 6: 4. 1827.

鳞茎常单生，卵状、狭卵状或卵状柱形，粗0.7~2（2.5）cm；鳞茎外皮污黑色或黑褐色，纸质，顶端常破裂成纤维状，内皮有时带淡红色，膜质。叶三棱状条形，中空或基部中空，背面具1纵棱，呈龙骨状隆起，短于或略长于花葶，宽（1.5）2~5 mm。花葶中生，圆柱状，中空，高30~70 cm，1/4~1/2被疏离的叶鞘；总苞单侧开裂或2裂，宿存；伞形花序球状，具多而极密集的花；小花梗近等长，比花被片长2~4倍，基部具小苞片；花红色至紫色；花被片椭圆形至卵状椭圆形，先端钝圆，长4~6 mm，宽2~3.5 mm，外轮舟状，较短；花丝等长，约为花被片长的1.5倍，锥形，无齿，仅基部合生并与花被片贴生；子房倒卵状球形，腹缝线基部具有帘的凹陷蜜穴；花柱伸出花被外。花、果期8~10月。

产于马场东沟。生于山坡、草地或林缘。国内分布于东北地区及山东、河北、山西、陕西、河南、湖北、江苏和台湾。俄罗斯远东地区、蒙古、朝鲜和日本也有分布。

10. 薤白（图1038）

Allium macrostemon Bunge

Enum. Pl. China Bor. Coll. 65. 1833.

鳞茎近球状，粗0.7~1.5（2）cm，基部常具小鳞茎；鳞茎外皮带黑色，纸质或膜质，不破裂。叶3~5枚，半圆柱状，或因背部纵棱发达而为三棱状

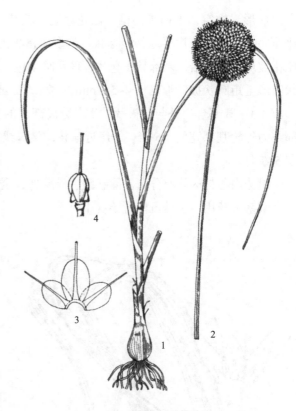

图1037 球序韭
1. 植株；2. 花序；3. 部分花被片及花丝；4. 雌蕊

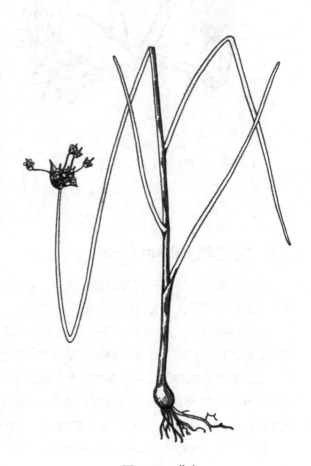

图1038 薤白

半圆柱形，中空，上面具沟槽，比花葶短。花葶圆柱状，高 30~70 cm，1/4~1/3 被叶鞘；总苞 2 裂，比花序短；伞形花序半球状至球状，具多而密集的花，或间具珠芽或有时全为珠芽；小花梗近等长，比花被片长 3~5 倍，基部具小苞片；珠芽暗紫色，基部亦具小苞片；花淡紫色或淡红色；花被片矩圆状卵形至矩圆状披针形，长 4~5.5 mm，宽 1.2~2 mm，内轮的常较狭；花丝等长，比花被片稍长或比其长 1/3，基部合生并与花被片贴生，分离部分的基部呈狭三角形扩大，向上收狭成锥形，内轮的基部约为外轮基部宽的 1.5 倍；子房近球状，腹缝线基部具有帘的凹陷蜜穴；花柱伸出花被外。花、果期 5~7 月。

徂徕山各林区均有分布。除新疆、青海外，全国各省份均产。俄罗斯、朝鲜和日本也有分布。

鳞茎可药用。全株可作野菜食用。

11. 蒜（图 1039）
Allium sativum Linn.
Sp. Pl. 296. 1753.

鳞茎球状至扁球状，通常由多数肉质、瓣状的小鳞茎紧密地排列而成，外面被数层白色至带紫色的膜质鳞茎外皮。叶宽条形至条状披针形，扁平，先端长渐尖，比花葶短，宽可达 2.5 cm。花葶实心，圆柱状，高可达 60 cm，中部以下被叶鞘；总苞具长 7~20 cm 的长喙，早落；伞形花序密具珠芽，间有数花；小花梗纤细；小苞片大，卵形，膜质，具短尖；花常为淡红色；花被片披针形至卵状披针形，长 3~4 mm，内轮的较短；花丝比花被片短，基部合生并与花被片贴生，内轮的基部扩大，扩大部分每侧各具 1 齿，齿端成长丝状，长超过花被片，外轮的锥形；子房球状；花柱不伸出花被外。花期 7 月。

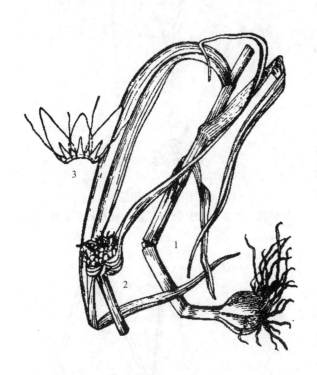

图 1039 蒜
1. 植株；2. 花序；3. 部分花被片及花丝

徂徕山各林区均有栽培。原产亚洲西部或欧洲。世界上已有悠久的栽培历史，中国南北各省份普遍栽培。

花葶和鳞茎均供蔬食，鳞茎还可作药用。

2. 百合属 Lilium Linn.

鳞茎卵形或近球形；鳞片多数，肉质，卵形或披针形，无节或有节，白色，稀黄色。茎圆柱形，具小乳头状突起或无，有的带紫色条纹。叶散生，较少轮生，披针形、矩圆状披针形、矩圆状倒披针形、椭圆形或条形，无柄或具短柄，全缘或边缘有小乳头状突起。花单生或排成总状花序，少有近伞形或伞房状排列；苞片叶状，较小；花常有鲜艳色彩，有时有香气；花被片 6，2 轮，离生，常多少靠合而成喇叭形或钟形，较少强烈反卷，披针形或匙形，基部有蜜腺，蜜腺两边有乳头状突起或无，有的还有鸡冠状突起或流苏状突起；雄蕊 6，花丝钻形，花药椭圆形，背着，丁字状；子房圆柱形，花柱较细长；柱头膨大，3 裂。蒴果矩圆形，室背开裂。种子多数，扁平，周围有翅。

约 115 种，分布于北温带。中国 55 种，南北各省份均有分布，以西南和华中地区最多。徂徕山 1 种 1 变种。

分种检索表

1. 花被片不弯曲或先端稍弯；雄蕊向中心靠拢；叶腋间无珠芽·················1. 有斑百合 Lilium concolor var. pulchellum
1. 花被片反卷；雄蕊上端常向外张开；茎上部的叶腋间具珠芽·················2. 卷丹 Lilium tigrinum

1. 有斑百合（变种）（图 1040，彩图 98）

Lilium concolor Salisbury var. **pulchellum**（Fischer）Regel

Gartenflora 25: 354. 1876.

鳞茎卵球形，高 2~3.5 cm，直径 2~3.5 cm；鳞片卵形或卵状披针形，长 2~2.5（3.5）cm，宽 1~1.5（3）cm，白色，鳞茎上方茎上有根。茎高 30~50 cm，少数近基部带紫色，有小乳头状突起。叶散生，条形，长 3.5~7 cm，宽 3~6 mm，3~7 脉，边缘有小乳头状突起，两面无毛。花 1~5 朵排成近伞形或总状花序；花梗长 1.2~4.5 cm；花直立，星状开展，深红色，有黑色斑点；花被片矩圆状披针形，长 2.2~4 cm，宽 4~7 mm，蜜腺两边具乳头状突起；雄蕊向中心靠拢；花丝长 1.8~2 cm，无毛，花药长矩圆形，长约 7 mm；子房圆柱形，长 1~1.2 cm，宽 2.5~3 mm；花柱稍短于子房，柱头稍膨大。蒴果矩圆形，长 3~3.5 cm，宽约 2~2.2 cm。花期 6~7 月；果期 8~9 月。

徂徕山各山地林区均产。生于阳坡草地和林下湿地。国内分布于河北、山东、山西、内蒙古、辽宁、黑龙江和吉林。朝鲜和俄罗斯也有分布。

鳞茎含淀粉，可供食用或酿酒，也可入药。花含芳香油，可作香料。

图 1040 有斑百合
1. 植株上部；2. 鳞茎；3. 内轮花被片

2. 卷丹（图 1041）

Lilium tigrinum Ker Gawler

Bot. Mag. 31: t. 1237. 1809.

鳞茎近宽球形，高约 3.5 cm，直径 4~8 cm；鳞片宽卵形，长 2.5~3 cm，宽 1.4~2.5 cm，白色。茎高 0.8~1.5 m，带紫色条纹，具白色绵毛。叶散生，矩圆状披针形或披针形，长 6.5~9 cm，宽 1~1.8 cm，两面近无毛，先端有白毛，边缘有乳头状突起，5~7 脉，上部叶腋有珠芽。花 3~6 朵或更多；苞片叶状，卵状披针形，长 1.5~2 cm，宽 2~5 mm，先端钝，有白色绵毛；花梗长 6.5~9 cm，紫色，有白色绵毛，花下垂，花被片披针形，反卷，橙红色，有紫黑色斑点；外轮花被片长 6~10 cm，宽 1~2 cm；内轮花被片稍宽，蜜

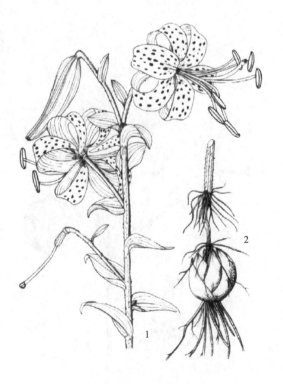

图 1041 卷丹
1. 植株上部；2. 鳞茎

腺两边有乳头状和流苏状突起；雄蕊向四周张开，花丝长 5~7 cm，淡红色，无毛，花药矩圆形，长约 2 cm；子房圆柱形，长 1.5~2 cm，宽 2~3 mm；花柱长 4.5~6.5 cm，柱头稍膨大，3 裂。蒴果狭长卵形，长 3~4 cm。花期 7~8 月；果期 9~10 月。

产于马场、上池。生于山坡灌木林下、草地。国内分布于江苏、浙江、安徽、江西、湖南、湖北、广西、四川、青海、西藏、甘肃、陕西、山西、河南、河北和吉林等省份。日本、朝鲜也有分布。

鳞茎富含淀粉，供食用，亦可作药用；花含芳香油，可作香料。花大而美丽，是优良的观赏花卉。

3. 郁金香属 Tulipa Linn.

多年生草本，具鳞茎。鳞茎外有多层干的薄革质或纸质的鳞茎皮，外层的色深，褐色或暗褐色，内层色浅，淡褐色或褐色，上端有时上延抱茎，内面有伏贴毛或柔毛，较少无毛。茎直立，常下部埋于地下。叶 2~4 枚，少有 5~6 枚，在茎上互生，彼此疏离或紧靠，极少 2 叶对生，条形、长披针形或长卵形，伸展或反曲，边缘平展或波状。花较大，通常单朵顶生而多少呈花莛状，直立，少数花蕾俯垂，无苞片或少数种有苞片；花被钟状或漏斗形钟状；花被片 6，离生，易脱落；雄蕊 6 枚，等长或 3 长 3 短，生于花被片基部；花药基着，内向开裂；花丝常在中部或基部扩大，无毛或有毛；子房长椭圆形，3 室；胚珠多数，成 2 纵列生于胎座上；花柱明显或不明显，柱头 3 裂。蒴果椭圆形或近球形，室背开裂。种子扁平，近三角形。

约 150 种，产亚洲、欧洲及北非，以地中海至中亚地区最为丰富。中国 13 种，大部分产于新疆。徂徕山 2 种。

分种检索表

1. 花小，花被片长 2~3 cm，宽 4~7 mm；柱头不呈鸡冠状；叶窄长··············1. 老鸦瓣 Tulipa edulis
1. 花大，花被片长 5~7 cm，宽 2~4 cm；柱头增大呈鸡冠状；叶宽大··············2. 郁金香 Tulipa gesneriana

图 1042 老鸦瓣
1. 植株上部；2. 鳞茎；3. 果实

1. 老鸦瓣（图 1042）

Tulipa edulis（Miq.）Baker

Journ. Linn. Soc. Bot. 14: 295. 1874.

—— *Amana edulis*（Miq.）Honda

鳞茎皮纸质，内面密被长柔毛。茎长 10~25 cm，通常不分枝，无毛。叶 2，长条形，长 10~25 cm，远比花长，通常宽（2）5~9（12）mm，上面无毛。花单朵顶生，靠近花的基部具 2 枚对生（较少 3 枚轮生）的苞片，苞片狭条形，长 2~3 cm；花被片狭椭圆状披针形，长 20~30 mm，宽 4~7 mm，白色，背面有紫红色纵条纹；雄蕊 3 长 3 短，花丝无毛，中部稍扩大，向两端逐渐变窄或从基部向上逐渐变窄；子房长椭圆形；花柱长约 4 mm。蒴果近球形，有长喙，长 5~7 mm。花期 3~4 月；果期 4~5 月。

产于马场、王庄、龙湾。生于草地及路旁。国内分布于辽宁、山东、江苏、浙江、安徽、江西、湖北、湖南和陕西。朝鲜、日本也有分布。

鳞茎供药用，有消热解毒、散结消肿之效，又可提取淀粉。

2. 郁金香（图1043）

Tulipa gesneriana Linn.

Sp. Pl. 306. 1753.

鳞茎皮纸质，内面顶端和基部有少数伏毛。叶3~5枚，条状披针形至卵状披针形。花单朵顶生，大型而艳丽；花被片红色或杂有白色和黄色，有时为白色或黄色，长5~7 cm，宽2~4 cm。6枚雄蕊等长，花丝无毛；无花柱，柱头增大呈鸡冠状。花期4~5月。

徂徕山有栽培观赏。原产欧洲，中国引种栽培。本种为广泛栽培的花卉，历史悠久，品种很多。

4. 绵枣儿属 Barnardia Lindl.

多年生草本，鳞茎具膜质鳞茎皮。叶基生，条形或近卵形，无柄。花葶不分枝，直立，具总状花序；花梗有关节；苞片小，膜质；花被片6，离生或基部稍合生；雄蕊6，着生于花被片基部或中部，花丝纤细或基部加宽，花药卵形至矩圆形，背着，内向开裂；子房3室，每室1~2枚胚珠，花柱丝状，柱头小。蒴果室背开裂，球形或倒卵形。

2种，1种产中国、日本、朝鲜半岛至俄罗斯远东地区，1种产非洲西北部和欧洲东南部。徂徕山1种。

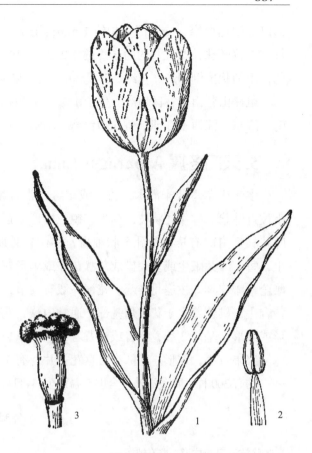

图1043 郁金香
1. 花枝；2. 雄蕊；3. 雌蕊

1. 绵枣儿（图1044）

Barnardia japonica（Thunb.）Schultes & J. H. Schultes

Syst. Veg. 7（2）: 555. 1829.

—— *Scilla scilloides*（Lindl.）Druce

鳞茎卵形或近球形，高2~5 cm，宽1~3 cm，鳞茎皮黑褐色。基生叶2~5枚，狭带状，长15~40 cm，宽2~9 mm，柔软。花葶通常比叶长；总状花序长2~20 cm，具多数花；花紫红色、粉红色至白色，直径约4~5 mm，在花梗顶端脱落；花梗长5~12 mm，基部有1~2枚较小的、狭披针形苞片；花被片近椭圆形、倒卵形或狭椭圆形，长2.5~4 mm，宽约1.2 mm，基部稍合生而成盘状，先端钝而且增厚；雄蕊生于花被片基部，稍短于花被片；花丝近披针形，边缘和背面常多少具小乳突，基部稍合生，中

图1044 绵枣儿
1. 植株；2. 花；3. 雄蕊；4. 雌蕊；5. 蒴果

部以上骤然变窄，变窄部分长约 1 mm；子房长 1.5~2 mm，基部有短柄，表面多少有小乳突，3 室，每室 1 枚胚珠；花柱长约为子房的 1/2~2/3。果近倒卵形，长 3~6 mm，宽 2~4 mm。种子 1~3 粒，黑色，矩圆状狭倒卵形，长约 2.5~5 mm。花、果期 7~11 月。

徂徕山各山地林区均产。生于山坡草丛和林下。国内分布于东北、华北、华中地区以及四川、云南、广东、江西、江苏、浙江和台湾。朝鲜、日本和俄罗斯也有分布。

5. 天门冬属 Asparagus Linn.

多年生草本或半灌木，直立或攀缘，常具粗厚的根状茎和稍肉质的根，有时有纺锤状的块根。小枝近叶状，称作叶状枝，扁平、锐三棱形或近圆柱形而有几条棱或槽，常多枚成簇；在茎、分枝和叶状枝上有时有透明的乳突状细齿，称作软骨质齿。叶退化成鳞片状，基部多少延伸成距或刺。花小，每 1~4 朵腋生或多朵排成总状花序或伞形花序，两性或单性，有时杂性，在单性花中雄花具退化雌蕊，雌花具 6 枚退化雄蕊；花梗一般有关节；花被钟形、宽圆筒形或近球形；花被片离生，稀基部稍合生；雄蕊着生于花被片基部，通常内藏，花丝全部离生或部分贴生于花被片上；花药矩圆形、卵形或圆形，基部 2 裂，背着或近背着，内向纵裂；花柱明显，柱头 3 裂；子房 3 室，每室 2 至多枚胚珠。浆果较小，球形，基部有宿存花被片，有 1 至数粒种子。

约有 300 种，除美洲外，全世界温带至热带地区都有分布。中国 31 种，广布于全国各地。徂徕山 3 种。

分种检索表

1. 叶状枝近扁圆柱形，略有钝棱。
   2. 植株较坚挺，茎与分枝伸直；叶状枝较刚硬；雄花花被长 7~9 mm，花药长约 2 mm ·· 1. 南玉带 Asparagus oligoclonos
   2. 植株较柔弱，茎与分枝常稍弧曲或俯垂；叶状枝通常较纤细而柔弱；雄花花被长 5~6 mm，花药长 1~1.5 mm ·· 2. 石刁柏 Asparagus officinalis
1. 叶状枝通常 3~4 枚成簇，窄条形，镰刀状，基部锐三棱形 ·············· 3. 龙须菜 Asparagus schoberioides

图 1045 南玉带
1. 雌株一部分；2. 雄株一部分；3. 叶状枝

1. 南玉带（图 1045）

Asparagus oligoclonos Maxim.

Mém. Acad. Imp. ci. St.-Pétersbourg Divers Savans 9: 286. 1859.

直立草本，高 40~80 cm。根粗 2~3 mm。茎平滑或稍具条纹，坚挺，上部不俯垂；分枝具条纹，稍坚挺，有时嫩枝疏生软骨质齿。叶状枝通常 5~12 枚成簇，近扁圆柱形，略有钝棱，伸直或稍弧曲，长 1~3 cm，粗 0.4~0.6 mm；鳞片状叶基部通常距不明显或有短距，极少具短刺。花每 1~2 朵腋生，黄绿色；花梗长 1.5~2 cm，稀较短，关节位于近中部或上部；雄花花被长 7~9 mm；花丝全长的 3/4 贴生于花被片上；雌花较小，花被长约 3 mm。浆果直径 8~10 mm。花期 5 月；果期 6~7 月。

产于大寺张栏、马场太平顶。生于林下或潮湿地上。国内分布于东北地区及内蒙古、河北、山东和河南。也分布于朝鲜、日本和俄罗斯远东地区。

2. 石刁柏（图 1046）

Asparagus officinalis Linn.

Sp. Pl. 313. 1753.

直立草本，高可达 1 m。根粗 2~3 mm。茎平滑，上部在后期常俯垂，分枝较柔弱。叶状枝每 3~6 枚成簇，扁圆柱形，略有钝棱，纤细，常稍弧曲，长 5~30 mm，粗 0.3~0.5 mm；鳞片状叶基部有刺状短距或近无距。花每 1~4 朵腋生，绿黄色；花梗长 8~12（14）mm，关节位于上部或近中部；雄花花被长 5~6 mm；花丝中部以下贴生于花被片上；雌花较小，花被长约 3 mm。浆果直径 7~8 mm，熟时红色，有 2~3 粒种子。花期 5~6 月；果期 9~10 月。

徂徕山各地普遍栽培。中国新疆西北部有野生，其他地区多为栽培。

嫩苗可供蔬食。

3. 龙须菜（图 1047）

Asparagus schoberioides Kunth

Enum. Pl. 5: 70. 1850.

直立草本，高达 1 m。根细长，粗约 2~3 mm。茎上部和分枝具纵棱，分枝有时有极狭的翅。叶状枝通常每 3~4 枚成簇，窄条形，镰刀状，基部近锐三棱形，上部扁平，长 1~4 cm，宽 0.7~1 mm；鳞片状叶近披针形，基部无刺。花每 2~4 朵腋生，黄绿色；花梗很短，长约 0.5~1 mm；雄花花被长 2~2.5 mm；雄蕊的花丝不贴生于花被片上；雌花和雄花近等大。浆果直径约 6 mm，熟时红色，通常有 1~2 粒种子。花期 5~6 月；果期 8~9 月。

产于上池、马场、太平顶、庙子。生于草坡或林下。国内分布于东北地区及河北、河南、山东、山西、陕西和甘肃。也分布于日本、朝鲜和俄罗斯西伯利亚。

6. 萱草属 Hemerocallis Linn.

多年生草本，具很短的根状茎；根常多少肉质，中下部有时有纺锤状膨大。叶基生，2 列，带状。花葶从叶丛中央抽出，顶端具总状或假二歧状的圆锥花序，较少花序缩短或只具单花；苞片存在，花梗一般较短；花直立或平展，近漏斗状，下部具花被管；花被裂片 6，明显长于花被管，内 3 片常比外 3 片宽大；雄蕊 6，着生于花被管上端；花药背着或近基着；子房 3 室，每室具多数胚珠；花柱细长，柱头小。蒴果钝三棱状椭圆形或倒卵形，表面常略具横皱纹，室背开裂。种子黑色，有棱角。

约 15 种，主要分布于亚洲温带至亚热带地区，少数也见于欧洲。中国 11 种。徂徕山 2 种。

图 1046 石刁柏

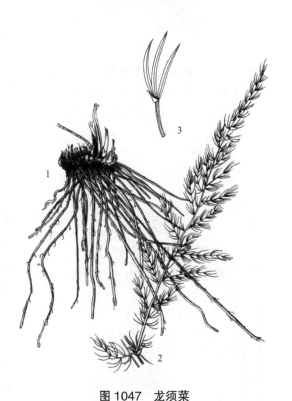

图 1047 龙须菜
1. 植株一部分；2. 叶状枝；3. 根状茎及根

分种检索表

1. 花淡黄色，花被裂片无彩斑 ··· 1. 黄花菜 Hemerocallis citrina
1. 花橘红色、橘黄色，内花被裂片有∧形彩斑 ··· 2. 萱草 Hemerocallis fulva

图 1048 黄花菜
1. 花序；2. 叶；3. 植株下部及根；
4. 雄蕊；5. 雌蕊

1. 黄花菜（图 1048）

Hemerocallis citrina Baroni

Nuovo Giorn. Bot. Ital. n. s. 4: 305. 1897.

植株高达 1 m；根近肉质，中下部常有纺锤状膨大。叶 7~20 枚，长 50~130 cm，宽 6~25 mm。花葶长短一般稍长于叶，基部三棱形，上部多少圆柱形，有分枝；苞片披针形，下面的长可达 3~10 cm，自下向上渐短，宽 3~6 mm；花梗较短，长通常不及 1 cm；花多朵，最多可达 100 朵以上；花被淡黄色，有时在花蕾时顶端带黑紫色；花被管长 3~5 cm，花被裂片长（6）7~12 cm，内 3 片宽 2~3 cm。蒴果钝三棱状椭圆形，长 3~5 cm。种子约 20 粒，黑色，有棱，从开花到种子成熟需 40~60 天。花、果期 5~9 月。

徂徕山各山地林区均产，也有栽培。国内分布于秦岭以南各地以及河北、山西和山东。

花经过蒸、晒，加工成干菜，即金针菜或黄花菜。

2. 萱草（图 1049）

Hemerocallis fulva（Linn.）Linn.

Sp. Pl. ed. 2. 462. 1762.

多年生草本，高 40~150 cm，根先端膨大呈纺锤状。叶基生，排成二列状，长带形，长 50~90 cm，宽 1~2.8 cm。花葶自叶丛中抽出，高 60~100 cm，顶端分枝，花 2~5（10）朵排列为总状或圆锥状；苞片鳞状或披针形；花无香气，早上开放、傍晚闭合，单瓣或因雄蕊瓣化而重瓣，橘红色或橘黄色；花被裂片开展而反卷，长 5~12 cm，宽 1~3 cm，内轮花被片中部有褐红色的彩斑，边缘波状皱褶，花被管长 2~4 cm。花丝长 4~5 cm，花药紫黑色，长 7~8 mm。蒴果椭圆形，长 2~2.5 cm，宽 1.2~1.5 cm。花期 6~8 月；果期 8~9 月。

徂徕山有栽培。国内分布于华北南部、华东至华南、西南地区，常见栽培。印度、日本、俄罗斯、朝鲜也有分布。

徂徕山常见的栽培类型还有：重瓣萱草（var. *kwanso*），花被裂片多数，雌雄蕊发育不全。各林区庭院有栽培。

图 1049 萱草
1. 植株下部及肉质根；2. 叶；3. 花序

7. 玉簪属 Hosta Tratt.

多年生草本，通常具粗短的根状茎，有时具走茎。叶基生，成簇，具弧形脉和纤细的横脉；叶柄长。花葶从叶丛中央抽出，常生有 1~3 枚苞片状叶，顶端具总状花序；花单朵，极少 2~3 朵簇生，具绿色或白色苞片；花被近漏斗状，下半部窄管状，上半部近钟状；钟状部分上端有 6 裂片；雄蕊 6，离生或下部贴生于花被管上，稍伸出花被之外；花丝纤细；花药背部有凹穴，丁字状着生，2 室；子房 3 室，每室具多数胚珠；花柱细长，柱头小，伸出于雄蕊之外。蒴果近圆柱状，常有棱，室背开裂。种子多数，黑色，有扁平的翅。

约 45 种，分布于亚洲温带与亚热带地区，主要在日本。中国 4 种，多数见于长江流域各省份，还有一些从国外引入栽培的。徂徕山 2 种。

分种检索表

1. 花长 10~13 cm，白色，芳香；雄蕊下部约有 15~20 mm 贴生于花被管上；苞片有内外 2 种，外苞片长 2.5~7 cm，内苞片很小或不存在；果实长 6 cm··1. 玉簪 Hosta plantaginea
1. 花长 4~6.5 cm，紫红色或紫色，无香味；雄蕊完全离生；苞片 1 种，长 1~2 cm；果实长 2.5~4.5 cm··2. 紫萼 Hosta ventricosa

1. 玉簪（图 1050）

Hosta plantaginea（Lam.）Asch.

Bot. Zeitung（Berlin）21: 53. 1863.

根状茎粗厚，粗 1.5~3 cm。叶卵状心形、卵形或卵圆形，长 14~24 cm，宽 8~16 cm，先端渐尖，基部心形，侧脉 6~10 对；叶柄长 20~40 cm。花葶高 40~80 cm，具数花；花的外苞片卵形或披针形，长 2.5~7 cm，宽 1~1.5 cm；内苞片很小；花单生或 2~3 簇生，长 10~13 cm，白色，芳香；花梗长约 1 cm；雄蕊与花被近等长或略短，基部约 15~20 mm 贴生于花被管上。蒴果圆柱状，有三棱，长约 6 cm，直径约 1 cm。花、果期 8~10 月。

徂徕山有栽培。国内分布于四川、湖北、湖南、江苏、安徽、浙江、福建和广东。各地常见栽培。

全草供药用。花清咽、利尿、通经，亦可供蔬食，但须去掉雄蕊。根、叶有小毒，外用治乳腺炎、中耳炎、疮痈肿毒、溃疡等。

2. 紫萼（图 1051）

Hosta ventricosa（Salisb.）Stearn

Gard. Chron. III 90: 27. 1931.

根状茎较细，粗 0.3~1 cm。叶卵状心形、

图 1050 玉簪
1. 植株基部及根状茎；2. 植株下部；
3. 植株上部；4. 花序；5. 花展开

图 1051 紫萼
1. 植株；2. 花序；3. 花展开

卵形至卵圆形，长 8~19 cm，宽 4~17 cm，先端通常近短尾状或骤尖，基部心形或近截形，极少叶片基部下延而略呈楔形，侧脉 7~11 对；叶柄长 6~30 cm。花葶高 60~100 cm，具 10~30 朵花；苞片矩圆状披针形，长 1~2 cm，白色，膜质；花单生，长 4~5.8 cm，盛开时从花被管向上骤然作近漏斗状扩大，紫红色；花梗长 7~10 mm；雄蕊伸出花被之外，完全离生。蒴果圆柱状，有三棱，长 2.5~4.5 cm，直径 6~7 mm。花期 6~7 月；果期 7~9 月。

徂徕山有栽培。国内分布于江苏、安徽、浙江、福建、江西、广东、广西、贵州、云南、四川、湖北、湖南和陕西。各地常见栽培。供观赏。

8. 黄精属 Polygonatum Mill.

多年生草本，具根状茎。茎不分枝，基部具膜质的鞘，直立，上端向一侧弯拱而叶偏向另一侧（某些具互生叶的种类），或上部有时攀缘状（某些具轮生叶的种类）。叶互生、对生或轮生，全缘。花生于叶腋，通常集生似成伞形、伞房或总状花序；花被片 6，下部合生成筒，裂片顶端外面通常具乳突状毛，花被筒基部与子房贴生，成小柄状，并与花梗间有 1 关节；雄蕊 6，内藏；花丝下部贴生于花被筒，上部离生，似着生于花被筒中部上下，丝状或两侧扁，花药矩圆形至条形，基部 2 裂，内向开裂；子房 3 室，每室有 2~6 枚胚珠，花柱丝状，多数不伸出花被之外，稀稍伸出，柱头小。浆果近球形。

约 60 种，广布于北温带。中国 39 种。徂徕山 3 种。

分种检索表

1. 叶互生，花被长 13~20 mm。
    2. 花序具（3）5~12（17）朵花 ·· 1. 热河黄精 Polygonatum macropodum
    2. 花序具 1~2（4）朵花 ·· 2. 玉竹 Polygonatum odoratum
1. 叶轮生，花被长 9~12 mm ·· 3. 黄精 Polygonatum sibiricum

1. 热河黄精（图 1052）

Polygonatum macropodum Turcz.

Bull. Soc. Imp. Naturalistes Moscou 5: 205. 1832.

根状茎圆柱形，直径 1~2 cm。茎高 30~100 cm。叶互生，卵形至卵状椭圆形，稀卵状矩圆形，长

4~8（10）cm，先端尖。花序具（3）5~12（17）花，近伞房状，总花梗长 3~5 cm，花梗长 0.5~1.5 cm；苞片无或极微小，位于花梗中部以下；花被白色或带红点，全长 15~20 mm，裂片长 4~5 mm；花丝长约 5 mm，具 3 狭翅呈皮屑状粗糙，花药长约 4 mm；子房长 3~4 mm，花柱长 10~13 mm。浆果深蓝色，直径 7~11 mm，具 7~8 粒种子。花期 5~6 月；果期 9 月。

产于上池、马场。生于林下或阴坡。国内分布于辽宁、河北、山西、山东。

根状茎可入药。

2. 玉竹（图 1053）

Polygonatum odoratum（Miller）Druce
Ann. Scott. Nat. Hist. 60: 226. 1906.

根状茎圆柱形，直径 5~14 mm。茎高 20~50 cm，具 7~12 叶。叶互生，椭圆形至卵状矩圆形，长 5~12 cm，宽 3~16 cm，先端尖，下面带灰白色，下面脉上平滑至呈乳头状粗糙。花序具 1~4 花（栽培情况下可多达 8 朵），总花梗长 1~1.5 cm，无苞片或有条状披针形苞片；花被黄绿色至白色，全长 13~20 mm，花被筒较直，裂片长约 3~4 mm；花丝丝状，近平滑至具乳头状突起，花药长约 4 mm；子房长 3~4 mm，花柱长 10~14 mm。浆果蓝黑色，直径 7~10 mm，具 7~9 粒种子。花期 5~6 月；果期 7~9 月。

徂徕山各山地林区均产。生于林下或山野阴坡。国内分布于东北地区及河北、山西、内蒙古、甘肃、青海、山东、河南、湖北、湖南、安徽、江西、江苏、台湾。欧亚大陆温带地区广布。

根状茎药用，系中药"玉竹"。

3. 黄精（图 1054）

Polygonatum sibiricum F. Delaroche
Liliac. 6: t. 315. 1811.

多年生草本，根状茎圆柱状，由于结节膨大，因此"节间"一头粗、一头细，在粗的一头有短分枝（中药志称这种根状茎类型所制成的药材为鸡头黄精），直径 1~2 cm。茎高 50~90 cm，或可达 1 m 以上，有时呈攀缘状。叶轮生，每轮 4~6 枚，条状披针形，长 8~15 cm，宽（4）6~

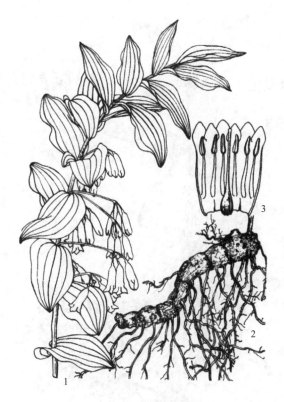

图 1052 热河黄精
1. 植株上部；2. 根状茎及根；
3. 展开的花被（示雄蕊及雌蕊）

图 1053 玉竹
1. 植株上部；2. 根状茎及根；
3. 展开的花被（示雄蕊及雌蕊）

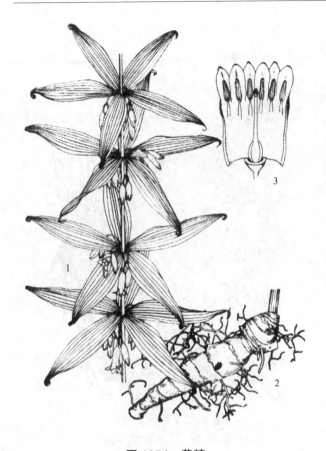

图 1054 黄精
1. 植株上部；2. 根状茎；3. 花展开

16 mm，先端拳卷或弯曲成钩。花序通常具 2~4 朵花，似呈伞形状，总花梗长 1~2 cm，花梗长（2.5）4~10 mm，俯垂；苞片位于花梗基部，膜质，钻形或条状披针形，长 3~5 mm，具 1 脉；花被乳白色至淡黄色，全长 9~12 mm，花被筒中部稍缢缩，裂片长约 4 mm；花丝长 0.5~1 mm，花药长 2~3 mm；子房长约 3 mm，花柱长 5~7 mm。浆果直径 7~10 mm，黑色，具 4~7 粒种子。花期 5~6 月；果期 8~9 月。

马场有栽培。国内分布于东北地区及河北、山西、陕西、内蒙古、宁夏、甘肃、河南、安徽、浙江。朝鲜、蒙古和俄罗斯西伯利亚东部也有分布。

黄精是中国传统中草药，其根状茎为常用中药"黄精"。

9. 山麦冬属 Liriope Lour.

多年生草本。根状茎短，有时具地下匍匐茎；根细长，有时近末端呈纺锤状膨大。叶基生，密集成丛，禾叶状，基部常为具膜质边缘的鞘所包裹。花莛从叶丛中央抽出，通常较长，总状花序具多数花；花数朵簇生于苞片腋内；苞片小，干膜质；小苞片很小，位于花梗基部；花梗直立，具关节；花被片 6，分离，2 轮排列，淡紫色或白色；雄蕊 6 枚，着生于花被片基部；花丝稍长，狭条形；花药基着，2 室，近于内向开裂；子房上位，3 室，每室具 2 枚胚珠；花柱三棱柱形，柱头小，略具 3 齿裂。果实在发育早期外果皮即破裂，露出种子。种子 1 或数粒同时发育，浆果状，球形或椭圆形，早期绿色，成熟后常呈暗蓝色。

约 8 种，分布于越南、菲律宾、日本和中国。中国 6 种，主要产于秦岭以南各地。徂徕山 2 种。

分种检索表

1. 花药狭矩圆形，长约 2 mm，几等长于花丝；叶宽 4~6（8）mm ·················· 1. 山麦冬 Liriope spicata
1. 花药矩圆形，长约 1 mm，短于花丝；叶宽 2~4 mm ·················· 2. 禾叶山麦冬 Liriope graminifolia

1. 山麦冬（图 1055）

Liriope spicata（Thunb.）Lour.

Fl. Cochinch. 201. 1790.

根稍粗，直径 1~2 mm，有时分枝多，近末端常膨大成矩圆形、椭圆形或纺缍形的肉质小块根；根状茎短，木质，具地下走茎。叶长 25~60 cm，宽 4~6（8）mm，先端急尖或钝，基部常包以褐色叶鞘，上面深绿色，背面粉绿色，5 脉，中脉较明显，边缘具细锯齿。花莛长于或几等长于叶，稀稍短于叶，长 25~65 cm；总状花序长 6~15（20）cm，多花；花通常（2）3~5 朵簇生于苞片腋内；苞片小，披针形，最下面的长 4~5 mm，干膜质；花梗长约 4 mm，关节位于中部以上或近顶端；花被片矩圆形、矩圆状披针形，长 4~5 mm，先端钝圆，淡紫色或淡蓝色；花丝长约 2 mm；花药狭矩圆形，长约 2 mm；子房近球形，花柱长约 2 mm，稍弯，柱头不明显。种子近球形，直径约 5 mm。花期 5~7 月；果期 8~10 月。

徂徕山各山地林区均产。除东北地区及内蒙古、青海、新疆、西藏外，国内其他地区广泛分布和栽培。也分布于日本、越南。

为常见栽培的观赏植物。肉质小块根可供药用。

2. 禾叶山麦冬（图 1056）

Liriope graminifolia (Linn.) Baker

Journ. Linn. Soc. Bot. 14: 538. 1875.

根细或稍粗，分枝多，有时有纺锤形小块根；根状茎短或稍长，具地下走茎。叶长 20~50（60）cm，宽 2~3（4）mm，先端钝或渐尖，具 5 脉，近全缘，但先端边缘具细齿，基部常有残存的枯叶或有时撕裂成纤维状。花葶稍短于叶，长 20~48 cm，总状花序长 6~15 cm，多花；花通常 3~5 朵簇生于苞片腋内；苞片卵形，先端具长尖，最下面的长 5~6 mm，干膜质；花梗长约 4 mm，关节位于近顶端；花被片狭矩圆形或矩圆形，先端钝圆，长 3.5~4 mm，白色或淡紫色；花丝长 1~1.5 mm，宽扁；花药近矩圆形，长约 1 mm；子房近球形；花柱长约 2 mm，稍粗，柱头与花柱等宽。种子卵圆形或近球形，直径 4~5 mm，初期绿色，成熟时蓝黑色。花期 6~8 月；果期 9~11 月。

徂徕山各山地林区均有零星分布。国内分布于河北、山西、陕西、甘肃、河南、安徽、湖北、贵州、四川、江苏、浙江、江西、福建、台湾和广东。

小块根有时作麦冬供药用。

图 1055 山麦冬
1. 植株；2. 花；3. 雌蕊

图 1056 禾叶山麦冬
1. 植株；2. 花

138. 鸢尾科 Iridaceae

多年生、稀一年生草本。地下通常具根状茎、球茎或鳞茎。叶基生，少为互生，条形、剑形或丝状，基部成鞘状，互相套迭，具平行脉。大多数种类只有花茎，少数种类有分枝或不分枝的地上茎。花两性，色泽鲜艳美丽，辐射对称，少为左右对称，单生、簇生或总状、穗状、聚伞及圆锥花序；花或花序下有1至多个草质或膜质苞片，簇生、对生、互生；花被裂片6，2轮排列，内轮裂片与外轮裂片同形等大或不等大，花被管通常为丝状或喇叭形；雄蕊3，花药多外向开裂；花柱1，上部多有3个分枝，分枝圆柱形或扁平呈花瓣状，柱头3~6，子房下位，3室，中轴胎座，胚珠多数。蒴果，成熟时室背开裂；种子多数，半圆形或为不规则的多面体，少为圆形，扁平，表面光滑或皱缩，常有附属物或小翅。

约70~80属1800种，广泛分布于全世界的热带、亚热带及温带地区，分布中心在非洲南部及美洲热带。中国2属59种，另引入栽培多个属种。徂徕山1属3种。

1. 鸢尾属 Iris Linn.

多年生草本。根状茎长条形或块状，横走或斜伸，纤细或肥厚。叶多基生，相互套迭，排成2列，叶剑形，条形或丝状，叶脉平行，中脉明显或无，基部鞘状，顶端渐尖。大多数的种类只有花茎而无明显的地上茎，花茎自叶丛中抽出，多数种类伸出地面，少数短缩而不伸出，顶端分枝或不分枝；花序生于分枝的顶端或仅在花茎顶端生1朵花；花及花序基部着生数枚苞片，膜质或草质；花较大，蓝紫色、紫色、红紫色、黄色、白色；花被管喇叭形、丝状或甚短而不明显，花被裂片6枚，2轮排列，外轮花被裂片3枚，常较内轮的大，上部常反折下垂，基部爪状，多数呈沟状，无附属物或具有鸡冠状及须毛状的附属物，内轮花被裂片3枚，直立或向外倾斜；雄蕊3，着生于外轮花被裂片的基部，花药外向开裂，花丝与花柱基部离生；雌蕊的花柱单一，上部3分枝，分枝扁平，拱形弯曲，有鲜艳的色彩，呈花瓣状，顶端再2裂，裂片半圆形、三角形或狭披针形，柱头生于花柱顶端裂片的基部，多为半圆形、舌状，子房下位，3室，中轴胎座，胚珠多数。蒴果椭圆形、卵圆形或圆球形，顶端有或无喙，成熟时室背开裂；种子梨形、扁平半圆形或为不规则的多面体，有附属物或无。

约225种，分布于北温带。中国约58种，主要分布于西南、西北及东北地区。徂徕山3种。

分种检索表

1. 花茎二歧状分枝；叶顶端向外弯曲，呈镰刀状；花被管甚短 ·· 1. 野鸢尾 Iris dichotoma
1. 花茎非二歧状分枝，或无明显的花茎。
  2. 外花被裂片的中脉上无附属物；叶条形，宽3~6 mm ·· 2. 紫苞鸢尾 Iris ruthenica
  2. 外花被裂片的中脉上有不规则鸡冠状附属物；叶宽剑形，宽1.5~3.5 cm ·············· 3. 鸢尾 Iris tectorum

1. 野鸢尾（图1057）

Iris dichotoma Pallas

Reise Russ. Reich. 3: 712. 1776.

多年生草本。根状茎为不规则块状，棕褈色或黑褈色；须根发达，粗而长，分枝少。叶基生或在花茎基部互生，两面灰绿色，剑形，长15~35 cm，宽1.5~3 cm，顶端弯曲呈镰刀形，渐尖，基部鞘状抱茎，无明显中脉。花茎实心，高40~60 cm，上部二歧状分枝，分枝处生有披针形的茎生叶，下部有1~2枚抱茎的茎生叶。花序生于分枝顶端；苞片4~5枚，膜质，绿色，边缘白色，披针形，长1.5~

2.3 cm，内有 3~4 朵花；花蓝紫色或浅蓝色，有棕褐色斑纹，直径 4~4.5 cm；花梗细，常超出苞片，长 2~3.5 cm；花被管甚短，外花被裂片宽倒披针形，长 3~3.5 cm，宽约 1 cm，上部向外反折，无附属物，内花被裂片狭倒卵形，长约 2.5 cm，宽 6~8 mm，顶端微凹；雄蕊长 1.6~1.8 cm，花药与花丝等长；花柱分枝扁平，花瓣状，长约 2.5 cm，顶端裂片狭三角形；子房绿色，长约 1 cm。蒴果圆柱形或略弯曲，长 3.5~5 cm，直径 1~1.2 cm，果皮黄绿色，革质，成熟时自顶端向下开裂至 1/3 处；种子暗褐色，椭圆形，有翅。花期 7~8 月；果期 8~9 月。

徂徕山各山地林区均产。生于向阳干燥的草地、山坡石隙。国内分布于东北地区及内蒙古、河北、山西、山东、河南、安徽、江苏、江西、陕西、甘肃、宁夏、青海。也分布于俄罗斯、蒙古。

2. 紫苞鸢尾（图 1058，彩图 99）

Iris ruthenica Ker Gawler

Bot. Mag. 28: t. 1123. 1808.

多年生草本，植株基部围有短的鞘状叶。根状茎斜伸，二歧分枝，节明显，外包以棕褐色老叶残留的纤维，直径 3~5 mm；须根粗，暗褐色。叶条形，灰绿色，长 20~25 cm，宽 3~6 mm，顶端长渐尖，基部鞘状，有 3~5 条纵脉。花茎纤细，略短于叶，高 15~20 cm，有 2~3 枚茎生叶；苞片 2 枚，膜质，绿色，边缘带红紫色，披针形或宽披针形，长约 3 cm，宽 0.8~1 cm，中脉明显，内有 1 朵花；花蓝紫色，直径 5~5.5 cm；花梗长 0.6~1 cm；花被管长 1~1.2 cm，外花被裂片倒披针形，长约 4 cm，宽 0.8~1 cm，有白色及深紫色斑纹，内花被裂片直立，狭倒披针形，长 3.2~3.5 cm，宽约 6 mm；雄蕊长约 2.5 cm，花药乳白色；花柱分枝扁平，长 3.5~4 cm，顶端裂片狭三角形，子房狭纺锤形，长约 1 cm。蒴果球形或卵圆形，直径 1.2~1.5 cm，6 肋，顶端无喙，成熟时自顶端向下开裂至 1/2 处；种子球形或梨形，有乳白色附属物。花期 5~6 月；果期 7~8 月。

徂徕山各山地林区均产。生于山坡草地。国内分布于东北地区及内蒙古、河北、山西、山东、河南、江苏、浙江、陕西、甘肃、宁夏、四川、云南、西藏、新疆。俄罗斯也有分布。

图 1057　野鸢尾

1. 植株下部；2. 花序；3. 花；4. 果枝

图 1058　紫苞鸢尾

1~2. 植株；3. 果实

3. 鸢尾（图 1059）

Iris tectorum Maxim.

Bull. Acad. Imp. Sci. Saint-Pétersbourg 15: 380. 1871.

多年生草本，植株基部围有老叶残留的膜质叶鞘及纤维。根状茎粗壮，二歧分枝；须根较细而短。叶基生，稍弯曲，中部略宽，宽剑形，长 15~50 cm，宽 1.5~3.5 cm，顶端渐尖，基部鞘状，有数条不明显的纵脉。花茎光滑，高 20~40 cm，顶部常有 1~2 个短侧枝，中、下部有 1~2 枚茎生叶；苞片 2~3 枚，绿色，草质，边缘膜质，披针形或长卵圆形，长 5~7.5 cm，宽 2~2.5 cm，顶端渐尖，内有 1~2 花；花蓝紫色，直径约 10 cm；花梗甚短；花被管细长，长约 3 cm，上端膨大成喇叭形，外花被裂片圆形或宽卵形，长 5~6 cm，宽约 4 cm，顶端微凹，爪部狭楔形，中脉上有不规则的鸡冠状附属物，成不整齐的 状裂，内花被裂片椭圆形，长 4.5~5 cm，宽约 3 cm，花盛开时向外平展，爪部突然变细；雄蕊长约 2.5 cm，花药鲜黄色，花丝细长；花柱分枝扁平，淡蓝色，长约 3.5 cm，顶端裂片近四方形；子房纺锤状圆柱形，长 1.8~2 cm。蒴果长椭圆形或倒卵形，长 4.5~6 cm，直径 2~2.5 cm，有 6 条明显的肋，成熟时自上而下 3 瓣裂；种子黑褐色，梨形，无附属物。花期 4~5 月；果期 6~8 月。

图 1059 鸢尾
1. 植株下部及根状茎；2. 花；3. 果

大寺有栽培。国内分布于山西、安徽、江苏、浙江、福建、湖北、湖南、江西、广西、陕西、甘肃、四川、贵州、云南、西藏。

139. 龙舌兰科 Agavaceae

多年生草本，有时呈灌木或乔木状，有根状茎；地上茎缩短或高大。叶常聚生于茎顶部，或基生，通常狭窄，厚或肉质，具纤维，全缘或有刺状锯齿。花两性、杂性或雌雄异株，辐射对称或稍两侧对称，穗状花序、总状花序或大型圆锥花序，分枝下通常具苞片；花被管短或长，花被裂片不相等或近相等；雄蕊 6，着生于花被管上或花被裂片基部，花丝丝状或近基部变厚，离生，花药线形，2 室，内向，纵裂；子房上位或下位，3 室，中轴胎座，每室 1 至多枚胚珠，花柱细长。蒴果室背开裂或为浆果；种子含有肉质胚乳。

约 20 属 670 种，分布于热带、亚热带，尤以半沙漠区最多。中国南部原产 2 属 3 种，引入栽培多种。徂徕山 1 属 1 种。

1. 丝兰属 Yucca Linn.

茎短或长，木质化，有时有分枝。叶簇生于茎枝顶端，条状披针形至长条形，常厚实、坚挺而具刺状顶端，边缘有细齿或作丝裂。圆锥花序从叶丛抽出；花近钟形；花被片 6，离生；雄蕊 6，短于花被片；花丝粗厚，上部常外弯；花药较小，箭形，丁字状着生；花柱短或不明显，柱头3裂；子房近矩圆形，3室。果实为不裂或开裂的蒴果，或为浆果。种子多数，扁平，薄，常具黑色种皮。

约30种，分布于中美洲至北美洲。中国引种栽培2种。徂徕山1种。

1. 凤尾兰（图1060）

Yucca gloriosa Linn.

Sp. Pl. 319. 1753.

常绿灌木；高1~2 m。茎有主干，有时分枝。叶密集，螺旋状排列，质坚硬；叶片剑形，长40~80 cm，宽4~6 cm，先端锐尖，坚硬如刺，全缘，通常无白色丝状纤维，叶脉平行，不明显，上面绿色，有白粉，下面淡绿色；无柄。花葶通常高1~1.5 m；花大，乳白色或顶端带紫红头，下垂，多数，排成圆锥花序；花被片6，宽卵形，长4~5 cm；雄蕊6，花丝肉质先端约1/3向外反曲；柱头3裂。果实倒卵状长圆形，长5~6 cm，肉质，不开裂。花、果期6~9月。

图1060 凤尾兰
1. 植株；2. 花序；3. 叶先端

徂徕山有栽培。原产北美洲东南部。中国各地公园绿地常见栽培。

140. 百部科 Stemonaceae

多年生草本或半灌木，攀缘或直立，全体无毛，通常具肉质块根，较少具横走根状茎。叶互生、对生或轮生，具柄或无柄。花序腋生或贴生于叶片中脉；花两性，整齐；花被片4枚，2轮，上位或半上位；雄蕊4枚。生于花被片基部，短于或几等长于花被片；花丝极短，离生或基部多少合生成环；花药线形，背着或底着，2室，内向，纵裂，顶端具附属物或无；药隔通常伸长，突出于药室之外，呈钻状线形或线状披针形；子房上位或近半下位，1室；花柱不明显；柱头小，不裂或2~3浅裂；胚珠2至多数，直立于室底或悬垂于室顶，珠柄长或短。蒴果卵圆形，稍扁，熟时裂为2片。种子卵形或长圆形，具丰富胚乳，种皮厚，具多数纵槽纹；胚细长，坚硬。

4属约32种，分布于亚洲东部、南部至澳大利亚及北美洲的亚热带地区。中国2属8种，主要分布于秦岭以南各地。徂徕山1属1种。

1. 百部属 Stemona Lour.

块根肉质、纺锤状，成簇。茎攀缘或直立。叶3~4（5）轮生，较少对生或互生，主脉基出，横脉细密而平行。花两性，辐射对称，单朵或数朵排成总状、聚伞状花序；花梗或花序柄常贴生于叶柄和叶片中脉上；花被片4枚，近相等，披针形；雄蕊4枚，生于花被片基部，花丝短；花药线形，直立，底着，顶端具附属物；花柱不明显，柱头极小，不裂或2~3裂；胚珠2至多数。果顶端具短喙。种子长圆形或卵形，表面具多数纵纹，一端丛生有膜质附属物。

约 27 种，从印度东北部往南到澳大利亚，东至中国、日本都有分布。中国 7 种。徂徕山 1 种。

1. 直立百部（图 1061）

Stemona sessilifolia（Miq.）Miq.

Prolus. Fl. Jap. 386. 1867.

半灌木。块根纺锤状，粗约 1 cm。茎直立，高 30~60 cm，不分枝，具细纵棱。叶薄革质，通常 3~4 枚轮生，很少为 5 或 2 枚，卵状椭圆形或卵状披针形，长 3.5~6 cm，宽 1.5~4 cm，顶端短尖或锐尖，基部楔形，具短柄或近无柄。花单朵腋生，通常出自茎下部鳞片腋内；鳞片披针形，长约 8 mm；花梗向外平展，长约 1 cm，中上部具关节；花向上斜升或直立；花被片长 1~1.5 cm，宽 2~3 mm，淡绿色；雄蕊紫红色；花丝短；花药长约 3.5 mm，顶端附属物与药等长或稍短，药隔伸延约为花药长的 2 倍；子房三角状卵形。蒴果有种子数粒。花期 3~5 月；果期 6~7 月。

徂徕山各山地林区均有零星分布。常生于林下。国内分布于浙江、江苏、安徽、江西、山东、河南等省份。日本引入栽培。

根可药用。

图 1061 直立百部
1. 块根；2. 植株上部；3. 花；4. 雄蕊群；5. 雄蕊正面观；6. 雄蕊侧面观；7. 雌蕊；8. 植株下部

141. 菝葜科 Smilacaceae

灌木或半灌木，极少草本，攀缘或直立，常具坚硬、粗厚的根状茎。叶互生，主脉基出，有网状支脉，叶柄常有鞘和卷须。花小，单性异株，极少两性，通常排成腋生的伞形花序，较少为穗状花序、总状花序或圆锥花序；花被 6，离生或合生成管；雄蕊通常 6 枚，少有 3 或达 15 枚；花药 2 室，多少汇合，在中央内侧纵裂；子房 3 室，每室 1~2 枚胚珠。浆果，具 1~3 粒种子。

3 属约 375 种。中国 2 属 88 种。徂徕山 1 属 2 种。

1. 菝葜属 Smilax Linn.

攀缘或直立小灌木，极少为草本，常具坚硬的根状茎。枝条圆柱形或有时四棱形，常有刺。叶为 2 列的互生，全缘，具 3~7 主脉和网状细脉；叶柄两侧边缘常具翅状鞘，鞘的上方有 1 对卷须，或无卷须，向上至叶片基部一段有一色泽较暗的脱落点。由于脱落点位置不同，在叶片脱落时或带着一段叶柄，或几乎不带叶柄。花小，单性异株，通常排成单个腋生的伞形花序，较少再由伞形花序排成圆锥花序或穗状花序；腋生花序的基部有时有 1 个和叶柄相对的鳞片（先出叶）；花序托常膨大，有时稍伸长而使伞形花序多少呈总状；花被片 6，离生，有时靠合；雄花具 6 枚雄蕊，极少为 3 或多达 15 枚；花药基着，2 室，内向，通常在靠近药隔的一侧开裂；雌花具（1）3~6 枚丝状或条形的退化雄蕊，极少无退化雄蕊；子房 3 室，每室具 1~2 枚胚珠，花柱较短，柱头 3 裂。浆果球形，具少数种子。

约 300 种，广布于全球热带地区，也见于东亚和北美洲的温暖地区。中国约 80 种，主要分布于长江以南各省份。徂徕山 2 种。

分种检索表

1. 多年生草质藤本；茎无刺 ··· 1. 牛尾菜 Smilax riparia
1. 攀缘灌木或半灌木；茎具淡黑色细长针刺 ······································· 2. 华东菝葜 Smilax sieboldii

1. 牛尾菜（图1062）

Smilax riparia A. DC.

Monogr. Phan. 1: 55. 1878.

多年生草质藤本。茎长 1~2 m，中空，有少量髓，干后凹瘪并具槽。叶形变化较大，长 7~15 cm，宽 2.5~11 cm，下面绿色，无毛；叶柄长 7~20 mm，通常中部以下有卷须。伞形花序总花梗较纤细，长 3~5（10）cm；小苞片长 1~2 mm，在花期一般不落；雌花比雄花略小，不具或具钻形退化雄蕊。浆果直径 7~9 mm。花期 6~7 月；果期 10 月。

产于大寺张栏、光华寺等林区。生于林下、灌丛、山沟或山坡草丛中。除内蒙古、新疆、西藏、青海、宁夏以及四川、云南高山地区外，全国都有分布。也分布于朝鲜、日本和菲律宾。

根状茎有止咳祛痰作用；嫩苗可供蔬食。

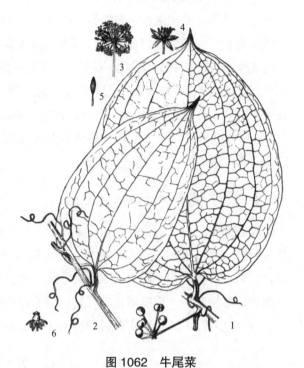

图 1062　牛尾菜
1. 果枝；2. 枝一部分（示叶及卷须）；3. 雄花序；
4. 雄花；5. 雄蕊；6. 雌花

2. 华东菝葜（图1063）

Smilax sieboldii Miq.

Verslagen Meded. Afd. Natuurk. Kon. Akad. Wetensch., ser. 2, 2: 87. 1868.

攀缘灌木或半灌木，具粗短的根状茎。茎长 1~2 m，小枝常带草质，干后稍凹瘪，具淡黑色细长针刺，较少近无刺。叶草质，卵形，长 3~9 cm，宽 2~5（8）cm，先端长渐尖，基部常截形；叶柄长 1~2 cm，约占一半具狭鞘，有卷须，脱落点位于上部。伞形花序具数花；总花梗纤细，长 1~2.5 cm，通常长于叶柄或近等长；花序托几不膨大；花绿黄色；雄花花被片长 4~5 mm，内 3 片比外 3 片稍狭；雄蕊稍短于花被片，花丝比花药长；雌花小于雄花，具 6 枚退化雄蕊。浆果直径 6~7 mm，熟时蓝黑色。花期 5~6 月；果期 10 月。

产于马场、王庄等林区。生于林下、灌丛中或山坡草丛中。国内分布于辽宁、山东、江苏、安徽、浙江、福建和台湾等省份。也分布于朝鲜和日本。

图 1063　华东菝葜
1. 根状茎及根；2. 花枝；3. 果枝；4. 雄花

142. 薯蓣科 Dioscoreaceae

缠绕草质或木质藤本，少数为矮小草本。地下具根状茎或块茎。茎左旋或右旋，有刺或无刺。叶互生，有时中部以上对生，单叶或掌状复叶，单叶常为心形或卵形、椭圆形，掌状复叶的小叶常为披针形或卵圆形，基出脉3~9，侧脉网状；叶柄扭转，有时基部有关节。花单性或两性，雌雄异株，很少同株。花单生、簇生或排列成穗状、总状或圆锥花序；雄花花被片或花被裂片6，2轮，基部合生或离生；雄蕊6枚，有时其中3枚退化，花丝着生于花被的基部或花托上；退化子房有或无。雌花花被片和雄花相似；退化雄蕊3~6枚或无；子房下位，3室，每室胚珠2枚，稀多数，中轴胎座，花柱3，分离。蒴果、浆果或翅果，蒴果三棱形，每棱翅状，成熟后顶端开裂；种子有翅或无翅，有胚乳，胚细小。

9属650种，广布于全球的热带和温带地区，尤以美洲热带地区种类较多。中国1属52种。徂徕山1属2种。

1. 薯蓣属 Dioscorea Linn.

缠绕藤本。地下有根状茎或块茎，其形状、颜色、入土深度、化学成分因种类而不同。单叶或掌状复叶，互生，有时中部以上对生，基出脉3~9，侧脉网状。叶腋内有或无珠芽（或叫零余子）。花单性，雌雄异株，很少同株。雄花有雄蕊6枚，有时其中3退化；雌花有退化雄蕊3~6枚或无。蒴果三棱形，每棱翅状，成熟后顶端开裂；种子有膜质翅。

约600多种，广布于热带及温带地区。中国52种，主产西南部和东南部，西北部和北部较少。徂徕山2种。

分种检索表

1. 茎左旋；叶掌状心形，三角状浅裂、中裂或深裂 ····················· 1. 穿龙薯蓣 Dioscorea nipponica
1. 茎右旋；叶卵状三角形至宽卵形或戟形 ································ 2. 薯蓣 Dioscorea polystachya

图1064 穿龙薯蓣
1.叶枝；2.根状茎和不定根；3.花及苞片；
4.展开的雄花；5.雄蕊（背腹面）；
6.果序；7.种子

1. 穿龙薯蓣（图1064）

Dioscorea nipponica Makino

Ill. Fl. Jap. 1（7）: 2. 1891.

草质藤本。根状茎横生，圆柱形，栓皮层显著剥离。茎左旋，近无毛，长达5 m。单叶互生，叶柄长10~20 cm；叶片掌状心形，变化较大，茎基部叶长10~15 cm，宽9~13 cm，边缘作不等大的三角状浅裂、中裂或深裂，顶端叶片小，近于全缘，叶表面有光泽，无毛或有稀疏白色细柔毛，以脉上较密。雌雄异株。雄花序为腋生的穗状花序，花序基部常由2~4朵集成小伞状，至花序顶端常为单花；苞片披针形，顶端渐尖，短于花被；花被碟形，6裂，裂片顶端钝圆；雄蕊6枚，着生于花被裂片的中央。雌花序穗状，单生；雌花具有退化雄蕊，雌蕊柱头3裂，裂片再2裂。蒴果三棱形，顶端凹入，基部近圆形，每棱翅状，长约2 cm，宽约1.5 cm；种子每室2粒，有时仅1粒发育，着生于中轴基部，四周有不等的薄膜状翅，上方呈长方形。花期6~8月；果期8~10月。

徂徕山各山地林区均产。生于阴湿林下或灌丛中。国内分布于东北、华北地区及河南、安徽、浙江、江西、陕西、甘肃、宁夏、青海、四川等省份。也产于日本、朝鲜、俄罗斯。

穿龙薯蓣是著名药用植物，根状茎入药，能舒筋活血、祛风止痛，又为合成"可的松"及性激素的重要原料。

2. 薯蓣（图 1065）

Dioscorea polystachya Turcz.

Bull. Soc. Imp. Naturalistes Moscou 7: 158. 1837.

草质藤本。块茎长圆柱形，垂直生长，长可达 1 m，断面干时白色。茎常带紫红色，右旋，无毛。单叶，在茎下部的互生，中部以上的对生，很少 3 叶轮生；叶片变异大，卵状三角形至宽卵形或戟形，长 3~9（16）cm，宽 2~7（14）cm，顶端渐尖，基部深心形、宽心形或近截形，边缘常 3 浅裂至 3 深裂，中裂片卵状椭圆形至披针形，侧裂片耳状、圆形、近方形至长圆形；幼苗时一般叶片为宽卵形或卵圆形，基部深心形。叶腋内常有珠芽。雌雄异株。雄花序为穗状花序，长 2~8 cm，近直立，2~8 个着生于叶腋，偶而呈圆锥状排列；花序轴明显地呈"之"字状曲折；苞片和花被片有紫褐色斑点；雄花的外轮花被片为宽卵形，内轮卵形，较小；雄蕊 6。雌花序为穗状花序，1~3 个着生于叶腋。蒴果不反折，三棱状扁圆形或三棱状圆形，长 1.2~2 cm，宽 1.5~3 cm，外面有白粉；种子着生于每室中轴中部，四周有膜质翅。花期 6~9 月；果期 7~11 月。

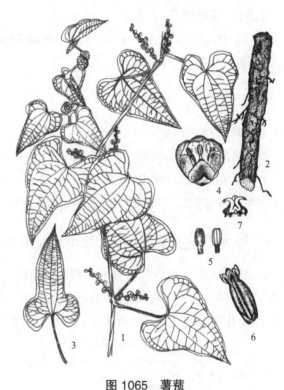

图 1065 薯蓣
1. 花枝；2. 根；3. 叶；4. 雄花；5. 雄蕊（背腹面）；
6. 雌花；7. 雌花花柱、柱头及退化雄蕊

徂徕山各山地林区均产，也有栽培。国内分布于东北地区及河北、山东、河南、安徽、江苏、浙江、江西、福建、台湾、湖北、湖南、广西、贵州、云南、四川、甘肃、陕西等省份。朝鲜、日本也有分布。

块茎可供食用，也为常用中药，有强壮、祛痰的功效。

143. 兰科 Orchidaceae

地生、附生草本，少为腐生，罕攀缘；地生与腐生种类常有块茎或肥厚的根状茎，附生种类常有由茎的一部分膨大而成的肉质假鳞茎。叶基生或茎生，茎生叶互生或生于假鳞茎顶端，扁平或有时圆柱形或两侧压扁。花莛或花序顶生或侧生；花排成总状花序或圆锥花序，少有为缩短的头状花序或减退为单花，两性，通常两侧对称；花被片 6，2 轮；萼片离生或不同程度合生；中央 1 枚花瓣的形态常有较大的特化，明显不同于 2 枚侧生花瓣，称唇瓣，唇瓣由于花（花梗和子房）作 180° 扭转或 90° 弯曲，常处于下方（远轴的一方）；子房下位，1 室，侧膜胎座，较少 3 室而具中轴胎座；除子房外整个雌雄蕊器官完全融合成柱状体，称蕊柱；蕊柱顶端一般具药床和 1 枚花药，腹面有 1 柱头穴，柱头与花药之间有 1 个舌状器官，称蕊喙（源自柱头上裂片），极罕具 2~3 枚花药（雄蕊）、2 个隆起的柱头或不具蕊喙；蕊柱基部有时向前下方延伸成足状，称蕊柱足，此时 2 枚侧萼片基部常着生于蕊

柱足上，形成囊状结构，称蕊囊；花粉通常黏合成团块，称花粉团，花粉团的一端常变成柄状物，称花粉团柄；花粉团柄连接于由蕊喙的一部分变成固态黏块即黏盘上，有时黏盘还有柄状附属物，称黏盘柄；花粉团、花粉团柄、黏盘柄和黏盘连接在一起，称花粉块，但有的花粉块不具花粉团柄或黏盘柄，有的不具黏盘而只有黏质团。蒴果，较少呈荚果状，具极多种子。种子细小，无胚乳，种皮常在两端延长成翅状。

约 800 属 25000 种，产全球热带地区和亚热带地区，少数种类也见于温带地区。中国 194 属 1388 种。徂徕山 3 属 3 种。

分属检索表

1. 地下具块茎或假鳞茎。
　　2. 具块茎圆球形或卵圆形，肉质；叶通常 1 枚 ·· 1. 无柱兰属 Amitostigma
　　2. 具假鳞茎，或有时具多节的肉质茎 ·· 2. 羊耳蒜属 Liparis
1. 无块茎及假鳞茎；根数条簇生，指状、肉质 ·· 3. 绶草属 Spiranthes

1. 无柱兰属 Amitostigma Schlechter

地生草本。块茎圆球形或卵圆形，肉质，颈部生几条细长根。叶 1 枚，罕为 2~3 枚，基生或茎生，长圆形、披针形、椭圆形或卵形。总状花序顶生，常具多数花，少为 1~2 花，花多偏向一侧，少数由于花序轴的缩短而呈近头状；花苞片通常为披针形，直立伸展；子房圆柱形至纺锤形，扭转，有时被细乳头状突起，基部多少具花梗；花较小，淡紫色、粉红色或白色，倒置（唇瓣位于下方）；萼片离生，长圆形、椭圆形或卵形，具 1 脉；花瓣直立，较宽；唇瓣通常较萼片和花瓣长而宽，向前伸展，基部具距，前部 3 或 4 裂；蕊柱极短；退化雄蕊 2；花药生于蕊柱顶，2 室，药室并行；花粉团 2 个，为具小团块的粒粉质，具花粉团柄和黏盘，裸盘裸露，附于蕊喙基部两侧的凹口处；蕊喙较小，位于药室下部之间，基部两侧多少斜上延伸，边缘贴生于蕊柱壁上；柱头 2 个，离生，隆起，多为棒状，从蕊喙穴下向外伸出；退化雄蕊 2 个，生于花药的基部两侧。蒴果近直立。

约 30 种，主要分布于东亚及其周围地区。中国 22 种，以西南山区为多，四川、云南和西藏是本属现代的分布中心和分化中心。徂徕山 1 种。

1. 无柱兰（图 1066，彩图 100）

Amitostigma gracile（Blume）Schlechter
Repert. Spec. Nov. Regni Veg. Beih. 4: 93. 1919.

多年陆生草本，高 7~20 cm，光滑。块茎椭圆状球形。茎纤细，直立，近基部具 1 片叶。叶狭长椭圆形或卵状披针形，直立平伸，长 5~12 cm，宽 1~3.5 cm，先端钝或急尖，基部鞘状抱茎。总状花

图 1066　无柱兰
1. 植株；2. 花；3. 萼片、花瓣和唇瓣

序疏生 5~20 余朵花；苞片小，直立伸展，卵状披针形或卵形，短于子房；子房圆柱形，连花梗长 7~10 mm；花小，粉红色或紫红色；中萼片卵形，直立，长 2.5~3 mm，宽 1.5~2 mm，舟状，先端钝；侧萼片斜卵形或倒卵形，先端钝；花瓣椭圆形或卵形，与萼片等大，先端急尖；唇瓣长大于宽，倒卵形，基部楔形，中部之上 3 裂，中裂片长 2~4 mm，宽 0.5~2 mm，倒卵状楔形，先端截形、钝圆形、有时微凹或浅缺口；侧裂片披针形、长椭圆形、长卵形或三角形；距纤细，下垂，长 2~3 mm；蕊柱极短，直立；药室并行，花粉团卵球形，具花粉团柄和小的黏盘；蕊喙小，直立；柱头 2 个，从蕊喙之下伸出；退化雄蕊 2 个。蒴果近直立。花期 6~7 月；果期 9~10 月。

产于马场风门沟。生于山坡沟谷边或林下阴湿处。国内分布于安徽、福建、广西、贵州、河北、湖南、河南、湖北、江苏、辽宁、陕西、四川、台湾、浙江等省份。日本、朝鲜也有分布。

2. 羊耳蒜属 Liparis Rich.

地生或附生草本，通常具假鳞茎或有时具多节的肉质茎。假鳞茎密集或疏离，外面常被有膜质鞘。叶 1 至数枚，基生或茎生（地生种类），或生于假鳞茎顶端或近顶端的节上（附生种类），草质、纸质至厚纸质，多脉，基部多少具柄，具或不具关节。花葶顶生，直立、外弯或下垂，常稍呈扁圆柱形并在两侧具狭翅；总状花序疏生或密生多花；花苞片小，宿存；花小或中等大，扭转；萼片相似，离生或极少 2 枚侧萼片合生，平展，反折或外卷；花瓣通常比萼片狭，线形至丝状；唇瓣不裂或偶见 3 裂，有时在中部或下部缢缩，上部或上端常反折，基部或中部常有胼胝体，无距；蕊柱一般较长，多少向前弓曲，罕有短而近直立的，上部两侧常多少具翅，极少具 4 翅或无翅，无蕊柱足；花药俯倾，极少直立；花粉团 4 个，成 2 对，蜡质，无明显的花粉团柄和黏盘。蒴果球形至其他形状，常多少具 3 钝棱。

约 320 种，广泛分布于全球热带与亚热带地区，少数种类也见于北温带。中国 63 种。岨徕山 1 种。

1. 羊耳蒜（图 1067）

Liparis campylostalix H. G. Reich.

Linnaea 41: 45.1877.

陆生草本。假鳞茎卵形至球形，长 5~12 mm，径约 3~8 mm，外被 2~3 枚薄膜质鞘。叶 2 枚，卵形、卵状长圆形或近椭圆形，长 5~10 cm，宽 2~4 cm，先端急尖或钝，全缘或偶为皱波状，基部收狭成鞘状柄；叶柄长 1.5~8 cm，基部鞘状，无关节。花序长 10~25 cm；花序柄两侧在花期可见狭翅；总状花序具数花；花苞片披针形，长 1~5.5 mm，先端尖。花梗和子房长 5~10 mm；花淡绿色，常带有粉红至紫色；萼片线状披针形，长 5~9 mm，宽 1.8~2 mm，先端略钝，具 3 脉；侧萼片稍斜歪，矩圆状披针形，长 4.5~8.5 mm，宽 1.5~2 mm，具 3 脉；花瓣丝状，长 5~7 mm，宽约 0.5 mm，具 1 脉；唇瓣楔形至矩圆状倒卵形，长 5~6 mm，宽 3~3.5 mm，全缘或稍有不明显细齿或，基部逐渐变狭；蕊柱长 2.5~3.5 mm，上端略有翅，基部扩大。花期 6~8 月；果期 9~10 月。

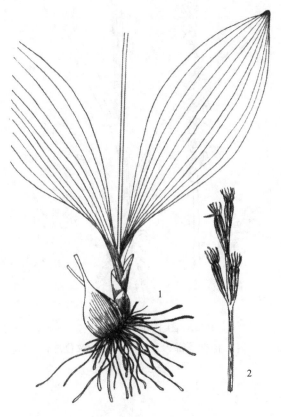

图 1067 羊耳蒜
1. 植株下部；2. 果实

产于上池、马场等林区。生于林缘、林间草地、灌丛中土层深厚肥沃的阴湿环境。国内分布于东北地区及内蒙古、河北、河南、山西、甘肃、湖北、四川、贵州、云南、台湾、西藏等省份。日本、朝鲜、俄罗斯远东地区也有分布。

全草药用，有活经调血、清热解毒、补肺止血等功效。

3. 绶草属 Spiranthes Rich.

地生草本。根数条，指状，肉质，簇生。叶基生，多少肉质，叶片线形、椭圆形或宽卵形，罕为半圆柱形，基部下延成柄状鞘。总状花序顶生，具多数密生的小花，似穗状，常多少呈螺旋状扭转；花不完全展开，倒置（唇瓣位于下方）；萼片离生，近相似；中萼片直立，常与花瓣靠合呈兜状；侧萼片基部常下延而胀大，有时呈囊状；唇瓣基部凹陷，常有2枚胼胝体，有时具短爪，多少围抱蕊柱，不裂或3裂，边缘常呈皱波状；蕊柱短或长，圆柱形或棒状，无蕊柱足或具长的蕊柱足；花药直立，2室，位于蕊柱的背侧；花粉团2个，粒粉质，具短的花粉团柄和狭的黏盘；蕊喙直立，2裂；柱头2个，位于蕊喙的下方两侧。

约50种，主要分布于北美洲，少数种类见于南美洲、欧洲、亚洲、非洲和澳大利亚。中国3种，广布于全国各地。徂徕山1种。

1. 绶草（图1068）

Spiranthes sinensis（Pers.）Ames

Orch. 2: 53. 1908.

植株高13~30 cm。根数条，指状，肉质，簇生于茎基部。茎较短，近基部生2~5枚叶。叶片宽线形或宽线状披针形，极罕为狭长圆形，直立伸展，长3~10 cm，常宽5~10 mm，先端急尖或渐尖，基部收狭具柄状抱茎的鞘。花茎直立，长10~25 cm，上部被腺状柔毛至无毛；总状花序具多数密生的花，长4~10 cm，呈螺旋状扭转；花苞片卵状披针形，先端长渐尖，下部的长于子房；子房纺锤形，扭转，被腺状柔毛，连花梗长4~5 mm；花小，紫红色、粉红色或白色，在花序轴上呈螺旋状排生；萼片的下部靠合，中萼片狭长圆形，舟状，长4 mm，宽1.5 mm，先端稍尖，与花瓣靠合呈兜状；侧萼片偏斜，披针形，长5 mm，宽约2 mm，先端稍尖；花瓣斜菱状长圆形，先端钝，与中萼片等长但较薄；唇瓣宽长圆形，凹陷，长4 mm，宽2.5 mm，先端极钝，前半部上面具长硬毛且边缘具强烈皱波状啮齿，唇瓣基部凹陷呈浅囊状，囊内具2枚胼胝体。花期7~8月。

图1068 绶草
1.植株下部；2.花序；3.花及苞片；4.除去苞片的花

徂徕山各山地林区均产。生于山坡林下、灌丛下、草地中。全国各地均有分布。也广泛分布于俄罗斯、蒙古、朝鲜半岛、日本、阿富汗、克什米尔地区至不丹、印度、缅甸、越南、泰国、菲律宾、马来西亚、澳大利亚。

全草或根作药用，有清热凉血、消炎止痛、止血的功效。

中文名索引

A

阿尔泰狗娃花	667
阿拉伯婆婆纳	626
阿穆尔莎草	769
矮齿韭	881
艾	689
安蕨属	020
凹头苋	171

B

八宝属	297
八角枫	428
八角枫科	428
八角枫属	428
巴天酸模	207
芭蕉	873
芭蕉科	872
芭蕉属	872
菝葜科	900
菝葜属	900
白菜	268
白车轴草	407
白刺属	496
白花菜科	264
白花草木犀	405
白花丹参	593
白花地丁	237
白花葛藤	370
白桦	152
白蜡树	607
白蜡树属	606
白梨	339
白蔹	464
白鳞莎草	773
白马骨属	651
白茅	859
白茅属	858
白皮松	057
白杆	050
白屈菜	111
白屈菜属	111
白首乌	530
白檀	289
白棠子树	567
白头翁	102
白头翁属	102
白薇	532
白羊草	862
白药谷精草	763
白英	540
白颖薹草	792
白榆	126
白玉兰	084
白芷	517
百部科	899
百部属	899
百合科	877
百合属	884
百里香属	598
百日菊	710
百日菊属	709
百蕊草	434
百蕊草属	434
柏科	065
柏木	068
柏木属	067
败酱	661
败酱科	658
败酱属	659
稗	846
稗属	846
斑地锦	445
斑叶堇菜	237
斑种草	559
斑种草属	558
板栗	144
半岛鳞毛蕨	038
半夏	756
半夏属	755
半枝莲	574
棒头草	817
棒头草属	817
薄荷	596
薄荷属	596
薄鞘隐子草	834
宝盖草	587
报春花科	290
抱头毛白杨	256
北柴胡	521
北方獐牙菜	525
北京丁香	612
北京槲栎	147
北京堇菜	235
北京铁角蕨	031
北京杨	258
北京隐子草	833
北马兜铃	091
北美独行菜	282
北美短叶松	062
北美红槭	482
北美苋	172
北美香柏	067
北水苦荬	627
北玄参	624
北枳椇	456
荸荠属	786
蓖麻	451
蓖麻属	451
碧冬茄	546

碧冬茄属	546	草木樨属	405	重瓣棣棠	328
篦齿眼子菜	748	草木樨状黄芪	385	虫实属	161
萹蓄	196	草瑞香	416	稠李	356
蝙蝠葛	110	草瑞香属	416	稠李属	356
蝙蝠葛属	110	草沙蚕属	831	臭草	819
鞭叶耳蕨	040	侧柏	066	臭草属	818
扁柏属	068	侧柏属	066	臭椿	488
扁担杆属	218	叉齿薹草	796	臭椿属	488
扁豆	402	叉分蓼	204	臭冷杉	049
扁豆属	402	茶	211	臭牡丹	569
扁莎属	776	茶藨子科	296	臭檀	493
扁穗莎草	770	茶藨子属	296	雏菊	676
变豆菜	512	茶菱	635	雏菊属	676
变豆菜属	511	茶菱属	635	穿龙薯蓣	902
变色白前	534	柴胡属	520	垂果南芥	277
变异铁角蕨	031	菖蒲	752	垂柳	262
蘽草属	778	菖蒲科	752	垂盆草	300
滨菊属	680	菖蒲属	752	垂丝海棠	337
波齿糖芥	278	常春藤属	506	垂丝卫矛	440
菠菜	163	常夏石竹	191	垂序商陆	155
菠菜属	162	朝天委陵菜	318	春蓼	202
播娘蒿	279	朝阳隐子草	833	春榆	127
播娘蒿属	279	车前	603	唇形科	569
菥蓝	269	车前科	602	茨藻科	749
		车前属	603	慈姑属	742
C		车轴草属	406	刺柏属	069
菜豆	398	扯根菜	303	刺苞南蛇藤	437
菜豆属	398	扯根菜属	302	刺儿菜	713
蚕豆	393	柽柳	239	刺槐	367
苍耳	697	柽柳科	239	刺槐属	366
苍耳属	696	柽柳属	239	刺楸	505
苍术	718	齿瓣延胡索	118	刺楸属	505
苍术属	718	齿翅蓼	205	葱	882
糙苏	591	齿果酸模	207	葱属	878
糙苏属	591	赤飑	252	楤木属	507
糙叶败酱	660	赤飑属	252	丛枝蓼	201
糙叶黄芪	384	赤豆	399	翠菊	675
草地早熟禾	824	赤松	060	翠菊属	675
草莓	316	赤小豆	400		
草莓属	316	翅果菊	735	**D**	
草木樨	406			达乌里黄芪	386

中文名索引

打碗花 552	淡竹 802	东洋对囊蕨 025
打碗花属 552	弹刀子菜 621	冬瓜 246
大滨菊 680	当归属 516	冬瓜属 246
大车前 604	党参属 643	冬青科 440
大茨藻 750	稻 803	冬青属 441
大丁草 721	稻属 803	冻绿 459
大丁草属 721	灯台树 432	豆茶决明 362
大豆 397	灯心草 764	豆科 363
大豆属 396	灯心草科 764	豆梨 341
大果榆 126	灯心草属 764	独行菜 282
大花臭草 820	低矮薹草 793	独行菜属 281
大花金鸡菊 703	荻 856	杜鹃花科 284
大花马齿苋 175	地丁草 115	杜鹃花属 284
大花美人蕉 875	地耳草 216	杜梨 340
大花野豌豆 389	地肤 160	杜仲 124
大画眉草 829	地肤属 160	杜仲科 124
大戟 447	地构叶 450	杜仲属 124
大戟科 443	地构叶属 450	短梗胡枝子 374
大戟属 444	地黄 628	短梗挖耳草 640
大丽花 705	地黄属 628	断节莎 774
大丽花属 704	地椒 598	椴树科 216
大麻 132	地角儿苗 388	椴树属 217
大麻槿 226	地锦 445	对节白蜡 609
大麻科 132	地梢瓜 531	对囊蕨属 023
大麻属 132	地笋 597	钝齿铁角蕨 030
大麦 811	地笋属 597	钝萼附地菜 562
大麦属 810	地榆 311	钝叶冬青 441
大披针薹草 794	地榆属 311	钝羽对囊蕨 024
大青属 568	棣棠 327	盾果草属 560
大山黧豆 394	棣棠属 327	多苞斑种草 559
大叶白蜡 607	点地梅 290	多花胡枝子 374
大叶胡颓子 409	点地梅属 290	多花蔷薇 313
大叶黄杨 439	丁香蓼属 426	多花水苋 414
大叶朴 130	丁香属 611	多色苦荬菜 738
大叶铁线莲 100	东北南星 754	E
大油芒 857	东北蒲公英 741	鹅肠菜 185
大油芒属 856	东北蹄盖蕨 022	鹅肠菜属 185
大籽蒿 684	东海铁角蕨 032	鹅耳枥 153
丹参 592	东亚唐松草 102	鹅耳枥属 152
单瓣缫丝花 315	东亚岩蕨 033	鹅绒藤 530

鹅绒藤属 529	枫香属 121	高丛越橘 287
鹅掌楸 087	枫杨 143	高粱 864
鹅掌楸属 087	枫杨属 143	高粱属 864
耳基水苋 413	锋芒草属 835	葛萝槭 481
耳蕨属 039	蜂斗菜 677	葛属 369
耳羽岩蕨 035	蜂斗菜属 676	葛藤 369
二乔玉兰 084	凤尾蕨科 016	葛枣猕猴桃 213
二球悬铃木 120	凤尾蕨属 016	沟酸浆 622
二色金光菊 701	凤尾兰 899	沟酸浆属 622
二形鳞薹草 798	凤仙花 503	钩齿溲疏 295
F	凤仙花科 502	狗筋蔓 186
法国冬青 655	凤仙花属 503	狗舌草 678
番茄 539	凤眼蓝 876	狗舌草属 677
番茄属 538	凤眼蓝属 876	狗娃花 668
番薯 550	佛手瓜 253	狗尾草 842
番薯属 548	佛手瓜属 253	狗尾草属 842
番泻决明属 362	扶芳藤 439	狗牙根 837
翻白草 320	芙蓉葵 226	狗牙根属 837
繁缕 182	拂子茅 816	枸骨 441
繁缕景天 301	拂子茅属 815	枸橘 492
繁缕属 179	浮萍 757	枸杞 536
繁穗苋 170	浮萍科 757	枸杞属 536
反枝苋 169	浮萍属 757	构 136
返顾马先蒿 630	辐射砖子苗 775	构属 136
饭包草 760	附地菜 561	谷精草科 762
防风 511	附地菜属 561	谷精草属 763
防风属 511	复序飘拂草 785	谷子 483
防己科 109	复叶槭 478	拐芹当归 516
飞廉属 710	复羽叶栾树 474	关节酢浆草 498
飞蓬属 671	**G**	贯众 036
费菜 299	甘菊 681	贯众属 036
费菜属 299	甘蓝 269	光萼溲疏 295
粉背蕨属 017	甘露子 590	光稃香草 811
粉花绣线菊 307	柑橘属 492	光果田麻 217
风花菜 272	赶山鞭 215	光滑柳叶菜 425
风轮菜 595	刚松 061	光叶榉 131
风轮菜属 595	刚竹属 801	光叶蛇葡萄 464
风毛菊属 716	杠板归 197	广序臭草 820
风箱果属 306	杠柳 535	广玉兰 086
枫香 121	杠柳属 534	广州蔊菜 272

鬼针草属	706	黑杨	259	虎耳草科	301
桂花	614	黑榆	127	虎耳草属	303
桂竹香	277	黑藻	744	虎尾草	836
过山蕨	029	黑藻属	744	虎尾草属	836
H		红白忍冬	656	虎尾铁角蕨	030
孩儿参属	183	红柴胡	520	虎掌	756
海桐	293	红车轴草	407	虎杖	206
海桐花科	293	红豆杉科	071	虎杖属	206
海桐花属	293	红豆杉属	071	花椒	494
海州常山	568	红蓼	202	花椒属	494
海州香薷	582	红鳞扁莎	776	花木蓝	381
含羞草科	357	红皮云杉	051	花旗杆	276
蘖菜	273	红瑞木	431	花旗杆属	276
蘖菜属	271	红松	058	花楸属	334
旱柳	261	红叶黄栌	483	花楸树	335
旱芹	515	红叶石楠	333	花蔺科	557
旱生卷柏	010	狐尾藻属	410	花椰菜	270
蒿属	683	胡萝卜	509	花叶滇苦菜	738
蒿子秆	680	胡萝卜属	509	华北白前	532
禾本科	799	胡麻科	634	华北鳞毛蕨	037
禾秆蹄盖蕨	023	胡麻属	634	华北落叶松	053
禾叶山麦冬	895	胡桃	141	华北石韦	042
合欢	357	胡桃科	141	华北绣线菊	307
合欢属	357	胡桃楸	142	华北鸦葱	731
合萌	370	胡桃属	141	华北珍珠梅	309
合萌属	370	胡颓子科	408	华东菝葜	901
何首乌	205	胡颓子属	408	华东藨草	778
河北对囊蕨	025	胡枝子	373	华东早熟禾	825
河柳	263	胡枝子属	372	华山松	058
荷兰菊	675	葫芦	241	画眉草	828
盒子草	251	葫芦科	240	画眉草属	828
盒子草属	251	葫芦属	241	桦木科	148
褐穗莎草	772	湖北海棠	337	桦木属	151
鹤草	188	湖瓜草	789	槐	366
鹤虱	562	湖瓜草属	789	槐属	365
鹤虱属	562	槲寄生	435	槐叶蘋科	044
黑茶蔍子	296	槲寄生科	434	黄鹌菜	732
黑桦	151	槲寄生属	435	黄鹌菜属	732
黑松	059	槲树	147	黄背草	866
黑心金光菊	701	虎耳草	304	黄檗	492

黄檗属	491	藿香属 584	建始槭 478
黄瓜	246	**J**	剑叶金鸡菊 704
黄瓜假还阳参	734	芨芨草属 813	箭杆杨 260
黄瓜属	244	鸡冠花 174	箭头蓼 198
黄海棠	214	鸡冠眼子菜 748	姜 874
黄花菜	890	鸡桑 135	姜科 873
黄花葱	880	鸡屎藤 650	姜属 874
黄花蒿	685	鸡屎藤属 650	豇豆 400
黄花落叶松	053	鸡腿堇菜 230	豇豆属 399
黄花茅属	811	鸡眼草 379	角蒿 639
黄荆	565	鸡眼草属 379	角蒿属 639
黄精	893	鸡爪槭 480	角茴香 114
黄精属	892	棘豆属 387	角茴香属 114
黄连木	485	蒺藜 495	接骨木 653
黄连木属	485	蒺藜科 495	接骨木属 653
黄龙柳	263	蒺藜属 495	节节菜 415
黄栌属	483	戟叶堇菜 233	节节菜属 414
黄芪属	383	戟叶蓼 197	节节草 014
黄芩	576	蓟 712	节节麦 808
黄芩属	574	蓟属 711	结缕草 835
黄秋英	706	稷 853	结缕草属 835
黄杨	443	加拿大杨 260	截叶胡枝子 376
黄杨科	442	加拿大紫荆 359	芥菜 270
黄杨属	442	夹竹桃 527	芥菜疙瘩 271
灰背老鹳草	502	夹竹桃科 526	金灯藤 555
灰莲蒿	687	夹竹桃属 527	金光菊属 700
灰绿藜	160	荚蒾属 654	金鸡菊属 703
灰楸	638	假稻 804	金缕梅 122
茴茴蒜	105	假稻属 804	金缕梅科 121
茴香	518	假还阳参属 733	金缕梅属 122
茴香属	518	假柳叶菜 426	金钱松 054
活血丹	583	假鼠妇草 821	金钱松属 054
活血丹属	583	假苇拂子茅 816	金色狗尾草 843
火棘	329	尖裂假还阳参 733	金丝桃属 214
火棘属	328	尖帽花 524	金星蕨科 027
火炬树	486	尖帽花属 524	金叶女贞 616
火绒草	727	尖头叶藜 159	金银木 656
火绒草属	726	尖嘴薹草 791	金鱼草 625
藿香	584	坚硬女娄菜 187	金鱼草属 624
藿香蓟属	665	菅属 865	金鱼藻 096

金鱼藻科	095	具芒碎米莎草	769	蜡梅属	088
金鱼藻属	096	卷柏科	009	辣椒	547
金盏花	728	卷柏属	009	辣椒属	547
金盏花属	727	卷丹	885	兰考泡桐	619
金盏银盘	707	卷耳属	183	兰科	903
金钟花	611	绢毛匍匐委陵菜	323	蓝萼香茶菜	579
筋骨草	571	决明	362	蓝果树科	429
筋骨草属	571	君迁子	288	蓝花矢车菊	720
堇菜科	228	莙荙菜	163	蓝花矢车菊属	720
堇菜属	228	**K**		狼杷草	709
锦带花	658	咖啡黄葵	224	狼尾草	844
锦带花属	657	看麦娘	814	狼尾草属	844
锦鸡儿	382	看麦娘属	813	狼尾花	292
锦鸡儿属	382	柯孟披碱草	810	榔榆	127
锦葵	222	壳斗科	144	老鹳草	501
锦葵科	220	孔雀草	695	老鹳草属	499
锦葵属	221	孔颖草属	862	老鸦瓣	886
锦绣苋	167	苦参	365	冷杉属	048
荩草	868	苦草	745	冷水花属	140
荩草属	867	苦草属	745	狸藻科	640
京芒草	813	苦瓜	247	狸藻属	640
荆芥	585	苦瓜属	247	梨属	338
荆芥属	585	苦苣菜	739	犁头叶堇菜	233
荆三棱	779	苦苣菜属	738	藜	158
荆条	566	苦苣苔科	633	藜科	157
井栏边草	017	苦楝	490	藜属	157
景天科	297	苦荬菜属	736	李	350
景天属	300	苦荬菜	736	李属	349
韭	879	苦木科	488	鳢肠	699
救荒野豌豆	393	苦糖果	657	鳢肠属	699
桔梗	642	宽叶薹草	795	荔枝草	594
桔梗科	641	筐柳	262	栎属	145
桔梗属	642	栝楼	248	栗属	144
菊花	682	栝楼属	248	连翘	610
菊科	662	阔叶箬竹	801	连翘属	610
菊属	680	阔叶四叶葎	648	莲	094
菊芋	702	**L**		莲科	093
橘草	860	拉拉藤属	646	莲属	094
榉属	131	蜡梅	088	联毛紫菀属	674
具刚毛荸荠	786	蜡梅科	088	楝科	489

楝属 489	龙舌兰科 898	落葵属 176
两歧飘拂草 783	龙师草 788	落新妇 302
两型豆 396	龙须菜 889	落新妇属 302
两型豆属 395	龙芽草 311	落叶松 052
辽东楤木 507	龙芽草属 310	落叶松属 051
辽东冷杉 048	龙爪槐 366	绿豆 402
辽东桤木 149	龙爪柳 262	绿蓟 713
蓼科 193	蒌蒿 688	绿穗苋 169
蓼属 195	楼斗菜属 098	荩草 133
列当 632	漏芦 719	荩草属 133
列当科 631	漏芦属 719	葎叶蛇葡萄 463
列当属 632	芦苇 805	**M**
裂稃草 861	芦苇属 805	
裂稃草属 861	芦竹 806	麻栎 145
裂叶荆芥 586	芦竹属 805	马鞭草科 565
裂叶山葡萄 468	鲁桑 135	马齿苋 175
林地鼠尾草 594	陆地棉 227	马齿苋科 174
林问荆 013	路边青 324	马齿苋属 174
林泽兰 666	路边青属 323	马兜铃 092
鳞毛蕨科 035	露珠草 421	马兜铃科 091
鳞毛蕨属 037	露珠草属 420	马兜铃属 091
凌霄 636	栾树 474	马兰 669
凌霄属 636	栾树属 473	马钱科 523
菱科 418	卵果蕨属 027	马唐 851
菱属 418	卵叶鼠李 458	马唐属 850
流苏树 613	乱子草 839	马先蒿属 629
流苏树属 613	乱子草属 839	麦蓝菜 193
柳杉 064	轮叶节节菜 415	麦蓝菜属 193
柳杉属 063	萝卜 284	麦李 355
柳属 260	萝卜属 283	麦瓶草 189
柳叶菜 423	萝藦 529	满江红 044
柳叶菜科 420	萝藦科 528	满江红属 044
柳叶菜属 422	萝藦属 528	曼陀罗 545
柳叶箬 854	裸花水竹叶 761	曼陀罗属 544
柳叶箬属 854	络石 526	蔓出卷柏 010
六月雪 651	络石属 526	蔓孩儿参 184
龙常草 826	落花生 371	蔓菁 267
龙常草属 826	落花生属 371	芒 855
龙胆科 524	落葵 176	芒属 855
龙葵 541	落葵科 176	牻牛儿苗 499
		牻牛儿苗科 498

中文名索引

牻牛儿苗属 … 499	蒙桑 … 135	南方菟丝子 … 555
毛白杨 … 256	猕猴桃科 … 212	南瓜 … 250
毛刺槐 … 367	猕猴桃属 … 212	南瓜属 … 249
毛打碗花 … 553	米口袋 … 387	南芥属 … 276
毛冻绿 … 459	米口袋属 … 386	南牡蒿 … 692
毛秆野古草 … 869	密毛白莲蒿 … 686	南蛇藤 … 436
毛茛 … 104	蜜甘草 … 454	南蛇藤属 … 436
毛茛科 … 096	绵毛马兜铃 … 093	南天竹 … 107
毛茛属 … 103	绵毛酸模叶蓼 … 204	南天竹属 … 107
毛果兴安虫实 … 162	绵枣儿 … 887	南玉带 … 888
毛果扬子铁线莲 … 100	绵枣儿属 … 887	内折香茶菜 … 579
毛黄栌 … 484	棉属 … 227	尼泊尔蓼 … 199
毛楝 … 431	妙峰岩蕨 … 034	泥胡菜 … 715
毛连菜 … 729	陌上菜 … 623	泥胡菜属 … 715
毛连菜属 … 729	母草属 … 623	拟南芥 … 279
毛马唐 … 852	牡丹 … 210	拟鼠麴草 … 724
毛脉柳叶菜 … 424	牡蒿 … 693	拟鼠麴草属 … 724
毛曼陀罗 … 545	牡荆属 … 565	茑萝松 … 550
毛泡桐 … 620	木防己 … 109	宁夏枸杞 … 537
毛平车前 … 605	木防己属 … 109	牛蒡 … 714
毛葡萄 … 469	木瓜 … 344	牛蒡属 … 714
毛酸浆 … 544	木瓜海棠 … 343	牛鞭草 … 867
毛叶欧李 … 355	木瓜属 … 342	牛鞭草属 … 866
毛竹 … 802	木槿 … 225	牛叠肚 … 326
矛叶荩草 … 868	木槿属 … 224	牛筋草 … 834
茅莓 … 326	木兰科 … 083	牛毛毡 … 787
玫瑰 … 314	木兰属 … 083	牛奶子 … 408
莓叶委陵菜 … 321	木蓝属 … 381	牛尾菜 … 901
梅 … 348	木通 … 108	牛膝 … 165
美国黑胡桃 … 143	木通科 … 107	牛膝菊 … 698
美国红梣 … 608	木通属 … 108	牛膝菊属 … 697
美国凌霄 … 637	木犀科 … 605	牛膝属 … 165
美人蕉 … 875	木犀属 … 614	牛枝子 … 378
美人蕉科 … 874	木贼科 … 012	女娄菜 … 187
美人蕉属 … 875	木贼属 … 012	女菀 … 671
蒙古风毛菊 … 717	苜蓿属 … 403	女菀属 … 670
蒙古蒿 … 687	墓头回 … 659	女贞 … 615
蒙古堇菜 … 238		女贞属 … 614
蒙古栎 … 148	**N**	**O**
蒙古马兰 … 670	南方露珠草 … 422	欧李 … 354

欧菱 … 418	荠 … 280	苘麻 … 223
欧洲黑莓 … 327	荠苨 … 644	苘麻属 … 223
欧洲甜樱桃 … 352	荠属 … 280	秋海棠科 … 253

P

爬山虎 … 465	畦畔飘拂草 … 784	秋海棠属 … 254
爬山虎属 … 465	槭树科 … 477	秋画眉草 … 829
泡桐属 … 618	槭树属 … 477	秋葵属 … 224
蓬子菜 … 648	蒎草 … 818	秋英 … 705
披碱草属 … 809	蒎草属 … 817	秋英属 … 705
枇杷 … 332	千金子 … 831	秋子梨 … 342
枇杷属 … 332	千金子属 … 831	楸 … 638
飘拂草属 … 783	千屈菜 … 412	楸叶泡桐 … 619
平车前 … 605	千屈菜科 … 411	求米草 … 846
苹果 … 338	千屈菜属 … 412	求米草属 … 845
苹果属 … 335	千日红 … 167	球果堇菜 … 231
蘋 … 043	千日红属 … 167	球茎虎耳草 … 304
蘋科 … 043	牵牛 … 549	球穗扁莎 … 777
蘋属 … 043	铅笔柏 … 070	球序韭 … 883
婆婆纳 … 627	前胡属 … 521	球序卷耳 … 183
婆婆纳属 … 626	茜草 … 649	球柱草 … 782
婆婆针 … 707	茜草科 … 646	球柱草属 … 782
匍枝委陵菜 … 322	茜草属 … 649	瞿麦 … 191
葡萄 … 467	茜堇菜 … 236	全叶马兰 … 669
葡萄科 … 462	蔷薇科 … 305	拳参 … 200
葡萄属 … 467	蔷薇属 … 312	雀稗 … 849
蒲公英 … 740	荞麦 … 194	雀稗属 … 848
蒲公英属 … 740	荞麦属 … 194	雀儿舌头 … 455
朴属 … 129	鞘蕊花属 … 577	雀麦 … 822
朴树 … 129	茄 … 540	雀麦属 … 822
普通铁线蕨 … 019	茄科 … 535	雀瓢 … 531
	茄属 … 539	雀舌草 … 181

Q

七叶树 … 476	窃衣属 … 510	雀舌木属 … 454
七叶树科 … 476	芹属 … 515	确山野豌豆 … 391

R

七叶树属 … 476	青绿薹草 … 792	热河黄精 … 892
桤木属 … 149	青杆 … 050	忍冬科 … 652
漆姑草 … 184	青檀 … 128	忍冬属 … 655
漆姑草属 … 184	青檀属 … 128	日本安蕨 … 020
漆属 … 487	青菇 … 173	日本花柏 … 069
漆树 … 487	青菇属 … 173	日本柳杉 … 063
漆树科 … 483	青杨 … 257	日本落叶松 … 052

日本桤木	150	桑属	134	穆属	834
日本散血丹	543	桑叶葡萄	470	陕西粉背蕨	018
日本薹草	798	沙参属	643	商陆	155
日本晚樱	353	沙梨	340	商陆科	154
日本五针松	059	砂地柏	071	商陆属	154
日本纤毛草	810	莎草科	766	芍药	209
日本小檗	106	莎草属	767	芍药科	209
日本樱花	354	山白树	123	芍药属	209
日本紫珠	567	山白树属	123	少蕊败酱	660
绒毛白蜡	608	山茶	211	蛇床	514
绒毛胡枝子	378	山茶科	210	蛇床属	514
榕属	137	山茶属	210	蛇含委陵菜	321
柔毛路边青	325	山东茜草	650	蛇莓	315
柔弱斑种草	560	山东肿足蕨	026	蛇莓属	315
柔枝莠竹	859	山矾科	289	蛇葡萄属	463
乳浆大戟	448	山矾属	289	升马唐	852
软枣猕猴桃	212	山合欢	358	虱子草	836
锐齿槲栎	148	山胡椒属	090	薯	679
瑞香科	416	山荆子	336	薯属	678
瑞香属	417	山鳖豆属	394	十字花科	265
箬竹属	800	山里红	330	石刁柏	889
S		山蚂蚱草	188	石胡荽	694
赛菊芋	703	山麦冬	894	石胡荽属	693
赛菊芋属	703	山麦冬属	894	石榴	419
三角枫	481	山葡萄	468	石榴科	419
三棱草属	779	山芹	513	石榴属	419
三棱水葱	781	山芹属	513	石龙芮	104
三脉紫菀	668	山桃	346	石楠	333
三芒草	838	山桃草属	427	石楠属	333
三芒草属	838	山羊草属	808	石荠苎	600
三球悬铃木	120	山杨	256	石荠苎属	599
三色堇	230	山野豌豆	391	石沙参	645
三桠乌药	090	山樱花	353	石头花属	192
三桠绣线菊	308	山皂荚	361	石韦属	041
三叶朝天委陵菜	318	山楂	329	石竹	190
三叶委陵菜	322	山楂属	329	石竹科	178
伞形科	508	山茱萸	433	石竹属	190
散血丹属	543	山茱萸科	430	柿树	288
桑	134	山茱萸属	430	柿树科	287
桑科	133	杉科	063	柿属	288

首乌属	204	水苋菜属	413	穗花属	625
绶草	906	水榆花楸	334	穗状狐尾藻	410
绶草属	906	水珠草	421	**T**	
瘦脊伪针茅	845	水竹叶	762	薹草属	789
黍属	853	水竹叶属	761	太行铁线莲	099
蜀葵	221	水烛	872	泰山韭	881
蜀葵属	221	睡菜科	556	泰山前胡	522
鼠耳芥属	278	睡莲	095	泰山苋	171
鼠李	460	睡莲科	094	檀香科	433
鼠李科	455	睡莲属	095	探春	616
鼠李属	457	丝瓜	242	唐进薹草	797
鼠尾草属	592	丝瓜属	242	唐松草属	101
鼠尾粟	839	丝兰属	898	糖芥属	277
鼠尾粟属	838	丝毛飞廉	710	洮南灯心草	766
鼠掌老鹳草	501	丝棉木	438	桃	345
薯蓣	903	四数花属	493	桃属	345
薯蓣科	902	四叶葎	647	桃叶鸦葱	731
薯蓣属	902	四籽野豌豆	390	藤黄科	214
栓皮栎	146	松果菊	700	藤长苗	553
双穗飘拂草	784	松果菊属	700	蹄盖蕨科	019
双穗雀稗	849	松蒿	629	蹄盖蕨属	021
水鳖	743	松蒿属	629	天蓝苜蓿	404
水鳖科	743	松科	047	天蓝绣球属	557
水鳖属	743	松属	056	天门冬属	888
水葱	780	菘蓝	283	天名精属	722
水葱属	780	菘蓝属	283	天目琼花	654
水棘针	573	溲疏属	294	天南星科	753
水棘针属	573	素馨属	616	天南星属	753
水金凤	504	粟米草	177	天人菊	696
水蓼	200	粟米草科	177	天人菊属	695
水龙骨科	040	粟米草属	177	田麻属	217
水蔓菁	625	酸浆属	543	田旋花	551
水芹	513	酸模	208	田紫草	563
水芹属	512	酸模属	206	甜菜属	163
水曲柳	609	酸模叶蓼	203	甜瓜	244
水莎草	774	酸枣	461	甜茅属	821
水杉	065	蒜	884	贴梗海棠	343
水杉属	064	碎米荠	275	铁角蕨科	028
水苏属	589	碎米荠属	274	铁角蕨属	028
水蜈蚣属	777	碎米莎草	768	铁苋菜属	449

铁苋菜	449	卫矛科	436	西瓜	243
铁线蕨属	018	卫矛属	437	西瓜属	243
铁线莲属	099	文冠果	475	西葫芦	250
葶苈	281	文冠果属	475	西来稗	847
葶苈属	281	问荆	013	西山堇菜	238
通泉草	621	莴苣	735	西洋梨	341
通泉草属	620	莴苣属	734	稀花蓼	198
茼蒿属	679	乌桕	452	溪洞碗蕨	015
头状穗莎草	771	乌桕属	452	豨莶属	698
透骨草	601	乌蔹莓	462	习见蓼	196
透骨草科	601	乌蔹莓属	462	喜旱莲子草	166
透骨草属	601	乌苏里风毛菊	716	喜树	429
透茎冷水花	140	乌苏里瓦韦	041	喜树属	429
秃山楂	330	乌头	097	细柄草	863
菟丝子	554	乌头属	097	细柄草属	863
菟丝子科	554	无瓣繁缕	182	细柄黍	854
菟丝子属	554	无瓣蔊菜	274	细梗胡枝子	375
W		无刺鳞水蜈蚣	778	细距堇菜	235
瓦松	298	无刺枣	461	细裂委陵菜	320
瓦松属	298	无根萍	758	细毛碗蕨	015
瓦韦属	041	无根萍属	758	细叶臭草	819
歪头菜	392	无梗五加	506	细叶韭	880
弯齿盾果草	561	无花果	138	细叶鳞毛蕨	038
弯曲碎米荠	275	无患子科	473	细叶沙参	644
豌豆	395	无芒稗	847	狭裂太行铁线莲	100
豌豆属	395	无毛风箱果	306	狭叶费菜	299
碗蕨科	014	无心菜	179	狭叶四叶葎	648
碗蕨属	014	无心菜属	179	狭叶珍珠菜	291
万寿菊	694	无柱兰	904	夏至草	580
万寿菊属	694	无柱兰属	904	夏至草属	580
菵草	814	梧桐	219	纤毛披碱草	809
菵草属	814	梧桐科	219	纤弱黄芩	575
望春玉兰	086	梧桐属	219	苋	172
伪针茅属	845	五彩苏	578	苋科	165
苇状羊茅	823	五加科	504	苋属	168
尾穗苋	170	五加属	506	线叶筋骨草	572
委陵菜	319	五叶地锦	466	线叶旋覆花	724
委陵菜属	317	**X**		腺梗豨莶	698
委陵菊	681	西北枸子	331	腺毛委陵菜	318
卫矛	438	西府海棠	336	香茶菜属	578

香椿	490	斜茎黄芪	384	鸦葱属	729
香椿属	490	薤白	883	鸭跖草	760
香附子	770	星花灯心草	765	鸭跖草科	759
香茅属	860	猩猩草	448	鸭跖草属	759
香蒲科	871	兴安胡枝子	377	崖柏属	067
香蒲属	871	杏	348	亚麻科	470
香芹	523	杏属	347	亚麻属	470
香青	725	荇菜	556	烟草	538
香青属	725	荇菜属	556	烟草属	538
香薷	582	熊耳草	665	烟管头草	722
香薷属	581	宿根天人菊	696	延羽卵果蕨	028
向日葵	702	宿根亚麻	471	岩风属	522
向日葵属	701	绣球科	294	岩蕨科	033
小檗科	105	绣线菊属	306	岩蕨属	033
小檗属	106	须苞石竹	191	盐麸木	486
小茨藻	749	徐长卿	533	盐麸木属	485
小二仙草科	410	萱草	890	眼子菜科	746
小果白刺	496	萱草属	889	眼子菜属	746
小花扁担杆	218	玄参科	617	羊耳蒜	905
小花鬼针草	708	玄参属	624	羊耳蒜属	905
小花柳叶菜	423	悬钩子属	325	羊茅属	823
小花山桃草	427	悬铃木科	118	羊乳	643
小画眉草	830	悬铃木属	119	阳芋	542
小黄紫堇	117	旋覆花	723	杨柳科	255
小卷柏	011	旋覆花属	722	杨属	255
小蜡	615	旋花科	548	洋常春藤	506
小藜	158	旋花属	551	洋葱	882
小马泡	245	旋麟莎草	773	野艾蒿	688
小麦	808	旋蒴苣苔	633	野百合	372
小麦属	808	旋蒴苣苔属	633	野慈姑	742
小蓬草	672	雪里蕻	271	野大豆	397
小窃衣	510	雪松	055	野甘蓝	268
小酸浆	544	雪松属	055	野古草属	869
小药八旦子	117	血皮槭	479	野海茄	541
小叶锦鸡儿	383	薰衣草	577	野韭	879
小叶朴	130	薰衣草属	576	野老鹳草	500
小叶鼠李	458	荨麻科	138	野青茅	815
小叶杨	257	栒子属	331	野青茅属	815
小鱼仙草	600	**Y**		野山楂	330
小钻杨	258	鸦葱	730	野黍	850

野黍属	849	
野塘蒿	672	
野豌豆属	388	
野西瓜苗	225	
野线麻	139	
野亚麻	471	
野鸢尾	896	
野芝麻属	586	
叶下珠	453	
叶下珠属	453	
一串红	593	
一年蓬	673	
一球悬铃木	119	
异鳞薹草	799	
异穗薹草	796	
异型莎草	771	
异叶蛇葡萄	464	
益母草	588	
益母草属	587	
薏苡	870	
薏苡属	870	
翼果薹草	791	
阴行草	631	
阴行草属	630	
阴山胡枝子	376	
茵陈蒿	690	
银边翠	446	
银粉背蕨	017	
银械	482	
银杏	046	
银杏科	046	
银杏属	046	
隐子草属	832	
罂粟	113	
罂粟科	111	
罂粟属	112	
樱属	351	
樱桃	352	
蘡薁	469	
迎春	617	
迎红杜鹃	285	
萤蔺	781	
蝇子草属	185	
映山红	286	
硬秆子草	864	
硬质早熟禾	825	
油芒	858	
油松	060	
有斑百合	885	
有柄石韦	042	
莠竹属	859	
榆科	125	
榆属	125	
榆叶梅	347	
虞美人	112	
羽毛荸荠	787	
羽衣甘蓝	270	
雨久花科	876	
玉蜀黍	871	
玉蜀黍属	870	
玉簪	891	
玉簪属	891	
玉竹	893	
芋	755	
芋属	754	
郁金香	887	
郁金香属	886	
鸢尾	898	
鸢尾科	896	
鸢尾属	896	
元宝枫	480	
芫花	417	
芫荽	518	
芫荽属	517	
圆柏	070	
圆基长鬃蓼	201	
圆叶锦葵	222	
圆叶牵牛	549	
圆叶鼠李	457	
远志	472	
远志科	472
远志属	472
月季花	314
月见草	425
月见草属	425
越橘属	287
云杉属	049
云实科	358
芸薹属	267
芸香科	491
Z	
錾菜	589
早开堇菜	232
早熟禾	824
早熟禾属	823
枣属	460
枣树	461
皂荚	360
皂荚属	360
泽兰属	665
泽漆	446
泽芹	519
泽芹属	519
泽泻科	741
泽珍珠菜	292
贼小豆	401
展毛乌头	098
獐牙菜属	525
樟	089
樟科	089
樟属	089
樟子松	061
长冬草	101
长萼鸡眼草	380
长萼堇菜	234
长尖莎草	772
长芒稗	848
长芒草	812
长柔毛野豌豆	390
长蕊石头花	192

长药八宝 …… 298	肿足蕨属 …… 026	紫苜蓿 …… 403
长叶地榆 …… 312	皱果苋 …… 171	紫萍 …… 758
长叶胡枝子 …… 377	诸葛菜 …… 266	紫萍属 …… 758
长鬃蓼 …… 201	诸葛菜属 …… 266	紫杉 …… 072
沼生繁缕 …… 180	猪毛菜 …… 164	紫苏 …… 599
沼生蔊菜 …… 273	猪毛菜属 …… 164	紫苏属 …… 598
照山白 …… 286	猪毛蒿 …… 691	紫穗槐 …… 380
柘 …… 137	猪屎豆属 …… 371	紫穗槐属 …… 380
柘属 …… 137	猪殃殃 …… 647	紫藤 …… 368
针茅属 …… 812	竹灵消 …… 533	紫藤属 …… 368
针叶天蓝绣球 …… 557	竹叶眼子菜 …… 747	紫菀属 …… 666
珍珠菜属 …… 291	烛台虫实 …… 162	紫葳科 …… 636
珍珠梅 …… 309	苎麻属 …… 139	紫薇 …… 411
珍珠梅属 …… 308	锥囊薹草 …… 795	紫薇属 …… 411
榛 …… 153	梓 …… 639	紫叶矮樱 …… 351
榛属 …… 153	梓树属 …… 637	紫叶李 …… 350
芝麻 …… 634	紫苞鸢尾 …… 897	紫玉兰 …… 085
知风草 …… 830	紫草 …… 564	紫珠属 …… 566
栀子 …… 652	紫草科 …… 558	棕榈 …… 751
栀子属 …… 651	紫草属 …… 563	棕榈科 …… 751
直立百部 …… 900	紫椴 …… 218	棕榈属 …… 751
枳椇属 …… 456	紫花地丁 …… 231	菹草 …… 747
中国繁缕 …… 180	紫堇 …… 116	钻天杨 …… 259
中华草沙蚕 …… 832	紫堇科 …… 113	钻叶紫菀 …… 674
中华卷柏 …… 011	紫堇属 …… 115	醉蝶花 …… 264
中华苦荬菜 …… 737	紫荆 …… 359	醉蝶花属 …… 264
中华鳞毛蕨 …… 039	紫荆属 …… 359	酢浆草 …… 497
中华猕猴桃 …… 213	紫马唐 …… 851	酢浆草科 …… 496
中华秋海棠 …… 254	紫茉莉 …… 156	酢浆草属 …… 497
中华蹄盖蕨 …… 021	紫茉莉科 …… 156	
肿足蕨科 …… 026	紫茉莉属 …… 156	

拉丁学名索引

A

Abelmoschus 224
 Abelmoschus esculentus 224
Abies 048
 Abies holophylla 048
 Abies nephrolepis 049
Abutilon 223
 Abutilon theophrasti 223
Acalypha 449
 Acalypha australis 449
Acer 477
 Acer buergerianum 481
 Acer davidii 481
 Acer griseum 479
 Acer henryi 478
 Acer negundo 478
 Acer palmatum 480
 Acer rubrum 482
 Acer saccharinum 482
 Acer truncatum 480
Aceraceae 477
Achillea 678
 Achillea millefolium 679
Achnatherum 813
 Achnatherum pekinense 813
Achyranthes 165
 Achyranthes bidentata 165
Aconitum 097
 Aconitum carmichaelii 097
  var. truppelianum 098
Acoraceae 752
Acorus 752
 Acorus calamus 752
Actinidia 212
 Actinidia arguta 212
 Actinidia chinensis 213
 Actinidia polygama 213
Actinidiaceae 212
Actinostemma 251
 Actinostemma tenerum 251
Adenophora 643
 Adenophora capillaris subsp. paniculata 644
 Adenophora polyantha 645
 Adenophora trachelioides 644
Adiantum 018
 Adiantum edgewothii 019
Aegilops 808
 Aegilops tauschii 808
Aeschynomene 370
 Aeschynomene indica 370
Aesculus 476
 Aesculus chinensis 476
Agastache 584
 Agastache rugosa 584
Agavaceae 898
Ageratum 665
 Ageratum houstonianum 665
Agrimonia 310
 Agrimonia pilosa 311
Ailanthus 488
 Ailanthus altissima 488
Ajuga 571
 Ajuga ciliata 571
 Ajuga linearifolia 572
Akebia 108
 Akebia quinata 108
Alangiaceae 428
Alangium 428
 Alangium chinense 428
Albizia 357
 Albizia julibrissin 357
 Albizia kalkora 358
Alcea 221
 Alcea rosea 221
Aleuritopteris 017
 Aleuritopteris argentea 017
  var. obscura 018
Alismataceae 741
Allium 878
 Allium brevidentatum 881
 Allium cepa 882
 Allium condensatum 880
 Allium fistulosum 882
 Allium macrostemon 883
 Allium ramosum 879
 Allium sativum 884
 Allium taishanense 881
 Allium tenuissimum 880
 Allium thunbergii 883
 Allium tuberosum 879
Alnus 149
 Alnus hirsuta 149
 Alnus japonica 150
Alopecurus 813
 Alopecurus aequalis 814
Alternanthera 166
 Alternanthera bettzickiana 167
 Alternanthera philoxeroides 166
Amaranthaceae 165
Amaranthus 168
 Amaranthus blitoides 172
 Amaranthus blitum 171
 Amaranthus caudatus 170
 Amaranthus cruentus 170
 Amaranthus hybridus 169
 Amaranthus retroflexus 169
 Amaranthus taishanensis 171

Amaranthus tricolor ……172
Amaranthus viridis ……171
Amethystea ……573
　Amethystea caerulea ……573
Amitostigma ……904
　Amitostigma gracile ……904
Ammannia ……413
　Ammannia auriculata ……413
　Ammannia multiflora ……414
Amorpha ……380
　Amorpha fruticosa ……380
Ampelopsis ……463
　Ampelopsis glandulosa ……464
　　var. hancei ……464
　　var. heterophylla ……464
　Ampelopsis humulifolia ……463
　Ampelopsis japonica ……464
Amphicarpaea ……395
　Amphicarpaea edgeworthii ……396
Amygdalus ……345
　Amygdalus davidiana ……346
　Amygdalus persica ……345
　Amygdalus triloba ……347
Anacardiaceae ……483
Anaphalis ……725
　Anaphalis sinica ……725
Androsace ……290
　Androsace umbellata ……290
Angelica ……516
　Angelica dahurica ……517
　Angelica polymorpha ……516
Anisocampium ……020
　Anisocampium niponicum ……020
Anthoxanthum ……811
　Anthoxanthum glabrum ……811
Antirrhinum ……624
　Antirrhinum majus ……625
Apiaceae ……508
Apium ……515
　Apium graveolens ……515

Apocynaceae ……526
Aquifoliaceae ……440
Aquilegia ……098
　Aquilegia viridiflora f. atropurpurea ……098
Arabidopsis ……278
　Arabidopsis thaliana ……279
Arabis ……276
　Arabis pendula ……277
Araceae ……753
Arachis ……371
　Arachis hypogaea ……371
Aralia ……507
　Aralia elata var. glabrescens ……507
Araliaceae ……504
Arctium ……714
　Arctium lappa ……714
Arecaceae ……751
Arenaria ……179
　Arenaria serpyllifolia ……179
Arisaema ……753
　Arisaema amurense ……754
Aristida ……838
　Aristida adscensionis ……838
Aristolochia ……091
　Aristolochia contorta ……091
　Aristolochia debilis ……092
　Aristolochia mollissima ……093
Aristolochiaceae ……091
Armeniaca ……347
　Armeniaca mume ……348
　Armeniaca vulgaris ……348
　　var. ansu ……348
Artemisia ……683
　Artemisia annua ……685
　Artemisia argyi ……689
　Artemisia capillaris ……690
　Artemisia caruifolia ……685
　Artemisia eriopoda ……692
　Artemisia gmelinii var. messerschm-

idiana ……686
　　var. incana ……687
　Artemisia japonica ……693
　Artemisia lavandulifolia ……688
　Artemisia mongolica ……687
　Artemisia scoparia ……691
　Artemisia selengensis ……688
　Artemisia sieversiana ……684
Arthraxon ……867
　Arthraxon hispidus ……868
　Arthraxon prionodes ……868
Arundinella ……869
　Arundinella hirta ……869
Arundo ……805
　Arundo donax ……806
Asclepiadaceae ……528
Asparagus ……888
　Asparagus officinalis ……889
　Asparagus oligoclonos ……888
　Asparagus schoberioides ……889
Aspleniaceae ……028
Asplenium ……028
　Asplenium castaneoviride ……032
　Asplenium incisum ……030
　Asplenium pekinense ……031
　Asplenium ruprechtii ……029
　Asplenium tenuicaule var. subvarians ……030
　Asplenium varians ……031
Aster ……666
　Aster altaicus ……667
　Aster hispidus ……668
　Aster indicus ……669
　Aster mongolicus ……670
　Aster pekinensis ……669
　Aster trinervius subsp. ageratoides ……668
Asteraceae ……662
Astilbe ……302
　Astilbe chinensis ……302

Astragalus ·········· 383
   Astragalus dahuricus ·········· 386
   Astragalus laxmannii ·········· 384
   Astragalus melilotoides ·········· 385
   Astragalus scaberrimus ·········· 384
Athyriaceae ·········· 019
Athyrium ·········· 021
   Athyrium brevifrons ·········· 022
   Athyrium sinense ·········· 021
   Athyrium yokoscense ·········· 023
Atractylodes ·········· 718
   Atractylodes lancea ·········· 718
Azolla ·········· 044
   Azolla pinnata subsp. asiatica ·········· 044

B

Balsaminaceae ·········· 502
Barnardia ·········· 887
   Barnardia japonica ·········· 887
Basella ·········· 176
   Basella alba ·········· 176
Basellaceae ·········· 176
Beckmannia ·········· 814
   Beckmannia syzigachne ·········· 814
Begonia ·········· 254
   Begonia grandis subsp. sinensis ·········· 254
Begoniaceae ·········· 253
Bellis ·········· 676
   Bellis perennis ·········· 676
Benincasa ·········· 246
   Benincasa hispida ·········· 246
Berberidaceae ·········· 105
Berberis ·········· 106
   Berberis thunbergii ·········· 106
Beta ·········· 163
   Beta vulgaris var. cicla ·········· 163
Betula ·········· 151
   Betula dahurica ·········· 151
   Betula platyphylla ·········· 152
Betulaceae ·········· 148
Bidens ·········· 706

Bidens bipinnata ·········· 707
Bidens biternata ·········· 707
Bidens parviflora ·········· 708
Bidens tripartita ·········· 709
Bignoniaceae ·········· 636
Boea ·········· 633
   Boea hygrometrica ·········· 633
Boehmeria ·········· 139
   Boehmeria japonica ·········· 139
Bolboschoenus ·········· 779
   Bolboschoenus yagara ·········· 779
Boraginaceae ·········· 558
Bothriochloa ·········· 862
   Bothriochloa ischaemum ·········· 862
Bothriospermum ·········· 558
   Bothriospermum chinense ·········· 559
   Bothriospermum secundum ·········· 559
   Bothriospermum zeylanicum ·········· 560
Brassica ·········· 267
   Brassica juncea ·········· 270
      var. multiceps ·········· 271
      var. napiformis ·········· 271
   Brassica oleracea ·········· 268
      var. acephala ·········· 270
      var. botrytis ·········· 270
      var. capitata ·········· 269
      var. gongylodes ·········· 269
   Brassica rapa ·········· 267
      var. chinensis ·········· 268
      var. glabra ·········· 268
Brassicaceae ·········· 265
Bromus ·········· 822
   Bromus japonicus ·········· 822
Broussonetia ·········· 136
   Broussonetia papyifera ·········· 136
Bulbostylis ·········· 782
   Bulbostylis barbata ·········· 782
Bupleurum ·········· 520
   Bupleurum chinense ·········· 521
   Bupleurum scorzonerifolium ·········· 520

Buxaceae ·········· 442
Buxus ·········· 442
   Buxus sinica ·········· 443

C

Caesalpiniaceae ·········· 358
Calamagrostis ·········· 815
   Calamagrostis epigeios ·········· 816
   Calamagrostis pseudophragmites ·········· 816
Calendula ·········· 727
   Calendula officinalis ·········· 728
Callicarpa ·········· 566
   Callicarpa dichotoma ·········· 567
   Callicarpa japonica ·········· 567
Callistephus ·········· 675
   Callistephus chinensis ·········· 675
Calycanthaceae ·········· 088
Calystegia ·········· 552
   Calystegia dahurica ·········· 553
   Calystegia hederacea ·········· 552
   Calystegia pellita ·········· 553
Camellia ·········· 210
   Camellia japonica ·········· 211
   Camellia sinensis ·········· 211
Campanulaceae ·········· 641
Campsis ·········· 636
   Campsis grandiflora ·········· 636
   Campsis radicans ·········· 637
Camptotheca ·········· 429
   Camptotheca acuminata ·········· 429
Canna ·········· 875
   Canna × generalis ·········· 875
   Canna indica ·········· 875
Cannabaceae ·········· 132
Cannabis ·········· 132
   Cannabis sativa ·········· 132
Cannaceae ·········· 874
Capillipedium ·········· 863
   Capillipedium assimile ·········· 864
   Capillipedium parviflorum ·········· 863
Caprifoliaceae ·········· 652

Capsella 280	**Cayratia** 462	**Chelidonium** 111
Capsella bursa-pastoris 280	Cayratia japonica 462	Chelidonium majus 111
Capsicum 547	**Cedrus** 055	**Chenopodiaceae** 157
Capsicum annuum 547	Cedrus deodara 055	**Chenopodium** 157
Caragana 382	**Celastraceae** 436	Chenopodium acuminatum 159
Caragana microphylla 383	**Celastrus** 436	Chenopodium album 158
Caragana sinica 382	Celastrus flagellaris 437	Chenopodium ficifolium 158
Cardamine 274	Celastrus orbiculatus 436	Chenopodium glaucum 160
Cardamine flexuosa 275	**Celosia** 173	**Chimonanthus** 088
Cardamine hirsuta 275	Celosia argentea 173	Chimononthus praecox 088
Carduus 710	Celosia cristata 174	**Chionanthus** 613
Carduus crispus 710	**Celtis** 129	Chionanthus retusus 613
Carex 789	Celtis bungeana 130	**Chloris** 836
Carex breviculmis 792	Celtis koraiensis 130	Chloris virgata 836
Carex dimorpholepis 798	Celtis sinensis 129	**Chrysanthemum** 680
Carex duriuscula subsp. rigescens 792	**Centipeda** 693	Chrysanthemum lavandulifolium 681
Carex gotoi 796	Centipeda minima 694	Chrysanthemum morifolium 682
Carex heterolepis 799	**Cerastium** 183	Chrysanthemum potentilloides 681
Carex heterostachya 796	Cerastium glomeratum 183	**Cinnamomum** 089
Carex humilis 793	**Cerasus** 351	Cinnamomum camphora 089
Carex japonica 798	Cerasus avium 352	**Circaea** 420
Carex lanceolata 794	Cerasus dictyoneura 355	Circaea canadensis subsp. quadrisulcata 421
var. subpediformis 794	Cerasus glandulosa 355	Circaea cordata 421
Carex leiorhyncha 791	Cerasus humilis 354	Circaea mollis 422
Carex neurocarpa 791	Cerasus pseudocerasus 352	**Cirsium** 711
Carex raddei 795	Cerasus serrulata 353	Cirsium arvense var. integrifolium 713
Carex siderosticta 795	var. lannesiana 353	Cirsium chinense 713
Carex tangiana 797	Cerasus yedoensis 354	Cirsium japonicum 712
Carpesium 722	**Ceratophyllaceae** 095	**Citrullus** 243
Carpesium cernuum 722	**Ceratophyllum** 096	Citrullus lanatus 243
Carpinus 152	Ceratophyllum demersum 096	**Citrus** 492
Carpinus turczaninowii 153	**Cercis** 359	Citrus trifoliata 492
Caryophyllaceae 178	Cercis canadensis 359	**Cleistogenes** 832
Castanea 144	Cercis chinensis 359	Cleistogenes hancei 833
Castanea mollissima 144	**Chaenomeles** 342	Cleistogenes festucacea 834
Catalpa 637	Chaenomeles cathayensis 343	Cleistogenes hackelii 833
Catalpa bungei 638	Chaenomeles sinensis 344	**Clematis** 099
Catalpa fargesii 638	Chaenomeles speciosa 343	Clematis heracleifolia 100
Catalpa ovata 639	**Chamaecyparis** 068	
	Chamaecyparis pisifera 069	

Clematis hexapetala var. tchefouensis ·· 101
Clematis kirilowii ················· 099
　var. chanetii ···················· 100
Clematis puberula var. tenuisepala ·· 100
Cleomaceae ························ 264
Clerodendrum ···················· 568
　Clerodendrum bungei ······· 569
　Clerodendrum trichotomum ········ 568
Clinopodium ······················· 595
　Clinopodium chinense ······ 595
Clusiaceae ·························· 214
Cnidium ······························ 514
　Cnidium monnieri ············ 514
Cocculus ····························· 109
　Cocculus orbiculatus ········ 109
Codonopsis ·························· 643
　Codonopsis lanceolata ······ 643
Coix ···································· 870
　Coix lacryma-jobi ············· 870
Coleus ································· 577
　Coleus scutellarioides ······· 578
Colocasia ····························· 754
　Colocasia esculenta ··········· 755
Commelina ·························· 759
　Commelina benghalensis ··········· 760
　Commelina communis ······ 760
Commelinaceae ··················· 759
Convolvulaceae ·················· 548
Convolvulus ······················· 551
　Convolvulus arvensis ········ 551
Corchoropsis ······················ 217
　Corchoropsis crenata var. hupehensis ·· 217
Coreopsis ···························· 703
　Coreopsis grandiflora ······· 703
　Coreopsis lanceolata ········· 704
Coriandrum ························ 517
　Coriandrum satium ··········· 518

Corispermum ······················ 161
　Corispermum candelabrum ········ 162
　Corispermum chinganicum var. stellipile ·· 162
Cornaceae ···························· 430
Cornus ································ 430
　Cornus alba ······················· 431
　Cornus controversa············ 432
　Cornus officinalis ·············· 433
　Cornus walteri ··················· 431
Corydalis ····························· 115
　Corydalis bungeana ··········· 115
　Corydalis caudata ·············· 117
　Corydalis edulis ················· 116
　Corydalis raddeana ············ 117
　Corydalis turtschaninovii ············· 118
Corylus ······························· 153
　Corylus heterophylla ········ 153
Cosmos ······························· 705
　Cosmos bipinnata ·············· 705
　Cosmos sulphureus ············ 706
Cotinus ······························· 483
　Cotinus coggygria ············· 483
　　var. cinerea ···················· 483
　　var. pubescens ················ 484
Cotoneaster ························· 331
　Cotoneaster zabelii ············ 331
Crassulaceae ······················· 297
Crataegus ···························· 329
　Crataegus cuneata ············· 330
　Crataegus pinnatifida ······· 329
　　var. major ······················· 330
　　var. pilosa ······················· 330
Crepidiastrum ···················· 733
　Crepidiastrum denticulatum ········ 734
　Crepidiastrum sonchifolium ········ 733
Crotalaria ···························· 371
　Crotalaria sessiliflora ········ 372
Cryptomeria ······················· 063
　Cryptomeria japonica ······· 063

　var. sinensis ······················ 064
Cucumis ······························ 244
　Cucumis bisexualis ············ 245
　Cucumis melo ···················· 244
　　var. conomon ·················· 245
　Cucumis sativus ················· 246
Cucurbita ····························· 249
　Cucurbita moschata ··········· 250
　Cucurbita pepo ·················· 250
Cucurbitaceae ····················· 240
Cupressaceae ······················ 065
Cupressus ··························· 067
　Cupressus funebris ············ 068
Cuscuta ······························· 554
　Cuscuta australis ················ 555
　Cuscuta chinensis ·············· 554
　Cuscuta japonica ··············· 555
Cuscutaceae ························ 554
Cyanus ································ 720
　Cyanus segetum ················· 720
Cymbopogon ······················· 860
　Cymbopogon goeringii ····· 860
Cynanchum ························ 529
　Cynanchum atratum ·········· 532
　Cynanchum bungei ············ 530
　Cynanchum chinense ········ 530
　Cynanchum inamoenum ··········· 533
　Cynanchum mongolicum ············· 532
　Cynanchum paniculatum ············ 533
　Cynanchum thesioides ······ 531
　　var. australe ···················· 531
　Cynanchum versicolor ······ 534
Cynodon ······························ 865
　Cynodon dactylon ············· 865
Cyperaceae ·························· 766
Cyperus ······························· 767
　Cyperus amuricus ·············· 769
　Cyperus compressus ·········· 770
　Cyperus cuspidatus ············ 772
　Cyperus difformis ·············· 771

Cyperus fuscus ················772
Cyperus glomeratus···············771
Cyperus iria ················768
Cyperus michelianus···············773
Cyperus microiria···············769
Cyperus nipponicus···············773
Cyperus odoratus···············774
Cyperus radian ···············775
Cyperus rotundus ···············770
Cyperus serotinus···············774
Cyrtomium················036
Cyrtomium fortunei···············036

D

Dahlia················704
Dahlia pinnata ···············705
Daphne················417
Daphne genkwa···············417
Datura················544
Datura innoxia···············545
Datura stramonium···············545
Daucus················509
Daucus carota var. sativa···············509
Dennstaedtia················014
Dennstaedtia hirsuta···············015
Dennstaedtia wilfordii···············015
Dennstaedtiaceae················014
Deparia················023
Deparia conilii···············024
Deparia japonica···············025
Deparia vegetior···············025
Descurainia················279
Descurainia sophia···············279
Deutzia················294
Deutzia baroniana···············295
Deutzia glabrata···············295
Deyeuxia················815
Deyeuxia pyramidalis···············815
Dianthus················190
Dianthus barbatus···············191
Dianthus chinensis···············190

Dianthus plumarius···············191
Dianthus superbus···············191
Diarrhena················826
Diarrhena mandshurica···············826
Diarthron················416
Diarthron linifolium···············416
Digitaria················850
Digitaria ciliaris···············852
　var. chrysoblephara···············852
Digitaria sanguinalis···············851
Digitaria violascens···············851
Dioscorea················902
Dioscorea nipponica···············902
Dioscorea polystachya···············903
Dioscoreaceae················902
Diospyros················288
Diospyros kaki···············288
Diospyros lotus···············288
Dontostemon················276
Dontostemon dentatus···············276
Draba················281
Draba nemorosa···············281
Dryopteridaceae················035
Dryopteris················037
Dryopteris chinensis···············039
Dryopteris goeringiana···············037
Dryopteris peninsulae···············038
Dryopteris woodsiisora···············038
Duchesnea················315
Duchesnea indica···············315

E

Ebenaceae················287
Echinacea················700
Echinacea purpurea···············700
Echinochloa················846
Echinochloa caudata···············848
Echinochloa crusgall···············846
　var. mitis···············847
　var. zelayensis···············847
Eclipta················699

Eclipta prostrata···············699
Eichhornia················876
Eichhornia crassipes···············876
Elaeagnaceae················408
Elaeagnus················408
Elaeagnus macrophylla···············409
Elaeagnus umbellata···············408
Eleocharis················786
Eleocharis tetraquetra···············788
Eleocharis valleculosa var. setosa
　················786
Eleocharis wichurae···············787
Eleocharis yokoscensis···············787
Eleusine················834
Eleusine indica···············834
Eleutherococcus················506
Eleutherococcus sessiliflorus······506
Elsholtzia················581
Elsholtzia ciliata···············582
Elsholtzia splendens···············582
Elymus················809
Elymus ciliaris···············809
　var. hackelianus···············810
Elymus kamoji···············810
Epilobium················422
Epilobium amurense···············424
　subsp. cephalostigma···············425
Epilobium hirsutum···············423
Epilobium parviflorum···············423
Equisetaceae················012
Equisetum················012
Equisetum arvense···············013
Equisetum ramosissimum··········014
Equisetum sylvaticum···············013
Eragrostis················828
Eragrostis autumnalis···············829
Eragrostis cilianensis···············829
Eragrostis ferruginea···············830
Eragrostis minor···············830
Eragrostis pilosa···············828

Ericaceae ················284
Erigeron ················671
 Erigeron annuus ················673
 Erigeron bonariensis ················672
 Erigeron canadensis ················672
Eriobotrya ················332
 Eriobotrya japonica ················332
Eriocaulaceae ················762
Eriocaulon ················763
 Eriocaulon cinereum ················763
Eriochloa ················849
 Eriochloa villosa ················850
Erodium ················499
 Erodium stephanianum ················499
Erysimum ················277
 Erysimum × cheiri ················277
 Erysimum macilentum ················278
Eucommia ················124
 Eucommia ulmoides ················124
Eucommiaceae ················124
Euonymus ················437
 Euonymus alatus ················438
 Euonymus fortunei ················439
 Euonymus japonicus ················439
 Euonymus maackii ················438
 Euonymus oxyphyllus ················440
Eupatorium ················665
 Eupatorium lindleyanum ················666
Euphorbia ················444
 Euphorbia cyathophora ················448
 Euphorbia esula ················448
 Euphorbia helioscopia ················446
 Euphorbia humifusa ················445
 Euphorbia maculata ················445
 Euphorbia marginata ················446
 Euphorbia pekinensis ················447
Euphorbiaceae ················443

F

Fabaceae ················363
Fagaceae ················144
Fagopyrum ················194
 Fagopyrum esculentum ················194
Fallopia ················204
 Fallopia dentato-alata ················205
 Fallopia multiflora ················205
Festuca ················823
 Festuca arundinacea ················823
Ficus ················137
 Ficus carica ················138
Fimbristylis ················783
 Fimbristylis bisumbellata ················785
 Fimbristylis complanata ················785
  f. exaltata ················786
 Fimbristylis dichotoma ················783
 Fimbristylis squarrosa ················784
 Fimbristylis subbispicata ················784
Firmiana ················219
 Firmiana simplex ················219
Foeniculum ················518
 Foeniculum vulgare ················518
Forsythia ················610
 Forsythia suspensa ················610
 Forsythia viridissima ················611
Fragaria ················316
 Fragaria × ananassa ················316
Fraxinus ················606
 Fraxinus chinensis ················607
  subsp. rhynchophylla ················607
 Fraxinus hupehensis ················609
 Fraxinus mandshurica ················609
 Fraxinus pennsylvanica ················608
 Fraxinus velutina ················608
Fumariaceae ················113

G

Gaillardia ················695
 Gaillardia aristata ················696
 Gaillardia pulchella ················696
Galinsoga ················697
 Galinsoga parviflora ················698
Galium ················646
 Galium bungei ················647
  var. angustifolium ················648
  var. trachyspermum ················648
 Galium spurium ················647
 Galium verum ················648
  var. trachyphyllum ················649
Gardenia ················651
 Gardenia jasminoides ················652
Gaura ················427
 Gaura parviflora ················427
Gentianaceae ················524
Geraniaceae ················498
Geranium ················499
 Geranium carolinianum ················500
 Geranium sibiricum ················501
 Geranium wilfordii ················501
 Geranium wlassowianum ················502
Gesneriaceae ················633
Geum ················323
 Geum aleppicum ················324
 Geum japonicum var. chinense ················325
Ginkgo ················046
 Ginkgo biloba ················046
Ginkgoaceae ················046
Glebionis ················679
 Glebionis carinata ················680
Glechoma ················583
 Glechoma longituba ················583
Gleditsia ················360
 Gleditsia japonica ················361
 Gleditsia sinensis ················360
Glyceria ················821
 Glyceria leptolepis ················821
Glycine ················396
 Glycine max ················397
 Glycine soja ················397
Gomphrena ················167
 Gomphrena globosa ················167
Gossypium ················227
 Gossypium hirsutum ················227

Grewia 218	Humulus scandens 133	Ipomoea quamoclit 550
Grewia biloba var. parviflora 218	**Hydrangeaceae** 294	**Iridaceae** 896
Grossulariaceae 296	**Hydrilla** 744	**Iris** 896
Gueldenstaedtia 386	Hydrilla verticillata 744	Iris dichotoma 896
Gueldenstaedtia multifora 387	**Hydrocharis** 743	Iris ruthenica 897
Gypsophila 192	Hydrocharis dubia 743	Iris tectorum 898
Gypsophila oldhamiana 192	**Hydrocharitaceae** 743	**Isachne** 854

H

	Hylotelephium 297	Isachne globosa 854
Haloragaceae 410	Hylotelephium spectabile 298	**Isatis** 283
Hamamelidaceae 121	**Hypecoum** 114	Isatis tinctoria 283
Hamamelis 122	Hypecoum erectum 114	**Isodon** 578
Hamamelis mollis 122	**Hypericum** 214	Isodon inflexus 579
Hedera 506	Hypericum ascyron 214	Isodon japonicus var. glaucocalyx 579
Hedera helix 506	Hypericum attenuatum 215	
Helianthus 701	Hypericum japonicum 216	**Ixeris** 736
Helianthus annuus 702	**Hypodematiaceae** 026	Ixeris chinensis 737
Helianthus tuberosus 702	**Hypodematium** 026	subsp. versicolor 738
Heliopsis 703	Hypodematium sinense 026	Ixeris polycephala 736

I / J

Heliopsis helianthoides 703	**Ilex** 441	**Jasminum** 616
Hemarthria 866	Ilex cornuta 441	Jasminum floridum 616
Hemarthria sibirica 867	Ilex crenata 441	Jasminum nudiflorum 617
Hemerocallis 889	**Impatiens** 503	**Juglandaceae** 141
Hemerocallis citrina 890	Impatiens balsamina 503	**Juglans** 141
Hemerocallis fulva 890	Impatiens noli-tangere 504	Juglans mandshurica 142
Hemisteptia 715	**Imperata** 858	Juglans nigra 143
Hemisteptia lyrata 715	Imperata cylindrica var. major 859	Juglans regia 141
Hibiscus 224	**Incarvillea** 639	**Juncaceae** 764
Hibiscus cannabinus 226	Incarvillea sinensis 639	**Juncus** 764
Hibiscus moscheutos 226	**Indigofera** 381	Juncus diastrophanthus 765
Hibiscus syriacus 225	Indigofera kirilowii 381	Juncus effusus 764
Hibiscus trionum 225	**Indocalamus** 800	Juncus taonanensis 766
Hippocastanaceae 476	Indocalamus latifolius 801	**Juniperus** 069
Hordeum 810	**Inula** 722	Juniperus chinensis 070
Hordeum vulgare 811	Inula japonica 723	Juniperus sabina 071
Hosta 891	Inula linariifolia 724	Juniperus virginiana 070
Hosta plantaginea 891	**Ipomoea** 548	**K**
Hosta ventricosa 891	Ipomoea batatas 550	**Kalopanax** 505
Hovenia 456	Ipomoea nil 549	Kalopanax septemlobus 505
Hovenia dulcis 456	Ipomoea purpurea 549	**Kerria** 327
Humulus 133		

Kerria japonica …… 327
Kochia …… 160
　Kochia scoparia …… 160
Koeleria …… 817
　Koeleria macrantha …… 818
Koelreuteria …… 473
　Koelreuteria bipinnata …… 474
　Koelreuteria paniculata …… 474
Kummerowia …… 379
　Kummerowia stipulacea …… 380
　Kummerowia striata …… 379
Kyllinga …… 777
　Kyllinga brevifolia …… 777
　　var. leiolepis …… 778

L

Lablab …… 402
　Lablab purpureus …… 402
Lactuca …… 734
　Lactuca indica …… 735
　Lactuca sativa …… 735
Lagenaria …… 241
　Lagenaria siceraria …… 241
Lagerstroemia …… 411
　Lagerstroemia indica …… 411
Lagopsis …… 580
　Lagopsis supina …… 580
Lamiaceae …… 569
Lamium …… 586
　Lamium amplexicaule …… 587
Lappula …… 562
　Lappula squarrosa …… 562
Lardizabalaceae …… 107
Larix …… 051
　Larix gmelinii …… 052
　　var. principis-rupprechtii …… 053
　Larix kaempferi …… 052
　Larix olgensis …… 053
Lathyrus …… 394
　Lathyrus davidii …… 394
Lauraceae …… 089

Lavandula …… 576
　Lavandula angustifolia …… 577
Leersia …… 804
　Leersia japonica …… 804
Leibnitzia …… 721
　Leibnitzia anandria …… 721
Lemna …… 757
　Lemna japonica …… 757
Lemnaceae …… 757
Lentibulariaceae …… 640
Leontopodium …… 726
　Leontopodium leontopodioides …… 727
Leonurus …… 587
　Leonurus japonicus …… 588
　Leonurus pseudomacranthus …… 589
Lepidium …… 281
　Lepidium apetalum …… 282
　Lepidium virginicum …… 282
Lepisorus …… 041
　Lepisorus ussuriensis …… 041
Leptochloa …… 831
　Leptochloa chinensis …… 831
Leptopus …… 454
　Leptopus chinensis …… 455
Lespedeza …… 372
　Lespedeza bicolor …… 373
　Lespedeza caraganae …… 377
　Lespedeza cuneata …… 376
　Lespedeza cyrtobotrya …… 374
　Lespedeza davurica …… 377
　Lespedeza floribunda …… 374
　Lespedeza inschanica …… 376
　Lespedeza potaninii …… 378
　Lespedeza tomentosa …… 378
　Lespedeza virgata …… 375
Leucanthemum …… 680
　Leucanthemum maximum …… 680
Libanotis …… 522
　Libanotis seseloides …… 523
Ligustrum …… 614

　Ligustrum × vicaryi …… 616
　Ligustrum lucidum …… 615
　Ligustrum sinense …… 615
Liliaceae …… 877
Lilium …… 884
　Lilium concolor var. pulchellum …… 885
　Lilium tigrinum …… 885
Linaceae …… 470
Lindera …… 090
　Lindera obtusiloba …… 090
Lindernia …… 623
　Lindernia procumbens …… 623
Linum …… 470
　Linum perenne …… 471
　Linum stelleroides …… 471
Liparis …… 905
　Liparis campylostalix …… 905
Lipocarpha …… 789
　Lipocarpha microcephala …… 789
Liquidambar …… 121
　Liquidambar formosana …… 121
Liriodendron …… 087
　Liriodendron chinense …… 087
Liriope …… 894
　Liriope graminifolia …… 895
　Liriope spicata …… 894
Lithospermum …… 563
　Lithospermum arvense …… 563
　Lithospermum erythrorhizon …… 564
Loganiaceae …… 523
Lonicera …… 655
　Lonicera fragrantissima var. lancifolia …… 657
　Lonicera japonica …… 656
　　var. chinensis …… 656
　Lonicera maackii …… 656
Ludwigia …… 426
　Ludwigia epilobioides …… 426
Luffa …… 242

Luffa aegyptiaca ··········· 242
Lycium ············ 536
    Lycium barbarum ··········· 537
    Lycium chinense ··········· 536
Lycopersicon ············ 538
    Lycopersicon esculentum ··········· 539
Lycopus ············ 597
    Lycopus lucidus ··········· 597
Lysimachia ············ 291
    Lysimachia barystachys ··········· 292
    Lysimachia candida ··········· 292
    Lysimachia pentapetala ··········· 291
Lythraceae ············ 411
Lythrum ············ 412
    Lythrum salicaria ··········· 412

M

Maclura ············ 137
    Maclura tricuspidata ··········· 137
Magnolia ············ 083
    Magnolia × soulangeana ··········· 084
    Magnolia biondii ··········· 086
    Magnolia denudata ··········· 084
    Magnolia grandiflora ··········· 086
    Magnolia liliflora ··········· 085
Magnoliaceae ············ 083
Malus ············ 335
    Malus × micromalus ··········· 336
    Malus baccata ··········· 336
    Malus halliana ··········· 337
    Malus hupehensis ··········· 337
    Malus pumila ··········· 338
Malva ············ 221
    Malva cathayensis ··········· 222
    Malva pusilla ··········· 222
Malvaceae ············ 220
Marsilea ············ 043
    Marsilea quadrifolia ··········· 043
Marsileaceae ············ 043
Mazus ············ 620
    Mazus pumilus ··········· 621
    Mazus stachydifolius ··········· 621
Medicago ············ 403
    Medicago lupulina ··········· 404
    Medicago sativa ··········· 403
Melia ············ 489
    Melia azedarach ··········· 490
Meliaceae ············ 489
Melica ············ 818
    Melica grandiflora ··········· 820
    Melica onoei ··········· 820
    Melica radula ··········· 819
    Melica scabrosa ··········· 819
Melilotus ············ 405
    Melilotus albus ··········· 405
    Melilotus officinalis ··········· 406
Menispermaceae ············ 109
Menispermum ············ 110
    Menispermum dauricum ··········· 110
Mentha ············ 596
    Mentha canadensis ··········· 596
Menyanthaceae ············ 556
Metaplexis ············ 528
    Metaplexis japonica ··········· 529
Metasequoia ············ 064
    Metasequoia glyptostroboides ··········· 065
Microstegium ············ 859
    Microstegium vimineum ··········· 859
Mimosaceae ············ 357
Mimulus ············ 622
    Mimulus tenellus ··········· 622
Mirabilis ············ 156
    Mirabilis jalapa ··········· 156
Miscanthus ············ 855
    Miscanthus sacchariflorus ··········· 856
    Miscanthus sinensis ··········· 855
Mitrasacme ············ 524
    Mitrasacme indica ··········· 524
Molluginaceae ············ 177
Mollugo ············ 177
    Mollugo stricta ··········· 177
Momordica ············ 247
    Momordica charantia ··········· 247
Moraceae ············ 133
Morus ············ 134
    Morus alba ··········· 134
        var. multicaulis ··········· 135
    Morus australis ··········· 135
    Morus mongolica ··········· 135
Mosla ············ 599
    Mosla dianthera ··········· 600
    Mosla scabra ··········· 600
Muhlenbergia ············ 839
    Muhlenbergia huegelii ··········· 839
Murdannia ············ 761
    Murdannia nudiflora ··········· 761
    Murdannia triquetra ··········· 762
Musa ············ 872
    Musa basjoo ··········· 873
Musaceae ············ 872
Myosoton ············ 185
    Myosoton aquaticum ··········· 185
Myriophyllum ············ 410
    Myriophyllum spicatum ··········· 410

N

Najadaceae ············ 749
Najas ············ 749
    Najas marina ··········· 750
    Najas minor ··········· 749
Nandina ············ 107
    Nandina domestica ··········· 107
Nelumbo ············ 094
    Nelumbo nucifera ··········· 094
Nelumbonaceae ············ 093
Nepeta ············ 585
    Nepeta cataria ··········· 585
    Nepeta tenuifolia ··········· 586
Nerium ············ 527
    Nerium oleander ··········· 527
Nicotiana ············ 538
    Nicotiana tabacum ··········· 538

Nitraria ··· 496
 Nitraria sibirica ······························ 496
Nyctaginaceae ······································ 156
Nymphaea ·· 095
 Nymphaea tetragona ······················ 095
Nymphaeaceae ····································· 094
Nymphoides ··· 556
 Nymphoides peltatum ····················· 556
Nyssaceae ·· 429

O

Oenanthe ·· 512
 Oenanthe javanica ··························· 513
Oenothera ·· 425
 Oenothera biennis ··························· 425
Oleaceae ··· 605
Onagraceae ·· 420
Oplismenus ·· 845
 Oplismenus undulatifolius ············· 846
Orchidaceae ··· 903
Orobanchaceae ···································· 631
Orobanche ··· 632
 Orobanche coerulescens ·················· 632
Orostachys ··· 298
 Orostachys fimbriata ······················· 298
Orychophragmus ································· 266
 Orychophragmus violaceus ············· 266
Oryza ··· 803
 Oryza sativa ···································· 803
Osmanthus ··· 614
 Osmanthus fragrans ························ 614
Ostericum ·· 513
 Ostericum sieboldii ························· 513
Oxalidaceae ··· 496
Oxalis ··· 497
 Oxalis articulata ······························ 498
 Oxalis corniculata ···························· 497
Oxytropis ··· 387
 Oxytropis bicolor ···························· 388

P

Padus ·· 356
 Padus avium ···································· 356
Paederia ··· 650
 Paederia foetida ······························ 650
Paeonia ·· 209
 Paeonia lactiflora ···························· 209
 Paeonia suffruticosa ························ 210
Paeoniaceae ··· 209
Panicum ··· 853
 Panicum miliaceum ························ 853
 Panicum sumatrense ······················· 853
Papaver ·· 112
 Papaver rhoeas ································ 112
 Papaver somniferum ······················· 113
Papaveraceae ······································· 111
Parthenocissus ····································· 465
 Parthenocissus quinquefolia ··········· 466
 Parthenocissus tricuspidata ············ 465
Paspalum ·· 848
 Paspalum distichum ······················· 849
 Paspalum thunbergii ······················· 849
Patrinia ·· 659
 Patrinia heterophylla ······················ 659
 Patrinia monandra ·························· 660
 Patrinia scabiosifolia ······················ 661
 Patrinia scabra ································ 660
Paulownia ·· 618
 Paulownia catalpifolia ···················· 619
 Paulownia elongata ························ 619
 Paulownia tomentosa ····················· 620
Pedaliaceae ·· 634
Pedicularis ··· 629
 Pedicularis resupinata ···················· 630
Pennisetum ·· 844
 Pennisetum alopecuroides ·············· 844
Penthorum ··· 302
 Penthorum chinense ······················· 303
Perilla ··· 598
 Perilla frutescens ···························· 599
Periploca ·· 534
 Periploca sepium ···························· 535
Petasites ··· 676
 Petasites japonicus ························· 677
Petunia ··· 546
 Petunia hybrida ······························· 546
Peucedanum ·· 521
 Peucedanum wawrae ······················ 522
Phaseolus ··· 398
 Phaseolus vulgaris ·························· 398
Phedimus ··· 299
 Phedimus aizoon ···························· 299
  var. yamatutae ·························· 299
Phegopteris ·· 027
 Phegopteris decursive-pinnata ······· 028
Phellodendron ····································· 491
 Phellodendron amurense ················ 492
Phlomis ·· 591
 Phlomis umbrosa ···························· 591
Phlox ·· 557
 Phlox subulata ································ 557
Photinia ··· 333
 Photinia × fraseri ··························· 333
 Photinia serratifolia ························ 333
Phragmites ··· 805
 Phragmites australis ······················· 805
Phryma ·· 601
 Phryma leptostachya subsp. asiatica
  ··· 601
Phrymaceae ··· 601
Phtheirospermum ································ 629
 Phtheirospermum japonicum ········· 629
Phyllanthus ·· 453
 Phyllanthus urinaria ······················· 453
 Phyllanthus ussuriensis ·················· 454
Phyllostachys ······································· 801
 Phyllostachys edulis ······················· 802
 Phyllostachys glauca ······················ 802
Physaliastrum ······································ 543
 Physaliastrum echinatum ··············· 543
Physalis ·· 543
 Physalis minima ····························· 544
 Physalis philadelphica ···················· 544
Physocarpus ·· 306
 Physocarpus opulifolius ················· 306
Phytolacca ·· 154
 Phytolacca acinosa ························· 155
 Phytolacca americana ····················· 155

Phytolaccaceae ⋯⋯⋯⋯⋯⋯⋯⋯⋯⋯ 154
Picea ⋯⋯⋯⋯⋯⋯⋯⋯⋯⋯⋯⋯⋯⋯ 049
   Picea koraiensis ⋯⋯⋯⋯⋯⋯⋯ 051
   Picea meyeri ⋯⋯⋯⋯⋯⋯⋯⋯⋯ 050
   Picea wilsonii ⋯⋯⋯⋯⋯⋯⋯⋯⋯ 050
Picris ⋯⋯⋯⋯⋯⋯⋯⋯⋯⋯⋯⋯⋯⋯ 729
   Picris hieracioides ⋯⋯⋯⋯⋯⋯⋯ 729
Pilea ⋯⋯⋯⋯⋯⋯⋯⋯⋯⋯⋯⋯⋯⋯⋯ 140
   Pilea pumila ⋯⋯⋯⋯⋯⋯⋯⋯⋯ 140
Pinaceae ⋯⋯⋯⋯⋯⋯⋯⋯⋯⋯⋯⋯ 047
Pinellia ⋯⋯⋯⋯⋯⋯⋯⋯⋯⋯⋯⋯⋯ 755
   Pinellia pedatisecta ⋯⋯⋯⋯⋯⋯ 756
   Pinellia ternata ⋯⋯⋯⋯⋯⋯⋯⋯ 756
Pinus ⋯⋯⋯⋯⋯⋯⋯⋯⋯⋯⋯⋯⋯⋯ 056
   Pinus armandii ⋯⋯⋯⋯⋯⋯⋯⋯ 058
   Pinus banksiana ⋯⋯⋯⋯⋯⋯⋯ 062
   Pinus bungeana ⋯⋯⋯⋯⋯⋯⋯ 057
   Pinus densiflora ⋯⋯⋯⋯⋯⋯⋯ 060
   Pinus koraiensis ⋯⋯⋯⋯⋯⋯⋯ 058
   Pinus parviflora ⋯⋯⋯⋯⋯⋯⋯ 059
   Pinus rigida ⋯⋯⋯⋯⋯⋯⋯⋯⋯ 061
   Pinus sylvestris var. mongolica ⋯⋯⋯ 061
   Pinus tabuliformis ⋯⋯⋯⋯⋯⋯ 060
   Pinus thunbergii ⋯⋯⋯⋯⋯⋯⋯ 059
Pistacia ⋯⋯⋯⋯⋯⋯⋯⋯⋯⋯⋯⋯⋯ 485
   Pistacia chinensis ⋯⋯⋯⋯⋯⋯⋯ 485
Pisum ⋯⋯⋯⋯⋯⋯⋯⋯⋯⋯⋯⋯⋯⋯ 395
   Pisum sativum ⋯⋯⋯⋯⋯⋯⋯⋯ 395
Pittosporaceae ⋯⋯⋯⋯⋯⋯⋯⋯⋯ 293
Pittosporum ⋯⋯⋯⋯⋯⋯⋯⋯⋯⋯ 293
   Pittosporum tobira ⋯⋯⋯⋯⋯⋯ 293
Plantaginaceae ⋯⋯⋯⋯⋯⋯⋯⋯⋯ 602
Plantago ⋯⋯⋯⋯⋯⋯⋯⋯⋯⋯⋯⋯ 603
   Plantago asiatica ⋯⋯⋯⋯⋯⋯⋯ 603
   Plantago depressa ⋯⋯⋯⋯⋯⋯ 605
      subsp. turczaninowii ⋯⋯⋯⋯⋯ 605
   Plantago major ⋯⋯⋯⋯⋯⋯⋯⋯ 604
Platanaceae ⋯⋯⋯⋯⋯⋯⋯⋯⋯⋯⋯ 118
Platanus ⋯⋯⋯⋯⋯⋯⋯⋯⋯⋯⋯⋯ 119
   Platanus × hispanica ⋯⋯⋯⋯⋯ 120
   Platanus occidentalis ⋯⋯⋯⋯⋯ 119
   Platanus orientalis ⋯⋯⋯⋯⋯⋯ 120

Platycladus ⋯⋯⋯⋯⋯⋯⋯⋯⋯⋯⋯ 066
   Platycladus orientalis ⋯⋯⋯⋯⋯ 066
Platycodon ⋯⋯⋯⋯⋯⋯⋯⋯⋯⋯⋯ 642
   Platycodon grandiflorus ⋯⋯⋯⋯ 642
Poa ⋯⋯⋯⋯⋯⋯⋯⋯⋯⋯⋯⋯⋯⋯⋯ 823
   Poa annua ⋯⋯⋯⋯⋯⋯⋯⋯⋯⋯ 824
   Poa faberi ⋯⋯⋯⋯⋯⋯⋯⋯⋯⋯ 825
   Poa pratensis ⋯⋯⋯⋯⋯⋯⋯⋯ 824
   Poa sphondylodes ⋯⋯⋯⋯⋯⋯ 825
Poaceae ⋯⋯⋯⋯⋯⋯⋯⋯⋯⋯⋯⋯⋯ 799
Polemoniaceae ⋯⋯⋯⋯⋯⋯⋯⋯⋯ 557
Polygala ⋯⋯⋯⋯⋯⋯⋯⋯⋯⋯⋯⋯ 472
   Polygala tenuifolia ⋯⋯⋯⋯⋯⋯ 472
Polygalaceae ⋯⋯⋯⋯⋯⋯⋯⋯⋯⋯ 472
Polygonaceae ⋯⋯⋯⋯⋯⋯⋯⋯⋯ 193
Polygonatum ⋯⋯⋯⋯⋯⋯⋯⋯⋯⋯ 892
   Polygonatum macropodum ⋯⋯⋯ 892
   Polygonatum odoratum ⋯⋯⋯⋯ 893
   Polygonatum sibiricum ⋯⋯⋯⋯ 894
Polygonum ⋯⋯⋯⋯⋯⋯⋯⋯⋯⋯⋯ 195
   Polygonum aviculare ⋯⋯⋯⋯⋯ 196
   Polygonum bistorta ⋯⋯⋯⋯⋯⋯ 200
   Polygonum dissitiflorum ⋯⋯⋯⋯ 198
   Polygonum divaricatum ⋯⋯⋯⋯ 204
   Polygonum hydropiper ⋯⋯⋯⋯ 200
   Polygonum lapathifolium ⋯⋯⋯⋯ 203
      var. salicifolium ⋯⋯⋯⋯⋯⋯ 204
   Polygonum longisetum ⋯⋯⋯⋯ 201
      var. rotundatum ⋯⋯⋯⋯⋯⋯ 201
   Polygonum nepalense ⋯⋯⋯⋯⋯ 199
   Polygonum orientale ⋯⋯⋯⋯⋯ 202
   Polygonum perfoliatum ⋯⋯⋯⋯ 197
   Polygonum persicaria ⋯⋯⋯⋯⋯ 202
   Polygonum plebeium ⋯⋯⋯⋯⋯ 196
   Polygonum posumbu ⋯⋯⋯⋯⋯ 201
   Polygonum sagittatum ⋯⋯⋯⋯ 198
   Polygonum thunbergii ⋯⋯⋯⋯ 197
Polypodiaceae ⋯⋯⋯⋯⋯⋯⋯⋯⋯ 040
Polypogon ⋯⋯⋯⋯⋯⋯⋯⋯⋯⋯⋯ 817
   Polypogon fugax ⋯⋯⋯⋯⋯⋯⋯ 817
Polystichum ⋯⋯⋯⋯⋯⋯⋯⋯⋯⋯ 039
   Polystichum craspedosorum ⋯⋯⋯ 040

Pontederiaceae ⋯⋯⋯⋯⋯⋯⋯⋯⋯ 876
Populus ⋯⋯⋯⋯⋯⋯⋯⋯⋯⋯⋯⋯⋯ 255
   Populus × beijingensis ⋯⋯⋯⋯ 258
   Populus × canadensis ⋯⋯⋯⋯ 260
   Populus × tomentosa ⋯⋯⋯⋯ 256
      f. fastigiata ⋯⋯⋯⋯⋯⋯⋯⋯ 256
   Populus × xiaozhuanica ⋯⋯⋯⋯ 258
   Populus cathayana ⋯⋯⋯⋯⋯⋯ 257
   Populus davidiana ⋯⋯⋯⋯⋯⋯ 256
   Populus nigra ⋯⋯⋯⋯⋯⋯⋯⋯ 259
      var. italica ⋯⋯⋯⋯⋯⋯⋯⋯ 259
      var. thevestina ⋯⋯⋯⋯⋯⋯⋯ 260
   Populus simonii ⋯⋯⋯⋯⋯⋯⋯ 257
Portulaca ⋯⋯⋯⋯⋯⋯⋯⋯⋯⋯⋯⋯ 174
   Portulaca grandiflora ⋯⋯⋯⋯⋯ 175
   Portulaca oleracea ⋯⋯⋯⋯⋯⋯ 175
Portulacaceae ⋯⋯⋯⋯⋯⋯⋯⋯⋯⋯ 174
Potamogeton ⋯⋯⋯⋯⋯⋯⋯⋯⋯⋯ 746
   Potamogeton crispus ⋯⋯⋯⋯⋯ 747
   Potamogeton cristatus ⋯⋯⋯⋯ 748
   Potamogeton pectinatus ⋯⋯⋯⋯ 748
   Potamogeton wrightii ⋯⋯⋯⋯⋯ 747
Potamogetonaceae ⋯⋯⋯⋯⋯⋯⋯ 746
Potentilla ⋯⋯⋯⋯⋯⋯⋯⋯⋯⋯⋯⋯ 317
   Potentilla chinensis ⋯⋯⋯⋯⋯⋯ 319
      var. lineariloba ⋯⋯⋯⋯⋯⋯ 320
   Potentilla discolor ⋯⋯⋯⋯⋯⋯ 320
   Potentilla flagellaris ⋯⋯⋯⋯⋯ 322
   Potentilla fragarioides ⋯⋯⋯⋯ 321
   Potentilla freyniana ⋯⋯⋯⋯⋯ 322
   Potentilla kleiniana ⋯⋯⋯⋯⋯⋯ 321
   Potentilla longifolia ⋯⋯⋯⋯⋯ 318
   Potentilla reptans var. sericophylla
   ⋯⋯⋯⋯⋯⋯⋯⋯⋯⋯⋯⋯⋯ 323
   Potentilla supina ⋯⋯⋯⋯⋯⋯⋯ 318
      var. teynata ⋯⋯⋯⋯⋯⋯⋯ 318
Primulaceae ⋯⋯⋯⋯⋯⋯⋯⋯⋯⋯⋯ 290
Prunus ⋯⋯⋯⋯⋯⋯⋯⋯⋯⋯⋯⋯⋯ 349
   Prunus × cistena ⋯⋯⋯⋯⋯⋯⋯ 351
   Prunus cerasifera f. atropurpurea ⋯ 350
   Prunus salicina ⋯⋯⋯⋯⋯⋯⋯ 350
Pseudognaphalium ⋯⋯⋯⋯⋯⋯⋯ 724

Pseudognaphalium affine ……… 724
Pseudolarix ……………………… 054
　Pseudolarix amabilis ………… 054
Pseudolysimachion …………… 625
　Pseudolysimachion linariifolium ·· 625
　　subsp. dilatata ……………… 625
Pseudoraphis …………………… 845
　Pseudoraphis sordida ………… 845
Pseudostellaria ………………… 183
　Pseudostellaria davidii ……… 184
Pteridaceae ……………………… 016
Pteris ……………………………… 016
　Pteris multifida ………………… 017
Pterocarya ……………………… 143
　Pterocarya stenoptera ……… 143
Pteroceltis ……………………… 128
　Pteroceltis tatarinowii ……… 128
Pueraria ………………………… 369
　Pueraria montana var. lobata ……… 369
　　var. zulaishanensis ………… 370
Pulsatilla ………………………… 102
　Pulsatilla chinensis ………… 102
Punica …………………………… 419
　Punica granatum ……………… 419
Punicaceae ……………………… 419
Pycreus …………………………… 776
　Pycreus flavidus ……………… 777
　Pycreus sanguinolentus ……… 776
Pyracantha ……………………… 328
　Pyracantha fortuneana ……… 329
Pyrrosia ………………………… 041
　Pyrrosia davidii ……………… 042
　Pyrrosia petiolosa …………… 042
Pyrus ……………………………… 338
　Pyrus betulaefolia …………… 340
　Pyrus bretschneideri ………… 339
　Pyrus calleryana ……………… 341
　Pyrus communis var. sativa … 341
　Pyrus pyrifolia ………………… 340
　Pyrus ussuriensis ……………… 342

Q

Quercus …………………………… 145

Quercus acutissima …………… 145
Quercus aliena var. pekingensis …… 147
　var. acuteserrata …………… 148
Quercus dentata ……………… 147
Quercus mongolica …………… 148
Quercus variabilis …………… 146

R

Ranunculaceae ………………… 096
Ranunculus ……………………… 103
　Ranunculus chinensis ……… 105
　Ranunculus japonicus ……… 104
　Ranunculus sceleratus ……… 104
Raphanus ………………………… 283
　Raphanus sativus …………… 284
Rehmannia ……………………… 628
　Rehmannia glutinosa ……… 628
Reynoutria ……………………… 206
　Reynoutria japonica ………… 206
Rhamnaceae …………………… 455
Rhamnus ………………………… 457
　Rhamnus bungeana ………… 458
　Rhamnus davurica …………… 460
　Rhamnus globosa …………… 457
　Rhamnus parvifolia ………… 458
　Rhamnus utilis ………………… 459
　　var. hypochrysa …………… 459
Rhaponticum …………………… 719
　Rhaponticum uniflorum …… 719
Rhododendron ………………… 284
　Rhododendron micranthum … 286
　Rhododendron mucronulatum … 285
　Rhododendron simsii ……… 286
Rhus ………………………………… 485
　Rhus chinensis ………………… 486
　Rhus typhina …………………… 486
Ribes ……………………………… 296
　Ribes nigrum …………………… 296
Ricinus …………………………… 451
　Ricinus communis …………… 451
Robinia …………………………… 366
　Robinia hispida ……………… 367
　Robinia pseudoacacia ……… 367

Rorippa …………………………… 271
　Rorippa cantoniensis ……… 272
　Rorippa dubia ………………… 274
　Rorippa globosa ……………… 272
　Rorippa indica ………………… 273
　Rorippa islandica …………… 273
Rosa ………………………………… 312
　Rosa chinensis ………………… 314
　Rosa multiflora ……………… 313
　　var. albo-plena …………… 313
　　var. carnea ………………… 313
　　var. cathayensis …………… 313
　Rosa roxburghii f. normalis … 315
　Rosa rugosa …………………… 314
Rosaceae ………………………… 305
Rotala …………………………… 414
　Rotala indica ………………… 415
　Rotala mexicana ……………… 415
Rubia ……………………………… 649
　Rubia cordifolia ……………… 649
　Rubia truppeliana …………… 650
Rubiaceae ……………………… 646
Rubus ……………………………… 325
　Rubus crataegifolius ……… 326
　Rubus fruticosus ……………… 327
　Rubus parvifolius …………… 326
Rudbeckia ……………………… 700
　Rudbeckia hirta ……………… 701
　　var. pulcherrima …………… 701
Rumex …………………………… 206
　Rumex acetosa ……………… 208
　Rumex dentatus ……………… 207
　Rumex patientia ……………… 207
Rutaceae ………………………… 491

S

Sagina ……………………………… 184
　Sagina japonica ……………… 184
Sagittaria ………………………… 742
　Sagittaria trifolia …………… 742
Salicaceae ……………………… 255
Salix ………………………………… 260
　Salix babylonica ……………… 262

Salix chaenomeloides……263
Salix linearistipularis……262
Salix liouana……263
Salix matsudana……261
　f. tortuosa……262
Salsola……164
　Salsola collina……164
Salvia……592
　Salvia miltiorrhiza……592
　Salvia nemorosa……594
　Salvia plebeia……594
　Salvia splendens……593
Salviniaceae……044
Sambucus……653
　Sambucus williamsii……653
Sanguisorba……311
　Sanguisorba officinalis……311
　　var. longifolia……312
Sanicula……511
　Sanicula chinensis……512
Santalaceae……433
Sapindaceae……473
Saposhnikovia……511
　Saposhnikovia divaricata……511
Saussurea……716
　Saussurea mongolica……717
　Saussurea ussuriensis……716
Saxifraga……303
　Saxifraga sibirica……304
　Saxifraga stolonifera……304
Saxifragaceae……301
Schizachyrium……861
　Schizachyrium brevifolium……861
Schoenoplectus……780
　Schoenoplectus juncoides……781
　Schoenoplectus tabernaemontani
　……780
　Schoenoplectus triqueter……781
Scirpus……778
　Scirpus karuisawensis……778
Scorzonera……729
　Scorzonera albicaulis……731

Scorzonera austriaca……730
Scorzonera sinensis……731
Scrophularia……624
　Scrophularia buergeriana……624
Scrophulariaceae……617
Scutellaria……574
　Scutellaria baicalensis……576
　Scutellaria barbata……574
　Scutellaria dependens……575
Sechium……253
　Sechium edule……253
Sedum……300
　Sedum sarmentosum……300
　Sedum stellariifolium……301
Selaginella……009
　Selaginella davidii……010
　Selaginella helvetica……011
　Selaginella sinensis……011
　Selaginella stauntoniana……010
Selaginellaceae……009
Senna……362
　Senna nomame……362
　Senna tora……362
Serissa……651
　Serissa japonica……651
Sesamum……634
　Sesamum indicum……634
Setaria……842
　Setaria italica……843
　Setaria pumila……843
　Setaria viridis……842
Sigesbeckia……698
　Sigesbeckia pubescens……698
Silene……185
　Silene aprica……187
　Silene baccifera……186
　Silene conoidea……189
　Silene firma……187
　Silene fortunei……188
　Silene jenisseensis……188
Simaroubaceae……488
Sinowilsonia……123

Sinowilsonia henryi……123
Siphonostegia……630
　Siphonostegia chinensis……631
Sium……519
　Sium suave……519
Smilacaceae……900
Smilax……900
　Smilax riparia……901
　Smilax sieboldii……901
Solanaceae……535
Solanum……539
　Solanum japonense……541
　Solanum lyratum……540
　Solanum melongena……540
　Solanum nigrum……541
　Solanum tuberosum……542
Sonchus……738
　Sonchus asper……738
　Sonchus oleraceus……739
Sophora……365
　Sophora flavescens……365
　Sophora japonica……366
　　f. pendula……366
Sorbaria……308
　Sorbaria kirilowii……309
　Sorbaria sorbifolia……309
Sorbus……334
　Sorbus alnifolia……334
　Sorbus pohuashanensis……335
Sorghum……864
　Sorghum bicolor……864
Speranskia……450
　Speranskia tuberculata……450
Spinacia……162
　Spinacia oleracea……163
Spiraea……306
　Spiraea fritschiana……307
　Spiraea japonica……307
　Spiraea trilobata……308
Spiranthes……906
　Spiranthes sinensis……906
Spirodela……758

Spirodela polyrrhiza……758	Tarenaya……264	Tragus berteronianus……836
Spodiopogon……856	Tarenaya hassleriana……264	**Trapa**……418
Spodiopogon cotulifer……858	**Taxaceae**……071	Trapa natans……418
Spodiopogon sibiricus……857	**Taxodiaceae**……063	**Trapaceae**……418
Sporobolus……838	**Taxus**……071	**Trapella**……635
Sporobolus fertilis……839	Taxus cuspidata……072	Trapella sinensis……635
Stachys……589	**Tephroseris**……677	**Triadica**……452
Stachys sieboldii……590	Tephroseris kirilowii……678	Triadica sebifera……452
Stellaria……179	**Tetradium**……493	**Tribulus**……495
Stellaria alsine……181	Tetradium daniellii……493	Tribulus terrestris……495
Stellaria media……182	**Thalictrum**……101	**Trichosanthes**……248
Stellaria pallida……182	Thalictrum minus var. hypoleucum……102	Trichosanthes kirilowii……248
Stellaria palustris……180		**Trifolium**……406
Stemona……899	**Theaceae**……210	Trifolium pratense……407
Stemona sessilifolia……900	**Thelypteridaceae**……027	Trifolium repens……407
Stemonaceae……899	**Themeda**……865	**Trigonotis**……561
Sterculiaceae……219	Themeda triandra……866	Trigonotis peduncularis……561
Stipa……812	**Thesium**……434	var. amblyosepala……562
Stipa bungeana……812	Thesium chinense……434	**Tripogon**……831
Swertia……525	**Thladiantha**……252	Tripogon chinensis……832
Swertia diluta……525	Thladiantha dubia……252	**Triticum**……808
Symphyotrichum……674	**Thuja**……067	Triticum aestvum……808
Symphyotrichum novi-belgii……674	Thuja occidentalis……067	**Tulipa**……886
Symphyotrichum subulatum……674	**Thymelaeaceae**……416	Tulipa edulis……886
Symplocaceae……289	**Thymus**……598	Tulipa gesneriana……887
Symplocos……289	Thymus quinquecostatus……598	**Turczaninowia**……670
Symplocos paniculata……289	**Thyrocarpus**……560	Turczaninowia fastigiata……671
Syringa……611	Thyrocarpus glochidiatus……561	**Typha**……871
Syringa oblata……612	**Tilia**……217	Typha angustifolia……872
var. alba……612	Tilia amurensis……218	**Typhaceae**……871
Syringa reticulata subsp. pekinensis……612	**Tiliaceae**……216	**U**
	Toona……490	**Ulmaceae**……125
T	Toona sinensis……490	**Ulmus**……125
Tagetes……694	**Torilis**……510	Ulmus davidiana……127
Tagetes erecta……694	Torilis japonica……510	var. japonica……127
Tagetes patula……695	**Toxicodendron**……487	Ulmus macrocarpa……126
Tamaricaceae……239	Toxicodendron vernicifluum……487	Ulmus parvifolia……127
Tamarix……239	**Trachelospermum**……526	Ulmus pumila……126
Tamarix chinensis……239	Trachelospermum jasminoides……526	**Urticaceae**……138
Taraxacum……740	**Trachycarpus**……751	**Utricularia**……640
Taraxacum mongolicum……740	Trachycarpus fortunei……751	Utricularia caerulea……640
Taraxacum ohwianum……741	**Tragus**……835	

V

Vaccaria ·············· 193
   Vaccaria hispanica ·············· 193
Vaccinium ·············· 287
   Vaccinium corymbosum ·············· 287
Valerianaceae ·············· 658
Vallisneria ·············· 745
   Vallisneria natans ·············· 745
Verbenaceae ·············· 565
Veronica ·············· 626
   Veronica anagallis-aquatica ·············· 627
   Veronica persica ·············· 626
   Veronica polita ·············· 627
Viburnum ·············· 654
   Viburnum odoratissimum var. awabuki ·············· 655
   Viburnum opulus subsp. calvescens ·············· 654
Vicia ·············· 388
   Vicia amoena ·············· 391
   Vicia bungei ·············· 389
   Vicia faba ·············· 393
   Vicia kioshanica ·············· 391
   Vicia sativa ·············· 393
   Vicia tetrasperma ·············· 390
   Vicia unijuga ·············· 392
   Vicia villosa ·············· 390
Vigna ·············· 399
   Vigna angularis ·············· 399
   Vigna minima ·············· 401
   Vigna radiata ·············· 402
   Vigna umbellata ·············· 400
   Vigna unguiculata ·············· 400
      subsp. sesquipedalis ·············· 401
      subsp. cylindrica ·············· 401
Viola ·············· 228
Viola acuminata ·············· 230
Viola betonicifolia ·············· 233
Viola collina ·············· 231
Viola hancockii ·············· 238
Viola inconspicua ·············· 234
Viola magnifica ·············· 233
Viola mongolica ·············· 238
Viola patrinii ·············· 237
Viola pekinensis ·············· 235
Viola phalacrocarpa ·············· 236
Viola philippica ·············· 231
Viola tenuicornis ·············· 235
Viola tricolor ·············· 230
Viola variegata ·············· 237
Violaceae ·············· 228
Viscaceae ·············· 434
Viscum ·············· 435
   Viscum coloratum ·············· 435
Vitaceae ·············· 462
Vitex ·············· 565
   Vitex negundo ·············· 565
      var. heterophylla ·············· 464
Vitis ·············· 467
   Vitis amurensis ·············· 468
      var. dissecta ·············· 468
   Vitis bryoniifolia ·············· 469
   Vitis heyneana ·············· 469
      subsp. ficifolia ·············· 470
   Vitis vinifera ·············· 467

W

Weigela ·············· 657
   Weigela florida ·············· 658
Wisteria ·············· 368
   Wisteria sinensis ·············· 368
Wolffia ·············· 758
   Wolffia globosa ·············· 758
Woodsia ·············· 033
   Woodsia intermedia ·············· 033
   Woodsia oblonga ·············· 034
   Woodsia polystichoides ·············· 035
Woodsiaceae ·············· 033

X

Xanthium ·············· 696
   Xanthium strumarium ·············· 697
Xanthoceras ·············· 475
   Xanthoceras sorbifolium ·············· 475

Y

Youngia ·············· 732
   Youngia japonica ·············· 732
Yucca ·············· 898
   Yucca gloriosa ·············· 899

Z

Zanthoxylum ·············· 494
   Zanthoxylum bungeanum ·············· 494
Zea ·············· 870
   Zea mays ·············· 871
Zelkova ·············· 131
   Zelkova serrata ·············· 131
Zingiber ·············· 873
   Zingiber officinale ·············· 874
Zingiberaceae ·············· 873
Zinnia ·············· 709
   Zinnia elegans ·············· 710
Ziziphus ·············· 460
   Ziziphus jujuba ·············· 461
      var. inemmis ·············· 461
      var. spinosa ·············· 461
Zoysia ·············· 835
   Zoysia japonica ·············· 835
Zygophyllaceae ·············· 495

参考文献

1. 陈汉斌，郑亦津，李法曾. 山东植物志（上卷）[M]. 青岛：青岛出版社，1990.
2. 陈汉斌，郑亦津，李法曾. 山东植物志（下卷）[M]. 青岛：青岛出版社，1997.
3. 傅立国，陈潭清，郎楷永. 中国高等植物（修订版）（1~14卷）[M]. 青岛：青岛出版社，2012.
4. 傅立国，金鉴明. 中国植物红皮书[M]. 北京：科学出版社，1992.
5. 傅立国. 中国珍稀濒危植物[M]. 上海：上海教育出版社，1989.
6. 高锋，薛玉振，赵琦，等. 徂徕山省级自然保护区植被种类及古树名木保护现状[J]. 绿色科技，2013（12）：80-82.
7. 李法曾. 山东植物精要[M]. 北京：科学出版社，2004.
8. 李法曾. 山东木本植物图志[M]. 北京：科学出版社，2016.
9. 李文清，臧德奎，解孝满. 山东珍稀濒危保护树种[M]. 北京：科学出版社，2016.
10. 汪松，解焱. 中国物种红色名录（第1卷）[M]. 北京：高等教育出版社，2004.
11. 王仁卿，张昭洁. 山东稀有濒危保护植物[M]. 济南：山东大学出版社，1993.
12. 魏士贤. 山东树木志[M]. 济南：山东科技出版社，1984.
13. 吴征镒. 中国植被[M]. 北京：科学出版社，1980.
14. 臧德奎，李文清，解孝满. 山东植物新分类群[J]. 山东农业大学学报（自然科学版），2016，47（01）:30.
15. 臧德奎. 山东珍稀濒危植物[M]. 北京：中国林业出版社，2017.
16. 张艳敏，仲伟元，李存华，等. 徂徕山森林植物资源的调查研究[J]. 山东师大学报（自然科学版），2001（04）：447-450.
17. 郑纪庆，陈彤彤，刘颖，等. 山东徂徕山植物区系的研究[J]. 武汉植物学研究，2006（01）:27-30.
18. 郑万钧. 中国树木志（1~4卷）[M]. 北京：中国林业出版社，2004.
19. 中国科学院植物研究所. 中国高等植物图鉴（第1~5册）[M]. 北京：科学出版社，1985.
20. 中国科学院中国植物志编委会. 中国植物志[M]. 北京：科学出版社，1961-2002.
21. Qin H N. 2010. China Checklist of Higher Plants, In the Biodiversity Committee of Chinese Academy of Sciences ed., Catalogue of Life China: 2010 Annual Checklist China. CD-ROM; Species 2000 China Node, Beijing, China.
22. Wu Z Y, Raven P H, Hong D. Y, eds. 1994-2012. Flora of China. Beijing: Science Press & St. Louis: Missouri Botanical Garden Press.